U0209934

卢嘉锡　总主编

中国科学技术史

建筑卷

傅熹年　著

科学出版社
北京

内 容 简 介

本书为《中国科学技术史》中的《建筑卷》，系统论述了中国古代的建筑发展史。作者广泛收集实物材料和文献史料，互相印证，力求把论断建立在实物与文献结合的基础上。各时代的内容大体按规划、建筑、结构、材料、施工等分类梳理，探索其发展脉络。本书是一部图文并茂、侧重于科技发展的建筑通史，适于科技史工作者、建筑工作者和相关专业大学师生阅读。

图书在版编目(CIP)数据

中国科学技术史·建筑卷 / 卢嘉锡总主编；傅熹年著．—北京：科学出版社，2008

ISBN 978-7-03-021633-5

Ⅰ.中… Ⅱ.①卢…②傅… Ⅲ.①自然科学史-中国②建筑史-中国-古代 Ⅳ.N092

中国版本图书馆 CIP 数据核字(2008)第 050643 号

责任编辑：孔国平 王日臣 / 责任校对：钟 洋
责任印制：赵 博 / 封面设计：张 放

科学出版社 出版
北京东黄城根北街 16 号
邮政编码：100717
http://www.sciencep.com
北京厚诚则铭印刷科技有限公司印刷
科学出版社发行 各地新华书店经销

*

2008 年 10 月第 一 版 开本：787×1092 1/16
2025 年 4 月第七次印刷 印张：52
字数：1 203 000

定价：285.00 元

（如有印装质量问题，我社负责调换）

《中国科学技术史》的组织机构和人员

总　　序

中国有悠久的历史和灿烂的文化，是世界文明不可或缺的组成部分，为世界文明做出了重要的贡献，这已是世所公认的事实。

科学技术是人类文明的重要组成部分，是支撑文明大厦的主要基干，是推动文明发展的重要动力，古今中外莫不如此。如果说中国古代文明是一棵根深叶茂的参天大树，中国古代的科学技术便是缀满枝头的奇花异果，为中国古代文明增添斑斓的色彩和浓郁的芳香，又为世界科学技术园地增添了盎然生机。这是自上世纪末、本世纪初以来，中外许多学者用现代科学方法进行认真的研究之后，为我们描绘的一幅真切可信的景象。

中国古代科学技术蕴藏在汗牛充栋的典籍之中，凝聚于物化了的、丰富多姿的文物之中，融化在至今仍具有生命力的诸多科学技术活动之中，需要下一番发掘、整理、研究的功夫，才能揭示它的博大精深的真实面貌。为此，中国学者已经发表了数百种专著和万篇以上的论文，从不同学科领域和审视角度，对中国科学技术史作了大量的、精到的阐述。国外学者亦有佳作问世，其中英国李约瑟(J. Needham)博士穷毕生精力编著的《中国科学技术史》(拟出 7 卷 34 册)，日本薮内清教授主编的一套中国科学技术史著作，均为宏篇巨著。关于中国科学技术史的研究，已是硕果累累，成为世界瞩目的研究领域。

中国科学技术史的研究，包涵一系列层面：科学技术的辉煌成就及其弱点；科学家、发明家的聪明才智、优秀品德及其局限性；科学技术的内部结构与体系特征；科学思想、科学方法以及科学技术政策、教育与管理的优劣成败；中外科学技术的接触、交流与融合；中外科学技术的比较；科学技术发生、发展的历史过程；科学技术与社会政治、经济、思想、文化之间的有机联系和相互作用；科学技术发展的规律性以及经验与教训，等等。总之，要回答下列一些问题：中国古代有过什么样的科学技术？其价值、作用与影响如何？又走过怎样的发展道路？在世界科学技术史中占有怎样的地位？为什么会这样，以及给我们什么样的启示？还要论述中国科学技术的来龙去脉，前因后果，展示一幅真实可靠、有血有肉、发人深思的历史画卷。

据我所知，编著一部系统、完整的中国科学技术史的大型著作，从本世纪 50 年代开始，就是中国科学技术史工作者的愿望与努力目标，但由于各种原因，未能如愿，以致在这一方面显然落后于国外同行。不过，中国学者对祖国科学技术史的研究不仅具有极大的热情与兴趣，而且是作为一项事业与无可推卸的社会责任，代代相承地进行着不懈的工作。他们从业余到专业，从少数人发展到数百人，从分散研究到有组织的活动，从个别学科到科学技术的各领域，逐次发展，日臻成熟，在资料积累、研究准备、人才培养和队伍建设等方面，奠定了深厚而又广大的基础。

本世纪 80 年代末，中国科学院自然科学史研究所审时度势，正式提出了由中国学者编著《中国科学技术史》的宏大计划，随即得到众多中国著名科学家的热情支持和大力推动，得到中国科学院领导的高度重视。经过充分的论证和筹划，1991 年这项计划被正式列为中国科学院“八五”计划的重点课题，遂使中国学者的宿愿变为现实，指日可待。作为一名科技工作者，我对此感到由衷的高兴，并能为此尽绵薄之力，感到十分荣幸。

《中国科学技术史》计分 30 卷，每卷 60 至 100 万字不等，包括以下三类：

通史类(5 卷)：

《通史卷》、《科学思想史卷》、《中外科学技术交流史卷》、《人物卷》、《科学技术教育、机构与管理卷》。

分科专史类(19 卷)：

《数学卷》、《物理学卷》、《化学卷》、《天文学卷》、《地学卷》、《生物学卷》、《农学卷》、《医学卷》、《水利卷》、《机械卷》、《建筑卷》、《桥梁技术卷》、《矿冶卷》、《纺织卷》、《陶瓷卷》、《造纸与印刷卷》、《交通卷》、《军事科学技术卷》、《计量科学卷》。

工具书类(6 卷)：

《科学技术史词典卷》、《科学技术史典籍概要卷》(一)、(二)、《科学技术史图录卷》、《科学技术年表卷》、《科学技术史论著索引卷》。

这是一项全面系统的、结构合理的重大学术工程。各卷分可独立成书，合可成为一个有机的整体。其中有综合概括的整体论述，有分门别类的纵深描写，有可供检索的基本素材，经纬交错，斐然成章。这是一项基础性的文化建设工程，可以弥补中国文化史研究的不足，具有重要的现实意义。

诚如李约瑟博士在 1988 年所说："关于中国和中国文化在古代和中世纪科学、技术和医学史上的作用，在过去 30 年间，经历过一场名副其实的新知识和新理解的爆炸"(中译本李约瑟《中国科学技术史》作者序)，而 1988 年至今的情形更是如此。在 20 世纪行将结束的时候，对所有这些知识和理解作一次新的归纳、总结与提高，理应是中国科学技术史工作者义不容辞的责任。应该说，我们在启动这项重大学术工程时，是处在很高的起点上，这既是十分有利的基础条件，同时也自然面对更高的社会期望，所以这是一项充满了机遇与挑战的工作。这是中国科学界的一大盛事，有著名科学家组成的顾问团为之出谋献策，有中国科学院自然科学史研究所和全国相关单位的专家通力合作，共襄盛举，同构华章，当不会辜负社会的期望。

中国古代科学技术是祖先留给我们的一份丰厚的科学遗产，它已经表明中国人在研究自然并用于造福人类方面，很早而且在相当长的时间内就已雄居于世界先进民族之林，这当然是值得我们自豪的巨大源泉，而近三百年来，中国科学技术落后于世界科学技术发展的潮流，这也是不可否认的事实，自然是值得我们深省的重大问题。理性地认识这部兴盛与衰落、成功与失败、精华与糟粕共存的中国科学技术发展史，引以为鉴，温故知新，既不陶醉于古代的辉煌，又不沉沦于近代的落伍，克服民族沙文主义和虚无主义，清醒地、满怀热情地弘扬我国优秀的科学技术传统，自觉地和主动地缩短同国际先进科学技术的差距，攀登世界科学技术的高峰，这些就是我们从中国科学技术史全面深入的回顾与反思中引出的正确结论。

许多人曾经预言说，即将来临的 21 世纪是太平洋的世纪。中国是太平洋区域的一个国家，为迎接未来世纪的挑战，中国人应该也有能力再创辉煌，包括在科学技术领域做出更大的贡献。我们真诚地希望这一预言成真，并为此贡献我们的力量。圆满地完成这部《中国科学技术史》的编著任务，正是我们为之尽心尽力的具体工作。

卢嘉锡

1996 年 10 月 20 日

前　　言

从广义的角度看，建筑可视为人类为自己创造的生活和工作的空间环境，建筑技术则是人类解决这个问题所使用的方法、手段。但人类生活在社会中，其建筑需求和实现的技术方法、手段，又随着社会发展而发展，某些时期又会在一定程度上受到社会的制约。中国古代在二千余年中经历了十几个王朝，每个王朝又都要经历发展、停滞、覆亡三个阶段，与之相应，各王朝建筑的发展也是阶段性的，处于发展、停滞、衰落和改朝换代后再发展的循环渐进状态中。因为中国古代中央集权的王朝体制是长期延续的，故其每一个再发展又有可能成为在传统基础上扬弃落后、开拓创新的机遇，这就使中国古代建筑传统得以长期延续，不断发展，形成独特体系，并取得辉煌成就。

一　中国建筑发展的历史进程

中国位于亚洲大陆东南部，东南临海，属海洋性气候，西北深入亚洲大陆腹地，属大陆性气候，在南北方向上又跨越亚热带、温带、亚寒带，国土地域广大，自然和地理条件有很大差异。自古以来，各民族的先民在这广袤的国土上生息发展，多种地域力量和不同的文化互相交流、碰撞，逐渐融合，至秦汉时已形成中央集权的统一国家，至今有二千余年的历史。在秦、汉以后二千一百余年的王朝期间，虽出现过数次南北分裂，也建立过北朝和辽、金、元、清等以少数民族为主体的王朝，但在此期间全国统一是主流，逐渐融合成以汉族为主体、包含有五十六个民族的巩固的统一国家。独树一帜的中国古代建筑体系也在此期间逐步形成，不断发展，取得灿烂辉煌的成就。

由于中国古代社会内部的矛盾不断积聚，在二千余年中导致了十余次王朝更替，发展渐趋缓慢，加之明、清时期实行闭关锁国政策，错失了进一步发展的机遇，自清中期以后国势由盛转衰，从在世界上较先进的地位滑落下来。与之同步，建筑活动和建筑技术也逐渐趋于停顿、衰落。

在我国有实物可考的建筑发展史中，如从新石器时代的河姆渡文化计，已有七千年以上的历史。从约四千年前的夏开始，进入以血缘关系为主的古国、方国时期。夏、商、周都是方国中通过兼并而强大者，受到各小国的拥戴。周施行“封土建国”，在其周边分封有血缘关系的同姓诸侯，建立若干小国作为屏蔽，其外围是尊周的各小方国，周成为被诸侯和各方国共同拥戴的宗主国，在中国初步形成一个以周为核心、以血缘和文化联系为纽带的松散的联合体。此期间周和各小国都建立了一些不同规模的都城、城邑和宫室，在规模和土工、木构建筑技术上都较新石器时代有所提高。

东周时王室衰弱，诸国与周王室“世远亲尽”，地缘关系遂逐渐取代了血缘关系。此时诸侯强盛，互相兼并，逐步消灭诸方国，先后形成五霸、七雄几个主要地区大国，进入春秋（公元前770～前476）、战国（公元前475～前221）时代。五霸、七雄都力图通过富国强兵来壮大自己，兼并对方，逐渐出现了全国大一统的趋势。这时各国都根据自己的条件建造都城宫室，并通过建造城邑来巩固和拓展疆域，出现了城市和宫室建设的高潮。除大量规模巨大的城市、宫室遗址外，在春秋战国之交的著作《考工记 · 匠人》中也记载了当时在城市规划、宫室布置、建筑设计诸方面所取得的明显成就，其中运用模数进行规划、设计的方法在当时处于世界领先地位。

公元前 221 年，战国七雄中的秦国消灭其他六国后，秦始皇废除分封制，设置由中央政府直接派官控制的地方政权——郡县，建立起统一全国的王朝。自此中国进入延续二千二百余年的全国统一、实行郡县制、由中央集权王朝统治的时期。

公元前 206 年西汉（公元前 206～公元 24）继秦，至汉武帝时国势臻于极盛，加强中央集权、巩固统一，在经济、文化上都有巨大的发展，成为中国历史上第一个强大的王朝。汉首都长安面积近 36 平方公里，是当时世界上最大的都城。所建大型殿宇面积可达六千平方米以上，土木混合结构技术已达到成熟阶段，木结构和砖石拱壳结构也有重要发展，形成中国古代第一个建筑发展高峰。

公元 25 年东汉（公元 25～220）建立，其后期政治腐败，中央政权削弱，地方豪强和士族豪门乘机割据，造成分裂动荡，进入魏、晋时期（公元 220～316）。其后北方草原民族乘虚而入，遂出现了东晋南北朝间 273 年的南北对峙（公元 316～589），至公元 589 年始为隋（公元 581～618）所统一。继隋的唐（公元 618～906）凭借统一后的有利形势，恢复和发展经济，国力达到鼎盛时期，成为中国历史上第二个强大的王朝。此期南北方在规划和建筑技术上的交流取得巨大成就，隋唐的首都长安城规划严整，面积达 84 平方公里，是人类进入工业社会以前所建造的最大城市；在建筑技术上木结构已发展到成熟阶段，在大型宫室建筑中基本取代了土木混合结构；在唐代前中期形成了中国古代第二个建筑发展高峰。

唐中后期政治腐败，地方军阀、豪门势力日盛，造成唐末五代（公元 907～960）的分裂动乱，北方草原民族契丹、党项、女真、蒙古族又乘虚进入，最终形成北宋（公元 960～1126）与辽、西夏和南宋（1127～1279）与金、蒙古先后南北对峙的局面，这期间中国又经历了 373 年（公元 906～1279）的南北分裂，至 1279 年始统一于元（1264～1279）。

公元 960 年北宋王朝建立后，打击豪门士族、地方军阀对权力的把持、割据，扩大了中小地主、庶民通过科举转化为士大夫阶层和官员的途径，并逐步形成文官主政，加强了中央集权。由于经济发展，城乡交流较前代顺畅，城市生活中市民的地位和作用加强，推动了城市由严格管制的封闭的坊市制转变为开放的街巷制，增强了城市的经济活力，大大丰富了城市生活，这是中国古代城市体制的重大变化。都城和很多地方城市都成为开放的繁荣商业城市，也促进了地方经济文化的交流和发展。北宋后期加强制度化管理，以适应新的发展。从官方编定的建筑规制《营造法式》中可以看到，北宋官式木构建筑在规格化、模数化、定额管理诸方面都已超过唐代。

元统一南北后，较重视商业交换，全国商业交流较顺畅，手工业及对外贸易有一定发展。元与西方交流顺畅，包括伊斯兰和西域中亚的科技、医药学等传入较多，但在建筑方面的影响并不显著。在建筑方面，元政权规划和建造了中国历史上唯一一座平地创建的街巷制的都城——大都，并对宋官式木构架有所简化，在建筑技术上有一定发展。元分全国居民为蒙古、色目、北人、南人四等，主要依靠蒙古人、色目人进行统治，除经济压榨外，还歧视南方地区人民，对他们进行极严酷的政治控制和压迫，终于导致在南方爆发大规模农民起义，各地纷纷响应，于 1368 年为明所取代。

明（1368～1644）的建立结束了宋以来历时近四百年南北分裂和非汉族政权统治的历史，成为唐以后460年来唯一的汉族建立的统一全国的政权。在传统汉族文化基础上重建一代制度，巩固统一，发展经济、文化，成为继汉唐以后中国历史上第三个强盛的王朝。明代在都城、地方城市的规划以及宫殿、坛庙、陵墓、官署建设和地方民间建筑活动诸方面都取得巨大成就。明官式建筑是继宋官式以后又一个完整、成熟、稳定的建筑体系。由于地方经济繁荣，地方城市和村镇进行了大量建设，形成了地方建筑多种流派百花齐放的盛况。明代也和汉、唐二代并列，成为中国历史上在建筑方面有突出成就的三个王朝之一。

1644年明亡于农民起义，东北地区的满族乘虚入关，建立清朝（1644～1911）。清在康熙至乾隆间达到极盛期，人口增加，耕地扩大，农业有巨大发展，商业手工业繁荣，在此基础上，清王朝消灭割据势力、收复台湾并逐步解决民族和边疆问题，正式确立了国家的版图，为国家的统一做出巨大贡献。这期间也是清代建筑活动取得巨大发展的时期，除完善都城、宫殿外，在北京建圆明园及清漪、静明、静宜三园，在承德建避暑山庄、外八庙等大型皇家工程均在此期间完成。南方扬州、苏州、杭州及广州、福州、成都等省会城市的发展和繁荣也都在此阶段。19世纪中期以后国势衰落，西方诸国和日本多次乘虚入侵，在国力大衰、内外矛盾加剧的情况下爆发了一系列起义，清廷最终在1911年宣布“逊位”。这同时也就结束了在中国延续了二千一百三十余年的中央集权王朝统治的历史阶段。

在秦、汉以后二千余年的中央集权王朝统治期间，虽出现过数次南北分裂，也建立过北朝和辽、金、元、清等以少数民族为主体的王朝，但汉族始终占居民的大多数，其经济和文化发展水平也是最高的，这些少数民族夺取政权建立王朝后，为了统治广大汉族地域也不得不基本采用汉族的传统方式进行统治，并部分吸纳汉族的传统礼法以表示自己的正统地位，故汉文化始终处于主导地位，并不断吸纳各民族文化，形成延续二千余年的主体文化。在此期间分裂是暂时的而全国统一是主流，逐渐融合成以汉族为主体、包含有五十六个民族的巩固的统一国家，并形成在世界上独树一帜、源远流长的中国古代建筑体系。

二　中国古代建筑发展的社会条件

综观中国古代文明的产生和发展，包括城市的出现、国家的产生和文字、艺术的出现，如和古代西亚等地域相比，在中国新石器时代，其生产力和商业的发展对社会发展的作用即较弱，主要靠政治程序，包括宗法制度、君权神权、战争兼并、掠夺奴役等的作用。[①] 由西周时“封土建国”的封建时期进入统一的中央集权王朝统治时期也是靠战争、兼并等军事和政治手段完成的，而经济的发展是政权建立和稳定后随之而来的结果。故在中国古代，与建立王权并保持其稳定的政治层面相比，生产和商业交流等经济层面是从属的，这也就有可能在某些情况下抑制手工业技术、技艺包括建筑的发展。

简单地说，中国古代文化传统在政治层面上置王权于最高地位，以体现王权、神权、族权、父权、夫权为主的君臣、父子、夫妇等“人伦”方面为重点，目的是通过它控制个人、家庭、家族、族群，使其效忠于王权，以保持社会（阶级关系）、国家（王权）的稳定。其

① 徐苹芳、张光直，中国文明的形成及其在世界文明史上的地位，载：燕京学报，新六期，北京大学出版社，1999年，第8～16页。

中起重要作用的是为保证上述关系稳定而制定的确定人际尊卑（统治阶级内部）、贵贱（统治阶级与被统治阶级之间）的礼法制度和与之相应的等级差异。生产和经济活动，包括建筑和建筑技术的发展、停顿乃至受到抑制等都是在这个大前提下发生的。

源于礼制的等级差异对中国古代建筑体系的形成与发展有重要作用。早在《左传》、《考工记 · 匠人》等先秦古籍中就有大量对城市规模、宫庙形制、建筑装饰上的等级差异的记载，表明这时已开始形成一套制度。在各王朝正史中大都载有近于法规的营缮制度，表明建筑等级制度至迟在周代的封建社会时已产生，到秦汉以后的中央集权王朝时期更逐渐系统化、制度化。它对都城、地方城市、宫室、祠庙、陵墓、官署、第宅、民居等都定出级差限制，包括哪些形制做法为皇帝专用；不同等级的城市、建筑群、建筑物必须是什么规模、形式、构造才符合其体制；各级官员或庶人只能建什么样的官署或住宅才符合其等级身份等；均以法令形式固定下来，不许逾越。这种建筑等级制度对建筑的发展有正、反两方面作用。一方面，在其控制下可以使城市、建筑群按统一规制较有序地发展，易于达到整体上的和谐，也有一定的防止建筑过度失控引发社会矛盾的作用；另一方面，又会造成建筑体系、形制的相对停滞、凝固，限制建筑的合理发展及新技术的使用。这样，在以建筑体现王权国家的社会秩序，形成统一谐调的城市或建筑环境的同时，也会出现限制建筑的创新和技术的发展，造成发展缓慢和僵化的不利后果。从历史经验看，有些建筑规制，甚至包括其结构、构造方式，一旦与礼制结合，就基本形成定制，依此发展而不容逾越，很难发生较大的改变。如至少从唐至清，木构建筑的构架已分为殿阁、厅堂、余屋三个等级，限定分别供帝王、贵族官员、庶民使用，上可以统下，而下不可僭上。当它进入凝固和相对停滞状态后，又往往要经过巨大的社会动荡，如五胡十六国、五代十国等巨大的社会动乱和新旧王朝的更替，才有可能在一定程度上打破旧的传统束缚，发生新的变革。历史上，城市由坊市制变为街巷制，建筑由汉式变为唐式、唐式变为宋式、宋式变为明式，都是在这种情况下才有可能实现的。故我们所说的中国古代建筑体系发展延续数千年，除了指它历史悠久、一脉相承外，其中也包括呈阶段性发展、有时处于相对稳定和停滞状态的情况。

古代文化传统中一些内容也对建筑发展有重要影响。在对建筑永久性的要求上，由于中国古人相信“德运转移”的观念，甚至皇帝都曾讲出“自古及今，无不亡之国”的话[①]，故古人对宫殿、坛庙等大型重要建筑的建设都要求速成，要能够及身得见，而不追求永恒。中国历史上从没有出现过欧洲那种耗时数十年甚至百年以上建造一座宫殿或教堂的情况，甚至开凿石窟也求其速成。由于土木混合结构和木结构房屋易建、易改、易拆，符合古人既可以速成，又便于“与时更化”，即随时可以拆改的要求，遂成为中国古代建筑的主流。在建筑布局上，因受礼制制约，强调内外、尊卑、贵贱之别，长期沿用内向的封闭院落或院落群组。在城市规制上，由于城市的建立和发展主要不是商业和经济发展的自然结果，而是政府控制领土和居民以巩固政权的行政行为，都是按官方的规划建设的，出于易于管理的要求，其居住区均有序排列，构成矩形的街道网，这与古希腊、罗马官方或军方所建殖民城、营寨城的性质和形式均有相近处。这些形成了中国古代建筑体系的主要特点。由于这个体系是在中国社会的礼法制度（宗法观点）、政治体制（等级制度）、传统观念（不追求永恒）制约下形成的，具有较强的稳定性，故能基本固定下来，一直延续到近代。这就是尽管自汉代起中

---

① 曹丕（魏文帝），终制，载：《全上古三代秦汉三国六朝文 · 全三国文》卷八。

国已有较成熟的建造各种形式和规模的砖石拱壳构筑物的技术，汉、唐以来在对外交流中也不断有这方面的外来建筑因素传入，至明代制砖技术有较大提高，已能建造大型砖构殿宇，却始终保持以木构建筑为主流，没有向建大型砖石结构建筑方面发展的主要原因。这是社会人文因素制约中国古代建筑技术发展的一个明显的例证。

就是在这些具体的历史和社会条件下，在各王朝的兴盛发展时期，我国古代先民们创造出在世界上独树一帜的建筑体系，取得了巨大的成就，并随着王朝体制的长期延续而不断发展、演进，但当王朝体制逐渐走向衰亡时，这个建筑体系和它所依托的技术也就衰落下来，有些甚至会逐渐倒退、失传。

三　研究中国古代建筑的进程

我国用现代建筑学的方法研究中国建筑发展的历史始于20世纪30年代梁思成教授、刘敦桢教授主持的中国营造学社，他们密切合作，从掌握实例、研究文献和收集工匠的技术资料等多方面同时着手，通过调查，精测大量各类型的重要古代建筑实例、文献考证、访问老匠师等工作，基本理出了唐以后建筑发展的脉络，同时也对宋代的《营造法式》和清代的《工部工程做法》两部古代建筑专著进行专门研究。探讨“清式”、“宋式”的设计方法、规范，取得重要成果，为以后的研究工作奠定基础，指引道路。

中华人民共和国成立以后，在配合基本建设进行的考古发掘工作中，揭示出很多历史上的名都和重要建筑的遗址，在全国文物普查中更发现了大量重要古建筑及完整的各民族、各地区的村镇和民居群，故自50年代中期以后，全国有关高校和研究单位即开始扩大调查研究范围，对城市、村镇、民居、园林、装饰、宗教建筑、民族建筑诸方面都做了大量调查研究工作，拓展了学术视野和研究领域，取得丰富史料和相应的研究成果。其中成就最卓著的是以刘敦桢教授为主编撰写的《中国古代建筑史》（第八稿），是建筑史学科建立三十余年来成就的总结，代表了十年浩劫前的最高水平。在此期间，梁思成教授基本完成了《营造法式注释》专著，刘敦桢教授完成了《苏州古典园林》专著等，在专项研究方面也做出范例。

改革开放以后，在1980～1995年间，建筑史研究领域开展了四项很重要的工作，即编写《中国古代建筑技术史》、《中国大百科全书·建筑、园林、城市规划卷》、《中国古代建筑史》多卷集和《中国建筑艺术史》。《中国古代建筑技术史》由中国社会科学院自然科学史研究所主持，这项工作弥补了长期忽视古代建筑技术的缺憾，并为进一步研究开拓道路，以后陆续出现一些这方面新的成果。在《中国大百科全书·建筑、园林、城市规划卷》中，中国建筑史是一个重要分支学科，组织了全国从事建筑史研究和教学的专家参加工作。为此而制定的框架条目实际上起了梳理出建筑历史学的分类和层次、回顾已有成果、发现需要进一步研究的问题的重要作用，而条目的撰写则是对这些成果的总结和对存在问题所做的初步探索，对学科以后的发展很有意义。1986年，考虑到十年浩劫以来又出现大量新的史料和研究成果，东南大学建筑系潘谷西教授提出新编一部建筑史的建议，议定全书为五卷，由东南大学建筑系、清华大学建筑系及中国建筑技术研究院建筑历史研究所共同承担。五卷本的《中国古代建筑史》在比较宽松的学术环境和时限内进行工作，篇幅大为扩充，有条件吸纳20世纪60年代以后大量新的史料和研究成果，在广度、深度和理论及规律的探索上都有所前进。稍后，在90年代中期，又由中国文学艺术研究院发起，组织多位专家撰写了二卷本的《中国建筑艺术史》，从建筑艺术角度进行重点研究。这四部侧重点不同的建筑史的撰成和出版，从不同角度勾画出中国古代建筑的特点和发展脉络，是改革开放以后研究建筑史的新成果。与此同时，有关高等学校、文物部门、科研单位也不断有大量新的专项研究成果和研究生论文问世，进一步拓展了对古代建筑研究的广度和深度。本研究项目就是在这些成就的基础上进行的。

四　研究中国古代建筑技术的若干不利因素

回顾研究中国古代建筑的历程，还可以看到有两个先天性不利因素，即古代技术性的文献记载极为缺乏和早期完整实物遗存甚少。

古代技术性的文献记载极少：中国古代文化传统重理论思辨而轻考究实物和实际制造技术，主流的儒家思想往往把农业以外的技术改进，特别是生活器用、生活条件方面的改进视为“淫巧”（过分），担心它会对经济和社会风气起破坏作用，不积极支持。其影响所及，就在相当程度上存在着抑制手工业技术、技艺发展的倾向，因此在官方文件和史籍中对具体的工程技术问题很少记载。以古代筑城为例，《左传》中说：“计丈数，揣高卑；度厚薄，仞沟洫；物土方，议远迩；量事期，计徒庸；虑材用，书糇粮，以令役；此筑城之义也。”所说包括确定城及壕的规格尺度、计算运输土方和夯筑的工程量、结合工期估计用工量、计算所需物资和粮食给养等多方面问题，反映出至迟到春秋时在筑城技术和施工组织方面已积累了相当丰富而系统的经验，但是更具体的内容在此期文献中却全无记载。在流传下来浩如烟海的古代文献中，严格说来，只有《周礼 • 考工记》、（宋）《营造法式》、（清）《工部工程做法》等官书和《鲁班经》、《天工开物》、《园冶》等有限几部民间著作是当时的建筑工程和工艺技术专著，其余文献中有关记载大都只记其概况，或夸耀成就，或引为鉴戒，较难从中取得具体的技术信息。此外，官建工程要先制定设计方案，审批后再制定施工方案，工程竣工还要建立档案，这本可留下一些技术史料，但每当改朝换代时，这些档案又大都被毁，很多建造史实和技术资料就会失传。即以最晚的清代而论，至今只有部分中后期的皇家工程档案被私人保存下来，即著名的“样式雷档案”，其余大多未能完整留存下来。因此，从古典文献、档案中了解古代建筑的概貌尚可，想探讨具体的规划设计情况和建造技术就较为困难。民间具体的工程技术是由匠师和工匠掌握的，但他们受行业间技术保密的限制，一般较难于形成完整的著作，往往利用口授的口诀等在父子、师徒间世代相传，这在社会大变动时期也存在重要技术和技艺失传的问题。因此现存的建筑工程规划、设计、施工、材料制做的技术文献资料都极少，在时代连续性和系统性上也有不足之处，有些还只能据实物反推，这是研究工作的主要困难之一。

早期完整实物保存很少：中国古代建筑体系的主流以土、木为基本材料，由土木混合结构房屋发展为木结构房屋，砖石结构建筑的数量极少。数千年来虽建造了大量的城市、村镇和各类型建筑，但土木结构房屋只能保存几百年，木结构房屋个别可保存千年左右。故千年以前的早期建筑实物已无完整保存者，只能通过对已发掘有实测图的遗址和石刻、壁画等参考图像进行了解和研究。现存木构古建筑中，千年以上的唐、五代建筑只有 4 座（公元 960 年以前），宋、辽、金的建筑列入全国重点文物保护单位的近 50 座（公元 960～1279），元以后虽较多，但以单体为多，建筑群组很少。只有明清时期保存下完整的群组较多。历代创建的城市多经后代沿用，中经多次改建或扩建，原规划格局和市政设施能保存下来的也较少。

中国古代还有两个对保存古代建筑不利的坏传统。

其一，新兴王朝大都要把前朝的标识性建筑如宫室、宗庙甚至都城毁去，以绝其“复辟”之望。自秦末项羽烧咸阳起，在各王朝更替时大都发生过这种破坏。历史上只有唐继隋、清继明两次没有进行这种破坏的特例，也只有明北京城及宫殿得以幸存并在清代发展完善，其余前代的都城宫殿则全部毁灭。

其二，古代建筑除宫殿外，宗教建筑占重要地位。但古代宗教经过北周和唐代二次与王权的冲突导致“灭法”，唐以前佛寺大部被毁。宋代以后佛寺又因佛、道信徒们认为“重修宝刹，再塑金身”使建筑焕然一新是巨大的功德，可以为今生和来世祈福，遂使很多可代表各个时代建筑水平的有悠久历史的著名寺观都经历多次的重建，以致其原有布局和有价值的古建筑物、古雕塑也很难完整地保存下来。

这样，文献和遗物的缺乏就为我们全面了解古代的规划、设计水平和工程技术特点造成很大的困难。在研究古代建筑技术发展时，只能主要通过对遗址、遗物的研究去探讨其发展水平和技术特点。但在这方面也还有一定困难。

其一，遗址主要是残存的地下部分，可反映其布局，但对其地上结构情况难于完整表现；且已发现的遗址、遗物有偶然性，往往难于涵盖不同时代、地域、工种的有代表性特点，有些关键材料的取得尚有待于陆续发现和长时间积累。

其二，研究现存的古代建筑需要取得精确的数据和实测图，才能了解其建筑和工程技术特点，但现存重要古建筑并非均有精确实测图，其中有群组实测图者较少，附有相应数据者更少。一些关键性的单体或建筑群组如无测图则可能影响对该時期或地域的研究深度。但实测或取得所需的图纸均非易事，还有待时间积累，这是在图纸、数据方面的困难。

其三，在研究建筑构造施工等具体技术问题時取得资料则更为困难。如建筑的地基基础和砖石台基的做法、木构架的榫卯结合方法等，只有在建筑物解体修缮时始能取得。例如，搬迁永乐宫和修缮故宫取得的基础做法资料，以及修缮南禅寺、独乐寺所取得的构架和榫卯做法资料等都极为重要。但这些都是可遇而不可求的，只能等待机会，通过不断积累来充实对这方面的认识。因此目前在这方面的资料也不可能系统、完整，只能在现有条件下进行。

基于上述情况，本研究采用的基本工作方法只能是尽可能收集历代的实物和遗址资料及发掘、修缮报告，进行排比，并查阅历史文献和利用本学科数十年来已取得的研究成果，搜集图纸及实测数据，以时代发展为序，试图理出其继承和发展脉络以及所取得的重要成就。其中有些内容或因目前材料尚不充分，或因时代序列还不完整，只好暂缺。因此，各章、节内所列的小题也不尽一律。

关于“技术”所包含的内容，查尔斯·辛格在其主编的《技术史》第一卷前言中说：“在词源学上，技术指的是系统地处理事物或对象。”[①] 戈登·柴尔德在该卷第二章说：“技术这一名称指的应该是那些为了满足人类需求而对物质世界产生改变的活动。在本书中，这一术语的含义扩展到包括这些活动的结果的范畴”。[②] 这就是说，技术既包括系统处理的方

① 辛格，技术史（第一卷）（前言），上海科技出版社，2004 年，第一册，第 20 页。

② 辛格，技术史（第一卷）（第二章，社会的早期形态），上海科技出版社，2004 年，第一册，第 25 页。

法、手段，也涉及其结果。参照这种论点，这里对建筑技术的范围采取的也是较广义的概念，即除了具体的建筑结构、构造、材料、施工技术外，对那些涉及形成和延续中国古代建筑主要特征及其成果所使用的方法、程序及其成果的具体体现，也在探讨之列。包括如何按不同时代的需要去规划、建设完整的城市，布置、建造和谐有序的院落和建筑群，设计木构和砖石建筑的结构体系及其构造方法等。同时，对于形成这些特征所采取的方法和手段，例如模数网格在城市规划、建筑群组布局和大型建筑设计中的运用，材分、斗口等模数在单体建筑的建筑、结构、构造设计中的运用等，也作为重点进行探讨。因为与那些具体的修造和装饰技术和工艺问题相比，这些方法、手段对于形成中国古代建筑的基本特征是更为关键的，其成就也是更为突出的。本书将侧重从建筑技术、方法、手段和技艺发展的角度来探讨这方面问题。对于规划、建筑中有关艺术的问题则尽量不予涉及。就时代范围而言，上起石器时代，下至清代中后期为止。1840 年以后，中国进入另一历史阶段，此期传入的外国建筑属另一体系，也未涉及。

希望通过上述的探讨，能对中国古代建筑技术发展的历程、在历史上取得的卓越成就、促进和限制中国古代建筑技术发展的因素、在这方面的历史经验和教训等方面能有进一步的认识。

目　录

第一章 原始社会

第一节 概 说

此期包括旧石器时代和新石器时代。

旧石器时代一般指原始文化（或史前文化），这时人类以打制石器为主要工具，以狩猎和采集谋生，尚无能力经营居住场所。已保存下来的居住遗迹以天然洞穴为多，如“北京人”、“山顶洞人”、“郧西人”曾居住过的山洞均已被发现。大约在距今1万年左右，旧石器时代结束。

新石器时代时，人已逐步从事改造自然的农业、畜牧业生产活动，并掌握了制做磨制石器、陶器和纺织等技术，时代大约在距今8000～4000年前，相当于夏代以前，大体属于原始氏族公社的盛期和后期。此时人也开始具有经营住所的能力，并随着技术的不断改进，从穴居、半穴居发展到地上建筑，并初步掌握了夯土技术和木构建筑的榫卯技术等。到新石器时代后期，随着权力的集中，居住形式逐步由家庭、家族、族群聚居发展到氏族的聚落，其中4600～4400年前的姜寨聚落遗址面积已达2万余平方米，可以组织较多人力建造100平方米以上的大房子，出现了宫殿的初型。在这种大型的中心聚落基础上又进一步发展出小城堡，即所谓“古城”，如约当5000～4500年前的石家河文化古城面积已达1.32平方公里。与此同步，也逐渐发展出附有祭坛和以象征神权、王权的玉琮、玉钺陪葬的大型墓葬，出现了神权与王权合一的萌芽。在古代中国有多种新石器文化，苏秉琦先生把它大致分为六个区系，包括燕山南北的红山文化、夏家店文化，山东的大汶口文化、龙山文化，关中、晋南、豫西的大地湾文化、客省庄文化、仰韶文化，环太湖的河姆渡文化、马家浜文化、良渚文化，环洞庭及四川的大溪文化、石家河文化、三星堆文化，鄱阳湖、珠江三角洲的仙人洞文化、玲珑岩文化等，它们各有自己的特色并先后经历类似的进程，发展成若干个高于部落之上的城堡，逐渐形成原始国家，即历史上的万国时期。[①]

城是防卫设施，其建设需大量劳动力。城内的建筑已有规模大小和型制繁简的差异，并出现建在中心或显要位置的象征权力的大房子和在外围的手工作坊等，反映出权力的集中和人群开始分化。古城的出现和它与氏族聚落、中心聚落的差异也反映出最初意义的城乡分化。

在中国约4000年的新石器时代中，不同的地域文化各有特色，也有其盛衰起伏，甚至中断，发展并不同步，其建筑技术的发展程度也不尽一致。如早在7000年前，河姆渡文化已能利用石、骨制造的工具建造用榫卯结合的木构干阑建筑，在当时很先进，但其后在这地域却未见进一步发展的迹象。而5000年前的仰韶文化虽只能建捆绑结构的木骨泥墙房屋，却在广大地域得到发展，后期能建100余平方米的大型建筑。在夯土技术方面，也在相当长

① 苏秉琦，中国文明起源新探，商务印书馆（香港），1997年。

时期内存在不同的地域文化的夯土台基和古城在体量、规模上的差异，在工具上也有使用卵石和使用集束木棍夯筑的不同。因此，各种文化在建筑技术发展程度上有相当大的差异，很难排列出统一的进程。下面重点介绍其中较先进的可代表当时水平的一些建筑成就。

第二节　建筑概况

一　聚　落

新石器时代以来的一种聚居形式。一般以一栋或数栋较大房子为主体，若干单栋住房按一定形式分别排列在其周围，形成一个或几个居住团组。在其附近安排制陶等手工作坊、供储藏用的窖穴和墓葬区，并在外围设有防护设施如栅或壕沟。其大房子是氏族或部落首领住所或公共活动场所。除一般聚落外还逐步发展出更大规模的中心聚落，除居住团组增多外，还出现了面积超过100平方米的大房子，反映出权力的进一步集中。

现依遗址时代先后介绍如下。

（一）河南澧县八十垱遗址

属彭头山文化聚落遗址，距今8000～7000年，东西160米、南北200米，面积约3万平方米，外围有环壕和围墙。居住遗址主要有半地穴式、地面式和干阑式。建在地面以上有台基者较少，有中心柱，四角有犄角形坡道。墓葬位于居住区周围。[①]

（二）余姚河姆渡聚落遗址

为新石器文化遗址，在浙东宁绍平原东部，介于宁波余姚之间，分四期。其中第一期年代在公元前5000～前4000年间，距今约7000～6000年，是一所背山面湖有相当规模的聚落。它地处南方沼泽地区，故房屋为架空的木构干阑，目前已发掘出若干座房屋遗址，由西南向东北扩展，为长条形有前廊的架空的干阑式房屋。从这些房屋的规模和有序排列，应已形成聚落，但从已发掘部分尚无法得知其总体规模和布局特点（图1-1）。[②]

（三）甘肃秦安大地湾聚落遗址

遗址中发现238座房址，分属5个文化期，历时3000年，属不同时期的聚落遗址。其中第二期第一段房屋都建在圆形壕沟内，形成聚落（图1-2）。其西侧为公共墓地。已发掘了9500平方米，中心为1000平方米的广场，周围发现房址37座，门均开向广场，以广场为中心呈扇形分布。其中25座保存较好，为2座大型房址、9座中型房址、14座小型房址。二座大型房址上下重叠，当是经过重建，证明此聚落只能有一座这种大房子，可推知应是部落首领住所或公共活动中心，面积69平方米，面向广场。此期属仰韶文化早期，距今约6500～6000年。

① 裴安平，八十垱遗址，载：宿白，中华人民共和国重大考古发现，文物出版社，1999年，第60页。

② 浙江省文物考古研究所，余姚河姆渡（第三章中“建筑遗迹的初步分析”部分），文物出版社，2003年，第26页。

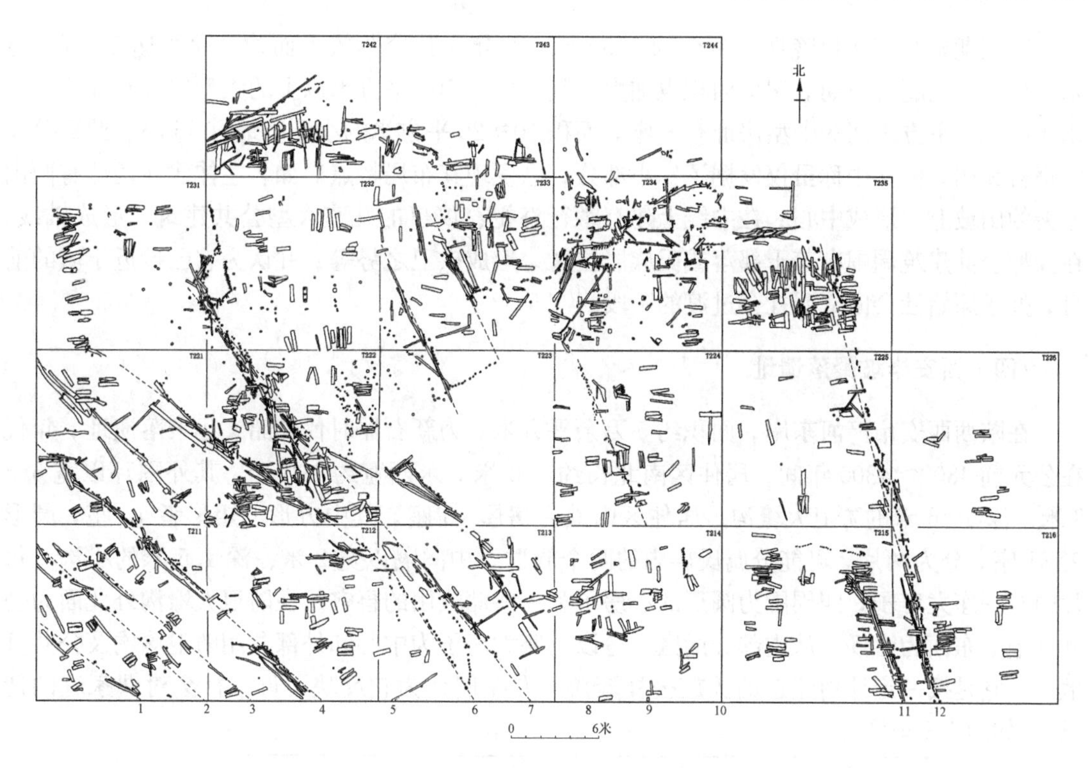

图 1-1　余姚河姆渡遗址第一期文化干阑建筑平面图

浙江省文物考古研究所：余姚河姆渡（上）（第三章），图七，文物出版社，2003 年，第 19 页

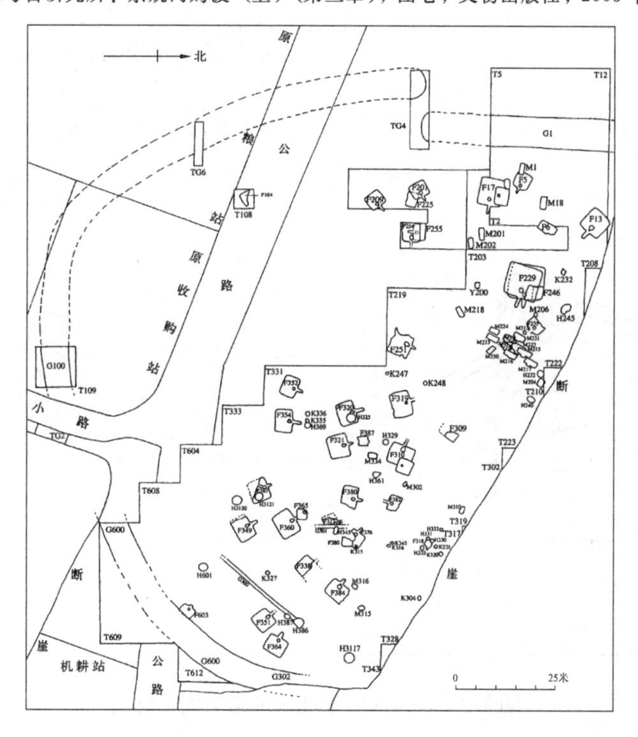

图 1-2　秦安大地湾第二期 1 段平面图

甘肃省文物考古研究所：秦安大地湾（上），图五六，文物出版社，2006 年，第 78 页

第四期属仰韶文化晚期，距今约5500～5000年。其聚落依山而建，面积达50万平方米，规模大大超过前期，房址面积也加大。其中面积100平方米以上的大型房址有3座，面积40～100平方米间的中型房址有8座，面积10～20平方米的小型房址有45座。此部分发掘报告无图，但文中称虽仅发掘了一小部分，已发现其布局特点，如：主体建在两侧有两山相夹的山坡上，形成中心；在中线上建有举行祭祀、议事的几座大型公共建筑，形成轴线；在大型公共建筑周围有若干部落或氏族居住区，形成拱卫之势等；并认为它已接近于城的前身，处于原始社会向文明社会过渡的阶段。①

（四）西安半坡聚落遗址

在陕西西安市浐河东岸，面积约5万余平方米，为新石器时代仰韶文化聚落遗址，年代在公元前4800～4300年间。居住区南北长约300米，东西宽约190米，其外围环以宽6～8米、深5～6米的防卫大壕沟。居住区内共有房屋46座，其中方形、矩形者15座，圆形者31座，分为两片，可能分属氏族内的两个族群，中间隔以宽2米、深1.5米的小沟。每片内有一座大房子，四周围为圆形的小房子和一些储藏用的窖穴。在防卫大壕沟外北面为公共墓地，东面为窑场。从内部分两区，各以一座大房子为中心和外部共用防卫壕沟及公共墓地看，它是按一定计划建造的氏族公社聚落。专家们认为它反映了母系社会对偶家庭的情况。②如图1-3至图1-5。

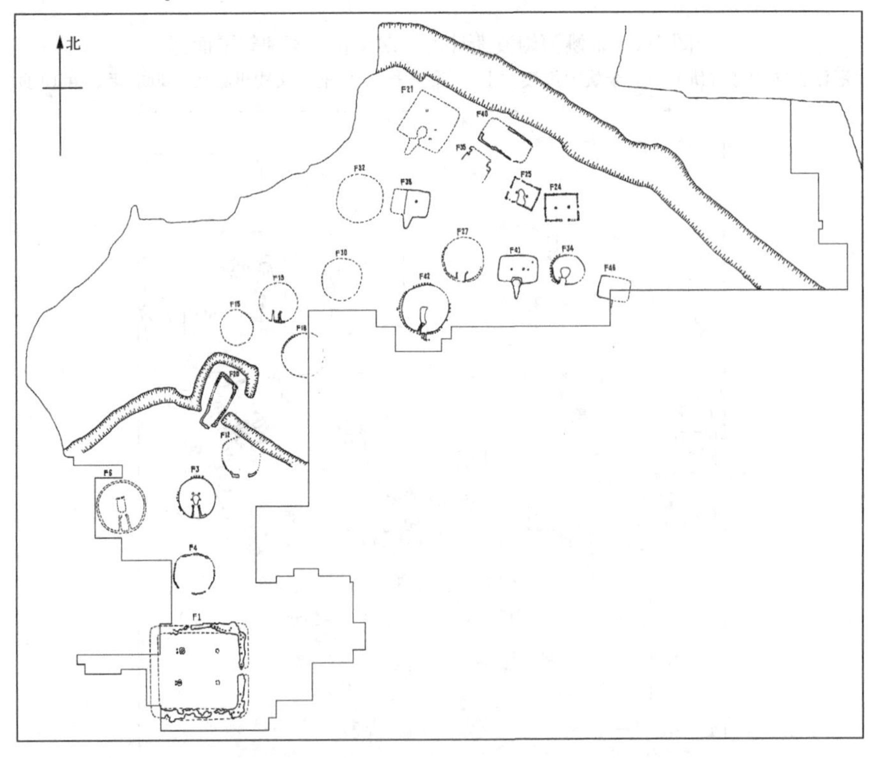

图1-3　陕西西安半坡遗址总平面示意图

---

① 甘肃省文物考古研究所，秦安大地湾（第八章，结语——聚落的布局和特点），文物出版社，2006年，第701页。

② 石兴邦，西安半坡遗址，载：中国大百科全书·考古学，第34页。

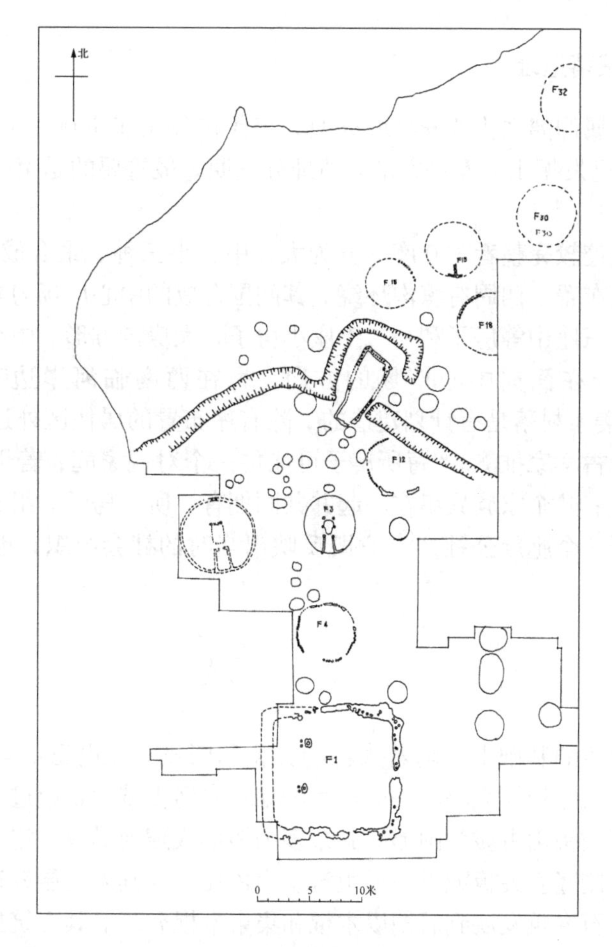

图 1-4 陕西西安半坡遗址西部平面图

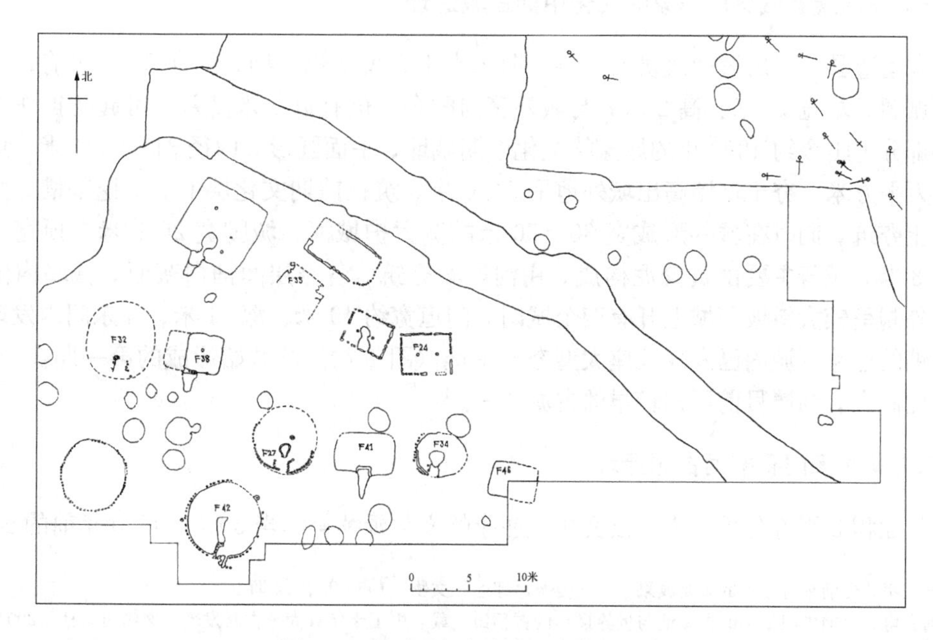

图 1-5 陕西西安半坡遗址东部平面图

（五）临潼姜寨聚落遗址

在陕西临潼县，属仰韶文化西安半坡类型，年代在公元前4600～4400年间。现存遗址2万余平方米，目前已发掘1.7万平方米，遗址分五期，最重要的是第一期村落遗址和第二期合葬墓地。

属一期的房屋遗迹较完整者120座，分为大、中、小三种，聚合成东、北、西北、西、南五个团组，呈环状布置，四周有壕沟环绕，其间围合成的中心广场为早期墓地。每个团组各有一座大房子、两三座中等房子和一二十座小房子，大房子方形，中小型房子方形、圆形均有，房子的门均开在面向中心广场的方向。另在西南临河岸边有烧制陶器的窑场（图1-6）。据此可知姜寨村落是有计划建造的，除有序布置的居住区外还有手工作坊、墓地和防御设施壕沟。考古学家推测，“每所房子可能住一个对偶家庭；若干小房子和一所中型房子可能住一个家族；几个家族聚集在一起并共同拥有一所大房子，组成一个氏族公社；而整个村落则可能属于一个胞族公社。”① 它既反映出当时的社会组织，也可看到相应的建造技术水平。

二　古　　城

在聚落和中心聚落的基础上，随着人群的分化和因权力及财富的集中而产生的防御需要，就发展出古城。城之规模大小不一，较大的如石家河古城面积超过1平方公里。城之形状也各不相同，澧县城头山古城为圆形，其余多为矩形或随地形有一定变化。城身一般为夯筑而成，夯法由以一侧竖立夹板或以一道版筑墙为依托，在其外逐层夯筑，夯层较厚，所用工具由早期的用河卵石夯筑发展到后期以木棍和集束木棍夯筑，其夯筑技术尚在初始阶段。

（一）湖南澧县城头山屈家岭文化中期古城遗址

在湖南澧县，经历过四次筑城，第一期相当于大溪文化一期，约在6000年前，已形成现在的城廓，基宽11米、高2米，与城外壕沟配合，仍有近6米高差，可起防护作用。现存主体部分为距今约4800年的屈家岭文化中期城址，平面圆形，内径314～324米，城内面积约8万平方米。夯土城墙高出城外地平5～6米，筑在前期文化层上，未挖基槽，主要自城外取土夯筑，同时在城外形成宽30～50米的宽大护城河。城脚宽26.8米，顶宽20米，残高4.8米，城身主要由黄胶泥构成，用河卵石夯筑，各夯层间铺白灰面，城墙内侧较陡直，而外侧呈较大斜坡。城上开有四个城门，门道宽约19米、深11米。在东门内发现一段用卵石铺的道路。城内已发现几座大型夯土基址（图1-7）。此城始形成的第一期在6000年前，就此而言，当属目前所知较早的古城之一。②

（二）湖北天门石家河古城遗址

遗址面积8平方公里，由大溪文化经屈家岭文化延续至约当5000～4500年前的石家河

① 严文明，史前聚落考古的重要成果——《姜寨》评述，文物，1990年第12期。

② 何介均，目前中国最早的古城址与世界最早的古稻田，载：中国十年百大考古新发现，文物出版社，2004年，第136页。

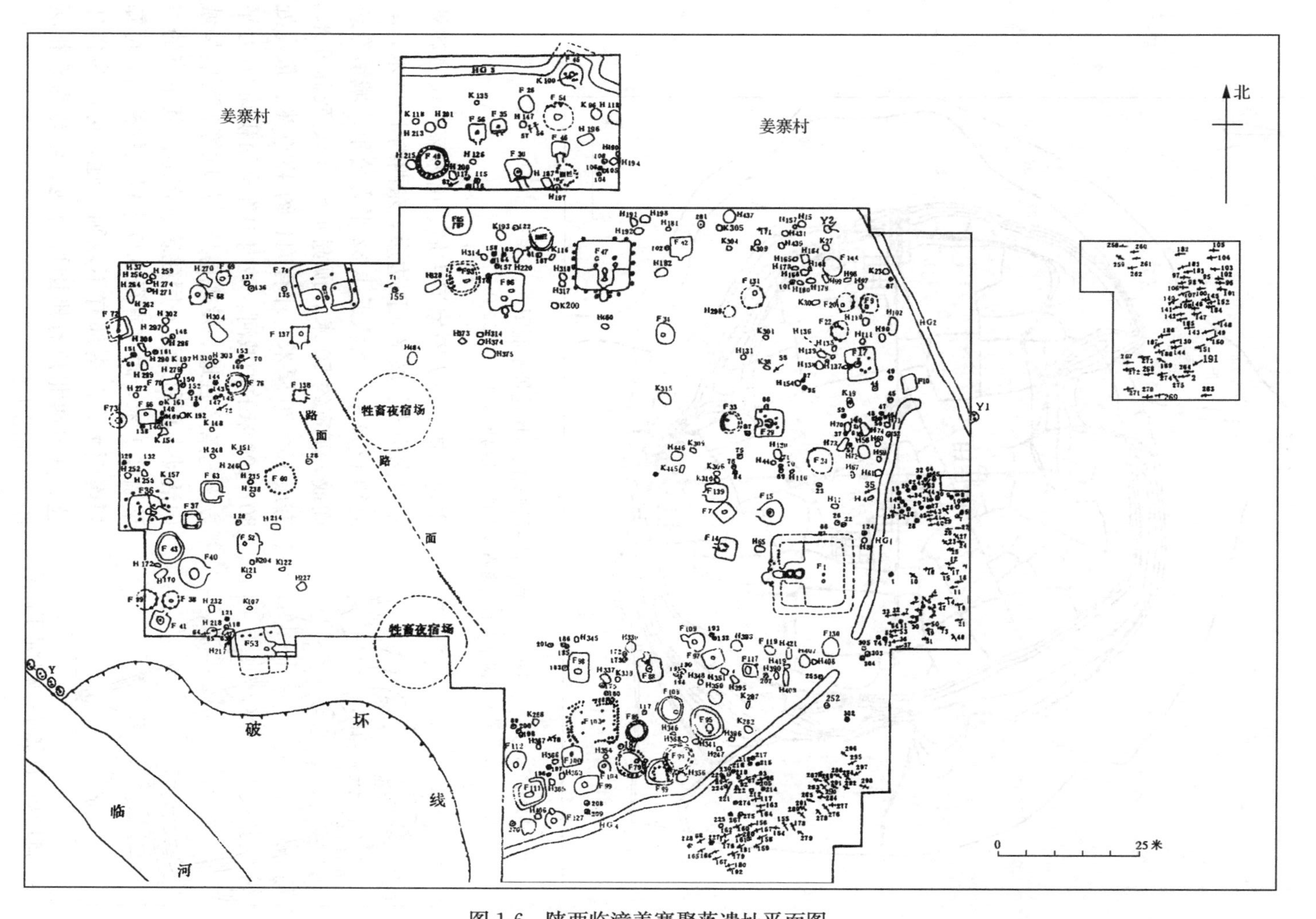

图1-6 陕西临潼姜寨聚落遗址平面图

张忠培:中国考古学·走向与推进文明的历程,图26,紫禁城出版社,2004年,第171页

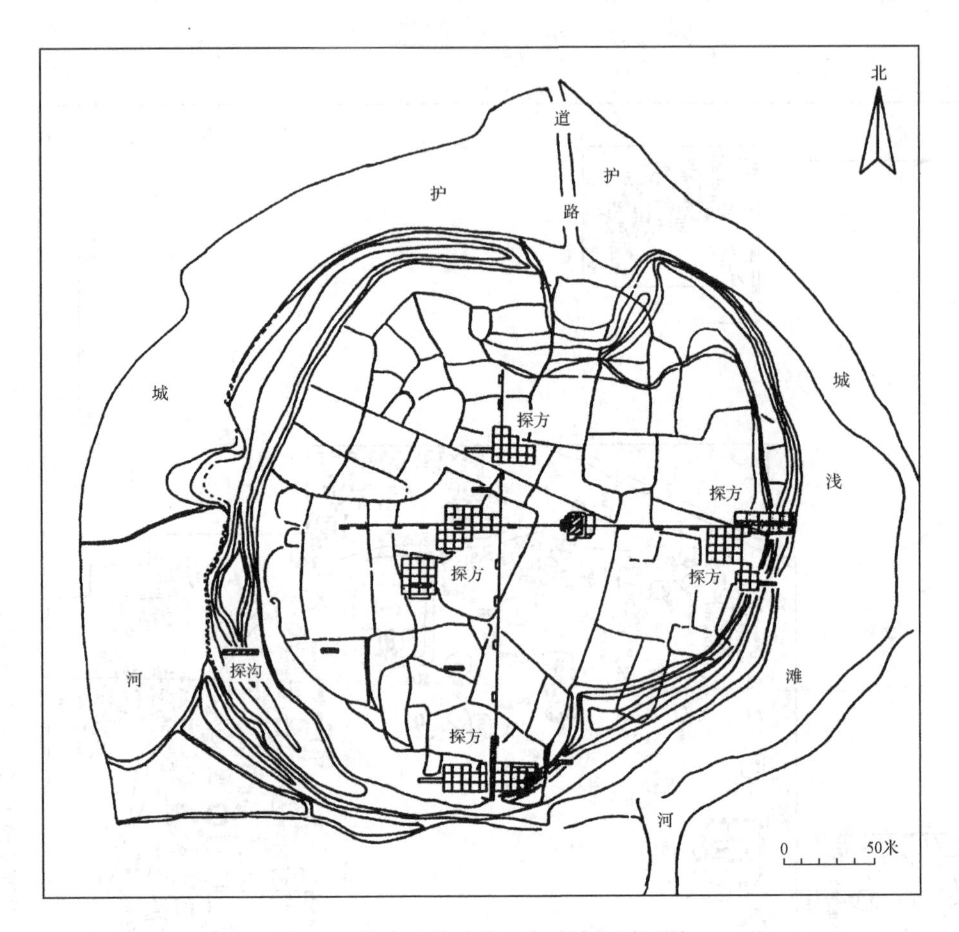

图 1-7　湖南澧县城头山古城遗址平面图

中国十年百大考古新发现，文物出版社，第 156 页

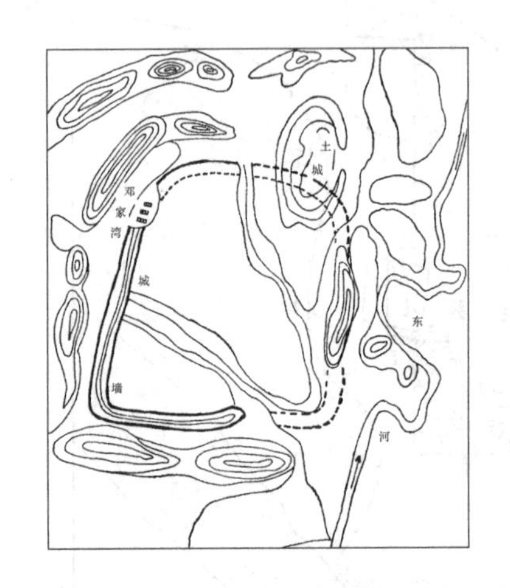

图 1-8　湖北天门石家河古城遗址平面图

文化。其中心为石家河古城，由城墙、城壕和外围台岗构成。城平面四边形，东西约 1100 米，南北约 1200 米，面积近 1.32 平方公里。城垣夯筑而成，基宽约 50 米，顶宽 4～5 米，残高 6 米，夯层 10～20 厘米。外有周长约 4800 米、最宽处 80～100 米的护城河。城内中部有面积约 20 万平方米的条形台地，发现房址、灰坑等，可能是城内活动中心和大型公用建筑所在地。其中有的房址墙厚 1 米，附有直径 0.3 米以上的柱洞，可知规模颇大。西南部有不规则台地，可能为作坊址，城内西北角有椭圆形台地，可能为祭祀场所。① 如图 1-8。

① 张柏，全国重点文物保护单位，文物出版社，2004 年，第 532 页。

（三）河南辉县孟庄龙山文化城址

为龙山、二里头、商三代叠压城址。龙山文化城址北墙原长约340米，残存260米，东墙长约375米，西墙长约330米，南墙被毁。城为内外取土分段堆筑而成。在城内侧竖立夹板，使城身较陡直，形成宽15.5米、高约4米左右的城身，在夹板外侧（即城之内侧）有宽8米的护坡。城外有挖土筑城后形成的宽约20米的护城河，其南、西、北三面护城河即紧靠城之外壁。东墙中部有城门，深17.5米、宽2.1米，两侧有基槽，门道南壁也有竖立木板痕。如图1-9。考古发掘证明，龙山城址毁于洪水。①②③

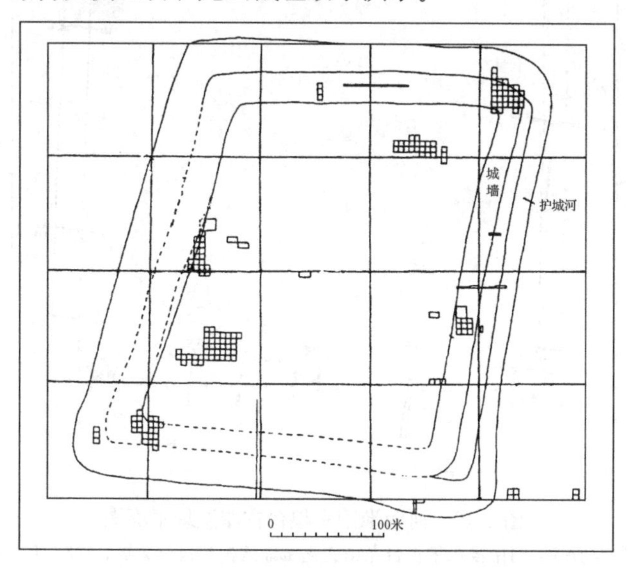

图1-9 河南辉县孟庄古城遗址平面图

袁广阔：河南辉县市孟庄龙山文化遗址发掘简报——孟庄龙山文化遗存研究，考古，2000年3期，第2页

（四）河南淮阳平粮台龙山文化古城遗址

在河南淮阳县东南，为龙山文化古城遗址，^{14}C测定为距今4500年左右。城址平面为正方形，方向6度，长宽各185米，面积约34 200平方米（图1-10）。现城墙址顶宽8～10米，底宽约13米，残高约3米，城之外角略呈弧形。城身的筑法是先在内侧筑宽80～85厘米、高1.2米的版筑墙，夯层厚15～20厘米，在其外侧堆土，略呈斜坡，逐层夯实，超过版筑墙后，继续堆高，夯筑成上部城身。在南北墙上发现有路土的豁口，是城门址（图1-11）。南门址的路土宽1.7米，门道东西侧有门卫室。东侧卫室较完整，东西3.1米，南北4.4米，墙厚0.5～0.7米，用矩形、方形、三角形土坯砌成，外壁用草拌泥抹面，西墙北侧开宽0.5米的门，室内红烧土地面低于室外。西门卫室与之基本相同。在南门路土下埋有陶制下水管，

① 袁广阔，中原首次发现的龙山夏商三叠城——辉县孟庄遗址，载：中国十年百大考古新发现，文物出版社，2004年，第201～205页。

② 河南省文物考古研究所，河南辉县市孟庄龙山文化遗址发掘简报，考古，2000年第3期。

③ 袁广阔，孟庄龙山文化遗存研究，考古，2000年3期。

陶管为圆筒状，大头径 27～32 厘米，小头径 23～26 厘米，长 35～45 厘米不等，为轮制。做法是三条管道下一上二、呈倒品字形埋入沟中，周围填以料礓石和土，其上再覆以路土，通向城外。在城内已发现龙山文化陶窑 3 座，房基十余座。房屋多用土坯建造（详见后面居住建筑部分）。①

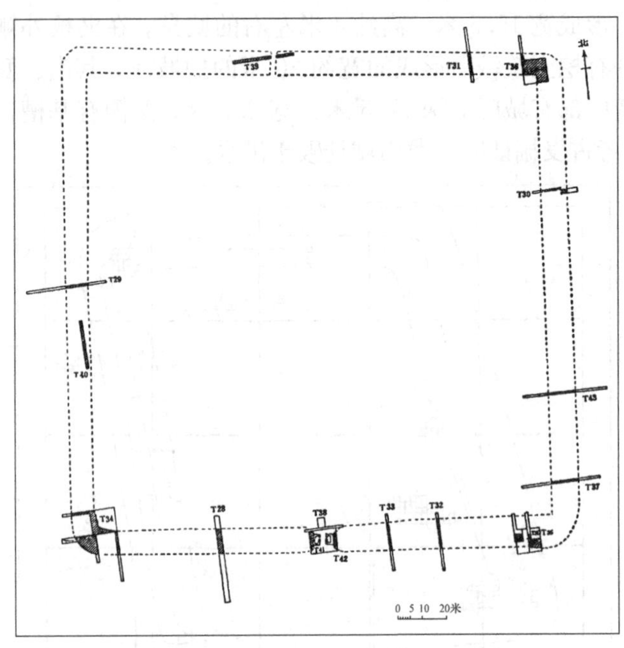

图 1-10　河南淮阳平粮台古城遗址平面图

河南省文物研究所等：河南淮阳平粮台龙山文化城址试掘简报，文物，1983 年 3 期，第 27 页

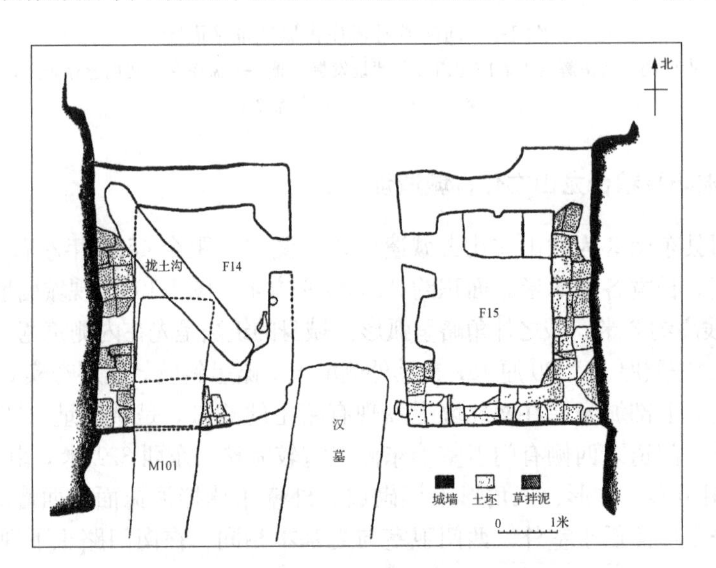

图 1-11　河南淮阳平粮台古城城门遗址平面图

河南省文物研究所等：河南淮阳平粮台龙山文化城址试掘简报，文物，1983 年 3 期，第 28 页

① 河南省文物研究所等，河南淮阳平粮台龙山文化城址试掘简报，文物，1983 年 3 期。

三　各类型建筑逐步出现

随着技术的发展，房屋由地穴、半地穴发展为地上建筑，品种由不同规模的住房发展到公用的大房子和建在大型台基上近于宫殿的建筑以及祭坛和大型墓葬。

（一）居住建筑

此时期人开始有能力经营住所，经数千年历程，逐渐由穴居发展为各种地上建筑。最早期的地穴是在竖穴顶上用树枝等搭建棚顶居住，以后发展出在竖穴侧面横挖洞穴居住，再后发展为圆形半地穴或浅地穴。先是在穴口斜立树木枝干为骨干，斜向中央，由穴底中部的内柱承托，形成浅地穴锥形房屋。再进一步就发展出地上建筑，在房屋四周直立密排的小柱围合成屋身，其上再建锥形屋顶。随后平面也由圆形发展为矩形或方形，间数由单间发展到套间和多间联排房屋。在结构方面，中原和北方，随着夯土技术的发展，逐渐出现建在夯土台基上的建筑和使用夯土墙、土坯墙的房屋，出现了土木混合结构的萌芽。在南方沼泽地带则出现了架空的木构干阑，并初步掌握了木构件用榫卯结合的技术。

1. 浙江余姚河姆渡居住建筑址

浙江余姚河姆渡遗址一期距今约 7000 年，发现架空的木构干阑建筑遗迹（图 1-12），为

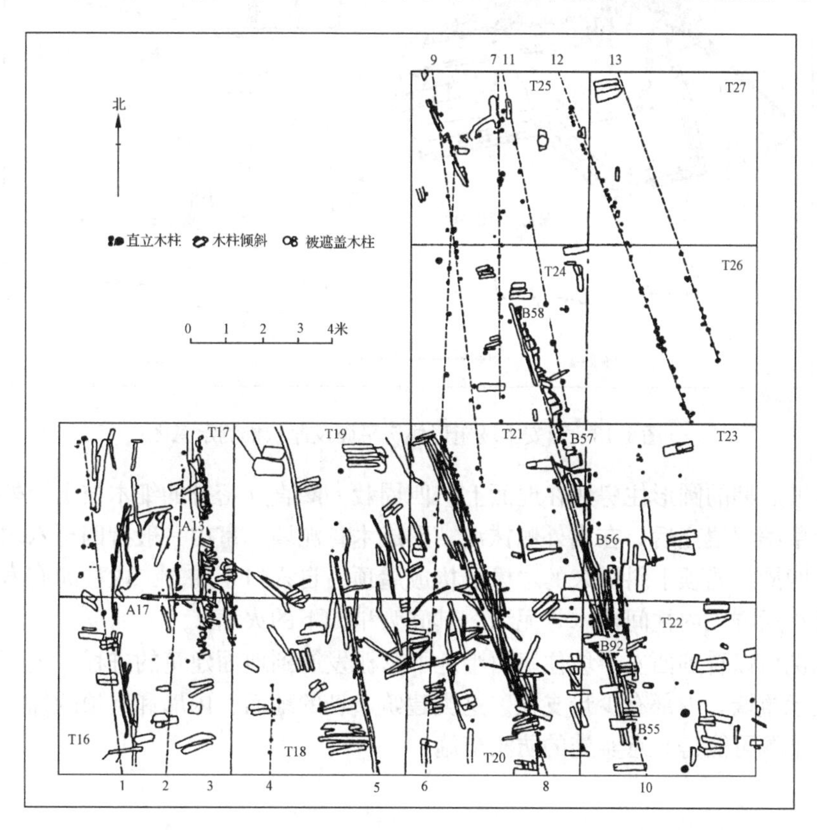

图 1-12　浙江余姚河姆渡干阑建筑遗址平面图

浙江省文物考古研究所：河姆渡（上）（第三章，第一期文化遗存，建筑遗迹的初步分析），文物出版社，2003 年，第 26 页

长条形建筑，下为成排的桩柱，每隔一定距离（2.4～4米）有一根较粗的桩柱，其折断处有残卯口，上承有榫头的地栿，地栿上承高出地面约0.8～1米的地板，地板以上发现有直径0.18米的柱子，推测其上可能架梁，构成屋顶，但构造方式不详。在地板上曾发现席箔残片，可能用于地面，也可能用于屋面。[①]这是目前所见最早的使用榫卯结合的木构干阑式房屋。

2. *西安半坡居住建筑址*

西安半坡发现大量矩形和圆形的居住房屋遗址（图1-13和图1-14），年代在公元前4800～前4300年间。早期多为室内地面低于室外80厘米左右的浅地穴住房，前端开一浅斜坡为入口，门内正对火塘，内部有一二个较大柱洞，四周沿坑壁顶面有大量斜的小柱洞，它是利用内柱为骨架，承托由四壁斜搭向中间的木杆件，构成四坡或攒尖屋顶，其上抹草泥为屋面。它是室内无直壁的窝棚式住房，从入口处有火塘推测，屋顶上必有通风口，其构造可能随建造水平的提高逐渐完善。

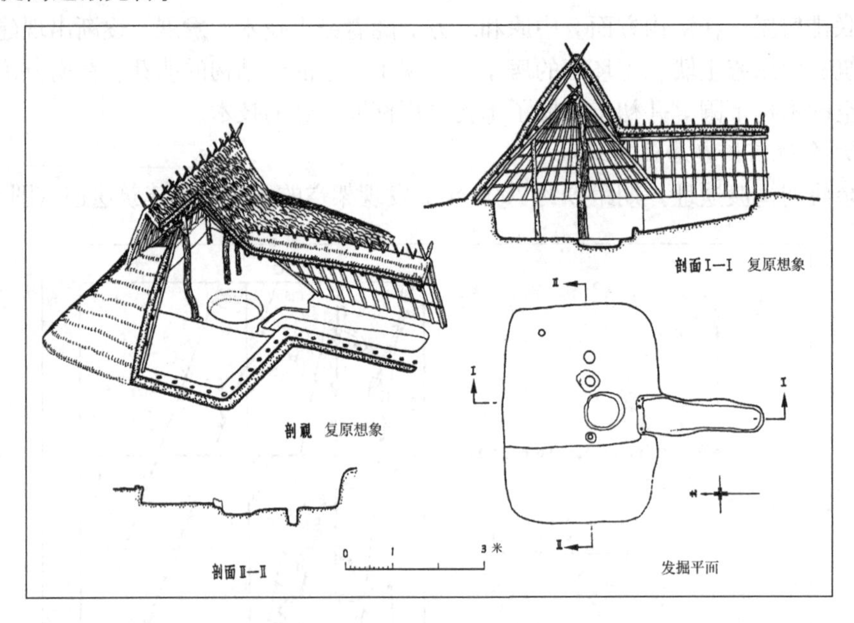

图1-13　西安半坡矩形住房平面及原状推测示意图

西安半坡后期的圆形住房建在地面上，四周栽一圈直立密排的细木枝干为外墙骨架，其间用细枝和草编织填充后，在内外侧抹泥，形成木骨泥墙。室内一般有四至六内柱，组成骨架，上承由四周外墙顶上斜搭来的木椽，构成屋顶。自入口至前方二内柱间有木骨泥墙，形成门道，又在后方二内柱间建木骨泥墙，其间为稍凹下的火塘。

从上二例可以看到西安半坡住房由半地下窝棚发展到地面建筑的进程。地面建筑之外墙为木骨抹泥承重墙，内部有少量支柱。这类建筑遗址的地面、内墙和屋顶的抹泥上多有烧烤痕，有专家推测可能是有意实施的防潮措施。[②]

① 浙江省文物考古研究所，河姆渡（第三章中的“建筑遗迹的初步分析”部分），文物出版社，2003年，第26页。
② 中国社会科学院考古研究所、半坡博物馆，西安半坡，文物出版社，1963年。

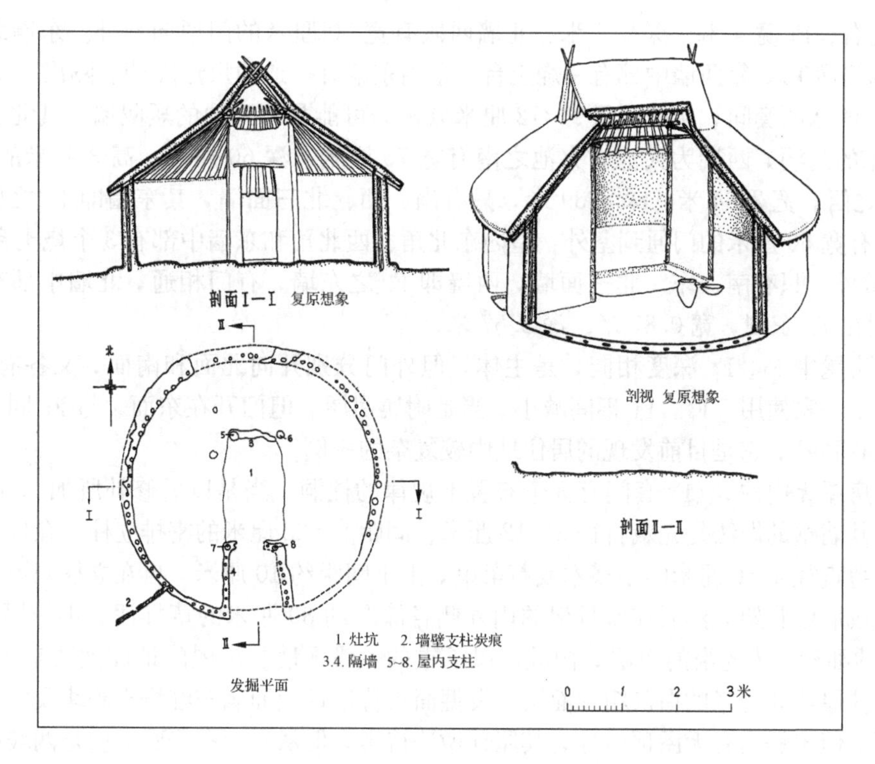

图 1-14 西安半坡圆形住房平面及原状推测示意图

3. 郑州大河村居住建筑址

为相连的四间房屋（图 1-15），南向，发掘编号为 F_1～F_4，属仰韶文化晚期，距今约

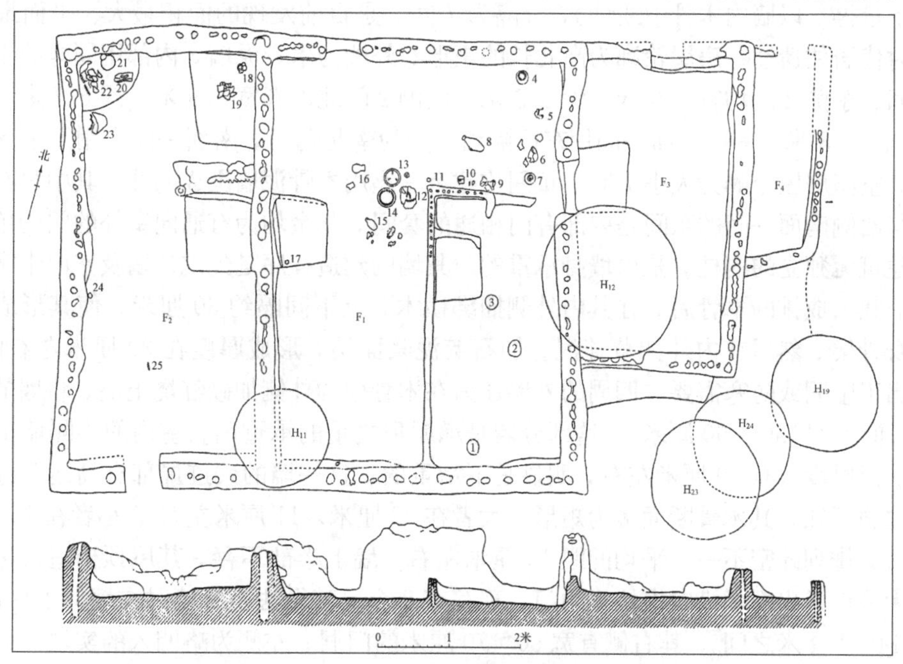

图 1-15 郑州大河村居住建筑遗址平面图

郑州市博物馆：郑州大河村仰韶文化的房基遗址，考古，1973 年第 6 期，第 331 页

5000 年左右。F_1 宽 4 米、深 5.2 米。北墙西段有宽 50 厘米的门通向室外。东墙北段有宽 70 厘米的门通 F_3，靠西墙中部有一烧土台。室内东偏有一道曲尺形隔墙，隔出一个深 3.58 米、宽 1.84 米的套间，从墙厚只 9～12 厘米分析，可能是不到顶的矮隔墙。其北墙东端有宽 90 厘米的门洞，西端为火池，火池之南有宽 75 厘米、深 60 厘米、高 3 厘米的烧土台。F_2 在 F_1 之西，宽 2.64 米、深 5.39 米，只有南、西、北三面墙，其东墙即 F_1 之西墙。在南墙中部有宽 50 厘米的门通到室外。室内东北角、西北角和东墙中部有 3 个烧土台。F_3 附在 F_1 东墙外，只有南、东、北三面墙，西墙即 F_1 之东墙，有门相通，北墙中部有门通室外。F_4 附在 F_3 东侧，宽 0.87 米、深 2.57 米。

这组房屋中 F_1、F_2 深度相同，是主体，但外门分别开向北面和南面，又各有烧土台，明显不属于一家使用。F_3、F_4 逐间减小，当是附属房屋，但门开在东面，与 F_1 同，可能使用功能上有联系，它是目前发现的居住址中较复杂的一例。

这组房屋无内柱，（F_1 套间有 3 个布置不规律的柱洞，当是以后修补所加。）应是以墙壁承重。其墙壁的做法是先栽直径 8～12 厘米、间距 8～22 厘米的密排立柱，在柱列外侧用藤或草绳缚直径 4～6 厘米的小横木或芦苇束，上下间距约 10 厘米，再在立柱间缚竖立的芦苇束，构成墙壁骨架，然后在墙骨架的内外侧各涂厚约 30 厘米的草拌泥，再抹厚约 1.5～3.5 厘米的细沙泥为光滑的面层，构成可以承重的木骨泥墙。房屋的地面做法是先垫净土，再在其上抹厚约 3 厘米的白灰粗沙面层。发掘简报称遗址地面满布红烧土碎块及木炭残块和黑色灰烬，但未提出有无屋顶残片，其屋顶做法待考，但从平面布局看，应是两坡屋顶。①

4. 湖北枣阳雕龙碑居住遗址

遗址面积 45 000 平方米，发现房基二十余座，有单间半地穴、双间、圆形单间、矩形三四间等不同形式。其中 F_{15} 房址（图 1-16）东西 7.8 米、南北 10.7 米，面积为 83.5 平方米（图上量得，以墙内木骨中线计），分隔为 7 间，是目前发现的面积最大、平面最复杂的新石器时代居住遗址。房屋轮廓为南北长的矩形，外墙为木骨泥墙，内部用同样的十字隔墙分为 4 间。东侧 2 间均宽 2.9 米、深 5.3 米。西侧 2 间北面者宽 4.9 米、深 5.7 米，南面者宽5 米、深 5.3 米。其中北面一间用东西隔墙等分为南北套间，南面一间也用丁字形隔墙隔为 3 间，整座房屋分隔为大小 7 间，每间均建有一座用木骨泥墙围成的灶。其中只有东侧南面一间与西侧南面一间的东间是内部有门相通的套间，其余均为有通向室外的门的单间。

此建筑无独立的内柱，是由墙身承重的。其墙的建造程序是先挖外墙及室内十字形隔墙的基槽，栽入成排的木骨后，在其内外侧捆绑横木，上下间隔约 30 厘米，使其形成纵横两向的墙身骨架，然后在内外抹草拌泥，加石灰泥浆面层，形成厚度在 30 厘米左右的墙身。可能是出于坚固或防寒需要，四周的外墙还另在木骨架的外侧加砌红烧土块，将墙的厚度增加至 50 厘米（局部达 90 厘米）。这部分墙是承屋顶之重的承重墙。室内的小隔墙虽也是木骨泥墙，但厚度只有 10 厘米左右，明显是不承重的。这些墙的残迹局部有高达 50 厘米的，从墙内柱洞可知，其木骨断面多为矩形，大者在 25 厘米×11 厘米左右 ，小者在 15 厘米×7 厘米左右，排列疏密不一，平均间距 10 厘米左右。墙上半部不存，其屋顶构造俟考。此遗址的最大特点是出现了横向推拉式的门，现存有 8 个。其做法是筑墙时在墙体上留出门框，宽在 1.14～1.4 米之间 ，其右侧有宽 50～70 厘米的门洞，左侧为略凹入的实墙，以容纳横

---

① 郑州市博物馆，郑州大河村仰韶文化的房基遗址，考古，1973 年第 6 期。

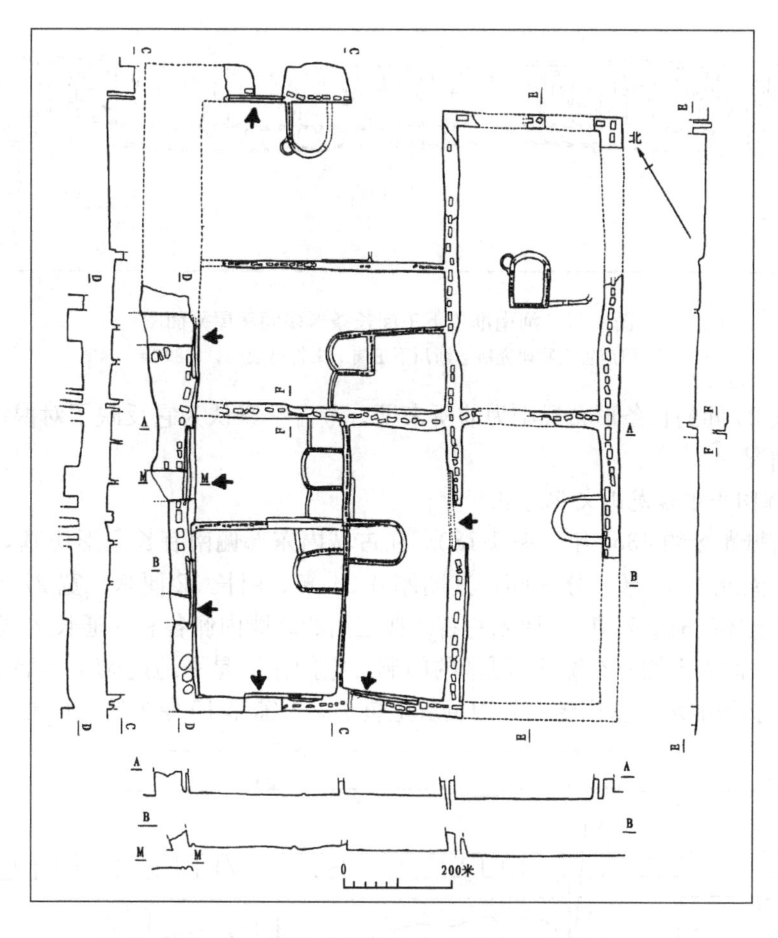

图 1-16 湖北枣阳雕龙碑 15 号房址平剖面

中国社会科学院考古研究所湖北队：湖北枣阳市雕龙碑遗址 15 号房址，考古，2000 年 3 期，第 47 页

向推开的门扇。门两侧和底部有宽 2～7 厘米不等的在墙体内挖塑而成沟槽（墙上部毁去，推测原也应有），以供门扇滑动。它的室内地面是在平整好的地面上抹 2～3 层面层，表层磨光，其硬度和光洁度近于现在的水泥地面。①

考古发掘简报推测此遗址距今 5000～6000 年。房屋遗址与郑州大河村仰韶文化晚期房屋遗址都是用木骨泥墙承重的矩形多室房屋，但大河村墙内的木骨为圆木，此房址则为矩形木条，表明在木料加工技术上较先进。此遗址室内地面光洁坚硬，做法和甘肃秦安大地湾大房子相似。这些都反映出新石器时代不同文化间交流的迹象。

5. 河南淅川下王岗仰韶文化晚期长屋遗址

为横长形多间的木骨泥墙房屋（图 1-17），南向，东西长 78 米，隔为并列的 29 间，南北深 7.9 米，各隔出一个前厅。全屋划分为 17 套单元，其中 12 套为 2 室 1 厅组合，内室最小面积 13.6 平方米；5 套为 1 室 1 厅组合，内室最小面积 11 平方米。其中 6 个单元中发现了灶。这 29 间屋中，只西端 1 间后室的东壁为独立墙，表明为后增建的，其余 28 间之间均共用隔墙，表明是按计划同时建成的。此房屋构造与前二例相近，都是用木骨泥墙建的两坡

① 中国社会科学院考古研究所湖北队，湖北枣阳市雕龙碑遗址 15 号房址，考古，2000 年第 3 期。

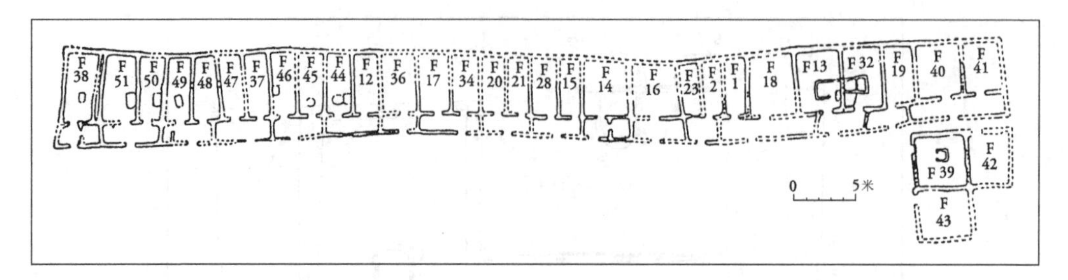

图 1-17　河南淅川下王岗长条形多间房屋平面图

河南省文物研究所：淅川下王岗，文物出版社，1989 年

顶房屋，而长 29 间的长条形布局则为前所未见，考古学家认为它反映了对偶家庭在家族中相对独立的情况。[①]

6. 河南淮阳平粮台龙山文化房址

平粮台古城距今约 4355 年（图 1-18），在古城内东部偏南有长条形房基，编号 F_1，东西 12.54 米，南北 4.34 米，分 3 间。其墙厚 0.34 米，用长 32 厘米、宽 27～29 厘米、厚 8～10 厘米的土坯砌成，残高 16 厘米左右。在三间的北墙内侧各有一通长的宽 30 厘米、高 8 厘米的土台，南墙上均开有宽 70 厘米的门洞。它的做法是平地起砌土坯墙，墙之外侧有草拌泥抹成的斜坡散水，室内地面先用黄灰土垫平，上铺厚 10 厘米的红烧土粒为地面层。

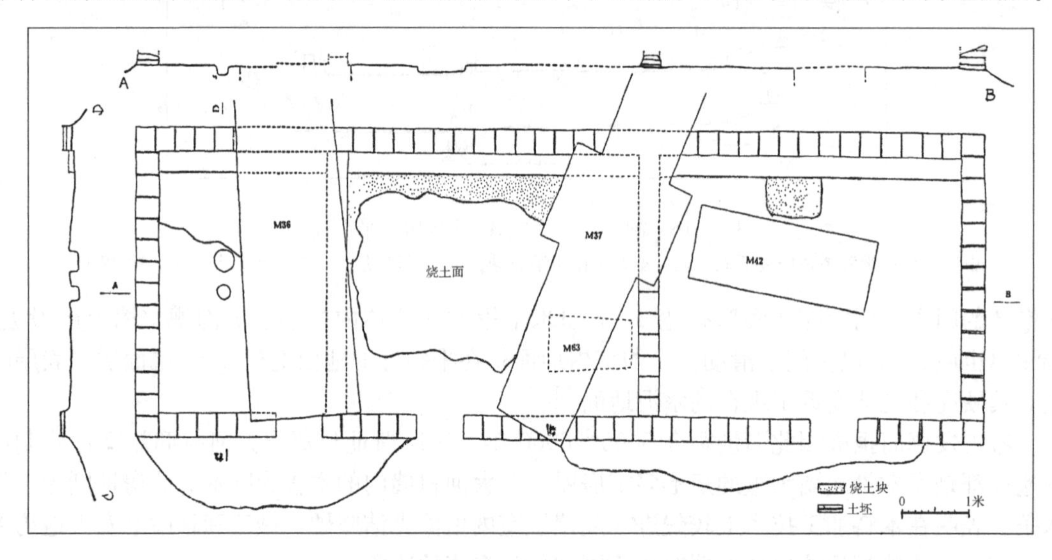

图 1-18　河南淮阳平粮台一号房址平面图

河南省文物研究所等：河南淮阳平粮台龙山文化城址试掘简报，文物，1983 年 3 期，第 30 页

同时发现的 F_4 房址建在高 72 厘米的夯土台上，也用土坯墙，不同处是土坯先顺铺成行，再在外侧竖砌一层，外加褐色草拌泥抹面。土台夯层厚 10～12 厘米，夯窝呈圆形圆底。[②]

这是建在较高的夯土台基上的多间长条式土坯墙房屋，反映出新石器时代末期在建筑技

① 河南省文物研究所，淅川下王岗，文物出版社，1989 年。

② 河南省文物研究所等，河南淮阳平粮台龙山文化城址试掘简报，文物，1983 年第 3 期。

术上的新发展。

（二）大房子

在新石器时代中后期聚落中已出现面积在100平方米左右的大房子，一般一个聚落只能有一座，当是公用房屋或氏族首领的住所。以后在古城中也出现下有夯土基的大房子。它的出现既表示从原始公社逐渐走向原始国家，也反映出建筑技术的较大进步。

1. 秦安大地湾

在甘肃秦安县东北，为距今7800～4800年的新石器时代遗址，包括五个文化期。其中第四期为仰韶文化晚期，距今约5500～5000年，在遗址中发现了大房子遗迹（F901）（图1-19）。它位于台地前缘，前临缓坡，中心为横长形的主室，东西宽约16米，南北深约8米，前面正中有门道，面积约131平方米。房前为宽大的平台，两侧墙上有门，通向已残损的东、西侧室，后部有用墙隔开的独立后室。

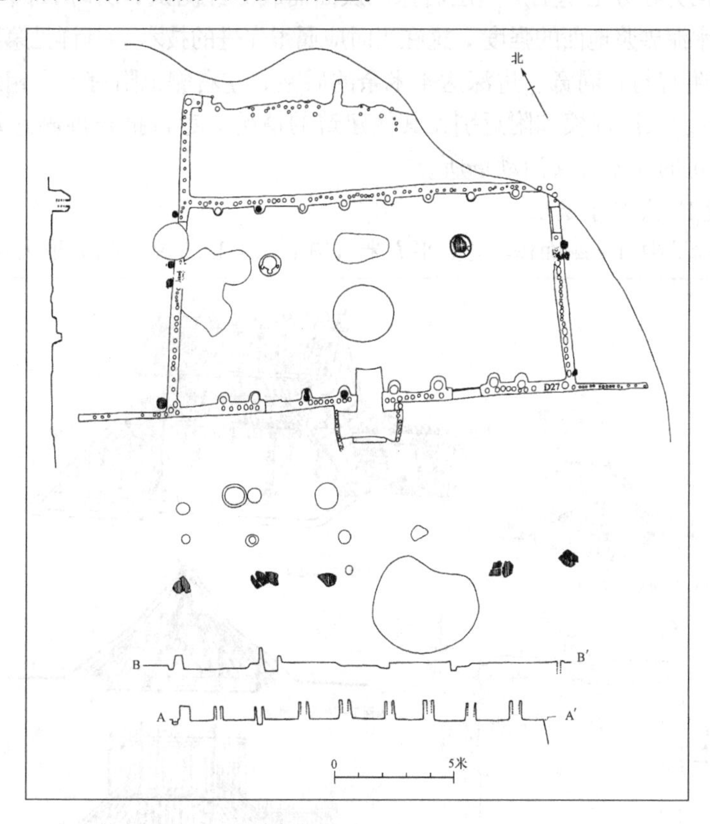

图1-19 甘肃秦安大地湾F901大房子平面图

甘肃省文物考古研究所：秦安大地湾（上），图279，文物出版社，2006年，第416页

主室四面有墙，构造均为先立直径5～15厘米、间距一般在20～30厘米左右的木骨，栽入地下。木骨内、外涂厚约25厘米的草泥，表面再罩以各厚10厘米的面层，构成厚45厘米左右的墙体。此外，在室内中部偏北有二根内柱，另在南、北墙的内侧相对各有8个附墙柱，均只存柱洞。二内柱中心为直径约50厘米的主柱，其下有青石柱础，在主柱的东、南、西三面各附有一小柱，其外涂厚草泥，共同形成直径90厘米左右的内柱。附墙柱直径

为 22～32 厘米不等，间距约 1.8 米，下也有青石础，柱外涂草泥保护层，与墙内皮涂层连为一体，表明附墙柱是与墙同时建的。在东、西墙内侧无附墙柱。在居住面上发现大量烧土块堆积，表明此建筑毁于火。其中一些烧土块有圆椽和平板痕，表明屋顶用直径 6～8 厘米、间距 3～5 厘米的木椽或木板构成骨架，上抹草泥为屋面层。木椽间有绑扎痕，表明椽与屋架间用绑扎方式连接。

从平面分析，此建筑只前、后檐有附墙柱，它们应和中间的二大柱共同承屋顶之重，上部应为前后两坡的屋顶，其四周的木骨泥墙为围护结构。从房屋构架上说，它已向木框架结构发展。但其中心二柱相距 8 米，前檐墙北距中柱列 6 米，且上承较重的抹泥屋面层，目前虽尚难推测其具体构造，但仅从其纵、横向跨度和规模已知需用相当粗大的木构件。如考虑到二中柱直径 50 厘米，附墙柱直径 32 厘米，可推知当时已有较强的砍伐木材和加工木构件的能力，也反映出这座房屋已有较高的建筑技术水平。

此建筑的地面为在夯土基上加垫层后抹泥灰面而成，经测试，历时 5000 年，地面表层仍保持近于 100 号水泥砂浆地面的强度，这在当时应属很先进的技术，其详见第四节土工部分。①

此建筑后部附有与它同宽、进深达 4 米余的后室，左右侧也附有与它相通的侧室（或夹室），根据其布局、尺度规模和附近别无其他建筑的情况，考古报告推测它是部落或部落联盟进行集会或祭祀的大型公共活动场所。②

2. 西安半坡 F_1 大房子遗址

在西安半坡遗址中有一座面积约 113 平方米（10.8 米×10.5 米）的方形大房子（图 1-20），

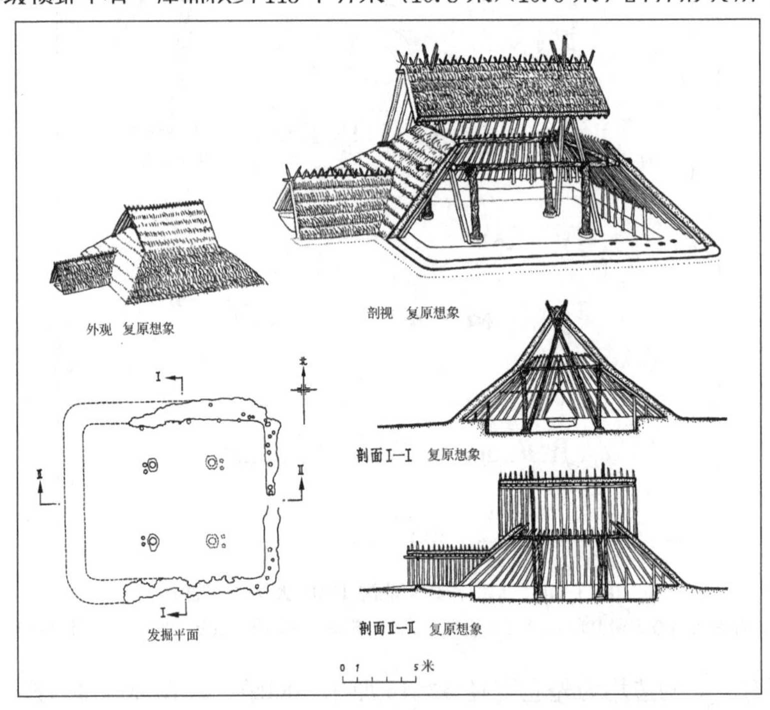

图 1-20　西安半坡 F_1 大房子平面及原状推测图

① 李最雄，我国古代建筑史上的奇迹，考古，1985 年 8 期。

② 甘肃省文物考古研究所，秦安大地湾（第六章，第二节居住址），文物出版社，2006 年，第 413～428 页。

门开在东面，四周围以厚 1 米左右的矮墙，内有成行的直径 15～20 厘米的小柱洞，中心有四个大柱洞，直径在 45 厘米左右。每柱洞外侧各有二小洞。据遗址情况推测，可能是以中心四柱为骨架构成四面坡的屋顶，柱外侧的小柱洞可能支撑上部的通风小屋顶。从它与周围房屋在形式和体量上的差异可知，它应是当时氏族公社中的公用房屋。[①]

（三）大型夯土基址

新石器时代中后期出现了可能近于宫殿雏形的巨大夯土遗址，如余杭莫角山良渚文化遗址中筑有超过 3 万平方米的夯土平台，建造这种大型夯土台要动员和组织大量劳动力进行相当长时期的工作，表示其部落已开始进入一个新的发展阶段。

余杭莫角山遗址为已发现最大的良渚文化遗址（图 1-21），东西 670 米、南北 450 米，面积约 30 万平方米，相对高度 8 米。其主体是一超过 3 万平方米的夯土平台，其上北部偏西有东西 100 米、南北 60 米、高 5 米的小莫角山，偏东有东西 180 米、南北 110 米、高 6 米的大莫角山，偏西南有东西 80 米、南北 60 米、高 8 米的乌龟山，均夯土筑成。考古报告推测这三个小山是夯土平台上的主要建筑遗迹。结合曾在小莫角山南侧发现最大直径达 90 厘米的数排大型建筑柱坑和曾在遗址发现过大面积烧土坑和排列整齐的沟埂等情况，考古报告推测此遗址可能是举行重大政治和宗教活动的场所，相当于宫殿，是此地区良渚文化诸部落的中心和最高权力所在。[②] 据苏秉琦先生的意见，联系到在墓葬中象征君权和军权的琮、钺同出一墓的现象，

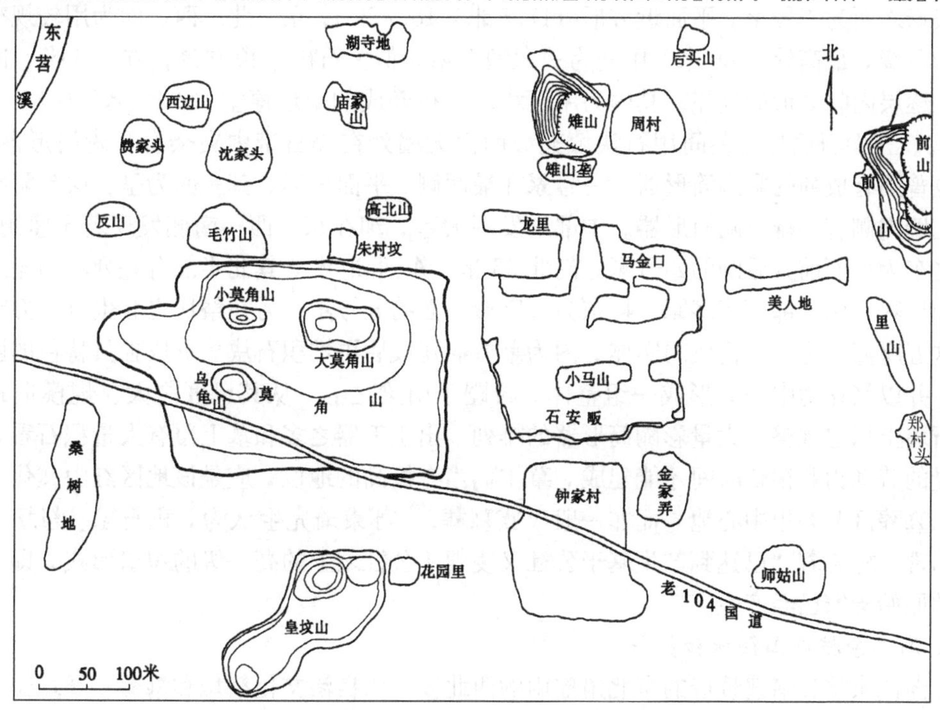

图 1-21　莫角山及其周围遗址分布图
浙江省文物考古研究所：良渚遗址群，图 57，文物出版社，2005 年，第 143 页

① 中国科学院考古研究所、半坡博物馆，西安半坡，文物出版社，1963 年。
② 浙江省文物考古研究所，良渚遗址群（聚落考查），文物出版社，2005 年，第 139、314～325 页。

认为良渚文化已具有方国的规模。[①] 考古报告也根据遗址和墓葬土方量的巨大（仅莫角山遗址之土方即达 240 万立方米，需 1000 人工作 6.5 年），推测它相当于以后历史时期的宫殿和陵墓。

（四）墓葬、祭坛

在新石器遗址的中心区，出现了墓葬和祭坛同在一起的情况，如红山文化的牛河梁和良渚文化的瑶山、反山和汇观山，从这些祭坛墓葬的巨大规模和附近无同期居住遗址的情况分析，它们应是该地区握最高权力者的墓区，同时具有专门祭祀地或崇拜对象的性质。这种大型墓葬和祭坛的建造，除反映当时已出现王权、神权结合，接近或已出现原始国家外，还表明已初步具有规划布置大型建筑群组的能力。

1. 辽宁凌源牛河梁祭坛和墓葬

牛河梁为辽宁凌源县西北山区的一道山梁，在其南端山坡上以一座祭坛为中心，左、右、后方建有 5 座积石冢（图 1-22），为距今 5000 年前的红山文化遗迹。居中者原编号为三号冢，平面圆形，由自外而内逐层升高的直径分别为 22 米、15.6 米、11 米的三层圆形土台叠合成，台间高差 0.3～0.5 米，其内未发现墓葬。在每层台的外缘之外用栽在土中的多根花岗石多棱柱体围成石栅，构成一个略似坛的圆形整体，其内、中两圈散布很多彩陶筒形器残片，可能同时插有彩陶筒形器，发掘简报推测它是具有墓祭性质的祭坛。

祭坛之西为二号冢，平面近方形（17.5 米×18.7 米），东、北、西三面为用较规整石块砌成的石墙，最高处 0.89 米。中间为一大型石墓，似一石砌平顶方台，方 3.6 米，四壁分三层，逐层内收，形如复斗。其内为用石块、石板砌成的矩形椁室（2.21 米×0.85 米，高 0.5 米）。三面石墙与石墓间用石块填充，南面无墙处在碎石带中夹杂有彩陶筒形器残片，可能也曾插有成列的彩陶筒形器。一号冢在最西侧，平面矩形，其三面为呈三层台阶状的石墙，北墙内侧有一排彩陶筒形器。中部未发现大墓，却在东、西、南侧发现若干座附属墓。祭坛之东为平面前方后圆的四号冢，南北 36 米、东西 20 米，其北半部有并列的两座三层台阶的圆形冢，南半部葬有多冢。再东为日字形平面的五号冢。另在祭坛之北也有一方冢。

这五座墓外为石墙构成的实体，内为墓葬，建成后再堆积石块，形成独具特色的巨大积石冢，并以祭坛为中心，形成一组整体，雄踞于山梁之上。从其尺度之大、规模形式之复杂、石墙土坛之规整、大量彩陶筒形器的排列、出土玉器之多和墓上覆有大量积石看，需要很大量的劳动力和很长时间才能建成，墓主们当有极高的地位，应是该地区红山文化一个最重要的墓葬区和祭祀中心地，而非一般氏族墓葬。[②] 苏秉琦先生认为，积石冢、祭坛、女神庙的出现，标志着“已达到产生基于公社又凌驾于公社之上的高一级的织组形式，即早期城邦式的原始国家已经产生。”[③]

2. 浙江余杭瑶山祭坛和墓葬

在浙江余杭良渚遗址群的东北角瑶山的西北坡，为良渚文化祭坛和墓葬。祭坛位于山坡顶部，平面近于方形，中心为红色土台，中夹少量石块，未经夯筑，宽度为东 7.6 米、西

---

① 苏秉琦，中国文明起源新探，商务印书馆（香港），1997 年，第 120～124 页。

② 辽宁省文物考古研究所，牛河梁红山文化遗址与玉器精粹，文物，1997 年，第 16～24 页。

③ 苏秉琦，中国文明起源新探，商务印书馆（香港），1997 年，第 115 页。

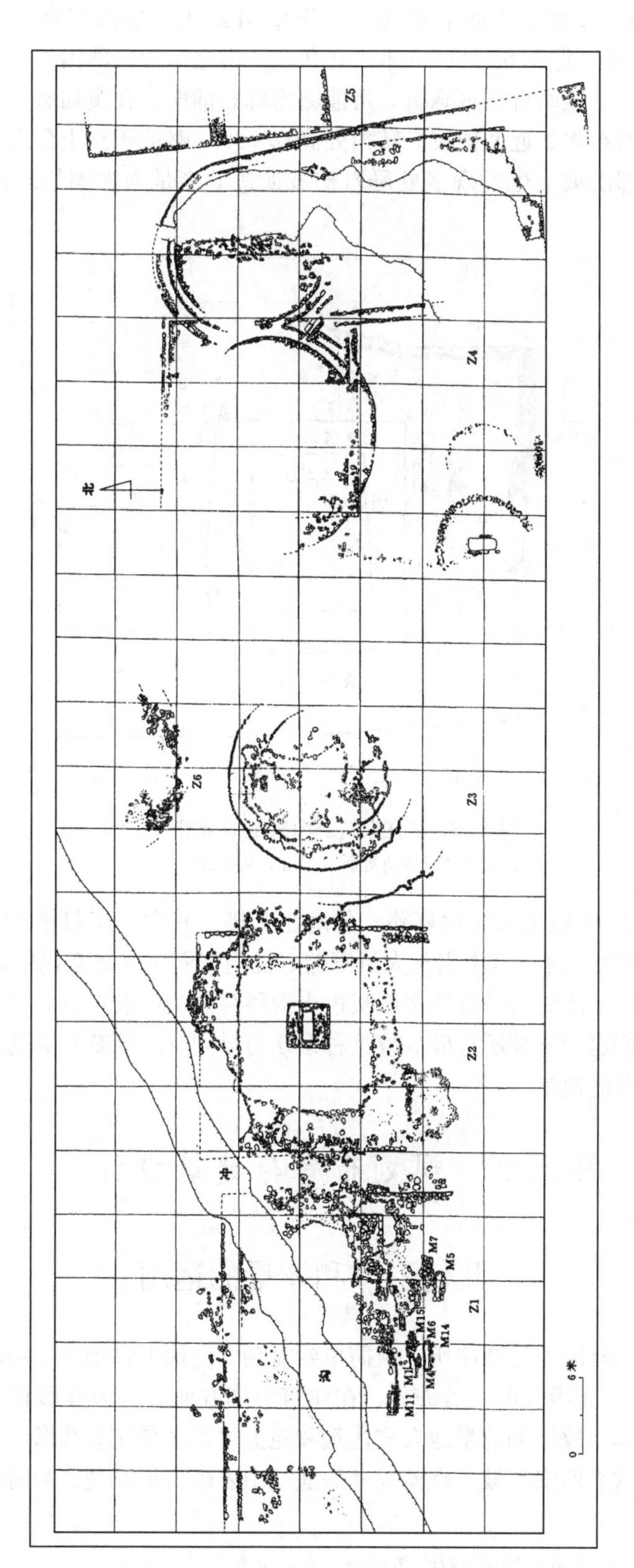

图 1-22　辽宁凌源牛河梁红山文化积石冢及祭坛平面图

辽宁省文物考古研究所：牛河梁红山文化遗址与玉器精粹，文物，1997 年，图 18，第 20～21 页

7.7 米、北 5.9 米、南 6.2 米，表面平整（图 1-23）。在红土台的四周有一圈灰色土沟，平底直壁，宽 1.7～2.1 米，深 0.65～0.85 米。在灰色土沟之东为自然山体，其北、西、南三面为黄褐斑土筑的土台，表面有很多砾石，可能原为砾石铺面。在黄褐斑土筑土台的西北角有用砾石叠砌成的一圈石坎，近似护坡，转角处高 0.9 米，略低于红土台之台面。在黄褐斑土筑的土台以外的下部山坡上也发现多处砾石护坡遗迹，当是为加固祭坛四周山体稳定的措施。

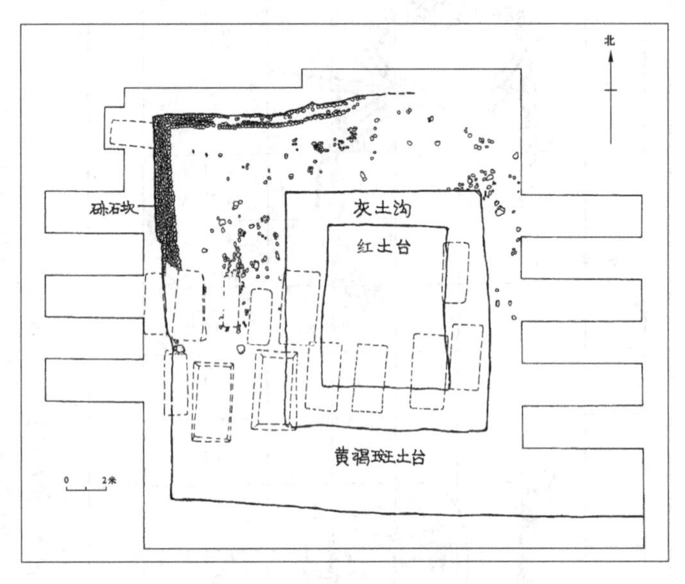

图 1-23　浙江余杭瑶山祭坛平面图
浙江省文物考古研究所：瑶山，文物出版社

在祭坛上还发现了 12 座良渚文化墓葬，分南北 2 排，其中 3 座打破红土台，4 座打破灰土沟，5 座打破黄褐斑土台，其中出土大量玉器，证明它们属良渚文化中高等级的墓葬。[①]

这种在独立山丘顶上建造的外有回字形灰色土沟环绕的方形祭坛也见于浙江余杭汇观山遗址和反山遗址，它们也为墓葬所打破，故这种祭坛与排列有序的墓葬群的结合可能是此地区良渚文化高等级墓葬的通制。

第三节　规划布局与建筑设计

一　几何形体和体量的运用

新石器时代人开始有能力经营住所，由简单到复杂，由地下到地上，由单体到聚落，进而建城，经历了约 4000 年漫长的发展进程。在建筑形体方面，因为圆形和方形是能用最简单方法得到的几何形体，故早期的半地穴式建筑和地上建筑多是先为圆形、方形，然后才出现矩形、长条形等，这在西安半坡、临潼姜寨等遗址中表现得很清楚。当时的聚落也是先出

① 浙江省文物考古研究所，瑶山，文物出版社，2003 年，第 6～8 页。

现圆形环壕式，如秦安大地湾、临潼姜寨。在古城中，也有相似现象，圆形的如澧县城头山，方形的如淮阳平粮台。

圆形、方形不仅易于掌握，所建的建筑物和构筑物也轮廓简单，形体端正，易于取得较好的观感，故此期祭坛及大型墓葬也多采取方、圆形体，前举之凌源牛河梁红山文化圆形祭坛和五座方形、圆形的积石墓以及余杭瑶山的方形多层台祭坛都是其例。这还反映出建筑艺术在这时已经萌生。

在大的群组布局方面，中心对称的布局也已出现。凌源牛河梁红山文化四座积石冢对称布置在圆形祭坛的左右，秦安大地湾举行祭祀、议事的901号大房子建在左右对称的两座山之间的山岗前沿，都表明这时已掌握了利用对称布置以突出中央的手法。

二 简单装饰的出现

此期建筑处于最初始阶段，即使是当时最高级的大房子也是木骨泥墙、抹草泥屋顶和夯打的地面，故装饰手段极为有限。从出土的草泥残块中偶然可以看到有趁湿时压按出的图案，如等距成排的小坑、平行的斜线、三角形等，但用在房屋何种部位尚待研究。此外，在秦安大地弯 F_{411} 祭祀建筑遗址上发现画在地面上的画，在牛河梁女神庙则发现彩色壁画，但它已不属于一般建筑装饰而是与祭祀和宗教活动有关的图画了。

第四节 建筑技术

一 结构、构造

各种新石器文化都经历自己的发展道路，其建筑的结构和构造做法间往往有一定差异，发展进程也不同步，但地理因素也会导致一些共同之处。

（一）北方地区

北方地区较干燥，有较厚的黄土层，较适宜穴居，其住屋多从地穴、半地穴向地上建筑发展，然后形成圆形、方形、矩形、长条多间和大房子等多种形式，其结构、构造也在不断改进、发展。北方冬季需要采暖，故房屋多有较厚的抹泥层，它既可加强构架的稳定，也解决了采暖要求。

1. 地穴

早期的穴居多为下挖的穴坑，留出供上下的土阶，埋入一二根木柱以承托自坑口边缘向中心斜搭的用枝干树叶做的棚顶，作为居住处所。也有进一步在竖坑的侧壁横向再挖洞穴的较为复杂的多窟地穴住所。

2. 土木混合结构房屋

随着技术的进步有一个发展过程，目前看到的主要有三种做法。

（1）锥形棚顶房屋：由地穴棚顶发展而来，用于半地穴或浅地穴房屋上。做法是在浅地穴四周稍高出地面的矮墙顶上斜立密排的细木柱，在房屋上方汇聚成攒尖顶，在其内外抹草泥面以防雨、防寒。另在房内中部地面立稍粗的木柱，作为屋顶中部的支撑点。

(2) 木栅抹泥承重墙房屋：较早出现，可用以建造半地穴、浅穴或地上建筑。其做法是在房屋周围栽立密排的的细木柱，间距在 20 厘米左右，形成栅状柱列。在柱列间捆绑横向枝干数道，将其连为一体，形成较稳定的木栅，再在其内外抹草泥面，形成厚达 30 厘米以上的承重墙，以增加木栅的稳定性和承重能力，用为圆形、方形、矩形房屋的外墙。同时在房屋中部立数根较粗的内柱，构成中心支点，与承重外墙共同承屋顶。因遗址上部均已毁去，具体的屋顶构架做法不明，但大体可推知它是在内柱上端绑捆横木，形成支架，承担由外墙顶上斜搭向中央的相当于后世椽的构件，形成攒尖顶或四坡顶。然后再铺树枝或苇、竹束，并在内外两面抹草泥，形成可防雨、防寒的屋面。半坡、姜寨中大部分居住房屋遗址所示是这种形式（参阅图 1-13 和图 1-14)。

据遗址残存柱洞所示，一般承重外墙内的密排小柱较细，直径多在 10～15 厘米左右，埋在深 40～60 厘米左右的沟槽中，用土、红烧土块等填实。室内之柱较粗，在 10～30 厘米之间，最大一例柱径 45 厘米（半坡 F_1 大房子)，随房屋大小而异，也埋在土中，夯筑捣实，个别的柱下垫石块为础，并在柱根四周包泥圈以防水浸入。大量用易伐的细枝干为木栅墙，只以个别较粗树干为中柱，是受石工具伐木能力的限制所致。由于柱栅纤细，墙身厚的抹泥层同时有增强稳定和承重能力的作用，故这种做法与纯木构架不同，一定程度上带有土木混合结构的性质。

(3) 在姜寨遗址中还出现改进了的做法，其中 F_{47} 遗址（图 1-24）为半地穴方形房屋，

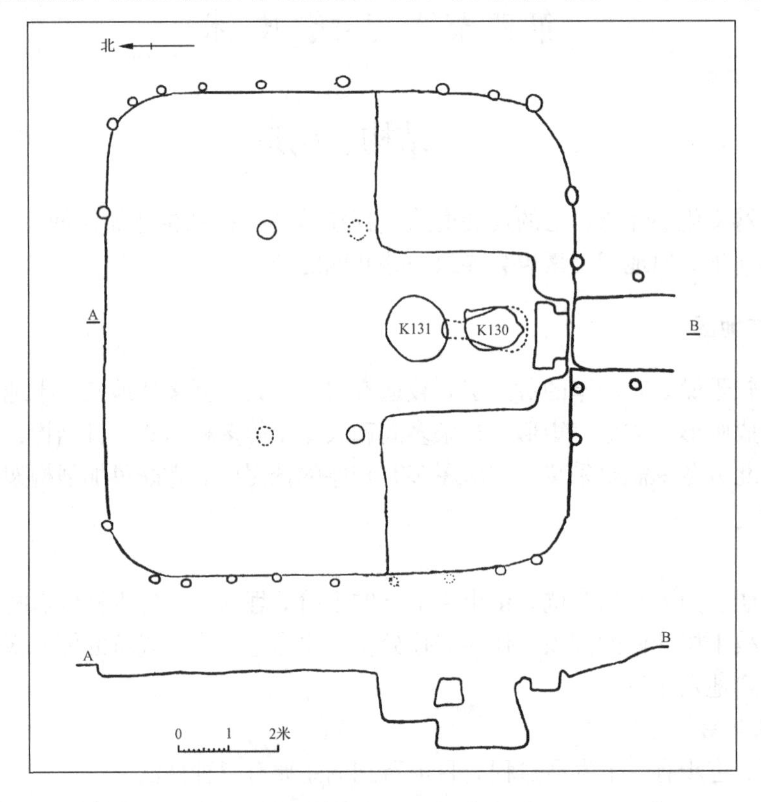

图 1-24　临潼姜寨遗址 F_{47} 遗址平面图

西安半坡博物馆等：姜寨，文物出版社，1988 年

其四周小柱的直径增大到 15～32 厘米不等，柱距增大至 80～120 厘米，柱数则明显减少，它虽仍属木栅抹泥承重墙系统，但其柱数减少而柱径及柱距都明显加大，表现出开始向主要以柱承重的方向改进的迹象。[①] 这也是当时工具有改进，伐较粗木料的能力有所提高的反映。

在较晚的实例如湖北枣阳雕龙碑居住遗址中，还出现了在木栅墙中以矩形断面方木代替圆木的情况。矩形断面的方木要由圆木加工而成，也是建筑施工技术提高的反映。

3. 木构架房屋

在半坡遗址中曾发现了 F_{24}、F_{25} 两座用柱承重的房屋（图 1-25）。F_{24} 平面矩形，宽约 3.6 米，深约 3.3 米，在前、后檐和中间各有一列 4 柱，近于面阔 3 间、进深 2 间房屋的满堂柱网。按当时技术水平推测，它应是在外檐柱列上端捆绑横木，构成一圈屋身框架，其中间一列可能只中间二柱高起，也可能四柱均高起，上缚横木，承四面的木椽，形成四柱顶(庑殿顶）或两坡屋顶的骨架。这座建筑虽面积不到 12 平方米，却是全木构架房屋的萌芽。在半坡的几十座房屋遗址中，只有这两座是这种木柱承重的房屋，在姜寨遗址中尚没有发现，可知这在当时较少使用，绝大多数仍是用木栅抹泥承重墙的房屋。

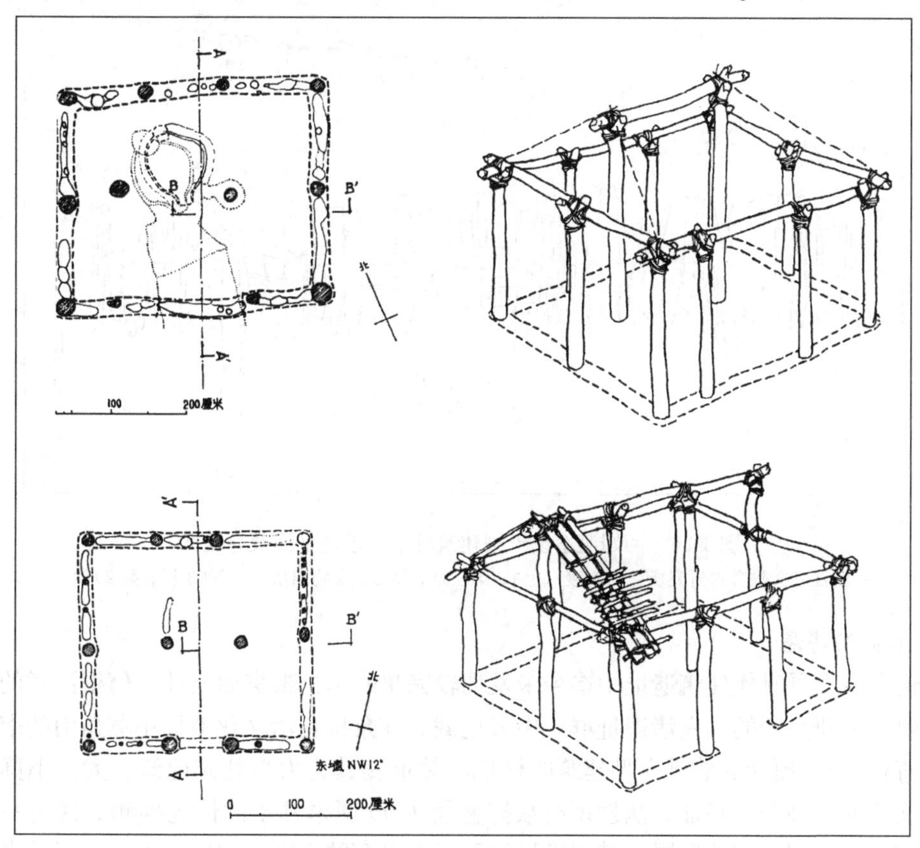

图 1-25 半坡四周用柱网承重的房屋构造示意图

刘叙杰：中国古代建筑史（第一卷），图 1-72、图 1-73，中国建筑工业出版社，2003 年，第 67 页

① 西安半坡博物馆等，姜寨，文物出版社，1988 年，第 24 页。

（二）南方地区

南方长江流域除上述木栅抹泥承重墙房屋外，在浙江余姚河姆渡文化遗址还出现了使用榫卯的全木构干阑建筑和干井幹式结构。

1. 木构干阑

河姆渡遗址整体情况和平面图已见前面聚落部分。在房屋遗址出土的建筑木构件基本分圆木、桩木、地板三类。其主体是二十五排由木桩、板柱、圆木组成的排桩和散落的板材。从图 1-26 中可看到，较粗的桩大体是等距布置，插入土中 1.4 米左右，应是房屋地板的承重柱，板柱密排，插入土中不到 0.5 米，应是围护结构。据排桩的走向推测，至少有六座以上房屋。其中较大的长达 23 米，进深达 7 米，有宽 1.3 米的前廊，为两坡向长条形有前廊的架空干阑式建筑。[①] 但它的具体结构如房屋柱与地板柱的关系和房屋的上部结构等尚未能查明。它地处南方沼泽地区，故房屋为建在由木桩构成的平台上的干阑，与中原和北方半地穴和地上木栅栏窝棚形式不同。

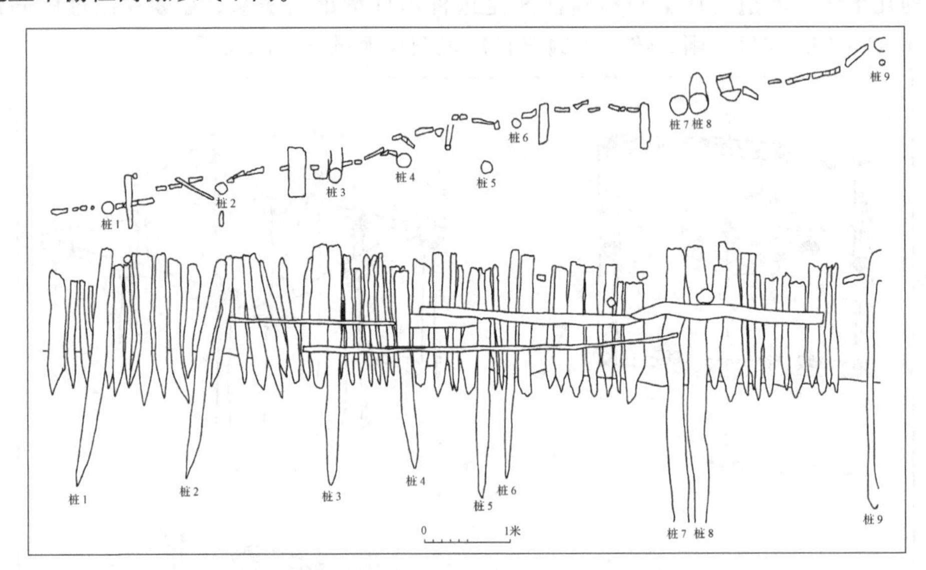

图 1-26　河姆渡遗址干阑建筑桩木和板柱平面及立面图

浙江省文物考古研究所：河姆渡（上），第三章，图 8，文物出版社，2003 年，第 20 页

2. 木构架房屋

在南方新石器时代建筑遗址中迄今未发现较完整的木构架房屋遗址。值得注意的是在浙江省文物考古研究所的《良渚遗址群》中曾记载，在余杭良渚文化遗址小莫角山的南侧曾发现最大直径达 90 厘米的数排大型建筑的柱坑，并推测其为大型礼制建筑。大、小莫角山都是良渚文化的大型夯土基址，从发现有数排直径达 90 厘米柱子的情况推测，这是一座建在夯土台基上的大型木构架房屋，其规模尺度已近于夏商的宫殿，但限于材料，目前尚无法具体考知其构架特点。

① 浙江省文物考古研究所，余姚河姆渡（第三章中的“建筑遗迹的初步分析”部分），文物出版社，2003 年，第 26 页。

二 施 工

（一）土工

1. 夯土、版筑

在河南、陕西、晋南等古文化地区，多属湿陷性黄土地带，地面遇水即降低承载能力，发生湿陷，对其上的房屋有严重破坏作用。故古人最先使用夯土是为了消除房屋地基的湿陷。在所建木骨泥墙房屋的外墙沟槽和室内柱的柱坑内大都曾捣实并填入烧土块，这是最初的夯土迹象。以后又发现可以用夯筑的方法筑台基、承重墙等，夯土技术遂由在地面以下筑屋基发展到夯筑地上的台基和筑墙、筑城，进入文明社会后，遂成为中国古代建筑的基本做法之一，以致古人把建造称为“土木之功”。

登封王城岗龙山晚期城墙的筑法是先开挖深 2.4 米、上口宽 4.4 米、下口宽 2.56 米的基槽，其上逐层夯筑城身，夯层一般厚 10～20 厘米，夯层之间加细沙，夯窝圆形或椭圆形，大小不一，直径在 4～10 厘米之间，有可能是使用较大的河卵石夯筑的。①

淮阳平粮台龙山文化古城遗址 ^{14}C 测定为距今 4500 年左右。城身的筑法是先在内侧筑宽 80～85 厘米、高 1.2 米的版筑墙，夯层厚 15～20 厘米，在其外侧堆土，略呈斜坡，逐层夯实，超过版筑墙后，继续堆高，夯筑成上部城身。据此，则此时已能用双面夹板夯筑版筑墙。

河南辉县孟庄龙山文化城址城身为内外取土分段筑成。在城内侧竖立夹板，使城身陡直，板外加宽 8 米的护坡，形成宽 15.5 米的城身。

后两例说明已能在城之一侧使用夹板挡土，或夯筑较矮的版筑墙挡土，在其外侧进行夯筑，构成城身，则其夯土层不可能水平，仍是较原始的做法。

2. 墙面、屋面及地面抹面做法

木栅抹泥承重墙的做法是先捆绑草把、苇束等于木栅骨架上，然后在内外侧抹草泥，一般厚在 30～40 厘米左右，除加强墙身稳定、增强其承重能力外，还有防寒作用。一些重要建筑还在其外罩一层白灰泥浆。屋顶部分也基本这样做。

室内地面一般将黄土地面拍实即可。但重要建筑有使用石灰三合土之例。甘肃秦安大地湾 F901 遗址为当时最重要公用建筑，其地面做法是用料礓石烧制的石灰为胶结材，用料礓石碎片与红黏土混合后煅烧物为人造轻骨料，二者混合，用为地面的面层，压实以后加水拍打，令其表面泛浆，形成光洁的地面层。这种做法甚为坚硬平整，近于当代的水泥地面。其墙面最外的抹面层也有用石灰泥浆抹面层的做法。经测试，此地面表层至今仍保持近于 100 号水泥砂浆地面的强度，它出现在 5000 年前，不能不认为是很高水平的技术。

相近的地面做法又见于湖北枣阳雕龙碑遗址 15 号房址，但二者相距千里，又不属同一种新石器文化，在当时不可能有交流，应是分别自行创造出的做法。

附：这种做法用料及施工均简单，沿用极久，直至明清和近代，在一些民居的地面上仍在使用，只是材料除石灰、砂外，还增加了砖灰，在拍打泛浆后研光，也可达到同样的效果和强度。

---

① 河南省文物研究所等，登封王城岗与阳城（第三章，王城岗龙山文化），文物出版社，1992 年，第 30～35 页。

（二）木构件捆绑结合

在姜寨遗址中发现房屋在柱上架梁和铺椽时用藤条或树皮捆绑的遗迹遗物。可知北方仰韶文化的房屋其构件间多为捆绑结合。[①] 但迄今未发现较完整的实例。

（三）木构件的榫卯结合

典型实例见于宁波余姚河姆渡遗址之木构干阑建筑的残构件上（图 1-27），有很多种做法，就当时使用石工具和骨工具的施工条件而言，可称“精工”，也是迄今所见新石器时代加工木构件的最高水平，出之于7000年前，尤令人惊赞。其中有些榫卯上还有二次加工改制的迹象，表明一些构件曾在房屋改建时重复使用过。

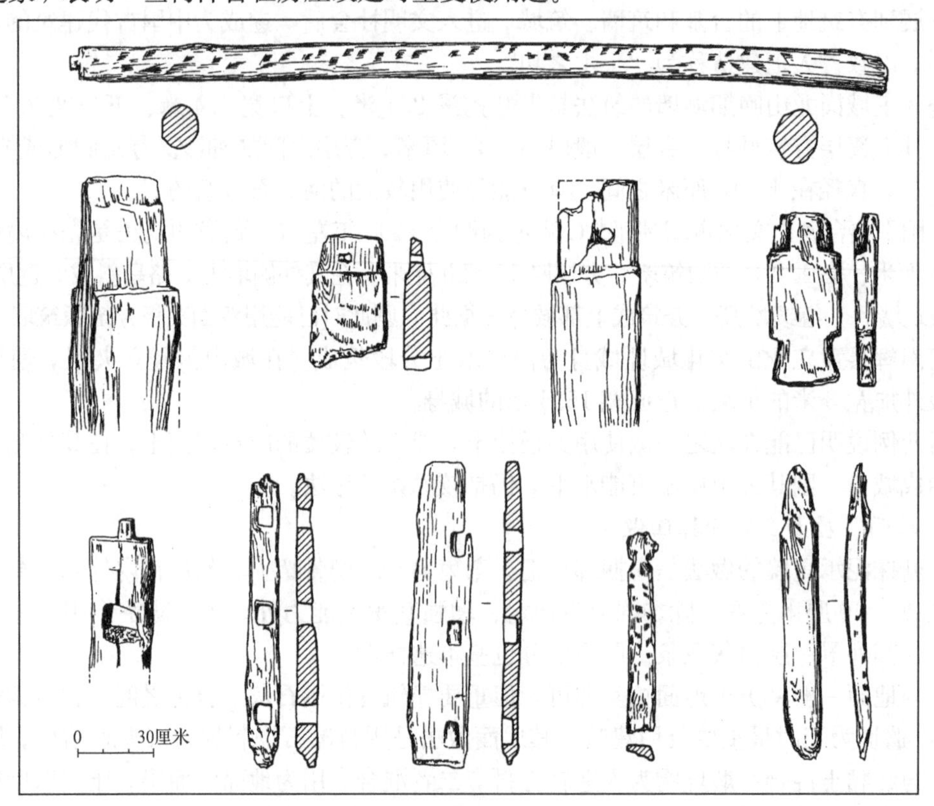

图 1-27　宁波余姚河姆渡遗址第一期文化层出土木构件的榫卯

浙江省文物考古研究所：河姆渡（上），第三章图 10，文物出版社，2003 年，第 23 页

1. 柱头及柱脚榫

在圆木的端头多砍凿出突出的小榫头，以插入地栿及梁枋。其断面有圆形，也间有近于方形的。

2. 平柱柱身卯口

以矩形卯口洞穿柱身，以供横向构件的榫头插入。

① 西安半坡博物馆等，姜寨，文物出版社，1988 年，第 39 页。

3. 角柱柱身卯口

从纵、横两方向开洞穿柱身的卯口，以承纵、横两向插入之横向构件的榫头。

4. 梁之端头榫

多砍凿出扁方形的榫头，截面高宽比近于 4∶1，根部厚而端头薄，以插入柱身，有的还有销钉孔。

5. 构件连接用燕尾榫

板材端部多凿卯口，用燕尾榫（银锭榫）与其他构件连接。

6. 栏杆横木上承立棂之卯口

在方木上等距离开小方卯口，以插入栏杆之立棂，因尺度小，尤为难能可贵。以上均见图 1-27。

（四）建筑工具

此期建筑工具以石制为主，骨制、木制为辅，各种新石器文化中都有发现，都是一些原始的简单工具，除骨、木工具可以连柄制做外，石工具恐要用捆绑的方法装柄。

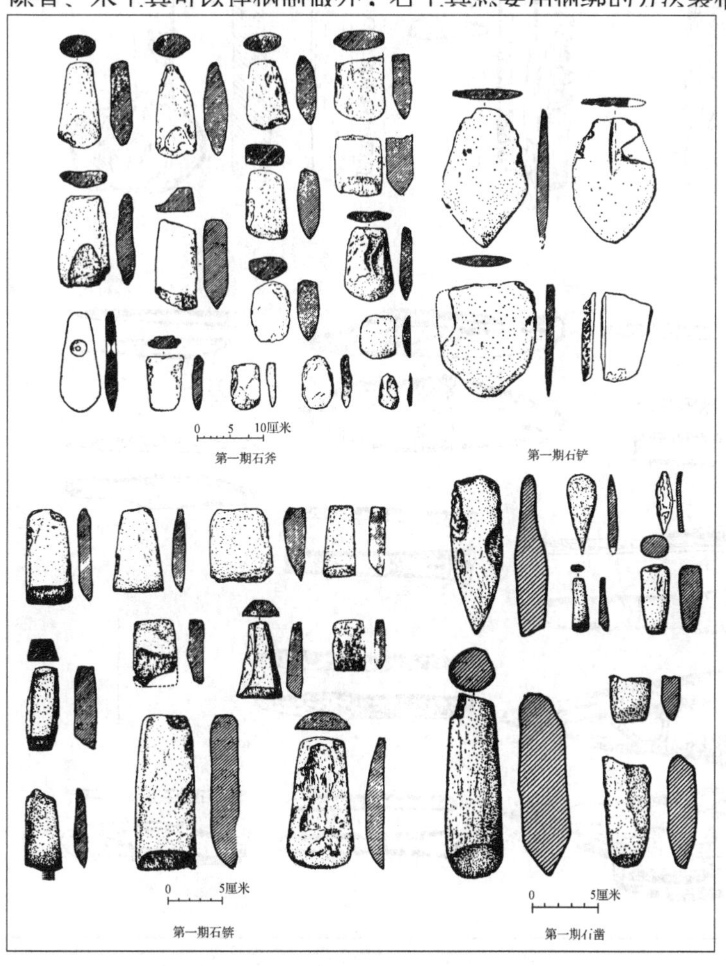

图 1-28 临潼姜寨遗址出土石制建筑工具

西安半坡博物馆等：姜寨，文物出版社，1988 年，第 70 页

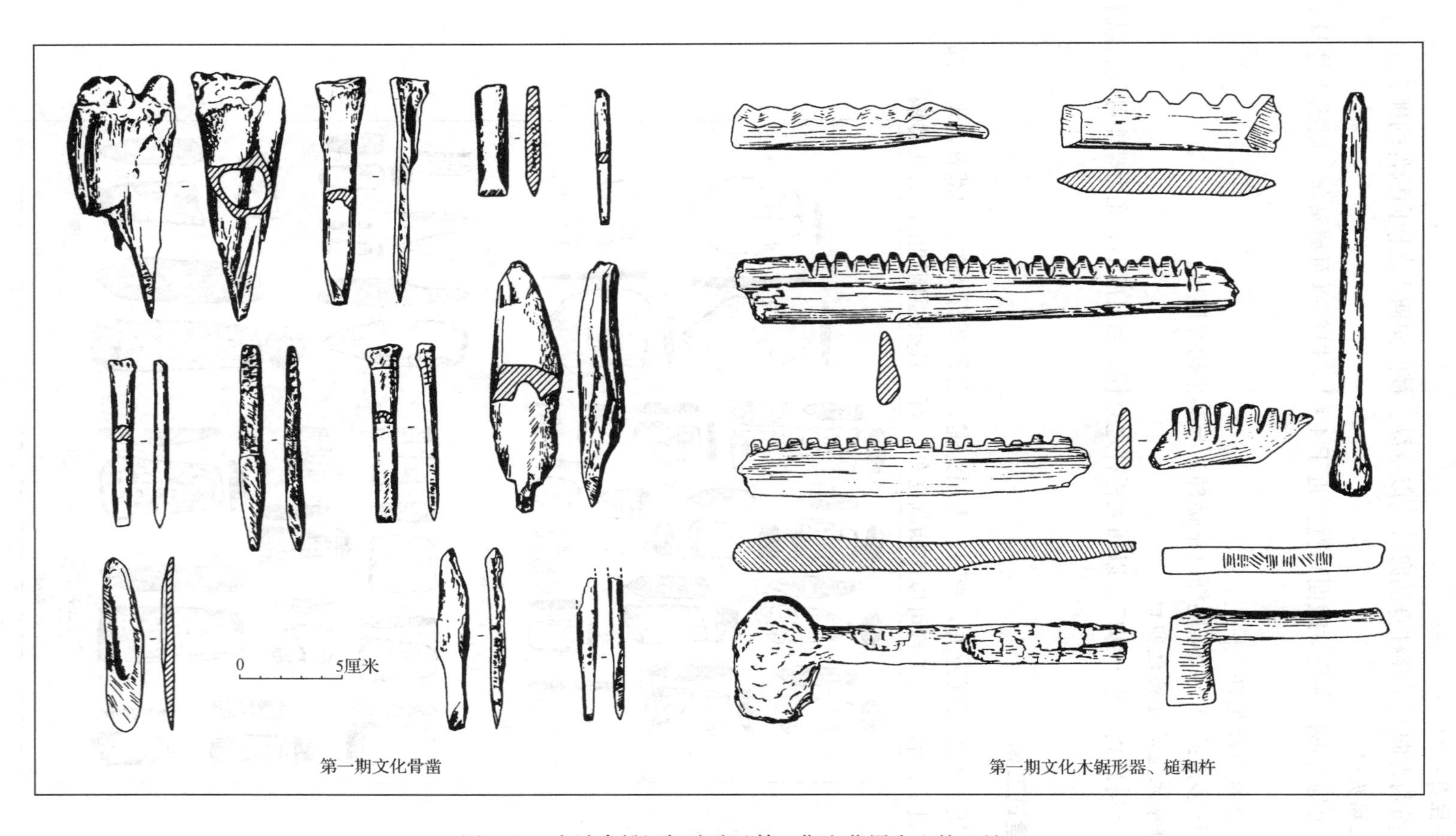

图 1-29　宁波余姚河姆渡遗址第一期文化层出土的工具

浙江省文化考古研究所:河姆渡(上),第三章图 61、图 89,文物出版社,2003 年,第 103、143 页

北方的仰韶文化如以姜寨遗址为例，出土很多石斧、石铲、石锛、石凿等，以钝刃的挖掘、砍凿工具为主（图 1-28）。

在宁波余姚河姆渡遗址中出土若干大小不等的可以切割木材或凿孔的石或骨制工具(图 1-29)，如骨制的勾斧、凿、锥和木制铲、锯、锤、杵等工具。其木构干阑房屋的榫卯应是使用这类工具制做的。其中平身柱的横穿矩形卯和直柱栏杆的方形卯都有一定精度，表现出很高的木构件加工技术。

第二章　夏商建筑

第一节　概　　说

在新石器时代末期，各新石器文化发达地区人口密集、经济较发达、出现社会分工和权力集中，产生了凌驾于氏族公社之上的原始国家——古国，时间大约在距今 5000 年左右，相当于传说中的黄帝时期。经进一步发展，出现了更为发达、成熟的国家——方国，以后又在方国中逐渐发展出更为强大、独霸一方的国家，为其他方国所拥戴，成为宗主国。夏、商、西周就是这种宗主国。夏、商、西周三代间都有一段互相衔接的并存的时间，表明后者在得到众多方国所拥戴后，逐渐由强大的方国转化为宗主国的过程。这时基本是由众方国共同拥戴宗主国，形成松散联盟的中国，直至东周以后才逐渐改变。[①]

此期已进入铜器时代，使用铜制工具，生产能力较新石器时代有很大的提高。在大小诸国中，王权、君权占最高统治地位，出现了真正意义上的巨大宫室和都城，如二里头夏都和偃师商城。夏都无城，遗址面积约 4 平方公里，夏宫面积约 10 万平方米；商都有内外城，总面积约 2 平方公里，商宫面积近 5 万平方米。二者的规模都远大于前代，其宫殿已开始做院落式布置，建筑使用木骨泥墙为承重墙，上复植物枝条束抹泥屋面，在建筑技术上也有较大的发展。

下面分类介绍此期在建筑方面取得的成就。

第二节　建筑概况

夏、商立国后都建设了规模远超过前代的都城、宫殿和地方城市。有关夏的资料尚少，但在考古学方面已发现了很多商向山东、江西、湖北、湖南等地拓展疆域，建立商文化据点的物证，对于向较落后地区传播较先进的商文化包括建筑技术起了推动作用。

一　城　　市

夏、商都在其核心地区建成较大的王都，王都周边广大地域为直辖的王畿，并随着势力的拓展，建成若干地方城市。外围的各方国也逐渐形成自己的都城，并随着辖区的拓展，出现若干更低一级的地方小城市。

（一）王都

夏、商的王都遗址已陆续发现，并反映出一定的发展脉络。

---

① 苏秉琦，中国文明起源新探，商务印书馆（香港），1997 年。

1. 二里头夏都遗址

在河南省偃师市西部，遗址总范围约 4 平方公里，分四期。未发现城墙。中部为宫殿区，已发掘出两座大型宫殿址和若干夯土基址（图 2-1），属二里头三期，其详细情况将在下面宫殿部分探讨。宫殿四周有手工业作坊遗址：南部为铸铜遗址，西北部为制陶遗址，北部、东部为骨器制作遗址。其时代据^{14}C 测定在公元前 1900～1500 年。据其时代、规模和出土的大量精美的青铜器、玉器、陶器、骨器，考古学家认为它应是夏朝的王都之一。从规模布局看，此时的王朝主要是王宫及其附属设施为主，包括为其服务的手工业作坊、仓库等，尚无城和大型居民区。[①]

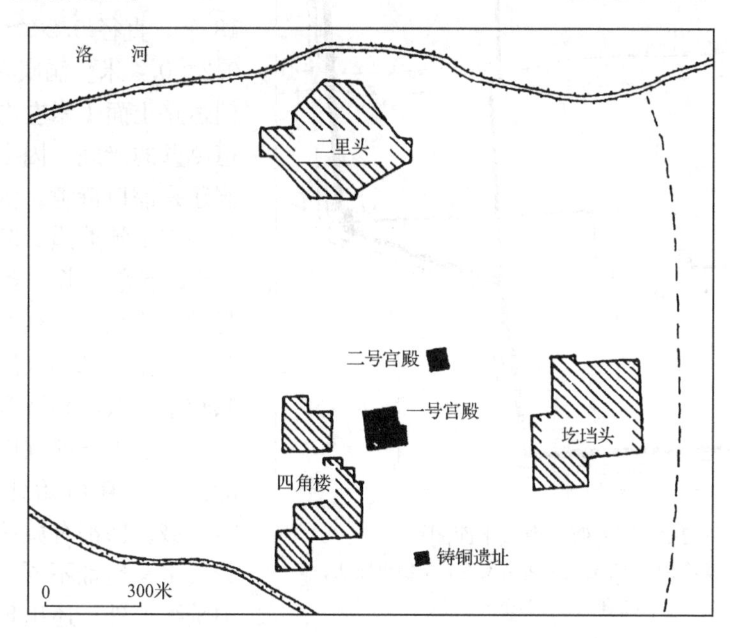

图 2-1 河南偃师二里头遗址分布图

许宏：先秦城市考古学研究，图 18，燕山出版社，2000 年，第 54 页

2. 偃师商城址

在河南省偃师市西南侧，有内外二重城郭。其平面图如图 2-2 所示。内城在南，呈纵长矩形，东西宽约 740 米，南北长约 1100 米，面积约 0.81 平方公里。城墙宽 6～7 米，基槽深不足 0.5 米，残高 0.5～0.7 米，夯层 7～8 厘米。建外城后，把内外城身砍削成台阶状，其上贴筑夯土，加宽至 17～19 米。外城在内城之北接建，包内城北墙及东墙的北段于内，可视为后代郭之雏形，总面积近 2 平方公里。外郭墙厚约 17～18 米，基槽深 1.2 米以上，夯层 8～9 厘米。北、东、西三面城外有壕。已发现东西墙上各有二门相对，北墙一门，共有 5 座城门，门内通干道。东墙二门内路土下有木石结构的排水道，西连宫城排水道，长近 800 米。内城中央偏南为宫城，平面矩形，南北长 230 米，东西宽 216 米，夯土城墙厚 6～7 米。另在内城西南角和外城东南部各有一小城，城内建连排房屋，是仓储城。宫城内已发现数处宫院，都是主殿三面周以廊庑，围成庭院。外郭为手工业区和居住区。此城从考古层

① 许宏等，二里头遗址发现宫城城墙等重要遗存，中国文物报，2004-06-18。

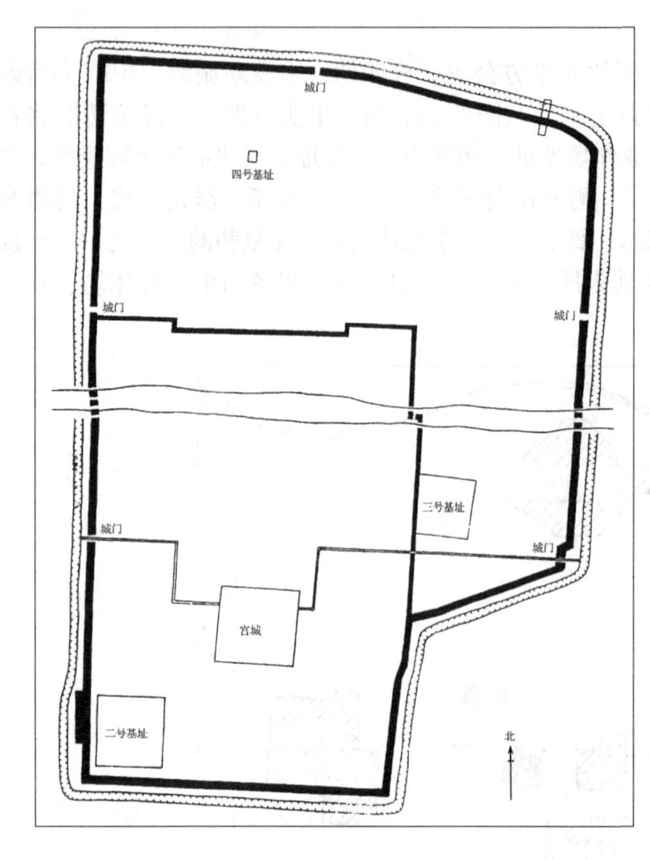

图 2-2　河南偃师商城平面图
国家文物局等：中国十年百大考古新发现，文物出版社，2002 年，第 384 页

位上判断可分三期，宫城建造最早，以后陆续兴建了内城和外郭并重建和拓展了宫城内的宫殿。

西墙上城门中，中间一门已发掘。门道宽约 2.4 米，深与城厚同，为 16.5 米。门道两侧各有一道夯土薄墙，最厚处 0.9 米，内有密集的木柱洞，南侧 16 个，北侧 18 个，直径 0.20～0.25 米，间距 0.2～0.4 米。洞底有石础，埋深距门道路土面 1 米左右，当是保护门道侧壁的措施。因上部已毁，是门洞还是豁口待考。城门内侧 4 米处有一夯土筑坡道，基深 1 米，上宽 3 米，下宽 4 米，全长 30 米，与城身垂直相交，是登城的马道。马道末端接宽 8 米的大路。这是迄今所知较早的城门和马道遗迹。①

目前史学界倾向于认为此城可能是汤灭夏后始建之都城。它的宫、城、郭都有城墙，也与无城墙的二里头遗址不同。除宫城居内城中轴线上外，还出现了外城和集中的居住区；外郭东西墙上城门相对，北墙上城门和宫城南北相对，形成中轴线，明显表现出规整有序。这表明随着王国政权建设的发展和逐步完善，在都城规划上初步出现了宫城居中的趋势，是都城规划布局上新的重要发展。②

3. 郑州商城址

遗址在河南省郑州市，总面积约 25 平方公里。其平面图见图 2-3。城在遗址区的中部，位于今郑州城区内，呈东北抹去一角的纵长矩形，面积约 3 平方公里。其四周分布制铜、陶、骨等手工业遗址、居住遗址和墓葬区等。城墙周长 6960 米，厚约 20 米，残存最高处 9.1 米，分段用版筑方法筑成，夯层厚 8～10 厘米，夯窝圆形，径 2～4 厘米。在一部分城墙内外侧还有斜夯的护坡。有专家估算，城之土方量约为 144 万立方米，即使用万人筑城，也需四五年以上时间才能完成，其工程量在当时是很巨大的。城北部中间和东北侧发现集中的大型夯土建筑基址，较大者面积近 2000 平方米，有的尚保存有柱洞、础石和白灰面地面，可能是宫殿区。另在城内中部偏南、偏东处也有较大的建筑遗址。在城内还发现有井、水池

① 杜金鹏、王学荣，《偃师商城遗址研究》中发掘简报部分下列报告：《河南偃师商城小城发掘简报》、《1983 年秋季河南偃师商城发掘简报》，科学出版社，2004 年。
② 徐昭峰，偃师商城建造过程及其意图蠡测，中国文物报，2004-06-18。

和石板构筑的水道系统。城内大的布局和道路系统尚待进一步查明。近年又在城南发现一道夯土墙，长近5公里，两端北折，包向商城之东西侧，其年代与商城相同。①② 考虑到偃师商城兼有城和外郭的情况，郑州商城有无外郭实是一个值得继续探索的问题。对郑州商城目前学界较倾向于它是亳都。③

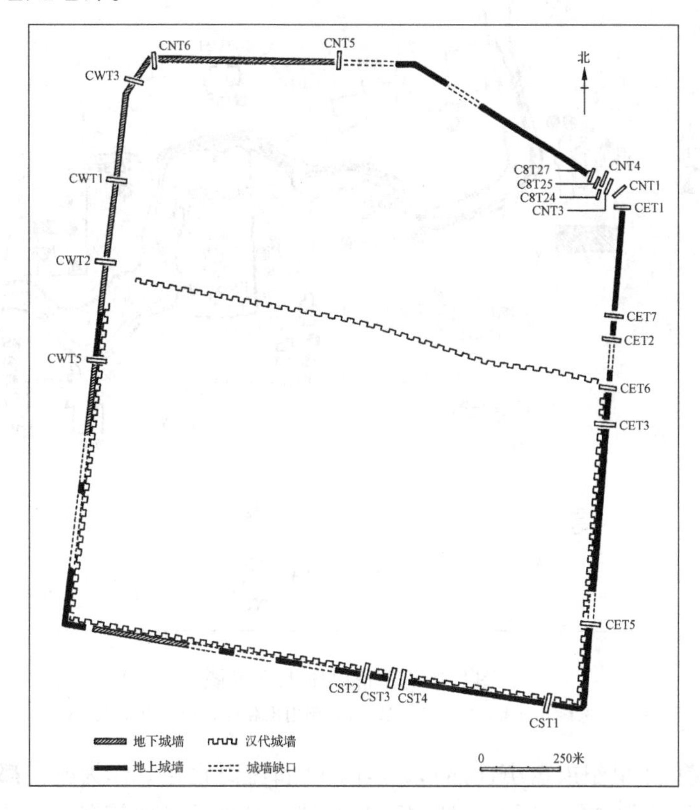

图 2-3 郑州商城平面图

河南省文物考古研究所：郑州商城（上），文物出版社，2001年，第179页

4. 安阳殷墟

在河南省安阳市西北部洹河两岸，以小屯村为中心，陆续拓展为东西6公里、南北4公里的地域。其分布图见图2-4。小屯村位于遗址区的中心，北、东两面临洹河，西、南两面有与洹河相通宽约10米的壕沟，面积约70万平方米。小屯村东北部为宗庙宫殿区，已发掘出建筑基址53座，可划分为甲、乙、丙三组。以小屯村为中心，其北有玉石作坊遗址，其南有铸铜遗址，其西有制骨作坊遗址，是其周围的手工业作坊区。在诸作坊遗址附近都发现中小型墓葬区。在小屯村的西北方洹河以北为商王墓葬区，已发现大墓13座，伴有大量人殉坑。④⑤

① 河南省博物馆等，郑州商代城遗址发掘报告，文物资料丛刊，1977年，(1)。

② 河南省文物研究所，郑州商城考古新发现与研究（1985～1992），中州古籍出版社，1993年。

③ 邹衡，"郑州商城'亳都说'商榷"之再商榷，中国文物报，2004-07-16。

④ 考古研究所，殷墟的发现与研究，科学出版社，1994年。

⑤ 北京大学历史系考古教研室，商周考古，文物出版社，1979年。

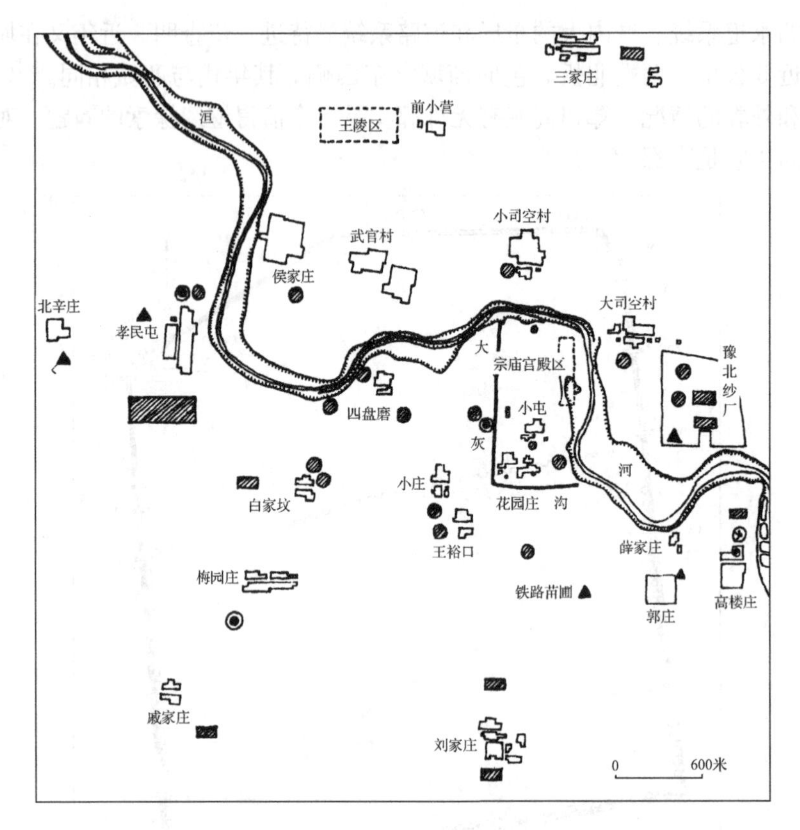

图 2-4　安阳殷墟遗址分布图

许宏：先秦城市考古学研究，图 21，燕山出版社，2000 年，第 58 页

安阳殷墟自前 14 世纪末盘庚迁都起，至前 11 世纪纣亡止，作为殷代都城达二百七十余年，其范围和宫殿规模亦大于偃师、郑州两座商都。目前只发现其宫殿区被洹水和人工壕环绕而未发现城，对于中心区的布置、道路系统及其与四周作坊区的联系等，也都有待进一步考古工作来揭示。

（二）地方城市和方国城市

已发现少数散在各地的此期中小城市遗址，在不同程度上有其特色，又明显表现出受夏、商文化影响之处，但孰为地方城市，孰为方国城市，限于资料，尚难详考。

1. 河南郑州大师姑夏代城址

二里头中晚期古城址，轮廓为西北角抹斜的横长形。其平面图见图 2-5。城墙夯土筑成，顶宽 7 米，底宽 16 米，残高 3.75 米，南墙西段存 480 米，西墙北段存 80 米，北墙西段存 220 米，有多次增筑和修补处。城外有壕绕城，总长 2900 米，壕内所包面积为 51 万平方米。在城内发现灰坑、灰沟、房址等遗迹。发掘报告认为，此城与偃师二里头夏都遗址相距约 70 公里，可能是二里头文化方国的都城，也可能是夏东境的军事重镇。[①]

---

① 郑州市文物考古研究所，郑州大师姑，科学出版社，2004 年，第 336～340 页。

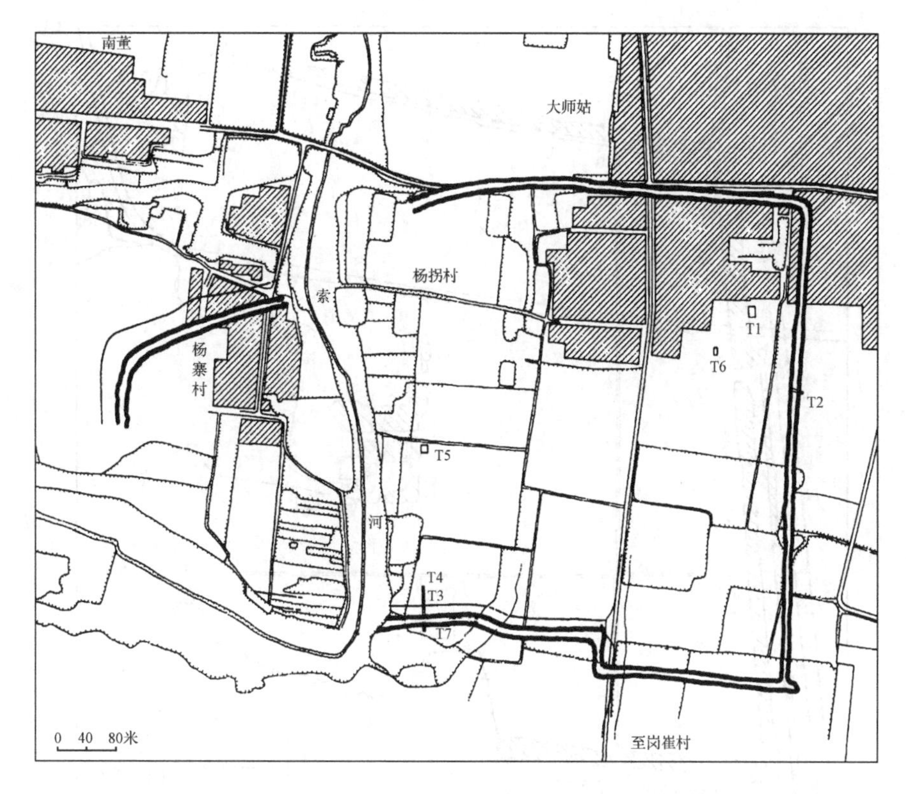

图 2-5　大师姑古城遗址总平面图

郑州市文物考古研究所：郑州大师姑，科学出版社，2004 年，第 336 页

2. 河南辉县孟庄二里头文化城址

为龙山、二里头、商三代叠压城址。龙山文化城址北墙原长约 340 米，残存 260 米，东墙长约 375 米，西墙长约 330 米，二里头时期城址即叠压在龙山城的残址上，用夹板夯筑，夯层 5～7 厘米，夯窝密集，系用集束木棍夯成。内壁有宽 8 米的三角形断面护坡。使用夹板夯筑，以集束木棍为工具，表现出夯筑技术的进步。①

3. 山西垣曲古城址

在山西省垣曲县，位于黄河北岸台地上，平面界于矩形和菱形间，南北长约 400 米，东西宽约 350 米，面积约 13.3 万平方米。其平面图见图 2-6。城墙夯土筑成，基宽 7.5～15 米。其东墙大部和南墙东半已不存，在西墙中部偏北发现缺口，即西门，其外筑有第二重墙，北端内折封堵，向南延至西城南端，形成一宽 7～10 米的狭长夹城。另在南城墙西部残段外侧也发现夹城，延至西端，与西夹城相会，并留有宽 16 米的豁口为出口。城中部偏东发现大面积夯土基六座，应是宫殿或官署区。自西门向东有宽 12 米的道路通入宫殿区。城中南部为居住区和手工业区。

此城最大特点是西、南两面有夹城，具有明显的防御特点，为他城所未见，应是后代护门墙之雏形，是研究古代城防设施发展的重要例证。考古学家推测，它可能是商王国的一个

① 袁广阔，中原首次发现的龙山夏商三叠城——辉县孟庄遗址，载：中国十年百大考古新发现，文物出版社，2004 年，第 201～205 页。

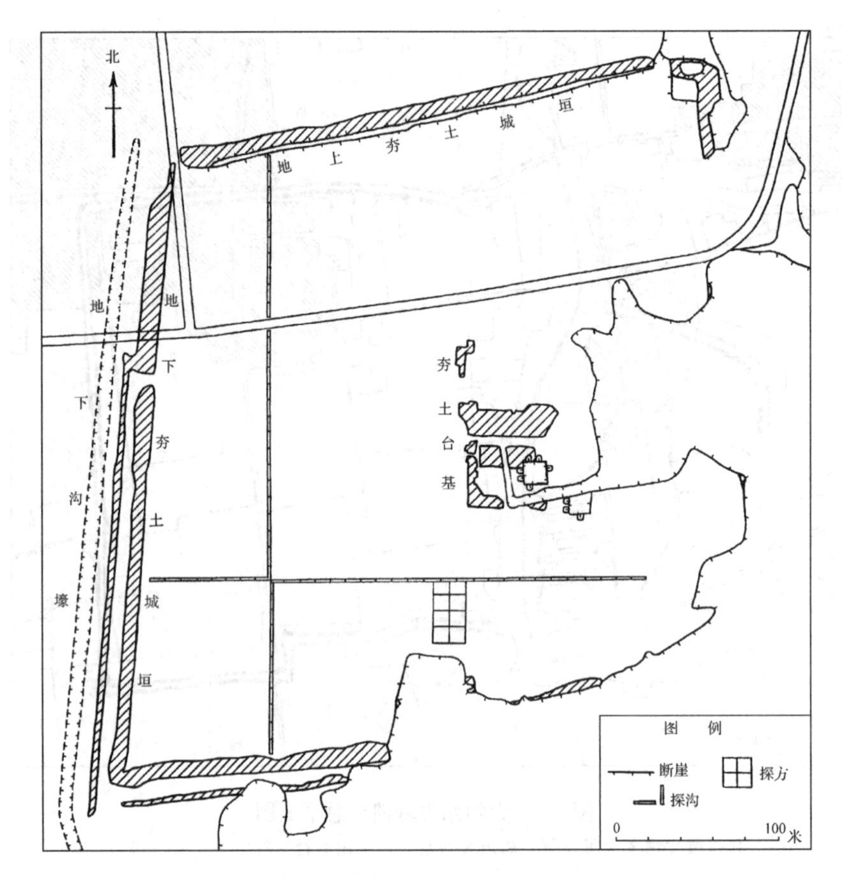

图 2-6　山西曲垣古城平面图

许宏：先秦城市考古学研究，图 26，燕山出版社，2000 年，第 66 页

军事据点或一个方国的都城，据地层判断，约距今 3400～3200 年。[①②]

4. 山西夏县东下冯古城址

古城在山西省夏县东北，仅存南半部。东墙存 52 米，西墙存 140 米；南墙完整，西部向南凸出 75 米，总长 440 米。其平面图见图 2-7。城身宽约 8 米。从城内残存圆形夯土基址数十座分析，可能是仓城。此城之构筑特点除南部外凸外，城身内外侧均夯有护坡，外部护坡直抵护城壕底部，形制和做法都与郑州商城有相近处。[③]

5. 湖北黄陂盘龙城址

在湖北省黄陂县府河北岸丘陵地上，南北约 290 米，东西约 260 米，略近于矩形，城身已破坏殆尽，但仍可看到在主体墙身的内外侧加了斜夯的护坡，和郑州商城的做法相同。其平面图见图 2-8。城外有宽 10 米的壕，四面城垣中部原有豁口，应即城门址。城内东北部发现大型夯土基址，是宫殿区，建有规模颇大的院落式建筑，形制做法也和商宫室相似（详见宫殿部分）。盘龙城遗址表明商文化已拓展到湖北地区，但从建有较大体量的宫殿看，它是

① 中国历史博物馆考古部，1988～1989 山西曲垣古城南关商代城址发掘简报，文物，1997 年第 10 期。

② 中国历史博物馆考古部，1991～1992 山西曲垣商城发掘简报，文物，1997 年第 12 期。

③ 中国社会科学院考古研究所，夏县东下冯，文物出版社，1988 年。

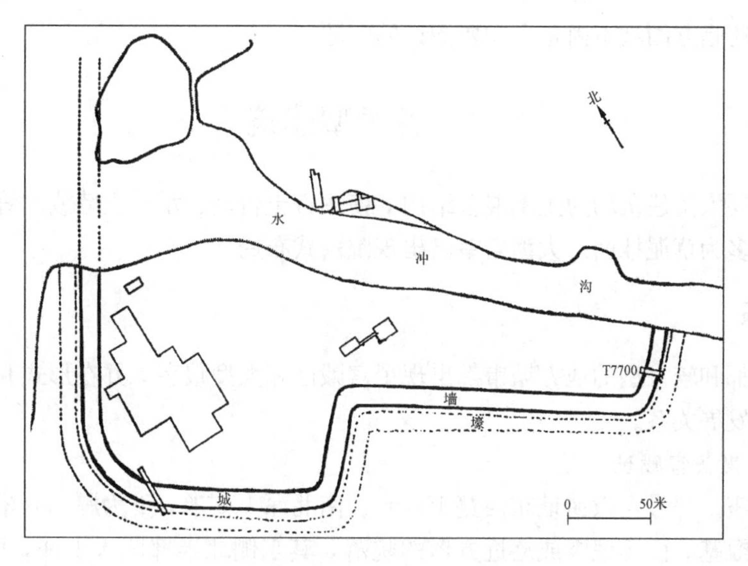

图 2-7　山西夏县东下冯古城平面图

中国社会科学院考古研究所：夏县东下冯，图 136，文物出版社，1988 年，第 136 页

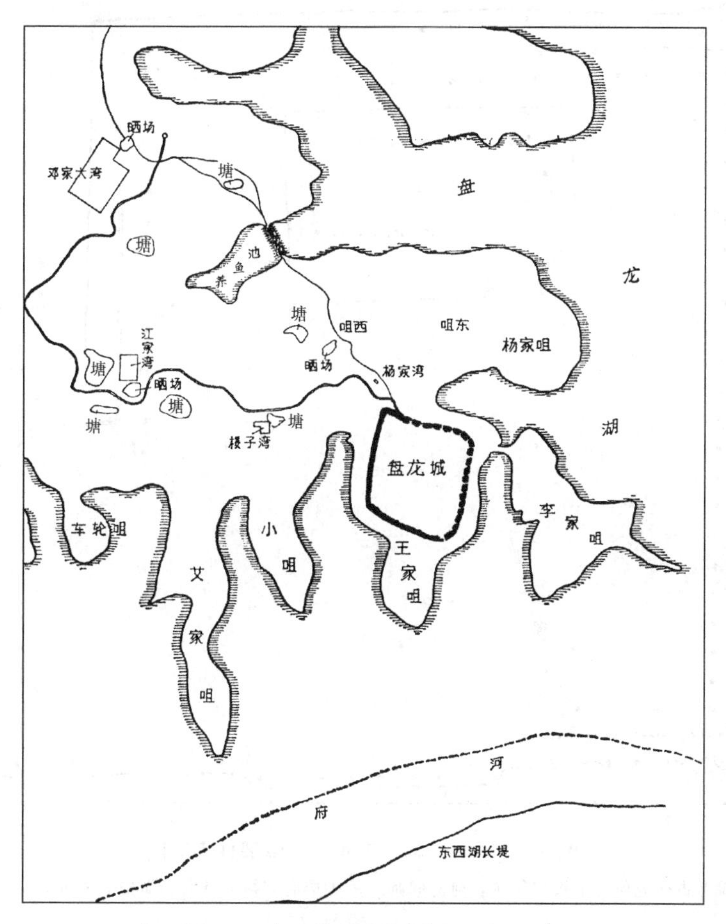

图 2-8　湖北黄陂盘龙城遗址平面图

湖北省博物馆·北京大学考古专业：盘龙城 1974 年度田野考古纪要，文物，1976 年第 2 期

商之地方城市还是方国城市尚是个需要探讨的问题。[①]

二　各类型建筑

此期的重要大型建筑均为土木混合结构，使用夯土台基、承重土墙或木骨泥墙，上承木构屋架，屋面多为草泥抹面。大型宫室已出现院落式布局。

（一）宫殿

此期的王都和较大型的地方城市都出现了宫殿区和大型殿宇，并在形式和构造上表现出一定的继承和发展关系。

1. 偃师二里头宫殿址（夏）

已发现两座。一号宫殿遗址东西宽 108 米、南北深 100 米，下为厚 0.8 米的夯土基，其上再筑廊庑和殿基，由廊庑围成略近方形的院落，其东侧北半部凹入少许，面积约 9500 平方米。其平面图见图 2-9。沿夯土地基周边筑有木骨泥墙，围成宫院。北、东、南三面墙

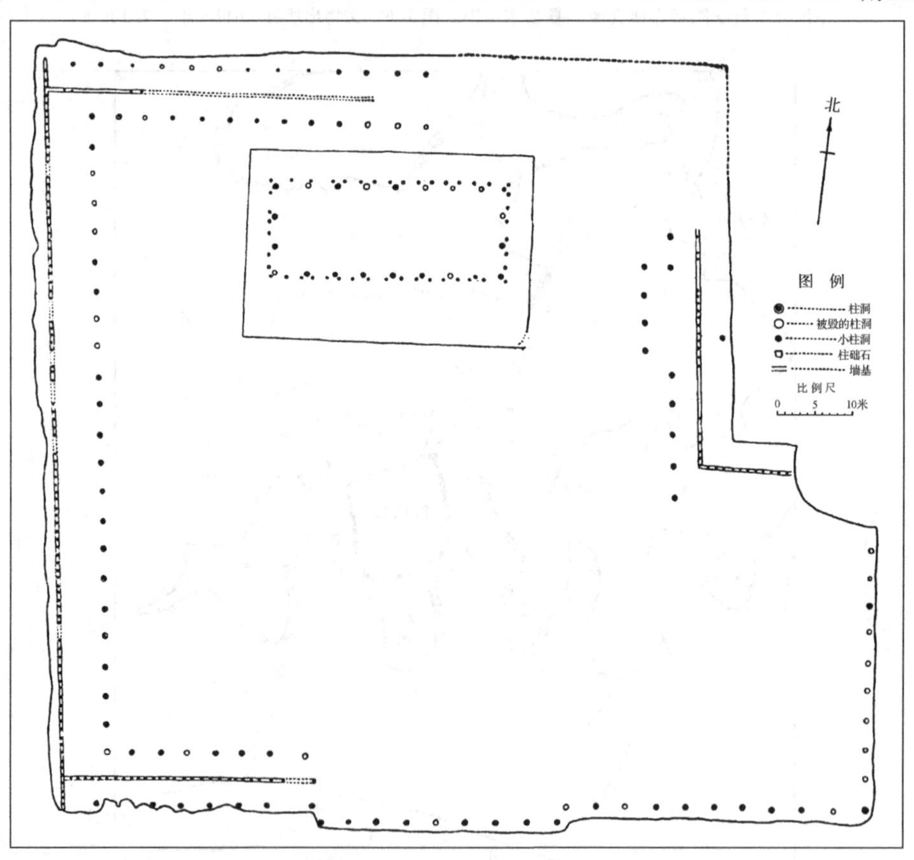

图 2-9　河南偃师二里头第一宫殿址平面图

中国科学院考古研究所二里头工作队：河南偃师二里头早商宫殿遗址发掘简报，考古，1974 年第 4 期

① 湖北省博物馆、北京大学考古专业，盘龙城 1974 年度田野考古纪要，文物，1976 年第 2 期。

的内、外均有柱洞，形成内、外有廊的双坡顶重廊，西面只在墙内侧有柱洞，是单坡顶的单廊。院落北侧中部有东西 30.4 米、南北 11.4 米，面积近 347 平方米的殿基，外围有柱洞，径 0.5 米，下置石础，间距 3.8 米，构成东西 8 间、南北 3 间的主殿。在殿址堆积物中发现木柱灰和草拌泥块，可知殿的内部原有用木柱为骨架然后填充或堆垛草拌泥而成的墙。在南庑上建有一座开三个门道的大门，北庑的东北角开有一间的侧门。[①]

第二号宫殿址在一号殿址东北 150 米处，是廊庑围成呈南北长矩形的院落，东西宽 58 米、南北长 72.8 米，面积约 4230 平方米。其平面图见图 2-10。北、东、西三面有宽 4.9 米

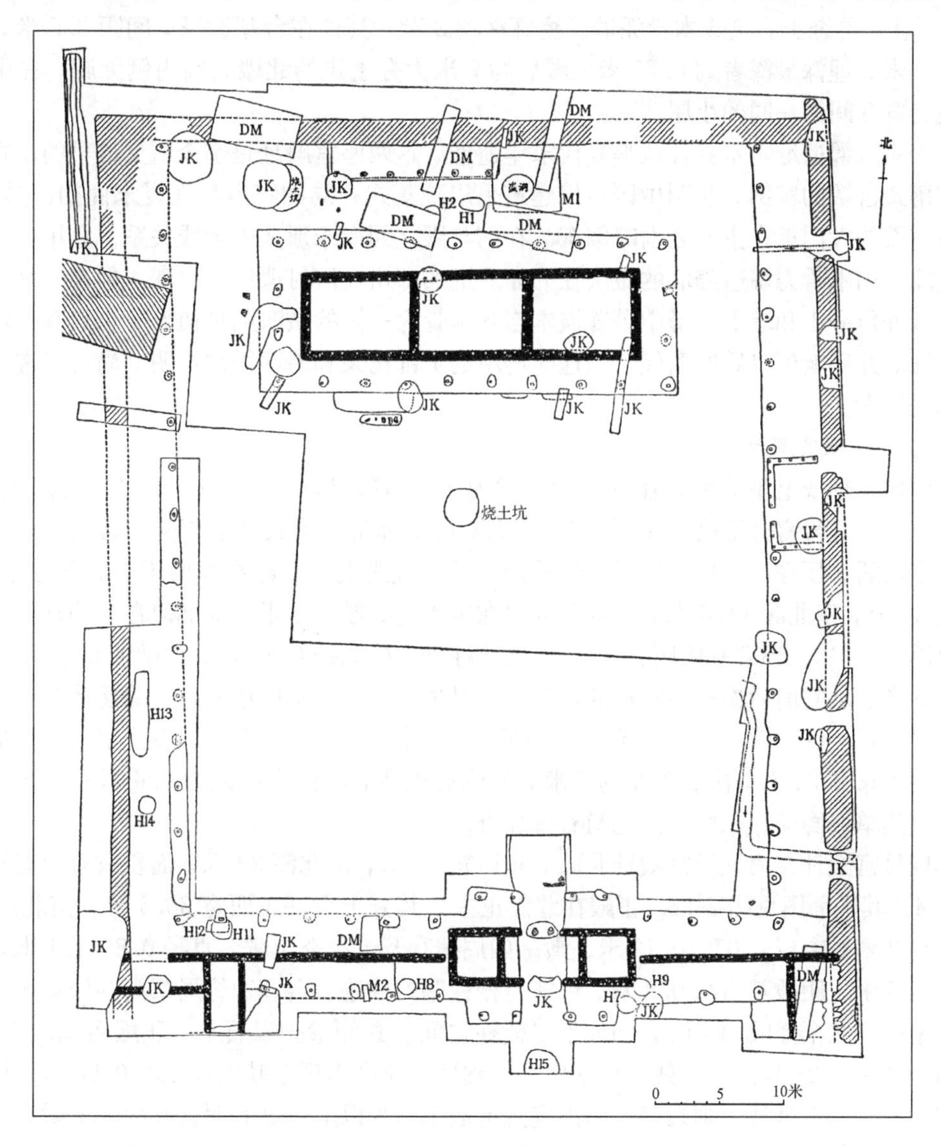

图 2-10　河南偃师二里头第二宫殿址平面图

中国社会科学院考古研究所二里头工作队：河南偃师二里头二号宫殿遗址，考古，1983 年第 3 期

① 中国社会科学院考古研究所，偃师二里头，第五章中的“（一）第一号宫殿建筑基址”部分，中国大百科全书出版社，1999 年，第 138 页。

的廊基，沿外侧有厚约 1.9 米的夯土围墙。东西围墙内侧均有柱列，构成单坡顶的东、西庑，深近 4 米。南面廊基宽约 6.5 米，中间为厚约 0.6 米的木骨泥墙，内、外侧廊基边缘原均有柱，构成双坡顶的重廊。南廊中间略偏东处有门，左右有门塾，构成宽三间的门屋。庭院内北部正中为正殿，夯土殿基东西长 32.6 米、南北宽 12.75 米，最厚处近 3 米。正殿为宽 9 间、深 3 间，外有一圈檐廊、其内分隔为三室的殿宇。三室均由木骨泥墙围成，东西长 26.5 米，南北深 7.1 米。木骨泥墙的做法是先在殿基上挖宽 0.75 米、深 0.75～1 米不等的基槽，槽内卧置断面 0.29 米×0.15 米的条形横木，横木上立直径 0.18～0.2 米、间距约 1 米的木骨，再夯土，筑成木骨泥墙。檐廊深约 2 米，其柱在台基边缘，间距 3.5 米，柱洞径约 0.2 米，埋深最深者约 0.75 米。殿后约 7 米为夯土筑的北墙，墙内侧无廊，在中部偏西处建有宽 5 间深一间的小屋。①

二里头宫殿遗址学术界公认是夏代末年遗址，这两座宫殿址是迄今所见最早的用廊庑围成的院落式宫殿的实例，表明中国古代建筑采用院落式布局的特点早在夏末商初已具雏形。但二座宫殿的大门都在主殿之南略偏东，在门与殿之间尚未形成中轴线关系。它用夯土筑基址和围墙，用木骨泥墙造隔墙的做法在仰韶后期的郑州大河村遗址已出现，但二号宫殿址中木骨泥墙外包夯土和墙下基槽中卧置横木连各木骨为一体的做法则是初见，也具有一定的时代标志性，并影响到以后的商代。但这时房屋的上部构架和屋面做法不明，尚有待进一步考古工作去探索。

2. 偃师商城宫殿址

在内城中轴线上稍偏南，在宫城中已发现多处宫殿基址（图 2-11），多为院落式布局。其中第三号、五号宫殿址已探明。② 二者左右对称，体量及形式基本相同。第五号宫殿址在宫城内东南隅，压在一个口字形平面的早期宫院遗址之上。正殿在北面正中，下为夯土基，东西宽 54 米，南北深 14.6 米，殿基后部建在生土上，厚 1.6 米，前部建在早期宫院遗址之上，总厚 1.35 米。环殿基四周有 48 个柱洞或柱础，柱洞径 0.42 米，柱础径 0.55 米，平均间距 2.5 米，从它前后檐柱不对位的情况看，是檐廊之柱，其内还应有土墙建造的室，和二里头二号宫殿址的主殿相似。正殿左、右侧分别有长 28 米、25 米的北庑，深 6～7 米。西庑已探明了长 26.5 米一段，深宽约 6 米，外侧有土墙，内侧有间距为 2.6 米的柱洞，应是面向庭院的单坡廊庑。东庑、南庑尚有待探查。

第四号宫殿址在第五号宫殿址北面，东西宽 51 米，南北深 32 米，面积只有第五号宫殿址的 1/4。其平面图见图 2-12。正殿在北面正中，其夯土殿基东西宽 36.5 米，南北深 11.8 米，厚约 2 米，夯层 0.07～0.12 米。殿基四周残存若干小夯土墩，直径 0.8～1.1 米，中至中间距 2.5 米，距殿基边缘 0.8 米，可能是檐柱基的残迹。台基边缘局部尚存用黄泥抹面残迹，其南面有四个登殿用土阶，均位于二檐柱之间，其侧壁护以石片。正殿台基表面被毁，但仍高出庭院 0.25 米以上。残存柱基底加柱础后，应高出现台基面 0.45～0.60 米，柱子埋深若按一般的 0.7 米计，则殿基应高出庭院地面 1.5 米以上。这表明这时的主要殿宇虽仍是“茅茨土阶”，却已有相当高的台基，大大超过“堂崇三尺”的记载了。正殿之东、西、南三

① 中国社会科学院考古研究所，偃师二里头，第五章中“（二）第二号宫殿建筑基址”部分，中国大百科全书出版社，1999 年，第 152 页。

② 中国社会科学院考古研究所河南二队，河南偃师尸沟商城第五号宫殿基址发掘简报，考古，1988 年第 2 期。

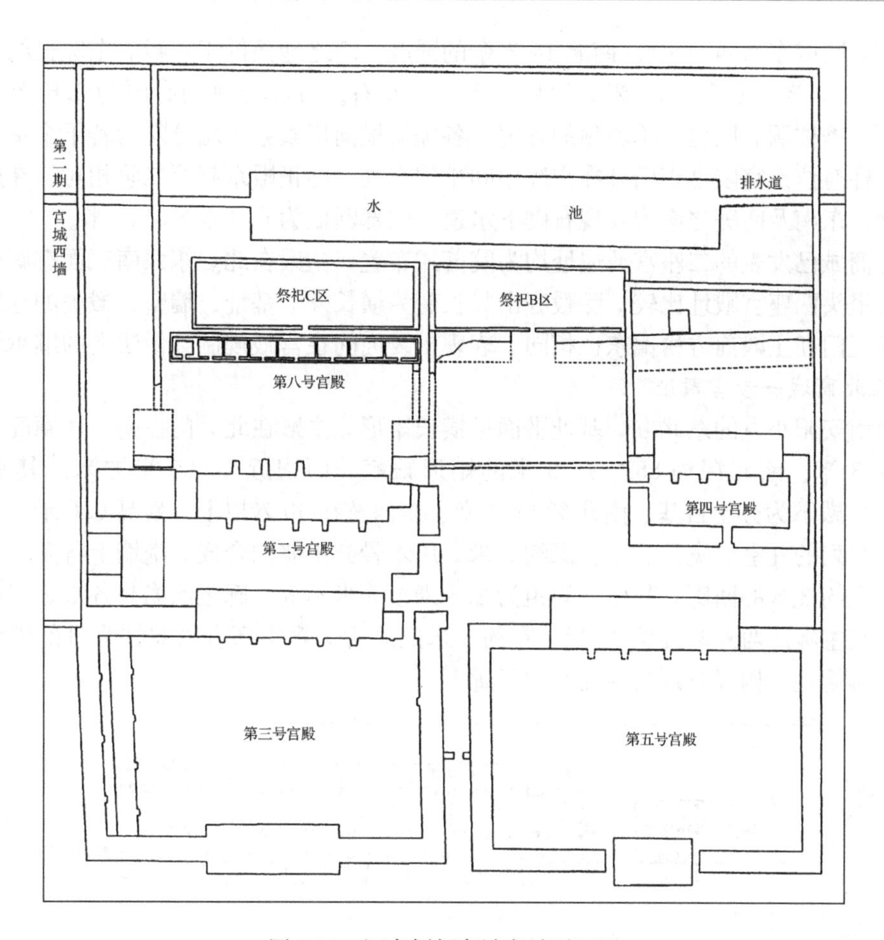

图 2-11 河南偃师商城宫城平面图

中国社会科学院考古研究所河南二队：河南偃师尸沟商城第五号宫殿基址发掘简报，考古，1988 年第 2 期

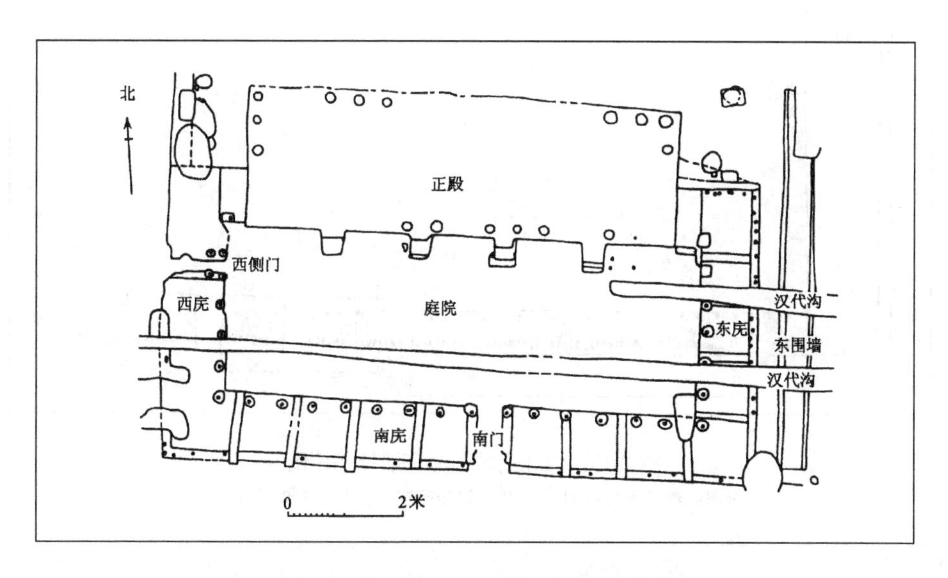

图 2-12 河南偃师商城第四宫殿址平面图

中国社会科学院考古研究所河南二队：1984 年春偃师尸沟商城宫殿遗址发掘简报，考古，1985 年第 4 期

面均有庑，围成东西40米余、南北14米余的殿庭。庑之地面低于正殿，东庑长约25.2米，西庑长约24.9米，南庑长51米，深均在5.5米左右。各庑外侧均有厚约0.6米的木骨泥墙，内侧有檐柱洞，则也是单坡顶的廊庑。各庑均横向用素夯土墙分隔为若干个室，但隔墙并不与檐柱对位。宫院之正门开在南庑中间稍偏东处，与正殿东起第二阶相对。在此宫殿基址的东北、东南及南庑之南均发现石砌下水道，内部断面为0.3米×0.47米。

偃师商城已发表的二座宫殿遗址均为院落式布置，主殿在北，东西南三面有廊庑围成殿庭，和二里头两座宫殿址比较，除殿庭由竖长变为横长外，基址、墙壁、殿庑的柱网等基本相同，其正门在主殿前方稍偏东也相同，表现出夏商间在宫殿规制和做法上的继承性。①

3. 洹北商城一号宫殿址

在河南安阳小屯的东北方，基址平面呈横长矩形，主殿在北，门在南，用廊庑围合成东西长约173米、南北深约85～91.5米的矩形殿庭，面积近16000平方米。其平面图见图2-13。主殿下为夯土台基，南北深14.4米、东西宽在90米以上，残高0.6米，其主体残存部分为并列的九室，宽约8米、深约5米，用木骨夯土墙围合成，南墙上各开一门。在九室外围以宽约3米的回廊，其檐柱间距为2.5米至3米不等。廊之前檐与各室之门相对有夯土台阶。在主殿的西外侧接长30米、宽约9米的北廊，廊中部有以双柱为骨的隔墙，墙南北各有一排檐柱，构成分别向南北面的复廊。

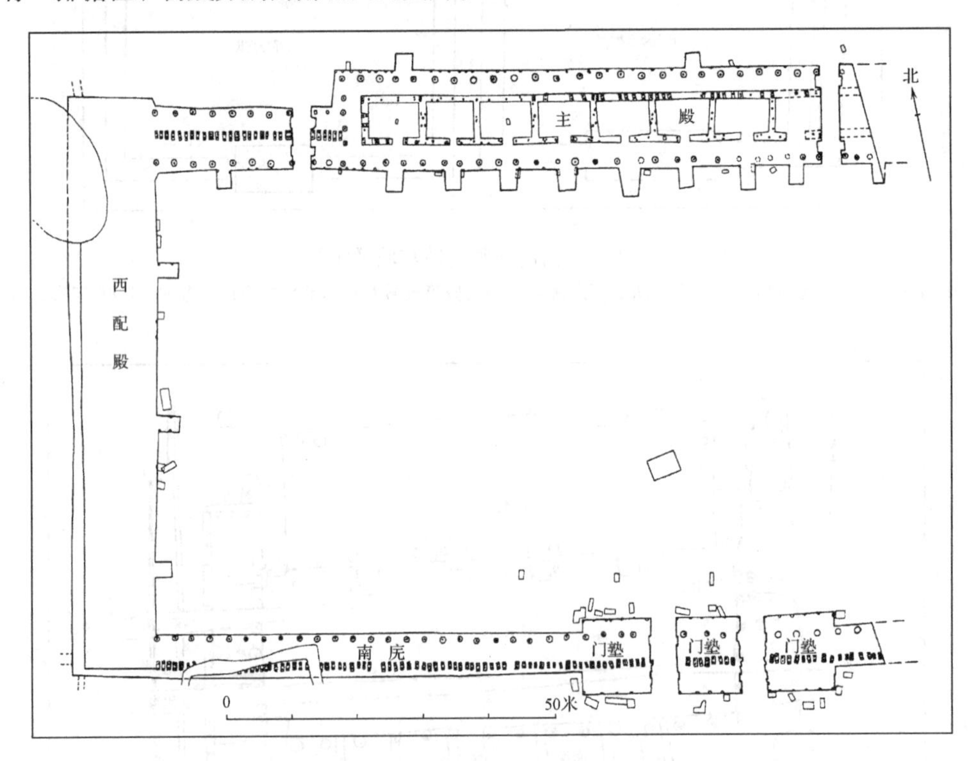

图2-13　洹北商城一号宫殿址平面图

杜金鹏：洹北商城一号宫殿基址初步研究，文物，2004年第5期

① 中国社会科学院考古研究所河南二队，1984年春偃师尸沟商城宫殿遗址发掘简报，考古，1985年第4期。

殿门在南廊上，稍偏东，与主殿间未形成南北中轴线关系。南廊夯土基宽约6米，南面为用双柱为骨的长墙，北面立檐柱，构成宽3米的向内的回廊。南廊自西起65米处夯土基加宽，形成东西宽38.5米、南北深11米的殿门。殿门开有两个宽约4米的门道，其间形成3个门塾，南廊的长墙及檐柱即穿过门塾向东继续延伸为南廊的东段。

在殿庭的西端有深13.6米、长85.6米的夯土基，因原台面已毁，建筑形制不明，《发掘简报》称之为“西配殿”。

从遗址覆盖物中的夯土块、土坯、有白灰墙皮的草拌泥块、带苇束痕的薄泥块可知，主殿之墙为木骨外加夯土筑成，表面抹白灰面；屋顶则是在木屋架上顺坡密铺苇束，以代椽及望板，在其表面抹草泥构成，首次提供了屋顶部分的做法的物证，极为重要。①② 它是已发现的商代宫院址中面积最大的一例，其廊院式布置和基本做法、构造特点与二里头夏代宫殿和偃师商城宫殿一脉相承，而位置就在殷墟遗址邻近，这就为探讨夏、商二朝和商代晚期建筑间的继承和发展关系提供了线索。

4. 安阳小屯宫殿址③④

宫殿区南北约350米、东西约200米，已发现建筑的基址可分为甲、乙、丙三区。甲区基址15处，乙区基址21处，丙区基址17处。其总平面图见图2-14。甲区及乙区北部建筑基址多呈南北长的矩形，乙区南部和丙区多呈东西长矩形，从残基关系看，可能有一定的对称关系。最大一座在乙区，南北长达85米，是很巨大的宫殿建筑群。丙区基址较小，但多用人殉，有人推测可能是宗庙（图2-15）。小屯宫殿都是下为深入地面以下的夯土基，出地后，在其上深挖柱洞，埋入石柱础，其上栽柱填土，做法似比偃师和郑州商宫更为规整。柱础大多用块石、卵石，直径在30～50厘米左右，厚10～20厘米。在一座较大的建筑基址中发现10个青铜础，直径在15厘米，厚3厘米，上表面微凸，下表面微凹，上承直径15厘米的木柱。但在铜础下尚有一石础，其间有20厘米的灰土，则石础铜础间可能尚有一段木柱，其作用待考。

小屯宫殿最令人不解之处是它的布局，已发掘的大型基址都集中聚拢，未发现廊庑和大型殿庭，与偃师商城和洹北商城几座宫殿址均为主殿在北、三面周以廊庑围成开敞殿庭的布局完全不同，是商的早、晚期宫室制度发生了突变，还是二者属性质全然不同的建筑群，目前尚只能存疑。

5. 盘龙城宫殿址（商）⑤

在宫城东北部高地上，目前只发掘了主殿，其整体布局尚有待进一步发掘。主殿的台基东西39.8米、南北11.2米，由主室和檐廊组成。主室由木骨泥墙围合成，形成东、西并列的四室。中间二室南北开门，左、右侧二室只中间开门，反映出不同的性质和用途。室四周沿台基边立一圈檐柱，南面20柱，北面17柱，东西各5柱。以檐柱中线计，主殿东西38.2米、南北11米，面积420平方米，是座很大的建筑（图2-16）。

① 中国社会科学院考古研究所安阳工作队，河南安阳市洹北商城宫殿区1号基址发掘简报，考古，2003年第5期。

② 杜金鹏，洹北商城一号宫殿基址初步研究，文物，2004年第5期。

③ 北京大学历史系考古教研室商周组，商周考古，文物出版社，1979年。

④ 石璋如，小屯：河南安阳殷墟遗址之一·第一本·遗址的发现与发掘·乙编·建筑遗存，台北·中央研究院历史语言研究所，1959年。

⑤ 湖北省博物馆、北京大学考古专业，盘龙城1974年度田野考古纪要，文物，1976年第2期。

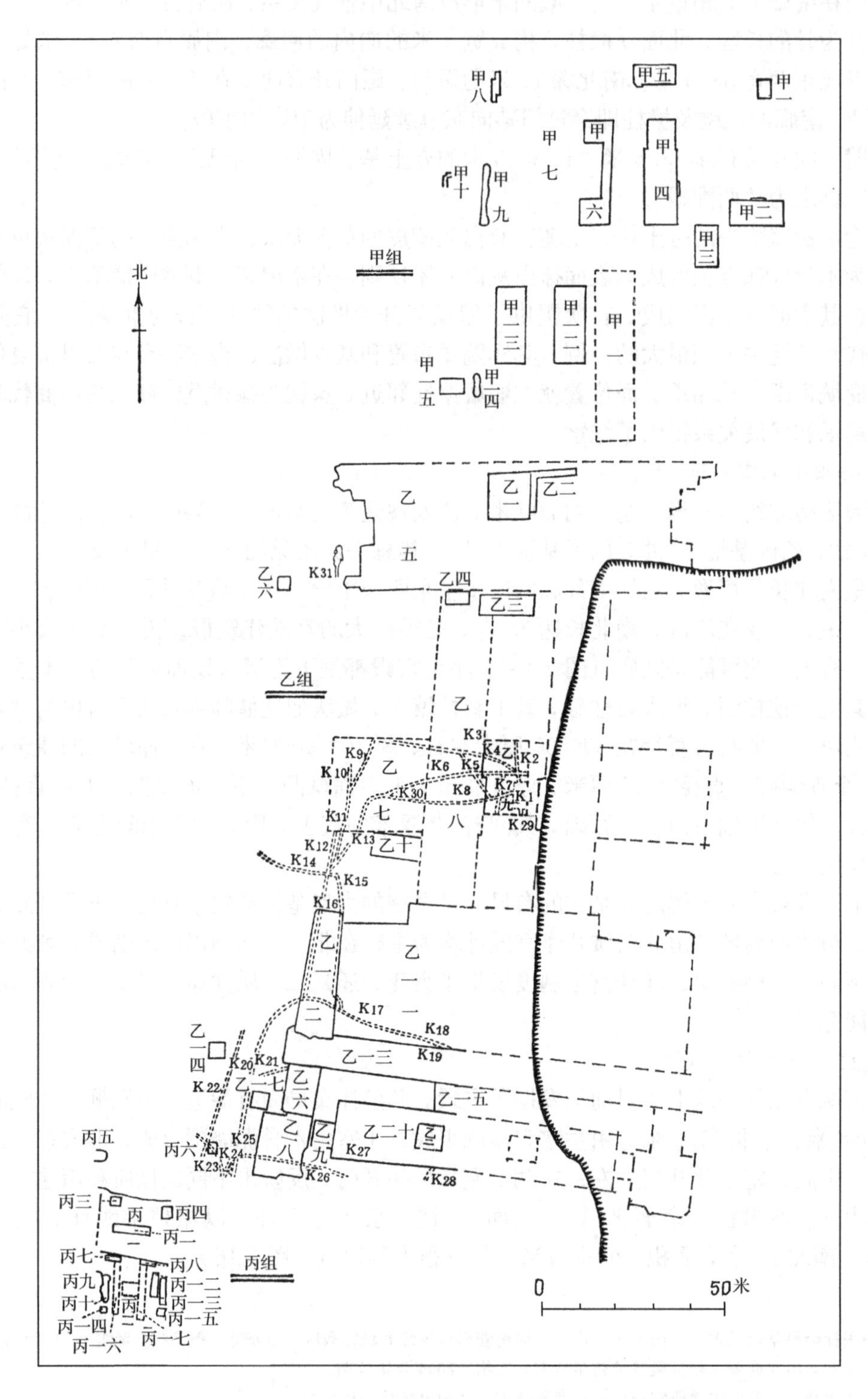

图 2-14　河南安阳殷墟宫殿遗址总平面图

中国社会科学院考古研究所：殷墟的发现与研究，图 19，科学出版社，1994 年，第 57 页

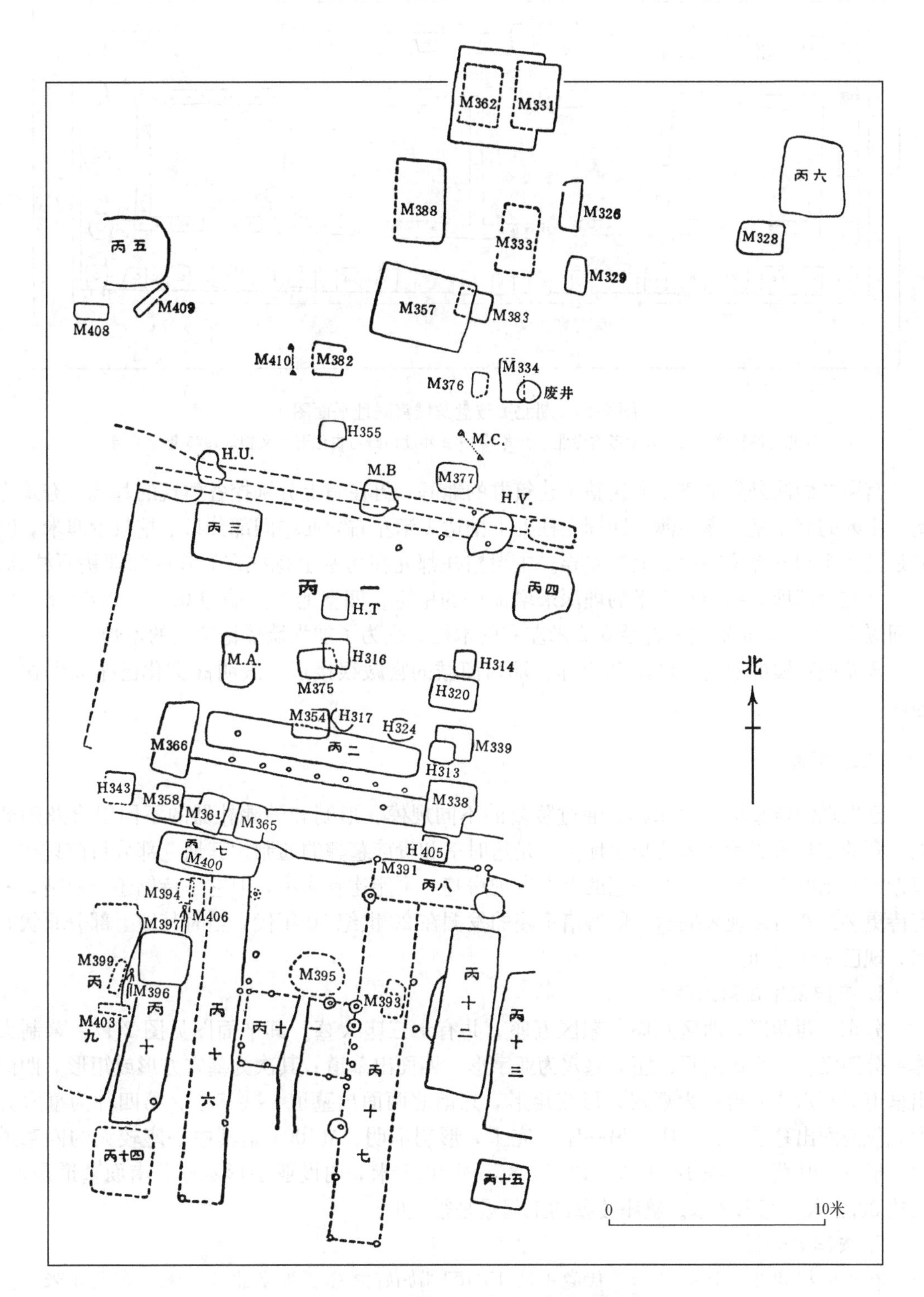

图 2-15 河南安阳殷墟丙组遗址平面图

中国社会科学院考古研究所：殷墟的发现与研究，科学出版社，1994 年，第 68 页

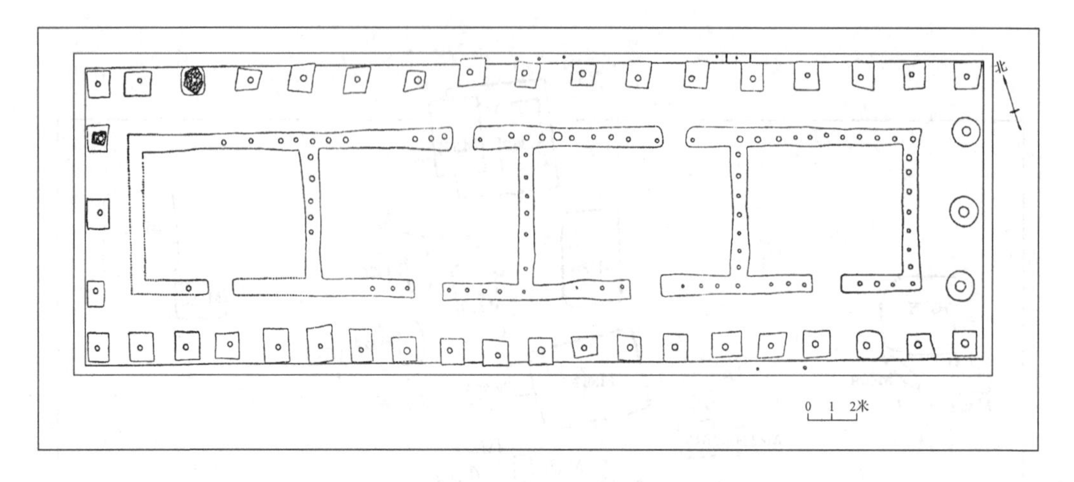

图 2-16　湖北黄陂盘龙城宫殿址平面图

湖北省博物馆·北京大学考古专业：盘龙城 1974 年度田野考古纪要，文物，1976 年第 2 期

宫殿的做法是先平整、夯筑整个建筑群的地基，再在其上分别挖各建筑的基坑，夯筑房基。主殿的夯土基边厚中薄，四周立柱处下挖达 1 米左右，而中间部分只下挖数十厘米，明显是已考虑到各部位在承重上的差异。主殿檐柱都先在房基上挖柱穴，穴内深埋块石柱础，其上立柱后填埋，靠约 0.7 米的埋深来增加柱的稳定。四室的夯土墙厚 0.70～0.80 米，墙内间隔 0.58～0.95 米立一直径 0.2 米左右的木柱，是为了加强墙体稳定用的木骨。

盘龙城宫殿的形制、做法和偃师、郑州商城的宫殿很接近，表明商文化已拓展到这一地区。

（二）陵墓

已发现的陵墓均平地深葬，通过陵墓的不同规模、形制和随葬礼器的不同组合及殉葬人、畜的数量来表示死者的身份地位，是这时王和贵族墓葬的通制。其地上部分目前只在一座近期发掘的王妃墓——妇好墓的上方发现房基，可能建有房屋，但它是特例还是通制，尚有待更多的考古发现来揭示。殷墟诸王陵的发掘在 20 世纪 30 年代，当时其地上部分原状如何，现已无法考知。

1. 安阳侯家庄商王陵[①]

分东、西两区，西区八座，东区五座，共有十三座大墓。其平面图见图 2-17。墓制大体可分四级。最高级的只二座，墓穴为亚字形，四面出墓道；其次为墓穴方形或矩形，四面出墓道，有六座；再次为墓穴方形或矩形，只南北两面出墓道，共三座；第四种为墓穴方形，仅南面出墓道，只一座；另一座未完工，形制不明。M1001 是其中一座较大的四墓道亚字形墓，其墓室面积 18.9 米×13.75 米，深 10.5 米，内设亚字形木椁，南面墓道最长，长达 30.7 米，宽 7.8 米。整座陵墓的工程量是很大的。

2. 安阳妇好墓[②]

在小屯村西北，是第二十三代商王武丁的配偶妇好之墓，为南北 5.6 米、东西 4 米、深

① 北京大学历史系考古教研室商周组，商周考古。

② 中国社会科学院考古研究所，殷墟妇好墓，文物出版社，1980 年。

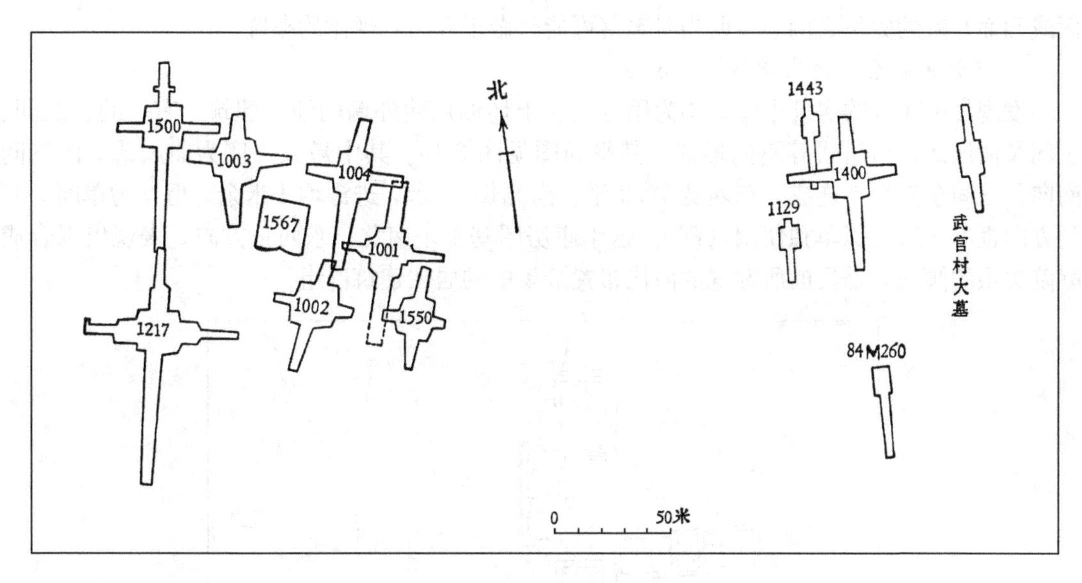

图 2-17　河南安阳侯家庄商王墓平面图

中国社会科学院考古研究所：殷墟的发现与研究，科学出版社，1994 年，第 102 页

8 米的平地下挖竖穴墓。墓穴内有两层台，下为长 5 米、宽 3.6 米的木椁，椁内套棺。此墓特殊处是墓穴上发现有一座夯土房基，可能建有房屋，是迄今所见最早的墓上建屋之例。其平面图见图 2-18。

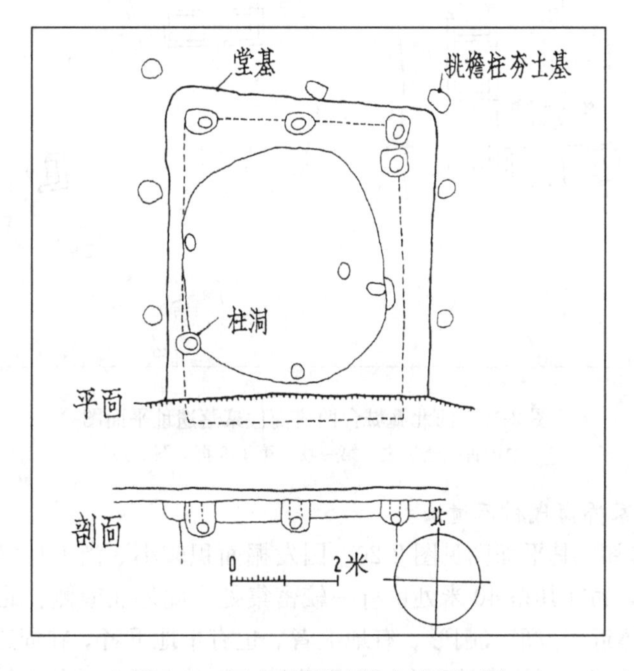

图 2-18　河南安阳殷墟妇好墓平面图

（三）聚落

此期聚落发现颇少，但已出现数间相连的地上房屋按正南北、东西方向布置，围合成一

面或两面开敞的庭院之例，表明当时聚落可能已做正方向有规律的布置。

1. 河北藁城台西商代中期聚落遗址[①]

发现集中布置的房址十座，均为用夯土、土坯混用建外墙的地上建筑，有一间、二间、三间及曲尺式、对角式等不同形式。其平面图见图 2-19。其中最大一座为曲尺式，由三间南向、三间东向房屋连成，东西宽 12.9 米、南北长 20 米，进深均 4 米余，但均为单间，开门方向也不一致，似单独使用（F6）。这十座房屋基本呈南北、东西正方向，表现出围合成庭院关系的倾向，是目前所发现的商代布置最集中的居住建筑群组。

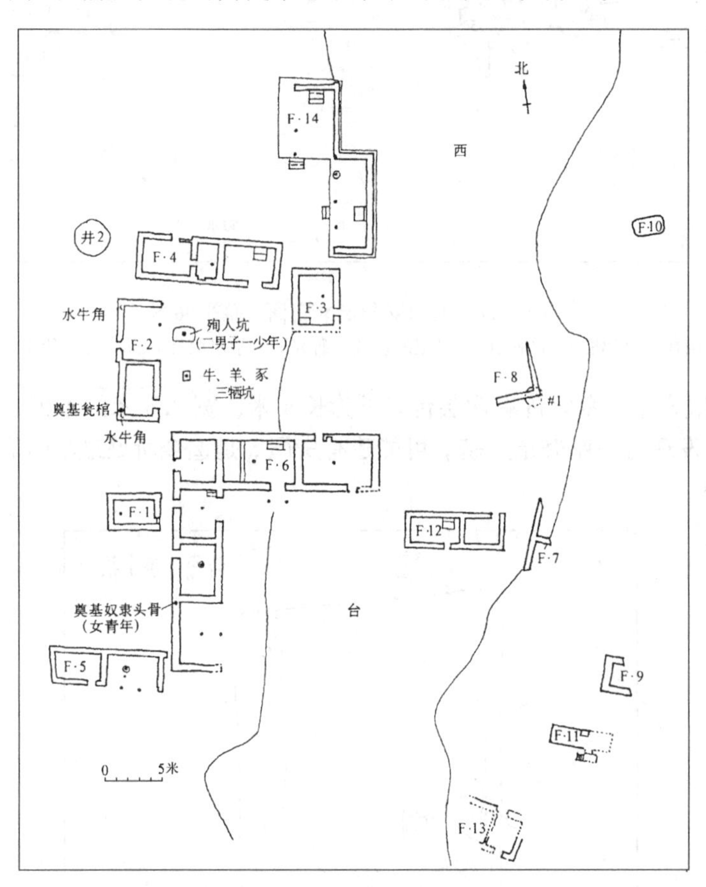

图 2-19　河北藁城台西村商代聚落遗址平面图

中国古代建筑史，第一卷，第 156 页，图 2-71

2. 山东平阴朱家桥商代村落遗址[②]

已发掘 21 座房基。其平面图见图 2-20。因发掘面积较小，尚不足以了解其全貌，大体上是中心区较密集，另在其东 40 米处也有一较密集处，此外在南侧、北侧也有较稀疏的居住遗迹。其房基大体近于方形或圆形，有地上者，也有半地下者，在周边和中间均有柱，以支撑屋顶，但未发现墙。可能半地穴者以坑壁代墙，而地上者以植物茎结合边柱构成简单的

① 河北省文物管理处台西考古队，河北藁城台西村商代遗址发掘简报，文物，1979 年第 6 期。

② 中国科学院考古研究所山东发掘队，山东平阴县朱家桥殷代遗址，考古，1961 年第 2 期。

围护墙。一般室内地面是厚数厘米的硬土层，在一角有一块烧土面，是最简化的火池。这些住房较为简陋，有可能是一般人或奴隶的住所。

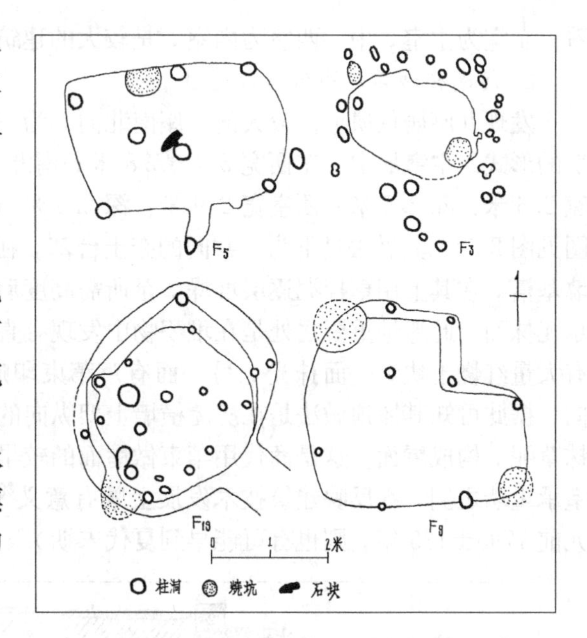

图 2-20 山东平阴朱家桥商代村落遗址平面图
中国科学院考古研究所山东发掘队：山东平阴县朱家桥殷代遗址，考古，1961 年第 2 期

（四）居住建筑

此期一般人的居住建筑仍处于从半地下建筑向地上建筑过渡阶段，早期的多下挖浅穴，在周边筑墙，以后则发展为先筑略高出地面的房基，然后再用木骨泥墙、版筑墙、土坯墙、垛草泥墙等方法筑成承重屋身。屋顶部分已发现在墙上架檩、檩间顺坡密排芦苇束、其上抹泥做屋面的做法。

1. 河南偃师二里头居住址

为木骨泥墙房屋，建在残长 28.5 米、深约 8 米的台基上。其平面图见图 2-21。房屋东西长 28.3 米，南北深 6 米，用二道内隔墙分为三间，自东向西分别长 13.2 米、7.35 米和 7 米。在东室东、南、北墙，二道内隔墙和西室西墙上均开有门。木骨泥墙基槽宽 0.4 米，内有木骨柱洞。在北墙之北有一列柱洞，下垫卵石为础，柱径 0.12 米，间距 0.6 米，距北墙 1.4 米，可能是廊。从门的布置

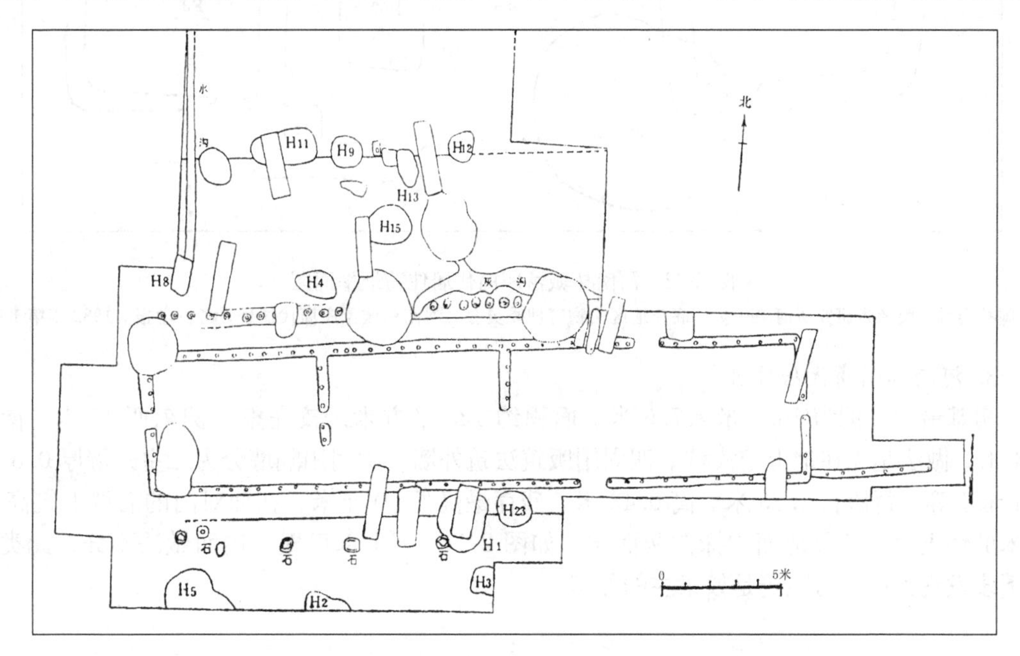

图 2-21 河南偃师二里头居住址平面图
中国社会科学院考古研究所二里头工作队：偃师二里头遗址 1980～1981 年三区发掘简报，考古，1984 年第 7 期

看，东室为主室，中、西室为内室，是较大的建筑。它的时期属二里头三期偏早。①

2. 河南柘城孟庄商代居住遗址

发现九座居住遗址。较大的一座南北向，为三室相连，平面略近后代在正房左右各建耳房的形式。主室居中，东西宽5.4～5.8米，南北深3.3米；主室东、西侧各有一室，东室宽2.6米、深2.5米；西室宽2.9米、深2.5米（房屋不规整，宽、深取平均值）。其平面图见图2-22。其做法是下为一共同的夯土台基，在其上挖宽0.4～0.5米、深0.1～0.3米的墙基槽，在其上用草拌泥逐层堆垛，至所需高度后铲削平内外表面，构成墙壁，并在内壁用草泥抹面。此遗址重要之处是在堆积物中发现有直径6～12厘米的圆木炭块，呈东西向；又有大量红烧土块，一面抹光，另一面有芦苇束印痕，直径也在6～12厘米间，印痕均南北向。据此可知其屋顶做法是在房屋横墙上架纵向的圆木檩，檩上顺屋面坡度密排苇束，表面抹草泥，构成屋面。这是商代用苇束做屋面的较早之例，也是目前所见最早使用垛泥墙为居室承重墙之例，在反映建筑技术发展上颇有意义②（此房屋东室出土木炭经^{14}C测定，为公元前1795±135年，则也有可能早到夏代末期）。

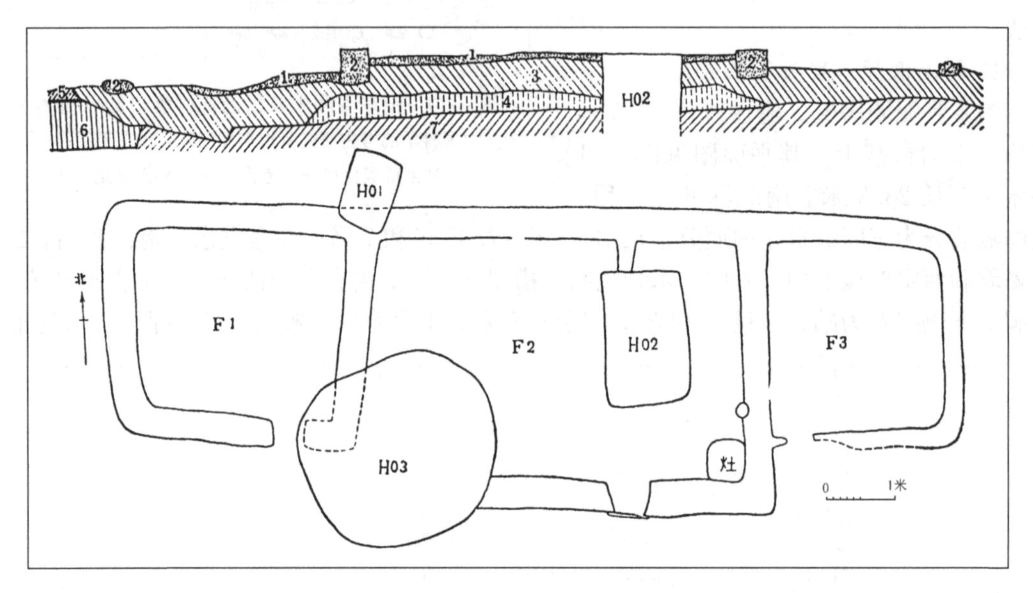

图2-22 河南柘城孟庄商代居住遗址平面图

中国社会科学院考古研究所河南一队、商丘地区文物管理委员会：河南柘城孟庄商代遗址，考古学报，1982年第1期

3. 河南郑州商代居住址

房基最大一例为16.2米×7.6米，面积约123平方米。较完整一例东西10米、南北4.4米，做法是先在地上挖浅坑，四周用版筑法筑外墙，中间用隔墙分为二室。墙厚0.55～1.1米不等，每版长1.33米，高0.43米，残存最高处50厘米。在面对门的后墙上筑高10厘米的烧土台。墙及地面均抹白灰面层。如图2-23。因上部已毁，屋面做法不详。此类房屋下多发现人殉，可能仍是奴隶主的住房。③

① 中国社会科学院考古研究所二里头工作队，偃师二里头遗址1980～1981年三区发掘简报，考古，1984年第7期。

② 中国社会科学院考古研究所河南一队、商丘地区文物管理委员会，河南柘城孟庄商代遗址，考古学报，1982年第1期。

③ 河南省文化局文物工作队第一队，郑州商代遗址的发掘，考古学报，1957年第1期。

图 2-23 河南郑州商代居住遗址
考古学报，1957 年第 1 期，图版八

4. 河南安阳小屯西北地居住址

其 F7 一例保存较好，居住面为纵长矩形，主体南北长 15.4 米，东西宽 6.9 米，南部东侧拓出宽 1.8 米、长 9.5 米一条形成近于刀形的平面，面积约 100 平方米（图 2-24）。其主体部分有向北向柱洞两行，每行有 5 个柱洞。南部东拓部分也有两行柱洞，西侧 2 柱洞，东侧 5 柱洞。在 17 柱洞中主体部分两行 10 柱和东拓部分西侧 2 柱深均在 1 米以上，柱径 17～24 厘米。东拓部分东侧 5 柱洞埋深较浅，在 0.65 米以上，柱径也较小，在 15～20 厘米间。除主体部分两行柱北侧各 3 柱大体相对外，其余各柱洞基本无对位关系。其做法是先夯筑屋基，夯层 8～10 厘米，夯窝径 3～5 厘米。在屋基夯至一定高度即挖柱坑，夯实底部后不加础石，直接立柱夯实，然后继续夯屋基至室内地平。报告推测，房址南部东凸处可能是门，最东一排较小之柱可能是擎檐柱。[①]

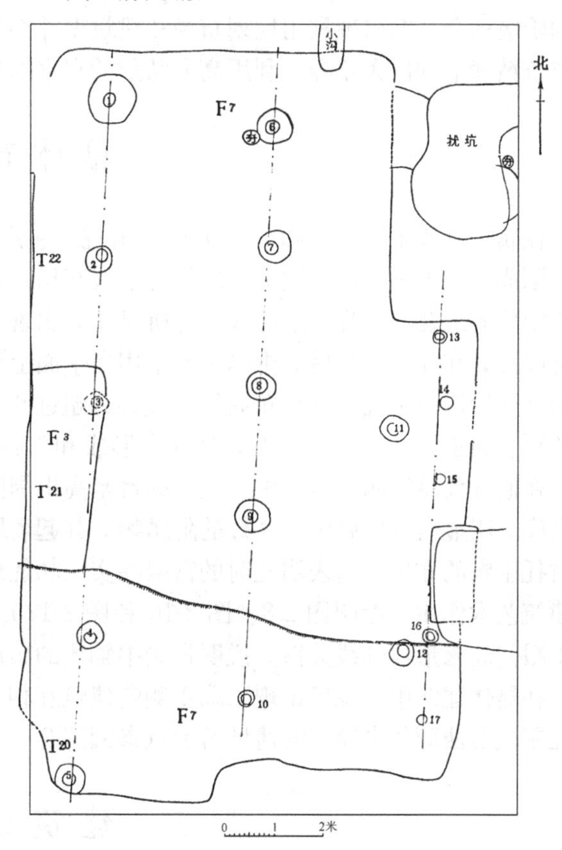

图 2-24 河南安阳小屯西北地商代居住址平面图
中国社会科学院考古研究所安阳工作队：1976 年安阳小屯西北地发掘简报，图 1，考古，1987 年第 4 期

① 中国社会科学院考古研究所安阳工作队，1976 年安阳小屯西北地发掘简报，考古，1987 年第 4 期。

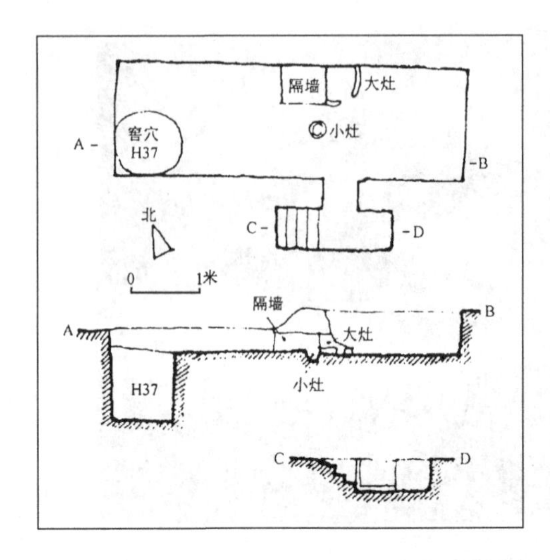

图 2-25 河北藁城台西村商代居住址平面图

5. 河北藁城台西村商代居住址

曾发现三处，分早、晚期。早期为半地穴式，晚期为地上建筑。晚期一例南北 10.35 米，东西 3.6 米，北为外室，南为内室（图 2-25）。外壁用夯土和土坯混砌，内外用草泥抹面；内隔墙则为用草拌泥堆垛而成。此建筑平面和上述郑州商代居址近似。用土坯砌墙和草拌泥堆垛为墙的做法虽沿用至今，此遗址所见却是迄今所知最早的实例之一。①

第三节 规划布局与建筑设计

夏、商王朝相继建立，出现了城和巨大的宫殿、墓葬，表明中国已进入等级差异日趋强化的阶级社会，并出现利用规划布局和建筑设计突出宫室与一般居宅、奴隶住所在规模尺度和建筑精度上的巨大差异，利用高大弘敞的宫室的形象来衬托王权威势的现象。

一 总体布局

在属于夏代末年的偃师二里头宫殿出现了主殿在后部居中，南、东、西三面有廊庑环拥，围成矩形殿庭、南面庑上开门的院落式布局。随后，在建于商初的偃师商代宫殿和建于商代中期的洹北商城都继承此式并有所发展，出现了宫墙，使宫殿体制更为完善。因此，我们可以说，在此时或稍后，中国建筑采用在平面上展开的、封闭式的院落布置的特点已粗具雏形并开始形成传统。这种布局规模气势远超过此前的大型建筑群，表现出作为“万国”之首的夏、商王朝的威势和实力，是国家形成和王权强化在规划布局和建筑规模形制上的标志。在偃师商城第四宫殿址中，主殿的台基高出周围地面约 1.5 米，殿宇的高度和体量远大于廊庑，明显表现出廊庑是主殿的附属物，并起着围合成院落保卫主殿的功能和在建筑形象上衬托主殿的作用。这表明此时的宫殿除实用功能外，已出现了以建筑形象突显王者之威仪的建筑艺术作用（参阅图 2-8、图 2-10 和图 2-12）。但当时宫殿的正门在主殿之南稍偏东，与正殿间尚未形成轴线关系，说明强调中轴线的布局在此时还没有出现。

在居住建筑中，也已出现采取正侧向建筑互相垂直、形成开敞院落的群体布置方式，如河北藁城台西商代中期聚落遗址所示（参阅图 2-19）。

二 建筑设计

除一般住宅外，已出现了体量较大的宫殿，其正殿大多是主室四周有檐廊环绕的形式。已发现的兼有室和檐廊的宫殿，包据二里头二号、洹北商城一号和盘龙城三处的正殿（参阅

① 河北省文物管理处台西考古队，河北藁城台西村商代遗址发掘简报，文物，1979 年第 6 期。

图2-9、图2-12和图2-14)，从其檐廊角柱与室的四个墙角的关系看，虽二者之间连线基本为45度角，但它向室内延伸时，在相交处却无相应的内柱来支撑，故其屋顶都不大可能是四注（庑殿）形式，而是主室两坡顶，其下有一圈檐廊的形式，略近于后世的歇山顶。宫殿的廊庑也开始多样化，视需要分别作单坡的单廊和一面向外、一面向内、中隔木骨泥墙的两坡顶复廊，如洹北商城一号宫殿址所示。

第四节 建筑技术

一 房屋结构

（一）木结构

一些半地下或地上住宅等小型建筑，围墙用木柱为骨，中用小树枝或植物茎秆填充，其外夯土或抹泥，基本延续新石器时代做法，但这些木骨直径加粗、间距加大，植物茎秆主要起填充和保持木柱侧向稳定作用，故仍可视为向木构架建筑发展之雏形。

大型宫殿，如二里头二号和盘龙城的正殿，其主体部分——室虽无与檐柱相对的内柱，使用木骨泥墙为承重墙，但室的进深均在6米以上，分间横墙的间距又都在8～9米左右，而室内无内柱，这间距超过了正常檩的长度，无法纯用“硬山搁檩”做法构成屋顶构架，故可以推知其间必须有横向构件来承托檩（参阅图2-9和图2-15）。又，此期大型建筑的檐廊外侧都用柱列，也具有较强的木构架性质。故从整体来看，此期大型殿宇虽尚不能使用全木构而只能是用土木混合结构建造，但屋顶构造的局部具有木结构性质则是无疑的，为以后全木构大型建筑的出现准备条件。

此期立柱的方法有两种：一种柱础直接置于夯土表面，在上立柱；另一种在基础夯至一定厚度后置入柱础，础上立柱，然后继续夯土至屋基表面，把柱子下半筑入屋基中。前者是一般构造柱，后者是承重柱，把柱和础埋入夯土中是为了保护承重柱，防止它遇雨水浸淋沉降和防止柱身倾侧的措施。

（二）土木混合结构

若干大型建筑，如前述之二里头、偃师诸宫殿，虽四周有檐廊、主室上部需有支点承檩，具有某种木构架的性质，但因主室均用承重的木骨泥墙，表明其木骨的柱尚不能同时起承重和保持稳定的结构作用，故仍属于土木混合结构。但这时也尚未广泛使用后世那种独立承重的夯土厚墙，尚处于大型土木混合结构的初始阶段。

二 构造和施工

（一）木构架

分析见前面“木结构”部分。因未发现实物或具体的迹象，目前尚难考知其柱间联系方式和屋架的具体构造特点。

木骨泥墙在此期的大型建筑中使用较多，一般用为承重墙。用木骨泥墙造隔墙的做法在仰韶文化后期西安半坡和郑州大河村遗址等地已出现，但在河南偃师二里头二号宫殿址中的木骨泥墙在墙下基槽中卧置横木连各木骨为一体并外包夯土则是初见的做法，具有一定的时代标志性。这做法在岐山凤雏早周宗庙址（相当商末）还曾出现过，但在召陈西周宫殿址中已未见使用，可能这做法盛行于夏商，以后即分别发展为木柱承重的全木构架和夯土墙承重的土木混合结构。

（二）土构筑物

中国中部的古文化发源地河南、陕西、山西乃至甘肃等地都属湿陷性黄土地区，地基受水湿即大大降低承载能力。在原始社会时就发现了用夯筑来消除黄土地基湿陷性的方法，建屋时即先用木棍捣实柱坑和墙基槽的底部，加础石后立柱。以后随着建筑规模的增大，夯土工程在古代建筑中的重要性不断增大，应用范围日益广泛，技术不断提高，与木构架共同成为中国古代建筑技术中最重要、最具代表性的部分。从古人称建筑活动为“大兴土木”，即可知夯土技术在中国古代建筑中的重要作用。

1. 夯土

用于建筑物的台基和墙、城墙等。以较早的二里头一号宫殿址为例，其宫殿区先挖至生土，用夯土填平补齐构成整体地基，然后再在其上分别夯筑正殿、廊庑等建筑的房基。殿基的做法是在生土上垫三层鹅卵石，然后在其上逐层夯土，夯层厚约 0.07 米，总厚在 3 米以上。殿基、廊基筑成后，再夯筑其周围地面，构成殿庭的地面层。从夯土的夯窝呈直径 0.03～0.05 米的半球状看，当时已使用木夯。

此期大型夯土体边缘的处理方法，城墙有用表面斜夯加固的方法，殿基则在偃师商城第四宫殿址台基侧壁发现用黄泥抹面的做法。

2. 版筑[①]

用于造墙体，在欲筑的墙的两面横施夹板为模板，用夹棍固定后填土夯筑，夯至与夹板上缘平后，向前移动夹板，称为一版；夯筑至所需长度后，移至上层继续夯筑，直至所需高度为止。由于夹板是垂直的，故所筑之墙为上下厚度相同的直墙，在郑州商代居住址发现的版筑墙每版长 1.33 米、高 0.43 米。这是使用版筑的初始阶段，故版的尺度较小，至周代则加大，并以版数为筑墙的计算单位（详见第三章）（图 2-26）。

3. 垛泥[②]

用于造墙体。方法是用稻草或其他较长的植物茎与黄土搅拌成较干硬的湿泥，逐层堆垛加高，待泥半干后，铲削两面使平，形成墙壁。目前所见较早的实例在河南柘城孟庄商代居住遗址中，用为房屋承重墙。至今河南、陕西农村尚有沿用此做法之处。它的施工要分层完成，需待下层较干，具有一定承载能力后，再堆垛上一层，直至所需高度，再铲平表面，形成墙体。

---

① 河南省文化局文物工作队第一队，郑州商代遗址的发掘，考古学报，1957 年第 1 期。

② 中国社会科学院考古研究所河南一队、商丘地区文物管理委员会，河南柘城孟庄商代遗址，考古学报，1982 年第 1 期。

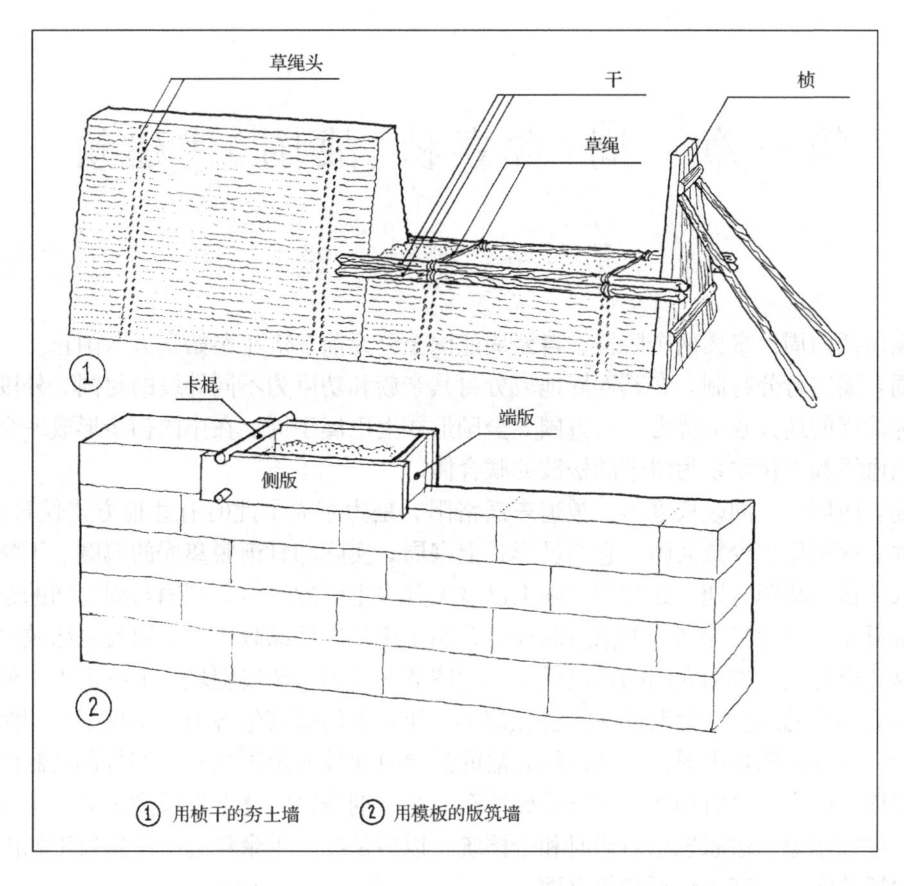

图 2-26　用桢干和版筑两种方法筑墙示意图

4. 土坯[①]

用于砌建筑物的台基和墙的土砖，早在新石器时代平粮台居住址中已出现。土坯的做法有干坯、湿坯二种：在河北藁城台西村商代居住址中出现用土坯砌墙之例，但不知它是干坯还是湿坯。干坯、湿坯的不同将在第三章进行探讨。

（三）屋面

在洹北商城宫殿一号址和河南柘城孟庄商代遗址的堆积物中都出现有带苇束痕的薄泥块，是屋面的残片。[②] 据此可知此期屋面构造出现了顺坡密排苇束并在其上抹泥的新做法。捆扎紧密的苇束有一定的强度并可达到一定的跨度，把它并列密排挤紧，可以同时起椽和望板的作用，在用植物茎秆填平苇束间凹棱后在内外抹草泥，即可形成屋面。较完整详细的例证多出于周代，将在第三章进一步探讨，但它始见于商代则是确实的。

① 河北省文物管理处台西考古队，河北藁城台西村商代遗址发掘简报，文物，1979 年第 6 期。

② 见《考古》2003 年 5 期、《考古学报》1982 年第 1 期。

第三章　周（含春秋、战国）代建筑

第一节　概　　说

此期包括西周、东周两个阶段。自西周建国至公元前221年秦始皇灭六国止。

西周：周实行分封制，在其四周地域分封其亲族和功臣为不同等级的封国，外围为延续下来的拥戴周的地方政治势力——方国，全国形式上臣属于周，在中国初步形成一个以周为核心、以血缘和文化联系为纽带的松散的联合体。[①]

东周：西周末，周政权衰落，被迫东迁洛阳，是为东周。此时有些地方诸侯日益强盛，通过兼并，逐渐形成少数大国。它们虽形式上宗周，实际却日渐脱离周的羁縻，不断互相争战，进入春秋、战国时期。此时周实际上已丧失其宗主国的地位，列国与周之间的亲族关系和君臣隶属关系已为实际利益关系所取代，开始了逐步以地缘政治关系取代血缘政治关系的过程。这几个各据一方的大国的形成后，都力图兼并他国、拓展疆域。最终消灭诸侯和方国形成全国大一统的形势已逐渐形成。公元前221年，秦消灭其他各国，实现了全国统一。

春秋、战国时期是中国古代从诸侯分治的封建时期转入全国统一、实行郡县制的中央集权王朝时期的前奏。这时期诸子百家思想活跃，由早期争富强逐渐发展到为大一统创造思想基础，其中以儒家、法家思想对当时和全国统一以后延续二千余年的中央集权王朝国家有着巨大而深远的影响，其中包括建筑方面。

儒家学说顺应当时的形势，把血缘关系社会中统治阶级之间的关系概括为“尊卑”，通过“伦理”和“礼法”加以调节。伦理以“忠”与“孝”为核心，以“孝”来控制族权，实现“忠”于王权，达到族权与王权的结合，是王权统治的基础。礼法强调人的行为礼仪，主张在衣、食、住、行上要有明显的等级差别。如在住的方面，对王所封各级贵族的城邑规模和宫室、宅第的建筑规制都有明确的规定，形成等级差异，这对以后城市建设和建筑体制及其发展有长期而重要影响。

早期法家学说从富国强兵、建立霸业出发，对国土资源与人力的合理配置、建都选址和布置原则等提出主张，在有效利用土地和自然资源、合理安排城市位置与建筑活动等方面都提出很好的建议，有较鲜明的环境意识，影响到后世。

此期中，西周都城丰镐遗址的面积已近10平方公里，已发现的周原宫殿址中，较大者面积已达280平方米。到春秋战国时有更大的发展，各国都城规模远胜前代，其中齐之临淄、赵之邯郸、燕之下都的面积都在20平方公里左右。这时的代表性建筑是以土木混合结构为主的台榭，用土夯筑成多层台，环绕逐层退入的台壁建屋，并在顶层平台上建巨大的殿

---

① 《周礼·夏官·职方氏》曰：“乃辨九服之邦国，方千里曰王畿，其外方五百里曰侯服，又其外方五百里曰甸服，又其外方五百里曰男服，又其外方五百里曰采服，又其外方五百里曰卫服，又其外方百里曰蛮服，又其外方五百里曰夷服，又其外方五百里曰镇服，又其外方五百里曰藩服。凡邦国千里封公，以方五百里，则四公；方四百里，则六侯；方三百里，则七伯；方二百里，则二十五子；方百里，则百男。以周知天下。”

堂，造成多层建筑的外观，而实际仍是用土台逐层抬高的单层建筑。它既可显示诸侯的威势，在发生危乱时又可以踞守。其中燕下都的武阳台面积已达1.54万平方米。当时人讽刺方国诸侯说："高台榭，美宫室，以自鸣得意"，即指这种情况。

这时已开始在规划设计中使用模数。成书于春秋战国之际的《左传》和《考工记》中已有使用模数的记载。当时从田地分配到城市规划等均以均以一夫受田的面积"夫"为基本计算单位，1"夫"为方一百步，合一百亩，实即面积模数。又规定9"夫"为"井"，"井"方一里，则"井"为面积之扩大模数。《考工记》所载"方九里"的王城即可折合为81"井"、729"夫"，而其市和朝的面积均为1"夫"，即一百亩。这表明至迟此时在面积上运用模数已初具雏形，并使用得相当广泛。在《考工记·匠人营国》中还记载了明堂以"筵"为模数等。据此可知，大至国土范围王畿和诸侯封域的面积计算，小至城墙和街道尺度、房屋面积等都各有相应的模数，其出现时间约在公元前5世纪前半（公元前475年前后数十年间），这要比罗马人维特鲁威于公元前32年前后在《建筑十书》中谈及模数大约要早400年左右，表明当时我国在规划设计方法上处于较先进的地位，并一直沿用在以后的城市规划、建筑设计中。

下面分类介绍此期在建筑方面取得的成就。

第二节　建筑概况

一　城市（城防附）

西周立国后除在丰、镐建立都城宫室外，又在中原先后营洛邑和成周两个都城。受周分封的各级诸侯国除自建都城外，又分封其族裔，令各自兴建规模与其封爵等级相应的小一级城邑，这就形成了控制全境的不同等级的若干城市据点。这些城都是在分封制下在其封地上按相应等级规模、规制兴建的，不是随经济发展自然兴起的，是属于政权建设的行政行为。正因为这样，城市布局也都比较规整，多用方格网街道。这和古代希腊、罗马用行政手段建成的殖民和军事营寨城市多用方格网布局的情况颇有相似处。规定城市规模逐级缩小是使其易于控制，但遇机即突破限制进行扩张又是大小诸侯谋求自身发展的本能要求。故整个春秋战国时期城市发展就是限制与逐步突破限制的进程，要到秦、汉一统全国后，全国城市才又逐渐处于有序发展。

在《逸周书》和《左传》中都有对都城和不同等级城市的规模的记载。《逸周书·作雒解》是先秦史籍中对周初王城规制的记载，称："乃作大邑成周于中土。城方千七百二十丈，郛方七十里。南系于洛水，北因于郏山，以为天下之大凑。"① 郛即郭，可知成周有城有郭，即这时的都城不仅要建城以安置王宫、官署及为其服务的各种设施和人员，还要筑郭以容纳大量居民。《吴越春秋》云："鲧筑城以卫君，造郭以守民，此城郭之始也"，虽非实有其事，但却说明了当时城和郭的性质。据《管子》所载，到春秋时，列国的都城已都有城有郭。②

---

① 《逸周书·作雒解第四十八》。

② 《管子·度地》："内为之城，城外为之郭，郭外为之土阆，地高则沟之，下则堤之，命之曰金城。"

对于城市的等级规模，《春秋·左传》称："都城过百雉，国之害也。先王之制，大都不过参国之一，中五之一，小九之一。今京不度，非制也，君将不堪。"杜预注说："侯伯之城，方五里，径三百雉。故其大都不得过百雉。"即受封贵族的城之边宽逐级递减，只能达到侯伯城边宽的1/3、1/5、1/9。[①] 所反映的大体是东周初时都城及各级诸侯城的规制和对其规模的限制与反限制的情况。

进入春秋战国时期，各国突破等级限制，在各级诸侯城的基础上拓建各自的都城，出现了大量的新城市。《战国策·赵策》记载，"马服曰：……古者四海之内分为万国，城虽大无过三百丈者，人虽众无过三千家者，（按：所指为新石器时代末期情况）……今千丈之城、万家之邑相望也。"所反映的就是这时城市规模和数量大发展的情况。

从现存遗址看，由于建城大多是拓展辖区的行政行为，故城的轮廓和街道大都较规整，其规模则愈晚愈大。西周以来的都城，和夏、商时最大不同处是有大规模居民区，因而出现了有王居住的小城——宫城和安置居民的大城——郭两重城，把居民区和宫城隔离开来。《逸周书》所载有城有郛，大体即是这种情况的反映。在已发现的古城中还有一个特点，即除了创建于西周的曲阜鲁城之宫城完全被包在大城之中外，其余春秋、战国时都城的宫城大都有一面或两面倚靠外城的城墙，如燕下都、楚纪南；有的甚至在大城外另建宫城，如齐之临淄、赵之邯郸。这种现象表明当时的都城需要兼防内、外，外敌来时，需驱使居民协助守城，而发生内乱或民变时，王、诸侯又要能从宫城靠大城墙的一面外逃。由于中国中古以前一直存在这个问题，古代都城的这个特点竟一直保持到唐代，要到北宋以后，才敢于把宫城完全置于都城的中心位置。

（一）周代城市

1. 周原遗址

在陕西岐山、扶风一带，为周灭商以前的都城，西周时沿用。遗址东西宽约3公里，南北深约5公里，未发现城，但有大量建筑基址，可反映出周代建筑已达到的较高技术水平，其情况将在下面宫殿部分进行探讨，但其规划布局和主要宫室布置尚有待探查。[②③]

2. 西周丰镐遗址

在陕西西安市西南，史载周文王建丰京，位于沣水之西，周武王又建镐京，在沣水之东。其遗址区的总面积约10平方公里余。目前已发现若干西周大型夯土基址，有可能是宫殿区，但因遗址破坏过甚，其都城布局和建筑规制均不详。[④⑤]

3. 曲阜鲁城[⑥]

西周至战国时鲁国都城。平面近横长矩形，四面的城身均呈弧形，东西最长处3.7公

---

① 《春秋·左传·隐公元年》传载："祭仲曰：'都城过百雉，国之害也。先王之制：大都不过参国之一；中五之一；小九之一。今京不度，非制也，君将不堪。'"杜注："…方丈曰堵，三堵曰雉。一雉之墙，长三丈，高一丈。侯伯之城，方五里，径三百雉。故其大都不得过百雉。"

② 陕西周原考古队，陕西岐山凤雏村西周建筑基址发掘简报，文物，1979年第10期。

③ 陕西周原考古队，扶风召陈西周建筑群基址发掘简报，文物，1981年第3期。

④ 中国社会科学院考古研究所沣西发掘队，陕西长安沣西客省庄西周夯土基址发掘报告，考古，1987年第8期。

⑤ 陕西省考古研究所，镐京西周宫室，西北大学出版社，1995年。

⑥ 山东省文物考古研究所，曲阜鲁国故城，齐鲁书社，1982年。

里，南北最宽处2.7公里，总面积近10平方公里。其平面图见图3-1。城东、西、北三面各开三门，南面二门。南墙上偏东一门内有宽15米的大道向北，通向一处北、东、西三面包有围墙的建筑基址密集区，即春秋至汉代的鲁王宫城，形成全城的主轴线。宫城东西约550米、南北约500米，围以宫墙，为全城中心。发掘探查已发现了城内东西、南北向各有五条街道，通向城门和主要建筑。城内北部和西北部为主要手工业区，居民区在宫城后及两侧。鲁城的特点有二：其一是春秋战国都城都以宫城一面或两面靠大城，唯有鲁城的宫城在城内中心地带；其二是城中形成明显的自南面城门向北直抵宫城的主轴线。这与当时列国都城不一致，也可能是因为鲁在周宗室中的特殊地位，在某种程度上反映了王城的特点。

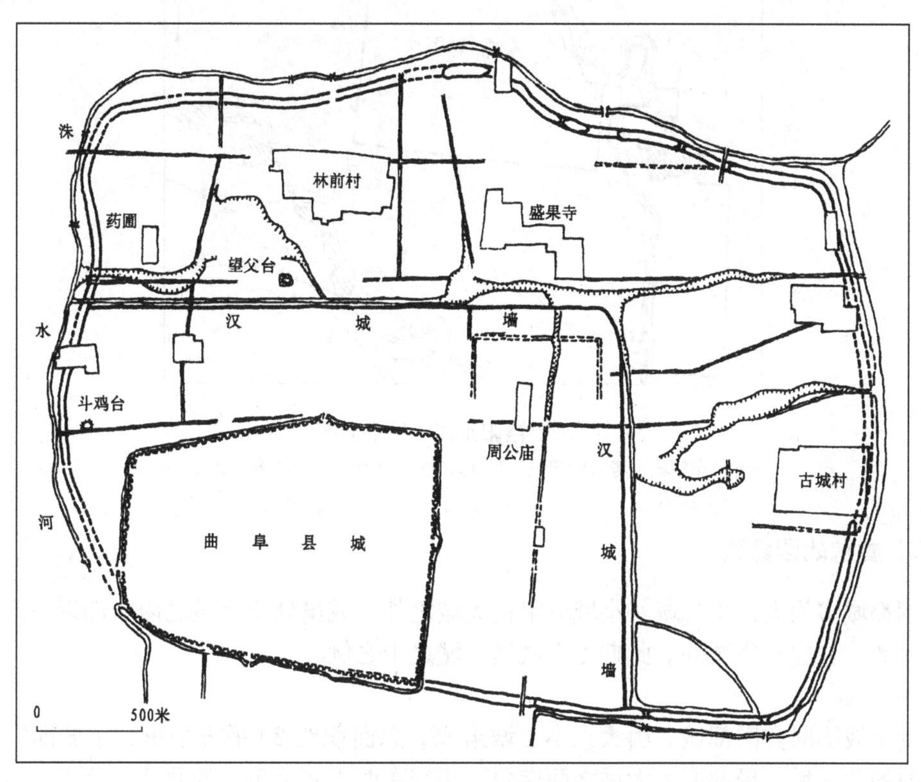

图3-1 曲阜鲁国故城平面图

许宏：先秦城市考古学研究，图46，燕山出版社，2000年，第96页

4. 洛阳东周王城

约建于东周初年（约公元前770年），战国、秦、汉递修，隋末毁去。北墙最完整，长2890米，残宽7米，城内侧加筑有二层台，台上下皆有路。城外有壕，深5米。东、西墙只存残段，西墙南北端相距3200米。其平面图见图3-2。筑城墙用两面加板的夯筑方法。城身夯筑时加入水平木骨——纴木，直径7～15厘米，间隔0.6～1米，上下层间距0.3～0.4米。它是为防止敌人在城身挖洞引起崩塌而设的，在筑城技术上是一个新发展。在城下埋有穿过城身排水入壕的直径0.2米的陶制管道。

城内中部为汉河南县城占压，故城之总体布局尚有待探查。目前仅发现偏南部有两处大型夯土遗址，北面一处东西344米，南北182米，出土大量筒瓦、板瓦和饕餮纹瓦当，可能是王城的宫殿区。在遗址东侧发现有宽近20米、残长900米的道路。城南部发现大量粮仓和铸造废渣，是仓库和铸造区；北部是手工业区，西北部为墓葬区。①②

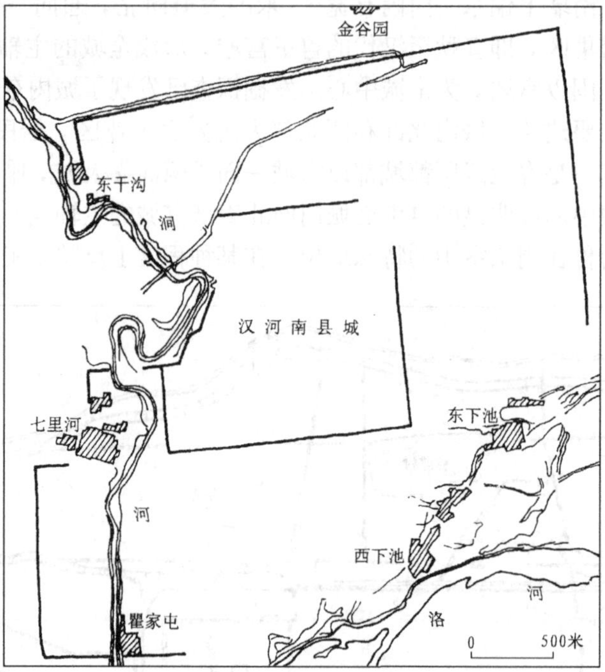

图 3-2 洛阳东周王城平面图

许宏：先秦城市考古学研究，图 43，燕山出版社，2000 年，第 91 页

（二）春秋战国都城

列国都城多为大、小二城，小城或附在大城之外，或虽处于大城之内，却以一面或二面靠大城城墙。除曲阜鲁城外，此期无宫城居大城之中之例。

1. 齐临淄

西周至战国时齐国都城，由大、小二城组成，总面积约 20 平方公里。小城即宫城，是齐始封时的营丘城，局部嵌入大城之西南角。小城东西 1.4 公里、南北 2.2 公里，城墙基宽 20～30 米；南面 2 门，东、西、北面各一门；城门外侧夹建厚土墩台，形成深 30～42 米不等的城门道，有很强的防卫作用。北部为主要宫殿区，偏西为高 14 米、南北长 86 米的巨大夯土台，俗称“桓公台”，偏东为俗称“金銮殿”的大型基址，是当时盛行的大型台榭建筑。南部为手工业区。其平面图见图 3-3。

大城东西约 4 公里，南北约 4.5 公里，城墙宽度最窄 26 米，最宽 42 米。已探出东西门各 1，南北门各 2，门内连通城内大道，路宽最窄 10 米，最宽 20 米，均土路。从遗迹分析，大城南部为官署区，东北部和中西部为手工业区，其余尚有待进一步探查。

大城东、西城墙分别利用临淄水和系水为其护城壕。又在大城的南、北墙外和小城外四面开掘人工壕，形成一圈天然与人工结合的护城壕。又利用大城内南高北低的地形，开凿三

① 中国科学院考古研究所洛阳发掘队，洛阳涧滨东周城址发掘报告，考古学报，1959 年第 2 期。

② 中国社会科学院考古研究所，洛阳中州路，科学出版社，1959 年。

道自南向北的排水明沟，分三处穿城排入城壕。小城则在桓公台处开明沟，西行穿西城入城壕。穿城的水道和入水出水口均用石块垒砌。临淄的排水系统在战国诸城中较有特色。

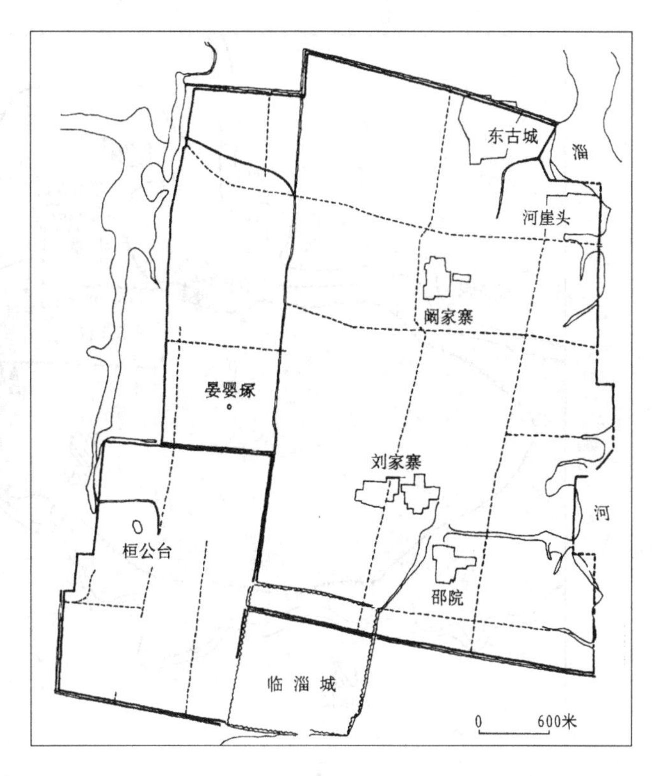

图 3-3 临淄齐国故城平面图

许宏：先秦城市考古学研究，图 48，燕山出版社，2000 年，第 99 页

临淄是春秋、战国名都，《战国策》称“临淄之中七万户，……临淄之途车毂击，人肩摩”，《晏子春秋》说：“齐之临淄三百闾”，以商业发达、经济繁荣著称。《管子·大匡》说城市居民区布置应是“凡仕者近宫，不仕与耕者近门，工商近市”，《管子·轻重甲》又说“桓公忧北郭民之贫”，说明这时已有按职业特点安排城内居住区的主张，而临淄北郭为贫民区。闾即里门，可知此时临淄的居民区已采用“里”的形式。但里内居民住宅如何布置尚待考。城内道路系统虽待探查，但从《管子·轻重丁》所说管子“请以令沐途旁之树枝，使无尺寸之阴”看，道路旁原有很好的行道树。它的城内有较完善的排水系统，城墙厚在 20 米以上，城门道深达 40 米，除了防卫要求严格外，也表明其经济实力之雄厚。①②

2. 晋新田

约公元前 585～前 376 年间晋国的都城，遗址在侯马，其核心区由呈品字形的三座小城组成。其平面图见图 3-4。其中牛村古城面积 1100 米×1650 米；台神古城面积 1700 米×1250 米；平望古城面积 900 米×1025 米；三城总面积约 4.33 平方公里。城身宽 4～8 米，沿城外侧有宽 6 米、深 3～4 米的城壕，沿城内侧有车道。这三城相连，南墙且在一条直线上，应是晋都的主体部分。牛村和平望两城内都有大型夯土基址，可能是宫殿区。在牛村古城北部正中有方 52 米、高 6.5 米的巨大夯土台榭，周围有大量筒瓦、板瓦、瓦当残片，当是城中重要建筑。③ 城内布局有待探查，目前只发现城东南有手工业遗址，可能是手工业区。另在城南有五处大型祭祀址，出土大量盟书，其中一处在牛村古城南城的二门之间，有围墙和夯土基址，有可能是宗庙所在。

新田的特点是由三座近于宫城的小城组成，其外没有外郭。其居民区的位置未详。

① 山东省文物管理处，山东临淄齐故城发掘简报，考古，1961 年第 6 期。

② 群力，临淄齐国故城勘探记，文物，1972 年第 5 期。

③ 山西省考古所侯马工作站，晋都新田，山西人民出版社，1996 年。

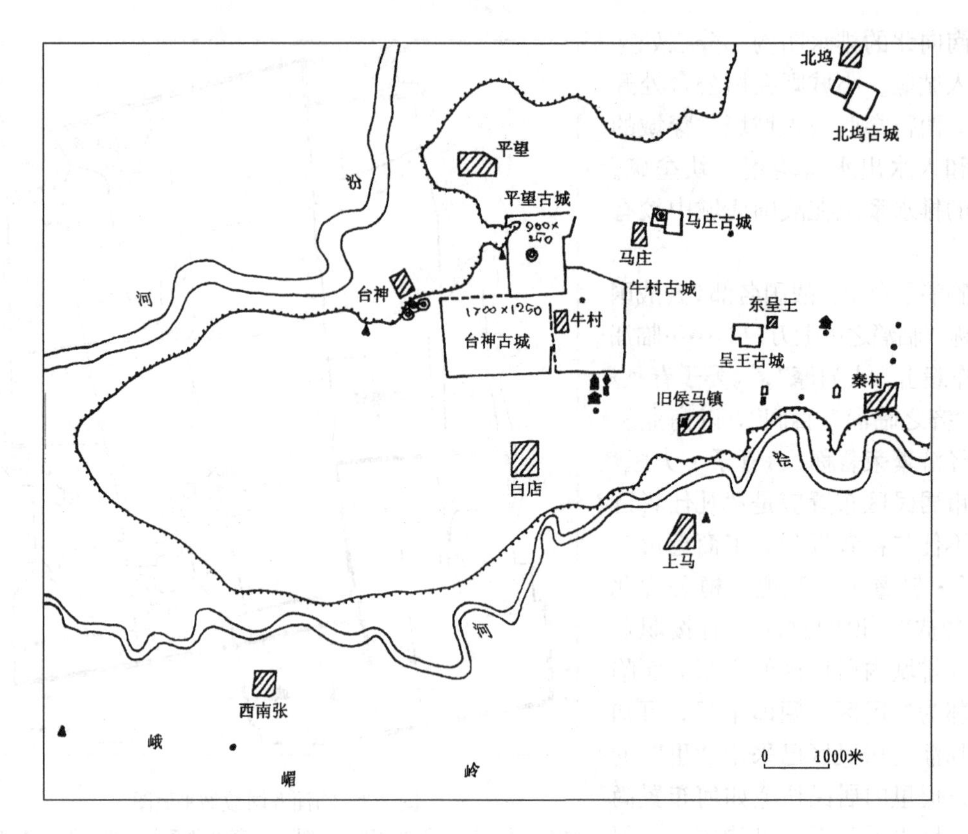

图 3-4　晋都新田平面图

许宏：先秦城市考古学研究，图 41，燕山出版社，2000 年，第 87 页

3. 楚郢都

在湖北省江陵县北 5 公里，为春秋战国时楚都，但现存大部分为战国遗迹。图 3-5 为其发掘平面图。城址东西 4450 米，南北 3588 米，面积 16 平方公里。城墙底宽 30～40 米，残存最高处 7.6 米 ，夯层 10 厘米。城墙内外侧有夯土的护坡，功能与后世之散水相近。已发现城门 7 座，除东城 1 门外，余三面各 2 门，其中北墙东门及南墙西门为水门。城西墙北门和南墙水门均已发掘，西墙北门有三个门道，深 10.1 米，中门道宽 7.8 米，左右门道宽 3.8 米左右，中隔宽 3.6 米的两个门墩，但门道两侧无壁柱，是纯夯土筑成的。门道外侧南北各有一个门房。水门由四排柱列组成宽 3.3～3.4 米的三个门道，每柱均下至生土层，有板础承托，间距在 1～1.5 米间。最外侧两排柱列的外侧加厚 0.04～0.05 米的挡板。

因现遗址区主要为水田，原道路系统已无法辨识，只能通过对基址的探查发掘了解大致功能分区。在城内已发现大型夯土台 84 座，其中 61 座集中在东南部，平面为矩形、曲尺形和多边形，最长者 130 米，最宽者 100 米，四周有较厚的瓦砾堆积，在其东侧和北侧有宽 10 米左右的夯土墙，可能是主要宫殿区。另在城东北部也发现集中布置的 15 座夯土台基，应属城中另一重要宫殿区。城内西南部发现铸炉，可能为冶炼手工业区，东北部发现窑址和残瓦制品，可能是制陶手工业区。另在城外的西部和北部发现密集的居住遗址，当是居住区。

此城的特点是城中只有宫殿区和为宫廷服务的主要手工业等，大面积居住遗址在城外，

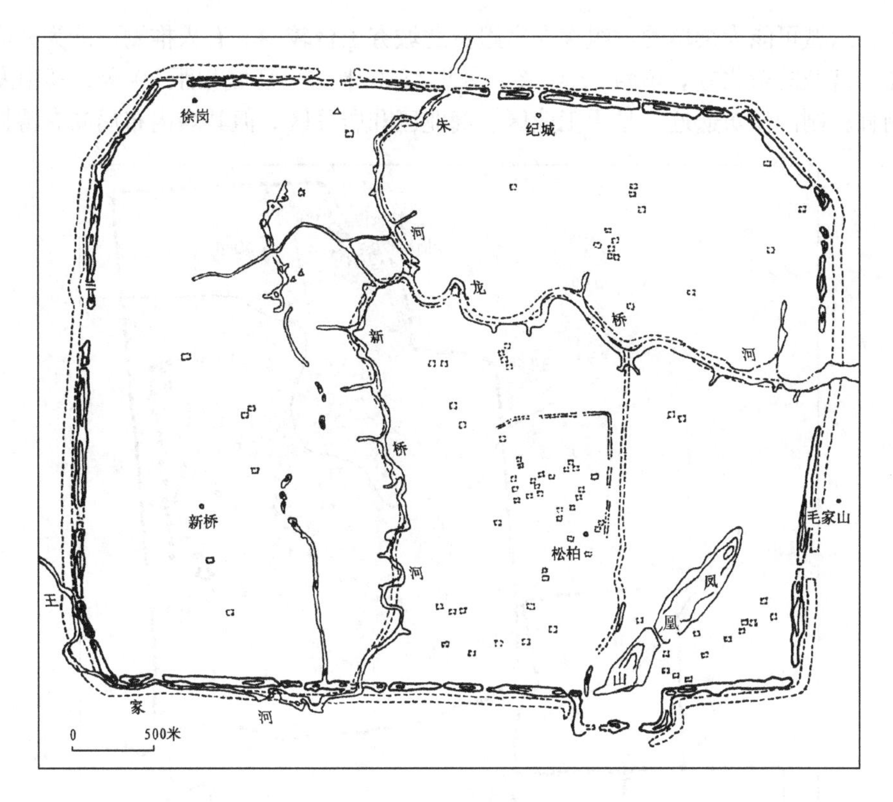

图 3-5 楚纪南城发掘平面图

许宏：先秦城市考古学研究，图 45，燕山出版社，2000 年，第 94 页

即有城而无郭。

楚是春秋战国时大国，经济繁荣，国势强盛。自楚文王元年（公元前 689）迁都于郢，至公元前 278 年为秦兵攻陷后衰落，在四百余年中不断发展，成为战国名都，故城墙坚厚，城门、水门宏壮，建有大量宫室。值得注意处是城门开三个门道，与《考工记》所载王都之制相合，为目前所知最早的实例，表明到战国后期，郢在某些方面已按王都规格建设，如能进一步探讨其布局和宫室形制，可能会对了解此期的王都规制有所助益。①

4. 赵邯郸

公元前 386 年，赵自中牟迁都于此，至公元前 222 年秦灭赵后衰落。城分宫城及大城两部分，总面积近 19 平方公里。宫城在大城西南，由品字形三城组成，俗称“赵王城”，以东西 1354 米、南北 1390 米、面积近 1.9 平方公里的西城为主体。平面图见图 3-6。其城墙基宽 16 米左右，在东、北二面各有缺口 3 处，南、西二面各有缺口 3 处，可能即城门址。城内偏南有台址，俗称“龙台”，南北 296 米，东西 265 米，高 19 米，面积 7.8 万平方米，是遗存至今的最大战国台榭遗址。在其北又有两座台址，与“龙台”南北相对，共同形成西城的主轴线。东城比西城窄，有夯土台数处，偏西处的二座夯土台最大，南北相对，俗称“北将台”和“南将台”，形成东城的主轴线。北城东西 1410 米，南北 1520 米，面积 2.14 平方公里。其西南角有一大型土台，与城外一台东西相对。三城中，西城大型土台密集、轴线明确，应是主要

① 湖北省博物馆，楚都纪南城的勘查与发掘（上）、（下），考古学报，1982 年第 3、4 期。

宫殿所在。东城可能为续增的一组次要宫殿。北城夯土台较少，有人推测可能为苑囿。大城独立建在三宫城的东北方，东西 3200 米，南北 4800 米，与宫城相距 80 米，其中发现大量冶铁、制骨、制陶作坊遗迹，是手工业区、商业区和居民区，但其城内布局尚有待探明。

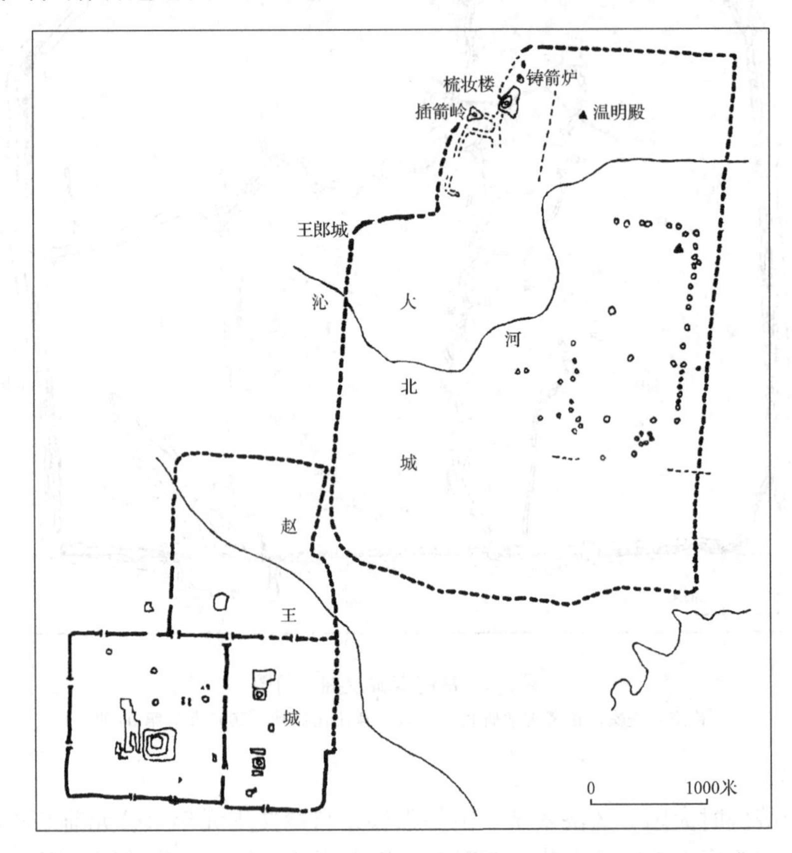

图 3-6 邯郸赵故城平面图

许宏：先秦城市考古学研究，图 49，燕山出版社，2000 年，第 101 页

从遗址时间分析，大城在春秋时已存在，而王城是赵国在公元前 386 年迁都至此时所建，则是在赵建都时有意另建王城，使与原有之大城不相连属，而形成现状的。这种布置方式在战国都城中是孤例。①

5. 秦雍城

在凤翔县南，为春秋至战国前期（约公元前 677～前 383）秦国都城，东西 3480 米，南北 3130 米，略近于矩形，面积约 10.9 平方公里。西墙外有城壕，墙上有三座城门。城内已发现纵、横向街道各四条和多处夯土建筑基址，但总体布局仍有待探查。城内偏西处有早期宫殿基址和凌阴（藏冰处）址，中部马家庄处有春秋中晚期大型宗庙址（详见建筑节）。城外北有手工业遗址，可能是手工业区，城南为国人墓地，城西南为秦宫陵园区，已探明 13 处陵园。②

① 河北省文物管理处，赵都邯郸故城调查报告，载：考古学集刊第四集，中国社会科学出版社，1984 年。

② 陕西省社会科学院考古所凤翔队，秦都雍城遗址勘查，考古，1963 年第 8 期。

6. 秦栎阳

秦献公二年（公元前383）始建，至孝公十二年（公元前350）迁都咸阳止，作为秦都凡三十四年。秦亡后，汉高祖二年（公元前205）刘邦曾短暂都栎阳，至七年（公元前200）始定都长安。故在秦至汉初约一百八十年间，都是关中重要城市，至东汉后始渐废弃。栎阳城遗址已发现，东西宽1801米、南北深2232米，平面呈纵长矩形（图3-7）。目前已发现六个城门洞，城南北墙上居中相对各有一门，东西墙南半部相对各有二门。城门内即干道，南北向的干道居中，宽10.7米，两条东西向干道中，北面一条宽17.7米，南面一条宽15.7米。各干道两侧均为明渠排水。是否尚有其他城门、道路和重要遗址尚待探查。

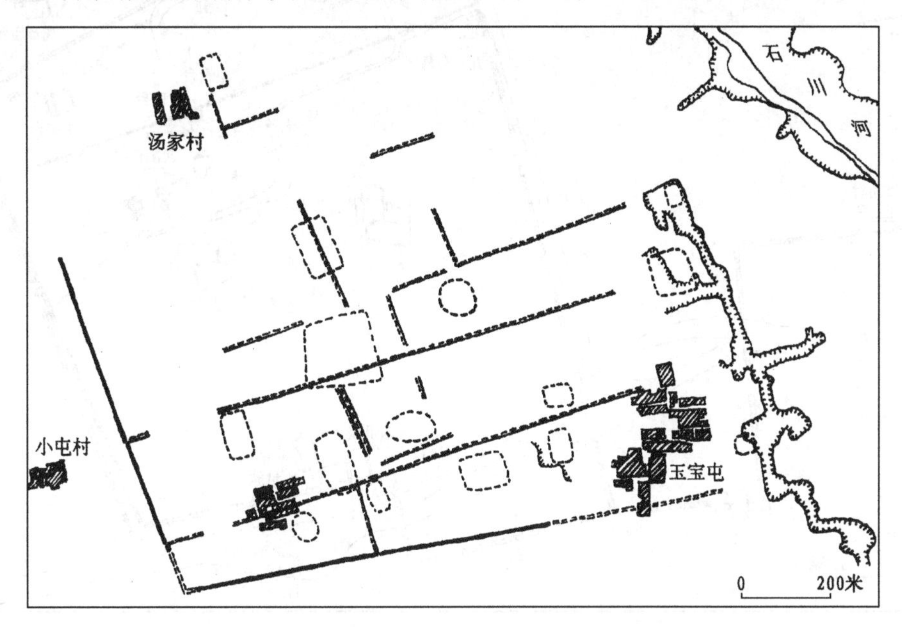

图3-7 秦栎阳城遗址平面图

许宏：先秦城市考古学研究，图52，燕山出版社，2000年，第105页

此城的特点是筑城时不挖基槽，不筑城基，直接在当时地面上夯筑城墙，故发掘者推测有可能是先建道路及建筑，然后再补筑城所致。①②

7. 燕下都

战国中晚期燕国都城，位于中易水和北易水之间，二城东西并列，随北易水流向而略呈扇形，东城面积近20平方公里，如计入西城，总面积约30余平方公里，是战国都城中最大的一座。东城是主体部分，东西约4.5公里，南北约4公里。夯土城墙基宽约40米左右，夯层厚8～12厘米，城身内加直径7～10厘米、上下层间距55厘米的纴木。其东、北、西三面各发现一座城门。城内偏北有一道东西横隔墙，墙基宽约20米左右。横隔墙之南有一条古河道横亘东西，河道之北有大量夯土基址，是宫殿区。宫殿区南面以河为界，其中心建筑为北倚横隔墙的武阳台，是燕下都最巨大的台榭。横隔墙以北，还有“望景台”、“张公台”，并与北城墙外的“老姆台”遥相呼应，四台基本形成一条纵深的轴线。其平面图见图3-8。

---

① 陕西省文物管理委员会，秦都栎阳遗址初步勘探记，文物，1966年第1期。

② 中国社会科学院考古研究所，秦汉栎阳城遗址的勘探与试掘，考古学报，1985年第3期。

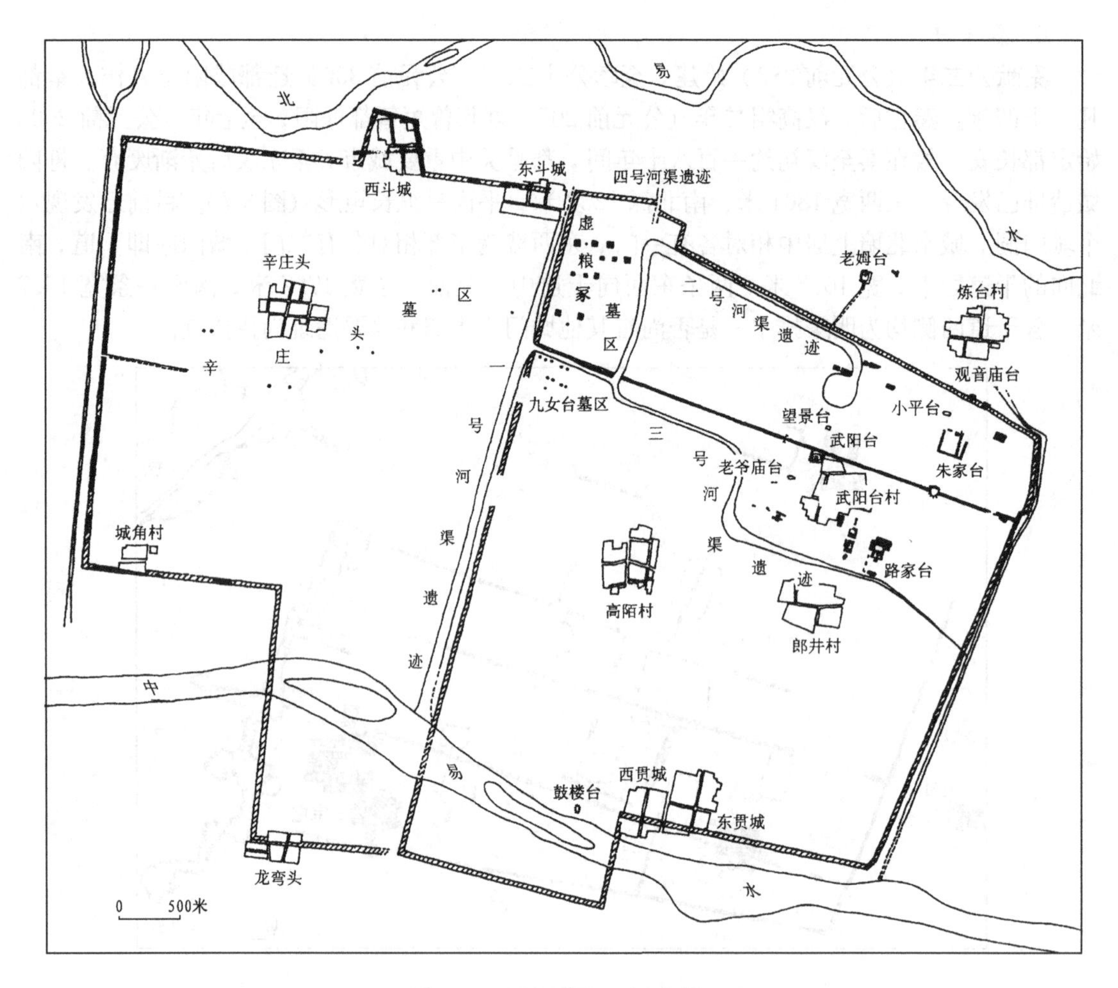

图 3-8　河北易县燕下都平面图

许宏：先秦城市考古学研究，图 50，燕山出版社，2000 年，第 102 页

有人推测，前方的“武阳台”一带可能是宫的朝区的主体，横墙以北的“望景台”、“张公台”可能是宫内的寝区，北城外的“老姆台”有北易水环护，可能是苑囿区。[①] 在宫殿区的西北角发现铸铁和制骨遗址，其西隔河还有墓葬，当是附属宫城的手工业区和墓葬区。宫殿区以南从已发现的遗迹看，是主要的居住区和手工业区，但具体布局及道路尚待探查。西城东西 3.5 里、南北 3.7 里，城内遗物很少，可能是供防卫屯兵用的附郭城。[②]

（三）地方城市

1. 成都

战国时秦成都有大、少城。秦张仪、司马错取蜀后始建大城，其时当在前 316 年稍后。《华阳国志》说城“周回十二里，高七丈”。至张若守蜀，始在大城之西建少城，形成二城东

① 贺业钜，中国古代城市规划史（第四章・第三节・五・燕下都），北京：中国建筑工业出版社，1996 年，第 287 页。

② 河北省文化局文物工作队，河北易县燕下都故城勘查及试掘，考古学报，1965 年第 1 期。

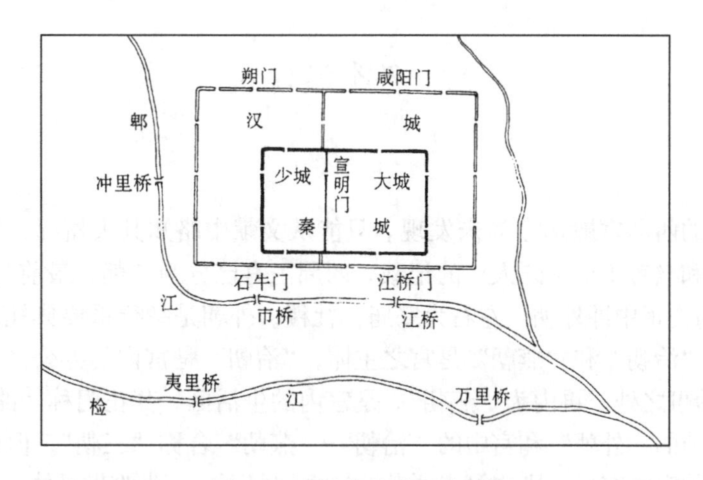

图 3-9 秦汉成都平面示意图

贺业钜：中国古代城市规划史，图 4-1，中国建筑工业出版社，第 252 页

西并列（图 3-9）。[①]

2. 淹城

在江苏省武进县，约当春秋晚期，由外城、内城、子城三重环绕而成（图 3-10）。外城、内城都有护城壕，城墙即用掘壕的泥土堆垛而成。子城最小，周长约 500 米，内城近于方形，周长约 1500 米，外城椭圆形，周长约 2500 米。在外城城壕外又有一圈土城。因处于江浙水网区，尚未发现建筑遗址。[②]

此城的三重环绕形式和用掘壕泥土堆垛成城墙在此期都是独具特色的。

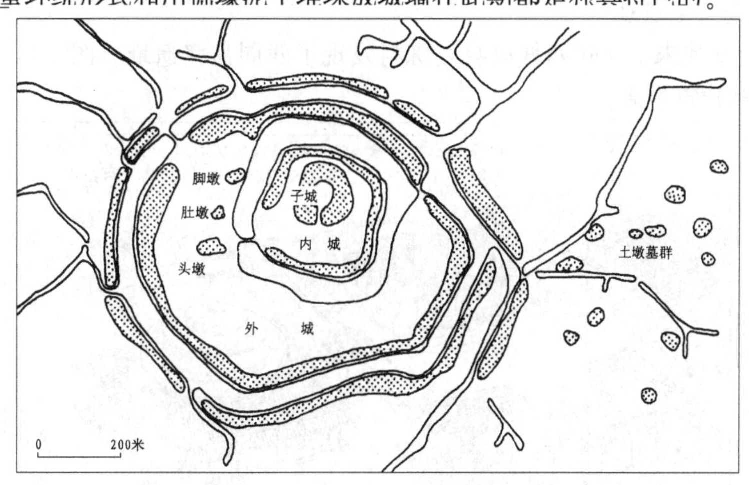

图 3-10 江苏武进淹城遗址平面图

许宏：先秦城市考古学研究，图 114，燕山出版社，2000 年，第 124 页

---

① 《华阳国志·卷三·蜀志》云："赧王五年，（张）仪与（张）若城成都，周回十二里，高七丈。郫城，周回七里，高六丈。临邛城，周回六里，高五丈。造做下仓，上皆有屋。而置楼观、射阑。成都县本置赤里街，若徙置少城。内城营广府舍，置盐铁市官并长、丞。修理里阓，市张列肆，与咸阳同制。"任乃强，《华阳国志校补图注》卷三，上海古籍出版社，1987 年，第 128 页。

② 江苏省淹城遗址考古发掘队，发掘淹城遗址的主要收获，载：南京博物院建院 60 周年纪念文集，1993 年。

二　各类型建筑

（一）宫殿

丰镐、洛邑的西周宫殿迄今尚未发现，只能从文献中略知其大概况。综合《尚书·周书》、《逸周书》和《考工记·匠人》的记载，西周王宫已分为三朝。最前为“外朝”，其南门称“皋门”，门内正中即外朝，左右为宗庙、社稷。外朝是举行重要典礼之处，近于宫前区广庭。其内的“治朝”和“燕朝”是宫之主体。“治朝”是宫内的办公区，其正门称“应门”，为王日常治事之处；再内为“燕朝”，是宫内的生活区，其正门称“路门”，为王和其家属的寝宫；宫前的“外朝”和宫中的“治朝”、“燕朝”合称“三朝”。但这只是大的分区情况，其中具体的宫室布置，则史籍未详载，诸家解释不一，尚难做具体探讨。

在《尚书·周书·顾命》中，记有成王死后康王继位之事，涉及成王宫殿的情况。文中称其所居宫殿前为毕门，门左右有门塾，门内为庭。所居宫殿前部为堂，堂前有左右相对的阼阶、宾阶。堂之左右墙称东序、西序，墙外侧为东夹、西夹，堂后壁称牖间，其后为室，室左右为东房、西房。此外又有东堂、西堂、翼室等，当是左右侧的辅助建筑。[①] 所叙述的情况和近年在岐山周原发掘出的早周宗庙遗址基本一致，可以互证（详见下节宗庙部分）。

在考古工作中发现了少量西周宫室，仍是在厚夯土基上建单层殿宇，基本继承夏、商传统，但规模和技术水平有较大提高。至东周时，列国宫室才发生巨大变化，盛行高大的多层台榭，这在对列国都城宫室进行的考古工作中有大量的发现。

1. 周原西周宫室遗址

20世纪70年代末，在陕西扶风县召陈村发现了西周宫室遗址（图3-11），可据以了解此期建筑布局和建筑构造。

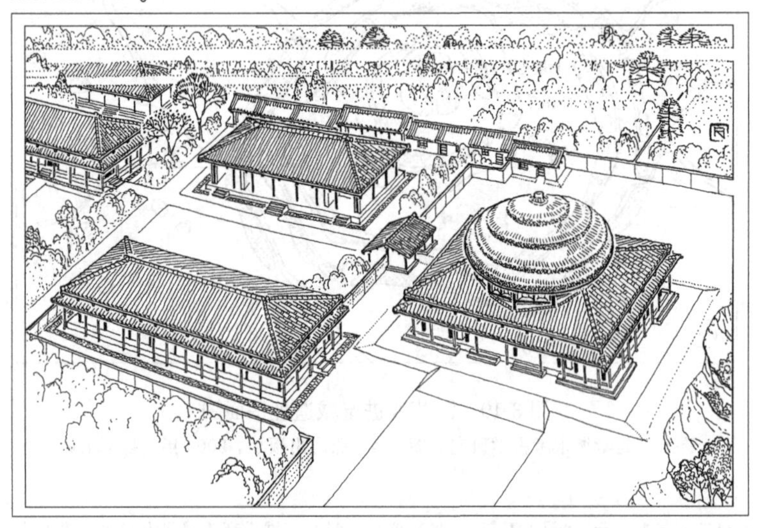

图3-11　陕西扶风召陈西周宫室建筑遗址总体布置示意图

① 《尚书·周书·顾命第二十四》，文繁不录。

遗址区已发现西周早期建筑基址两处，西周中期建筑基址13处。较完整而有代表性的是西周中期中的F3、F8等处。

F8基址（图3-12）：在遗址区中部，夯土台基东西22.5米，南北10.4米，现存台面高0.76米，外有宽0.5米余的卵石散水。台上建筑正面7间8柱，总面阔20.6米，侧面3间4柱，总进深8.5米，面积175.1平方米。柱网除一圈20根檐柱外，还有2行各5根内柱，其左右侧各4柱与正、侧面檐柱对位，形成方格柱网，中间二柱则不与前后檐柱对位而位于明间中轴线上。另在左右稍间处各有一道厚0.8米的夯土隔墙，分建筑为左、中、右三部分，在隔墙正中相当于进深中分线处各包有一柱。如自此柱向相邻的4角柱连线，则内柱的

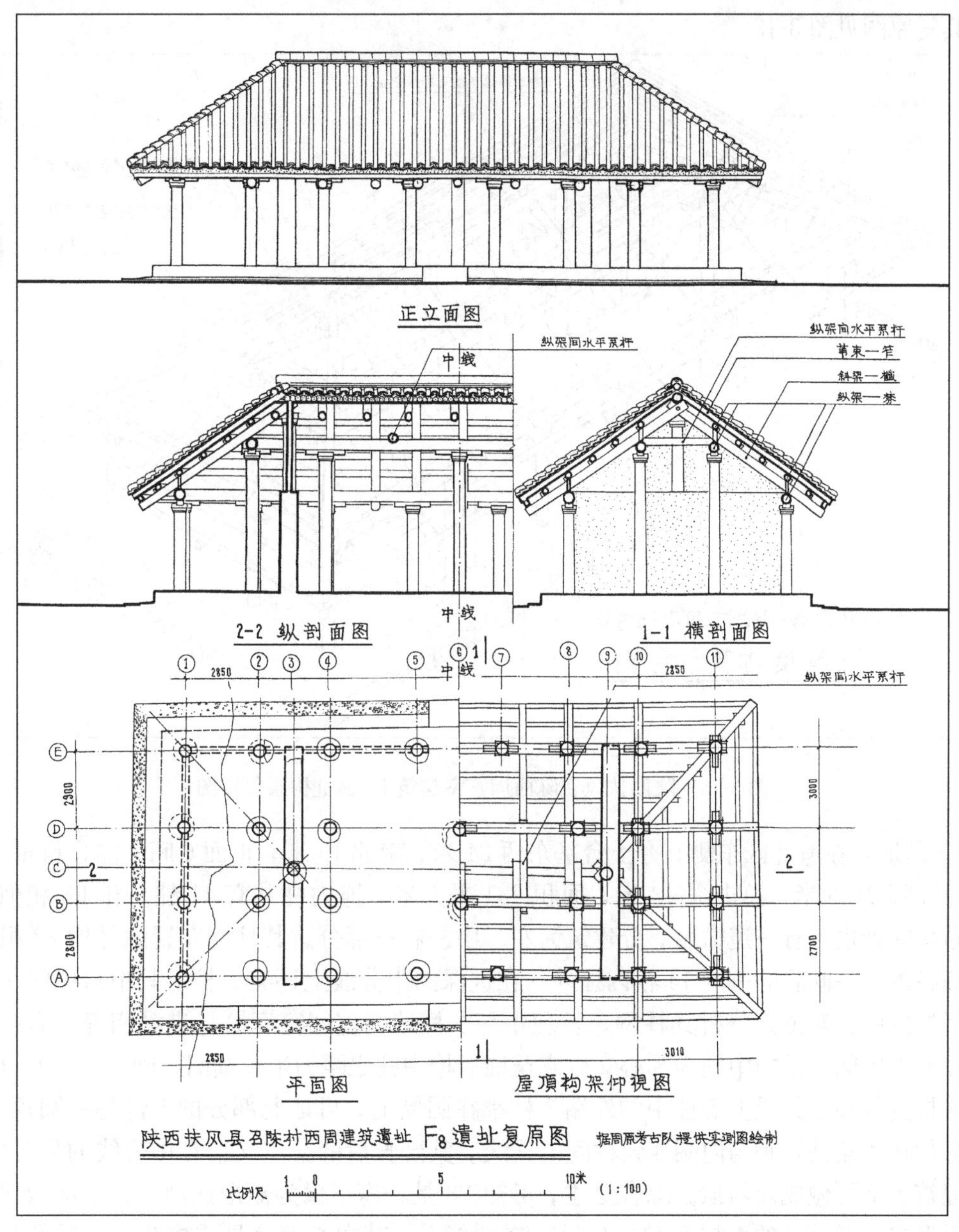

图3-12 陕西扶风召陈西周宫室建筑F8遗址平面图

4 角柱也在此线上，角度基本为 45 度，可知此建筑为四阿顶，这二根墙中之柱是正脊与角脊交会处的支撑点。根据柱网的这些特点，可知此建筑是在檐柱、内柱上架纵向梁（如后世的阑额），形成内高外低的二圈纵向构架，其间架设斜梁、角梁，梁上架檩，形成四阿屋顶骨架的。

F8 柱基的做法是先下挖直径 0.9 米、深 0.65 米的基坑，其内夯筑厚 0.5 米的夯土基，再夯筑一层大河卵石构成柱础面，其上立柱。柱脚埋深很浅，近于平地立柱，和以前深埋的柱子不同，说明此时木构架技术有较大进步，已可维持柱网的稳定。在遗址上堆积物中发现有苇束印痕的烧土块，证明屋顶做法是在屋顶构架上顺坡密排芦苇束，然后抹泥布瓦而成的。其复原图见图 3-13。

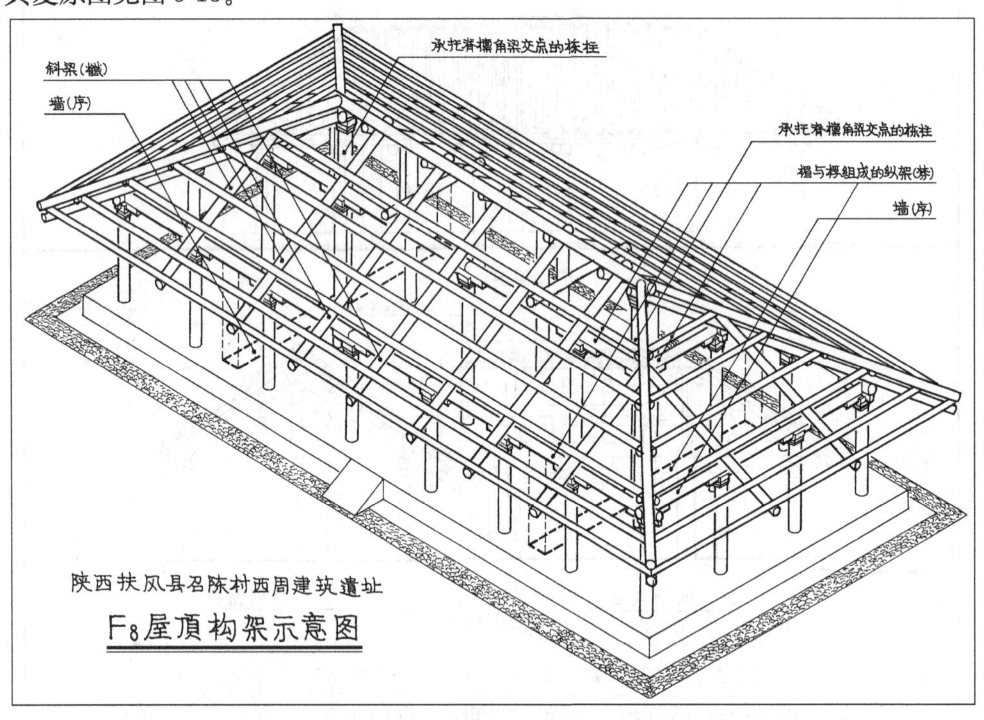

图 3-13　陕西扶风召陈西周宫室建筑 F8 遗址构架复原图

F3 基址：在遗址区东侧，夯土台基东西 24 米，南北 15 米，正面 6 间 7 柱，侧面 5 间 6 柱，总面阔 21.6 米，总进深 13 米，面积 281 平方米，连内柱共有 41 柱。和 F8 相似，在左、右次间处也各有一道横墙，分建筑为左、中、右三部分。其柱网布置除外檐 22 根檐柱和四面各退入一间后的一圈 14 根内柱外，在进深的中分线上还有 5 柱，其中只中间一柱与前、后檐的中柱对位。分析其柱网，发现中部二横墙内皮间宽度恰与进深相等，为一正方形，而如以中间一排的中柱为圆心，以它至前后檐中柱之距为半径画圆，则明、次间分间处前后 4 根内柱和中分线上 5 柱中的外端 2 柱都在圆周上，可证此部分的上部是一圆顶。左、右部分如在 4 角柱处画与内圈 4 角柱间的连线，其延长后的交点又恰在中分线的另二柱上，表明建筑下部可做成四阿顶。综合上述，可知 F3 是一座下檐为矩形四阿顶、中部构架穿出屋面后形成一圆锥形的上层屋顶的建筑。在功能上，其中心部分是重檐圆顶前后敞开的方厅，两端是两座面阔五间分别面向东西的敞厅。其复原图见图 3-14。

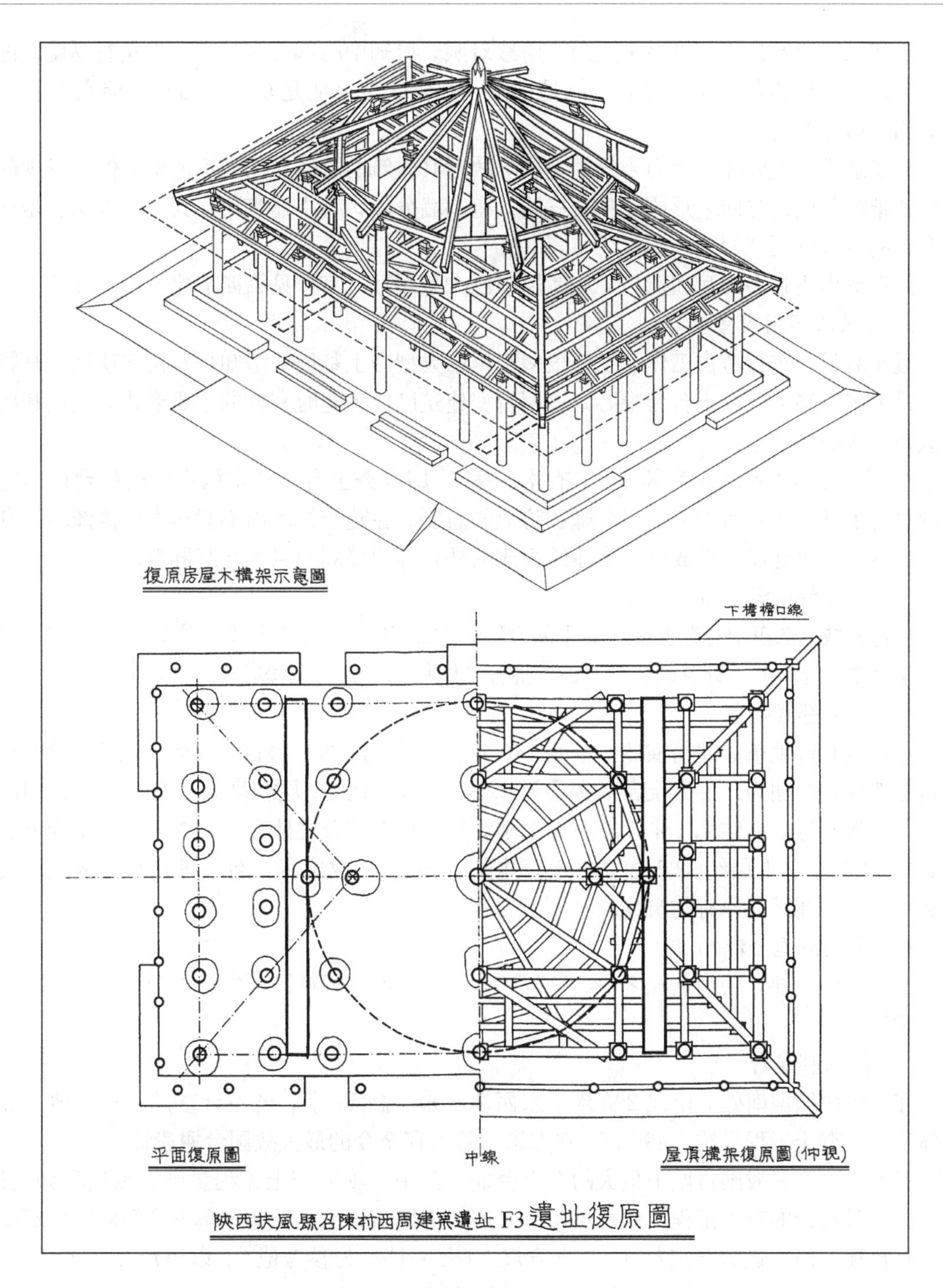

图 3-14　陕西扶风召陈西周宫室建筑 F3 遗址平面及构架示意图

除复杂的圆顶构造外，此建筑的尺度和做法也值得注意。建筑正面中间两间的面阔达 5.2 米，大于前此诸建筑遗址所见。它的础坑直径 1～1.2 米，深达 2.4 米，用夯土和卵石层层夯筑至顶。其中中柱的础坑直径竟达 1.9 米，据坑顶柱窝推测，中柱柱径可达 0.7 米，可知其上负荷很大的重量。这座建筑建于西周中期，从形式到结构，其复杂性都大大超过前此所见的建筑，说明西周立国后，在建筑技术和艺术上都有很大的发展。

上述二座建筑如与《周书·顾命》所载对照，可知中间部分应是堂，堂左右厚墙应即东序、西序，其外侧东西向的房间可能是东堂、西堂，也可能是东夹、西夹。但它有堂而无室，当非居住的寝宫。

此遗址遭严重破坏，且尚未发掘完毕，故对其建筑的总体布局尚不清楚，但已发现的十余座遗址有共同的方向，形成左中右三路，有围墙分隔，有小建筑附在其后，表明它是按规划布置的（参阅图 3-11）。

此遗址出土较多的瓦和瓦当，表明屋顶已大量用瓦。其详见第四节建筑技术部分。

2. 春秋战国列国宫室

近年对都城进行考古工作，发现很多密集的大型夯土基址，考知是其宫室遗址，其特点之一是大多以高大的夯土台为中心，表明台榭建筑已成为此时宫殿的重要形式，这也和历史记载是一致的。

《尔雅》说："观四方而高曰台，有木曰榭。"即在夯土台上建木构房屋的称台榭。它的出现是为了满足当时诸侯王出于炫耀和防卫的需要，在建筑技术尚不能建多层楼阁时，利用夯土台逐层抬升建屋，形成由单层建筑组成的外观却似楼阁的巨大建筑群组。

（1）侯马晋新田台榭

牛村古城北部正中有夯土遗址，平面方形，方 52 米，残高 6.5 米，周围有筒板瓦片堆积，是一座台榭遗址。若不计基础，只以地上部分之体积计，夯土工程量约 17 576 立方米。①

（2）燕下都武阳台

在东城北部偏东，北倚横墙，东西 140 米，南北 110 米，残高 11 米，是燕下都中最大的台榭遗址。台榭为二层夯土台，夯层约 0.12～0.15 米。下层台高 8.6 米，上层台四面内收 4～12 米不等，高约 2.4 米。若不计基础，只以地上部分之体积计，夯土工程量为下层约 134 220 立方米，上层约 32 563 立方米，共计约 165 003 立方米。台下堆积物有烧土块及战国瓦片等，可知其上原有建筑物。②

（3）齐临淄桓公台

在小城西北部，为南北长 86 米、残高 14 米，平面略近椭圆形的夯土台，可能是齐宫的主体建筑。③

（4）赵邯郸龙台

在王城西城偏南处，南北 296 米，东西 265 米，高 19 米，若不计基础，只以地上部分之体积计，夯土工程量约 1 490 360 立方米，是遗存至今的最大战国台榭遗址。④

以上 4 项都是战国宫城中最大的夯土台址，其中 3 项的夯土工程量已大致估算如上述。春秋战国时筑台的夯土工程定额已难考知，假如借用（唐）王孝通《缉古算经》所附筑堤一人一日自穿、运、筑综合定额 4.96 立方尺/（人·日）为参考值⑤，以唐尺 0.294 米折算，

① 山西省考古所侯马工作站，晋都新田，山西人民出版社，1996 年。

② 河北省文化局文物工作队，河北易县燕下都故城勘查及试掘，考古学报，1965 年第 1 期。

③ 群力，临淄齐国故城勘探记，文物，1972 年第 5 期。

④ 河北省文物管理处，赵都邯郸故城调查报告，载：《考古》编辑部，考古学集刊（4），中国社会科学出版社，1984 年。

⑤ 唐·王孝通：《缉古算经》卷上，假令筑堤条："一人一日自穿、运、筑，程功四尺九寸二分（敦仁按：二分当作六分）。"《丛书集成》，第 27 页。

定额约为0.126立方米/(人·日)。则晋新田台榭用139 492工，燕下都舞阳台用1 309 548工，赵邯郸龙台用11 828 253工。可知都是巨大的工程。这些台榭或因破坏过甚，或因尚未发掘，其具体形制尚难考知。但通过文献记载和战国铜器上刻画的建筑图像，可以知其大致情况，这将在下面建筑技术部分加以探讨。

（二）礼制建筑

主要是祭天的设施和祭祖的宗庙。古代的王权是建立在血缘家族统治的基础上的，王权的获得和建立虽是靠对内镇压，对外征伐、兼并而来，但在王权建立后，为突显其权力的合法性又只能推之为天意，自称“受命于天”。因此，对王朝来说，敬天、祭天是表示其合法性的最重要的礼仪。王权建立后是通过家族血缘关系世代相传的，则这些后继者的权力实来自其祖先，因此祭祖也是突显后继者合法性的重要礼仪。

《周书·作雒》中说：“乃设丘兆于南郊，以祀上帝，配以后稷，日月星辰先王皆与食。”就是西周在雒邑南郊筑丘祭天的最早记载。祭天时，通过“先王皆与食”，把上天和其祖先联系起来。但祭天“丘兆”的具体规制史不详载。到后世则发展为祭天的圜丘。祭祖的宗庙也是最重要的礼仪建筑。

1. 岐山凤雏早周宗庙遗址

20世纪70年代末，在陕西岐山凤雏村发现了早周宗庙遗址，可据以了解此期建筑群布局和建筑构造特点。

遗址是一座南北向的两进院落，南北45.2米，东西32.5米，建在厚1.3米的夯土地基上（图3-15）。平面为中轴对称布局，在中轴线上依次为门、堂、室三进房屋，与左右侧的东西庑相连，围合成两进院落。最前方的门和左右侧的门塾连成一列，门外有夯土影壁；门内院落北面为宽六间的堂，堂之台基高出庭院地面0.61米，四周有夯土外墙，内部有两排10根内柱，前檐有三阶，后檐有廊，是主体建筑；第二进院北面正中为室，室东西侧各有左、右房，宽均5.2米、深3.1米，其前有廊；另在堂后有穿廊，与室相连，分后进院为东西二小院。东西庑各8间，通长42米，进深2.6米，前有宽1.5米的通廊。各房屋台基内外侧都有夯土筑的斜坡散水，并用瓦管或卵石砌的水沟把雨水排出院外。

各房屋的墙都用夯土筑成，墙厚0.75米、0.6米、0.58米不等，从略有收分看，是用桢、幹筑成的，墙面有白灰砂浆抹面。夯土墙内大多立有木柱，柱径0.25米以下，间距在1.8～2米之间，应是增加墙身稳定并承托檐檩的。堂以墙内柱中线计，东西宽17.2米，南北深6.1米。堂内的两列内柱东西间距3米，南北间距2米，柱径在0.3～0.5米之间，在四面墙中都有和它相对的柱子，形成宽6间、深3间的柱网。在堆积物中发现印有苇束痕且一面抹平的烧土块和少量残瓦，证明它是用密排苇束构成屋面层，表面抹草泥后再在局部敷瓦的。其复原图见图3-16和图3-17。

结合遗址的现象，可推知堂的屋顶构造是先在两列内柱上设纵向的主檩，如后世之“纵架”，自前后墙分别架若干道横向斜梁，形成两坡屋顶的骨架，再在斜梁上布设若干道小檩，檩间斜排苇束，形成两坡屋面，然后抹泥铺瓦。门屋、室、房和东西庑因进深较浅，不用内柱，直接在横墙间架主檩，上架斜梁、小檩，密排苇束，形成屋面。

此遗址中还出现了瓦和陶制下水管。瓦都用盘泥条法制成，背面有绳纹。少量瓦的一面有突出的瓦钉或环，瓦钉可压入屋面泥背中，瓦环则可用草绳系在木构件上，以固定瓦于屋

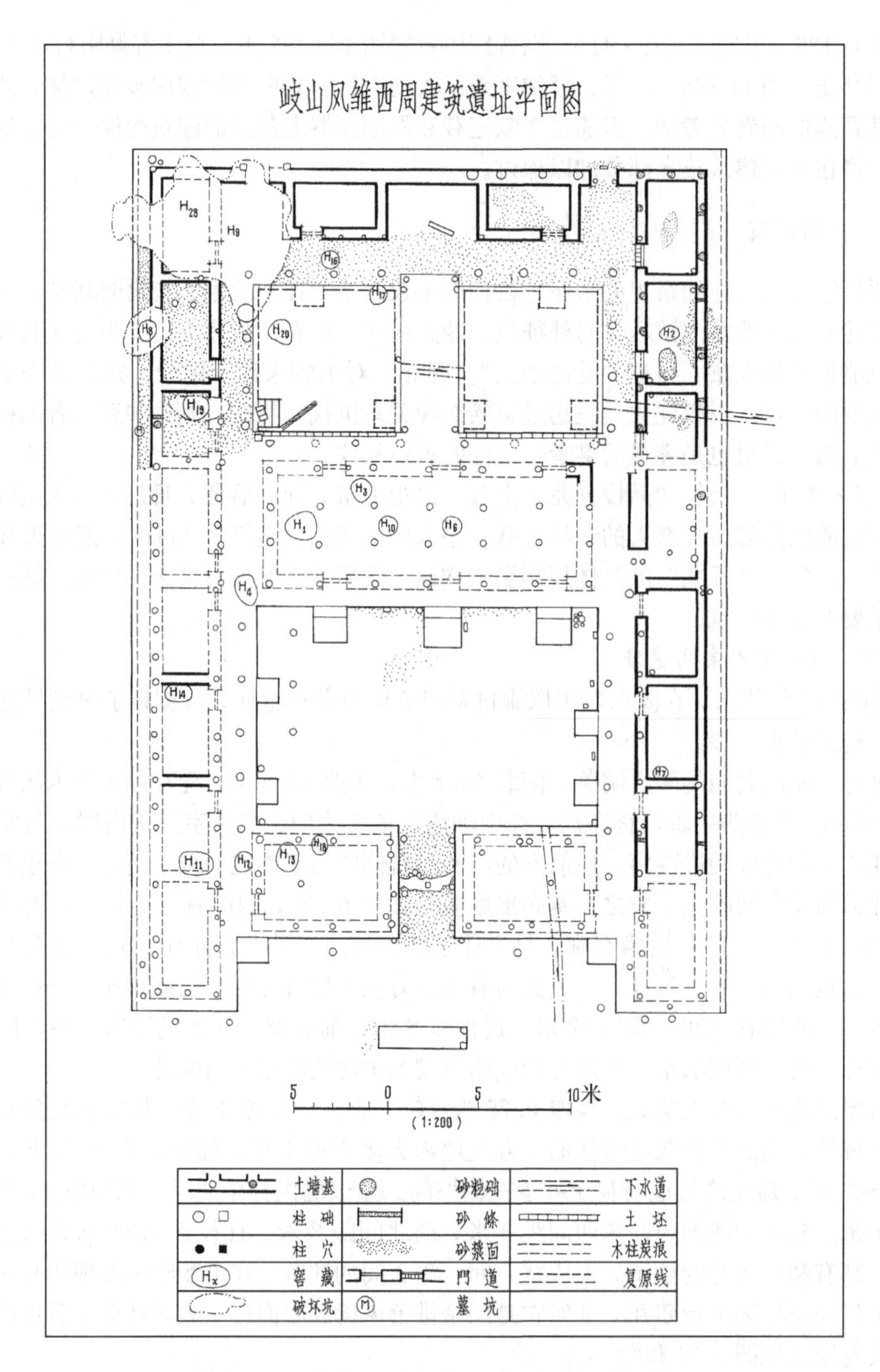

图 3-15　陕西岐山凤雏村西周宗庙遗址平面图

面。出土的瓦片较少，可能这时还只用于局部（图 3-18）。陶下水管长在 0.9 米左右，插承口连接，大头径 0.24 米左右，小头径 0.14 米左右，埋深 0.9 米左右，上部用土夯实至地平。

此建筑据出土的卜骨刻辞，推知它是建于周王朝建立以前的宗庙建筑，时在晚商。它虽体量小于前章之夏商宫殿，但布局已是前后两进院落，较夏商时成熟。从建筑内容看，门左

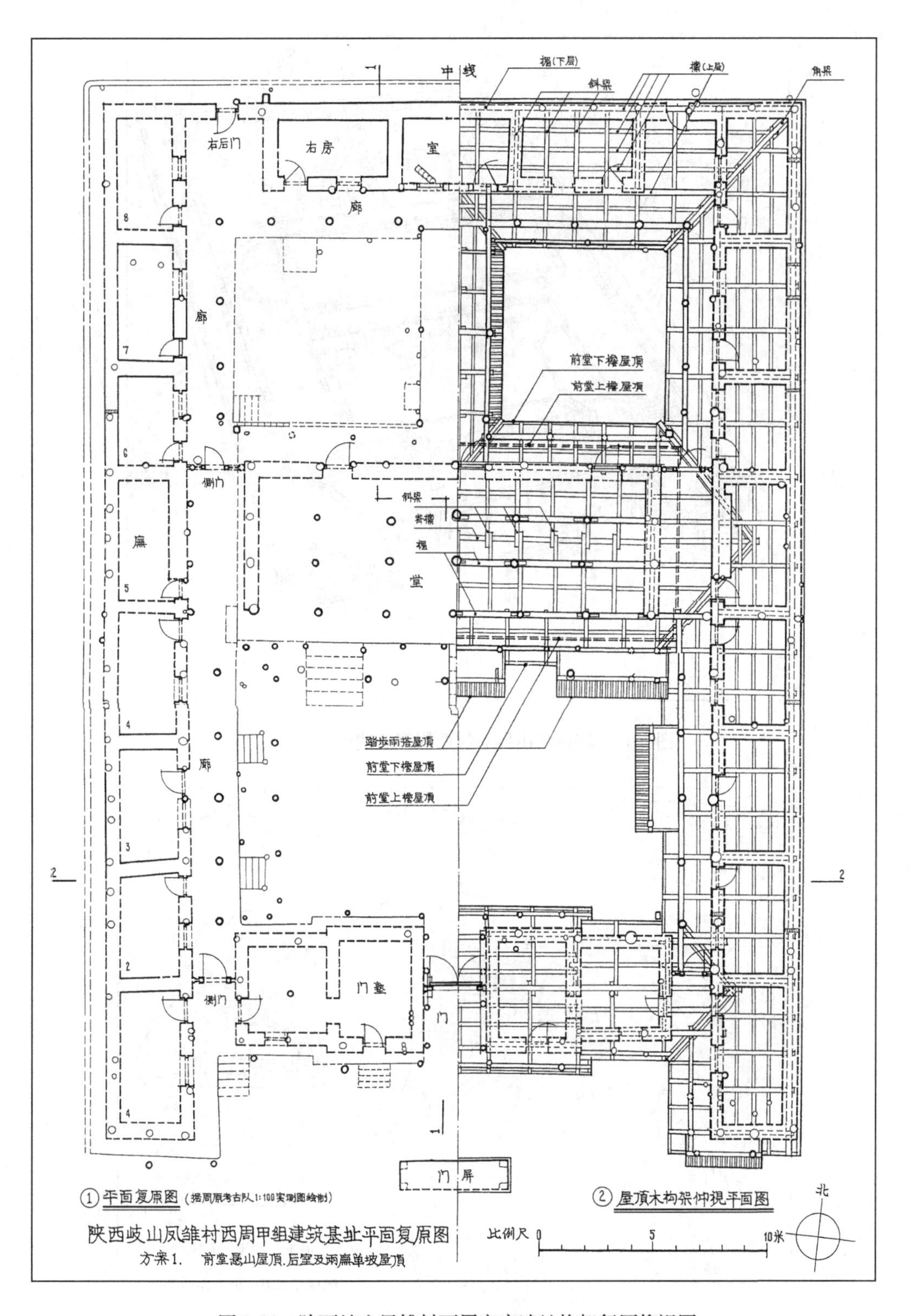

图 3-16 陕西岐山凤雏村西周宗庙遗址构架复原仰视图

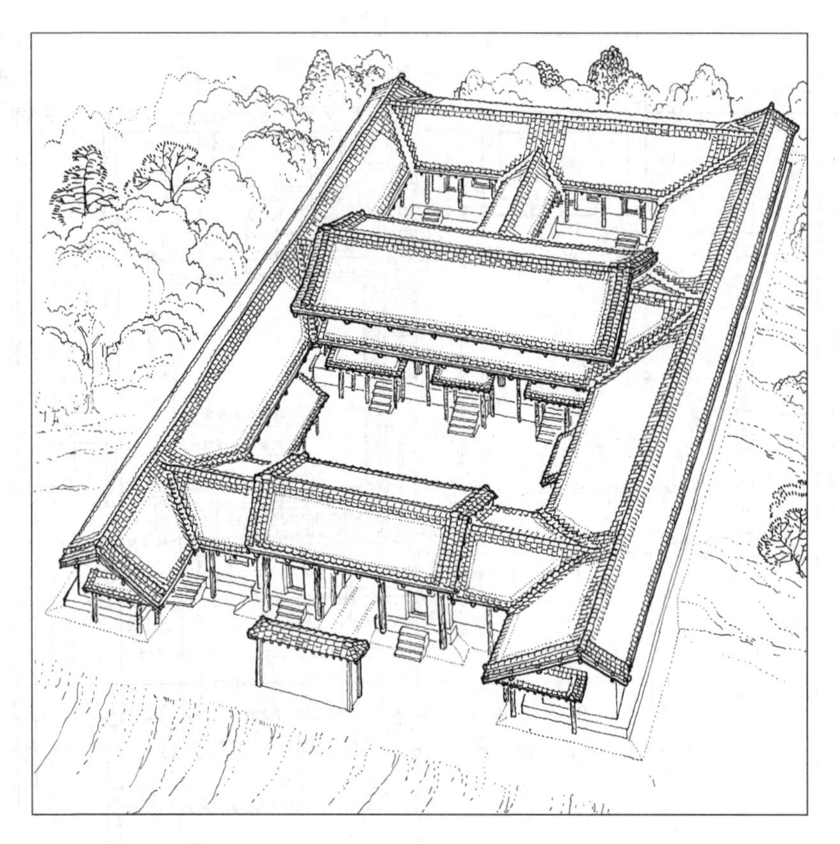

图 3-17 陕西岐山凤雏村西周宗庙遗址构架复原图

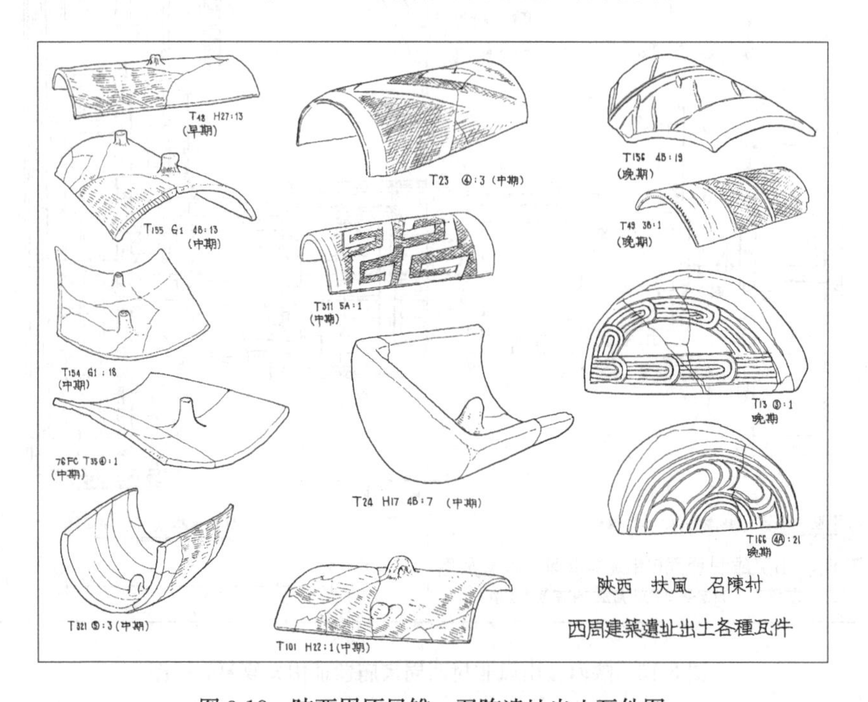

图 3-18 陕西周原凤雏、召陈遗址出土瓦件图

右有“塾”，庭院内正中为“堂”，堂后有“室”，室的前檐为左门右窗，即“户东而牖西”，室的左右有“房”，都和先秦史籍所载周代宫室制度相合。但它建在周灭商以前，可知此制在晚商已出现。但它是周人自创的制度，还是沿袭自商，则尚待研究。在结构、构造方面，其承重墙为内有木柱的夯土墙，除堂外，各房屋前后墙内的木柱均不对位，表明柱是为加固夯土墙并承托檐檩而设，故它的屋顶构架应属纵向的檩架体系。夯土墙夯层 0.15 米左右，使用了五个夯头的集束木夯，在技术上也有所进步。此外，还局部发现有垛泥墙和土坯墙，但它是始建时即如此，还是在使用中修缮所致，也尚待考。[①②]

2. 侯马晋国祭祀遗址

在侯马牛村古城南城墙外，位于南墙的两座门之间。主体建筑为一东西 20.8 米、南北 10.4 米的夯土房址，厚约 0.8 米，残基高出当时地面 0.1 米（图 3-19）。房址的北、东、西三面有厚3～4 米不等的夯土围墙，北墙完整，东西 38 米，东、西墙残长分别为 10 米和 25 米，其南面应有南墙和南门，围成庭院，但已不存。在房址西南方，西墙之东，庭发现大量祭礼坑，包括人牲，表明它是祭祀建筑。

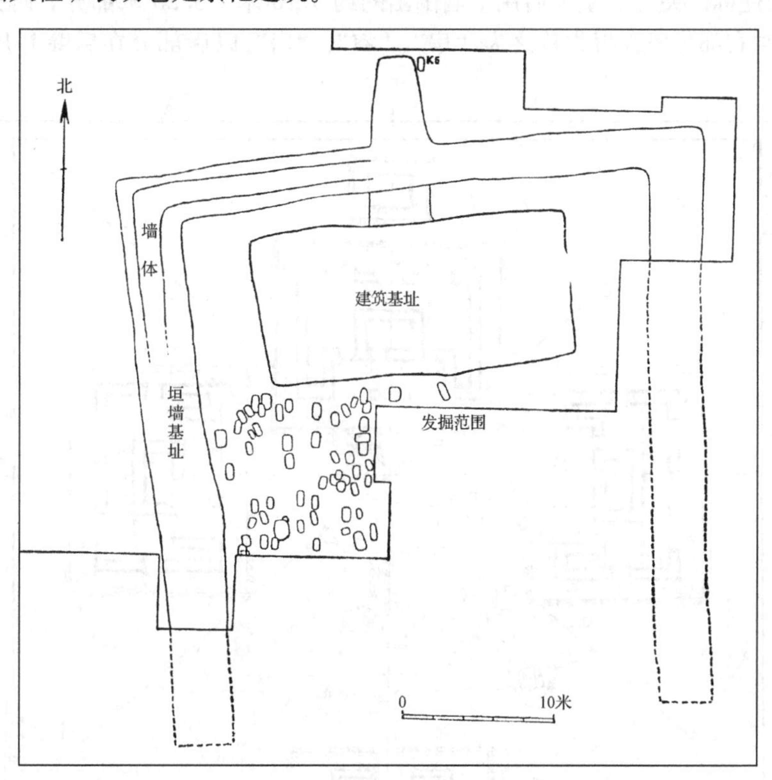

图 3-19 山西侯马牛村古城晋国祭祀建筑遗址平面图

山西省考古研究所侯马工作站：山西侯马牛村古城晋国祭祀建筑遗址，考古，1988 年，10 期

此建筑一个特异处是北墙正中有一段夯土，与北墙垂直相交，北至墙外，南连主体建筑，其性质俟考。考古学家推测，它属于侯马晋国遗址中期晚段，约当公元前 450～前 420

① 陕西周原考古队，陕西岐山凤雏村西周建筑基址发掘简报，文物，1979 年第 10 期。

② 傅熹年，陕西岐山凤雏村西周建筑遗址初探，文物，1981 年第 1 期。

年间。[1]

此建筑基址表面已被破坏，其结构及室内布局已不可知，仅能从堆积的大量筒、板瓦知其为一瓦屋顶建筑。围墙亦只存北墙及东、西墙的北段，但按此期建筑特点，也可推知它应是一座有南门的院落。

3. 雍城秦宗庙址

遗址在陕西凤翔县马家庄，是一所用夯土墙围成的横长矩形院落（图 3-20），东西约 87.6 米，南北约 74.5 米（自考古报告附图中量出，下同）。[2] 南面正中为门址，已残损，只余后半部，但可见中间为门，左右有门塾，其台基宽约 22.5 米。门内庭院中有三座建筑基址，中间一座在中间偏北，南向，另两个在其前方左右相对如厢房，三者呈品字形布置。如考虑当时施工精度，三座建筑的尺度及平面布局可视为相同。台基宽约 25 米，深约 20.5 米，边缘残存柱洞，表明建有回廊。廊内主体为夯土墙和柱墩，其轮廓尺寸约为 21 米×13.9 米。在正面中间凹入约 12.8 米×4.3 米，前檐用二柱墩分为三间，研究报告称之为“堂”，左右余处称“夹”。“堂”后用土墙围出的约 5.75 米×3.25 米部分，研究报告称之为“室”。“室”左右部分研究报告称之为“房”。“室”、“房”以后部分在后壁上开三门洞，研

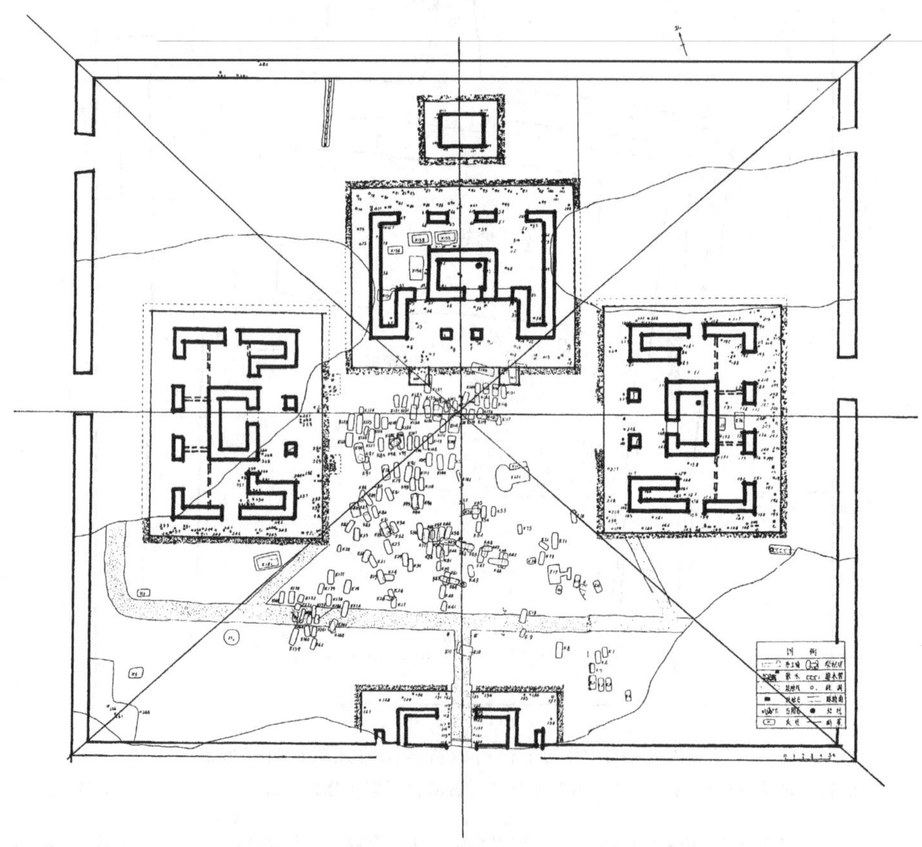

图 3-20　凤翔马家庄秦雍城宗庙建筑遗址平面图

① 山西省考古研究所侯马工作站，山西侯马牛村古城晋国祭祀建筑遗址，考古，1988 年第 10 期。

② 陕西省雍城考古队，凤翔马家庄一号建筑群遗址发掘简报，文物，1985 年第 2 期。

究报告称之为“北堂”。在台基外缘左右相对有阶，似是“两阶”之制。台基外绕以宽0.7～0.8米的卵石散水。在中间一座建筑之北有一宽10.2米、深7.9米之台基，其外绕以宽0.8米之卵石散水，台基上为一宽5.4米、深3.8米、残高0.09米的主体建筑，四角各有双角柱，考古报告称之为“亭台”，研究报告疑其为“社”。

这组建筑遗址仅存极低的夯土墙迹，原地面不存，何处辟门也无迹可寻，用途颇难确定。有的考古学家考定为是春秋中期秦的宗庙址[①]，正中为太祖庙，左右为昭庙和穆庙；并据《仪礼释宫》考定为每庙正面中间的敞厅为堂，堂左右为夹，堂后为室，室左右为房，房室之后为北堂。按古代宗庙与宫室同制，已见于记载。《仪礼·聘礼》云：“及庙门，宾揖入。”郑玄注云：“……古者天子适诸侯，必舍于太祖庙。诸侯行，舍于诸公庙。大夫行，舍于大夫庙。”《礼记·礼运》也说：“故天子适诸侯，必舍其祖庙”。可知古代的庙可以用来接待王或上级诸侯，也就是说它是可以居住的。从这三座建筑有堂、有室、有夹、有北堂看，也似具有一定居住的条件，故推测其为宗庙，似也可以备一说。

此建筑仍是在夯土承重墙上架木屋架上承瓦屋顶的土木混合结构房屋。其做法是先平整土地，再在其上夯筑屋基。房屋的墙是先在屋基上挖基槽，夯实后，在其上用版筑法（或桢干法）筑成，表面用细草泥抹面。屋基立柱处均先挖柱穴，穴底垫卵石或石片，然后栽柱培土。四周的夯土围墙做法与屋墙相同，墙顶上复瓦。在正面建筑的西北侧和东侧建筑的南侧都发现通到围墙外的陶下水管，长约70余厘米，为插承口，浅埋在地下，端部接一竖管，以收集地面水。

（三）陵墓

先秦陵墓制度在《周礼·春官·宗伯第三》记载云：“冢人掌公墓之地，辨其兆域而为之图。先王之葬居中，以昭、穆为左右。凡诸侯居左、右以前，卿大夫士居后，各以其族，凡死于兵者，不入兆域。凡有功者居前，以爵等为丘封之度，与其树数。……墓大夫掌凡邦墓之地域，为之图。令国民族葬，而掌其禁令。正其位，掌其度数，使皆有私地域。……”

据此知当时施行的还是族葬制度，自王、诸侯，大夫至庶族各有其墓地，其布置是在主墓之左右、前后，依尊卑、亲疏关系，分昭穆入葬，形成若干墓葬群，每墓形制又各视其封爵而有等级差异。

目前两周王墓尚未找到[②]，但大型墓葬群已有较多发现，如河南浚县新村卫国墓有82座，其中有8座大墓，外围各有若干中小墓，形成群组，时代自卫国始封至亡国，约当公元前11～前8世纪。另在西安张家坡、北京琉璃河、宝鸡茹家庄等也都发现较重要西周墓。东周墓葬巳发掘者数量更为巨大，如河南三门峡上村岭有虢国墓地234座墓、洛阳中州路有260座墓、江陵有楚墓800余座。但其布局规律尚有待深入分析。

两周墓葬大都是竖穴土坑墓，其上无封土，下用木棺椁，视其等级在规模形制上有所不同。一些大墓的木构椁室巨大，四周有边箱，并画有窗的图像[③]，可能已在一定程度上反映当时宫室情况。一些大型墓的木椁上已出现较精美的木雕和结合精密的木构榫卯，表明当时细木工已有较大的发展。在陕西凤翔秦公雍城陵墓、河南辉县固围村魏王室墓、河北平山县

① 韩伟，马家庄秦宗庙建筑制度研究，文物，1985年第2期。

② 近年在洛阳发现一车马坑用六马殉葬之例，属于王制，但资料迄未发表。

③ 湖北随县战国早期曾侯乙墓棺止画有门窗，可知实物之大致形象。

中山国王墓都在墓上发现有建筑基址，即“堂”，可知自春秋中期至战国时陵墓地上部分多为在夯土台上建堂的形式。但在战国中期，秦在迁都栎阳后所建陵墓地上都开始有巨大的封土，而把原建在墓上的堂建在封土侧，即后世所称的“寝”。这是对传统陵制的改变。由于统一中国的秦始皇的陵墓沿用此制，陵上起封土，陵侧建寝殿遂为两汉陵墓所沿用。

1. 河南辉县魏国王室墓

20 世纪 50 年代初在辉县固围村发现此三墓[①]，中心隆起为高 2 米余的平台式高地，其下三墓穴东西并列，墓口上部各有一座建筑基址，其周边柱础痕尚存。中间一座最大，基方 26 米，7 间；左右二座方 16 米，5 间。据遗迹推测，此墓上部在高 2 米的封土丘上建有一大二小共三座方形单层建筑并列（图 3-21）。

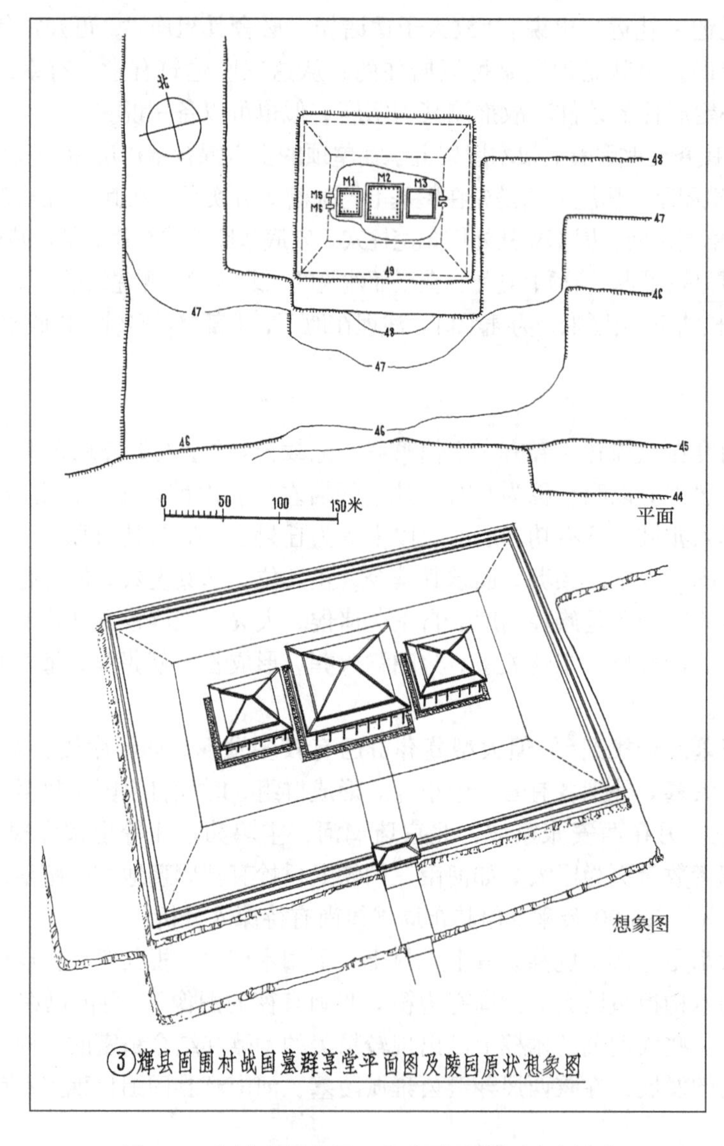

图 3-21　河南辉县魏国王室墓平面及复原示意图

① 中国科学院考古研究所，辉县发掘报告，科学出版社，1956 年。

2. 河北平山战国中山国王墓

在河北省平山县，两墓东西并列。从墓中出土的兆域图可知，左侧是王𫲨墓，右侧是他的王后哀后之墓。据发掘报告[①]，王𫲨墓上有高出地面 15 米的方形封土，下部有三层台，第一层台高出周围地面 5.14 米，上有宽 1.2 米的卵石散水。第二层台高出散水 1.35 米，深 4.3 米，每面宽约 53.4 米，上建每面 15 间，间广 3.44 米、进深 3 米的一圈回廊。回廊后壁即封土之夯土台，每面宽 44.8 米。据台顶残高高出二层台 8.56 米的情况推测，其上还应有第三层台，上建第二圈回廊。故此墓的上部可能是一座四周有两层背倚台壁的回廊，顶上建主体建筑——王堂的台榭。据此我们可以依据台榭建筑的特点推测出它的大致面貌（图 3-22）。[②]

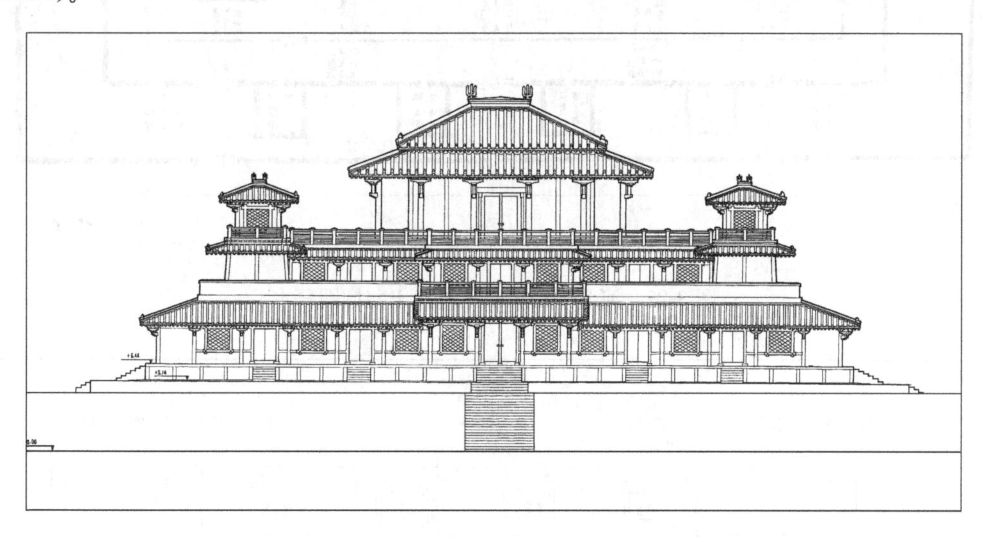

图 3-22　河北平山中山王墓复原图

在墓中出土了一块铜板，上面刻有陵园的全图，并注明各部分的尺寸。根据《周礼》称墓区为“兆域”的说法，学术界称其为“兆域图”（图 3-23）。

据图 3-23 图示，原规划陵园为横长矩形，有二重围墙，称“中宫垣”、“内宫垣”，二垣的间距前面为 36 步，后面为 25 步，两侧为 30 步，均在前面正中开门。内宫垣内画一横长的凸形台，标名为“丘”，即陵丘。丘中间加宽部分前、后距“内宫垣”均为 6 步，丘左右较窄部分的后、侧两面距“内宫垣”仍为 6 步，前面距“内宫垣”为 24 步。凸形中间加宽部分并列画有三个正方形，中间标“王堂”，左标“王后堂”，右标“哀后堂”，均注明方 200 尺，三堂间相距均为 100 尺。三堂前、后面至丘之边缘分“平”、“坡”两部分，注明各为 50 尺，即共为 100 尺。在凸形两端窄的部分也各有一正方形，左标“□堂”，右标“夫人堂”，均注明方 150 尺，与两后堂之间距为 80 尺，距前、后、侧三面丘之边缘也分平、坡两部分，各宽 40 尺，共为 80 尺。图中虽用了“尺”和“步”两个度量单位，但据图中数字关系可以推算出 1 步＝5 尺。这样我们就可以按比例画出一幅陵园的规划图（图 3-24）。其全

① 河北省文物研究所，𫲨墓——战国中山国王之墓，文物出版社，1995 年。

② 傅熹年，战国中山王𫲨墓出土的兆域图及其所反映出的陵图规划，载：傅熹年建筑史论文集，文物出版社，1998 年。

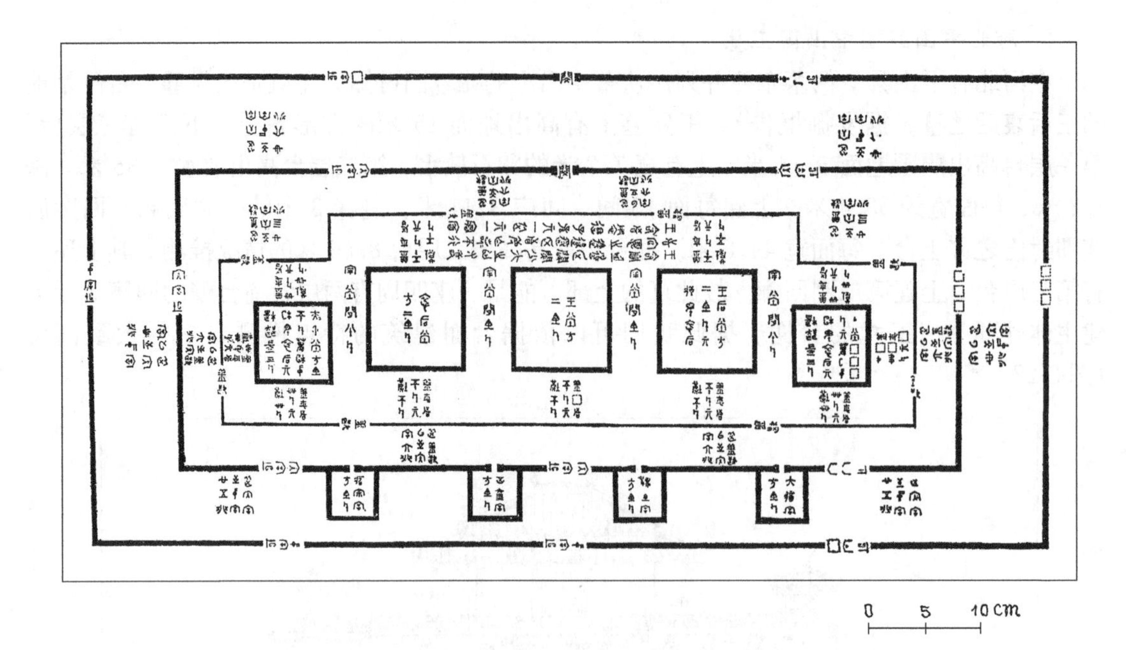

图 3-23　河北平山中山王墓出土兆域图摹本

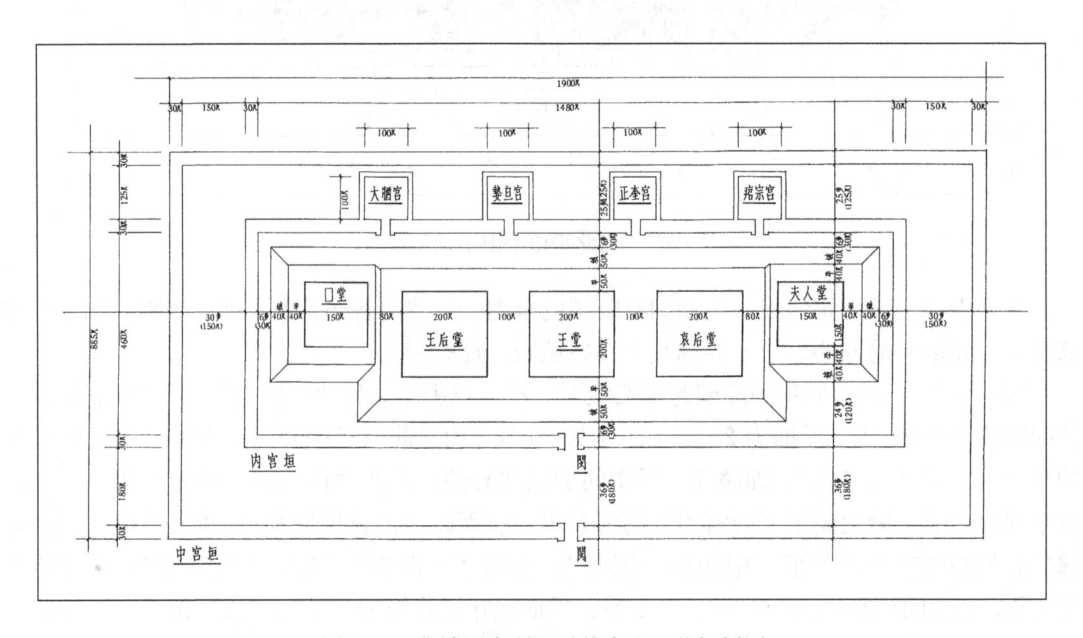

图 3-24　兆域图中所显示的中山王墓规划图

景复原图见图 3-25。现存二大墓即王䁷墓和哀后墓，其余三墓未入葬，可知兆域图是一个未能全部实现的规划图。但它可以证明这时建造大型建筑群已有数字明晰的较详细的规划布置图。如分析此图，还可看到它在规划中已经使用了模数，这将在下节规划设计部分加以探讨。

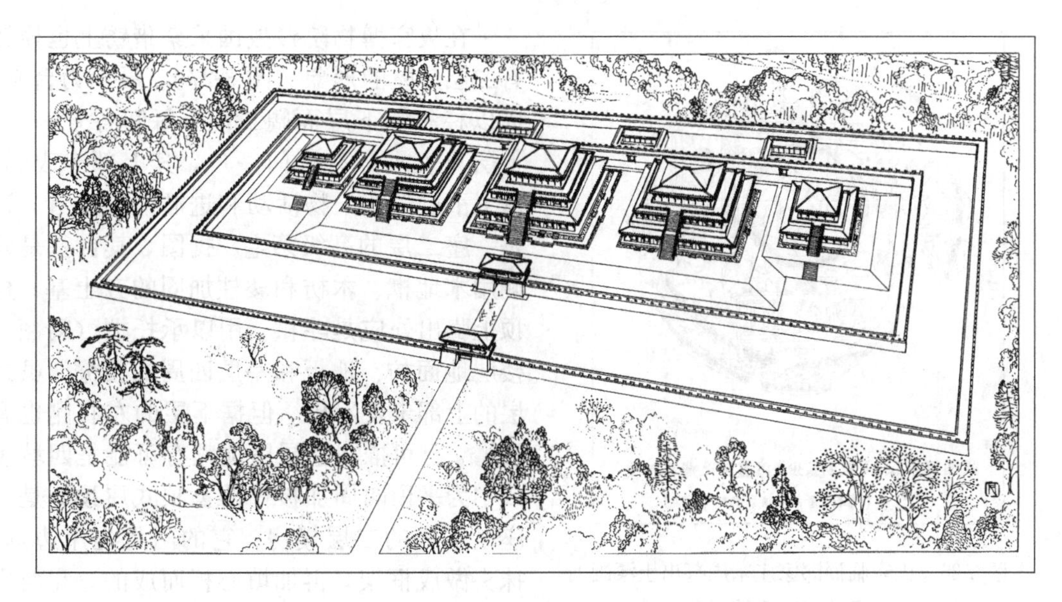

图 3-25 河北平山中山王墓全景复原图

(四)居住

1. 闾里制度

周代以后的城市城和郭并存，城是宫和官署集中区，郭又称大城，是居民区、手工业区所在。此时的居民区实行里制。据《周礼》、《汉书》的记载推测，“里”是古代民户的集中居住区，在郊区的称“庐”或“里”，在城内的则只称“里”，庐或里与居民分配土地和服兵役相联系，故其字从土从田。早期以二十五家为一“里”，出入要经里门，是集中的封闭性的居住区①。但城市中的人口密度远大于农村，故城内的里逐渐不再受在农村时二十五家的限制，在《管子》的记载中即扩大为五十家②。出现了集中的居民区和和手工业区后，不可避免要产生商业交换，随即出现了市。据《周礼·司市》说有人执鞭守门，则市应是集中而封闭的商业区，市也见于《管子》，可知至迟在春秋、战国时确已存在③。但这时市和里的遗址尚未发现，其具体布置形式尚有待进一步的研究。

2. 居宅

春秋漆器、战国铜器上都表现有单层、多层房屋的形象。

在山东临淄郎家庄一号东周墓出土漆画中表现有四座建筑形象（图 3-26），所画均为三间四柱房屋，明间敞开，左右次间装窗，是当时一般居宅的形象。

---

①《周礼·地官·遂人》：“五家为邻，五邻为里”，即二十五家为一里。

《汉书·食货志上》“……在野曰庐，在邑曰里。五家为邻，五邻为里，……春令民毕出在野，冬则毕入于邑。……春将出民，里胥平旦坐于右塾，邻长坐于左塾，毕出然后归，夕亦如之。”

亦二十五家为一里，且出入里门有人管理。

②《管子·小匡》：“制五家为轨，轨有长；十轨为里，里有司”，则是以五十家为一里。

③《周礼·地官司徒·司市》：“司市掌市之治教、政刑、量度禁令。……凡市人，则胥执鞭度守门，市之群吏，平肆、展成、奠贾，上旌于思次以令市。”

图 3-26　山东临淄郎家庄东周墓出土漆画中表现的四座建筑形象

在故宫博物院藏战国采桑猎钫上也模铸有二层房屋的形象（图 3-27）：最下为台基，周以栏杆；下层面阔二间，每间各开一门；上层只表示开有一门一户，其上部未表示。从上下层都有人物活动和进酒的形象看，这是一座二层的高级第宅。据图，其台基是外侧用木地栿、木枋和矮柱加固的夯土基；柱顶上膨出处应是斗栱，用以承托楣（阑额）、楼层地面枋、地板和一层四周的腰檐。虽二层的上部未表示出，但据下层的左右侧也有腰檐，已可推知上层屋顶颇有可能是四坡顶或中为平顶四周加披檐的盝顶式屋顶，是一座全木构的二层楼房。它的门是先用边框、抹头做成框架，再加填心板而成的，和西周铜器蹲兽方鬲下部房屋之门做法相同。

图 3-27　故宫博物院藏战国采桑猎钫上二层房屋图像摹本

第三节　规划与建筑设计方法

随着西周立国后分封诸国并制定各种制度，包据王都和各级诸侯城、邑的规制等第，周和各诸侯国都陆续开展建设。[①] 此期在城市规划和建筑设计方法和技术上都有较大发展，在《周礼·考工记》中所记载的都城、城邑、里、市和王畿、野等都城规划与国土规划设想和在各级城市和国土规划中的等级差异和运用模数的概念，在国土规划、城市规划、建筑群组布局和建筑设计中开始运用，对当时和后世城市的形成和发展都有重要影响。到春秋战国时，诸国争霸，在建设中又开始设法突破等级限制，壮大自己。而从这时对种种违制、僭越的记载中又可以了解到一部分等级差异的内容。

① 贺业钜，考工记营国制度研究，建筑工业出版社，1985 年。

一 国土规划方面

在春秋时期，有些国已对国土规划有所考虑。秦国的商鞅和齐国的管仲都在这方面提出过重要主张。

《商君书》云："地方百里者，山陵处什一，薮泽处什一，谿谷流水处什一，都邑蹊道处什一，恶田处什一，良田处什四，以此食作夫五万，其山陵、薮泽、谿谷可以给其材，都邑蹊道足以处其民，先王制土分民之律也。"[①] 提出为了正常发展，各方面用地需要保持的适当的比例关系，并据当时的情况提出方百里之地可容纳 5 万人、其都邑应占疆域的 1/10 的建议。

关于城市与郊野和城内各部分间的关系问题，《管子》说："入国邑，视宫室，……而侈俭之国可知也。夫国城大而田野浅狭者，其野不足以养其民；城域大而人民寡者，其民不足以守其城；宫营大而室屋寡者，其室不足以实其宫；室屋众而人徒寡者，其人不足以处其室；囷仓寡而台榭繁者，其藏不足以共其费。"[②] 也提出城市与郊野、居民人数与室屋、仓储的比例关系，并把它作为衡量城市发展得是否正常的标志。这表明这时已出现按比例分配土地资源以保持正常发展的观点。

在国土规划中也运用了面积模数的概念，其事见于《周礼·小司徒》，文云："乃经土地而井牧其田野。九夫为井，四井为邑，四邑为丘，四丘为甸，四甸为县，四县为都，以任地事而令贡赋。"郑玄注云："九夫为井者，方一里，九夫所治之田也。……四井为邑，方二里。四邑为丘，方四里。四丘为甸，……甸方八里，旁加二里，则方十里，为一成。……四甸为县，方二十里。四县为都，方四十里。"据此可知，"夫"指一夫所受田地的面积，相当于百亩，是计面积的最小单位，其九倍为"井"，是当时井田制的基础，为收租税和服兵役的依据。故最小计量单位"夫"是基本模数。"井"和按一定倍数逐级扩大的"邑"、"丘"、"甸"、"县"、"都"等都是其扩大模数，用来表示不同规模的行政区划的面积，以便于国土规划、赋役征收和确定征兵数额。在面积计算中使用基本模数"夫"，和逐级倍增的扩大模数"井"、"邑"、"丘"等，对后世城市和建筑群规划、建筑设计中普遍使用模数有极大影响。

二 城市规划方面

（一）国都和一般城市的选址

在这方面有不同的要求。

1. 都城

为便于与境内各地联系，一般主张把王都建在国土的中心部位。《管子》云："天子中而处，此谓因天之固，归地之利。"[③]《荀子》云："欲近四旁，莫如中央，故王者必居天下之

---

① 《商君书锥指·徕民第十五》。诸子集成㊄，第 25 页。中华书局，1986 年。

② 《管子·八观第十三》。诸子集成㊄，第 74 页。中华书局，1986 年。

③ 《管子·度地第五十七》。

中，礼也。”[①]《吕氏春秋》云：“古之王者，择天下之中而立国，择国之中而立宫，择宫之中而立庙。”[②] 这种“择中”的原则对此后城市规划、建筑群布局都有突出而长远的影响。

2. 一般城市

《管子》云：“凡立国都，非于大山之下，必于广川之上。高毋近旱而水用足，下毋近水而沟防省。因天材，就地利，故城郭不必中规矩，道路不必中准绳。”[③] 所说指诸侯国之都，提出了其选地和规划要顺应自然、因地制宜、不强求规整方正的主张。与对都城的要求明显不同。

（二）郭的出现

西周至春秋战国的都城，和夏、商时不同处是有较大的居民区，出现了王居住的小城——宫城和安置居民的大城——郭，和《逸周书》所载有城有郛的情况相同。城与郭或相依，或相套，从现存遗址看，大都较规整，其规模愈晚愈大。郭内集中布置居民区、手工业区和市。居民区实行闾里制，其详已见前节闾里制度部分。

在已发现的古城中还有一个特点，即绝大部分春秋战国都城的宫城大都有一面或两面倚靠外城，有的甚至在大城外另建宫城，其原因已见前面介绍。

（三）城市规划使用面积模数

这是此期城市规划方法的新发展，其记载见于《考工记·匠人营国》。文云：王城“方九里，旁三门，……左祖右社，面朝后市，市、朝一夫”。末句指“市”和“朝”的面积均为一“夫”，则“夫”是城市规划中的面积单位。按：“夫”之本意指一夫所受之田的面积，据郑玄注，为长宽各 100 步。周代 1 步折合 6 尺，百步为 600 尺，即 60 丈，方百步为 3600 方丈。当时一亩面积为 36 方丈，则一“夫”面积恰为 100 亩，这是当时计口授田的基本单位。它主要用来度量田地，但据“市朝一夫”句，“夫”也可用为城市规划中表用地面积的单位。周制九“夫”为“井”，“井”方一里，则“方九里”之王城可折合为 81“井”、729“夫”。这是在城市规划中使用“夫”和“井”为用地面积的基本模数和扩大模数之例。贺业钜先生即据此推测出周代王城规划的示意图[④]（图 3-28 和图 3-29）。

三 建筑群布局

此期在建筑布局上出现三个重要特点，即建筑群多采用院落式布局并形成中轴对称，把主体建筑置于几何中心，在更大型的建筑群组中出现轴线。面积模数也开始使用于建筑群布局中。

（一）左右对称形成中轴线的院落式布局

院落式布局的建筑群组在商末周初已出现，前面提到的陕西岐山凤雏宗庙遗址是其代表

---

① 《荀子·大略第二十七》。

② 《吕氏春秋·审分览第五·慎势》。

③ 《管子·乘马第五》。

④ 贺业钜：《考工记营国制度研究》图 2-1，中国建筑工业出版社，1985 年，第 51 页。

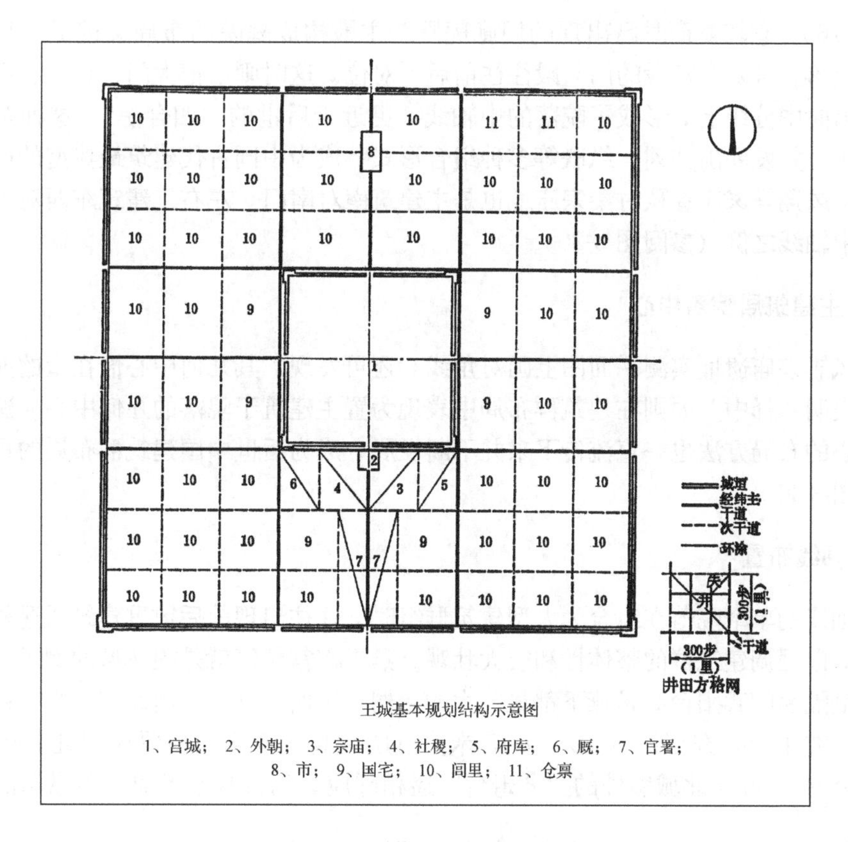

王城基本规划结构示意图

1、宫城；2、外朝；3、宗庙；4、社稷；5、府库；6、厩；7、官署；8、市；9、国宅；10、闾里；11、仓廪

图 3-28　周代王城规划示意图

贺业钜：考工记营国制度研究，图 2-1，中国建筑工业出版社，1985 年，第 51 页

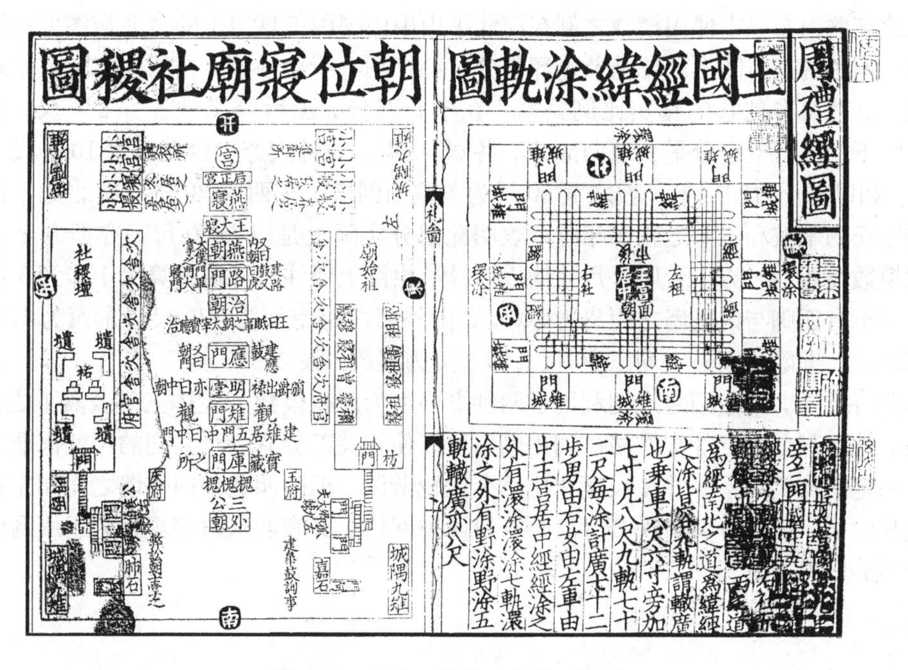

图 3-29　宋本《周礼》中的王城图

(参阅图 3-16)。它较夏商时已出现的用廊庑围绕主殿构成庭院的布局又进了一步，出现了前后两进院落。且夏商宫殿的门与殿往往前后不对位，这时则已把大门、正堂、后室等布置在院落的纵向中分线上，形成了院落的中轴线，更近于后世的“四合院”。这种院落布置延续了数千年，并发展出并列、纵联等多种组合形式，成为中国古代建筑最典型的群组布局形式。此外，凤翔马家庄春秋时秦宗庙址也是主建筑南对南门，左右二建筑东西对称布置，形成明确的中轴线之例（参阅图 3-20）。

（二）主建筑居院落中心

如在凤雏宗庙遗址实测平面图上画对角线，还可发现，其几何中心恰在堂的前内柱列之中柱上，表明“择中”原则在建筑群布局中表现为置主建筑于院落的几何中心。这种主建筑居院落中心的布局方法也一直流传下来并不断发展，成为后世中国建筑群布局的重要特征之一（参阅图 3-15)。

（三）轴线布置

有中轴线的单个院落在组合为大型建筑群组时，往往出现前后数重建筑遥遥相对，形成纵深轴线，以强调建筑群的整体性和宏大壮观。燕下都宫殿区就是很典型的例子。其中心建筑为北倚横隔墙的武阳台，是燕下都最巨大的台榭。东西 140 米，南北 110 米，残高 11 米。台榭为二层夯土台，夯层约 0.12～0.15 米。下层台高 8.6 米，横隔墙以北，还有“望景台”、“张公台”，并与北城墙外的“老姆台”遥相呼应，四台基本形成一条纵深的轴线（参阅图 3-8)。

（四）在建筑群组布局中使用面积模数

在建筑群组布局中使用模数之例在河北平山中山国国王墓出土的“兆域图”铜版上有明确表现。铜版的具体图形已见前节墓葬部分。如把图上所绘各部，按所注实际尺寸画成现代的建筑图，就可看到它的真实比例关系。在中心部分，王后等三堂各方 200 尺，相距 100 尺，三堂下的大夯土台分平、坡两部分，各宽 50 尺，总计大夯土台东西宽 1000 尺，南北深 400 尺。如以夯土台四周平、坡之宽 50 尺为单位画网格，东西为 20 格，南北为 8 格，其网格都与陵丘的平坡和三堂之轮廓相应，表明此部分实际上是以方 50 尺，亦即方 5 丈的网格为面积模数布置的。夯土台以外尺寸均以步计，由图上所注尺寸可折算出 1 步为 5 尺，以此计之，夯土台四脚与内陵墙之距离为 30 尺，内外墙之距南面为 180 尺，东西为 150 尺，北面为 125 尺，即除北面外，均以 30 尺，即 3 丈为模数（图 3-30)。

据此可推知，此陵园之规划利用了两种方格网为面积模数，主体三堂及其下之丘用方 5 丈网格，外围部分用方 3 丈网格。利用网格可以使相关部分有一个共同的尺度标准，使其易于保持一定的比例关系，并在尺度和比例上比较谐调。但陵园北部内外墙之间和左右侧夫人堂下陵丘的平、坡部分又出现 25 尺和 40 尺两种网格，又表明这时在规划中运用网格的手法可能尚不够成熟。

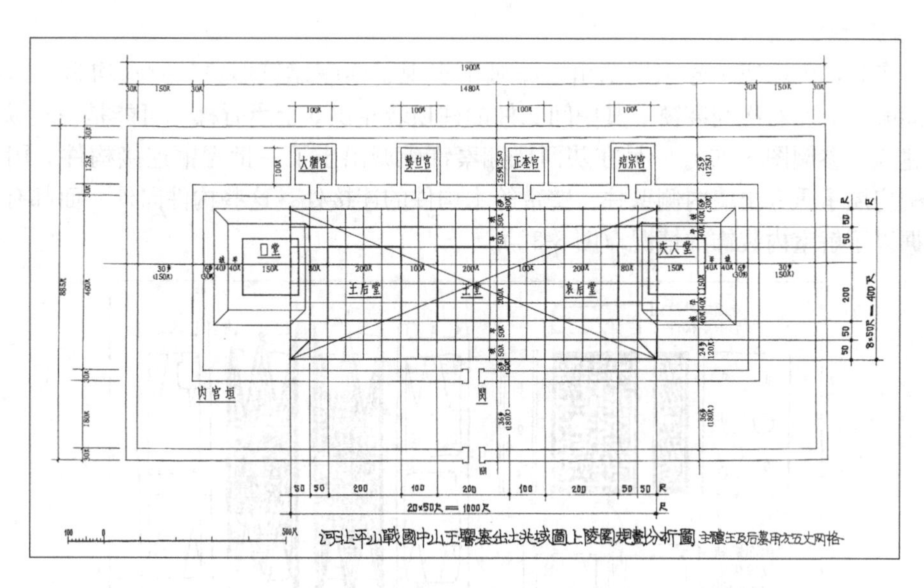

图 3-30　战国中山王陵园规划中使用面积模数分析图

四　建筑设计

关于单体建筑设计，由于遗迹发现较少，早期仅有周原凤雏发掘的早周宗庙址和召陈发掘的 F3、F5、F8 三个较大的遗址，晚期有渭北咸阳秦宫室 1 号遗址等。目前只能从柱网布置考知其上部建筑的大体情况。如周原遗址为木构单层纵架建筑，F3 中部有可能为以中心柱（都柱）为骨干的圆形建筑（参阅图 3-14）；渭北咸阳秦宫室 1 号遗址为多层台榭建筑，其主体建筑为中心用都柱、四周用夯土承重墙的土木混合结构方形建筑①；如结合铜器上所表现的形象和刻画出的图像，可大体推知它的形象，但尚难以具体探讨其设计方法。

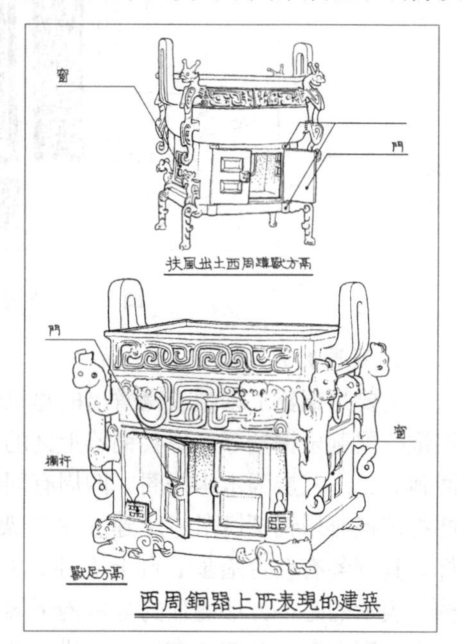

图 3-31　周代青铜器上所表现的建筑形象

（一）例证

此期建筑实物已无存者，只能通过考古发掘的遗址和器物上的形象做初步的探索。

1. 西周时代

在洛阳出土的矢令簋的基座上出现了四个矮柱上承皿板、栌斗，中间连以横楣和蜀柱形象，反映了房屋柱网及柱间连系构件的做法。在扶风出土的西周蹲兽方鬲上出现了正面装框架加填心板的木门、侧面装方格窗的房屋的形象（图 3-31）。

① 秦都咸阳考古工作站，秦都咸阳第一号宫殿建筑遗址简报，文物，1976 年第 11 期。

2. 春秋时代

在山东临淄郎家庄一号东周墓出土漆画中表现了四座建筑形象，所画均为三间四柱房屋，明间敞开，左右次间装窗，其中间二柱的柱顶装斗栱，上承脊檩，可能是一座纵架系统的木构建筑（参阅图 3-26）。[①] 另在陕西凤翔秦都雍城出土了一批青铜连接构件，用于土木混合结构房屋承重夯土墙内侧壁柱、壁带等木构件的连接处。这些构件向外一面都有装饰花纹，可据以了解室内装饰的情况（图 3-32）。[②]

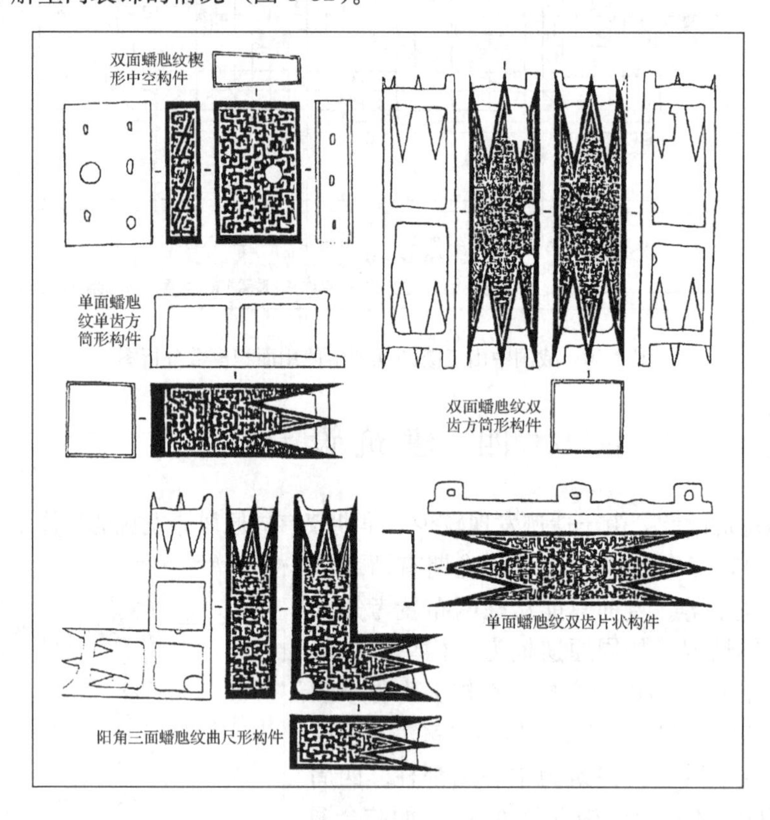

图 3-32　凤翔先秦宫殿址出土青铜建筑构件

3. 战国时代

主要是铜器上刻画或镌凿出的建筑形象，较有代表性的有河南辉县出土铜鉴、上海博物馆藏战国燕乐铜桮等。辉县铜鉴上刻的是一座三层建筑，一层中心为夯土台，四周绕以平顶回廊，二、三层为木构楼阁，四周有回廊环绕，是一座方形盝顶台榭建筑（图 3-33）。上海博物馆藏燕乐铜桮镌凿一座建在木构架空平台上的面阔一间二柱的建筑，台边缘有砖砌栏杆，其下各有登台踏步，台上立柱，柱头上有斗栱，上承中部平屋顶，平屋顶外侧有斜挑檐，表示的是一方形盝顶的全木构干阑建筑（图 3-34）。另在河北平山战国中山国王嚳墓中出土一铜方案，其四角有抹角斗栱，加工精致、形象准确，可据以了解此时斗栱之具体形象（图 3-35）。

① 山东省博物馆，临淄郎家庄一号东周殉人墓，考古学报，1977 年第 1 期。

② 凤翔县文化馆、陕西省文管会，凤翔先秦宫殿试掘及其铜质建筑构件，考古，1976 年第 2 期。

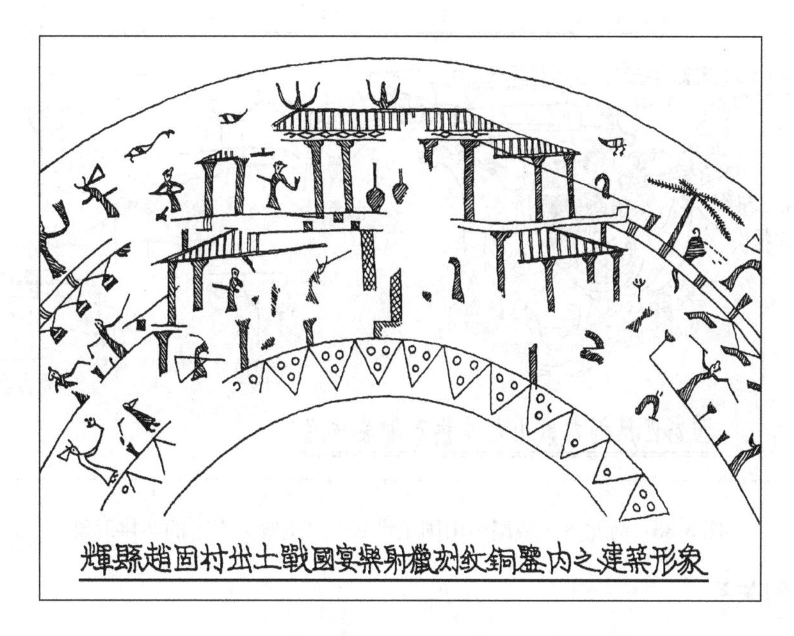

图 3-33　河南辉县出土铜鉴上刻画之建筑形象

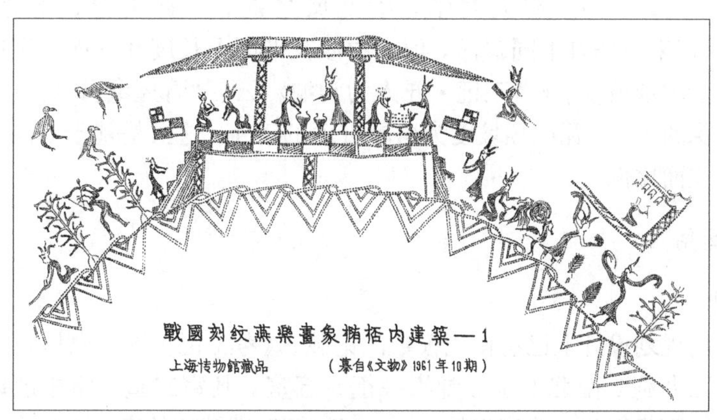

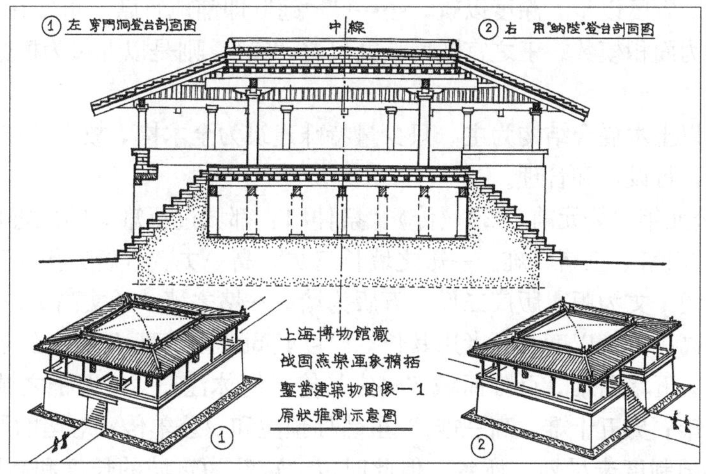

图 3-34　上海博物馆藏战国燕乐铜桮镌凿之建筑形象

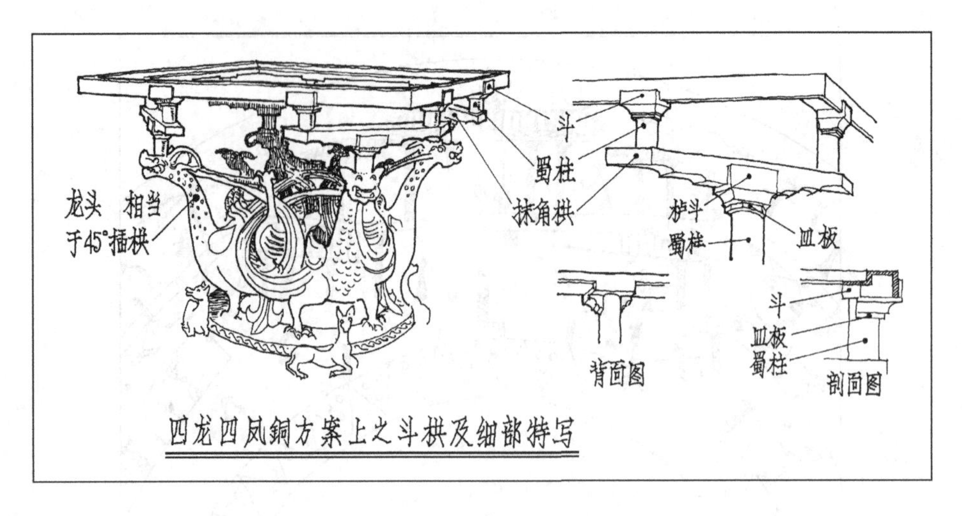

图 3-35　河北平山战国中山国王譻墓中出土铜方案上的斗栱形象

（二）比例关系

当时建筑的各部似已有一定的比例关系，如《考工记·匠人营国》云：“殷人重屋，堂修七寻，堂崇三尺，……。周人明堂，度九尺之筵，东西九筵，南北七筵，堂崇一筵，……。”虽汉以来诸儒有不同解释，但文中涉及平面上长度和立面上高度间的比例关系则是肯定的。对于屋顶坡度，《考工记·匠人为沟洫》云：“葺屋叁分，瓦屋四分。”即草屋顶坡度为房屋进深的 1/3，瓦屋顶坡度为房屋进深的 1/4。这虽是基于不同屋面材料的排水要求，却也涉及立面比例。

（三）模数运用

1. 建筑设计

此时在建筑的规划设计上已有使用模数的记载。《考工记·匠人营国》云：“周人明堂，度九尺之筵，东西九筵，南北七筵，堂崇一筵，五室，凡室二筵。室中度以几，堂上度以筵，宫中度以寻，野度以步，涂度以轨，……。”“筵”即铺地竹席，可知在单体建筑设计中以所用之“筵”为面积模数。王之宫殿用长九尺之“筵”，则是以九尺为模数。

2. 土工设计

这时的建筑以土木混合结构为主，只少量特殊建筑为全木构，故土工在设计中占重要地位，也使用模数进行设计和管理。

《左传》隐公元年（公元前 722）《传》“祭仲曰：都城过百雉，国之害也”句下，（晋）杜预注云：“方丈曰堵，三堵曰雉。一雉之墙长三丈，高一丈。”（唐）孔颖达疏云：“古《周礼》及《左氏》说一丈为版，版广二尺。五版为堵，一堵之墙，长丈高丈。三堵为雉，一雉之墙，长三丈，高一丈。以度其长者用其长，以度其高者用其高。”又《公羊传》曰：“城雉者何，五板而堵，五堵而雉，百雉而城。”《公羊传》何休注曰：“天子之城千雉，高七雉；公侯百雉，高五雉；男五十雉，高三雉。”虽然杜预注和《公羊传》对堵的尺度说法有歧义，可能是春秋时各国制度未尽划一所致，但此时以“雉”为筑城的长度和高度单位，即其模数，则是一致的。[①] 如据《左传》杜注、孔疏，“版”即夯筑土墙用的木夹版，当时的标准规格为长一丈，宽二尺；上下重叠五版，则可筑成高一丈、长一丈的一堵夯土墙，故称为“堵”；连续夯筑三“堵”为一“雉”，相当于由十五“版”积成（图 3-36）。由此可知“堵”是夯土墙的基本度量单位，可以视为它的模数，而“版”和“雉”则是表夯土墙和城之尺度的分模数和扩大模数。《考工记·匠人营国》云：“王宫门阿之制五雉，宫隅之制七雉，城隅之制九雉。”即王宫门阿之高 5 丈，宫隅之高七丈，城隅之高九丈。是以“雉”高为城的高度模数之例，而前引“都城过百雉”句，则指都城之长为 300 丈，是以“雉”长为城的长度模数之例。这是在筑墙和筑城时使用模数之例。

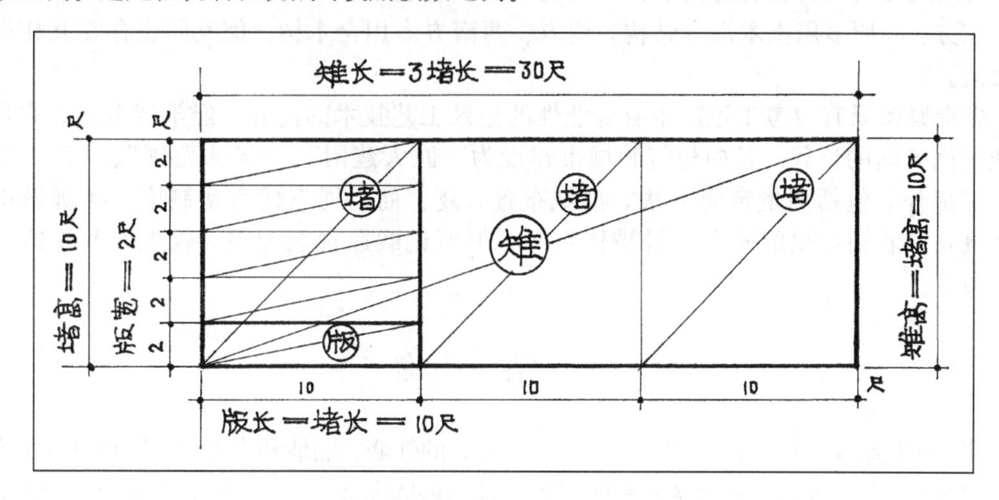

图 3-36　筑墙以版、堵、雉为单位示意图

（四）运用模数便于体现建筑中等级制度

在前引《左传》、《考工记·匠人》诸文中即看到，中国古代社会长期坚持严格的等级制度，在住的方面，即在建筑上表现尤为突出：如王都、诸侯都城、地方城市在大小规模和布局上有明显的不同，以这种明显的等级差别来突显在政治地位、权力和行政上的统属关系；宫殿、各级官署之间也有表现隶属关系的等差；在等级制度控制下，各类建筑的形制、规模都明显地拉开档次，令其级别、性质、地位一望而知，做到尊卑贵贱各安其位，各守其分，体现出古代所需的特定的社会秩序。在建筑的规划和设计中运用模数，既利于表现建筑上的等差和统属关系，又可使它们之间较易于达到统一谐调并具有很好的整体性。因此，模数在中国古代城市规划、建筑群体布局和单体建筑设计中广泛使用，成为中国古代规划、设计中长期沿用并不断改进完善的重要方法之一。

根据上述，可以看到，在成书于春秋战国之际的《考工记》和《左传》中已有使用

① 《春秋·左传正义·卷二》孔颖达疏云：“定十二年《公羊传》曰‘雉者何？五板而堵，五堵而雉’。何休以为堵四十尺，雉二百尺。许慎《五经异义》、《戴礼》及《韩诗》说，八尺为板，五板为堵，五堵为雉。板广二尺，积高五板为一丈。五堵为雉，雉长四丈。古《周礼》及《左氏》说，一丈为板，板广二尺。五板为堵，一堵之墙，长丈高丈。三堵为雉，一雉之墙，长三丈高一丈，以度其长者用其长，以度其高者用其高也。诸说不同，必以雉长三丈为正者，以郑是伯爵，城方五里，大都三国之二，其城不过百雉，则百雉是大都定制，因而三之，则侯伯之城当三百雉，计五里积千五百步，步长六尺是九百丈也。以九百丈而为三百雉，则雉长三丈。”

模数记载，可证至迟在这时已初具雏形，并使用得相当广泛。其时间约在公元前5世纪前半（公元前475年前后数十年间），这要比罗马人维特鲁威于公元前32年前后在《建筑十书》中谈及模数大约要早400年左右，表明当时我国在规划设计方法上处于较先进的地位。

第四节　建筑技术

此期间几大区块的建筑技术各有发展，逐步形成适合不同地域特点的建造技术，北方、东方、中原多用土木混合结构，南方、西南方多用全木构。但其间也存在互相影响和交流。

先秦典籍只有《考工记》中有专业性的记录工艺技术的内容，经学者考证，它是春秋战国间齐国的记载。其中建筑和城市建设为"匠人建国"、"匠人营国"、"匠人为沟洫"三部分，包括测量定向方法，都城布置，夏、商、周三代宫室制度、各级城市道路的规格，农田沟渠的开发及排涝体系等，但所记载以规制为主，较少涉及具体的方法、技术。

一　结　构

此时建筑结构以用土构（夯土、土坯、垛泥）的外墙、隔墙和木屋架共同承重的土木混合结构为主，如前面提到的凤翔春秋时秦宗庙址（参阅图3-20）。也有个别为全木构者，如前面提到的召陈西周中期F3建筑址（参阅图3-14）。台榭虽为土木混合结构，但台顶主殿也有为全木构者，如前举之在战国铜器上刻画的建筑图像（参阅图3-33）。

（一）木构架

1. 横架柱梁式

在房屋进深方向（横向）于前后相对的柱子间架梁，梁上重叠小梁，构成三角形屋架。它的特点是柱子上直接承横向的梁，一般称为柱梁式构架，又因梁架横向布置，也可称为横架。早在半坡遗址中已出现前后檐间柱子对位的情况（参阅图1-25），表明那时可能已出现横架的萌芽，但在已发现的周代建筑遗址中，尚未见到这种实例，故目前只能从发展趋势推测其有，而有待于新的考古发现来证实。

2. 纵架式

在周原凤雏、召陈遗址中都出现柱网纵向成列而横向不对位和有大量带芦苇束印痕的泥块的现象，表明其构架是先在纵向柱列上架檩，构成几道边低中高的纵向梁架，然后再在内外纵架间顺坡密铺芦苇束，以芦苇束代替椽和望板，在其上抹泥复瓦，构成屋面层。这是周原西周建筑遗址表现出的共同特点，它的结构特点是柱头直接承纵向的檩。

当房屋纵架间距离太大时，就需要先在纵架间顺坡架设斜梁，再在斜梁间架檩，檩上架椽，形成双坡或单坡之屋顶构架，再在其上铺望板或芦席，抹泥覆瓦，形成屋面。这种用斜梁的形式可在商代妇好墓出土的偶方彝上见到，在后世也还有使用的迹象（图3-37）。

用横架或用纵架建造的房屋均为坡顶。关于屋顶坡度，《周礼·考工记·匠人》云："葺

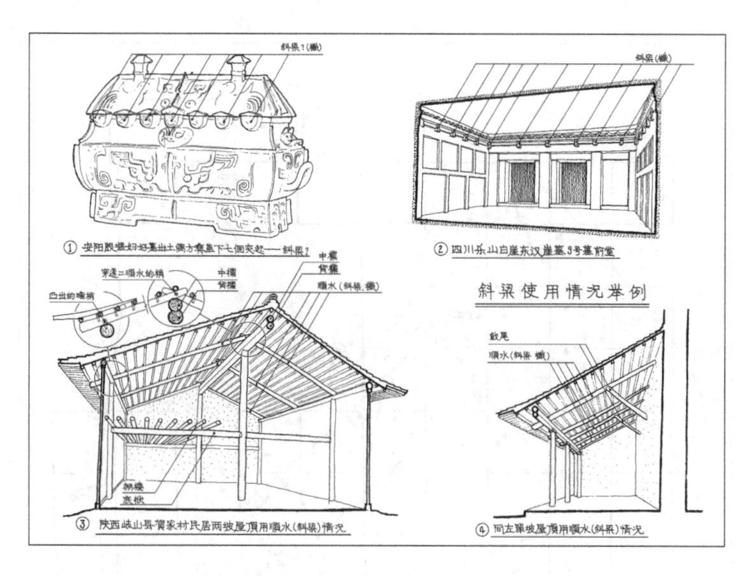

图 3-37 商代偶方彝上所示之斜梁形象及纵架结构示意图

屋参分，瓦屋四分”，即当用草屋顶时，坡度为深三高一；当用瓦屋顶时，坡度为深四高一。①

3. 干阑

在湖北圻春毛家咀发现西周初建在水塘中的木构干阑构造的建筑群，遗址范围近 5000 平方米，发现木柱近 300 根，立在池沼中，上架楼板，构成干阑建筑。其中两座建筑相当规整，构造基本相似，大体可以复原，均为宽 4 间，深 2 间房屋，柱网间距为 2～3 米，柱、枋上架设楼板，楼板下部开槽穿带，使连为一体。外墙为加木骨的木板墙，木骨与柱的结合使用了扣榫（图 3-38）。此遗址中发现的木构干阑建筑的规模和较好的榫接技术反映了西周初南方沼泽地区木构建筑发展的水平。②

（二）土木混合结构——台榭

台榭是此时期出现的最具特色的建筑和构造形式，根据现存诸战国台榭址，参照同期铜器上图像和稍晚的秦汉台榭址，可知其做法是先夯筑出巨大的阶梯形多层夯土台，再按需要在各层台上挖出所需的房间，并留出分间的隔墙用为承重山墙，各间均在台之边缘立檐柱，上架檐檩，并在山墙、隔墙间架檩，构成屋顶骨架，然后在各檩间架椽或铺苇束为屋面，各间屋顶连为一体后形成逐层倚台而建的单坡顶或平顶房屋。最上层在台顶上筑承重外墙，中间立中心柱（都柱），构成独立的主体建筑。

在辉县出土战国铜鉴上刻画了一座台榭，其下部一层为夯土墩台，台中心处有柱础，上立中心柱（图 3-39）（参阅图 3-33）③。可知台顶主体建筑也大多为土木混合结构。但从周原召陈 F3 遗址所反映出的木结构技术水平，此时建全木构建筑在技术上的可能性是存在的。

台榭建筑的使用特点是下层建筑为辅助建筑，因其多绕台一周，故称为“周庑”，又因

① 孙诒让，周礼正义卷 85，国学基本丛书，中华书局，第 924 页。

② 中国科学院考古研究所湖北发掘队，湖北圻春毛家咀西周木构建筑（该文图五），考古，1962 年第 1 期。

③ 中国科学院考古研究所，辉县发掘报告，科学出版社，1956 年。

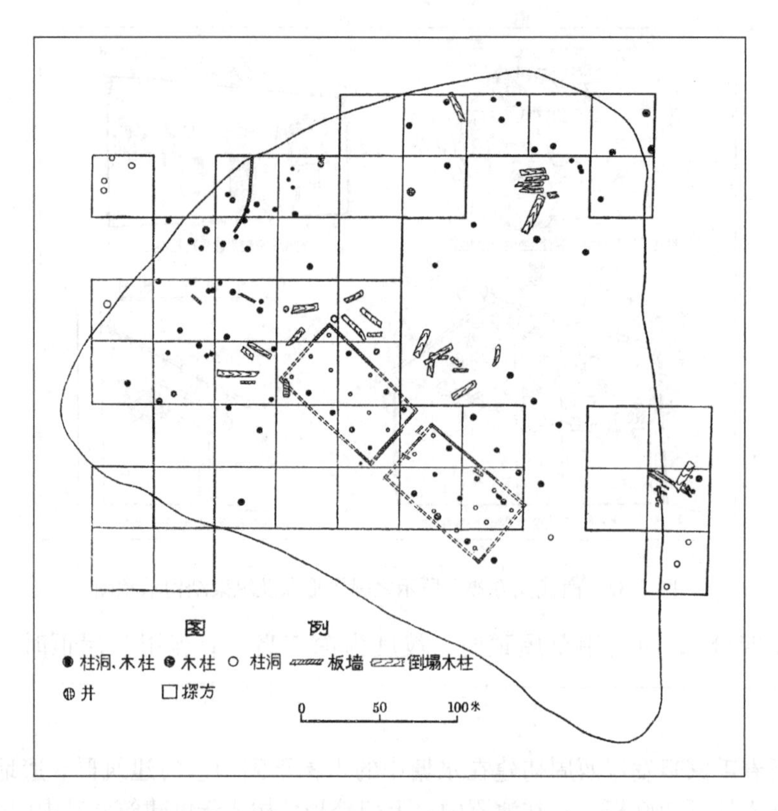

图 3-38　湖北圻春毛家咀西周使用榫接结合的木构建筑

中国科学院考古研究所湖北发掘队：湖北圻春毛家咀西周木构建筑，图五，考古，1962 年第 1 期

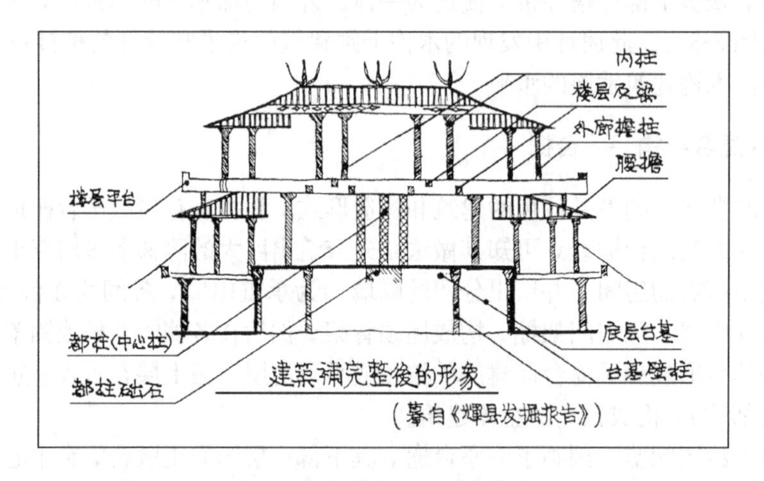

图 3-39　辉县出土战国铜鉴上刻画台榭中立有中心柱

其多为单坡屋顶，也称为“广”（音岩，篆书像单坡屋顶之形。）。主要居住卫士和服务人员，故居此的卫士也称“广郎”（或“岩郎”）。出于保卫要求，它不与台顶直接相通，有单独的踏道上下。台顶是台榭的主体，为王或诸侯所居，有自地面直接通上的台阶，下段登上台顶的台阶称“陛”。陛或土筑或木构，木构的架空梯道则称“飞陛”。到台顶后，登上主建筑台基的踏道称“阶”。只有经陛才可登上台顶并登阶升殿。陛之下端入口处有卫士防守检查。

臣下不敢直称皇帝而称“皇帝陛下”即由此而来，意即通过陛下的卫士向皇帝转达。

台榭的出现有两个主要原因：其一是统治者要“居高临下”以“壮威”，需要建高大的宫室，但当时的建筑技术尚不能建高大的多层楼阁，遂不得不利用多层土台为衬垫，在其上逐层建屋，形成外观如多层楼阁的巨大建筑。其二是巨大的多层夯土台榭可以屯粮、屯兵，满足防卫要求，有非常事件时可以踞守，其事例在春秋战国史料中屡见不鲜。

（三）砖拱券萌芽

古代早期烧陶器之窑是在土中挖成，其反射热的窑顶为弧面；以后发现有的古窑在塌落处曾用土坯补砌，这很可能是拱壳结构产生的源头之一。在咸阳秦故城曾发现土坯砌造的马蹄形平面的窑址，可能是在战国后期用土坯砌壳体的萌芽。[①] 另在战国空心砖墓中出现了用二斜砖相抵构成三角拱和以三块空心砖二斜置一平置斗合成盝顶墓室的做法，也可能是为拱券结构产生的又一个源头（图 3-40）。

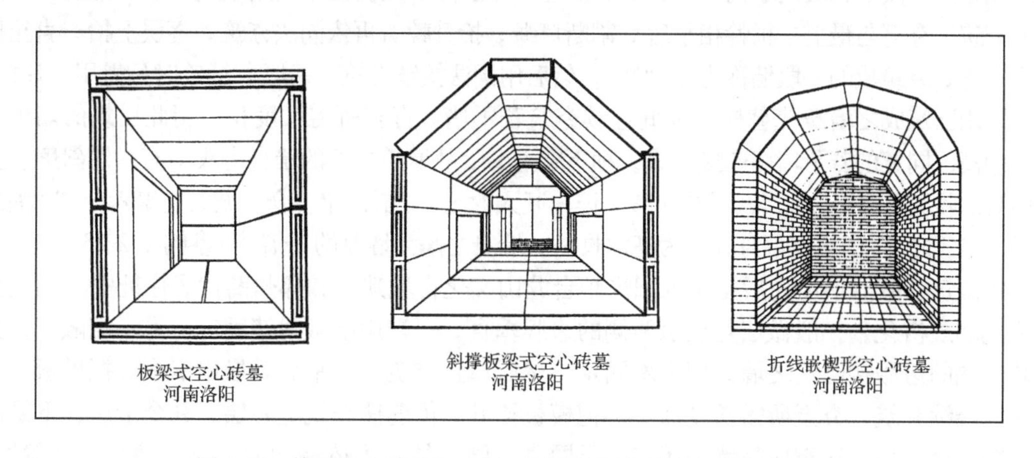

图 3-40 战国空心砖墓用二斜一平三块空心砖斗合成的盝顶墓室

二 构造与施工

（一）土工

1. 夯筑

我国中原和关中地区大多为湿陷性黄土地带，古人逐渐发现了用夯筑消除黄土湿陷性并增强其承载能力的方法，遂由夯实柱基、夯筑房基开始，发展到筑墙、筑墩台，成为古代工程量最大、使用最广泛的工程做法。夯土所用土要求较纯净，含水量适中，一般经验是用手可以团成不散的泥团，当上抛三尺后，再落在地上时粉碎即符合使用要求。

(1) 筑屋基：一般做法均先清理地基至生土，然后夯筑房屋台基。和前代不同处是在召陈西周遗址的夯土中已加入料礓石，以增加强度。

(2) 铺散水：为防护屋基浸水，在其四周需做散水。在周原凤雏早周宗庙遗址中的做法

① 陕西省博物馆、文管会勘查小组，秦都咸阳故城遗址发现的窑址和铜器，考古，1974 年第 1 期。

是在屋基四周夯筑微高出庭院地面的斜坡。在周原召陈西周宫殿址中则开始在夯土散水上铺卵石。直至春秋、战国和西汉时，仍沿用在夯土上铺卵石为散水的做法。

(3) 筑柱基：先在夯筑好的台基中下挖柱基坑，深者可至1米左右，然后用河卵石或烧土块与土相间逐层夯实，以增加承载力及消除湿陷性，或即在其上立柱，或再铺垫块石、柱础，然后立柱。

因此期建筑规模增大，故屋基下挖深度和夯土坚实度增大，柱坑的径和深度也加大，如周原F3基址的中心柱之础坑竟深达2.4米，直径1.2米。此时在夯筑时加卵石或烧土等填料的情况增多，但与商代做法基本上无重大差异。

(4) 筑墙：

A 用桢幹筑墙：桢为筑墙时所用端模板，其形状与所要筑的墙之断面相同，一般为下宽上窄，两侧收坡。幹是侧模的古称，后世称“膊椽”，一般每侧用二至三根木棍。[①] 起始筑时，在两端各立一桢，在其间于内外侧相对各横置二三根幹，两侧的干间用草绳系紧，然后在中间填土夯筑。夯至与最上一根幹相平后，割断草绳，抬升幹，再依同法夯筑，逐层上抬，直至所需高度止，夯筑成的一段墙称为一“堵”。然后用同法接续夯筑下一堵，续筑时只需用一片桢，另端即用已筑成之墙身代替桢。如此连续夯筑若干堵，直至所需长度止。用此法筑的墙由同长、同高、同宽的若干堵墙连接而成。桢下宽上窄，故所筑之墙的墙身内收，有一定斜度。关于墙身的收坡和高厚立比，《周礼·考工记·匠人》云：“囷、窌、仓、城，逆墙六分。”“墙厚三尺，崇三之。”即规定墙身收坡为高六收一，墙身之高为墙厚的三倍[②]（参阅图2-26）。

B 版筑：其雏形已先后见于淮阳平粮台龙山文化古城遗址和郑州商代居住址中。周代更为成熟和规格化。一般做法是模版两侧的边版垂直，一端用端版封堵固定，另一端敞开。把敞开一端的边版接已筑之墙，用卡木固定，然后填土夯筑。夯平后，撤出卡木，把模板水平前移，继续夯筑。夯至所需长度后，再把模板抬升，依前法夯筑上一层，并令上层、下层的垂直缝错缝。用此法筑成的墙是用若干层同高、同长的夯土体叠加而成，其墙身上下等宽，整体性强（参阅图2-26）。

C 筑城及大型墩台：筑城墙、墩台或台榭等大砌体不能用桢，而改用斜立的杆以控制城或墩台的斜度，并沿斜杆处用版或数根膊椽为侧模，夯筑时先分别把数根草蒌（草绳）的一端系在版或膊椽的不同部位，另一端系一木楔，拉紧后分别钉入地上，然后夯筑。夯平后，割断草绳，抬升版或膊椽，再依同法夯筑，直至所需高度止。据《周礼》及《左传》记载，正规筑城用为边模的版，其长一丈、广二尺。累积五版即高一丈，称为一堵。一堵之墙，长与高均为一丈。连续三堵称为一雉，一雉之墙，长三丈，高一丈。以一雉的长、高用为度量城墙长度和高度的单位。古籍中记载百雉、千雉之城即是其例（图3-41）。在东周王城中发现，在每隔一定高度顺城之进深方向要铺设一层水平木骨，这木骨后世称为“纴木”，其目的是防止敌人攻城时在城脚下挖洞引起城身崩塌。出于同一目的，随后在筑台榭时也加“纴木”。这在筑城和城防技术上是一个新发展，一直沿用到宋代（公元960～1279）。在现存夯土墙或城墙遗迹中常发现水平的草绳断头或朽木棍洞，或在城脚处发现小柱洞，就是用此法施工的遗迹。

---

① 《春秋左传正义·卷二十二（宣公五年，尽十一）：“使封人虑事”。正义曰：《释诂》云：“桢、幹也。”舍人曰：桢，正也，筑墙所立两木也。幹，所以当墙两边鄣土者也。《十三经注疏》。中华书局影印本下，p.1875，下阑。

② 孙诒让，《周礼正义》卷85，国学基本丛书，中华书局，第924～925页。

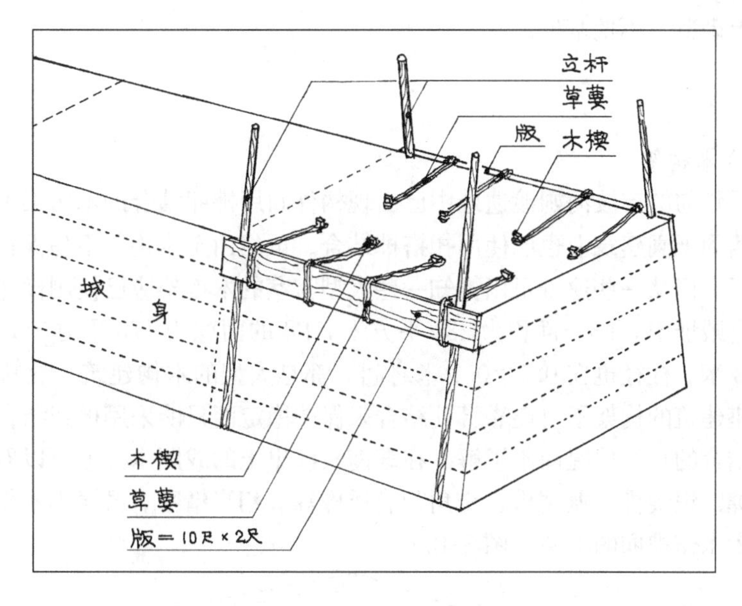

图 3-41　用草蔞木楔筑城及大型墩台示意图

古代筑城是需要动员巨大人力的重大工程，事先需要做周密的计划。《左传·昭三十二年》云：“己丑，士弥牟营成周。计丈数，揣高卑；度厚薄，仞沟洫；物土方，议远迩；量事期，计徒庸；虑材用，书糇粮，以令役于诸侯。”[①] 所说包括确定城及壕的规格尺度，计算开掘、运输土方量和夯筑的工作量，结合工期估计用工量，计算所需物资和粮食给养等各方面问题。这反映了春秋以来各国争相筑城，在施工组织方面已积累了相当丰富的经验，可惜其详细的史料未能留传下来。

2. 垛泥墙

以较硬的草拌泥逐层堆垛成的墙。施工时，为防较湿软的泥下坍，堆至一定高度需暂停数日，俟泥干硬后继续堆垛，直至所需高度，然后铲削两面，令表面平直，形成墙壁，并可在表面抹面层。在商代孟庄居住址中已出现这种垛泥墙，是很古老的做法。此期的凤雏早周宗庙址中亦出现局部用此法所筑的墙，但是属原筑还是后补，尚待进一步研究。此法沿用至今，在河南、陕西农村中仍有用此法来造围墙者。

3. 土砖砌体

大体有土坯和土墼两类。

土坯一般指水脱坯，即用稻麦秸和湿泥填入木模成型，脱模后晒干使用的土砖。在周原凤雏早周宗庙址中已用它来砌台基边缘和墙壁。

土墼是古称，俗称干打坯，即用微潮的素土在木模中夯筑成型，然后脱坯晒干后使用的土砖。它的承载力高于水脱坯。可用来砌承重墙等。

用土坯或土墼等黏土砖砌墙时，使用泥浆为黏合剂。因土砖抗压强度大而抗剪强度小，故一般砌法多是竖置与横置相间，以保持其承载能力和整体性。墙身一般上下同宽，砌成后在内外墙面抹草泥面层以资保护。在凤雏早周宗庙址中已出现土坯砌的台基和墙。其土坯墙

① 《春秋·左传正义》卷 53，中华书局影印《十三经注疏》（下），第 2128 页。

即直接在屋基上砌造，不挖基槽。

（二）木工

1. 榫卯结合木构架

早在近七千年前的宁波河姆渡遗址中已出现构件间用榫卯结合的木构架干阑建筑。此期的湖北圻春的西周干阑建筑上也已使用扣搭榫结合。虽然由于木构件不易保存，在此期尚未发现更多的例证，但从一些遗址可以推知一些大型宫室的木构架应已使用榫卯结合。如在召陈发现的西周宫殿址中，F3、面积为 281 平方米，F8 的面积为 175 平方米，其最大开间分别为 5.6 米和 3 米，柱径也在 0.5～0.7 米之间，都是大型的木构建筑。故从建筑尺度和柱径分析，这二座建筑的构架不可能靠绑扎结合来保持稳定而只能采用榫卯结合。但因遗址上部不存，榫卯结合的具体情况尚不了解。在湖南长沙出土的战国木椁上可以看到一些榫卯的做法，有扣搭榫、银锭榫、燕尾榫、交角割肩透榫等，相当精密，虽属小木作器物，也可作为了解建筑上大木作榫卯的参考（图 3-42）。

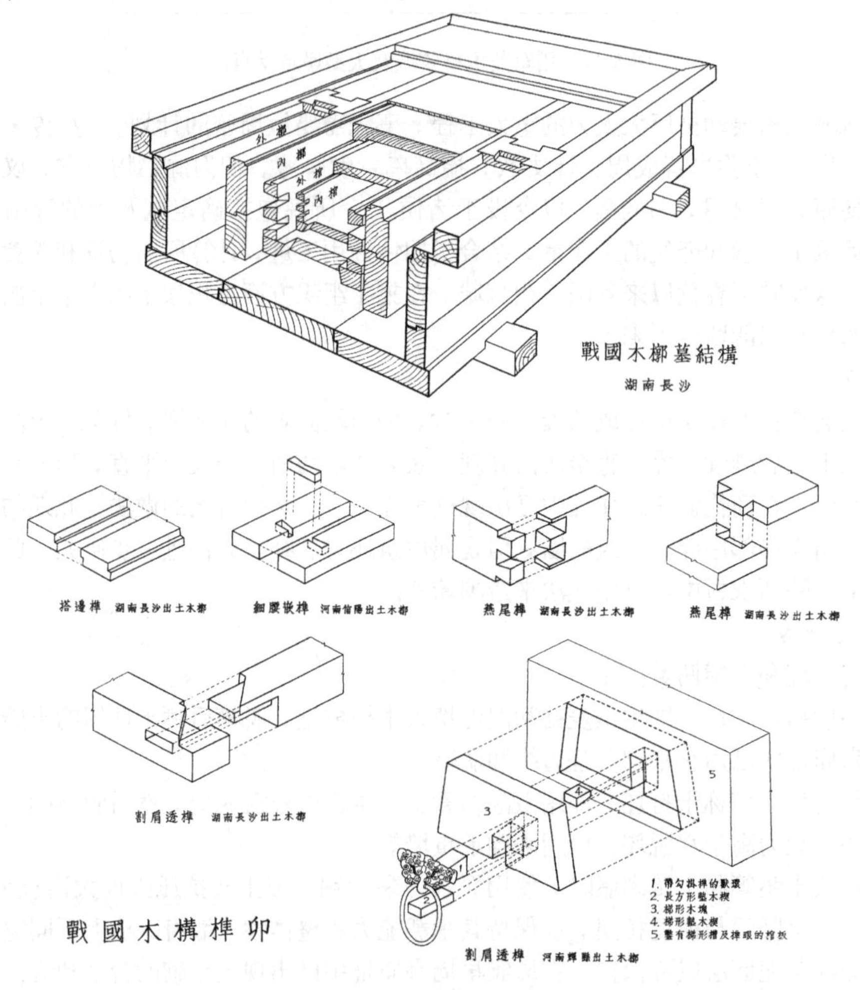

图 3-42　战国木椁榫卯

刘敦桢：中国古代建筑史，图 49-2，中国建筑工业出版社，1984 年

2. 绑扎结合木构架

延续前期做法，一些中小型住宅等仍在使用。但随着青铜工具的普及，加工木构件的能力不断增强，木构架使用榫卯结合日渐增多，绑扎结合的使用范围逐渐缩小，更多用于窝棚或其他临时性建筑上。

（三）砖工

1. 瓦屋顶

目前已知最早的瓦屋顶见于凤雏早周宗庙遗址，其瓦为仰、复版瓦。固定瓦于屋面有两种方式：一种制做时在瓦的底面加突出的瓦环，铺瓦时用绳系环在屋顶檩椽上；另一种制做时在瓦的底面加突起的瓦钉，铺瓦时把瓦钉压入苫背泥中，以资固定。在发现的残瓦中，有环或钉的都较少，可知是铺瓦时间隔使用的。从早周宗庙址中发现瓦的数量和大量一面有苇束痕一面光平的泥块分析，大约只用在正脊和垂脊等处，大部分屋顶仍是抹草泥或在草泥表面上再加一层薄石灰泥面层的。在西周中后期的召陈遗址中瓦的数量增多，可能已出现满复瓦的屋顶了。一些中、晚期的筒瓦和瓦当上划有纹饰，表明西周中、后期瓦的装饰作用也在加强（图 3-43）。

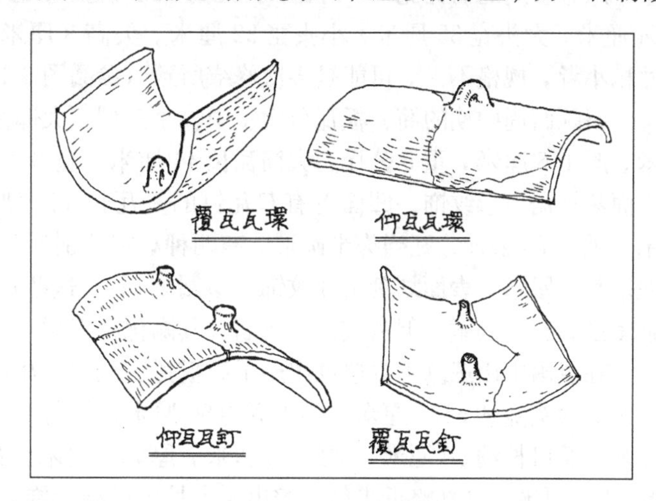

图 3-43　西周瓦环、瓦丁

固定瓦的方法自早周至战国有很大的变化。由最初的加环或钉发展到春秋战国时在瓦上留钉孔，铺瓦时用特制的瓦钉透过钉孔钉入泥中。瓦当也由半圆形发展为圆形，其上有精美的模制花纹图案，并出现地区和国别的特色。

2. 砖铺地

考古工作已发现战国时铺地用的方形、矩形素面砖和镶贴墙面用模压花纹砖等实物，但均为零星残碎构件，实际使用在建筑上的情况尚有待新的考古发现。

3. 砖拱券

参见本节结构部分之砖拱券萌芽条，不赘述。

三　材　　料

（一）土砖

除用土夯筑基础、墙壁、城墙、墩台、台榭、闸坝等实体外，还大量使用晒干的土砖（国外有称为“日晒黏土砖”者），主要有加植物纤维的土坯和素土筑成的土墼二类，前面已经介绍过。

（二）陶制品

1. 瓦

此期出土的瓦件中，周原西周遗址和战国中期中山王墓、易县燕下都遗址出土品较完整、精工，有一定代表性。

瓦的制做是先盘泥条拍制为筒坯，再分割为筒瓦、板瓦坯，然后粘瓦当或瓦钉，最后烧制而成。板瓦一般为一筒开四片，筒瓦及脊瓦为一筒开两片，瓦之侧棱有的可见竹片或绳之割痕，筒瓦两端有插承口。

风雏早周的筒瓦宽 29.5 厘米，矢高 11.5 厘米，厚 1 厘米，长度不详。仰瓦最大者长 54 厘米，大头宽 35 厘米，小头宽 32 厘米，矢高 8 厘米，有两个蘑菇形瓦钉。尚有数种尺寸稍小者，规格不一，可能是多次修缮所致（参阅图 3-18）。

召陈西周中期的筒、板瓦分大、中、小三型，大仰瓦为光面，长 51 厘米，宽 28～32 厘米，厚 1.6 厘米，重 5 公斤。大筒瓦长 44 厘米，宽 21～23 厘米，厚 1.3 厘米，重 3 公斤，表面刻划锯齿形纹饰。凹面上有双瓦钉的复瓦长 48.3 厘米，宽 29～31.5 厘米，厚 1.5 厘米，重 4.75 公斤。瓦当为半圆形，有两种，宽分别为 22 厘米和 18.5 厘米，高分别为 10.5 厘米和 9 厘米，表面划刻鳞片纹饰（参阅 3-18）。这些瓦制做较粗糙，尺度也不很规整。其强度虽尚有待测试，但从敲击声判断，其陶化程度颇高。

在战国中山王墓王堂遗址出土了筒板瓦、瓦当、瓦钉和脊饰（图 3-44）。其板瓦长约 94 厘米，大头宽约 55.5 厘米，小头宽约 50 厘米，矢高 40 厘米，厚 2 厘米。筒瓦包括尾部长 5 厘米的插口长约 90 厘米，宽约 23 厘米，厚 2.5 厘米。瓦当为圆形，直径 20 厘米。瓦钉总高 41.5 厘米，顶部略近圭形，挖出 4 个月牙形洞为饰，下部为断面方形长 12 厘米的钉身，

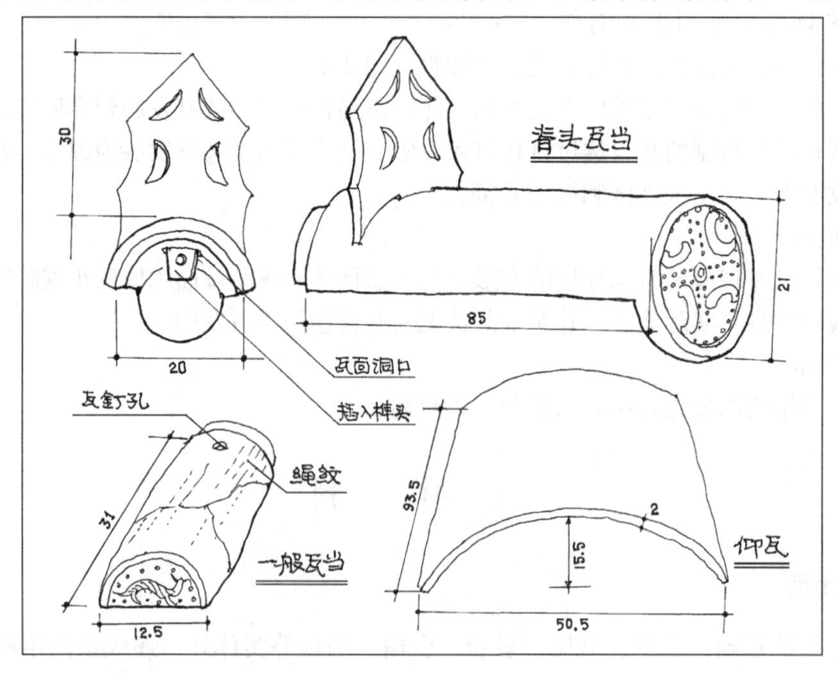

图 3-44　战国中山王墓出土瓦件（据速写稿）

下端有一供穿销钉固定的横孔。出土瓦的轮廓规整一律，制做颇精，陶化程度亦高。其瓦钉由西周时的环或钉改为具有装饰性的独立帽钉。

在燕下都遗址中也出现了大量瓦件，最大的筒瓦，长 91 厘米，直径 38 厘米，其中有的表面附贴有蝉纹和黼黻纹，甚为精美，表现出规整的制瓦技术和很强的装饰效果，瓦的致密度和陶化程度也都很高（图 3-45）。

图 3-45　燕下都出土瓦件

考古，1962 年第 1 期，图版陆

从诸例可以看到从西周到战国中期 4 百余年间制瓦技术在不断提高。

2. *砖*

目前所见较多为战国时砖，大体为铺地用面砖、砌墙用条砖、饰墙壁面砖等，以后又出现空心砖。

地面砖多为方形，较厚，一般方 30 余厘米，除素面者外，也有模制出花纹的，多为凹入的阴纹圆案。墙壁饰面砖较地面砖大而稍薄，以阴纹为多，也间有压低四周留出阳纹的，但均未凸出砖面。这些实物在山东临淄齐国故城遗址和河北易县燕下都遗址中都有发现（图 3-46）。

空心砖在战国时已出现模压花纹者，其做法是先做成四块泥版，表面模压出花纹，拼合后用泥粘接成型，入窑烧成。战国时空心砖除砌墓室外，也看到个别用为踏步之例。

3. *下水管道*

此期单层建筑的基础、台基、墙壁和大型台榭均用夯土筑成，故排水成为维护建筑最重要措施。岐山凤雏早周宗庙遗址已使用陶制圆筒形下水道，自庭院穿过房屋下向院外排水。约建于公元前 7 世纪中期的洛阳东周王城在城身内设置有陶制下水管。除圆筒形插承口陶下水管外，大型的还有做成五边形的，顶部为人字形两坡，埋入地下后可以减轻上部所受的土压，它大部分为五块泥版拼合粘接后烧制成的，也曾见极个别石制的。

在北京地区发现三十余座东周时的井，内部用陶制井圈衬井壁，直径可达 92 厘米，每节高度自 34～64 厘米不等。①

① 北京市文物管理处写作小组，北京地区的古瓦井，文物，1972 年第 2 期。

图 3-46　山东临淄齐国故城遗址出土花纹砖拓影

考古，1961 年第 6 期，第 295 页

（三）石材

受青铜工具和加工能力的限制，此时建筑中使用石材较少，尚无精加工的能力，大多是把采集品直接用为础石或用锤凿加工，使略成型后使用。天然卵石主要用为加强柱基用的填充物，也大量用于建筑散水。

（四）木材

此时对木材加工能力尚差，锯尺寸小，主要用于横截，尚无能力锯板片。木板主要靠在大木上顺木纹插入成排的金属楔或石片楔，用敲击的方法使其劈裂，然后再用平木的工具铲平或用砺石磨治，故当时取得规整木料是颇费工料的。

（五）植物茎秆

从周原遗址上发现的屋顶残块，为在芦苇束上抹泥而成，可知此时屋面以顺坡密排芦苇束来代替椽和望板，在苇束层上铺泥，抹平后即为屋面层，也可局部覆瓦。这种把植物条茎绑扎起来用为屋面的做法在河南柘城孟庄商代居住遗址和洹北商城宫殿区 1 号基址即已出现，以后也一直沿用，甚至在现在的河南、陕西等地农村仍有使用者。使用材料除苇外，还可以用细竹、高粱秸等。汉代还曾用于夯土墙的内侧，作为室内墙壁防潮、防寒之用。这是一种有悠久历史的传统做法，古代称为“笮”，现在称为“条束”。

（六）黏合料

1. 白灰

早期利用蛎灰、土中的料礓石烧制，产量较小。早在新石器时代即有用白灰夹石碴做三合土地面的，此时所见大多为墙壁抹面或在草泥抹面上的粉刷材料。在汉代始见用白灰泥浆砌砖墓室之例。

2. 草泥

以稻、麦秸等植物纤维和泥后砌土坯或用为墙壁、地面的抹面层。此时也有用和得较硬的草泥逐层积垛为墙，俗成垛泥墙。

四 工 具

（一）青铜工具

商周以来除石制工具外，在考古发掘中较多地发现青铜工具，虽同一品种尺度大小不一，尚不能确认均用于建筑，但可作为了解当时工具品类的重要参考。这在郭宝钧《中国青铜器时代》中有很好的记述，特征引于下方。① 在河北中山县战国中山王墓中发现一些铜、铁工具（图 3-47），包括方锥形铜凿、和铁制凿、扁铲、冲、锛、刀等，还有宽约 7 厘米、每厘米约开有 3 齿的残锯片，也可了解其大体情况。

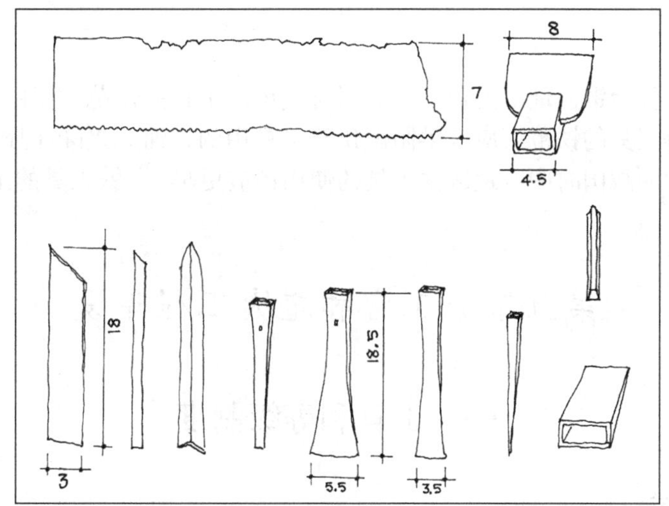

图 3-47 战国中山王墓出土的金属工具

① 据郭宝钧，中国青铜器时代（第二章《青铜器时代人们的生产》），1963 年，北京：三联书店。

1. 斧、斤

分单斜面、双斜面两类，上端都是矩形銎，銎接方木，木上安柄。柄与刃方向平行者为斧，用于斫木。柄与刃方向垂直者为斤，即锛，用于平木。此类器物上承石器时代之石器，下启铁器时代之铁器，均可用为木工工具。青铜制者在安阳小屯、武官村，郑州二里岗，山彪镇琉璃阁，信阳长台关等处均有发现。

2. 铲、镈

掘土器，但目前尚不能明确区分二者，统名之为铲，可用为土工工具。安阳大司空村有出土。

3. 刀、削

刀切物器，故其刃微凸；削刮物器，故其刃微凹。刀大者可装木柄，削较小，末端有环，可穿绳配戴。刀可用为木工工具，削可用来刮改木简上误书之字，但也可用为细木工具。周代出土刀较多，削在商至战国遗址中都有较多出土。

4. 钻、凿

均穿孔器。凿用锤敲击穿方孔，钻旋转穿圆孔，大量用于龟甲，但也均可用于木工。钻在郑州二里岗有发现，呈菱形，两下侧有刃。凿在小屯、辛村、寿县等商初至战国遗址中发现数十件，但均小件，用于制简策。在战国中山王墓中所发现的铜凿较大，有可能是木工工具。

5. 锯、错

均多齿器，小型者用以加工骨、角器，大型者用以加工竹木，即建筑工具。古代最初以砺石为错，磨制器物表面。铜错始见于山彪镇战国墓，长 17.2 厘米。锯古代先用蚌壳制做，殷代开始出现铜锯，出土于安阳小屯。战国时器曾于山彪镇出土一件，长 18.7 厘米。迄今尚未发现战国以前大型锯，当时横截木用斧斫，纵向分解木用锤击石或铜楔劈开。

6. 刻镂刀

雕刻纹饰用。郑州二里岗曾出土，长 6.2 厘米，有木柄。小屯亦有出土扁条形，斜刃，均是殷人刻镂甲骨所用。在山彪镇战国墓曾出土一件，尺度较大，为雕竹木用，可能为建筑工具。

（二）铁工具

在河北兴隆古代冶铜遗址附近曾发现战国时代铸造工具的铁范 70 件，其中除农具外还有铸斧、钻、凿等工具的铁范，应是供制做建筑工具用的。河北兴隆在战国时属边远地区，此地出现铁范，说明战国时中心地区铁工具的使用还应更早。[①] 铁工具的出现大大增强了对木料的加工能力。

第五节　工官和重大工程建设

一　工官和等级制度

（一）工官制度

现存的《周礼》缺卷十一、十二冬官二卷，以春秋战国间齐国官书《考工记》补入。

---

① 翦伯赞，考古发现与历史研究，文物参考资料，1954 年第 9 期。

《考工记》冬官卷首郑玄注云："司空掌营城郭，建都邑，立社稷宗庙，造宫室、车服、器械，监百工者。"可知司空为工官之首，监督百工工作，除城市和宫庙建设外，还包括各种用具的制做。其中建筑部分，《考工记》以"匠人建国"、"匠人营国"、"匠人为沟洫"起首，可知匠人为主持建设之匠师。但其余各级工官的具体建制不详。

《晏子春秋·卷六·内篇杂下第六》云："景公新成柏寝之室，使师开鼓琴，……曰：室夕（邪）。……公召大匠曰：立室何为夕？大匠曰：立室以宫矩为之。于是召司空曰：立宫何为夕？司空曰：立宫以城矩为之。"这里的"室邪"指柏寝之室的方向偏斜不正，影响师开鼓琴声音效果。齐景公问大匠为何室不是正方向，大匠说是按宫的方向定的；景公又问司空为何宫不是正方向，司空说是按城的方向定的。从所云城、宫、室的方向一致，可知当时建筑规划要求测量定向准确。据此可知大匠负责建具体建筑，司空全面负责宫和都城建设，和《考工记》所载大体相同。

（二）建筑中的等级制度

两周时代（西周及春秋战国）逐渐建立了一整套制度，对城市和建筑规模都有了明确的等级限制，其目的是体现和巩固现存的王、各级诸侯、大夫、士之间的等级关系，在王与各级诸侯之间、各级官吏之间、官民之间乃至家族家庭内的长幼尊卑之间，都有严格明确的等级差异，表现在礼仪举止、衣食住行各个方面，以明确尊卑、贵贱的差异和统属关系。由尊卑、贵贱形成的等级差异对建筑规模与形制的限制也很突出。在《管子》、《左传》、《考工记·匠人》等典籍中对此已有明确记载。

《管子》中就明确提出当时存在着对衣食住行乃至丧葬上的等级限制。其《立政第四·服制》云："饮食有量，衣服有制，宫室有度，六畜人徒有数，舟车陈器有禁。生则有轩冕、服位、谷禄、田宅之分，死则有棺椁、绞衾、圹垄之度。虽有贤身贵体，毋其爵不敢服其服；虽有富家多资，毋其禄不敢用其财。"最后四句是专门对春秋以后经济发展、经济地位不断变化的情况下如何保持等级限制以稳定统治秩序而规定的。

关于都城规模，《春秋·左传》称："都城过百雉，国之害也。先王之制，大都不过参国之一，中五之一，小九之一。"其目的是限制诸侯、大夫所建城的规模，避免小国壮大，危及大国地位，破坏王、诸侯、大夫之间的平衡和稳定。

关于宗庙制度，《春秋·穀梁传注疏·卷八》云："天子七庙，诸侯五，大夫三，士二。"以宗庙的数量和规制显现王、诸侯、大夫、士间的等级差异。

关于房屋装饰和加工精度，《春秋·穀梁传注疏·卷六》云："礼：天子之桷，斫之砻之，加密石焉。诸侯之桷，斫之砻之。大夫斫之，士斫本。刻桷，非正也。"《春秋·穀梁传》曰："礼，楹，天子诸侯黝垩，大夫苍，士黈。丹楹，非礼也。"可知在这方面也有明显的等级差异，级别低者，虽有经济能力，也不允许越级为之。

这虽是散见于典籍中的部分记载，以足以证明当时已有一套大到城市规模、小到装饰做法的相当完整而严格的建筑等级制度。

在建筑等级制度控制下，有利之处是可以使城市、建筑群按礼法制度有序地发展，达到当时所要求的和谐，形成统一谐调而有秩序的建筑环境，甚至还可在一定时期、一定程度上限制过度建设。但它同时也会伴生限制建筑的创新和发展的不利后果。从历史经验看，社会的建筑规制，甚至包括其结构、构造方式，一旦等级化并与礼制结合，就基本定型，较难改变。新生事物往往因越级而受到阻碍。故我们所说的中国古代建筑发展延续数千年，其中也包括相对停滞的含义。

二　重大工程建设

（一）邗沟

公元前486年吴国开邗沟，从江苏扬州北至淮安，沟通长江淮河两大水系①，是我国有记载的最早的一条运河。

（二）郑国渠

秦王政一年（公元前246）修郑国渠，引泾水东注洛水，始自今泾阳县，经三原、富平、蒲城入洛，全长125公里以上，灌溉盐碱地四万余顷，使用期达150年之久，是关中地区最重要水利工程。其遗迹近年已发现，史载其中一部分因土壤情况不适于开明渠，利用竖井开挖成地下的井渠，是我国有关井渠最早的记载。②

（三）都江堰

秦孝文王元年（公元前250）修四川灌县都江堰，是排洪、灌溉、运输三用的水利工程。它创造出用竹篾编笼内储卵石做滚水坝的方法，历代沿用，并在岸边立石人作为水位标志。秦开发四川时，在险峻山地采用积柴烧山石的方法使山石开裂或崩塌，以利施工。以后又发展出烧热后浇冷水或泼醋以促其软化崩裂的方法。③

大型河渠的开凿，除动员人力组织施工是极繁重工作外，最重要的实是选址定线，而定线最关键处是准确测定标高，选择最佳的流向。在《周礼·考工记》的《匠人建国》中记有立柱（槷）后垂绳定其垂直，然后以水平定各柱之高差的方法。在《匠人营沟恤》中记有开凿不同规模的田间沟渠和导流与加固边坡、堤防的情况。据所述，立柱应近于测量标杆，悬近于线锤，以保持标杆垂直竖立，还应有一个能保持水平的观测工具，以定各点之高差。因此可推知在春秋、战国间已积累一定的测量经验和技术，才能成功地进行了这些大型运河的开凿。可惜《周礼》所载过于简略和原则化，虽经历代学者诠释，对其具体技术和工具目前仍有待做更进一步的研究。

（四）战国长城

《史记·匈奴列传》载，秦昭王时，“秦有陇西、北地、上郡，筑城以拒胡。而赵武灵王……筑长城，自代并阴山下，至高阙为塞。……燕亦筑长城，自造阳至襄平……以拒胡。”④ 这是战国后期，秦、燕、赵分别在北部筑边城以抗御匈奴入侵的情况。其中秦昭襄

① 《春秋经传集解卷二十九·哀九年传》杜预注：“于邗江筑城穿沟，东北通射阳湖，西北至宋口入淮，通粮道也。今广陵韩江是。”

② 《汉书29·沟洫志》。中华书局标点本。

③ 《华阳国志》卷3，蜀志。任乃强校补图注本第133页。上海古籍出版社，1987年。

④ 《史记·匈奴列传》中华书局标点本，第2885页。

王所筑由甘肃岷县向东北行，经临洮至陕北安塞，再入内蒙古托克托县的黄河岸。赵长城自内蒙古包头东至河北蔚县。燕长城有南北二线，其北线自张北经沽源、围场东至敖汉旗。[①]此外，齐、楚、魏都建有防御性边墙，《管子》、《竹书纪年》等先秦古籍即称齐防楚之边墙为长城。

战国长城已陆续勘察到其遗迹，做法多因地制宜，分别用土筑或石块砌造。也并非都是墙，在河岸、陡崖等处则利用地形，加固增高，互相连缀，形成障塞。

（五）桥梁

秦蒲州浮桥　秦昭襄王 50 年（公元前 257）秦建蒲州浮桥。在黄河上建浮桥锚定和连接的难度都很大，在当时属重大工程。以后屡毁屡建，技术不断改进，至唐代仍为国家管理的四大名桥之一。[②]

---

① 俞伟超，战国长城，载：《中国大百科全书·考古学》，第 643 页。
② 《史记》卷 5，秦始皇本纪。中华书局标点本。

第四章　秦汉建筑

第一节　概　　说

一　秦

公元前221年，秦灭六国，建立起第一个全国统一、实行郡县制的中央集权王朝。秦采取了若干有利巩固统一的措施：建立起以皇帝为首的一整套中央政权机构统治全国；在地方建制上，废除了以血缘关系为纽带的“封土建国”的封建制，在全国实行郡县制，地方长官由中央任免，加强了全国行政的统一；把列国都城和城邑依行政区划按郡、县两个等级改造成规制不同的地方城市，是加强控制疆域和民户、维护全国统一的重要政权建设行为，并随着国土的开发而向四周发展。为加强全国的经济文化交流，去除六国割据遗风，实行统一道德和行为准则——行同伦，统一文字——书同文，便利交通——车同轨及统一度量衡和货币等措施。秦始皇修驰道以供其巡行全国，也有震慑六国残余势力以巩固统一的作用。但秦在取得统一后被胜利冲昏头脑，实行强权重罚以立威，很多事如修驰道、筑长城、开五岭等都进行得过于急骤，超越了民力所能承受的极限，加上滥用民力广修宫室、大造陵墓等，造成民不聊生，流离失所，最终爆发广泛的起义，导致覆亡。虽然秦代建筑遗迹大部分毁于秦末起义和楚汉战争中，但从少数遗存如始皇陵、碣石宫、灵渠等，还可了解到其建筑规模、技术特点和水平。

二　西汉、东汉

公元前206年，刘邦继承秦制，建立全国统一、实行郡县制的中央集权王朝西汉。惩于亡秦的教训，西汉初年采取安定民生、逐步恢复和发展的政策，到武帝时汉的国势达到高峰期，进一步加强和巩固统一，经济文化都取得空前成就。与之相应，在城市和建筑上也有巨大发展，建成面积35.8平方公里的都城长安，是当时世界上最大的城市；已发现的最大单体宫殿址（长乐宫前殿）的面积达5600平方米，各类型的木构和砖石拱壳结构也有较大发展，形成中国古代建筑发展的第一个高峰。

西汉在汉武帝时确立了儒学的主导地位。它的集中表现形式是礼制，包括君臣、父子间的伦理、尊卑关系和统治与被统治者间的贵贱关系，并建立起与之相应的等级制度，以巩固现有（当时）的社会秩序，使人各安其位，各守其分。其中也包括建筑制度，建筑的形式、规格、布局等与当时礼制中的等级制度结合，就逐步形成由官方特定的建筑观念和与之相应的制度和法规。中国古代建筑体系长期延续，与礼制结合是重要原因，适合或被礼制接受的建筑体系就可以存在并得到发展。体现社会制度特点的礼制不变，这个建筑体系就不大可能发生根本性的改变。

西汉后期豪强兼并加剧，社会矛盾激化，经王莽短期篡汉后，亡于农民起义。

公元25年，刘秀建立东汉，结束了全国混乱局面，经济逐步恢复并有所发展，建筑活动有所增加，建筑技术也有一定发展，但从规模气势上都亚于西汉。东汉中后期政治腐败，经济停滞，外戚、宦官与朝官、士族间矛盾加剧，地方豪强势力乘机崛起，逐步削弱中央政权，最后引发农民起义，导致军阀割据，东汉灭亡，进入三国时期。

下面分类介绍此期在建筑方面取得的成就。

第二节 建筑概况

一 城 市

秦统一后，除以全力建设都城咸阳外，又分天下为三十六郡，有计划地改建六国城市为郡、县二级地方城市网，以巩固统一，其中也包括拆毁六国都城的宫室、官署，把它们改变为地方城市的工作。西汉继之，《汉书·高祖本纪》载，高帝六年冬十月下令，“令天下县邑城”，颜师古注云：“县之与邑皆令筑城。”[①] 可知汉初曾普遍令各地筑城。汉初曾分封各藩国，各藩国也各筑其国城。西汉在武帝元封五年（公元前106）分全国为十三个监察区，称十三州部，设刺史统之，无固定治所，负责监察全国各郡国。据《汉书·地理志》记载，至西汉末时已确定了各级城邑制度，第一级为郡83、国20，共为郡国州103，其下为县邑1314、道32、侯国241，共统辖民户12 233 062，人口59 594 978。[②] 依据这个分级的全国城市网（郡国、县邑），逐步扩大了中央对地方的行政控制。到东汉初，又在郡国以上设州，形成州、郡国、县邑三级地方城市网。州、郡国、县邑城市的规模、规制有明显的级差。

汉代地方城市网大都是以战国时各国都城和在交通要道上的较发达的城市基础上发展起来的。史载除首都长安外，洛阳、邯郸、临淄、宛、成都号为五都，为全国六个最大城市。其余蓟、荥阳、临邛、江陵、寿春、睢阳、颍川、吴等都是地方大城市，但限于材料，目前只能大体知道其比较共同的特点，尚难对其具体的规划布局作进一步探讨。

秦、汉都城都以宫为主体，其余均视为其附属物，环列在宫四周。延续战国特点，宫城至少要一面靠城墙，以兼防内、外敌。郡、县城市则多于大城内建子城为官署府库区，在大城内建坊市以安置居民，出于同样原因，其子城也多一面靠大城城墙。只有边城，因战时需死守待援，故置内城于大城中央，平面呈回字形。

建造城邑是政府的行政行为，秦汉时延续前代旧制，城内的居住区采用里的形式，商业集中在市内进行。里和市都是封闭小城，平面为矩形，故通过大小近似的矩形的里、市的有序排列，遂在城内形成垂直相交的街道网格，形成中国古代城市的重要特点。里、市实是封闭的城中小城，居民出入要经过有人监管的里门，这时城市普遍实行宵禁，晚间闭坊门不得外出。这种城市管理体制一直延续到唐末，至北宋时，始拆除坊和市的墙、取消宵禁、允许居民夜间外出和沿街设店，中国古代城市才由封闭的市里制转变为开放的街巷制。

① 《汉书》卷1（下），高帝纪：颜师古注云：“县之与邑皆令筑城”，中华书局标点本，第59页。

② 《汉书》卷28（下），地理志（下）。中华书局标点本，第1640页。

（一）都城

和战国都城均为大小二城不同，秦咸阳、西汉长安、东汉洛阳都只建一城，但城内不止建一宫，诸宫实际各为一小城，占据了城内重要地段和大部分面积，有时甚至横绝交通干道，官署、居民坊市只能就其空档间布置。秦咸阳似尚有一连通渭北、渭南的城市南北轴线，但在汉代长安、洛阳二都城中，主宫、主殿均不居中，无法形成城市轴线，甚至在各宫之间也无轴线联系，其布置有相当大的任意性。这除受沿用秦代旧宫影响外，也表明西汉立国之初尚没有来得及制定各方面的制度，举措还有某种随意性；但在一定程度上也表现出刚刚取得大一统、建立专制王权的西汉王朝意之所至无所顾忌的不可一世的气势。直到三国、两晋时，都城内才开始把宫城与官署、坊市作为一个整体考虑，作有序的布置，这和王权专制体制的逐步定型、巩固、行政机构与官僚体制的逐步制度化等都有重要的关系。

1. 秦咸阳城

史载自秦孝公十二年（公元前 350）在渭河北始建咸阳为都城。秦始皇二十六年（公元前 221）起在咸阳北阪上仿建六国宫殿，后又陆续在渭南建信宫、阿房宫，意图建成一座横跨渭水（“渭水贯都”）的巨大都城。到公元前 210 年秦始皇死时尚未完成。又三年而秦亡，咸阳遂被废毁。

咸阳布局情况从文献记载只知它北至渭北、南至南山，南北两区隔渭河相对建有大量宫殿，中间连以广六丈、长一百四十丈的梁式木构长桥——咸阳桥，形成城市的主轴。很可能咸阳原定规模庞大，虽已有总的规划，但当时重点在建设宫殿，其余官署坊市等尚未建成，随后即被项羽毁去，故史书对其具体布置均无详细记载。从咸阳的渭北部分面积即近 45 平方公里看，如按原规划建成，它的规模可能要近于，甚至大于后世面积 84 平方公里的唐长安城。

2. 西汉长安城

《汉书》载汉高祖七年（公元前 200）始决策定都长安，先就秦代旧宫兴乐宫改建为长乐宫，并在其西建未央宫，形成两座东西并列的主要宫殿，但未及筑城。至惠帝元年（公元前 194）才开始修筑城墙，五年（公元前 190）建成。其间除有二万人常役外，又经过二次大规模筑城，每次动员十四万多人，各修筑三十日，始基本完成，是很大的工程。[①] 长安城中除先后建成长乐、未央、北宫、桂宫、明光宫五座宫殿外，还有八街、九陌、三宫、九府、三庙、十二门、九市、十六桥[②]，其规模和繁荣程度在当时是空前的。

汉长安城的基本格局近年已被考古工作者探明，它的总体轮廓近于方形，总面积约 35.8 平方公里（图 4-1）。东墙约 6000 米，南墙约 7600 米，西墙 4900 米，北墙 7200 米。除东墙为直墙外，余三面均为折线，北墙因是随渭河走向而建，更呈西南向东北的多重折线，颇不规则，故长度有较大差异。城墙为夯土筑成，基宽 12～16 米，夯层厚 6～8 厘米，夯筑极为坚实。城外有宽 8 米、深 3 米的城壕。城门和城内的街道网也已探明，每面三门、

① 《水经注·渭水》：“（长安）东出北头第一门本名宣平门，……一曰东都门。其郭门亦曰东都门。”既云“郭门”，则可能有外郭。

② 《三辅黄图》卷 1 汉长安故城条引《汉旧仪》曰：“长安城中……八街、九陌、三宫、九府、三庙、十二门、九市、十六桥。”1980 年陕西人民出版社《三辅黄图校证》本，第 19 页。

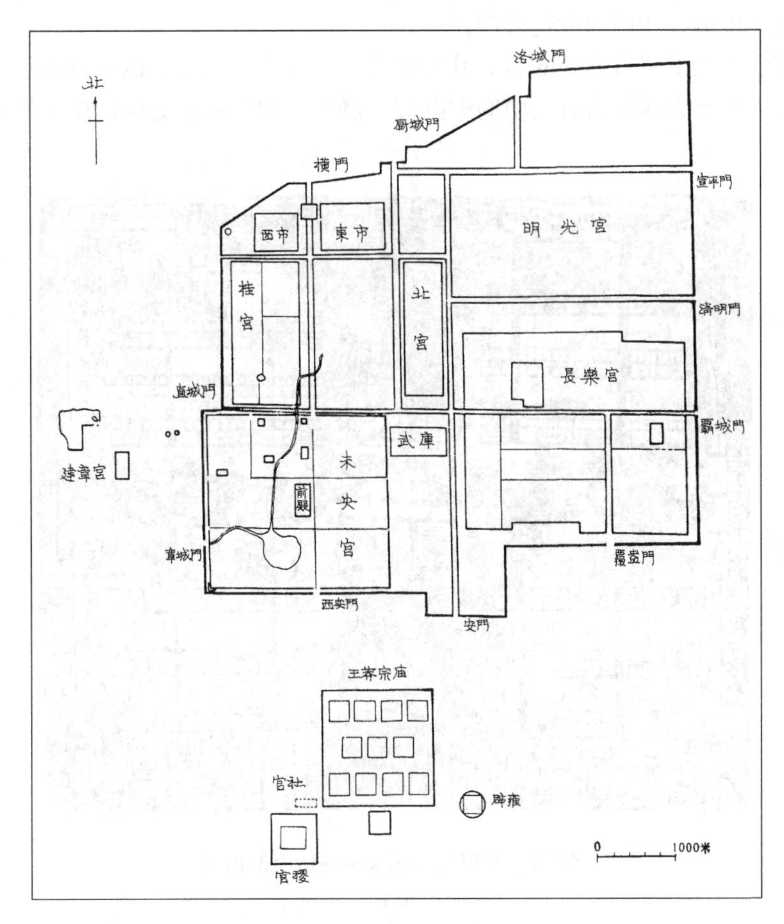

图 4-1 西汉长安城平面图

刘庆柱：汉长安的考古发现及相关问题研究，图 1，考古，1986 年第 10 期

纵向八街、横向九街，和史籍所载的“十二门”和“八街九陌”相符。已发掘的城门都有三个宽 8 米的用木柱横梁建造的城门道，左入右出，中门为御道。城门内的干道已探得，均三条并列，中间御道宽 30 米，两侧各宽 13 米，均为土路面，道间有排水明沟。在南北向八街中，安门内大街位于城市之东西中分线，街南段左右分别建长乐宫和未央宫。汉长安以南北向大道为城市中轴线，在中国古代都城中是孤例。未央、长乐两宫之间建武库，武库之北隔横街又建北宫，合之即为西汉初始建的“三宫”。把武库建于三宫之间，说明西汉建国之初武库对维持政权的重要性。“三宫”均为高祖时创建，都位于城之南部。其余九府、三庙和九市、一百六十闾里等分布在城的北半部和各宫之间。其中东市、西市在城之西北角。但汉武帝时又于太初四年（公元前 101）在长乐宫之北隔街建造明光宫，在未央宫之北、北里甲第之西建造桂宫，据考古勘探图所示，二宫建成后，宫城约占全城面积的 60% 左右，原有官署、里闾又遭到较大的挤占。①

长安的八街、九陌已大体查明。道两侧的闾里轮廓方正，里中建筑的檐脊整齐连贯，只

① 李遇春，汉长安城的发掘与研究，载：汉唐与边疆考古研究（第一辑），科学出版社，1994 年。

有贵族显宦的“甲第”才可向大道开门。[①]

长安的商业区九市每市方 266 步，其内的管理机构为二重楼，以举旗表示市之开闭，故称旗亭楼，市内商肆为横排布置，中间道路称“隧”。汉代市的大体形象可在汉画像砖上看到（图 4-2）。

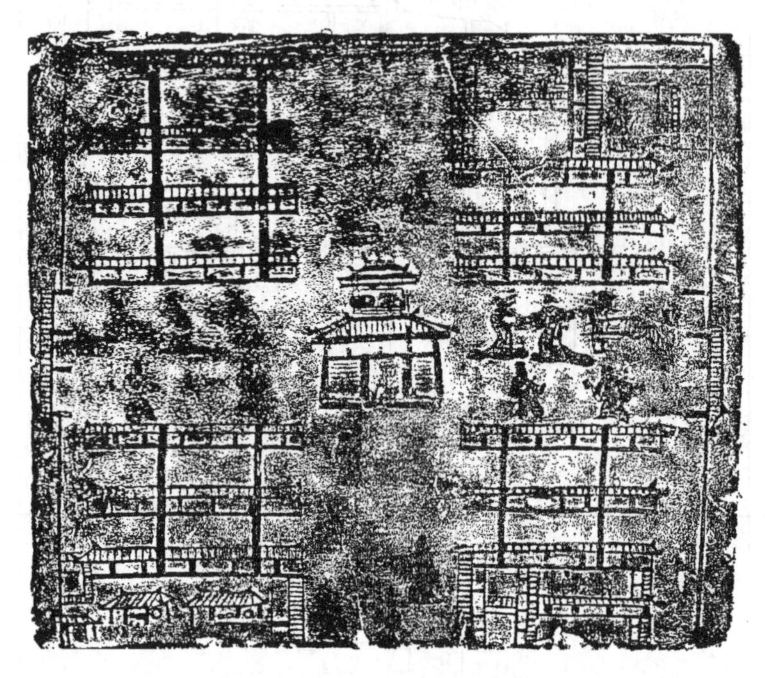

图 4-2　四川出土东汉画像砖上的市图

拓本

西汉还在长安城外进行了一系列建设，因北部限于渭河，主要向东南、西南方向发展。

汉武帝太初元年（公元前 104），在长安城外西侧建造建章宫，隔长安西城墙与未央宫相邻，并建造跨越城墙的阁道连通两宫。据《三辅黄图》所载，建章宫平面横长，周回二十余里，内有太液池，其建筑的体量和豪华程度都超过未央宫。

秦建咸阳时曾在南部辟上林苑，汉初废。至汉武帝建元三年（公元前 138）又恢复，其范围包括长安城东南、西南直抵南部山区的广大地域，包有昆明池、镐池等很多湖泊，苑中建有宫十二、观二十五和大量其他台馆，以举行大型游乐、狩猎活动为主，是西汉最大的苑囿。

昆明池于武帝元狩三年（公元前 120）开凿，周回 10 公里余，由明渠引池水入城，并穿城而过，向东通入漕渠。昆明池在一定程度上具有向城市供水的水库性质，这应是中国古代城市建设中的创举。

《汉书》、《水经注》等古籍记载，西汉后期至王莽时，曾在南郊建了多座皇家专用礼制建筑，如圜丘、社稷坛、明堂、辟雍、灵台和王莽宗庙等。辟雍遗址建在安门外大道东侧，表明西汉末年仍视安门大道为城市主轴。到王莽时，因崇信《周礼》，改以未央宫前殿为城市中心，故在未央宫南门西安门外扩大南北向大道，道东建王莽宗庙，道西建官社、官稷，

① 张衡《西京赋》云：“参涂夷庭，方轨十二，街衢相经；廛里端直，甍宇齐平；北阙甲第，当道直启。”《文选》卷 2，张衡《西京赋》。中华书局影印本，第 42 页。

以比附《考工记》中王城制度的“左祖右社”，企图把城市的主轴移到未央宫一线。

研究古代都城规划者多关注《周礼》王城制度的影响，但《周礼》是河间献王刘德在前2世纪末收集到的，其《六官》中缺失《冬官》，用先秦旧籍《考工记》补入，到王莽时才开始受重视，故它反映在上述王莽时期的南郊建设中是可以理解的。但这只是王莽时的意图，并不能说明汉长安始建规划中即有《考工记》王城制度的影响。

汉除在关中地区设三辅，为京兆、扶风、冯翊，统辖整个京畿地区外，又在长安附近陆续建成七座帝陵，每陵都附建陵邑，迁先朝旧臣及外地富豪入居，形成七座繁荣富裕的小城，这样做既可减少长安新旧权贵间的矛盾，也可通过移富豪入陵邑来抑制地方豪强势力的过度发展。这些陵邑的具体规模和布局尚有待考察，目前只从文献中知其仍采取封闭的市里式布置而已。这些陵邑环绕在长安外围，实际上起着充实首都外围的政治、经济实力，作为首都在人力、物力、财力上的后援的作用，颇有些近似现在大城市周边的卫星城，是当时城市建设上的新事物。

综观汉长安的情况，它定都时因秦旧宫兴乐宫为宫殿，随后又在其西建未央宫，形成东西两宫，长安城的东西南三面轮廓实即就此而定。北城顺渭河走向而建，因此形成不甚规整的轮廓。增建桂宫、明光宫后，形成宫室在南，占有全城60%左右，官署、闾里布置在宫北，市更在官署、闾里之北，放在“后院”里，且随时可被挤占；道路虽宽广，但行人（包括皇太子）都只能在十字路口才可跨越御道，交通极为不便。这体现了王权专制国家初创时期皇帝随心所欲的无上权威。就此而言，长安与秦始皇拟建的咸阳并无根本区别，其规划意图也是凸显王权压倒一切，一切从属于王权。既令其城市始建时可能有某种规划设想，也会被以后各代皇帝的随意性建设行为所破坏或掩盖，使后世难以了解其实际规划情况。

从勘察发掘所得平面图分析，如以安门内大道之中点为圆心，以其至东、西面墙最外突处为半径画圆，则南北面墙最外突处均与该圆之南北切线相直。这证明长安城之四面，如以最外突处为边缘（南面为安门一线，西面为未央宫西面一线，北面为洛城门东一线）画线连接，它接近于正方形。

总之，就汉长安城规模之巨大、街道之宽广端直、宫室之宏壮、居第之豪华、商业之繁盛而言，在当时是空前的，它以昆明池为城市水库和在周围建近于卫星城的陵邑池是城市建设中的创举，反映出中国历史上第一个强大的统一王朝的兴盛面貌。但限于遗址多层叠压的情况和史料的缺乏，目前对这样一座大城市的市政管理、供水、排水系统、有无下水道等情况所知甚少。

3. 东汉洛阳

洛阳前身传为西周的成周。东周时以其西的洛邑为都。公元前516年，诸侯拓展成周为周的都城。公元前249年秦灭东周后再加以拓建，称洛阳。城内建有南、北两宫，其间用架空的复道相连。西汉高帝五年（公元前202），刘邦一度拟定都洛阳，并入居洛阳南宫，后从娄敬之说，才西都长安。但据史书记载，自西汉初至东汉建立，洛阳的南、北两宫及武库都保存未毁。[①]

---

① 《历代宅京记》卷7，洛阳上，汉，引《大事记》注《舆地记》云：“秦时已有南北宫，更始自洛阳而西，马奔触北宫铁柱门。光武幸南宫部非殿，则自高帝迄于王莽，洛阳南北宫、武库皆未尝废。”中华书局1984年排印本，第116页。

公元25年，刘秀建立东汉，定都洛阳，入居南宫却非殿。史载，公元26年“起高庙，建社稷于洛阳，立郊兆于城南”。(祭天）公元29年建太学。公元56年建明堂、灵台、辟雍及北郊郊兆（祭地）。公元60年建北宫及诸官府。至此，作为都城必备的宫殿、坛庙、礼制建筑、官署基本建成。至公元190年，董卓挟汉献帝西迁长安，焚毁洛阳止，它作为东汉首都，共存在了165年。

史载东汉洛阳南北九里，东西六里，四面开十二城门，城内主干道为二十四街。近年考古工作证实，洛阳城墙为夯土筑成，厚14～25米不等。东墙长约4200米，开3门；南墙约2460米，开4门；西墙约3700米，开3门；北墙约2700米，开2门。轮廓呈东北角略凸出的南北长矩形。其城门开三个门道，所通主街宽40米，分为左、中、右三道，但和长安中道为御道不同，高级官员也可以行于中道。南宫在城之南半部略偏东，南门南对南城墙上主门平城门，东西约1000米，南北约1130米。北宫在城之北半部略偏西，北面靠近北城墙上的夏门，南门遥对南城墙上的小苑门，东西约1200米，南北约1440米。两宫间相距约400米余（据实测图上比例尺量出）。东汉初期以南宫为主宫，在公元60年始重修北宫，其规模大于南宫，遂成为东汉中、后期的主宫。城内主要官署太尉、司徒、司空府在南宫的东侧，主要仓库太仓和武库在城东北角。自南宫南门至南城平城门间为城市主街。穿门向南延伸为平城门外大道，在大道之东、西，于中元元年（公元56）分建明堂和灵台。这些遗址都已发现。如图4-3。

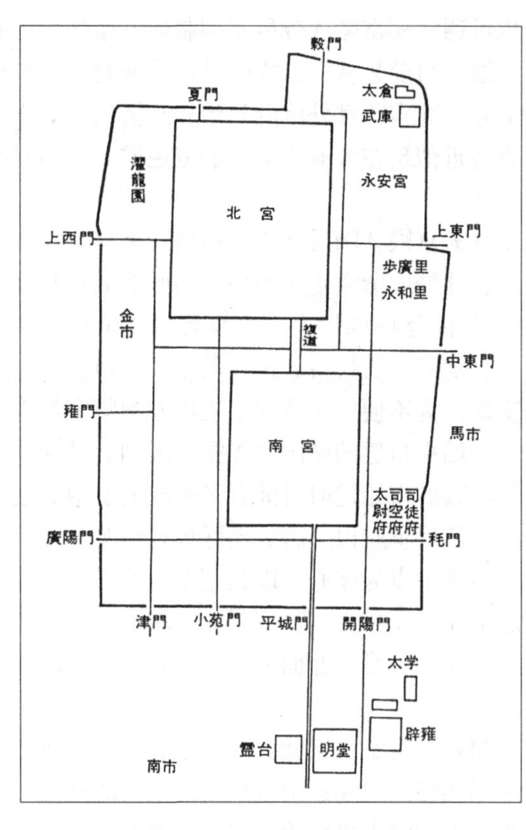

图4-3 东汉洛阳城平面图

和西汉长安的情况相似，东汉洛阳也是因秦旧宫而建，它的布置是南、北两宫占据全城中心部分，定都时大局已定，只能进行局部的调整。故官署、居里等环绕在它的四周，除三公府集中建造外，其余官署是否有序布置仍俟考。坊市则只能主要布置在南北宫的东西侧。

（二）地方城市

《史记》记载，始皇三十二年在“去险阻”行动中曾有过拆毁关东诸侯旧城郭之举①，则在秦统一之初大约为防范六国残余力量再起，对原六国的都城宫室曾做过一次较大的破坏。但随着秦朝废封建、设郡县的推行，在全国逐渐把六国城市改造成分级的地方城市网。汉代继

① 《史记·秦始皇本纪》云：“三十二年，始皇之碣石，刻碣石门，坏城郭，决通堤防。其辞曰：‘皇帝奋威，德并诸侯，初平泰一。堕坏城郭，决通川防，夷去险阻。地势既定，黎庶无繇，天下咸抚。’”中华书局标点本，第251页。

之，随着行政辖区的拓展，推向全国。据《后汉书》郡国志记载，西汉末已有郡、国103，县、邑、道、侯国1587。东汉末郡、国105，县、邑、道、侯国1180（人口4195万）。[①]

和都城内建宫城相似，很多秦汉地方城市内建有子城，子城内建官署、仓库、军营等，成为地方的统治中心。内地城市的子城大多靠大城之一角，边城则子城居中，城市平面呈回字形。这在已发现汉代城市遗址和图形中都有明确的反映。限于资料，目前只能从少数已有调查资料和古图的城市了解其概貌。

1. 崇安汉城

在福建崇安县城村，为秦至西汉前期古城。城墙依山势而筑，轮廓略近南北长矩形，东西宽约550米，南北长约860米，面积约0.48平方公里（图4-4）。城墙周长2896米，宽约

图4-4 福建崇安城村西汉时闽越王城

福建省博物馆：崇安城村汉城探掘简报，图2，文物，1985年第11期

① 《后汉书》志23，《郡国志》五。中华书局标点本，第3533页。

6 米，残高约为 5 米，夯层 5～10 厘米不等。城外有宽 6～10 米、深 5 米的城壕。在东西城墙的南段相对各开一城门，东门门道深 18 米，西门门道深 20 米，宽均在 22 米左右。城内已发现古道路 5 条，均铺河卵石，东西门间为宽 10～12 米的东西主干道。主干道北正中台地上为宫殿区，作院落式布局，周以围墙，面积约 8500 平方米（详见宫殿部分）。在宫殿区的西部、东部和东西主干道以南均发现居住遗址，可能是居住区，其西北角还发现制铁作坊。另在城外的东北方、西南方和南方也发现居住遗址，西南方和南方还同时发现冶铁遗址。

据城内外遗址分布的情况和出土遗物，考古学家揆测，它可能是闽越王所建王城，城内以宫殿区为主体，其余是为其服务的附属建筑，城外是一般居民区和手工业区。大量冶铁遗址的发现也和汉时东冶、冶城的名称相应。其城市布局以宫殿为中心，前有东西大道横过也和汉代以官署为主的子城的情况相似。[①]

2. 绘画中表现的地方城市

在两汉墓室壁画和出土帛画中绘有几座城市的平面图，图上多注有文字，虽较简略，但与考古发掘遗址互证，却可互相补充，据以推知当时城市布局和城防设施的大致形式。

(1) 马王堆小城图（图 4-5）：1973 年出土于长沙马王堆三号西汉墓，是“帛书”中的一

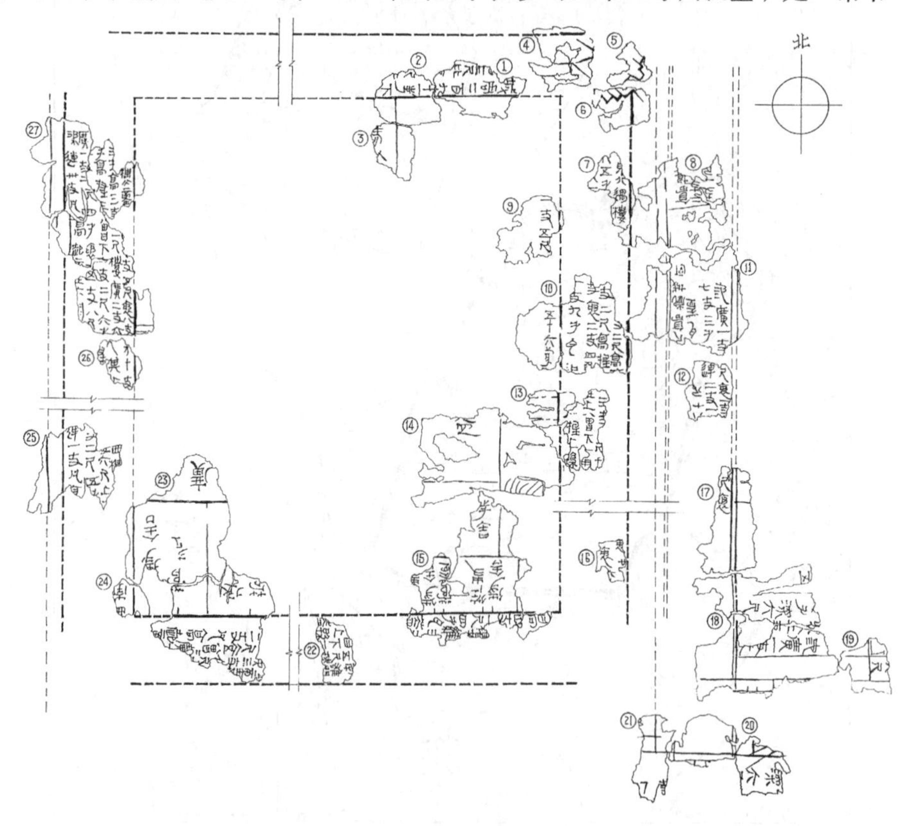

图 4-5　长沙马王堆 3 号墓出土帛画小城图

摹本

① 福建省博物馆，崇安城村汉城探掘简报，考古，1985 年第 11 期。

种，它是一幅画在绢上的城市平面图，并注有文字。城平面方形，周长291步。城四角建有角楼，南城正门名南雄门，东城有门，其名失载，西城有西楼，都是二、三层楼阁，上覆瓦屋顶。从残存的所注尺寸看，城之周长若以1步长6汉尺、1汉尺长0.233米折算，周长291步为174.6丈，合406.8米，亦即小城方43.7丈，合101.7米。残存建筑的尺寸数字有高4丈1尺4寸，长8丈□尺3寸，广2丈6尺等数字，可知规模颇大。城内靠南墙为诸吏舍，屋顶为草顶。靠北墙为马厩。城内中心部分缺损，推测应为主要官舍。此城从规模看，有可能表示的是西汉时轪侯的城，相当一个“邑”，但也可能是虚拟的一个符合轪侯级别的侯城的图用来随葬的。①②

(2)繁阳县图：内蒙古自治区和林格尔东汉末年墓的墓主曾任护乌桓校尉，壁画中表现了其人曾任职过的各城市的平面图和官舍图，包括繁阳、离石、土军、武城等，其中繁阳县城图（图4-6）是表现最完整的一例，有大城和衙城。大城呈南北长矩形，北、东、南三面各开一门。衙城在城内东南部，东、南两面即借用外城墙，不对外开门，西、北两面筑有衙城的城墙，正门开在北墙正中，东墙上建望楼二，西墙上建望楼一。大城中，北门左右各有一院落，西城望楼下也有一院落，当是较小的官舍，其余空白处应即居民宅舍。据《读史方

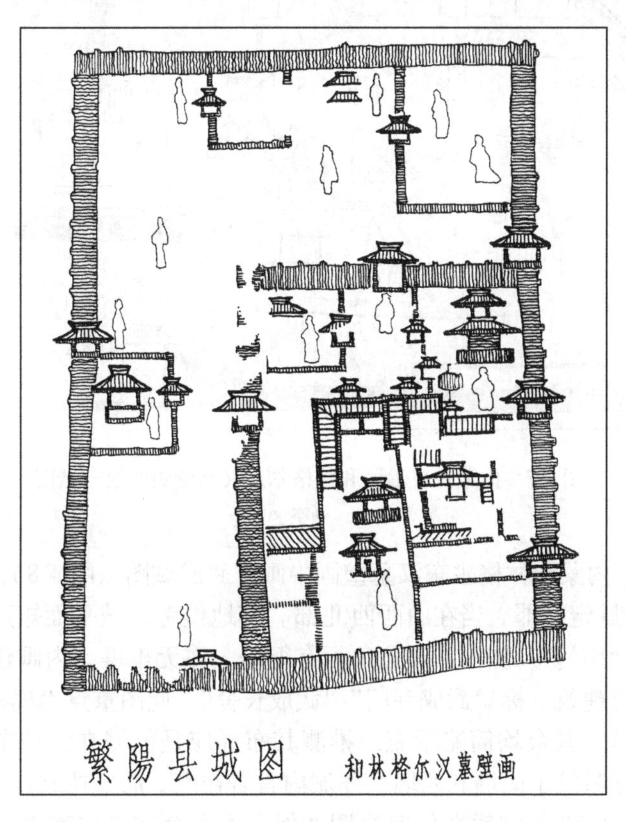

图4-6 内蒙古自治区和林格尔东汉墓壁画所绘繁阳县图摹本

① 此图在装裱时缺损，经顾铁符先生据出土时所见完整的情况复原，故只能知其大体情况。
② 傅熹年，记顾铁符先生复原的马王堆三号墓帛书中的小城图，载：傅熹年建筑史论文集，文物出版社，1998年。

舆纪要》，古繁阳县在今河南内黄县东北，为内地城市，故其衙城倚大城一角，而不作边城的回字形布局。①

(3) 宁城图：内蒙和林格尔东汉墓壁画中画有宁城平面图（图 4-7）。宁城东汉时属上谷郡，在今张家口南，是护乌桓校尉治所。所画城平面为矩形，城上有雉堞。南墙标有"宁城南门"、东、西墙标有"宁城东门"、"西门"等字，从相互关系可知该城的南门向内正对标有"幕府南门"的衙署正门，衙署前有东西横街，通东、西城门。衙署东为兵营、仓库，西为马厩，都隔以围墙。在东门内偏南有院落，标"宁市中"，当是市。此图重点在表现官署，故压缩简化了其他部分，只表示各部分的相对位置，不是按比例绘制的。但仍可确认此城的布局特点是衙署居中，正对南门，东西城门间大道横过衙署前，形成丁字街式的布局。大城上有雉堞，但衙署仅护以无雉堞的围墙，因推知此城未筑子城。②

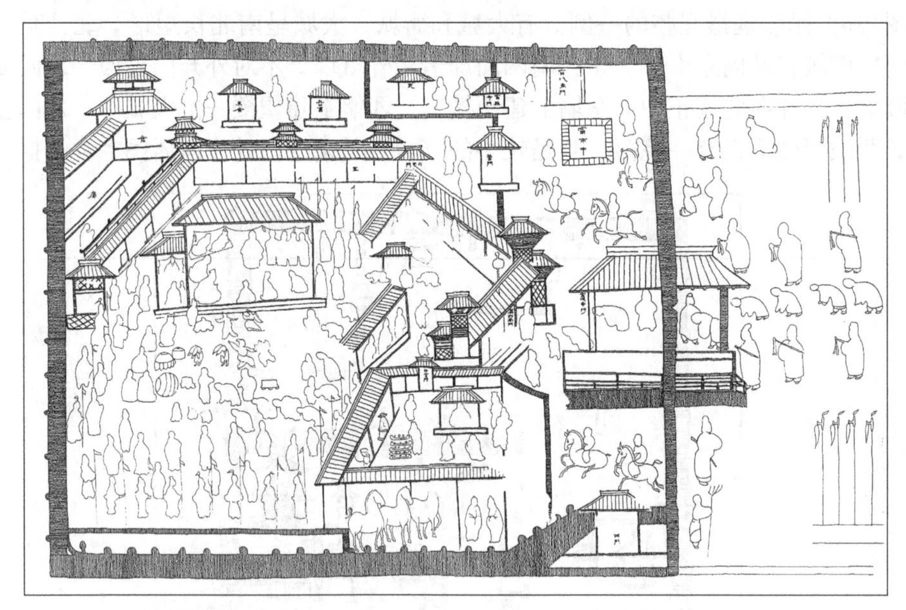

图 4-7 内蒙古自治区和林格尔东汉墓壁画所绘宁城图
摹本

(4) 武成城图：内蒙和林格尔东汉墓壁画中画有武成城图（图 4-8）。据《后汉书·郡国志五》，武成东汉时属定襄郡，当在山西西北部，其地俟考。城平面矩形，未画出雉堞，南城西端画一门，标"南门"。城内靠东北角画有衙城，亦无雉堞，内画住宅。其南又用细线画垣墙及门，门内有建筑，标"武成寺门""武成长舍"。此图重点表现墓主晚年居所，故图中夸大表现住宅部分，其余均简略示意。推测其布局应是衙城在大城东北角，倚大城之东墙、北墙而建，实际只筑了南墙和西墙。衙城内官署在南，居宅在北③。

(5) 辽东城图：1953 年朝鲜文化遗物调查保存委员会在平安南道顺川郡龙凤里清理了辽东城冢，发现在壁画中有一幅城图，标名"辽东城"（图 4-9）。辽东城是高句丽时期我国

①,③内蒙古自治区博物馆文物馆工作队，和林格尔汉墓壁画，文物出版社，1978 年。

② 此图东门内有市，而市一般设在大城而不在衙城中，故推知此图所绘可能是一未筑衙城的县城。见注①。

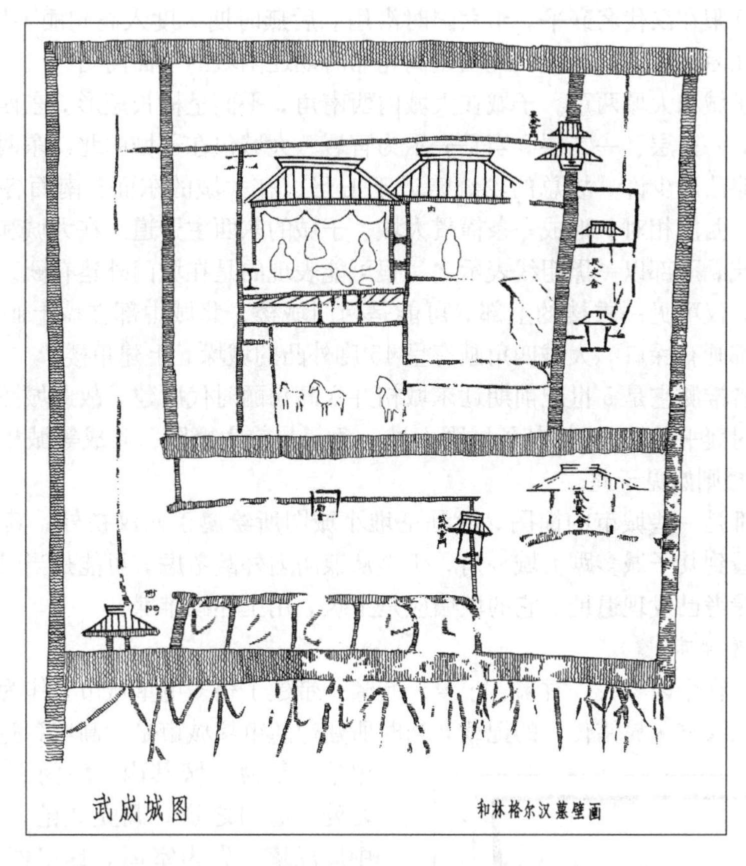

图 4-8　内蒙古自治区和林格尔东汉墓壁画所绘武成城图

摹本

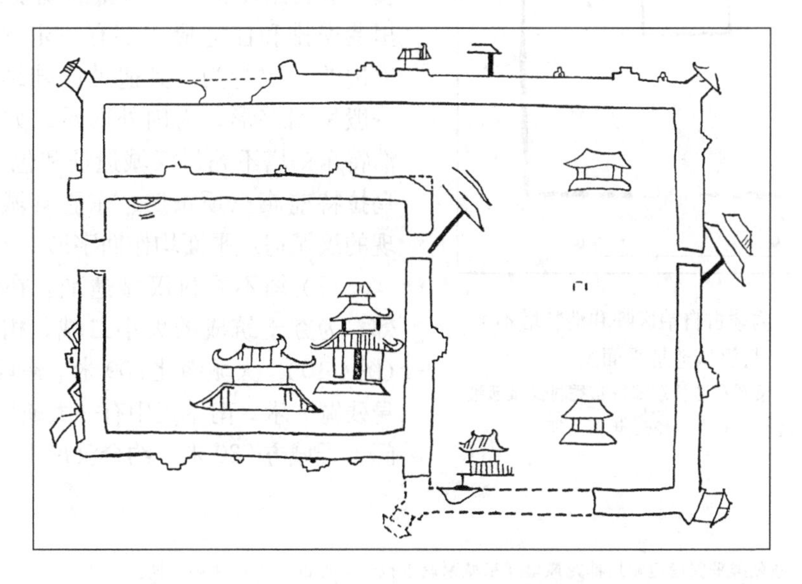

图 4-9　朝鲜民主共和国平安南道顺川郡辽东城冢壁画所绘辽东城图

俞伟超：跋朝鲜平安南道顺川郡龙凤里辽东城冢调查报告，图 1，考古，1960 年第 1 期

辽阳的名字。辽阳在汉代名襄平，十六国时沿用，后燕时期一度入高句丽，始改称辽东城，唐初太宗征高丽后为辽州。据此，此图是高句丽时期辽阳城的平面简图。

此城画有子城和大城两重。子城在大城内西南角，平面呈横长矩形，东西各开一门，城内画二座建筑，一三层、一二层，当是表示为官署。大城包在子城的北、东两面之外，其南墙较子城南墙略凸出少许，故总的轮廓略近于L形。在大城的东面、南面各开一门，其东门与子城的东、西门相对，形成一条横贯大城、子城的东西主干道。在大城和子城的东门外都画有重檐建筑，下部以一黑粗线表示之，很可能表现的是在城门外建有阙。大城南墙东端壁画残损一段，仅可见一重楼的上部，可能是南门城楼。北城中部在墙上画有一楼。在大城、子城墙上都画有垛口，大城四角画有呈45度外凸的城垛，上建角楼。

此墓有学者推测它是5世纪前期辽东城初并入高句丽时代所建，故此城图可能反映的是东汉至十六国时襄平的情况。[①] 其子城踞大城一角，与前举繁阳、武成等城相近，但四角建45度外凸的角楼则始见于此。

以上所举都是一些城市的简图，除马王堆小城图所绘属于西汉初外，其余都在东汉末年，从中可以看到其子城多踞大城一角，仍是从兼防内外敌考虑，可能是当时一般县城的常见布局形式。参考已发现遗址，它的城墙应是土筑，用土坯砌雉堞。

3. 边境屯垦城市

西汉前期，在今内蒙古、甘肃、宁夏、新疆一带建了很多屯垦城市，作为对边境的后勤支援基地，据《汉书·晁错传》的记载，当时所建边防屯垦城市是“高城深堑，具蔺石，布渠达，复为一城其内，城间百五十步。要害之处，通川之道，调立城邑，毋下千家，为中周虎落。先为室屋，具田器，乃募罪人及免徒复作令居之，……复其家，予冬夏衣廪食，能自给而止。”[②] 对城的规模、街道布局、里巷安排和住宅形式都有一定规定，是政府安边的行政行为。其遗址已陆续发现。它们一般呈回字形，为内外两重。如内蒙古呼和浩特东郊塔不秃村汉城遗址和包头市麻池乡、乌拉特前旗三顶帐房、东胜县城梁村等地发现的汉城遗址平面均作回字形。[③④]

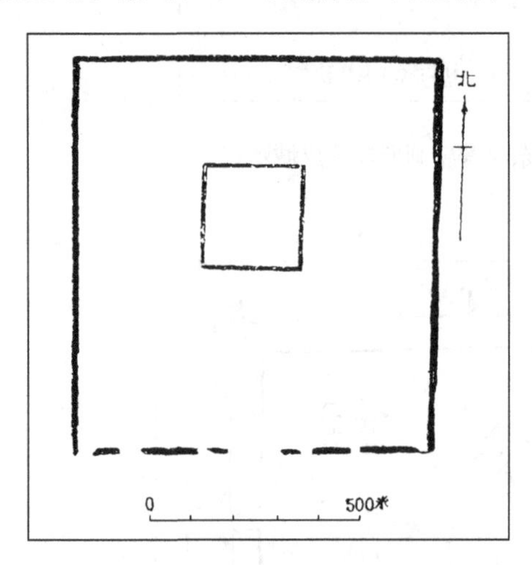

图4-10　内蒙古自治区呼和浩特塔不秃村汉城遗址平面图

吴荣曾：内蒙呼和浩特东郊塔布秃村汉城遗址调查，考古，1961年第4期

(1) 塔不秃村汉城遗址：在呼和浩特东郊，为夯土筑成的大小二城，相套如回字形(图4-10)。大城南北900米，东西850米，城身残宽9米，南城正中有一大缺口，可能是城门。子城方230米，约合汉尺100丈，城墙残

① 俞伟超，跋朝鲜平安南道顺川郡龙凤里辽东城冢调查报告，考古，1960年第1期。

② 汉·晁错：《治安疏》，《前汉书》卷四十九，爰盎晁错传第十九。

③ 吴荣曾，内蒙呼和浩特塔东郊不秃村汉城遗址调查，考古，1961年第4期。

④ 吴荣曾，内蒙呼和浩特塔不秃村汉城调查补记，考古，1961年第6期。

高6～7米，北距北城墙250米，未探得门址。大城南部地面遗物较多，为民居及兵营，小城中砖瓦堆积较多，应为官署所在，其出土物均属西汉时期，应是一座西汉城市遗址。此地在汉属定襄郡，近于匈奴经常出没处，故只南面开门，子城居大城之中，属边城布局。

（2）汉临戎废墟

在内蒙古巴彦高勒市北20公里，西汉武帝元朔五年（公元前124）立，旧为朔方郡治，今称布隆淖古城。城为黄土筑成，基本为流沙掩盖，只可知其南北宽450米，东西分别长637.5米和620米，近于南北长矩形。城之中部隆起处有较多砖瓦堆积，当属重要建筑址，但是否有子城则俟考。①

（3）汉三封废墟

在临戎西50余公里，亦西汉朔方郡所辖县城之一。有子城及大城，呈回字形布局。子城长宽均118米，约合汉代方50丈。外城已被风蚀略尽，只找到北墙及西墙残段，其轮廓尺寸不详，但可知其子城不居大城之中而偏向北部。①

这些城多为内外二重城，作回字形布局，和晁错《治安疏》所说大体近似，可能即是受《治安疏》建议的影响陆续在北方建成的边城。

二 各类型建筑

秦灭六国后，建成统一的中央集权国家，实力大为增强。为巩固统一，秦开展了修驰道、长城等巨大工程，依次仿建六国宫殿于咸阳北阪，作为统一全国、奄有四海的标识，以后又扩建咸阳城、阿房宫等。虽因过度滥用民力导致亡国，但这些工程客观上也起了交流各地方建筑经验、促进建筑发展的作用。西汉建立之初，惩于秦亡的教训，减少大型建设，武帝时国力臻于极盛后，又开始了大规模建筑活动，所建都城、宫殿、祠庙、官署、仓库等在规模和建造技术上都超越前代，达到中央集权王朝前期的高峰。

西汉宫室和大型建筑仍以土木混合结构房屋为主，重要宫室往往建在高台上，通过架空阁道往来，近于台榭建筑。史载汉武帝在建章宫所建神明台、井幹楼高五十丈，凤阙高二十余丈②，数字虽不免有些夸张，但属于超过前人的新成就则是事实。西汉末至王莽时在长安南郊所建礼制建筑，在群体布局和单体建筑设计上都堪称西汉的代表作。到东汉时，重要宫殿虽仍沿西汉旧制多建在大型夯土台基上，但全木构建筑有较大发展。在遗存的汉代建筑形象资料如壁画、画像石、明器陶屋中，西汉遗物较少，主要属东汉时期，从中可以看到木结构技术的发展。东汉地方豪强势力强盛，独霸一方，兴建坞堡，造守望用的望楼成为当时风气。在东汉墓已发现的陶望楼中，有高至三至四层者，大部分表现的是全木构建筑，也有少量下为土木混合结构上为全木构者，可反映当时社会因素推动木结构发展的情况。在这些壁画、画像石、明器陶屋中还可看到，中原、北方的官署、民居等较多以土木混合结构为主，重要建筑可用全木构。但南方沼泽及潮湿地区多用全木构房屋和干阑，明显表现出地域差异。砖拱券和拱壳结构在此期有较大发展，但主要用来建墓室或水道，尚未发现用于地上建

① 侯仁之、俞伟超，乌兰布和沙漠的考古发现和地理环境的变迁，考古，1973年第2期。

②《汉书》卷25下，郊祀志下云："于是作建章宫，度为千门万户。前殿度高未央。其东则凤阙，高二十余丈。……立神明台、井干楼高五十丈，辇道相属焉。"中华书局标点本④，第1245页。

筑之例。石结构亦仅有用于墓阙、陵墓前石室和地下墓室之例。

（一）帝宫

秦、西汉在都城中先后建多所面积巨大的宫殿，均有宫墙环绕，采取平面展开式布局，主体建筑多为台榭或大型土木混合结构建筑。因为大多未经全面勘探发掘，其总体规划布局尚未能查清，只能结合少数遗址和文献了解其部分情况。

1. 秦阿房宫

秦始皇三十五年为拓展咸阳，于渭南上林苑中建朝宫，其前殿名阿房，《史记》（本纪六）说它“东西五百步，南北五十丈，上可以坐万人，下可以建五丈旗。”又“为復道自阿房渡渭，属之咸阳，以象天极阁道绝汉抵营室也”。建此宫使用刑徒70万人，未完工而秦亡。前殿遗址近年已探得，建在南高北低的龙首原上，其残存夯土台基东西1270米，南北426米，北侧最大残高为12米。復道即木构的阁道，由阿房遗址至南临渭河处的咸阳宫遗址约近13.5公里，据此可以想见整个工程量之巨大。

2. 秦咸阳渭北宫殿

目前在渭河北岸（即“咸阳北阪”）已发现秦宫殿遗址若干处，均为土木混合结构房屋，单层者以版筑或土坯为墙，大型者多为夯土台榭，以壁柱加固。地面、墙面均抹草拌泥为基层，上罩加石灰的细泥面层。因屋顶已毁，构架不详，但考虑到屋面用宽40厘米左右的陶瓦，加上苫背，屋顶荷载相当重，其主体建筑构架的用材应是相当大的。宫殿踏步或室内墙壁下层有用砑花空心砖或陶板者。台榭在夯土台内部多凿有窟室，用为辅助房屋。对于夯土筑的大型台榭来说，排水是重要问题，故均在夯土台中预埋陶制下水管，台面设漏斗形集水口，将水经陶水管排出。

现已发掘的一号宫殿遗址，是一座二层台榭。下层东北和西南分别挖出二室和四室。主体建筑在台顶，平面近于方形，四周墙壁下半为厚2.15米的夯土墙，上部用土坯接砌，墙内外侧均用壁柱加固，用为承重墙，室内净空13.2米×12米，正中用一个直径0.64米的中心柱（又称“都柱”）。由中心柱与四周承重墙上承屋顶构架，仍是土木混合结构。[①]如图4-11。

3. 秦碣石宫

在山海关东15公里渤海滨，因其正对海中一组俗称“姜女石”礁石，学者考订礁石为《史记·秦始皇本纪》所称：“三十二年（公元前215），始皇……刻碣石门”的“碣石”，因推定此遗址即秦之碣石宫址。《史记·孝武本纪》又有元封元年（公元前110）汉武帝“北至碣石”的记载，遗址经汉代扰动或改建当在此时。

遗址呈南北肢长的曲尺形，外有宫墙环绕，南北约496米，东西宽170～256米不等[②]，内部分隔成若干大小宫院（图4-12）。后经汉代使用并局部重建，有所扰动。现正把它划分为10区进行考古发掘。其中最具特色的是第1区临海部分，为一由宫墙围成的东西约170米，南北约70米的横长宫院，是全宫的主体。

---

① 秦都咸阳考古工作站，秦都咸阳第一号宫殿建筑遗址简报，文物，1976年第11期。

② 辽宁省文物考古研究所姜女石工作站，辽宁绥中县姜女石秦汉建筑群址石碑地遗址的勘探与试掘，考古，1997年第10期。

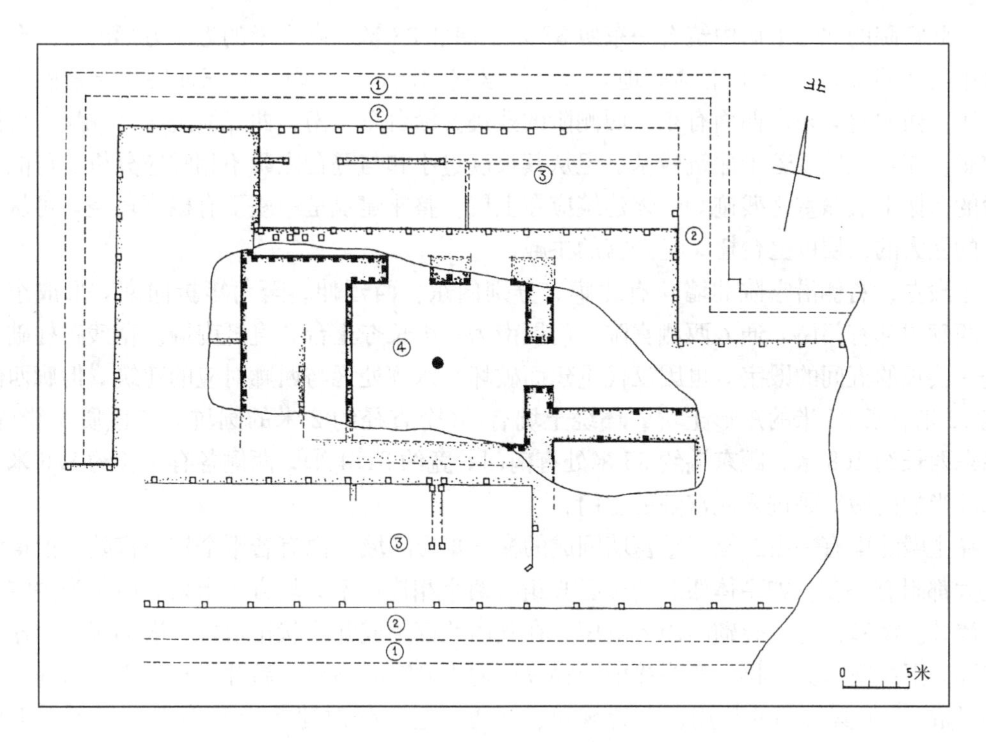

图 4-11　陕西咸阳秦咸阳宫一号建筑遗址平面图

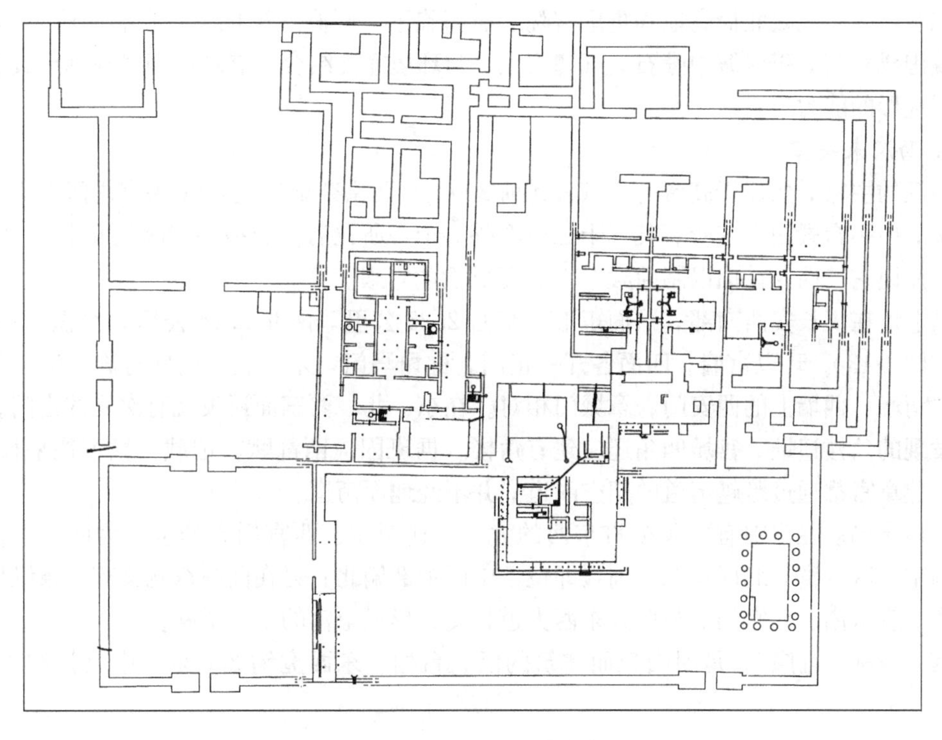

图 4-12　辽宁绥中县石碑地秦汉宫殿建筑遗址平面图

辽宁省文物考古研究所姜女石工作站提供

在此宫院的北墙上居中筑有一东西 37 米、南北 33 米、高 8 米的近于方形的夯土台，正对海中的“姜女石”。此台北倚高地，与后部宫室相连，东、南、西三面突出于宫院中。南面有东、西两阶，东、西面有东、西侧阶的残迹。沿台东、南、西三面边缘有柱痕，可能建有檐廊。在台顶发现若干建筑残基，但从其尺度过小和与登台之阶不相呼应分析，可能是已塌毁的台榭下层窟室之残迹，主体建筑应在上层。整座建筑是一座下有檐廊环绕，可从三面登上的弘大的二层以上台榭，是全宫的主殿。

主殿左、右侧沿宫院北墙建有北廊，分别向东、西延伸，至角矩折向南，形成东、西廊。西廊中部有门屋，通入西侧宫院。门屋南为一纵长夯土台，直抵南墙。据残存柱础，可能是一狭长的五间的殿宇，也因汉代重建而破坏。东廊处无与西廊对应的建筑，但廊西侧有一宽 13 米、长 25 米的矩形土坑，环绕土坑有 18 个直径约 2 米的圆坑，其性质功能待考。南墙东西长约 168 米，距东端约 35 米处有南门，宽约 21.4 米，两侧各有一长约 8.6 米、宽约 5.5 米的门墩，是进入此宫院的主门。

在主殿北面有一由二至三重宫墙围成的横长矩形区域，内有若干个较小宫院。值得注意处是大都附有浴室。如主体西北的 1 区 B 组有两个相连小室，均方 4 米余，南室为浴室，北室为渗井。浴室内先用砖砌出矩形浴槽，在其西北部砌成漏斗状排水口，底部接一陶盆，盆底穿孔，下接陶弯头。再自弯头接横管穿隔墙通入北室的渗井。渗井以直径 1.4 米的 5 节陶井圈做成。[①] 但其后部的功用、布置规律、是否经过汉代改建等尚有待进一步考古工作来揭示。

综观此区，主殿北倚高地和重重宫院，居高临下，殿庭逐渐低下，左右回廊对称环抱，与南墙围成院落，正对海中礁石，气魄宏大，与环境完美结合，展现出当时规划已具有很高的利用地形的能力。

4. 西汉未央宫

西汉的主宫，始建于高帝七年（公元前 200）。《西京杂记》说：“未央宫周匝二十二里五十九步，……台殿四十三所，其三十二所在外，十一所在后宫。……门闼凡九十五。”[②]《三辅黄图》说它“因龙首山以制前殿”,[③] 是很壮丽的宫殿。

其遗址在汉长安西南部，平面矩形，东西 2.25 公里，南北 2.15 公里，面积 4.84 平方公里（图 4-13）。环以宫墙，四面各开一正门，称司马门，东、北二门外有阙，南、西二门与城之南墙、西墙上的西安门、章城门相对。在东、北、西三面还发现有次要的宫门。据西南角发现的角楼遗址，宫城四角还应建有角楼。据班固《西都赋》记载，皇帝往来长乐宫、桂宫、建章宫都通过跨越街道的架空阁道，并不经地面街道。

总体布局：在宫中有两条横贯东西的大道，通至东、西宫门，分全宫为南、中、北三区，南中二区等宽，北区稍宽，前殿即位于中区中部偏北；另在前殿东侧又有一条纵贯南北的大道，直抵南、北宫门，与两条东西大道相交，形成全宫的主干道网。

其主殿称“前殿”，是因山丘而增筑的巨大台榭，东西宽约 200 米，南北长约 400 米，

① 辽宁省文物考古研究所姜女石工作站，辽宁绥中县石碑地遗址 1996 年度的发掘，考古，2001 年第 8 期。

②《长安志》卷 3 未央宫条，引向《西京杂记》。

③《三辅黄图》卷 2 未央宫条。陈直《三辅黄图校证》本，陕西人民出版社版，第 36 页。

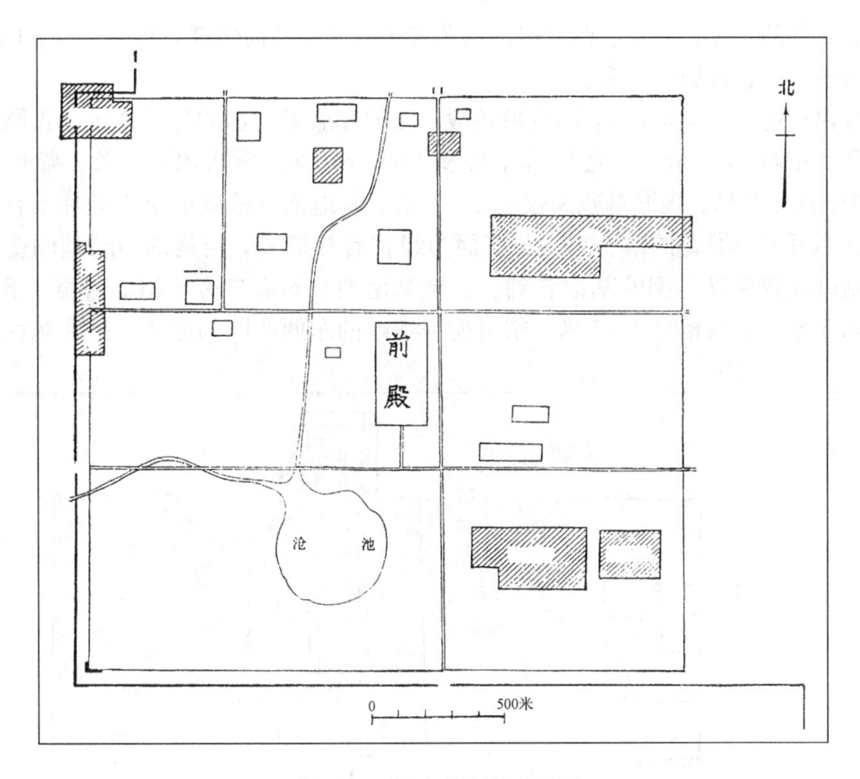

图 4-13 汉未央宫总平面图

中国社会科学院考古研究所汉长安城工作队：汉长安城未央宫西南角楼遗址发掘简报，图 1，考古，1996 年第 3 期

分三层，逐层升高，其北端最高处约高 15 米。每层各建一座宫殿，形成前、中、后三殿。[①]在殿址上尚可见若干柱础石，因未经发掘，仅据勘探后的描写尚难具体探讨其原状。未央宫前殿的位置在全宫几何中心稍偏东，如考虑它是因山丘筑成的情况，可以认为原规划意图是以它为全宫中心的。

近年已对宫内一些遗址作了勘探或发掘，考古学家初步确定了在北区中心与前殿共同形成全宫南北中轴线的二号遗址是皇后所居的椒房殿，其西的四号遗址为少府。[②] 四号遗址之西靠近西宫墙的三号遗址为一官署，可推知北区应即是《西京杂记》所说的“后宫”及其服务部分，而中区为前殿所在，与南区均为外朝区。近年在前殿左右已发现了九、十、十三、十四等遗址。这可能即《西都赋》和张衡《西京赋》所载的环列前殿左右“焕若列宿”的大量殿宇，但目前还难以具体确指其名。宫中西南部有沧池，池中有渐台，是游赏用的台榭建筑。史载在建章宫也有渐台，甚至曲阜鲁王宫中也有渐台，是筑在池中的台榭，为当时宫廷中流行的园林建筑的一种。[③]

已发掘建筑概况：在已勘查和发掘的遗址中，只有前殿可确认是因山为基，辅以局部夯

① 刘庆柱，汉长安城未央宫形制初论，考古，1995 年第 12 期。

② 刘庆柱，汉长安城的考古发现及相关问题研究，考古，1996 年第 10 期。

③ 宋敏求，《长安志》卷三，未央宫条，“渐台”下引《汉书》颜师古注云：“未央殿西南有苍池，池中有渐台。”又建章宫条云：其北治大池，渐台高二十余丈。下引《汉书》颜师古注云：“渐，浸也。台在池中，为水所渐，故曰渐台。”可知渐台是筑在池中的高台。

筑的台榭，此外的二号、三号、四号遗址均单层土木混合结构建筑，其中二号、四号遗址反映出的宫殿建筑面貌及做法稍多。

第二号建筑遗址（图 4-14）：已发掘正殿、配殿和服务用房的部分遗址。正殿殿基为一矩形夯土台，东西 54.7 米，南北 29 米，面积 1586 平方米，深入地下 2 米，高出当时地面 3.2 米，总厚约 5.2 米。现殿基残高仅 0.2～1 米，原地面、柱础痕全遭破坏不存，殿身的形制构造已不可考。殿基的南、东、北三面边缘都有柱槽痕，当是加固殿基侧壁用的壁柱痕，其形制可在现存汉石阙的基部看到。在殿基南面相对有二夯土墩，各宽 3.6 米、长 5 米、残高 0.5 米，东西相距 23.6 米，很可能是登殿的东西两阶的遗迹。另在东西侧各有一

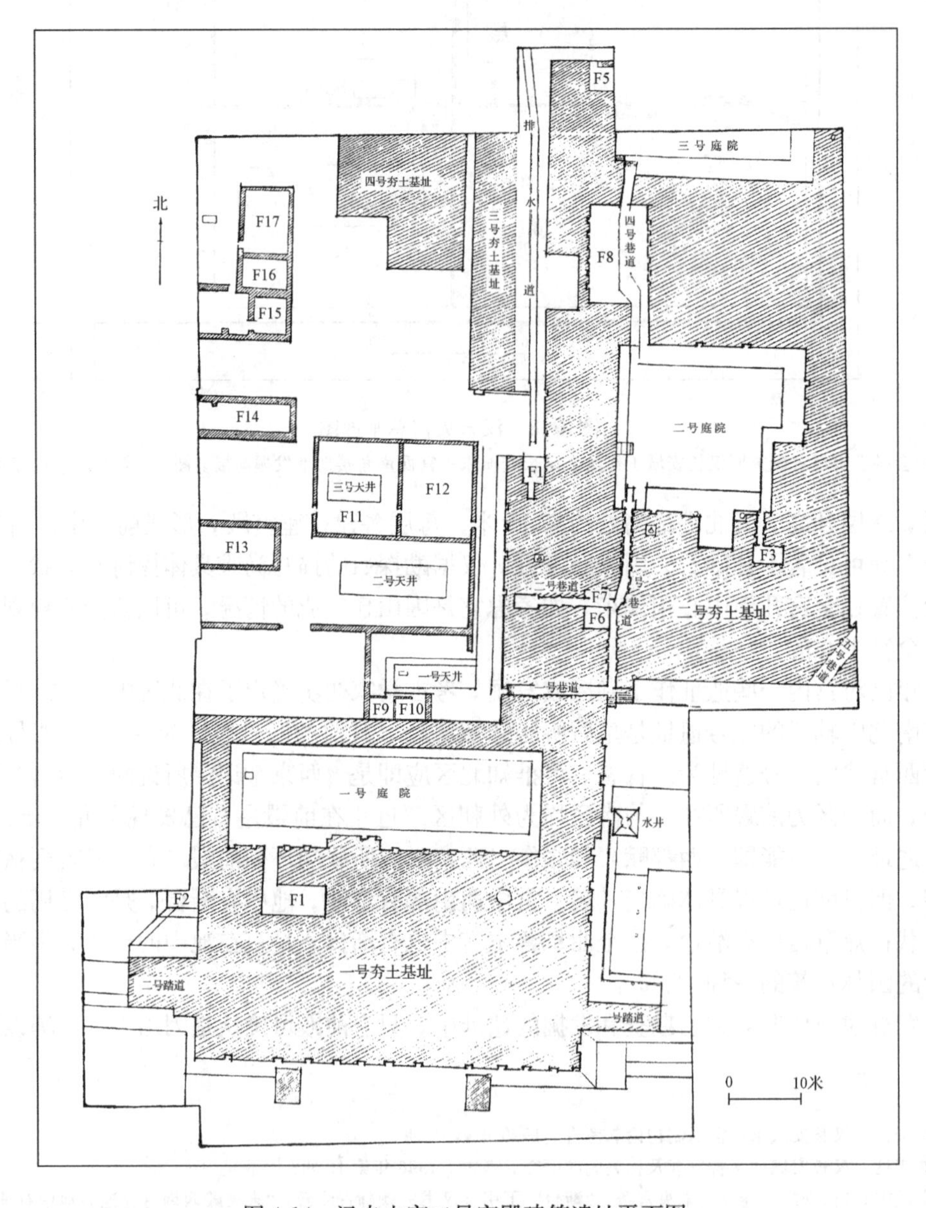

图 4-14　汉未央宫二号宫殿建筑遗址平面图

中国社会科学院考古研究所汉城工作队：汉长安城未央宫第二号遗址发掘简报，图 1，考古，1992 年第 8 期

侧阶。在殿夯土基的西北部挖有一 8.7 米×3.6 米的窟室，残高 0.55 米。正殿以北有一东西 43.7 米、南北 12.2 米的横长矩形庭院，北、西二面围以厚 4 米的夯土墙，四周有宽 1.2～2.3 米不等的通道，庭院中心全部方砖墁地。[①]

配殿在正殿东北侧，为一南北向巨大夯土基，局部与正殿相连，其面层亦破坏不存。在殿基内挖有三个窟室和几条与庭院相连的巷道，表明殿基亦有相当高度。但据台基边基本无壁柱的情况，其殿基可能低于正殿。

因遗址残损，配殿亦不完整，我们目前只能知道正殿殿基宽 54 米、深 29 米（若以尺长 23.5 厘米计，约合汉代 23 丈×12 丈），建在一高出地面 3.2 米（近 1.4 丈）以上、四壁用壁柱加固的巨大夯土殿基上。参考《三辅黄图》所载椒房殿“以椒和泥涂，取其温而芬芳”和《汉书·外戚传》所载赵皇后昭阳殿“壁带往往为黄金釭”，此殿四壁应是用壁柱、壁带加固的承重外墙，但从 29 米进深分析，内部应有 2～3 列内柱，是土木混合结构殿宇。根据殿基四周有宽约 2.4 米的砖铺廊道和其外有宽 1.2 米的卵石散水的情况，其屋顶出檐应挑出殿基边缘 3 米左右，是一座很巨大的殿宇。但对整组宫院的布局和殿宇的具体形式尚有待进一步考古工作来揭示。

史料中对皇后正殿椒房殿的记载不很多，但从对汉成帝宠妃赵昭仪所居昭阳舍的描写可了解皇后宫殿的大致情况。班固《西都赋》说：“后宫则有掖庭椒房，后妃之室。……昭阳特盛，隆乎孝成。屋不呈材，墙不露形。裛以藻绣，络以纶连。……金釭衔璧，是为列钱。”[②]《汉书·孝孝成赵皇后》云：赵昭仪“居昭阳舍，其中庭彤朱，而殿上髹漆，切（门限）皆铜沓黄金涂，白玉阶，壁带往往为黄金釭，函蓝田璧，明珠翠羽饰之。”[③] 据此，则后妃宫殿庭院地面为红色，殿内地面涂漆，门限用鎏金铜叶包裹，室内墙壁的壁柱、壁带用鎏金铜构件结合，壁带上镶嵌玉璧，一般墙面用刺绣丝织品为壁衣，极为豪华。

第四号建筑遗址（图 4-15）：在二号遗址西 350 米，已发掘部分东西 109.9 米，南北 59 米。其主殿的两山为厚 3～3.5 米的夯土承重墙，东西共宽 7 间，每间面阔 7 米，以东西山墙中距计，总宽 49 米；南北深 4 间，自南而北，跨距依次为 9.1 米、8.2 米、4.2 米、8.5 米，以前后檐柱中计，包括中间厚 3 米的承重隔墙，总进深为 33 米（与故宫太和殿进深相近），面积 1617 平方米。其尺度若以西汉尺长 0.235 米/尺折算，殿之面阔为 3 丈，通面阔为 21 丈，通进深为 14 丈，是一座中间用夯土承重墙分为前后两部分的巨大殿宇。殿以南未发掘，以北有一东西长 54 米，南北深 14 米（约 23 丈×6 丈）的横长庭院。

主殿前、后部都有一列中柱，下部为方 4.5 米左右的夯土筑成的覆斗形柱础墩，表面铺石片保护，顶上置矩形、椭圆形和圆形础石。最小的圆形础石直径为 1.6 米，厚 0.48 米，可据以推知其柱径的大致尺度。前后檐的柱墩稍小于中柱，其室内部分为覆斗形，室外部分为矩形，其上石础已不存。从使用功能分析，这些巨大的柱墩不应暴露在殿内，可能在殿内铺有架空的木地板，遮柱墩于其下。

殿的前部为七间连通的广殿，后部仅东面五间连通，其西侧分隔出二间，地面低于现殿内地面 64 厘米，方砖铺地，并有通至北面庭院的通气孔，当是地下室，内设间距 1.8 米的

---

① 中国社会科学院考古研究所汉城工作队，汉长安城未央宫第二号遗址发掘简报，考古，1992 年第 8 期。

②《文选》卷一，班固：《西都赋》，中华书局 1977 年影印本，第 25 页。

③《汉书》卷 97 下，外戚·孝成赵皇后传。中华书局标点本⑥，第 3989 页。

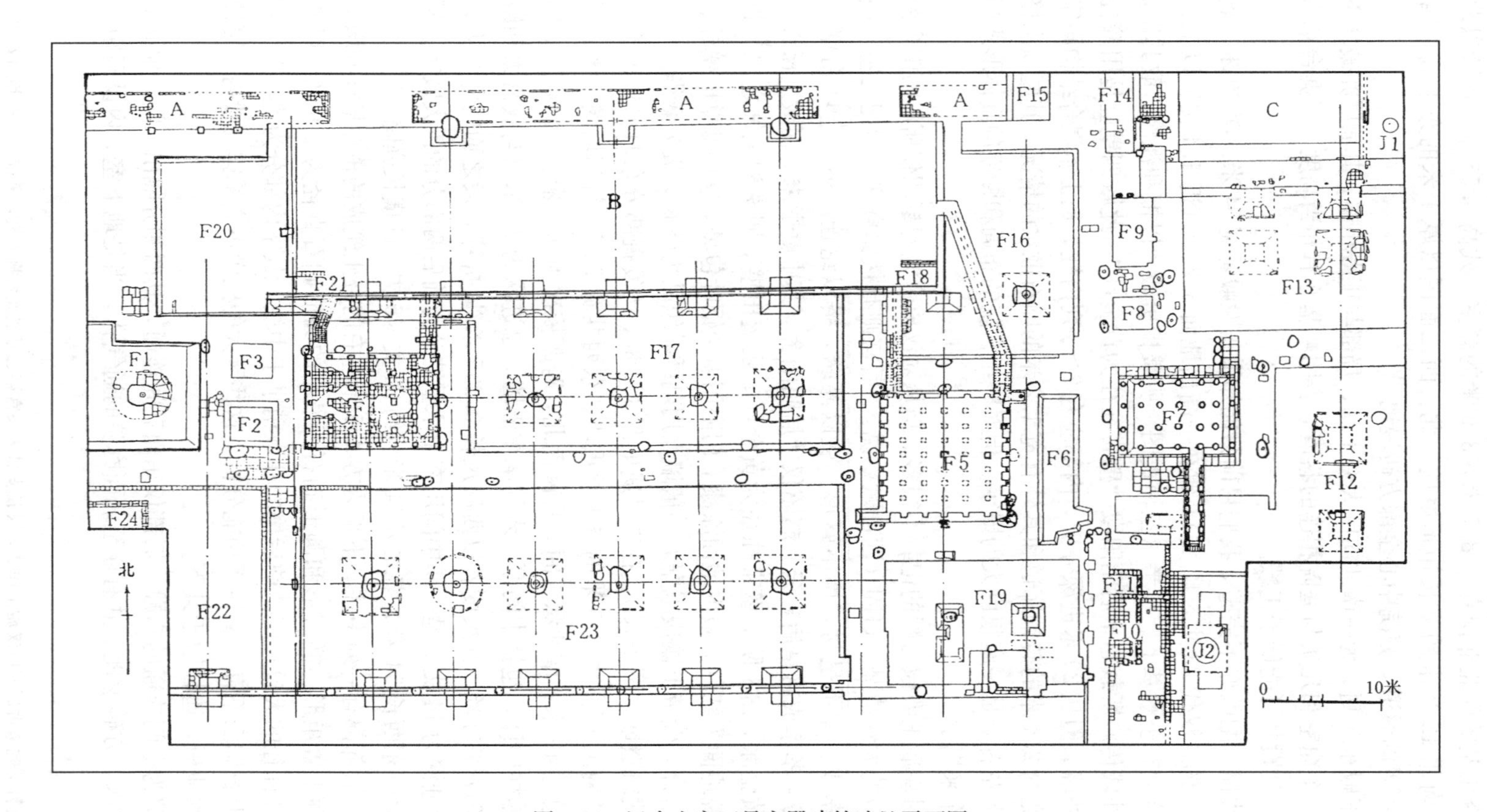

图 4-15 汉未央宫四号宫殿建筑遗址平面图

中国社会科学院考古研究所汉城工作队:汉长安城未央宫第四号建筑遗址发掘简报,图1,考古,1993年第11期

满堂柱础，应是供铺设室内地板之用。

此殿上部残损过甚，但从其前、后檐和中部均由柱列承重分析，当时木构架已较成熟。就其面阔 7 米、最大净跨 9.1 米分析，设高跨比为 1∶12，其阑额和主梁之高亦应分别在 0.58 米和 0.76 米左右，可知其木构架尺度之宏大。但它仍使用夯土筑山墙和中间隔墙，可能是因为这时木构架在保持整体稳定上尚有不足，要依靠厚的夯土墙来扶持。由于主殿东西山墙外侧附有若干大小不等的附属建筑，限制了向两侧排水，故它不太可能是四阿顶或前后勾连搭顶殿宇，而更可能是一座前后两坡的巨大的悬山顶建筑。[①] 此殿主体及地下的小室均表现出地面为架空的地板，但其下的土地面仍满铺方砖，这当是宫殿的特殊考究做法。

二号、四号这两座遗址都是建在高大的夯土台基上的殿宇，局部有地下窟室，虽上部残毁，仍可看到其做法还是延续周秦以来土木混合结构的传统的。如在殿基内大多有向下挖出的若干小窟室，即和大型台榭夯土台中凿窟室的做法相近，是此类建筑的一个共同特点。它可能即文献中所描写的“洞房曲室”。

但在宫中发现的第三号建筑遗址却更可代表当时一般单层建筑的做法特点。

第三号建筑遗址（图 4-16）：在北区靠近西宫墙处，是一所用夯土墙筑成的东西并列的两个院落，中夹一条排水沟。东院东西长 57 米，西院东西长 72.7 米，南北均深 65.5 米，总面积 8495 平方米。除南墙厚 2.7 米外，余三面墙及内墙厚均在 1.5～1.7 米之间。

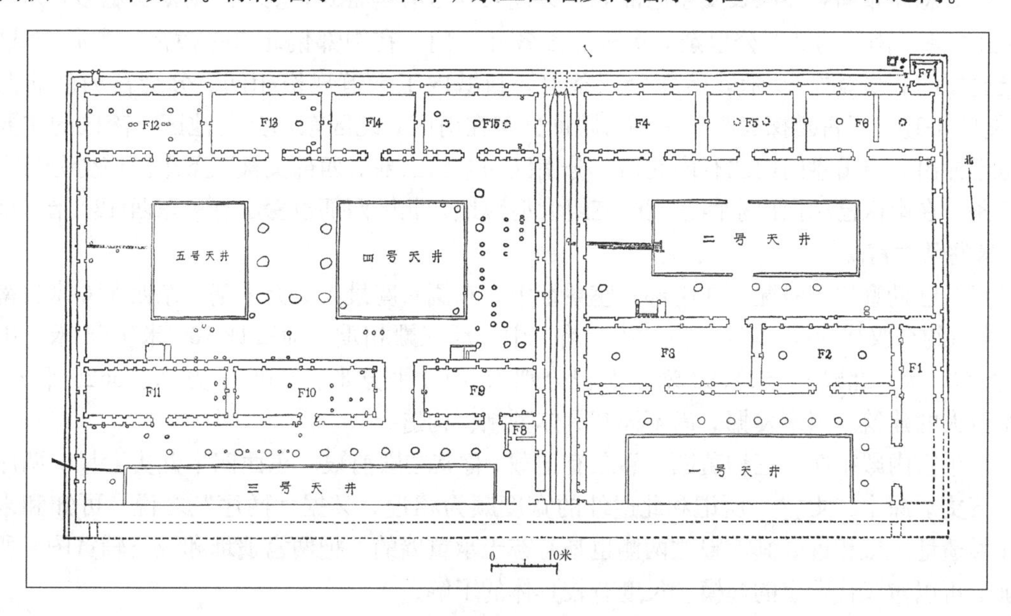

图 4-16　汉未央宫三号宫殿建筑遗址平面图

中国社会科学院考古研究所汉城工作队：汉长安城未央宫第三号遗址发掘简报，图 1，考古，1989 年第 1 期

东院内建有通长的前后二排房屋，分隔出前后两个天井。二排房屋均用厚约 1.5 米的夯土承重墙筑成，室内净进深为 8.4 米。前排用隔墙分成二间，其内各有两个中柱柱础，东端有一狭长的南北向厢房。后排分成三间，东侧二间亦各有二中柱柱础。每间房一般只开一门，宽在 2.2～2.4 米左右。前排房屋前后均出廊，后排房屋只出前廊，廊深以阶头计均为

① 中国社会科学院考古研究所汉城工作队，汉长安城未央宫第四号建筑遗址发掘简报，考古，1993 年第 11 期。

6.2米左右，前排房屋前后廊之檐柱础尚存，间距3.4米左右，距屋壁4米；前、后排房屋廊之东西端均矩折，背倚东西院墙，形成东西廊，构成由回廊围成的前后二进天井。

西院内亦建前、后二排房屋。后排房屋与东院后排进深、廊深相同，分隔为四间，尚存少量中柱础。前排房屋进深缩小为6.7米，分为三间，中夹一通道。两排房屋之前、后廊的两端亦矩折形成东西廊，围成天井。与东院不同处是后院中央又增建一东西檐柱间之距为8.6米的南北向敞廊，连通前后排房屋，把后一进天井分割为东西两个。

在西院南侧的天井内建有井方形集水口，上口0.66米×0.8米，深0.56米，四壁及底面用子母砖砌成，壁面连接两排五边形陶下水道，排除积水于外。这是保存较好的庭院排水设施。①

据遗址所示，三号建筑遗址房屋的主体是用壁柱加固的夯土承重墙，上承木梁架。虽房屋最大进深在8.6米左右，但因局部有中柱支撑，其大部分梁架，包括檐廊，净跨均在4.3米左右，和前举宫殿相比，属当时中型的土木混合结构房屋，对了解当时大量非宫殿建筑更有代表性。此院落房屋外均有深4米（以阶头计则为6米）的回廊，可能是其使用特点决定的。

5. 西汉长乐宫

（1）总体布局：在汉长安东南部，就秦代兴乐宫增建而成，呈不规则横长矩形，东西约2.8公里余，南北约2.2公里余，史称四面各开一门。在中部偏北有一横街，东通霸城门，西通直城门，最宽处60米，路面分三条道，与城内主干道规格相同，分全宫为南北两区（参阅图4-1）。考古勘探表明，主要宫殿址分布在南区，北区东部为苑池区。南区的主要道路也已探出，自覆盎门向北有南北街，分南区为东西二部，西部又被三条东西横街分为南中北三条。在南区已勘探出东西横列的三组大型殿址，北区西部也探出有一东西420米、南北550米的巨大宫院。

（2）已勘察建筑概况：在南部三座殿址中，东侧一座最大，夯土基址东西116米、南北197米（约合汉代50丈×84丈），其上前、中、后三殿相重。前殿址100米×56米，中殿43米×35米，北殿97米×58米，面积分别为5600平方米、1505平方米、5626平方米，是很巨大的建筑。因未发掘，尚不详其具体型制、构造。②

长乐宫内殿宇在《三辅黄图》卷二有记载，称其主殿前殿“东西四十九丈七尺，两序中三十五丈，深十二丈。”③ 所记和此遗址的宽度颇为相近，又据“两序”之说，可知和未央宫4号遗址主殿相近，其前殿之两侧也是有夯土承重墙的。把两宫遗址和《三辅黄图》所载互证，可以对汉代殿宇的规模、尺度有较具体的了解。

6. 东汉洛阳南宫、北宫

史载洛阳在秦时已建有南宫、北宫，中间连以阁道。《后汉书·光武纪》载建武元年（公元25）“车驾入洛阳，幸南宫却非殿，遂定都焉。”可知当时南宫基本完整。

至建武十四年（公元38）正月，“起南宫前殿”，逐步完善了南宫的建设。南宫有内外二重墙，外重宫墙东西约1000米、南北约1300米，南面三门，东西各一门，北面二门。其

---

① 中国社会科学院考古研究所汉城工作队，汉长安城未央宫第三号建筑遗址发掘简报，考古，1989年第1期。

② 刘庆柱，汉长安城的考古发现及相关问题研究，考古，1996年第10期。

③ 陈直，三辅黄图校证（卷2，汉宫·长乐宫条），陕西人民出版社，1980年，第34页。

南面正门和主殿前殿一组因要南对平城门，故偏在东侧。宫内第二重墙内分南、北两部分。南部为朝区，北部为寝区。朝区东侧为前殿一组，其东为宫内行政中心朝堂和尚书内省。

明帝永平三年（公元60），又建北宫，八年（公元65）建成。史载北宫南面三门，东、西、北各一门，南门朱雀门外夹门建巨阙，其东的左掖门南对南宫北城东侧的玄武门，二门间架设阁道连通。宫城东西约1400米、南北约1600米。宫内有第二重墙，墙上南北各一门，东西各二门，东西门间横街分其内为朝、寝两区。南门端门以北居中即主殿德阳殿一组，四面各开一门，南门内正北即全宫主殿德阳殿。史载此殿为大朝受贺处，“南北行七丈，东西行三十七丈四尺”[①] 陛高一丈，文石作坛，是很巨大豪华的建筑。德阳殿东、西有崇德殿和崇政殿二组宫院。崇德殿南连朝堂和尚书六曹，是宫内行政中心。北部寝区的主殿为章德殿，左右各有一殿，形成三座宫院东西并列的形式。

东汉洛阳宫址未经考古发掘，目前只能综合文献记载知其概貌。从当时宫殿体制看，应有二重墙，内外墙之间布置掖庭等服务机构或驻军，内重墙之内又大体分朝、寝两部分。朝区以主殿（南宫为前殿，北宫为德阳殿）为中心，左右布置若干宫院。南北两宫在主殿之东南方均建有朝堂和尚书六曹，是最高决策之所。寝区则并列三宫（图4-17）。值得注意处是张衡《东京赋》说宫中交通是：“飞阁神行，莫我能形。”注云：“言阁道相通，不在于地。”可知宫内有些主要殿宇或建在高基上，或是台榭，可通过架空的阁道往来，仍基本上属土木混合结构建筑。

（二）地方王侯宫殿

1. 西汉鲁王宫殿

遗址在今山东曲阜，为西汉景帝之子鲁恭王刘馀所建，其主殿灵光殿历西汉末战乱而未毁，成为东汉时少数遗存的西汉宫殿，受到珍视。东汉时王延寿特撰《鲁灵光殿赋》以赞美之。据《鲁灵光殿赋》，鲁王宫有高墙环绕，正门前有双阙[②]。宫内有驰道周环，宫城上建有可以观望的高楼飞观[③]。主殿灵光殿即建在宫门内广庭之北的高大石基上[④]，是一座高大博敞的建筑[⑤]。它的主体建筑每面三间，四面共有八角[⑥]，则可推知它是座四隅有二角的亚字形平面的建筑。殿之外观下为朱柱、白壁[⑦]，檐下有很复杂的斗栱[⑧]。殿之主体部分开阔

① 《玉海》引《洛阳宫殿簿》。

② 王延寿，《鲁灵光殿赋》：“崇墉连岗以岭属，朱阙巖巖而双立。”《文选》卷11，中华书局，1977年影印本，第169～171页。

③ 王延寿，《鲁灵光殿赋》：“连阁承宫，驰道周环，阳榭外望，高楼飞观。”注云：“驰道，驰马之道，旋宫而匝。”《文选》卷11，中华书局1977年影印本，第169～171页。

④ 王延寿，《鲁灵光殿赋》：“骈密石与琅玕，齐玉珰与璧英。”《文选》卷11，中华书局，1977年影印本，第169～171页。

⑤ 王延寿，《鲁灵光殿赋》：“瞻彼灵光之为状也，则嵯峨嶵嵬，……屹山峙以纡郁，隆崫岉乎青云。”唐李善注云：“皆高峻之貌。”《文选》卷11，中华书局，1977年影印本，第169～171页。

⑥ 王延寿，《鲁灵光殿赋》：“三间四表，八维九隅。”注云：“室每三间则有四表，四角四方为八维，并中为九。”《文选》卷11，中华书局，1977年影印本，第169～171页。

⑦ 王延寿，《鲁灵光殿赋》：“皓壁暠曜以月照，丹柱歙□而电烻。……”《文选》卷11，中华书局，1977年影印本，第169～171页。

⑧ 王延寿，《鲁灵光殿赋》：“层栌磥垝以岌峨，曲枅要绍而环句。”《文选》卷11，中华书局，1977年影印本，第169～171页。

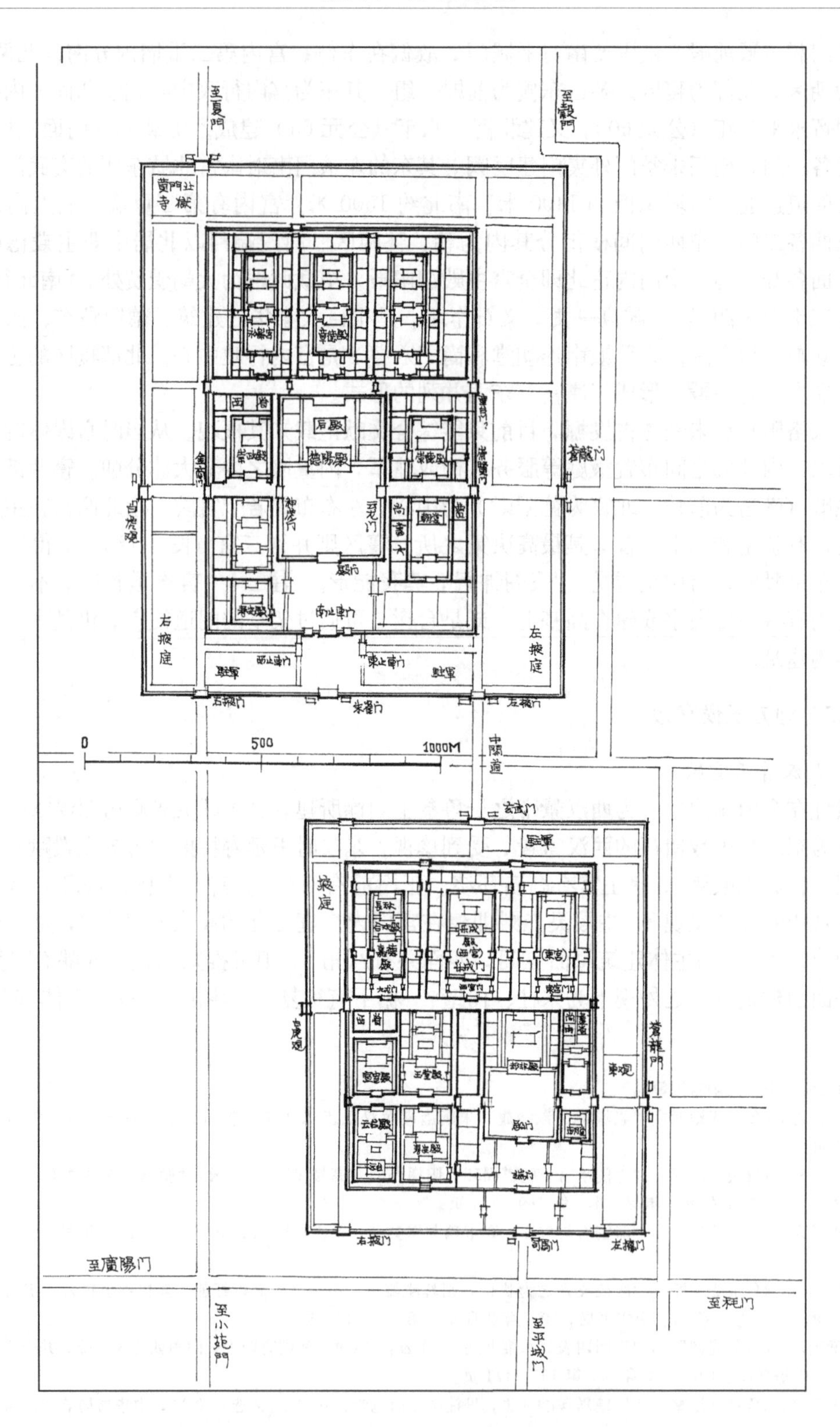

图 4-17　洛阳东汉南宫、北宫示意图

弘敞，四阿屋顶的檐下有高窗，内部有藻井和雕镂精致的梁架檩椽[①]。殿内两端有东、西厢，并附有若干洞房、曲室。综合这些叙述，它是一座建在高台上的亚字形平面的巨大殿宇，应是与长安宫殿近似的土木混合结构建筑。此外赋中描写宫内还有很多要经过阁道登上的高大建筑，还有供远望的高九层的渐台等[②]，但其总体布置已难以考知。

2. 城村西汉前期宫殿址 1

在福建省崇安县城村汉城中部偏南的台地上，是一组主殿在北，由廊庑围成的院落式布局的大型宫院（图 4-18），据发掘简报[③]，该城可能即西汉时闽越王无诸的王城，此宫院即

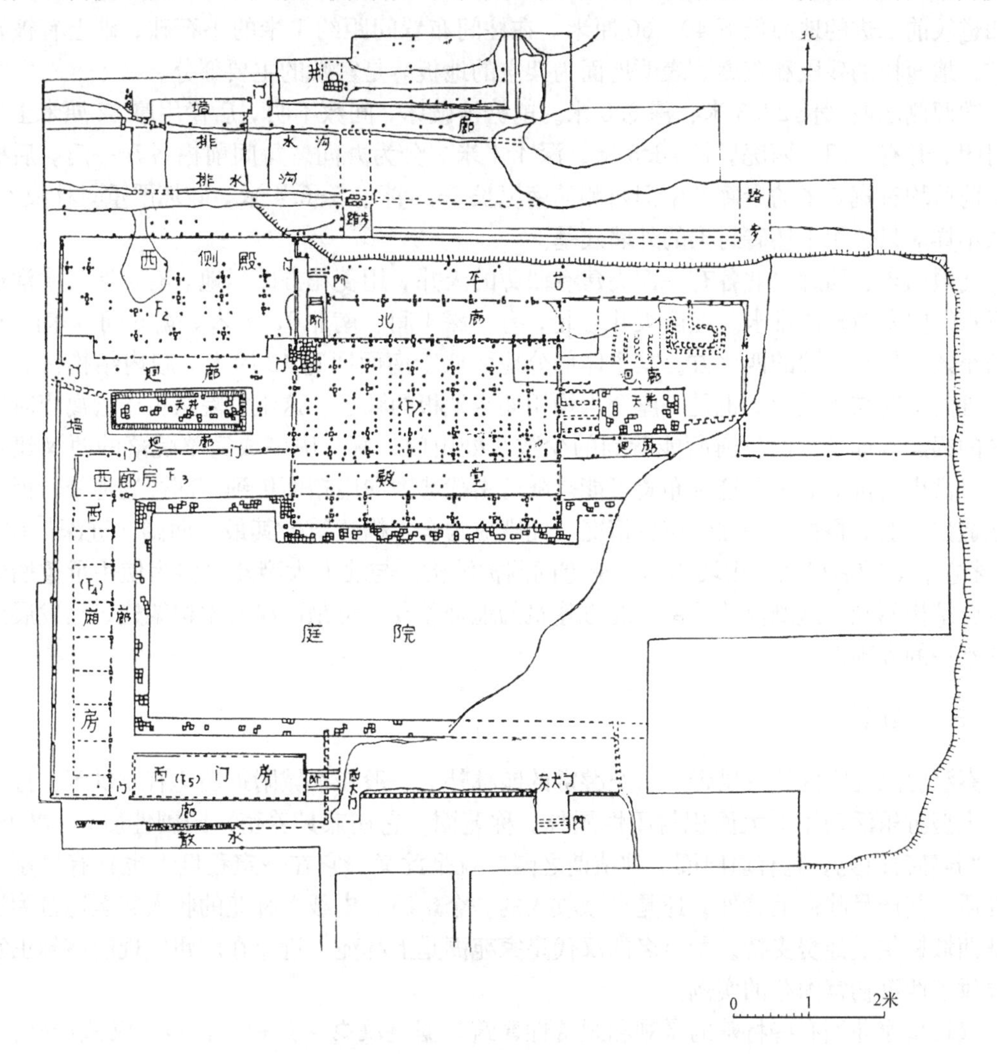

图 4-18 福建崇安城村西汉闽越王宫殿遗址平面图

福建省博物馆：崇安城村汉城探掘简报，图 3，文物，1985 年第 11 期

① 王延寿，《鲁灵光殿赋》："悬栋结阿，天窗绮疏。圆渊方井，反植荷蕖。……云楶藻棁，龙桷雕镂。"《文选》卷 11，中华书局，1977 年影印本，第 169～171 页。

② 王延寿，《鲁灵光殿赋》："渐台临池，层曲九成。……高径华盖，仰看天庭。……中座垂景，俯视流星。千门相似，万户如一。……周行数里，仰不见日。"《文选》卷 11，中华书局，1977 年影印本，第 169～171 页。

③ 福建省博物馆，崇安城村汉城探掘简报，文物，1985 年第 11 期。

其主宫。宫院前临东西干道，南面建有东西对称的两座门和南庑，与北面居中的主殿及其两侧的东、西廊和东、西面的东、西庑共同围合成横长矩形的殿庭。虽宫院之东半部已毁，但若以主殿之中心计，大体可知殿庭约宽 75 米、深 30.5 米。

主殿面阔 7 间、宽 37.4 米，进深 6 间、深 24.7 米，建在高出庭院 0.4 米的殿基上。殿的柱洞为抹角方形，深 160 厘米、方 32 厘米，木柱埋入夯土中后，用四条夹柱石加固，做法为前所未见。殿之前檐墙和东西山墙均用土坯砖砌成，用草拌泥找平，外加白灰抹面。后檐墙为厚 42 厘米的夯土墙。殿内地面做法是沿进深方向前二进为红土夯筑成，北高南低，后四进较前二进的地面低下 40～60 厘米，在柱间布置间距约 1 米的小石础，础上有被焚的木柱、地面枋的残段和灰烬，表明地面为架空的地板，是宫殿的主要部分。

殿西侧之西廊长 28.3 米、深 6.5 米。前檐被破坏，间数不明，后檐用厚 32 厘米土坯砖墙封闭，开有二门。西庑，长 38.5 米、深 4.4 米，分为九间。每间前檐各开一门，后檐封闭，前后均有宽 3 米的走廊。南门西侧的南庑长 26.3 米、深 6.4 米，破坏严重，柱痕不存，间数不详，只余用土坯砖封砌的外墙残基。

在殿的东、西廊之北各有一四周建有回廊的天井，用菱花方砖铺地，有瓦制排水沟通过陶下水管向东西外侧排水。在西天井之北，有一深 4 间、南北 15.7 米，宽 6 间、东西 31.3 米的小殿，位于主殿的西北方。其主体部分地面低于南面回廊 42 厘米，殿内结构柱洞与小石柱础的情况与主殿同，也是一座全木构用架空地板的殿宇。这组宫院虽位于远离当时中心地区的福建，却是我们目前所能看到的少数几处由门、廊、庑围成完整院落的西汉建筑遗址，极富史料价值，说明这种布置可能是随着秦代势力向南拓而传到南部边远地带。但在具体建造技术上，根据殿的柱网布置情况，此殿应为全木构建筑，其最大面阔、进深都在 6～6.5 米左右，前后檐墙及山墙均为不承重的围护结构。与北方大型建筑多为使用承重墙的土木混合结构不同，这既反映了南、北方建筑的地域差异，也是西汉时木构架建筑已发展到较高的水平的表现。

（三）苑囿

秦汉时除在宫内建有供帝王后妃游赏的园林外，一般在都城附近还建有专供帝王狩猎和举行大型游乐活动用的大面积封闭性园林，称苑囿。它还兼具养殖、园圃性质，《汉书注》说："养鸟兽曰苑，苑有垣曰囿，种植谓之园"就是此义。它在一定程度上也具有皇家庄园的性质，其产品除供消费外，还是皇家收入的一个来源，史载上林苑的收入甚至还曾为汉武帝征西域提供过经费支持。最有名的汉代皇家苑囿是上林苑。近年在广州发现的南越王宫苑则提供了西汉初宫内苑的实例。

汉代皇家苑囿有些特殊的景观和观赏性建筑。据《汉书·郊祀志》载，汉武帝好神仙，建建章宫时，在"其北治大池，渐台高二十余丈，名曰泰液。池中有蓬莱、方丈、瀛洲、壶梁，像海中神山龟鱼之属。"[①] 以后太液池和蓬莱、方丈、瀛洲三岛遂成为皇家苑囿的通用题材，沿用至明清。筑在水畔或湖中的台称"渐台"，"渐"指被水浸的意思，是此类台的通称，见《西都赋》注。西汉未央宫、建章宫都有渐台，《鲁灵光殿赋》也称曲阜汉鲁王宫有"渐台临池，层曲九成"。可知也是苑囿或园林中通用题材。但当时如何保持夯土台久浸水中

① 《汉书·郊祀志下》，中华书局排印本④，第 1245 页。

而不颓毁，是一有待研究的问题。

1. 上林苑

在汉长安南郊，南至南山，原是秦代旧苑，汉初废，至汉武帝建元三年（公元前138）又重建。《玉海·苑囿·汉上林苑》条引《汉旧仪》说："上林苑中广、长三百里，置令丞左右尉，苑中养百兽，天子秋冬猎射苑中，取禽（兽）无数。其中离宫七十所，容千乘万骑（指皇帝）。"可知其功能以养殖狩猎为主，七十所离宫均可供皇帝狩猎或游乐时停留或居住。据司马相如《上林赋》描写，大型狩猎活动结束，还要置酒张乐庆贺。上林苑遗址久湮，其型制特点已不可考，但从这些记载看，它近于皇帝私人的园圃和养殖、狩猎场，与游憩的园林性质不同。

2. 南越王宫苑

1995年在广州发现面积近4000平方米的石构水池。1997年又在其西南发现了一条弯曲石渠，由木造暗渠自石构水池引水注入石渠，汇聚成一月牙形水池后，向西屈曲而行，末端经出水木闸注入木构暗渠排出。渠宽约1.4米，长约150米，池及渠两岸用块石砌筑，底部用石板作冰裂纹状铺砌，其上满铺卵石。在月牙形水池上竖立两块石板，其外侧各立八棱石柱，柱顶有榫头，表明其上原建有建筑，可能是一跨水的亭榭。在水渠中砌有两处拱起的弧形，分水渠为三段，上段水位在超过起拱处高度时，始流入下段，起控制逐段水位和流量的作用。平面图如图4-19。

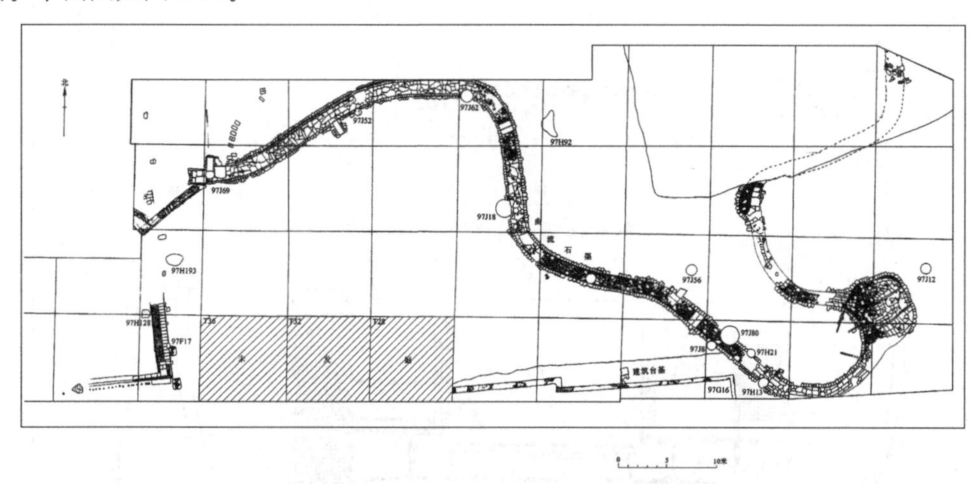

图4-19　广州西汉初南越王宫苑平面图

考古发掘工作查明，此遗址西侧紧邻南越国宫殿址，虽仅存此部分，但据水池之曲折、池上有亭榭址等现象，证明它是南越国的宫苑，其规模虽远不能和长安西汉宫苑相比，却是西汉初园囿仅存的珍贵例证，可通过它了解当时园林中人工构景的水平和工程做法。

（四）礼制建筑

汉代继承周以来传统，把祭天、祭祖视为表示专制王权国家合法性的最重要的仪式。在此基础上又逐渐衍生出对土地（社）、农业（稷）和日月江河等的一系列的祭祀活动，近世简单以"礼制"活动概括之。到西汉中后期，礼制基本系列化、定型化，并形成一定的级差。进行礼制活动需要一定场所，对自然的祭祀源于原始时代的林中高地祭祀，至此遂转化为夯土筑成的露天的坛。对祖先的祭祀周代是以其生前宫室为庙进行祭祀，所谓“生宫死庙”，以后为保持宫室的完整，逐渐另为建庙。西汉时，自太上皇至成帝都在长安分别建庙，综合《汉书》记载，知在庙门前有阙、正殿以其后半为寝，但具体规制不详。至西汉末始出现在宫之南部左侧建宗庙，右侧建社稷坛的主张。东汉定都洛阳后，起高庙，建社稷，以后遂成为历朝遵行的定制。礼制建筑是与宫殿相近的高规格建筑，也是当时最高水平的建筑。

对于礼制建筑，古人多遵守“至敬无文”的原则，力求其简朴庄重，减少形体变化，摒去装饰，而简单、对称的几何形体恰符合这要求。现在所见汉代的礼制建筑如王莽宗庙、辟雍，灵台，其布局和形体均以方、圆形为基础，取得了端庄肃穆的效果。

1. *西汉辟雍*

在汉长安南郊，安门外大道东侧，建于汉平帝元始四年（公元 4）。遗址已发现，是一以直径 62 米（26 丈）、高出地面 0.3 米的圆形夯土台为地基的方形台榭建筑，面积 3844 平方米。其中心部分是一方 17 米（7.2 丈）的大夯土台，残高 1.5 米，其上原建有主体建筑“太室”（图 4-20）。在它的四角沿对角线外延，又各筑有两个小方夯土台。在中心台四壁的外侧和四角各二个小夯土台之间，均建有横长型厅堂，称东、西、南、北四堂，每面宽 33 米。堂前建有地面铺方砖的突出“抱厦”，构成平面为亚字形，每面总宽 42 米（17.9 丈）的

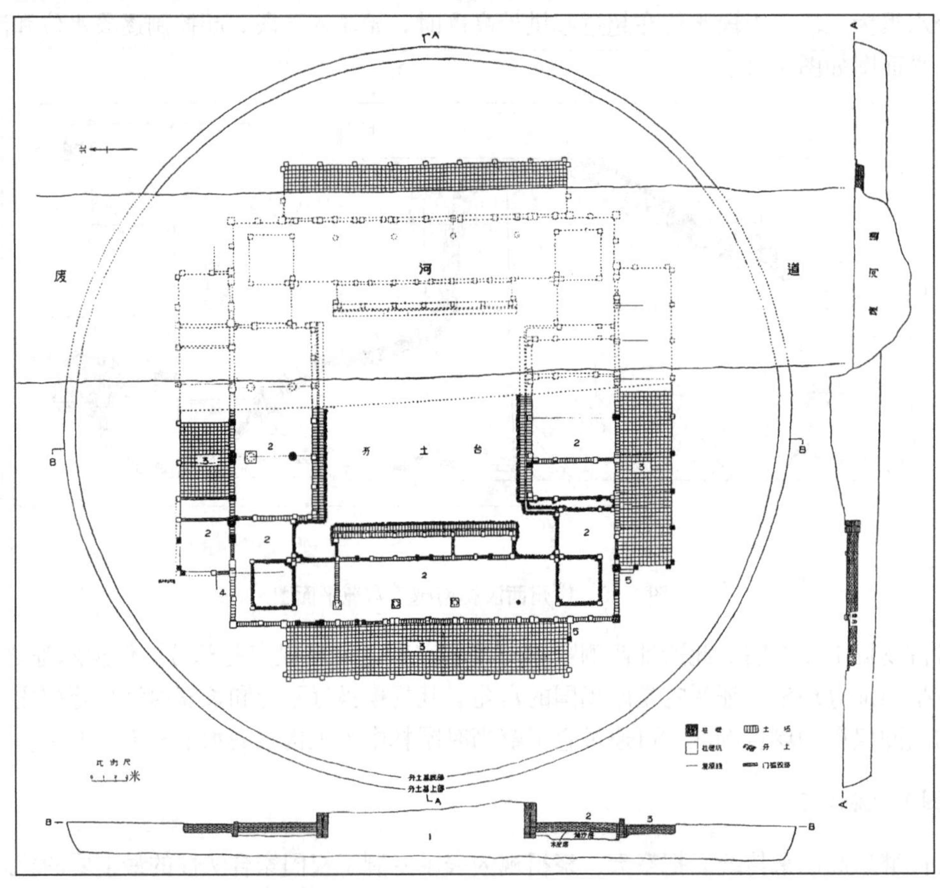

图 4-20　西安西汉辟雍遗址中心建筑平面图

唐金裕：西安西郊汉代建筑遗址发掘报告，附图，考古学报，1959 年第 2 期

台榭。[①] 从四堂和抱厦的夯土基顶面低于室外地平看，此部分应建有高出室外地平的木构地板，其高度介于室外地平与夯土台顶之间。故它有可能是中为高起的太室，四周被室内地平低下 1 米余的四堂环绕，形成中高边低的单层重檐或三层檐攒尖顶建筑（图 4-21）。但也有专家认为可能是四堂和太室均为有平台的二层建筑，由于遗址残损过甚，目前尚未形成较一致的意见。

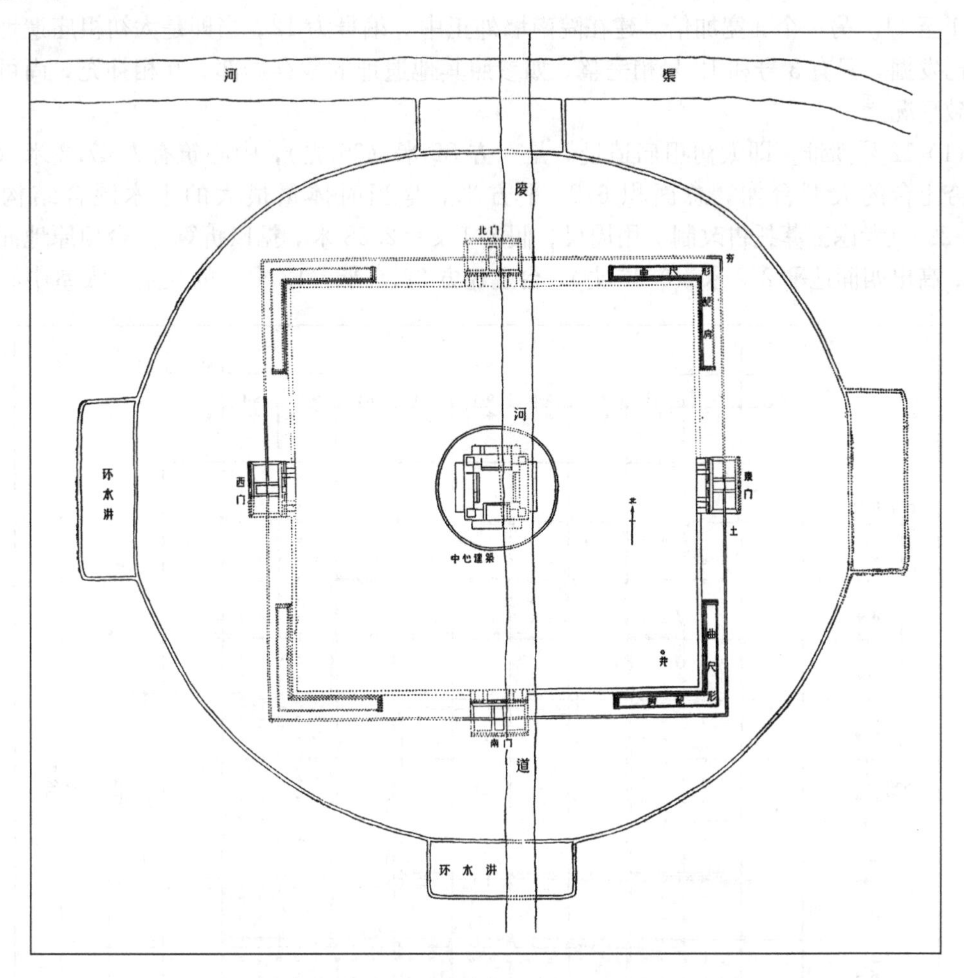

图 4-21 西安西汉辟雍遗址总平面图

唐金裕：西安西郊汉代建筑遗址发掘报告，附图，考古学报，1959 年第 2 期

根据其四周围墙方 235 米、四角曲尺形配房每肢长 47 米、四堂每面宽 33 米折算，当尺长为 23.5 厘米时，围墙方 100 丈，配房肢长 20 丈，四堂面宽为 14 丈。故所用尺长为 23.5 厘米的可能性颇大。

2. 王莽宗庙

在西安南郊，原汉长安城南墙中门安门外大道的西侧。史载地皇元年（公元 20）王莽下令“坏彻城西苑中建章、承光、包阳、大台、储元宫及平乐、当路、阳禄馆，凡十余所，

① 唐金裕，西安西郊汉代建筑遗址发掘报告，考古学报，1959 年第 2 期。

取其材瓦以起九庙”。“殿皆重屋，太初祖庙东西南北各四十丈，高十七丈，余庙半之。为铜薄栌，饰以金银雕文，穷极百工之巧，带高增下，功费数百巨万。卒徒死者万数。”地皇三年（公元22）建成后，“因赐治庙者司徒王寻、大司空王邑钱各千万，侍中、中常侍以下皆封。封都匠仇延为邯淡里附城”。[①] 都匠即大匠，则仇延为实际主持建造者。其遗址共有12座方形台榭建筑，其中11个尺度和规制相同，分三排按4、3、4布置在纵长矩形院中，编号为1至11。另一个面宽加倍，建在院南墙外正中，编号为12，当即是太初祖庙遗址。其遗址已发掘，只有3号和12号稍完整，如参照其他遗址的残存局部，互相补充，尚可了解其大致情况。[②]

（1）12号遗址。即太初祖庙遗址，是一方82米（36丈），中心筑有方47.2米（20.7丈）夯土台的大型台榭，总面积6724平方米，是当时体量最大的土木混合结构建筑（图4-22）（考虑王莽托古改制，用周尺，假定1丈=2.28米，据以折算）。台顶原地面尚存局部，高出四面地平2.2米（0.96丈），台上建方29.6米（13丈）的太室。太室中心有巨

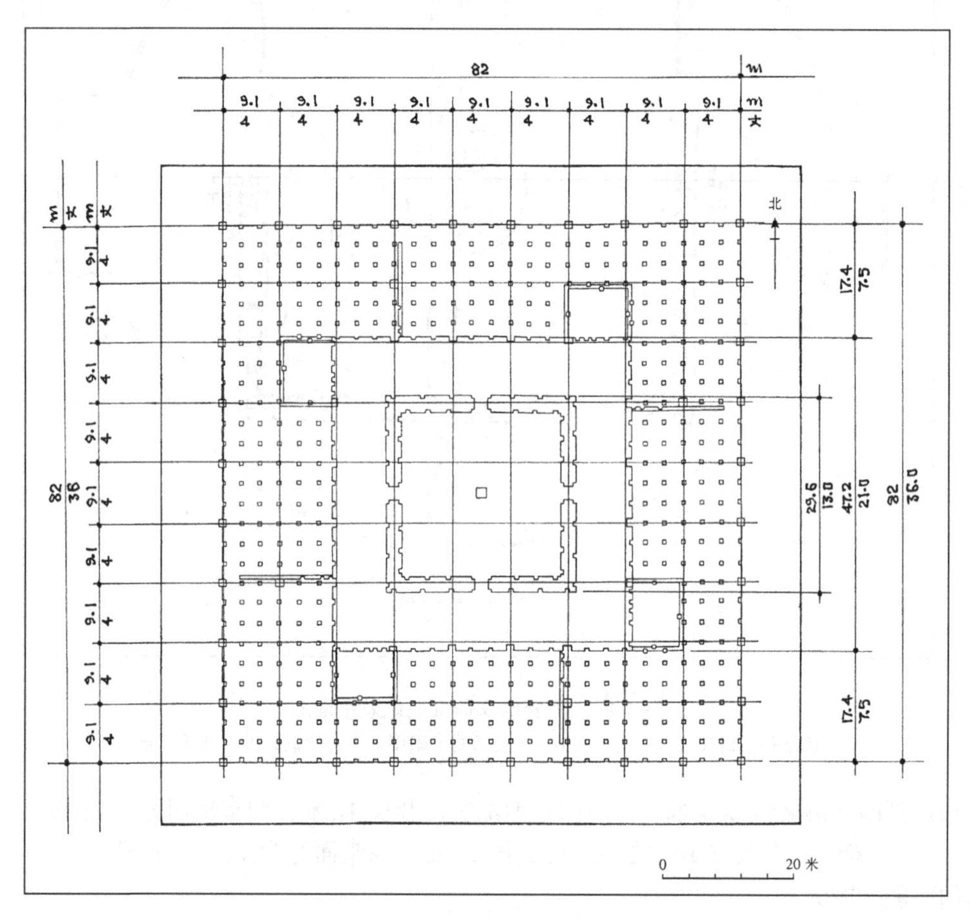

图4-22 西安王莽宗庙第12号遗址中心建筑平面图

中国社会科学院考古研究所：西汉礼制建筑遗址，图83，文物出版社，2003年

① 《前汉书》卷99下，王莽传第69下，中华书局标点本，第4162、4174页。

② 中国社会科学院考古研究所，西汉礼制建筑遗址，文物出版社，2003年。

大柱础，中心凿出方185厘米的池槽，以容纳中心柱。四周筑有厚2.23米（0.98丈）的夯土承重墙，四面正中开门，墙内外用壁柱、壁带和柱顶横枋加固。这种正方形平面用中心柱的房屋，参考山东沂南东汉画像石墓前室、中室的做法（图4-23），其构架可能是在中柱上设栌斗和横栱，承托主梁，分别伸向太室南北壁，构成方形四坡屋顶。四壁外皮至台壁边缘宽8.8米，形成一圈回廊。据台壁的柱痕推算，太室可能是一座上檐3间、下檐5间的重檐攒尖顶建筑。太室四周四堂的柱础分大小二种。以大柱计，每面面阔九间，每间宽9.1米（4丈），总宽82米（36丈），进深2间，总深18.2米（8丈）；在每二大柱间有二列小柱，间距3米，在四堂内形成满堂柱网。据其柱网之密和柱础面与室外地平相同的情况，这些小柱础可能是供建造室内架空地板用的。从台高与室外地平高差2.2米分析，四堂也只能是单层建筑，其地板面应介于台顶和室外地平之间，先由室外的架空木踏步进入四堂，再通过堂内的踏步登上太室外的回廊，然后进入太室。

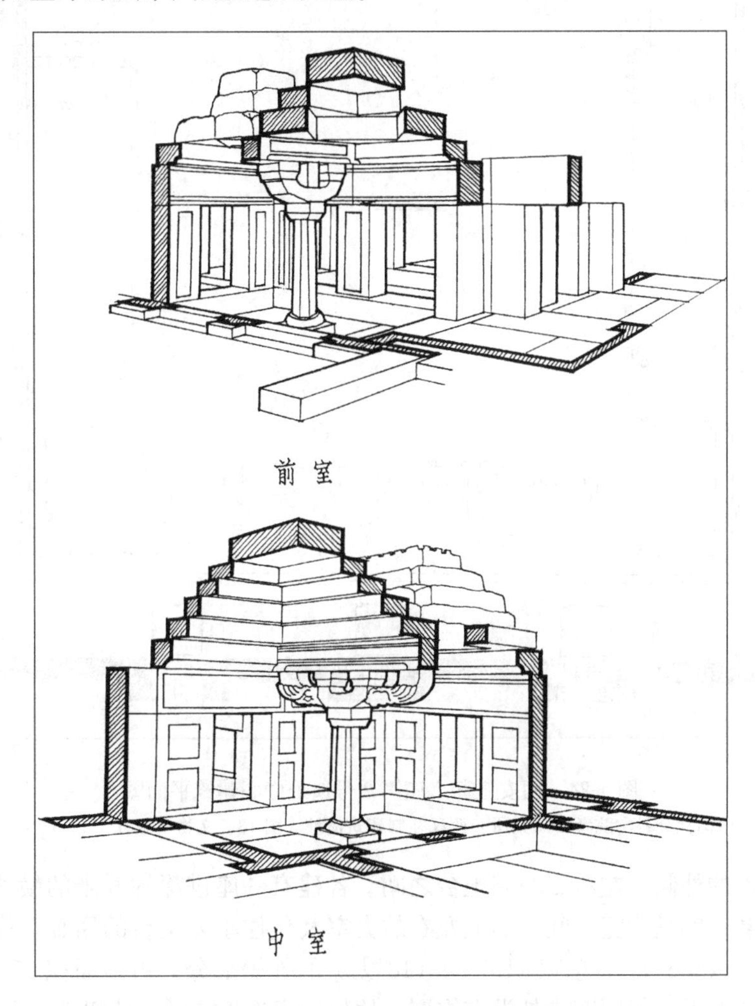

图4-23 山东沂南东汉画像石墓用中心柱前室之构架图

（2）3号遗址。平面方形（图4-24），中心建筑为方27.5米（12丈）左右的大夯土台，为太室所在。发掘报告参照保留着局部台顶原地面的2号遗址的情况，推定台顶应高出四堂柱础面2米，高出室外地平约1.5米。大夯土台四角又各筑有一方7.3米左右的小夯土台。

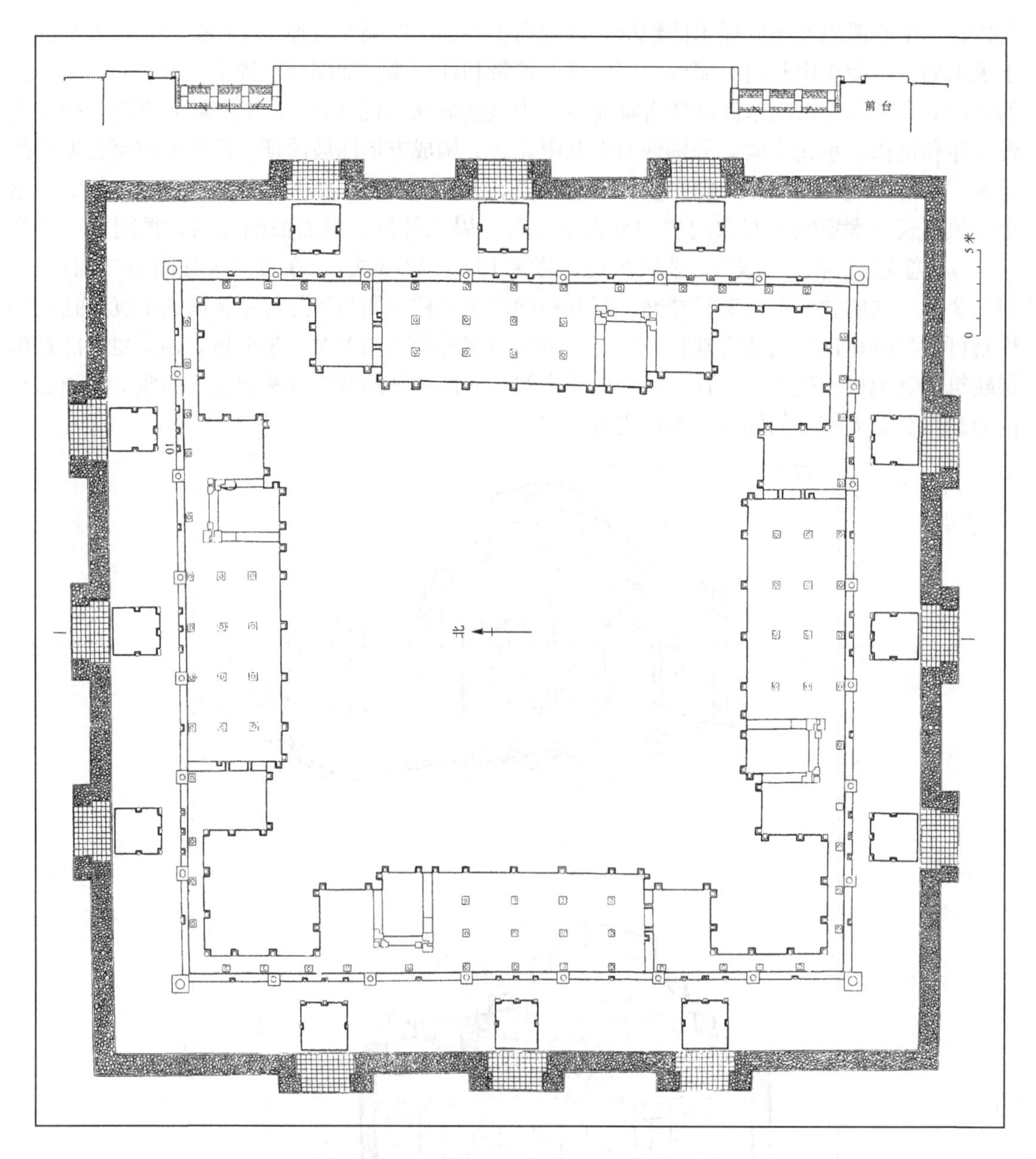

图 4-24　西安王莽宗庙第 3 号遗址中心建筑平面图

中国社会科学院考古研究所：西汉礼制建筑遗址，图 13，文物出版社，2003 年

在大夯土台四面的外侧，左右二小夯土台之间，各建有一座进深约 6 米的横长形堂，即东、西、南、北四堂。四堂均宽 3 间，加上左右的夹室及包住小夯土台的回廊，构成每面 7 间，每间面阔 5.9 米（2.6 丈），总宽 41.7 米（18 丈）的外檐部分，占地面积 1740 平方米。九庙的构造与辟雍相近，但因四堂外没有抱厦，故外轮廓为正方形。从四堂外有架空木踏步的基址和室内柱础面比室外地平低 0.5 米推测，其室内应建有高出室外地平的架空地板。据遗址所示，室内地面做法是在地板上铺一二层土坯，加草泥抹面和红色粉刷。此室内地板上的地面与大夯土台顶地面约有不到 1 米的高差，故在四堂内侧还应设有通上太室的踏步。参照

12 号遗址台顶的情况，太室可能是一座四周筑有用壁柱、壁带、柱顶横枋加固的夯土承重墙，中心立“都柱”，共同支承木构梁架的方形四坡顶的土木混合结构建筑。和战国时高大的多层台榭不同，太室和四堂都是单层建筑，其室内地面间只有不到 1 米的高差，故外观可能是一座每面 7 间的大型重檐攒尖顶建筑。

以上二座建筑都是四边各堂的柱础面低于室外地平，边低中高的单层建筑，其中心土台也仅高出室外地平 2 米左右，堂、室间高差不到一层的高度，与以前的多层台榭不同。但从太室居中高起为独立的建筑，四堂背倚大夯土台、左右各由两个小方夯土台扶持，以保持其稳定等特点看，仍保持着战国时台榭的基本结构特点。

3. 东汉洛阳灵台

在东汉洛阳城南面平门向南大道的西侧，建于东汉光武帝中元元年（公元 56），是国家的天文台。其遗址已于 1975 年进行发掘。据发掘报告[①]，它是一夯土筑的两层台，残长东西约 41 米，南北约 31 米（图 4-25）。第一层台为周庑，以周庑外檐柱中（亦即夯土台的外缘）计，约宽 43 米。周庑以内即第二层夯土台，每面宽 27 米。现土台残高为残高 8 米余，但史载灵台高 6 丈（《洛阳伽蓝记》也说它残高 5 丈余），故若按汉尺 2.35 米/丈折算，台之原高可能在 14 米左右。

周庑外有宽 2 米的砖廊道和宽 1.2 米（近 0.5 丈）的卵石散水。但据砖廊道外侧无柱的情况，它应是周庑挑檐下的道路，不是独立的廊子。

周庑原地面局部尚有存者，用条砖按人字形铺设成。若以其外的砖廊道标高为 0.00，则周庑所在第一层台的地面标高为＋1.70 米。周庑北面外檐残存六个柱础，分为五间，每间面阔约 5.4 米（2.3 丈）（据图上比尺量出），中间又用小柱础等分为二。周庑每面进深约 8.2 米（3.5 丈）（据图上比尺量出）内倚第二层台的台壁，壁上开有壁柱槽，槽下埋有柱础，与外檐各柱相对。在周庑的西面后部，于二层台壁上向内挖出一进深约 2.6 米（1.1 丈）、宽 5 间的窟室，地面铺方砖。按一般台榭做法，周庑应为平顶，外侧局部挑出屋檐，自室内有梯道登上平屋顶。周庑如以中间 5 间和两端转角处各 1 间通计，每面宽 7 间，通面阔为 27 米（11.5 丈）。

通过对灵台遗址的分析，可知它入口在北面，进入周庑后，经梯道登上周庑平顶，再经设在平顶上的倚台壁梯道登上台顶。灵台观天文之主体部分应为方 27 米、高 14.1 米（亦即方 11.5 丈、高 6 丈）的高台，其下的周庑和挖入台内的窟室是官员办公和存放设备的处所。从它分上下二层、内有窟室看，是典型的台榭做法。

（五）陵墓

自战国起，开始有在墓上建封土冢丘、享堂，外筑围墙、辟门，形成陵园的做法，在秦则出现墓上筑冢丘，墓侧建寝殿的做法。秦始皇统一全国后，依秦之陵制，扩大在骊山的陵墓，以巨大的陵丘为中心，墓侧建寝殿，周以陵垣，按“事死如事生”的要求，增建供每日上食的便殿和吏舍，并安排大量宫女、阉宦守陵，形成规模巨大的陵园。西汉初基本继承秦制，但稍加改变。首先改秦陵东向为南向，又改陵垣二重为一重。汉陵垣四面开门，门外建三重阙，四角无角阙。寝殿、便殿附在陵垣之外。东汉时又改制，以木制的行马代替陵垣，

① 中国社会科学院考古研究所洛阳工作队，汉魏洛阳城南郊的灵台遗址，考古，1978 年第 1 期。

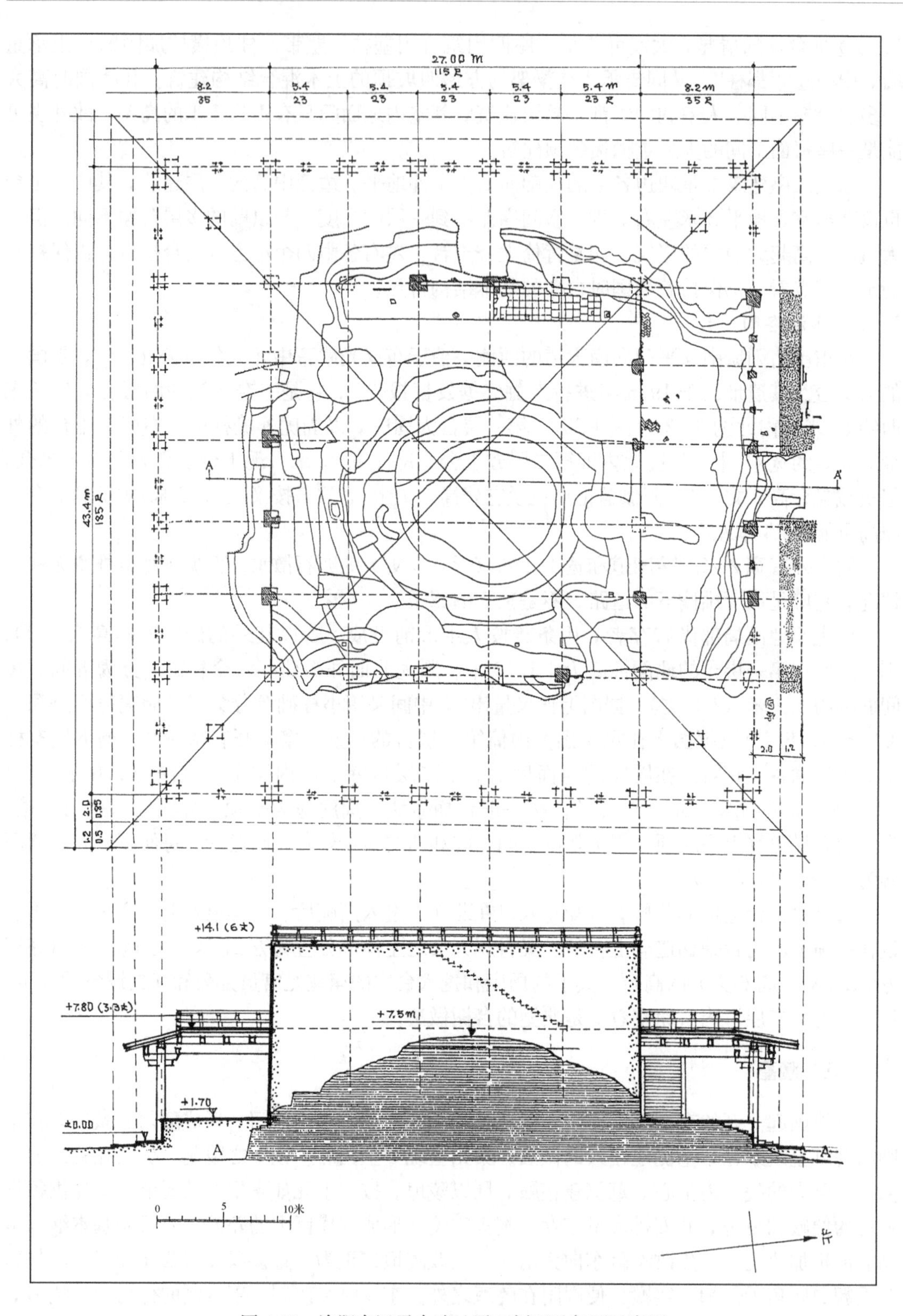

图 4-25　洛阳东汉灵台遗址平面剖面及复原示意图

仍开四门，在行马内建石殿和钟虡，殿北建寝殿和园吏舍，较西汉帝陵又有所缩减。① 由于秦、汉帝陵尚未发掘，地宫构造不详，其地面部分主要是巨大的土方工程和砌石及雕刻工程。

汉代王以下冢墓只能一面开门，用二重阙。② 一般贵官、富室则多为土穴墓，地上起冢丘、建墓垣，开一门，门外按等级建二重阙或单阙，一般人非特许不得建阙。其墓室贵者以用砖石拱壳衬砌为多，一般人则以土圹、土冢为主。

受礼制和社会舆论的推动，帝陵要求“事死如事生”，故需安排专人守陵。古代有以天下收入的三分之一入山陵的说法，虽未必如此，但建造和维持巨大的墓园要耗费极大的人力、物力却是事实。一般富人讲究“慎终追远”、“孝当竭力”，也要尽力达到其人的等级标准，故建陵、造墓是古代社会虚耗巨大的工程之一，尤以帝王陵为最。

汉代由于铁制工具大量使用，凿石开山能力增强，崖墓遂逐渐增多。西汉以来，帝陵如文帝霸陵，王墓如满城中山靖王墓、永城梁孝王墓，贵族、贵官、地方豪强墓如四川彭山、乐山等地均有开凿崖墓之例。用块石砌的梁柱式和拱券式墓室在东汉时也颇为流行。

1. 秦始皇陵

公元前 246 年秦始皇初即位即择定在骊山建陵墓，至公元前 221 年统一全国后，发全国刑徒七十余万人大规模建造。史称秦二世元年（公元前 209）章邯曾发骊山刑徒阻击起义军，可知在 211 年秦始皇入葬后仍未完全毕工。

（1）布局。在陕西临潼县东骊山北麓，外有二重陵垣，呈南北长矩形，陵丘偏在南半部（图 4-26）。外陵垣南北 2165 米、东西 940 米（若 1 丈＝2.3 米，则为 941 丈×409 丈～940 丈×410 丈），四面各开一门，均正对陵丘。内陵垣南北长 1355 米、东西宽 580 米（589 丈×252 丈～590 丈×250 丈）。外陵垣的长宽恰为内陵垣的 1.6 倍。内陵垣分南北两区，南区为陵丘，北区中间加南北隔墙，分为东西两部分，东部南端加横墙封闭，自为一区。内陵垣在南、东、西三面各有一门与外陵垣之门遥对，也正对陵丘中心，北侧在东、西两部分各开一门，不与外陵垣上北门相对。在内、外陵垣各门中，只有东、西、南三门内外相对，并正对陵丘，但南门面山，不可能是正门，而在陵东面有巨大的兵马俑坑，表明始皇陵是东西向的，正门向东。在内外陵垣的各门外都建有双阙，内陵垣四角还有角阙。③

近年经考古发掘，对陵内布置有较多了解。在内陵垣中，陵丘偏在南区，其北发现寝殿遗址，在北区西部发现便殿遗址，在北区东部发现陪葬墓；在西面内、外陵垣之间发现园寺吏舍遗址、饲官遗址和珍禽异兽坑、马厩坑等。综合上述情况，可知它的基本布局是以陵丘为中心，形成一条东西向轴线，寝殿在陵丘北侧。便殿等附属建筑安排在内陵垣的北区。③

（2）陵丘。陵丘呈平面南北略长的方锥形，腰部有二缓坡，顶上有小平台。陵丘为夯土筑成，20 世纪初尚为东西 485 米、南北 515 米，近年因水土流失，缩小至现状的东西 345 米、南北 350 米，高约 76 米。陵丘下为地宫，其地下宫墙南北 460 米、东西 392 米（若 1 丈＝2.3 米，则为 200 丈×170 丈），厚 4 米，用土坯垒砌，四面有门。其内即墓室。因未

① 《后汉书·礼仪志下》刘昭注引《古今注》。中华书局标点本，⑪册，第 3149 页。

② 《汉书·霍光传》记载，霍光死后，其妻增大茔制，“起三出阙，筑神道，北临昭灵，南出承恩。盛饰祠室，辇阁通属永巷，而幽良人婢妾守之。”成为以后罪状之一。可知三重阙为帝王之制。筑南北神道亦即南北辟门，和冢上作辇阁之道和永巷也都是违制的。中华书局标点本，⑨册，第 2950 页。

③ 陕西省考古研究所、秦始皇兵马俑博物馆，秦始皇帝陵园考古报告，科学出版社，2000 年，第 10～12 页。

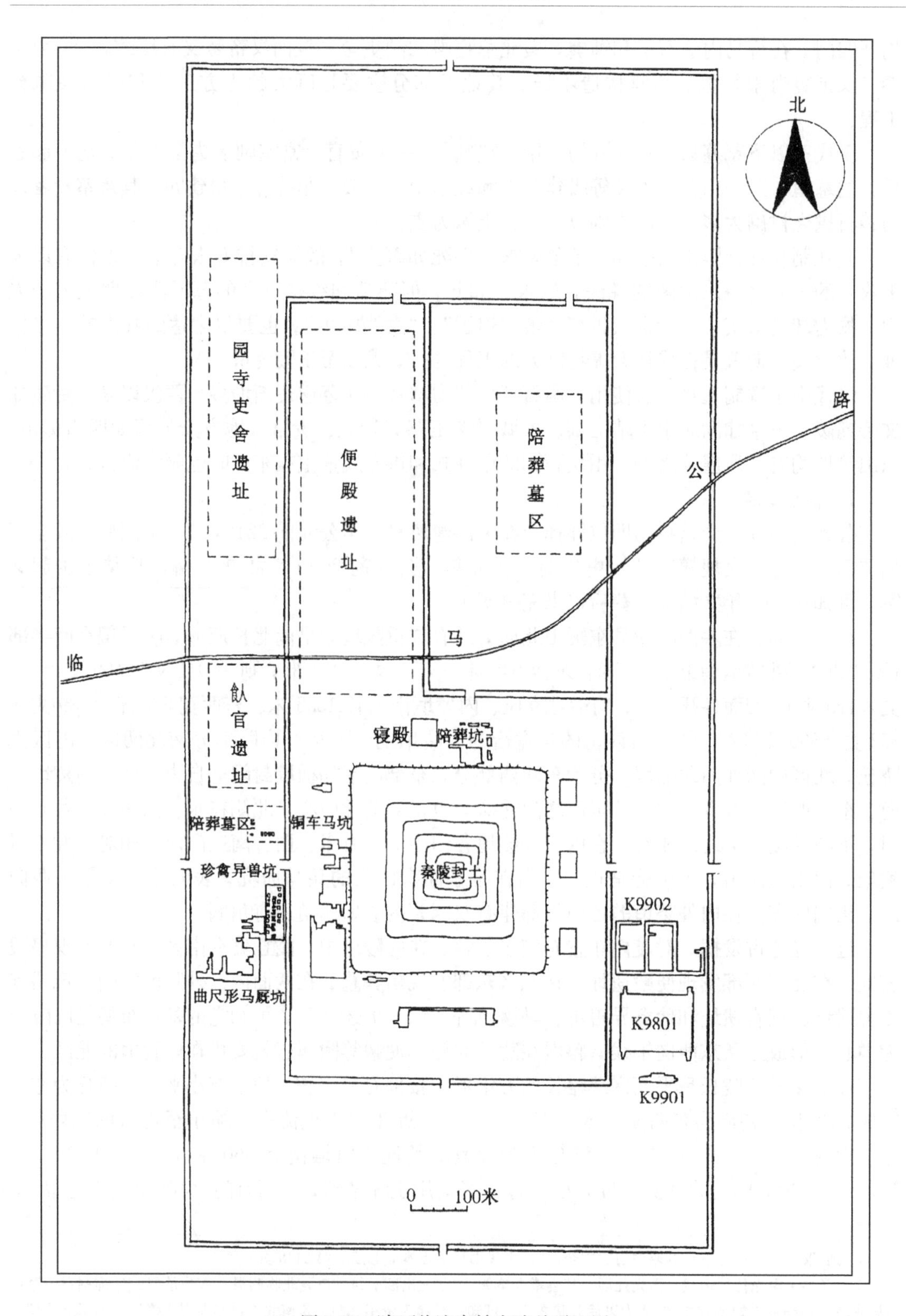

图 4-26　陕西临潼秦始皇陵总平面图

陕西省考古研究所、秦始皇兵马俑博物馆：秦始皇帝陵园考古报告，图 2，科学出版社，2000 年

发掘，内部情况不明。①

（3）寝殿址。是陵园内最大一座建筑基址。在陵丘北面53米处，稍偏西，从南北62米、东西57米分析，应是东西向建筑，与陵之方向一致。殿址四周有宽3～5米的回廊，中间为高台殿基，用青石铺砌台阶。殿之四壁用夯土筑成，表面抹草泥，外罩白灰面层。地面做法为在夯土基上铺四层河卵石，抹一层泥浆，然后在其上铺有线雕菱形纹的石板作面层。

（4）便殿遗址。在内垣北区西部，由10座房址组成，一字排列，多为进深较小的建筑，仅有一座东西50米、南北近20米的大型建筑。房屋的夯土墙用细草泥抹面，个别有镶贴石板之例。地面多铺石灰石板，其中一例在夯土基上抹粗、细二层草泥后，表面加深红色涂料，属于较高规格。遗址中还出土大量建筑构件，有高48厘米、直径61厘米的夔纹巨型瓦当，长53.5厘米、宽16厘米的甬瓦，五边形陶下水管等，可据以了解当时建筑的规模和建造方法。

（5）兵马俑坑。在外陵垣之东1225米，位于东门外大道之北侧，已发现3个，编为1～3号，总面积约2万平方米。1号坑最大，东西230米，南北62米，距现地面4.5～6.5米（图4-27和图4-28）。考古工作者把它划分为27个探方进行工作，目前只发掘了东端东西长36米的5个探方。它可视为是一座埋入地下的平顶土木混合结构建筑，其做法是先挖地坑，把坑底地面夯实，然后夯筑10条原高3.2米、宽1.83～2.08米不等的东西向隔墙，在其间形成11条通道。中间9条通道宽3.2米，两侧两条宽度减半，地面铺青色条砖。在通道两侧沿隔墙底部开宽、深约30～40厘米的水平槽，夯实后置入木地栿，地栿上靠壁面立直径在30厘米左右，高约3.2米，间距约1.5～1.75米的圆形木柱（少数方形），形成壁柱列，在壁柱列上架设木枋，形成通道两侧靠墙的木框架，其间架设密排的直径30～35厘米的圆木（或木枋），构成通道的顶部。圆木短者长4.5～5米，长者8～12米，可跨过两条通道顶。顶上间隔使用多跨的长圆木，可以增加构架的整体性。各通道铺满圆木后，上铺一层芦席，在席上覆盖20～30厘米的红、白土与砂的混合土，其上再用土夯实，直至高出原地面少许。但未发现其上有建筑遗迹。通道内即陈设用等身的人马俑布成的军阵，中间9条各二行，两侧2条各一行。②

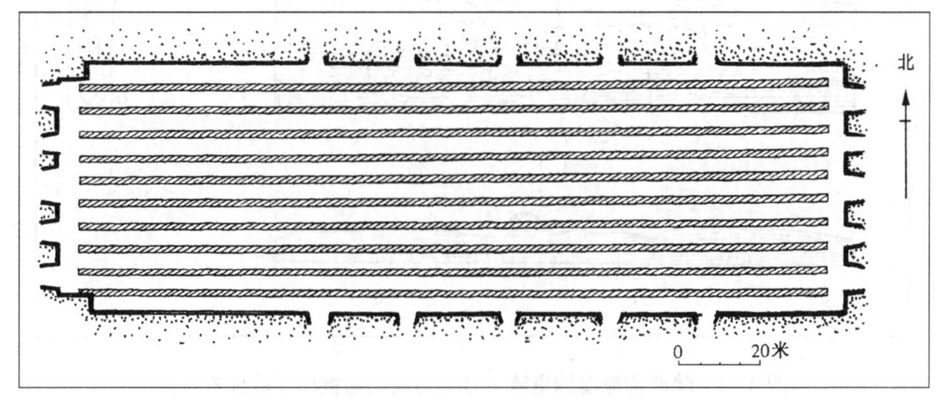

图4-27　陕西临潼秦始皇陵1号兵马俑坑平面图

陕西省考古研究所、秦始皇兵马俑博物馆：秦始皇帝陵园考古报告，图3，科学出版社，2000年

① 陕西省考古研究所、秦始皇兵马俑博物馆，秦始皇帝陵园考古报告，科学出版社，2000年，第7～9页。

② 陕西省考古研究所、始皇陵秦俑坑考古发掘队，秦始皇陵兵马俑坑——一号坑发掘报告，文物出版社，1988年，第42～45页。

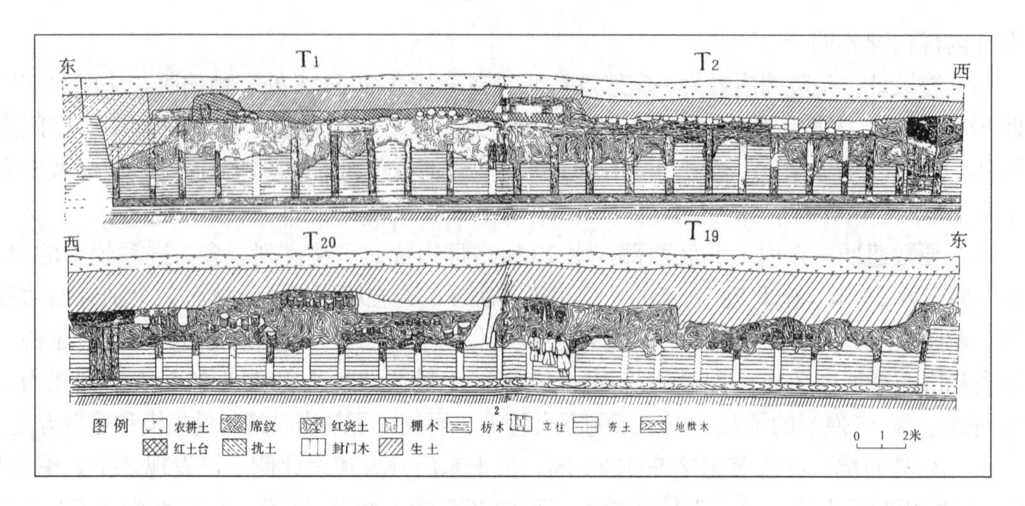

图 4-28　陕西临潼秦始皇陵 1 号兵马俑坑剖面图

陕西省考古研究所、秦始皇秦俑抗考古发掘队：秦始皇陵兵马俑坑一号坑发掘报告，图 9，文物出版社，1988 年

始皇陵考古发现迄今以兵马俑坑为最重要，其中反映了较多建筑做法，尤值得珍视。从此处所用顶部圆木的两端都超过木枋向外延伸压在隔墙上分析，隔墙明显是承重主体，而木构架只起加固夯土墙或墩台防止其崩塌的作用。这种做法在秦汉的殿基、台榭、闸坝、城门道中也都可见到，表明这种以木地栿、壁柱和木枋构成木构架附在夯土壁内、外，是土木混合结构的最通常做法。木构架中地栿的连接处采用分别斫去上半和下半后搭接的做法，并在搭接处的侧面使用木质银锭榫加固（图 4-29）。搭口连接和使用银锭榫的方法已见于战国和汉代墓的木椁中，使用在建筑木构件上，此是已发现的较早之例。

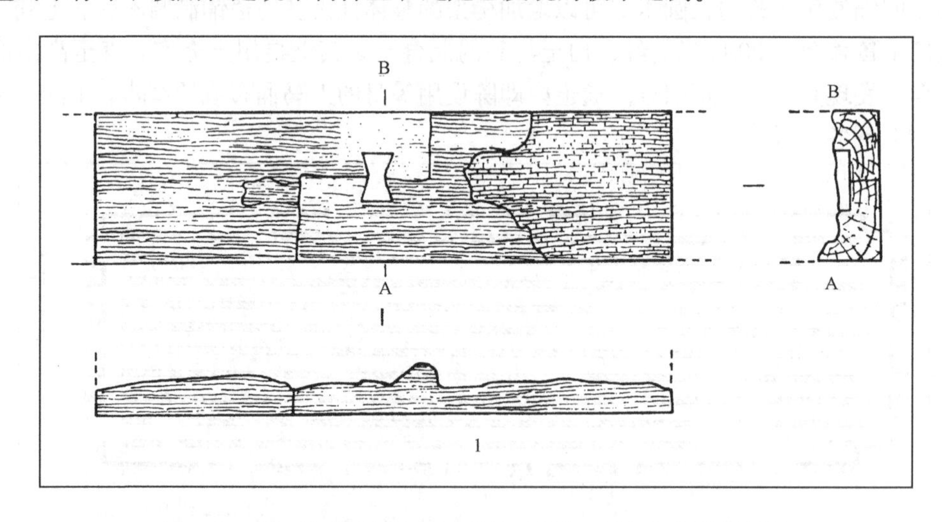

图 4-29　陕西临潼秦始皇陵 1 号兵马俑坑地栿用银锭榫连接图

陕西省考古研究所、秦始皇秦俑抗考古发掘队：秦始皇陵兵马俑坑一号坑发掘报告，图 10，文物出版社，1988 年

根据秦始皇陵的实测尺寸折算，其规划可能也是以 10 丈网格为布置基准的。其详将在第三节建筑群组布局部分探讨。

2. 两汉陵墓

西安附近西汉陵墓共十一座，除文帝霸陵在西安之东和宣帝杜陵在西安南面外，其余九座在西安北咸阳原上，东西并列。除文帝霸陵因山为陵外，西汉诸陵都是平地深葬、夯筑覆斗形陵山，外建单重陵垣、四面开门、附建寝园、帝后陵并列的型制。目前只对景帝阳陵和宣帝杜陵做了较多考古工作，可了解其概貌。

东汉陵墓在洛阳附近，均未经考古发掘，只能据文献知其大略和与西汉陵墓的差异。其帝陵陵园平面仍是方形，正中建覆斗形陵丘，但尺度小于西汉各陵。除光武帝陵四周筑有陵垣外，明帝以后各陵改陵垣为行马，即木杈子之类，对旧制加以简化。但在陵前增建石殿，设钟虡，改庙祭为上陵时祭祀，是东汉陵制的巨大变化。东汉虽仍实行秦、西汉以来日夕上食于寝殿的“事死如事生”的制度，但改变了西汉时寝园设在南门外东侧的布置，移在东面行马之外，称东园，内建寝殿及园省，并在殿北建吏舍。陵前建祭殿创始于东汉，对后世陵制的形成有重要影响。①

（1）西汉景帝阳陵。在陕西咸阳，始建于公元前153年，公元前141年入葬。陵区以帝陵及其东北侧的后陵为中心，四周有陵庙、从葬坑、刑徒墓等，其东建有陵邑。

阳陵陵园平面方形，边长418米（183丈），周以厚3.5米的陵垣，每面正中辟门，门道两侧有夯土筑成的门塾和三出阙，表面涂朱红色，周以回廊，东西宽131.5米，型制壮伟。陵山在陵园正中，呈覆斗形，底边东西宽167.5米（73.5丈），南北宽168.5米（74丈）；顶边东西宽63.5米（28丈），南北宽56米（24.6丈）；高32.28米（14.1丈），夯土筑成。墓室即在其下，未经发掘，情况不明。在陵丘四面，垂直于它，发现密排的86条从葬坑。其构造是先沿坑两侧铺地栿，栿间铺木地板，栿上立柱形成柱列，两其上各架设木枋，两枋之间架设棚木，构成顶部构架，上铺芦席，形成木构的地下隧道，做法与秦俑坑基本相同。坑内放置武士、车马、武器、六畜等陶制明器。它的寝园的位置也有待探查。②

（2）西汉宣帝杜陵。在西安市东南部，帝、后陵东西并列而后陵略偏南。帝陵陵园平面正方形，每面宽433米，周以夯土筑的陵垣，厚8～10米，每面正中开一门（图4-30）。为土木混合结构，门道宽13.2米，前后各用二柱分为三间，深17.4米，其左右夹以夯土筑的宽10米的门塾，形成总宽约33米余的陵门，但门外无阙。陵丘为正方形，居陵园正中，底宽172米，顶宽50米，高29米，呈覆斗形 ，夯土筑成。体量、形制与阳陵大致相同。其下地宫未发掘。

在杜陵陵园外还发现了寝园，位于南门外东侧，北倚陵垣，余三面筑土墙，北墙174米，南北深120米（图4-31）。中部偏东用一条南北向廊分为东西二部。西部宽116米，中建东西50.6米、南北29.3米的寝殿，即陵之主殿。惜上部已毁，主体结构形制已难考知，但从四周有宽2.1米的砖地面和散水分析，原应有较大的挑檐或周以檐廊。东部为又分为南北两区，南区西为便殿，前后有廊围成的院落，是宫人日夕上食展衾之处。其西部有很多用夯土承重墙分割成的小建筑，应是辅助建筑。

在杜陵东南575米处有王皇后陵园，方335米，四面正中各开一陵门，陵丘居陵园正中，底方148米，顶方45米，高24米。

杜陵是有较完整地面调查资料的汉陵，其寝园部分是迄今所见唯一的例子，对了解西汉

① 《后汉书》卷十六·志第六·礼仪下，引《古今注》。
② 陕西省考古研究所，汉阳陵，重庆出版社，2001年。

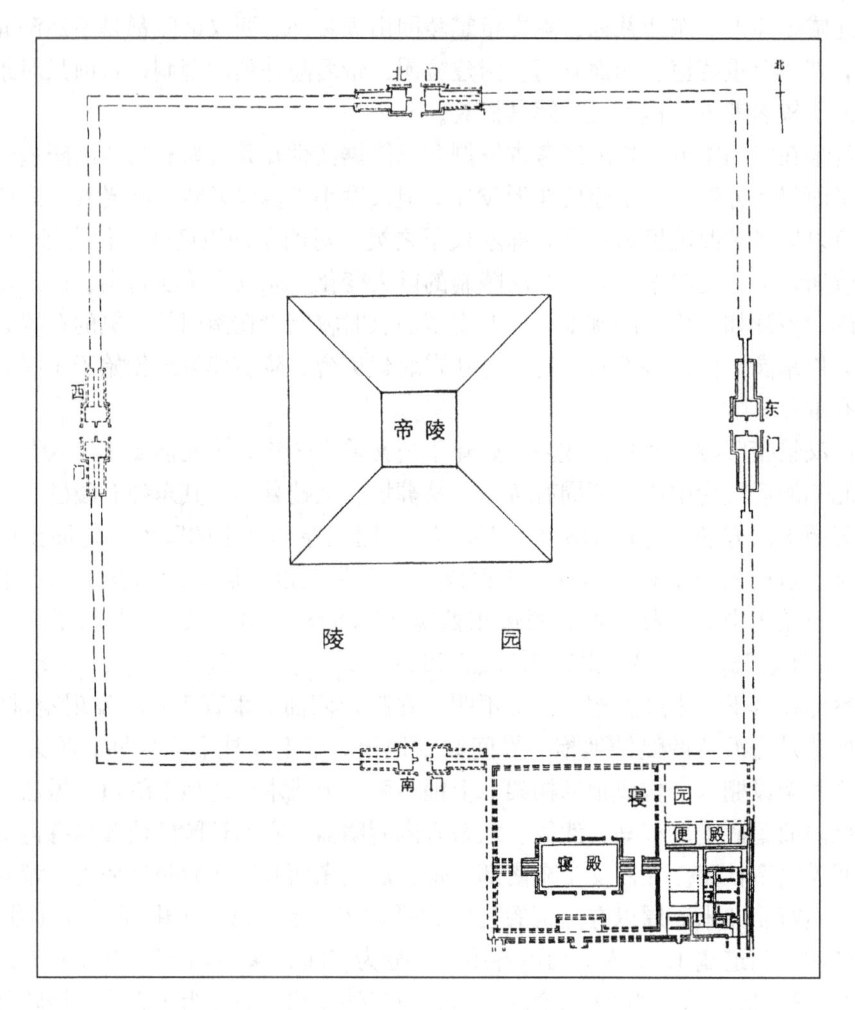

图 4-30　西安西汉杜陵总平面图

中国社会科学院考古研究所：汉杜陵陵园遗址，图 3，科学出版社，1993 年

陵制极有帮助。陵邑在其西北面，已发现局部邑墙，东西 2250 米、南北约 680 米。①

对杜陵的实测图和数据进行分析，还发现是以方 10 丈网格为布置基准的，陵园方 190 丈，寝园方 50 丈，这将在第二节内探讨。

3. 各地方王侯贵官墓

汉代地方王侯贵官建了大量坟墓，构造除木椁墓、砖石拱券墓外，还有崖墓、凿石隧道墓等。崖墓中满城中山王墓在大尺度的洞窟内搭建木、石建筑，凿石隧道墓如河南永城梁孝王墓则把洞窟依宫室布置凿出各大小室，手法又不相同。砖石拱券墓特点将在砖石拱壳结构部分探讨，此处只举最巨大豪华的大虎亭一号东汉墓为例。

（1）满城西汉中山王刘胜夫妇墓。在河北省满城县西陵山上，主峰居中，南北二峰夹峙，宛如双阙，很好地利用了天然地形。在主峰东面近顶处开出一段平台，形成高 10 左右

① 中国社会科学院考有研究所，汉杜陵陵园遗址，科学出版社，1993 年。

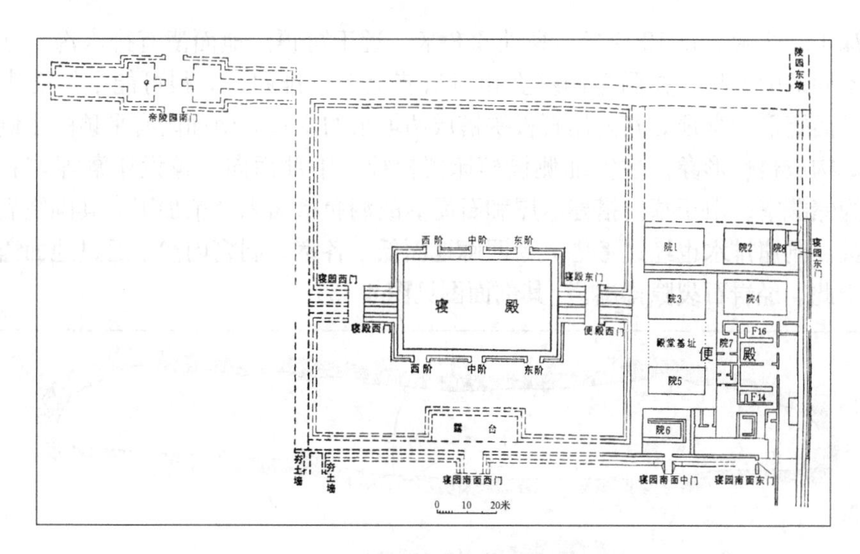

图 4-31　西安西汉杜陵寝园平面图

中国社会科学院考古研究所：汉杜陵陵园遗址，图 10，科学出版社，1993 年

的崖面，墓即自崖面向山体内开凿，王墓在南，后墓在北，呈座西面东，南北并列的布置。王墓分墓道、甬道、中室、后室、回廊五部分，作穹顶或拱形顶。后室置棺椁，中室设祭物，象征前殿、后寝。甬道左右有耳室，储随葬物。墓室总深 51.7 米，以耳室两端计，宽 37.5 米，容积约 2700 立方米。在甬道、中室、耳室地面上发现瓦及朽木，表明在洞窟内曾建有覆瓦的木建筑，以表现宫室的形象。其平面图见图 4-32。

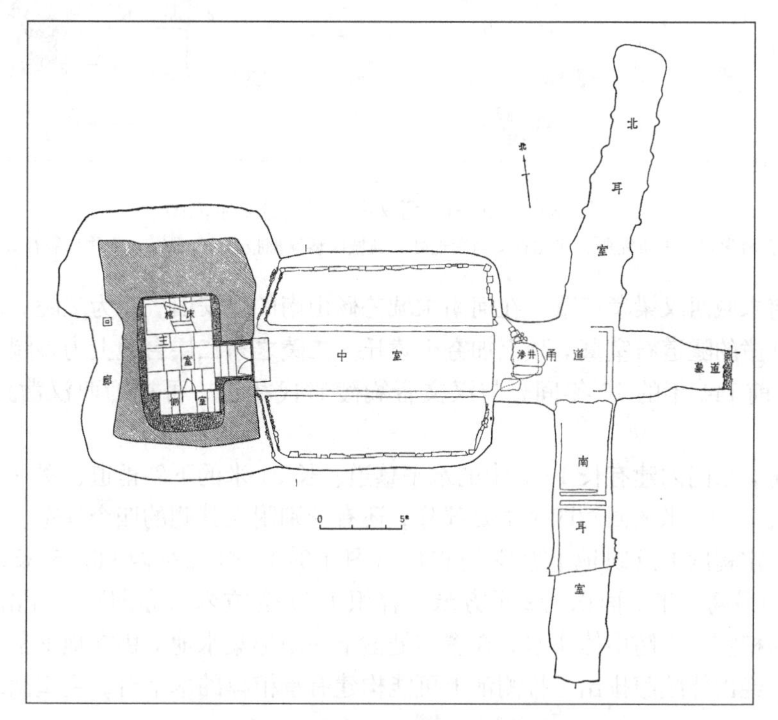

图 4-32　河北满城西汉中山王刘胜墓平面图

中国社会科学院考古研究所、河北省文物管理处：满城汉墓发掘报告㊤，图 4，文物出版社，1980 年

中室深14.92米，宽12.6米，高处6.8米，近于穹顶。地面凿有排水沟，分地面为三条，放置不同的随葬品。在洞窟四壁上相对凿有上下三排卯口，很可能是供搭建木建筑之用。后室平面矩形，穹顶，其内用石板拼搭成两坡顶的主室，南面附有平顶的小侧室，内表面涂红漆，构成寝殿形象。主室北侧设棺床置棺椁，中部面向棺椁设漆案等，上置生活用器。侧室为储藏室。由于墓内搭建木屋和石屋，故洞窟壁面未经精加工，其围绕后室的回廊和耳室尤甚。洞窟排水也经过考虑，令回廊地面低于各室，洞窟内渗水通过地面凿出的小水沟。汇集于此，经岩石裂隙排出。[1] 其剖面图见图4-33。

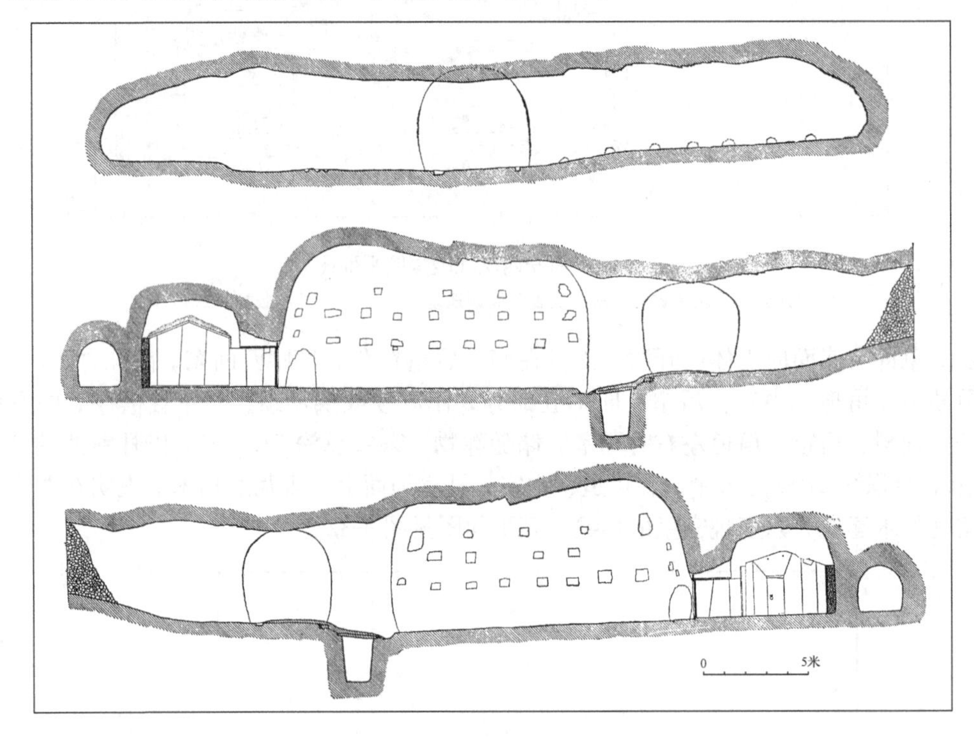

图4-33　河北满城西汉中山王刘胜墓剖面图

中国社会科学院考古研究所、河北省文物管理处：满城汉墓发掘报告㊤，图5，文物出版社，1980年

(2) 河南永城西汉梁孝王墓。在河南永城芒砀山南的保安山，南为王陵，北为后陵，均为向山体内开凿的隧道石室墓，顶上加夯土陵丘。二陵之东二层台地上为寝园。王陵约建于公元前154～前144年的10年间，与汉文帝霸陵时代相近，可视为西汉凿山为陵的早期实例。

王陵东向，墓门内建有长19.3米的水平墓道、长21米的下斜甬道、深9.6米宽4.7米的主室、周长75.15米的回廊四个主要部分，还有分别附在其侧的四个耳室、六个侧室、四个角室，在一定程度上反映地上宫室的布局（图4-34）。全墓东西96.45米，南北最宽处32.4米，室内最高3米，面积612平方米，容积1367立方米（亦即石方开凿量），规模颇大。其主室为棺室。为防山体渗水，在置棺处凿下一矩形集水池，由在地上凿出的沟渠将水引入集水井，经山体缝隙排出。推测池上可能构建有承棺椁的木平台。主室南北两侧各有三

① 中国社会科学院考古研究所、河北省文物管理处，满城汉墓发掘报告，文物出版社，1980年，第10页。

个面积5～10平方米的侧室，回廊四角各有面积20平方米以上四个角室，都是储随葬品处，在四壁上大都凿有插入横枋的卯口，以搭设储物架，有的还有垂直和水平窄槽，可能是容分小间的隔板或储物架的隔板用的。[①]

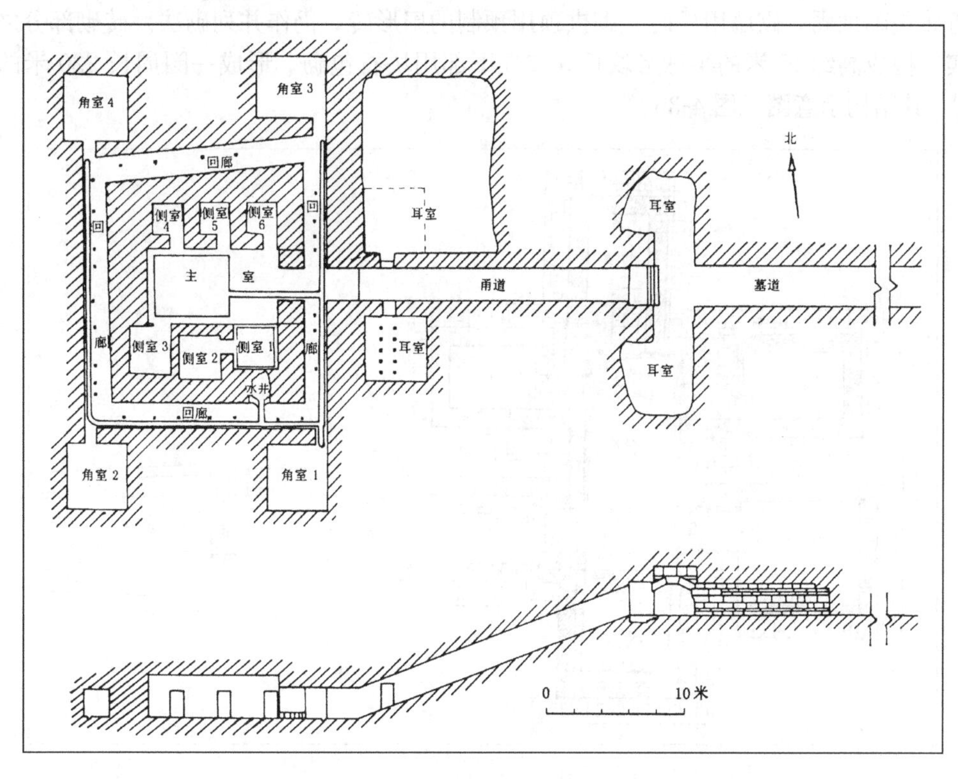

图4-34　河南永城西汉梁孝王墓平面图及剖面图

河南省商丘市文物管理委员会等：芒砀山西汉梁王墓地，图3，文物出版社，2001年

从墓室剖面图（图4-34）上可看到，墓道虽有上升、水平、下斜三段，但仍能保持直线，直对主室，且其回廊的东、南、西三面也均能保持与甬道和主室间的平行与垂直关系（北廊向东北斜行可能是有意为之，因为王后墓的回廊也有一面是斜的）；墓之主室、侧室、角室等，虽大小不一，也基本均能保持四角方正、四壁垂直、地面及室顶水平，表明当时在施工定向和开凿精度上已达较高水平。此墓早期即被盗，已无随葬品，但在王后墓中曾发现铁制锤、斧、凿、锄等，当即是施工工具。凿山开隧道工程在战国时湖北铜绿山采矿遗址中已出现，但开凿规整的窟室、隧道，此墓是迄今所见最早之例，很多问题都需要探索。例如它只有一个入口，其施工时的通风、除尘和运出石碴等如何解决，就是颇关键问题之一。故其施工方法、其技术渊源，尚有待于根据更多的资料做进一步的探讨。

（3）河南密县大虎亭一号东汉墓。由7个筒拱墓室组成的大型砖石拱券墓。墓南向，向北依次为墓道、墓门、内甬道、前室、中室、后室（图4-35）。其中室最大，面积43.8平方米，为横长形，东端通东耳室，西端连内设祭台的方形室，在其南、北壁面各开2个券门，分别通前室、南耳室和后室、北耳室。除墓道外，各室均为石筒拱构成，地面铺长方形砖。

① 河南省商丘市文物管理委员会等，芒砀山西汉梁王墓地，文物出版社，2001年。

全墓南北通长 25.16 米，东西最宽处 17.78 米。内层用石砌，外层再用砖包砌，均使用石灰浆为黏合剂。各墓室墙壁用大小不等的块石砌成，顶部用厚度相同、上宽下窄近于倒梯形的块石砌并列拱顶，门及门砌额用整石。砌成后在壁面及拱顶上加雕刻装饰。在石砌部分之外又用青砖包砌加固，砌墙用条砖，砌拱顶用预制的扇形砖，仍作并列砌法。砖砌部分之外填土夯实，构成高约 15 米的半球形坟丘，坟丘下部用块石包砌，形成一圈周长 220 米的圆形围墙。[①] 其结构示意图见图 4-36。

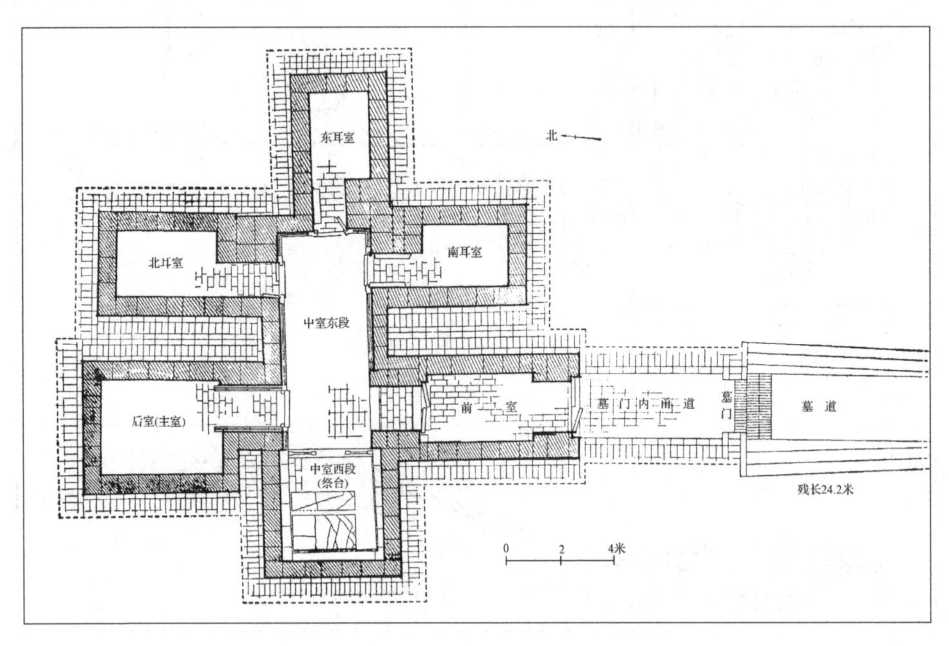

图 4-35　河南密县大虎亭东汉墓平面图

河南省文物研究所：密县大虎亭汉墓，图 4，文物出版社，1993 年

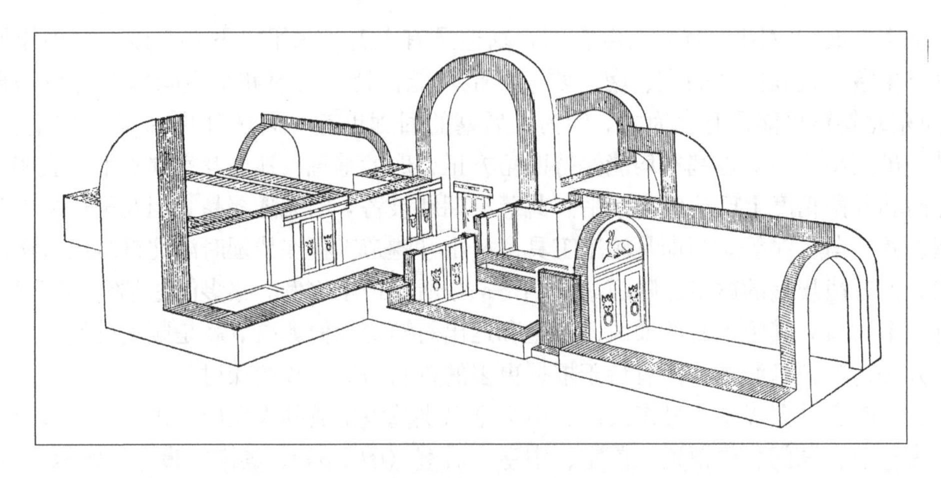

图 4-36　河南密县大虎亭东汉墓墓室结构示意图

河南省文物研究所：密县大虎亭汉墓，图 16，文物出版社，1993 年

① 河南省文物研究所，密县大虎亭汉墓，文物出版社，1993 年。

此墓实际由前室、中室、后室、祭台室和东、南、北三个耳室共七个跨度和高度都不同的石筒拱构成，其间用拱门连通，各室之拱顶与其端墙或与他室之侧墙相交处均平接而非搭接，故基本未考虑防渗问题。

（六）官署

两汉官制已较完善，官署的形制也随之逐步制度化。史载西汉中央官署中司徒府相当于古之“外朝”，皇帝在此大会百官，府四面开门，门外建阙，属最高规格官署。其余的中央职能机构称官寺，也视其职司和重要性在规模和形制上存在一定的级差。在少数汉代壁画、画像石中官署门外有建华表、单阙、二重子母阙三种情况，就是这种级差的反映。州郡级地方官署多建在子城内，并在其左、右、后方安排军营、仓库、监狱等，这主要是出于安全防卫的考虑。这种布置一直延续到明清。州郡和县两级城市的官署在规模和形制上也存在一定的级差。汉代官署实际上分办公、私邸两部分，前部正堂称“厅事”，前有廊庑环绕的广庭，是象征权力和举行一定仪式之地；其后侧和左右有长官办事的“便坐”和职能部门属官的办事处所，是实际的办公处所；这两部分共同组成官署的行政办事部分。在厅事之后有横墙，进入墙上的閤门即为长官的邸宅。一些大型官署的吏舍后也附有居室，吏员可以携眷居住。[①]据文献记载和壁画及画像石所示，和宫殿多为台榭不同，汉代官署都是单层建筑，采取平面上展开围成院落的布局形式。

1. 中央官署

西汉初设丞相府，后又设司徒府、太尉府（大司马府），均为宰相府。府四面开门，正门前建阙，其前厅称前殿，又称百官朝会殿，殿西设有百官更衣处，皇帝到此与丞相、百官共决大事。[②③] 左右为属官吏舍，殿后有隔墙，其内即丞相私宅，是规模很大的建筑群。东汉时在南宫之东隔街建太尉、司徒、司空三公府。司徒府夹在二府之间，故只能开东西二门。[②]后汉书载灵帝光和三年（公元180）三公府停车廊庑塌毁四十余间，可推知其殿前应有广大的庭院和修长的廊庑。[④] 但史料缺乏，目前尚难知其具体情况。

东汉时中央官署已分宫内、宫外两部分。宫内部分为朝堂和尚书六曹，是最高决策之所，宫外虽仍建三公府及各职能官署，但实际只是执行机构。[⑤] 宫内的朝堂在前殿东侧，尚书诸曹在朝堂院南左右分列，各为小院，其南正对掖门，可直通到宫外。这种格局一直延续到魏晋南北朝，至隋唐时始迁尚书内省于宫外。汉代各职能官署亦分前后两部分，前部以长官办公的厅事为中心，环以属吏的吏舍，后部为官邸。但终两汉之世，中央官署在都城均分散布置，至曹魏邺城时始集中建于宫前，开始作有序布置。

---

① 《汉书·佞幸传·董贤》：“上（汉哀帝）以贤难归，诏令贤妻得通引籍殿中，止贤庐，若吏妻子居官寺舍。”中华书局标点本⑪册，第3733页。

② 《后汉书》志二十四，百官志，司徒下注云：“应劭曰：……丞相旧位，在长安时府有四出门，随时听事。明帝本欲依之，迫于太尉、司空，但为东西门耳。国每有大议，天子车驾亲幸其殿。殿西王侯以下更衣并存。”中华书局标点本，⑫册，第3560页。

③ 《周礼·秋官上·朝士》郑玄注云：“今司徒府有天子以下大会殿，亦古之外朝哉。”

④ 《后汉书·灵帝纪》云：“（光和三年）二月，公府驻驾庑自坏。”注云：“公府，三公府也。驻驾，停车处也。庑，廊屋也。……《续汉志》云：南北四十余间坏。”中华书局标点本，②册，第344页。

⑤ 《通典·职官四》尚事令条：“后汉政务悉归尚书，三公但受成事而已。”中华书局重印《九通》本，第130页上。

2. 地方官署

地方官署一般均建于子城中，在内蒙古自治区和林格尔东汉墓的壁画中有较形象的表现。

林格尔东汉墓壁画宁城图。限于当时绘画水平，所表现的透视关系扭曲，只能知其规模和大致的相互关系。宁城为一矩形城市，正门署“宁城南门”，其左右各一门，分署“宁城东门”和“西门”。东西门间大道以北为护乌桓校尉的衙署和军营，占城内绝大部分。衙署居中，其正门三间，左右连二重子母阙，南对宁城南门，题“幕府南门”。门内四面廊庑环绕，围成巨大的庭院，正中为一四坡顶建筑，墓主居中高坐，其左附一小建筑，内坐墓主之妻，表示官署内前为正堂，后为官邸。幕府南门东侧一门标“营门”，其内为军营，营中建筑除题“营曹”、“司马舍”外，还题“仓”、“库”等字，则仓库区亦建在军营内，以利保护。幕府南门之西一小院三面廊庑环绕，庭中建筑内一人中坐进食，是衙署的庖厨。如图4-37。

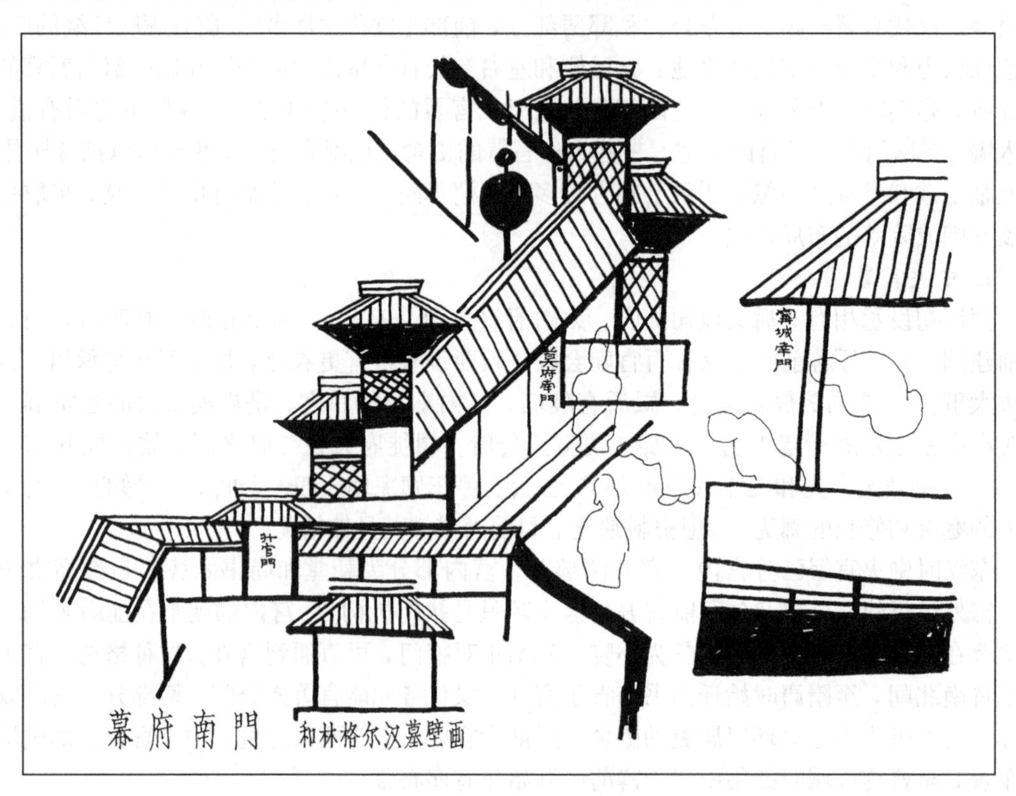

图4-37　内蒙古自治区和林格尔东汉墓壁画所绘宁城幕府图
摹本

此图所绘官署提供了了解汉代大型官署形制重要资料：南门建子母阙，表示它属于州郡级地方城市官署的规格；其官署与军营、仓库三位一体的情况也是地方城市衙署的重要特点，构成地方权力中心；此图所绘衙署前部开阔周以廊庑的空间形式，还可以作为了解西汉长安司徒府百官大会殿等中央官署形制的重要参考；把它与长安司徒府的记载相对照，可以看到二者相近之处颇多，只是司徒府殿宇更大，庭院更宽阔，东西廊庑长在40间以上，南、东、西三面在廊庑上辟门，以符合最高级别官署的体制而已。

（七）居宅

汉代城市实行市里制，一般住宅布置在里中，经里门出入，称“舍”，大贵族公卿的住宅可当大道开门，出入不经里门，称为“第”。虽规模不同，住宅大都采用院落式布局，主体建筑为单层，个别的后部有楼。大住宅也分前后两部分，前部为外宅，后部为内宅。小型住宅仍沿周至战国旧制，入门后庭院北面为主体建筑，其前部敞开，称为堂，堂前设两阶，主人坐席在西侧东向；其后部隔为小间，中间的称室，室左右的称房。① 在史籍中透露，汉代对大住宅的形制也有一定限制，大型住宅一般分内外，在外宅、内宅均可分别建堂，前部称堂或厅事，后部称后堂，但不许建成前后相重的两重堂和前后相对的两重门，以有别于宫殿的体制。② 贵官、外戚、地方豪强的邸宅规模庞大，突破体制的情况史不绝书，在墓室壁画和画像石中也有所反映。

在各地出土的汉代画像石较多反映住宅的全貌，而明器则较多反映当时住宅的具体形象。可供了解不同地域住宅的特点和构造。

(1）河北安平东汉墓壁画府第图（图 4-38）。所绘住宅中轴线上有二重门，门内正中为

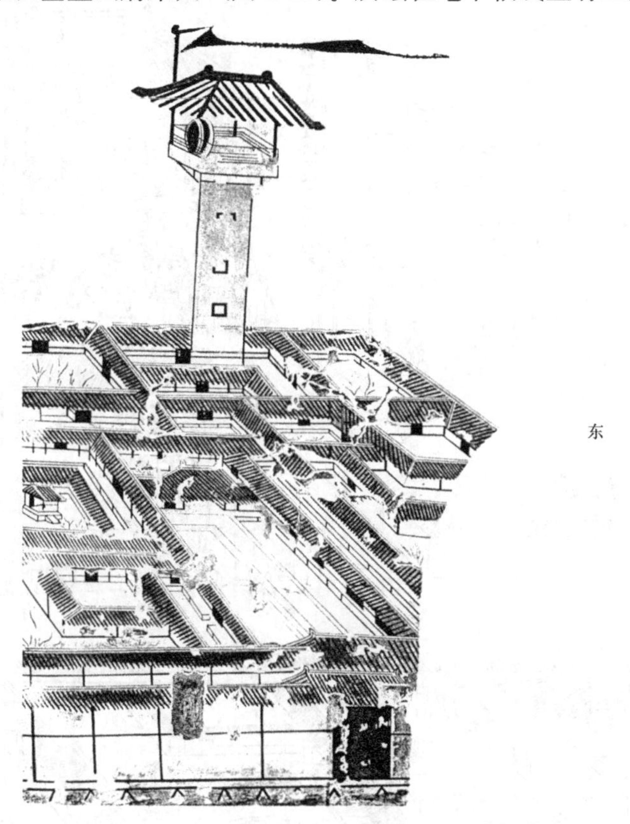

图 4-38 河北安平东汉墓壁画中之府第图像

摹本

① 宋·李如圭：《仪礼释宫》。1937 年商务印书馆编《从书集成》本第 1499 册。

②《汉书·董贤传》：“为贤起大第北阙下，重殿洞门，工木之功穷极技巧，柱槛衣以绨锦。”颜师古注云：“重殿，谓有前后殿。洞门，谓门门相当也，皆僭天子之制度也。”中华书局标点本，⑪册，第 3733 页。

正厅，左右用廊庑围成纵深的主庭院，主庭院左、右、后各有若干院落，形成至少东西 3 路、南北 4 进的大型宅第（因壁画所绘不完整，故只能推测）。另在最后进建一上置报警用鼓的高大的望楼，是设防的地方豪强宅第。东汉末灵帝时擅权宦官“十常侍”中的赵忠为安平人，有学者颇疑此为赵忠家族墓，所绘为其家族住宅的形象，故是目前所见东汉住宅形象中最庞大的一例。

(2) 山东诸城汉画像石墓石刻府第图。在山东诸城汉画像石墓中绘有一幅大型多进院落，其左、右、后均建通长的廊庑，中间用横向廊庑和门、堂分隔成四进院落（图 4-39）。第一进为外院，西侧廊上开外门，门外有一对单阙，院内北侧建横庑，其正中建中门。中门内为第二进院，院内右侧有池，池旁有小榭，院北面为长庑，正中为一过厅，其内施榻，其后附一三面用廊围成的小院。第三进北面正中建正堂，左右有廊庑。堂后第四进院北面为长庑。中门、过厅、正堂前后相对，形成住宅的主轴线。另在第二进院左侧有一小院，在第三进院正堂之左侧又用廊庑围成一小院，院内建一小堂，形成左侧的次要轴线。图中所绘为一四进的单层院落式住宅，有主要和次要二条南北轴线，可知后代的

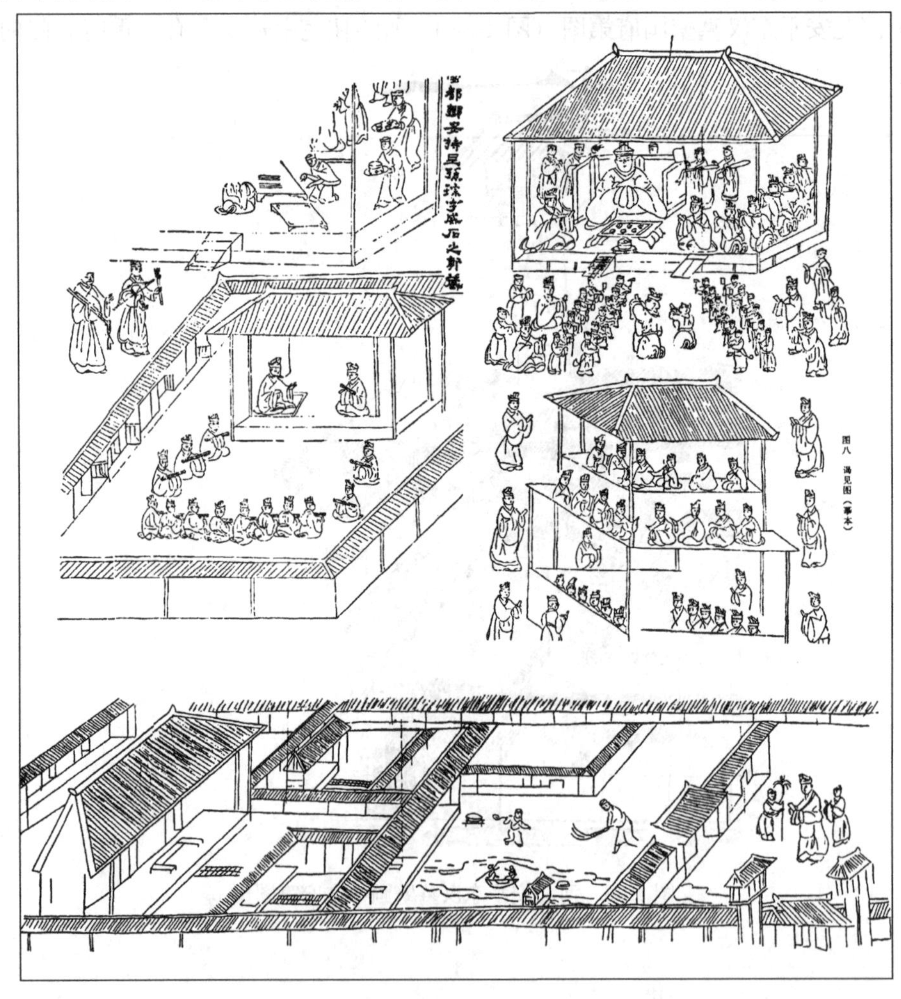

图 4-39　山东诸城东汉画像石墓中之大型府第图像

诸城县博物馆、任日新：山东诸城汉墓画像石，图 4、图 8、图 9，文物，1981 年第 10 期

多进多轴线的住宅布置在东汉时已基本形成。此外，所绘建筑除阙为四坡顶外，中门、正堂、左侧小堂均为两坡悬山屋顶，则知在汉代庑殿、歇山、悬山屋顶间的等级差别可能已经出现。

有很多明器陶屋作集中式布置，在主体四周接建附属建筑，只有很小庭院，甚至无庭院，如广州出土东汉明器陶屋（图 4-40）和湖北云梦出土东汉陶楼（图 4-41）。

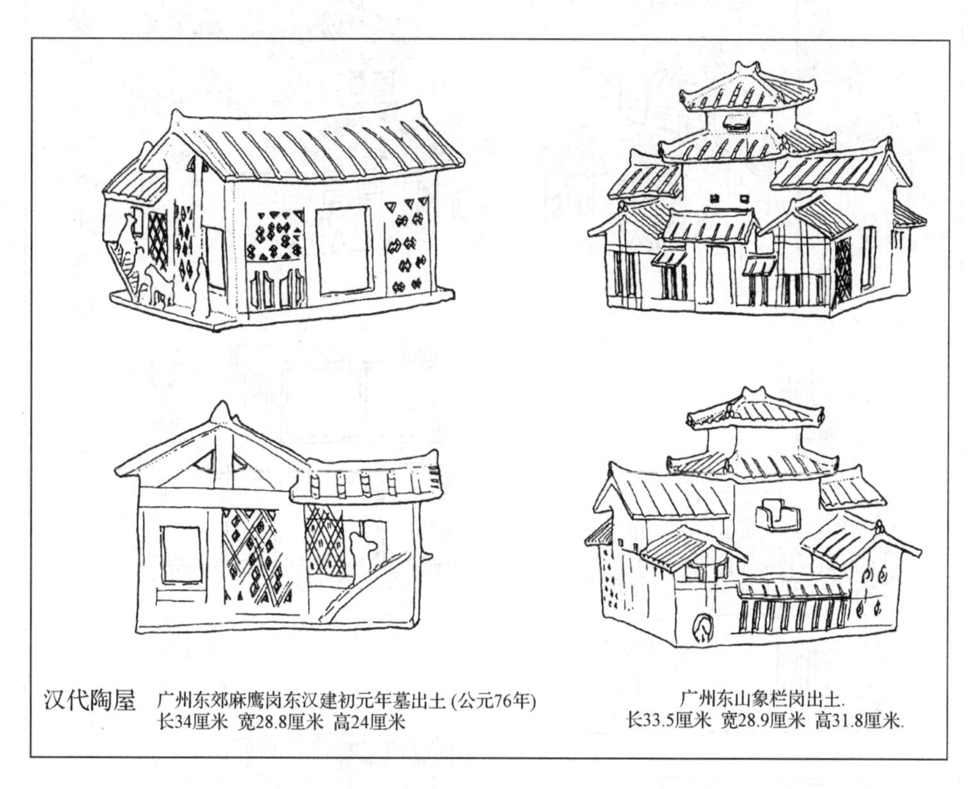

汉代陶屋
广州东郊麻鹰岗东汉建初元年墓出土 (公元76年)
长34厘米 宽28.8厘米 高24厘米
广州东山象栏岗出土.
长33.5厘米 宽28.9厘米 高31.8厘米.

图 4-40　广州东汉墓出土陶屋

摹本

到东汉中期以后，社会矛盾加剧，政权腐败，控制力减弱，权贵、武将家中多有武器和私兵，同时地方豪强势力发展，也强迫佃农、农民为附庸，形成其私人武装。在这种情况下，大型住宅的防卫性大为加强，前举安平汉墓壁画所绘建有望楼的第宅即是典型例子。此外，四川出土东汉院落式住宅画像砖（图 4-42）在主厅左侧也有阙形望楼，湖北云梦出土东汉陶楼也在后楼外端建望楼，都与住宅组合在一起，表明当时南北各地均如此。地方豪强住宅除建有望楼外，甚至加厚围墙，建门楼、角楼，宛如小城堡。广州出土东汉坞堡型明器（图 4-43）是其例。

当时住宅内部基本是土地面、土墙，砖仍是难得之物，较少使用，甚至宫内地面也多为在夯实的土地上加草泥抹面，表面刷灰浆（涂红色即“彤庭”，为宫殿专用）。墙面考究者在夯土墙或土坯墙上加粗、细两层麦秸泥，再用细泥抹面，表面刷白色。门窗的做法也较简单。门一般是单扇或双扇的版门，未见门上开窗之例。窗多是斜置方格或竖置菱形格，也有少量直棂，但如何开启不详。在陕西临潼博物馆曾见到制做很精密的秦代青铜合页，因此，使用可开启的窗的技术可能性是存在的。

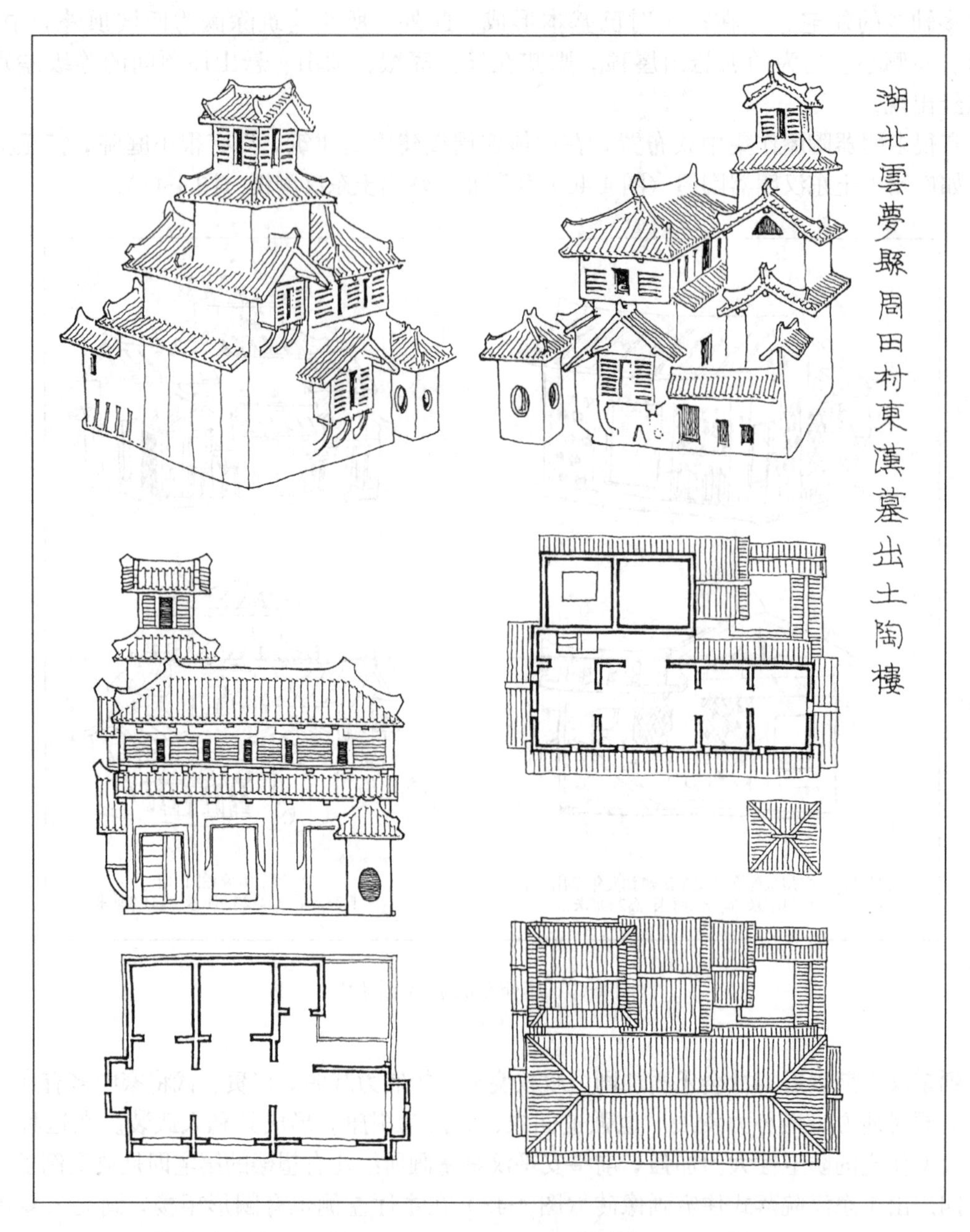

图 4-41　湖北云梦出土东汉陶楼

摹自张泽栋：云梦出土东汉陶楼，新建筑，1983 年第 1 期

据汉代图像和出土明器，北方住宅建筑大多数为土木混合结构，山墙、后墙为承重墙，前檐用檐柱，大跨者有内柱。但四川出土东汉院落式住宅的正堂已是柱梁式全木构建筑，广州明器陶屋多为穿斗式全木构筑，表明南北方建筑在构造上的差异。

秦汉时的家具较简单，据大量画像石和壁画资料，起居方式仍是坐在席或矮的坐榻上，由于多是土或铺砖地面，故席下多有茵褥。史载东汉洛阳高祖庙“帐中座长一丈，广六尺，

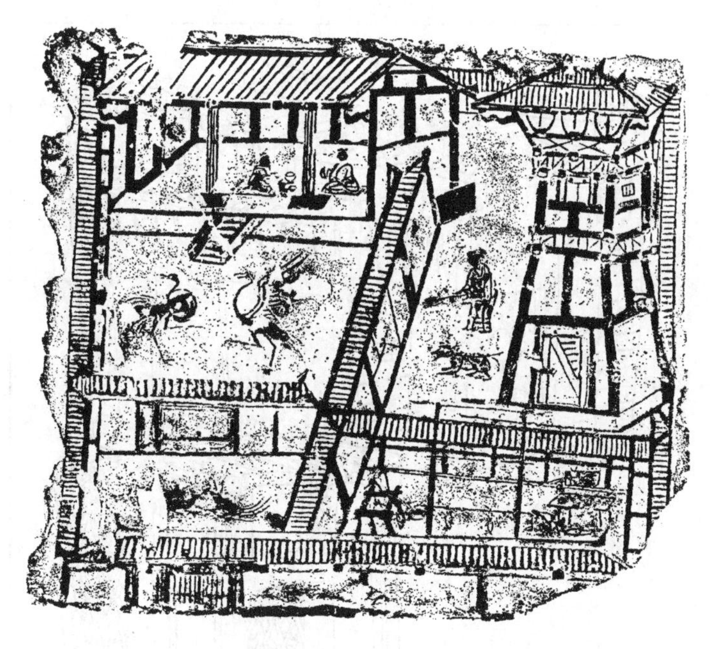

图 4-42　四川成都出土东汉画像砖中之院落图像

重庆市博物馆：重庆市博物馆藏四川汉画像砖选集，图 7，文物出版社，1957 年

绣茵厚一尺，著之以絮四百斤”，[①] 则一般宫廷、贵官的茵褥也当有相当厚度。室内在正式场合跪坐，垂足坐称“踞坐”，为不敬（因当时的裤子无裆，如近代之套裤，踞坐露形）。坐前可设几案，放用具或供写作。座席侧可设供斜倚的三足隐几，尊贵者座后可设屏风或帐。有的帐只设帐顶，四周无帐幕，称为帟，以表威仪为主。

在宫殿遗址中大都发现浴室，有供热水的炉灶和排水设备。大住宅也应有，可能是受表现方式所限，在已知的住宅图像和明器中尚未发现。供水多用井，已出现用辘轳汲水的图像。厕所在东汉墓中偶有表现，多为蹲厕，史书上有汉武帝如厕踞见大臣的记载，则宫中也为此式。就明器陶屋所见，一般住宅在对外一面的墙上开一上为圆形下为梯形的小洞，供清理秽物之用，称溷洞。古籍中有贼从溷洞入宅盗窃的记载可证。

秦汉时建筑中开始出现非理性因素，在云梦睡虎地秦简中有二组标名为《日书》，据简中《编年记》所载推断，此简属秦始皇时期，是迄今所见的在建筑布局中出现非理性因素的较早例证。[②] 其中有一幅住宅布置吉凶方位图（图 4-44），由 13 根竹简组成。上部画一方框，表示宅基，方框内用竖线匀分为左、中、右三部分，又用横线匀分为上下两部分，以此法分宅基为 6 块。再画对角线，交于横线中心。在宅基的上、下缘各标出 6 个门名，左、右缘各标出 5 个门名，共标出可以开门的 22 个位置。

宅基图之下，分上下两阑标明各门之富贵吉凶与所宜和吉凶转化年限，通计 22 个可以开门的位置中，吉者、贵者 5，凶者 2，若干年后运数会变更者 15。

在下阑的末三行还标出“未”方不可种树，“戌”方不可打井，“庚辰”、“壬辰”、“癸

---

① 《后汉书·志第九·祭祀下》。中华书局标点本，⑪册，第 3195 页。

② 季勋：云梦睡虎地秦简概述，文物，1976 年第 5 期。

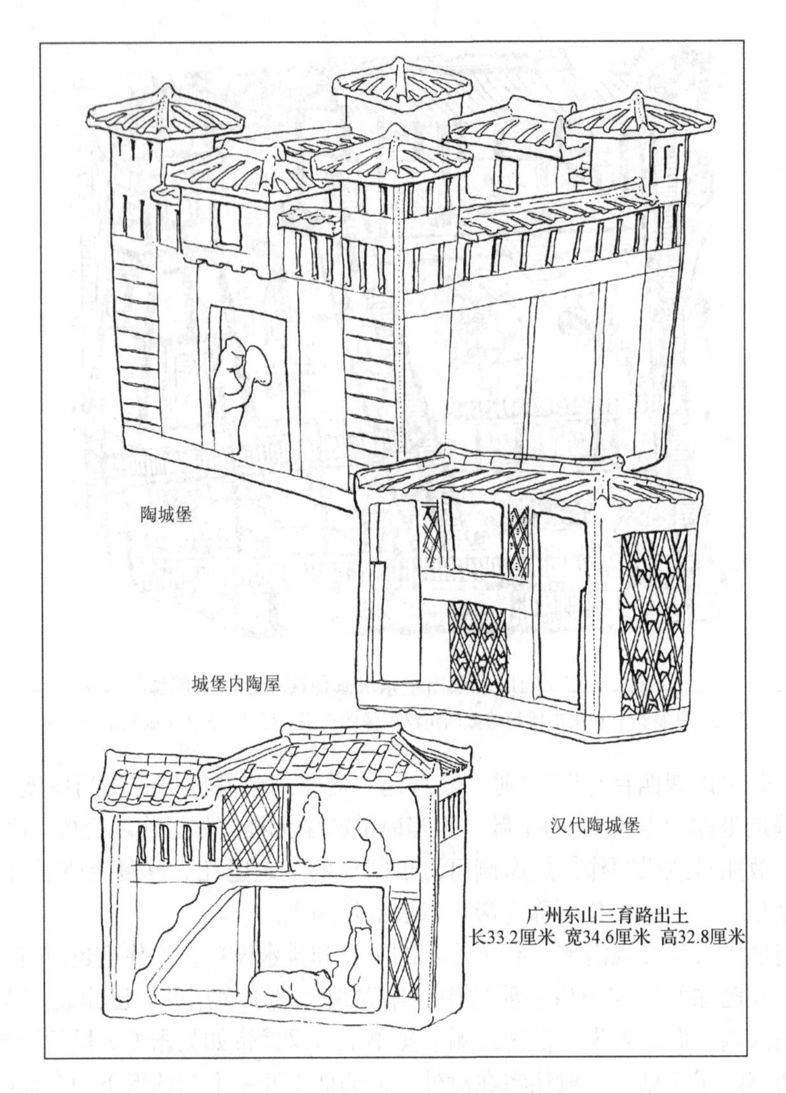

图 4-43　广州东汉墓出土陶坞堡

摹本

未”等方位“不可燔粪”等禁忌，并在宅基内部标有“□”、“豕”、“羊”等字，表示适于安置粮仓与猪、羊圈的位置。

此图只标明开门处的吉凶方位，并未涉及宅内建筑布局，尚无法探讨二者间的关系，但已可说明由巫术占卜演变而来的趋吉避凶观念已体现在住宅中，其方位也以干支来表达。

（八）园林

汉代第宅中有园林，已屡见于文献和画像石、壁画中。一般宅旁园兼具园圃性质，史载董仲舒三年不窥园，可能即指园圃而非园林。但大型住宅内开始出现宅园，其具体形象见山东诸城汉墓画像石，所绘为住宅二门内院落右侧有一水池，池畔有一小建筑，池上有人泛舟，可视为宅园的示意图（参见图 4-39）。在两城山东汉石刻中多次出现用多重斗栱层层悬挑出的亭子，由斜坡道通上，其左右和下方刻鱼、鸟等，虽未表示出整体情况，也可推知它

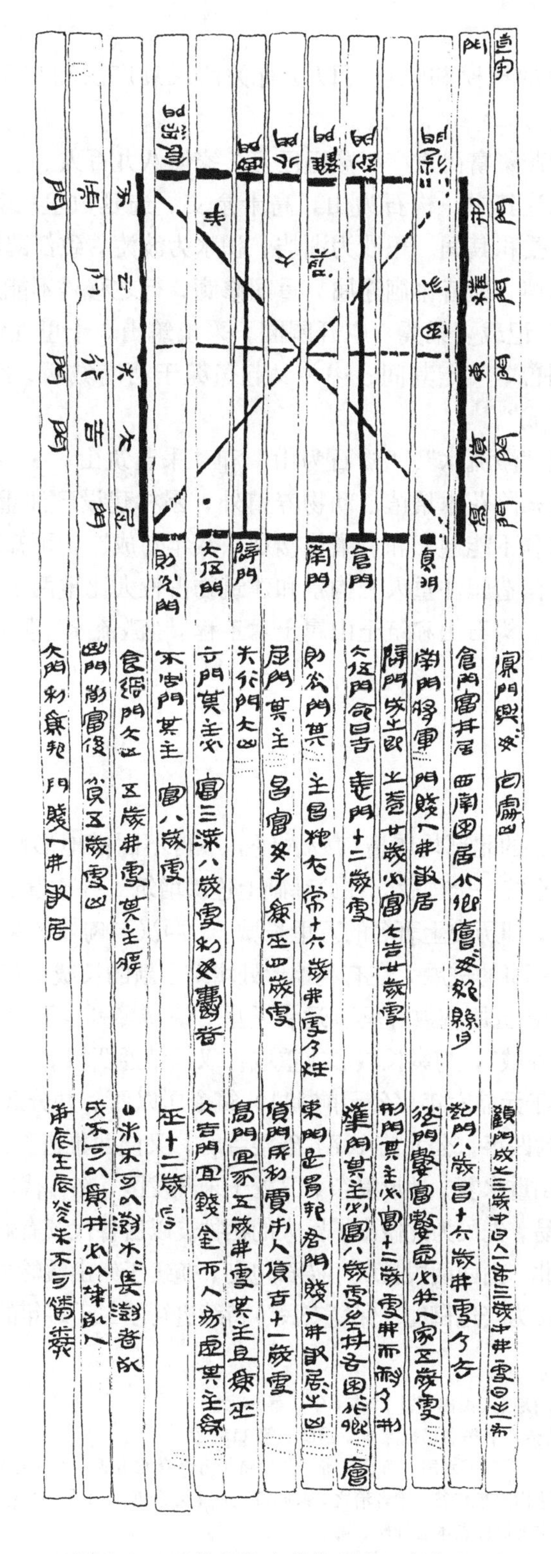

图 4-44　云梦秦简中的住宅吉凶方位图

是园林中的临池建筑。

两汉大型私家园林的规模和特点可以从有关西汉袁广汉和东汉梁冀之园的记载知其大概。

《三辅黄图》载，“茂陵富民袁广汉藏镪巨万，家僮八九百人，于北邙山下筑园，东西四里，南北五里，激流水注其中。构石为山，高十余丈，连延数里。养白鹦鹉、紫鸳鸯、牦牛、青兕，奇兽珍禽，委积其间。积沙为洲屿，积水为波涛，致江鸥海鹤孕雏产鷇，延漫林池；奇树异草，靡不培植。屋皆徘徊连属，重阁修廊，行之移晷不能遍也。”[①]

《后汉书·梁冀传》记载：梁冀“广开园囿，采土筑山，十里九坂，以象二崤，深林绝涧，有若自然，奇禽驯兽，飞走其间。……又起菟苑于河南城西，经亘数十里，发属县卒徒，缮修楼观，数年乃成”。[②]

综合二篇记载，从“激流水”、“构石为山”和“采土筑山，……以象二崤，深林绝涧，有若自然”的描写，可知除花木培植、动物养殖外，园林建设已注重模仿自然，人工构景；据“重阁修廊，行之移晷不能遍”和“缮修楼观，数年乃成”句可知建筑物已在园中占相当大的比例。据此，则中国造园注重人工构景和建筑物占较大比重两个重要特点在西汉时已出现。除造园艺术要求外，构石山和筑土山属土木工程，“激流水”则属水工结构，都是当时一般施工技术。

（九）防御建筑

1. 边墙

战国时，燕、赵、秦的北部均屡遭匈奴入侵，不得不因借地形修筑了防御性边墙，史称燕、赵、秦长城。秦始皇统一全国后，在此基础上连缀增筑，并建设了大量关塞堡坞，形成自临洮至辽东的完整防线，即历史上著名的万里长城。[③] 西汉与匈奴的关系是和战交替，故既维修利用了秦长城，也随军事的进展，在有利地形处增筑了新的长城。汉武帝太初3年（公元前102），“汉使光禄徐自为出五原塞数百里，远者千里，筑城障列亭至卢朐。”[④] 把新长城推进到阴山北，即所谓“武帝外城”，与秦长城形成重城。汉武帝通西域，为切断匈奴与羌人的联系，在河西地区筑障塞。先于元鼎六年（公元前111）筑令居以西，并分武威酒泉地置张掖、敦煌郡，徙民以实之。[⑤] 元封四年（公元前107）破楼兰后，又向西推进至玉门。[⑥] 基本形成了西部的边防体系。长城沿线山重水复，地形复杂，又处于未开发区，在古代简陋的施工条件下能完成这项艰巨的工程极为不易，先民为此做出了巨大的牺牲。以后各代续有修缮和增筑，到明朝，把直接保卫首都北京的河北、山西两段长城用砖石包砌，蜿蜒于崇山峻岭之间，形势壮伟，而“万里长城”遂成为中国先民为安边御侮、保境安民、持续进行了二千多年的伟大工程。

---

① 陈直，三辅黄图校正，陕西人民出版社，1984年，第84页。

②《后汉书》卷34，梁冀传。中华书局标点本，⑤册，第1182页。

③《史记·匈奴列传》云：“后秦灭六国，而始皇帝使蒙恬将十万之众北击胡，悉收河南地。因河为塞，筑四十四县城临河，徙适戍以充之。……因边山险堑谿谷可缮者治之，起临洮至辽东万余里。”中华书局标点本，⑨册，第2886页。

④《汉书·匈奴传上》中华书局标点本，⑪册，第3776页。

⑤《史记·大宛列传》：“汉始筑令居以西，初置酒泉郡以通西北诸国。”中华书局标点本，⑩册，第3170页。

⑥《汉书·张骞列传》：“明年（元封四年）击破姑师，虏楼兰王，酒泉列亭障至玉门矣。”中华书局标点本，⑨册，第2695页。

秦长城和汉边城尚有部分遗迹，大都以夯土或块石砌筑为主，也有一些因地制宜的特殊做法，其详见第五节《重大工程建设·秦汉长城》部分。

2. 防御性城堡和关塞

(1) 马王堆三号汉墓出土驻军图中的驻防城平面图（图4-45）。它是一幅简略的军用地图，所表现为今湖南省江华瑶族自治县的潇水流域，图中绘有各种不同形状的若干小城堡。其中最值得注意的是图中心部位的三角形城堡，标名“箭道”。其平面作等边三角形，一面

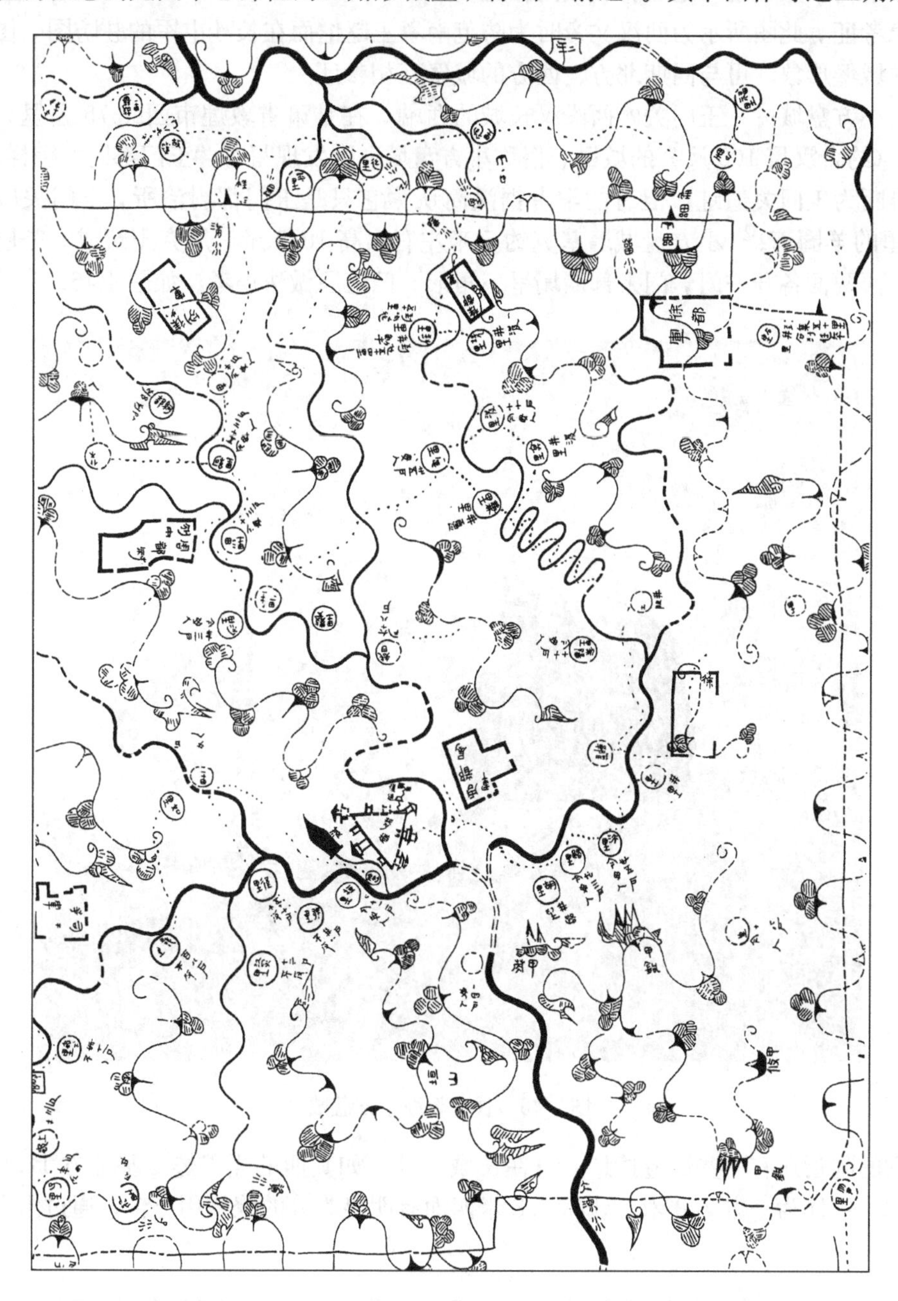

图4-45 长沙马王堆三号汉墓出土驻军图复原图

马王堆汉墓帛书整理小组等：古地图·马王堆汉墓帛书，附图，文物出版社，1977年

向正南，另二面分别向西北和东北。南向城墙上东西二角都有角楼，中间有二矩形突出部。西北向城墙上正中为城门，上有城楼，北端又有一城楼。东北向城墙正中有一城楼而无门，左右也有二矩形突出部，与南面的相同，可能是瓮城曲门或护门墙之类。此外，在东北向城墙外画有湖泊，一端平直，下连河流，注有“波”字，应是“陂”的假借字。可知平直端所示应为水坝，是一水库；在南向城外偏西处画有黑、白形体三处，注“复道”二字，当是城外的观察哨所，以复道（地道）和城内相通。

专家考证，此图所示为西汉文帝时为防范南粤王赵佗而在长沙屯军的驻防图，图中所绘为南方的城堡形象，可与同期北方、西方的城堡互相参证。[①]

（2）小方盘城——玉门关？西段汉长城的西端，在甘肃省敦煌市西北 75 公里，为一方约 23 米（约合汉尺 100 尺）的城堡，俗称小方盘城，因发现写有“玉门都尉”字样的木简，曾有人推断为玉门关遗址，但有的学者据汉简认为它只是玉门都尉治所，玉门关应在其西 11.5 公里的羊圈湾。[②] 小方盘城墙基宽约 5 米左右，高 10.9 米，用夯土筑成，夯层厚 8 厘米。北、西两面各开一门，门上部崩塌呈三角形，门道原做法俟考。如图 4-46。

图 4-46　甘肃敦煌小方盘城

在它的附近还有一些烽燧遗址，设在长城内外。如其西的当谷燧，基址方 12.4 米（约汉 54 尺），主体为一方 7.8 米、残高 7.8 米四面有明显收分的瞭望用土台，通过沿台边的土

① 马王堆汉墓帛书整理小组，马王堆三号汉墓出土驻军图整理简报，载：马王堆汉墓帛书古地图集，文物出版社，1975 年。

② 吴礽骧，河西汉塞，文物，1990 年第 12 期。

阶登上。台内侧有房址，是守望卒的居所，余地用来积薪柴以备举烽。大一些的还有仓库、羊马圈等。

(3) 鸡鹿塞。汉武帝时（公元前140年左右）在新疆、甘肃、内蒙古一带修建关塞亭障。著名的鸡鹿塞遗址已被发现，是一平面方形，方68.5米的小城。城身基宽5.3米，顶宽3.7米，残高7～8米，用块石砌成。城门在南面中部，宽仅3米，门外有矩形瓮城，宽20.5米，深14米，门开在东墙上，宽2.5米。城四角有45度外突的墩台，是马面之雏形。附近有大量烽火台，平面约方7米，设在高峻可以远望之处。马面可从侧面用弓弩从侧面封锁城身，瓮城可阻敌从正面冲击城门，是汉代城防设施上的新发展。[①] 如图4-47。

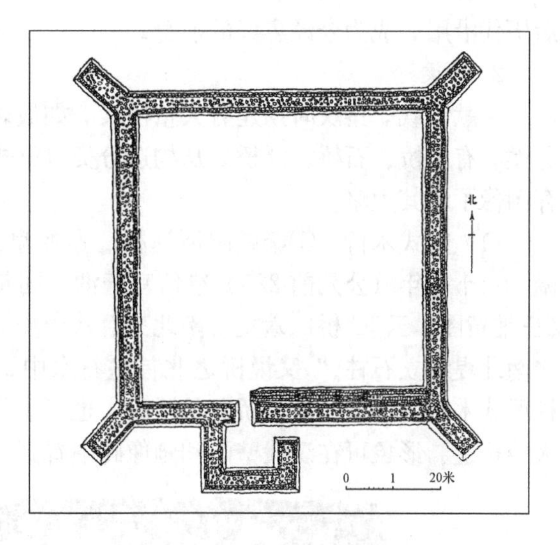

图4-47 西汉鸡鹿塞平面图

侯仁之、俞伟超：乌兰布和沙漠的考古发现和地理环境的变迁，考古，1973年第2期

(十) 运河、桥梁、闸坝

1. 运河

春秋战国时即有修大规模运河的经验，如吴之邗沟、秦之郑国渠。秦、汉统一全国后，国力增强，有能力进行更大规模的水利工程，秦在开发岭南的军事行动中开灵渠以运军需，汉为发展关中农业灌溉和水运而进行的漕渠、白渠工程都是较大型的工程。

(1) 灵渠。秦始皇三十三年（公元前214）[②]，秦南开五岭，使监御史禄凿渠运粮，在湘江支流双女井溪与漓江支流始安水间开渠，连接湘江和漓江两大水系，用工数十万，开渠引湘江水入漓江，以通漕运。历时数年。其主要工程为南渠、北渠和分水石堤，渠址选在两水间分水岭最低最狭处通过，表现出很高的测量选线水平。此渠历经修浚，特别是唐宝历间大修，沿用至唐宋以后，成为当时南北水运的重要通道。灵渠至今仍有一定灌溉作用。[③]

(2) 漕渠。汉武帝元光六年至元朔三年（公元前129～前127），自长安附近引渭水至潼关注入黄河，先由水工徐伯测量，立表定线，然后动员数万人施工，历时三年完成，可溉田70万亩，是当时大型水利工程。[④]

(3) 井渠：龙首渠。汉武帝元光六年至元封二年（公元前123～前109）开凿引洛灌溉的龙首渠，因流经的商颜山一带土质不佳，渠岸经常崩塌，改为开凿地下引水渠道。地下引水渠道的定向和标高控制都比明渠技术难度增高，需借助开挖竖井来控制，故称井渠。井渠技术在此前120年左右的秦代郑国渠已在使用，在开凿龙首渠时再次使用，说明它已是一种较成熟的技术，表示水利工程在定线、施工上又有所发展。[④]

① 侯仁之、俞伟超，乌兰布和沙漠的考古发现和地理环境的变迁，考古，1973年第2期。

②《史记·秦本纪》系秦取桂林、象、南海诸郡事于始皇三十三年。

③《太平御览》卷65，地部30，漓水。

④《汉书》卷29，沟洫志第九。中华书局标点本，⑥册，第1679、1681、1685页。

（4）白渠。汉武帝太始二年（公元前95）开凿白渠，引泾水入渭水，长75公里，可溉田四千五百余顷。当时接受郑国渠使用150年后淤塞的教训，选择了水位差更大的线路，以后历代沿用，成为今泾惠渠的前身。[①]

2. 桥梁

文献记载，秦汉时期建有大量桥梁，如最著名的秦咸阳渭河桥、汉长安灞桥等。从材料分类，有木桥、石桥、浮桥，从构造分类有梁式桥、拱桥，但实物均不存，只能从文献和遗存图像了解其大略。

（1）梁式木桥。①秦咸阳渭河桥。秦始皇二十六年（公元前221）拓展咸阳于渭河以南，二十七年（公元前220）造信宫于渭，同年，为加强南北两岸联系，兴建咸阳渭河桥。《三辅黄图》云："桥广六丈，南北三百八十步，六十八间，八百五十柱，三百一十二梁。桥之南北堤缴立石柱。"又说桥之北首垒石水中，故谓之石柱桥也。[②] 据此推测，其结构应为柱梁式木桥，但据"石柱桥"的说法，也可能部分桥柱用石柱，或即汉代之石轴柱之类。其大致构造、形象可在汉代壁画和画像砖中看到（图4-48）。

图4-48　四川成都出土东汉画像砖中之梁式平桥图像

重庆市博物馆：重庆市博物馆藏四川汉画像砖选集，图35，文物出版社，1957年

②壁画和画像石中所示梁式木桥形象。在内蒙古和林格尔东汉墓壁画中画有渭水桥和居庸关桥，均为木柱梁式桥，柱梁结合交汇处使用斗栱，桥面中段为高起的平桥，而两端斜下至岸，以便从中段通过舟船。二桥形式、构造基本相同，在平段、斜段和平、斜段交接处有排

① 《汉书》卷29，沟洫志第九。中华书局标点本，⑥册，第1679、1681、1685页。

② 据《四部丛刊》所收元本《三辅黄图》卷1，所载，桥长和柱数、梁数与现行本《三辅黄图》及《水经注》所载有异同，今从元本《三辅黄图》。

柱。所绘虽未必即是该二桥的写实，但可认为反映了当时木构梁式桥的基本形象（图 4-49）。

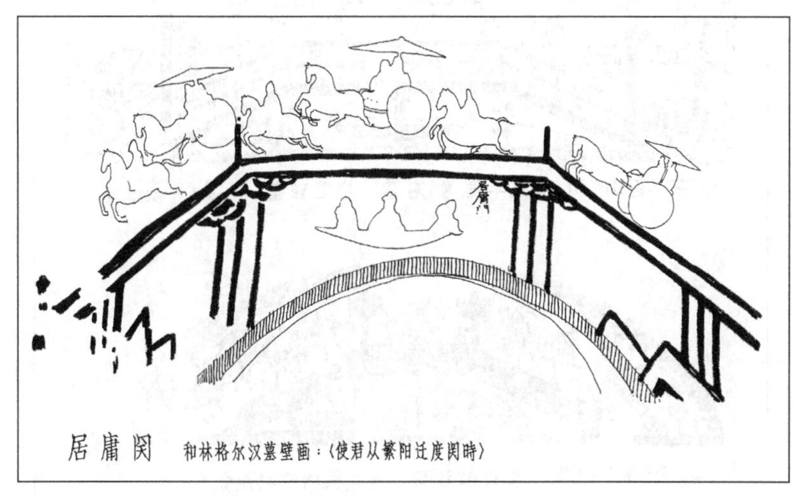

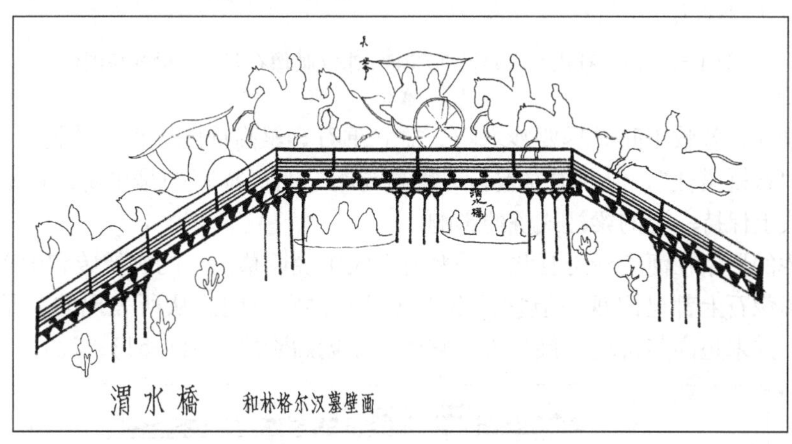

图 4-49 内蒙古自治区和林格尔东汉墓壁画所绘渭水桥和居庸关桥图像
摹本

另在山东苍山东汉元嘉元年（公元 151）墓和江苏睢宁九女墩东汉墓中画像石上均表现有木构梁式桥，也是中段平而高起，两端斜下。它与前述壁画所示二桥不同处是在桥面平斜交接处无柱，而把柱立于平段的中间，这将造成结构上不稳定。但二图均如此，恐只能视为是简单画法致误。二桥还一在两北两端、一在平斜交接处立有华表，是桥上建华表较早之例（图 4-50）。

（2）石桥。《三辅黄图》汉长安故城条引《汉旧仪》称："城下有池周绕，广三丈，深二丈，石桥各六丈，与街相直。"可知汉长安各城门外都建有石桥，从"与街相直"句考虑，应是一座宽六丈、跨度三丈的石构平桥，[①] 但其遗迹尚未发现。

（3）拱桥。汉代拱桥实物迄未发现，但据文献及图像，可以确认至迟在东汉时已有石拱桥。

《水经注·穀水》载东汉洛阳建春门外有石桥，建于东汉阳嘉四年（公元 135），道南、道北各有二石柱，应是石制华表。石柱上铭文云："阳嘉四年……诏书……使中谒者……马

① 陈直，三辅黄图校证，陕西人民出版社，1980 年，第 19 页。

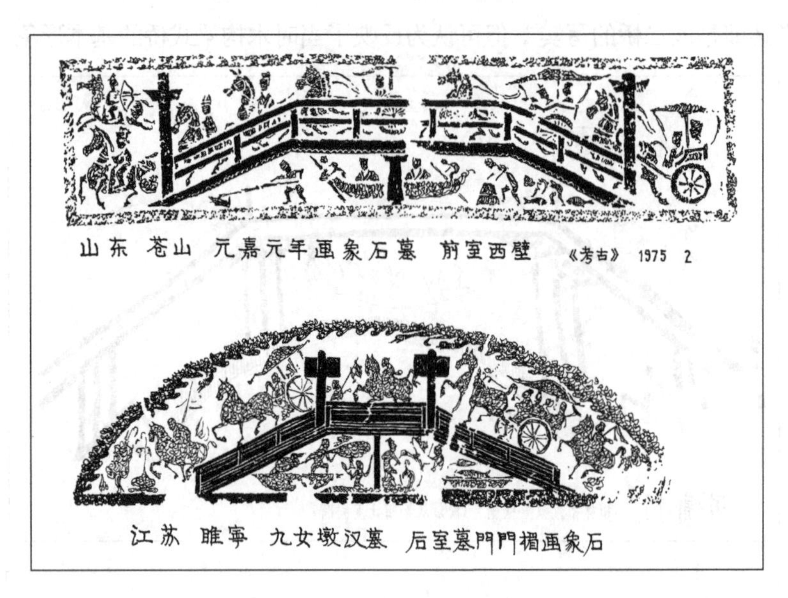

图 4-50　山东苍山东汉墓及江苏睢宁东汉画像石墓中之梁式桥图像
摹本

宪监作石桥梁柱，敦敕工匠，尽要妙之巧，攒立重石，累高周距，桥工路博，流通万里。”①文中虽言及“石桥梁柱”，但“攒立重石，累高周距”明显描写的是拱桥。可能拱桥产生之初，仍在形式上保持一定的梁柱式桥的影响。

汉代拱桥的形象在河南新野县北安乐寨村东汉中晚期墓出土的画像砖和山东汶水孙家村出土的东汉画像石上都已出现，但它是石拱还是砖拱则不明。从所表现的只是一弧形的裸拱，桥面两端并未垫高与桥堍相接分析，它尚处于创始阶段（图 4-51）。

图 4-51　河南新野东汉墓画像砖及山东汶水东汉画像石墓中之拱桥图像
摹本

① 《水经注》卷 16，穀水。国学基本丛书本三，第 73 页。

3. 水库、闸坝

(1) 昆明池。汉武帝元狩三年（公元前120），在长安西南开凿昆明池，周围约10公里余，东通漕渠和明渠。它虽号为操练水军之用，从由明渠引池水入城看，实是起了长安蓄水库的作用。用水库解决城市供水和排污，是这时城市建设上的新发展。[①]

(2) 广州西汉初南越国水闸。是古代河渠向南流入珠江处的水闸，南北长35米，上游段宽约10米，闸口一段收窄，宽约5米，长约3米，南北两端呈八字形敞开。整个闸口及上下游两侧均采取护岸设施，先沿岸边顺铺地栿，其上间隔半米左右开卯口，插入木桩，桩背后加挡土板，形成护岸。上游段还在河底横置木方，抵住两岸的地栿，以加固护岸。在闸口处，把中间的一对木桩竖向相对开槽，以插入闸板，即后世所谓“金口槽”。整个做法是以木构框架围护土工，和当时城门道的构造原则基本相同（图4-52）。[②]

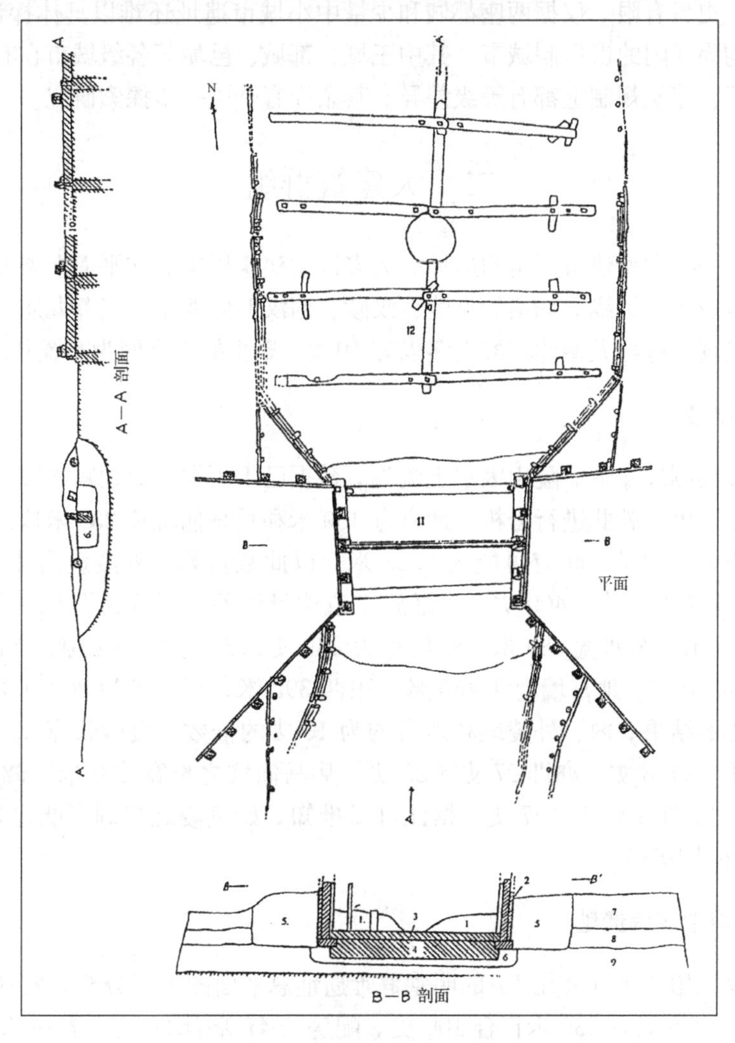

图4-52 广州西汉初南越国水闸平面图

《广州文物保护工作五年·南越国木构水闸遗址》

① 《秦汉考古》。

② 《广州文物保护工作五年·南越国木构水闸遗址》，第30页。

第三节　规划和建筑设计方法

一　城市规划

秦实行郡县制，把全国城市基本定为郡、县二级，行政长官由中央直接任免，改变周代以来实行的分封制，以巩固国家政令和经济的统一，西汉初曾局部恢复分封制，发生割据迹象后，又通过削藩，逐步恢复、巩固了中央政权对地方的直接控制，并按规制建设城市。史载至西汉末已有郡、国级城市103座，县、邑级1314座，道32座，侯国241座。但目前调查的遗址很少，史料有限，仅据两座都城和少量中小城市遗址还难以具体探讨其规划方法，只能大体知道均为封闭的市里制城市，其中王城、都城、邑城等各级城市在有无子城、大小规模、官署建置、建筑规制上都有等级差异，其余尚有待进一步探索研究。

二　大建筑群组

目前已发现一些大型建筑群组的遗址，大多以主建筑居中，在平面上展开布置，围成院落，具有中轴线或十字轴线，如秦始皇陵、汉陵、西汉明堂辟雍、王莽九庙等。对其实测数据进行分析，发现这些特大型建筑群大多以方10丈、5丈的方格网为布置基准。

（一）秦始皇陵

在秦始皇陵实测尺寸中，陵山因水土流失，数据已不可据，但地宫之墙、内外陵垣之长宽数据应可依据，可以就此进行分析。地宫宽460米和兵马俑坑长230米这两个数字颇值得注意，据此分析，所用尺长颇有可能为0.23米。以此数折算，外陵垣南北2165米，东西940米，则可折算为941丈×409丈，考虑施工或测量误差，可认为即940丈×410丈。内陵垣南北长1355米，东西宽580米，可折算为589丈×252丈，考虑施工或测量误差，可认为即590丈×250丈。地宫墙南北460米，东西392米，可折算为200丈×170丈，恰为整数。这样折算的结果，内、外陵垣和地宫均为10丈的倍数，寝殿长宽62米×57米，可折算为26.95丈×24.8丈，亦即27丈×25丈。兵马俑坑之长宽230米×62米，也可折成100丈×26.96丈，即100丈×27丈。据此可以推知，始皇陵之规划可能也是以10丈网格为布置基准的（图4-53）。

（二）西汉明堂辟雍遗址

对建于西汉元始四年（公元4）的明堂辟雍遗址总平面图进行分析，发现若以西汉尺长23.5厘米折算，其围墙方235米正合100丈，配房长47米合20丈。若在总平面图上画10丈网格，则环河的直径约160丈，环水沟之长为40丈，宽为10丈，表明在总图上是以方10丈网格为布置基准的。

中间的主体建筑明堂为正方形，宽42.4米，合18.04丈，考虑遗址的残损，可认为即18丈，若在其上画方2丈网格，则东西二面的青阳、总章恰为宽5格，深2格，即宽10

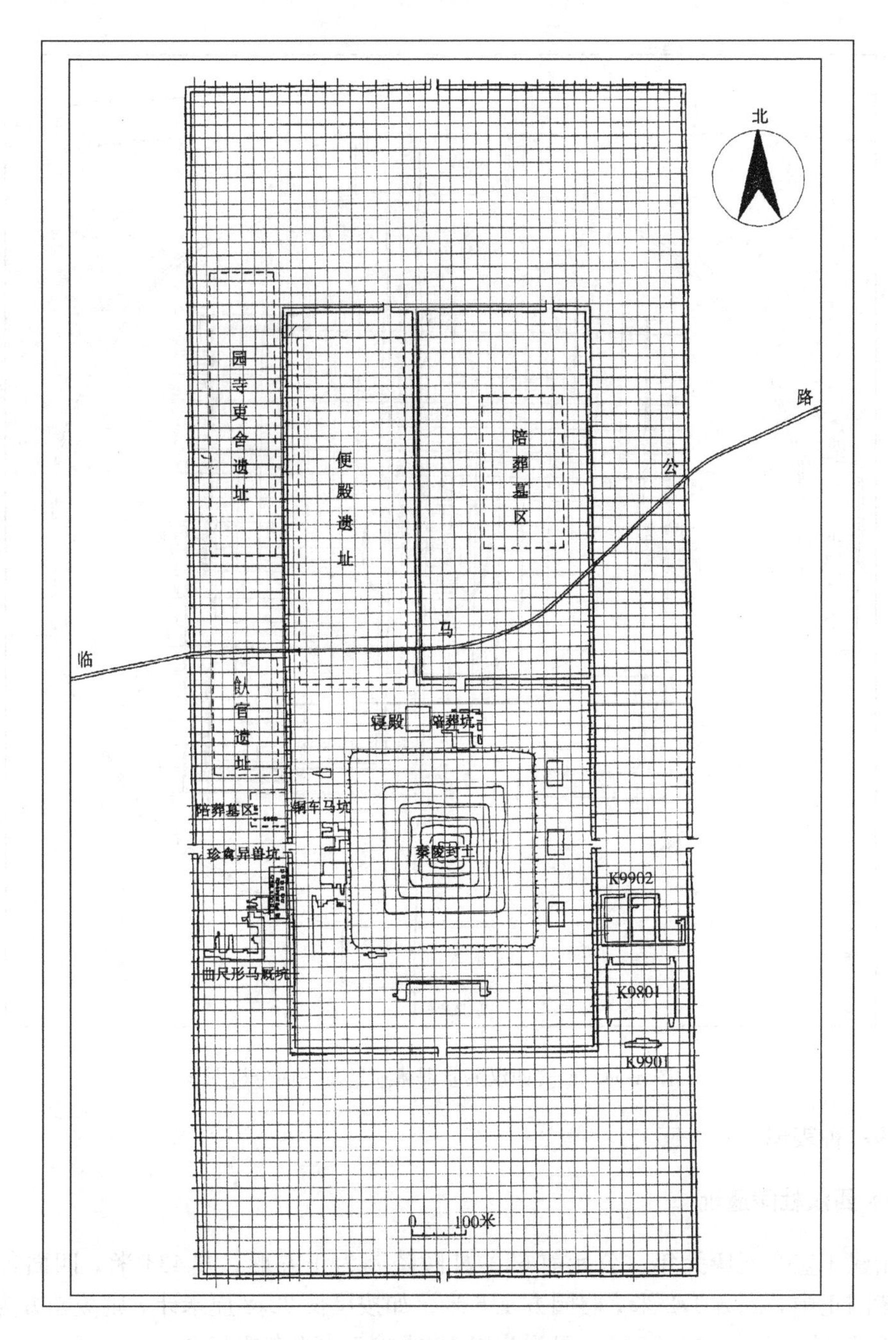

图 4-53　陕西临潼秦始皇陵总平面分析图

丈，深 4 丈，表明它是以方 2 丈网格为布置基准的（图 4-54）。

（三）王莽宗庙遗址

在 12 座方形台榭建筑中，有 11 个尺度和规制相同，另一个面宽加倍，其详见前文礼制建筑部分。若在院之四角画对角线，其交点在中排中心 F6 的右上部，若自前后二排外端台榭的外角画对角线，则交点正在 F6 的中心，布置极有规律，并明显出现中心点。这也是择

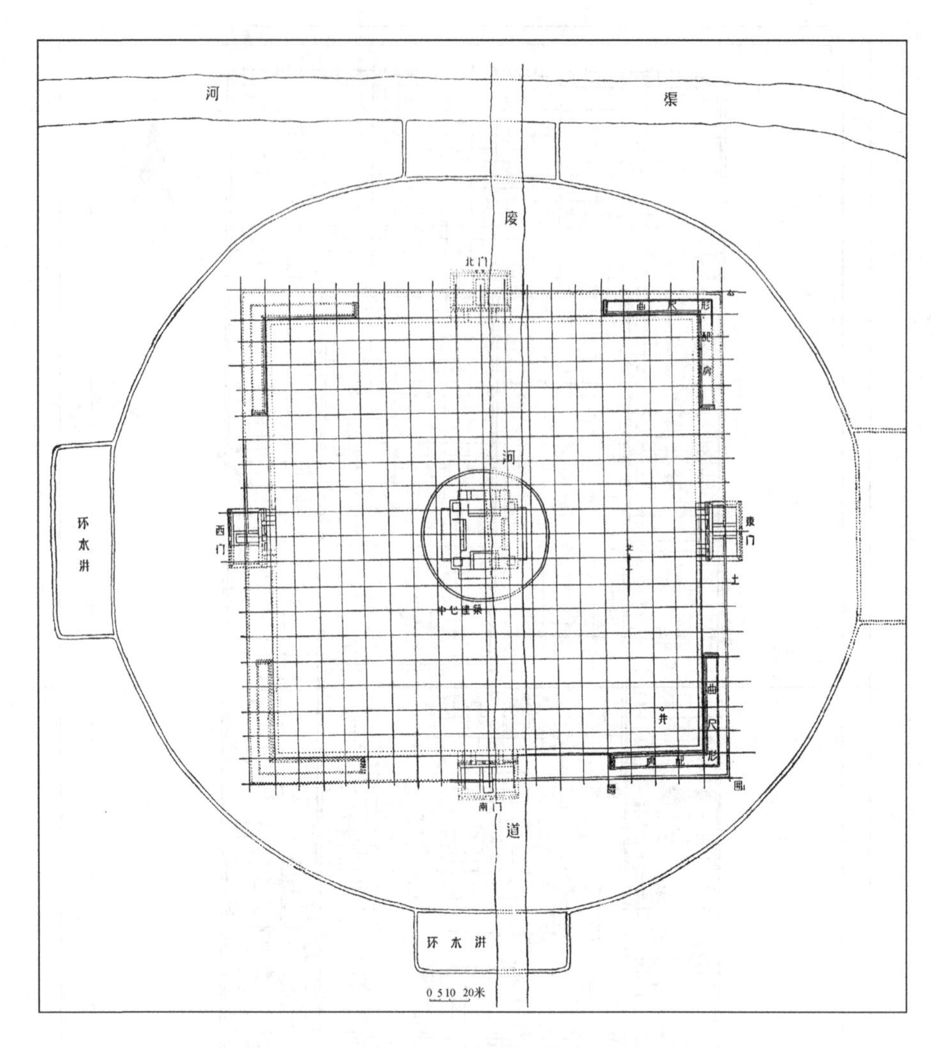

图 4-54　西安西汉明堂辟雍遗址总平面分析图

中布置的一种表现（图 4-55）。

（四）西汉杜陵遗址

约始建于宣帝元康元年（公元前 65）杜陵陵园为正方形，方 433 米，四面各开一门。陵丘居陵园正中，底方 172 米，寝园方 116 米。如按尺长 22.8 厘米计，则陵园方为 190 丈，陵丘方为 75 丈，寝园方为 50 丈，可视为以 10 丈或 5 丈为布置基准（图 4-56）。

大型建筑群组布局以一定尺度的方格网为布置基准已见于战国后期的河北平山中山王墓，中心和外围兼用了两种网格，这里所示的西汉明堂辟雍和宣帝杜陵以及王莽九庙也是这样。这表明在初始阶段，对网格的运用还不很严格，以后逐渐认识到网格对建筑群各部分体量的控制和取得整体和谐的作用，至隋唐时就使用统一的网格了。这现象表明使用网格有一个发展过程。

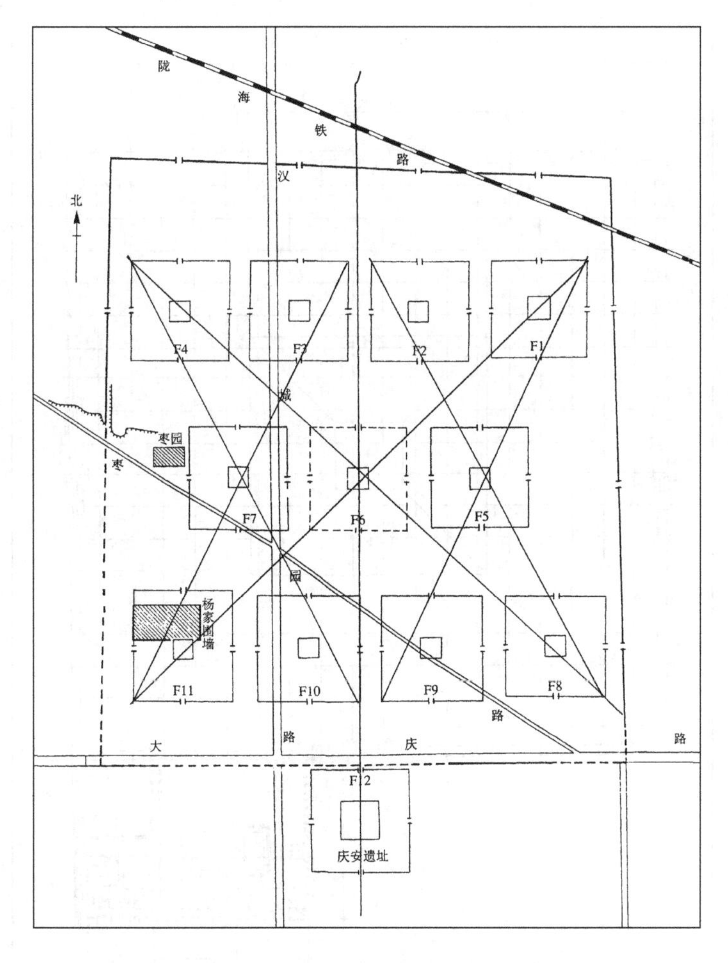

图 4-55　西安王莽九庙总平面分析图

三　建　筑　物

我们根据现存汉阙，参考明器、图像，基本了解到秦汉时期建筑的外观特点是直立柱、直坡屋面、直檐口，除有收分的承重厚墙外，用壁柱加固的墙和抹灰墙也是垂直的，外观基本由直线组成，和唐以后柱身有侧脚生起、屋面为下凹曲面、檐口为两端上翘的曲线的外观风格迥异。

这首先是由结构、构造特点引起的。秦汉建筑大至殿宇、台榭，小至一般住房，大部分为土木混合结构建筑，全木构建筑较少。土木混合结构建筑的屋身多用承重厚墙，用壁柱加固者，其墙身垂直，门窗构件用料也较大，故外观厚重有余而轻巧不足；加以当时尚处于木构架技术发展的前期，上部屋顶的屋面为直坡，檐口为直线，所用瓦的尺度大于后世，故屋顶也显得端庄凝重；建筑的整体效果倾向于雄强端严。

这除了受木结构发展前期技术不完备的影响外，也受当时意识形态和社会观念的影响。这可以从比较汉、唐对宫室的不同观点中看到。对汉代宫殿艺术作用的评价说得最直接的是萧何，在汉高祖责备萧何把未央宫修得太壮丽时，萧何说："且夫天子以四

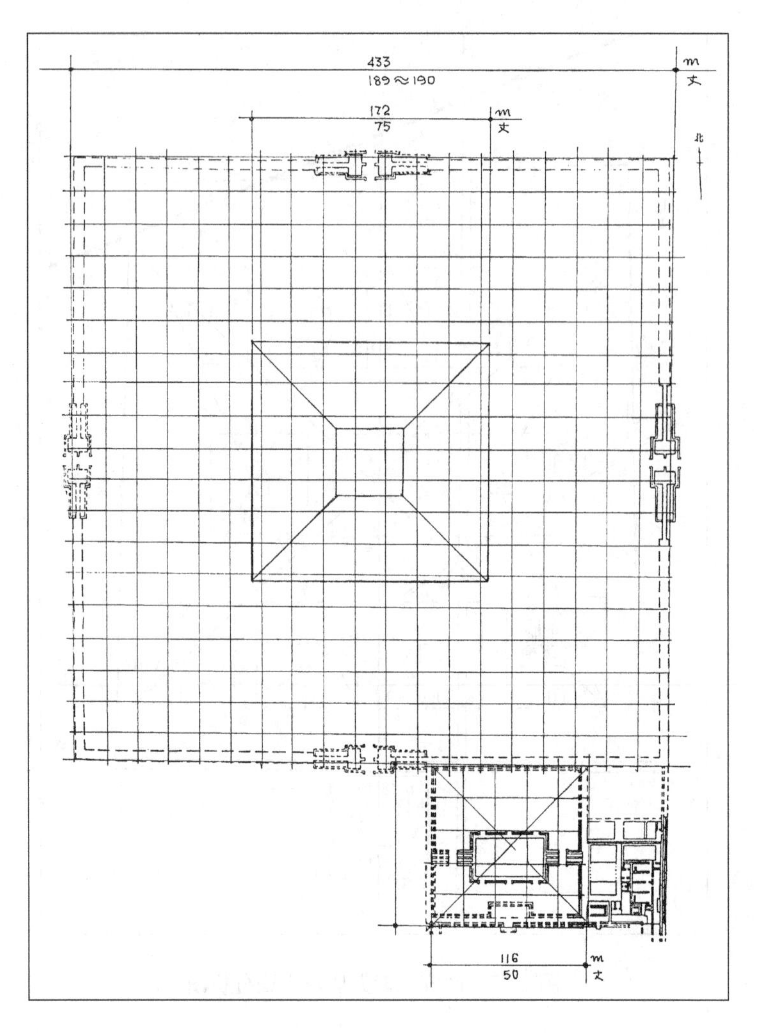

图 4-56　西安西汉杜陵总平面分析图

海为家，非令壮丽无以重威。”①“重威”即以宫殿的壮丽显示皇帝的威势之意，这对刚刚建立的中央集权皇朝是必需的。与之不同，唐朝骆宾王《帝京篇》咏唐代宫室则说“不睹皇居壮，安知天子尊”。可知唐代重在以宫室衬托皇帝之尊贵，而不再强调为皇帝壮威。

因汉代建筑遗物只有石阙和少量石屋保存下来，只能就有实测图的石阙略加探索。诸阙中，雅安高颐阙和绵阳杨氏阙都是子母阙，据高颐阙实测图，可知其子阙、母阙的阙身为相似形，二阙的阙身以上至檐下部分之高也均与阙身之宽相等，近于正方形，即二者也是相似形，这样，子母二阙整体上也是相似形，故此阙之整体关系谐调优美（图 4-57）。绵阳杨氏阙的情况与高颐阙全同（图 4-58）。

据此可知这可能是汉代子母阙的设计比例特点之一。若就此推测，则很可能运用相似形已是汉代建筑设计中取得和谐的方法之一。

① 《汉书·高帝纪下》。中华书局标点本，①册，第 64 页。

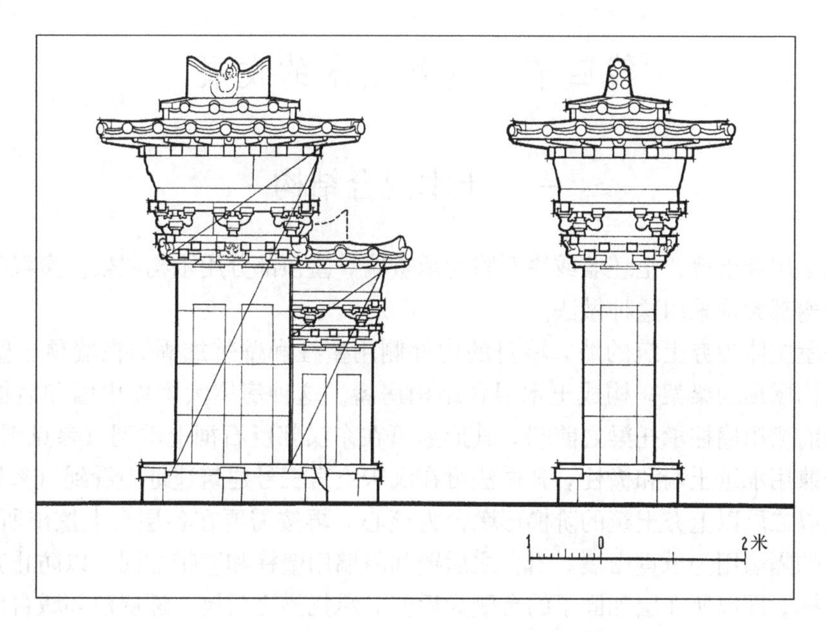

图 4-57　四川雅安高颐阙立面构图分析

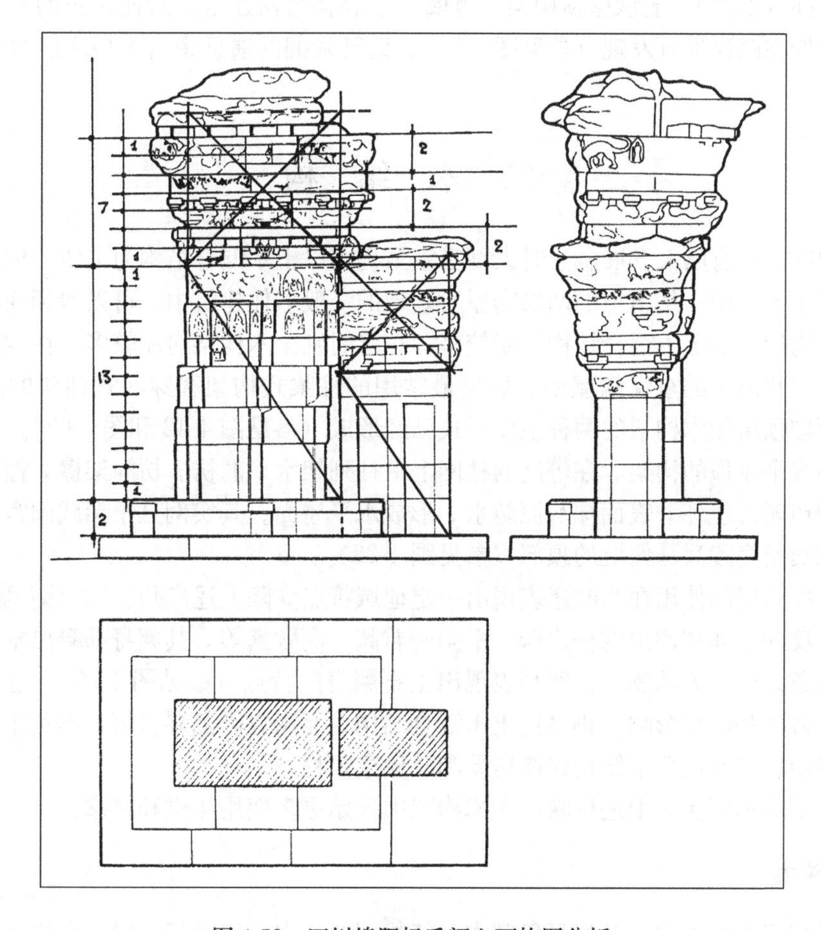

图 4-58　四川绵阳杨氏阙立面构图分析

第四节 建筑技术的发展

一 土木混合结构

屋身基本用夯土墙、土坯墙或块石墙为承重墙，屋顶部分用木构屋架。秦汉时的单层房屋和多层台榭都大量采用这种做法。

单层房屋主体为夯土筑的墙，墙身的内外侧用壁柱和壁带加固，在墙顶于壁柱上加卧枋，以承木构屋顶的梁架，构成土木混合结构房屋。这种房屋大多以山墙和后檐墙为承重墙，小型的前檐用檐柱承托梁之前端，其形象可在东汉郭巨石祠上看到（参见图 4-74）；大型的则前檐兼用承重土墙和檐柱，其做法可在汉未央宫三号建筑遗址中看到（参见图4-16）。

台榭则以二层以上夯土筑的阶梯形墩台为核心，再按需要在各层台上挖出所需的房间，并留出分间的隔墙用为承重山墙，沿台之后壁和隔墙用壁柱和壁带加固，以防止其崩塌。前檐按分间立柱，即以所在层加固了的台壁为后壁，承托梁之后尾，逐层建环墩台四周的单坡或平顶房屋。台顶所建主体建筑，多是在四周筑用壁柱和壁带加固了的承重土墙为外墙，室中心立中心柱（都柱），上承屋顶构架，也属土木混合结构建筑。台榭建筑的基本特点已见前章。其实例在两汉都有发现（参见图 4-22），但已发掘的遗址中，大型多层台榭较春秋战国时为少。

二 木结构

木结构在汉代有巨大发展。当时大型宫室虽仍多以土木混合结构为主体，但其楼层和屋顶部分均使用木结构。从出土的两汉陶屋所表现的一般居住建筑中，可以看到西汉时下用土墙、上用木构屋架的土木混合结构房屋较多，东汉时则全木构架房屋较多。在四川出土的东汉画像砖和广州出土的东汉陶屋中，后世最常用的柱梁式构架和穿斗式构架的形象都已出现，说明两坡顶房屋木构架的两种主要形式已经形成（参见图 4-42 和图 4-65）。

当时还有平屋顶的构架，在等高的柱网上沿柱列架水平的枋，枋间架檩，檩间架水平的椽，椽上铺芦席、土坯，表面抹灰泥防水，形成水平屋面。其实例见于秦咸阳宫 1 号遗址下层的屋顶和秦始皇陵兵马俑坑的顶部（参见图 4-28）。

全木结构房屋的使用在当时还表现出一定地域特点，除上述广州、四川诸例外，在现存石阙上也有反映。如在四川的杨宗阙、平阳府君阙、高颐阙等，其阙身都雕出木柱，表现为木构架的形象，而北方的嵩山三阙则表现出土石阙身的特点（参见图 4-75）。这表明北方可能因受传统做法和防寒影响，仍多用土木混合结构，而南方因潮湿多雨，不利于夯土构筑物的保存，转而较多使用全木结构建造房屋和其他建筑物。

在两汉明器和画像石中还反映出在木构架中开始更多使用斗栱和斜撑。

（一）斗栱

在两汉房屋木构架中，斗栱虽仍基本延续战国时特点，以承托柱梁结合部和增大挑檐为主，但更为成熟，形式更为复杂多样。

在大量汉画像石所绘房屋图像和石构墓室中，在柱顶与屋檐之间，都绘有或雕出斗和栱，以增大承托面和挑出深度（图 4-59）。其中山东沂南北寨东汉画像石墓表现斗栱在室内承托梁的情况最为清晰，其前室和中室在中心柱的上部都雕出栌斗，上为一斗二升斗栱，承托横向的主梁，其有中心柱的平面布置和王莽九庙太室的平面全同，可以作为分析这种构架特点的参考（参见图 4-23）。在四川彭山等地的崖墓中也有柱上有栌斗和一斗二升斗栱的实例，都清楚地表明了柱头斗栱的结构作用。

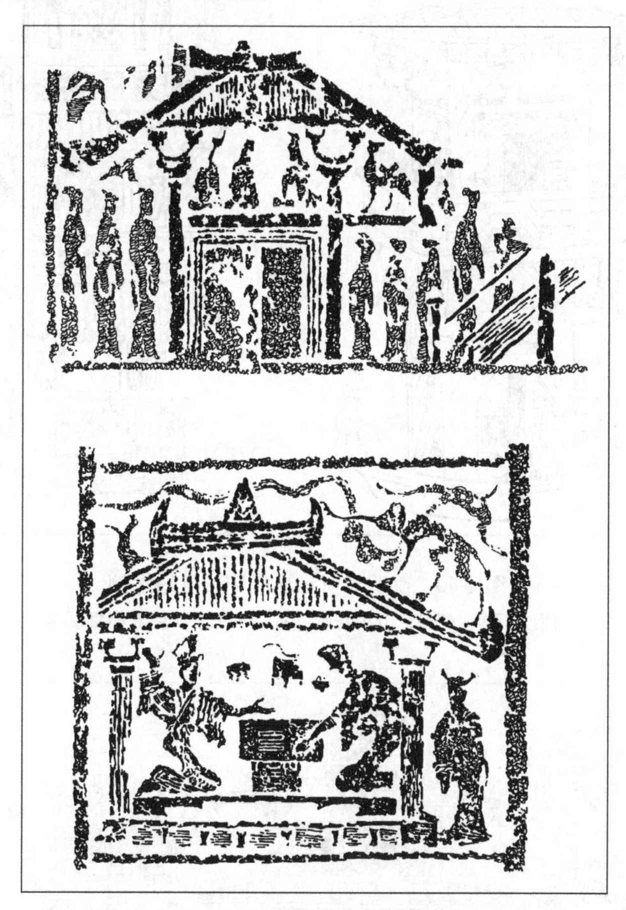

图 4-59　汉画像石上所示柱上用斗栱情况

古泗水地区东汉画像石摹本

斗栱用于挑檐之例，在大量东汉陶楼中有清晰的表现，如河北望都、山东高唐、河南陕县刘家渠等地出土东汉陶楼均是其例。一般是下为穿过柱身中上部向外伸出的挑梁，或作矩形梁头，或下加斜撑，或抹去梁头下棱作三角形，或作二重挑枋，或作栱形。在挑梁外端承托一至三重横栱，上承挑檐檩，以增加屋檐挑出的深度。简单的横栱只是一道横枋，复杂的可作成两端下弯的曲栱（汉代称“栾”或“曲枅”），上下层栱间垫以散斗（图 4-60）。在房屋转角处，东汉早期多在角柱向外的两面各出一挑梁，其上各承横栱，承托两面的挑檐檩。挑檐檩至角相交上承角梁。以后出现在角柱上出 45 度的挑梁，上加 45 度抹角栱，承托两面的挑檐檩的做法（图 4-61）。

图 4-60　汉明器所示斗栱用于挑檐之例

河南刘家渠（左）、山东高唐（右）出土东汉明器陶楼摹本

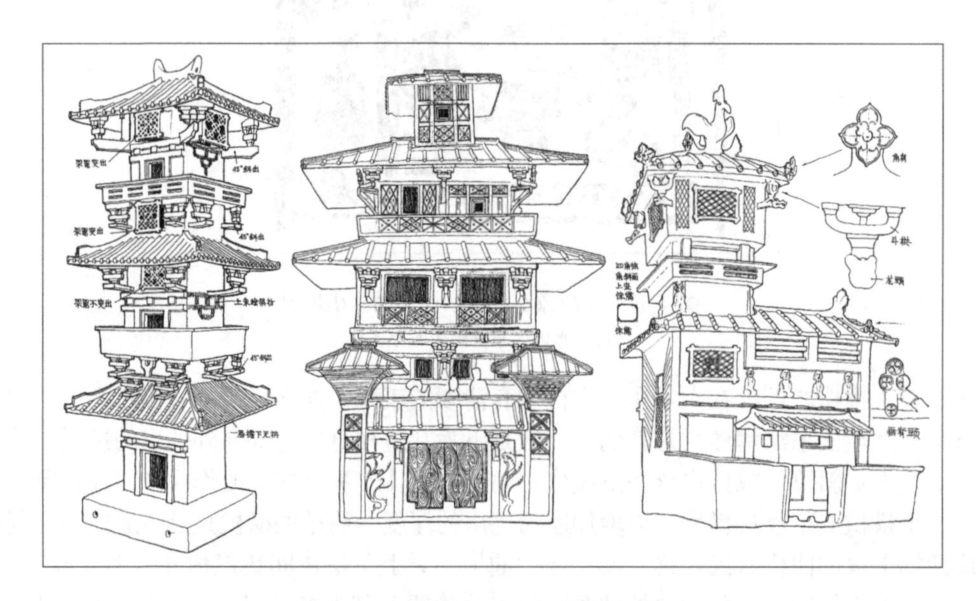

图 4-61　汉明器所示转角斗栱两种形式

河北顺义出土（左）、美国奈尔逊美术馆藏（中）、河南灵宝（右）出土东汉明器陶楼摹本

在东汉石刻中还有几个值得注意的使用斗栱的例子。其一是在两城山画像石中有二幅用巨大的横栱上加多重斗栱承托一座向水中挑出的亭子之例。其二是在徐州檀山东汉画像石中有一幅在一根柱上重叠多层斗栱，逐层扩大，上建一亭之例，近于后世所称“独柱观”的形式。亭左右各有一斜廊通上，除起通道作用外，还可能有扶持由独柱支持的亭子，增强其稳定性的作用（图 4-62）。这当然不是普遍现象而属特例，但可以说明当时曾对斗栱的悬挑和扩大支承面的功能进行过探索。

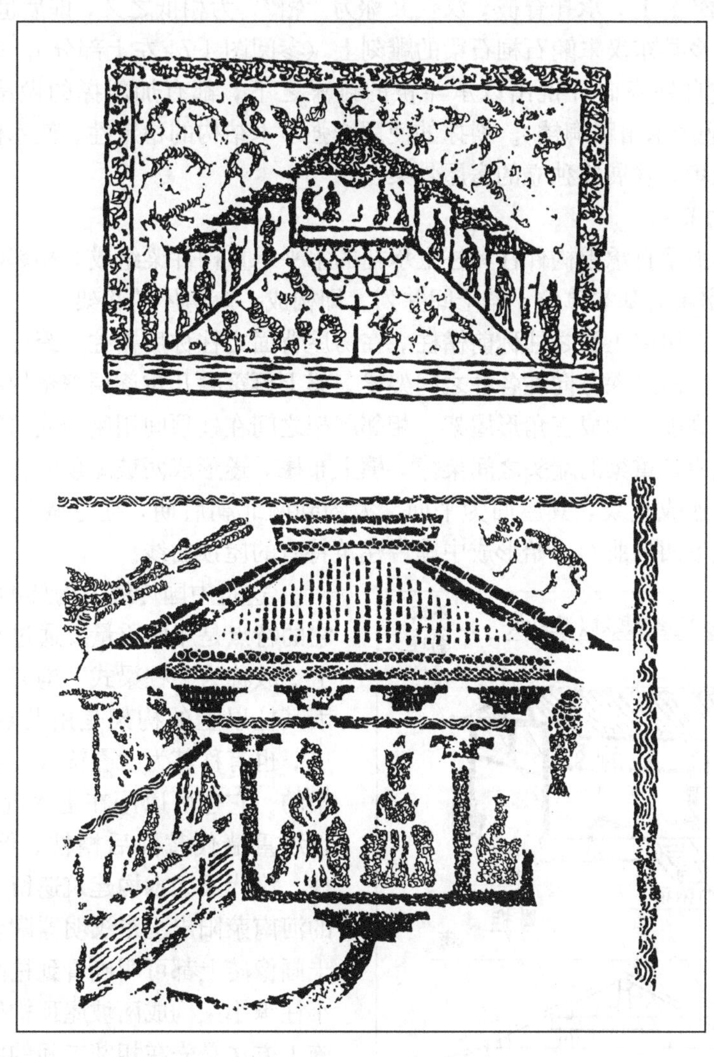

图 4-62　汉画像石所示特殊形式斗栱之例

徐州檀山东汉画像石（上）、山东两城山石刻（下）摹本

（二）梁架

汉代木构建筑遗物不存，虽然通过未央宫宫殿遗址可以知道大型殿宇梁跨可达 9 米甚至更大，但具体形式构造不详。在两汉明器、石刻中也很少表现内部梁架形式的，故只能通过文献探讨。班固《西都赋》描写汉长安宫殿的结构为“因瓌材而究奇，抗应龙之虹梁；列棼

橑以布翼，荷栋桴而高骧”。前句指用巨木为梁，《文选》注“应龙虹梁”，谓“梁形似龙而曲如虹也”，可知当时对巨型梁身已进行艺术加工。次句中的“棼”、“橑”分指檩和椽，谓外檐用檩、椽挑出屋檐，并构成翼角；“栋”、“桴”均指檩，谓由梁把屋檩高高抬起，形成屋顶构架。此时房屋构架已较多使用斜撑，《营造法式·总释上·斜柱》条引王延寿“鲁灵光殿赋”中“枝樘杈枒而斜据”句，李诫注云：“枝樘，梁上交木也。杈枒，相拄而斜据其间也”，所指即斜撑。当时有用二根斜撑相抵，形成三角形构架的做法，用在最上一道梁（即后世之“平梁”）上，承托脊檩，汉代又称为“牾”，为相抵之义，即后世之“叉手”，其形象见于山东金乡县东汉朱鲔石祠石梁的雕刻上（参阅图 4-74 左上部分）。另在房屋的柱与阑额相交处，或自柱身向外挑出以承斗栱的挑梁之下，都有加斜撑的做法（参阅图 4-61（中）美国奈尔逊美术馆藏陶楼）。斜撑的使用增强了木结构的稳定性，使木构架逐渐摆脱对夯土墙、墩的依赖，发展成独立的房屋骨架。

1. 柱梁式构架

房屋的构架由垂直承重构件柱和柱上承托的水平承重构件梁组成，相邻两构架之间的空间称“间”，是房屋的基本单位。若干间并列，即构成一座房屋的骨架。

每一道屋架在房屋正面之柱称前檐柱，在房屋背面之柱称后檐柱，跨度大者，在中间还可视需要加内柱。沿进深方向在各柱之间架梁，梁上再重叠几重逐层缩短的小梁，用矮柱或木垫块抬至所需高度，构成三角形屋架。相邻屋架之间在柱顶间用阑额或枋联系，以形成稳定的柱网，在相应各重梁的端头之间架檩，檩上布椽，遂形成两坡屋顶的构架。秦汉时屋架各檩自下而上可连成直线，其屋面为平面，大约到南北朝后期，通过调节矮柱或驼峰的高度，使屋面呈微下凹的曲面，始形成中国古建筑特有的屋顶曲线。

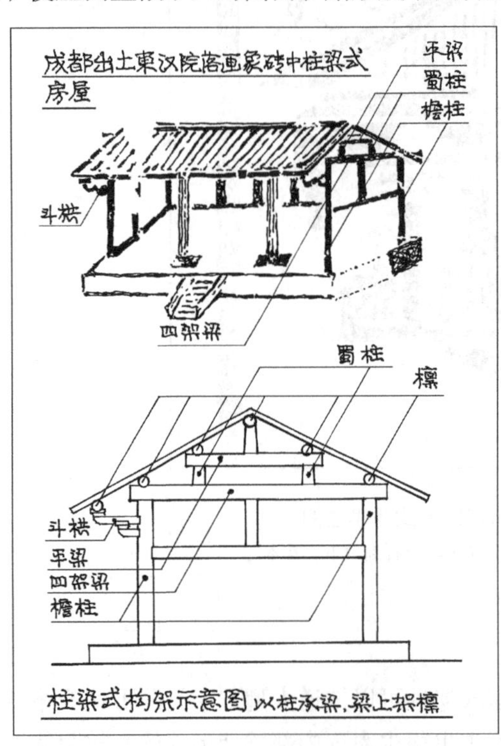

图 4-63　柱梁式构架示意图

这是中国传统木构架的基本形式之一。它的特点是屋面重量要通过水平的梁传到柱上，故称为“柱梁式”构架。（参阅图 4-48）因其柱以上的构架是由几层梁重叠抬高而成，也有称其为“叠梁式”或“抬梁式”构架的。它也可以用在土木混合结构建筑上，以承重墙代替前后檐柱，但中柱仍需用木柱。汉代虽无木构建筑遗留至今，但从发现的河南荥阳出土东汉明器陶仓和四川成都出土画像砖上都可明确看到柱上架梁、梁上立小柱承小梁构成两坡屋顶构架的形象。它的施工方法是先在相邻二间的内外柱间架连系用的阑额和枋，形成完整的柱网，再在柱上架梁、檩、椽，形成房屋骨架（图 4-63）。但从大量出土明器陶屋、画像石、郭巨石祠中可以看到，大量住宅的山墙仍为夯土承重墙，只在分间的柱上用梁架，即现在俗称为“硬山搁檩”的做法，仍属于土木混合结构，而非完全的柱梁式木构房屋。这可能是出于节省木材，但也可能是当时对全木构架的结构稳定性尚没有把握，而要借重于厚夯土承重山墙的缘故。

2. 穿逗式构架

与柱梁式构架在柱上架梁，梁端架檩不同，穿逗式构架的特点是令沿进深方向的各柱随屋顶坡度升高，其上直接承檩，另外用一组称为“穿”的横向水平构件穿过各柱柱身，把它们联为一体，成为一榀两坡顶的屋架。然后在各道屋架之间用几道称为“逗”的纵向水平构件相连，形成房屋的整体构架，再在柱顶间架檩，檩间架椽，形成两坡屋面（图 4-64）。它的施工方法和柱梁式构架先立柱后架梁不同，是在地面上先装好穿枋，形成一榀完整的构架后，再逐个整体竖立，用“逗”相连，形成房屋整体骨架的。它的特点是不用横向承重的梁，檩置于柱顶，屋面重量直接由柱承担。穿斗式构架房屋的形象在广州出土的东汉明器陶屋中有非常清晰的表现（图 4-65）。在广州明器住宅中还可看到，很多房屋的山面构架在边柱和中柱之间加斜撑，是加强其横向稳定的措施，表明利用斜撑加强构架稳定是当时常使用的措施。

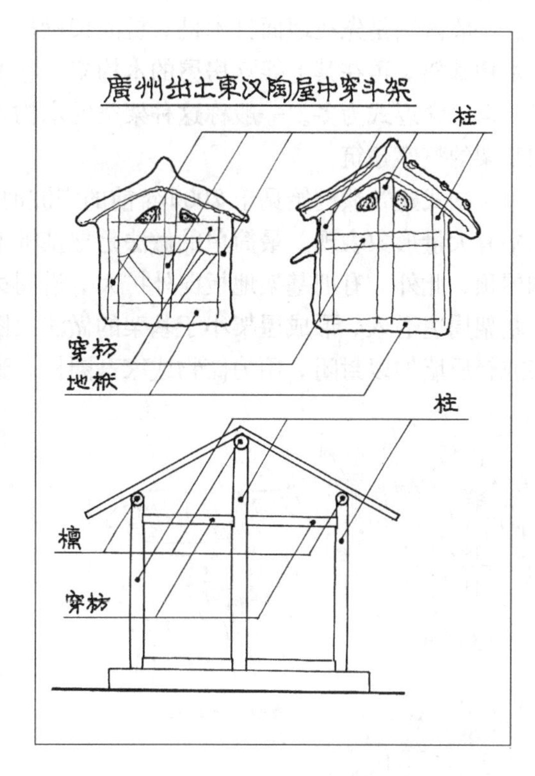

图 4-64　穿逗式构架示意图

图 4-65　广州出土东汉陶屋所示穿逗架
摹本

3. 干阑式构架

它是一种房屋下部不用土石基础而用木构架的构架形式，多用于潮湿多雨处或沼泽地带。一般做法是先在地面打木桩，桩间架梁枋形成稳定的柱网，上铺木地板，构成架空的房屋木构基架，再在其上架立房屋的木构架。它的上部房屋构架可以是柱梁式，也可以是穿逗式，但以穿逗式为多。一般称这种架空的木构基架和平台为“干阑”，但也可泛指用这种木构基架的整座建筑。

干阑式建筑遗例始见于7000年前的宁波河姆渡遗址。在广州出土的东汉明器陶屋和木屋中有大量形象表现。最简单的做法是把基桩上延为屋柱，中间和顶上分别加梁枋构成地板和屋顶。此外，有把基架地板向外扩大，沿周边建屋，形成屋架大于基架的做法。或把屋架沿基架周边退入，形成屋架小于基架的做法（图 4-66）。其基架可以在柱桩间加木栅栏、网格或轻质墙加以封闭，用为储物或家畜圈栏，豪华者还有在其间加斗栱为饰的（图 4-67）。

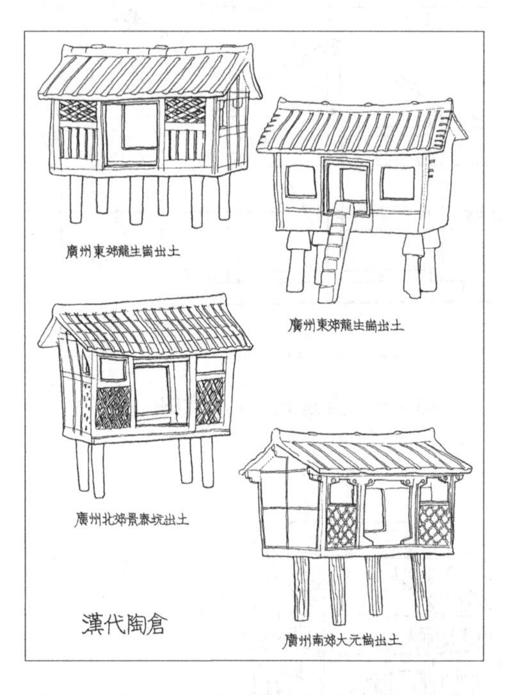

图 4-66　广州出土东汉陶仓所示几种干阑形式摹本

汉代陶屋 广州东郊龙生岗出土 长23.6厘米 宽24厘米 高34.4厘米

图 4-67　广州出土东汉陶屋所示干阑构架摹本

4. 井幹

古代有在井之内壁用多重横木交搭成方形或多边形木框以防坍塌的，也有用此法在井台上造方形护栏，上架汲水的轳辂的，这种重叠多层木框的结构称为“井幹”（干，音寒）。也有用此法建房屋的，但只用于屋身，或台基。最著名的是汉武帝在建章宫所建高五十丈的井幹楼，其楼基即用重叠百层以上的井幹构成。[1] 在云南晋宁石寨山出土的铜器房屋也有用井幹为墙壁的形象（图 4-68）。

---

① 《汉书·郊祀志》注：“（井幹楼）在建章宫中，高五十丈，积木而高，为楼若井幹之形也。井幹，井上木栏也，其形或四角或八角。张衡《西京赋》云，井幹叠而百层，即此楼也。”

井幹是一种很原始的技术，可能因较多用于井上而得名。它的出现可能很早，但因木构遗物不易保存，除余姚河姆渡发现一例外，迄今很少发现照早期遗迹。这种结构的使用范围也较广泛，除房屋基础和墙体外，在春秋战国时大型木椁墓的木构椁室实即是用井幹结构做成的，战争中一些临时防卫设施也有用此法建造的。它的结构方法很简单，粗者用圆木，精者用木枋，只需把构件交搭处砍去一半，形成扣搭榫，使其互相交搭咬合即可。

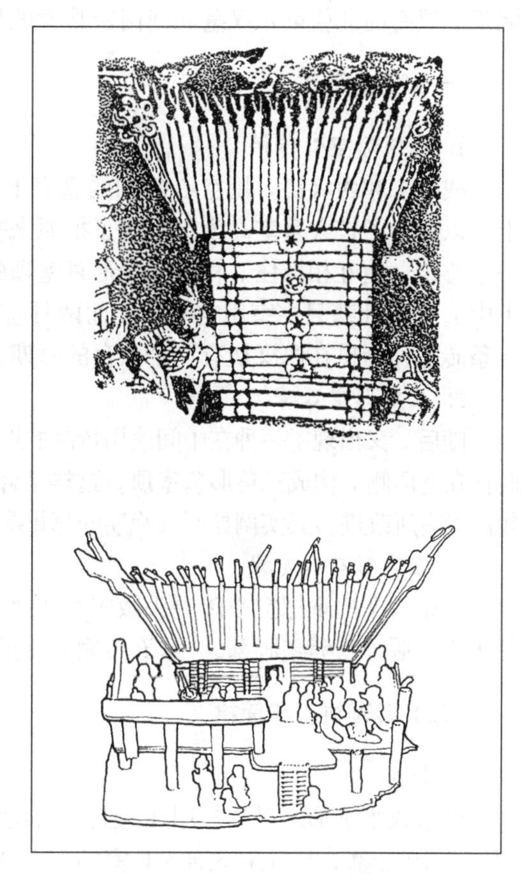

图 4-68　云南晋宁石寨山出土的铜器房屋所示井幹构造摹本

三　砖石拱壳结构

用砖构筑拱券、筒拱和壳体结构萌生于战国至西汉时，东汉以后有大发展，出现不同的类型和施工方法。但它只用于建造地下水道和墓室，迄今未见两汉用于地上建筑的实例。用石砌拱券、筒拱在西汉时已出现，盛于东汉，多用于王和贵官墓，但尚未发现用石砌造穹顶者。

在战国末至西汉前期首先出现了用空心砖搭建三角形、五边形（亦称盝顶形）墓顶的做法。西汉时也有以条石代空心砖建五边形墓顶之例[①]在西汉中期以后出现了半圆形拱券和筒拱，用来建门洞和墓室、地下水道等。随后又出现了方形或矩形平面的拱壳，亦称穹顶。拱券、筒拱和拱壳在两汉之际的发展经历了一个探索演进过程。除用一般条砖侧砌的拱券、并列筒拱或穹顶外，还使用过梯形砖、楔形砖、弓背砖、子母榫砖等不同种类的异形砖。到东汉末，用条砖砌拱壳才成为普遍做法，基本不再使用异形砖。西汉的筒拱墓室跨度一般只有2米余。东汉稍增大，其中最大型一例为定县北庄汉中山简王刘焉墓，其前室拱跨也仅为3.52米，最大主室跨度为6米。[②] 但此墓石拱外再用砖墙、砖拱包砌，是大开挖后砌造而非自下部衬砌。

此期的砖拱壳多用于墓室。砖墓室的施工情况在大多数汉墓的发掘报告中未涉及，我们只能据文献记载和战国至汉墓制的发展进程进行分析，大致上可以知道除帝陵、王墓和一些特大型墓需要采用露天开挖后砌筑的做法外，中小型墓大多是先开挖斜坡墓道，至所需深度后，水平掘进，挖出墓道、墓室的洞窟，然后在其内用砖衬砌，构成砖墓室，受土穴安全跨度限制，其尺度都不很大，拱跨多在3米左右，穹顶方在4～5米。砌砖所用黏合剂大都为

---

① 阎根齐，芒砀山西汉梁王墓地（第七章，窑山三号墓），文物出版社，2001年，第260页。

② 河北省文化局文物工作队，河北定县北庄汉墓发掘报告，考古学报，1965年第1期。

泥浆，只有河北望都东汉墓和河南密县大虎亭东汉墓等少数几例使用了石灰浆。[①]

（一）空心砖拱

1. 盝顶形空心砖拱

战国末和西汉初，用空心砖砌的墓室上部多平置一排空心砖，构成平顶。（图 4-69，1 上）以后为了扩大墓室高度，出现了把原来平置在墓顶的空心砖两块相对斜立，其间再横置一空心砖，使互相抵住，构成盝顶形墓室顶的做法。其实例如 M61 西汉壁画墓（图 4-69，1 下中）。[②] 但此墓只主室用空心砖，而两耳室均为条砖砌的并列筒拱顶墓室，表明空心砖拱与条砖并列筒拱在西汉初有一个共存的时期。

2. 三角形空心砖拱

随后，又出现了一种在中间改用特制的近于丁字形的型砖为拱铰的做法，两侧斜向的空心砖抵在它两侧，构成三角形墓室顶。这样结合更稳固，侧置的空心砖也有更大的承载力，明显较前者有所改进。其实例如西汉晚期的郑州新通桥画像空心砖墓[③]（如图 4-69，1 下右）。

3. 五边形空心砖拱

在稍后又出现把空心砖端头做成凹凸面，使互相抵紧，构成五边形墓顶的做法，其实例见于洛阳偃师新莽壁画墓。[④]这五砖侧立相抵成拱的做法已可视为用条砖顺砌拱券的滥觞。

（二）砖砌拱券和筒拱

1. 拱券

弧形或半圆形砖拱券多用在门上，以代替以前使用的空心砖平过梁。较早的例子如洛阳西郊 7010 号墓，其自主室通入耳室的门上部用小砖砌单券。时代约在西汉中晚期。[⑤]

2. 筒拱

拱券连续砌筑，就构成筒拱，用在墓室顶部。汉以后有大发展。早期都是并列砌若干道拱券以构成筒拱用为墓顶，一般称为并列筒拱。刚出现此做法时还有在空心砖墓室墙上用小砖砌的并列筒壳墓室之例，如洛阳 3119 号墓。[⑤]以后遂发展出在砖墙上使用券门和筒壳顶的全砖砌墓室。较有代表性之例为洛阳烧沟 632 号墓。其平面近于土字形，主室在中，跨度约 2.5 米，左右各有两耳室，均为筒拱顶。但此墓还有两个特殊之处：其一是主室顶部筒拱砌了上下两重，通入两侧室的券门亦为两重，为此期罕见之例；其二是前室与前两耳室相交处用小砖沿四面向心砌为方形壳体，约 1.1 米×1.3 米，为以后穹顶（考古报告多称之为“四面攒顶”）之初型。此墓的时代约当西汉晚期。[⑥] 这表明，至迟在西汉晚期，用条砖砌拱券、筒拱的技术已在使用，而砌造方形穹顶的做法已经萌芽。

综括现存遗例，这时的筒拱有两种砌法，即并列筒拱和纵联筒拱：

（1）并列筒拱。由若干道拱券并列构成筒拱的，称并列筒拱。其优点是施工简便，只用

---

① 姚鉴，河北望都县汉墓的墓室结构和壁画，文物参考资料，1954 年第 12 期。
② 河南省文化局文物工作队，洛阳西汉壁画墓发掘报告，考古学报，1964 年第 2 期。
③ 郑州市博物馆，郑州新通桥汉代画像空心砖墓，文物，1972 年第 10 期。
④ 洛阳市第二文物工作队，洛阳偃师县新莽壁画墓清理简报，文物，1992 年第 12 期。
⑤ 中国科学院考古研究所洛阳发掘队，洛阳西郊汉墓发掘报告，考古学报，1963 年第 2 期。
⑥ 中国科学院考古研究所洛阳发掘队，洛阳烧沟汉墓，科学出版社，1959 年。

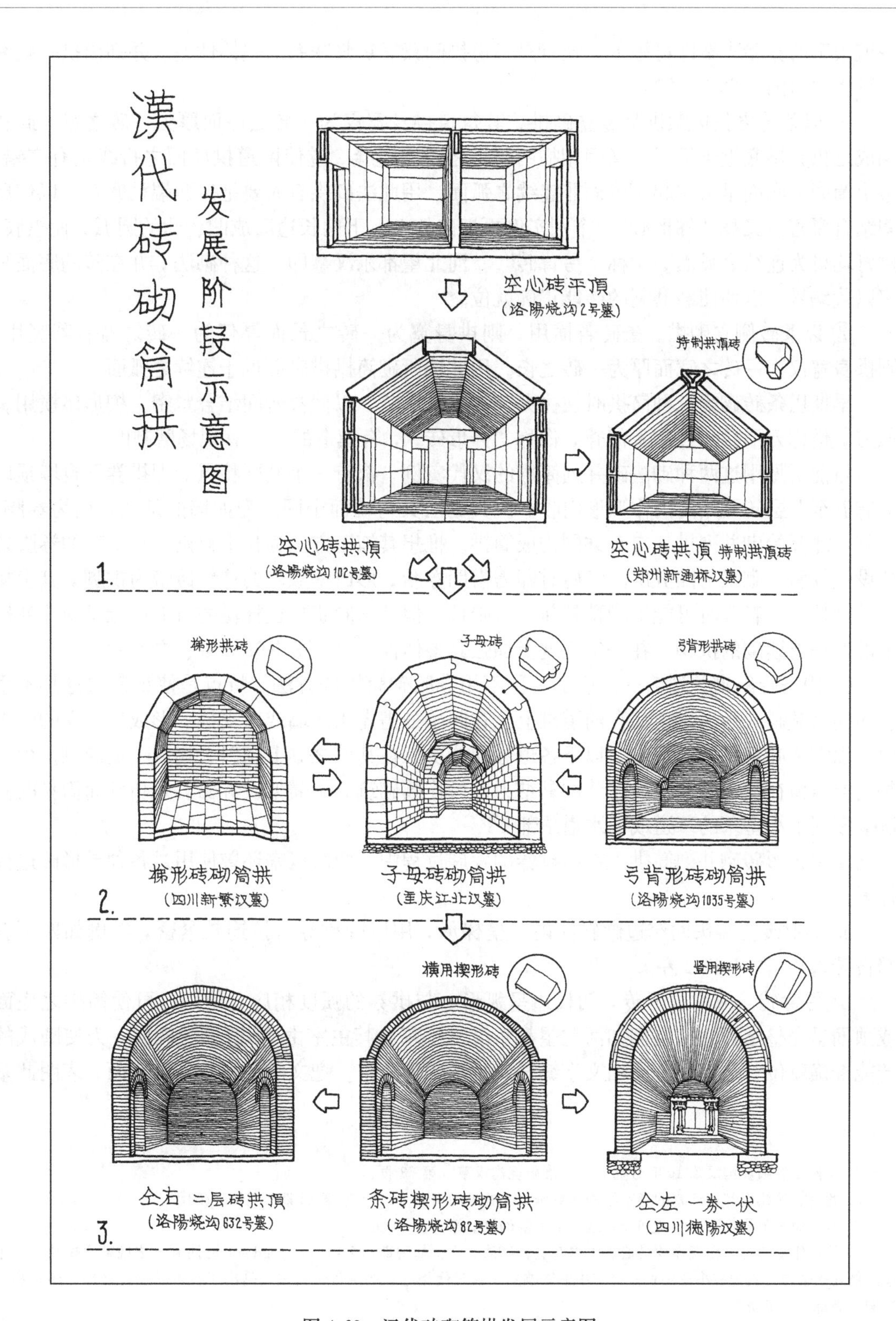

图 4-69　汉代砖砌筒拱发展示意图

一道很窄的券胎支架即可施工，缺点是各道拱间只靠灰浆联系，整体性差。并列筒拱一般有三种砌法（图 4-69 2、3）：

① 以条砖之长边顺拱跨竖立砌拱。其每道拱身宽仅为一砖之厚而厚为一砖之宽。此法砌成之拱其拱底近于折线，又因相临两跨拱之砖需错缝，遂使两道拱底面之折线也有交错，整个筒壳之底面呈水波起伏状而非连续之弧面。用此法砌拱有时要把砖两端稍磨斜，以使砖间结合紧密，又称“梯形砖”。个别实例更把砖的上、下两长边磨成凹、凸的圆弧，使拱底、拱背均可为连续之弧面，又称“弓背砖”。[①]河北望都东汉墓即用这种砌法，并在砖的底面写字以代编号，以便使经磨制的砖能正确就位。[②]

② 以条砖侧立砌拱。条砖若横用，则拱身宽为一砖之长而厚仅为一砖之宽；若竖用，则拱身宽仅为一砖之宽而厚为一砖之长。用此法所砌筒拱拱底面近于连续之弧面。

早期用条砖砌第二种筒拱时往往夹杂使用楔形砖，以使券砖间结合紧密。楔形砖横用者似刀，俗称刀形砖，竖用者似斧，俗称“斧形砖”，有模造的，也有现场磨制的。

目前所见用这两种砌法砌并列筒拱的汉代实例，都有一个共同特点，即拱券下自墙顶以上有五至七层砖开始向内作弧形内收，但其砌法又与墙面全同，宛如墙的延续，用为券脚，在其上才开始砌并列拱，二者共同构成筒拱。推想其施工方法为自下衬砌，在下部的券脚处架设拱券胎，砌最下四五层内倾砖时即需借助券胎，形成一顺砌的连续砖带为拱脚，其上接砌并列拱。二者砌时可能拱脚稍超前一二砖长，但基本同步。这样做的目的可能是使并列拱下部有一连续砌的拱脚，在一定程度上加强其整体性。[③④]（图 4-69 3 中、左）

③ 用条砖斜砌并列筒拱。这是一种不用券胎砌筒拱的方法。特点是使每道拱身都不垂直而向后倾斜，后道拱倚靠在前道拱上。在起始处需先用砖墙或墩支挡，形成一斜立的砖券模，以它为起点砌第一道券，以下各道券即依次靠在其前之券上砌斜，建成一道筒拱。由于每道券斜倚在前一道上，靠泥浆的黏结力即可连续砌筑，不需架设券胎，是巧妙而简易的做法，多用于小型墓的墓道或下水道顶部。[⑤]

④用异形砖砌并列筒拱。在砖拱券的发展过程中，西汉以来还曾使用过各种异形砖进行探索：

a. 梯形砖。端头两窄边微斜向内，呈梯形，用以砌拱券时接连较紧密，实例如四川新繁古砖墓[⑥]（图 4-69 2 左）。

b. 弓背砖。或称扇形砖，两长边呈弧形，与拱券的弧度相应，使用时可使筒拱之底面或顶面呈完整之弧面。实例如河北望都东汉末年墓，其主室由 77 道单券构成，为使磨成的砖能准确就位，还在砖底面用文字编号，做法颇为精密。把文字编号写在砖底面，表明此墓

---

① 实例见洛阳烧沟汉墓 1035 号墓，见：洛阳烧沟汉墓，第 73 页。

② 姚鉴，河北望都县汉墓的墓室结构和壁画，文物参考资料，1954 年第 12 期，第 47～63 页。

③ 实例如洛阳烧沟墓 82、墓 632，载：洛阳烧沟墓，第 24、31 页。

④ 值得住意的是，在现存罗马遗迹中也有这种砌法，实例如阿斯彭多斯（Aspendos）巴西利卡之底部之拱顶，与上举诸例几乎全同。其地在小亚细亚，受有中亚影响。二者时代相近，相距数千公里，是出于技术发展之必然，还是相互影响，尚待进一步研究。

⑤ 此法在古代埃及和西亚已出现，但在汉代未发现受其影响迹象，如联系到在东汉末三国时在方形平面的四角使用此法来建穹顶的创造性做法，（详见后）很可能是自己摸索出的做法。

⑥ 四川省文物管理委员会，四川新繁清白乡古砖墓清理简报，文物参考资料，1955 年第 12 期。

是在下面衬砌的[①]（图 4-69 2 右）。

c. 楔形砖。有横、竖两种；横的俗称刀形砖，竖的俗称斧形砖，用法已见前文。

d. 子母榫砖。一般为平板形，一端凸出半圆形榫，另一端凹入半圆形卯。若顺拱跨方向使用，则拱券的各砖之间有榫卯连接[②]（图 4-69 2 中）；若侧立使用，则相邻两道券之间有榫卯连接，实例见河南陕县刘家渠汉墓 19 号墓，[③] 均可增强筒拱的稳固。

还有一种子母榫砖除两端出榫卯外，还使其一个侧面下半凹入，另一个侧面下半凸出，在侧用砌并列筒拱时，令下一道券砖上侧之凸面挂在前一道券砖下侧的凸面上，除增强二道券间联系外，更重要的是可挂在已成之券的凸棱上直接砌券，不用券胎。[④]

（2）纵联筒拱。为弥补并列拱整体性差的缺点，曾一度出现使用榫卯砖砌并列拱的尝试，使相邻两道拱券之间有榫卯相连，以加强其间的联系，已见前文。随后即出现在用条砖砌拱时使相邻各道拱券的砖互相交错咬合的砌法，砌法与顺砖砌墙的情况相近。它与并列筒拱不同处是通过咬合，使各道拱之间产生了纵向联系，把整个拱筒连为一个整体，故称之为纵联筒拱。实例见于河南襄城茨沟汉画像石墓的前室，时代当东汉末永建七年（公元 132）。[⑤⑥] 砌纵联筒拱需要比砌并列拱宽些的券胎，自下衬砌的难度也比砌并列筒拱要大，但纵联筒拱的坚固性和承载力都大于并列筒拱，它的出现表明筒拱技术的进步，以后用各种型砖的拱即逐渐消失，但条砖并列拱因发展出斜砌可不用券胎施工的方法仍在继续使用。

（三）穹顶

用条砖四面起拱向中间斗合形成弧面或锥形的屋顶，有方形、矩形扁壳和攒尖顶等不同做法，起拱有低有高，一般通称为穹隆顶或“四面攒顶”。

穹隆顶的产生和发展有一个过程。在秦咸阳故城遗址曾发现马蹄形平面的窑址（4 号窑），火膛壁用砖砌筑，其窑顶用土坯砌成，呈弧面，颇有可能是壳顶萌生的初型。[⑦]

1. *扁壳*

在西汉末洛阳烧沟 632 号墓的前室与前二耳室相交处出现用小砖砌的 1.3 米×1.2 米的方形壳体，是已发现的较早实例。[⑧] 稍后在属于王莽时的洛阳 3247 号墓[⑨] 和属东汉初的洛阳 30 · 14 号墓[⑩] 中也出现用矩形和方形壳体为墓室顶部之例。3247 号墓之壳顶方 2.8 米，是此期较大型的砖壳顶。扁壳的砌法都是沿方形或矩形墓室墙顶由低而高、自外向内逐圈砌造，每圈互相抵紧后，再砌其上一圈，各层砖也由平砌逐渐变为斜砌，最后转为垂直侧砌。但这三墓所建壳顶之矢高与跨度之比都较低，较高二例也在 1∶4.2 到 1∶4.8 之间，颇近于后世所谓“双曲扁壳”，因弧度平缓，施工要求高，且较易坍毁。目前发现的实例保存完整

---

① 姚鉴，河北望都县汉墓的墓室结构和壁画，文物参考资料，1954 年第 12 期。

②，④沈仲常，重庆江北相国寺的东汉砖墓，文物参考资料，1955 年第 3 期。

③ 黄河水库考古工作队，河南陕县刘家渠汉墓，考古学报，1965 年第 1 期，第 112 页。

⑤ 黄河水库考古工作队，河南陕县刘家渠汉墓，考古学报，1965 年第 1 期，第 113 页。

⑥ 河南省文化局文物工作队，河南襄城茨沟汉画像石墓，考古学报，1964 年第 1 期，第 115 页。

⑦ 陕西省博物馆文管会勘查小组，秦都咸阳故城遗址发现的窑址和铜器，考古，1974 年第 1 期。

⑧ 洛阳区考古发掘队，洛阳烧沟汉墓，科学出版社，1959 年，第 31 页。

⑨ 中国科学院考古研究所洛阳发掘队，洛阳西郊汉墓发掘报告，考古学报，1963 年第 2 期，第 8 页。

⑩ 河南文物工作队二队，洛阳 30 · 14 号汉墓发掘简报，文物参考资料，1955 年第 10 期，第 45 页。

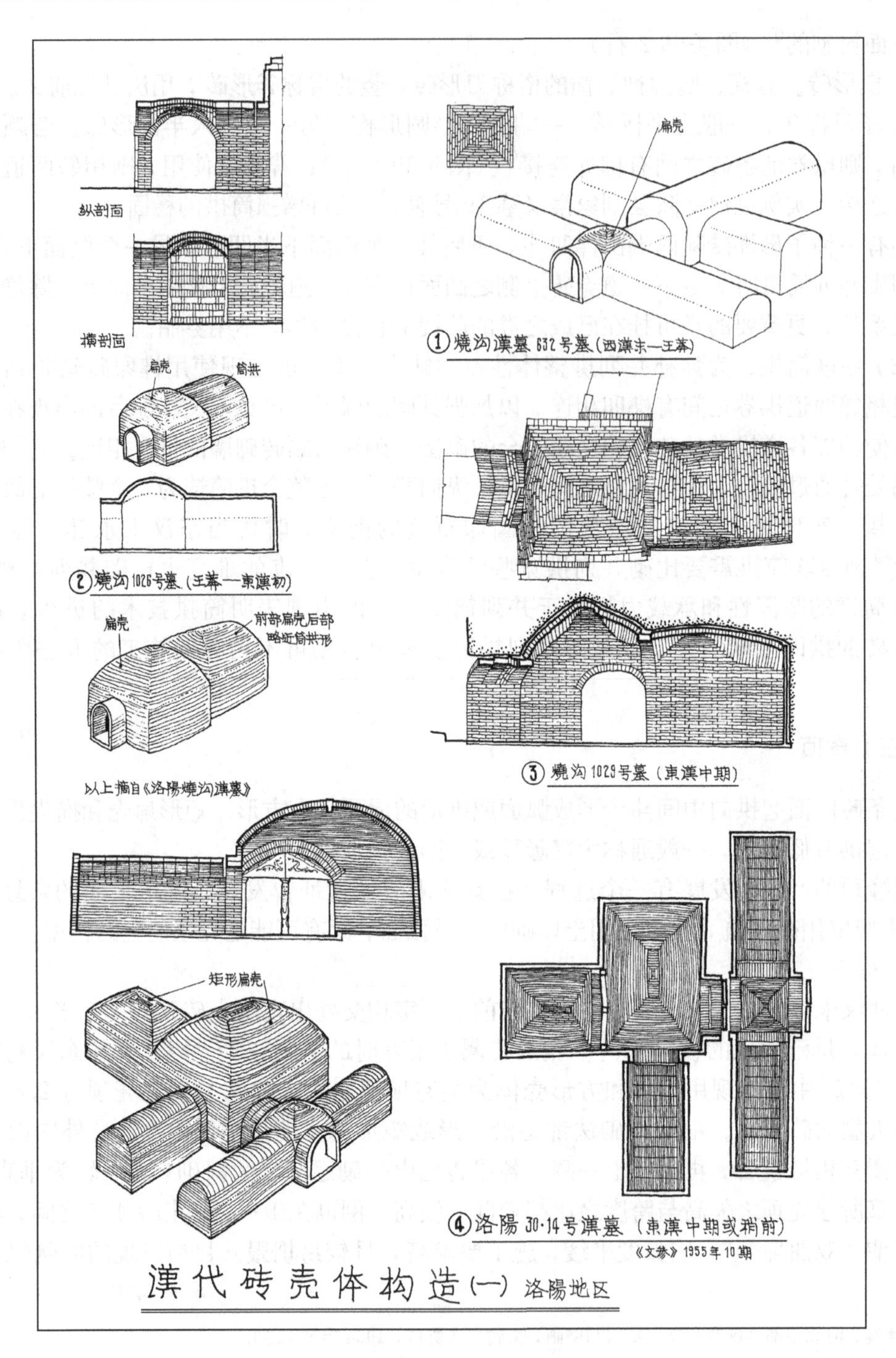

图 4-70　汉代砖壳体构造（一）

的很少（图 4-70①、④）。

2. 攒尖穹顶

由于扁壳施工要求高，且不能适应增加墓室高度的需要，到东汉中后期即发展为增加矢高使向上隆起的四角攒尖穹顶。由于矢高增加，各层砖间的弧度变化较扁壳小，也易于施工，其实例在各地都有发现，流行颇广。此类墓中较大型之例有近于方锥顶的山东禹城东汉墓、和林格尔东汉墓和近于圆锥顶的广州东郊东汉墓等，都是多个穹顶墓室的组合体，表现出很高的砌造技术（图4-71①、②、④）。

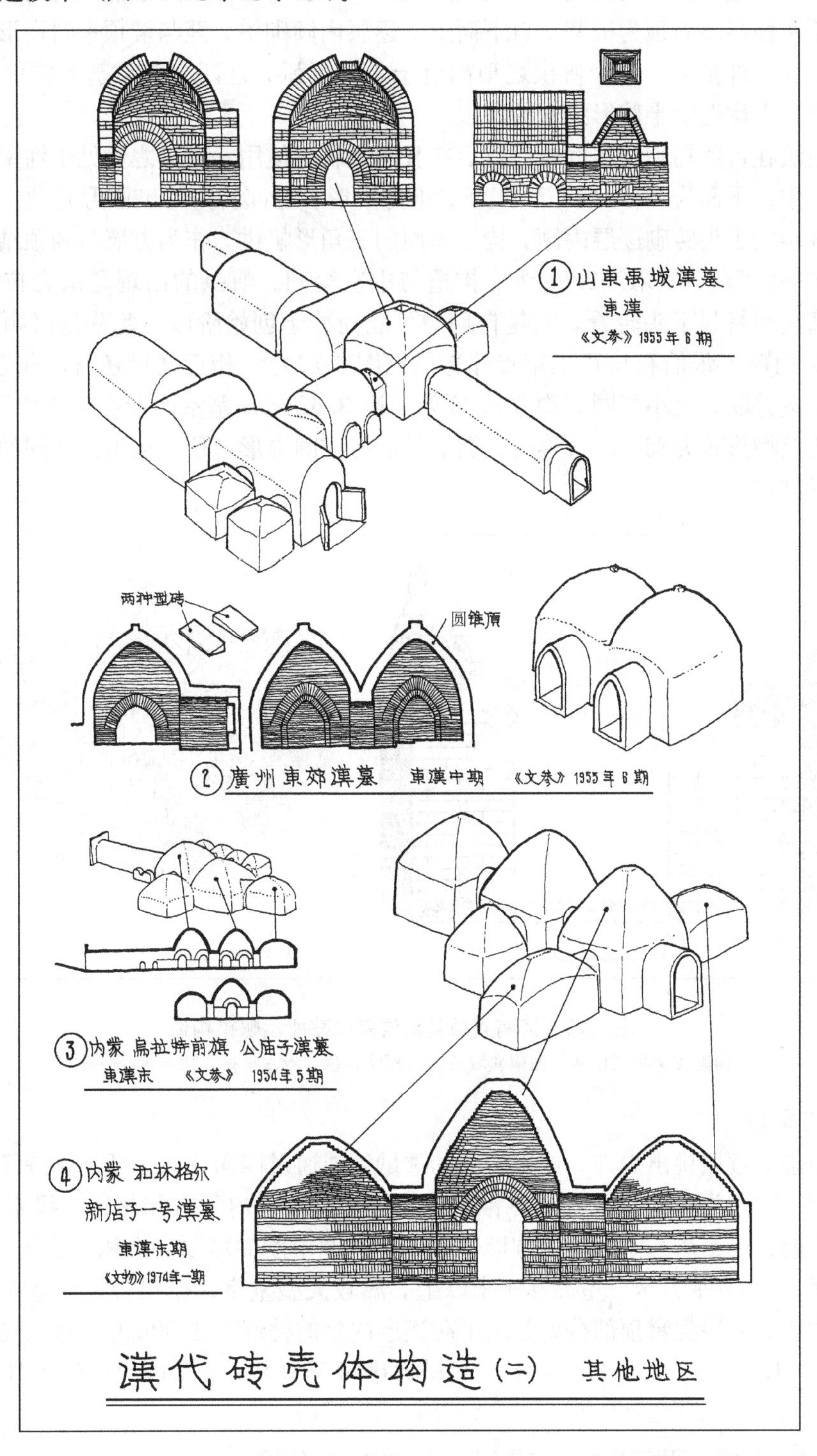

图4-71　汉代砖壳体构造（二）

3. 帆拱结构穹顶

在方形屋身上建圆形穹顶时，在四角需要有由方转圆的过渡部分，因一般为三角形，外国称其为帆拱，这里即借用其名。其砌法是先把四面墙的上部砌为边低中高近于半圆形，每一角以相邻两面半圆墙顶为根基，自下而上，逐层内倾砌拱，至与墙顶平时遂形成四个倒三角形弧面的壳，即帆拱。每个帆拱之顶部近于 1/4 圆弧，这四个帆拱基本构成一正圆形基座，即可于其上砌近于半球形弧面的穹顶。

这种做法在古罗马和拜占庭较盛行，在我国则较少使用。较早之例见于河南襄城县茨沟东汉墓，其中室平面为 2.78 米×2.44 米，下部矩形，上部转为砖砌圆形壳顶。在方形墓室的四角用特制的丁头砖砌逐层内倾，构成弧面的三角形帆拱，作为方墙与圆顶结合处的过渡部分。后室平面为 2.64 米×2.68 米，构造与中室全同。帆拱的出现是拱壳技术的重要发展。从此墓使用特制丁头砖看，它是自创，可能尚处于创始阶段。此墓是汉顺帝永建七年（公元 132）由砖工张伯和与石工褚置建造的（图 4-72）。[①] 相近之例还有广州东郊东汉墓。此墓为二墓室并联，大小相同，均方 3.06 米，高 3.62 米。墓室四壁在 1 米以下为正方形，其上用条砖及楔形砖夹砌，由方逐层转圆，最后形成圆锥形穹顶。从由方转圆的做法看，也是使用了帆拱过渡。[②]

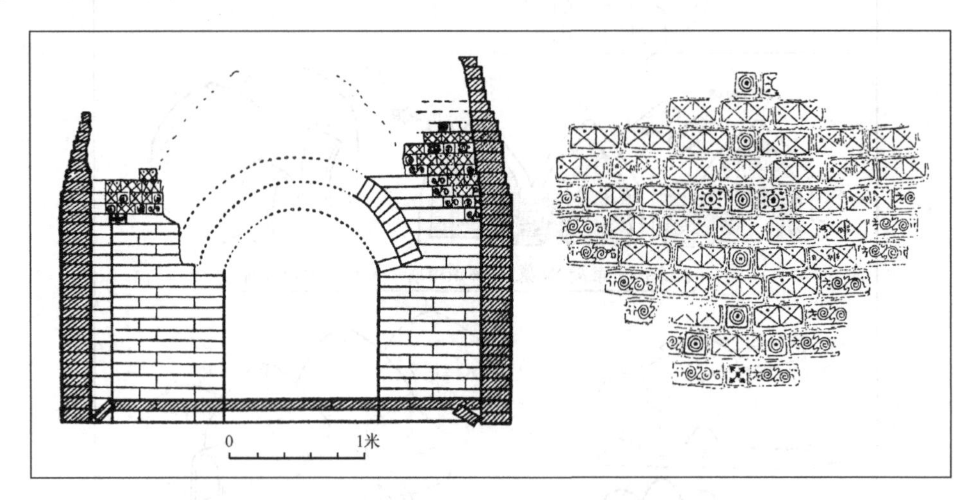

图 4-72　河南襄城县茨沟东汉墓所示帆拱构造

河南省文物工作队：河南襄城茨沟汉画像石墓，考古学报，1964 年第 1 期

4. 叠涩穹顶

用砖平砌，逐层挑出少许，或靠后部的重量，或通过四面斗合相抵来保持稳定，这种砌法称为叠涩。可用为挑檐，或构成方锥形、圆形的屋顶。内蒙古和林格东汉末年墓即是其例。此墓有前、中、后三室，均为方形平面，上砌四角攒尖穹顶，面积分别为 8.3 平方米、7.54 平方米、8.55 平方米，室高在 4 米以上，属较大型墓室。据报告，其墓室墙为顺砖与立砖相间砌成，其攒尖穹顶部分就是用平砖逐层内挑的叠涩方法砌成的。穹顶矢高与净跨之比分别为 1∶1.38、1∶1.1、1∶1.54，起拱远比扁壳为大。此墓因尺度较大且形体及构造

① 河南省文物工作队，河南襄城茨沟汉画像石墓，考古学报，1964 年第 1 期。

② 广州市文物管理委员会，广州市东郊东汉砖室墓情理纪略，文物参考资料，1955 年第 6 期，第 62 页。

复杂，是用大开挖法砌造而成，然后覆土夯实的（图 4-73）。[①]

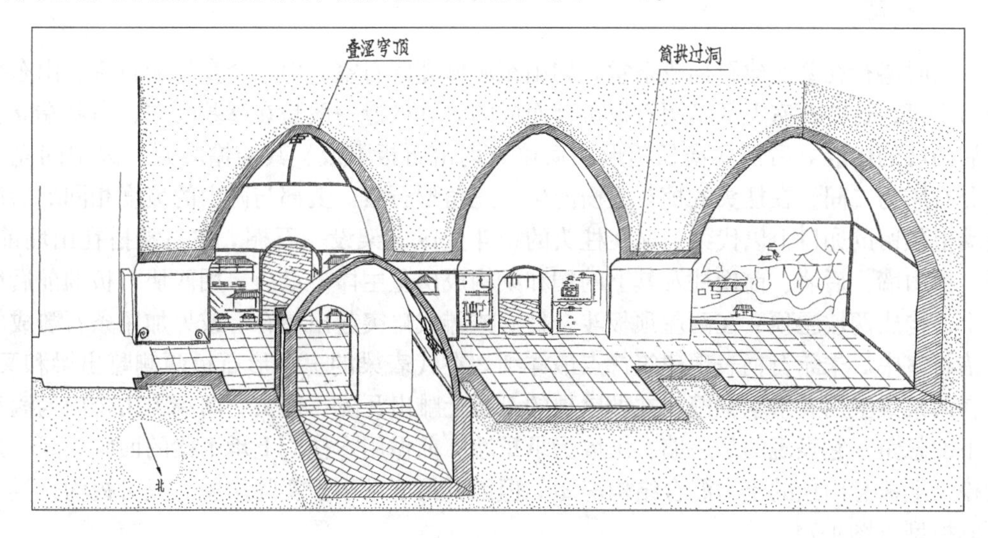

图 4-73　内蒙古和林格东汉末年墓剖面透视图

5. 筒拱穹顶的配合使用

在一些大型多室墓中，经常出现筒拱与穹顶同时使用的情况。早期以筒拱为主室时，其结合部个别有使用穹顶之例，如前引之西汉末洛阳烧沟 632 号墓，其前室与墓门和前二耳室结合处即先砌出四个拱券门，在拱券门上建方形扁壳封顶，作为通道。东汉改以穹顶为主室而以筒拱为墓道或耳室，则在砌穹顶墓室时，先在下部预建通他室的拱券门，然后再完成拱顶。其间连接部分则在拱券门之间砌筒拱，小通道可与拱券门同高，大的耳室则可以加高。由于筒拱与穹顶的配合，使地下墓室可以表达出地上建筑的堂、室、厢、廊甚至庭院的布局关系（参阅图 4-73）。但是终秦、汉之世，始终未见把砖石拱壳结构用为地上居室之例。

四　石构建筑物

汉代铁工具使用普遍，对石材开采加工能力增强，在建筑中石材使用量大增，出现了较多的石构建筑物、石砌墓室和石凿洞窟。石砌墓室和石凿洞窟已分别在砖石拱券结构部分和陵墓部分加以介绍，这里只介绍石构建筑物的情况。

（一）石殿

东汉自明帝显节陵起，始在陵上建石殿，以后各代继之，成为东汉陵墓之定制。但其规模、型制和结构史籍未详载。参照东汉石室和当时石结构发展的水平，用石块、石板砌造，虽可达到一定尺度和体量，但如不使用大跨度拱券结构，其内部空间不可能满足祭祀要求，只能是纪念性构筑物。东汉虽已出现砌砖石拱券的技术，且石拱跨度可达 6 米，但仅见用于地下墓室，目前尚无汉代建造地上拱券结构建筑的迹象，故目前对石殿的规模、型制尚不甚了解。

① 内蒙古文物工作队等，和林格尔发现一座重要的东汉壁画墓，文物，1974 年第 1 期。

（二）石室

东汉时盛行在墓前建石祠或祭堂，如山东肥城郭巨石室、山东金乡朱鲔石室、山东嘉祥武氏石室等。这些石室大都是用石板拼合而成的，其构造一般是在屋基的左、右两端立上部分前后两坡的山墙，后部立横长矩形的后墙，均由石板雕成。其前檐敞开，只中间立一石柱，分石屋为二间。在柱头的栌斗上横向架一三角形石板，上部与两山的坡度相同，后尾搭在后墙上预留的卯口上以代梁。又在柱头的栌斗上纵向架设一石楣，左右端搭在山墙前端。这样，由山墙、后墙、前檐柱及其上的楣和梁构成房屋主体。最后，用两块石板顺前后坡斜搭其上，构成两坡屋顶；在两屋顶板斗合处，或雕成略突起出屋脊，或另加用条石雕成的屋脊。诸石室中，朱鲔石祠表现建筑特点最详细，在代表梁的三角形石板两侧雕出梁和叉手，表示在两架梁上用叉手承脊檩。在做屋顶的石板上雕出瓦陇、椽头，两端雕出排山勾滴和博风板下的悬鱼。它表现的是后墙、山墙为承重墙，前檐用木柱、上承木梁的面阔二间、进深二架椽、上覆悬山顶的土木混合结构房屋，但因其尺度都小于实际房屋，只可视为这类建筑的石制模型（图 4-74）。

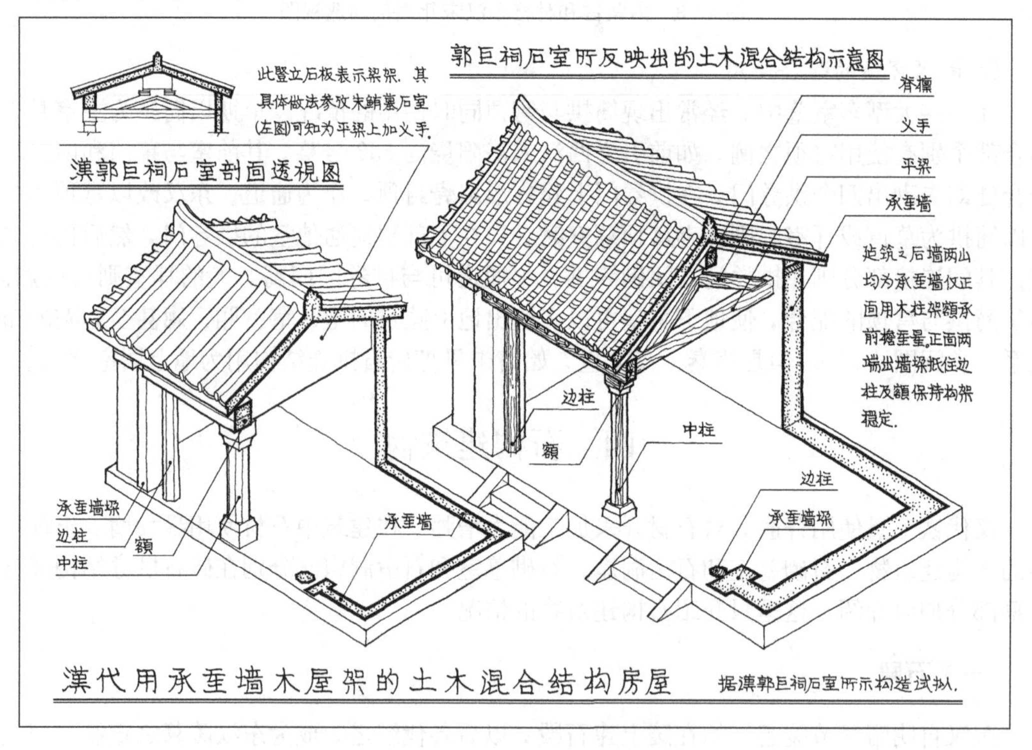

图 4-74　汉郭巨石祠及其所反映的木构建筑

石室一般建于墓前，供祭祀之用。据《水经注》等古籍记载，一般在石室前方还应有石阙，在神道两旁有石柱等。[①] 石阙遗存尚较多，石柱只在北京发现汉幽州书佐秦君神道柱一例。

---

① 《水经注》卷 31，滍水，尹俭墓。国学基本丛书本⑤，第 81 页。

（三）石雕阙

阙原是门前的防卫设施，但到汉代已演化为荣誉性、礼仪性建筑，除用于宫殿、祠庙、陵墓外，也可用于受表彰的人的里门前或宅前。阙的形制是分等级的，低级官员和经特许的平民只能建一对单阙，州郡级以上官员可建旁附一个子阙的二重子母阙，只有皇帝可用旁附二个子阙的三重子母阙。阙的构造有木阙、土木混合结构阙和石阙。现在只有少数用于祠庙、陵墓前的石阙保存下来。就结构、构造分，有石阙、木构阙二类。现存诸石阙可视为这类阙的石制模型。

1. *石阙*

可以嵩山太室、少室、启母三阙为代表。它们均用块石砌成，阙身直立，正侧面均无收分，也未表现任何柱枋等木制构件，是石阙的本色。可在阙身表面满雕图画，也正是石阙的特点（图4-75）。

图4-75　河南登封太室阙

《全国重点文物保护单位Ⅱ》，文物出版社，2004年，第367页

2. *石仿木构阙*

在四川诸汉阙中，如绵阳杨氏阙、雅安高颐阙，其阙身四角和正背面中间都雕出方形柱，或为单柱，或为并列的双柱，柱身或垂直，或有较大侧角，柱顶各承一栌斗，承托上部阙楼构架，明显表现出木构建筑特点（参见图4-57、图4-58）。

五　土构筑物

在秦汉时使用最普遍、工程量最大的构筑物。其技术基本延续春秋、战国以来的桢幹、版筑、土墼、垛泥等做法，用于台基、墙体、边坡、城、墩台、陵墓、堤坝等大小不等的土构筑物，但重要工程对其精度和坚牢度等质量要求有所提高。

夯土工程质量主要在控制所用土的种类、匀净程度、含水量和夯筑的坚实度。如汉长安城墙用较匀净的细黄土夯筑，夯层匀平，呈水平状，厚度在8厘米左右，非常坚实。曾看到个别地段下部已被后人取土挖空，其上的悬空部分虽长近3米左右，夯层分明，却没有塌落，显示出很高的施工质量。

夯土构筑物为保持稳定，一般需对侧面、顶面、基脚加以处理。

不承重的夯筑体，外表面一般不需加固，将表面收坡，使有一定的内倾斜度即可保持稳定，如一般的围墙、城墙、护坡、护岸等。

承重的夯筑体则外侧需要加固，以防承重后崩塌。如房屋之承重墙和台基、台榭、城门洞、桥墩、水闸等之侧壁，均需用壁柱、壁带加固。一般做法是在夯筑成所需形体后，沿侧壁的下脚开若干柱坑，埋入柱础，柱础以上沿壁面开垂直柱槽至顶，其间嵌入壁柱；最上部在各柱之顶部间加水平卧枋，使联为一体，并通过卧枋承托上部之重；如壁面较高，在各柱的中部间可加横枋，称壁带，以固定各壁柱间的关系，使协同受力。现存的遗址中，如临潼秦始皇陵兵马俑坑，汉长安的未央宫3号建筑、武库、宣平门、王莽九庙，广州的南越国水闸，其侧壁都采取这样做法，可视为土构筑物通用的加固方法。王莽九庙各层台壁壁柱的间距约3米，未央宫2号、3号建筑址和武库遗址壁柱的间距为4.5～5米[①]，这大约即大型建筑壁柱的常用间距（参阅图4-16、图4-28）。

保护土构筑物的最重要措施之一是防水，故一般土台表面和基础需要保护。《三辅黄图》引《三辅决录》说“长安城……十二门三涂洞辟，隐以金椎，周以林木。”[②]《汉书·贾山传》说秦始皇修驰道，“道广五十步，三丈而树，厚筑其外，隐以金锥，树以青松”服虔注曰：“作壁如甬道。隐，筑也，以铁锥筑之。”[③] 可知对夯土壁表面可用铁夯头筑实，以防雨水渗入。较一般的做法则是用草泥抹平，外用细泥罩面，也可防止水浸入夯筑体内。

对于台基和房基的防水也极重视，首先是台基边缘的散水，其做法是在夯筑后或铺卵石，或铺面砖。西汉未央宫二号殿建筑周边的散水多是先用砖铺宽2米的供人行的廊道，再在其外接铺宽1.2米的卵石散水，总宽达3.2米。只铺方砖散水之例也见于福建崇安汉城的宫殿等地。

对于夯土台面的排水也极重视，除在露天台面铺方砖、石版保护外，一般要在夯土体内预埋陶排水管，台顶装陶制集水漏斗，在台侧壁下侧装出水口，使水能及时排出，避免淤积。在咸阳秦咸阳宫遗址发现大型陶制集水口（地漏），下接陶下水管，把水排至地面。集水口有两个设在台顶露天处。另有设在室内的，则用为浴室的排水口（图4-76）。这些做法还见于秦碣石宫，但从台榭建筑的发展进程分析，恐至迟在战国中后期时已有了。

六　施　　工

从文献记载看，汉代建筑技术有较大发展。在木结构方面，《三辅黄图》载武帝修建章宫，建有高五十丈的井幹楼和别风阙。其中井幹楼为全木构建筑，可知当时已有能建很高的

① 据实测图上量出。
② 陈直，三辅黄图校正，陕西人民出版社，1980年，第27页。
③《汉书》51，贾山传，中华书局标点本，⑧册，第2328页。

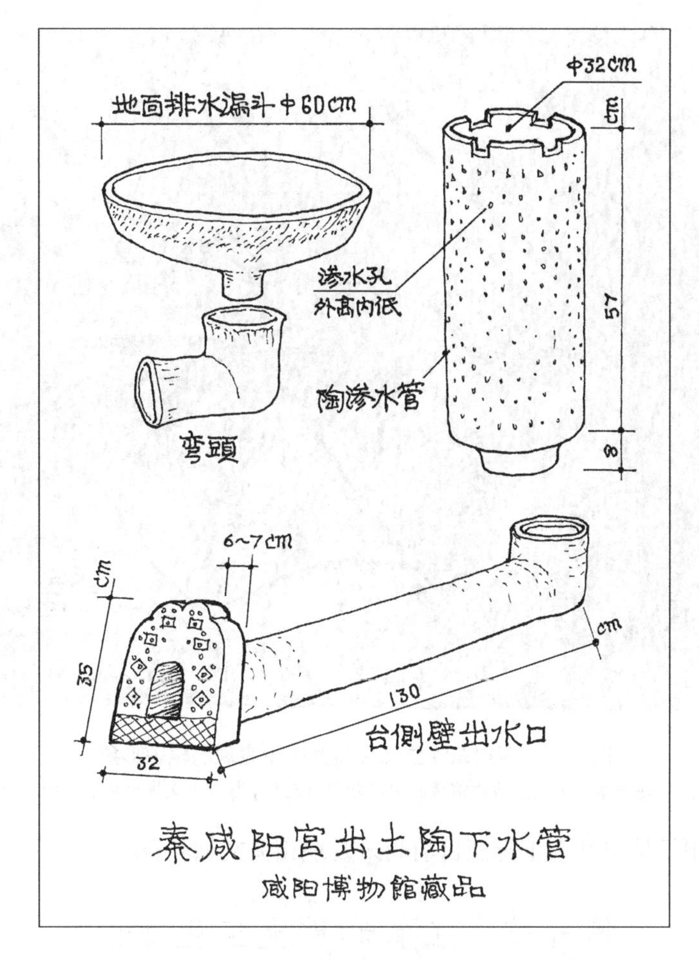

图 4-76　秦咸阳宫陶制下水管道（据速写稿）

木构建筑的技术。在土木混合结构方面，王莽在地皇元年（公元 20）九月在长安建九庙，地皇三年正月毕工，共十二座建筑，其中最大一座方约 82 米，其余十一座方 42 米，均为下有巨大的夯土台基，上建方形殿宇的大型建筑。史称功费数百万，卒徒死者万数，可知其工程浩大，督役严急。但这样巨大的土木工程能在十六个月建成，也表明当时施工技术和组织能力已达到较高水平。

在考古工作中发现了一些施工工具和做法可供探讨。

此期大量使用铁工具，东汉尤为普遍。在河北省定县北庄东汉墓中发现铁制工具多种，其中打击器有直径 7 厘米的圆锤，木工工具有刃宽近 9 厘米的板斧，刃宽分别为 4 厘米和 8 厘米的锛，刃宽 2.7 厘米的凿，刃宽 4.8 厘米的扁铲，掘土工具有刃宽近 13 厘米的锸头等。在西安还发现过铁锯。正是使用多种类型铁工具，使施工能力和速度大为提高，才可以开凿超越前代的大型石窟墓室、建造大型的木构建筑物。

从西汉时已能建造井幹楼、神明台等高大建筑的情况推测，施工时应已使用了辘轳等提升工具。在战国铜绿山矿井内已发现用辘轳的遗迹，在四川东汉画像砖盐井图中也表现有使用辘轳的形象（图 4-77），可间接推知当时在施工中使用辘轳为提升起重工具的情况。

此期进行了大量的宫殿、坛庙等大型工程，有的工期较短，当有组织大规模施工的能

图 4-77　四川东汉画像砖盐井图中表现的辘轳形象

重庆市博物馆：重庆市博物馆藏四川汉画像砖选集，图 1，文物出版社，1957 年

力，但对其施工组织情况和人工定额目前尚未发现相关文献和资料。

第五节　工官和重大工程建设

一　工官及匠师

此期文献记载简略，综合刘昭《后汉书志注补》及马端临《文献通考》可知，汉三公之一为司空，"掌水土事，凡营城起邑，复沟恤，修坟防之事，则议其利，建其功。"东汉时有两个工程管理系统，政府主管工程的部门为尚书五曹中的民曹，主缮修工作，盐池苑囿。宫廷主管工程的秦为将作少府，掌治宫室。两汉因之，汉景帝中元六年（公元前 144）改称将作大匠，"掌修作宗庙、路寝、宫室、陵园木土之功，并树桐梓之类列于道侧。"则将作监之职能除建筑宫室陵墓外，还负责种植行道树等城市绿化。其下属机构有左校署、右校署、中校署和主管砖瓦烧制的甄官署、主管木材的东园主章令等。①

汉代工匠见于史籍者很少。

（1）胡宽。汉初匠人，据《西京杂记》载，为取悦太上皇，汉高祖刘邦命他仿汉高祖家乡丰邑建新丰，"并移旧社、衢巷、栋宇，物色惟旧。士女老幼相携路首，各知其室。"可知

① 马端临，《文献通考》·卷 52，职官 6，工部尚书条；卷 57，职官 11，将作监条。中华书局影印本，第 481、514 页。

是仿建原邑街道规制，并迁建了若干标识性建筑。[①]

（2）阳城延。原是秦军匠，入汉后为匠作少府，主持建长乐宫和未央宫，筑长安城，以功封梧齐侯。[②] 长乐、未央两宫及长安城已见前文，可参阅。

（3）仇延。新莽时都匠，主持建造王莽九庙。[③] 九庙事已见前文，可参阅。

二　建筑制度

汉代建筑等级制度的较完整史料没有留传下来，只能从文献中得知其片段。如《汉书·董贤传》说其宅“重殿洞门”，（唐）颜师古注云：“重殿谓有前后殿，洞门谓门门相当也。皆僭天子之制度者也。”[④]可知两殿前后相重、门门相对是宫室制度。《汉书·霍光传》说其墓“起三出阙”，[⑤] 属帝王规制。汉代阙有单阙、二重子毋阙、三重子母阙三个等级，三重子母阙为帝王专用，二重子母阙为诸侯用，单阙为受表扬者包括平民使用。此外还有三公（太尉、司徒、司空）黄閤可施鸱尾的记载，即其宅的大门可涂黄色，屋顶用鸱尾。据上述大体可知，在建筑布局、形制诸方面已有级别限制，作为各种人社会地位的标志。

三　重大工程建设

（一）秦汉长城

战国末，匈奴南侵，秦始皇统一全国后，于三十二年（公元前215）派蒙恬发兵反击，收复阴山以南地区，设九原郡，发人民及刑徒戍边屯垦，筑亭障防守。三十五年令长子扶苏监蒙恬军，开始筑长城。秦连接原燕、赵、魏诸国北方的边墙，因地据险，增建亭障关隘，初步形成完整的防匈奴入侵的北面防线。[⑥] 西汉继续增筑，并随形势的发展，将中部、西部向北推移，至汉武帝太初年（公元前104）间，经过近120年的建设，于中国北方形成西起甘肃玉门关，东至辽东，长约6000公里的防线，以防御匈奴自北面入侵，史称万里长城。

秦始皇所筑长城可分西、北、东三段。西段接秦昭襄王所筑长城沿黄河北上至河套，在陕甘北部形成重城。北段西为河套段，东至武川；北段东自四王子东行至赤峰。东段自东峰东行，经辽宁阜新、开原继续南下。史称其“因边山、险堑、谿谷可缮者治之，起临洮至辽东万余里”。[⑥]经考古勘察，发现秦长城因地制宜采用了不同的形式和材料，在黄土地区用土筑城，山区则垒石为城，在陡坡、沟槽、河岸处则因地据险，增筑高坡、陡壁，以不同形式构成连续的障塞，证实了《史记》中“因边山、险堑、谿谷可缮者治之”的记载。

---

① 《西京杂记》卷2，“作新丰移旧社”条。中华书局《古小说丛刊》本，第11页。

② 《前汉书》卷16，功臣表第四。中华书局标点本，②册，第619页。

③ 《前汉书》卷99下 王莽传第69下。中华书局标点本，⑫册，第4174页。

④ 《汉书》卷93，董贤传。中华书局标点本，⑪册，第3733～3734页。

⑤ 《汉书》卷68，霍光传。中华书局标点本，⑨册，第2950页。

⑥ 《史记·匈奴列传》云：“后秦灭六国，而始皇帝使蒙恬将十万之众北击胡，悉收河南地。因河为塞，筑四十四县城临河，徙适戍以充之。……因边山、险堑、谿谷可缮者治之，起临洮至辽东万余里。”中华书局标点本，⑨册，第2886页。

汉既维修利用了秦长城，也随军事的进展，在有利地形处增筑了新的长城。汉武帝太初三年（公元前102），“汉使光禄徐自为出五原塞数百里，远者千里，筑城障列亭至卢朐。”① 把新长城推进到阴山北麓，自内蒙古百灵庙西至额济纳旗苏古诺尔湖畔，即所谓“武帝外城”。西段自苏古诺尔湖畔起，西至玉门关，是汉武帝元鼎六年（公元前111）至元封四年（公元前107）时兴建的。②③ 郎中侯应在答汉元帝问边塞事时说：“起塞以来百有余年，非皆以土垣也，或因山岩石，木柴僵落，谿谷水门，稍稍平之。卒徒筑治，功费久远，不可胜计。”④ 可知汉长城并非全为连续的城墙，有些处是利用山崖、河岸等险要地势增筑堵塞而成。

据近年调查，发现各段长城因地制宜，采用了多种不同的做法。

1. 东段长城

东段长城中，在山区的多建在山脊上，用石块垒砌；在黄土丘陵地段的则用夯土筑成。其沿线建有一系列城障、烽燧等，随地区特点用石块砌造或用夯土筑成。已发现周长在1500米左右的城址十余座，分属燕、秦、汉不同时期。

2. 中段长城

中段的三期中，一期战国秦长城基本位于黄土地带，城墙及附属城障等大都为夯土筑成。如临洮长城岭川子公社段秦长城遗迹，基宽5～8米，顶宽3米，残高2.2米，用夹有碎石的黄土夯筑成，夯层8.5～10.5厘米不等。⑤ 二期在阴山南麓，多为块石砌成，著名的鸡鹿塞即在此段（见前节）。三期为汉代所筑，在阴山以北。视其环境条件，分别用块石砌成或夯土筑造，都附有相应的关塞、城堡、烽燧等设施。

3. 西段长城

西段为汉武帝时所筑，大部分为土构，有多种形式和做法。

一种是掘沟堑，多用在平地处。做法是在地上挖沟，把土堆向两侧，形成两条土垅，沟宽约8米，深3米左右，垅高在1米以上，以此为阻隔设施。沟内可布细沙，以便发现越界踪迹，汉代称“天田”。在沙漠地区也有用石块、土墼构筑矮墙的。这种沟堑构成的防线，在内蒙古⑥⑦及河西都有发现。

除土筑、垒石的边墙外，在河西汉塞半沙漠地区有一种独特的做法。它用砂砾石分层筑成，每层先在墙内外侧用红柳枝或芦苇束为边框，其间用绳系住定位，再在其中填筑砂砾，砂砾与芦苇束平后，铺上一层芦苇或红柳枝；然后，再如法筑第二层。如此逐层内收、填筑，形成表面为芦苇束内实以砂砾的墙。其基宽约3米，两侧有收分，高度可达3米以上。因当地干燥，墙面苇束不腐，又因砂砾中含盐量高，可起一定的胶结作用，故这种边墙能历时2千年而仍能有局部保存至今（图4-78）。利用苇束、竹条束为骨干建房，或竖立为墙身骨干，或顺坡做屋面，在新石器时代已出现。但横置为边模用来筑墙，却是因地制宜的有创

---

①《汉书·匈奴传上》中华书局标点本，⑪册，第3776页。

②《史记·大宛列传》：“汉始筑令居以西，初置酒泉郡以通西北诸国。”中华书局标点本，⑩册，第3170页。

③《汉书·张骞列传》：“明年（元封四年）击破姑师，虏楼兰王，酒泉列亭障至玉门矣。”中华书局标点本，⑨册，第2695页。

④《汉书·匈奴传下》中华书局标点本，⑪册，第3803～3804页。

⑤ 甘肃省定西地区文化局长城考查组，定西地区战国秦长城遗迹考查记，文物，1987年第7期。

⑥ 内蒙古自治区昭乌达盟文物工作站，昭乌达盟汉长城遗址调查报告，文物，1985年第4期。

⑦ 吴礽骧，河西汉塞，文物，1990年第12期。

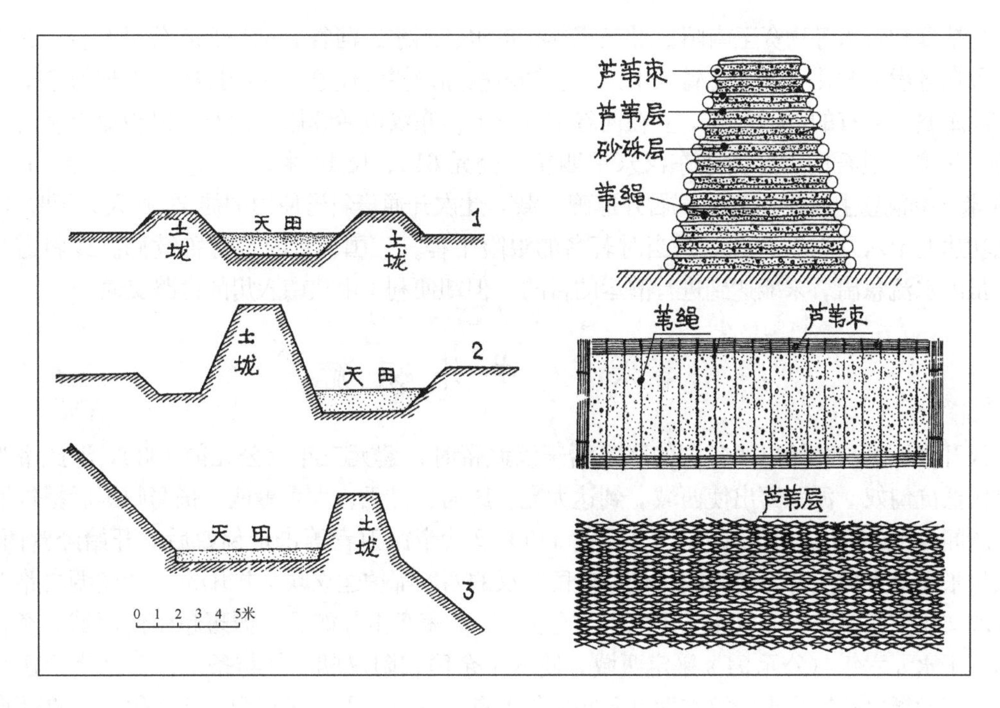

图 4-78　甘肃河西汉代边墙做法

吴礽骧：河西汉塞，图 6、图 8，文物，1990 年第 12 期

造性的做法。

秦汉长城在秦始皇至汉武帝约 120 年间基本形成，其间动员了大量人力物力，因地制宜，采用多种不同的材料和做法，除边墙和复线外，还有前哨堡寨、预警烽燧、大小关塞、屯军边城、后勤仓储等设施，形成一系列纵深防御体系，对保障北方的安定起重要作用，是我国古代最重要、规模最宏大的军事工程，也是古代世界最著名的伟大工程之一。

（二）秦驰道

秦始皇灭六国后，于二十七年（公元前 220）修驰道以巡视天下。《史记·秦始皇本纪》记二十七年“治驰道”事，《集解》注云：“应劭曰：驰道，天子道也，道若今之中道然。”①《汉书·贾山传》云：“为驰道于天下，东穷齐燕，南极吴楚，江湖之上、濒海之观毕至。道广五十步，三丈而树，厚筑其外，隐以金椎，树以青松。”服虔注云：“作壁如甬道，……以铁椎筑之。”② 据此可知驰道是为秦始皇巡行天下而筑的两侧有夯土矮墙的封闭性道路，两侧还有行道树，所谓“中道”，指都城中的御道，即其规格和都城的御道相近，是很巨大的道路土方工程。但目前尚未发现可与记载相对照的驰道遗址。

（三）汉褒斜道

汉武帝元狩间（公元前 122 年以后）在陕南开褒斜道。其目的原是为了通漕运，以运输

① 《史记》6·秦始皇本纪，中华书局标点本，①册，第 241 页。

② 《汉书》51·贾山传，中华书局标点本，⑧册，第 2328 页。

汉中的粮食和竹木等物资至南阳。此工程连接褒水、斜水二河谷，全长250公里左右。其中一些险段在悬崖上凿孔，插入悬臂式木梁，上铺木板加护栏为栈道。有的挑梁外端加斜撑，支顶在下面崖壁上；有的下加支柱，立在河谷中巨石上。东汉以后续修，内有一段历史上著名的石隧道——褒斜道石门，开凿于东汉永平四年（公元61），长14米，宽3.9～4.25米，高4～7.45米。据洞壁上永平中刻《鄐君开道碑》载，此次开通褒斜道使用刑徒2690人，历时3年，总用功达七十六万六千八百，是当时著名的艰险工程。三国、晋时也都曾续修。褒斜道开通后，虽因水流急湍，未能达到进行漕运的目的，但却便利了由陕南入川的道路交通。

第六节 中外交流

汉开发西域与葱岭以西各国的联系始于汉武帝时。建元三年（公元前138），汉武帝为联络月氏抵抗匈奴，派张骞出使西域，到达大宛、康居、月氏、大夏等地。张骞归国后报告了亲历和所闻各地的情况。元狩四年（公元前119）汉武帝派卫青等击走匈奴后，开始经营西域，再次派张骞及大批使者出使西域，使一些国与汉的西域都护建立联系并开辟了“丝绸之路”的商业和文化交流路线。东汉永平十六年（公元73），窦宪击匈奴后，派班超出使西域，经长期努力，于永元六年（公元94）平定西域，使五十余国归附汉朝，并与条支、安息诸国建立联系，使“丝绸之路”发展为汉与西域并间接与大夏、安息、罗马进行商业和文化交流的通道。

秦始皇三十三年（公元前214）秦定南粤，设桂林、象、南海三郡。秦亡后其将赵佗据三郡为王，建立南粤国。汉武帝元鼎五年（公元前112）平南粤，以其地设九郡。从该地出土的文物看，秦汉时开发南方，有可能已开始了与南亚和中东的海上交通。据《后汉书·西域志》记载，当时罗马与安息、天竺进行海上贸易。罗马欲直接与中国联系，为安息所阻，只能间接贸易。则东汉时南方海上贸易航线应已有一定程度的开发。

两汉的对外交流在出土文物中可得到证明。在汉代广州南粤王墓出土品中，有以麦穗纹为边饰的扁圆银盒；另在山东临淄西汉墓中也出土过近似的银盒，但按中国习俗在盒盖加焊了三个脚。这两个银盒都是典型波斯器物，而广州、临淄都近海。据此，可能在西汉初已存在着与南亚中东进行贸易的海上通道。

但对建筑上所受外来影响影响目前所知甚少，一些旧说大多也难以确认。

以前曾认为琉璃传自波斯，但近年已出土商周时的玻璃器，故也有可能是从自有的技术基础上发展出的。

在罗马用筒券砌下水道时，有把券斜砌，令后道券倚在前道券上，以省去券胎的做法。在我国汉代也有这种砌法，与其基本同时，随后并发展出“四隅券进式”砌法。此外，汉代筒拱中有一种先按纵联拱砌法顺砌五至七层开始内倾的砖带为券脚，其上再按并列拱的砌法接砌，也和小亚细亚罗马阿斯彭多斯会堂（巴西利卡）的砌法相同，[①] 二者也是基本同时，而相距万里。罗马在当时是拱券结构最发达地区，但从上文所介绍的情况可知，我国战国至秦汉时的拱券结构也明显有自己逐步发展的轨迹，因此，在中国秦、汉时砖石拱券技术主要是自创，曾否受有外来影响目前尚只能存疑。

---

① 王瑞珠，世界建筑史·古罗马卷（下册）（第十四章，小亚细亚地区，图14-2），中国建筑工业出版社，2004年，第915页。

第五章　三国两晋南北朝建筑

第一节　概　　说

此期自公元220年曹魏代东汉进入三国时代起，至589年隋灭陈统一全国止，共369年。其中仅自公元280年西晋灭吴至316年西晋覆亡间的36年为统一时期，其余333年均为南北分裂动荡时期。

东汉末年政治腐败，公元184年爆发了黄巾大起义，随后又发生军阀混战，至194年，洛阳、长安二座都城和宫殿均被毁。混战中，曹操基本平定了北方，在南方则有孙权、刘备与曹操相峙。220年曹丕代汉，建立魏国，刘备、孙权也先后建国，正式形成三国鼎立局面。三国建立后，经济有所恢复。魏先后建邺城、许昌、洛阳三个都城及宫殿。其中洛阳在东汉旧址上重建，改东汉时南北两宫为只建一北宫，加强了宫前主街的纵深长度，为以后都城所遵循。魏在都城宫室上的创新对后世颇有影响。吴和（蜀）汉是小国，在都城、宫室上无力进行重大建设。

公元263年魏灭蜀，265年晋代魏，280年晋灭吴，分裂了91年的中国重新统一于西晋。290年以后西晋陷入内乱，304年，居住在北方的匈奴、鲜卑、羯等草原民族乘虚进入中原并相继建立政权。316年西晋亡，其残部在长江以南立国，定都建康（今南京），史称东晋，而称都洛阳时为西晋。中国在统一仅仅36年后，又陷入长期分裂局面，在北方相继出现以五个草原民族为主建立的十六个政权，互相争战，并与东晋对峙，史称十六国时期。西晋统一全国后迅即灭亡，没有进行大的建设。东晋偏安江南，国力很弱，面对强敌，也无力做大的建设，不得不建的都城、宫室也只能尽力效仿魏、晋洛阳的规制以保持其政权的延续性和正统地位。北方十六国因是少数民族政权，为减弱汉族抗拒心理，争夺正统地位，其都城、宫室也尽力比附摹拟魏、晋旧规。因此东晋十六国时期，南北双方在建筑上基本上是汉、魏、西晋的余波，都没有新的重大发展。

公元420年，南方的刘宋取代东晋，在以后近170年中，齐、梁、陈继立，史称南朝。北方的北魏于439年统一了北方，534年北魏分裂为东魏、西魏，又相继为北齐、北周所取代，史称北朝。577年北周灭北齐，581年北周为隋所取代。589年，隋灭陈，重新统一分裂了273年的中国。自420年刘宋建立，到589年隋灭陈止，史称南北朝时期。

南北朝时，大部分时间南、北方分别统一于一个政权，战争相对减少，经济有所发展。南朝经济、文化都高于北方，取代东晋后，已不再受魏、晋旧制的约束，故齐、梁时放手建设，在都城、宫室上都有巨大变化和创新，梁时的建康及其附近城镇商业、手工业、交通运输发达，连为长宽各40里的开放区域，成为当时最巨大的繁荣商业中心。北朝的北魏为与南朝抗衡，公元493年由北方的平城迁都至中原的洛阳，大力推行汉化，在重建的洛阳城外发展出方格网街道的坊市制外郭，总面积53.4平方公里，开中国城市布局的新局面，为隋唐长安城的前奏。佛教自东汉时传入中国，西晋十六国时，战乱残酷，人民苦难，遂得到巨大的发展，到社会安定经济有所发展时，南北双方都大兴建造佛寺、佛塔之风。虽最终因此导致经济凋敝、人民流离，诱发动乱和起义，但大建寺塔和修都城、宫殿一样，对此期建筑技术与艺术的发展起了推动作用。其中南朝寺、塔的建造对木结构发展作用尤大，对摆脱汉以来宫室建筑中土木混合结构残余，向全木构架发展，起主导作用。由于此期城市和大型建筑遗址发掘较少，有实测图和数据的更少，目前尚无条件根据实测遗址去探讨其具体的规划、设计、建造施工的特点和方法，只能留待将来。但根据其前的汉代和其后的唐代在这方面的发展和成就，它在汉、唐之间起承先启后的作用则是可以肯定的。

汉、魏以来朝代的迅速更代打破了东汉以来的传统价值观对人思想的束缚，十六国时大量少数民族政权在中原建立和外来宗教佛教的盛行，减弱了汉族对接受外来事物的障碍，虽然这时传统的中国建筑体系已和礼制及社会生活密切结合，不可替代，但外来影响对其摆脱魏晋旧规、酝酿新风、丰富装饰题材方面仍大有助益，魏晋南北朝时期是汉、唐两个中国古代建筑发展高峰之间的转化过渡期，也是汉代土木混合建筑体系逐渐衰歇而唐代木构架建筑体系逐渐趋于成熟的过程，它的末期实即隋唐建筑的前奏。

下面分类介绍此期在建筑方面取得的成就。

第二节　建筑概况

一　都城与地方城市

（一）三国都城

三国时期，魏、蜀、吴鼎立，各建都城，魏都邺城、洛阳在都城的规划布局上有创新，形成宫殿在后，宫门前建长街，夹街建官署以突出宫殿的布局，对同时的吴和后代都有影响。

1. 曹魏邺城

魏建国前以邺为政治中心。它平面为横长矩形，东西2400米，南北1700米，城墙夯土筑成，基宽15～18米。城南面三门，北面二门，东西面各一门，共有七门。东西门间大道分全城为南北两半。南半部被自南墙上三座城门北延的三条南北大街分割为四区，其内布置居住的里坊、市和军营；北半部被自北墙东偏门向南的一条南北街分为二区，东区是贵族居住区，西区是宫殿区。宫殿区占全城面积四分之一以上，北、西两面背倚城墙，西墙上筑有供防守用的三台，推想可能是在东汉时子城的基础上形成的。[①] 自南城中门向北，为南北向主街，北抵宫门，遥对宫中的司马门和听政殿一组，形成全城的南北轴线。在这条主街的两侧建主要官署，又在与横过宫前的东、西门间大街相交处建赤阙、黑阙，形成壮丽的街景。经曹操改建，邺城发展为宫城在北，市、里在南，自城南面正门有主街直抵宫门、夹街建官署、构成全城中轴线的新布局。这种布局重点突出宫殿、官署，其余分列左右，体现出明显的秩序，与西汉长安主宫在南、以后陆续增建多宫，与官署、居里杂处和东汉洛阳南、北宫充塞全城，隔断东西交通的布局全然不同，开中国古代都城布局的新模式，但限于原布局，宫城偏在西北，并不居中

① 中国社会科学院考古研究所，河北临漳邺北城遗址勘查发掘简报，考古，1990年第7期。

(图 5-1)。邺城引河水进入城内，在干道两侧形成纵横的街渠系统，又在部分大道傍建有步廊，进行绿化，对解决城市供水、提高环境质量、美化市容都起重要作用。曹魏重新规划建设的邺城标志着中国的都城规划水平明显地前进了一步，并对以后历代的都城规划有长远的影响。

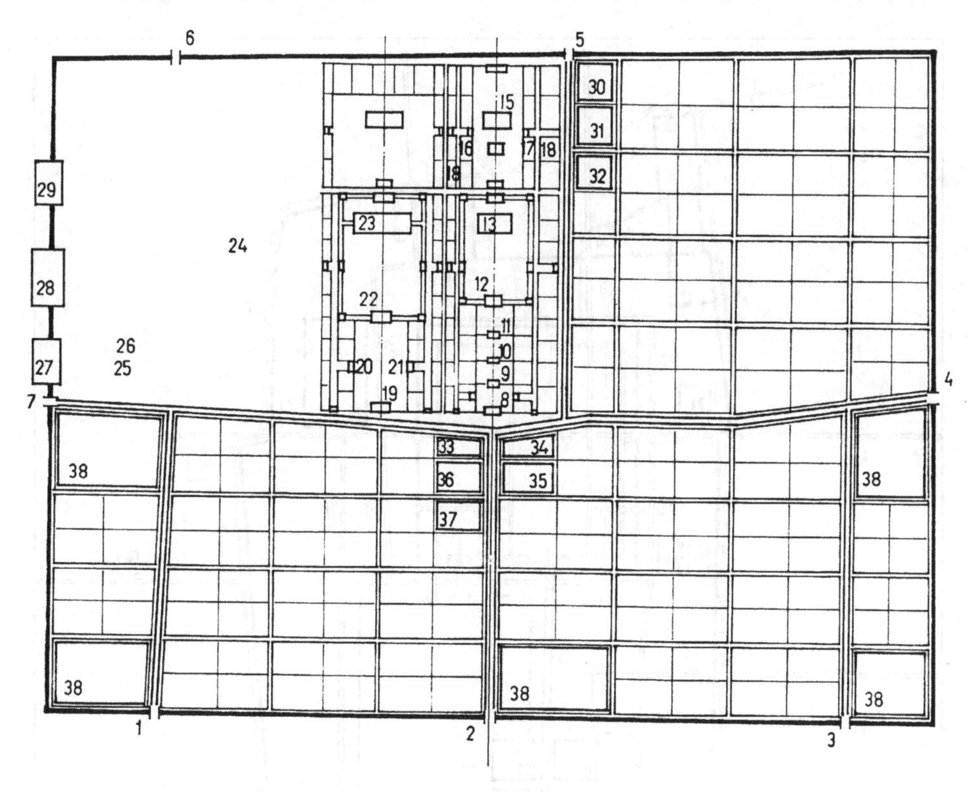

图 5-1 曹魏邺城平面图
中国古代建筑史（第二卷），图 1-1-1，中国建筑工业出版社，2001 年

2. 曹魏晋洛阳

公元 220 年魏定都洛阳，邺城降为陪都之一。东汉洛阳城及城内的南北宫全毁于汉末战乱。曹魏立国之初先修北宫和官署，其余仍保持东汉时十二城门、二十四街的基本格局。227 年魏大举修洛阳宫殿及庙、社、官署，以邺城为蓝本，放弃南宫，拓建北宫，把原城市的主轴线由原南宫南门向西移到北宫南门，在北宫南门至宣阳门间建大道，在这条大道两侧建官署，北端路旁陈设铜驼。又按《周礼·考工记》“左祖右社”之说，在这条大道南段的东、西侧分建太庙和太社。曹魏时还在洛阳城西北角增建突出城外的三个相连的小城，称金墉城和洛阳小城，内建宫室，城上楼观密布，严密设防，这是沿袭邺城西北建三台的布局而新建的防守据点，是当时内乱、外患并存条件下的产物。洛阳城内的居住和商业区仍是封闭的里和市。随着魏、晋经济实力的增强，在洛阳的城外也出现了市和居住区。265 年西晋代魏，仍都洛阳。280 年西晋平吴，统一全国，洛阳遂成为全国的首都，并向城外的东西面发展。311 年，匈奴族刘曜、王弥军攻克洛阳，焚毁宫殿、官署、坊市，洛阳再一次沦为废墟。

从宫殿在北面正中，宫门前有南北街直抵城南面正门，夹街建官署、太庙、太社，形成全城主轴线看，魏晋洛阳是在东汉洛阳基础上，按邺城模式加以改造而成的。洛阳在主街北端设立铜驼等雕刻陈设，也丰富了街景。它虽可能受到秦宫立金人十二的影响，但立于街旁却是创举。由于它是汉以后的统一王朝的首都，故无论是它的后继者东晋还是北方相继出现的十六国政权，所建都城都不得不以它为模式，在不同程度上加以效法和比附。魏晋洛阳对隋以前中国都城规划有重要影响（图 5-2）。

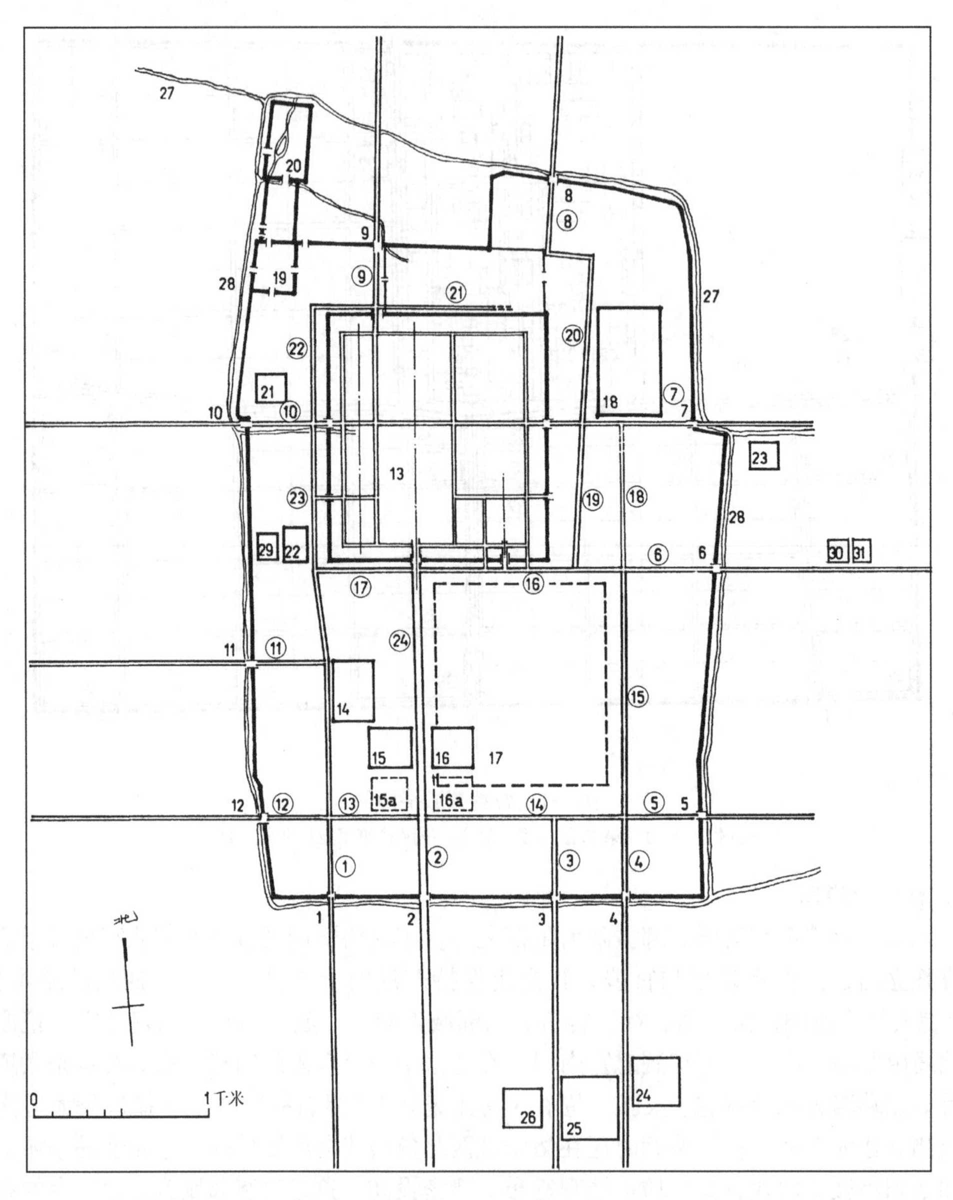

图 5-2　魏晋洛阳平面图

中国古代建筑史（第二卷），图 1-1-2，中国建筑工业出版社，2001 年

3. 孙吴建业

公元 210 年吴自京口（今镇江）迁到建业（今南京），在西南沿江建石头城以储军资，在石头城东北建将军府。229 年吴在将军府外加筑宫城，称太初宫。此时建业尚无城墙，以木栅、竹篱为界，仅近城门处有少许土墙。240 年在建业之西开运渎以运粮至宫侧，241 年在建业东面开凿青溪、北面开凿潮沟。这些运河与南面的秦淮河相连，可通入大江，形成环

建业的水道网，有警时在河道内岸设栅防守，成为建业篱墙外的第二道防线。247年吴重修太初宫，252年后又在太初宫东建昭明宫，二宫之北为苑，建业的北半部遂全为宫殿、苑、仓所占。此时又在苑及宫前建南北大道，称御街。御街穿过南面正门，直抵秦淮河上的浮桥“大航”。御街两侧连续布置官署、军营等，形成城市的主干道。建业面积较小，布置宫苑、官署、军营、仓库外，余地不多，故主要居住区只能布置在城外南方秦淮河的南北岸，向东西侧延伸。由于秦淮河西通长江，东通丹阳、镇江，为水运要冲，故主要的市也都集中在其两岸。这样，在建业就逐渐形成城内部分宫室在北，宫前有南北干道，夹道建官署的布局。虽在城内南部有少量居住里坊，但主要建于城外南部。它既表示出有受曹魏邺城、洛阳影响之处，也有因地制宜之处。280年吴亡，建业遭到严重破坏。

（二）东晋南朝都城建康

公元316年西晋亡，其残余势力建立东晋，定都建业，改称建康。东晋失去中原和旧都后，为在政治上立足，必须团结南方势力，号召北方遗民，而要做到这一点，就必须表明自己是正统王朝西晋的继续。东晋在都城建设上逐步按魏、晋洛阳模式改造建康，其原因即在此。330年，趁建造新宫之机，把宫城东移，南对吴时的御街，又把御街南延，跨过秦淮河上的朱雀航浮桥，直抵南面祭天的南郊，形成正对宫城正门、正殿的全城南北轴线。御街左、右建官署，又在南端临秦淮河处左、右分建太庙、太社。经此改建，建康城内形成宫室在北，宫前有南北向主街、左右建官署、外侧建居里的格局，城门也增为十二个，并沿用洛阳旧门名，基本上体现了洛阳模式。但建康城区仍为吴建业之旧，没有扩大，只陆续改建城门，加建城楼，改木栅、竹篱为夯土城墙而已。它的防御主要靠四周的秦淮河、运渎、青溪、潮沟等河流，有警则沿河之内岸树木栅，形如一岛，故北魏人讥之为“岛夷”。

建康城南迁的人口甚多，加上本地士族，不仅城中不能容纳，城南秦淮河两岸也开始拥塞，遂不得不在城东沿青溪外侧开辟新的居住区。东晋政权稳定后，经济逐渐恢复、发展，超过战乱频繁的北方。建康有长江和附近诸水网航运之便，舟船经秦淮河可从东西两向抵达建康诸市，沿河及水网遂出现一些聚落；东晋立国之初，为保卫建康，在其四周曾增建了若干小城镇、军垒；为安置南迁士民，又建了一些侨寄郡县。公元420年刘宋代东晋后，进入南朝，齐、梁代兴，经济更为繁荣。在这些环建康的城镇、聚落、军垒，如石头城、东府、西州、冶城、越城、白下、新林、丹阳郡、南琅琊郡等的周围，也陆续发展出居民区和商业区，并逐渐拓展，连成一片。这样，在梁朝全盛期（约6世纪30年代左右）建康发展为西起石头城、东至倪塘、北过紫金山、南至雨花台，东西、南北各四十里的巨大区域，人口约二百万。建康未建外郭，只以篱为外界，史载它设有五十六个篱门，可知其地域之广，是当时中国最巨大、商业最繁荣的城市（图5-3）。①

中国古代的城市规划和建设基本是政府主导的行政行为。但建康的发展是一个特例。东晋初定都时，一切草创，限于实力，只能把城内部分尽可能按洛阳模式改造，以体现帝都体制。对秦淮河以南广大地区尚无力做更大的规划建设。由于这里有安置大量南迁人士的侨郡县和建立了一些防卫军垒，又使这地带出现了聚集大量人口的村镇聚落，以后随着经济、商业、交通收发展，这部分逐渐形成繁荣而开放的居住区和手工业、商业区。和城内部分按行

① 郭湖生，《中华古都》（叁·六朝建康），台北：空间出版社，1997年。

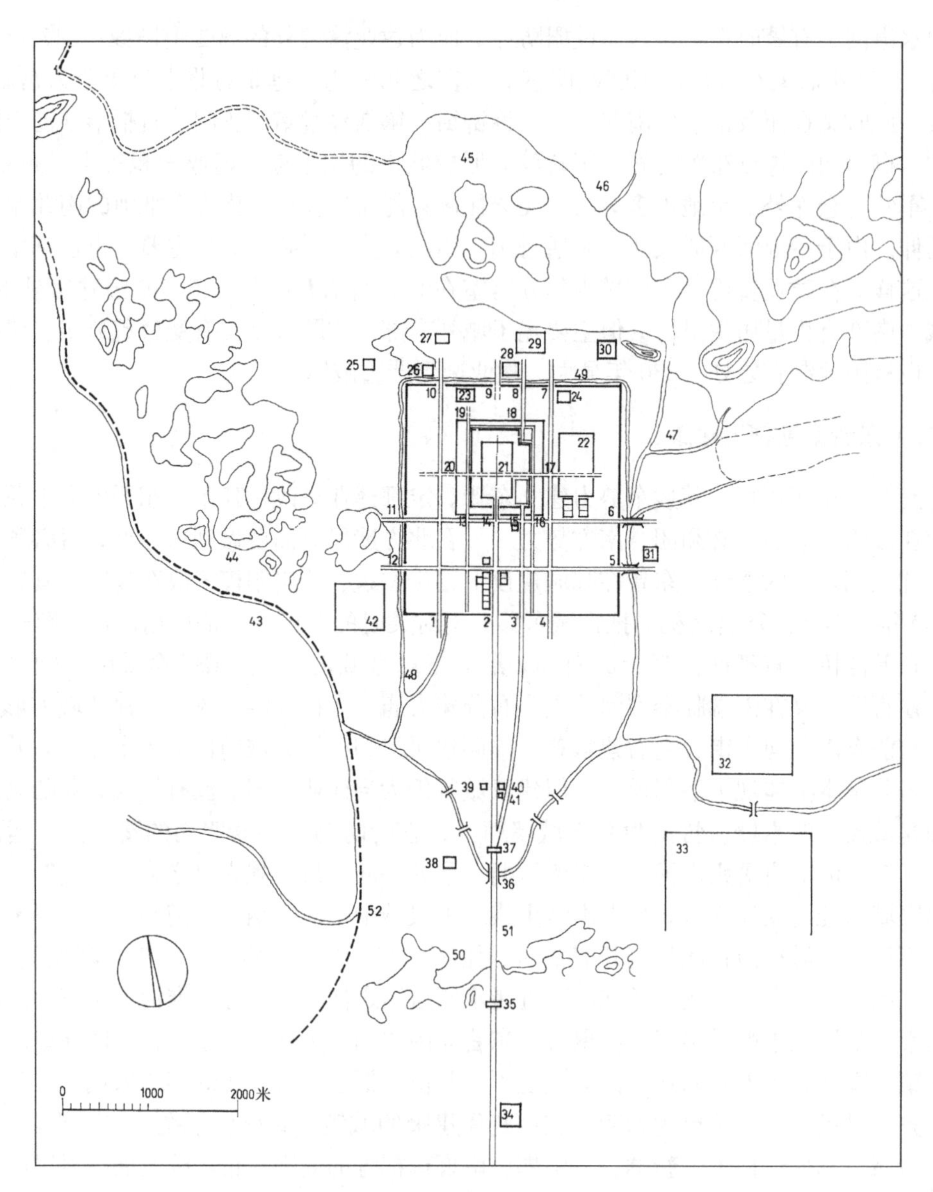

图 5-3　南朝建康平面图

中国古代建筑史（第二卷），图 2-1-3，中国建筑工业出版社，2001 年

政规划建设的里坊不同，它基本是随经济发展而形成的，或顺应自然地形和水道布置，或随经济发展而拓展，不拘泥于固定模式。这样就使建康形成东西南北各四十里、人口约二百万的全国最大经济最繁荣的城市。由于这部分是在特殊条件下随经济发展自然形成的，和规划严整采取市里制的建康城本身迥然不同，出现一种核心区为封闭的里坊、外围为开放的商业和居住区的新布局模式，可以兼顾政治稳定和经济发展的需要，是古代城市发展的一个特例或新的模式。可惜这个模式随着隋灭陈后建康被彻底破坏垦为耕地而中断。要到数百年后的宋代才又出现与它相似的兼为政治和商业中心的都城汴梁和临安。

（三）十六国和北朝都城

1. 十六国都城

十六国时期北方先后在平阳、长安、襄国、邺城、凉州、中山、龙城、统万等地立国建都，大都是少数民族政权的都城。为表示自己是正统王朝的继承者，都城建置也大都比附魏晋都城，至少在城门、街道、宫殿名上也多沿用洛阳旧名。但各都城大都在战乱中建立，享国很短，汉化程度不深，加以经济凋敝，主要靠战争掠夺和横征暴敛来维持，故在都城建设上没有多少新的重大发展。但一些草原民族政权，既要按汉制建都设官以统治汉民，又需在郊外设单于台以统治本族民众，在宫室和官署体制上也有些反映本族特点之处，形成双轨，是此期一个特点。其中后赵石虎修复邺城为都（图 5-4），夏赫连勃勃创建统万城为都（图 5-5），都以宫室侈丽和城墙坚厚、楼橹台榭高大密集著称于史册，反映出当时战乱频仍的情况。

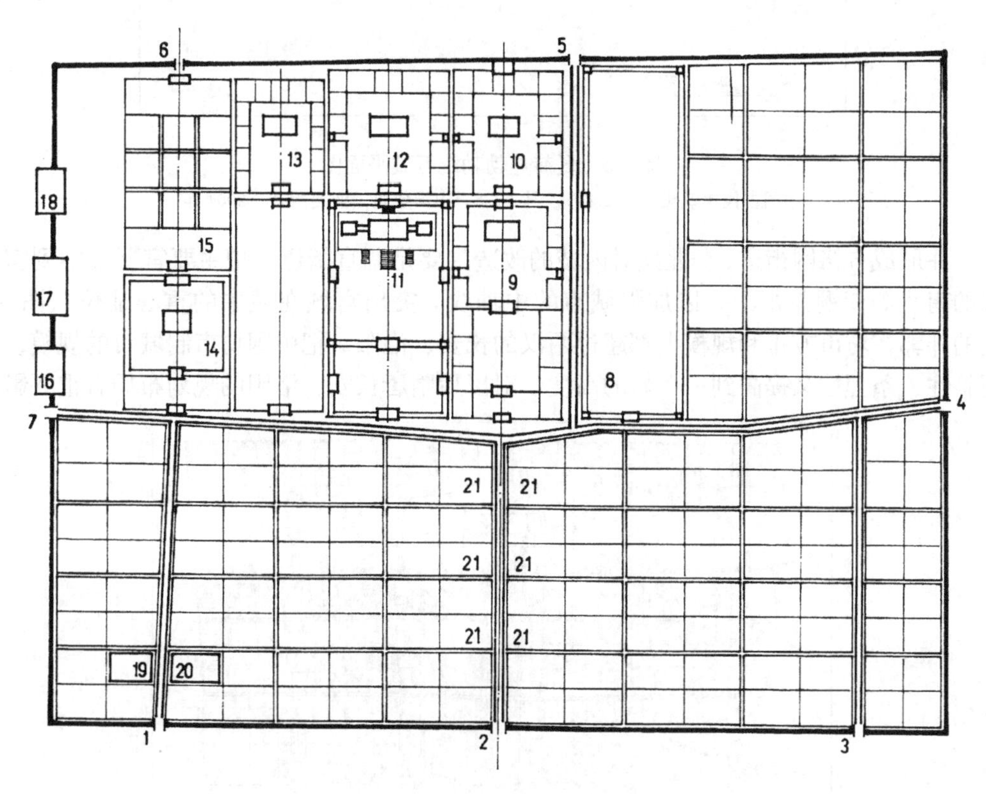

图 5-4 后赵石虎邺城平面图

中国古代建筑史（第二卷），图 2-1-1，中国建筑工业出版社，2001 年

2. 北魏洛阳

鲜卑族建立的北魏于公元 439 年统一中国北半部后，经济逐渐转为依靠生产较发展的传统汉族地区，于公元 493 年自平城迁都洛阳，实行汉化，在中原立国。为表示其为汉、晋正统王朝的继承者，修复洛阳城及宫殿时没有做大的改动，但因城内地狭，不能满足实际需要，又在城外四周拓建坊市，形成东西二十里、南北十二里的外郭。和建康四周随商业、交通发展而在一定程度上自由拓展并未筑墙者不同，北魏洛阳外郭有墙，郭内也划分为封闭的矩形的坊

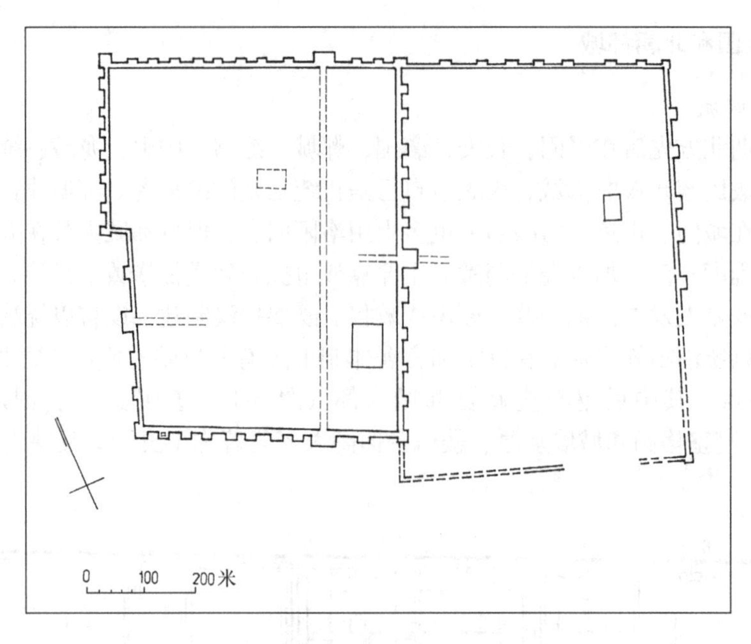

图 5-5　夏赫连勃勃统万城平面图

中国古代建筑史（第二卷），图 2-1-2，中国建筑工业出版社，2001 年

和市，并形成方格网街道。[①] 北魏对内城的改造主要是调直街道，把主要官署集中到宫南正门外的南北御街铜驼街上，以加强城市的中轴线，突出宫城在城中的重心地位（图 5-6）。新建的外郭在坊市方正和规模上都超过两汉的长安、洛阳，把中国坊市制城市的规模、水平和规整性、条理性又提高到一个新的高度，对以后隋唐长安、洛阳的规划布局有重要影响。

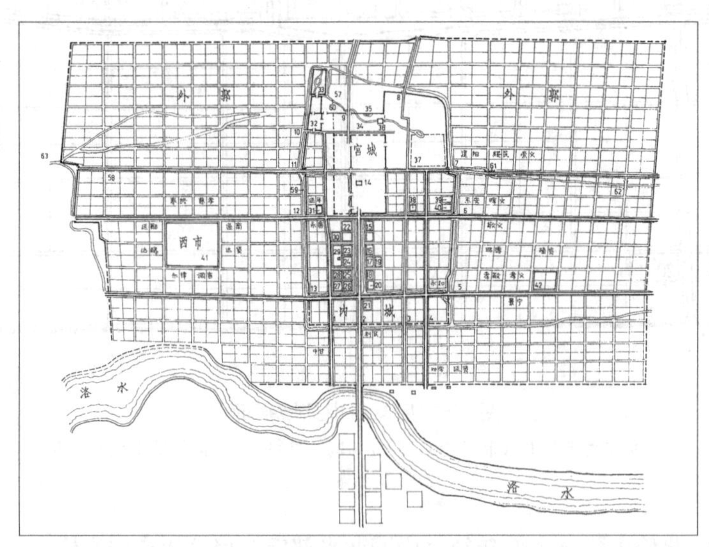

图 5-6　北魏洛阳平面图

中国古代建筑史（第二卷），图 2-1-4，中国建筑工业出版社，2001 年

① 中国社会科学院考古研究所洛阳汉城工作队，北魏洛阳外郭城和水道的勘查，考古，1993 年第 7 期。

3. 北齐邺南城

北魏于永熙三年（公元534）分裂为东魏、西魏，权臣高欢挟北魏孝静帝迁于邺城，建立东魏。因旧城狭小，在公元535年北倚旧邺城南墙建新都，史称邺南城（图5-7）。邺南城是南北朝时唯一的平地创建的新都城，它的规划者是名儒李业兴。史称他“披图按记，考定是非，参古杂今，折衷为制，召画工并所需调度，具造新图，申奏取定”。可知是参考传统、结合现实需要进行规划，由画工绘成规划图申报，批准后实施。这是史书上首次对规划原则、工作程序和规划者作明确的记述，表明这时城市规划已有一定的科学程序，减少了随意性。

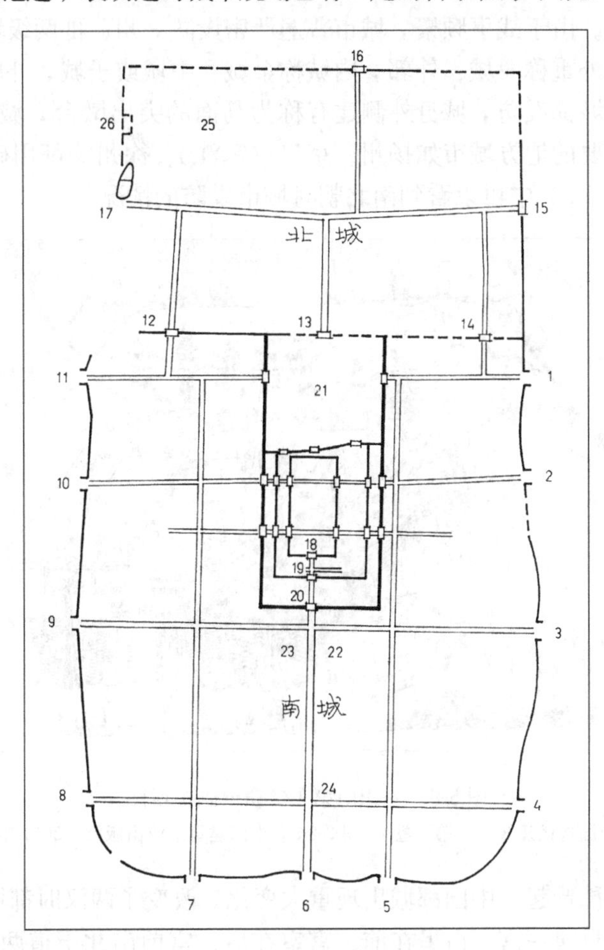

图5-7 北齐邺南城平面图

中国古代建筑史（第二卷），图2-1-5，中国建筑工业出版社，2001年

邺南城城墙夯土筑成，东西宽六里，南北深八里六十步，呈纵长矩形。因北倚邺城，故只筑了东、南、西三面城墙。全城共十四门：北面即沿用北城旧有的三门；南墙上开三门，各有南北大道，中间一条北抵宫城正门为御街，为全城中轴线；东西墙上相对各开四门，其间形成四条东西大道；这七条大道垂直相交，形成街道网，分全城为若干矩形区块，除北面正中建宫城，宫前御街两侧建太庙太社及中央官署外均布置坊市。史载邺南城还有外郭，东、西市建在郭中。

从邺南城宫城在北、官署庙社在宫前、周以外郭的布置看，它实是在北魏洛阳的基础上进一步规整化而成，尤值得注意处是，因为它是创建的，故可以把主街布置在全城几何中线上，为前此都城所无，并为以后历朝都城开创了先例。它的这些新发展为以后隋规划大兴城（唐长安前身）提供了重要借鉴。这是邺南城在都城规划史上所起的承前启后作用。

（四）地方城市

经两汉发展，到西晋时全国已形成州部、郡、县三级地方城市网。虽十六国战乱时遭严重破坏，到南北朝后期（6世纪50年代左右）已恢复发展到梁、北齐、北周三国共有331州、918郡、2511县。由于战事频繁，城市普遍严密设防，州、郡两级城市包括一些大县的城墙都有内外两重，外重称罗城、外郭，内城称金城、中城或子城，外郭安置居民，内城为官署及仓库区。内外城都设防，城身外侧建有称为马面的突出墩台，城上建有高大的门楼、敌楼，以利防守。重要的地方城市如扬州、京口（镇江）、徐州等都用砖包砌城身。从麦积山第127窟壁画（图5-8）中可以看到南北朝时城市设防的情况。

图5-8　麦积山第127窟壁画中城图

中国古代建筑史（第二卷），图2-2-5，中国建筑工业出版社，2001年

总括起来说，自魏晋起，中国都城出现重大变化，改变了两汉时都城内建多宫、宫室充塞全城的情况，形成只建一宫、市里在前、宫室在后、宫前南北干道两旁建官署，以民居、官署衬托宫室之壮丽、突出全城南北轴线的特点。这种布局萌芽于曹魏邺城，定型于魏晋洛阳，在南朝建康和北魏洛阳得到进一步发展，并在邺南城首次出现中轴线对称的布局。如果说两汉时宫室充塞都城，官署民居杂处两侧，既表现出统一的中央集权国家初建时帝王的无上权威，也反映出当时规划尚有较强的随意性，则自邺城开始出现的这种新布局却是按行政等级有秩序地布置官署、坊市，以拱卫和衬托宫室，这既反映出国家政权逐渐制度化，也表明这时已能利用规划手法突出皇权，在规划技巧、手法上也有所进步。在魏晋洛阳影响下，曾出现了城内按传统模式取封闭式布置、城外随经济发展而自由布置的南朝建康和城内、郭内均为封闭的坊市的北魏洛阳两种不同的新模式。就发展经济角度而言，显然建康模式更为先进，但因南朝亡于北朝的隋，而继起的统一王朝隋、唐的政权基础和经济政策走向都继承

自北朝，故它所建立的都城是在北魏洛阳模式的基础上发展而来的。

二 宫 殿

（一）曹魏邺城宫殿

东汉末的战乱摧毁了两汉的都城长安、洛阳及其壮丽宫殿。继起的魏、蜀、吴三各建都城宫殿，都较汉代有所不同，规模亦较小。三国中魏最强大，宫室也最壮丽。魏建国前以邺城为基地。邺城在东汉时只是地方首府，城作横长矩形，西北角为子城，内建官署。魏占邺城后，把子城改建为宫城，受地盘进深限制，宫内办公的听政殿和魏王寝宫在东侧，举行典礼的正殿文昌殿在其西，形成两条南北轴线并列，南端各对一宫门，东侧听政殿前的宫门南对邺城南墙上的中门，形成全城的轴线。文昌殿西为苑囿区，西抵西城。又跨城建三座高大台榭，统称铜雀三台。三台名为游赏，实际台下藏武器、军资，供战乱时据守之用（参阅图 5-1）。魏定都洛阳后，邺城成为陪都之一，其宫殿毁于西晋末的战乱。

（二）曹魏洛阳宫殿

公元220年魏代汉，定都洛阳。魏继承邺城传统，只重建了北宫一座宫（图 5-9）。北宫

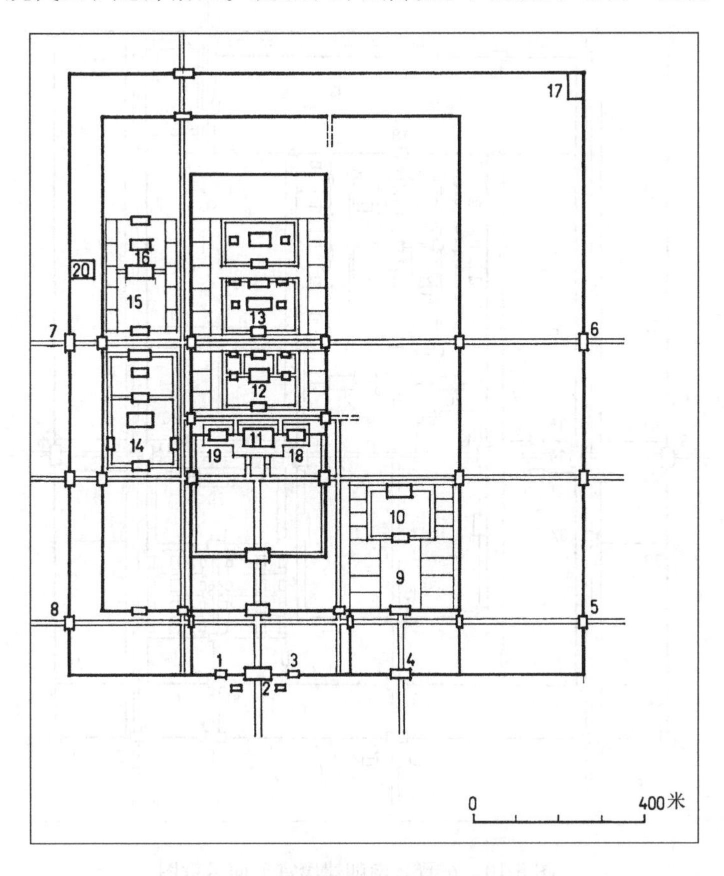

图 5-9 曹魏洛阳宫殿平面示意图

中国古代建筑史（第二卷），图 1-2-1，中国建筑工业出版社，2001 年

布局分前后两部分，前为办公的朝区，后为寝区，即魏帝的家宅。朝区主殿为太极殿，为举行大典之处。南对宫城正门阊阖门，和洛阳南墙正门宣阳门形成全宫、全城的南北轴线。太极殿东西并列建有东堂、西堂，是皇帝日常听政和起居之处。太极殿一组东南建有朝堂和最高行政机构尚书省，南对宫城南墙东偏的司马门，形成朝区东侧的次要轴线。这并列两条轴线也明显是受邺宫影响形成的。寝区主殿昭阳殿在太极殿北，也在全宫中轴线上，号称皇后正殿。昭阳殿左右还各有几条次要轴线，建有若干大小宫院，供后妃居住。魏宫主要殿宇大都有高大的台基，用架空阁道登上，并互相连通，尚具台榭遗风。出于防卫需要，宫城上也密布高大的楼观，用阁道通上。另在宫西部建凌云台，储有可武装三千人的武器，是宫中的武库。寝区后的华林园凿池堆山，建有大量亭馆，是宫后的苑囿。

在都城中只在北部建一宫，宫中明确分朝、寝二区，朝区太极殿与东西堂并列，太极殿东建朝堂、尚书省，是魏宫不同于两汉之处。由于代魏的西晋统一了全国，魏宫遂成为两晋、南北朝宫殿的楷模，都基本循此模式并加以充实完善。

（三）东晋、南朝建康宫

公元316年西晋灭亡，东晋建都于建康。330年按洛阳魏晋宫殿模式重修建康宫。以后历经南朝的宋、齐增修，到梁代发展为当时中国最壮丽的宫殿（图5-10）。东晋南朝建康宫

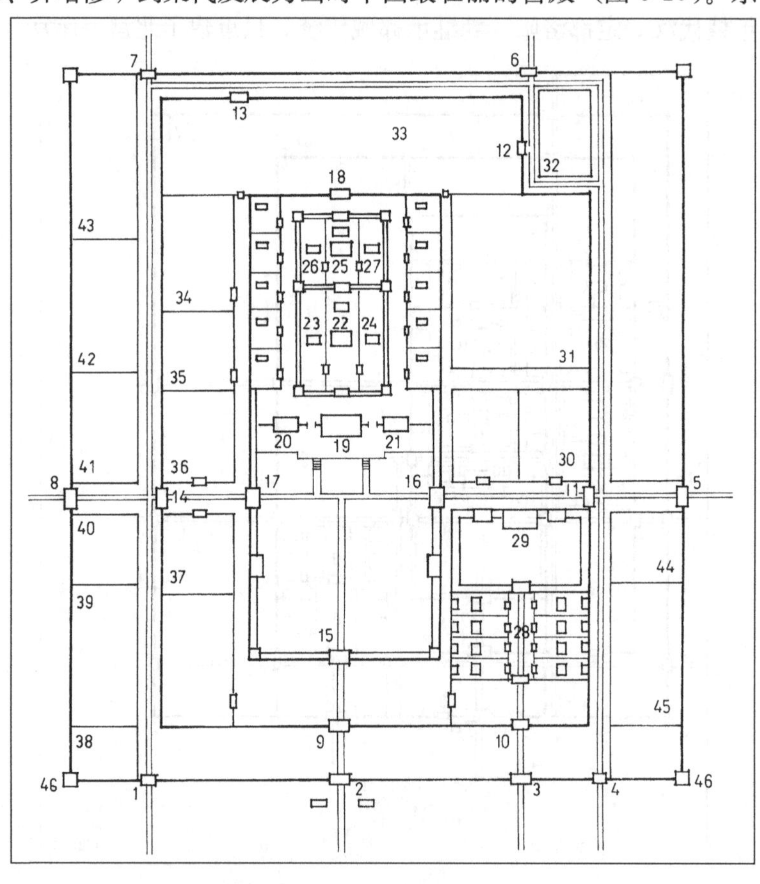

图5-10 东晋、南朝建康宫平面示意图
中国古代建筑史（第二卷），图2-2-1，中国建筑工业出版社，2001年

的平面布局和洛阳宫相似，但更整齐，宫墙有内外三重，第三重墙内才是真正的宫内，前为朝区，建主殿太极殿和与它并列的东西堂；后为寝区，前为帝寝式乾殿，又称中斋，后为后寝显阳殿，都各为一组宫院，也都在两侧建翼殿，形成和太极殿相似的三殿并列布局。二组前后相重，为寝区主要宫院。太极、式乾、显阳三殿和太极殿南的殿门、宫正门共同形成全宫的中轴线。寝区之北是内苑华林园。东晋时国力尚弱，又有意通过保持魏、西晋洛阳宫的传统表示自己是中原王朝的合法继承者，故始建之建康宫与洛阳宫一脉相承，只布局更有条理而已，宫室尚较简朴。

进入南朝后，经济发展，宫室日趋豪华，宋、齐时已开始改建，到梁代中期，随着国势进入极盛期，宫室也建得空前壮丽。当时北方的北魏建都洛阳，参考魏、晋洛阳宫及南朝建康宫建造了新宫。梁遂把宫城诸门楼普遍由二层增为三层，把主殿太极殿由面阔十二间改为十三间，太庙等也加高了台基，以超越北魏宫殿。589年隋灭陈，统一了中国，建康宫与城同时被夷为平地。

（四）北魏洛阳宫殿

439年北魏统一中国北方，493年迁都洛阳。所建宫殿在魏晋洛阳宫基础上又吸收了东晋南朝建康宫的特点。宫城也建有内外三重宫墙，第三重墙内分为朝、寝两区。朝区中以主殿太极殿和与之并列的东堂、西堂为中心，殿南有广庭，南对宫城南面正门阊阖门和门外的铜驼街，形成全宫、全城的主轴线。太极殿与东堂、西堂间有横墙，墙上有门，称閤门。閤门内即寝区，在中轴线上建有前后两组宫院。前一组为式干殿和显阳殿，后一组为宣光殿和嘉福殿；四殿前后相重，左右各建一翼殿，都形成和太极殿及东西堂相似的三殿并列布局，前有殿门，左右有廊庑，围成四个殿庭。在显阳殿和宣光殿之间有横街，又称为永巷，分寝区中轴线上的四所宫院为两组。永巷东、西端经东、西面宫墙上的三重门可通至宫外。在中轴线上的四座宫院的两侧还有次要轴线，建有若干次要宫院。北魏宫寝区的布局虽然和魏晋时基本相同，但性质上已有改变。式乾、显阳两所宫院已不再像魏晋洛阳宫和东晋建康宫那样用为帝寝、后寝，皇帝常常在这二殿进行公务活动，性质近于东、西堂。如果说寝区为皇帝私宅，则这二殿就近于宅中的前厅，而永巷以北的宣光、嘉福等殿才是居住后妃的寝殿。这种使用性质上的变化实是隋唐时期宫殿布局发生新变化的前奏。

总括起来说，有三重宫墙，围朝区、寝区于内，朝区以太极殿及与之并列的东西堂为中心，寝区以皇帝正殿与皇后正殿为中心，前后相重，南对宫城正门和都城主街，形成全宫、全城的主轴线，又在太极殿东南建议政的朝堂和最高行政机构尚书省，南通宫门，形成宫中次要轴线，是三国至南北朝期间宫殿布局的主要特点（图5-11）。[①]

宫内殿宇在三国、西晋时还有较多高大的土木混合结构台榭，到南朝时逐渐变为木构架建筑为主，宫门、殿门都建为二层或三层楼阁，非常壮丽。此期战乱频繁，故宫中防御设施增多，宫墙上多建观榭，宫内建守望的高台和储甲仗的武库，成为此期的特点。

---

① 郭湖生，魏晋南北朝至隋唐宫室制度沿革，台北：空间出版社，1997年，第170～171页。

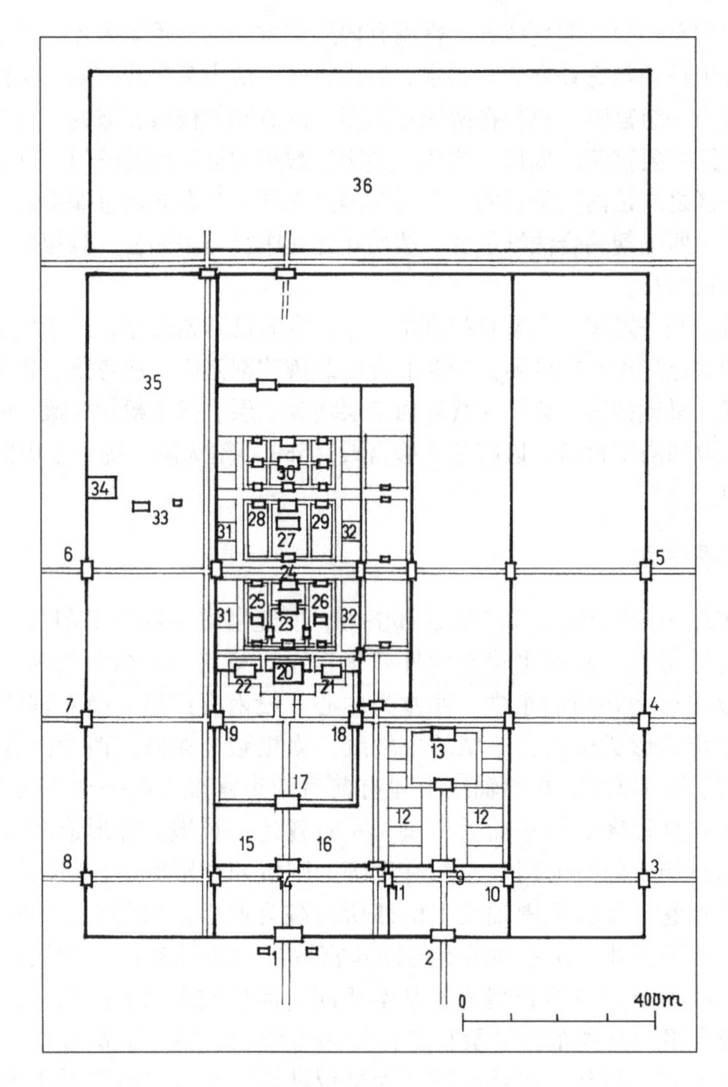

图 5-11 北魏洛阳宫殿平面示意图

中国古代建筑史（第二卷），图 2-2-2，中国建筑工业出版社，2001 年

三 苑囿、园林

魏晋以后，南北分裂，初期各国的皇家苑囿基本延续东汉、曹魏在宫内建华林园的传统。至南北朝时，因南北关系相对稳定、经济都有一定发展，北朝的北魏、北齐和南朝的宋、齐、梁、陈，又在各自宫中的华林园内筑山凿池、建造楼观，向豪华发展。此期东晋南朝官员文士间玄学盛行，对园林的要求从饮宴游赏转到休闲隐逸，故基本从汉代热闹的游赏地转为倾慕自然景物、静观自得、寄托情怀之区。因实物均不存，只能就史料记载略加分析。

魏、西晋宫中北部的华林园以景阳山、天渊池为主景，仍延续汉以来游观、园圃、求仙等内容，这当是宫殿体制决定的。十六国时各国多大建宫苑，掘池、堆山、广植园圃，除游观外还增加了狩猎、宴射等功能。这些人工苑囿使用大量人力建造，力求奢华壮丽，但在造园方面基本无新意。

东晋立国之初宫室园囿简朴，开始能领会到“翳然林水，便自有壕濮间想也”的自然景物之美。到南朝时才开始较大建设，除在宫后华林园建大量宫殿楼阁以体现宫苑体制外，还在宫外玄武湖畔建乐游园、上林苑，在江畔建王游苑等。乐游园是宫外正式苑囿，为南朝皇帝与群臣三月三日褉饮、重九登高之地，其造景要适应当时倾慕自然、寄情山水的需要，故在山顶造亭，可俯览玄武湖。它还是接待外国使臣之地。

北朝的北魏、北齐也在洛阳、邺城大建苑囿。北魏在洛阳华林园中新筑景阳山，以它和天渊池为主景，山上建楼，池中筑蓬莱山，上建仙人馆，岛上建筑以飞阁相连，基本仍效法了汉代“一池三山”的求仙主题。北齐在邺南城宫城北部也建华林园，又在城西建仙都苑，内筑五座土山以像五岳，山间开河渠，汇为大池，以像四渎与四海，其间建大小殿亭，池中设水殿，是北朝最豪华的苑囿，其布景体现了帝王“奄有四海”的大一统思想。和南朝相比，北朝园囿文化内涵较浅，更重游观、娱乐需求。

此期私家园林南方开始重接近自然，要求通过欣赏景物，陶冶性灵，排遣寄兴。除别墅庄园极力利用自然景物外，其城中的宅旁园也力求“宛若自然”，再现自然景观。如南齐孔珪园中“列植桐柳，多构山泉，殆穷真趣”。戴颙园中“聚石引水，植株开涧，少时繁密，有若自然。”虽然以后一些贵官豪门也建一些大型园林，但追求自然、遣兴寄意的仍是主流。

从南朝诗文中对园景和园林气氛的描写，可知当时在聚石、构泉、追求自然景观上有所成就，故在相应技术上也应有一定发展。但此期实物不存，北朝尚有图像可资参证，南朝连图像也不存，对其了解只得寄希望于新的考古发现了。①

四　陵　　墓

（一）魏、西晋陵墓

传统的儒家思想重孝亲，亲亡营葬遂成为人子的大事。尽管墨家主张节葬，儒家也强调应葬之以礼，反对过度，但厚葬以示孝的风气始终无法遏止，在两汉时尤为突出。汉末、三国和两晋时期，连续战乱，经济遭到严重破坏，陵墓多遭发掘，即使是统治者也既无力，也不敢再如两汉那样厚葬取祸，故曹操、曹丕、司马懿等都提倡节葬，不筑坟丘，不建寝殿，不造园邑神道。西晋时虽又起陵，但规制和墓室都远小于东汉时。因目前尚无完整考古发掘资料，尚难做具体探讨。

（二）东晋南朝陵墓

东晋南渡后，国力更为衰弱，已发现的南京东晋帝陵多依山而建，下为长 7 米左右的矩形筒壳墓室，宽仅 5 米，上起方十余米的陵山，规模只相当于东汉时官员大墓，和两汉巨陵无法相比。②

---

① 近年在广州西汉初南越王宫苑遗址中发现少量假山残迹，初步勘察，可能为南朝时遗物。正式发表后或可能为了解南朝园林提供一些实物资料。

② 南京博物院，南京富贵山晋墓发掘报告，考古，1966 年第 4 期。

进入南朝后，经济有所发展，帝陵也大于东晋时。宋、陈二代帝陵散列在南京，齐、梁二代则集中于丹阳，形成较大的陵区。根据近年发掘的南朝帝陵，结合文献记载，可知诸陵大都倚山而建，前临平地。墓室一般在高出平地10米以上处开挖，平面椭圆形，砖墙，上建椭圆形穹隆，长约10米，宽约6米。墓室前接甬道，装有二道石门，外加封门墙封闭。墓室上有厚约10米的封土，或与山齐平，或为5米左右的陵山。墓室和甬道壁镶嵌模压花纹砖，拼成狮子、仙人和“竹林七贤”等壁面线雕图案。墓前建有享殿，殿前为陵门，三门并列，左右建陵墙。门外左右有阙，门前为长一公里以上的墓道，称为神道。神道自外端至陵门间两侧依次立石兽、石柱、石碑各一对。南朝帝陵均遭严重破坏，墓室坍毁，地面只有少数石兽保存下来。石柱、石碑也均残毁，但其形象尚可参考王墓前的遗存知其概貌。①

石兽有两种，一种躯体较瘦，头足较长，身上雕较多纹饰，只用于帝陵，一般称麒麟（图5-12）。另一种躯体肥壮，短颈长鬣，略似狮子，身上无多雕饰，用于王侯墓，一般称辟邪（图5-13）。现存麒麟以梁武帝陵前的最大，长3.32米，腰围2.4米，高2.7米，下有矩形座，为整石雕成，异常壮伟，制做和运输就位都耗费巨大劳力。

图5-12 南朝陵墓前麒麟

图5-13 南朝陵墓前辟邪

石柱下为雕双螭柱础，础上立柱的雕饰分三段（图5-14）：下段雕若干条凹棱，如古希腊陶立克柱身；中段雕一凸出柱身之矩形平版，绕柱身雕绳纹连于平版，作绑捆状，版上用阴文刻“某某之神道”等字；上段雕与下段正相反之圆面凸棱。柱顶承一雕有一圈覆莲之圆盘，盘上雕一与神道入口石兽相同之小型兽。整个柱身下大上小，比例秀美，雕工精劲，是很优秀的建筑石雕。

综观现存诸南朝墓前石兽、石柱，石兽形似狮而有翼，源于东汉之辟邪，有可能是东汉通西域时受西亚影响所致。石柱下半之凹棱也始见于东汉墓，也可能是间接传自古罗马，但经东汉、南北朝数百年加工改造，已经中国化，表现出古代中国对外来文化的吸收与同化的能力。

① 南京博物院，江苏丹阳胡桥南朝大墓及砖刻壁画，文物，1974年第2期。

图 5-14 南朝陵墓前石柱

中国古代建筑史（第二卷），图 2-4-7，中国建筑工业出版社，2001 年

（三）北魏陵墓

北魏早期定都平城时的帝陵尚未发现，只在山西大同方山发现了文成帝冯皇后的陵墓（图 5-15）。墓建于公元 484 年，先筑土台，台面开挖墓穴，内建砖砌的方形前室、后室，中接甬道。前室筒壳顶，后室方锥顶，宽高均 7 米。其外筑下方上圆的封土，底方 120 米左右，高近 23 米，体量远大于南朝诸帝陵。陵南 600 米原建有石殿，称永固堂，堂前有石兽、石碑，四周有围墙，南门外有阙，是传统陵墓的布局，惜已全部毁去。①

公元 493 年，北魏迁都洛阳，孝文帝自选陵域于洛阳西北之邙山，以后的宣武帝、孝明

① 大同市博物馆等，大同方山北魏永固陵，文物，1978 年第 7 期。

图 5-15　大同方山文成帝冯后陵

中国历史文化名城丛书·大同，方山永固陵和万年堂

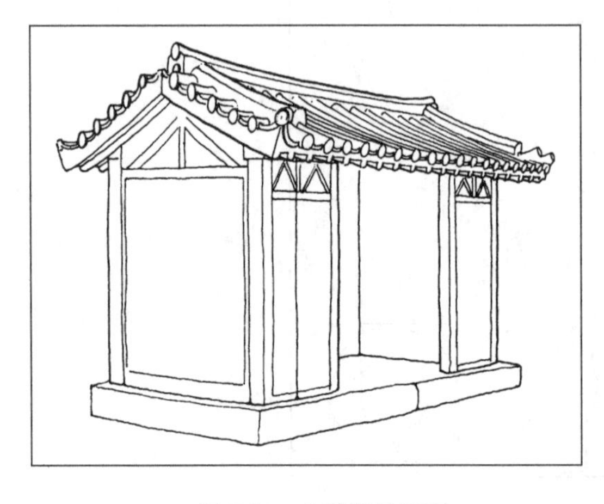

图 5-16　北魏宁懋石室

帝陵分列左右，又把以前七世魏帝的子孙和建国以前同属一部族中的同族和他族人之子孙都葬在这一陵区，形成一个巨大的部族葬区。这种部族集中葬法是鲜卑族原始习俗的残余，但沿用数世后遂形成传统，为唐代帝陵有大量陪葬墓之起源。这三座北魏帝陵尚未发掘，其具体情况还不了解。一般贵族大臣墓则是前有斜坡墓道的砖砌单室墓，较豪华的墓室内有雕刻精美的屋形石椁，如现藏美国波士顿美术馆的出土于洛阳的北魏宁懋石室（图 5-16）。

北朝后期还有少数崖墓。公元 540 年，西魏文帝乙弗皇后死，在天水麦积山崖壁开凿墓室葬之，即今第 43 窟（图 5-17）。窟外檐雕作三间庑殿顶殿宇，前室设佛像，后室雕作低矮的矩形墓室。547 年东魏权臣高欢死，虚葬于邺城西北之义平陵，另在鼓山石窟寺凿穴葬之，即今北响堂山石窟，但其墓穴至今尚不能确指。[①]

五　宗教建筑

佛教起源于印度，东汉前期（1 世纪下半）开始传入中国。初期在少数上层人士中传播，称为“胡神”，视同中国传统的巫术，发展不快。东汉初在洛阳创建的白马寺是印度形式，以塔为主体。东汉末至魏、西晋时，中国长期战乱，政权更替频繁，两汉以来主要在儒学影响下形成的传统观念和价值观受到巨大冲击，对人的思想控制力也大为削弱。当时不仅人民颠沛流离，希望摆脱苦难，一部分上层人士也因富贵不能常保而感到惶惑，以济世度人

① 《资治通鉴》卷 66，中华书局标点本，⑪册，第 4957 页。

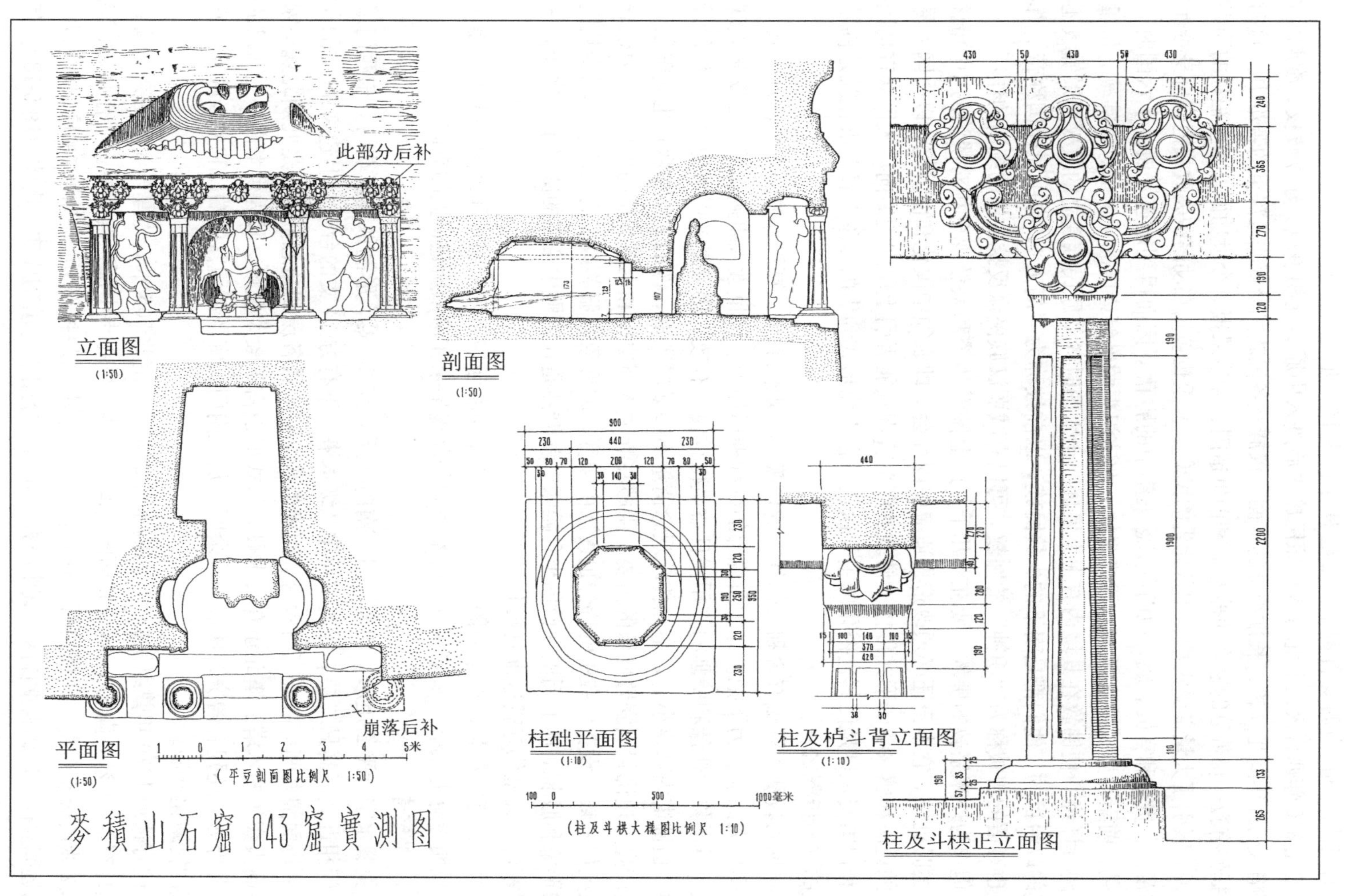

图 5-17 西魏文帝乙弗皇后崖墓

为号召的佛教遂得到初步发展的机会。早在东汉末和三国时，即有帝王贵族或地方权势尊信佛教的记载。到西晋时，首都洛阳已建有寺庙四十二所。

公元316年西晋灭亡，北方各草原民族先后进入中原，互相争战，建立政权，旋起旋亡，中国陷入三百年南北分裂、长期战乱的局面，汉族及各民族民众都陷入深重的苦难中。这时佛教宣扬佛有救一切苦厄的愿力和神通，和前世造因、今生果报，今世功德、来生福祉的因果报应之说，吸引了大量备受灾难、困苦无告的民众，甚至也包括在动荡中失败或抱有自身难保之忧的帝王、贵族和官员，成为他们在困惑失望中的慰藉，因而得到迅速发展。十六国时，后赵石勒、前秦苻坚、后秦姚兴、西凉张轨、北凉沮渠蒙逊等诸国的帝王都尊崇佛教，敬重名僧，建寺译经，使佛教在其境内有很大发展。十六国时各草原民族建立的政权尊崇佛教还有一定的政治目的。他们都是南下的少数民族，以前被称为“胡人”，在中原建国称帝，尊崇汉族也尊信的曾被称为“胡神”的佛教，可以有减弱汉族民众反抗他们的统治的作用。

但作为外来宗教的佛教，要在有几千年以上儒学传统和宗教观念相对淡泊的中国流行，除上述时机外，它本身还必须改造得适应中国社会，即必须中国化和世俗化，以中国人易于理解的说法和感兴趣的形式传播。佛教的深奥哲理只能吸引上层文士，向广大民众宣扬因果报应和佛国安乐则是使其世俗化的主要途径，在寺庙形式和佛的形象上日益汉化就是佛教中国化的重要步骤之一。

早期佛教徒以对藏有舍利（佛骨）的塔膜拜、观像诵经、冥思禅修为主要活动方式，不易吸引广大民众。为了把佛经中所说佛的种种神通伟力、济世救人事迹和佛国之安乐表现为大众可见形象，佛像和壁画的作用就日益显得重要而有效。佛寺最初以塔为中心，佛像设在塔中。但佛塔内部狭小，以中国传统观念衡量不够威严庄重，像的大小和数量也受限制，遂逐渐产生另建佛殿以安置佛像的需要，佛殿在寺中逐渐取得和佛塔并重的地位。重要佛寺的大殿宛如宫殿，设在佛殿中的佛像也逐渐由印度人的形象、服装改变为汉族或中国少数民族人的形象和服装，加上周围陈设的坐具帷帐，就俨然是在宫殿中帝王的威严了。这样，一些由国家建的大型佛寺就逐渐宫殿化了。

北朝佛寺宫殿化最典型的例子是公元500年左右建的洛阳景明寺和公元516年所建永宁寺。景明寺有七层塔，永宁寺有九层木塔，是北魏皇家在洛阳所建最大的寺院。

1. 永宁寺

史载永宁寺平面矩形，四面开门，南门三层，高20丈，形制似魏宫端门，东西门形式与南门相近，但高只二层；寺内中间建九级木塔，下有方14丈的台基，上建高49丈的九层木塔；塔面阔九间，各开三门六窗，门皆朱漆金钉，塔各层四角悬金铃，是此期北魏皇家所建最高大豪华的木塔；塔北建有大佛殿，形式似魏宫正殿太极殿，殿内供奉高一丈八尺的金像；此外寺中还建有僧房、楼观一千余间。从说南门、佛殿似魏宫的端门和太极殿看，它是典型的宫殿化寺庙。

此寺遗址1979年曾经发掘①。围墙东西260米，南北306米，为厚3.3米的夯土墙；南门基址东西44米，南北19米，是面阔七间的门楼；塔在寺中部稍偏南处，下有方38.2米、高2.2米的夯土台基，四周加石栏杆；台基中心为塔，从柱础仍可辨别出它的底层面阔九间，内部逐间立柱，形成满堂柱网，其中心方五间的部分用土坯填砌成实心砌体（图5-18）。其详

① 中国社会科学院考古研究所，北魏洛阳永宁寺，中国大百科全书出版社，1996年。

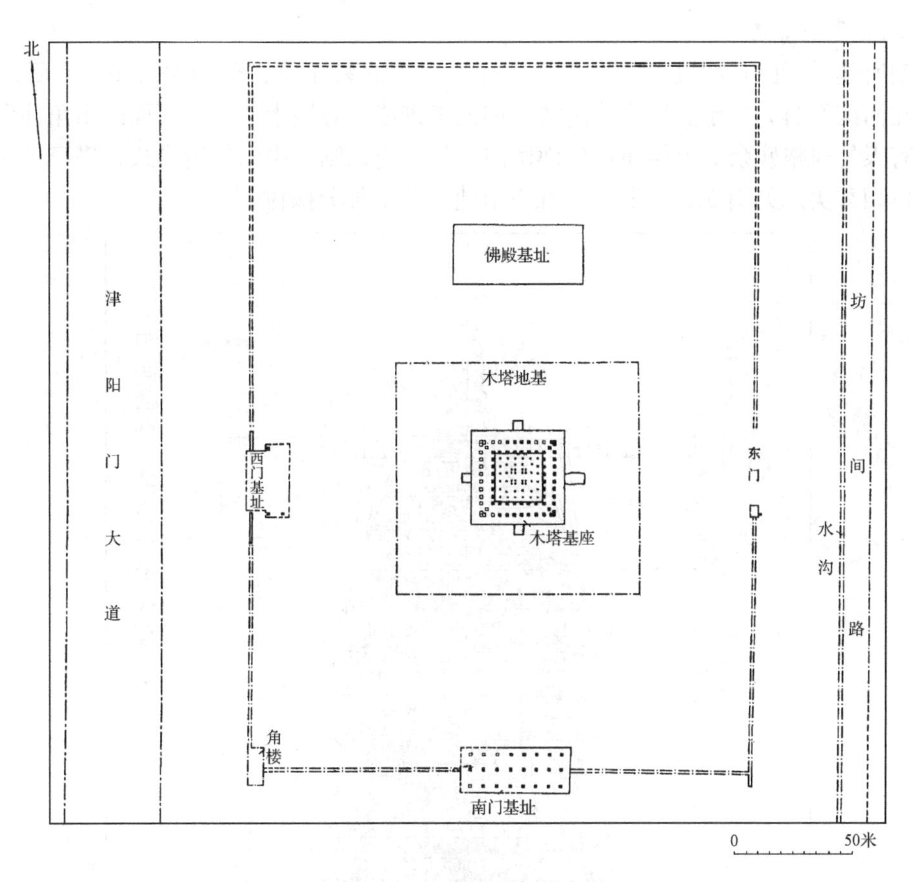

图 5-18 北魏洛阳永宁寺平面图

中国社会科学院考古研究所：北魏洛阳永宁寺，图 4，中国大百科全书出版社，1996 年

将在下节建筑技术部分探讨。

佛寺中国化也和信徒为积功德大量舍宅为寺有关。这种由住宅改建的寺受原有住宅布局的限制，大多不能很规范。有的第宅小，无地建塔，只能以前厅为佛殿，后堂为讲堂；有些有宅园的住宅，舍为寺后，寺中也出现了园林，这就大大促进了寺庙中国化的进程。很多舍出之宅在都城或大城市中，这就为佛教在都城及大城市中日渐广布创造了条件。

佛寺中国化的结果，使它具有宫殿和贵邸的形式，既显示了佛的尊贵，表现了佛国的安乐，在坚定信徒向佛之心的同时，也引起那些终生不得一睹宫殿和贵邸的一般民众的好奇和欲观之心，这对引诱民众和吸收新的信徒也是有利的。

南朝佛寺宫殿化的典型例子是公元 471 年宋明帝所建湘宫寺和公元 507 年梁武帝所建光宅寺，都是以他们为帝以前的旧宅改建的。南朝梁武帝所建的同泰寺和寺中的九层塔是南朝所建最宏大的寺和塔。塔被烧毁后曾拟重建为十二层，虽未成而国亡，仍可推知当时的木构建筑技术的水平。

到南北朝后期，北魏和梁崇佛达到极点，北魏末年仅洛阳一地即有寺 1361 所，全国有寺 13 727 所。梁都建康有寺近五百所，全国有寺 2846 所。寺的发展过程是先把外来形式的天竺嘿堵坡变为中国楼阁式塔，再由寺庙以塔为中心变为中轴线上前塔后殿，最后变到以殿为主采取中国宫殿的布局，这个过程大约到北朝末和隋初完成。

2. 北魏嵩岳寺塔

此期所建佛寺已全部毁灭，现在只保存下一座北魏正光四年（公元 523）所建嵩岳寺塔。塔在河南登封，为十五层密檐砖塔，用泥浆砌成。底层十二面，每面砌出角柱和塔形佛龛，尚有天竺风格残余，上层每层各面砌出一门二窗，则是中国传统形式。塔身外轮廓作炮弹形，体型秀美。见图 5-19。其详将在下节建筑技术部分探讨。

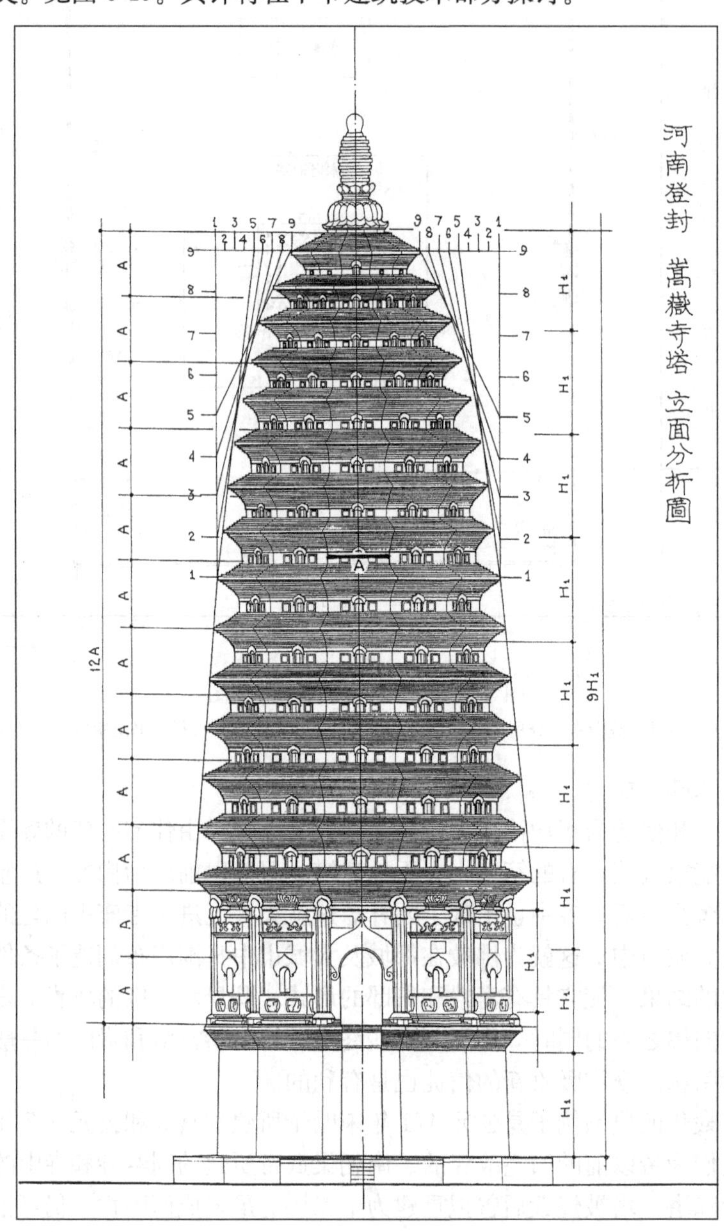

图 5-19　河南登封北魏嵩岳寺塔立面图

3. 佛教石窟寺

除建佛寺外，南北朝都在石壁上开凿佛窟。南朝较少，只有南京栖霞山石窟和浙江新昌大佛等；北朝石窟大盛，有凉州石窟、敦煌莫高窟、大同云冈石窟、洛阳龙门石窟、邯郸响堂山石窟、天水麦积山石窟等。开凿石窟源于印度，自西域传入中国，经武威、敦煌等地传至北魏首都平城（今山西大同），再传至洛阳、邯郸等地。

云冈主要石窟为北魏皇家所建，大体分三期，第一期建于公元 460～466 年间，有五大窟，仿草庐内部形式，作穹顶，内凿大佛，最高者近 17 米；第二期多仿佛殿，前有三间面阔的敞廊，廊后壁正中开门，通入矩形后室，室内雕佛像，廊及后室顶上雕天花藻井，表现的是一座有前廊的佛殿的形象（图 5-20）；第三期为矩形平面，中心雕一塔形中柱，四壁雕佛龛、佛殿，窟顶不雕平棊而雕飞天，表现的是以塔为中心的佛寺庭院内的景观（图 5-21）。到北齐、北周时，所雕响堂山石窟、麦积山石窟有的外形也雕作佛殿。石窟的变化也反映出中国化的进程。南北朝的佛寺、塔、殿都不存，从这些石窟形象中还可以大致看到它的概貌。

图 5-20 大同云冈第 9 窟

图 5-21 大同云冈第 2 窟

南北朝大量兴建寺、塔和石窟，耗费了大量人力、物力，而维持寺、塔、石窟和大量脱离生产的僧徒的日常费用也是巨大的，发展到最盛时，不仅影响到城市的发展和百姓的正常生活，在政治、经济方面也和政权发生严重矛盾，故在北魏初期和北周时都出现灭佛毁寺之事。

第三节　建筑技术的发展

三国建立于东汉末战乱的大规模破坏之后，各国都有不同规模的建设，出现了一些新的都城、军事屯驻城和宫殿、官署、府库等。这种在大规模破坏之后的重建，一方面有可能使某些旧的传统规制和技术丧失；另一方面，一些新的技术和规制也较易突破旧传统的束缚而得到发展。为了恢复建设，三国的一些主要领导者都较重视技术。《三国志·魏书·武帝纪》说曹操“及造作宫室、缮治器械，无不为之法则，皆尽其意”。同书“诸葛亮传”也说诸葛亮“好治官府、次舍、桥梁、道路”，“工械技巧，物究其极”。在这种既有现实需要又有领导人提倡的情况下，在建筑技术上出现一些新的发展，是极有可能的。可惜中国儒学传统一贯轻视技术，在其影响下，史籍往往对此只作极简略的记载，加上年久实物不存，使我们只能据有限的材料在字里行间去推测，所知不多，只能寄希望于发现新的材料来验证充实。

在西晋十六国这二百年间（公元266～420），战争频繁，经济遭严重破坏，建筑技术难有大的进步。史载东晋建康太庙建于公元387年，长16间，脊槫高84尺，墙壁用壁柱、壁带加固，可知是外墙承重的土木混合结构建筑，仍基本延续着传统做法。在进入南北朝以后（公元420年以后）中国建筑发生了较大的变化，建筑结构逐渐由以土墙和土墩台为主要承重部分的土木混合结构向全木构发展，通过北朝石窟所表现的建筑形象的逐步变化，仍可看到这个发展的进程；砖石结构有长足的进步，可建高近40米的砖塔；建筑风格由此前的古拙、强直、端庄、严肃、以直线为主的汉风向流丽、豪放、遒劲、活泼、多用曲线的唐风过渡。

一　木结构技术

（一）三国西晋时期的木结构技术

两汉大型宫殿的主体基本是台榭遗风，以高大的夯土台基为核心，有的还有地下窟室，在台顶建主殿，有架空的阁道把宫中各主要殿（台榭）的顶部连接起来，皇帝入殿一般由阁道，不经地面，防卫颇为严密。故张衡《东京赋》说汉宫中“飞阁神行，莫我能形”。《太平御览》引《丹阳记》说：“汉魏殿、观多以复道相通，故洛宫之阁七百余间”，所说都是这种情况。《丹阳记》把汉、魏并提，可知魏的宫殿基本仍沿汉制。详细分析《魏都赋》等的描写，也可证实这一点。《魏都赋》描写邺都文昌殿说此殿远望“對若崇山崛起以崔巍”，又说殿本身“瑰材巨世，埤壎参差”。“瑰材”指殿的木构架，“埤壎”（玉篇）释为垒土，即夯土。这就是说，文昌殿是夯土台和木构架建成的高大台榭。魏许昌宫的主殿景福殿，据（魏）夏侯惠《景福殿赋》的描写，殿周围“飞阁连延，驰道四周”。“飞阁”即“阁道”，证明景福殿也是有阁道通上的台榭。

对这些台上主殿本身的做法在赋中也有描写，（魏）何晏《景福殿赋》说，景福殿的墙壁是“墉垣砀基，其光昭昭。周制白盛，今也惟缥。落带金釭，此焉二等”。“砀”指文石，

“落带”即夯土墙上的木制壁带，“金釭”是壁带、壁柱接头处用的铜鎏金构件。由赋文可知景福殿的夯土墙壁用文石为基，墙面涂青白色，墙面有壁柱、壁带，接头处用金釭。这就是说，景福殿殿身仍像汉代那样，用以壁带、壁柱加固了的夯土墙作为殿身的承重墙。殿的梁柱部分，何晏《景福殿赋》说：“尔其结构则修梁彩制，下褰上奇。桁梧复叠，势合形离。赩如宛虹，赫如奔螭。南距阳荣，北极幽崖。”桁即檩，梧即牾，指梁上的斜撑、叉手，阳荣、幽崖指殿的前后檐。这段的意思是说景福殿内有南北向通梁，通梁上有叉手、托脚、平梁，组成叠梁式屋架，上承檩椽。这种叠梁式屋架和叉手的形象在东汉石室和画像砖中都可看到，魏是沿用旧法而不是创新。据上面的分析，可知景福殿为一座有夯土承重外墙，内部用木构梁架建造的土木混合结构殿堂。从当时的木构技术水平看，并非不能建全木构架建筑，一些楼观的上层就是如此，但重大殿堂总要加土墙或土墩，主要为增加其稳定性，但也可能有一定的宫殿体制因素。这情形经南北朝一直延续至初唐。

此期木构架中的斗栱似有一定的发展。《魏都赋》描写邺宫文昌殿的斗栱是“栾栌叠施”，形容斗栱重叠层数较多。何晏《景殿赋》形容该殿的斗栱是“欃栌各落以相承，栾栱夭轿蟜而交结”，又说其翼角斗栱是“飞枊鸟踊”。“欃”和“枊”都是昂，“栌”是大斗，“栾”是两端拳曲的横栱，栱在唐以前与杙、楔、撅义相近，指悬臂挑出的插栱。目前我们所见的汉代斗栱都是最下挑出一跳梁式的插栱，后尾压在屋梁下，外端平叠若干层横栱或栾，上承挑檐檩，斗栱实际只挑出一跳。从赋文看，这时已出现了昂，“栾栱交结”表示这时出跳栱头与横栱已十字相交，这只有在已挑出两跳斗栱的情况下才有可能。据此，我们有理由推测，这时的斗栱后尾已和梁结合，外面用栱昂挑出不只一跳，它已经开始了从单纯的挑檐构件向与梁架组合为有机整体的变化过程，这是木结构出现新发展的迹象。

从出土的吴国青瓷院落明器（图 5-22）看，当时江南的大第宅也是木构架土墙建成的土木混合结构建筑。

三国时期曹魏在洛阳北宫西侧建的凌云台是当时著名的高大建筑。据《世说新语》记载，台上的楼观在建造时先称量构件，使其重量互相平衡，然后架构。楼虽然高峻，常常随风摇摆，但不致倾倒。魏明帝另加大木扶持，使其不摇摆，由于失去重量平衡，楼反而倾倒。这个记载表明这时在建造一些巨大建筑时可能要经过一定的试验，也说明这时已经重视在木构架结构设计时要使荷载平衡，反映了当时建筑技术上的发展情况。

三国时，自汉中过秦岭入陕的褒斜道是蜀对魏作战的重要行军路线。它大约始建于汉以前，经历代维修、开发，沿着褒水岸边在很多险段建有架空的阁道和桥梁。蜀对魏作战时还建有储粮的邸阁（仓库），是古代著名的道路工程。据《水经注》记载，阁道都靠陡崖修建，先在崖壁凿横孔，把阁道的木梁插入固定，梁的外端用长短不等的木柱承托，木柱立在河流中的大石上。近年考查，这些崖上孔洞和水中石上的柱凹都有发现。蜀建兴六年（公元228），街亭之役失败后，蜀军后退时，赵云部烧毁了阁道百余里。以后修复时，因水涨流急，不能在水中立柱，这部分阁道遂改为悬挑式，当时号称“千梁无柱”。悬挑式阁道比外端立柱的阁道技术要求更高，施工更艰险。可以想象，在紧迫的战争环境里，在紧窄的工作面上，集中大量人力抢修这样大而危险的工程，是何等的复杂和困难，这项工程在技术上尚未发现有重大的发展，却可以施工条件艰险载入史册。

图 5-22 吴国青瓷院落明器

（二）东晋南北朝时期的木结构

两晋南北朝三百年间（公元 281～581）是中国建筑发生较大变化的时期。在这以前，建筑基本属于古拙端严的汉代风格，建筑以多用劲直方正的直线为特点，构造上以土木混合结构为主；在此之后，是豪放流丽的唐代风格，建筑以多用遒劲挺拔的曲线见长，构造上以全木构架为主。这两种截然不同的建筑风格和构造方法间的演进、过渡就发生在这三百年里。如果说中国古代建筑在秦汉以后有汉、唐、明三个高潮的话，这一阶段就是汉风衰歇、唐风酝酿兴起的过程，它是由一系列渐进积累起来，逐渐形成迥然不同的新风的。新的建筑风格的逐渐形成，除了时代风气、审美趣味变化外，结构技术的逐步改进是重要因素。

1. 土木混合结构的衰落

近代对中国传统建筑结构一般有个说法，即它是以木构架为骨干，墙是只承自重的围护结构，可以做到“墙倒屋不塌”。实际上对这说法要加上一个限定条件，即对明清时期广大汉族地区的建筑来说，基本是符合的，但不能包括一些少数民族地区；而在古代，即使在汉族地区也不全是这样。唐代以前，甚至一些大型宫殿也属于土木混合结构而非全木构架房屋，这在前文中已有分析。大约在盛唐以后至宋代，宫室、官署、大第宅才基本采用全木构架建房屋。用全木构架代替土木混合结构建造宫室、官署、大第宅、寺院等经历了一个漫长的过程。

春秋战国时期，盛行以台榭建筑为宫室，其特点已详见前章，属土木混合结构。三国两晋时期，从有限的记载推测，宫殿多建在高大的夯土台上，仍是台榭遗风。《元河南志》引《洛阳宫殿簿》说："太极殿十二间，南行仰阁三百二十八间，南上总章观。"可知太极殿也建在高台上，台顶通阁道。《资治通鉴》记西晋末赵王伦废贾后事，说"夜入（宫），陈兵道南，……排阁而入……迎帝幸东堂"。文中"道南"之"道"即指通上太极殿的阁道，又称"马道"，也证明太极殿建在高台上。史籍对魏晋太极殿虽无具体描写，但据前文分析，比它早几年建成的许昌宫景福殿仍是土木混合结构的台榭，所以太极殿也应与之相近。北魏洛阳宫太极殿是在魏晋故址上重建的，殿前也有马道，说明是建在高台上的。而且史载在公元505年，北魏太极殿西序壁上生菌，大臣崔光上表，说"极宇崇丽，墙筑工密，粪朽弗加，沾濡不及"。从"墙筑工密"句看，它仍是四周用很厚的夯土承重墙。

中国南方潮湿多雨、木材资源丰富，天暖不需用厚土墙防寒，故自汉以来即流行全木构框架房屋。广州出土大量西汉至东汉数十件明器陶屋，都是全框架结构建筑，且为穿逗架之初型，即是其确证（参阅第四章图4-65）。

但随着永嘉南迁，中原文化大量传到江南。魏晋宫室制度，作为王朝正统的标志，自然应为东晋朝廷所遵行。所以东晋的宫殿从布局到外形、结构方法都要效法西晋洛阳，它的主殿太极殿也是建在高台上。太极殿沿用到南朝初期，《宋书》载太子刘劭杀宋文帝之事，说丹阳尹尹弘入直，闻宫中有变，率城内兵至"阁道"下。这阁道就是登上太极殿所在高台之木构通道，和洛阳太极殿前的"马道"相同。《晋书·安帝纪》和《宋书·五行志》记载了义熙五年（公元409）和元嘉五年（公元428），雷震太庙鸱尾，彻壁柱之事。既有壁柱，则是用壁柱、壁带加固了的夯土承重墙。由这二例可知东晋至南朝初期主要殿宇仍沿袭魏晋旧制，建在夯筑的高台上，是用夯土墙和木梁柱共同承重的土木混合结构房屋。但也有史料表明，汉以来已在南方形成的全木构架房屋，在江南地区仍然流行，技术上还有所发展。《法苑珠林》载，苻坚伐东晋时（太元四年，公元379年），桓冲为荆州牧，邀翼法师建寺，其"大殿一十三间，惟两行柱，通梁长五十五尺，栾栌重叠，国中京冠"。据这记载，它应是一座面阔十三间，进深五十五尺的巨大木构殿宇。《晋书·周处传》载，"（周）筵于姑孰立屋五间，而六梁一时跃出堕地，衡（桁，即檩）独立柱头零节（栌斗）之上，甚危，虽以人功不能然也"。这座房子面阔五间而有六梁，说明连山面也用梁柱，其为全木构框架结构房屋无疑。《晋书·五行志》也记此事，系于东晋太宁元年（公元322），属东晋初期。此外，南朝还修建了大量塔，这些塔都立有刹柱，明显是高层木构建筑。梁建康同泰寺塔高九层，表明到南朝后期，木构架建筑已发展到很高水平。

综合这些情况看，东晋宫殿太庙等重要建筑用土墙壁柱可能是为了表明其为正统而故意沿用中原宫室形制的，当时南方大量的地方建筑仍是木构框架建筑。中原和北方多使用土木混合结构，南方多使用木构框架结构是那时的地方特点。

近年在云南昭通发现了东晋太元十□年下葬的霍承嗣墓，墓内壁画中有建筑形象（图5-23），所表现的是一座土木混合结构建筑的剖面图，室内有暗层，用栾（曲栱）承托，几乎和汉代建筑没有区别。云南地处边远，发展滞后，故在建筑上比中原和江南地区保存了更多的古风，是可以理解的。

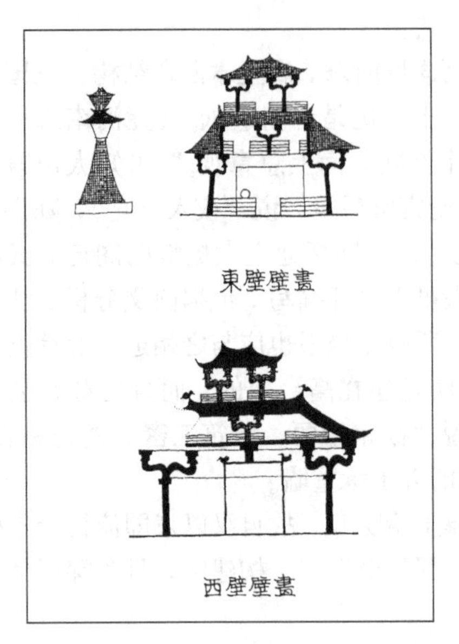

图 5-23　东晋霍承嗣壁画中建筑形象摹本

2. 木结构的发展

自五世纪初起，南方进入南朝时期，北方的北魏也开始统一中国北半部，南北方的经济文化都有巨大的发展。南朝自宋孝武帝时（五世纪中叶）起大修宫室，趋于豪华绮丽，开始改变魏晋以来旧风。北魏在都平城的最后期，也开始效法中原魏晋遗规和南朝新风改建宫室，在建筑上也发生显著变化。六世纪初梁朝建立后，境内有较长期安定，经济繁荣，开始陆续改建都城、宫殿、庙社，形成南朝建筑发展的高峰。北魏迁都洛阳后，大力推行汉化，在都城宫室建设中吸收了中原及南朝之长，也形成高潮。这期间南北统治者都佞佛，帝王、贵族、显宦等疯狂地兴建佛寺，以豪华富丽相夸，很多佛寺的壮丽程度可以比拟宫殿。梁及北魏的动乱衰亡都和大兴佛寺和开凿石窟造成国力衰竭、民生凋敝有关，但竞出新意，争奇斗胜，大兴佛寺，客观上又促进了南北朝后期建筑的发展。

但东晋、十六国、南北朝时期的建筑，除个别砖石塔外，全部毁灭，仅北朝建筑还可以从遗存的同期石窟中看到一些在壁画和雕刻中表现出的形象，南朝建筑连这样的形象材料也没有。侥幸的是，日本现存的飞鸟时代遗构据中日学者研究，认为有可能是从朝鲜半岛间接传入的南朝末期建筑式样。以它为旁证，我们可以从中反推出少许南朝末期建筑的形象和特点。

（1）北朝建筑结构和构造。北朝建筑遗物除建于正光四年（公元 523）的登封嵩岳寺塔和安阳北齐石塔等个别砖石建筑外，木构及土木混合结构的建筑形象只能在云冈、敦煌、龙门、响堂山、天龙山、麦积山诸石窟寺的石刻或壁画中了解其大致形象和构造。

① 敦煌石窟。敦煌石窟早期壁画中所表现的大多是土木混合结构房屋的形象。第 275 窟可能是北凉所造，其南壁游四门故事中所画门阙墙身有上下三重壁带（图 5-24），明显是在夯土墩垛外用壁柱、壁带加固，上架木屋顶的土木混合结构建筑物。在北魏诸窟中，257 窟西壁鹿王本生故事和 248 窟天宫伎乐中的房屋也都画有很厚的山墙，墙上有水平方向的壁带，表现的也是用山墙承重的土木混合结构建筑（图 5-25）。稍晚一些时间的，如 257 窟北魏壁画鹿王本生故事、431 窟北魏壁画伎乐、249 窟西顶北魏壁壁画阿修罗王故事等，所画房屋也都是用厚山墙承重的建筑物。自北凉至隋代，壁画中极少表现全木构架房屋，大量建筑都是外墙、山墙承重，上架木构屋架的混合结构房屋。这现象至少可以说是反映了此期间西北地区的建筑特点。

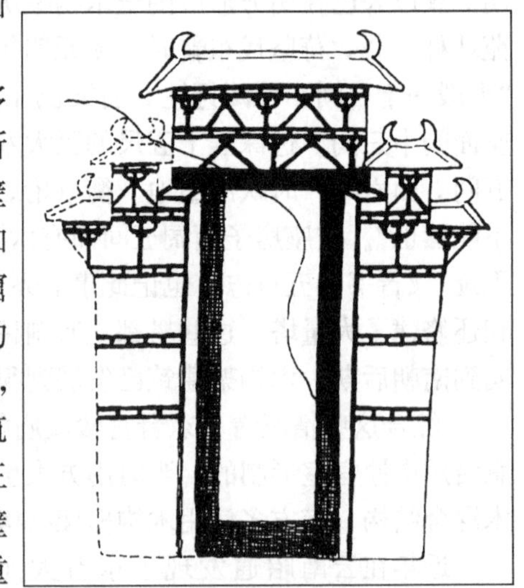

图 5-24　敦煌 275 窟北凉壁画太子游四门图中阙身之三重壁带摹本

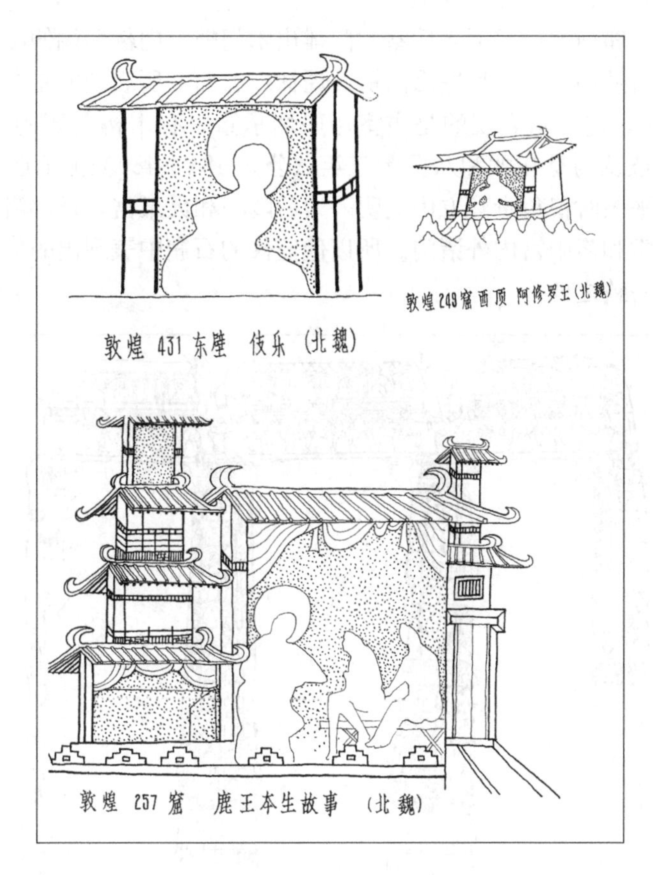

图 5-25　敦煌 257 窟等北魏壁画中用承重山墙的建筑摹本

② 云冈石窟。云冈石窟所雕建筑则主要反映北魏都平城时当地建筑的面貌。根据对石窟的分期，我们还可以从不同时期石窟中建筑形式、构造的变化多少了解一些北魏都平城时期建筑上的发展。

云冈石窟有建筑形象的主要是在第二期孝文帝时代。

孝文帝时代诸石窟，据专家分析，大约可分五组，时代依次为七、八窟，九、十窟，十一至十三窟，一、二窟，五、六窟（其中十一至十三这三窟中，只十二窟完成于迁都以前，十一、十三两窟完成于迁都之后）。

第七、八两窟表现建筑很简单，可置不论。第九、十窟是双窟，都有前后室，基本相同。各窟前为窟廊，面阔三间，中间用二根八角柱，上用栌斗，两端为墩垛，无柱，共同承一道长三间的横楣（阑额）。横楣以上严重风化，构造不明（图 5-26）。在第九窟前室东壁和第十窟前室西壁的上部各浮雕出一个面阔三间的庑殿顶小殿（图 5-27），也是中间用二根八角柱，两端为墙垛，共同承托横楣，楣上相间放置斗栱和叉手，承托檐槫，共同组成纵向构架（简称“纵架”，以区别于沿进深方向由梁架组成的横架）。值得注意处是二柱上都有栌斗，斗上用替木，托在横楣下，但楣上的斗栱却偏离柱中线，不与柱对位。二窟窟廊和前室三间小殿虽形式、比例不同，但都是三间二柱，两端用墩垛或山墙承重，构架方式全同。所表现的是一座左右用山墙承槫，前檐施一纵架，下用二中柱支撑，上架屋顶构架的土木混合结构房屋。第九、十窟前室后壁通入后室的门雕出木门框，门额两端伸出立颊外，如古代衡门的形式。但门框自壁面凹入，后壁沿门框四周抹成斜面，所表现的是在厚墙中装木门的形象（图 5-28）。据此，这二窟表现的是主室用厚墙承重，有木构前廊的土木混合结构房屋（图 5-29）。此窟一般认为是在太和八至十三年（公元 484～489）由王遇（即钳耳庆时）主持开凿的。王遇在平城时曾负责建方山文明冯太后陵园和灵泉宫，迁都洛阳后又建文昭太后墓园、太极殿东西堂和洛阳宫内外诸门。所以他监修的石窟中表现出的建筑特点应当和当时平城宫室的形式有一致之处。

图 5-26　云岗第九、十窟窟廊

图 5-27　云岗第九、十窟前室三间小殿

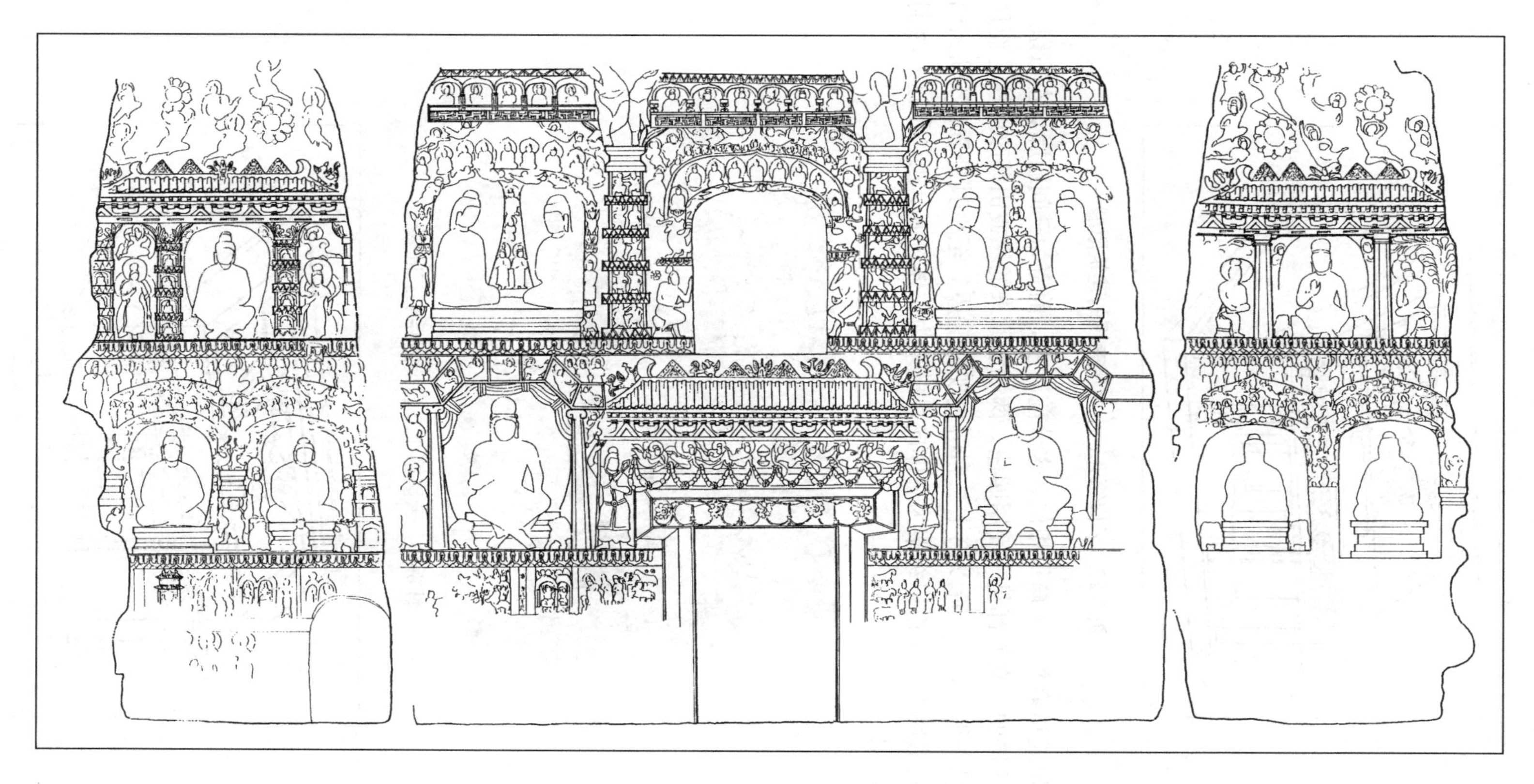

图 5-28　云岗第九、十窟前室展开图
中国古代建筑史(第二卷),图 2-11-12,中国建筑工业出版社,2001 年

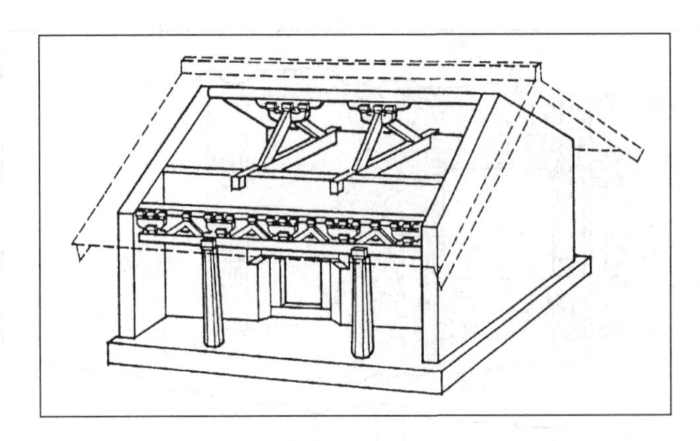

图 5-29　云岗第九、十窟所表现的建筑原型

第十二窟形式和第九、十窟很相似，也分前后室，前室为三间窟廊，左右壁上部也浮雕出三间殿，所不同的是它们都是三间用四柱，两端由原来的垛或山墙改用柱，而且纵架上的斗栱与柱子对位（图 5-30）。所以第十二窟所表现的房屋，至少其外廊部分是全木构的了。斗栱与柱子对位表明木构架由以纵架为主体向以横架为主体过渡，反映了这一时期建筑上发展的趋向（图 5-31）。

图 5-30　云岗第十二窟前室浮雕三间殿

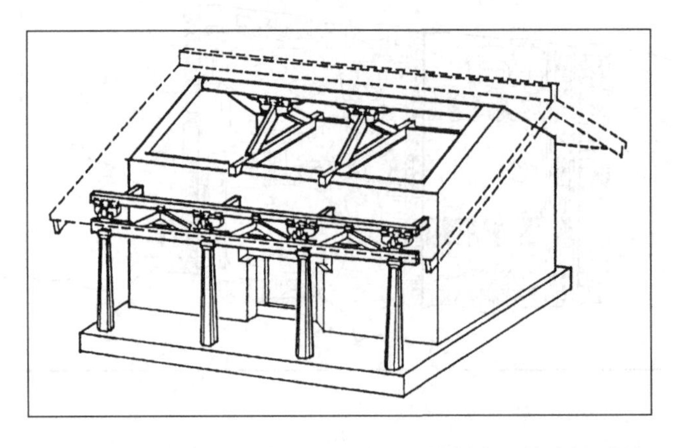

图 5-31　云岗第十二窟前室浮雕三间殿所表现的建筑原型

第五、六窟中值得注意的是塔的形象。第五窟后室南壁上部东西侧各雕一五层塔，其中西面一塔一至四层面阔三间，五层面阔二间，和日本法隆寺飞鸟时代五重塔的层数和各层开间数相同，二者互证，可以推测出它的构架特点（图 5-32）。第六窟中心上部在四角雕四个九层方塔，它的底层四角各附有一小塔，和原藏朔县崇福寺的北魏天安元年（公元 466）石塔下层的情况相同，应是这时塔的特殊构造方法。在第六窟四壁有佛传故事浮雕，底层雕一圈回廊，柱上用栌斗承托阑额，阑额上除与柱对位处施一斗三升斗栱外，中间也相间用叉手和斗栱，与檐槫结合，形成纵架，上承屋顶。这应是一般宫殿、佛寺中回廊的写照。在回廊以上的浮雕佛传中，有较多的建筑形象，都是无柱，正面的门框、窗框凹入，四周抹斜，显示为厚墙，墙上有用斗栱、叉手组成的纵架，上承屋顶，表现的仍是下用承重厚墙、上架木构屋架的土木混合结构房屋（图 5-33）。

图 5-32 云岗第五窟后室南壁雕五层塔

中国古代建筑史（第二卷），图 2-11-14，中国建筑工业出版社，2001 年

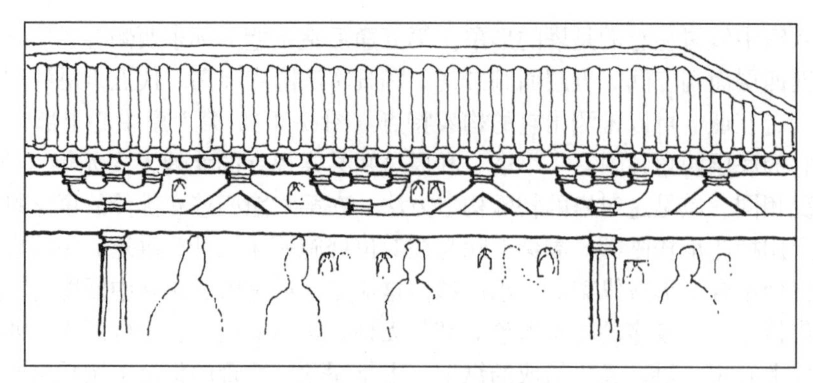

图 5-33　云岗第六窟后室浮雕游四门中的建筑

综观云冈第二期石窟中所表现出的建筑形式和构造，可以看到，平城地区早期建筑主要是土木混合结构，然后逐步向屋身混合结构、外檐木构架和全木构架方向演变。这与在敦煌及其他北朝石窟中所表现出的发展趋势是一致的。

这时房屋的木构架部分，在平行于屋身方向上，于横楣（阑额）与檐槫之间相间布置斗栱和叉手，组成类似平行弦桁架的纵向构架，安放在前后檐墙上，前檐有门窗时，则下用柱支撑，柱头上用栌斗。但柱及栌斗不与纵架上的斗栱对位。在进深方向，则用梁、叉手组成横向梁架。由于柱只是简单支撑在纵架之下，整个房屋的纵、横双向的稳定只能靠厚墙来维持。即使是全木构架，其山柱、后檐柱也要包在土墙中，以保持柱列的稳定。

③ 龙门石窟。龙门石窟所雕建筑形象主要集中在刚迁都洛阳时开凿的古阳洞和北魏末东魏初开凿的路洞中，刚好反映出北魏迁洛后四十年间建筑上的发展和变化。

古阳洞内凿有三个屋形龛。北壁有一龛，面阔三间，用四柱，承托由斗栱、阑额、叉手、檐槫组成的纵架，斗栱中间露出梁头，其构造近于宋式的“杷头绞项”。它表现的是一座全木构房屋，斗栱虽和柱子对位，但中间隔着阑额，仍是柱列承托纵架，还没有形成柱头铺作，和云冈十二窟所表现的基本相同，应是迁洛阳之初尚在延续着的平城旧式（图 5-34）。古阳洞南壁有两座屋形龛，其中一龛也是三间四柱的小殿，构造上与前不同处是柱子上延，直抵到檐槫（檩）之下；阑额由原来的一整根变为被柱子分割成每间一根，左右端分别插入柱身；在阑额与檐槫之间，每间面阔用一个叉手，作为补间铺作（图 5-35）。这是在以前没有见过的新的构架形式。

图 5-34　龙门古阳洞西北隅上部屋形龛
龙门石窟一，图 138，文物出版社，1991 年

图 5-35　龙门古阳洞西南隅上部屋形龛
龙门石窟一，图 137，文物出版社，1991 年

路洞洞壁上浮雕有若干小建筑，分别为庑殿、歇山、悬山屋顶，表现的是佛殿形象。但它的构架方式和前两种都不同，其阑额由柱上向下移到柱头之间，柱头之上直接放一斗三升斗栱，柱间在阑额上施叉手，分别形成柱头铺作和补间铺作，二者共同组成铺作层，承托屋檐、屋顶之重。它已和以后唐至清代一般用斗栱的木构架房屋基本相同（图 5-36）。

图 5-36 龙门路洞北壁上层外侧屋形龛
龙门石窟一，图 220，文物出版社，1991 年

北魏迁都洛阳以后，在平城的云冈石窟还开凿了一些中小型石窟，即云冈第三期石窟，其中表现建筑最真实的是第 39 窟塔洞。它是一方形石窟，中心雕一方形五重塔。塔身每层都面阔五间，柱头上雕栌斗，上承横楣（阑额），楣上与柱头对位雕一斗三升斗栱，两朵斗栱之间，于开间的正中雕叉手，与斗栱共同承托檐槫，组成纵架，上承塔檐。上层柱直接立在下层塔檐的博脊后，没有平坐。这塔所表现的构架方法和云冈第十二窟及龙门古阳洞北壁基本相同。这情况说明在北魏北方的平城一带，似仍在延续旧的构架方法，始见于龙门路洞的阑额施于柱头之间的新做法在云冈前、中、后三期中迄未出现。这塔的形象很值得重视，它是现存北魏石雕塔中体量最大、表现构造最清楚的一例。前此云冈石窟中所雕的塔往往上层间数比下层少，而此塔则上下层间数相同。史载北魏洛阳建有永宁寺塔，高九层，每面九间，上下层间数相同，这 39 窟塔柱为我们考虑永宁寺塔的形式构造，提供了重要线索。它可以视为北魏塔的一个较真实的模型（图 5-37）。

图 5-37 云岗第 39 窟中心塔形柱

这样，综合云冈石窟、龙门石窟所雕建筑形象，可以看到此期木结构的五个发展进程（图 5-38）。

第一种：房屋四壁都是厚墙，前檐墙内立门窗框，装门窗，墙顶为由斗栱、叉手组成的纵架，上承屋顶。它所表现的是屋身全为承重墙，无柱，墙上用纵架、横梁构成屋顶构架，是土木混合结构。其形象在云冈第六窟太子游四门故事中可以看到。洛阳北魏一号遗址就是全土墙承重的房屋。我们可暂称这类房屋为 I 型（图 5-39）。

第二种：房屋山墙及后墙为厚墙，前檐在两山之间架设一由斗栱、叉手组成的通面阔长

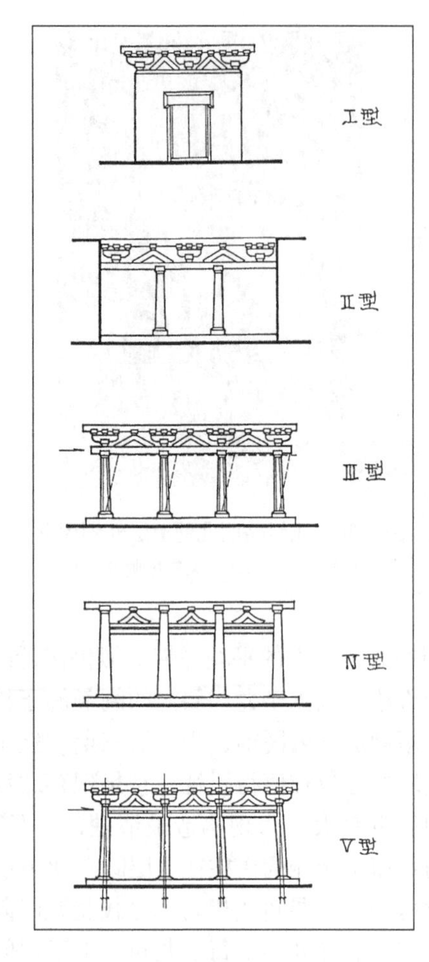

图 5-38　北朝木结构的五个发展进程图
中国古代建筑史（第二卷），图 2-11-20，中国建筑工业出版社，2001 年

的纵架。纵架两端由山墙支承，中间部分用一或二根木柱承托，如云冈第九窟、十窟前室侧壁上层所示三间二柱的房屋。它所表现的是山墙、后墙为承重墙，前檐及屋顶为木构架的土木混合结构房屋。我们可暂称之为Ⅱ型（图 5-40）。

第三种：房屋的外檐全用柱列承托纵架，如云冈第十二窟前室侧壁上层和龙门古阳洞北壁所示三间四柱的房屋形象。它表现的房屋构造有两种可能，一种是四面都是这样的全木构建筑；一种是中心部分仍是厚墙承重的混合结构房屋，如Ⅱ型所示，而在四周加一圈全木构的外廊。我们可以暂称之为Ⅲ型（图 5-41）。

第四种：房屋柱子上伸，直接承托檐槫（檩），把原为一整体的纵架分割成数段，阑额由柱子上栌斗口中向下移到低于柱顶处，成为柱列间的撑杆，如龙门古阳洞南壁所示。它表现的是全木构架房屋，我们可暂称之为Ⅳ型（图 5-42）。

第五种：房屋阑额架在柱顶之间，成为柱列之间的联系构件，柱上施柱头铺作（斗栱），柱间在阑额上施补间铺作（叉手、蜀柱），与柱头枋、槫共同构成纵架，上承屋顶构架，如龙门路洞所示，表现的也是全木构建筑，我们可暂称之为Ⅴ型（图 5-43）。

从时代顺序和构架特点看，Ⅰ、Ⅱ型最早，是土木混合结构。Ⅲ型可以是混合结构，也可能是木构架。Ⅳ、Ⅴ型是全木构架建筑。其中Ⅲ型见于云冈二期之末，即北魏迁都洛阳的前夕，Ⅳ型见于北魏迁洛阳之初，都在 5 世纪之末。Ⅴ型始见于北魏末东魏初，即公元 534 年左右。这正好反映了北魏中后期木构架逐步摆脱夯土墙的扶持，发展为独立构架的过程。

如果我们进一步拓展考察范围，通观北朝各主要石窟寺中所反映的建筑形象，就可看到，Ⅱ型迟至北齐所凿太原天龙山石窟第一、第十六窟中仍然存在；Ⅲ型在北齐所凿邯郸南响堂山石窟第七窟、北周所凿天水麦积山石窟第四窟、第二十八窟、第三十窟中都还存在；Ⅳ型在洛阳出土的北魏宁懋石室、沁阳东魏造像碑、隋开皇四年所凿太原天龙山第八窟和天水麦积山石窟第四窟北周壁画中都出现过；第Ⅴ型在天水麦积山隋代所开第五窟中出现，另在河南发现一陶屋也属此型。这情况表明，在北朝中后期，Ⅲ、Ⅳ、Ⅴ型构架方式还共存了较长时间，到北齐、北周和隋初才逐渐出现统一于Ⅴ型的趋势。

从构架特点看，Ⅱ型两山和后檐的厚土墙除承纵架两端和后檐之重外，还有维持房屋构架稳定的作用。Ⅲ型外檐的纵架全由檐柱柱列承托，没有厚的土墙。由于柱子托在纵架下，是简支结合，柱列各柱可以平行地同时向一侧倾倒或沿同一方向扭转，稳定性差，所以它更可能是用为混合结构的房屋的外廊，依附于主体，以保持稳定。Ⅳ型把阑额降到柱间，与檐

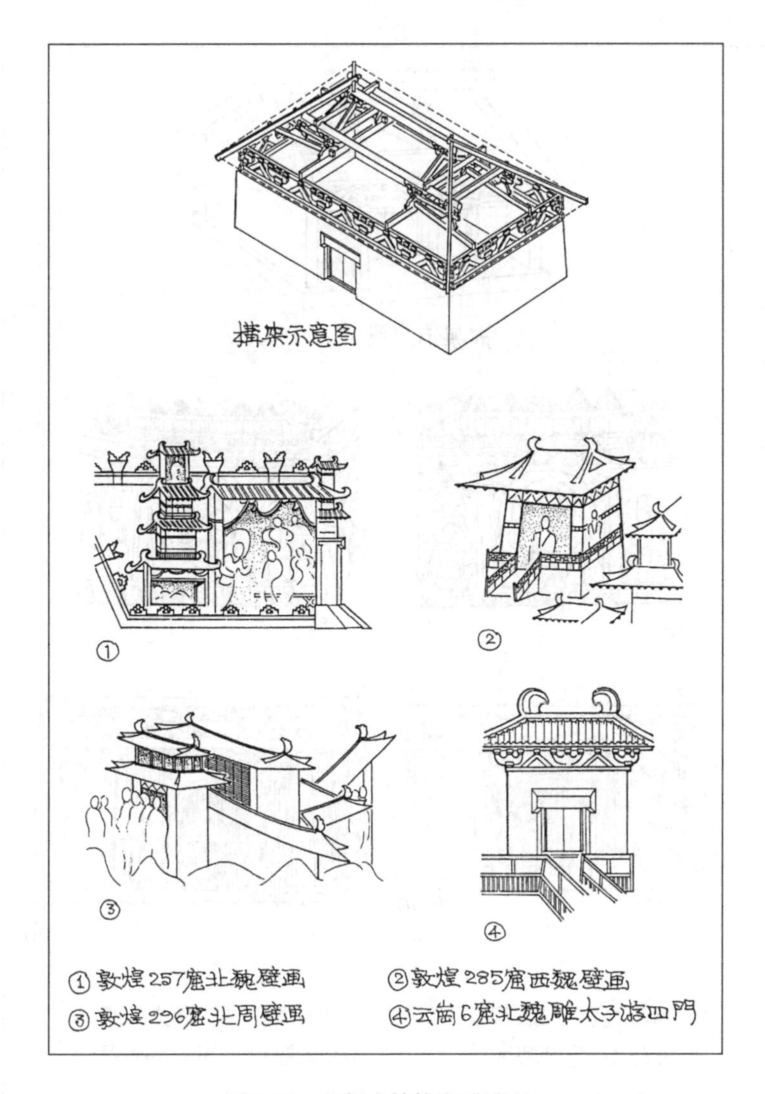

图 5-39　北朝木结构发展进程一

中国古代建筑史（第二卷），图 2-11-21，中国建筑工业出版社，2001 年

柱、檐槫、斗栱在柱列的上部连为一体，近于排架，阑额入柱处的榫卯和阑额檐槫间的叉手保持了构架的纵向稳定。但柱、额、斗栱上下穿插，施工较为复杂。Ⅴ型阑额架在柱顶之间，围成方框的阑额把柱网连为一个稳定的整体。柱额以上是由柱头铺作，补间铺作、柱头枋、檐槫组成的纵架，上承屋架。这种做法、柱网、纵架、屋架层叠相加，既可保持构架稳定，又便于施工，在五种类型中最为先进，所以自北齐起到隋唐，逐渐占主导地位。唐以后，虽Ⅱ、Ⅲ、Ⅳ型尚偶然可见，但宫廷、官署、贵邸的建筑构架，基本上统一于Ⅴ型。

以上只是就石窟寺中所见建筑形象分析其构架体系的演变。但石窟寺中所雕、所绘都很简单，远不能表现当时建筑的巨大规模、复杂程度和豪华的面貌。史载北魏平城太极殿是在测量洛阳魏晋太极殿址后兴建的，北魏洛阳太极殿就建在魏晋太极殿的故址上，都是面阔十二间，属当时最大的建筑，殿身筑有厚土墙，当是Ⅲ型或Ⅴ型，由于体量巨大，其构造应远比石窟所示为复杂。明崔铣（嘉靖）《彰德府志》记载北齐邺南城宫中外朝正殿太极殿周回

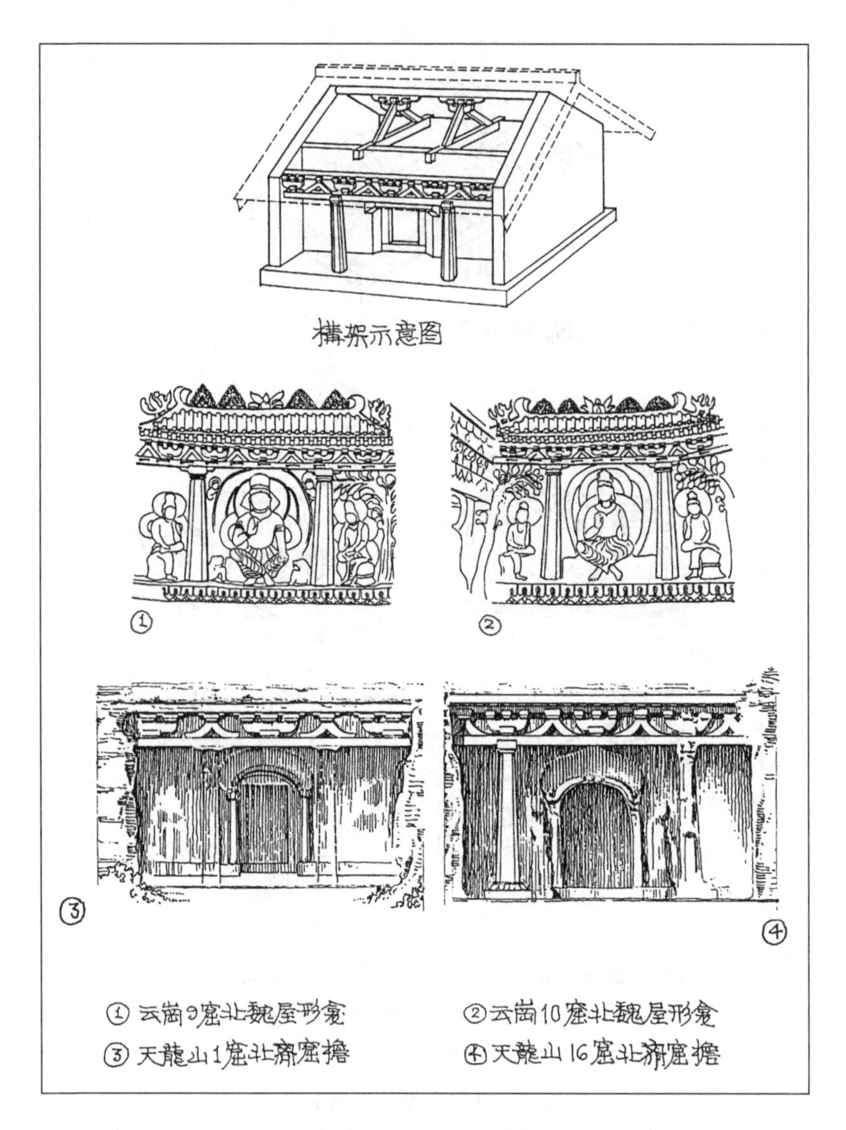

图 5-40　北朝木结构发展进程二

中国古代建筑史（第二卷），图 2-11-22，中国建筑工业出版社，2001 年

一百二十柱，通过制图，可知为面阔十三间、进深八间的大建筑。又载宫中内廷正殿昭阳殿周回七十二柱，约为面阔十间、进深六间（或面阔九间、进深七间）的大殿。二殿沿殿身四周分别有四圈和三圈柱网，是分内、外槽，外有副阶回廊的全木构建筑，其柱网布置已和稍后的唐代很接近了（图 5-44）。这表明自北魏末在北方出现Ⅴ型构架后，已正式用在北齐宫殿中了。

④ 永宁寺塔。史载北朝也建有大量楼阁和多层佛塔。所建高层佛塔，以高 49 丈的洛阳永宁寺塔为最著名。这些多层木塔结构复杂，把史籍记载与遗址情况结合起来分析，也可对北朝木结构的发展有进一步的认识。

北朝木塔见于记载的颇多。北魏在平城建都之初，就于天兴元年（公元 398）建五级佛图。献文帝时（公元 467 年左右），又在平城起永宁寺，“构七级佛图，高三百余尺，基架博

图 5-41　北朝木结构发展进程三

中国古代建筑史（第二卷），图 2-11-23，中国建筑工业出版社，2001 年

敞，为天下第一”。此塔的建造正与南朝刘宋明帝造湘宫寺塔同时，刘宋这时只能建五层塔而北魏已在建七层塔，似乎北魏造高塔技术略胜南朝一筹，但也有可能是因北魏造塔用土木混合结构而南朝用木结构所致。迁都洛阳以后，先后建永宁寺九层塔、景明寺七层塔、瑶光寺五层塔。灵太后胡氏又令外州各建五级佛图，建塔之举史不绝书。诸塔中以永宁寺塔最为著名，堪称史册记载中最高大壮伟之塔。

永宁寺木塔为北魏孝明帝熙平元年（公元 516）灵太后胡氏下令修建。魏迁洛阳后，原

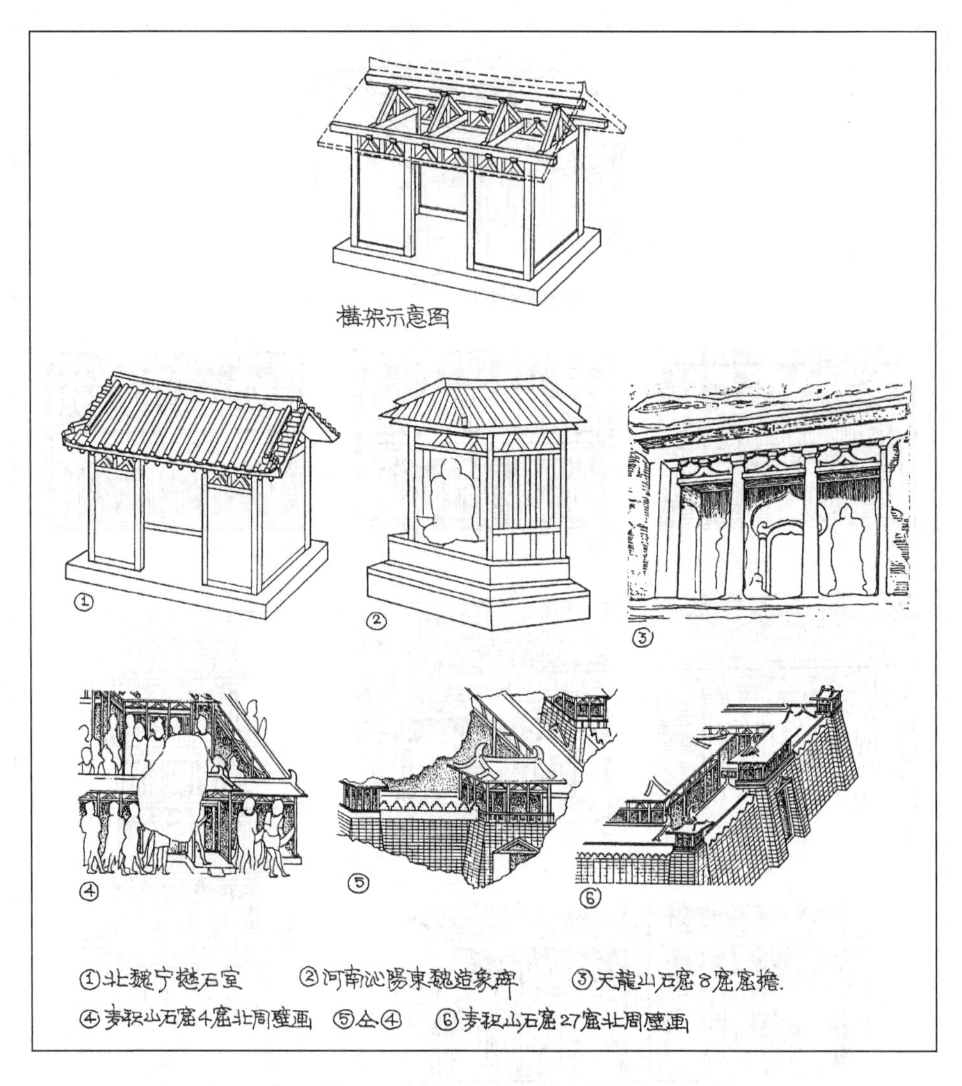

图 5-42　北朝木结构发展进程四

中国古代建筑史（第二卷），图 2-11-24，中国建筑工业出版社，2001 年

规划在城内只准建永宁寺一个僧寺，它是皇帝特建的功德，所以是洛阳最大的寺庙。据《水经注》记载，寺中“作九层浮图。浮图下基方一十四丈，自金露柈（盘）下至地四十九丈，取法代都七级而又高广之。虽二京之盛，五都之富，利刹灵图，未有若斯之构”。《洛阳伽蓝记》说此塔“架木为之，举高九十丈，上有金刹，复高十丈，合去地千尺。……刹上有金宝瓶，容二十五斛，宝瓶下有承露金盘一十一重。复有铁鏁四道，引刹向浮图四角。……浮图有四面，面有三户六窗，户皆朱漆”。

此塔的遗址已于 1979 年进行了发掘。据发掘简报，塔的基座为方形，分上下二层。下层东西 101 米、南北 98 米、厚 2.5 米以上，顶面和地面平，是塔基的地下部分。上层台在下层台的中心，正方形，边宽均 38.2 米，高 2.2 米，四周包砌青石，据台基边缘有石刻螭首残片推测，应装有石栏杆。此层台是塔下的基座。基座上发现有 124 个方形柱础石，每面九间十列柱，做满堂布置。九间满堂柱原只需 100 个础，但此塔的最外圈四角和最内圈四柱

图 5-43　北朝木结构发展进程五

中国古代建筑史（第二卷），图 2-11-25，中国建筑工业出版社，2001 年

都做四柱攒聚，多出 24 础石，故总数为 124 础石。最外圈檐柱处有残墙，厚 1.1 米，外壁红色，内壁有壁画，应是塔之外墙。塔身自外向内第二圈柱础之内为巨大的方形土坯砌体，每面面阔 20 米，包第三圈以内诸柱于其中。土坯砌体内有横铺纴木的遗迹，当是加强砌体整体性用的。砌体东、南、西三面外壁各做成五座弧形壁龛，供安设佛像之用，北面外壁无龛而有木柱，是设登塔楼梯之处。塔内可绕塔心环行礼佛（图 5-45）。

据《简报》所载，塔下基座方 38.2 米。若以北魏尺长 27.9 厘米计，合 136.9 尺，加上已坍毁的石砌部分，应在 140 尺左右，正与《水经注》“基方一十四丈”的记载相合。可知《水经注》的记载可信，则塔高也应在 49 丈左右。《洛阳伽蓝记》所说的 1000 尺是夸张之词。

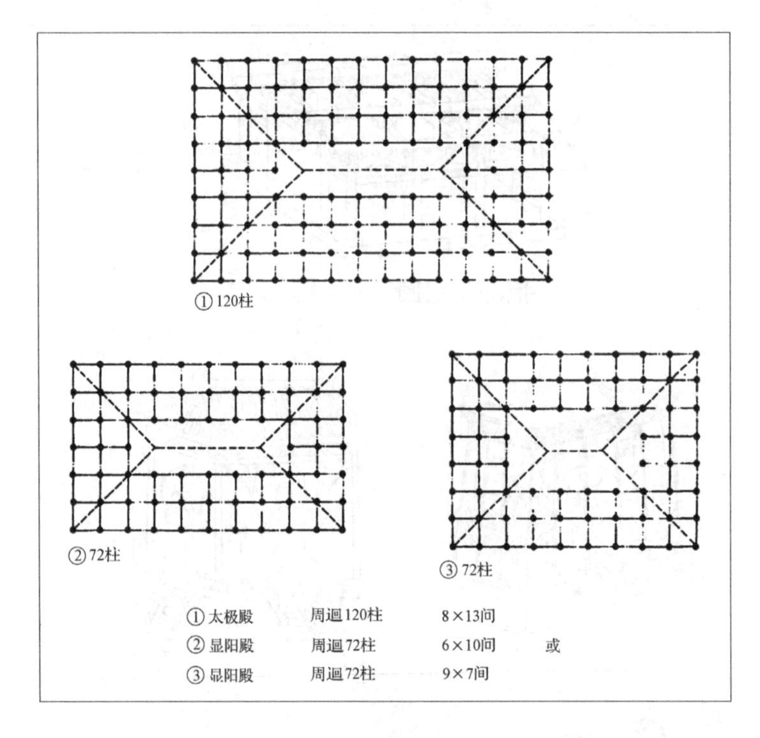

图 5-44　北齐邺南城宫中殿宇柱网布置示意图
中国古代建筑史（第二卷），图 2-2-4，中国建筑工业出版社，2001 年

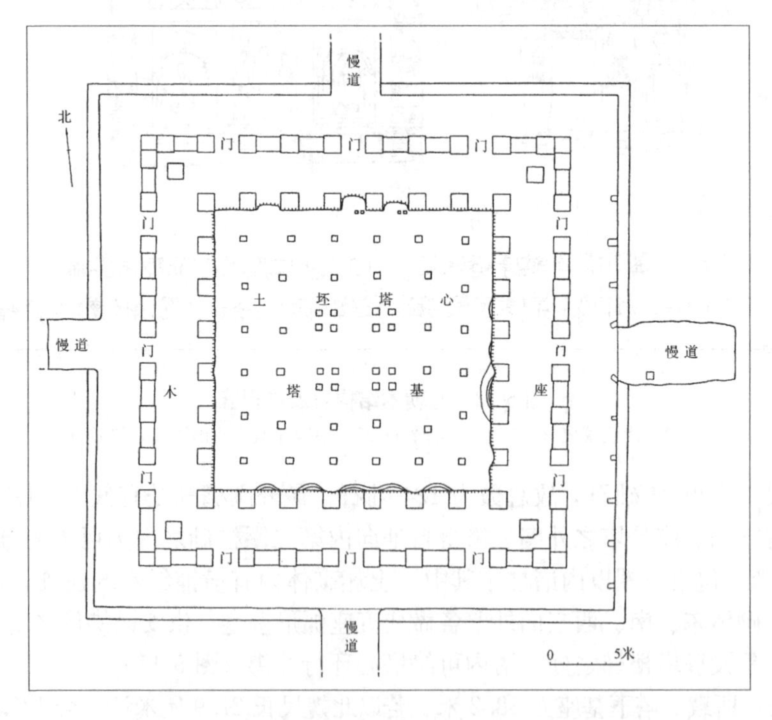

图 5-45　北魏洛阳永宁寺木塔遗址平面图
中国社会科学院考古研究所：北魏洛阳永宁寺，图 9B，中国大百科全书出版社，1996 年

从《简报》中我们可以知道，尽管此塔用了满堂柱网，由于中心部分有巨大的实心土坯砌体，故仍属土木混合结构。这中心砌体是为了稳定塔身构架，起抗摇摆及扭转作用的。从砌体内用水平纴木的情况看，它有可能高达数层，只有最上几层才有可能是全木构的。此塔的下部实际上是以用柱子和纴木加固了的土坯砌体的塔心，四周加建木构的外廊。这外围进深二间的木构外廊的梁枋地栿估计都要插入砌体内，与纴木和柱子相连，使土坯砌体和一圈木构外廊互相起扶持作用。

这种在全木构架建筑中，把某一部分用土坯（或夯土）填实的做法，是自土木混合结构向全木构发展演变的最后一个阶段。之所以这样做是由于这时木构架在整体性、稳定性上尚有缺陷，或人们对新发展出的木构架体系的稳定性还没有把握的缘故。这种现象从目前掌握的情况看，只存在于北方。直到唐初，高宗建大明宫时，麟德殿的两山仍在梢间、尽间的柱间用夯土夯筑出一条厚达一间的山墙，说明这种土木混合结构的残余在宫殿等大建筑中一直延续到初唐。通过对永宁寺塔结构的分析，我们可以更具体地看到，北朝大型木构架建筑的特点是多与夯土墩台、土坯砌体结合使用，这是与南朝明显不同之处。这种差异既反映木构架发展上的不同，也反映了地方传统特点。北方建筑需要防寒，而厚墙有很好的防寒作用，北方建筑很长时间保留夯土墙，这应是重要原因之一。

北朝的楼阁建筑在北朝壁画、石刻中都可见其形象，上下层相叠，中间还没有唐以后常用的平坐层，上层的栏杆直接压在下层屋顶上，和日本受南北朝末期影响的飞鸟式的法隆寺金堂、五重塔的上下层关系相似，估计其构造也是较接近的。《长安志》记载，在崇仁坊北门之东有宝刹寺，原注云：“本邑里佛堂院，隋开皇中立为寺。佛殿后魏时造，四面立柱，当中构虚起二层阁，榱栋屈曲，为京城之奇妙”。据这段记载，此殿为二层楼阁。从“四面立柱，当中构虚”句分析，它的中间部分大约是上下贯通的，可能和公元984年辽代所建的蓟县独乐寺观音阁的内部空间形式近似，在时间上却早了450年左右，为此类结构之初型。这种做法在北魏至唐时可能尚不普遍，故当时人感到新奇，赞为“京城之奇妙”。

除当时的中心地域外，西北少数民族地区在木结构技术上也有重要的成就，最著名的是吐谷浑人所建大跨悬臂木桥。据《水经注》引《沙州记》云：“吐谷浑于河上作桥，长百五十步，两岸垒石作基陛，节节相次，大木纵横更镇压，两边俱平，相去三丈，并大材以板横次之，施钩阑甚严饰。”[①] 这种桥在今西北地区和土耳其的东北部都还有存者，其做法是两端从石基中层层斜向上方挑出密排的木梁，末端以基石镇压，挑出的上下层间加横木排使连为一体，至外端相距数米处加水平横梁连通。这种结构做法延续至今，历时千余年，是一种古老而仍有生命力的做法。

（2）南朝建筑结构和构造情况的推测。南朝建筑迄今连最简单的图像也未能见到，只在南京地区南朝诸大墓的甬道内石门楣上看到平梁、叉手的形象，表现的是廊子的梁架形式，和北朝石室、石窟中所见基本相同（图5-46）。

了解南朝建筑最重要的参考材料是日本现存的飞鸟时代建筑。据日本史书记载，公元538年（梁武帝大同四年，西魏孝静帝元象元年）佛教自百济传入日本。公元592年（隋文帝开皇十二年）日本用百济木工建飞鸟寺，后世遂称此时期建筑为“飞鸟式”建筑。法隆寺创建于公元607年（隋炀帝大业三年），公元670年毁，现在的法隆寺是在公元680年（唐

① 《水经注》卷2引《沙州记》，《国学基本丛书》，商务印书馆，第26页。

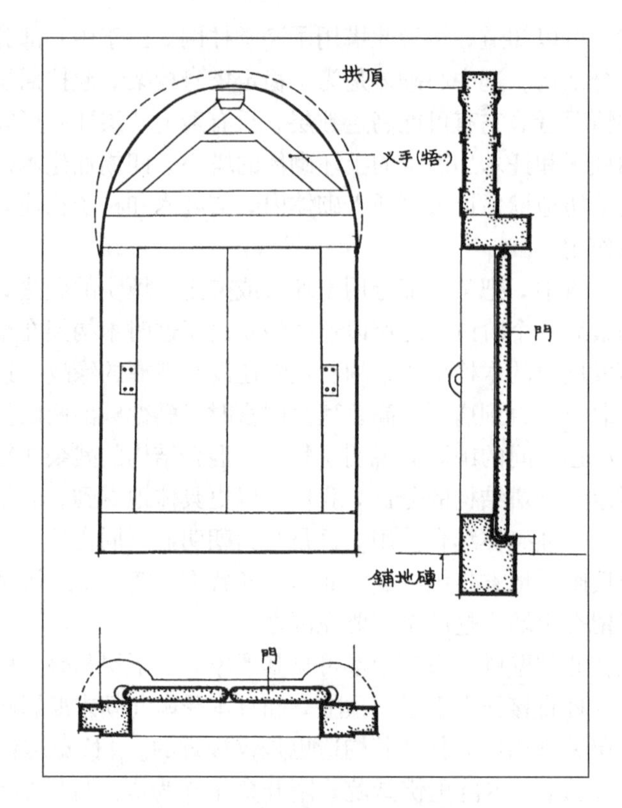

图 5-46　南朝陵墓墓门浮雕梁架

中国古代建筑史（第二卷），图 2-11-26，中国建筑工业出版社，2001 年

高宗永隆元年）以后重建的，但日本学者公认它是按飞鸟时代建筑风格建造的。飞鸟式建筑是在日本最早出现的中国风格的建筑。当时在朝鲜半岛诸国中，百济和南朝关系较密。史载梁武帝大同七年（公元 541）百济王曾向梁求佛经、医工、画师。梁武帝太清三年（公元 549）百济使至建康，见侯景之乱严重破坏宫室街衢，痛哭于梁宫端门，可知两国有很深的交往。现在法隆寺所藏著名佛像“百济观音”也传说是南朝的式样。因此，自百济传入日本后形成的“飞鸟式”建筑无疑是间接地源于中国的南北朝，且以源于南朝的可能性为大。这样，在南朝建筑连图像、模型都不存在的今天，日本飞鸟式建筑就成为间接了解南朝梁、陈时期建筑的最重要的参考资料。

日本现存飞鸟时代建筑只有奈良法隆寺的金堂、五重塔、中门、回廊和奈良法起寺的三重塔，共计五座，都是建在石砌台基上的全木构建筑。它们的构架都属于前举的第Ⅴ型，即阑额位于柱顶之间为柱间联系构件，柱顶上直接承斗栱，形成柱头铺作，二柱之间在阑额上又用斗子蜀柱为补间铺作，柱头铺作、补间铺作共同承托柱头方，形成纵架，向上承托屋顶之重。从构架特点看，这种木构架实际是由上、中、下三层叠加而成的。下层是柱网，在柱顶间架阑额，连接成矩形方框的阑额把柱网连成一个整体。金堂和五重塔的柱网为内、外二环，开后世建筑分内槽、外槽之先河。中层为柱网上的纵架，栱枋重叠，近于井幹构造。内外圈柱上都施出跳栱，与纵架上的栱、枋交叉，形成柱头铺作。出跳栱上承梁，梁两端和内外圈纵架上的栱或枋交搭，把内外圈纵架拉结在一起，在内外柱网之上形成一个井幹构造的水平层，我们可称之为铺作层，它对保持房屋的整体稳定性有很大的作用。在水平铺作层上是梁架，每横向柱缝上用一道，由梁架、槫椽构成不同形式的屋顶构架。为了加大出檐，金堂、五重塔的柱头铺作挑出二层，下层为栱，上层为下昂。

对这五座飞鸟建筑进行研究后，发现它们已经使用了模数制的设计方法。它们都以栱身之高为模数，这和宋式建筑以栱高和柱头方之高为“材高”的模数制相同，说明宋式“以材为祖”的模数制设计方法，至迟在这时已经出现，尽管它还没有宋代那么精密。这些建筑的面阔、进深、柱高、脊高等都以栱高（即材高）为模数。

① 法隆寺金堂。高二层，下层面阔五间，进深四间，周以腰檐。上层面阔四间，进深三间，上复单檐歇山屋顶。设计中以材的高度（即栱、枋之高）0.75高丽尺为模数。一层面阔五间，依次为8+12+12+12+8，共宽52材高；进深四间，依次为8+12+12+8，即共深40材高。二层面阔四间，依次为7+11.5+11.5+7材高，共宽37材高；进深三间为7+11+7，共深25材高（图5-47）。在断面上，一层柱高为14材高，自一层柱础上皮至上层屋脊顶部之高为一层柱高的四倍，即56材高。

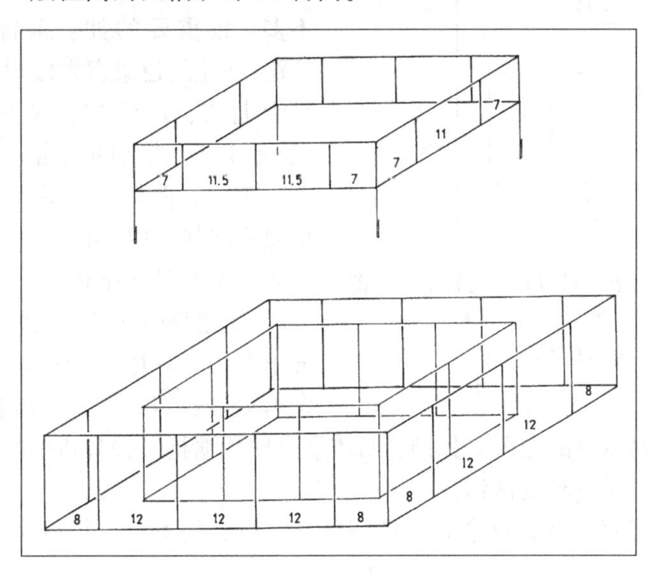

图5-47　日本法隆寺金堂以材高为模数示意图
中国古代建筑史（第二卷），图2-11-27，中国建筑工业出版社，2001年

② 法隆寺五重塔。平面方形，高五层，内有贯通上下的木刹柱。塔身一至四层面阔三间，第五层二间，也以材高0.75高丽尺为设计模数：一层面阔为7+10+7，共24材高；以上各层每间之宽减一材高，即二层为6+9+6，为21材高；三层为5+8+5，为18材高；四层为4+7+4，为15材高，五层为6+6，为12材高。塔之一层柱高为12材高，塔之高度即以一层柱高为扩大模数，自一层柱础面至五层屋顶博脊，总高恰为一层柱高的七倍，合84材高（图5-48）。

它的柱、额、斗栱与金堂基本相同。五重塔下四层面阔三间，第五层面阔二间，和山西大同云冈北魏开凿的第六窟后室前壁东上方浮雕之五重塔全同（参见图5-31），可知此做法也源于中国。

③ 法起寺三重塔。平面方形，高三层，每层面阔三间。一层每间面阔8材高，二层每间面阔6材高，三层每间面阔4材高，三层总宽分别为24材、18材、12材高。其塔身净高

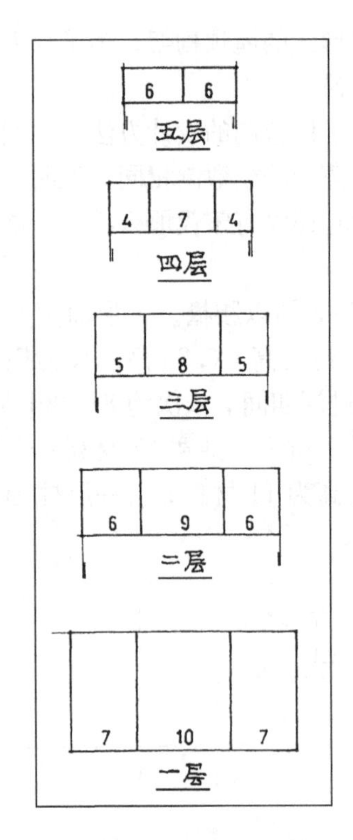

图 5-48　日本法隆寺五重塔以材高为模数示意图
中国古代建筑史（第二卷），图 2-11-28，
中国建筑工业出版社，2001 年

自一层柱础面至三层博脊计，也恰为一层柱高的五倍。

在日本飞鸟式建筑法隆寺金堂、五重塔、法起寺三重塔的设计中，都以材高为面阔的模数，而在高度方面又以一层柱高为扩大模数。从这五座飞鸟时代日本建筑中，我们看到了一套比较成熟的“以材为祖”的模数制设计方法。飞鸟时代建筑间接来自南朝，故它所反映出的模数制设计方法的水平，应即是南朝的一般水平。可以推想，南朝的一些重要建筑，其规模和水平可能还要高于它们。

史籍中所载有关南朝大建筑的结构情况不多，较重要的如：东晋太元二年（公元 377）新建的建康宫太极殿，面阔十二间，长二十七丈、广十丈、高八丈；太元十二年（公元 387）改建的太庙，东西十六间，栋高八丈四尺，都是当时最大的建筑。但它们继承魏晋旧制，用了有壁柱、壁带加固的厚墙，仍属于土木混合结构。只有太元四年（公元 379）所建荆州河东寺大殿面阔十三间，通梁五十五尺，只用二行柱，柱上栾栌重叠，是全木构架建筑，但其结构仍较难推测。不过南朝史料中有很多对木塔的记载，如结合日本飞鸟时代遗构，去分析南朝木塔，可以对南朝木构建筑的发展有更进一步的认识。

南朝盛时，仅建康就有五百余寺，佛塔林立，虽实物不存，仍可从文献中了解其大致情况。

从构造看，木塔基下有储舍利的小室，称龙窟。龙窟上盖以刹下石，石上立刹柱，刹柱外围建木构塔身，以扶持刹柱。刹柱在穿出塔顶后，上装宝瓶和承露金盘，形成塔的特定标志。

关于塔的层数，据《建康实录》所载，东晋许询舍其在永兴的住宅为崇化寺，造四层塔。《资治通鉴》载南朝宋明帝于公元 471 年建湘宫寺，本拟建十层塔，不能，改为建二座五重塔。可知南朝宋以前受技术限制，虽以皇室之力，还无法建高十层的塔，只能建五层以下的木塔。齐梁以后，建筑技术有所发展。史载梁武帝于公元 527 年在同泰寺内建九层木塔。公元 546 年，塔被焚毁，又拟建十二层塔。表明这时确已有建高十余层木塔的技术能力。

《南史·扶南国传》记有梁武帝在大同三年（公元 537）发掘长干寺三层塔下的舍利并于公元 538 年重建新塔的经过，说初穿土四尺，得塔之“龙窟”和前人所施舍的金银杂宝。至九尺处发现更早期所建塔的石礎，礎下有石函，函内盛舍利。第二年（大同四年，公元 538）梁武帝拟建二新塔，先在寺内树立二刹，把舍利放入七宝小塔中，又用石函盛七宝小塔，分别放入二刹之下的龙窟。然后立刹、建塔。从这记载可知，建塔时先在预定的塔心位置地下开一小室，名龙窟，以藏舍利及诸宝物。龙窟上盖刹下石，石上立木刹柱，然后建塔身包刹柱于内，再于刹柱顶装金铜承露盘等刹上饰物。

（梁）沈约撰有《湘州枳园寺刹下石记》和《光宅寺刹下铭》，梁简文帝撰有《大爱敬寺刹下铭》，（陈）徐陵撰有《四无畏寺刹下铭》，都近于塔的奠基记的性质。《枳园寺刹下石记》中有"抗崇表于苍云，植重迴于玄壤"之句。可知刹柱要立在龙窟顶上的刹下石之上。

建木塔工程中，刹柱是最重要的木料，它是直而长的贯通上下的巨材。由于巨材难得，往往有皇帝特赐之举。梁简文帝为王时曾建天中天寺，梁武帝特赐柏木刹柱，又赐铜万斤制刹上铜露盘。梁简文帝撰有《谢敕赉柏刹柱并铜万斤启》，启中有"九牧贡金，千寻挺树，永曜梵轮，方兴宝塔"之句，形容刹柱之高和刹顶承露盘的光曜。

塔身为多层建筑，每层一檐。（梁）沈约《光宅寺刹下铭》说其塔"重檐累构，迴刹高骧"，（陈）江总《怀安寺刹下铭》形容该塔"飞甍巇嶭，累栋嶙峋"。梁简文寺《大爱敬寺刹下铭》则说此寺的七层塔是"悬梁浮柱，沓起飞楹，日轮下盖，承露上擎"。诸文中的"重檐"、"累栋"、"悬梁"、"浮柱"、"飞楹"等语都表明这些塔是多层木构塔，"悬梁"、"浮柱"更表明其构架是一层层叠加上去的。

现存日本飞鸟时代所建法隆寺的金堂和五重塔正是这样，它们的具体做法是，在下层建筑的屋顶构架上，于角梁和椽子上卧置柱脚方，四面的柱脚方在角梁上相交，围成方框，在柱脚方上立上层柱，形成上层构架。每层自柱脚方起自成一个单元，所立之柱比下层退入，上下层柱之间不需对位，甚至间数也可以改变，按需要自由立柱。南朝塔的形象虽不存，却可参考北朝石窟中所见。大同云冈石窟第五窟后室南壁西侧雕有一高浮雕的五层方塔，下四层每面三间，第五层每面二间，和日本法隆寺五重塔相同。参证日本飞鸟建筑和云冈北魏所雕五重塔，可以推知南朝木塔也只能是这样做法。南朝最著名的塔是建康同泰寺九重塔，梁简文帝萧纲曾有诗诵之，诸人和章中有描写塔的细部之处。王训诗说："重栌出汉表，层栱冒云心。昆山雕润玉，丽水莹明金。悬盘同露掌，垂凤似飞禽。"王台卿诗说："朝光正晃朗，踊塔标千丈。仪凤异灵鸟，金盘代仙掌。积栱承雕桷，高檐挂珠网。"庾信诗云："长影临双阙，高层出九城。栱积行云碍，幡摇度鸟惊。"从诸人诗中所说"重栌"、"层栱"、"积栱"、"雕桷"、"栱积"等语，可知同泰寺塔有向外挑出数层的很复杂的斗栱。证以近年发现的邯郸南响堂山北齐开凿的第一二窟的窟檐挑出二层华栱，和日本五座飞鸟遗构中有四座都挑出一层栱一层昂之例，梁代所建同泰寺塔至少也应挑出二层栱昂，甚至更多，这时斗栱已较成熟。

梁简文帝《大法颂》描写同泰寺九重塔是"峨峨长表，更为乐意之国"。他在《大爱敬寺刹下铭》中也说此寺的七层塔"金刹长表，迈于意乐世界。"（陈）江总撰《怀安寺刹下铭》则说"灼灼金茎，崔嵬银表"。据此可知刹柱在穿出塔顶后还有相当高度，故称"长表"。刹上装承露金盘若干重，刹柱外也罩以铜套，新制铜饰件金光闪灼，故形容为"灼灼金茎"。铜制承露盘的层数不等，在云冈石窟所雕塔的刹上，有五层、七层、九层之例，《洛阳伽蓝记》记载北魏洛阳永宁寺塔刹上有金盘十一重，大约都取单数。铜盘据云冈所雕，都是覆置（日本飞鸟、奈良时代塔上金盘也是覆置），大约是避免淤水的缘故。

木塔的最初功能是扶持刹柱并壮观美，所以东晋南朝诸木塔并不供登上，在南朝人游赏诗文中，记登楼、登台者有之，却未见登塔之记载。《魏书·崔光传》载北魏灵太后胡氏于公元516年建成永宁寺塔后，于公元519年率魏孝明帝登塔，崔光切谏，除说登塔危险外，又引《内经》说："宝塔高华，堪（龛）室千万，唯盛言香花礼拜，岂有登上之义？独称三宝阶从上而下，人天交接，两得相见，超世奇绝，莫可而拟，恭敬跪拜，悉在下级。"可知南北朝时尚无登塔的习俗，只在下层塔内礼拜。前述日本飞鸟时代二塔也不能登上。胡太后登塔之举在当时是创举，大约自此始，到唐代，塔才逐渐可以登临了。

（唐）释慧琳《一切经音义》卷2解释"嘿堵波"一词时说："……唐云高显处，亦四方坟，即安如来碎身舍利处也。"同书卷72解释"支提"云："又名脂帝浮图，此云聚相，谓累石等高以为相，或言方坟，或言庙，皆随义释。"两处都提到方坟，大约初始时是方形的。唐以前一般佛塔都作方形，可能即出于此义。

综合上述种种文献中所载，我们可以大体上了解到，南朝木塔塔身方形，中有贯通上下的木制刹柱，柱外围以木构的多层塔身，刹顶装宝瓶，露盘。这种形象、构造特点和日本现存飞鸟时代遗构法隆寺五重塔、法起寺三重塔基本相同，因此日本飞鸟时代二塔的构造又可反过来作我们了解南北朝佛塔的参考材料。参照日本飞鸟时代二塔之例，反推南朝诸木塔塔身构件，它也可能只是在中部逐层构成方框，围在刹柱之外，限制其摇摆，而未必会与刹柱相连。五层以上的塔刹，因巨材难得，恐也只能是用多根连接成的。

日本飞鸟二塔在设计中已采用以材高为模数的设计方法。它们只是三层、五层的小塔，推想像梁同泰寺九层塔、十二层塔和北魏永宁寺这样巨大的塔，如果没有更为精密完善的模数制设计方法，在结构设计和外观设计上都是很难措手的。

这时的木塔受刹柱限制，只能在其下层设龛像，供信徒进行观像禅修或绕塔礼拜。

通过对史籍中所载南朝建筑结合日本飞鸟时代遗构进行探索，我们可以看到，在南朝，全木构建筑似比北朝普遍，以梁建康同泰寺九重塔（公元527年建）和北魏洛阳永宁寺九重塔（公元516年建）相比，一个是全木构，一个是土木混合结构，可以看到南北方地域上的和建筑发展上的差异。

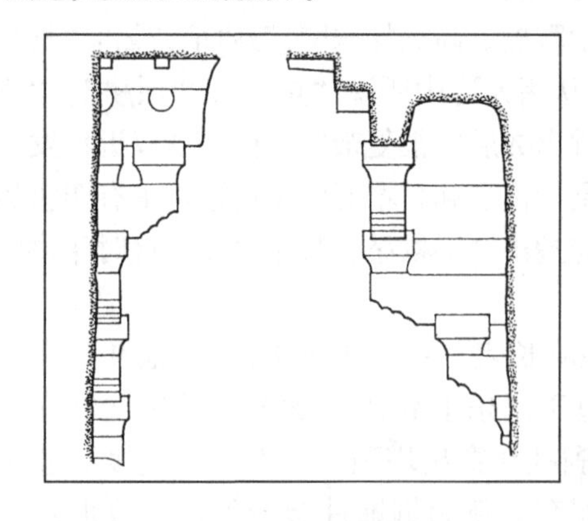
图5-49　邯郸南响堂山第一、二窟窟檐上的柱头铺作形象
中国古代建筑史（第二卷），图2-11-30，中国建筑工业出版社，2001年

但从前述在龙门路洞所凿建筑中反映出的北朝Ⅴ型构架看，它已和南朝木构架基本相同。此外，近年在河南采集到一件面阔、进深各三间的歇山顶陶屋，时代属北朝后期，表现的是全木构架房屋。其外檐共用十柱，柱下有莲花础，柱脚间连以地栿，柱头间有阑额。各柱头上有栌斗，上承柱头方。又自栌斗口向外挑出三层华栱（或昂）。这陶屋的构架特点，外观风格都和日本飞鸟时代遗构特别是法隆寺玉虫厨子的屋顶颇为相似。此外，近年发现的河北邯郸南响堂山北齐天统年间（公元565～569）开凿的第一、二窟窟檐上已雕出檐柱承栌斗，斗上挑出两跳华栱，栱上承枋（梁头或枋头）的柱头铺作形象（图5-49），结合前文所推测的北齐邺南城宫城太极殿、显阳殿的

柱网已作沿周边三圈或四圈布置的情况，在北朝后期，用柱网、铺作层、梁架叠加的全木构架至少在北齐重要建筑如宫殿、佛寺中已在使用，和南朝相当接近。这表明随着北魏末年大建佛寺和东魏、北齐立国后的建设，南北方建筑交流日益紧密，建筑上共同点越来越多，为隋统一中国后南方建筑技术和艺术大量北传，形成隋唐时期建筑发展的高峰开辟了道路。

（3）南北朝木结构的某些具体特点。南北朝时的木构地面建筑久已泯灭无存，我们只能从石窟中所表现的形象，结合文献记载去探求。但这样做只能知其概貌和大体上的构架类别，对具体的工程做法上的一些特点仍无法了解。日本现存飞鸟时代风格的遗构还有数座，大体反映了中国南北朝末期的特点，但它毕竟是出于日本先民之手，又经重建，绝对年代都已在唐代，尽管它是世界上现存最古的木构建筑，属于世界珍贵文化遗产，但对于研究中国古代建筑，只能起参考作用。近年在山西省寿阳市发现北齐河清元年（公元 562）下葬的库狄回洛墓，墓室中有木构木椁，作房屋形，虽已朽败，却有一些木制的柱、额、斗栱构件保存下来。它虽非真正的建筑物，却更清晰地表现了构架的特点，并给我们提供了极为珍贵的构件实物，可资研究探讨。

库狄回洛墓为方形砖砌的单室墓，在墓室中间略偏西设有屋形木椁，内放棺。椁已塌毁，但椁底地栿尚完整，也有很多斗栱、柱、额、叉手、驼峰、残件保存下来，据坍后堆积位置，还可大致推知其原状。[①]

椁下地栿为扣搭连接的方框，东西 3.82 米，南北 3.04 米，其顶面有插入木柱底榫的卯口，据此可知椁做成面阔、进深各三间，每间可见四柱的房屋形。柱子作八角形断面，角柱粗于心柱。柱顶施栌斗，角柱栌斗也大于心柱栌斗。栌斗口内施两端雕卷叶瓣的替木，上承通面阔、进深长的阑额。阑额上于柱头缝各用一朵一斗三升的斗栱，上施替木；二朵斗栱之间用人字形叉手；角柱上斗栱十字相交，外侧垂直割斫不出跳；无 45°角栱；由阑额、斗栱、叉手承托撩檐方，共同组成正侧面柱列上的纵架，上承屋顶梁架及屋面。它的构架体系属于前述之Ⅲ型，和天龙山石窟第 16 窟北齐窟檐所示相同（图 5-50）。

以上是木椁外形所表现的建筑形式。作为木椁，其实际构造是南北两面，即屋之前后檐用厚木板为墙壁，这两面的柱、额、斗栱、叉手之厚都只有正常厚的一半，贴钉在板壁上，造成房屋的外貌，实际是“贴络”。只有左、右两山的柱、额、斗栱、叉手、驼峰是完整的构件。椁的顶部形状已无痕迹，从出土有残角梁和梁上有墨书“西南”二字看，应不是悬山顶。如果参考隋唐时的屋形石椁，如隋李静训墓、唐李寿墓都作歇山顶的情况，它可能也是歇山（厦两头）屋顶。

贴络的构件可使我们知道其外形。真实构件可使知其断面，把它们合起来，就可以大体上知道它所反映的北齐真实建筑的情况。这些构件尺寸基本一致，斗欹部分和栱的卷瓣都内𩑶，手法统一，可据以探讨这时期是否已出现唐宋时“以材为祖”的模数制设计方法（图 5-51）。

现存椁上的真栱断面高 82.5 毫米、宽 52 毫米、长 252 毫米。若以唐宋时材高 15 分（份）折算，则 1 分＝82.5÷15＝5.5 毫米。可以折算出栱宽＝52÷5.5＝9.5 分。栱长＝252÷5.5＝46 分。栱上的散斗总高 51.5 毫米，平、欹部分共高 32.5 毫米，合 5.9 分，亦即栔高为 5.9 分。这样，当其材高为 15 分时，材宽 9.5 分，足材高＝材高＋栔高＝20.9 分。和

① 王克林，北齐库狄回洛墓，考古学报，1979 年第 3 期。

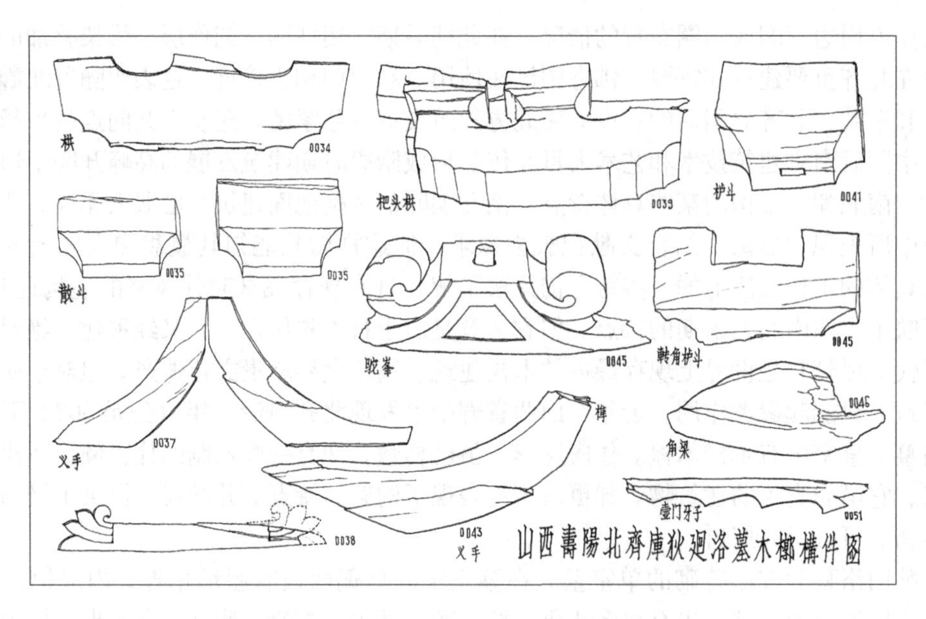

图 5-50　北齐库狄回洛墓中房屋形木椁构件图

中国古代建筑史（第二卷），图 2-11-33，中国建筑工业出版社，2001 年

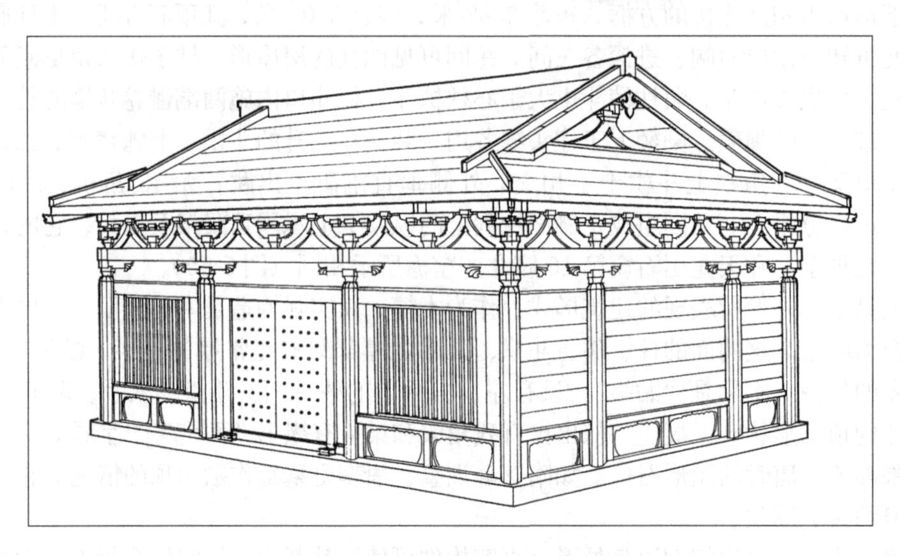

图 5-51　北齐库狄回洛墓中房屋形木椁复原图

中国古代建筑史（第二卷），图 2-11-32，中国建筑工业出版社，2001 年

唐宋时材高 15 分材宽 10 分，栔高 6 分相比，仅材宽少 0.5 分，栔高少 0.1 分，考虑千余年木材受水浸后严重变形，可以认为基本相同（表 5-1）。

从表 5-1 可以看出，这时材的高宽比及材高与梁高比，都已和唐宋时基本相同。其散斗的分值也大体和宋式相同，但栱和替木的长度都比宋式短很多，宋式泥道栱之高长比为 1∶4，而此栱为 1∶3，显得短粗拙壮；栌斗尺寸也远小于宋式，甚至角柱栌斗之分数尚小于宋式平柱栌斗。但从据构件及遗址堆积情况绘出的复原图看，立面及构件比例，都和太原天龙山北齐诸窟檐十分相似，故应即是北齐时的特点。

表 5-1 㯃上各建筑构件的尺寸、折合成的分数和用来比较的宋时各该构件之分值列表

构件	项目	毫米/mm	折合分数	宋式分数	构件	项目	毫米/mm	折合分数	宋式分数
泥道栱	高	82.5	15	15	平柱栌斗	顶面长度	93	16.9	32
	宽	52	9.5	10		高	62	11.3	20
	长	252	46	62		耳	16	2.9	8
梁	高	32.5	5.9	6		平	22	4	4
替木	高	49	8.9	12		欹	24	4.4	8
	宽	40	7.3	10		底面长宽	66	12	28
	长	374	68	104	角柱栌斗	顶面长宽	133.5	24.3	36
散斗	顶面长（正面）	83	15.1	14		高	81	14.7	20
	顶面宽（侧面）	79.5	14.5	16		耳	29	5.3	8
	高	51.5	9.4	10		平	21.5	3.9	4
	耳	19	3.5	4		欹	30.5	5.5	8
	平	14.5	2.6	2		底面高宽	85	15.5	28
	欹	18	3.3	4	栌斗内替木	高	43	7.8	
	底面长（正面）	50.5	9.2	12		宽	37	6.7	
	底面宽（侧面）	59	10.7	14		长	501	91	
叉手	断面高	52.5	9.5	15					
	断面宽	34	6.2	5					
	开脚宽度	466	84.8						
	垂直高度	153	27.8						
柱	高度								
	径	111	20.2	21～30					

据《中国古代建筑史》第二卷，附表。

它的栱端卷杀也颇有特点：其做法大约是首先在矩形栱材两端的下角各量出 1 分，自上角引直线至此点，使栱端大面微前倾；再在栱端上方留出约 9 至 9.5 分为栱头，其下部分均分为四分；再把栱底自外端向内量出长为栱端下部二倍的一段，也均分为四段；自栱端 4、3、1 三点分别向栱底 3、2、1 三点连线，所得即为栱头卷杀的折面，形成三瓣卷杀；再在每瓣上䫜入 2/3～1/2 分即得。（最上一瓣颇深，为 2/3 分，最下一瓣浅，为 1/2 分。）用此法画得的栱头卷杀，基本上与㯃上的栱相合，大约近于这时卷杀的做法。

从这些构件看，这时的榫卯还较简单。柱已上下出榫，下榫入地栿，上榫入栌斗，栌斗底也开有卯口。当斗栱不出跳时，栌斗只顺身开口。角栌斗开十字口，容正侧面泥道栱，无隔口包耳。角上泥道栱正侧两面用扣搭榫结合，外端直斫不出跳，亦无角栱。角栌斗内正侧两向之雕卷叶替木亦用扣搭榫结合，外端直斫。驼峰顶面凿圆卯，内插圆柱状木梢，与其上之斗结合。叉手由两脚合成，上端相抵处无结合榫梢，只顶上有入斗底之榫，两脚下端亦无与梁背结合的榫。这些做法比起唐宋时要简单得多。但是叉手无结合榫亦无蹬入栿背之榫，实际不能起结构作用，可以推知因其只用作装饰贴络，故简化了榫卯，真实的叉手必不会这样做。真栱栱底平直，无包斗卯口，但在一贴络栱的栱底却明显开有包斗卯口，显然这是实际做法的偶然表露，而真栱无卯口也是因其用于檩上而简化的结果。因此，这些构件上所表现出的做法是因其为模型而有所简化的，当时的建筑实物要更复杂、更完善些。

库狄回洛墓木椁所表现的构架形式属前文所述之Ⅲ型，在发展序列上看，比Ⅳ、Ⅴ型要早一些，但在它的构件中已表现出材的断面与材高、梁高比都和唐宋基本相同，并以 15 分为材高。

前文对日本现存飞鸟时代建筑的分析，得知它的平面、高度都以材的高度为模数的情况，把它和库狄回洛木椁中所反映出的分材高为 15 分的分模数的情况结和起来看，我们可以认为，唐宋建筑中“以材为祖”的模数制设计方法在南北朝时已经基本形成了，当然，它还不可能像唐宋时那样完整、严密。

3. 木结构发展引起建筑外观造型的变化

此期由于结构技术改进造成建筑外观的变化也为建筑艺术风格的变化提供了可能性。从现存汉阙、汉壁画、画像砖、明器中都可以看到，汉式建筑的柱、阑额、梁枋、屋檐都是直线，外观为直柱、水平阑额和屋檐，平坡屋顶，没有用曲线或曲面之处，风格端庄、严肃。三国、两晋时大多沿用汉代旧式，尚无重大改变。到南北朝后期，随着较大规模建宫室寺庙活动推动木构架技术的进步，开始出现变化。除前文所述把汉以来柱列上承通长阑额改为每间用一阑额，增强柱列抗侧向倾倒能力外，还出现二种新的做法，引起建筑风格的变化。

（1）柱网出现侧脚和生起。其一是使正侧面柱列都向内并向明间方向倾斜，称“侧脚”，其二是使每面柱子自明间柱至角柱逐间增高少许，称“生起”。采取这二种新做法主要是使柱网的柱头内聚，柱脚外撇，有效防止在承受上部荷重后发生倾侧或扭转，加强了柱网稳定性。但这同时也使得立面上柱子由汉式的垂直、同高变为内倾和至角逐渐增高；阑额由为水平线变为两端微上翘的弧线；随着阑额两端上翘，檐檩、挑檐檩也随之两端上翘，因而屋檐也变成两端微微上翘的弧线。

（2）屋面下凹，出现屋顶曲线。汉代屋面本是直坡的，为减轻直屋顶的沉重感，在东汉后期的石阙上已出现把正脊和垂脊、角脊的端部加高上翘的做法，使屋顶轮廓出现上翘的曲线，造成屋顶轻举效果。这时往往把主体建筑四周檐廊的屋檐做得略低于主体屋顶，斜度稍平缓些，以便室内多进阳光，遂使直坡屋面变为两折，以后檐廊逐渐与主体屋面连为一体，遂发展为下凹的曲面屋顶。这两种做法随着立面和屋檐出现斜线、曲线而有所发展，最终形成上翘的屋顶轮廓和下凹的曲面屋顶（图 5-52）。

（3）屋角起翘。在屋角部分，汉以来的做法是用一根 45°角梁，屋角处角椽的后尾就插在角梁两侧的卯口里。因屋檐平直，故卯口偏在角梁下部，成为构造上弱点；又因角梁之高在角椽高的二倍以上，突起于椽背以上的角梁上部也较难处理。为此，逐渐把角椽插入角梁的部位抬高，使角梁背不致太高于椽背，这样，近角处的檐口就不得不随着角椽的升高而逐渐翘起，把它因势利导，加以艺术处理，遂形成了中国建筑中特有的翼角起翘做法。生起、侧脚和翼角起翘大约出现于南北朝中后期，与旧式直柱、直檐口做法并行一个时期，进入隋唐后遂成为主流，完成了由汉至唐建筑外观和风格上的变化，由端庄严肃变为遒劲活泼。

（4）发生变化的社会因素。以上所说是具体的建筑技术发展和新做法的出现导致建筑风格发生变化的情况。但这种改变能否实现，当时的社会条件是决定因素。两汉是中国历史上

图 5-52　北朝后期陶屋

中国古代建筑史（第二卷），图 2-11-29，中国建筑工业出版社，2001 年

强大昌盛的王朝，对当时有强大影响，当它成熟并与礼制、等级观、价值观等社会因素结合后，即逐渐凝固、停滞，新事物较难突破它。只有汉末三国的长期战乱才能摧毁两汉建立起的社会秩序、松弛传统价值观的束缚。十六国时多个少数民族在中原先后建立政权和外来宗教佛教在中国传播又削弱了儒家“严夷夏之防”的思想。这样，在战乱、动荡的同时又逐渐出现了可以不同程度接受新思想、新事物和外来文化的环境。自东晋起，在文化艺术方面的文章、诗歌、书法、绘画、装饰雕刻乃至音乐诸方面的风尚都发生重大的改变，由汉代的典重、端庄向着流丽、华彩、清新、活泼的方向发展，转移了一代风气。上述建筑艺术上的发展正是在这个大环境下与其他文化艺术同步实现的。

二　砖石结构技术

（一）三国西晋时期砖石结构

自三国、两晋以来，砖、石结构技术又有所发展。砖结构主要延续了东汉时出现的拱券、筒壳、双曲扁壳和叠涩等不同的砌筑形式，可砌造券门、十字或丁字相交的筒拱、方形或矩形的双曲扁壳、壳体或叠涩穹隆顶等不同形式的拱壳构筑物，但也出现了砖台和砖塔等地面建筑。石结构则除石阙、石祠（石室）等墓上永久性建筑外，还用来建闸坝、桥梁和石塔。梁式石桥，特别是大跨石拱桥在此期间有明显的发展。

1. *砖结构*

和汉代相同，三国两晋时砖石结构主要用于地下墓室，有拱券、筒壳、双曲扁壳和叠涩等不同的砌筑形式。但这时已开始出现用于地面建筑之例。据《太平御览》引《述征记》的记载，曹魏洛阳宫的陵云台台身高八丈，有砖砌道路通到台上，这台应是木构台倾覆以后重建时改为砖砌的。它的出现，表明这时已开始用砖砌地上构筑物。砖结构的发展和在地上的使用，为晋以后砖砌佛塔提供了技术基础。

(1) 砖砌墓室。砖砌墓室主要继承东汉，东汉时的筒壳、穹隆两大类都沿用下来。筒壳又有并列拱和纵联拱两种砌法；穹隆则分拱券式和叠涩式两种，拱券式中又分双曲扁壳和四面攒尖方锥（也有少量圆锥）两式，结构原则和砌筑方法不同。

① 筒壳。西晋时，尚有个别墓用并列拱砌筒壳作墓道和墓室之例，如洛阳西晋墓 52，跨度只有 2.75 米，约合晋尺 11 尺。大多数墓均为纵联拱所砌筒壳，如 290 年广州沙河顶西晋墓和 293 年洛阳西晋裴祇寿墓的后室，跨度分别为 1.74 米和 1.76 米，约合晋尺 7 尺，用单层条砖砌成。西晋时也有用二层砖砌筒壳的，如有永宁二年（公元 302）纪年的南京板桥镇西晋墓后室，净跨度 1.93 米，约合 8 晋尺。①

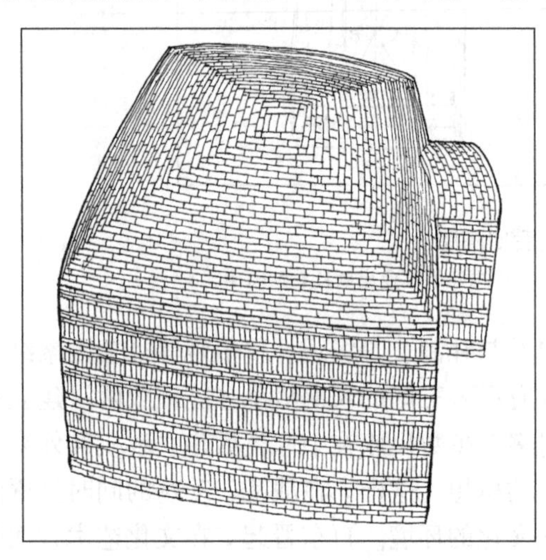

图 5-53　西晋徐美人墓的双曲扁壳墓顶
中国古代建筑史（第二卷），图 2-11-36，
中国建筑工业出版社，2001 年

② 穹隆。主要有双曲扁壳、四隅券进、叠涩、四面攒尖四种。

双曲扁壳穹隆。双曲扁壳穹隆是在方形平面上砌出的球面顶，砖沿墙顶四周环砌，转角处错缝，咬成一体，抵紧后层层内收，四角转折处较平缓，不明显出棱，壳顶矢高较低，顶部呈拱起的弧线。它始见于洛阳诸东汉墓，西晋时洛阳仍在沿用，如西晋元康九年（公元 299）徐美人墓，墓室方形，为 4.5 米×4.8 米，合 18 尺×19.5 尺。墙壁用条砖三平一立砌法，至顶改为四面周圈平砌，起拱后由平转竖（图 5-53）。它是东汉旧法的延续，东晋南北朝时即不再有这种砌法的墓。②

四隅券进穹隆。汉代有用斜置砖券砌并列拱为水道的方法，每道券均斜砌，压在前一道券上，可以不用券胎即砌成并列式筒壳。三国时，吴国地区把此法加以发展，在方形或矩形墓室墙顶四角各斜砌并列筒拱，随墙顶逐层加大券脚跨度，向上方呈弧形斜升，至中间收顶，可以不用胎模而砌成球面穹隆顶。近年考古学界称之为“四隅券进式”穹隆顶。西晋时在江南地区仍在沿用此法。晋元康七年（公元 297）宜兴周处墓前室方形，后室矩形，均

① 南京市文物保管委员会，南京板桥镇石闸湖晋墓清理简报，文物，1965 年第 6 期。
② 河南省文化局文物工作队二队，洛阳晋墓的发掘，考古学报，1957 年第 1 期。

用此法建穹隆顶。后室最大，面积 4.5 米×2.2 米，合 18 尺×9 尺。[①] 此法在西晋初年还曾向北传至山东。山东诸城西晋太康六年（公元 285）墓后室亦用此法砌造。面积 3 米×2.3 米，合 12 尺×9.5 尺。此墓亦分前后室，与江南诸墓相同，可能是北迁的江南人之墓室，故仅此孤例。不用胎模的四隅券进式穹隆应是三国两晋以来在拱壳砌法上的一个创新发展（图 5-54）。

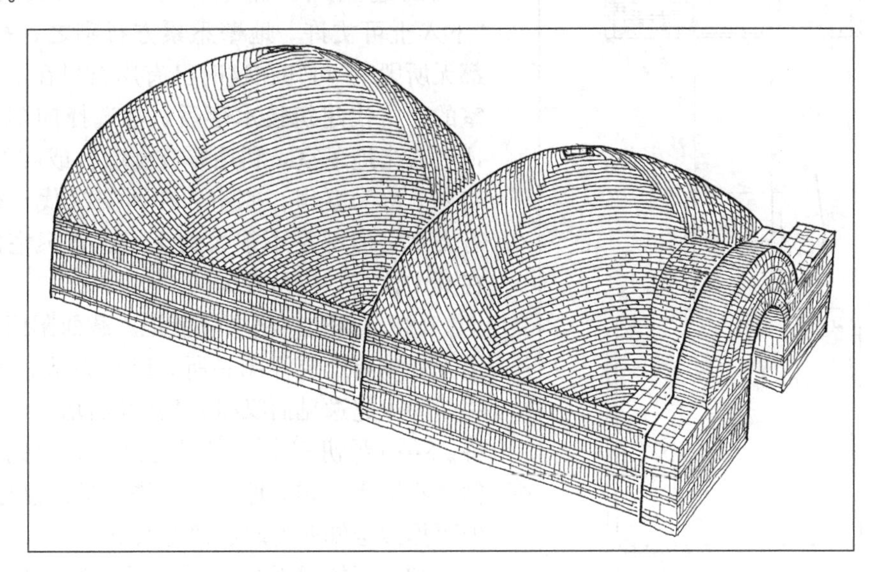

图 5-54　西晋周处墓的四隅券进式墓顶

中国古代建筑史（第二卷），图 2-11-37，中国建筑工业出版社，2001 年

叠涩穹隆。叠涩穹隆用层层挑出的砖砌成，砖均平置，靠后部的重量平衡挑出部分，而每层砖四面交圈互相抵住也起一定作用。在北方偶有砌造者，如洛阳北郊西晋墓，方约 3 米，单砖砌造（图 5-55）。

汉代少数墓在方墙四角上部逐层挑出，至顶形成近于抹角的部分，上接圆穹隆顶，此砌体略近于“帆拱”的作用，但它的做法是叠涩挑出而不是弧形的帆拱。这做法也延用下来。

四面攒尖穹隆。壳顶四面起拱内收，四角内外都明显出棱角，砖逐层增加斜度，至顶相抵缩为小井，以数砖嵌入，如拱券之拱心石。方锥也有向上逐渐转为圆锥的。

这时拱壳砌造均使用泥浆为胶结材，不用白灰，仍能保存至今，表明砌造水平之高。汉代把筒壳、穹隆结合起来，建了很多大型多室砖墓室。但自曹魏以后尚薄葬，两晋南北朝限于财力，也难于造很大的墓葬。故虽各种砌法大都延续下来，并出现了四隅券进式穹隆，但就墓室规模和砌造水平而言，并无很大的改进。

(2) 砖塔。《魏书·释老志》云：“晋世，洛中佛图有四十二所。”当时佛寺以塔为主，故以佛图为寺之代称。《洛阳伽蓝记》卷二崇义里杜子休宅条，云其地本西晋太康寺，为太康六年（公元 285）王浚平吴后所建，“本有三层浮图，用砖为之。”掘其基地，“果得砖数万”。可知四十二寺诸塔中，已有砖塔。但这时的砖塔实物不存，其形制、构造已难详考。

---

① 罗宗真，江苏宜兴晋墓发掘报告，考古学报，1957 年第 4 期。

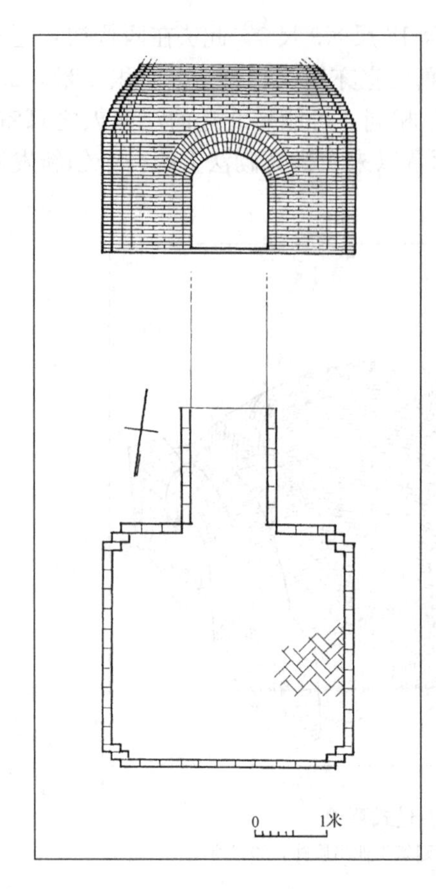

图 5-55　洛阳北郊西晋墓叠涩穹隆墓顶
中国古代建筑史（第二卷），图 2-11-38，
中国建筑工业出版社，2001 年

2. *石结构*

（1）石室。《三国志·曹爽传》记载，曹爽在宅中“作窟室，绮疏四周，数与（何）晏等会其中，饮酒作乐”。北魏时在曹爽宅址建永宁寺，曾发掘出这座地下窟室，据《水经注》记载，它“下入土可丈许，地壁悉累方石砌之，石作细密，都无所毁”。可知在这时已有用石材在宅内建地下室的。古代建筑技术落后，常选择向阳或背阴的地下或半地下室，利用厚夯土墩台或砖石墙隔热、防寒，称为温房、凉室，在西安汉代台榭址中屡有发现，但都是不很大的土室。曹爽宅的窟室可在其中饮宴，应是较大的。

（2）石塔。《洛阳伽蓝记》载西阳门外御道北宝光寺中有三层浮图一所，以石为基，形制甚古。……隐士赵逸见而叹曰：“晋朝石塔寺，今为宝光寺。……晋朝三十二寺尽皆湮灭，唯此寺独存。”据“石塔寺”句，原当是石塔，虽形制已不可考，但可据以推知西晋时已建有石塔。

（3）石桥。晋代造桥技术有所发展，西晋于公元 274 年在洛阳建有巨大的石拱桥旅人桥，在洛阳城壕及河道上还建有很多梁式石桥。

① 拱桥。西晋太康三年（公元 282），在洛阳东七里涧上造旅人桥，《水经注》称它“悉用大石，下员以通水，可受大舫过也”。可知是大跨度的石拱桥。其跨度虽失载，但从铭刻所说桥在当年十一月动工，日用七万五千人，至次年四月末毕工看，当是一项巨大的工程。

② 梁式石桥。《水经注》载，西晋元康二年（公元 292）曾在洛阳西縠水上建石砌巷道和水闸门，在其上架石梁，称皋门桥，是当时石桥与水闸合一的工程。

（4）石闸坝。《水经注》载，曹魏太和五年（公元 231）在縠水上用石筑坝，称千金堨，上开五个泻水口，故又称五龙渠，公元 246 年（正始七年）洪水漫坝，受到破坏，以后历经修缮，沿用至北朝时。这应是三国至西晋时的重要石筑水利工程。

（二）东晋南北朝时期砖石结构

1. *砖结构*

东晋南北朝以后，砖结构主要用来建地上的塔和地下的墓室。砖塔目前仅存北魏正光四年（公元 523）建河南登封嵩岳寺塔一座孤例，墓室则数量颇多。此外，还出现用砖包砌城门墩、城墙、高台等。

（1）砖砌墓室。均拱壳结构，以穹隆为最多。

① 筒壳。东晋帝陵也用筒壳建造。南京幕府山 1 号墓为晋穆帝永平陵，建于公元 361

年，墓室长5.5米，净跨2.6米，约合10.5晋尺。四壁及顶均厚二层砖。墙壁为三平一立砌法，至顶用条砖及楔形砖起券。券砖长宽与条砖全同，但一为长边一厚一薄，俗称“刀形砖”，一为短边一厚一薄，俗称“斧形砖”。砌时，以刀形为顺砖，以斧形为丁砖，形成顺、丁交错的厚二砖的整体纵联券，比起重叠两层砖壳体受力能力要强。[①] 南京富贵山大墓为晋恭帝冲平陵，公元421年造，墓室长6.3米，净跨4.4米，合18晋尺。墙厚为二砖之长，近70厘米，用三平一立砌法。和永平陵不同处是它的壳顶也用三平一立法砌成，为了起拱，立砖用顶宽17.9厘米、底宽13.5厘米、长32厘米的梯形券砖。壳为上下二层相叠，其外再加三层平砖为伏。[②]

此二陵虽都是筒壳墓室，却用了不同的砌法，并为此特制了不同的发券用砖。4.4米大约是迄今所知南朝所建筒壳最大的跨度（图5-56）。

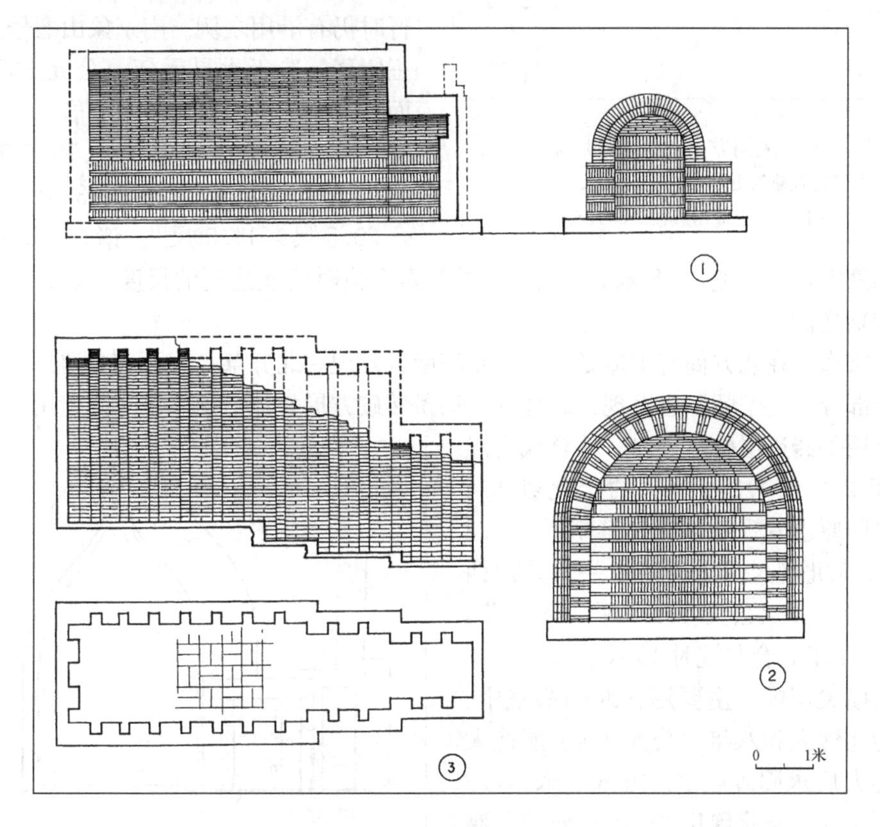

图5-56　东晋南朝筒壳墓室

中国古代建筑史（第二卷），图2-11-35，中国建筑工业出版社，2001年

北朝墓室大多为方形穹隆顶，筒壳主要用以建甬道及前室。北魏太和八年（公元484）造大同司马金龙墓，以筒壳建甬道，宽1.5米，约合北魏5.5尺。[③] 同年所建大同方山冯太后永固陵以筒壳建前室，净跨4米，合14北魏尺。是迄今所知北魏造最大跨的砖筒壳（图5-57）。

① 华东文物工作队，南京幕府山六朝墓清理简报，文物参考资料，1956年第6期。

② 南京博物院，南京富贵山东晋墓发掘报告，考古，1966年第4期。

③ 山西大同市博物馆等，山西大同石家寨北魏司马金龙墓，文物，1972年第3期。

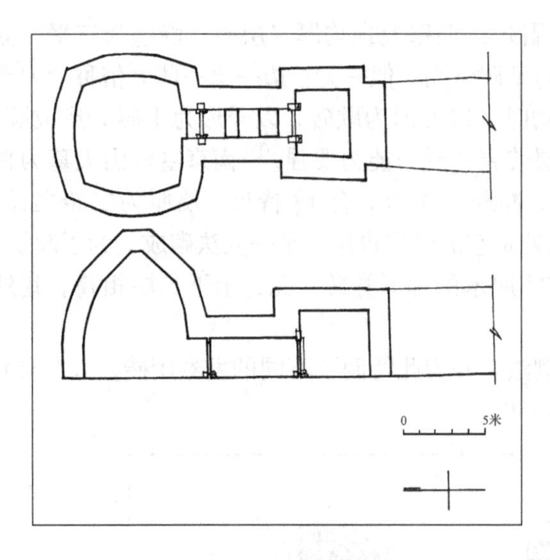

图 5-57　大同方山北魏永固陵墓室
中国古代建筑史（第二卷），图 2-4-12，
中国建筑工业出版社，2001 年

综合上述，南、北方帝陵所用筒壳净跨也只 4 米余，大约即是当时所能造的最大跨度。砌墙用三平一立，南、北均同，但厚度增加主要是从防盗考虑。从受力及牢固程度看，显然永平陵的厚二砖整体砌法要比重叠二券一伏要好。

② 穹隆。主要有四隅券进、叠涩、四面攒尖三种。双曲扁壳在东晋南北朝时已极少使用。

四隅券进穹隆。三国吴国首创此法，东晋时仍有沿用之例。南京象山七号墓为东晋王廙墓，造于永昌元年（公元 322），墓室面积为，5.3 米×3.2 米，合 21.5 尺×13 尺。南京郭家山晋墓有永和三年（公元 347）纪年，墓室面积 5.03 米×3.56 米，合 20.5 尺×14.5 尺[①]。诸墓中，以永宁二年周氏墓墓室最大，宽 3.58 米，大约即此类穹隆在当时所能达到的尺度。南北朝时即少见用此法砌墓之例了。

叠涩穹隆。在北方偶有砌造者，在山东济南曾发现一北齐墓，为石砌叠涩顶方墓室，已见石结构部分。辽宁朝阳也发现二北魏墓，均条砖砌方形叠涩穹顶墓室，四壁用三平一立砌法，顶上用平砖逐层叠涩挑出，斗合成穹隆顶，面积 2.3 米×2.4 米，约合北魏 8.5 尺。宁夏固原也发现北魏此制墓室，方 3.8 米，合 13.5 北魏尺见方。最大一例是山西寿阳齐河清元年（公元 562）厍狄回洛墓，墓室方 5.44 米，合北魏时 19 尺。

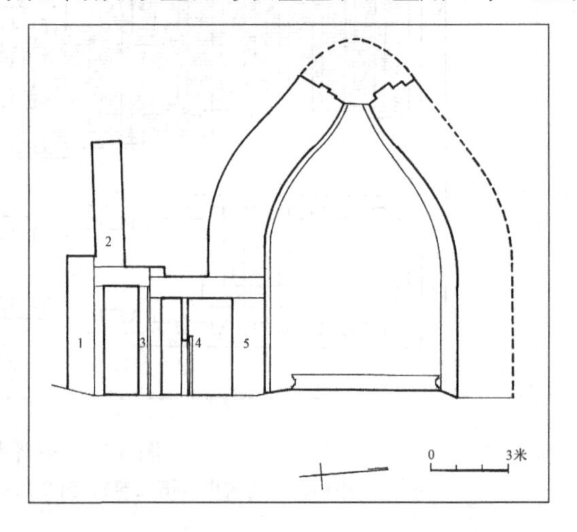

图 5-58　磁县湾漳北朝墓四面攒尖穹窿墓顶
中国古代建筑史（第二卷），图 2-11-39，
中国建筑工业出版社，2001 年

四面攒尖穹隆。主要用在北朝墓室中。较早者为北魏太和八年（公元 484）所造大同方山冯太后永固陵后室。方 6.5 米×6.8 米，高 7.4 米，合北魏尺 23 尺×26 尺，高 26 尺，壁厚 1.3 米。同年所建大同司马金龙墓后室面积 6.2 米×6.3 米，合北魏 22 尺×22.5 尺。北齐时此类穹顶最大者有三：一为河北磁县湾漳大墓，即东魏高澄墓，造于东魏武定七年（公元 549），墓室面积 7.65 米×7.4 米，合北魏 27 尺×26 尺，高 45 尺。壁及穹顶都用五层砖砌成，厚达 2.3 米（图 5-58）。二为同地东魏茹茹公主墓，造于东魏武定八年（公元 550），墓室面积 5.23 米×

① 南京博物院，南京象山 5 号、6 号、7 号墓清理简报，文物，1972 年第 12 期。

5.58米，合北魏18.1尺×20尺。壁及顶用三层砖砌，厚1米。三为太原北齐娄睿墓，造于北齐武平元年（公元570），墓室面积方5.7米，合北齐20尺，壁及顶厚1.55米。其中高澄墓近7.5米见方，是迄今所见此型墓室最大之例。诸大墓壁及顶部厚达1米至2.3米应是出于防盗掘的考虑，而非结构或构造需要（参阅图5-58）。

椭圆形穹隆。仅用于南朝诸帝陵，平面椭圆形，上砌穹隆顶。已发现的南京西善桥陈宣帝显宁陵，葬于太建十四年（公元582），当隋文帝开皇二年，是南朝最后一座陵墓。墓室椭圆形，长10米，宽6.7米，合长40尺，宽27.5尺。两端圆处各为半个穹隆。四壁用三平一立砌法，顶上用券砖平砌，形成整体的椭圆穹隆。早在东汉时，已出现砌筒壳与半个穹隆结合形成前方后圆平面的做法，砌此类大墓只是在另一端也加一个半穹顶，和东汉时基本相同，在砌法上并无重大创新。这类墓的墓顶全遭破坏，其具体砌法及特点目前尚不甚明了，估计有可能是用环形砌法，整体砌成。这些墓大都用两层砖砌成，厚70～80厘米不等，十分坚固，墓顶毁坏是人为破坏所致，大约是隋平江南后所为。

综观东晋南北朝砖砌墓室，其拱壳形成、砌法基本未超出汉、三国的范围，一些帝王陵也不过是加大跨度和厚度而已。迄今所见筒壳跨度最大为4.4米，穹隆最大跨度为7.5米，故即使从尺度看，它也远逊于木构或土木混合结构房屋。

（2）砖塔。前节已引《洛阳伽蓝记》述及西晋初在洛阳已建有砖塔的情况。同书同卷又载洛阳“太尉府前砖浮图，形制甚古”，为“晋义熙十二年（公元416）刘裕伐姚泓，军人所作”。则东晋末也在洛阳建有砖塔。同书卷三载洛阳南郊有汉明堂、辟雍、灵台，北魏汝南王元悦“造砖浮图于灵台之上”。考其时当在公元525年胡太后反政～528年尔朱荣河阴之变之间。同书卷四大觉寺条又载，“永熙年中（公元532～534）平阳王即位（即孝武帝元修），造砖浮图一所，是土石之工，穷极精丽”。则自西晋至北魏，洛阳均有建砖塔的记载。但诸塔久已湮灭，形制也已不可考。

现存此期砖塔只有河南登封嵩岳寺塔，现从砖结构角度略加探讨。

嵩岳寺塔为平面十二边形高39.5米的砖塔，内部上下贯通，加木楼板，底层壁厚约2.5米。塔身外部一层塔身之下为基层，一层塔身之上用叠涩砌法挑出十五层塔檐，最上层收顶，上建塔刹。塔心室改为八边形，向内叠涩挑出，形成十层八角井口，以承各层木构楼板。全塔实际上是一个空筒，只顶上用叠涩砌法封顶，故亦称“空腔型塔”。它的砌砖方法，从外部观察，基层墙面素平，用一顺一丁（指一层顺砖、一层丁砖）砌成，转角交搭处，两面都用顺砖，以加强联系；一层塔身因砌有壁柱及塔，只能随宜，因每层转角均用顺砖以利交搭咬碴，故用丁砖较少；一层塔檐挑出十四层涩砖，一顺一丁交替砌上，最上层砌三皮砖厚为檐口，檐口以上再砌反叠涩，层层退入；第二、三层塔檐各挑出十三层，最上层砌二皮砖为檐口，砌法同第一层（图5-59）。塔的内部叠涩挑出的八角井因要承木楼板、楼梯之重，故全部用丁砖砌成，分别挑出十层、八层、七层涩砖不等（图5-60）。一层塔身正门为正圆券，用二券二伏砌成，各面砌出之小塔塔门用一券一伏，都砌成“火焰形券”的外形，以摹仿印度草庐入口形式。

塔身砌砖，包括壁柱、小塔、叠涩屋檐等，均使用泥浆，不加白灰等胶结材。

从塔的形制看，塔身为上下贯通的空筒，在施工时可以在中心点立标杆或铅垂线，以它为基准，可以较容易地控制内收、外挑的尺寸，很好地达到设计要求，故嵩岳寺塔的外形轮

图 5-59 河南登封北魏嵩岳寺砖塔下层砌法（照片）

图 5-60 河南登封北魏嵩岳寺砖塔内部砌法（照片）

廓优美，弧线流畅。从砖的砌法看，基层内外壁基本上为一顺一丁，错缝情况较好，整体性强，故虽用泥浆砌成，却能维持一千四百年而完好无损。

嵩岳寺塔虽是孤例，但通过它，我们可以了解到，在南北朝时，砌砖技术已较成熟，除用一顺一丁上下错缝砌大型砌体外，对磨砖、砍砖砌各种装饰，如壁柱、壶门、山花蕉叶、火焰形券等技术也很娴热，而对塔身逐层出檐、内收，把塔身曲线控制得十分准确，尤能说明此时砌造砖建筑的技术已达较高水平。

2. *石结构*

东晋、十六国和南北朝时，因长期战乱，经济破坏，各国无力建造大型石工程。从历史记载看，北魏建都平城时，建了一些石室、石塔，南朝见于记载的则只有梁武帝在建康宫正门前所建石阙。

（1）北朝。北魏在平城所造石建筑较著名的有献文帝皇兴中（公元 467～470）所建三级石佛图（即塔），孝文帝太和五年（公元 481）所建方山永固堂，太和中（公元 477～493 南迁止）冯熙所建五重石塔和王遇（钳耳庆时）所建祇洹舍。

《魏书·释老志》记石佛图云："皇兴中，又构三级石佛图，榱栋楣楹，上下重结，大小皆石，高十丈。镇固巧密，为京华壮观。"据"榱栋"句，它应是石砌仿木构形式的塔。

《水经注》中记载冯熙在平城建寺，俗称皇舅寺，"有五层浮图，其神图像皆合青石为之，加以金银火齐，众彩之上，炜炜有精光"。据"合青石"句，当是用石块砌成的。

永固石室在方山北魏冯太后墓前，《通鉴》说"欲以为庙"，则是墓前享堂。《水经注》说："堂之四周隅雉列榭，阶栏槛及扉户梁壁椽瓦悉文石也。檐前四柱采洛阳之八风谷黑石为之，雕镂隐起，以金银间云矩，有若锦焉。堂之内外四侧结两石趺，张青石屏风，以文石为缘，并隐起忠孝之容，题刻贞顺之名。"从"檐前四柱"和"梁壁椽瓦"句可知，它是一座面阔五间仿木构石屋。

祇洹舍在平城东郭外，《水经注》说其"椽瓦梁栋，台壁棂陛，尊容圣像及床坐轩帐，悉青石也。图制可观，所恨唯列壁合石，疏而不密”。据“椽瓦梁栋”句，它也是仿木构形成的石屋。从“列壁合石，疏而不密”的说法可知，它的墙壁似是用条石砌成的。

北魏南迁洛阳之后，史籍中就少有建石塔石室的记载了。但在洛阳出土过屋形石椁，是用石板拼合成的房屋，以宁懋石室最著名。

参考东汉的朱鲔、郭巨石祠和北魏末的宁懋石室的形制构造特点，北魏永固堂大约是以条石砌后墙、山墙，前檐并列四根檐柱，与两端山墙墙垛共同承横楣（阑额）及屋顶。其梁按构造需要和朱鲔石祠的先例，可能是在竖立的三角形石板上浮雕出梁及义手。如进深大，则可能加一排中柱，承托梁板。屋顶用石板横铺，内外面雕出檩椽和瓦陇。三层、五层石塔可能中间为石砌塔心，四周用石梁、柱、楣、檐等叠砌出外檐，形式和云冈第二窟塔柱近似。由于实物不存，对北魏石室、石塔只能做此简略的推测。

史传中未见北齐、北周造较大型石建筑的记载。现存的河南安阳灵泉寺北齐双石塔和河北定兴北齐建义慈惠石柱只能看作石雕而非石建筑。北朝墓葬大多土圹或砖室，只有山东济南市马家庄北齐墓用青石砌墓室四壁，墓门用石过梁，墓顶用块石叠涩挑出，形成穹隆顶，是很罕见的例子。但砌造技术不精，大约是就地取材，以石代砖，形制砌法都和砖墓近似。

（2）南朝。南朝最大的石建筑是梁天监七年（公元 508）在建康宫城正南门端门外夹街而建的神龙、仁虎二石阙。史称“镌石为阙，穷极壮丽，奇禽异羽，莫不毕备”。梁陆倕《石阙铭》说石阙“郁崛重轩，穹窿反宇。形耸飞栋，势超浮柱。色法上圆，制模下矩”。据这些描写，它是一座矩形有重檐的多重子母阙，“上圆”指天，“色法上圆”大约是阙为泛蓝色的青石建成。从诸多描写看，它制做精美，雕琢繁富，在当时是象征建康都城的重要建筑。但从构造上看，它实是加了浮雕的石砌体，和北齐双石塔、义慈惠石柱一样，严格说来不能算石结构建筑，与石室性质仍有所不同。

《建康实录》载建康瓦官寺梁天监元年（公元 502）立，“陈亡，寺内殿宇悉皆焚尽，今见有石塔三层，高一丈二尺，周围八尺，形状殊妙，非人工焉”。从塔的尺度看，应是石雕小塔。

南朝最大的石工程是陵墓神道上的石墓表、象生、碑等，体量大、数量多、工程量最大，但它们实际是石雕。南朝墓室，虽帝陵也是砖拱和砖壳体结构，无用石之例。迄今尚未发现东晋、南朝的石造拱券遗迹。

3. *石窟开凿*

南北朝大量开凿佛教石窟，在石工和石雕艺术上也有较大的发展。在崖壁上开凿石窟至迟汉代已有，都用为墓室，如西汉之满城汉墓、铜山小龟山汉墓和四川彭山诸东汉崖墓。佛教开石窟之风传入中国后，由于有这传统技术为基础，得到迅速发展。南北朝石窟最著名的是山西大同云冈和河南洛阳龙门的北魏石窟。云冈石窟在砂岩中开凿，施工较易，难度更大的是在石灰岩中开凿的龙门石窟。云冈、龙门大型石窟都是椭圆形平面穹隆顶，仿印度草庐形式。前壁下开窟门，上开明窗。开凿时自上部明窗向内开凿，自下部窟门出石渣，自上而下，连佛像逐步凿成。从云岗石窟中残存迹象看，当时是在石面上划为长 1 米余的矩形块，剔凿深沟，然后整块翘取的。这些块石和碎石片往往用在平城北魏其他皇家工程中。以后石窟逐渐建筑化和中国化，或在石窟中心雕塔形中柱，象征当时以塔为中心的寺庙，或凿作前有空廊后有正室的佛殿形式。至北齐、北周时，南响堂山石窟和麦积山石窟均出现外观、内部都作佛殿式样的石窟，宛如嵌在崖壁中的殿宇，表现出很高的石雕技术。石窟内所雕佛像早期直接传自印度、西域，多是梵僧相貌，图案和纹饰也多外来样式，北魏南迁洛阳以后，龙门、巩县等石窟的佛像逐渐变为汉僧形象，窟内陈设也改为汉族传统的床、帐，外来图案也经过改造，具有中国风貌，表现出外来佛教石窟的中国化过程和中国传统文化吸收、融会外来文化以丰富自己的能力。

（三）砖石拱券结构始终不能成为中国古代建筑中主流的原因

当砖石拱券结构在东汉后期逐渐发展起来时，木构架和土木混合结构已有近千年的历史，达到相当高的水平，已经可以满足当时社会、经济条件下的种种需要，而且有就地取材、加工简易等优点。砖石结构房屋则除有烧砖采石、支模砌筑、平衡拱券推力等问题外，其发展初期建筑跨度也受到限制，故无法和木构及土木混合结构分庭抗礼，更无可能取代它。

砖石拱券结构始终不能成为中国古代建筑中的主流还有另两个不容忽视的重要原因。其一是在形成千年以后，用木构或土木混合结构所建宫殿已经和当时的礼法制度和社会习俗密切结合，形成只有这样建造（包括形式、结构、装饰）才符合宫殿、官署和邸宅体制的传统观念，而这在崇尚礼制的王朝中恰恰是最难于突破的。其二是中国古人内心并不真正相信永恒。“易”的根本精神是变化；战国以后已出现的五行德运循环之说；汉以后又产生了“自古及今，未有不亡之国也。……世之长短，以德为效，故常战栗，不敢讳亡”等观念，逐渐成为大家默认的共识。新皇帝即位，臣下在山呼万岁的同时，立即着手为他建陵墓，而陵墓虽号称万年吉地，却又承认陵谷变迁、沧海桑田这条不易之理，就是明显的例证。所以古人在永恒与现实之间更重视实在的现实和实际的享受。秦汉以来，大的宫殿大都在三数年内建成，大的殿宇一年内即完工。地皇元年（公元 20）九月王莽建九庙，三年（公元 22）正月即落成，历时仅 16 个月，这速度在今天看都是惊人的。其间，使用土木混合结构、木构架并能同时使用大量人力是关键。这就是说，为了及时建成、及身享受，当时宁肯要非永久性却可速成的建筑而不取费时多的永久性建筑。砖石结构建筑不能速成，是它不能取代木结构的原因之一。此后的十六国至隋唐间，佛教大盛，但在天竺的石构佛教建筑到中国后也变成几年内即可速成的木构塔、寺，除了使其“中国化”以利传播外，佛教信徒做功德也要及身得见、利其速成是重要原因。

由于砖石结构比木构耐久、防腐，且埋于地下，自然解决了平衡推力问题，故自西汉中期以来，即大量用来建墓室。经东汉、三国，至西晋时已有近四百年的历史，这样，在人的观念中又把砖石结构和墓室联系起来，认为砖石结构有“冢墓气”，即使这时已可建较大跨的拱和互相连通的多跨拱壳建筑，也难于突破传统成见，用来建地上建筑。因此，自两汉下至明清，砖石结构只主要用来建城墙、城门、桥梁、闸坝、佛塔、墓室等，极少用于生人居室。

第四节 工程管理

一 工程管理及实施

南北朝时，国家有尚书起部和将作监两个工程管理系统，将作大匠有事则设，无事则省，而从事重大工程建设者大多为军工，统率者为将军。从南北朝建筑之兴盛看，当有一批精通业务的工官和匠师从事规划设计和主持施工，但史籍缺略，其具体的工程管理系统已难详考。

二　工　官

史籍所载主持重大工程的大都是些贵官；且南、北两朝多以军工从事营造，工匠也取军队编制，由军官统率，故有一批军官以建筑劳绩载于史书；真正专职官吏见于记载的已寥若晨星，更不用说工匠了。这情况表明南北朝时工匠地位低下。限于材料，目前只能就史载略加叙述，从中曲折地反映少许工程技术及管理水平而已。

东晋南朝见于史册的有东晋的毛安之和陈的蔡俦，都以建宫室得名。

（一）毛安之

晋孝武帝时任将作大匠。太元三年（公元378）谢安决计重修建康宫室，史载工程日役六千人，历时五月毕工。所建正殿太极殿长27丈、广18丈、高8丈，在当时是最大的建筑。史称改建宫时，其规模为“（谢）安与大匠毛安之决意修定，皆仰模玄象，体合辰极，并新制置省阁堂宇名署”。据此，似乎毛安之为规划设计和工程主持人。但《晋书·孝武帝纪》载，盛安二年（公元372），“妖贼卢悚晨入殿庭，游击将军毛安之等讨平之”。则毛安之又似为军官，因役使军士建宫室，故任命其为大匠以统领之，并非专业工官。这样，大约决定新宫规划和建筑的应是谢安及其幕僚。古代宫室重体制、礼仪，并非随意建造，应是深通典章制度和礼仪的文官与工官参议，由首相谢安决定。但这些文官、工官却已不可考了，只留下率兵建宫的军官名字。

（二）蔡俦

蔡俦为陈之少府卿，为主管宫廷器用制做与供应之官。梁太极殿毁于平侯景之乱时，陈武帝即位后，于永定二年（公元558）命蔡俦为将作大匠，主持兴建，历时四月而成。他应是工官，但具体业绩已无考。

北朝在营造上有成就、业绩者，史载稍多。北魏时有郭善明、李冲、蒋少游、王遇、郭安兴、茹皓。北齐有李邺兴、张熠、刘龙等人。

（三）郭善明

《魏书》载，文成帝时“郭善明甚机巧，北京宫殿多其制作”。又说：“给事中郭善明，性多机巧，欲逞其能，劝高宗大起宫室。”则郭氏是文官而关心建筑者。公元458年文成帝建平城宫太华殿为宫中主殿，当即是郭善明所主持建造的。从“多其制作”句分析，他应是主持宫室设计的官员。

（四）李冲

李冲陇西人，仕北魏为冯太后宠臣，官中书令，南部尚书。孝文帝时更见信任，公元492年兼将作大匠，主持改建平城宫室。公元493年北魏迁都洛阳，又命李冲及将作大匠董爵规划重建洛阳城市及宫殿。《魏书》本传称其“机敏有巧思，北京明堂、圜丘、太庙，及洛都初基，安处郊兆，新起堂寝，皆资于冲。……旦理文簿，兼营匠制，几案盈积，剞劂在手，终不劳厌也”。据“兼营匠制”、“剞劂在手”句，他除直接主持规划和建设外，本人在规划设计上是有专长的。“剞劂”指雕刻，泛指制做模型，应是通过模型探讨建筑之体量与形式。公元498年李冲死，享年49岁。据此推算，公元488年、491年建圜丘、明堂时，年仅39岁、42岁，规划洛阳都城宫室时年44岁。李冲在规划建筑上有专长并取得成绩，与其家世有关，而重用建筑家蒋少游则是最关键因素。李冲为西凉王李暠曾孙，凉州在十六国时为重要文化中心，439北魏取凉州，徙凉州民三万余家于平城，除佛教传播于北魏外，也成为北魏吸收汉族传统文化的一大来源。李冲在北魏贵显，除本人干练及为冯太后宠臣外，他的汉族传统文化背景及修养是极重要的因素，故成为决计汉化的北魏孝文帝的最重要助手。北魏汉化是为了与南朝争正统地位，以求统一全国。而由汉族著名世家出身的李冲主持，以魏晋洛阳圜丘、太庙、太极殿为蓝本改建平城宫室、坛庙，乃至重建洛阳都城宫室，就使北魏在文化上取得和南朝抗衡的地位。

（五）蒋少游

山东乐安人，士族出身。公元469年北魏平青、齐、北徐三州，徙三州民五万于平城、桑乾。蒋少游遂北迁为云中镇兵，后以“性机巧，颇能刻画、有文思”为北魏汉族重臣高允、李冲所赏识，加以推荐，为中书博士。太和十五至十六年间（公元491～492），北魏改建平城太庙，创建太极殿，命蒋氏至洛阳测量魏晋太极殿及太庙作为依据。又特命他随李彪出使江南，观察研究梁建康的都城宫室制度。公元493年，北魏迁都洛阳，由司空穆亮、尚书李冲、将作大匠董爵主持规划建设。作为李冲的亲信和具体研究过魏晋宫室遗址和南朝都城宫室的人，他在其中起重要作用。史称华林园及金墉门楼都是他建造的，“号为妍美”。他还负责建太极殿，并为之制造了模型，与董尔、王遇共同建造，未及建成，于景明二年卒。《魏书》本传说他“虽有文藻，而不得伸其才用，恒以剞劂绳尺，碎剧忽忽，徒倚园湖城殿之侧，识者为之慨叹。而乃坦尔为己任，不告疲耻”。在当时人的观念中，做清望官才是正途，有希望大用，而技术官是杂流，永无升至高官的可能。蒋少游出身士族，本人有“文藻”，又与重臣李冲、崔光是姻亲，有极好的为清望官的条件，不应“因工艺自达”，做这种琐碎繁剧的工官而丢掉大用的机会。这段评语虽是当时人的偏见，却是好意为他惋惜。但“恒以剞劂绳尺，碎剧忽忽，徒倚园湖城殿之侧”数句，生动地刻画出蒋少游作为规划建筑家坦然放弃仕途虚荣，不辞辛劳，反复研讨设计、制做模型，在现场观察地形和建成后的效果，执著追求，力求尽善尽美的感人形象。蒋少游生于乐安，属山东青州，原属南朝，故少年所受为南朝正统汉族文化。他在北魏开始受知于高允、李冲，也是这个原因。入仕之后，才向建筑发展。测量洛阳魏晋遗址，参观南朝都城宫室，给了他以同时无人能及的条件，集魏晋以来中原传统和南北两朝之长，创建洛阳新的都城宫殿，以满足北魏汉化和争正统地位的需要。北魏洛阳的都城宫室，开隋大兴都城宫室之先河，在古代都城宫室发展上有重要地位，蒋少游在其间的作用和功绩不可忽视。

李冲、蒋少游使用模型探讨建筑之体量与形式，应是当时规划设计技术上的新发展。早在西晋初，斐秀已提出按以二寸代表一千里的比例绘制地图，可知已掌握了按比例缩小的制图方法。在云岗石窟中可以看到，所雕一些仿真的殿宇、佛塔已是按比例缩小的，故可据以推测李冲、蒋少游使用的模型在比例和精度上都达到实用水平。

（六）王遇

王遇字庆时，羌族人，后改氏钳耳，故《水经注》中称他为钳耳庆时。有罪受宫刑为阉人，以后逐渐贵显，官至将军、尚书，封宕昌公。他在孝文帝、宣武帝时多次主持大型工程。《魏书》本传说他“性巧，强于部分。北都方山灵泉道俗居宇及文明太后陵庙，洛京东郊马射坛殿，修广文昭太后墓园，太极殿及东西两堂、内外诸门制度，皆遇监作”。按诸史册，平城方山下灵泉池开于太和三年（公元479），方山上文明太后陵园建于太和五至八年（公元481～484）。北魏建洛阳都城宫室在太和十七年（公元493）以后。到洛阳宫太极殿建成时的景明二年（公元501），王遇尚健在。史称他“世宗初，兼将作大匠”。太极殿是蒋少游与董尔、王遇参建的，未成而蒋少游先卒，王遇当是继蒋少游为将作大匠并完成太极殿工程的。他从事建筑活动自公元479年至六世纪初，约有二十五年之久。此外，据《水经注》及石刻所载，王遇在平城时还监修了云冈第九、十这对大窟，在平城东郭外建了石造的祇洹舍，也都是巨大的工程。从王遇监修的工程看，在平城时期以石工为主，除云冈九、十窟和祇洹舍外，文明太后陵的永固堂也是石室；到洛阳后则以木构殿宇为主。王遇本人并无深厚的文化背景，应是以阉人而得到冯太后及孝文帝的亲任，本人又有组织能力（“强于部分”），对工程技术有兴趣（“性巧”），遂长期受到委任。他应是“工官”的代表人物，和蒋少游的规划建筑家还是有差别的。

（七）郭安兴

《魏书·术艺列传》说：“世宗、肃宗时，豫州人柳俭、殿中将军关文备、郭安兴并机巧。洛中制永宁寺九层佛图，安兴为匠也”。郭安兴为匠所造永宁寺九层塔是北魏在洛阳所建最重要工程，但郭安兴究竟是以“机巧”而为匠还是因其为将军主持施工为匠，颇难断定。《隋书·百官志》记北齐官制说：“将作寺，掌诸营建。大匠一人，丞四人。亦有功曹、主簿、录事员。若有营作，则立将、副将、长史、司马、主簿、录事各一人。又领军主、副，幢主、副等”。北齐官制多循北魏，可知北朝将作除行政班子外，有大工程时按军队编制，将、副将、长史、司马、领主、幢主等都是军官职称。郭安兴可能因性“机巧”，又是将军，才为匠建塔。这样复杂的工程，一位“机巧”的殿中将军是不可能设计的，还应是集中大量工匠智慧才可以完成。

（八）茹皓

茹皓吴人，以南人入北朝，后受宣武帝亲任，兴建华林园。史称所造“颇有野致”，很可能是把南朝造园风格引入北朝而得好评的。

（九）李邺兴

东魏儒生，官散骑常侍。东魏自洛阳迁邺后，兴建新都，由李氏规画制做新图，其事已见邺南城部分。

（十）张熠

北魏末及东魏北齐时人。《魏书》本传说："永宁寺塔大兴，经营务广。灵太后曾幸作所，凡有顾问，熠敷陈指画，无所遗阙，太后善之。"据此，他应是永宁寺的规划主持人。同传又载："东魏迁都邺城，拆洛阳宫室、官署材木运邺城，由张熠负责。"当时右仆射高隆之等推荐他说："'南京（洛阳）宫殿，毁撤送邺，连筏竟河，首尾大至。自非贤明一人，专委受纳，则恐材木耗损，有阙经构。（张）熠清贞素著，有称一时，臣等辄举为大将。'诏从之。"则张熠为东魏初匠作大将，是邺南城建设的组织者，干练的工官。张熠卒于公元541年，年六十，则公元516年建永宁寺时年仅三十五岁。

（十一）刘龙

河间人，有巧思，仕北齐，"齐后主知之，令修三爵台，甚称旨，因而历职通显。"齐亡入北周。隋初，又受隋文帝信任，公元582年营建新都大兴时，为高颍副手，官将作大匠。按北齐修三台在文宣帝天保七年至九年（公元556～558），则刘龙应是在公元556年至558年间修三台之主持人。史称营三台时发丁匠三十余万，是很大的工程。刘龙大约是因有组织大规模施工经验而为将作大匠主持大兴城营建。大兴城的规划主要出于宇文恺之手，其详见下章。

第六章　隋唐五代建筑

第一节　概　　说

公元581年，杨坚取代北周建立隋朝，是为隋文帝。公元589年，隋灭陈，统一了南北分裂300多年的中国。在隋文帝之世和隋炀帝前期，凭借全国统一的气势，发展经济文化，建成强大的王朝。但由于隋炀帝过度滥用民力，造成社会动乱和农民大起义，公元618年覆亡。

公元618年李渊建立唐朝。唐朝享国290年，可分前、中、后三期。前期自建国至玄宗开元末年（公元618～741），大力发展生产、巩固统一、御侮安边，政治也较清明，使国家统一后的巨大优越性充分发挥出来，建成经济超越前代、文化取得辉煌成就的强大王朝。中期为公元742～820年，唐在达到极盛后，腐化日趋严重，社会矛盾聚集，少数民族野心家乘机叛乱，大大削弱了国势；平叛后，其残余势力割据河北，使国家的统一和财政收入受损，日趋衰落。后期为公元821～906年，政治腐败，控制力日益削弱，爆发农民起义和军阀混战。公元906年亡于后梁。

唐亡后相继出现了梁、唐、晋、汉、周五个短暂王朝和十个地方政权，史称五代十国。五代的54年中，战争频繁，中原和关中几乎成为焦土，只有江南、华南的一些地方政权保境自守，战争较少，经济未受重大破坏。自五代起，中国南方经济永久超过了北方。

在隋享国的短短37年中，凭借统一的决心和统一后的有利形势，进行了空前规模的建设，它创建了大兴（长安）和东都（洛阳）两座有完整规划的、规模空前的伟大都城，大兴城面积84平方公里，是人类进入工业社会以前所建最大的城市，表现出统一国家的宏大气势。隋开凿大运河，虽为其滥用民力致亡之因，从历史角度看却为加强南北经济联系、巩固统一起着长远而重要的作用。

唐惩于隋亡教训，建国之初宫室沿用隋代之旧，新建离宫用草屋顶。隋建大兴城时城门未建城楼，建洛阳后未及筑外郭墙，唐在建国之初也未敢仓促行事，拖延到公元654年和692年才分别完成，上距唐之立国已有36年和74年之久。唐自高宗、武后时起，至玄宗前期（公元650～740），经济持续发展，文化科技成就辉煌，国势进入极盛期，开始进行了较大规模的建设活动。公元662年，唐高宗在长安东北方高地上建的新宫大明宫，是唐代所建最大的宫殿，面积约3.1平方公里，比现存的北京明清紫禁城大4倍。自汉以来历朝都视建明堂为国家盛典，汉代以后各朝均未能建立。隋及唐初曾多次议建，都因对其规制意见不同而止。武则天不顾儒臣反对，不拘古制，自我作古，在洛阳宫拆除正殿建立明堂。此举虽有其政治目的，但也基于唐代的经济技术实力和超越前代的自豪感，要建一与国家统一、兴盛的形势相称的纪念性、标志性的建筑物。明堂方300尺（7744平方米），高294尺（86米），是唐代所建体量最大的建筑物。此时唐代官式建筑已由汉代的土木混合结构发展为木构架结构，在规划布局手法上也有重大发展。

唐代为控制建筑规模，订立了法规，称《营缮令》，规定哪种建筑形式只限宫殿使用、哪一等级的官吏可以建什么规模的房屋、使用什么样的装饰和庶民居宅规模的上限，在居住上表现出君臣之别和官民之间尊卑、贵贱的差异。这些规章的主要目的是在建筑上体现王权社会赖以维持的等级差异，但也有控制建筑过分豪侈，防止其产生破坏经济、扩大社会矛盾的作用。虽在中后期政治日渐腐败的情况下不断被突破，但前期还在一定程度上起到了控制建筑规模、使城市谐调发展的作用。

隋、唐对外交往广泛，西境一度到帕米尔以西中亚一带，商业活动远及阿富汗、波斯、大食，并间接与东罗马来往。外来文化，包括宗教、绘画、雕刻、音乐、舞蹈以及器用、习俗纷纷传入，建筑自难避免。但此时中国建筑体系已发展到成熟阶段，完全可满足使用需要，并与国家礼制、民间习俗密切结合，成为稳定的建筑体系，外来的建筑体系已不可能使其改弦易辙，仅能以个别新异事物如自雨亭等作为帝王、贵族夸富的点缀。但外来的装饰图案、雕刻手法、色彩组合诸方面却大大丰富了中国建筑。很多外来装饰纹样，经过用中国手法表现，已经中国化，如当时盛行的卷草纹、连珠纹、八瓣宝相花等。隋唐立足本国，放手吸收外来有用的内容，以充实和丰富自己，表现出一个强大、向上、有生命力的建筑体系的稳定性和自信心，而吸收这些外来影响也确使隋唐建筑更加绚丽多彩。正是在全国统一、政治基本稳定、经济文化有巨大发展、国力臻于鼎盛的情况下，隋唐建筑取得辉煌成就，形成汉以后中国第二个建筑发展高峰，并对后代产生深远影响。下面分类介绍此期在建筑方面取得的成就。

第二节　建筑概况

一　城　市

（一）建成古代世界上最大的都城大兴——长安和东京——洛阳

公元581年杨坚取代北周政权，建立隋。当时全国重新统一的形势已经形成。为适应统一后的需要，隋文帝杨坚在汉长安东南二十里营建新都，定名大兴。大兴总面积达84.1平方公里，是中国历史上最大的都城，也是人类进入工业社会以前所建最大的城市。[①] 604年，隋炀帝即位，又下令在汉魏洛阳城西十八里营建东京，东京面积45.3平方公里，是仅次于大兴的城市。公元618年唐建国后，改大兴为长安，改东京为洛阳，又称东都。这两座城市虽创建于隋，其完善和繁荣却在唐代，故在历史上以唐长安和唐洛阳著称。

1. 隋大兴——唐长安

创建于隋而完善于唐。城市平面为横长矩形，东西9721米、南北8652米，大城称外

---

① 据李约瑟《中国科学技术史》引何炳棣先生的统计，世界古代十座大城市如以面积计，依次为1. 唐长安（84.1km²），2. 明清北京（60.6km²），3. 元大都（49.0km²），4. 隋唐洛阳（45.0km²），5. 汉长安（35.82km²），6. 巴格达（30.44km²），7. 罗马（13.68km²），8. 拜占庭（11.99km²），9. 汉魏洛阳（9.58km²），10 中世纪伦敦（1.35km²）。唐代的长安和洛阳分别列第一和第四位。

按：近年发掘查明北魏洛阳外郭的四至，其面积为53.4平方公里，仅次于唐长安和明清北京，应居第三位。

郭。城内北部正中建宽 2820.3 米、深 3336 米，面积 9.4 平方公里的内城。[①] 内城又分为南北二部：南部深 1844 米部分为皇城，城内集中建中央官署；北部深 1492 米部分为宫城，内为皇宫、太子东宫和供应服役部门掖庭宫。宫城北倚外郭北墙，墙外为内苑和禁苑。宫城、皇城以外部分，在外城中全部建为矩形的居住里坊和市：在皇城以南，与皇城同宽部分东西划分为四行，每行南北划分为九坊，共有 36 坊；在皇城、宫城东西侧各划分为东西三行，每行南北划分为十三坊，共 78 坊；东西各以二坊之地辟为东市、西市，实存 110 坊。坊、市的四周都用墙封闭，上开坊门、市门，形如小城堡，实际上唐长安城内被皇城、宫城、坊、市等分割为若干个大小城堡。

各坊或东西同宽，或南北同深，并与皇城、宫城之长、宽相对应，在外郭的各坊间形成九条南北向街和十二条东西向街，共同组成全城的棋盘状街道网。其中南北向和东西向各有三条街直通南北面和东西面的城门，为城市的主干道，称为“六街”。在通六街的城门中，南面正门开五个门洞，其余城门开三个门洞，中门是皇帝专用的，两侧的二门供臣民出入。相应的，在六街上也是中间为御路，两侧是臣民用的上下行道路。路两侧植槐为行道树，最外侧为排水明沟。长安官员乘马，贵族显宦出行时往往有很大的马队，故道路都较宽。中轴线上主街宽 155 米，其余主干道宽也在 100 米以上，坊间的街也宽 40 至 60 米。其规模和规整程度在中国城市史上是空前的。

城内各里坊，在皇城前的四行三十六坊较小，只东、西面开坊门，在坊内形成东西横街，分全坊为南北两区；在皇城左右各三行的 74 坊较大，四面各开一坊门，在坊内形成十字街，分全坊为四区，每区中又有小十字街，再分全坊为十六小区，在每小区内再辟三条横巷，巷内排列住宅。坊内居民上街都必须经过坊门，晚间关闭坊门，禁人出入，街上由军队巡逻，盘查行人，故长安城实际是一座夜间实行宵禁的军事管制城市。但大贵族、官员的住宅可在坊墙上面向大街开门，不受此限。有的王府，官邸可独占 1/16 坊、1/4 坊、1/2 坊，甚至全坊，极为巨大豪华（图 6-1）。

东西两市是固定商业区，各占两坊之地，面积都在 1 平方公里以上，每面开二门，道路网呈井字形，内开横巷，安排店铺，定日定时开放。长安还建有大量寺观，八世纪初时有佛寺九十一座、道观十六座。国家及大贵族建的寺观规模可占半坊或全坊，如慈恩寺、兴善寺。长安有大量西域中亚商人，还为他们建有波斯寺、祆祠和基督教支派景教的寺院。寺院开放时具有一定公共场所的性质。

中国古代城市施行封闭的里市制度至迟始于战国时期（公元前 390 年左右），但两汉以来由于宫殿、官署、里坊间杂布置，道路及街区都不甚规整。至隋唐长安把宫城，皇城集中于内城，里坊布置在外郭后，才可以各不混、有规划地排列，在其间构成棋盘格状街道网，形成中国历史上最巨大、规整、中轴对称的坊市制城市。隋唐长安是中国古代都城规划的新发展，也表现出统一强盛的中国的宏大气魄。

2. 隋东京——唐洛阳

公元 604 年隋代创建，唐代续建完成。平面近于方形，南北 7312 米、东西 7290 米，面积约 45.3 平方公里。[②] 洛水自西南向东北穿城而过，分全城为洛北、洛南两部分。洛北区

① 中国社会科学院考古研究所唐城发掘队，唐代长安城考古纪略，考古，1963 年第 11 期。

② 中国社会科学院考古研究所洛阳发掘队，隋唐东都城址的勘查和发掘，考古，1961 年第 3 期。

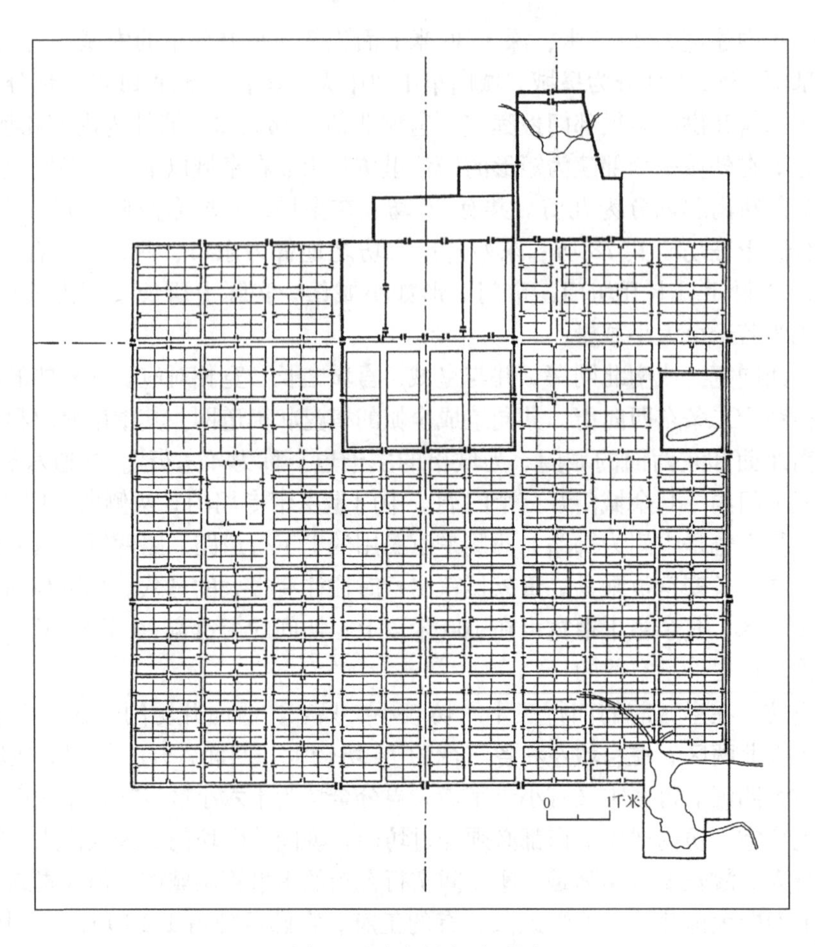

图 6-1　隋唐长安平面图

西宽东窄，故只能把占地大的皇城、宫城建在西端，恰好以其南二十里左右的伊阙为对景。这样，只得把坊市建在洛北区的东部和洛南区，形成宫城位于全城西北角，在其东、南两方布置坊、市的布局。

和长安城相同，洛阳的皇城也在宫城之南，城内集中建中央官署。宫城核心部分“大内”为正方形，东有东宫、西有西隔城，北有陶光园、曜仪城、圆壁城，三面被重城环拥。洛阳城北为邙山所限，禁苑只能建在皇城、宫城之西而不能如大兴那样建在城北。宫城的正门、正殿、寝殿等都南北相重，形成一条轴线，此轴线向南穿过皇城正门端门后，跨越洛水上的浮桥天津桥进入洛南区，直指南面外郭城门定鼎门，形成全城的主轴线。洛南区在这条主轴线所在的定鼎门街左右划为坊市，街西四行、街东九行，每行由南而北各分六坊，另沿洛水南岸又顺地势设若干小坊。通计洛南区有 75 坊，以三坊之地建两市。在洛北区，皇城、宫城之东建有东城和含嘉仓。其东也布置里坊，东西六行，每行由南而北各有四坊。这片里坊之南有运河，称漕渠，自西面引洛水入渠东行，供自东方运物资入城之用。在漕渠与洛水之间又建有五坊。通计洛北区共有 29 坊，以一坊为市。洛阳全城共有 103 坊、3 市，南北两区街道虽不全对位，但都是规整的方格网，洛阳之坊大小基本相同，街道网也比长安匀整(图 6-2)。

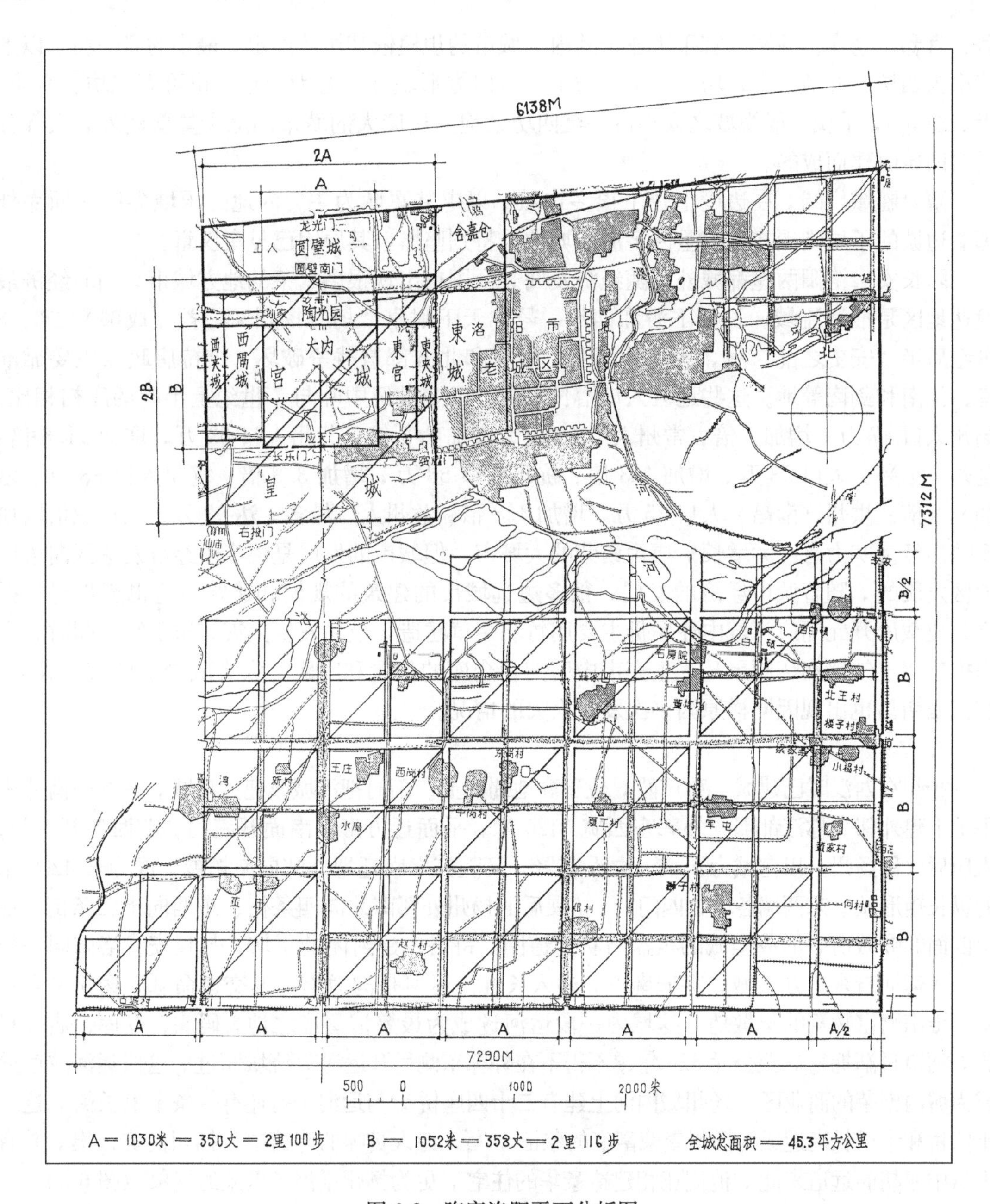

图 6-2 隋唐洛阳平面分析图

（二）有计划地改建、新建地方城市，形成全国城市网

隋统一了分裂三百余年的中国。为了巩固统一、发展经济，隋和继起的唐除建设巨大的都城外，在全国按州郡和县两个等级建立了地方城市网，在7世纪初隋极盛时，全国有191郡、1255县，到40年后的初唐时，又发展到358州（郡）和1551县。唐代设州（郡）县除按政治、军事重要性分级外，还按户口数分州为三级、分县为四级，实际是按经济实力分级。隋唐的地方城市之内仍建封闭的坊和市，以安置居民和商业，州郡内建有子城，集中官署、官邸、仓库、驻军、官手工业于其内。城市的规模依其坊数而定，最小的只一坊，以上依次为四坊、九坊、十六坊、二十五坊不等（以方形城计。若为矩形，也可有二坊、六坊、十二坊等），子城一般视城之大小占一至四坊之地。这庞大的城市网除少量新建外，大部分是对旧城改建而成的。

隋唐疆域广阔，在边境上建了很多边城，以屯驻军队为主。内地的子城多以一面靠外郭，边城的子城则围在城内呈回字形，城池也特别坚厚（其原因已见秦汉章）。

除长安、洛阳两座都城外，随经济发展，全国也出现很多繁荣的地方城市，当时经济最发达地区是淮河流域、长江下游和四川，号称天下财富“扬（扬州）一益（成都）二”。8世纪后半“安史之乱”后，唐失掉河北，中原和北方都遭战争破坏，维持唐政权主要靠淮南、江南和剑南等地。这些地区人口增长很快，以8世纪中叶与7世纪上半叶的唐初相比，扬州人口47万，增加5倍；常州人口69万，增加6.2倍；苏州人口63万，增加11.6倍；越州（绍兴）人口53万，增加4.3倍；杭州人口58万，增加3.8倍；宣州人口88万，增加9.2倍；洪州（南昌）人口35万，增加4.8倍；益州人口最多，达93万。人口成倍增加反映出经济实力有巨大增长，成为繁荣的大城市。但城市的发展是逐步由经济发达区向边远地区发展的，随着城市经济的发展，很多边远城市的建筑的规模和建筑质量也逐步得到提高。史载唐开元间广州城内住屋仍主要用竹和茅草建造，极易发生火灾，宋璟官广州时，大力推广用土筑墙和烧制屋瓦，整齐市中店铺和仓库的位置和间距，大大减少了城市的火灾。在江西南昌也出现因同样原因多次发生火灾的情况。①

1. 扬州

扬州在西汉时已建城，称广陵，位于高地蜀岗上。隋时把汉城改建为宫城，在蜀岗南冲积平地上建外郭，称江都郡。外郭东西宽3120米，平面近方形，南面开三门，东西各开二门。入唐后改称扬州，以宫城为子城，内设官署，又随江岸南迁把外郭向南拓展，成为长4200米的纵长矩形城，东西墙各增为四门。② 拓展后的扬州外郭南北向四条街、东西向十二条街，加上四面的顺城街，形成全城的棋盘格状街道网，每格内建封闭的里坊，与长安、洛阳同一模式。大运河自东北方入城，穿城南下，通入长江。运河是沟通南北的交通命脉，扬州又是江南、淮南财富物资的集散地，这城内一段运河遂成为最繁忙富庶之地，码头、仓库、店肆栉比，河道日渐拥塞，至公元826年遂不得不在外郭东侧另开运河，绕城而过，这段运河故道遂成为城内繁荣的商业区。扬州城内河上建有二十四座桥，与运河平行还有一条十里长街，这二十四桥和十里长街遂成为扬州繁荣富庶的象征，写入诗人赞咏的诗篇中。扬州商贾云集，并有大量中亚胡商远道来此，他们竞相建造豪华的住宅，更为扬州增添了繁荣的气象（图6-3）。

2. 苏州

始建于春秋时吴国，至唐也发展成繁荣的大城市。它的平面也是纵长形，被纵横街道划分为六十坊和一个子城。大诗人白居易有诗，说苏州“人稠过扬府，坊闹半长安”，形容其街坊整齐、人烟稠密。苏州是水乡城市，城内水道纵横，与街道平行，穿越坊市，河道及桥梁遂成为重要交通要素和城市风貌特色。白居易诗还有“水道脉分棹鳞次，里闾棋布城册

---

①《新唐书》124，宋璟传：“广人以竹茅茨屋，多火。璟教之陶瓦筑堵，列邸肆，越俗始知栋宇利而无灾患”，中华书局标点本⑭册，1991年，第4391页。

② 蒋忠义等，扬州城考古工作简报，考古，1990年第1期。

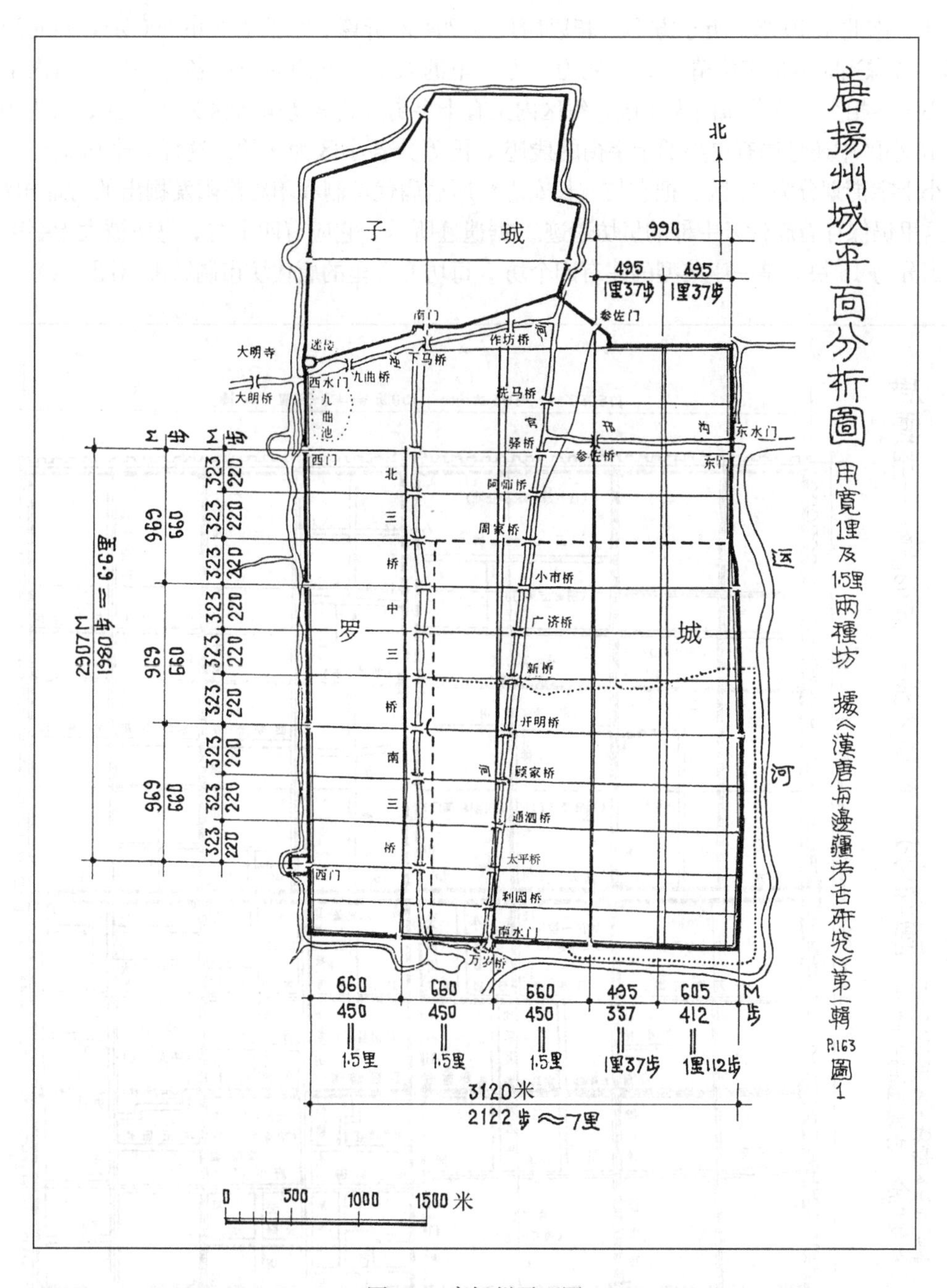

图 6-3 唐扬州平面图

方”，“绿浪东西南北水，红栏三百六十桥”“处处楼前飘管吹，家家门外泊舟航”等名句，生动地描写了水乡景色和苏州繁华富庶景象。现存最古的苏州地图是南宋绍定二年（1229）所刻宋平江府图，可惜其北、中部已全改为开放的街巷布置，只有南部残存有坊的残迹，但已无法考知它在唐代的全貌了。

3. 云中

即今大同市，唐代为云中郡治所。现砖城为明洪武五年（1372）依旧土城增砌。城东西

1750 米、南北 1810 米，近于方形。若以唐尺 0.294 米折算，东西为 3 里 290 步，南北为 4 里 31 步，考虑当时测量定位精度，可视为一方 4 里的城市。城四面正中各开一门，门内干道在城中心十字相交，等分城内为 4 区。每区内又有十字街，再各等分各区为 4 小区，共为 16 区。在这 16 小区中还隐约有更小的十字街的残迹，再等分各小区为 4 块。这样，全城就由干道和大、小十字街划分为 64 区。把它与《长安志》所载唐代坊制和隋唐洛阳发掘出的坊址相对照，可知这里仍保存着唐代云中郡的里坊遗迹。据遗迹所示，它应有四个坊，每坊被大十字街和小十字街分为 16 块，是一座典型的建有四个坊，每坊方 1 里的唐代坊市制城市（图 6-4）。

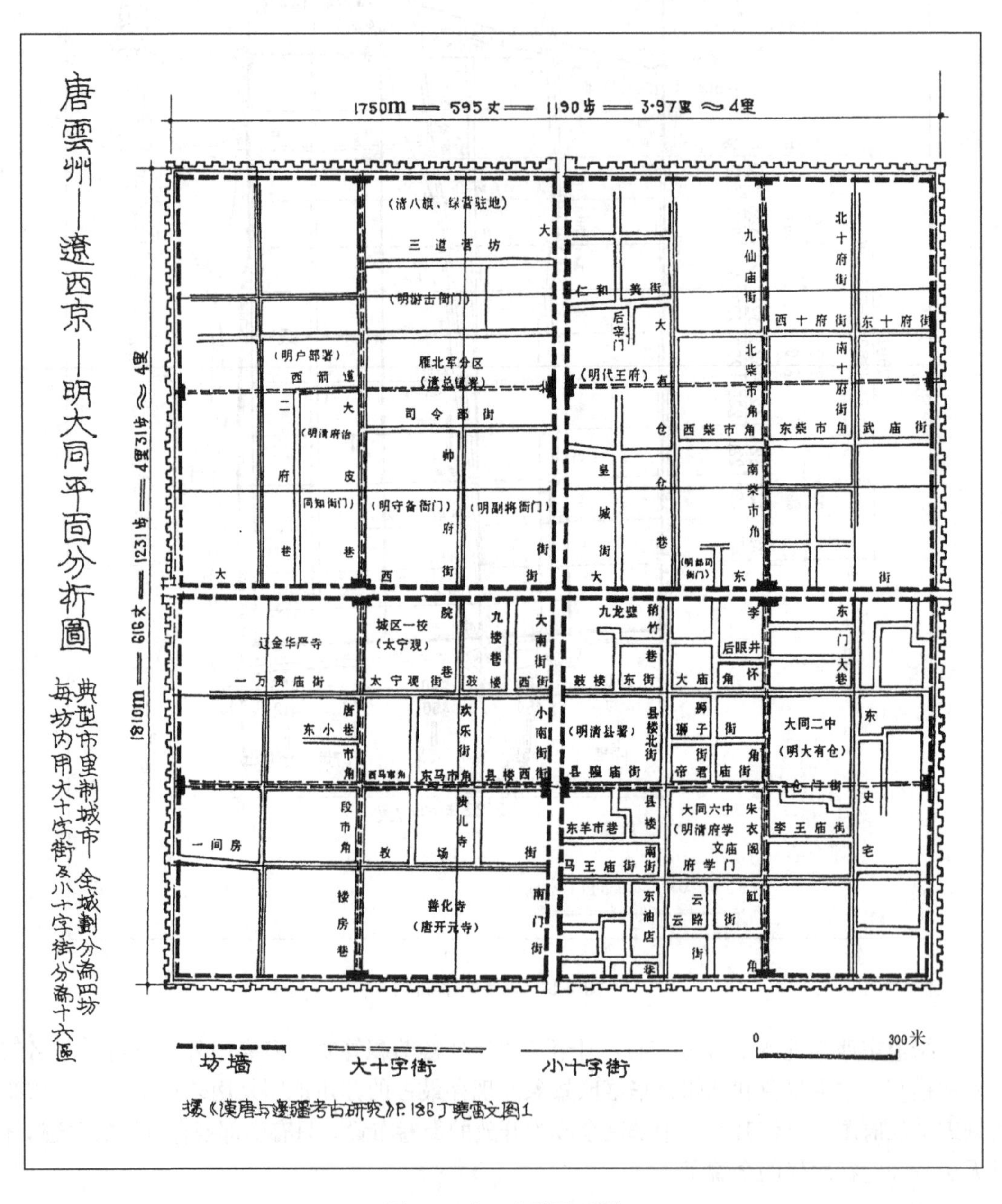

图 6-4　唐云中郡平面图

（三）隋唐坊市制城市的特点

坊市制城市内的各坊，或东西同宽或南北同深，其间形成横平竖直的棋盘格街道，使城市布局和景观规整有秩序。州郡城和都城可以合并数坊之地为子城，子城内建官署、官邸、仓库、军营、宫殿等，与居民居住的坊严格分开，不相混杂，形成明确的功能分区。里坊多为横长矩形或方形，四周有土筑的坊墙，四面或两面开坊门，供居民出入，夜间关闭坊门，实行宵禁，宛如一座小城堡。只有贵族和高官才可以在坊墙上开门直通街道。街道夜间由军队巡逻，即使是官员，无特殊理由（如宫廷夜宴或上朝等）也不准夜行或早行。城内居民的日常生活供应一般可在坊内解决，大的商业活动必须在市内。市和坊一样，也是小城，由市门出入，市中心有市楼，由官员管理，四周按行业排列店肆，自中午至日落前为交易时间，夜间关闭。

总起来看，隋唐坊市制城市布局方正，分区明确，坊内住宅排列有序，有利于保持城市的完整形象，但封闭的里坊和市却愈来愈阻碍了经济发展。城市街道宽广，夹道青槐成行，街两侧除相对开坊门外，也布置大型寺观，并允许豪门、贵官第宅面街开门，如唐诗所描写的“青槐夹驰道，宫馆何玲珑”和“谁家起甲第，朱门大道旁”的整齐壮丽景象，但街景却未免壮观有余而生活气习不足，且实行宵禁，把居民的主要活动局限在坊内。到中晚唐时，在扬州等商业繁荣城市已出现突破坊市限制和夜禁的趋势，但直到北宋中期，才在城市经济发展的驱动下，开始拆除坊市的围墙，出现了沿道路两侧设店肆、居住区街巷直通大街的开放性布局，由封闭的坊市制城市转变为开放的街巷制城市，发生中国古代城市体制和城市生活环境上的巨大变革。

二　各类型建筑

（一）宫殿

隋于公元581年建国后，即于582年在汉长安东南建新的都大兴城及宫殿，次年建成，其宫称大兴宫；公元605年，隋炀帝又在汉魏洛阳城之西建东都，606年建成，其宫称紫微宫；这是隋在西京、东都两座都城中所建的两所正式宫殿。

公元618年唐建国后，沿用隋代都城宫殿，改称大兴宫为太极宫，紫微宫为洛阳宫或太初宫；662年，唐高宗在长安城东北角外附郭建新宫，称大明宫。公元714年，唐玄宗在长安原隆庆坊建宫，称兴庆宫，这是唐在长安新建的两所宫殿。此外，隋唐两代还建了大量离宫，如隋之江都宫、仁寿宫、汾阳宫，唐之翠微宫、九成宫、三阳宫、合璧宫等。

1. 隋大兴宫——唐太极宫

在长安中轴线北端，近年已经过勘探，东西宽2820米、南北深1492米，分为中、东、西三部。中部为皇宫，即大内，东西宽1285米，面积1.92米平方公里。东部为太子东宫，宽833米，西部为服务供应部分及作坊掖庭宫，宽703米。[①] 大内部分自南而北分为朝区、寝区和苑囿三大部分。朝区是处理国事、举行大典的办公区，象征国家政权；寝区是皇帝的

① 中国社会科学院考古研究所唐城发掘队，唐代长安城考古纪略，考古，1963年第11期。

住宅，代表家族皇权。朝区的正南为宫城正门承天门，门外左右建高大的双阙，阙之外侧为朝堂，是元旦、冬至举行大朝会等大典之处。门内正北方为朝区的主殿太极殿，是皇帝朔望听政之处，四周用廊庑围成巨大的宫院，四面开门。太极殿一组宫院之东西侧建宫内官署。太极殿后为宫内第一条东西横街，是朝区、寝区的分界线。横街之北即寝区，正中为两仪门，门内即寝区正殿两仪殿，也由廊庑围成矩形宫院。此殿是皇帝隔日接见群臣听政之处，其东、西并列有若干独立宫院。两仪等殿之北为宫中第二条东西横街，街北即后妃居住的寝宫，大臣等不能进入。北部正中为正殿甘露殿，殿东、西有神龙、安仁二殿，各成独立宫院，与之并列，以甘露殿为主。寝区的两仪殿和甘露殿性质上近于一般邸宅的前厅和后堂。甘露等三殿正北即苑囿，有亭台池沼，再北即宫城北墙，有玄武门通向宫外。在朝区、寝区之东西外侧，还各有若干宫院，是宫中次要建筑。朝寝两区各主要门、殿承天门、太极门、太极殿、两仪门、两仪殿、甘露门、甘露殿等南北相重，共同形成全宫的中轴线。太极宫各殿宇位于今西安市区内，目前无法做进一步勘探，只能据文献做出平面关系示意图（图 6-5)。

2. 隋东都紫微宫——唐洛阳宫

在东都洛阳城西北角，宫城东西 2080 米、南北深 1052 米，主要分三部分，中部为大内，宽 1030 米，面积为 1.08 平方公里；东部为东宫，西部为西隔城，均宽 340 米；它们之外侧各有分别宽 190 米和 180 米夹城。[①] 大内前为朝区，后为寝区。朝区最前为大内正门则天门，上建高两层的门楼，门外左右建阙，形制与太极宫承天门近似而规模过之。则天门正北为朝区主殿乾元殿，是面阔十三间、高一百七十尺（50 米）的巨大殿宇，四周环以廊庑，四面开门，形成全宫最大的宫院。东、西外侧有文成殿、武安殿二组独立宫院和宫内官署。在乾阳、文成、武安三殿之北是宫中第一横街，东西端分别通入东西隔城，街北即寝区，是朝寝两区的分界线。寝区中为主殿大业殿一组，是皇帝隔日见群臣听政之处，左右各有若干殿与之并列，均为独立宫院。大业殿之北为宫中第二横街，街北即后妃居住的寝宫，外臣不得进入。寝宫中轴线上主殿名徽猷殿，它的左右和后方又有若干殿。大业、徽猷两组宫院前后相重，加上周围各殿，用围墙封闭，共同组成寝区。大内之西，在西隔墙内北部有九洲池，也是苑囿区。池北为皇子住所，池南有举行大宴会的五殿，是由五座殿聚合成的巨大楼阁（图 6-6)。隋东都宫基本和大兴宫相同，其朝、寝两部分的关系亦同。

公元 683 年唐高宗死，皇后武则天执政。公元 688 年春，拆除东都洛阳宫正殿乾元殿（即隋之乾阳殿)，在其地建明堂。明堂方 300 尺（88.2 米)，高 294 尺（86.4 米)，三层。下层平面正方形，中层十二边形，上层二十四边形。中、上层均圆顶，上层顶上立高一丈的铁凤（2.94 米)。以后又在明堂之北隋大业殿处建高五层的天堂，以储巨大的佛像。明堂、天堂是唐代所建最高大的木构建筑，充分显示了唐代极盛期建筑的高度水平。明堂、天堂的建造，一度打破了宫中主殿为单层建筑的传统，极大地改变了洛阳宫的面貌和立体轮廓，是唐代宫殿体制上的大事。但随着武周政权的结束，又相继被改回单层殿宇，显现出与礼制结合了的宫殿建筑传统的稳定性（或顽固性)。

3. 唐大明宫

在长安外郭东北角墙外，近年已经勘探和局部发掘。其平面南宽北窄，近于梯形。南面

① 中国社会科学院考古研究所洛阳发掘队，隋唐东都城址的勘查和发掘续记，考古，1978 年第 6 期。

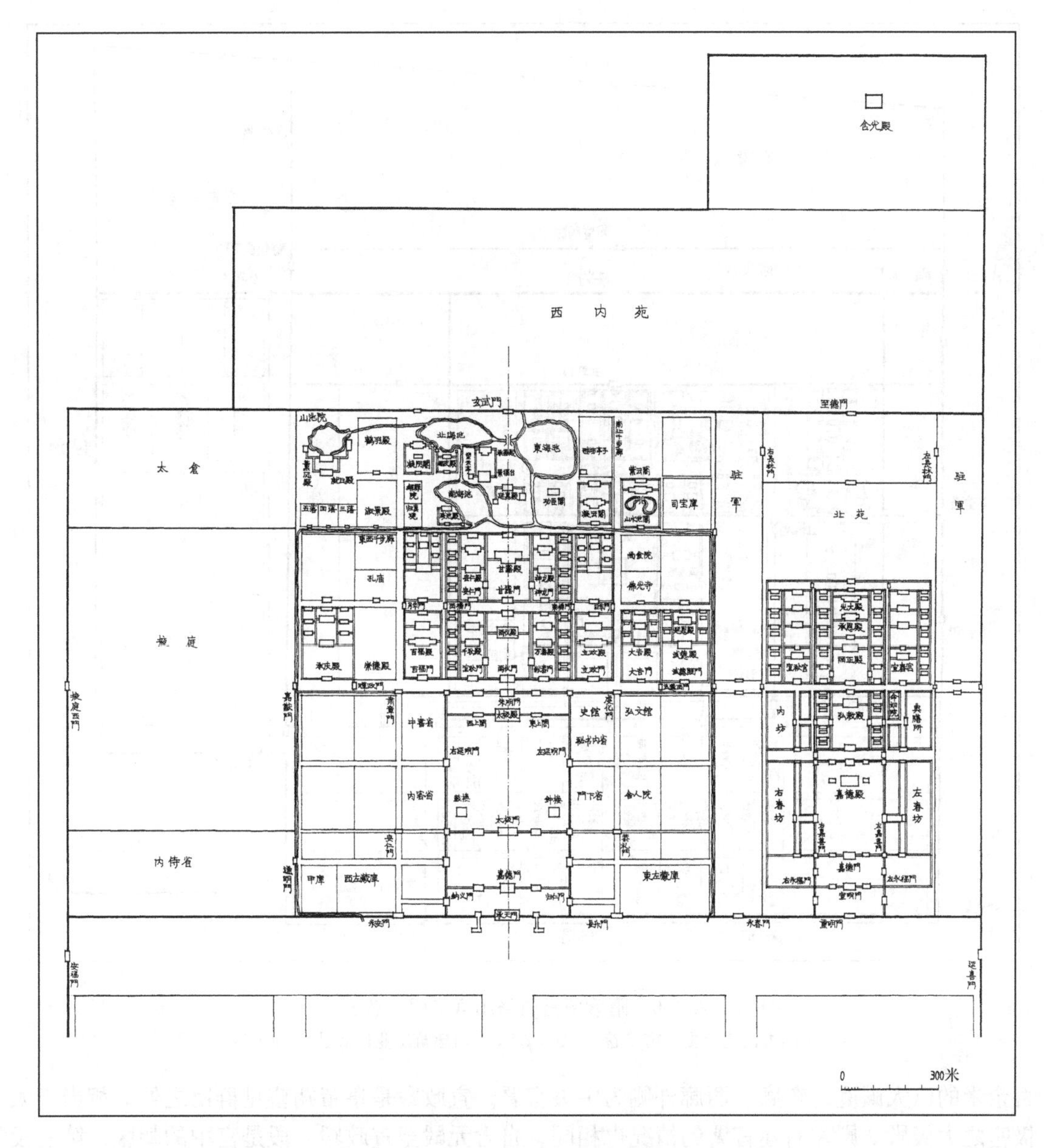

图 6-5 隋大兴宫唐太极宫平面示意图

中国古代建筑史（第二卷），图 3-2-2，中国建筑工业出版社，2001 年

宽 1370 米，北面宽 1135 米，西墙长 2256 米，面积 3.11 平方公里。[①] 宫南墙即利用长安外郭北墙东段，宫内布局自南而北大致可分四区。最南一段为深 500 米左右的广场，其北地势高起十五米左右，在高岗前沿建南临广场的含元殿，殿东西有横亘全宫的第一道横墙。含元殿是举行大朝会之殿，性质相当于太极宫的承天门，它左右的翔鸾、栖凤二阁是由承天门外的两阙演化来的，阁外侧建有朝堂，也和承天门外的情况全同，相当于宫前区。第二段自含元殿后至宣政殿约三百余米，东西有横亘全宫的第二道横墙。宣政殿四周有廊庑围成宽约二

① 中国科学院考古研究所，唐长安大明宫，科学出版社，1959 年。

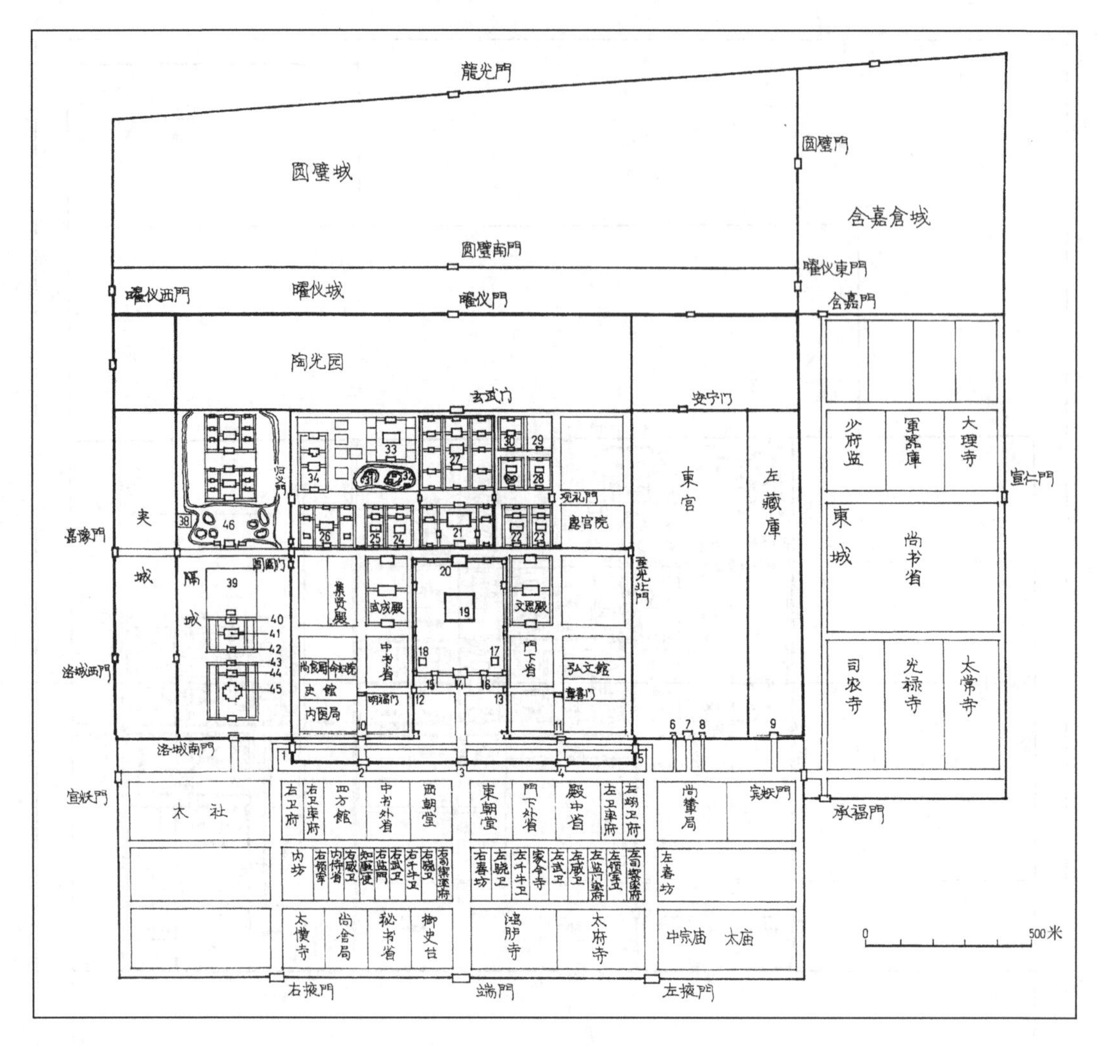

图 6-6　隋紫微宫唐洛阳宫平面示意图

中国古代建筑史（第二卷），图 3-2-5，中国建筑工业出版社，2001 年

百余米的巨大殿庭。东廊、西廊外侧为中央官署。宣政殿是皇帝朔望见群臣之处，相当于太极宫之太极殿，殿左右建官署的情况也相同。自含元殿至宣政殿一段是宫中的朝区。第三段为宣政殿之后的紫宸门，门内有紫宸殿，是皇帝隔日见群臣之处，相当于太极宫之两仪殿，为寝区主殿。紫宸殿东有浴堂殿、温室殿，西有延英殿、含象殿，东西并列，是唐帝日常活动之所。紫宸殿北有横街，街北即后妃居住的寝殿区，其主殿在紫宸殿北，为蓬莱殿。殿后又有含凉殿，北临太液池。二殿之左、右东西并列又有若干次要殿宇，自成院落。南起紫宸门，北至含凉殿，包括东西次要殿宇，四周有宫墙围绕，形成宫中的寝区。第四段为苑囿区，在寝区之北，以宫中湖泊太液池为中心，池中有岛。环池的东、西、北三面各建有若干殿宇。池西的麟德殿、大福殿，都是巨大的建筑群，麟德殿是非正式接见和宴会之处；池北有大角观、玄元皇帝庙、三清殿等，都是道观。三清殿等之北即宫北墙，正中为北面正门玄武门。自寝区以北至玄武门，包括太液池及其周围诸殿，是宫内苑囿区（图 6-7）。

大明宫的布局和太极宫基本相同，不同之处一是含元殿前有广场，二是朝区的“外朝”

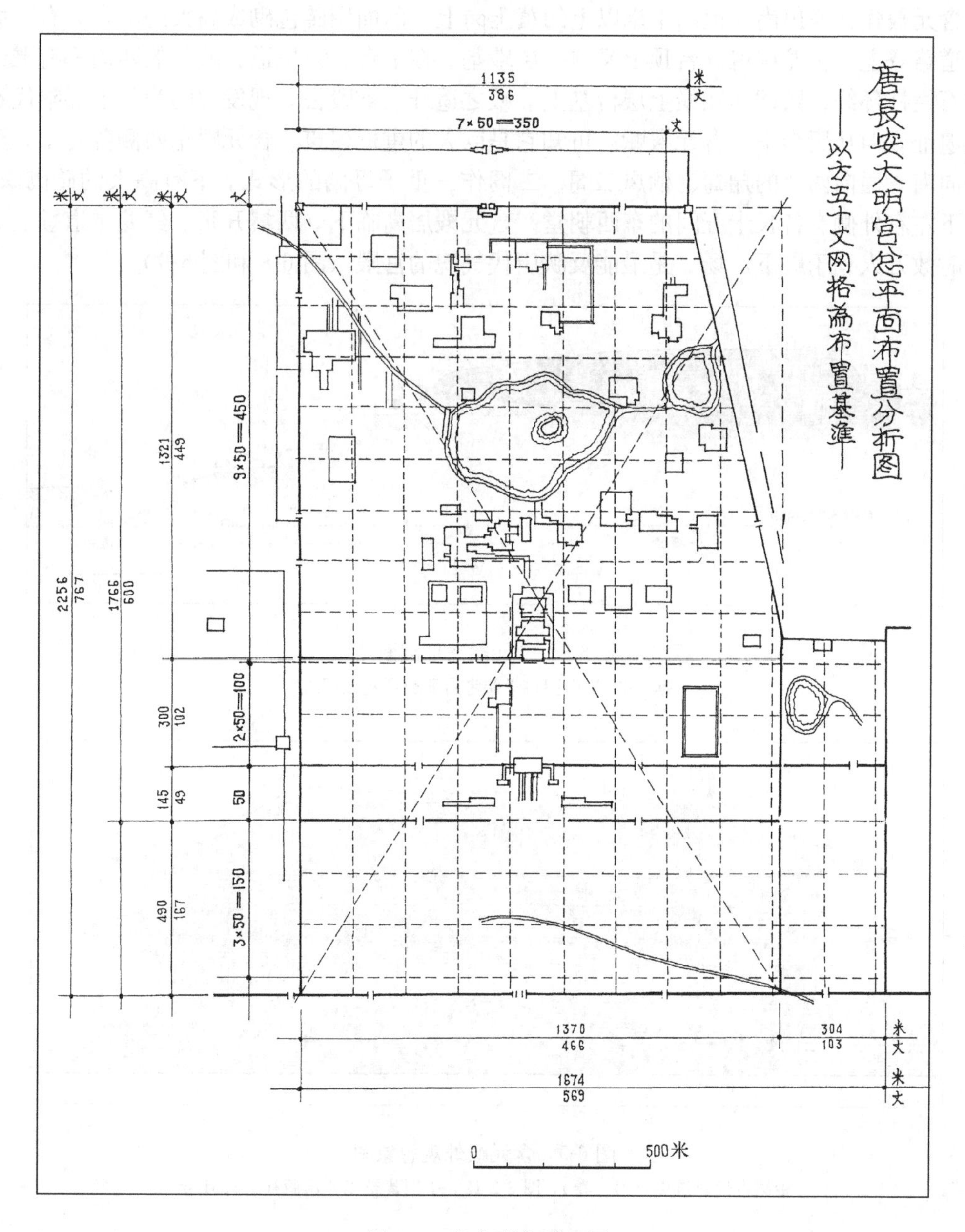

图 6-7 唐大明宫平面图

不作城门而建为含元殿。前者是因为大明宫建在城外，为独立之宫，其前应有相当于皇城的部分，以安排宫外的中央官署，故以这段广场象征皇城，左右外侧建金吾左右仗院以象征官署；后者则是因应建宫门之处恰在高岗前沿，下面不能开门洞登上，故改建为殿，用坡道登上。它左右的东西横墙实即大明宫的真正南墙，墙北宫中依次分朝、寝、苑囿三区也和太极宫相同。

大明宫内的含元殿、麟德殿、三清殿、玄武门等都已发掘并进行过复原研究，可以大体上知道它的面貌。

含元殿建在高出南面地面十米以上的黄土岗上，前面用砖包砌成高大的墩台，有平坡相间的道路登上，称龙尾道。台顶上又建一层殿基，在墩台、龙尾道、殿阶的四周都有雕刻精致的石栏杆环绕。殿即建在最上层台基上，殿之遗址已被毁去，现发现的为其下层隋代观德殿的遗址，但从唐李华《含元殿赋》可知它是巨大的重檐建筑。含元殿东西侧各有廊，至角矩折向南，通向两侧的翔鸾、栖凤二阁。二阁作三重子母阙的形式，下有高大的砖砌墩台。二阁下左右外侧有各长十五间的东西朝堂。含元殿居高临下，两翼开张，经龙尾道登上，大朝会时数万人列于殿下广场，是最能反映唐代气魄的宫殿（图 6-8 和图 6-9）。

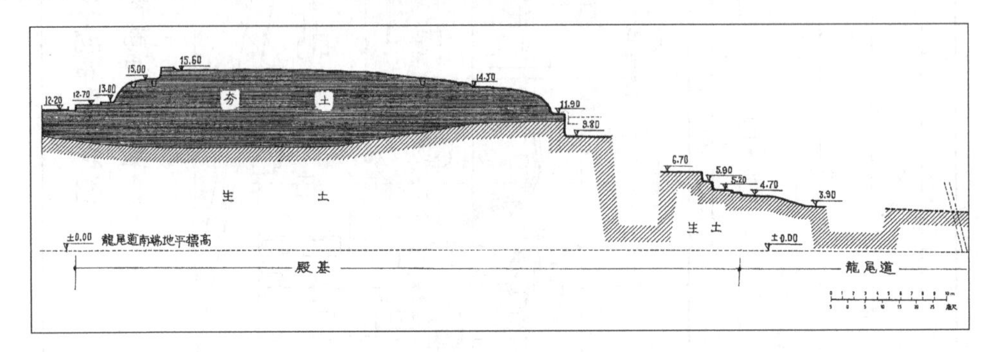

图 6-8　含元殿遗址剖面图

据 1972 年中国科学院考古研究所提供图纸

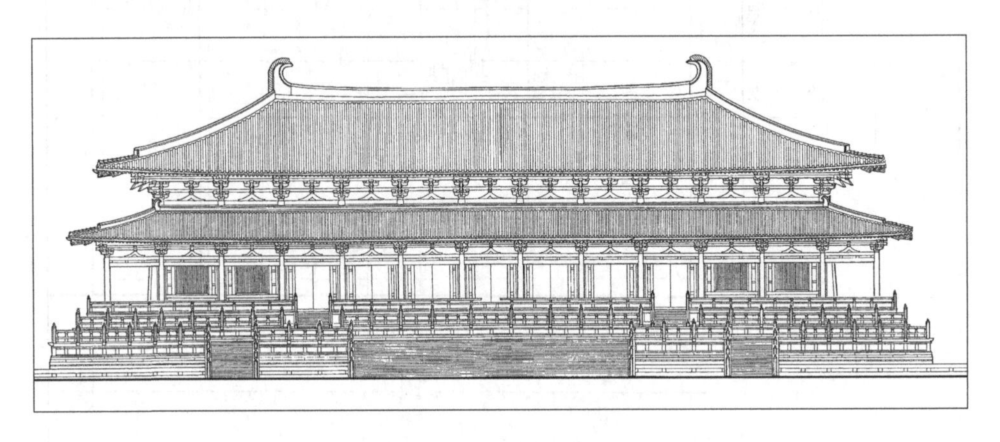

图 6-9　含元殿外观想象图

中国古代建筑史（第二卷），图 3-2-12，中国建筑工业出版社，2001 年

麟德殿在太液池西侧高地上，是唐帝宴会、非正式接见藩臣和娱乐的场所，殿下有二层台基，殿本身由前、中、后三殿聚合而成，故俗称“三殿”。三殿均面阔九间，前殿进深四间，中、后殿均进深五间，除中殿为二层的阁外，前后殿均为单层建筑，总面阔 58.2 米，总进深 86 米，面积近 5000 平方米。在中殿左、右有二方亭，亭北在后殿左右有二楼，都建在高 7 米以上的砖台上。自二楼向南有架空的飞桥通向二亭、自二亭向内侧又各架飞桥通向中殿之上层，共同形成一组巨大的建筑群。在前殿东、西侧有廊，至角矩折南行，东廊有会庆亭。史载在麟德殿大宴时，殿前和廊下可坐三千人并表演百戏，还可在殿前击马球，故殿前极可能是开敞的广场。麟德殿是迄今所见唐代建筑中形体组合最复杂的大建筑群（图 6-10至图 6-12）。

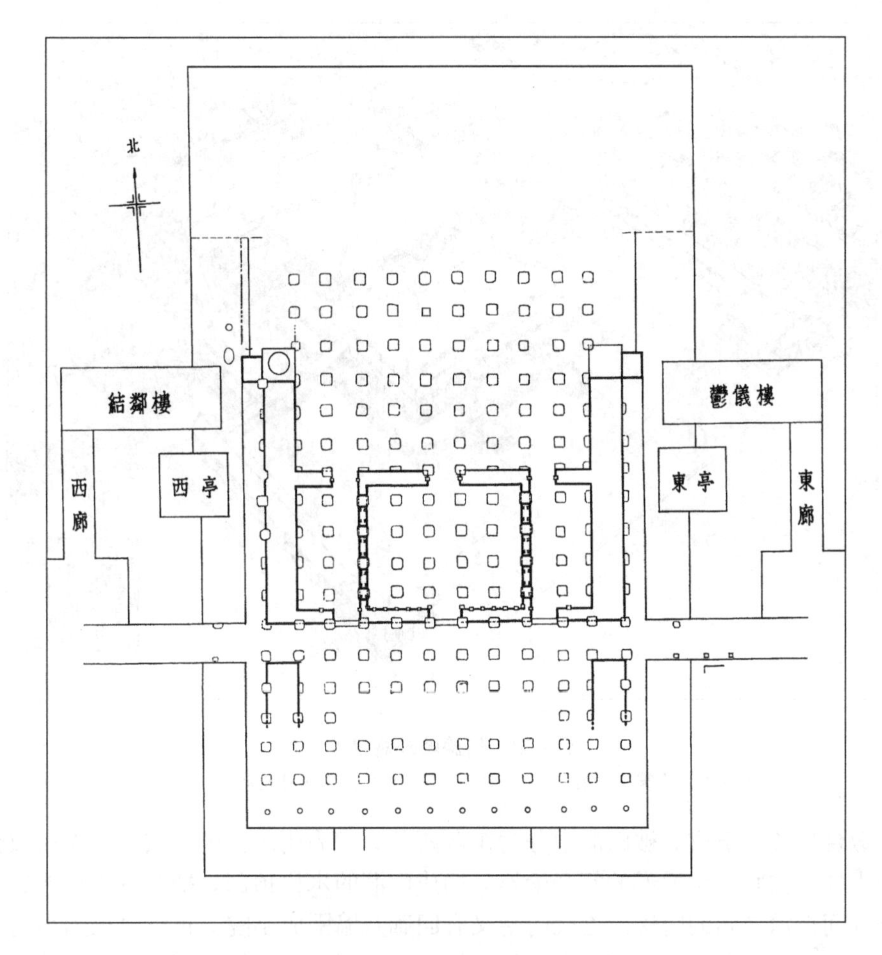

图 6-10 麟德殿遗址平面图

刘敦桢：中国古代建筑史，图 79-1，中国建筑工业出版社，1984 年第二版

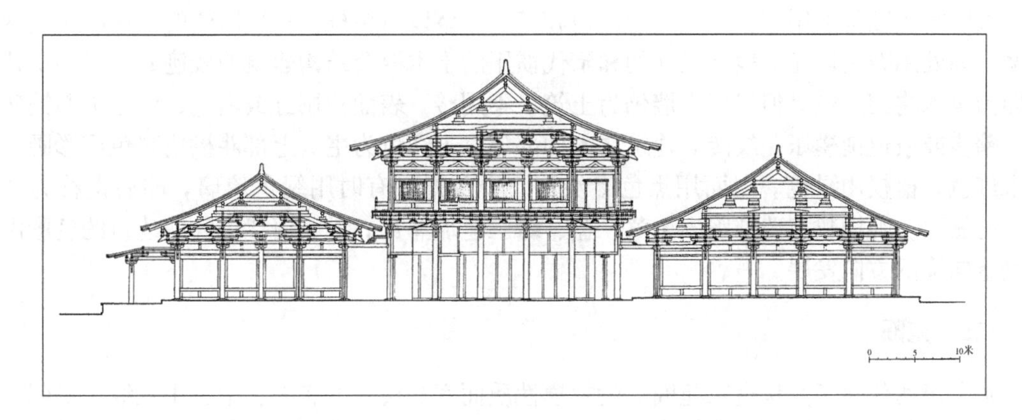

图 6-11 麟德殿剖面复原图

中国古代建筑史（第二卷），图 3-2-19，中国建筑工业出版社，2001 年

玄武门是大明宫北面的中门。门北有深 156 米的夹城，夹城上有重玄门，南对玄武门，重玄门北即唐宫北面的禁苑。玄武门和重玄门规模相同，都是夯土墩台、木构城门洞的城

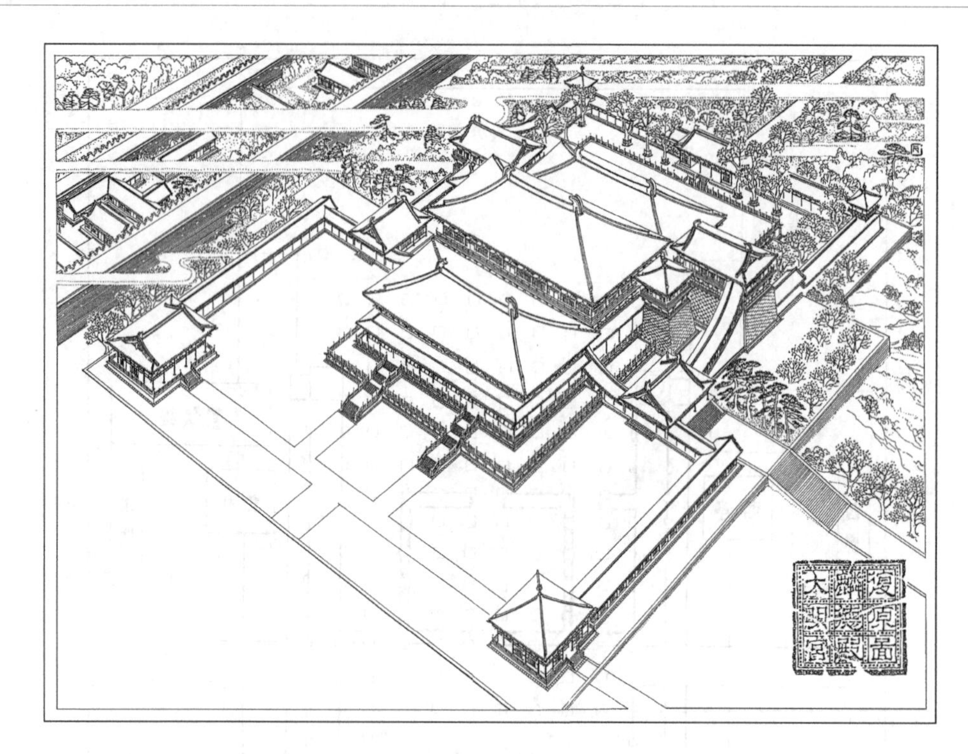

图 6-12 麟德殿外观复原图

中国古代建筑史（第二卷），图 3-2-22，中国建筑工业出版社，2001 年

楼。城下墩台均夯土筑成，被门洞中分为东西两部，四周用砖包砌。城门洞先在墩台之内侧立密排的木柱，柱间架设梯形的复合梁架，构成门洞的木构顶部，把左右墩台连成一体，顶上建面阔五间进深二间的门楼。玄武门南又有回廊及墙围成小院，正中建三间小门；重玄门北也有同样的小门，各自形成两重门，加上门楼，实际有四重门，可见唐代宫城防卫之严密(图 6-13 和图 6-14)。

大明宫各殿都下用夯土台基，四周包砌砖石，绕以石栏杆。初期所建的麟德殿正面两端各宽一间处用夯土填充，表现出北朝和隋代惯用的土木混合结构建筑的残迹；中后期所建各殿即为全木构架建筑，但房屋之墙仍为土筑，不用砖，表面粉刷红或白色。殿之地面铺砖或石，踏步或坡道铺模压花纹砖，建筑之木构部分以土红色为主，上部斗栱用暖色调彩画，门用朱红色，窗棂用绿色，屋面用黑色渗炭瓦，脊及檐口有时用绿色琉璃，即后世称为“剪边”的做法。晚期建筑遗址曾出土黄、蓝、绿三色琉璃瓦，说明唐代中晚期建筑的色彩由简朴凝重向绚丽方向发展。

（二）苑囿

隋、唐两代建了大量皇家苑囿，就规模性质而言，实际上有大、中、小三级。洛阳的西苑和长安的禁苑最大，都附在宫城之外，面积甚至大过都城本身。沿袭汉以来历朝传统，皇帝游园活动都随从众多，往往达数百人的规模，若举行大宴或游乐活动，规模甚至在千人以上，有时还要举行竞技表演等活动，故大型的苑囿兼有游乐场的性质，因而地域广大，景物开阔。如洛阳西苑周回一百二十六里，建有十一宫；长安禁苑周回一百三十里；内有宫、亭三十四所，可以想见其规模。苑内宫馆楼阁叠起，以表现皇家富贵豪侈的气概。但苑中除宫

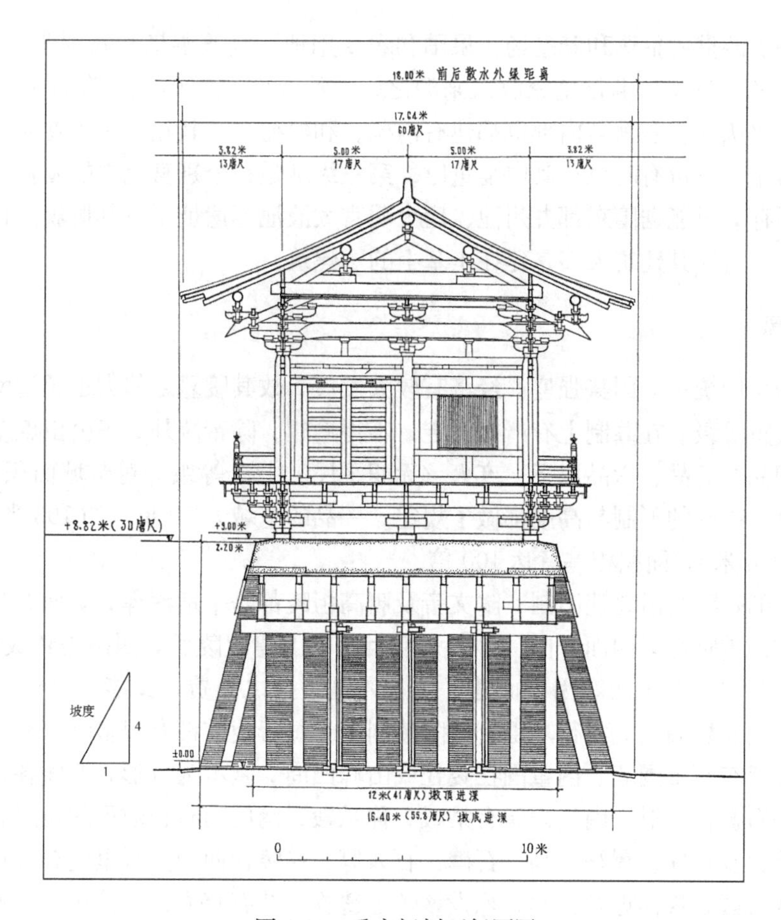

图 6-13 重玄门剖面复原图

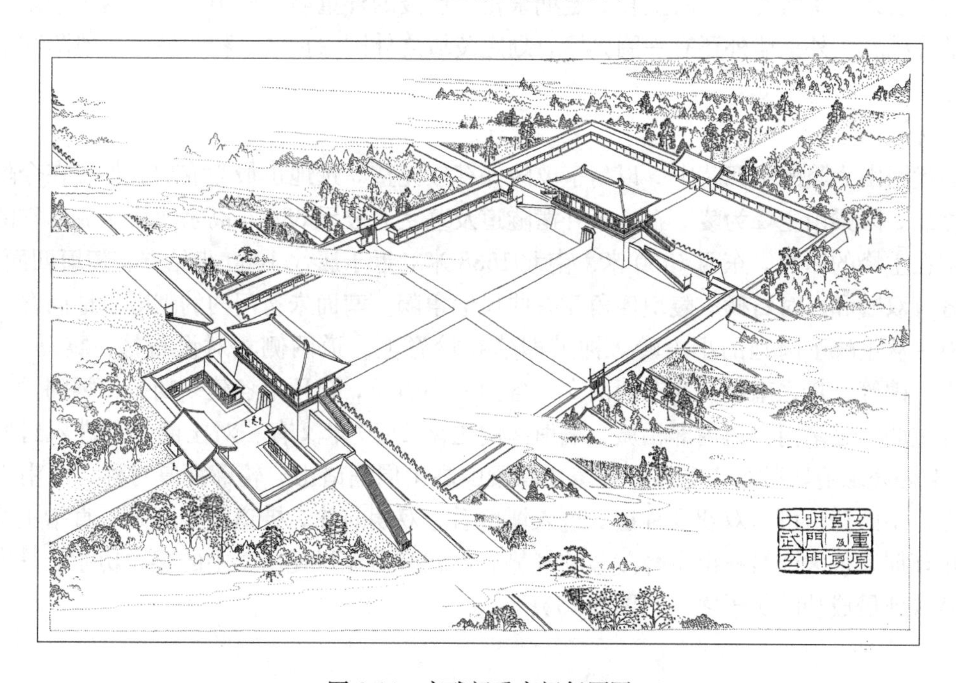

图 6-14 玄武门重玄门复原图

院外，主要是供游猎的猎场和养殖场、果圃和农垦用地，是兼游息和农副业生产于一体的，实近于皇帝的私人庄园，也是皇家收入来源之一。第二级是宫内苑，隋唐两京各宫如太极宫、大明宫、兴庆宫、东都宫内部也都建有内苑。和禁苑比，其建筑密较度大，景物也较集中，以游赏为主，皇帝有时也在其内宴重臣。第三级则是在个别宫院内的园林绿化点景。因各苑囿久已不存，只能据隋东都九州池、唐大明宫太液池等遗址了解其概貌。目前所发现的都是夯土基址，可知其建筑大多是建在土基上的木建筑。

（三）陵墓

隋唐时期全国统一，国势强盛，经济有较大发展，故其陵墓之侈大也超过南北朝时。中国古代社会极重等级，在墓制上有严格规定，不得逾越。除帝陵外，王公臣庶墓分一品、二品、三品、四品、五品、六品以下、庶人（无职平民）七个等级，对茔域面积、坟丘高度、所用石兽数量、碑碣的形制与高度都做了规定。一品的茔域方 70 步（约 103 米），庶人茔域方仅 7 步（10.3 米），面积相差竟达 100 倍。

隋及初唐的帝陵尚沿北朝旧制，隋文帝及唐高祖陵都是平地深葬，上面夯筑巨大的方锥形陵丘，外建二重陵垣，四面开门。自唐太宗因九嵏山建昭陵后，因山为陵成为唐陵主流，唐代十八座帝陵中，有十四座因山而建，既省夯筑陵丘之烦费，又能更好地衬托出陵的气势。唐代又沿用北魏旧制，实行功臣密戚陪陵制度，每帝陵前都有很多陪葬墓，形成巨大的陵区，唐陵一般有两重围墙，内重围在陵丘或山峰四周，基本为方形，四面各开一门，门外有砖包土阙和石狮各一对，南门内建有祭殿，称献殿。南门南有长数里的陵道，称神道。自南而北，夹神道设石柱、翼马、马、石碑、石人等。在陵丘西南方数里建有寝宫，按宫殿体制建有朝、寝二区，规模近四百间，陈设该帝之遗物，并有宫人、内侍按“事死如事生”之意每日展衣衾、备盥洗、三时上食，定期祭祀。唐陵的外重墙称壖垣，壖垣内为禁区，遍植柏树，称柏城。外重墙外还有一圈界标，划定陵域之外围保护区，称封域。一般陪葬墓都葬在封域中。

1. 唐乾陵

唐代因山为陵的十四陵中，以高宗乾陵保存较完整，选地也最为成功。乾陵在今陕西省乾县之北，因梁山主峰为陵，在山半开凿隧道及墓室，公元 684 年高宗死后落成。它的内重陵垣围在主峰的四面，东西 1450 米、南北 1538 米，近于唐代 1000 步见方。陵垣四面开门，门外各有双阙和一对石狮，陵垣四角建有曲尺形角阙。南面朱雀门内的献殿基址尚存。朱雀门南有一从主峰下南延的小山岭，神道即建在岭脊上。道两侧相对设石柱、翼马、朱雀、马、人、碑等。岭之南端分为东西两支，各为一小山丘，丘顶上各建一阙，二阙间设门，即乾陵外重壖垣之南门，垣内即柏城。壖垣南门之南 2850 米又有一对土阙，是进入封域的标志。[①] 乾陵陵域有陪葬墓十七座。乾陵主峰梁山高出周围诸山，轮廓浑厚对称，山南小岭及岭南端二小山丘恰可建双阙及神道，进入壖垣后，双阙前耸，神道步步高升，直指主峰，左右翠柏环拥，极大地衬托出主峰陵墓的气势，也就有力地衬托出墓主的盛大功业，是中国古代陵墓选址最成功的例子之一（图 6-15）。

---

① 陕西省文物管理委员会，唐乾陵勘查记，文物，1960 年第 10 期。

2. 隋唐贵族墓

隋唐贵族不许因山造墓，均为平地深葬，上起坟丘。茔域四周可筑墙，但只许开南面一门。太子及诸王公主坟丘可筑为方锥形，大臣和庶民只能为圆锥形。造墓时一般先向下开挖斜坡墓道，下地四五米后，在尽端开挖墓室。大贵族墓入地深达7～8米，因墓道过长过深，其后半多用开竖井的方法开凿隧道。墓主级别愈高，墓道愈长，则竖井也愈多，最多一例有七个竖井。现考古界称竖井为“天井”，称被天井截断的隧道为“过洞”，而露天坡道仍用“羡道”古称。隧道末端改为水平方向，通向墓室。墓室方形，四壁用砖衬砌，上为砖穹顶。大型墓有前后两个墓室，连以甬道。隋唐墓道、墓室多画壁画，表现生人居室和侍从、侍女服侍情况。在这类墓中，一般以过洞表示门，以天井表示院落，以墓室表示前厅、后堂，故墓之过洞、天井、墓室的数量实即表示它所象征的地上居宅的院落及厅堂的进数，以表现不同等级的第宅。1971年发掘的陕西乾县唐懿德太子墓可为这类墓的代表（图6-16）。[①]

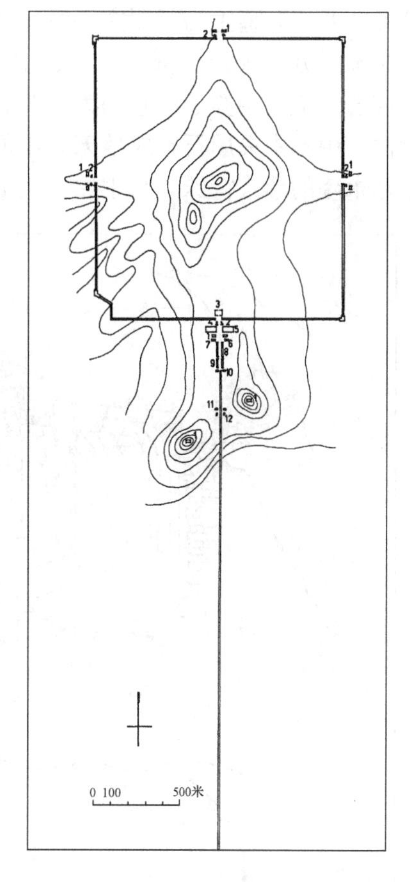

图6-15　陕西乾县唐高宗乾陵总平面示意图
刘敦桢：中国古代建筑史，图98-1，
中国建筑工业出版社，1984年第2版

3. 前蜀永陵

五代各国的帝陵只发现了南京的南唐陵二座和四川成都的前蜀永陵（图6-17）。永陵

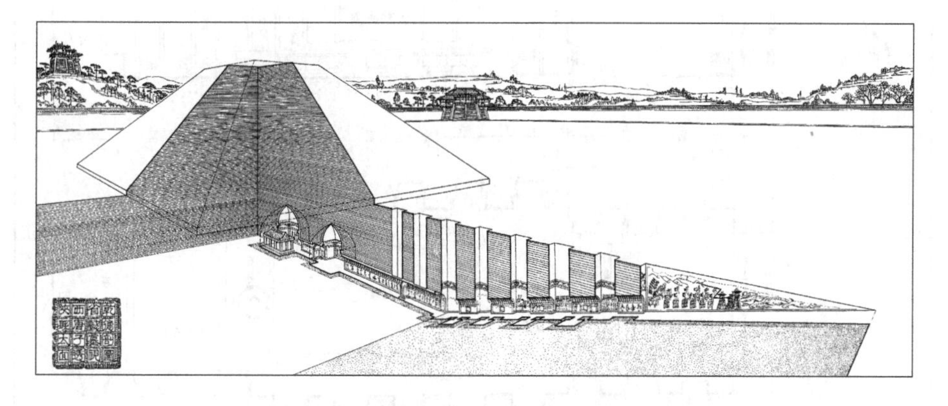

图6-16　陕西乾县唐懿德太子墓剖面透视图
中国古代建筑史（第二卷），图3-4-20，中国建筑工业出版社，2001年

① 陕西省博物馆等，唐懿德太子墓发掘简报，文物，1972年第1期。

建于公元 918 年，墓主为前蜀主王建。其墓室实际建在地平以上，用块石条石砌出墓室，其外复以半球形夯土坟丘。墓内分前、中、后三室，都用石砌出肋，自侧壁上升，向中心斗合，形成若干道石拱券，以它们为骨架，肋间砌石，形成墓室。这种有肋的筒壳在当时是罕见的做法。中室中央用石砌成棺床，作须弥座形式，后室的后半也砌一石床，上置王建石雕像。王建永陵的形式特殊，与中原、关中地区的隋唐墓完全不同。

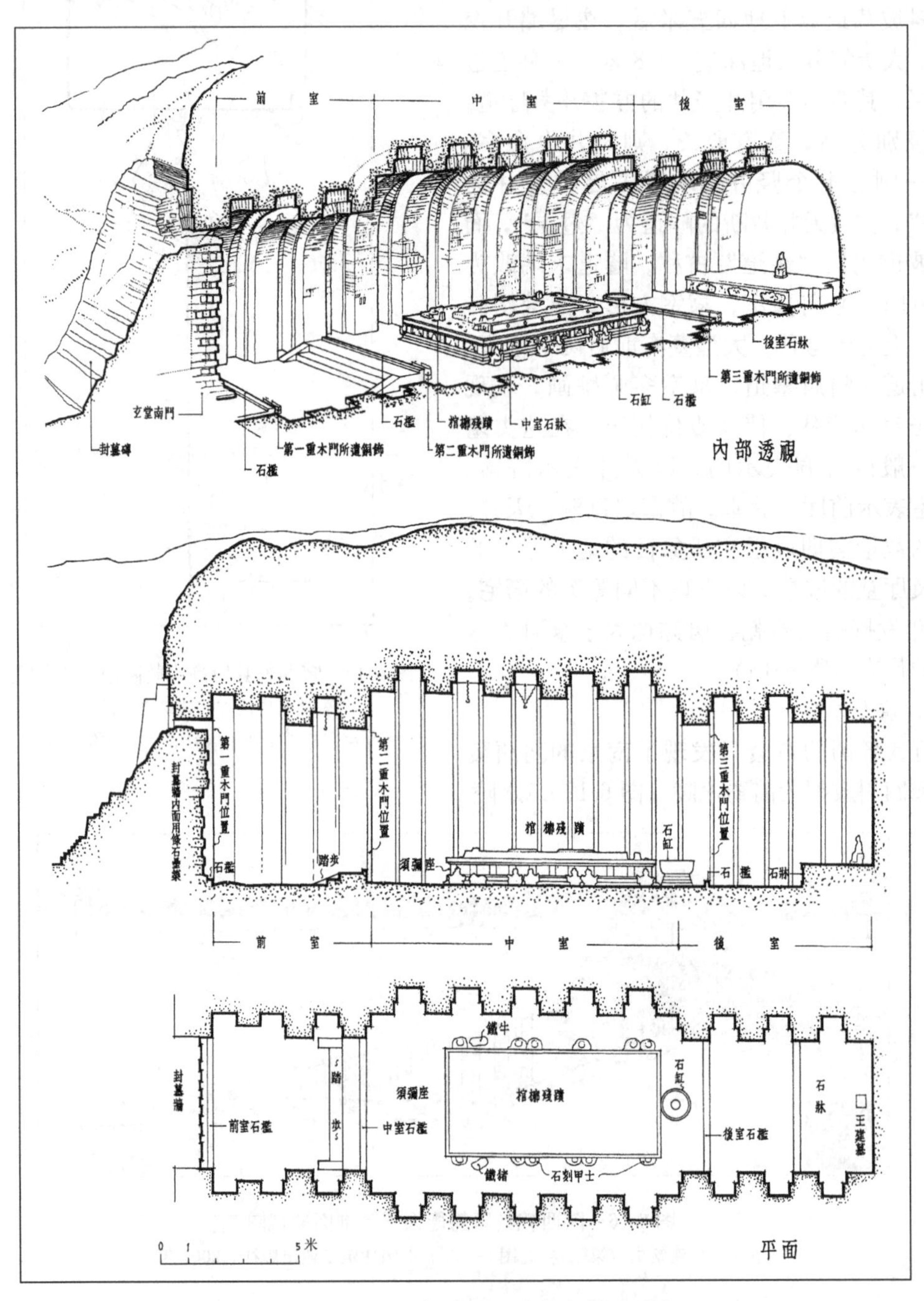

图 6-17　四川成都前蜀王建永陵平剖面图

刘敦桢：中国古代建筑史，图 101-1，中国建筑工业出版社，1984 年第二版

（四）宗教建筑

唐代宗教以佛、道为主。初唐认老子李耳为远祖，崇尚道教，佛教位居其下。至高宗武后以后，佛教转盛，佛、道都受到尊信，唐玄宗下令天下州府各建一寺、一观，都以开元为名，要求佛、道二教都在他的诞辰为他祝延。至唐末，佛教的过度发展在占地和劳动力流失方面与国家利益冲突日渐尖锐，在武宗时遂受到严厉限制，发生了“会昌灭法”之役，拆毁了大量寺庙，并令大量僧尼还俗。唐代对西域交流频繁，故西域的袄教拜火教、伊斯兰教和基督教都曾传入，但主要信徒是入唐的西域人，规模不大，现只发现少量有关遗物而基本无寺庙遗迹留存。

1. 佛教建筑

(1) 概况。北周末年，武帝宇文邕从南朝的梁及北朝的北魏等崇佛的经验中看到，佛教过度发展会损害经济发展，甚至造成动乱危亡之局，遂于建德三年（公元574）下令灭佛，毁境内佛寺。公元578年周武帝死，灭佛之令松弛。581年隋文帝建立隋朝后，因其得国出于篡夺，为求心理平衡，故一反周政，大力崇佛求福。582年建都大兴，制寺额120枚，任人领取建寺。583年下令恢复大量被废的佛寺，591年下令天下州县各立僧、尼二寺，601年起又令天下诸州各建舍利塔，在首都大兴也先后由皇帝建大兴善寺、禅定寺等巨刹，佛寺经北周灭佛挫折后在隋代又得到巨大的发展。

隋末战乱，佛寺又受到重大破坏。唐立国之初，在高祖、太宗时尚无力进行大规模崇佛活动，且唐帝室又尊老子李耳为远祖，把道教地位排在佛教之前，故初唐时佛教地位有所下降。到唐高宗和武则天时才又开始大力崇佛，各为其亡父母建巨刹祈福，佛寺再次得到发展。安史之乱后，唐国势衰落。崇佛祈福的心情转更迫切，故中晚唐时，佛教更盛。到唐武宗时，又因僧徒日多，寺产巨大，侵及国家和地方的经济利益，遂于会昌四年（公元844）下诏淘汰僧庄、佛寺，规定长安、洛阳各留四寺，正州各留寺一所，其余废毁。一年之间，天下拆寺四千六百余所，招提、兰若（小型村佛堂）四万余所，还俗僧有二十六万余人、奴婢十五万人，都令他们重为纳税户，收回上等田数千万顷。经此一役，隋唐以来所建佛寺基本被毁。公元847年唐宣宗即位后虽曾又恢复佛寺，但唐已在灭亡前夕，国力衰竭，民生凋敝，已不可能再恢复以前的盛况。中国现存唐代建筑实物极少，唐“会昌灭法”是重要原因。

隋唐佛寺大体可分二大类，第一类为经国家允许领到寺额的，前述会昌灭佛时毁去的四千六百余寺属此；第二类为坊市和乡村私立的，又称“村佛堂”，前述会昌灭佛所拆四万余所招提（拓提）、兰若属此。国家许建领有寺额的至少有三种：第一种为皇帝、皇后自建的，属最高等级；第二种是国家下令各州建的，如武则天时所建大云经寺和玄宗时的开元寺，是按国颁统一标准建的；这两类佛寺可以造得接近宫殿的规格。第三种是诸王、公主、贵族、贵官、富商出资建造并领有寺额的，视建造者之地位、财力、可建得近于宫殿，但面阔不得超过七间，也可近于贵邸，地方乡里私建的村佛堂则至多可近于邸宅，不允许建为宫殿形式，即不得使用庑殿式屋顶。

隋唐佛寺已无完整保存至今者，只能据文献记载结合近年的发掘略知其概貌。隋在大兴（长安）由皇帝所建大寺主要有大兴善寺和大禅定寺。大兴善寺在主街朱雀街东高地上，占靖善坊全坊之地，东西562米、南北525米，面积0.3平方公里，是隋所建具有“护国”性质的最重要寺院。禅定寺分为东、西二寺，是为隋文帝及其皇后祈冥福而建，总面积约

0.97平方公里。东寺建有高330尺的木塔，为城内最高的木建筑。唐所建则有西明寺、慈恩寺、章敬寺等，慈恩寺为公元648年唐高宗做太子时为其母祈福而立，他为帝以后遂成为国家大寺，占进昌坊东半坊之地，面积约0.26平方公里，房屋1897间，分为十余院。西明寺原为隋权臣杨素宅，占延康坊四分之一，面积0.122平方公里。公元658年唐高宗立为寺，有房屋四千余间，分十院。章敬寺在通化门外，唐代宗大历二年（公元767）为其母吴皇后追福而立，有房屋四千一百三十余间，分四十八院，是记载中规模最大的寺院。隋唐长安城中还有很多太子、诸王、公主、贵官显宦所立之寺，都很巨大。

隋唐长安诸大寺中，西明寺、青龙寺已局部发掘。西明寺最东侧发现一殿址，宽51.5米、深33米，为宽9间深6间的大殿。从位置看，此殿并非主殿，已有如此规模，可以推知主殿当更为壮丽。青龙寺占新昌坊的1/4，面积0.13平方公里，已发现西部塔院址，院宽98米、深近140米，周以回廊，南北各开门。院中前部为塔基，方15米，后部相隔45米为大殿基，面阔13间，深5间，宽52米，深20.5米，其规模竟和唐大明宫含元殿相近（图6-18）。[①]

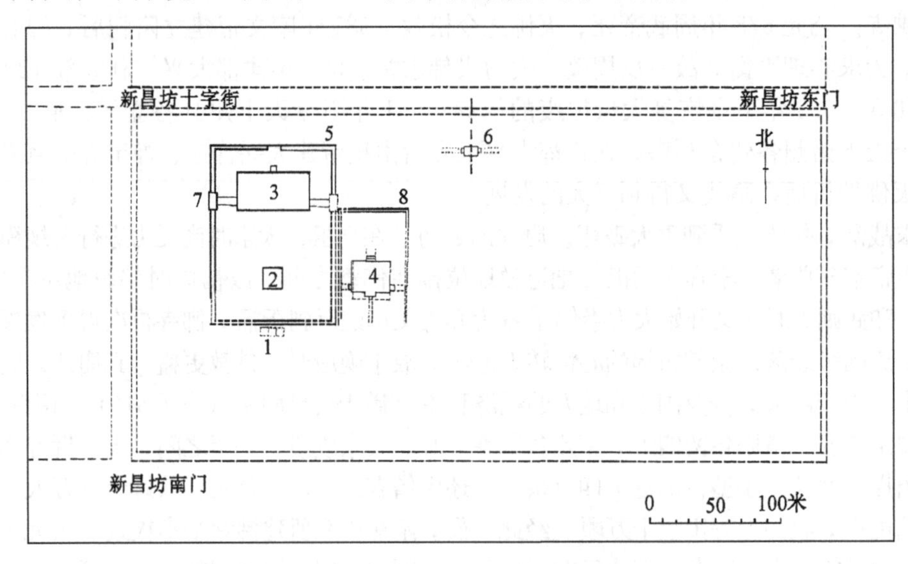

图6-18　陕西西安唐青龙寺遗址平面图
中国古代建筑史（第二卷），图3-7-5，中国建筑工业出版社，2001年

自南北朝后期起，佛殿建筑和布局即日趋宫殿化，除少数寺沿袭旧传统仍以塔为中心，如前举之隋禅定寺等外，大部分均以殿为主体。当时的宫殿多以院落为单位，每院有正门、后门，门间连以回廊，形成矩形院落，主殿建在院落中心，左右有廊，连通东西廊，形成日字形平面。大型宫殿在东西廊外附建若干小院，南北串连，有多至四五院的，诸小院或附在廊外，在廊上开门进入，或在东西廊外辟南北巷，巷之外侧建院。这种大型宫殿和贵邸的布局也用于重要佛寺，以主佛殿所在中院为主体，四周廊庑环绕，南、北面开门，殿庭内前为佛殿，后为讲堂。在中院的东西廊外也多排列小院，一般以东廊或西廊第几院称之，前举之大兴善寺正殿竟和太庙大殿同一规格，主院两廊建有若干小院。其布局和宫室、贵邸中主院外另建若干别院的布局相同（图6-19）。

① 中国社会科学院考古研究所，唐长安青龙寺遗址，考古学报，1989年第2期。

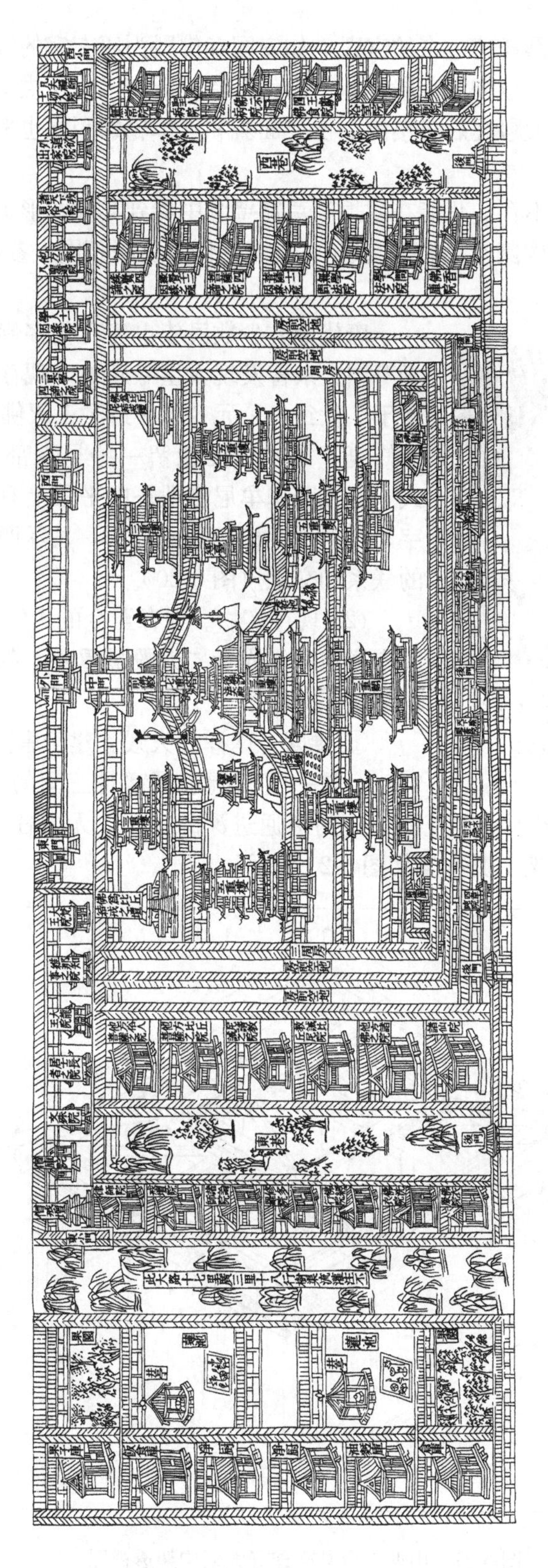

图 6-19　《关中创立戒坛图经》中所附大型寺院图

据金陵刻经处刻本附图

佛寺中的殿宇有些就是迁建过来的宫殿，如安国寺佛殿为唐玄宗的寝室。由于有这些先例，各寺互相攀比，其殿宇也彻底宫殿化了。唐代开始流行密宗，所供菩萨多为立像，故自盛唐开始，佛寺中盛行在大殿之后建楼阁，佛寺面貌和立体轮廓因之也发生变化，这在敦煌中唐以后壁画中有所反映。

唐代佛寺完整的久已不存，只能在敦煌高莫窟壁画中看到其壮丽形象。唐武宗会昌灭法诏书中说当时寺庙"皆云构藻饰，僭拟宫居"，指责它们和宫殿相同，参证壁画中所见形象，这说法是符合事实的。

图 6-20　西藏拉萨大昭寺释迦牟尼佛殿中的平梁叉手（照片）

唐代地方少数民族也建有很多佛寺，在黑龙江宁安渤海国上京曾发现大型寺庙址。现存西藏拉萨大昭寺创建于 7 世纪，公元 841 年遭藏王灭佛破坏，11 世纪后陆续修复，其主殿尚遗留一些早期部分，为西藏传统形式，但在释迦牟尼佛殿正中平梁上有一个巨大的唐式人字叉手上承令栱和藏式替木，显示西藏和内地在建筑上的联系和交融（图 6-20）。

（2）现存实物。保存至今的唐代木构建筑只有四座，以南禅寺和佛光寺二大殿最重要，都在山西五台县。砖石塔幢保存稍多。

① 佛殿。南禅寺大殿：建于唐德宗建中三年（公元 782），是一座面阔进深都是三间的小殿，宽 11.75 米、深 10 米，上复单檐歇山屋顶。建筑内部用两道通进深的梁架，无内柱，室内无天花吊顶，属于木构架中的厅堂型构架，其构架如图 6-21 所示。

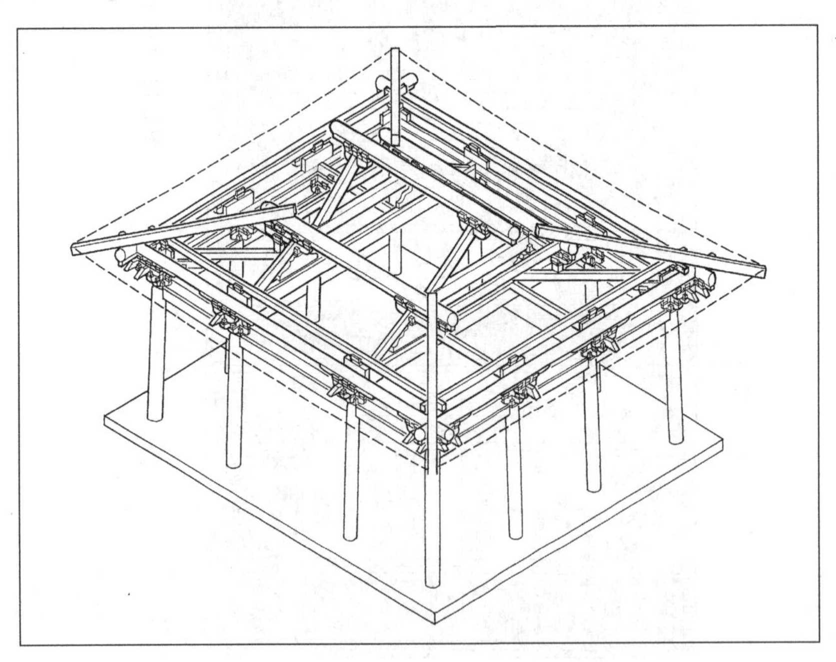

图 6-21　山西五台县南禅寺大殿构架透视图

佛光寺大殿：建于唐宣宗大中十一年（公元857），是一面阔七间进深四间单檐庑殿顶的大殿，宽34米、深17.66米。它属于木构架中的殿堂型构架，由柱网、铺作层、屋架三层上下叠加而成，内部有天花（图6-22）。佛光寺是北魏以来名刹，属领有寺额的正式寺院，为会昌灭法时拆除的四千六百余寺之一，此殿是灭法之后重建的，修建人是唐末权倾一时的大宦官王守澄的家属。中国古代建筑受等级约束，宫殿邸宅与一般民居差别甚严，佛寺也同样有级差。佛光寺是正式寺宇，故其正殿可与宫殿相似，使用殿堂型构架，造庑殿顶。南禅寺是非正式的村佛堂，故至多与贵邸的厅堂近似，使用厅堂型构架，造低一个等级的歇山屋顶。它因是会昌灭法时幸存之建筑，尤为珍贵。

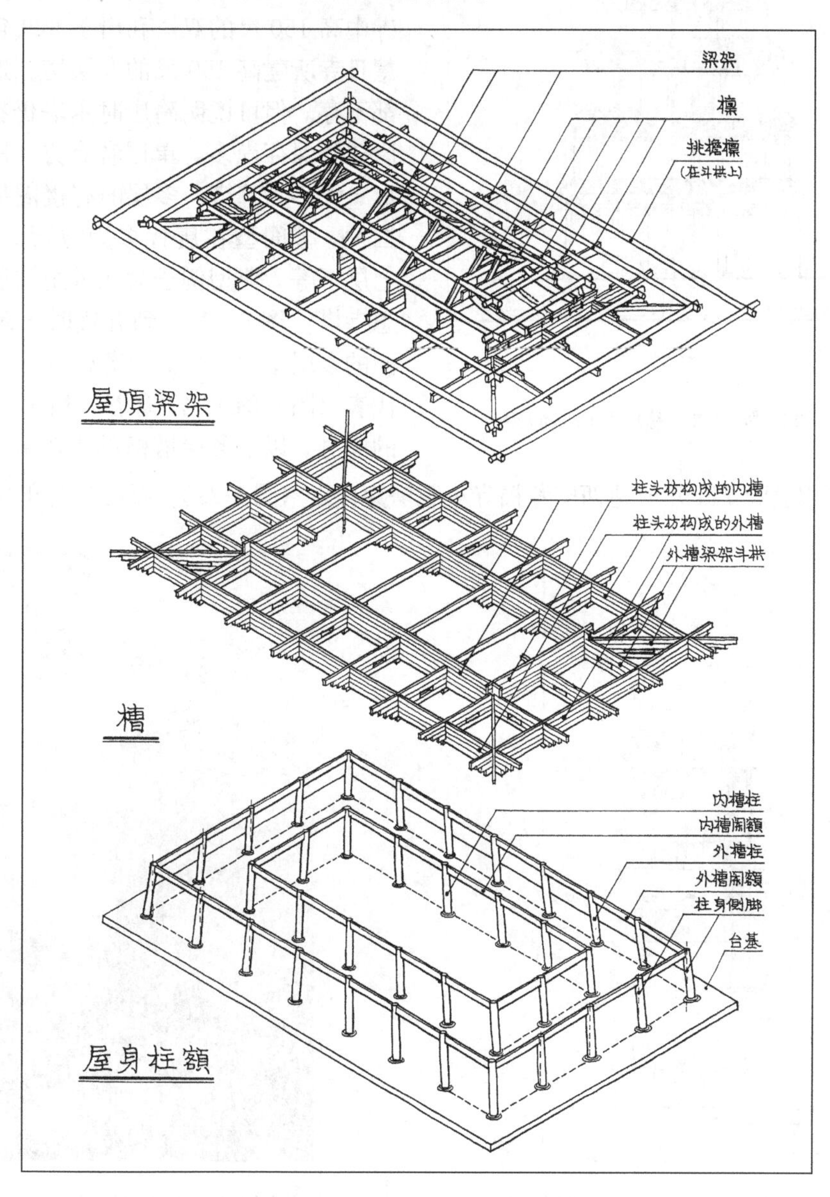

图6-22　山西五台县佛光寺大殿构架分解示意图

② 塔幢。唐代仍盛行建佛塔，但除少数例外，一般已不建在佛寺中心，而在主院殿前

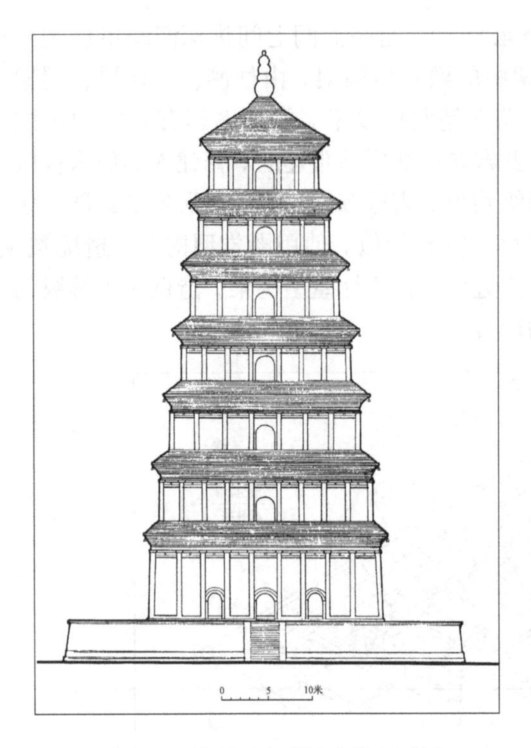

图 6-23　陕西西安慈恩寺塔立面图

两侧或主院外的东南、西南方。此外也大量建造墓塔。塔的形式有单层、多层，平面有方、圆、六角、八角，构造有木、砖石不等。隋唐木塔史籍所载颇多，仅隋大兴——唐长安一地，除前举隋于公元 611 年所建高 330 尺（97 米）的禅定寺七层木塔外，还有隋于 590 年建的延康坊静法寺高 150 尺（44 米）的木塔、隋文帝皇后所建丰乐坊法界尼寺中高 150 尺的双塔和唐于 629 年在怀德坊慧日寺所建高 150 尺的九层塔。这些木塔虽都不存，但可说明隋唐时木塔仍在盛行。隋唐砖塔保存尚多，单层者有方、圆、八角等形，大多为墓塔。多层的有楼阁型与密檐型二种，楼阁型在唐代多为方形，高三、五、七层不等，典型例子为八世纪初所建西安慈恩寺塔（图 6-23）。到五代时出现八角形平面的多层楼阁型塔，以苏州虎丘云岩寺塔为代表（图 6-24）。密檐塔只最下一层有较高的塔身，以上各层塔檐重叠密接，轮廓呈抛物线形，可以公元 711 年所建西安荐福寺小雁塔为代表（图 6-25）。石塔多为单层小塔，但

图 6-24　江苏苏州虎丘云岩寺塔剖面图
中国古代建筑史（第二卷），图 3-12-46，
中国建筑工业出版社，2001 年

图 6-25　陕西西安荐福寺小雁塔
中国古建筑，中国建筑工业出版社，
1983 年，第 64 页

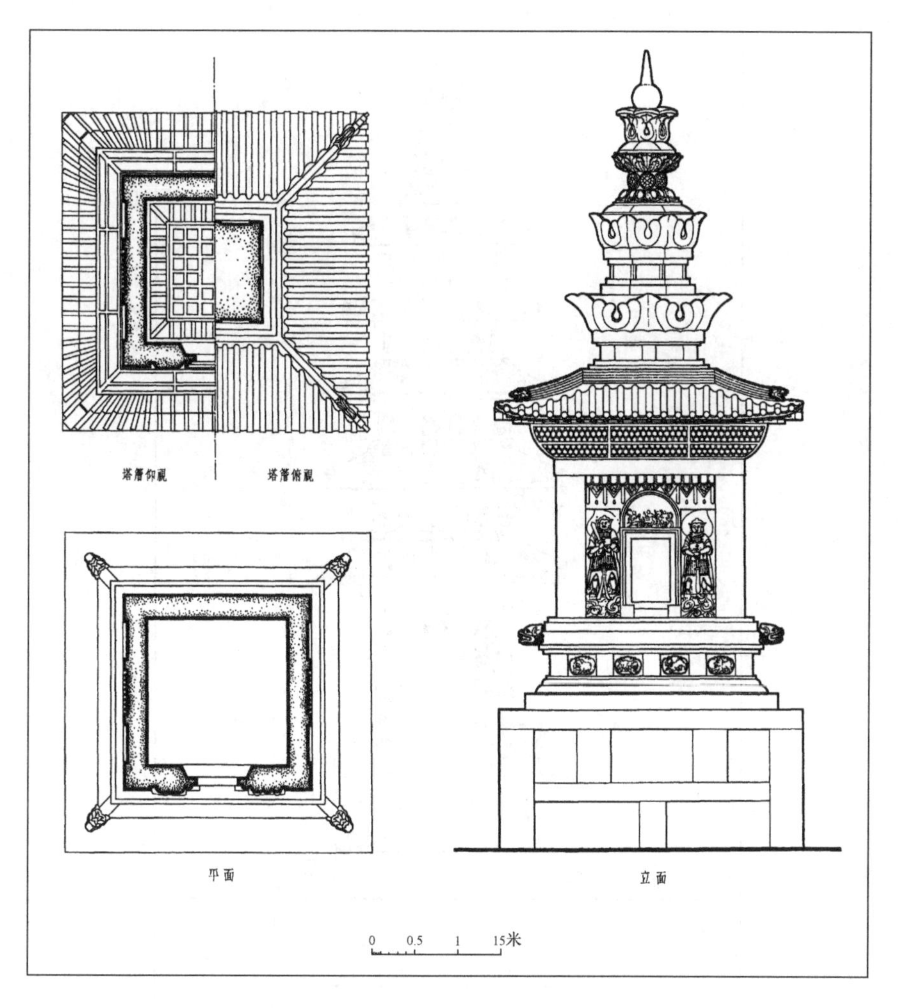

图 6-26　山西平顺唐明惠大师塔平面立面图
刘敦桢：中国古代建筑史，图 95-1，中国建筑工业出版社，1984 年第二版

轮廓秀美，雕刻精工，可以公元 877 年所建平顺唐明惠大师塔（图 6-26）和 10 世纪上半叶所建南京栖霞寺塔为代表（图 6-27）。

除石塔外，唐代还盛行建经幢，多为八角形，下为须弥座，中为上刻佛经或咒语的幢身，其上为数层雕作伞盖、屋顶和火珠的顶部。经幢早期多建在殿前或寺门外两侧，作为寺庙的点缀。因其上多刻有减罪含义的陀罗尼经，以后遂发展到建于常用为刑人法场的州县谯楼前或十字街中心，成为刑场的标志物。松江唐幢即建在原府衙正门外，为现存重要实例(图 6-28)。

隋唐是中国佛教发展的最盛期，寺庙建筑群组和塔、殿等建筑有很高的水平，但实物多毁去，残存者大多不能反映其最高水平，只能从敦煌莫高窟壁画中想象其盛况（图 6-29）。

2. 道教建筑

唐帝认老子李耳为远祖，道教一度兴盛，在开元末年，全国有道观 1687 所，在长安建有道观 10、女观 6。其中最重要的是长安的太清宫和洛阳的太微宫。太清宫开南、东、西三门，正殿十一间，有供皇帝斋宿的斋宫，规模近于太庙。但这些道观久已毁

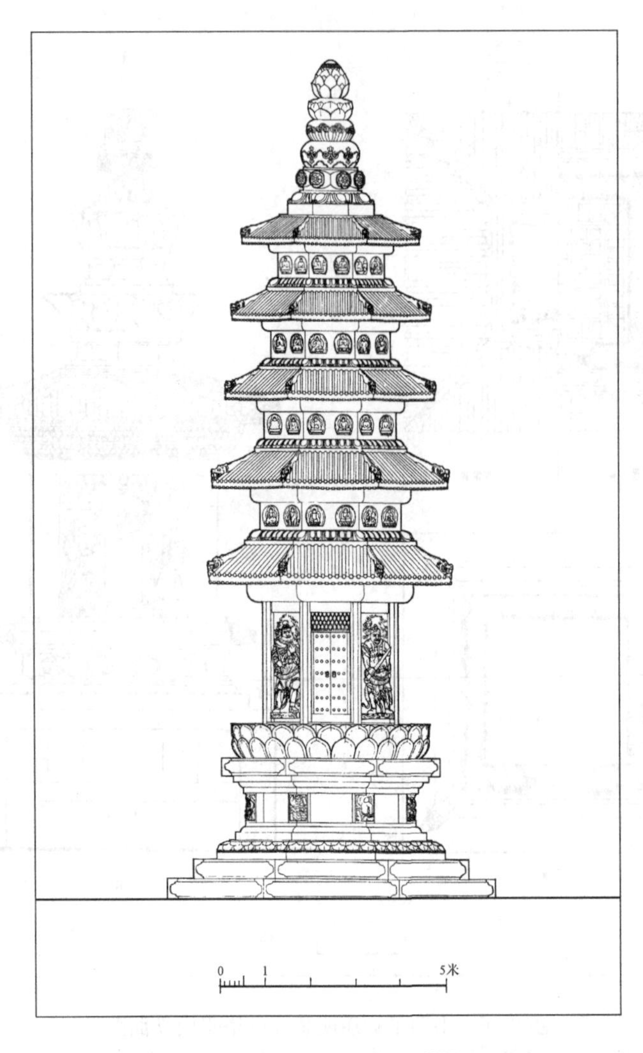

图 6-27　江苏南京栖霞寺舍利塔立面图

刘敦桢：中国古代建筑史，图 90-2，中国建筑工业出版社，1984 年第二版

去，遗址迄未发现。现存四座唐代木构建筑中，山西芮城广仁王庙供水神，可归入道教一类。

在山西芮城县龙泉村，此地有五龙泉，唐太和五年（公元 831）建庙祀水神，称广仁王庙。正殿为歇山顶小殿，面阔三间，两端各增出半间，承歇山屋顶，即“厦两头”，实宽为四间，进深四椽。其构架为前后檐柱头铺作出一跳华栱，承四椽通栿、栿上用驼峰承平梁，上施叉手承脊槫。两山柱头铺作出二跳华栱，上承丁椽，后尾搭四椽栿上，构成歇山构架。因殿之装修及室内像设均不存，已不能反映道教建筑的特点。

（五）住宅

隋唐城市采用市里制，其城内居住区为里坊。里坊主街有横街和十字街，其内再建小十字街，中间辟横巷，巷内建宅。坊内居民出入要经里门，只有贵官和坊内不通巷的“三绝”之地的住宅才可直接在坊墙上开门通街。坊内住宅大小不一，一些王公巨宅可占半坊、一坊之地，如隋

图 6-28 江苏松江唐代经幢

中国美术全集·建筑艺术篇 4，图 32，中国建筑工业出版社，1988 年

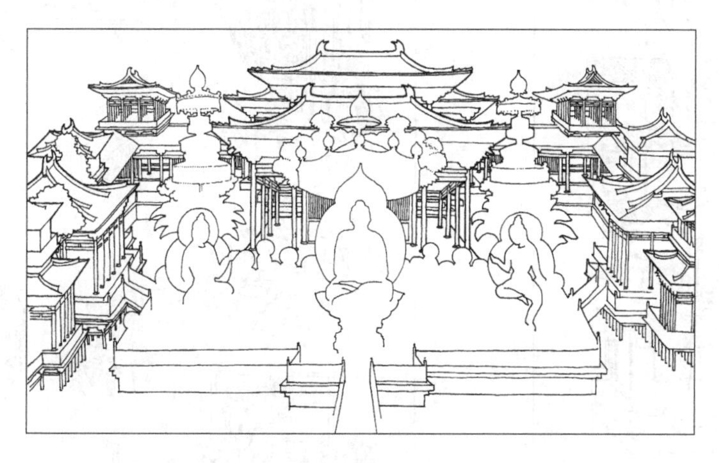

图 6-29 甘肃敦煌莫高窟第 172 窟盛唐观无量寿经变中佛寺摹本

蜀王秀之府占归义坊全坊之地、唐太平公主府占长安城兴道坊半坊之地。这些巨宅相当于一座小城，内建以巷道分隔的多进、多路大小院落。

王公贵官可建宽三间，上复歇山顶的府门，门外陈设戟架。大门内中轴线上可建木结构的五间歇山顶的前厅、后堂，四周环以回廊。中轴线左右侧可建多座较小院落（图 6-30）。一般人住宅的门不能建在中轴线上，只能在南墙一侧开宽一间的门，门内可建土影壁。正房只能宽三间，一般是用山墙、后墙承重的土木混合结构建筑，上复悬山屋顶。明间装门，左右间装窗（图 6-31）。当时的门主要是版门，有时可在版门上部开直棂窗。窗一般为直棂窗和破子棂窗，后者用方木条沿对角线破开用为窗棂，窗棂之间隙与窗棂同宽，前后两扇窗的棂格相并为开，相错为关。当时室内起居家具有床、案、几等，在地上铺茵席、通行在地上或床上跪坐，垂足坐尚不普遍（图 6-32）。

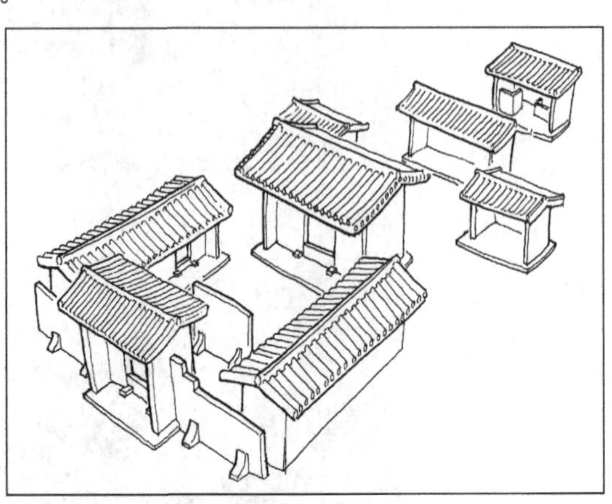

图 6-31　山西长治唐王休泰墓出土的明器住宅

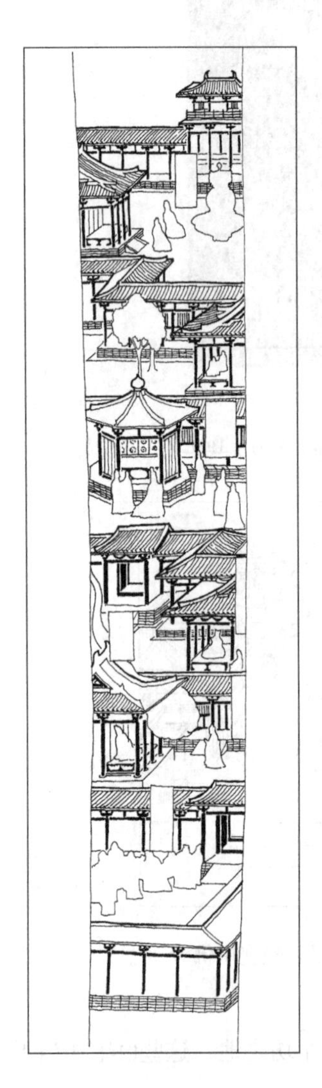

图 6-30　敦煌唐代壁画中所表现的住宅
摹本

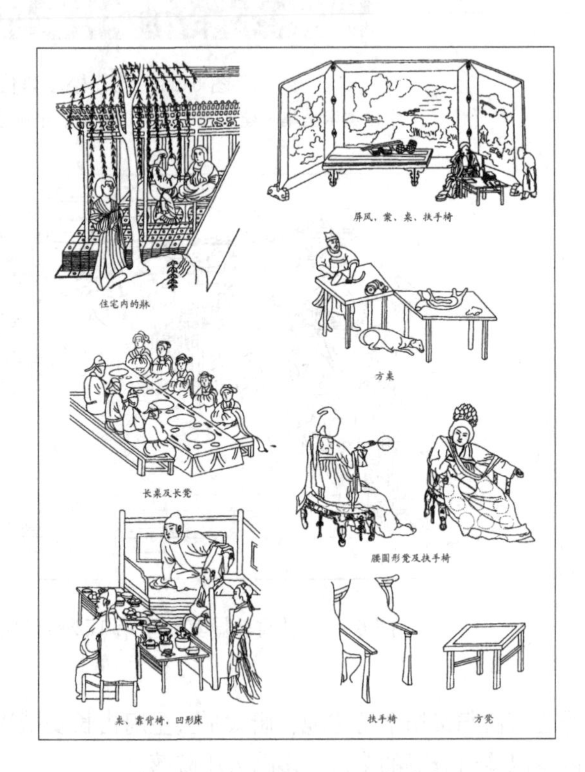

图 6-32　绘画中所表现的唐代家具
刘敦桢：中国古代建筑史，图 83，
中国建筑工业出版社，1984 年第二版

第三节　规划与建筑设计方法

隋唐时期在城市规划、建筑群组布局、建筑设计上都有重要成就，用模数控制城市规划、群组布局、建筑组合体、单体建筑的方法更为成熟。在这些新发展的作用下，形成了统一协调、宏大开朗的唐代城市和建筑群。

一　城市规划

从隋、唐能在很短时间内建成布局规整有序的古代世界上最大的城市，可以推想当时必有一套规划设计方法，可惜史籍缺略，无详细记载，只知其规划都是在隋代著名规划建筑学家宇文恺主持下于很短期内完成的。现在长安、洛阳二城的遗址都已探明，并有较完整的图纸和数据，因此我们有条件据以进行探讨。

（一）隋大兴——唐长安

对长安实测图进行分析，发现宫城的宽深之比为 2820∶1492＝1.89∶1。而长安城南半（春明门至金光门间大道以南）的宽深比为 9721∶5196＝1.87∶1。按 1.89 的比例要求，其深多出 53 米，差额为 0.01，考虑到当时测量定线的精度，可以略去，故可以认为城之南半部与宫城是相似形．而长安城的整体规模可能是由此而定的（图 6-33）。

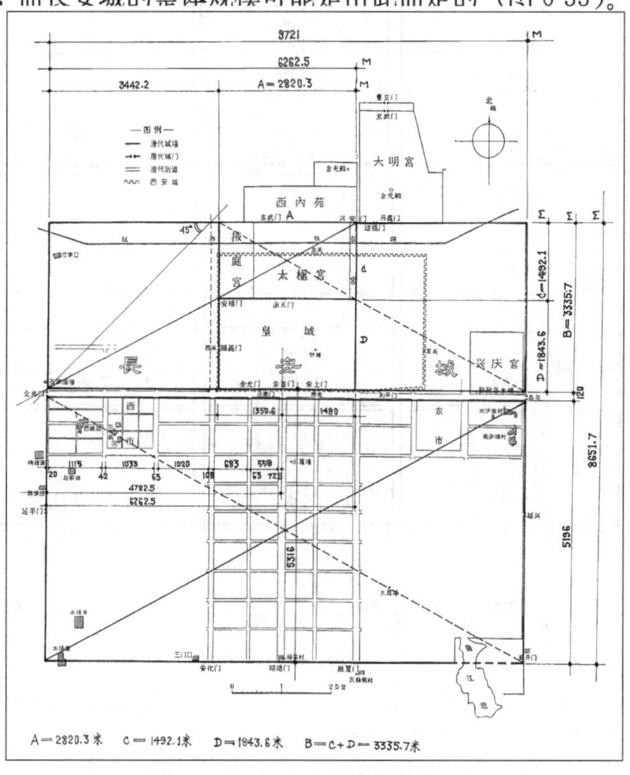

图 6-33　唐长安重要部分与宫城为相似形示意图

对长安城的实测数据进行分析，并通过作图进行验证，还可发现在城内各部分之间有一定模数关系。设以 A 表皇城东西宽 2820 米，以 B 表皇城、宫城的总深 3335.7 米，则皇城东西侧各 12 坊的地区为长宽均为 B 的正方形。皇城以南部分的宽度是中区宽同皇城，为 A，东区、西区宽同皇城东西侧之深，为 B。整个南部南北有 9 列坊，如以 3 列为一组，则自北而南分别深 1668 米、1680 米、1739 米。它们分别为宫城总深 B（3335.7 米）的 0.5、0.503、0.52 倍，其中北面二组可视为深 0.5B，南面一组为 0.52B，是因为南城部分的深度是根据与宫城为相似形的要求而定，二者不能兼顾所致。

上述情况表明，在长安城各部分中，皇城宫城面积为 A×B，皇城宫城东西侧二区面积为 B×B，皇城以南的城区中 ，中部北面二组面积为 A×B/2，东西部北面二组面积为 B×B/2，它们都是以皇城宫城之宽深 A、B 为模数的（图 6-34）。

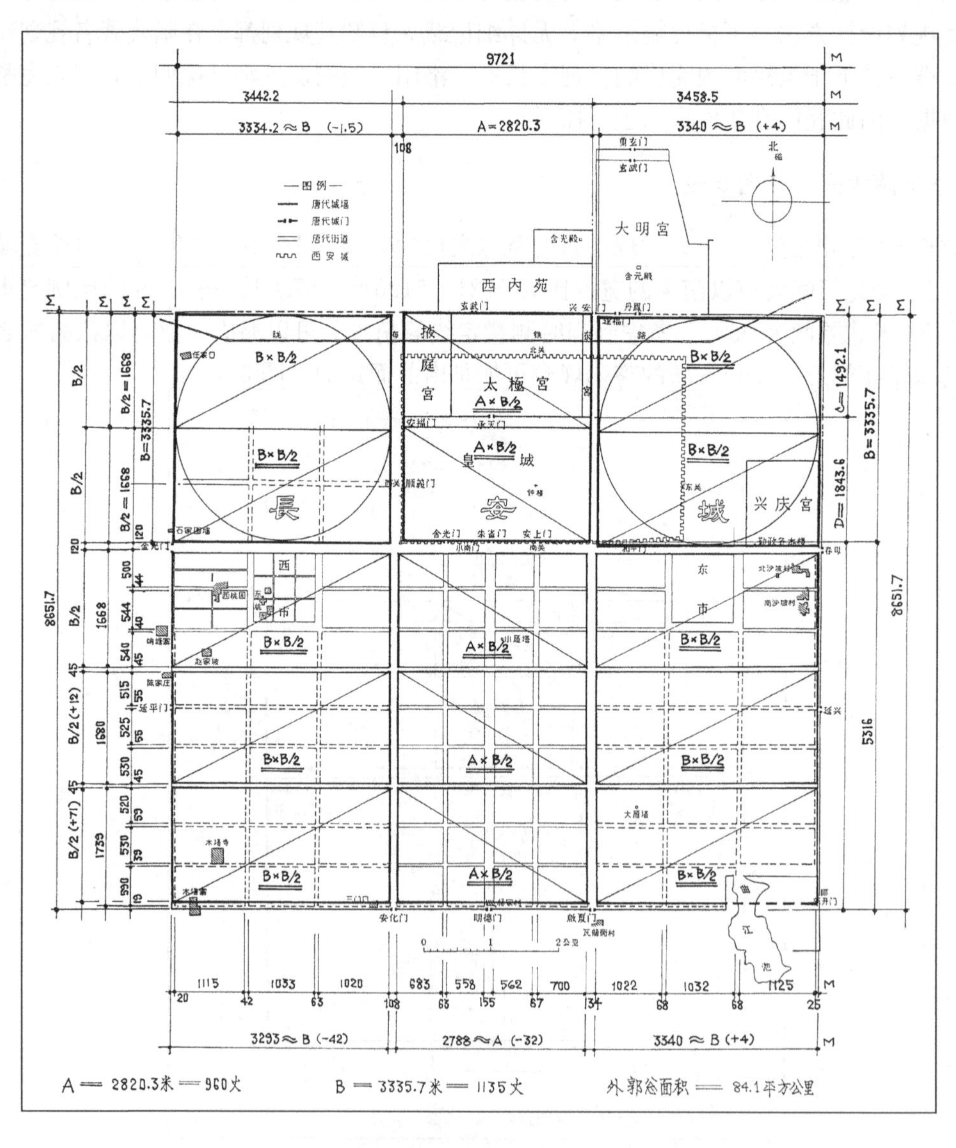

图 6-34　唐长安平面布局中模数关系分析图

皇城宫城在古代是国家政权特别是家族皇权的象征，在都城规划中以它为模数，实有表示皇权涵盖一切、控御一切的意思。

（二）隋东都——唐洛阳

在洛阳实测图中可以看到，皇城、宫城如视为一体实际是一座子城，东西宽 2080 米、南北深 2065 米，可视为方形。如以唐代尺长 0.294 米折算，为宽 707 丈、深 702 丈。宫城的核心部分大内东西宽 1030 米、南北深 1052 米，基本也是方形，如以唐代尺长 0.294 米折算，为宽 350 丈、深 358 丈，考虑当时测量精度，可略去尾数，即子城方 700 丈，宫城方 350 丈，宫城面积为子城的 1/4。这两个数字都是 50 丈的倍数，表明在规划中已用 50 丈网格为布置基准。

东都南部各坊均已探出，虽数据尚未发表，但可在实测图上用作图法进行分析。在图上可以看到，如以四坊聚合为一组，计至外围的纵、横街之中线，面积基本与大内相同，近于方 350 丈。循此计算，在河南区南北可有 3 组，东西可有 6 组。

这些现象表明，在规划洛阳时以大内之宽深为面积模数，它扩大 4 倍即为皇城宫城之和的子城，它的 1/4 即为城市居住区的坊。但如从反向推，也可以认为规划洛阳时是以坊为模数，4 坊为大内，16 坊为子城（参阅图 6-2）。

大内是皇帝所居，象征家族皇权，其前布置官署庙社的皇城代表国家，故大内面积扩大 4 倍为皇城象征着“化家为国”，即一姓为君，统治天下。居住区的坊代表民众，以大内面积的 1/4 为坊，则有控御民众，“率土之滨莫非王臣”的含义。它比长安的象征手法更为成熟，可以更完整地体现家族皇权统治一切的含义。

（三）城市规划水平的新发展

对大兴（长安）、东京（洛阳）两城遗址实测图进行研究发现，虽在规划中都以皇城、宫城之长宽为模数，划分全城为若干大的区块，其内再分设里坊。但由大兴（长安）以皇城宫城的长宽为模数发展到东京（洛阳）以坊的面积为模数，反映出城市规划水平的新发展。这两座中国历史上规模空前的大城，从规划到基本建成迁入都不超过两年，在规划中用模数控制当是能快速完成规划工作的重要原因。

（四）城市风貌

隋唐时期在城市规划中已全面考虑城市的风貌问题。这时的城市都辟矩形街道网格，网间的空格内建造里坊。在布局上较通用的手法是以纵向的南北街为城市的最主要干道，若为都城，则在主街北端布置皇城、宫城；若为州府城，则北端为子城，内建官衙，又称衙城。皇城、子城的正门和其内的殿宇、厅堂遂成为主街的对景。另在皇城、宫城、子城之前多有一条东西向横街，与南北主街丁字相交，形成城市的纵横主轴。在唐长安，南北主街称朱雀街，长 5.3 公里，东西主街在宫城、皇城之间，为通化门至开远门间大街。长安里坊长 500 至 1000 米不等，每面只开一门，只有贵族、高官和大的寺观允许在坊墙上向街开门。这些巨刹贵邸占地甚广，有占 1/16～1/4 坊的，故门的间距甚稀而本身却高大壮丽，可在一定程度上起到丰富街景作用。在长安主要街道上，宫殿、官署和贵邸巨刹的朱门相间，墙内楼阁玲珑，塔殿起伏相望，形成宽阔、整洁、高贵、豪华的特色，而一般居民的住宅则隐没在整齐一律的里坊之内，而这种规整而略显单调的布局也是中国中古城市风貌的重要特色。在城市规划中也特别注意利用地形，唐长安主街朱雀街中段有高地，在此夹街特建大兴善寺和玄都观两所全城最大的寺观；城西南角地低，特建高三百余尺的木塔，起了城西南的地标作用，这些高大建筑对城市立体轮廓的形成有重要作用。隋唐时江南水乡城市如苏州、越州（绍兴）和西南的四川一些城市等已出现河街和码头，杜甫诗“门泊东吴万里船”就是其写照。这些城市建有临河的第宅楼阁和码头，与高低错落、红栏映水的桥梁形成水乡城市的特殊风貌。

二 院落布局

院落式布局是形成中国古代建筑特色的最重要手段。在主体建筑前方建门，左右建附属建筑，用廊庑环绕，就形成了建筑物内向的封闭式院落。大型建筑群由多个院落串连或并列组成，且有一个主院落为主体。院落布局的优点是主建筑面向庭院，不直接对外，避免使人一览而尽。它可按需要设计院落的形状、尺度，造成开敞、幽邃、严肃、活泼等不同的环境效果；可通过门和道路来组织最佳的观赏路线；可通过重重廊庑增强纵深感。

在宫殿、官署、贵邸、大型寺观的主院落多由廊庑环绕，东西侧很少设配殿或厢房。它的外围建附属于它的若干小院，左右侧的串连成一行，后侧的排成一列，或与主院的左右后廊直通，更大型的则中间隔以巷道，这是最大型的院落群组形式，一般称为廊院式（图 6-35）。

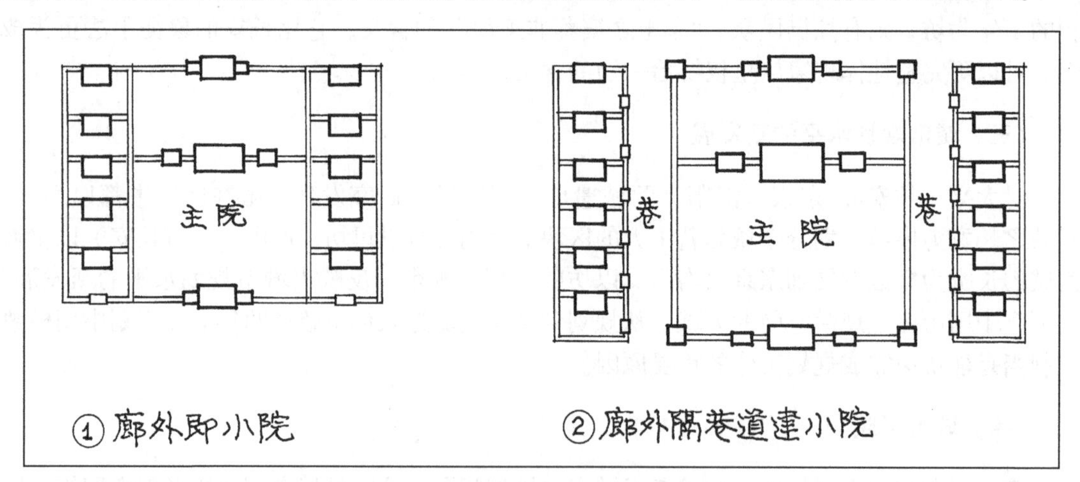

图 6-35 唐代廊院式布局平面示意图

中国古代建筑史（第二卷），图 3-10-17，中国建筑工业出版社，2001 年

院落式布局的特点和优点在隋唐时期已完全形成，并沿用到明清，成为中国古建筑最具特色的部分。

三 单体建筑设计

自南北朝中后期出现的使用侧脚、生起、翼角、凹曲屋面的手法至隋唐时更为成熟，做法开始规范化，由汉式的三维方向均为直线形成的端严雄强风格，转变为全由曲线和斜度微有变化的直线形成的兼流丽、遒劲于一体而富于韵律的风格（图 6-36）。这时的艺术处理多在结构构件上进行，如柱身做梭形、八角形，梁做成中间微拱起，梁底、梁背均呈弧线的虹梁（图 6-37），与以前平直的柱梁相比，既有举重若轻之感，在韵律上也产生共鸣。屋顶做成凹曲屋面和起翘翼角后，成为最有特色的部分（图 6-38），庑殿、歇山、悬山、攒尖、圆锥等屋顶形式均已出现，宫殿屋顶使用经渗炭处理的黑瓦，用黄、绿色琉璃做屋脊和檐口，色彩鲜明，和屋身的朱柱、绿窗、白墙形成唐代建筑最典型的色调。为了使所用的曲线规格化，这时还出现了“卷杀”的手法，把欲加工构件沿 X、Y 两轴分别划分为数量相同的若干段，把相应点之间联接，形成近似于所需曲线的折线（图 6-39）。

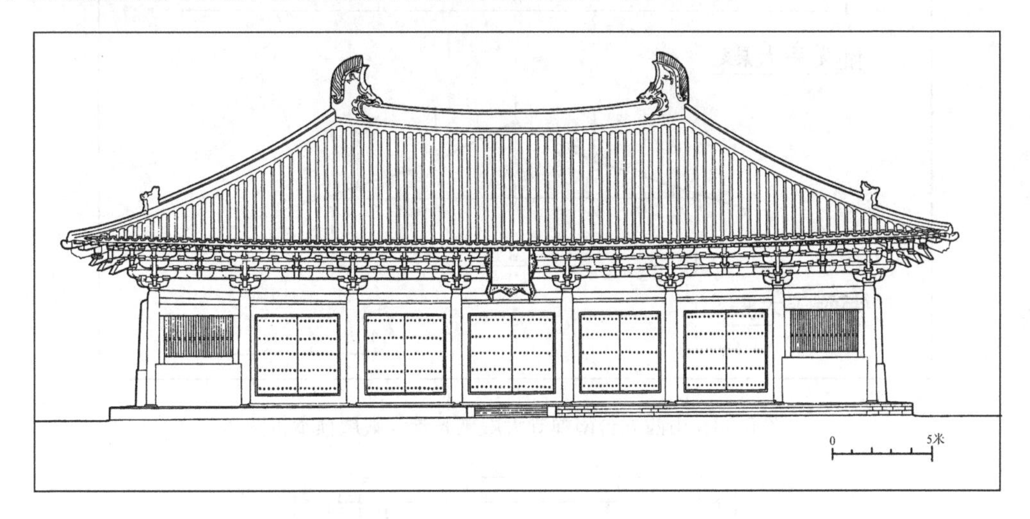

图 6-36　山西五台佛光寺大殿立面图

刘敦桢：中国古代建筑史，图 86-8，中国建筑工业出版社，1984 年第二版

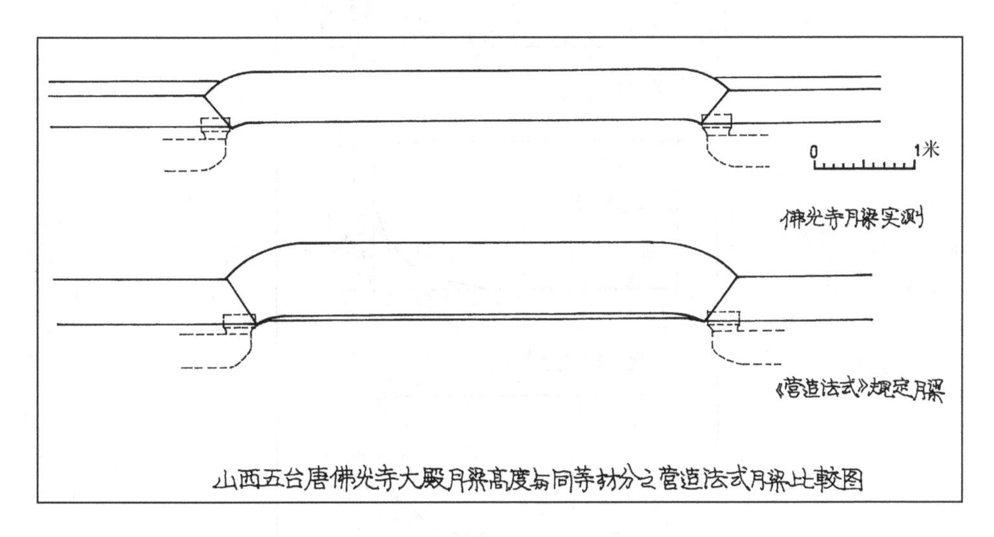

图 6-37　山西五台佛光寺大殿的虹梁

中国古代建筑史（第二卷），图 3-12-25，中国建筑工业出版社，2001 年

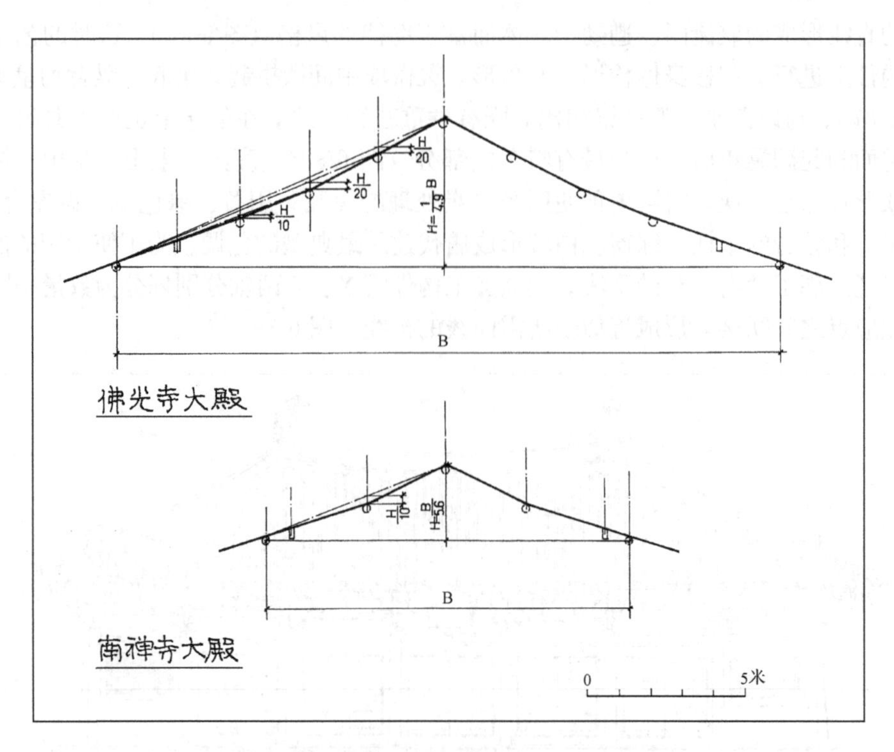

图 6-38　山西五台南禅寺大殿佛光寺大殿屋顶举折图

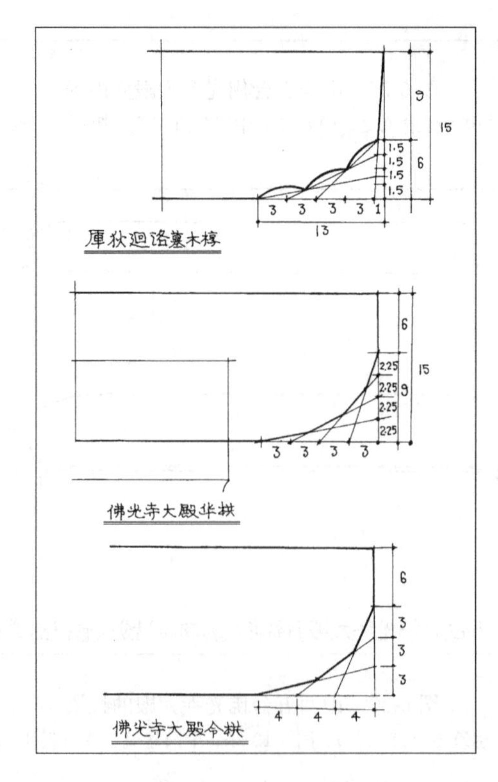

图 6-39　卷杀示意图

中国古代建筑史（第二卷），图 3-10-1，中国建筑工业出版社，2001 年

关于单体建筑采用以材分为模数的设计方法的情况，将在下节建筑技术发展部分进行探讨。

四　建筑形体组合

隋唐时期在将若干单体建筑聚合成组合体上也有较大的发展。一般在主体建筑的四面都可按使用或造型需要接建附属建筑：在左右侧的称“挟屋”，（即耳房）在前后的称“对霤”，（即抱厦）局部以山面向前、后突出的称“龟头屋”（图 6-40）。不仅单层建筑，楼阁也可建成组合体，唐代建筑中最复杂壮观的组合体是大明宫麟德殿，在敦煌唐代壁画中也可以看到很多组合体的形象。组合体由若干辅翼的次要建筑簇拥主体，屋檐或曲折连延，或上下叠压，翼角错落，屋身大小、虚实结合，比单体建筑更富于艺术表现力。大型组合体中各部分，特别是不同高的部分，其构架是独立的。只有单层的前、后抱厦或山面的披檐等构架较轻而简单的部分可以依附于主体建筑（参阅图 6-29）。

图 6-40　四川大足北山第 245 号龛晚唐雕观无量寿佛经变相中的龟头屋
中国美术全集・雕塑编 12，图 113，人民美术出版社，1988 年

五　建筑制图和模型

隋唐时期规划了大量的城市和建筑群，包括面积 84 平方公里的长安、面积 3.1 平方公里的大明宫、高近 90 米的明堂，表现出当时世界上的最高水平。进行这样巨大规模的城市

和宫殿建设，需要先进行规划和设计，推想此时已有与之相应的较高的制做规划、设计图的技术。

它的规划手法已在前文据遗址进行了探讨。进行这种规划工作应当先在图纸上进行，但唐代这方面的材料没有留传下来，只能靠少数相关资料推测。现存最早的唐长安城的平面图是宋吕大防所刻唐长安图的残片，现存唐洛阳最早的平面图是《永乐大典·河南府》所引元人“唐宋河南府城阙街坊图”，都是传统的表示相对位置的单线地图，比例也不准确，仅属于舆图性质。在唐代文献中曾记载建城时要立标杆，其间连以草绳，以划定坊界，街道也要立标桩划界定宽，可以推知必有很详细的规划图为依据。这种实施规划时所用的工作图肯定远比地图为精密。在西晋初斐秀已发明了按比例绘地图的技术，故至少可以推知这种规划图也应是按比例绘制的。同样，造一所院落时也应有相当精密的地盘图。

进行单体建筑设计也必须有图纸。柳宗元《梓人传》中记一位杨姓匠师，说他的工作方法是“画宫于堵，盈尺而曲尽其制，计其毫厘而构大厦，无进退焉”。可知当时设计建筑物要先制图。据“曲尽其制”句，其图要完整表现出具体的构造做法，据“计其毫厘而构大厦”句，则表明它的各部分是按比例缩小绘制成的，可表示出具体尺寸，据以“构大厦”（建屋）。据“画宫于堵”句，杨姓匠师的图画在墙上，这可能因为所造是一般小型民用建筑，大型的宫室和公共建筑应有图纸，但这方面的实物资料也没有流传下来。

在《通典》卷44载有唐总章三年（公元670）明堂规制，详列布局及各部分尺寸和所用构件数量，其中记有大小栱6345件、椽2990根、飞椽729根等。如此具体的构件数字，只能通过在图纸上具体排布才能得到，由此可以推知当时已有较精密的制图技术。虽实物未能流传下来，但我们结合宋代《营造法式》中所表现出的制图技术，可以推想它们应相距不远。

除制图外，当时也使用模型研究建筑方案。《隋书·宇文恺传》载他在《明堂议》中按“一分为一尺”（即1%）的比例绘图并制造木模型。虽无更进一步的记载，但已可表明北魏李冲、蒋少游使用的方法在隋唐时又有所发展。

第四节　建筑技术发展

隋、唐时全国统一，前期国势强威，进行了大量建筑活动，在木结构、砖石结构技术上都有巨大发展。随着经济发展和文学艺术的繁荣，在建筑技术上也取得很高成就。

近年对隋、唐都城宫殿的发掘表明，隋、唐共同建造了古代世界最宏大的都城和宫殿。其中南北统一后所建的洛阳明显表现出吸收南朝都城规划和木构建筑技术的迹象，表明全国统一、南北文化交流给建筑发展带来新的活力和营养。通过在工官主持下的长安、洛阳的大规模建设，逐渐形成唐代的官式建筑，创造出一代新风。前章已述及，北朝建筑以土木混合结构为主，南朝木结构技术较先进。初唐、盛唐建筑虽无实物存在，但如果把敦煌壁画此期代表作中所绘的成熟的木构建筑的形象和北朝壁画中的土木混合结构建筑的形象相比，就可看到巨大的差异和明显的进步，而这种进步正是南北统一、互相融合、南朝先进的木构建筑技术北传中原和关中的结果。把近年发掘的隋仁寿宫37号殿遗址、唐大明宫含元殿、大明宫麟德殿及渤海国第一、二号殿的平面排比，就可看到这些超大型殿宇逐步摆脱夯土构筑物的扶持发展为独立的木构架的进程（图 6-41）。这个融合过程大约在高宗武后时基本完成，以木构架为主体的流行于唐两京的官式建筑发展成熟，其影响及于全国，甚至远及黑龙江的渤海国宫殿，但同时地方传统也在发展。

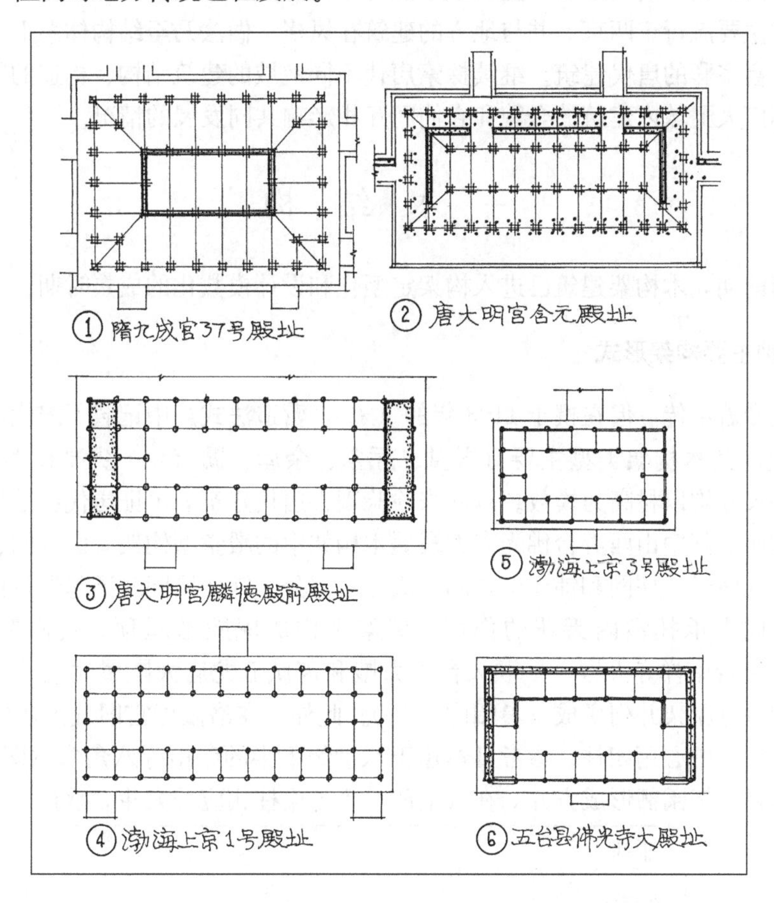

图 6-41　隋唐殿宇平面演进图

但现存的四座唐代建筑都在山西，且包括在一定程度上反映唐两京官式的佛光寺，也都属唐代北方的建筑体系。若再进一步考虑，甚至我们据以了解唐代建筑风格面貌的敦煌唐代壁画所画也是以唐两京巨刹为蓝本的官式建筑，仍属北方建筑体系，并不能概括唐代广大地域的建筑全貌。江南地区，南朝时建筑发展就超过北方。安史之乱后，江淮、江浙、剑南等地相对安定，发展较快，至中晚唐时遂成为唐政权的重要经济支柱。随着经济文化的繁荣，建筑上必有与之相称的发展，这从唐代文士对中晚唐时扬州、苏州、杭州繁华的描写可见一斑。但江南地区无唐代建筑遗物，难作进一步探讨。20 世纪 50 年代以来，在南方发现了两座建于北宋初的建筑，即建于 1013 年的宁波保国寺大殿和建于公元 964 年的福州华林寺大殿，为我们提供了重要线索。这两座建筑的建造年代虽在北宋初，但从其鲜明的地方风格和建筑技艺的精湛成熟程度看，绝不是五代战乱环境中的创新，而应是晚唐以来地方传统的延续。这些例证表明在唐中后期，南方地区包括江苏、浙江、福建等地建筑都有所发展，各自形成地方传统，其建筑风格、装饰、加工手法都和官式有差异。四川地区在中唐以后经济文化发展较快，也出现这种现象。把四川大足北山晚唐浮雕观无量寿经变的楼殿与敦煌 172 窟相同题材的盛唐壁画中建筑相比，可以明显看出四川地方风格与唐官式的差异（参阅图6-29和图6-40)。此外，在新疆的吐鲁番、交河和北庭故城，从遗址的情况推测，其建筑仍较多地保持南北朝末期用土墙承重的土木混合结构房屋的特点。综合上述可知，唐代地域广大，其官式主要流行于两京，并与地方的建筑在风格、做法乃至结构体系上都有差异，它们共同形成丰富多彩的唐代建筑。继续探索唐代不同地域的建筑结构、构造的特点，有助于我们认识唐朝广大疆域内建筑的全貌和它们间互相影响共同发展的情况。

一　木　结　构

在隋及唐前期，木构架建筑已进入构架定型化和设计模数化的成熟时期。

（一）四种主要构架形式

唐代建筑专著不传，但在撰于1103年的（宋）《营造法式》中记载了宋代木构架标准化定型化的情况，其木构架类型主要有殿堂、厅堂、余屋、鬭（斗）尖亭榭四种，而其长、宽、高和构件尺寸均以材高为模数。以此来检验现存唐代建筑，可证唐代已是如此。唐代木构建筑只存四座，其中山西五台佛光寺大殿属木构架中的殿堂型构架，由柱网、铺作层、屋架三层上下叠加而成。柱网和铺作层共同构成屋身部分，铺作层同时还起保持构架稳定和向外挑出屋檐、向内承托室内天花的作用；屋架则构成庑殿形屋顶，其构架情况可参阅图6-22。山西五台南禅寺大殿、平顺天台庵大殿和芮城五龙庙大殿属厅堂型构架，用若干道檩数相同的垂直屋架并列拼成（参阅图6-21)。此外，在洛阳唐宫旧址内还发现有八角亭址，外围用八柱，中心用四柱。参考日本建于八世纪下半的荣山寺八角堂（图6-42)，其构造应是在四内柱上架阑额形成方井，在其上放八个与檐柱相应的大斗，承托来自八根檐柱的

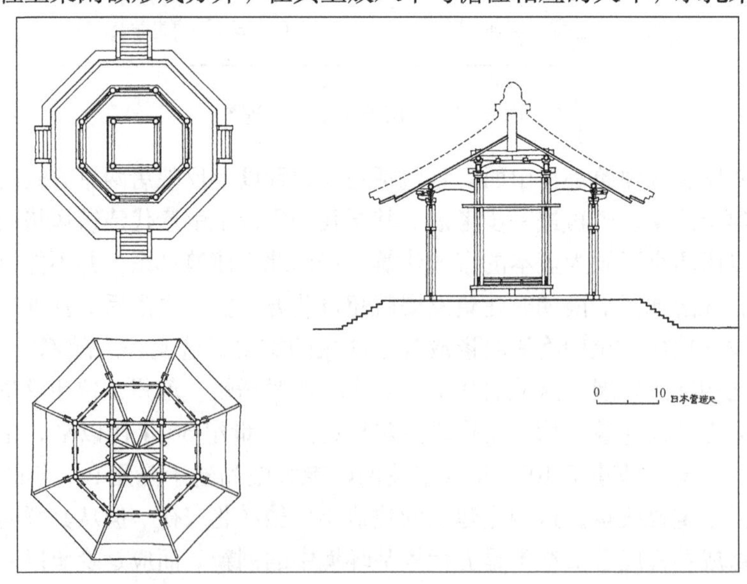

图6-42　日本奈良荣山寺八角堂构架图

中国古代建筑史（第二卷），图3-12-27，中国建筑工业出版社，2001年

角梁，再从此向中心架斜梁，攒聚于短柱上，互相抵紧，形成八角攒尖屋顶，即斗尖亭榭构架。这就证明殿堂、厅堂、斗尖亭榭三种构架在唐代已有。余屋即“柱梁造”，比这三种构架更为简单，早在南北朝石窟中已见其形象。近年发掘出的唐代建筑遗址中，殿堂型多而厅堂型少。在殿堂型的基址中，柱网布置有日字形（大明宫玄武门内重门）、回字形（大明宫麟德殿前殿、青龙寺大殿）等不同形式（图 6-43），说明《营造法式》中的分心槽、斗底槽二种殿堂构架形式在唐已有之了。把建筑中常用构架类型归纳成四型，便于在设计中选择，表明木构架房屋构架形式在向定型化发展。

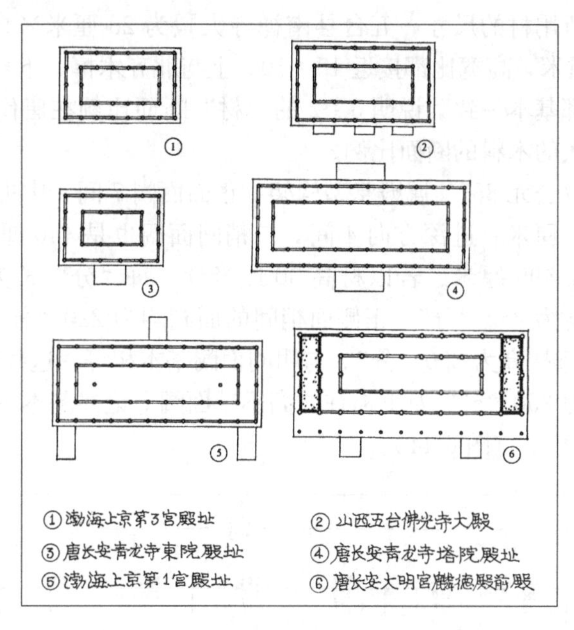

图 6-43　唐代殿堂型构架柱网布置举例

中国古代建筑史（第二卷），图 3-12-15，中国建筑工业出版社，2001 年

（二）从以材为设计模数发展到以分为分模数

对现存唐代建筑和遗址的测量资料进行研究，还发现自南北朝以来以材为模数的木构建筑设计方法又有发展，由以材高为模数开始向以材高的 1/15 为分模数发展，即《营造法式》的“分”唐代已在设计中使用。

从《营造法式》中我们已经知道，宋式木构建筑的设计，是以该建筑所用枋或栱的断面为基本模数，称“材”，材的高宽比为 3∶2，以材高的 1/15 为分模数，称为“分”（读如份），则材之宽为 10“分”。上下层材间之距离称“栔”，栔高为 6“分”。材加栔共高 21“分”，称足材。建筑上向外挑出之出跳栱即用高 21“分”的足材。建筑面阔以所用斗栱朵数计，斗栱标准间距为 125“分”，即有一朵补间铺作时，面阔为 250“分”。宋式又把材分为八等，其中第一至六等用于大中型建筑，建筑物的尺寸，大至面阔、进深、柱高，小至斗栱、梁枋等构件的断面，都受所选用的某一等材的尺寸控制，具体以“分”数表示之。从《营造法式》中所表现出的以材为模数的制度的完善程度看，它应是长期发展的结果，绝非始于宋代，所以可在此基础上向前追溯，探索它在宋以前的情况和发展进程。

在前章对北齐河清元年（公元 562）库狄回洛墓中屋形木椁的分析研究中，我们已发现其所用的材（以真泥道栱为准）的高宽比为 15∶9.5，“栔”高为“材”高的 5.9/15，即“材”之高宽比近于 15/10，以其高的 1/15 为 1“分”，则“材”宽为 10“分”，“栔”高近于 6“分”，已基本和《营造法式》中的规定一致，即“材”之高宽比为 15∶10 和“栔”高为 6“分”的比例关系在北朝末已初见端倪。

根据两座唐代建筑，参考二十余座受南北朝末期及唐代影响的日本古建筑，结合近年发掘出的唐代殿宇遗址的实测资料，我们可对唐代在木构建筑中以“分”为设计模数的情况和发展进程有进一步的了解。

现存的唐代建筑所用材的尺寸，五台县南禅寺大殿为 25 厘米×16.66 厘米，佛光寺大殿为 30 厘米×20.5 厘米，高宽比都接近 15∶10，上与北齐木椁，下与《营造法式》所反映出的“材”的高宽比都基本一致，说明 3∶2 的“材”断面比例在唐代已经确定。这也是从圆木中割取承载力最大的木料的断面比例。

五台佛光寺大殿（公元 857）属殿堂型构架，正面面阔 7 间，中央 5 间面阔均为 504 厘米，二梢间面阔为 440 厘米；进深方向 4 间，二梢间面阔也是 440 厘米，二心间面阔均为 443 厘米；明间檐柱高 499 厘米。若以材高 30 厘米计，每“分”长为 2 厘米。以此折算，正面中央 5 间的面阔均为 252“分”，正侧面梢间的面阔均为 220“分”，侧面二心间的面阔均为 222“分”，明间檐柱高为 250“分”，与明间面阔基本相等。这些数字和宋《营造法式》中关于殿堂标准面阔为 250“分”及下檐柱之高不越面阔等记述基本一致，表明这时已经以“分”为设计上的分模数了（图 6-44）。

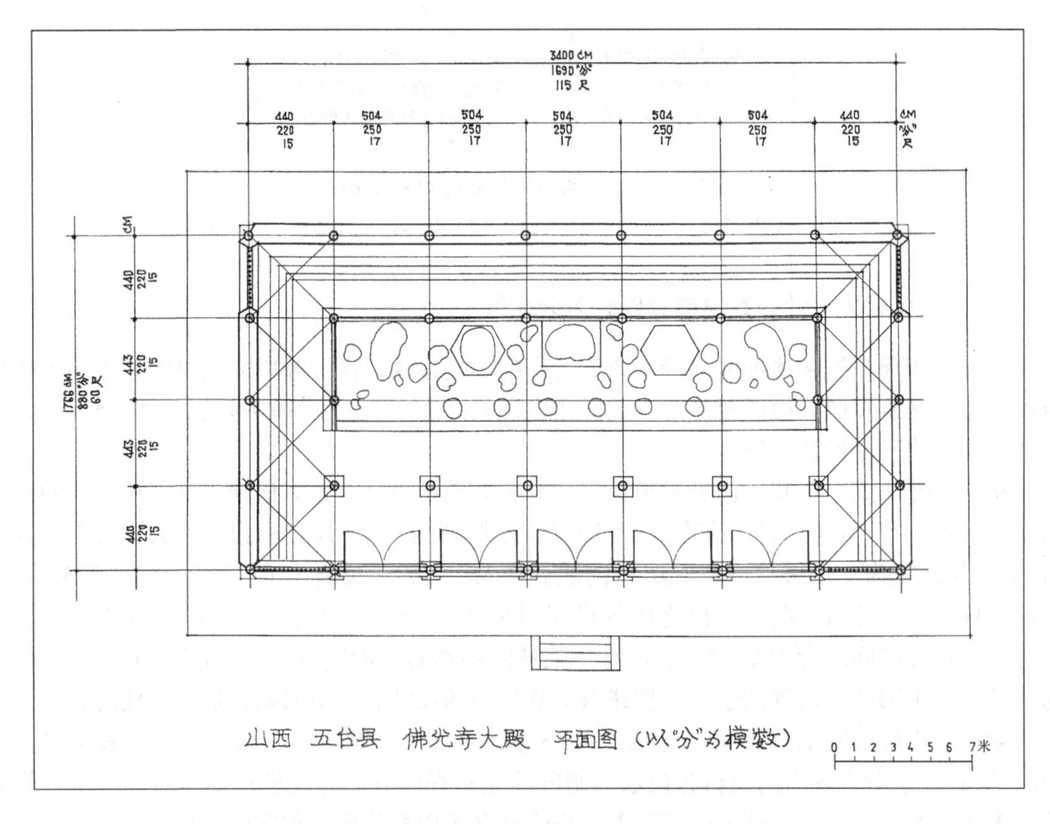

图 6-44　五台县佛光寺大殿平面以“分”为模数图

五台南禅寺大殿（公元 782）属厅堂型构架，面阔进深均为三间。其面阔以柱顶计为：正面明间 499 厘米，二次间 331 厘米；侧面三间均为 330 厘米；明间檐柱高 386 厘米，脊槫标高 767 厘米。若以“材”高 25 厘米计，则 1“分”长 1.66 厘米。以此折算，正面明间面阔合 300“分”，二次间及侧面三间均合 200“分”。柱高为脊高的一半。这些资料也和《营造法式》中所表现出的规律相符合（图 6-45）。

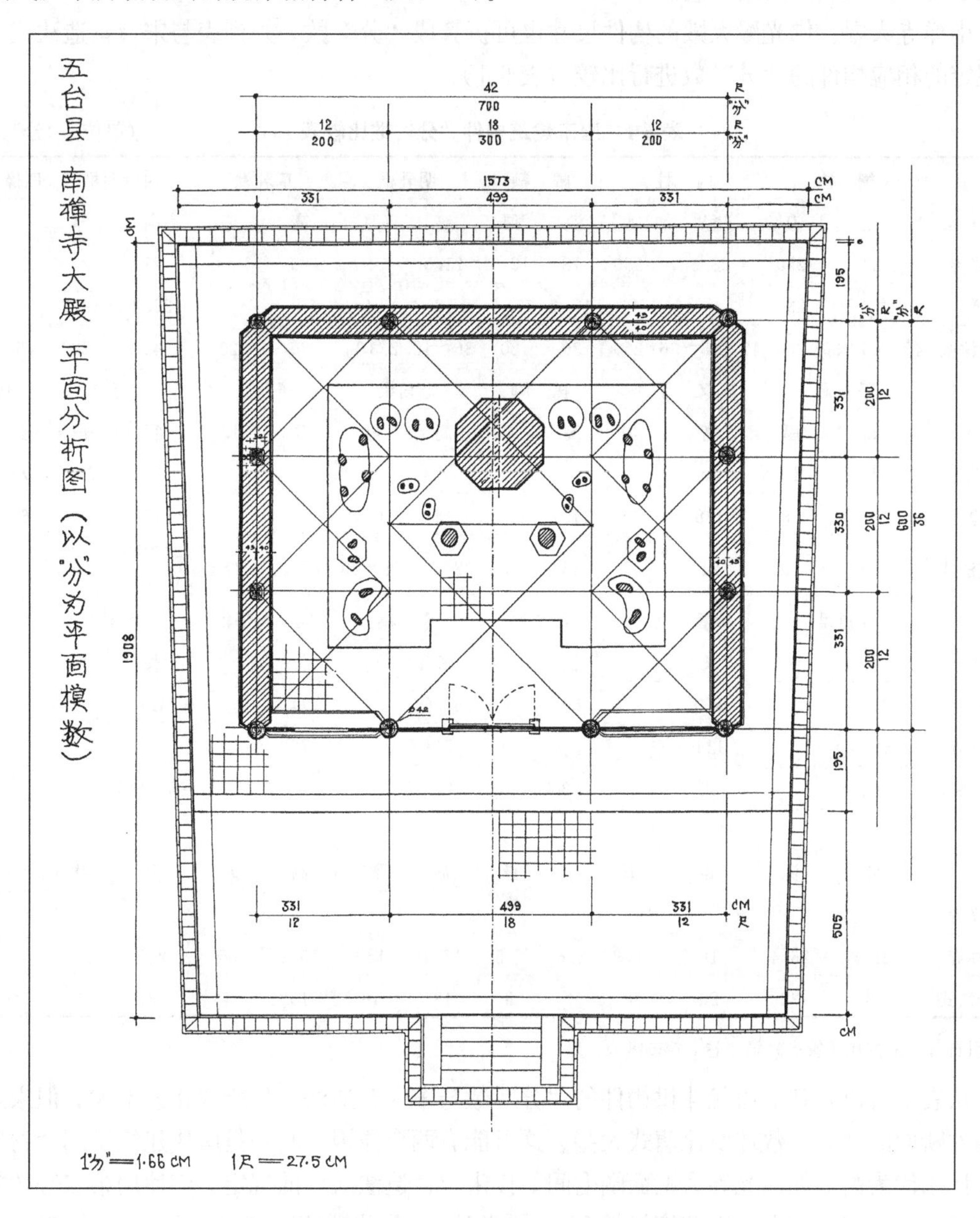

图 6-45　五台县南禅寺大殿平面以“分”为模数图

从以上二例可以看到，唐代建筑的面阔，当用一朵补间铺作时，可自 220 至 300“分”，以 250“分”为基准；当无补间铺作时，可自 150 至 200“分”。面阔所含之“分”数越大，所用材相对来说就越小，故较重要的殿堂型构架，其明间面阔为 250“分”，而次一等的厅堂型构架，其明间面阔可增至 300 “分”。这是在平面上表现出的运用“分”为分模数的情况。

从佛光寺大殿和南禅寺大殿中还可看到在立面和剖面设计上以“分”为模数的情况。佛光寺大殿明间檐柱高为 250 “分”，比明间面阔之 252 “分” 小 2 “分”，可视为相等。可证《营造法式》中所载“若副阶、廊舍下檐柱，虽长，不越间之广”的规定在唐代殿堂型建筑中已出现，宋代实是沿用唐制。

南禅寺大殿、佛光殿大殿的构件尺寸也可折算成“分”数，并列表与宋《营造法式》中所规定的相应构件的“分”数进行比较（表 6-1）。

表 6-1　唐宋建筑构件“分”数比较表　　（单位：“分”）

	檐柱		内柱		阑额		明乳栿		草乳栿		四椽明栿		四椽草栿	
	径	高	径	高	高	厚	高	厚	高	厚	高	厚		
佛光寺	27	250	28.5	250	18	12.5	21.5		20		27	22	30	
南禅寺	252 •	230			17.4	9，6	17	10			25.2	19.2		
营造法式	42～45～36	250	42～45～36	250	30	20	36～42	2/3 高	30	20	42	28	45	30
	平梁		叉手		托脚		老角梁		子角梁		槫		椽	
	高	厚	高	厚	高	厚	高	厚	高	厚	径	长	径	长
佛光寺	23	17	15								17	252	7	
南禅寺	21	15	138	78	14.1	8.4	15	108			15		6	
营造法式	30	20	21	7	15	5	28～30	18～20	18～20	15～17	21～30 18～21			
	泥道栱		慢栱		瓜子栱		令栱		第一跳华栱		替木			
	长		长		长		长		长		长	高		
佛光寺	64.6		110		60		64.6		74		127			
南禅寺	68.4		111				71		72		119	6.6		
营造法式	62		92		62		72		72		96～126	12		
	栌斗						交互斗							
	宽	深	高	耳	平	欹	宽	深	高	耳	平	欹		
佛光寺														
南禅寺	28.8	26.4	18	6.9	3.6	7.5	17.4	168	10.2	36	2.1	4.2		
营造法式	32	32	20	8	4	8	18	16	10	4	2	4		

引自《中国古代建筑史》第二卷，第 648 页。

从表中可以看到，唐代斗栱构件的“分”数与宋《营造法式》所载相差不大，但宋式大木构件断面的“分”数却要比唐式大些。这可能有两个原因。其一是唐代建筑所用“材”的等级比宋代为高，如佛光寺大殿面阔七间，按宋《营造法式》的规定，应使用第二等“材”，“材”高约 25 厘米左右（以北宋尺长 30.5 厘米计），而此殿实际“材”高为 30 厘米，竟大于宋式的第一等“材”高的 27.45 厘米，故其“分”数虽小于宋式，实际断面却未必小于宋式。其二是唐代建筑只用一朵补间铺作，标准间广为 250 “分”，并可在 220～300 “分”间变动；而宋式建筑从《营造法式》中所附（殿阁地盘分槽图）看，每间都以用二朵补间铺作计，其殿堂型建筑的标准间广为 375 “分”，并可在 300～450 “分”间变动。相同间广的建筑，以 250 “分” 计或以 375 “分” 计，其 “分” 值相差 1/2，但宋《营造法式》所规定的大木构件断面的 “分” 数并没有比唐代的多出 1/2，所以宋式用 “材” 实际上比唐式要小些。这表明宋代对木构件受力能力有更进一步的了解，木构建筑技术比唐代有所进步。

以上是目前所了解到的唐代木构建筑中以基本模数 “材” 和分模数 “分” 控制设计的情况。

（三）扩大模数的出现

在佛光寺大殿剖面图上分析，还可看到，自檐柱顶向上至中平槫（槫）（槫即檩之古称，自檐槫向上各槫依次称下平槫、中平槫、上平槫、脊槫。中平槫一般指距檐槫二椽距之槫。）之高恰等于檐柱之高。在南禅寺大殿中也有此现象。南禅寺大殿的檐柱高为 386 厘米，自檐柱顶至脊槫（此殿只深四椽，脊槫即相当于进深更深的殿宇之中平槫）为 381 厘米，相差 5 厘米，考虑到此殿经过重修，且四椽栿严重下垂变形，故可视为相等。由此可知，在房屋的剖面设计中，以下檐柱之高为扩大模数，令进深四椽房屋的脊槫（大于四椽进深者则为中平槫）标高为下檐柱高的二倍，以控制剖面上的比例关系。南禅寺大殿的通面阔为 11.61 米，又为檐柱高 3.86 米的 3 倍，表明立面通面阔也以下檐柱之高为扩大模数。作为扩大模数的檐柱高又是受 “分” 控制的，故追本溯源，剖面和立面设计也可以认为都是以 “分” 为分模数的（图 6-46）。

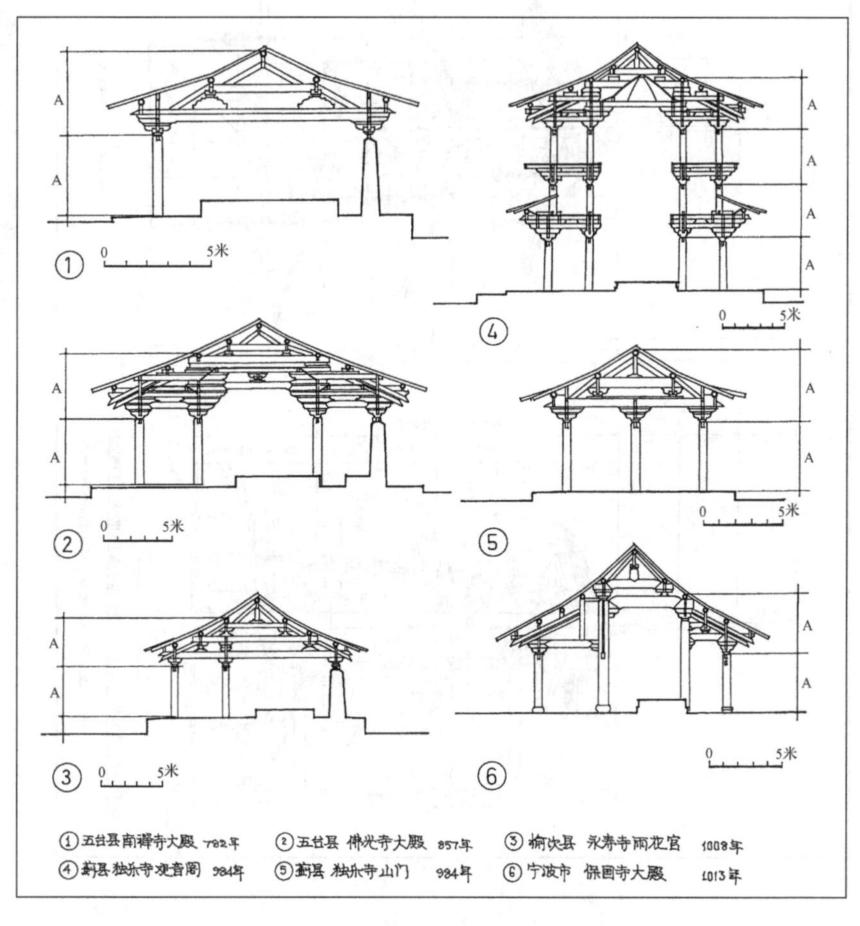

图 6-46　唐辽建筑以柱高为剖面扩大模数举例

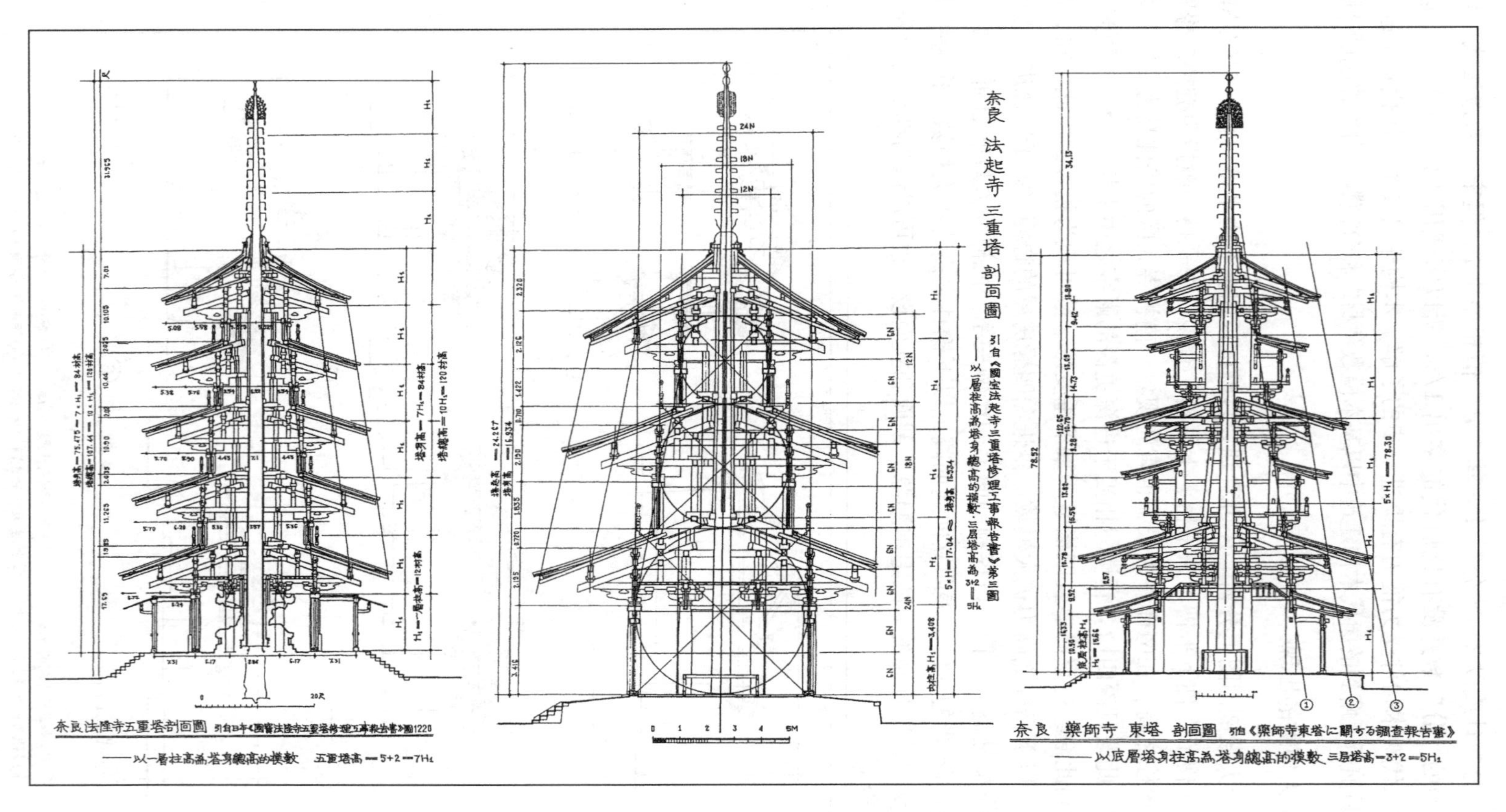

图 6-47　日本飞鸟、奈良时期建筑以柱高为剖面扩大模数举例

据南禅寺的实例，我们已可以推定，至迟在8世纪的中唐时期，以下檐柱高为扩大模数以控制房屋剖面和立面设计的方法在中唐时已经定型。如果考虑到这种以下檐柱高为剖面设计之扩大模数的做法又见于受我国隋、初唐、盛唐时期影响的日本飞鸟、奈良、平安时代的建筑遗物，则这种做法又可上溯到隋及初唐了（图6-47）。

（四）建筑的平面尺度要折合成尺

但是从现存的实例分析，在施工中，平面尺寸却又是以尺或半尺计的。

据《通典》记载，唐高宗永徽间明堂方案为每面方144尺，其中太室方60尺（3尺×20尺），四隅均方24尺（2尺×12尺），左右巷道均宽18尺，合之正为面阔9间，通面阔144尺；总章间明堂方案为每面9间，面阔均为19尺；它们的面阔和通面阔都是整尺数。武则天在洛阳宫原乾阳殿址上所建明堂方300尺，如沿用乾阳殿的面阔13间，则每间面阔为23尺（也可能中央11间面阔24尺，两梢间18尺），也是整尺数。

把近年发掘的唐代宫殿址的平面尺寸按唐代尺长0.294米折算，大明宫的含元殿、麟德殿面阔均为5.3米，合18唐尺，青龙寺东院殿面阔为17唐尺。现存唐代建筑中，佛光寺大殿中央五间面阔5米，合17唐尺，梢间面阔为4.4米，合15唐尺，其通面阔为15+5×17+15=115唐尺。南禅寺大殿面阔3间，通面阔为12+18+12=42尺，进深为12+12+12=36尺（此殿可能是在早期殿址上复建的，如按尺长0.275米折算，可得上列整尺数，且其“分”值1.666厘米正可折为该尺的0.6寸）。据此可知当时建筑的面阔在使用材分控制的同时，也尽力争取使它是整尺数。

唐代建筑实物及已发掘的遗址的面阔数字可列为表6-2。

表6-2 唐代木构建筑面阔．进深简表

明间面阔（唐尺）	名称	建造年代	轴线总尺寸（m）/间数				各间尺寸（唐尺）		明间宽之分数	资料来源
			总面阔	间数	总进深	间数	面阔	进深		
19	总章明堂设计方案	669					9×19尺	9×19尺		《通典》
	▲西明寺东殿		51.54（台基边）	9	33.06（台基边）	6	2×17.5尺+5×19尺+2×17.5尺	2×17.5尺+2×16.2尺+2×17.5尺		
	法门寺塔址			5		5	13+13+19+13+13	13+13+19+13+13		
18	大明宫含元殿（有副阶）址	662	67.33	13	29.2	6	16.5+9×18+16.5（殿身）	16.5+16.5+16.5+16.5（殿身）		《文物》1973年第7期
	大明宫麟德殿址前殿	663	58.3	11	18.5	4	11×18尺	17+14.5+14.5+17尺		《唐长安大明宫》
	▲大明宫三清殿址		47（台基）	7	73（台基）	7	7×18尺			《考古》1987年第4期
	大明宫玄武门内重门址		13.82	3	8.60	2	14.5+18+14.5尺	15+15尺		《唐长安大明宫》

续表

明间面阔（唐尺）	名　称	建造年代	轴线总尺寸（m）/间数：总面阔	间数	总进深	间数	各间尺寸（唐尺）：面　阔	进　深	明间宽之分数	资料来源
17	青龙寺东院殿（遗址4）		24	5	17.5	4	16＋17＋17＋17＋16尺	16＋14＋14＋16尺		《考古学报》1989年第2期
	南禅寺大殿	782	11.61	3	9.90	3	11.3＋17＋11.3尺（200＋300＋200分）	11.2＋11.2＋11.2尺（200＋200＋200分）	300	《营造法式大木作制度研究》
	佛光寺大殿	857	34.0	7	17.66	4	15＋17＋17＋17＋17＋17＋15尺（220＋250＋250＋250＋250＋250＋220分）	15＋15＋15＋15尺（220＋220＋220＋220分）	250	《营造法式大木作制度研究》
16.5	兴庆宫“勤政楼址”	720	23.1	5	14.95	3	15.5＋15.5＋16.5＋15.5＋15.5尺	18＋20＋13尺		《考古》1959年第10期
16	▲大明宫清思殿址	825	30.6	7	26.5	5	14＋15＋15＋16＋15＋15＋14尺	14＋15＋16＋16＋15＋14尺		《考古》1987年第4期
	▲大明宫朝堂（早期）址		73（台基）	15	12.45（台基）	3	15×16尺	8＋16＋16尺		《考古》1987年第4期
15.5	渤海上京宫门址			9		6	13＋13.5＋15＋15＋15.5＋15＋15＋13.5＋13	13＋13.5＋13.5＋13.5＋13.5＋13		《东京城》
	渤海上京第一宫殿址			11		4	11×15.5尺	4×15.5尺		《东京城》
15	▲大明宫翰林院前厅址		23.8（台基）	5	20.3（台基）	4	14.5＋15＋15＋15＋14.5	14.5＋16.5＋16.5＋14.5		《考古》1987年第4期
	▲大明宫翰林院后厅址		23.3	5	15	3	14＋14.5＋15＋14.5＋14	14＋16＋14		《考古》1987年第4期
	▲华清宫汤池 T_2 遗址		18.75（台基）	5	14.75（台基）	4	10＋14＋15＋14＋10	10＋15＋15＋10		《文物》1991年第9期
14	兴庆宫“勤政楼”前群房址			9			9×14尺			《考古》1959年第10期
	渤海上京禁苑中央殿址			7		4	11＋14＋14＋14＋14＋14＋11尺	11＋11.5＋11.5＋11尺		《东京城》
13.5	渤海上京第三宫殿址			7		4	7×13.5尺	4×13.5尺		《东京城》
	渤海上京第四宫殿址			9		5	11＋3×8.3＋13.5＋3×8.3＋11尺	11＋3×9.5＋11尺		《东京城》
	青龙寺西院大殿			13		5	13×13.5尺	5×13.5尺		《考古学报》1989年第2期
13	洛阳宫九洲池畔廊庑（F2）						10×13尺	14.5尺		《考古》1989年第5期
11.5	渤海上京第五宫殿址			11		5	11×11.5尺	5×11.5尺		《东京城》

续表

明间面阔（唐尺）	名称	建造年代	轴线总尺寸（m）/间数				各间尺寸（唐尺）		明间宽之分数	资料来源
			总面阔	间数	总进深	间数	面阔	进深		
11	渤海上京禁苑回廊						5×11 尺			《东京城》
10.5	平顺天台庵大殿		6.9	3		3	6.5＋10.5＋6.5			《文物》
7	洛阳宫九洲池 2 号亭台址		9.6	5	6.7	4	6＋7＋7＋7＋6	6＋6＋6＋6		《考古》1989 年第 3 期
6	洛阳宫九洲池 3 号亭台址			5		3	5＋6＋6＋6＋5	5＋8＋5		《考古》1989 年第 3 期

注：表中前端加▲者为复原推出，余为实测。

据《中国古代建筑史》第二卷，P. 650 唐代木构建筑面阔进深简表。

从表 6-2 中可以看到，有确切文献记载或实物、遗址为依据的面阔数字为 19 尺、18 尺、17 尺、16.5 尺、16 尺（16 尺为大明宫朝堂，有踏步为据，也可以确认。）、15.5 尺、15 尺、14 尺、13.5 尺、13 尺、12 尺、11.5 尺、11 尺、10.5 尺不等。由此可以推知，在唐代大约面阔在 17 尺以上的建筑，其面阔的级差为 1 尺，面阔在 17 尺以下的建筑，其面阔的级差为半尺（5 寸），建筑面阔的级差是以整尺数为主，半尺数为辅的。这应是出于在一组建筑群中建造使用不同材等建筑的具体需要，也便于施工时核查尺寸而确定的。但面阔有如此多的等级，又表明当时还是简单地从实际使用需要而定，尚未能做到精练化和规格化。

通过对受中国南北朝末期影响的日本飞鸟时期建筑和受初唐影响的白凤时期建筑的分析研究，我们也可以看到“分”值与尺数有一定联系的相似的现象。日本飞鸟时期的奈良法隆寺金堂一层面阔 5 间，进深 4 间，以“材”高为模数。其通面阔为 8＋12＋12＋12＋8＝52“材”高，若以其“材”高 0.75 高丽尺折算，合 6＋9＋9＋9＋6＝39 高丽尺；其通进深为 8＋12＋12＋8＝40“材”高，也可折合为 6＋9＋9＋6＝30 高丽尺。据此可以推知，我国南北朝末期的建筑在以“材”高为面阔模数的同时，也设法令大部分面阔和通面阔为整尺数。其次，日本白凤时期的奈良药师寺东塔底层面阔 3 间，通面阔为 125＋125＋125＝375“分”，可据以推知，在晚唐建筑佛光寺大殿中看到的建筑用“分”为面阔模数；以 125“分”为斗栱间距，以 250“分”为用一朵补间铺作时的标准面阔的制度在初唐时已经形成。但若再进一步推算，还可看到，药师寺东塔是用长 0.294m 的唐尺设计的，其一层面阔合 8＋8＋8＝24 唐尺，三层面阔合 5＋5＝10 唐尺，一层柱高合 16 唐尺，其面阔既是标准“分”数，也同时是整尺数。

把在唐代遗址、建筑实物和可供参考的日本飞鸟、白凤时代建筑中所表现出的共同特点结合起来分析，可以看到在南北朝末期，设计建筑时以“材”高为模数，到初唐时已发展为用“分”为分模数，这是一个方面。但同时也表明，这时的建筑地盘尺度却是把“材”值折成具体尺寸，再增减尾数，化为以整尺或半尺为单位，以便利于施工放线和核查，和在建筑群组中协调使用不同材等的主次建筑间的关系。

（五）“材分制”规定的构件尺度有一定合理性

在唐有国近三百年中建造了大量的宫殿、官署、寺观、第宅等，国家制定了建筑规章——《营缮令》和等级制度规定，各级政府都有工程管理机构，建设速度也很快，所以在采用以材分为模数控制设计的同时，必定会有与之相适应的用材等级规定。由于史籍不载，又只有数座唐代木构建筑留存下来，目前尚无法考知其官定材等的具体情况。

对建筑中各木构件“分”数的确定，有的是出于构造需要或美观要求，如阑额的断面和大部分横栱的长度等，可置而不论。但那些重要的受力构件，如柱、梁、槫等，为它们所规定的分数必须使它们能承担所负的荷载，并有一定的安全度。但当时还没有科学的实验手段，只能靠经验来设定。这样，最初设定的尺寸往往会较大而保守，随着经验的积累，会逐渐减小到适当的范围。《魏郑公谏续录》载唐太宗曾抱怨说，隋朝所建宫室用料大，历数十年不损动，现在建筑用料小，但建成不久即需修理。这虽是反面的例证，但说明入唐以后，随着进行大量建设，逐步总结经验，在不断缩小那些过大的用料。

通过对佛光寺大殿、南禅寺大殿两座唐代建筑的分析，可以看到，经百余年发展，到中晚唐时，已把梁之高跨比控制在一个较合理的范围之内。

佛光寺大殿：

檐柱高 250，径 27（以“分”为单位，下同。），其细长比为 1∶9.3，近于 1∶9。

诸栿之高跨比（净长，未扣除斗栱出跳承托部分）为：

乳栿：21.5∶215＝1∶10。

草乳栿：20∶220＝1∶11。

四椽明栿：25∶443＝1∶17.7，近于 1∶18。

四椽草栿之高跨比为 30∶443＝1∶14.8，近于 1∶15。

槫之径跨比为 15∶252＝1∶16.8，近于 1∶17。

南禅寺大殿：

檐柱之细长比为 39.5∶386＝1∶9.8，近于 1∶10。

四椽栿之高跨比为 25.2∶619＝1∶24.6，近于 1∶25，若连其上高 16 之缴背通计，为 41.2∶619＝1∶15（此四椽栿之高明显偏小，加缴背应是补救措施，故或可视加缴背后之总高为当时认为本应达到之梁高，以此推算其高跨比）。

丁栿之高跨比为 28∶338＝1∶12。

平梁之高跨比为 35∶497＝1∶14.2，近于 1∶14。

据此可知，至迟到中唐时，已根据经验不断改进，把实际承重的殿堂草栿和厅堂明栿之高跨比定在 1∶15 左右，槫之径跨比定在 1∶17 左右，并以“分”数表达出来，据以制做的构件，可以承受一般的屋面荷载。槫之间距为一架，约为面阔的一半，故其高跨比也小于梁。殿堂构架有明栿、草栿二重梁架，构架复杂，荷重较大，故其草栿之高跨比大于厅堂构架之梁。

就这两座唐代建筑的现状而言，佛光寺大殿建成后未经大修，构架无走动，构件无受压变形或破坏，坚挺屹立，历时一千一百余年、屡经地震而完好如初，证明其构架合理、构件强度敷用，并有一定安全度。南禅寺大殿在北宋元祐元年（1086）曾经落架大修，到 20 世纪 50 年代重新被发现时，已柱列倾斜，四椽栿不堪重负而严重下弯变形，遂不得不在 1974

年再次落架大修。此殿柱列倾斜是因为厅堂型构架使用没有内柱的通栿，在构架的稳定性上有缺陷造成的，可另作别论，但四椽栿下垂却是因梁高过小造成的。从纵剖面图上可以看到，四椽栿因其上要承由山面伸过来的丁栿后尾，并要使丁栿保持水平，其高只能做到42cm（25.2分），其上再加高26cm（16分）的缴背，是为了拼帮成共高68cm之梁。但梁与缴背之间仅用了四个木梢，结合方式不当，不能使二者协同受力，故梁承重部分之实际高跨比仍为1∶21，终致不堪负荷，变形下弯。如果不用缴背而改用高跨比为1∶13左右之整梁，参照佛光寺大殿草栿之例，原是可以承受的。但反过来说，从用加缴背的方法把梁高拼帮成1∶13的高跨比来看，当时工匠还是知道这个高跨比控制数字的，尽管当时还不掌握使拼帮构件能协同受力的较好的结合方法。这表明经过长期实践经验，用“材分”数规定的构件尺寸既具实用性，也有一定的合理性。

（六）木结构设计中运用模数是中国古代建筑的一大创造

在规划、设计中，使用基本模数、分模数和扩大模数是中国古代建筑的一大创造，用于城市规划和建筑群布局中的情况已见前文。当用于木结构中，则既简化了建筑与结构设计，也极有利于预制构件和在现场拼装施工。

从设计角度看，中国古代是把木构架建筑的结构、构造需要和艺术处理结合为一体，以“材分”的形式固定下来。它把“材”按建不同规模房屋的需要而规定为具有一定级差的若干等级，用不同等级的“材”所建的标准面阔（如250“分”/间）、标准进深（如125“分”/椽跨水平投影）的房屋，其真实尺寸也会按其“材”的级差比例而涨缩。与之相应，在用不同材等所建房屋中，按统一规定的“分”数制做的构件，其真实尺寸也按所用“材”间的级差比例而涨缩。这样，在相同的单位面积荷载作用下，用不同材等所建房屋中的同一种构件，产生的应力基本是相等的，即它们都略近于等应力构件。因此，只要能较正确地定出某一材等按标准面阔、标准进深建造的房屋中某个构件的合理断面尺寸，并把它折合成“分”数，则这个“分”数也将基本适用于其他材等按标准面阔、标准进深所建房屋中的同一构件。这就是说，按“分”数规定的构件尺寸，对各个材等同等适用。除各种构件及构件的卷杀、内𪘲等细部处理外，控制整体造型方面的手法，如柱子的侧脚、生起和由侧脚、生起决定的檐口曲线等，也都以“分”数表达。这样，用不同“材”等所建大小规模不同的房屋，其侧脚、生起、檐口曲线也按“材”等间的级差成比例涨缩，形成平行线或相似形，故房屋在外观上也易取得谐调一致。

以“材分”为单位大大地简化了设计过程。按所用“分”为单位制做一个比例尺，用来制图或推算，既易于比较各构件间的尺度和比例关系，也免去计算大量零星真实尺寸之劳，出现错误也易于核查。因为所规定的构件之“分”数在当时多是以口诀形式为设计和施工者所熟记的。这是唐代设计木构房屋运用模数的情况。

但上举大量唐宫遗址实测资料又表明，其地盘的面阔尺寸是以整尺或半尺为单位的。佛光寺大殿中央五间面阔理论值应为250“分”而实际为252“分”，也是因为252“分”恰为唐代17尺而增加了2“分”。这表明唐代在地盘设计中，在按“分”数确定间广、进深后，在折算成具体的丈、尺长度后，因其数字过于细碎，还要增减尾数，使它以整尺或半尺为单位，以利于施工放线和核查，也便于与所用材等不同的其他建筑衔接。这与地面以上的木构件都用“分”数来表达又不同。

木构件以“材”、“分”为单位是为了便于施工。古代匠人施工，除地盘图和侧样图外，基本不用图纸，由匠师发给工匠“丈杆”，其上以所用“材”、“分”为单位画格，并标（或刻划）出拟制的构件的“分”数和真长，工匠即可据以制做。由于工匠们都熟记口诀，易于掌握梁、柱、斗栱等构件的“分”数，卷杀和开榫卯等又都是固定做法，完全可以制做无误，免去了把“分”数折成真实尺寸后出现琐细尾数之烦。在建屋时，最繁难部分是斗栱梁架，其铺作层的槽和梁都是以“材”和“栔”为单位向上交搭或叠加的，它们都以“材”、“分”为单位制做，在安装时也不易出现误差。这是使用材分为模数进行设计有利于制做和施工的情况，也是以“材分”为模数的设计方法得以长期沿用的重要原因之一。

（七）屋顶坡度和翼角做法

1. 屋顶坡度

现存唐代建筑中，南禅寺大殿为 5.2∶1，佛光寺大殿为 4.9∶1①，平均为五分之一，屋顶坡度均较平缓，和壁画中所示唐代殿宇的形象一致。

2. 翼角做法

宋以前转角处角梁和椽都架在檩上，但角梁之高至少比椽径大二倍以上，椽和角梁均以下皮取平，故其檐角是平直的。但这种做法，椽之后端插入角梁下部，构造有缺陷。以后发展出在檩近角梁处加一根逐渐加高的三角形木条，把其上的椽逐渐抬高，令椽之上皮接近角梁上皮，这样就出现了屋角起翘。角椽的排列在汉代大都是平行的，即古籍所说的“禁槅”。但在汉末的石阙上已有角椽辐射状外斜的做法，从石刻壁画上看，大约在南北朝至唐前期二种做法还同时存在。

现存唐代建筑中，南禅寺、佛光寺二殿的角椽都是逐渐外斜的，其后尾都插入角梁中，因檩端已加有生头木，角椽后尾插入角梁的中上部，外端也逐渐上翘，最末一根抬高到与角梁上皮平（图 6-48）。但这时还没有出现宋以后自次角补间铺作起角椽呈完全辐射的做法。

（八）一些具体做法

1. 卷杀做法

在古代木构建筑中，控制曲线的最主要手法是“卷杀”。它的基本方法是把直角的两个长短不同的边线（X 轴、Y 轴）各等分为若干段，以此轴之末段连另一轴之首段，以下依次连接，即可形成一条弧形折线，称“卷杀”。所分每段称为一瓣，分几段即称为几瓣卷杀。建筑的斗栱、月梁、柱头复盆、梭柱柱身、屋脚起翘等均先用卷杀方法取得折线，其中斗栱端头即保持折线不变（早期作内凹弧线，可能是用锛加工所致），月梁、梭柱、屋脚则抹去棱角形成弧线。这个方法至迟在南北朝已出现，在麦积山石窟中已出现月梁，在南响堂山石窟已出现斗栱栱头卷杀。唐南禅寺大殿的斗栱已出现四瓣卷杀，唐佛光寺大殿已出现月梁，为现存最早木构中使用的实例，而日本奈良法隆寺回廊之梭柱则可作为参证（参阅图 6-39）。

2. 榫卯做法

在仅存的几座唐代建筑中，只有南禅寺大殿经过解体修缮，了解其榫卯概况，主要有以下几点：它的阑额与柱顶结合方式是在柱顶开与阑额厚度相同的直卯口，阑额插入其中，作

① 南禅寺数据据柴泽俊实测图，佛光寺数据为刘致平先生实测。

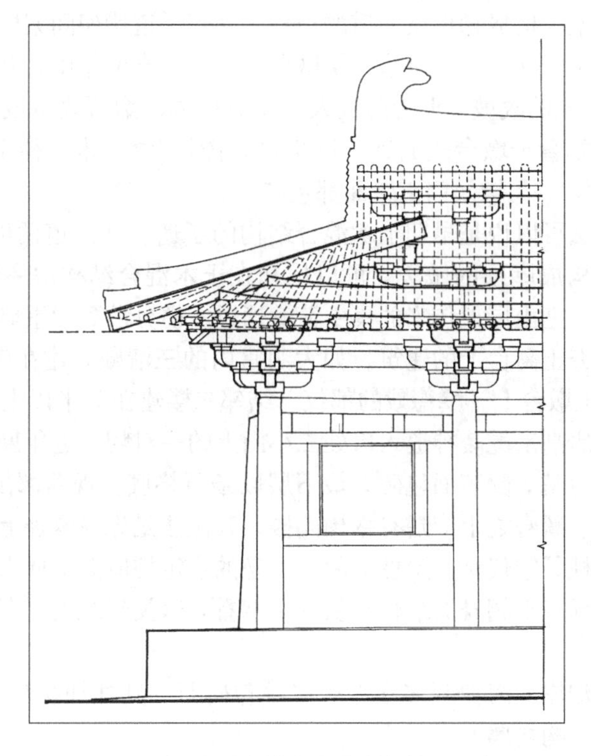

图 6-48　五台县南禅寺大殿翼角构造示意图

简支结合；柱头枋、压槽枋、撩檐槫之间的连接均用螳螂头榫；在梁头外伸为华栱后，栱头安斗处刻出半个银锭榫与斗底结合，防止其受压外倾。这表明银锭榫、螳螂头榫在中唐时已在使用。

二　土木混合结构

土木混合结构在中国古代有悠久的历史，是汉以前大型建筑的主要形式，其典型代表即台榭。南北朝以后，已很少建大型夯土台榭，但在殿宇中，用夯土墙或墩台承重或维持木构架稳定的情况还时有所见，并延续至隋唐，大明宫麟德殿就是一例。在城乡一般建筑中，用土墙承重，上架木梁架的“硬山搁檩”式房屋更是始终存在着，直至近现代。

隋唐建筑中，沿用传统土木混合结构最明显的例子是城门道。近年对唐长安、洛阳城和宫城的发掘中，多次清理出城门遗址，都是两侧用夯土筑城门墩或门间隔墩（当为多个门道时），中间架设木构的城门道构架，上建城楼。虽然门墩、门道的上部不存，但可从敦煌壁画中知道它的构造和形象。此外，从宋代绘画和近代始被毁去的金代建泰安岱庙南门我们知道，宋、金时的城门道构造和唐代基本相同，而（宋）《营造法式》中又载有这种城门的做法，所以，根据唐代遗址，参考《营造法式》，我们可以推知唐代城门道的做法。

综合已发掘的唐代诸城门遗址，唐代建城门墩及门道的过程是在筑好城门的基础后，在要设门处左、右相对埋设若干方形柱础，连成两列，础上立方形木柱，宋称“排叉柱”。柱方 50 厘米，柱间距约 1.2 米，合唐代四尺；在每列排叉柱上各顺施一巨大木枋，在两条木枋间架横向的梯形梁架，构成梯形城门道的顶部；在若干道梁架间架檩、椽、铺板，把门道顶部封闭。门道木构架竖立后，同时起夯筑墩台时之挡土支架作用，开始夯筑城门墩台。门墩三面外壁虽有约 1∶4 的收坡，但为防敌人攻城时挖掘、炮石攻击或自然崩塌，在夯时每隔 1.3 米左右高度处垂直于墩台表面铺一层木椽，椽长 2～3 米，径 10～20 厘米，间距约 1.2 米，宋代称“纴木”；门墩及门道壁面都包砖。

门墩和门道的做法可以说是早期土木混合结构的孑遗。从门道两侧以排叉柱加固墩台，上加木枋和梯形梁架构成屋顶的做法，可以推知在土木混合结构房屋中，用壁柱加固承重墙、墙顶铺木枋承梁，把由屋架传来的集中荷载通过木枋分散到承重墙上的情况。

唐代还有些建在夯土高台上的建筑。如大明宫内的三清殿，建在南北长 73 米，东西宽 47 米，高 14 米的夯土墩台上。麟德殿的郁仪、结邻二楼建在 7 米以上的夯土台上。此类建筑中高度更大的还有唐高宗乾陵神道入口处二小山上的一对阙，近年勘探，发现阙身为三重子母阙，下以条石为台基，阙表面包砖，最下层以条石垫底。现西阙阙身残高 15 米。据唐懿德太子墓壁画所示，阙身之上应建有木构阙楼。其做法是先在阙顶上建木构平坐，平坐上建单层阙楼。平坐的柱子宋代称永定柱，阙下平坐的永定柱应向下插入阙身夯土之内，以加强上部木构阙楼和下部夯土阙身的结合。从这角度看，这类建筑也保存一些土木混合结构的残余。

唐、五代码头、泊岸、海塘等多在夯土岸壁包砖石，其外加防崩裂的木壁柱或护堤木桩，也属于土木混合结构之属。

此外，从现存隋唐石刻看，隋唐时有一种方形小塔，塔身只一层，为砖或夯土筑成，墙壁甚厚，正面开一门，墙顶以上纵横平铺承重木椽，椽上铺土坯或覆土后抹泥为屋顶，四角加仰阳蕉叶并在中部用土坯垒成覆钵式嘿堵坡加刹杆。河南安阳灵泉寺隋唐石刻中有大量表现此种塔之浮雕形象，自题为枝提（支提）。其下部厚墙和密排平椽构成屋顶的形象非常清晰，所表现的也应是一种在土或砖墙上加木椽构成平屋顶的混合结构建筑。据此可以推知一些土墙平顶居室的构造也应基本如此，仅不设嘿堵坡及仰阳蕉叶而已。

唐代住宅虽实物不存，但从文献记载和图像中可知，仍大量使用夯土承重外墙。白居易《草堂记》称其庐山所建草堂是“三间两柱，二室四牖”，即是只在明间左右用二柱，两山用承重土墙的“硬山搁檩”房屋。在出土的唐代明器中也有很多两侧山墙与中间二柱共同承阑额的“硬山搁檩”的房屋形象。可能除巨邸豪宅外，大量城乡一般住宅仍较多为夯土墙与柱、梁共同承屋顶之重的土木混合结构房屋。

三　土工结构

隋代开大运河，开凿大量的河渠陂塘，修筑闸坝，都属规模巨大的土方工程，从工程技术规范、工料估算定额到施工织织都应有一系列规定和经验教训，但因史籍缺略，其具体情况已难详考。但在此期算学书籍中还留下一些算例，可作为考查其规模和概况的参考。

在筑堤方面，唐王孝通撰《缉古筭经》有下列记载：“假令筑隄，西头上下广差六丈八尺二寸，东头上下广差六尺二寸，东头高少于西头高三丈一尺，上广多东头高四尺九寸。正袤多于东头高四百七十六尺九寸。……每人一日穿土九石九斗二升，每人一日筑常积一十一尺四寸十三分寸之六，穿方一尺得土八斗。古人负土二斗四升八合平道行一百九十二步，一日六十二到。……”

“又云：假令穿河袤一里二百七十六步，下广六步一尺二寸，北头深一丈八尺六寸，上广十二步二尺四寸，南头深二百四十一尺八寸，上广八十六步四尺八寸，运土于河西岸造漘，北头高二百二十三尺二寸，南头无高下广四百六尺七寸五厘，袤与河同。……”

这表明在用工量巨大的土功工程中，计算工程土方量和用功量成为算学的一个重要课题，已达到可用多元求解的程度，可推知在土工结构的设计和管理上也应都达到很高水平。而所载“每人一日穿土九石九斗二升；每人一日筑常积一十一尺四寸十三分寸之六；……古人负土二斗四升八合，平道行一百九十二步，一日六十二到”则记录了当时的挖土、筑土、运土的施工定额，也极富史料价值。

四 砖石结构

隋唐砖石结构主要是地上的佛塔、桥梁、闸坝和地下的墓室等。墓室、桥梁已见前文，这里着重介绍佛塔。以材料言有石塔、砖塔之分，以形式言有单层、多层之别，多层中又分楼阁型和密檐型，分述如下。

（一）石塔

有用块石砌成和用石板拼叠成两种。前者以山东济南神通寺四门塔及长清灵岩寺慧崇塔为代表，后者以北京房山云居寺北塔下四小塔、山东济南神通寺龙虎塔和唐开元五年小塔为代表。到后期还出现近于立体雕刻的，如南京栖霞寺舍利塔。

1. 块石砌造——神通寺四门塔

建于隋大业七年（公元611），为单层攒尖顶方塔，用矩形块石、条石砌成。塔身面阔7.38米，高15.04米，外壁厚0.8米，四面各开一券门。塔内中心有方约2.3米的塔心柱，与外壁间形成宽约1.7米的回廊。塔身外部在墙顶上用石板挑出五层叠涩，最上一层即代檐口，檐口以上为石板砌的二十二层反叠涩，逐层内收，形成略具下凹曲线的四角攒尖塔顶。顶上砌石须弥座，四角装蕉叶，中心立块石雕成五层相轮的塔刹。塔内自塔壁及塔心柱上部相对各挑出二层叠涩，其上架三角形石梁。每面三梁，加45度角梁，共十六道梁，自内外壁叠涩上斜架石板，构成回廊上部的两坡屋顶。叠涩和石梁表面都凿出粗的人字纹为饰，尚有汉代石刻遗意（图6-49）。

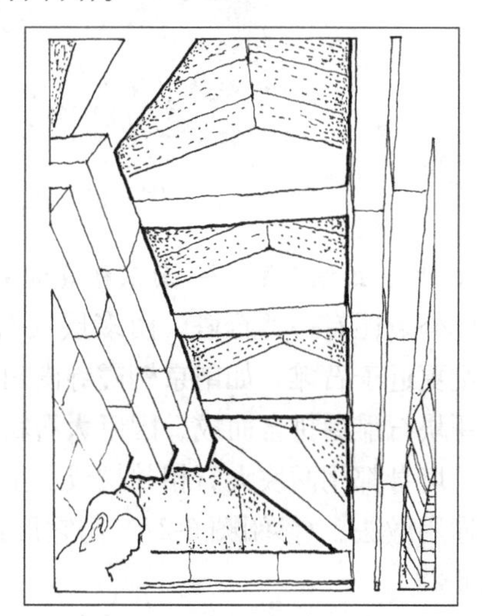

图6-49 山东济南神通寺四门塔内部回廊构造

2. 石板拼合——房山云居寺塔

这类塔颇多，分单层和密檐二种。二种塔的下部或用石雕须弥座，或用数重石板加雕刻后叠砌成台基。基座上为用竖立石板拼合成的塔身。塔身一般正、背二面板宽为通面阔，侧面板卡在正背面板之间。塔身以上置石雕的屋顶，简单的只雕作正反叠涩状，精工的则底面雕檐椽，顶面雕作微斜的瓦陇和角脊。单层塔在屋顶上置有蕉叶的须弥座，上置石雕塔刹；济南神通寺龙虎塔则上为重檐顶。多层的密檐塔则重叠所需层数的石雕屋檐，中间垫石块雕成的各层塔身，层层内收，形成梭形轮廓。现存密檐石塔中，北京房山云居寺山顶唐金仙公主七层石塔较完整（图 6-50），房山云居寺北塔下四座小唐塔及济南神通寺唐开元五年（公元 717）小塔造型秀美、雕琢精工，较有代表性。这类塔因其塔身为竖立石板围合成小室，故尚具有一定石结构性质，塔下须弥座及塔顶则只是石雕。

图 6-50　北京房山云居寺山顶唐金仙公主塔

3. 近于立体石雕——南京栖霞寺舍利塔

此外，还有一类石塔，由多层块石叠砌而成，表面雕成塔基、塔身、塔檐、塔顶的形式，则更近于石雕，如南京栖霞寺南唐所建舍利塔。此塔为八角形五层密檐塔形式，下层须弥座用块石雕后拼合而成。因巨大石材难得，施工不易，故塔身下之仰莲座及一层以上各层塔檐、塔身都用两块大石相并拼成，上下层间石缝十字交叉压缝，以求整体牢固。这是此类塔之通用做法。（参阅图 6-27）与它形式和做法相似的还有经幢，如松江市的唐代石幢（参阅图 6-28）。

总的说来，隋唐时期没有建北朝时那种雕出柱梁斗栱的全仿木构石塔，主要成就在塔的造型比例和精美的装饰雕刻上。在石结构上没有明显发展。

（二）砖塔

隋唐砖塔就形式论有单层多层二类，多层中又分密檐塔和楼阁型塔二种。但如就结构构造而言，目前所存隋唐砖塔，不论单层多层，都是只有一圈塔身外壁的空腔式塔。到五代时，才出现内有回廊和塔心室、用叠涩相对构成各层楼面的楼阁型砖塔。

1. *单层砖塔*

多为方、圆、六角、八角形小塔，一般有一塔心室，也有为实心砌体，门内只开一小龛的。这类塔表面用预制型砖或磨砖、砍砖、雕砖技术砌出须弥座、仰莲、柱、阑额、斗栱、门窗等，秀美精致，表现出很高的砖饰面工艺技术，如河南登封会善寺唐天宝五年（公元746）建净藏禅师墓塔（图 6-51）、河南安阳修定寺塔（图 6-52）、山西运城唐泛舟禅师塔等。其中河南安阳修定寺塔用模塑花砖饰面，在制材、施工和建筑艺术上都有很高成就。但它们在砖结构技术上没有明显发展。

图 6-51　唐净藏禅师墓塔

图 6-52　河南安阳修定寺塔

中国美术全集·建筑艺术编 4，图 29，
中国建筑工业出版社，1988 年

2. *多层砖塔*

（1）密檐塔。唐代密檐塔存者尚多，以西安荐福寺小雁塔最著名。

荐福寺小雁塔建于唐中宗景龙间（约公元 708），为方形十五层密檐塔，高 43 米（参阅图 6-25）。它仍是空腔型塔，塔四壁向外挑出叠涩为塔檐，向内挑出叠涩承木楼板，较特异处是又自内壁挑出斜行向上的叠涩，作为绕内壁螺旋形上升的梯道，以登上各层楼面。中国古代台榭有建环绕台之外壁登台梯道的，外形如螺壳，称为“蠡台”，在内部挑出的，目前仅见此例，其余唐代砖塔是否如此尚俟考。此塔近年曾修缮，发现地基夯土中有朽败的纵横木梁，当是为增强基础的整体性而设。每层塔檐角上，在砌砖中都埋设有木角梁，以加强转角处挑檐的稳固，也是为加固砖塔所采取的辅助措施。小雁塔下层塔身为素壁，但砖色与上层不同，又明显比上层突出，应是明代包砌所致，原来砖的砌法在外观上已不可见。修缮时发现，塔是用泥浆砌成的。古籍记载塔身有“缠腰”，现已不存。修缮时发现围下层塔身四周有几层台基，上有建筑基址，是否与“缠腰”有关俟考。

(2) 楼阁型砖塔。

① 空腔型塔。唐代楼阁型砖塔有西安慈恩寺大雁塔塔、兴教寺玄奘塔、香积寺塔等，以西安慈恩寺大雁塔最著名。塔平面方形，每面各开一门，高七层，通高 64.1 米，用条砖砌成，建成于武周长安中（约公元 701～704）。塔外面各层用砖砌出柱、额、栌斗，加二重花牙砖线后叠涩挑出塔檐；塔内部各层也挑出砖叠涩，承木制楼板，构造基本上和嵩岳寺塔相近（参阅图 6-23）。塔的外部经明后期包砌，内部也为抹灰掩盖，并新建楼层、楼梯，故砖的砌法目前尚无法查知。

西安香积寺塔下层特高，以上九层均低矮，外轮廓近于密檐塔，但二层以上塔身都用砖砌出柱、额、栌斗、门、窗，又似楼阁式塔。从构造上看，它仍是空腔型木楼板砖塔。

小雁塔及香积寺塔都每层四面或二面相对开券门，形成塔身结构上的薄弱处，故在明成化间西安地区大地震时，都沿塔门一线垂直劈裂为二。大约在宋、辽时已发现上下一线逐层辟门之弊，故所建砖塔多改为上下层十字错位辟门，而在外观上以假券门代之。

② 回廊心室型塔。在五代时，江南出现一种内有回廊、塔心室，其间相对挑出砖叠涩，上铺地面砖构成楼层的新型楼阁式砖塔，最著名的例子是苏州虎丘塔和杭州雷峰塔。

苏州虎丘塔为平面八角形高七层的楼阁式砖塔，高 47.5 米，始建于五代后周显德六年（公元 959），苏州在当时属吴越国。塔平面正八边形，每层每面各开一券门。外观在二层以上的塔身上下各有平坐和塔檐，都用砖砌叠涩挑出，并用砖砌出挑出一跳或二跳的斗栱为饰。塔檐上部砌反叠涩，收至上层平坐而止。和唐代空腔塔只有一圈外壁不同，塔内还有砖砌的巨大的塔心，也作八边形，与外壁间形成回廊。塔心的四个正面上又各开券门，内建巷道，南北、东西巷道在塔心内十字相交，交会处略加拓大，成为塔心室。从平面上看，此塔可视为有内外两圈塔壁，中夹回廊，内壁之内为塔心室。但由于巷道和心室矮而且小，也可视为在巨大的八角形塔心砌体上穿十字巷道和心室。在塔外壁内侧及塔心（内壁）外侧上部相对各挑出砖叠涩，相交后，构成回廊的顶部，其上再平砌砖，形成楼层。楼层厚度自一层回廊顶至二层地面厚达 1.6 米，以上递减，至七层地面以下楼层厚约 0.8 米。这样厚的楼层，用条砖错缝平砌，对塔内外壁间的联系应起一定作用。登塔的楼梯为木制，设在回廊上，在回廊顶上砖砌体中留空井而上。各层空井的布置都尽量使上下二层处于相对两面，防止构造弱点集中。塔之刹柱自塔顶向下，穿过七、六两层楼面，立于砌在塔心内的横梁上（参阅图 6-24）。

这种塔内有巨大的塔心（或内壁及塔心室），塔心与外壁用叠涩斗合，上砌地面，形成楼层，使各层塔心与外壁，成连为一体的多层楼阁式砖塔，在稳定性、整体性上都比唐代的空腔木楼板砖塔要强，说明在砌造砖塔技术上已有较大的进步。但塔外壁与塔心之间只靠楼层的平砌砖拉结，抵御不均匀沉降和抗歪闪的能力较差，故宋代在沿用这种做法时，又在外壁与塔心之间架设木梁，一般每间一梁，以资拉结内外，可在一定程度上弥补这个弱点。

杭州雷峰塔在西湖南屏山下，为北宋开宝八年（公元 975）吴越王钱俶时宫监所建，当时南唐、吴越尚存，故可视为五代余波。塔原拟建十三层，限于财力，至七层而止，以后又削至五层。坍毁前状况为平面八角形，底层每面宽约 40 尺，残高五层。每层八面均宽三间，明间各开一门。二层以上，下为平坐，上为塔檐，用砖砌出柱、额、腰串和扶壁栱、柱头枋。在柱头和补间斗栱处，自砖壁内挑出一至三层华栱承木构平坐地面及塔檐瓦顶。一层塔身四周立木构回廊，形成塔下缠腰。它的内部也有砖砌塔心，估计构造和苏州虎丘云岩寺塔基本相同（图 6-53）。

此二塔都是吴越国末年所建，都是有塔心柱、砖砌楼层的多层楼阁式塔，是当时的新创造。所不同处是虎丘塔外檐包括平坐、塔檐在内全为砖造，而雷峰塔的外檐则在塔壁内埋设木构件，挑出一至三层木华栱，承木平坐、木塔檐，是木檐砖塔。这两类塔在宋以后的江南地区都得到较大的发展。

图 6-53　浙江杭州雷峰塔
中国古代建筑史（第二卷），图 3-12-47。
中国建筑工业出版社 2001 年版

（三）砖砌护墙

唐代的城门、城墙、建筑墩台等，大多用砖包砌。

唐长安城墙、城门墩都是夯土筑成，包括大明宫，也只是城门墩和城门附近一小段城墙及城角处的角墩用砖包砌，厚度约 70 厘米，即二砖之长，其余仍为素夯土城墙。但洛阳的宫城和皇城却内外全部包砖，且所用砖中有长边抹斜和短边抹斜二种特制的砌城用砖，分别用为顺砖和丁砖，其抹斜坡度与城身收坡一致。这些城墙都仅存残基，砖的具体砌法尚未能查清。由于城身倾斜，包砌之砖也需层层内收，与夯土墙间形成齿形结合，有利于墙体和砖外皮间的结合。

一些巨大建筑下的墩台，如含元殿前墩台、麟德殿侧郁仪，结邻二楼下的墩台等都用砖包砌。磨砖对缝（清代称“干摆”）的外墙包砖做法就目前所知，最早见于西汉未央宫遗址。南北朝时的遗例尚未发现。在大明宫中，三清殿下高 14 米的墩台用夯土筑成，四周包磨砖对缝砖壁，最下用二层磨光表面的条石为基，是迄今所见唐代最豪华考究的护壁做法。在壁画中，多把砖包的台基、墩台画为砖缝上下直通，但迄今所见遗例却都是上下错缝的。唐长安龙首渠两壁及底也都包砖，除美化外，也明显有护坡作用。

但迄今尚未发现整体砖砌墙之例，包括最重要的宫殿，如含元殿麟德殿都只用夯土墙，内外壁面加抹灰、粉刷。用砖在土墙下部做隔减的做法在宋、辽、金建筑中很普遍，但在唐代遗址和现存唐代建筑中都未见到。

五　建筑装饰装修

（一）石雕

据出土少量遗物和壁画图像所示，此期建筑石雕已达到很高水平，重要建筑的石构件多加雕刻，雕工精美。宋代把石雕加工程度分为素平、减地平钑、压地隐起华、剔地起突四等，若加上圆雕，则为五等。这在唐代遗物中已都可看到实物。

素平即在平面上作阴线刻划，现存大量唐代的石碑，侧面多用阴线刻卷草纹。在唐章怀太子墓的石椁上也有大量线刻的各种图像，都属素平雕法。

减地平钑即在平面上留下图像纹饰后把空白处剔去，留出平的地子。其图像是平的，相当于浅的平雕，也可在图像表面再加线刻。有一些碑边和台基边缘的条石用此雕法。在唐懿德太子墓壁画阙楼图上，高大台基周边的石条都留出边缘，内画卷草纹，所表现的应即属这种雕法。

图 6-54　隋唐石雕——唐乾陵石像生

压地隐起华是沿图形四周的地子向下斜凿减低，使图形有突出的立体感，但整个石雕表面仍是平面，相当于浅浮雕。现存赵县安济桥出土隋代石雕栏版是其例。

剔地起突即把图像留出，其余凿下，形成凸出于地子以上的高浮雕或半圆雕。石桥正中券顶石向外突出的兽头一般用此雕法。

圆雕即立体雕刻，小者如宁安渤海国宫殿出土的石螭首，大者如唐乾陵和武氏顺陵前体量巨大、形象生动的石狮、石像生，均为代表性佳作。一些立体镂雕的建筑构件如南京栖霞寺五代建舍利塔周边出土的镂雕钩片栏版也可归入此类（图 6-54）。

（二）砖工和琉璃

唐代制砖工艺比较发达，主要为条砖和方砖。

条砖中小型的用以砌台基和土坯墙的基墙，较大型的砌大型高台基和城壁，其概况已见前文。方砖主要用来铺砌地面，宫廷的地面多在方砖中间杂用模压花纹方砖，多用为官员和仪仗队站位的标识，宫殿的室内地面则满用模压花纹方砖铺砌。一些斜坡慢道往往在斜面用模压花纹方砖以防滑，著名的大明宫含元殿前的龙尾道就这样做的。

唐代屋顶一般使用传统的灰色陶瓦。但在宫殿中则多使用一种表面为黑色的瓦。它在宋代仍在使用，其做法载在（宋）《营造法式》中，是先把瓦坯磨光后掺滑石末，在烧制时另加羊屎、麻籸浓油等发浓烟材料，熏烧成光滑的黑色瓦面。这是利用渗碳技术制成的一个瓦的新品种，称为“青棍瓦”，它在坚硬和防渗方面都优于陶瓦。

琉璃瓦在唐代宫殿中已少量使用，见于唐大明宫三清殿遗址和渤海国上京宫殿遗址中，以绿色为主，间有蓝色、黄色，一般即在陶土胎上加釉烧成。烧陶制三彩明器是唐代制陶工艺上一大成就，以其技术移用在烧制琉璃砖瓦上是顺理成章之事，在大明宫三清殿遗址中就出现过三彩的琉璃瓦。

（三）彩画

唐代建筑彩画比较简单，参考唐懿德太子墓内壁画阙的形象，柱、额、枋、门窗、栏杆均为红色，栱眼壁及墙壁用白色。可知一般以红色为主，有土朱和朱红两种色调。在现存唐代建筑上所见，柱、额、梁、枋多是红色，衬以白壁。南禅寺、佛光寺二大殿多在刷红色斗栱的侧棱上画白色凹形，称为“燕尾”，还在红色枋上横画若干白色圆点，近于连珠文。佛光寺大殿的平闇上也是遍刷土朱。

在敦煌唐代壁画中所绘佛殿外檐的彩画基本都是这种色调，但在中唐以后洞窟内部，如197窟西壁龛顶所示，其顶板底色以黑白相间，中间各画一六瓣宝相花，另在深色支条上画两朵五瓣花，远较外檐为华丽。

（四）木装修

从实物和壁画、雕刻中可看到素版门、加直棂窗版门、直棂窗、破子棂窗、钩栏等木装修的形象。

在现存唐代建筑中，只有佛光寺大殿的版门因有题记，可确认为唐代遗物，其做法较简单，与唐以后实物无大异处。但从宁安唐渤海国上京遗址中出土的构件可知，当时门下鑲装铁靴臼，置于铁鹅台上。在版门四角包錾花铁角叶，门钉也有装饰作用。在唐代石棺雕刻上还表现有在版门上部开直棂窗的。

在唐代的壁画中只看到直棂窗的形象，但从登封会善寺唐天宝五年（公元746）净藏禅师墓塔上可以看到砖砌的破子棂窗，可证当时除直棂窗外，也已出现破子棂窗的做法。

木钩栏多见于敦煌壁画中，多是斗子蜀柱单钩栏，有用望柱的，也有在转角处十字搭接加金属连接构件的。一般望柱头为火珠形，有用金属制的，在钩栏纵横构件相接处多包裹錾花铁叶加固。

第五节　重大工程建设及工官

一　重大工程建设

隋唐时期国家组织进行了大量土木工程，除都城宫殿外，最著名的是隋所修大运河、长城和唐代所建若干大型桥梁。

（一）大运河

隋在统一全国前后都开凿过运河，最后形成南起杭州，北至涿郡（今北京西南），西至长安长二千余公里的大运河。

公元584年，隋文帝命建筑家宇文恺开广通渠。引渭水自大兴（唐长安）东至潼关，通入黄河，长三百余里，以运输中原、河北等地的粮食物资供应关中。587年，又疏浚春秋时的邗沟。北起淮安，南至长江，以运输军资，为消灭陈国做准备。

隋统一全国后，隋炀帝于公元605年开通济渠，自洛阳以东的板渚引黄河水东南流，注入汴河，又引汴河水东南流入淮河，经淮河下行至淮安，转入邗沟，经扬州注入长江，打通汴梁至长江一段。公元608年，又开永济渠。自沁水入黄河处引水东北流，经临清、德州、沧州至涿郡，打通运河北段。公元610年。又开凿自镇江经常州、无锡、苏州，绕过太湖后至杭州段的江南运河。

公元605～610年六年间隋炀帝所开南北运河即历史上所称的大运河，开河动员了大量民工，因工期紧迫，督役残酷，死亡达数十万人，造成经济破坏，人民被逼起义，成为隋灭亡的原因之一。但运河沿用至明清，长时间起着南北交通命脉的作用，从长远看，是一项有益于国家统一和南北经济交流的工程。史载运河广四十步（约 60 米）。两岸有御道，植杨柳。又特制脚长 12 尺的铁脚木鹅，自上流放下，用以检验河之深度，凡有阻滞即表明该处未达规定的 12 尺深度。运河各段水位不同，故建有很多蓄水陂塘和水闸加以调节。有些段高差过大，只能筑缓坡的土坝隔开，在坝旁设绞盘，船通过时以泥浆为滑润剂，泼在坝表面，用牛转动绞盘拽船过坝，是很特殊的做法，见于日本僧人圆仁所撰《入唐求法寻礼行记》中。

（二）桥梁

隋唐二代在桥梁建设上有较大成就。有木桥、石桥、浮桥、索桥等多种结构形式。木桥均梁式桥，大型木桥多用石墩为脚。石桥墩或用圆形石墩叠成，称石轴柱桥，如公元 710 年所建西安灞桥；或用石块砌成，为防洪水或冰凌冲击，开始把桥墩向上游的一端砌成锐角，称尖墩，是对桥墩形式的关键性改进，如公元 692 年所建洛阳中桥。隋唐遗物只有河北赵县隋建安济桥。从遗物和图像分析，当时似只能建并列石拱桥。

1. 安济桥

隋在今河北赵县南洨河上建安济桥，为单拱敞肩石桥。桥净跨 37.02 米，矢高 7.23 米，由 28 道厚 1.03 米的并列石拱组成，在桥拱两端一般填实的桥肩处又各砌二小拱，其余再用石块填砌，既减轻桥之重量，也有利于洪水时排水。这种做法是隋代造桥上的创造，比欧洲早一千二百年（图 6-55）。

图 6-55　河北赵县安济桥立面图

2. 蒲津浮桥

唐代大河上的桥由国家修建管理的共十一座，有浮桥、石桥、木柱木梁桥等，最大的是在今山西永济的蒲津浮桥。它横跨黄河，通至陕西朝邑县，长 300 米左右。此桥原用竹索连锁数百支船而成，屡遭洪水及冰凌破坏，遂于唐玄宗开元十二年（公元 724）把竹索改为铁索，又在桥两端各用生铁铸造四支铁牛和二座铁山。每铁牛重约70吨，腹下有铁柱插入地下3米左右，用来锚固铁索。铁索强度大于竹索，浮船间距可以加大，有助于减轻洪水、冰凌危害，建此桥有大量的铸铁、锻铁作业，耗资巨大，是由唐玄宗决策兴造的，在中国古代桥梁中是应该载入史册的巨大工程。

二　工程管理机构与建筑等级制度

隋唐时中央的建筑工程管理机构有两个系统，即尚书工部和将作监。

（一）尚书工部

为尚书省所属六部之一，为国家行政机构，据《唐六典》卷7记载，其职责是“掌天下百工、屯田、山泽之政令”。下设工部、屯田、虞部、水部四曹，主管官吏为郎中、员外郎。其中工部郎中“掌经营兴造之众务，凡城池之修浚，土木之缮葺，工匠之程式咸经度之。”“凡兴建修筑，材木、工匠则下少府、将作以供其事”。它是全国的建筑工程的管理部门，并负责制定工程规范和定额等。

（二）将作监

据《唐六典》卷23记载，是建筑工程的具体实施部门，包括宫廷、禁苑和都城内的庙社、郊坛、王府、中央官署、诸街桥道、城门等的建造和维修等工程，承担规划、设计、备料、组织工匠等任务。所属左校署掌木工，右校署掌土工、圬工，甄官署掌砖石材料制做。

隋唐两代重大工程多由行政管理机构尚书工部和具体实施单位将作监共同主持规划设计和施工。

（三）建筑制度

唐代建筑等级制度在《唐六典·左校署》、《唐会要·舆服上》及《新唐书·车服志》中都有记载，《唐会要》所载直接引自《营缮令》[①]，是表尊卑贵贱的国家制度[②]。其内容大致如下：

一、三品以上官住宅：堂为面阔五间，深九架，歇山顶。门屋为面阔三间，深五架，歇山顶。

二、五品以上官住宅：堂为面阔五间，深七架，歇山顶。门屋为面阔三间，深两架，悬

① 《唐会要》卷31，舆服上·杂录：“准《营缮令》：‘王公以下，舍屋不得施重栱藻井。三品以上，堂舍不得过五间九架，（仍）厅（听）厦两头；门屋不得过三间五架。五品以上，堂舍不得过五间七架，（亦）厅（听）厦两头；门屋不得过三间两架（下）。仍通作乌头大门。勲官各依本品。六品、七品以下，堂舍不得过三间五架；门屋不得过一间（架）两架（下）。非常参官不得造轴心舍，及（不得）施悬鱼、对凤、瓦兽、通栿乳梁装饰。其祖父舍宅门廕子孙，虽廕尽，听依仍旧居住。其（天下）士庶公私第宅，皆不得造楼阁临视人家。’……‘庶人所造堂舍，不得过三间四架；门屋（不得过）一间两架（下）。仍不得辄施装饰。’”。中华书局，丛书集成初编，1985年，第575页。中华书局，丛书集成初编（六），1985年。

又见《册府元龟》卷61帝王部·立制度2。其異文以（□）表之。似以册府本文义稍胜。

② 《新唐书》卷56，志第46，刑法云：“唐之刑书有四，曰：律、令、格、式。令者，尊卑贵贱之等数，国家之制度也。”中华书局，丛书集成初编（十三），1985年，第1407页。

山顶。

三、五品以上官住宅前部均可建乌头大门。

四、六品七品以下住宅：堂为面阔三间、深五架、悬山顶。门屋为面阔一间，深两架，悬山顶。

五、常参官[①]以上住宅：可造轴心舍[②]，施悬鱼、对凤、瓦兽、通栿乳梁装饰。

六、庶人住宅：堂为面阔三间、深四架、悬山顶。门屋为面阔一间，深两架，悬山顶。不得施装饰。

七、臣下住宅一律不得用出二跳的斗栱和藻井。

八、士庶公私人家均不能建楼阁俯视人家。

九、祖、父舍宅，子孙可继续居住，不受其子孙现有级别影响

十、又据（日）源顺《倭名类聚钞·居所》引《唐令》云："宫殿皆四阿，施鸱尾。"即只有宫殿可造庑殿顶，上加鸱尾。

上举十条中，前六条是建筑的等级差异，后四条是通制。据此可知当时住宅分三品以上官、五品以上官、六品以下官、庶民四个等级，对各级住宅在面阔、进深、屋顶形式、房屋组合、装饰诸方面都有严格的级差限制。这里所说的架，据庶人宅堂深四架、门深二架分析，应指椽，几架即深几椽。就建筑规格言，王公以下官之堂最高可建为五间九架，用歇山顶，装饰可用悬鱼、瓦兽。从中也可反推知凡七间以上、用庑殿顶、加鸱尾、使用重栱、藻井的建筑均属宫殿规制，自王公至庶人均不得建造。

前代有关建筑制度大多只存片段文字，这条唐代的《营缮令》是目前所能看到的最早的关于建筑制度的法令。以后各代大多在此基础上增改加详。[③]

三　工　官

隋、唐两代最高的工官即尚书工部的长官工部尚书和将作监的长官将作大匠。工部尚书是尚书省六部首长之一，可以是一般行政官，但在有重大工程时，也往往任用在工程上有经验或熟悉建筑的人。将作监的将作大匠则是具体管规划、设计、施工的，其下还有左校署、右校署、甄官署的令、丞、监作，手下辖有匠人，即熟悉技术的匠师。他们属技术官。在将作监无重大工程时，多任命贵族子弟为大匠，武则天时任命其堂姊之子宗晋卿为将作大匠，中宗时任杨务廉为将作大匠，都是些赃污狼藉、声名很坏的人。一些从事营建的官员，也不受人尊重。睿宗时，窦怀贞为尚书左仆射（副宰相），亲自为建金仙、玉真二公主的道观监役。其弟讽刺说，"兄位极台衮，当思献替可否，以辅明主。奈何校量瓦木，厕迹工匠之间，

---

① 《唐六典》卷 2：常参官："谓五品以上职事官、八品以上供奉官、员外郎、监察御史、太常博士。"中华书局标点本 P. 33。又卷 4 礼部，郎中员外郎条："五品以上及供奉官、员外郎、监察御史、太常博士每日朝参。"据此，常参官指每日在皇帝左右的各级官员。

② 轴心舍不见他书，清人陈元龙《格致镜原》解释为工字厅。但也有另一种可能是指把宅门开在正中，与正厅前后相对，形成全宅中轴线的布局。

③ 近年在天一阁藏书中发现明钞本《天圣令》，后附唐开元令。经中国社会科学院历史研究所专设课题组进行研究，其成果撰为《天一阁藏明钞本天圣令校 附唐令复原研究》，由中华书局出版。其唐令复原研究部分附有《唐营缮令复原清本》，共 32 条。有关建筑制度者为第 6 条，虽文字顺序稍有异，而所载规制相同，见中华书局，2006 年，第 672 页，可与引文互证。

欲令海内何所瞻仰也。”唐玄宗认为绝无可能为宰相之人是他的将作大匠康䛒素。可知平时任将作大匠的人是不受皇帝重视，也是为时人所看不起的。

但在有大的建设时，却要任命一些真正懂工程的人为将作大匠，这些人，凭借时机，能做出重大贡献，成为卓越的规划家和建筑家，推动一个时代城市规划和建筑的发展，使得带有偏见的封建史官也不得不予以肯定，并载入正史。《隋书·宇文恺传》后的史臣评语，尽管批评他迎合了隋帝求侈丽之心，但也说他“学艺兼该，思理通赡，规矩之妙，参踪班尔(鲁班、王尔)，当时制度，咸取则焉”。承认他是开一代制度的大建筑家、规划家。

隋唐两代取得重要成就的卓越工官有宇文恺、何稠、阎毗、阎立德、阎立本、韦机等人，分述如下。

（一）宇文恺

鲜卑族人，祖籍昌黎大棘，后徙夏州（今陕西靖边）。他生于西魏恭帝二年（公元555），卒于隋大业八年（公元612），享年五十八岁。

他的父亲宇文贵是北魏旧臣，随魏孝武帝西入关中，后为北周功臣。其兄宇文忻又是隋开国功臣。史称他自幼“好学，博览书记，解属文，多伎艺，号为名父公子”。和父兄以军功起家不同，他青少年时所熟悉的是北魏、北齐、北周以来的北方文化传统和典章制度、文物羽仪。北周大象二年（公元580）杨坚为丞相，任宇文恺为匠师中大夫。《唐六典》称，北周此职“掌城郭、宫室之制及诸器物度量”，是主持城郭、宫室规划、规制之官，时年仅26岁。

人隋后，他很快担任重要的规划设计任务，如：

开皇元年（公元181）为营宗庙副监，年27岁。

开皇二年（公元582）领营新都副监，年28岁。

开皇四年（公元584）督开广通渠，年30岁。

开皇十三年（公元593）检校将作大匠，营仁寿宫，年39岁。

仁寿二年（公元602）营泰陵，年48岁。

大业元年（公元605）为营东都副监，年51年。

大业四年（公元608）为工部尚书，年54岁。

约大业五至六年（公元609～610）撰明堂议及木样，年55或56岁。

大业八年（公元612）十月卒，年58岁。

综观他一生经历，隋代重大城市规划和宫室官署建设几乎都是在他主持下完成的。《隋书·宇文恺传》说建大兴时，“高颎虽总大纲，凡所规画，皆出于恺”，则宇文恺是实际规划建大兴城的人。大兴城是人类在进入现代社会之前所建最巨大的都城，竟由一位28岁的青年完成其规划，不可不说是奇迹，而宇文恺的天才和卓越的水平也可以想见。

在隋平陈以前，宇文恺的文化背景属北魏、北周、北齐的北方文化圈，所以他所规划的大兴城基本上是综合北魏洛阳、北齐邺南城和北周所崇尚的周礼王城制度而成，是它们的综合与条理化。公元589年隋平陈，拆毁建康城宫室，这期间曾派宇文恺往建康，亲自观察已烧毁的南朝宫室和明堂基址等，对南朝建筑有实地的了解。在此之后，他所规划设计的城市、宫殿，即开始吸收了南朝的一些特点。大业元年（公元605），他主持规划和兴建东都洛阳，就迎合炀帝倾慕江南文化的心理，“兼以梁陈曲折，以就规模”，即吸收了南朝建筑的特点。由此反推，在开皇十三年（公元593）营仁寿宫时，宇文恺已调查过江南宫室，所建仁寿宫史称“崇台累榭，宛转相属”，“颇伤绮丽”，很可能也吸收了江南宫室的特点。从这些情况看，宇文恺实是在隋统一全国之初能适应形势变化，在规划设计中兼采南北方之长而集其大成的第一个人。这是他在规划设计上取得卓越成就超越同辈的原因。宇文恺曾以其兄宇文忻被杀而闲置于家，但文帝、炀帝父子终不得不相继委以重任，使他主持当时最重大的工程，其原因也在此。

在当时，要做皇家和政府的工程最高负责人只精于技术远远不够，还需熟悉典章制度、经学礼法，并能把它和实际需要巧妙结合起来。宇文恺在这方面也有特长，优于同辈。他所主持规划的大兴城，是把实际政治、经济、军事、城市生活需要与北魏以来的都城传统、《周礼·考工记》中的原则记载结合起来的杰出范例。他所撰《明堂议》把历代明堂制度的沿革，得失、优劣逐一排比，可以看做一份古代的设计说明书和有关明堂建筑的考证文字，最后提出自己的意见，并制做了1∶100的木模型，表现了他渊博的学识和联系实际的能力以及当时建筑设计工作所达到的高度水平。

由宇文恺规划设计的大兴、东都二城，其平面已基本探明；他规划设计的太极宫、仁寿宫和东都宫三宫中，只有东都宫的平面已大体探明。这些都已在都城、宫殿部分中加以探讨。探讨中发现，宇文恺在规划大兴城时，以子城之长宽为模数，分全城为若干区块，在区块中布置横长矩形的里坊，形成全城的居住区和矩形格街道网。23年以后，他在规划东京洛阳时，改以方形的“大内”之长宽为模数，分洛水以南居住区为若干区块，区块中布置方形里坊，形成整齐排列的里坊和方格网街道；他又把“大内”面积扩展四倍形成子城（皇城）。在大兴、东都两城规划中都确定一个标准面积为模数，说明当时在城市规划上已有一套先进的方法，而在规划东京时，改以“大内”为模数，使坊、大内、子城各以四倍面积递增，说明他这套方法仍在发展改进之中。在洛阳“大内”还发现其主殿位于“大内”的几何中心，而“大内”的面积，又可划分为方50丈的网格纵横各七格，在其上布置宫殿。这些特点中，除主殿居全宫几何中心的布置已于西汉未央宫出现外，其余大多是始见。其中以50丈网格为控制线布置大建筑群的手法以后又在唐大明宫及渤海国上京宫殿中出现，表明已成为唐代的通用手法。这些很可能是宇文恺的首创或是在前人基础上的发展。这些都可证明他在做规划、设计时有一套原则和具体的处理手法，代表了那个时代在规划和建筑设计上的最高成就，极值得我们深入地发掘阐扬。

（二）何稠

原是南朝人，其父善琢玉。十余岁时北周攻克江陵，遂随其兄至长安。隋文帝时任御府监、太府丞等职。他用思精巧，多识旧物，博览古图，精通工艺制做，以仿制波斯锦及琉璃瓦为当时人所重，当是对中国与中东地区文化交流有贡献的人。仁寿二年与宇文恺共同参加规划兴建太陵工程，为隋文帝所亲。炀帝即位后，于大业元年任太府少卿，设计制作仪仗车辂。后又为炀帝制做观风行殿和六合城。隋亡入唐，任将作少匠。死于唐初。以公元554年北周入江陵时十余岁计，死时已年近80岁。

何稠是隋代重要工官中唯一出生于南朝的人。北朝时、北魏、周、齐都倾慕江南文化和典章制度、文物仪卫，认为是中原传统文化所在。隋文帝命他参与建太陵工程，当有利用他的文化背景，想集南北之长以定一代制度之意。太陵制度虽已不可考，但晚于它三十一年的唐高祖献陵应和太陵有一定继承关系。献陵平地起陵，陵垣四面开门源于汉陵，但门外立石兽华表，虽兽种与南朝不同，其间也应有一定继承关系。故隋、唐陵制中如含有少许南朝影响，当有何稠的作用。隋炀帝即位后，命他“讨阅图籍，营造舆服羽仪”，以补“服章文物”之“阙略”，也有使他综合南北之长创立一代制度之意。何稠也“参会今古，多所改创”。但炀帝追求奢丽，过度劳民，此举也办成隋的恶政之一。

据《大业杂记》载，观风行殿“三间两厦，丹柱素壁，雕梁绮栋，一日之内嶷然屹立”，应是装配式活动房屋。当时皇帝出行都带帐幕，有大小数种，把它改为宫殿式活动房屋，自然为好虚夸奢丽的炀帝所喜。六合城据《隋书·礼仪志》所载，“方一百二十步，高四丈二尺。六合，以木为之，方六尺，外面一方有板，离合为之，涂以青色，垒六板为城，高三丈六尺，上加女墙板，高六尺。开南北门。又于城四角起敌楼二。门观、门楼、槛皆丹青绮画。又造六合殿、千人帐。载以枪车，车载六合三板。”从这描写看，是用方六尺的木制立方体拼合成的城。六合城原是为炀帝北巡出塞时制作的。大业八年炀帝侵高丽，又设更大的六合城，同书称其“周回八里，城及女垣合高十仞（八丈），上布甲士，立仗建旗。又四隅有阙，面别一观，观下开三门。其中施行殿，殿上容侍臣及三卫仗，合六百人。一宿而毕”。说城周回八里高八丈不合情理，很可能有夸大，但《隋书·何稠传》所载也是八里，只能存疑。战争是很严酷的，劳民伤财造这种形如儿戏，毫无防守作用的木城以夸耀于敌，适足以启敌人的轻笑。史书所说“高丽望见，谓若神功”，当是掩饰之词，隋炀帝二次侵高丽都失败而归，促进了隋的覆亡。何稠竭自己的才思为隋炀帝造这种装门面而无实用之物，也在历史上留下不好的名声。

（三）阎毗

榆林盛乐人，后迁居关中。北周保定四年（公元564）生，隋大业九年（公元613）死，享年五十岁。阎毗好经史，能作草隶，善画，以技艺知名于时，他娶北周清都公主，成为贵戚。入隋后，先为太子杨勇僚属。杨勇被废后，连累得罪为奴，两年后放免为民。炀帝即位后，好奢侈，命他修订军器和车辂制度。以后又命他陆续主持重大工程，如大业三年（公元607）七月发部男百余万筑长城；大业四年（公元608）正月，发河北诸郡百余万男女开永济渠；同年七月又发丁男二十余万北筑长城；同年八月，炀帝祠恒山，修筑坛场；这四项工程都由阎毗总领其事。大业五年（公元609）又奉命修建临朔宫于涿郡。大业八年从炀帝侵高丽，以功领将作少监事。这些工程中，修永济渠和长城动员民工都在百万以上，是炀帝中后期最大的工程，他实是隋代仅次于宇文恺的主持过大工程的第二人。这既说明炀帝对他的亲任，也反映了他的才能。恒山坛场和临朔宫的情况已不可考，永济渠和长城主要是土方工程，故他的实际业绩、技术水平已难详考。

史载修长城的百万民工“死者太半”，修永济渠时“丁男不供，始以妇人从役”，在当时都是导致隋代灭亡的恶政，阎毗作为工程总负责人自然难逃其责。但唐初修《隋书》时，阎毗二子立德、立本都已贵显，故其传中只叙其功而不及其过。阎毗在隋时虽不及宇文恺，但隋亡后，宇文恺之学失传，而阎毗二子在唐初相继为工官，形成一个营建世家，对隋唐二代建筑上的继承和发展颇为重要。

（四）阎立德、阎立本

为阎毗之子，少年承家学，熟悉工艺，“皆机巧有思”。唐武德初阎立德人太宗秦王府，后为尚衣奉御，为皇帝设计制作服装仪仗。太宗贞观初为将作少匠。贞观九年（公元635）唐高祖死，奉命修献陵，以功升为将作大匠。贞观十年（公元636），太宗长孙皇后死，又奉命营修昭陵，因小过免职。贞观十三年（公元639）再任将作大匠，十四年奉命修汝州襄城宫供避暑之用，又因选地不当免职。不久复职，随太宗征高丽，修桥、道有功。贞观二十年（公元646）营太极宫北阙，二十一年（公元647）受命先后主持改造翠微宫，创修玉华宫。高宗即位后，仍为将作大匠，永徽三年（公元652）创建九成宫新殿，升工部尚书。永徽三年六月，高宗欲建明堂，命群臣讨论明堂制度，阎立德先就高宗提出的九室方案引经据典、结合实际使用需要提出改进意见，后又在讨论五室、九室两个方案时，从实际使用效果出发，劝高宗采纳内部比较明亮的五室方案。永徽五年（公元654）主持修长安外郭工程，并在九门（通六街的城门，东、南、西三面各三门）各建城楼，基本上完善了长安外郭的建设。显庆元年（公元656）卒。

阎立德死后，其弟立本在显庆中（公元656～660）继为将作大匠，后升工部尚书。总章元年（公元668）又升为右相。咸亨四年（公元673）卒。

阎氏父子兄弟为隋、唐时营建和工艺世家。阎毗在隋是仅次于宇文恺的工官。阎立德、立本兄弟先后任初唐主持营建的最高官员约四十年。从他们的经历看，除营洛阳宫一役外，阎立德几乎主持了太宗和高宗初期绝大部分重大工程。贞观八年营永安宫（即后来的大明宫）之事，虽史无明文，但他当时已是将作少匠，应是也参与其事的。阎立本以善画名世，但（唐）张彦远《历代名画记》说：“国初二阎，擅美匠学”，可知阎立本与其兄立德都通晓建筑。虽然唐书本传不载其营建方面事迹，然从龙朔二至三年（公元662～663）修大明宫时他正任将作大匠或工部尚书的情况看，他应当是参与了大明宫的规划和建设的。

从二阎的生平事迹看，他们首先是官，是主管建筑的官员，虽十分通晓建筑和其他文物典章制度，但和精通建筑术的匠师仍不同。估计自隋代宇文恺掌管将作监以来，已聚集了一批匠师，有很强的工作能力和很高的技术水平。这一点从宇文恺于二十年中先后建大兴和东京，包括设计、施工在内，都于一年多时间内即完工这一事实即可得到证明。宇文恺死于大业八年十月，阎毗死于大业九年十月，相差一年。当宇文恺死时，阎毗已官将作少监，估计在此后将作监的技术工匠班子已转归阎毗。阎立德、立本在唐任工官时，应是把隋将作监的工作班子以其父旧属的关系，重新聚集起来，建立唐的将作监。正是因为这样，二阎才能历任唐代最高工官前后四十年。在隋及唐初，不仅工匠父子相承，连工官也有这个趋势。除阎毗、阎立德、阎立本父子兄弟相承外，还有窦琎继其从祖窦炽先后修洛阳宫之事。

（五）窦琎

扶风平陵人（今西安市西）。为唐高祖窦皇后从兄，隋末为扶风太守。入唐后为尚书，秘书监。太宗贞观五年（公元631），任为将作大匠，命修洛阳宫。“琎于宫中凿池起山，崇饰雕丽，虚费功力。太宗怒，遽令毁之，坐事免。”贞观七年（公元633）卒。唐太宗命窦琎修洛阳宫是有原因的。窦琎的从祖窦炽为隋代太傅，仕北周时，曾于大象元年（公元579）奉命修洛阳宫，发山东兵，常役四万人。“宫苑制度皆取决焉。”公元580年，周宣帝死，始停洛阳宫修建。《周书》说洛阳宫“虽未成毕，其规模壮丽，踰于汉魏远矣”。正是出于这个原因，唐太宗才命窦琎主持修建。窦氏是隋、唐两代姻亲贵戚，祖孙二代相继主持修洛阳宫，虽未必如宇文恺，阎氏父子精于营建术，但必然会掌握一部分匠师，特别是曾修过洛阳宫殿的匠师，较熟悉洛阳的情况，也算是周、隋、唐之际和营建有关的世家了。

唐高宗中期以后，在宫室建设上出现一个特殊情况，即显庆元年（公元656）命田仁汪修复洛阳宫乾元殿，龙朔二年（公元662）命梁孝仁监造大明宫，上元二年（公元675）命韦机建洛阳宿羽宫、高山宫、上阳宫。这三人的职衔都是司农少卿，而不是工部或将作监的官员。据《唐六典》，少卿是司农寺的副长官。司农卿之职为“掌邦国仓储委积之政令，总上林、太仓、钩盾、导官四署与诸监之官属。”“四署”分别掌管苑囿垦植、粮食贮存、薪草和猪禽养殖、宫廷粮食供应，“诸监”掌京、都苑、九成宫苑和屯所的农业蔬果生产等，都是生产和物资供应部门，国家的朝会、祭祀等大典及百官俸禄都由它供应。命司农少卿监造诸宫可能有主要由司农寺以其节余支付，不列入国家经常开支之意。史载龙朔三年“税雍、同、岐、邠、华、宁、鄜、坊、泾、虢、绛、晋、蒲、庆等州率口钱修蓬莱宫（大明宫），又减京官一月俸，助修蓬莱宫”。可知是临时筹款兴建的。《唐会要》载唐高宗上元二年（公元675）欲修洛阳宫而无钱，司农少卿韦机建议，以东都园苑历年所积四十万贯修筑，高宗大悦，乃命韦机摄东都将作、少府两司事，从事营造，也是利用司农寺及东都园苑余款修筑的。以此推之，命田仁汪修乾元殿也是这个原因。故高宗时，三次任命司农寺少卿修宫殿是因为要利用司农寺及所属机构提供经费物资，并非营造机构的职能有所转移。在田仁汪、梁孝仁、韦机三人中，前二人事迹失载，只韦机有一些事迹留传下来。

（六）韦机

长安人，青年时曾出使西突厥，撰《西征记》记所经诸国风俗、物产。高宗初年任檀州刺使，檀州即今密云县，唐时为边州。后为高宗所赏识，升为司农少卿，主管东都营田苑。在东都时主要做了三件与建筑有关之事。其一是建高山、宿羽、上阳等宫。其中上阳宫正殿左右配殿为楼阁，又临洛水建长廊，使封闭的宫殿部分对外敞开，为前此宫殿规制所无，在规划布局上有所创新。其二是把洛河上的中桥由北对徽安门向东移一坊，改为南对长夏门，大大便利了洛水以南各坊与洛水以北各坊的联系，改善了洛阳原规划中南北联系不畅的缺憾。其三是上元二年高宗长子李弘死，建陵于偃师，由于把玄宫设计得过小，不容葬具，准备改作，引起服役民夫哗变。高宗命韦机续建，他在隧道左右开挖四个便房，以储明器，不改建玄宫，使葬礼能如期举行，表现出颇有应变能力。

上述这些人，或官工部尚书，或官将作大匠，或以掌控专项资财的司农卿兼职，都是国家负责工程建筑的最高官员，而且都通晓规划和建筑。国家重大工程其总体规划、建筑设计都由他们确定后，由将作监具体实施。他们中一些卓越者如隋之宇文恺、唐之阎立德，本人是规划、建筑专家，会直接进行更具体的规划和设计。但一般情况下，实际是将作监的职能部门分工负责，由左校署、右校署、甄官署的属官令、丞、监作等中下级官吏具体进行。古代木工为众工之首，掌管木工的左校署实是将作监的主要设计部门，它的职能包括制定建筑等级制度。从《唐六典》中王公以下舍宅“若官修者，左校为之”的规定看，它要按规定好的建筑等级制度去设计和施工。在将作监各署的令、丞、监作中，应有技术人员，至少也是对工程有更多了解的官吏。将作监中的二百六十名明资匠应按工种分属各署，进行更为具体的工作。由于史籍中对这些将作监内的中下级官吏的情况全无记载，目前无法对其作更进一步探讨。但在国家进行重大工程时，它是一个不可缺少的重要环节，则是无疑的。

四　匠　师

隋唐时建筑工程中的基层技术人员是匠师。《唐六典·工部》说："凡兴建修筑，材木、工匠则下少府、将作，以供其事。"原注："少府监匠一万九千八百五十人，将作监匠一万五千人，散出诸州，皆取材力强壮、伎能工巧者。……一入工匠，不得别入诸色"。这是《唐六典》成书的开元二十七年（公元739）以前的情况。《新唐书·百官志·将作监》说："天宝十一载改大匠曰大监，少匠曰少监。有府十四人，史二十八人，计史三人，亭长四人，掌固六人，短蕃匠一万二千七百四十四人，明资匠二百六十人。"这是天宝十一载（公元752）以后的情况。"蕃"即番，指轮番服役。唐制每一年役二十日，称庸，加役至五十日则租、庸、调全免。短期服役二十至五十日的工匠即短番匠。另有技术高超全年服役的称长上匠。这些人服役超过五十日的部分官家要付钱，故又称"明资匠"。将作监这二百六十个明资匠是各工种的匠师，亦即国家所掌握建筑工程队伍中最基本的技术力量。关于这些工匠的情况，史籍极少记载。柳宗元有《梓人传》一篇，记载了木工匠师工作的情况，说柳氏姊丈裴封叔住长安光德坊，有一杨姓梓人租住其屋，自称："吾善度材，视栋宇之制，高深圆方短长之宜，吾指使而群工役焉。舍我众莫能就一宇，故食于官府，吾受禄三倍；作于私家，吾收其直太半。"后京兆尹将饰官署，"委群材，会众工，或执斧斤，或执刀锯，皆环立，向之梓人左持引，右执杖而中处焉。量栋宇之任，视木之能，举挥其杖曰：斧彼！执斧者奔而右；顾而指曰，锯彼！执锯者趋而左。俄而，斤者斲，刀者削，皆视其色，俟其言，莫敢自断者。其不胜任者，怒而退之，亦莫敢愠焉。画宫于堵，盈尺而曲尽其制，计其毫厘而构大厦，无进退焉。既成，书于上栋，曰某年某月某日某建，则其姓字也，凡执用之工不在列。余圜视大骇，然后知其术之工大矣。……梓人盖古之审曲面势者，今谓之都料匠云。余所遇者杨氏，潜其名。（按：指隐去其名。近年有实指他名为杨潜者，不确。）"

这里描写的是一木工匠师，从"食于官府，吾受禄三倍"句看，应即是"明资匠"。"画宫于堵"一段说明他建屋时先要画建筑物的断面图，进行设计，确定房屋各部分的大轮廓尺寸，并按材分推算出各建筑构件的尺寸，然后指挥工匠施工。文中说他指挥时手持"引"和"杖"。引在《梓人传》中又作"寻引"，注云"寻八尺，引十丈"，这里代表尺。"杖"疑指"杖杆"，匠师在素的长木尺上标出要加工的各种构件的三维尺寸，交给工人据以制作。至今传统木工匠人仍在使用，据此则唐代已是在用了。到唐代，中国大木作中以"材"为模数，以"分"为分模数的"材分制"设计方法已经成熟，建筑物面阔柱高的比例和构件的三维尺寸都已规定出相应的"分"数，故一旦房屋的地盘图确定后，所用材等即已确定。画出房屋侧样（断面图）后，即可根据材等和"分"值推定构件的三维尺寸，构件不需制大样图即可制做无误。清代大木实行以斗口为模数的"口分制"，是从"材分制"演变来的，它除官定《工部工程做法》外，在工匠间以歌诀师徒口传。施工时，工匠根据匠师给的杖杆结合歌诀即可制做，一般不需图纸。从《梓人传》所说持杖命工匠制作的情况看，早在唐代已经是这样了。

在《梓人传》中还说，他曾至梓人室中，见其床缺足而不能自己修理，还要求助于他工。这情况说明这位梓人自己已不参加劳动，而是进行设计并指挥别的工人施工，其情况近似于清代的样房师父和现代的设计人员。这种能进行房屋设计并指挥施工的高级木工匠师，在唐代称都料匠。因为他是全面主持房屋的设计和施工，所以房屋建成后在脊檩上要写上他的名字，算是他建造的。

《册府元龟》卷14内有载敬宗宝历二年（公元826）正月敕书，云“敕东都已来旧行宫，宜令度支郎官一人，领都料匠，缘路简计及雒城宫阙，与东都留守商议计料分析闻奏”。可知“都料匠”是官匠中木工首领的职称。

隋唐时代也有很多巨大的石工工程，如隋代开天龙山石窟，建赵州安济桥，唐代开龙门奉先寺石窟，修洛阳天津桥、中桥等。隋唐还建了很多石塔，有的比例秀美，有的雕饰精工，都有很高的艺术价值，可惜石工的名字大部分没有流传下来。少数留下名字的石工中最重要的是修建赵县安济桥的隋匠李春。唐宰相张嘉贞撰有《赵郡南石桥铭》，序中说：“赵郡洨河石桥，隋匠李春之迹也。”但没有更多的记载。稍晚些时的张彧也撰有《赵郡南石桥铭》，说“穷琛莫算，盈纪方就”。“琛”指珍宝，十二年为一纪，意指用了很多金钱，建了十二年才完成。明人孙大学〈重修大石桥记〉说李春为隋大业间石匠，隋大业只有十三年，而八年以后各地起义，已无条件修建，估计是在隋文帝末期开始，完成于炀帝前期。安济桥净跨37.02米，是世界上最早的敞肩石拱桥。李春应是其设计者而不是一般施工的工匠。

在北京房山云居寺唐开元九年（公元721）建九级石塔上镌有石匠姓名，称“垒浮图大匠张策，次匠程仁，次匠张惠文，次匠阳敬忠。”此塔在唐塔中属一般水平，其工匠也不会是当时著名工匠，但从题名中可知，当时主要主持人称“大匠”，其助手称“次匠”。

关于唐代施工技术，文献极少记载，近在敦煌文献《张氏勋德记》中发现有施工中使用辂轳的记载，文中记张淮深重修莫高窟五层大阁之事，云：“乃见宕泉北大像建立多年，栋梁摧毁，……退故朽之摧残，葺玲珑之新样。于是杍匠治材而朴斲，郢人兴役以施功。先竖四墙，后随缔构。曳其栿檩，冯八股之□轳；上墼运泥，斡双轮于霞际。旧阁乃重飞四级，厂入靡称金身；新增而横敞五层，高低得所。”[①] 据“斡双轮”、“冯八股”句可知，在修莫高窟五层大阁向上运送梁架和砌墙的土墼时，使用了辂轳，而且可能是并列两架同时使用，可使梁架水平运上，便于就位。当时敦煌属边远地区，且陷入吐蕃多年，已是如此，可推知关中及中原地区建高大建筑时当已使用这种起重提升工具。使用辂轳为提升工具在湖北铜绿山矿井遗迹中已有发现，在汉代盐井图画像砖中也有所表现，但用在建筑工程中，敦煌文献《张氏勋德记》是很重要的记载。

① 载：〔日〕羽田亨辑《敦煌遗书》·张氏功德记。日本影印本。

第七章　宋、辽、西夏、金建筑

第一节　概　　说

一　北　　宋

公元960年，赵匡胤取代后周，建立宋朝，以汴梁为首都，消灭各个地方政权，逐渐控制了绝大部分领土，在华北北部和陕西西部与辽和西夏对峙。1127年宋亡于金，史称北宋。

北宋革除唐、五代积弊，削弱地方豪门和军阀势力，大力推行科举制度，使中小地主也有入仕之阶，把政权的基础由贵族豪门扩大为整个地主阶级，加强了中央对行政、司法和财权的控制，直接任命文官为地方官，建成完整的效忠于王权的文官政治体系。北宋又顺应了晚唐以来城市经济发展的形势，在重建汴梁、洛阳时未恢复已毁的坊市，中期以后又废除了汴梁旧有坊市，首都汴梁和很多地方城市遂均由封闭的坊市制城市转变为开放的街巷制城市，城市生活丰富，商业、手工业繁荣，是中国古代城市体制的根本性改变。

唐自中期以后，中原与河北遭受较多战乱，河北沦为军阀割据区，只有中国南方江淮地区和西蜀成为经济文化发达区。五代时关中和中原地区在战乱中又遭受严重破坏，而南方的吴、越、闽、蜀保持相对安定，遂成为当时经济文化最发达地区。故宋在经济上更多倚重南方的同时，在文化、技术方面，包括建筑也都受到南方较大的影响。在建筑方面，逐渐形成了与以关中、洛阳为主的唐代风格不同的宋式。从北宋后期官方编定的建筑专著《营造法式》中可以看到，这时的官式木构建筑在规格化、模数化方面已超过唐代，达到一个新的高度。

北宋商业、手工业发达，在经济繁荣的城市周围出现供应城市的商业、手工业集镇。城市生活日趋奢华，在繁荣的商业街上出现豪华的商店和装饰繁富的酒楼。在这种社会风气影响下，人们更重现实生活享受，使北宋建筑向富丽、精巧、舒适发展，一变唐代开朗、简重、浑厚的风格。这从《营造法式》中所载的大量为唐代所无的精巧的小木作装修、木雕和华丽的彩画就可得到证实。但北宋建筑的发展是不平衡的，在南方的边远城市和广大农村仍有大量草屋顶房屋存在，史书上有多次发生火灾的记载。

二　辽

辽是以契丹族为主体在华北北部和东北地区建立的政权。它建立了北面、南面两套行政机构，分别管辖本民族和汉族，其初期的都城也有南、北两城，目的是既可保持本民族特色，又可统治辖区的广大汉族民众。辽立国后，大量招揽河北、山西地区的汉族文士和技工，以吸收先进的汉族文化和工艺技术。由于其辖区为唐中后期与关中、中原隔绝的军阀割据区，尚有一些唐前期特点的影响，木结构简洁，条理分明，建筑风格质朴豪放，不尚装饰。在早期辽代建筑中也有少量本民族习俗的表现，如主建筑面向东等。辽代晚期受北宋影响，开始出现注重装饰、趋于纤巧的倾向。1125 年亡于金。

三　西　夏

党项族李姓在西北建立的政权，以夏州为中心。北宋宝元元年（1038）以兴庆府为都城，建立大夏国，在宋、辽间战和不定。西夏后期内部分裂衰落，在遭到蒙军多次进攻后，于 1227 年亡于蒙古。西夏以农牧业立国，与宋、辽、金间都有贸易往来。党项是羌族的一支，有自己的文字和民俗特点。但西夏的都城宫殿全部被蒙古军毁去，只存几座陵墓和塔，目前尚无法作全面的探对。只从文献中知道除牧民住毡帐外，一般人屋居，其正房以明间奉神，两旁供人居住。[①]只有官员住宅屋顶才可以覆瓦。[②]

四　南　宋

北宋亡于金后，其残余力量在南方建立政权，隔淮河秦岭一线与金对峙，史称南宋。南宋政权相对稳定后，其经济、文化得到较快的发展，农业、手工业发达，商业兴盛，城市繁荣，水平远非金和西夏所能及，在文化上更远远超越了北方。由于南宋始终在口头上不忘恢复中原，称首都杭州为临安和“行在所”，称宫殿为“行宫”，除太庙外，宫室的规格均有意贬损，以示是临时措施，建筑风格也由北宋的装修繁富、色彩绚丽转为装饰淡雅、比例秀美。在这个大风气影响下，南宋各类型建筑，包括住宅、园林都减弱了北宋以来受商业影响的富丽繁华气息，表现出更高的文化内涵，达到当时建筑的最高水平，并影响到元、明时期。1279 年南宋亡于元。

五　金

女真族灭辽、北宋后建立的政权。金虽然掠夺到北宋的文物图籍、宫廷财富和大批技工，但本身文化落后，并不能在此基础上继续发展，基本是模仿、延续北宋文化。其都城、宫室、官方建筑等主要继承北宋，并向繁丽发展，如都城中加强御街的纵深设计，在宫殿建设上改北宋以来屋顶用琉璃瓦剪边为满铺，利用房山汉白玉石做台基栏杆等，形成黄瓦、红墙、白石台基的特色，并一直影响到元至清的宫殿建筑。其地方建筑多保持辽代影响而在结构技术上有所发展。如在山西五台佛光寺文殊殿中首次出现的利用类似平行弦桁架的复合内额以减少内柱、扩大室内空间的做法。[③] 1234 年金亡于蒙古。

下面分别介绍宋、辽、金、西夏在建筑方面取得的成就。

---

① 沈括：《梦溪笔谈》卷 18，西戎用羊卜条：“西戎之俗，所居正寝常留中一间以奉鬼神，不敢居之，谓之神明”。文物出版社影印《元刊梦溪笔谈》卷十八，1975 年，第二十页。

② 曾巩：《隆平集》卷 20，夏国赵保吉条。文渊阁本四库全书电子版。

③ 但此殿建于金天会十五年（1137），上距金灭北宋仅 10 年，故是辽代旧法之延用，还是金代之创新，实尚有研究探讨之余地。

第二节　建筑概况

以下各类依文化系统，按两宋与辽、金、西夏两部分分别介绍。

一　城　市

宋代是中国古代城市发展的一个重要转变时期。宋统一全国后结束了晚唐五代的动乱和割据，水陆交通恢复并有所发展，为经济发展提供了良好的条件，城乡经济都取得迅速发展，自首都汴梁至地方各大城市都出现手工业发展、商业兴盛和经济繁荣的局面。城市商业的兴盛要求打破封闭市的束缚，而与商业活动日益密切的城市居民也要求打破定日、定时才能入市的限制。因此在五代末临时修复受战乱破坏的城市时，在洛阳已出现不建坊墙、沿街设店的趋势。[①] 后周扩建汴梁外城时，文件中也未明确规定先画坊界。[②] 故可能宋初时在城市的复建和拓建的部分已不强调先划定里坊再建设，以后随着经济发展即不再建坊墙。相形之下，更突显出旧城内尚存的坊墙不能适应经济发展，最后也只能逐步拆除坊墙，形成居民的巷直通大街，沿街设商店的开放的街巷制体制。在宋汴梁、平江的发展中，都可看到这个过程。大约到北宋中后期，大部分城市已转变为开放的街巷制城市，随着经济和商业发展，城市不断拓展，各种城市公众活动增加，市民生活更为丰富。这和唐及唐以前封闭居民于坊中、由军队执行宵禁的近似于军事管制的城市体制有本质的不同。

唐末五代时，江苏苏州、四川成都已开始用砖甃城[③④]，福州的道路宽度按九轨、六轨、四轨、三轨分级，均用石铺砌。[⑤]北宋时，苏州已开始用砖铺街道地面[③]，福州已在大道两侧排水沟外植榕树为行道树[⑤]，汴梁已有大到可以隐匿坏人的大型下水道系统，并有定期淘沟的措施[⑥]，在市政建设上均比唐代有较大的发展。

辽为契丹族在汉地建立的王朝，其都城分皇城和汉城两城，皇城建宫室官署和契丹人住宅，汉城安置汉人及其他北方少数民族。草原游牧民族本有比较重视商业交换的传统，特别是与汉族及西北其他少数民族有过长期的商业交流，故建都时，宫室的主体效法汉族形制而本族居民区却部分保存旧俗，在汉城中则布置大量开放的商业街市和商业税收管理机构，如辽之上京及中京。在一般地方城市仍基本维持唐以来面貌，如西京大同。

金灭宋后，掳掠北宋大批文件和匠师北上，故其典章制度和都城宫室主要效法北宋。定都中都后，汉化程度日深，其都城、宫室是在辽南京基础上按北宋汴梁模式加以条理化而成。南迁汴梁后，又以中都的模式改建汴梁宫室及宫前御街部分。金代地方城市在华北者大多湮没于后代改建之中，据东北地区发现的少量边防城市的遗迹，其布局和筑城技术大体仍

---

① 《五代会要》卷26，城郭，后唐天成元年四月条。商务印书馆，丛书集成初编，1936年，第319页。

② 《五代会要》卷26，城郭，显德二年四月诏。商务印书馆，丛书集成初编，1936年，第320页。

③ 明·卢熊，《苏州府志》。国家图书馆藏本卷四，第2A页。

④ 《旧唐书》卷182，高骈传："乃以骈为成都尹……。蜀土散恶，成都比无垣墉，骈乃计每岁完葺之费，甃之以砖甓，雉堞由是完坚。"中华书局，1991年，第4703页。

⑤ 宋·梁克家，《淳熙三山志》卷4，城涂。中华书局，宋元方志丛刊，1990年，第7819页。

⑥ 宋·陆游，《老学庵笔记》卷六，中华书局，唐宋史料笔记丛刊，1997年。

延续辽以来的地方传统。

（一）都城

1. 北宋汴梁

(1) 沿革。汴梁在隋、唐时称汴州，安史之乱后河北沦丧，唐廷更多倚仗江淮，建中二年（公元781）节度使李勉重筑城，成为南北水运枢纽，商业发达，是一方重镇。后梁开平元年（公元907）立为东都开封府。后周定都于此，开始按都城的要求进行规划和建设，先于广顺二年（公元952）修补外城，疏浚河、壕。后又于显德二年（公元955）下令拓展城区，修筑罗城。建隆元年（公元960）赵匡胤取代后周建立北宋后，沿用其规划，并逐步建设完善，成为一代名都。1127年北宋亡于金后，遭到严重破坏，沦入金境。1214年金受蒙古攻击，放弃中都迁都于此后，又进行了部分新建和改建。1233年金守将以城降于蒙古。

北宋取代后周后仍定都汴梁，是由当时形势决定的。此时唐之长安已被毁、洛阳残破，且唐代两都距此时经济发达区江淮和河北都较远，在唐代已出现物资供应困难的情况，此时更为严重，故只能舍弃，而选择靠近运河、漕运便利、商业发达、经济供应有保障，且有利于南图吴、越，北拒契丹的汴梁。在汴梁这样一个州城规模的城市内建都，其总体布局、轴线关系、宫城和礼制建筑的规模及中央机构的布置都受到很大限制，只能酌情缩小和从简，故其规模气势远不能和隋、唐长安相比。但此时南方经运河、汴河北运的物资集中于此，成为当时的经济和商业中心，它在废除坊市，成为古代第一座开放性的首都后，市场繁荣，市民生活丰富而有生气，在市政管理方面如城市下水道建设、防火设施、河流防污染等方面都有新的规定和措施，都是前此历代封闭的坊市制都城所不能望其项背的，它可视为中古都城向近古都城演变的一个转折点。

(2) 城市概况。

① 北宋时期。唐代汴州有州城和衙城两重城，均为土筑，也是一座封闭的坊市制城市。[①] 后周建都后，在外围增筑罗城，北宋取代后周后继续建设，以原衙城为宫城，原州城为内城（又称旧城），而以新建的罗城为外城（又称新城）。

史载外城周回50里160步、高4丈、广5丈9尺、外距城隍15步、内空10步（图7-1）。东西各二门，南面三门，北面四门。另在东、南、西三面城上各有河流出入的水门二座，北城上有入城水门一座。[②] 如图7-2。外城各城门中，南城中间一门、东西城南侧各一门和北城东侧一门因设有御路，其瓮城作矩形，御路即直穿二重城门而出，史称“方城直门”。其余各门均建二重瓮城，在内、外重瓮城的左右侧分别开门，迂回出城，史称“瓮城曲门”。其城每百步设一马面、战棚。因城身土筑，故有专人泥饰修补。城外有阔10丈的城壕，壕内外植杨柳。[③]如图7-2。

内城即原州城，周回20里155步，东、西各二门，南、北各三门，共有10座城门。另

---

① 《隋书·令狐熙传》云：“以熙为汴州刺史。下车禁游食，抑工商，民有向街开门者杜之。”据民有向街开门者杜之句，可知汴州禁当街开门，实行的是封闭的坊市制。《隋书》（五）卷56，令狐熙传。中华书局标点本，1973年，第1386页。

② 李焘：《续资治通鉴长编》卷292。中华书局标点本，2004年，第7148页。

《宋史》卷85，地理志一。中华书局标点本，1990年，第2097～2102页。

③ 孟元老：《东京梦华录注》卷一，东都外城。中华书局版邓之诚注本，2004年，第1～2页。

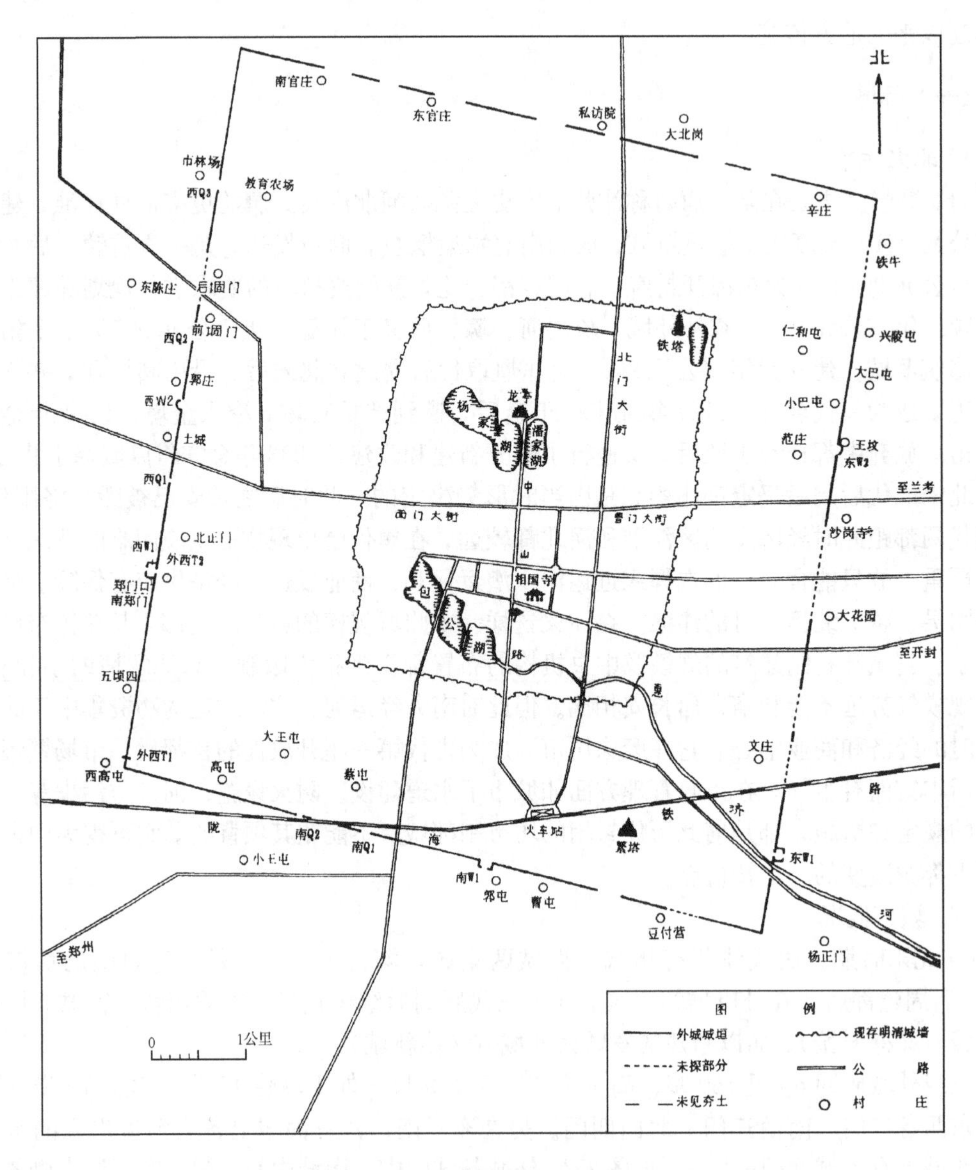

图 7-1　北宋汴梁外城平面图实测图

开封宋城考古队：北宋东京外城的初步勘探与试掘，图 1，文物，1992 年第 12 期

在东、西城上有汴河出入的水门各一，在北城上有金水河出入城的水门各一。其城门形制据（日）成寻的记载，旧宋门为七间门楼，下开三门，①可能内城的各门除正门朱雀门外均如此。

宫城即原衙城，在内城北侧中部，入宋后向东、北两面拓展至周回五里，南面三门，东、西、北三面各一门。②宫内以东西门间横街为界，南为朝区，北为寝区，其尺度远小于

① 〔日〕成寻：《参天台五台山记》第四，熙宁五年十月十二日条："见丽景门，七间高楼，有三户。"《日本佛教全书·游方传丛书》本，第 63 页。按：《宋史·地理志一》"旧城……东二门：北曰望春，南曰丽景。"

② 孟元老：《东京梦华录注》卷一，旧京城。中华书局版邓之诚注本，2004 年，第 26 页。

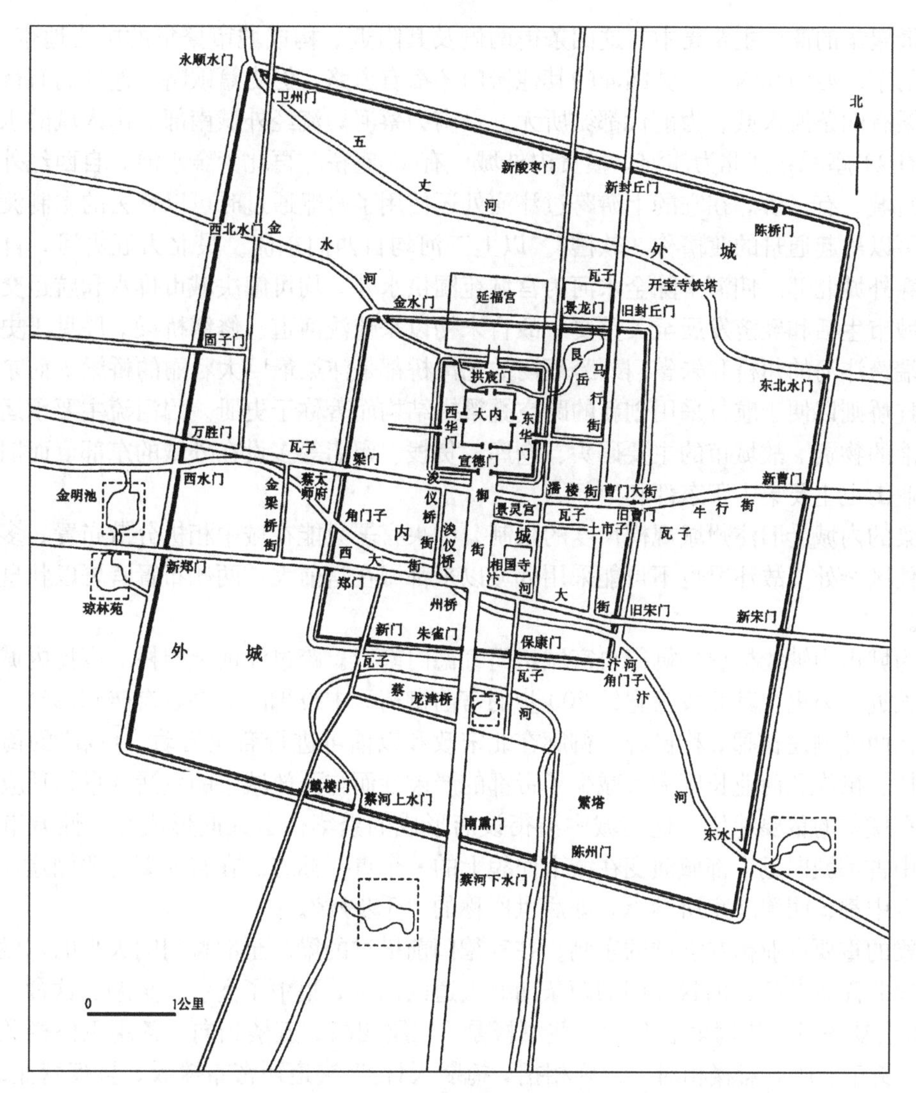

图 7-2　北宋汴梁外城平面示意图

郭黛姮主编：中国古代建筑史（第三卷），图 2-1，中国建筑工业出版社，2003 年

唐宫（详见宫室部分）。

汴梁内外城的道路纵横交叉，最主要的是四条贯串内、外城的设有御路的大道。自宫城南面正门宣德门向南为御街，越过汴河上的州桥至内城南面正门朱雀门，向南连接朱雀门至外城南面正门南薰门间大道，共同形成在中轴线上贯穿内外城的长约 4 公里的向南的大道。在宣德门外稍南和汴河州桥稍北处有两条东西向大道，与御街十字交叉，横贯内外城。北面一条连通东、西面和内、外城上的旧曹门、新曹门和梁门、万胜门；南面一条连通东、西面和内、外城上的旧宋门、新宋门和旧郑门、新郑门。另在宫城东侧有一条南北向大道，南与二条东西大道交叉，北至内、外城北墙上的旧酸枣门和新酸枣门，是通向北方的大道。这四条大道都通向东西南北四面的主要城门，中设御道，是全城的主干道。[①] 北宋的重要宫观、

① 孟元老：《东京梦华录注》卷二各条综合。中华书局版邓之诚注本，2004 年，第 51～81 页。

官署、最繁华的商店主要集中在这四条街两侧及其附近，构成城市繁华的中心地带。此外，自宫城的东、西门和内、外城四面的其他城门还都有道路，但史籍缺略，遗址尚有待探查。

汴梁有四条河入城，为前代都城所无。最南为蔡河，流经外城南部，出入城的水门在南墙上，有11座桥；其北为汴河，横贯内外城，有13座桥；再北为金水河，自西经外城、内城再入宫城，有三桥，在它的上游跨过汴河处还使用了舟船通过时可以移去的木制渡槽。还有一种可以吊起通舟的渡槽称“软槽”。以上三河均自西向东流。最北为五丈河，自东向西北，横穿外城北部。四河中除金水河为宫城苑囿供水外，均可解决城市排水和航运交通，对汴梁的城市生活和经济发展至关重要，故自宋初以来疏浚河道、修缮桥梁，屡见于史籍，在御街南端跨汴河的州桥和朱雀门外跨蔡河的龙津桥都是汴梁最巨大壮丽的桥梁，而东水门外七里的虹桥则以便于航行采用创新的跨空叠梁拱结构而著称于史册。因河流主要承运来自东南方江淮的物资，故城市的主要码头、仓库、货栈、邸店等多设在外城的东部，而旧城内的繁华商业街也主要集中于东部和南部。①

汴梁的内城受旧汴州城规模尺度的限制，中央官署只能在城中相机分散布置，多与商业区和居住区杂处。故汴梁也不可能采用邺城以来都城在宫前大道两侧布置官署以壮皇威的传统做法。

作为城市中轴线标识的御街自宫城正门宣德门南行，跨过汴河上州桥，南抵内城南门朱雀门，长近2公里，其北段为宽约200步的宫前御街，中设御路，左右有砖砌御沟，沟旁植花树，在两外侧建长廊，称御廊。御廊在北宋政和以前可进行商业活动。②宽广的街道与连续的花树、御沟和商业长廊大大减少了帝都的严肃性而与开放城市的生活气息相呼应，凸显出商业在城中的重要地位。这与城中沿街设店形成的繁华街道共同形成开放性城市的新面貌，为中古都城向近古都城演变在城市面貌上的一个重要标志。在宫前御街两侧建长廊，为以后的金中都、明清北京所继承，即后世所称的“千步廊”。

汴梁的重要商业街在宫城的东侧。在宣德门前横过的梁门至旧曹门间大街的东段和与它相交的通北面景龙门、旧封丘门的两条南北大道的两侧，集中了商业、金融、饮食、游乐建筑，《东京梦华录》描写最著名的一些酒楼是“三层相高，五楼相向，各用飞桥栏槛明暗相通”和“街市酒店，彩楼相对，绣旆相招，掩翳天日。”夹道还密布摊贩，昼夜营业。③它所描写的城市生活的开放与商业繁荣的景象可以在《清明上河图》中得到印证，表现出开放的街巷制城市与隋唐两京封闭和宵禁的坊市制城市的巨大差异（图7-3）。由于商业发展，官府为了出租取利也常在街道两侧建屋，称为“廊房”，在码头建仓库，称为“邸阁”。官建“廊房”之制一直延续至明清时的南京和北京。

② 金南京时期。1214年金朝迁都汴梁，改称南京。综合史籍所载，金对南京做了一些较大的变动：其一是缩减了外城，目前只知把南城墙北移，新的南城在龙津桥南百步，其正门沿用金中都的门名为丰宜门，但其余三面是否也有改动，史无明文；其二是在州桥之北御廊南端依金中都之制建了文楼、武楼，成为御街南端的标志，与北端宫城南门的阙楼相呼应，更加突出了御街的中轴线地位；其三是在御廊南端东西各建绰楔门，东门内建太庙，西

① 孟元老：《幽兰居士东京梦华录》卷一，《河道》。中华书局版邓之诚注本，2004年，第27～28页。

② 孟元老：《幽兰居士东京梦华录》卷二，《御街》。中华书局版邓之诚注本，2004年，第51页。

③ 孟元老：《幽兰居士东京梦华录》卷二，《酒楼》。中华书局版邓之诚注本，2004年，第71页。

图 7-3　张择端《清明上河图》中所绘汴梁城内繁华街道

门内建社稷坛。[①]这些表明，金南迁后，又按金中都的某些特点改建汴梁。

遗址状况。北宋汴梁屡遭黄河泛滥破坏，遗址深埋在厚 8 米的淤土中，目前只能通过探查，了解其大致范围。据考古勘探，外城呈略偏斜的矩形，南面 3 门，东、西、北三面各 4 门，共 15 座城门。东墙长 7660 米，西墙长 7590 米，南墙长 6990 米，北墙长 6940 米，周长 29120 米，全部为夯土筑成。通过局部开掘，发现城墙可能分 3 次筑成，主体宽约 19 米，其外增筑宽约 8 米，再外又增筑宽 6 米，可能分别是后周始建部分和真宗时、神宗时增筑部分。夯层一般厚 10 厘米，夯窝直径 4～5 厘米。

在勘探中，在外城墙上发现瓮城 5 处。其中南城、西城上各一处平面矩形的是南薰门及新郑门遗址，另在东西墙偏北部各有一平面半圆形的瓮城。

南薰门遗址：在南城墙中部略偏东，平面为口字形，东西宽 130 米，南北深 80 米，城墙厚 15 米。城门和瓮城门居中，南北相对。瓮城门址的豁口宽约 75 米，门道情况不明。城门的情况待查。

新郑门遗址：在西墙上偏南处，平面亦为口字形，东西宽 160 米，南北深 165 米，厚 10～20 米。瓮城及大城上的豁口东西相对，瓮城城门址宽约 30 米，城门的宽度不明。

此外东墙上偏南面一门之瓮城也为矩形，东西深 100 米，南北宽 130 米，墙厚 20 米，瓮城及大城上的豁口东西相对，宽约 35 米。也是“方城直门”。

在东城偏北处的半圆形瓮城东西深 50 米，南北宽 108 米，墙厚 15 米，瓮城门开在南

① 白珽：《湛渊静语》卷 2，引《使燕日录》。

侧。在西城偏北处的半圆形瓮城南北宽 105 米，东西深 60 米，墙厚 15 米，瓮城门开在北侧，宽 19 米，外城门址宽 40 米。

上述诸城门址中，只南薰门、新郑门与《东京梦华录》所载一层方城直门相符。其东、西城上偏北各一门只有一重瓮城，均与"瓮城三层、屈曲开门"的记载不符；另在东城最南端一座方城直门也不见记载；这些与史籍不符处颇有可能是在金代南迁后所改建的。[①]

以上是通过考古勘查所解到的情况，也可反映到一幅平面实测图中（参阅图 7-1）。在此基础上综合史籍所载还可以绘出一幅示意图（参阅图 7-2）。

(3) 特点。

① 历史上第一座开放的街巷制都城。汴梁在城市发展上最重要特点是在北宋后期废除了至迟自战国起已实行了千余年的封闭的坊市制，形成我国第一座开放的、商业繁荣的街巷制都城。

自唐代中期以后，江淮地区商业发达的大城市如扬州已在城内沿运河故道建了大量仓库及商店，并有夜市，出现了经济发展要求突破封闭和实行夜禁的旧城市体制的趋势。五代战乱，在修复被破坏城市时，已允许在坊内临街盖店，如后唐修复洛阳的规定所载。[②]后周、北宋定都汴梁后，首先拓建了外城。北宋真宗至道元年（公元 995）虽曾下令重定坊名 121 坊，计旧城 46 坊、新城 75 坊。[③]然而在后周显德二年四月建罗城诏书中只提划分街巷和各种专项用地后任百姓建造，却没有明确提到划分坊市[④]，故可能始建汴梁外城时只划分区域和街巷而未实际建坊市。但在内城，据《续资治通鉴长编》的记载，可能北宋前期仍延续了原有的封闭式里坊[⑤]。据《春明退朝录》的记载，汴梁全部废除里坊大约在北宋仁宗皇祐间（1049～1053）。[⑥] 此后汴梁即发展为居住的巷可直通大街，大街两侧可设商店的开放式的街巷制城市，对城市居民生活、商业、交通都有极大的便利，大大促进了城市的繁荣。这是经济发展推动中国古代城市体制发生重大变化的结果。

② 三城相套、宫城居于内城中心的布局。中国古代都城，自汉长安起，宫城都要有一面或两面紧靠外城，直至隋、唐两京仍是如此，其目的是有战乱时便于外逃，史书记有很多相关事例可证。但汴梁却形成三城层层环套的布局，这基本属于专防外敌的边城的布局，在此前的都城中是没有先例的。宋代之所以如此布局，其根本原因是中央集权的高度加强。和唐及唐以前封疆大吏与地方豪强结合，握有重兵和财权可与中央抗衡的情势及朝内各种势力

---

① 开封宋城考古队：北宋东京外城的初步勘探与试掘，文物，1992 年第 12 期。

② 王溥：《五代会要》卷 26，街巷，长兴二年六月八日条。商务印书馆，《丛书集成初编》，1936 年，第 315～316 页。

③ 徐松：《宋会要辑稿》兵之三，中华书局影印本，1987 年，第 6803 页。

④ 王溥：《五代会要》卷 26，城郭，显德二年四月条云："宜令所司于京城四面别筑罗城，先立标识，……其标识内侯官中擘画定军营、街巷、仓场、诸司公廨院务了，即任百姓营造。"商务印书馆印《丛书集成初编》，1936 年，第 320 页。

按：文中只提"街巷"而没有说"坊市"，故在拓建汴梁外城时很可能没有划定封闭的坊市区。

⑤ 李焘：《续资治通鉴长编》卷 92，天禧二年（1018）六月乙己条云："京师民讹言帽妖至自西京，人民家食人，……自京师以南，皆重闭深处，知应天府王曾令夜开里门，……妖亦不兴。"中华书局标点本，2004 年，第 2118 页。

按：据"夜开里门"句，可知在 1018 年时，汴梁仍有封闭的里坊。此条可为北宋前期汴梁仍有封闭的里坊之确证。

⑥ 宋敏求：《春明退朝录》卷上："京师街衢置鼓于小楼之上，以警昏晓。太宗对命张洎制坊名，列牌于楼上。……二纪以来，不闻街鼓之声，金吾之职废矣。"中华书局标点本，1985 年，第 11 页。

按：二纪为 24 年。此书中纪年最迟为熙宁七年（1074），上推 24 年为 1050，当北宋仁宗皇祐间。不闻鼓声即不再实行夜禁，大约在此前后封闭的里坊被突破，逐步变为开放的可以沿街设店的街巷。

结合可产生宫廷政变的情势不同，宋代政权高度集中于皇帝，又集中重兵于首都及其四周要地，地方军力虚弱；加强科举制后，庶族地主势力上升，地方豪门势力遭到较大削弱，形成内重外轻之势，杜绝了内部政变和地方官和军阀叛乱的可能。终北宋之世，也确未发生过这种情况。以后的金、元、明三朝的都城也都使宫城处于大城的四面包围之中，也是这个原因。这是中国皇权专制政体进一步强化中央集权、由中期转向后期在都城建设上的标志之一。

③ 城市管理方法和设施的进一步完善。在宋初真宗至道元年（公元995）曾把内城划分为左、右各2厢，外城划分为东、西、南、北4厢，共有8厢。以后续有增加。每厢辖若干坊，视居民户数配备管理人员自6人至26人不等，约相当于现在的区，是地区分片管理的机构（参见注⑪）。随着里坊的废除，又创设了“军巡铺”，在居住坊巷每三百步设军巡铺屋一所，有铺兵五人，夜间巡警，负责所在地段的治安，颇似新中国成立前北京的“巡警阁子”。因无坊墙阻隔，居民区实际上连成一片，加以道路狭窄，商店密集，防火遂成为重大问题，为此，汴梁创设了监视火灾的望火楼制度，遇警可及时报告，由军队及开封府扑救。①

厢、军巡铺屋、望火楼等的设置适应了开放的街巷制城市的治安和管理需要，在中国古代城市管理上是首创的。在北宋的《营造法式》中载有望火楼，可知其在城市中的重要性。

实行开放的街巷制后，百姓、商人可沿街建宅、建店，经常发生侵占街道之事，故在内城街之两侧立标椿，称为“表柱”，凡侵街者皆毁之。②也属管理措施之一。

因经济发展，人口密集，城市排污水及垃圾成为较大问题。史载汴梁新旧城内曾修了大量排水沟，把城市污水经河道排出。这些沟渠高深可以容人，亡命徒多藏匿其中，号称“无忧洞”，甚者盗匿妇人，又谓之“鬼樊楼”。③从可以居人看，可能是用砖石砌造上盖石板的大型沟渠。为防止居民垃圾堵塞水沟及河流，开封府曾规定派专人巡查。这表明，在排水及垃圾问题上也有一定措施。④

《宋会要辑稿》载汴梁有染院，供宫廷官府染纺织品。其西染院开引水渠引金水河水通入五座“洗泽匹缎池”，池中污水又通过退水渠排入金水河。文献称常程染练每日换二次水，大段染练每日换三次水，“约使金水河五十分中一二分，久远委不误事，亦无矾水颜色相犯，”即把污水控制在河水量的2%～4%，认为这样可以稀释而不致造成明显污染。这表明在对河道管理上，汴梁已在考虑防止河水污染和污染后通过稀释降解的问题。⑤

2. 辽上京临潢府

辽上京临潢府在内蒙古自治区巴林左旗南，始建于契丹太祖阿保机神册3年（公元918），公元926年拓建，至太宗耶律德光时（公元938）称上京临潢府。《辽史·地里志》

---

① 孟元老：《东京梦华录注》卷三，<防火>云：“每坊巷三百步许有军巡铺屋一所，铺兵五人。夜间巡警，收领公事。又于高处砖砌望火楼，楼上有人卓望，下有官屋数间，屯驻军兵百余人，及有救火家事。……每遇有遗火去处，则有马军奔报军厢主，马步军殿前三衙、开封府各领军级扑灭，不劳百姓”。中华书局版邓之诚注本，2004年，第116页。

② 李焘：《续资治通鉴长编》卷115景祐元年十一月（1034）条：“诏：旧京内侵街民舍，在表柱外者皆毁撤之。”中华书局标点本，2004年，第2706页。

③ 陆游：《老学庵笔记》卷6：“京师沟渠极深广，亡命多匿其中，自名为无忧洞。甚者盗匿妇人，又谓之鬼樊楼。”中华书局标点本，1997年，第73页。

④ 李焘：《续资治通鉴长编》卷104云：“（天圣四年七月，1026）开封府言：新旧城为沟注河中，凡二百五十三。恐间巷居人弃灰坏咽流，请责吏逻巡查其慢者。从之。”中华书局标点本，2004年，第2414页。

⑤ 清·徐松：《宋会要辑稿》职官29，中华书局影印本，1987年，第2991页。

称其城幅员27里，分南北二城。北城为皇城，城高3丈，设楼橹，城中为大内，均四面各开一门。大内南门与皇城南门间大街和大内西南侧布置官署、寺庙。皇城之南为汉城，城高2丈，不设楼橹，城内建横街，有楼对峙，下列井肆。皇城为大内和契丹贵族所居，汉城为一般居民区和商业区，并安置各国使臣和来此贸易的商贩。①

辽上京近年已进行勘探。其皇城南北约1600米，东西约1720米，平面近方形（图7-4）。城身底宽12～16米，残高8～10米，夯土筑成，外有马面、瓮城。皇城四面各一门，各有纵、横向大街通入城内。皇城中部偏北的高地为“大内”，呈南北向矩形，围以厚1.5米的宫墙，未建宫城。大内四面各一门，南门承天门内有数宫殿址，其北后宫部分又有东西对称的各五排殿址，均南向。自承天门向南有大街直通皇城南门大顺门，此街与皇城南部二条东西向横街垂直相交，因而可推知上京皇城内基本为棋盘形街道网。大内北侧有较大面积空地，可能为设毡帐区，西侧靠皇城西墙高地上有按本民族传统面向东方的大型寺庙址。

汉城倚皇城南墙而建，呈北宽南窄的梯形，周长5829米，城墙高仅4米，无马面、瓮城，实为不设防之城。城内现已辟为农田，其街道布置待查，目前只发现三座佛寺残址。②

契丹原为游牧民族，不城居。史称太祖阿保机令汉人康默记等为版筑使建上京城，故其城墙楼橹做法与大内居中轴线上、城内街道纵横布置形成棋盘格等均为汉族形式。唯《辽史·地里志》引宋大中祥符九年（1016）薛映《记》称大内承天门“内有昭德、宣政二殿，与毡庐皆东向”，则还有部分宫殿布局保持契丹族向东的习俗。但现在勘查得之大内前部两座宫殿址及后部两排十座殿址均为南北向，与此记载不符，是否在11世纪中后期又曾按汉族传统改建过，是一需作进一步探讨的问题。

3. 辽东京辽阳府

在辽宁省辽阳市，唐为安东都护府，后为渤海国中京显德府，辽灭渤海国后于天显三年（公元928）升为南京，十三年（公元938）改称东京辽阳府。《辽史·地理志》称“城名天福，高三丈，有楼橹，幅员三十里，八门。……宫城在东北隅，高三丈，具敌楼，南为三门，壮以楼观，四隅有角楼，相去各二里。……外城谓之汉城，分南、北市，中为看楼，晨集南市，夕集北市”。城中建留守衙、军巡院事官署及若干寺院。③

据此则辽东京也分为南北二城。主城称天福城，四面各开二门，宫城在城内东北角，方约2里。④南为汉城，布置若干官署、军营、商市和汉人居住区。⑤

4. 辽中京大定府

在内蒙古自治区宁城县大明城，辽统和二十五年（1007）建，《辽史·地理志三》称其“择良工于燕、蓟，董役二岁，郛郭、宫掖、楼阁、府库、市肆、廊庑，拟神都之制。……皇城中有祖庙、……御容殿。”并设有接待宋、西夏、新罗使臣的宾馆。同书又引宋王曾《上契丹事》曰：“城垣卑小，方圆才四里许。门但重屋，无筑阇之制。南门曰朱夏，门内通步廊，多坊门。又有市楼四。”⑥

① 《辽史（卷37）·地理志一》。中华书局，2005年，第440页。
② 辽宁省巴林左旗文化馆，辽上京遗址，文物，1979年第5期。
③ 《辽史·地理志二》，中华书局，2005年，第456页。
④ 《辽史·地理志二》称宫城“四隅有角楼，相去各二里”，据以推知宫城方二里，中华书局，2005年。
⑤ 《辽史·地理志二》称汉城中“河朔亡命，皆籍于此，”指流亡于此的北方汉族人，中华书局，2005年。
⑥ 《辽史·地理志三》，中华书局，2005年，第481～485页。

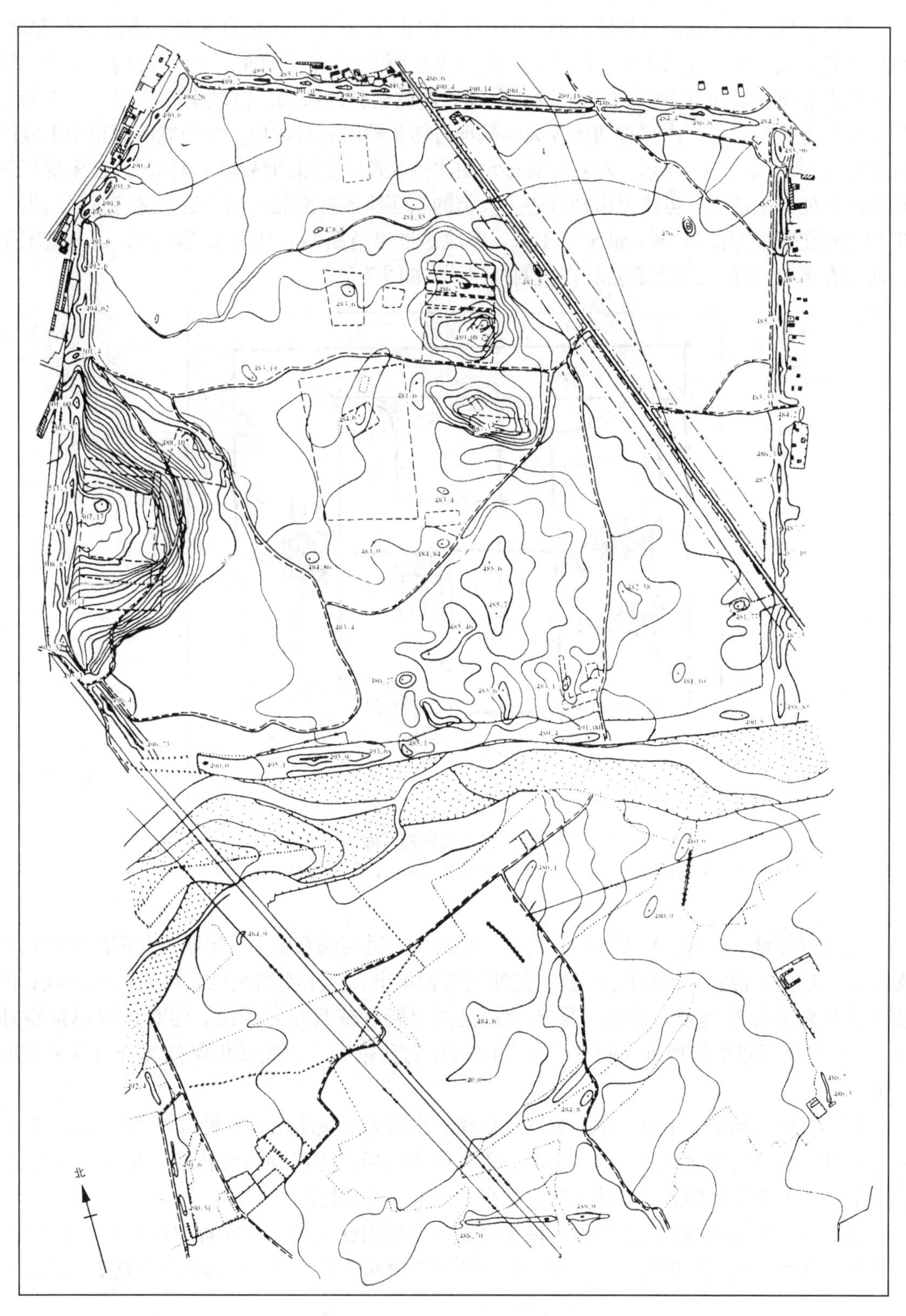

图 7-4　辽上京发掘平面图

辽宁省巴林左旗文化馆：辽上京遗址，文物，1979 年第 5 期

辽中京城址已发掘。其外城东西 4200 米、南北 3500 米，四角有角楼，南门外有瓮城。城墙土筑，残存最高处约 4 米。城内偏北正中为东西 2000 米、南北 1500 米的内城，在内城中轴线上北倚北城为方 1000 米的宫城，形成三重城相套的布局。宫城南面三门，中为阊阖门，左右为掖门，三门内都有两重较大的基址可能是殿门和宫殿址。自外城南面正中朱夏门向北有长 1400 米、宽 64 米、左右侧有排水明沟的大道，直抵内城南门阳德门。在朱夏门北约 500 米处有土遗址，可能为市楼遗迹。大街的东西侧各有南北向街三道，又有东西向街五道与之相交，最宽者 15 米，最窄者 4 米，形成矩形格道路网，其间布置坊市。自内城阳德门向北有宽 40 米的大道直通宫城正门阊阖门。[①] 如图 7-5。

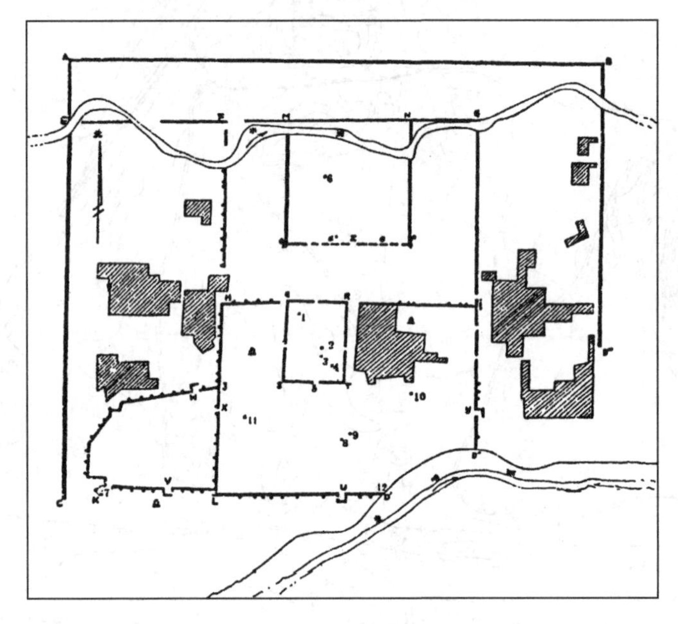

图 7-5　辽中京发掘平面图

辽中京发掘委员会：辽中京城址发掘的重要收获，图 2，文物，1961 年第 9 期

此城有外城、内城、皇城三城相套，中轴线上大道两侧有廊庑，形制与北宋汴梁有相似处，故《辽史》说它"拟神都之制"。其外城布置坊市，为主要居民区，可能仍为汉城；内城未发现较多建筑基址，路振《乘轺录》也说"街道东西并无居民，但有短墙以障空地耳"，[②]故也有可能是供契丹人随辽帝来此时居住的毡帐区，则此城仍保持契丹与汉两城的特点。

以上三座辽都中，上京、中京为辽代创建，东京为旧城改建，工程均为"燕蓟良工"主持，故从筑城和若干建筑遗址的做法看，仍属中唐以后北方汉族传统技术，并无特殊之处，但其布局却有某些共同点，反映了契丹社会的政治、经济特点。

其一即分南北两城，北为皇城，南为汉城。皇城内建大内，并安置契丹人和主要官署。宫殿和官署均摹仿汉族形制，但契丹人的居住区除建邸宅外，留有相当部分空地，可能是为

① 辽中京发掘委员会，李逸友执笔，辽中京城址发掘的重要收获，文物，1961 年第 9 期。

② 宋·路振《乘轺录》。

依本族习俗架设帐幕用的。汉城内安置汉人和西、北各地其他族人，是居住区、手工业区和商业中心。上举三城均如此，这与辽代政权分北面、南面，分别管理契丹人与汉人及其他少数民族的做法是一致的。

其二是商业区都建有临街的楼：上京的汉城在横街上“各有楼对峙，下列井肆”，东京的“汉城，分南、北市，中为看楼”，中京的汉城“门内通步廊，多坊门。又有市楼四。”这表明，这些市楼是建在街旁互相呼应，成为汉城的重要景观和城市标志物，其周围为市肆。由此可以推知，辽代汉城的商业区是以市楼为标识的开放的街道，其中统和二十五年（1007）创建的中京其居住区仍为传统的坊，可能是为了便于控制汉人的措施。

其三是按照其民族习俗，早期的若干宫殿、祠庙、寺院是面向东方布置的。

5. 辽南京析津府

在今北京西南部，是辽就唐幽州改建而成的，称南京析津府。由于以后扩建为金中都，其宫城部分有很大改动，目前考古工作仅确定了城市的轮廓[①]，其余只能根据文献记载考知其大致情况。史称“城周围二十七里，楼台高四十尺，楼计九百一十座（指城上敌楼），池堑三重，城开八门”。[②]“子城就西南罗郭为之。正南曰启夏门，内有元和殿、洪政殿。东门曰宣和。城中坊门皆有楼。有悯忠寺，……又有开泰寺。”[③]“城北有三市，陆海百货萃于其中。僧居佛宇冠于北方。”[②]据此可知，辽南京沿用唐幽州旧城，四面各开二门，把位于城内西南部的子城改建为宫城，城区则仍保持唐以来封闭的里坊和市。和前面三京相比，是辽代汉化程度更深的一座都城。

6. 南宋临安

史载隋平陈后，杨素于开皇十一年（公元591）建城，城周36里90步，形成杭州的基本规模。杭州西临西湖，南为山区及丘陵地，北、东二面平坦，遂发展为沿西湖东岸的南北向狭长城市。因南部临江，山区也可倚为屏蔽，遂把州治子城建在南部，以中北部为市区。五代末吴越国都杭州，形势相对安定，经济发展，并进行了扩建，发展到罗城周70里。北宋在此基础上继续发展，成为南方的重要城市，与苏州并称，但从南宋初其民居仍大量使用茅草屋顶频繁引起大火灾看，其发展程度与苏州、扬州仍有一定距离，要到南宋中后期始进入繁荣时期。

北宋末中原沦丧，其残余势力南渡，建立南宋，于建炎三年（1129）以杭州为都城，称为“行在所”，以州治为宫殿，称“行宫”，于绍兴四年（1134）先建太庙。在绍兴十一年（1141）与金媾和后，开始进行建设，在绍兴十二年至二十八年间基本完成了行宫的规模。同时陆续建太社、太稷、圜丘、景灵宫并扩建太庙。在绍兴二十二年（1152）后建仓库、执政府、尚书六部等，史称“凡定都二十年而郊庙宫省始备焉”。[④] 因宫城在南，故重要坛庙、官署如三省、六部、太庙等均在北，御街贯穿其间，全长13 500尺，用35 300块石板铺砌，

---

① 北城墙在今宣武门内头发胡同一线，东城墙在今宣武门内大街稍偏西，南城墙在今广安门外三路居一线，西城墙在今广外南观音寺一线。据徐苹芳：《中国历史考古学论丛》，第131页，《四、古代北京的城市规划，一、唐幽州城和辽南京城》。1995年允晨文化实业股份有限公司出版。

② 许亢宗，宣和乙巳奉使金国行程录（第四程），载：崔文印，《靖康稗史笺证》，中华书局排印本，1988年，第7页。

③ 李焘，《续资治通鉴长编》（卷79），中华书局排印本，2004年，第1795页。

④ 宋·李心传，《建炎以来朝野杂记》（甲集卷2），商务印书馆，丛书集成初编，1936年，第33页。

成为全城南北向主干道。[①]如从太庙在御街之西分析，只有以北方为上，才符合“左祖右社”之制，则就都城布局而言，临安是反向布置的。

临安城内仍沿北宋汴梁之制分为 9 厢，除宫城厢外，余 8 厢共有 84 坊，但这时的坊只是地名标识的牌坊，而非里坊之坊。城内河道纵横，桥梁众多。其主要河流中，大河上有 31 座桥，小河上有 32 座桥，西河上有 54 座桥，包括石桥、木桥、吊桥等城内共有 117 座大小桥梁成为和平江相似的水乡城市。因城市狭长，它的城市主干道即南北向的御街，与两侧若干东西向横街和两条纵街形成道路网（图 7-6）。

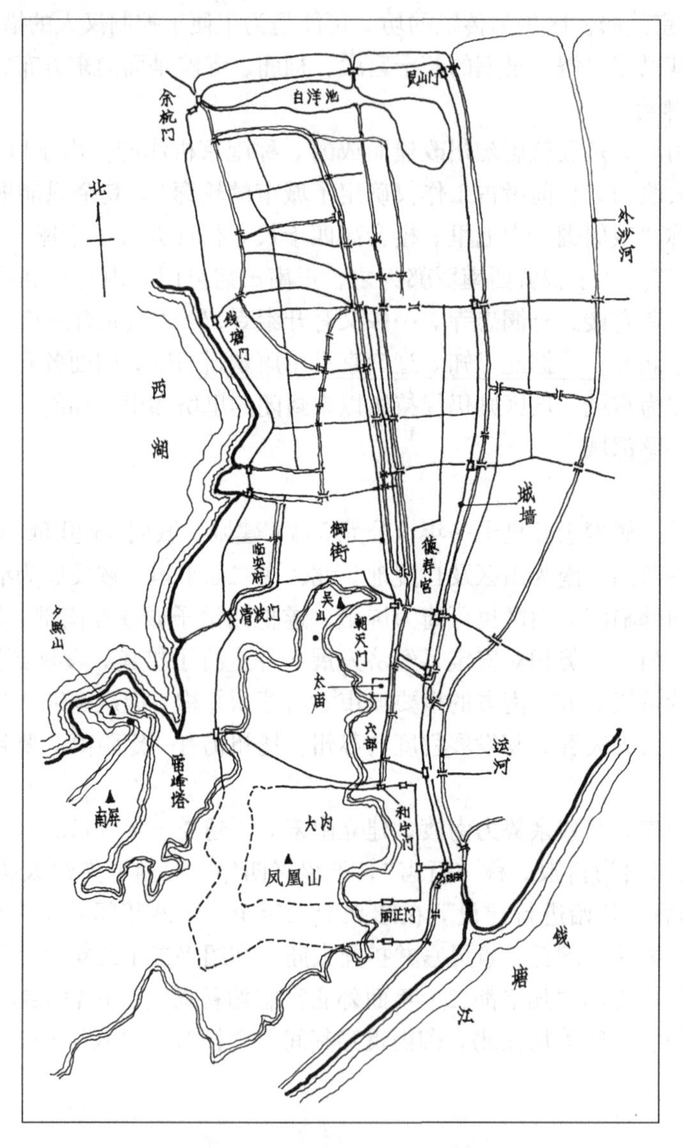

图 7-6 南宋临安平面示意图

据郭黛姮主编：中国古代建筑史（第三卷），图 2-6，中国建筑工业出版社，2003 年（重绘）

① 宋·潜说友，《咸淳临安志》（卷 21），御街，中华书局，宋元方志丛刊，1990 年，第 3567 页。

防火和排水始终是临安城的较大问题。因为临安的民居多用茅草顶，故火灾问题严重，绍兴二年、十年（1132、1140）发生二次大火后，曾下令皇城周围留三丈宽防火间距，不许建屋，又令民房不许用茅草顶，改用席顶，仓库改用瓦顶。但限于资力，均不能彻底执行。

临安城内地势低平，建筑密集，排水不很顺畅。绍兴二十八年（1158）曾命孙寿祖开异临安城中沟渠，以泄积水。

南宋政权是按行都的规制建设杭州的，故只按实际需要设置宫殿、坛庙、官署等，近于临时安置而不强调帝都体制，故在城市基本格局上无重大变化。

7. 金中都

在今北京旧城西南部，为辽代后期都城。1125年入金，为平州。金天德5年（1153）向东、南、西三面扩建后，升为中都。[①]中都城周回五千三百二十八丈[②]，东、南、西三面各开3个城门，北面4门，共13门。在相对各城门之间有大道，形成三横三纵的矩形街道网，宫城居中，其纵横方向的中间一条大道即直对宫城之四门（图7-7）。

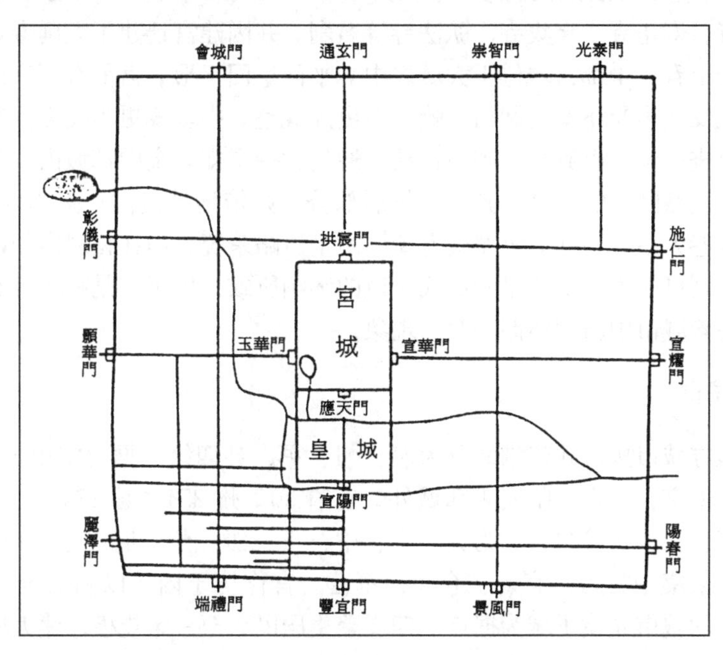

图7-7　金中都平面示意图

古代北京的城市规划，图2，载徐苹芳：中国历史考古学论丛，第133页，1995年，（台湾）允晨文化公司

在城南正门丰宜门内大道上有宣阳门，二门南北相重，都是面阔九间，下开三个门洞的巨大城楼，中门为御路，两侧门供臣民出入。丰宜门内外有两座桥，均用汉白玉石砌造，桥面用四道雕刻精美的石栏杆分为三条道，中间为御道。门内之桥名龙津桥，桥北即宣阳门，门内即宫前御道，左右有御廊。[③] 但金中都有无内城，宣阳门是内城南门还是宫前御街南端

① 徐苹芳，古代北京的城市规划·二，金中都城，载：徐苹芳，中国历史考古学论丛，（台北）允晨文化实业股份有限公司，1995年，第133页。

②《洪武实录》卷30，元年八月戊子条。转引自：赵其昌，明实录北京史料，北京古籍出版社版，1995年，第7页。

③ 楼钥，北行日录（卷上），载：攻媿先生集，卷111，商务印书馆，四部丛刊，1936年。

的一座重门，目前学术界尚无确定意见。[①]

宣阳门内御街分三道，两侧有沟，沟外植柳。中间的御道护以朱栏。在御街两侧有御廊各250间，其南端各建有三层的楼，称文楼、武楼，廊之北端至宫前横街处又分别向东西矩折，长百余间，屋脊用青色琉璃瓦，形成宫前广场。御街东西廊之外侧，中部东为太庙，西为三省，只保持了“左祖”的传统；北部的东、西侧也都布置官署。[②③]

金宫城就辽南京宫殿拓展而成，其尺度诸书不载，只《大金国志》称其周回9里30步，因历代学者多议《大金国志》为伪书，确否待考。宫城南面三门，其余三面各一门，正门外建双阙，南对御街，四角有角楼。其详见宫殿部分。

作为都城，中都在城外四面建有郊坛。南郊祭天，为三层十二陛坛；北郊祭地，东郊祭日，均为为三层方丘；西郊祭月，在水池中建坛。[④]

中都的主要商业区在宫城的东部，是在唐幽州、辽南京的旧幽州市的基础上延续发展而来。辽南京的一些重要寺庙如大悯忠寺、大开泰寺、大昊天寺等基本保存下来，金代又增建和修复了奉福寺、寿圣寺、宝集寺、弘法寺等名刹，并因建宫迁建了大延寿寺。[⑤]

从城市格局上看，中都宫城位于大城之中，平面呈回字形，宫前有丁字街，御街两侧建长廊等，都明显反映出受汴梁规制的影响，但更加规整，中轴线更为突出。它在御廊南端增建文楼、武楼以进一步突出御街，则属创新。通过勘探得知，金中都城内，辽代旧城部分的街道仍留有里坊道路网格的痕迹，其金代拓展部分，则依地域走向，南部以东西横巷为主，东西部以南北纵巷为主。这样，全城就有新旧两个道路系统。而在拓展出的以平行的横街为主的西南部分，则可能也是受汴梁开放式街道的影响所致。由于它是在坊市制的辽南京基础上扩建，故存在着城市中新旧体制并存的现象。

（二）地方城市

此期宋代地方城市按行政建制划分为府、州、军、县四级，据《宋史·地理志》，宋全境城市除东京、南京、北京、临安4都城外，有府30，州254，县1234，又军州近70，并按重要性标以望、辅、次等名目和为分为上、中、下三级。州、府以上城市大都建有大城、子城两重城。子城集中官署、官邸、仓库、军营、官作坊于内，以利安全，大城则安置居民。有些新开发的城市先建子城为据点，四周聚集居民，至一定规模才建大城。如桂林、广州的内城都始建于唐，至宋发生变乱后，才增建大城。宋代商业发达，城市沿街建廊屋开商店，其街道繁华，但没有唐代宽敞。《续资治通鉴长编》卷70记载，宋真宗东封泰山，归途经郓州，“上睹城中巷陌迫隘，询之，云徙城之始，衢路显敞，其后守吏增市廊以收课。即诏毁之。”这是1008年的情况。但城市商业发展和官府从中课税的趋势不可扼制，废坊制后的宋代城市都发展成沿街设店、商业繁盛的开放性城市。

---

① 宣阳门的位置似汴梁之内城南门朱雀门，但1965～1966年对中都之勘探未发现内城之遗迹。史料中亦仅《大金国志》谓其有内城，且谓东西门为宣华门、玉华门。但《大金国志》为后人依托之书，只能存疑待考。

② 楼钥，《北行日录》（卷上），载《攻媿先生集》卷111，商务印书馆，四部丛刊本，1936年。

③《金史》卷34，礼7载，“大定七年月，又奏建（社稷）坛于中都”，并详记其制度，但不载其位置。中华书局标点本，2000年，第803页。

④《金史》卷28、29，礼1、2，南北郊、方丘仪、朝日夕月仪。中华书局标点本，2000年，第692～723页。

⑤《顺天府志》卷7，寺。北京大学出版社，影印传钞《永乐大典》本，1983年，第1～25页。

此期城市的城墙仍以土筑为主，个别重要城市外表砌砖。《宋会要辑稿》方域八之四记载，北宋熙宁中曾下令州县无城处筑城，并规定了城高二丈、底宽一丈五尺、顶宽一丈的标准。城市街道也以土路为主，南方多雨地区的重要城市开始用砖铺路。（宋）《淳熙三山志》载，熙宁二年（1069）福州子城内外环城路均铺砖。又记其城市街道宽度有九轨、四轨、三轨、二轨等不同分级，表明在城市道路规划和建设上有新的发展。南宋后期为防蒙古南侵，一些城市开始用砖包砌城身。北方目前所发现的辽金城市遗迹多为东北地区的边防城市，多是土城。

1. 宋平江

平江即今苏州，始建于春秋吴国，是历史悠久、经济文化发达的江南重要城市，北宋时改称平江军。史称它在唐末五代战乱中遭到严重破坏，唐代遗迹损失殆尽，经百余年发展，到北宋后期又已超过唐代盛时，成为最繁荣的城市之一。[①]1127年金灭北宋后不断南侵，于建炎四年（1130）攻陷平江，屠戮居民，夷平坊市，史称此役后一切扫地，至举城无区宅能存。[②]在宋金对峙局面形成后，又经数十年才得到恢复。

苏州城自吴国创建以来，一直沿用，虽经历多次战乱破坏，但城池、城门、街道、河道之基本格局未变[③]，至今仍为苏州市区的主要部分，故只能根据现存少量地面标识，结合宋代有关文献和宋绍定二年（1229）李寿朋所刻《平江图》碑（图7-8）了解它在南宋中后期的情况。

宋范成大《吴郡志》称平江大城周回47里，小城10里。大城原每面各开2陆门、2水门，至宋时只开5门。[②]在《平江图》碑上可看到，大城略近南北长矩形，东面2门，余三面各1门，共有5门，均陆门、水门并列，与《吴郡志》所载相合。据明卢熊《苏州府志》记载，外城在五代后梁时用砖包砌，高二丈四尺，厚二丈五尺，里外有城壕。至宣和五年又重新包砌砖。[④]这与图上所示大城、小城表面砌砖，大城外侧有突出的马面、城墙内外均有城壕的情况相符。大城的各城门均不相对，无穿城直街，是其特点之一。城内干道均为正南北或正东西向，作丁字或十字相交。子城在城的中部偏南，为衙城，只南面、西面各开一门，内建衙署、仓库、军营等。

史载，平江在唐代有60坊，是坊市制城市。城内河网纵横，有390座桥。[⑤]从《平江图》碑上可以看到，它子城以南部分的干道呈方格网形式，尚保留有坊市制痕迹。但子城以北部分则以平行的横巷为主，明显表现出街巷制城市的特点，可能是遭金军严重破坏后重建

---

① 朱长文：《吴郡图经续记》卷上，城邑：“盖于此十余年间，民困于兵火，焚掠赤地，唐世遗迹殆尽。钱氏有吴越，稍免干戈之患。自干宁至于太平兴国三年钱俶纳土，凡七十八年。自钱俶纳土至于今元丰七年，百有七年矣。当此百年之间，井邑之富过于唐世，郛郭填溢，楼阁相望，飞杠如虹，栉比棋布，近郊隘巷，悉甃以甓。冠盖之多，人物之盛为东南冠，实太平盛事也。”

② 范成大：《吴郡志》卷3，城郭，引胡舜申文云：“自顷以来，城市萧条，人物衰歇，富室无几，且无三世能保其居安土，宦达者比承平时寖少。至建炎之祸，一切扫地，至举城无区宅能存，数百千年未之有也。”

③ 朱长文：《吴郡图经续记》卷上，城邑：“筑大城周四十里，小城周十里，开八门以象八风，是时周敬王之六年也。自吴亡至今仅二千载，更历秦、汉、隋、唐之间，其城郭门名循而不变。”

④ 明·卢熊，《苏州府志》卷四，城池，罗城条云：“旧图经云：乾符三年因王郢之乱刺史张抟重筑。梁龙德二年四月砖甃，高二丈四尺，厚二丈五尺，里外有壕。……宣和五年又诏重甃。淳熙中，知府谢师稷以郡中羡余钱四十万缗缮完，遂为壮丽。”国家图书馆藏本卷四，第2A页。

⑤ 朱长文：《吴郡图经续记》卷中，桥梁：“吴郡昔多桥梁，自白乐天诗尝云红栏三百九十桥矣，其名已载图经。逮今增建者益多，皆叠石甃甓，工奇致密，不复用红栏矣……”

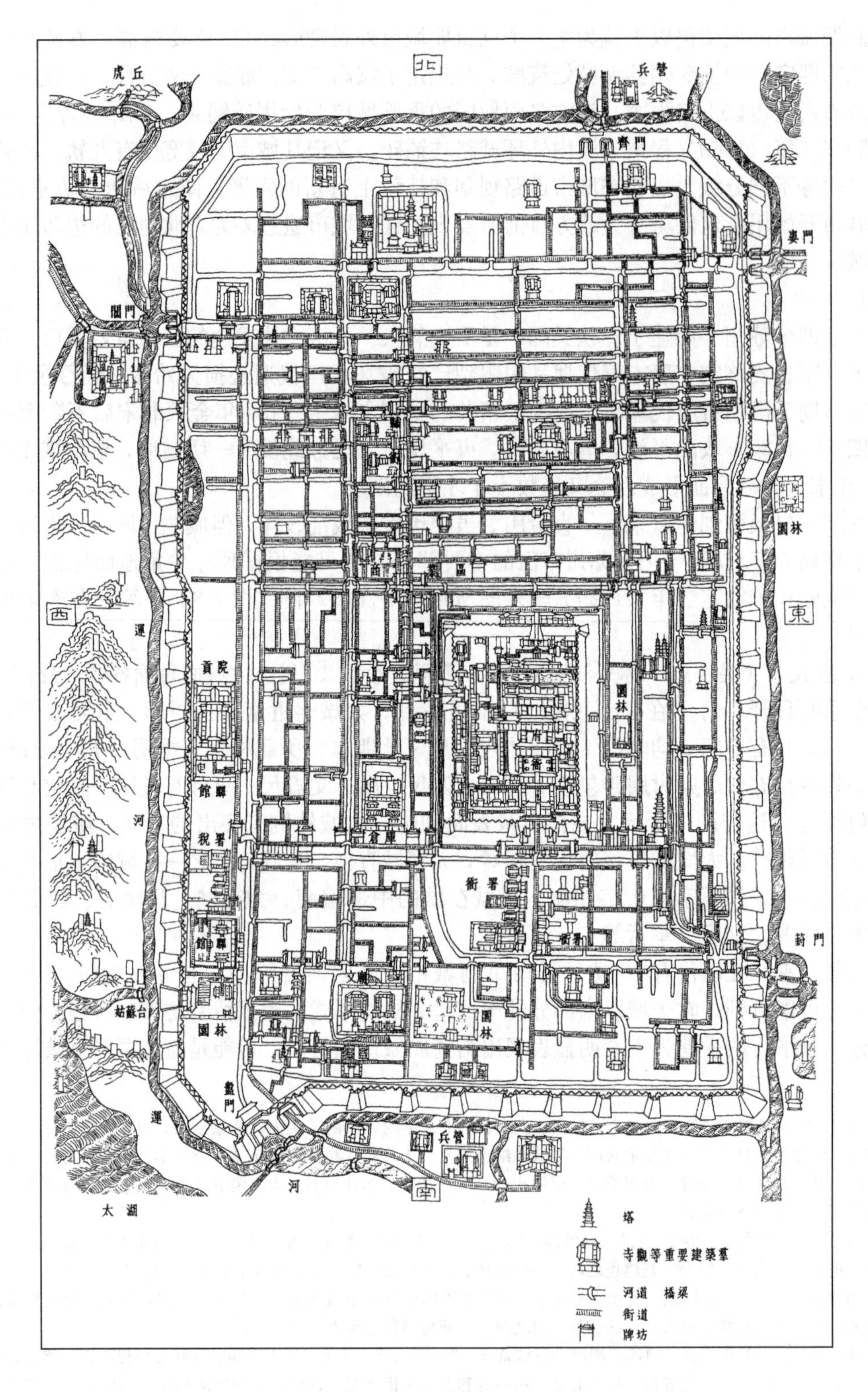

图 7-8　宋《平江图》碑摹本

刘敦桢：中国古代建筑史，图 111-1，中国建筑工业出版社，1984 年第二版

时形成的。据朱长文《吴郡图经续记》所载，在北宋中后期，平江已是“坊市之名多失标榜，民不复称。或有因事以立名者”，可知坊市制已开始被突破，且据“或有因事以立名者”的说法，所说之坊可能已是指表彰用的牌坊，而非“里坊”之坊。[①]到南宋中后期，《吴郡志·坊市》在记录了现有坊名后说：“右六十五坊，绍定二年春郡守李寿朋并新作之，壮观视昔有加”。证以《平江图》所示，这时的“六十五坊”所指为牌坊。据此可知，平江经过唐末大破坏后，已开始突破坊市制，至南宋初又经金兵破坏，到南宋中后期，则已完全由坊市制转为街巷制城市。《平江图》刻于1229年，故图中所示北半部街道实是目前我们所能看到的最早的中国古代开放的街巷制城市的情况，极具历史价值。

平江最大特点之一是内部河道纵横，如图所示，河道多与街巷并行：街之河居中，左右为道路，路口以桥相连；巷之河在南侧，故大住宅多正门面街，后门临河。它的街道，在北宋后期已“悉甃以甓”，即全部用砖铺砌路面，这在当时城市中也属先进的。城内的357座桥梁也大多由唐代的红栏木桥改为较永久性的“叠石甃甓，工奇致密”的石桥和砖拱桥了。[②]

平江处于江南水网区，《吴郡图经续记》说：“观于城中，众流贯州，吐吸震泽，小滨别派，旁夹路衢，盖不如是无以泄积潦、安居民也。故虽名泽国，而城中未尝有垫溺荡析之患，……”说明除利用太湖吞吐外，就近开凿大量支流与陂塘相通，以蓄洪排涝，是重要措施。这在范成大《吴郡志》卷19水利部分中有详细记载，因不属本专题范围，这里只作为平江的重要成就之一提出而已。

综括上述，平江的城墙已由唐代的土城改为砖城，街道已铺砖，河道已砌砖石护岸，木桥已改为砖石桥，表现出随着经济发展江南水网地区城市为适应多雨地区特点改土筑为砖石构筑物的进程。原来封闭的里坊已改为开放的街巷，坊门也为地标性的跨街牌坊所代替，故它可以视为地方城市中由中古城市向近古城市转变的早期例证。

2. 辽西京大同

大同前身为北魏首都平城，在唐为云州，石晋以燕云十六州归辽后，于重熙十三年(1044)升为西京大同府，设西京都部署司以统地区军事，是辽的西部重镇。《辽史·地理志》称其广袤二十里，四面各开一门（图7-9）。北面为北魏宫垣，建有留守司衙和南省。清宁八年建华严寺，现存。从大同近代地图分析，唐云州为一座方4里，内有16坊的方形城市，基本沿用至今，在现状图上尚可看到坊和坊内大小十字街的残迹。华严寺在西门内大街南侧，占“西门之南”一坊的北半部，寺及正殿均东向。但辽在南门内西侧所建溥恩寺(今为善化寺）仍为南向，可知华严寺因是为安置辽代帝后的石像、铜像而建，具有西京太庙的性质，故依辽代习俗向东。从大同至今保存唐以来坊的残迹看，辽、金甚至明、清对大同的城市格局都没有作重大变动，只是逐渐拆除坊墙而已，可以作为旧城长期沿用之例。

3. 辽灵安州城址

在内蒙古自治区哲里木盟库伦旗西部，根据发掘所得铜官印，知其为辽之灵安州。城呈

---

① 朱长文，《吴郡图经续记》卷上，坊市：“图经：坊市之名各三十，盖传之远矣。……近者坊市之名多失标榜，民不复称。或有因事以立名者，如灵芝坊因极密直学士蒋公堂……，各以其所居得名，盖古者以德名乡之义也。苟择其旧号，益以新称，分其邑里，因以彰善旌淑，不亦美哉！”

② 明·卢熊，《苏州府志》卷四，城池，罗城条云：“旧图经云：乾符三年因王郢之乱刺史张抟重筑。梁龙德二年四月砖甃，高二丈四尺，厚二丈五尺，里外有壕。……宣和五年又诏重甃。淳熙中，知府谢师稷以郡中羡余钱四十万缗缮完，遂为壮丽。”国家图书馆藏本卷四，第2A页。

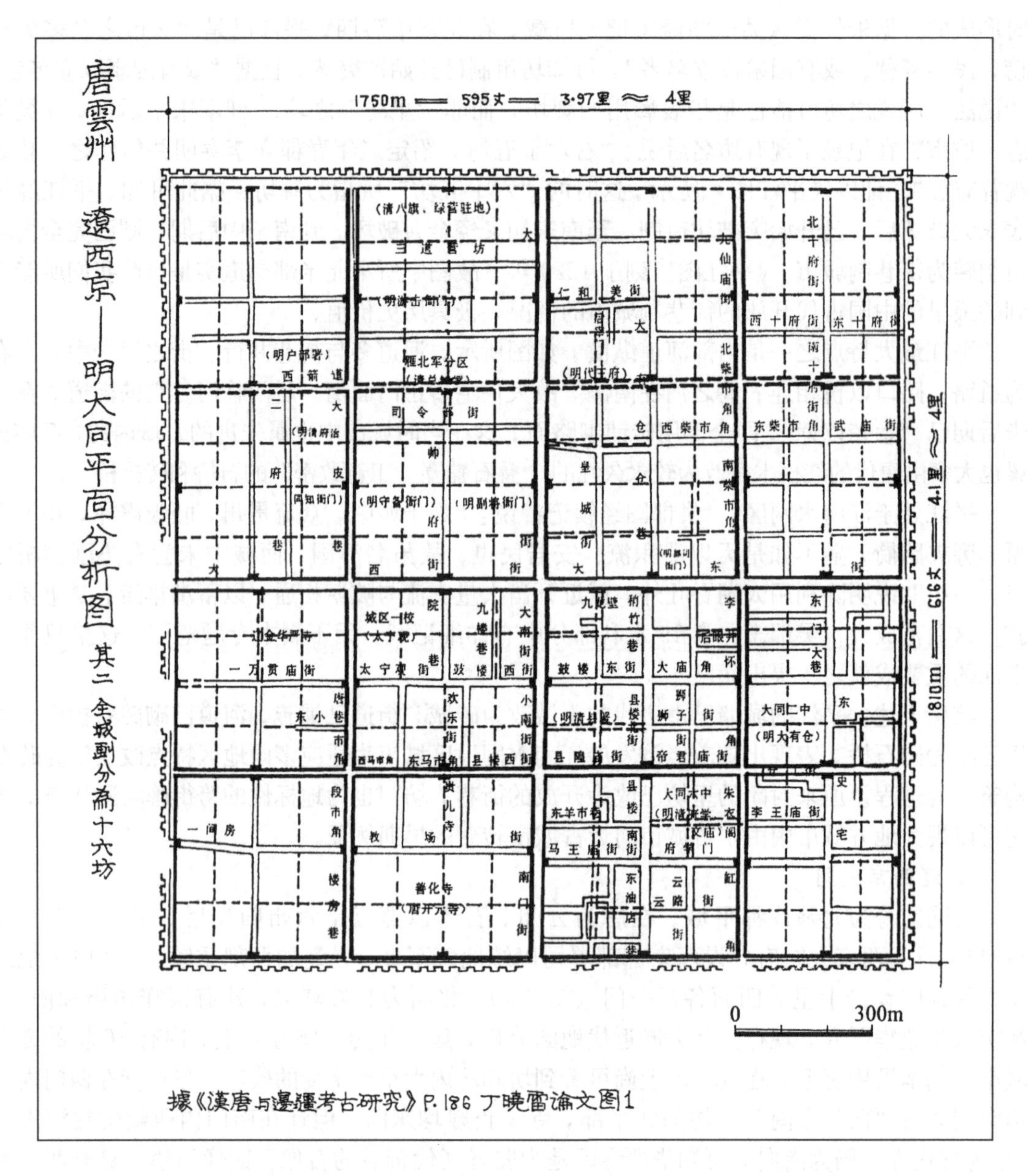

图 7-9　唐云州——辽西京平面分析图

南北略长的矩形，东西 540 米，南北 650 米，城墙土筑，基宽 20 米，残高 5～10 米不等，城身有宽 25～40 米不等的马面（图 7-10）。城之北、东、南三面于正中辟城门，门外有曲尺形瓮城。其中北门最完整，瓮城宽 60 米，深 30 米。城内面对三门，开东西、南北二条大道，中间形成十字街，分城内为四区。城内西墙正中，面对东西向大道有一东西 30 米，南北 60 米的土台，上有绿釉瓦和鸱尾残片及青砖灰瓦等，依上京临潢府之例，可能是寺庙。

此城东、南、北三面开门，西城墙正中有面向东的寺庙，表明它是一座向东的城市，明显属辽代特点。但城内被十字街划分的 4 块又相当于 4 个坊，属唐以来传统。故此城可视为兼具唐辽特点的城市。

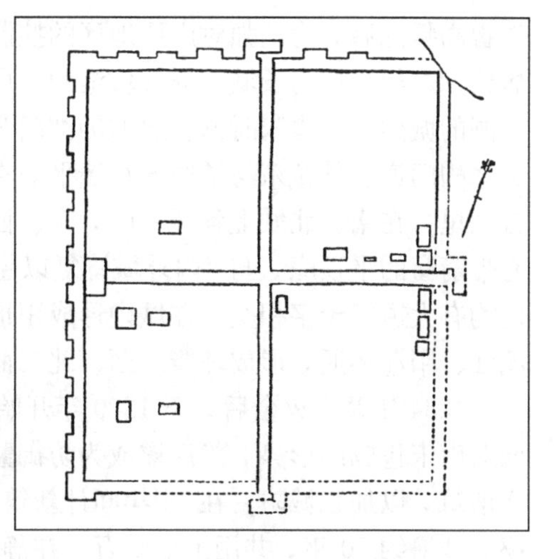

图 7-10 辽灵安州平面图
贲鹤龄：内蒙古库伦旗发现辽代灵安州城址，图 2，考古，1991 年第 6 期

4. 南宋靖江府

即今桂林市，始建城于唐，称桂州，北宋时建外城，称靖江府，南宋末为了设防抗蒙古军，曾多次扩建，增加城防设施。现存的南宋摩崖石刻《靖江府修筑城池图》（图 7-11）（以下简称《城池图》）是了解南宋时城市发展和城市防御设施的极重要史料。

桂州城东、南两面临漓江、阳江，传为唐初李靖所筑，周回三里十八步，高一丈二尺，东南西三面各开一门[①]。据《城池图》所示，城为横长矩形，东西门间大道形成横贯全城的横街，与南门内大道垂直相交，形成丁字街。横街之北为府治，南为附属官署。从布局分析，唐代始建时是一个 4 坊的坊市制的军事屯戍小城。在北宋平定

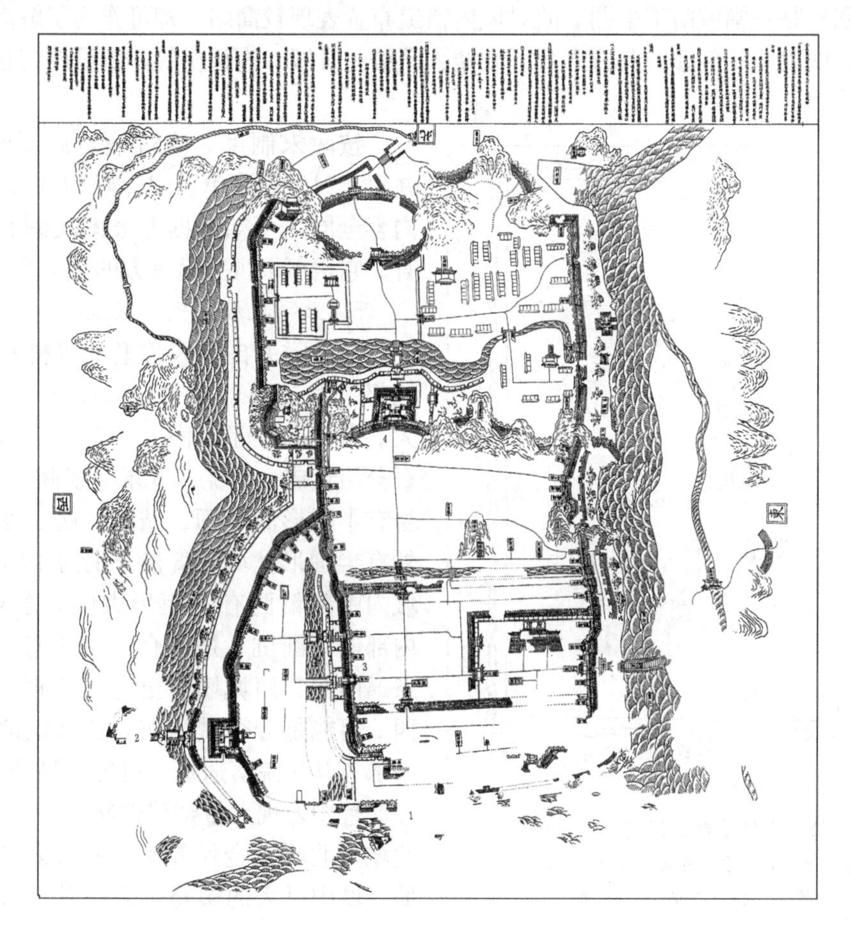

图 7-11 南宋摩崖石刻《靖江府修筑城池图》（摹本）

① 明·陈琏，《桂林郡志》卷 2，城池。

依智高叛乱后，为加强对广西地区的控制，增加驻军，于至和二年（1055）增建外城，而称唐代创建的内城为子城。据《城池图》所示，子城北部府治占2坊之地，其正门为下开两个门洞的城门，与唐宋时州、府城的谯门为双门的制度相符，城门洞顶仍作梯形，表明是传统的木构门道。外城东与子城的东墙平，在其南、北、西三面向外拓展，平面仍呈横长矩形，方六里。在南、北城上各开一门，东、西城上各开二门。在图上内城顶上有廊庑，外城顶上有带箭窗的平顶庑，与"内外城皆复以屋"的记载相合，表明是严密设防的屯驻城市。各门内均有大道，十字相交，在城内形成矩形街道网。在西、北二面开掘城壕，与东、南两面的漓江、阳江相通，形成环壕。西、北二面壕的内侧建作为前沿防线的"羊马墙"。

1234年蒙古灭金后，于1239年开始进攻四川，1253年蒙军攻占云南后，形成从西南方向对南宋包围的形势，静江遂成为防御蒙军北上的要地，除对旧城加固外，先后又进行了三次增筑，以加强城防。在14年间计新筑城1697丈，筑沿江石城758丈，建瓮城、万人敌三座，楼橹约70座，共用工300万，在静江建成北倚诸峰、东临漓江、重城复堑、楼橹栉比的多层纵深防御体系。史载1277年，蒙军围攻静江三月不能下，最后只能筑堤截断漓江、阳江之水，才从东面攻陷，可知西、北两面的重城在防御战中是起了重要作用的。《靖江府修筑城池图》是一幅城防工事图，故对城内街道布置表现较简略，却可作为了解南宋时因地制宜布置城防设施的例证。其万人敌、硬楼、团楼、月城、拖板桥等防御设施将在后文城防工事部分探讨。

按南宋制度，修筑城防后要绘图上报，并附工料费用清单。[①]与静江府修筑城池图的内容全同，可知即据上报图文刻石。就此而言，它也可以视为是官方的城市图档。

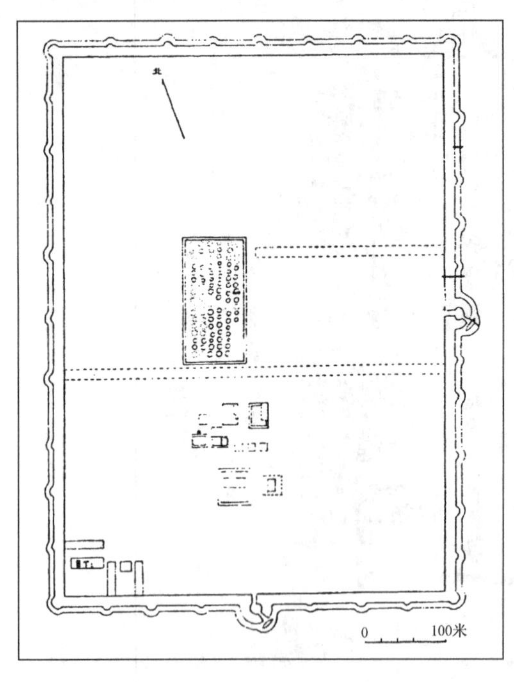

图7-12　土列毛杜金代古城址平面图
张柏忠：吐列毛杜古城调查试掘报告，图3，文物，1982年第7期

5. 土列毛杜金代古城址

在内蒙古自治区哲里木盟科尔沁右旗西北部，为二城东西并列（图7-12）。西城较大，东西504米，南北703米，用黑土、沙石分层筑成，底宽3.5米，残高3～4米，城身有半圆形的马面。城东、南二面开门，门外有半圆形瓮城，直径分别为19米、21米。城内中部偏西有一矩形大院，东对城东门，内部遍布圆坑，是粮仓。在其南、北各有两条通向东、西城墙的土垅，南面一条横贯东西，可能是分全城为南北二部的隔墙。在其南部有几所院落遗址，可能是城市中心建筑。在城址中发现大量金代遗物，当是金代所建。此城西北临近金代界壕，故可能是军事驻防城，城中巨大的粮仓也表明其具有后勤供应

① 据《靖江府修筑城池图》上方的《累政筑城浚壕丈尺及支用钱物》记录。

的性质。在城内建筑址中发现火炕和烟道，表明仍使用地方传统的采暖方式。

此城据专家考证，可能是金代乌古敌烈统军司治所。[①]

6. 西夏黑水城遗址

在内蒙古自治区阿拉善盟额济纳旗，有早晚二期城址，外围的大城为元代所建，大城东北角的小城即西夏的黑水城遗址。小城平面方形，每边宽 238 米，用由他处运来之土平地起筑，基宽 9.3 米，夯层 8 厘米。现北、东两面墙压在大城之下，西、南两面墙为元代建筑打破。小城只南面正中开一门，外有方形瓮城。城内大部为元代遗址打破，但还可看到城门内有南北大道，与中部东西大道相交于城市中心，形成十字街，分小城为 4 部分。在其西南部分又有小十字街，再分其为 4 小部分，东南部分横街为后代建筑打破，估计原状也为小十字街。小城之宽 238 米若以宋代尺长 3.15 米/丈计，约合 75 丈，故此西夏时之城可能是一座辟有大、小十字街的只有一坊的小城[②]，基本仍沿用唐、辽、北宋前期坊市制城市的形式（图 7-13）。

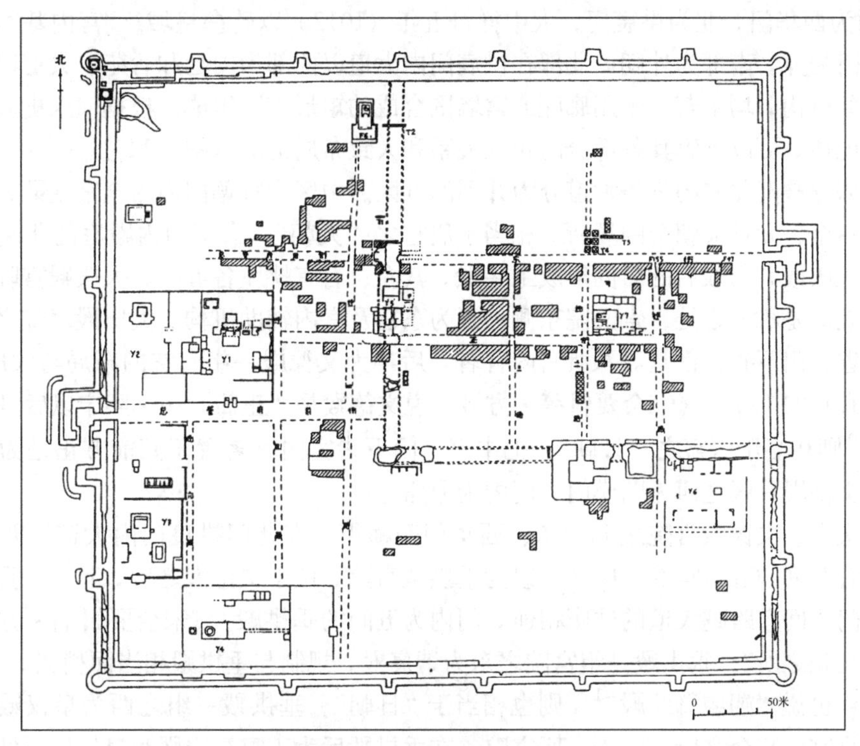

图 7-13 西夏黑水城遗址平面图

内蒙古文物考古研究所等：《内蒙古黑城考古发掘纪要》图 1。《文物》1987 年，第 7 期

二 各类型建筑

（一）宫殿

宫殿建筑在此期变化颇大，主要原因是两宋和辽、金的都城、宫殿都是就原州府城及其

① 张柏忠，土列毛杜古城调查试掘报告，文物，1982 年，第 7 期。

② 内蒙古文物考古研究所、阿拉善盟文物工作站，内蒙古黑城发掘纪要，文物，1987 年，第 7 期。

子城扩建而成的，受旧城的规模和原规划的限制、其规模远小于唐代，布局遂不得不做大的改变：其一是中轴线上不可能建“三朝”相重的三座殿宇，而出现东西并列的布局；其二是宫内削减外朝部分的官署；其三是缩减苑囿，与唐代相比，宫殿的规模和建筑尺度明显缩小、布局紧凑，“壮威”的因素降低，而实用的要求提高。辽、金宫殿主要受北宋影响，本民族的特色逐渐淡化。南宋因在口头上不放弃中原而称宫殿为“行宫”，故规模、布局和建筑尺度都有意比汴宫贬损，其规模及豪华程度也远不及金中都宫殿，但其精雅、舒适和深厚的文化底蕴则远非近于暴发户的金宫所能及。

1. 北宋汴梁宫殿 金南京宫殿附

位于汴梁内城的北半部，原为唐汴州衙城，北宋建隆三年（公元962）拓展其东北隅，并参照洛阳宫的模式建成宫殿。宫城周回五里。[①] 南面三门，正门为宣德门，面阔7间，下开3门；左、右有掖门，面阔5间。东、西、北三面各一门，东为东华门，面阔7间，下开3门；[②]西为西华门，北为拱宸门。大中祥符五年（1012）以砖垒皇城。[③]宫内基本以东、西华门间横街为界，南部为外朝，北部在拱宸门内大道以西部为内廷和后苑，大道以东为宫内供应和服务机构，均由若干个用廊庑或宫墙围合成的矩形宫院组成。根据《宋史》、《宋会要辑稿》的记述，可以了解其各部分的相互关系和大致布局情况（图7-14）。

外朝部分被南北向的三条大道分为并列的五区。中区为宣德门内的全宫主殿大庆殿一组宫院，为冬至、元旦大朝会的场所，相当于唐宫之“大朝”。大庆门内殿庭的北端为面阔九间的正殿大庆殿，与殿后的后阁形成工字殿，其左、右有挟屋各五间。大庆殿宫院的东侧一区为崇文院，是藏书之处。崇文院东侧一区为东宫及宫内辅助机构。大庆殿宫院之西一区南半为中书省、门下省、都堂等八所宫内官署，后半为文德殿一组。它的布局与大庆殿相似，但规模只有它的1/3。[①]《宋会要辑稿·方域》说文德殿是“正衙，……熙宁以后月、朔视朝御此殿”。[①]则相当于唐宫之“日朝”。把中书、门下诸宫内官署置于其前方正是为了听政上的方便。文德殿一区之西为贻谟门，门内为原庙等。

在大庆殿、文德殿宫院之北为东、西华门间横街，在北门拱宸门内大道以西部分为内廷，也建有并列的五组宫院。中间一组为垂拱殿宫院，位于文德殿之后，其正门垂拱殿门与文德殿后门之间有跨越大道的柱廊相连，门内为五间的垂拱殿。《宋会要辑稿·方域》说它是“常日视朝之所”。垂拱殿一组宫院之东为紫宸殿，规制与垂拱殿相当而稍宽，《宋会要辑稿·方域》也说“朔望御此殿”[①]，则也相当于“日朝”。垂拱殿一组之西为皇仪殿，再西为集英殿，是宫中宴会之所，各为一所宫院。在垂拱殿后为正寝福宁殿和皇后所居坤宁殿。

在内廷部分之北为内苑，东门名宁阳，苑内著名建筑有太清楼，翔鸾、仪凤二阁，华景、翠芳、瑶津三亭和流杯殿等。瑶津亭在池中，四面楼殿相对，池中可供帝后泛舟。徽宗政和三年（1113）又在北苑之北拓建延福宫，直抵内城北墙。以后又拓展至北城墙外，号“延福六位”。

在拱辰门内大道之东，南部为殿中省、六尚局等宫内服务供应机构。中部为资善堂、讲

① 《宋会要辑稿》方域一：“大内据阙城之西北，宫城周回五里，即唐宣武军节度使治所。……国朝建隆三年诏广城，命有司画洛阳宫殿，按图以修之”。中华书局影印本⑧，2006年，第7319页。

② 〔日〕成寻，《参天台五台山记》第四，熙宁五年十月廿三日条。《日本佛教全书·游方传丛书》，第75页。

③ 李焘，《续资治通鉴长编》，卷77，中华书局排印本⑥，2004年，第1754页。

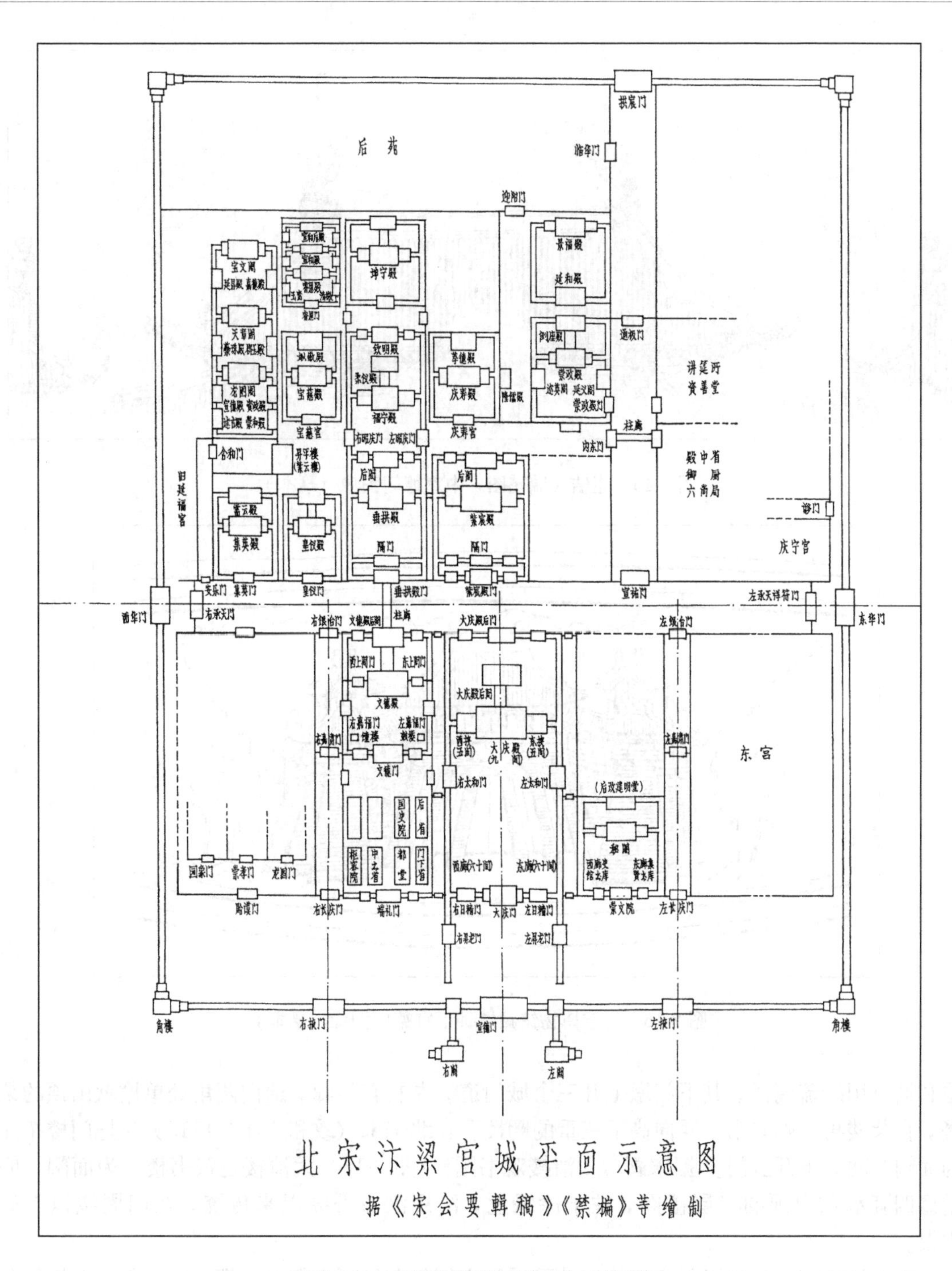

图 7-14 北宋汴梁宫城平面布置示意图

筵所，是太子读书及皇帝听大臣进讲之处。其西隔大道与崇政殿门相通，以便皇帝往来。

对汴梁宫殿的形象构造史籍极少记载，目前只正门宣德门和后苑中的太清楼有图像保存至今。参照赵佶《瑞鹤图》（图 7-15）、辽宁博物馆藏铁钟上图像（图 7-16）和文献，可知宣德门平面为凹字形，它初期是一座面阔 7 间、单檐庑殿顶的建筑，屋顶为灰瓦，屋脊、鸱

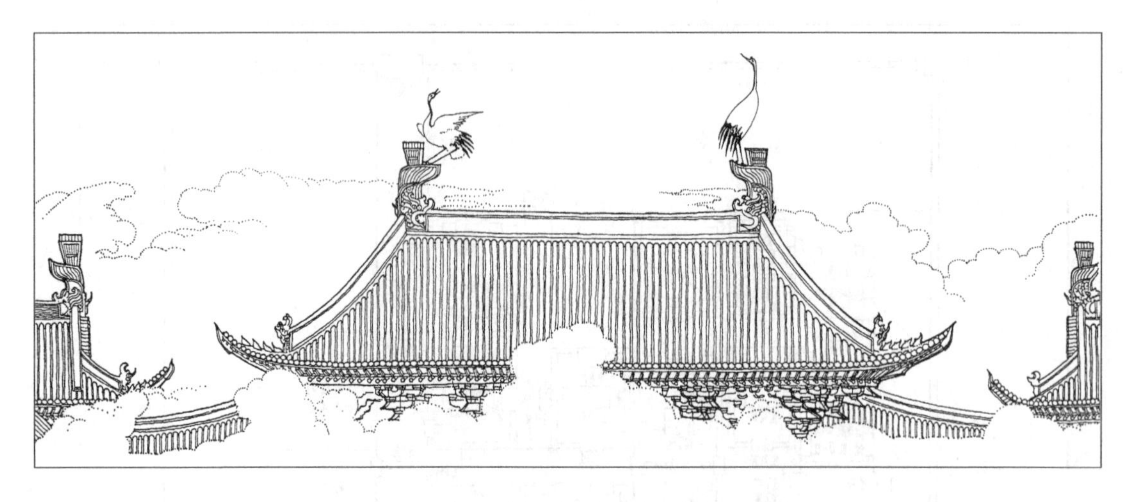

图 7-15 赵佶《瑞鹤图》中宣德门图像（摹本）

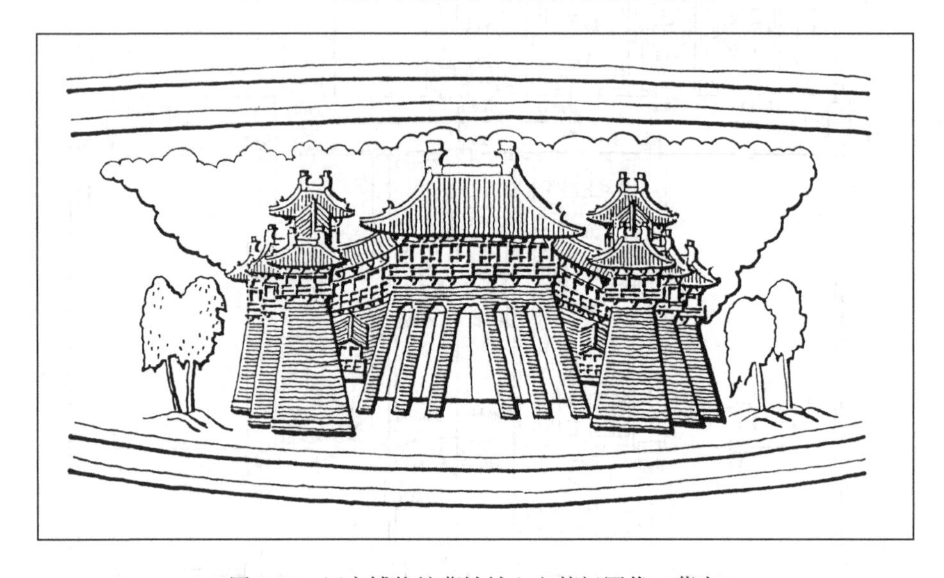

图 7-16 辽宁博物馆藏铁钟上宣德门图像（摹本）

尾和檐口用绿琉璃瓦，其下门墩上开三个城门道，左右有斜廊，通向两角处单檐歇山顶的朵楼，自朵楼再有廊向南，通向高下三重的阙楼。在北宋末（政和八年，1118）又把门楼拓建为面阔 9 间，下开五门。[①]据宋画《太清楼观书图》（图 7-17）太清楼是藏书楼，为面阔 7 间重檐四滴水歇山顶的二层楼阁，柱子涂绿色，沿用汉石渠阁以来传统，在四周绕以石砌水渠。

把宋汴梁宫城与隋洛阳宫比较，就可看到它们的布局颇为相似，都是由一条东西横街分为外朝、内廷两部分，前部外朝区被三条南北大道分为并列的五区，中区为主殿，其左右各二区前半为官署，后半为殿宇，布局基本相同，确如史料记载的是参照洛阳宫图修建的（参阅前章隋东都洛阳宫平面示意图）。宋汴梁宫城不模仿唐长安而模仿唐洛阳宫城，主要原因

① 陆游，《家世旧闻》，中华书局，1993 年。

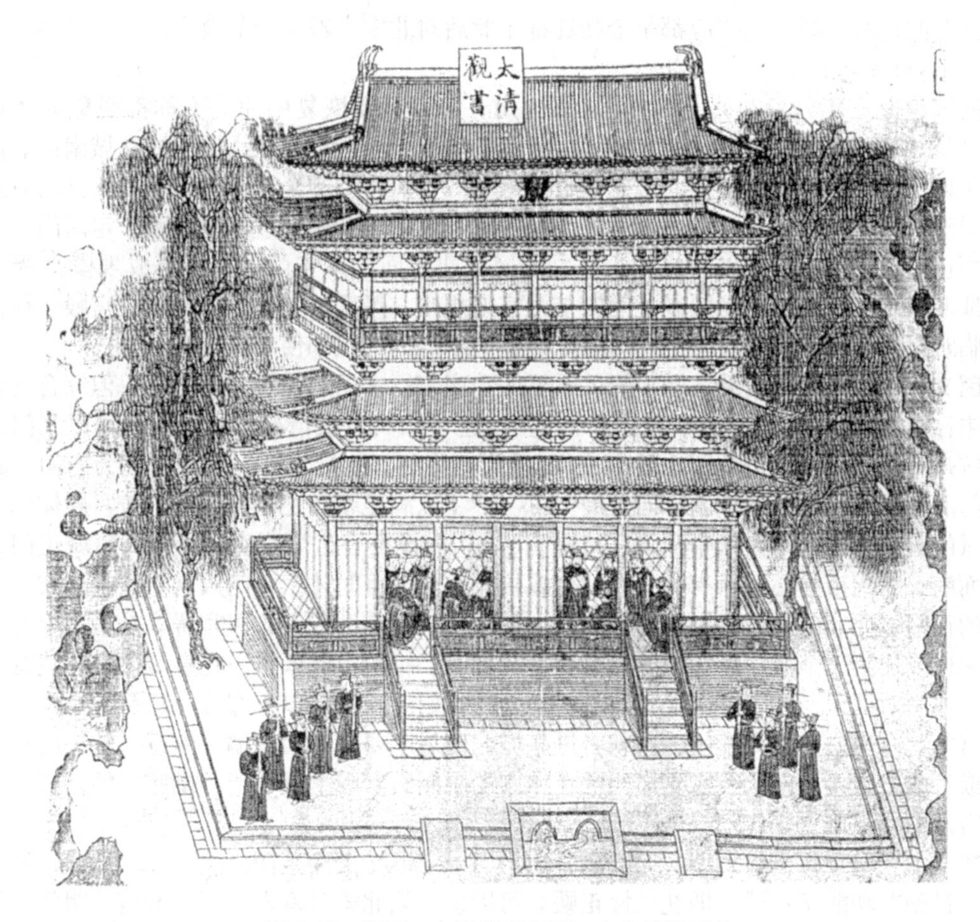

图 7-17 宋画《太清楼观书图》中太清楼图像

是宫城进深远小于唐宫，不可能像唐长安两宫那样在外朝部分的中轴线上前后相重建“大朝”、“日朝”两座大殿，而只能采取洛阳宫的模式，在外朝中轴线上建大庆殿为“大朝”，利用其右侧的文德殿为“日朝”，令二者东西并列。在内廷部分，则分别在二殿之后建紫宸、垂拱二殿。《宋会要辑稿》说紫宸殿北宋前期为朔、望视朝之殿，文德殿北宋后期为朔、望视朝之殿，都是“日朝”。则可推知，“日朝”文德殿与“常朝”垂拱殿间以柱廊相连，用为“入阁”时通道，当是北宋后期以文德殿为“日朝”后形成的。宫中主殿为工字殿和殿门内设隔门则是宋代宫殿中新创的。

由于宫城尺度小，故其殿庭、殿宇和后苑的规模都小于唐代，建筑密度也增大。因后苑太小，在宋徽宗时把它向北拓展，使宫城北部达到内城北墙，又恢复到前此宫城必有一面靠城的特点。

1127 年金灭北宋，汴梁城市宫殿都遭到破坏。金正隆三年（1158）定汴梁为金之南京后，曾扩建宫室。1214 年金朝迁都汴梁后，也曾按金中都宫殿规制改建其宫室。据南宋末记载，大庆殿面阔由九间改为十一间，台基由二重增为三重，殿前东西廊上的左右太和门改为楼，重要殿宇屋顶由琉璃瓦剪边改为满复琉璃瓦，其他建筑及后苑也有很多与北宋时记载不一致处。在宫前御廊（金末已有千步廊之名）之东为太庙，西为社稷坛，恢复了宫前“左祖右社”的传统布局。这些应都是金朝迁都于此后对北宋宫殿所做的改变。①

2. 南宋临安宫殿

南宋建炎三年（1129），宋高宗定都杭州，为表示要恢复中原，不称都而称为“行在所”，以原州衙改建之宫亦不称大内而称“行宫”，原子城改称皇城。原子城在城南部，西北两面包凤凰山一部于内，正门北向，建炎间（1127～1130）遭金军严重破坏后，其内只残存百余间建筑。绍兴十二年（1142）南宋与金签订和议后，开始陆续增建殿宇，定南门、北门名为丽正门及和宁门，改以南门为正门，后又增建东面的东华门，逐渐形成规模。②受原州治的地域限制和行宫的体制限制，南宋杭州宫殿规格、尺度、数量远低于汴梁宫殿，往往以一殿临时冠以北宋汴梁宫殿的不同殿名，以适应不同的礼仪和使用需要。

因文献缺失，史籍所载各殿宇间关系不明，南宋行宫的总体布局尚待考，但综合《咸淳临安志》③《玉海》④ 和陈随应《南度行宫记》⑤ 还可知其大致情况。杭州州治原以北门为正门，按州府城制度建为下开两个门道的“双门”，北向。改行宫后，不得不改为南向，故增建南门丽正门，又把皇城东南部向外展宽 13 丈⑥，以满足朝会之需。丽正门按宫殿体制下开三个城门道，门外建东西阙亭和百官待漏院⑦，门内设百官避雨廊庑，以它为宫城正门。但此门面南，背离市中心，只有举行大朝会或接见金国使臣时才由此门入宫，只是形式上、礼仪上的正门。而北门和宁门则北通御街，面向城市，御街两侧又布置官署，是事实上的主宫门。它也改建为三个城门道，门外设有百官待漏院，一般由此入宫。在皇城之内还建有一重宫墙，在面对丽正、和宁二门处建有南宫门、北宫门，在宫墙以外布置宫廷服务机构、仓库和东宫等，宫墙之内始为禁中。入朝者进皇城北门后，要在东面宫墙外南行，转入南宫门内朝见或听政之殿。故南宋行宫受原州治在城南的限制，实际上是一所“倒座”的宫殿，这在历朝宫殿中是孤例。

禁中主要殿宇有二组，即文德殿和垂拱殿。⑧文德殿在丽正门内，号称“正衙”，集“外朝”、“日朝”功能于一殿，即礼仪性正殿，可因事改悬北宋时宫殿大庆、紫宸、明堂、集英等殿额，以满足不同使用需要。史载在大朝会和见金使时要用仪仗队 3550 人，则殿庭及殿门外应有较大的空间。日常听政的“常朝”垂拱殿在其西⑨，即内廷的主殿。文德、垂拱二殿规制大体相同⑩（也可能如汴宫之例，在殿庭大小上有所区别）。其后尚有寝殿福宁殿，

---

① 白珽，《湛渊静语》，卷 2，引：使燕日录，引自电子版《四库全书》。

② 李心传，《建炎以来朝野杂记·甲集》，卷 2：今大内，载：丛书集成初编，商务印书馆，1936 年，第 36 页。

③ 潜说友，《咸淳临安志》，卷 1·大内，载：宋元方志丛刊本④，中华书局，1990 年，第 3358～3365 页。

④ 王应麟，《玉海》，卷一百六十· 绍兴崇政垂拱殿，影印元刊本。

⑤ 陶宗仪，《南村辍耕录》，卷 18，记宋宫殿·陈随应：南度行宫记，载：元明笔记史料丛刊本，中华书局，1997 年，第 223 页。

⑥ 李心传，《建炎以来系年要录》，卷 180“绍兴二十有八年秋七月，诏筑皇城东南之外城，……增展出故城十有三丈，计用三十余万工。”中华书局排印本，1985 年，第 2975 页。

⑦ 周淙，《乾道临安志》，卷 1，宫阙：“南曰丽正门。门外建东西阙亭，百官待漏院。”载：宋元方志丛刊本，中华书局，1990 年，第 3214 页。

⑧ 在《建炎以来朝野杂记·甲集》今大内条和《玉海》说二殿为垂拱、崇政，而《咸淳临安志》大内条说二殿为文德、垂拱，二说不同。《咸淳临安志》是南宋末官修志书，反映的是南宋后期的情况，故从其说。

⑨ 陈随应：《南度行宫记》说垂拱殿左一殿用于明堂、策士等时随时易名，应即指文德（或崇政）殿，据以推知二殿左右并列，垂拱殿在右（西）。

⑩ 李心传，《建炎以来朝野杂记·乙集》，卷 3，垂拱、崇政殿条云：“其修广仅如大郡之设厅。……每殿为屋五间、十二架，修六丈、广八丈四尺。殿南檐屋三间，修一丈五尺，广亦如之。两朵殿各二间。东西廊各二十间。南廊九间，其中为殿门，三间、六架，修三丈，广四丈六尺。殿后拥舍七间，寿皇因以为延和殿”。载：丛书集成初编，商务印书馆，1936 年，第 388 页。

供一般起居的复古殿、损斋和藏历朝皇帝手迹的天章阁等建筑，均高宗时所建。寝殿于阶下依古制围以木栅，作为象征性防护、警戒设施，号为“木围”。[①] 天章阁位于东侧，也是以一阁兼代汴京时的六阁功能，与文德殿情况相同。在北宫门内又建有祥曦殿，与文德殿、垂拱殿规格相似，是北面和宁门内的主殿。[②][③]史籍中还多次提及修廊，有长至180间者，可能因杭州多雨，各宫院间用廊庑连系。史载宫城内有后苑，东宫内也有园林，以亭榭花树著名于史册，但后苑的位置待考。

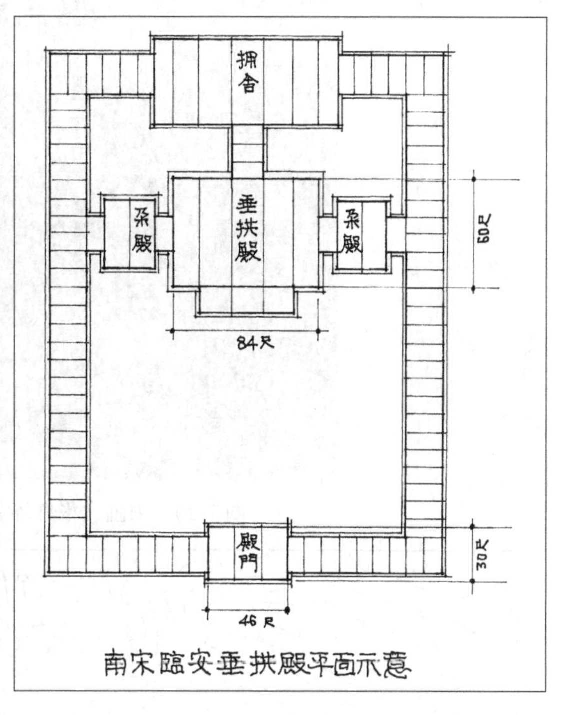

图 7-18　南宋垂拱殿平面示意图

在《玉海》[④]和《建炎以来朝野杂记》[⑤]中记有崇政殿、垂拱殿的具体规制。可据以推知，它前有殿门 3 间，其内正殿 5 间，殿后有拥舍 7 间，应是一座工字殿。殿前有三间抱厦，左右有朵殿各两间，四周绕以回廊，是一矩形宫院（图 7-18）。在传世宋代宫廷画中有一幅《华灯侍宴图》，描写宫中宴会，所绘正为一五间悬山顶的殿宇，前有抱厦（图 7-19），与《朝野杂记》所记颇多相合处，可以互证，进而推知南宋行宫中建筑的大体面貌。这两组是宫中主殿，规模如此，其他可以推知。总之，限于地盘和体制，南宋行宫很多殿阁甚至一殿多用，其规制、规模及豪华程度都远不及北宋宫殿，但却倾向于工艺精巧、风格雅素、尺度宜人，形成了南宋与北宋宫室在风格上的差异。

元灭南宋后，平毁行宫建筑，引水灌之，又在几座主要殿址上建塔，表示镇压，彻底破坏了南宋宫殿。

2004 年临安城考古队对行宫进行了勘查，基本查清其四至范围，又在东侧中部发现 5 座大型夯土基址，确认了中心宫殿区的位置，但目前只见简介[⑥]，具体考古报告尚未发表（图 7-20）。

---

① 吴自牧，《梦粱录》，卷 8 · 大内，杭州人民出版社版，1980 年，第 62 页。

② 陈随应，《南度行宫记》说“祥曦殿、朵殿，接修廊为后殿。”可知是有朵殿和后殿的宫院，规格与垂拱、崇政二殿相近。

③ 李心传，《建炎以来系年要录》，卷 200 说高宋退居行宫以北的德寿宫时，孝宗“步出祥曦殿门，冒雨掖辇以行，至其宫门弗肯止。”也表明祥曦殿在北门内。中华书局排印本，1985 年，第 3384 页。

④ 王应麟，《玉海》，卷一百六十 · 绍兴崇政垂拱殿，影印元刊本。

⑤ 在《建炎以来朝野杂记 · 甲集》今大内条和《玉海》说二殿为垂拱、崇政，而《咸淳临安志》大内条说二殿为文德、垂拱，二说不同。《咸淳临安志》是南宋末官修志书，反映的是南宋后期的情况，故从其说。

⑥ 杭州南宋临安城皇城考古新收获，载：国家文物局，2004 年中国重要考古发现，文物出版社，2006 年，第 164～167页。

图 7-19　宋画《华灯侍宴图》中所示南宋宫殿

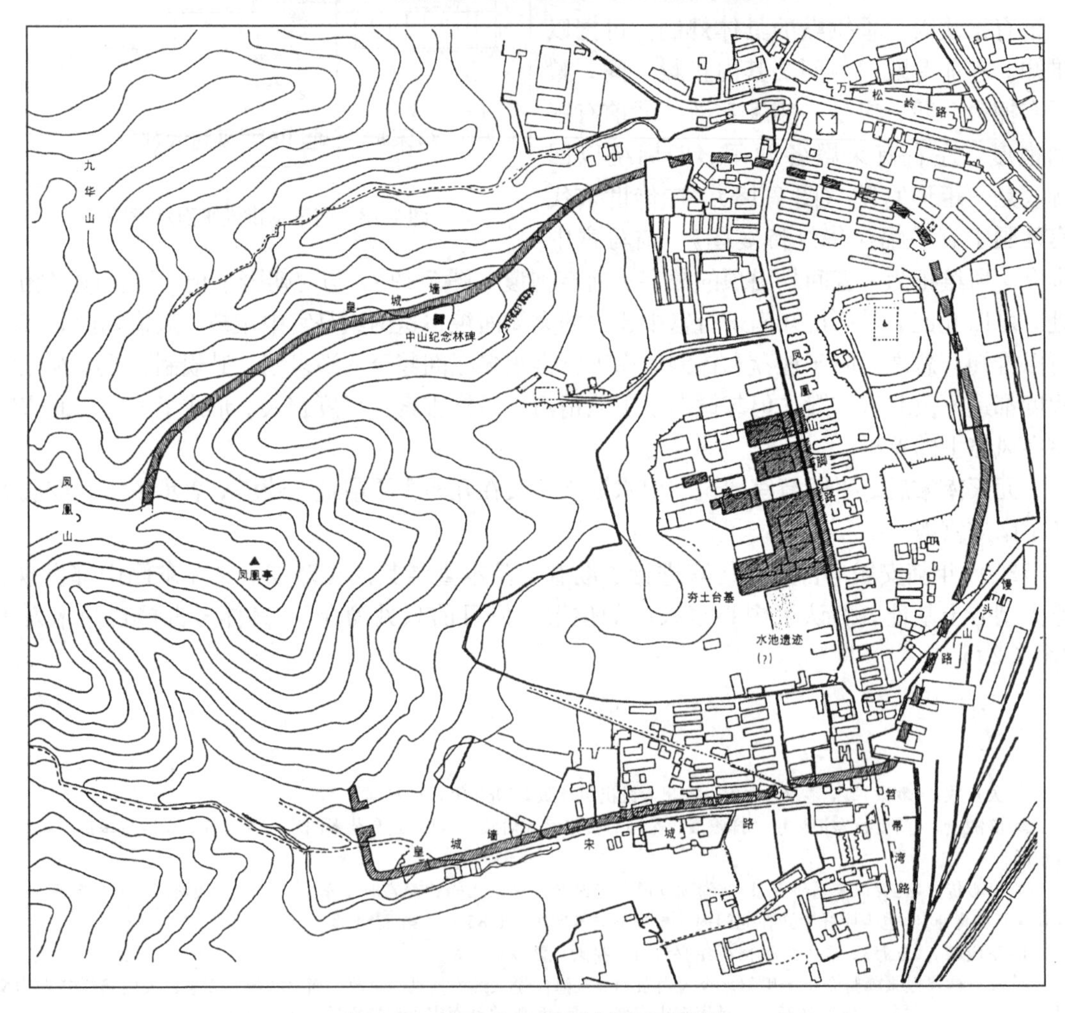

图 7-20　南宋临安城皇城范围示意图

《全国重点文物保护单位》二，临安城遗址平面图，文物出版社，2004 年，第 88 页

3. 南宋临安慈福宫

高宋时在行宫之北御路中段的东侧新建德寿宫，又称北内，以园林精美著称。淳熙十五年（1188）高宋死后，改建为慈福宫，供两太后居住。[①②③]当时竣工的文件尚存，记载其布局规模和等级差异[④]，与前引崇政、垂拱殿互证，可据以了解南宋宫殿建筑的概貌。

它是一所三进的宫院，共274间。最前为殿门3间，殿庭内在中轴线上有殿、楼三重：一进为正殿5间，朵殿各2间，殿后通过（即前后穿廊）3间，连接寝殿5间，左右挟屋各2间，瓦凉棚五间，构成工字殿；[⑤]二进为后殿5间，两侧挟屋各2间；最后为二层楼五间。殿庭四周及殿之两侧有廊屋连通，共94间（图7-21）。两侧廊上各有面阔3间后部有龟头屋1间的侧堂两座。另有殿厨及内人屋66间，官局直属外库65间。

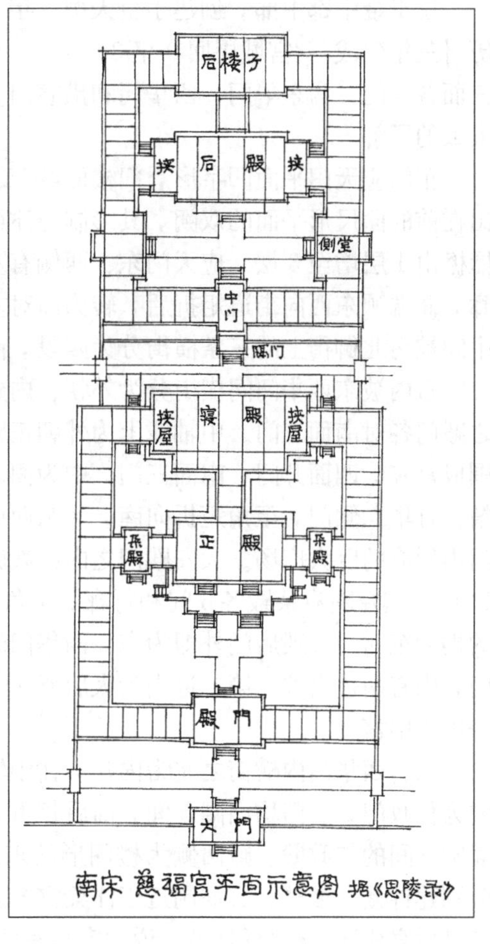

图7-21 南宋慈福宫主体部分平面示意图

它的正门、正殿规格最高，均用朱柱，屋顶用筒瓦装鸱吻。殿进深5丈，当心间面阔2丈，次间1.8丈，柱高1.5丈，上用出两跳的五铺作斗栱，殿前两阶之间有龙墀，殿内地面铺方砖，上用平綦，基本上属殿堂的规格。后殿的规格再降低一些，屋顶改用板瓦，不用鸱吻，柱用黑漆退光。三进院落中，只相当于朝的第一进的门殿用朱柱，后两进是寝区，用黑和绿色柱。

综合上述南宋行宫和慈福宫的情况，可以推知，为表示不忘恢复中原，故称杭州宫殿为“行宫”，受此约束，则宫中建筑的尺度和规格都要低于汴梁宫殿。行宫中主殿垂拱殿宽5间，深12椽“修广仅如大郡之设厅”，太后宫慈福宫的正殿也仍为宽5间深10椽，斗栱只出2跳。其屋顶形式参考前举《华灯侍宴图》中形象和“设厅”的规制，恐最高不可能超过

---

① 周密，武林旧事，卷四·故都宫殿·德寿宫，西湖书社排印本，1981年，第55页。

② 王应麟，《玉海》，卷158·宫·绍兴德寿宫、淳熙重华宫条，影印元刊本。

③ 按：《宋史》、《武林旧事》、《梦粱录》等均言慈福宫即德寿宫改建。然据注②引玉海：“淳熙十五年八月五日，拟进皇太后宫名曰慈福。十六年正月十五日丙午，皇太后迁慈福宫。己未（正月二十八日），诏德寿宫改为重华宫。二月壬戌，内禅移御。……绍熙末，改重华宫为慈福宫，以旧慈福宫为重寿殿。”据文义，明显是孝宗为太上皇入居德寿宫后，改宫名为重华宫，而另建慈福宫以居皇太后。故此慈福宫是新建而非就德寿宫改建。诸书误淳熙新建慈福宫与绍熙改重华宫为慈福宫为一事，致有此误，应正。

④ 周必大，思陵录（下），淳熙十五年十二月己卯日条。载：周益文忠公大全集。

⑤ 赵彦卫，云麓漫钞，卷3，“本朝殿后皆有主廊，廊后有小室三楹，……今临安殿后亦然”，中华书局排印本，1985年，第40页。

歇山，而以用悬山的可能性为最大。

4. 金中都宫殿

位于金中都中部，创建于金天德三年（1151），由左丞相张浩等参照汴梁宫殿规制建造，历时三年建成。[①]宫城周回9里30步，南面三门，正门为应天门，左右有掖门。东、西、北三面各一门，为东华门、西华门和拱宸门。[②③] 综合史籍所载[④⑤]，对中都宫殿布局可有一个大致的了解。

正门应天门平面凹字形，门楼面阔11间，下开5门道，左右有廊，至角南折，连接突出在前的曲尺形平面的双阙，其形制与汴梁宣德门相似，但门楼由9间增至11间，阙楼的屋檐由1层增至3层。应天门东、西侧有左、右掖门，城角有角楼。宫门前丁字街外侧有御廊，北端顺东西向街道矩折后，转为面对左右掖门的百余间南廊，东西向御廊各有250间，中间被南北御街上的三条横街分为四段，南抵宣阳门。

宫内被东西华门间横街分为外朝、内廷两部分。南部为外朝，分为东西5区，中间三区之殿门各对南面三门。中轴线上为外朝正殿大安殿一组，是举行大朝会等大典之处，用廊庑围成宫院，四面开门。南面三门，中为面阔9间的大安殿门，左、右有廊，连面阔5间的日精、月华二侧门，至角矩折向南，为东西向侧廊各30间，中间建有左、右升龙门，在应天门内形成的巨大广场。大安殿门之内在殿庭北端为建在三层台基上的外朝正殿大安殿，面阔11间，其左右有朵殿各5间和行廊，至角矩折，连接东西廊庑各60间，廊中间各建一5间的楼为东西门。殿后门外即为东、西华门间的横街。在大安殿东侧一组，南对左掖门为敷德门，内有两进宫院，第二进内为太后所居寿康殿。此组之东为东宫。大安殿西侧南对右掖门一组为中宫。

东、西华门内横街之北为内廷，在中轴线上为内廷主殿仁政殿一组，最前为宣明门，其内为仁政门，二门均面阔5间，前后相重，沿用了北宋宫殿中的隔门之制。殿庭北面正中为面阔9间的仁政殿，殿两侧为楼阁形的东、西上閤门，殿庭东、西两面有廊各30间，中间分别建钟楼、鼓楼。其规制近于汴梁宫殿之文德殿。《金史》载宫中还建有“凉位十六”，可能是后宫所居，《北行日录》说大安殿庭西廊的弘福门“后有数殿，以黄琉璃瓦结盖，号为金殿，闻是中宫，”应即这部分建筑，但其具体布局和建筑形制史籍失载。

上述记载都是南宋使臣亲历所记，所记只限于出入宫时行经处所见，不可能反映全宫的面貌。但《北行日录》详记殿、门、廊庑的间数形制，可了解其中轴线上二座主殿的情况，并据以绘出金中都宫殿主体部分的平面图，是极有价值的史料（图7-22）。

金中都在20世纪50年代曾做过勘探，因宫殿遗压在现代建筑之下，其总体布局未能探明。但在宫殿址发现了大量碎琉璃瓦，证明确曾大量使用琉璃瓦。大安殿址尚存巨大的夯土台基，在其上开挖的柱础坑方在1.6米以上，用砖石碴与灰土相间筑成，极为坚实。

---

① 宋·李心传，《建炎以来系年要录》，卷161，绍兴12年，中华书局排印本，1985年，第2625页。

② 《金史》列传70，逆臣，纥石烈执中传云：纥石烈执中“聚薪焚东华门，立梯登城。……执中入宫……”可知宫之东门为东华门，则相应之西门为西华门。中华书局排印本，1992年，第2832页。

③ 《金史》本纪第13，卫绍王：“崇庆元年……七月有风自东来，吹帛一段，高数十丈，飞动如龙形，坠于拱辰门。”中华书局，1992年。

④ 宋·楼钥，北行日录·攻媿集，卷111～112，商务印书馆影印，四部丛刊，1936年。

⑤ 宋·范成大，揽辔录，商务印书馆，丛书集成初编，1936年，第3～5页。

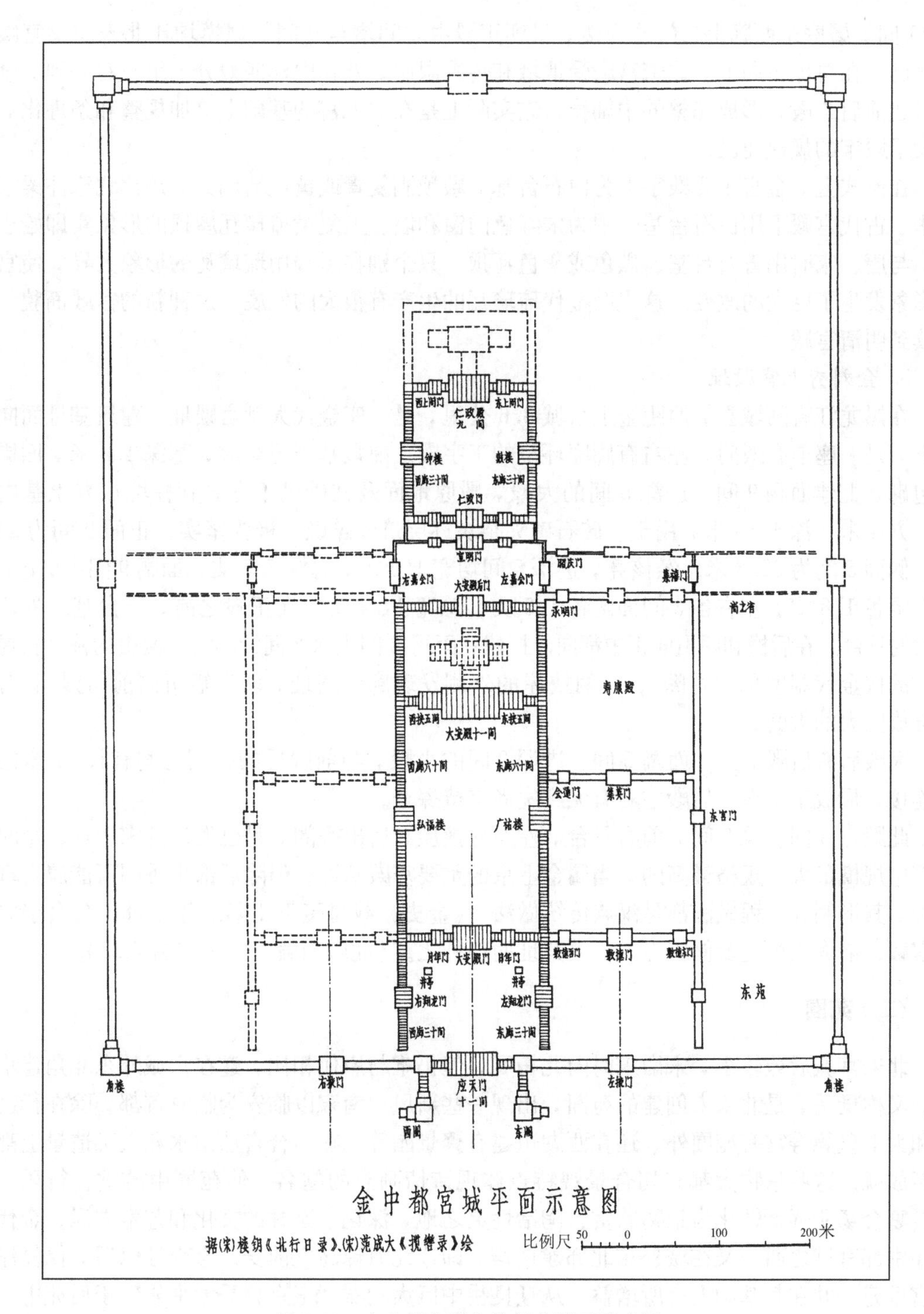

图 7-22　金中部宫殿主体部分平面示意图

通过上述可知，金中都宫殿前有御廊、正门前突出双阙，宫内被横街分为外朝内廷，外朝分五区，主殿左右有朵殿，殿两侧东西廊各 60 间，内廷主殿前部有隔门，殿庭有钟鼓楼等，其规制基本与北宋汴梁宫殿相同，只是正门双阙由单檐增为三重檐，外朝正殿由 9 间增至11间，殿庭东西廊上二门改为楼，日朝正殿由5间增至9间，规模均比北宋汴梁宫殿增大而已。在总体布局上，北宋宫殿受地域和传统限制，外朝内廷四殿分二组左右并列，金宫则只建前后二殿，形成完整的中轴线。它实际上是在北宋宫的基础上更加规整和条理化，并增大了殿宇的规模而已。

在形式上，金宫主要殿宇下为白石台基，殿顶满复青或黄色琉璃瓦，远比北宋汴梁宫殿豪华。古代宫殿下用白石台基、中为朱红色门窗和墙、上复黄琉璃瓦屋顶的形象实即始于金代，与唐、宋时用青石台基、黑色或灰色瓦顶、只个别在屋脊用琉璃瓦的形象大异，使宫殿的形象发生了巨大的改变。这表明金代琉璃瓦的生产有很大的发展。这种新的宫殿面貌一直延续到明清宫殿。

5. 金刘秀屯宫殿址

在黑龙江省阿城县，西距金上京城3.6公里，是一座金代大型宫殿址。建筑基址面向东南方，是一座前有殿门，左右有廊庑环绕的工字殿。前殿基夯土筑成，基深4.2米，四周用砖包砌，上建面阔9间，进深5间的大殿，殿原地面及柱础已不存，其柱坑在夯土基内挖出，方4米，深4～5米，用土、砖石碴夹杂炭逐层筑成磉墩，极为坚实。正面9间为44.5米，侧面5间为22.8米。经核算，进深5间均宽1.5丈，总深7.5丈。面阔9间中，中间3间面阔各1.8丈，左右各3间面阔各1.5丈，总宽14.4丈。在正殿之前，于台基之外建一巨大的月台。在后檐和两山面正中都向外接建一面阔3间进深2间的小室，两山的称“挟屋”，后檐的按金代制度称“香阁”。在两挟屋的外侧发现廊庑基址，两端矩折向前与殿门相接，围合成巨大的殿庭。

大殿后有后殿，是一面阔5间、进深2间的小殿，与前殿后的香阁之间有长47米的柱廊连接，形成工字殿。后殿左右有无廊庑尚有待探查。

此殿宽9间、深5间，前有月台，左右建挟屋，后出香阁，是已发现的宋、辽、金时期建筑中规模最大、规格最高的，当属金上京的重要宫殿基址。但除后部出香阁可能属女真特色外，其形制和工程做法都是汉族传统做法。《金史》载海陵王正隆二年十月“命会宁府毁旧宫殿、诸大族第宅及储庆寺，仍夷其址而耕种之。”[①]此殿当毁于此时（图7-23）。

（二）苑囿

北宋宫城后苑较小，宋徽宗时向北拓展，但仍难与唐代相比，遂在宫城外东北角建华阳宫，又称艮岳，是北宋末创建的苑囿，出现一些新风。南宋以临安为临时首都，除在行宫西部和太上皇德寿宫有苑囿外，还在西湖边建有聚景园等，在结合自然山水和人工造景上都取得新成就。这些景物大都有切合景观特点体现诗情画意的题名，使苑囿由游赏、行乐、演出、宴会场所逐渐转化为景物欣赏、陶冶性灵之地，深化了园林的文化和艺术内涵。金代苑囿在中都宫城之西，又在城外东北部建瑶屿，即今北海琼岛之前身。金南迁以后，修复汴梁宋宫后苑，并在其基础上有所增益，从迁艮岳中巨大湖石“玉京独秀太平岩”于后苑中，可知其修复的工程量亦颇巨。但代表此期造园新风的是北宋艮岳和南宋临安诸苑囿。古代用石叠山范水，小中见大，缩摹真景，体现诗情画意，达到较高艺术和技术水平，实始自此时。其中造景精巧、缩模自然景物的南宋临安诸苑园和私园对以后江南园林的发展有重要影响。

---

① 《金史》卷5，海陵。中华书局，第一册，1990年，第108页。

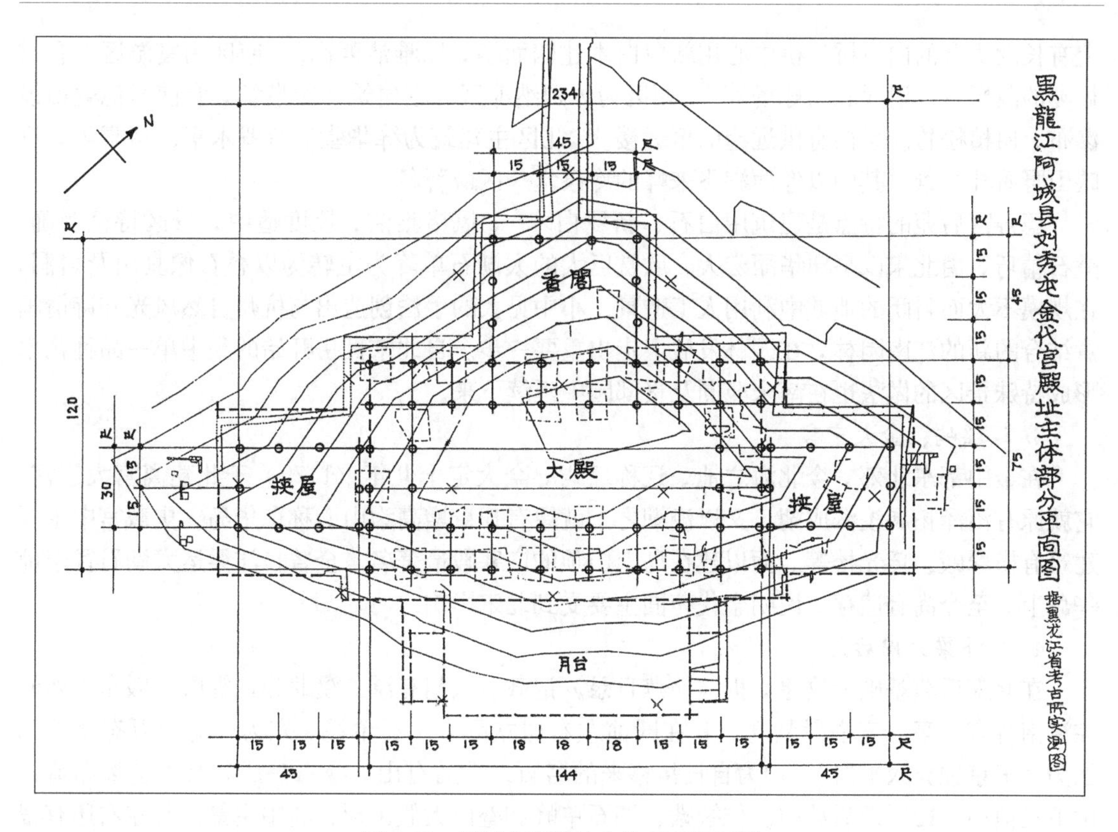

图 7-23　阿城金宫殿址主体部分平面图

1. 北宋汴梁艮岳

徽宗政和间①，在宫城外东北侧建华阳宫，其内东、北两面人工筑土山，主峰在东，称寿山或万岁山，其西为万松岭，山间点缀大量奇石。引内城北护城河水在山间潆回，形成人造瀑布，最后汇为人工湖和洲渚。山区分片集中种植松、柏、梅花、杏花、丁香、黄杨等植物，形成不同景区。其正门华阳门面西，入门在地域平坦开阔处竖立百余件湖石单峰，其主峰名神运万寿峰，在大道正中建高五丈的石亭以安置之，其余诸湖石峰分列四周。苑中在山水之间布置大量殿阁亭榭，大型建筑有琼津殿、绛霄楼、寰春堂、绿萼华堂等。② 这是一座在平地上筑山凿池、以太湖石为主题、植物分类种植、形成不同景区的苑囿，和唐两京苑囿依傍天然池沼和丘陵者不同。在宋徽宗所写《艮岳记略》中说："乃命太尉梁师成董其事，遂以图、材界之，俾按图度地，庀徒僝工，……"可知是按设计意图施工的。引水上山为瀑布是其特点之一，但具体技术史籍失载。

2. 南宋临安德寿宫后苑

原为秦桧旧宅，后改建为德寿宫，供退居太上皇的宋高宗居住，因在行宫之北，又称北内。宫内后苑分为四个景区。③东区为赏花区，以赏梅、菊为主。建有香远堂，堂东有大池，

① 诸史不载建造年代，转引自周城《宋东京考》卷 17，艮岳条说政和七年（1117）十二月筑山。中华书局，中国古代都城资料选刊，1988 年，第 297 页。

② 祖秀，《华阳宫记》，转引自周城，《宋东京考》，卷 17，艮岳条之录文。引自，中国古代都城资料选刊，中华书局，1988 年，第 297 页。

③ 李心传，《建炎以来朝野杂记·乙集》，卷 3，丛书集成初编，商务印书馆，1936 年。

上有长六丈余的白石桥，桥中心用新罗白木建四面亭，以雅洁著称。[①] 南区为宴游区，有供御宴的载忻堂、射厅和马球场等。[②] 西区为休闲纳凉区，主建筑为冷泉堂，堂前凿池叠山设瀑布，遍植松竹。堂西有供远望的聚远楼。[③] 北区主建筑为绛华堂，有罗木亭、茅亭等，反映山野质朴之景。其中以像西湖飞来峰的冷泉堂一区最著名。

德寿宫后苑的特点是建筑用白石、新罗白木[④]，风格雅洁，尺度适中，景区特色明确，叠石精巧，由北宋以亭榭华丽宏大、欣赏巨大的太湖石单峰为主转为以叠石像真山及岩洞，在规模不大而封闭的地域中利用人工造景、小中见大的手法创造出与杭州自然风光和诗情画意结合的新的江南园林，在园林发展上走出重要一步。自北宋艮岳开始的集中单一品种花木形成特殊景区的做法也在南宋苑囿及贵邸园中延续下来。

3. 辽瑶屿、金大宁宫

在金中都东北郊，今北海之地，辽称瑶屿，金大定十九年（1179）于此建离宫大宁宫。它就原有沼泽拓展浚深成湖，又以浚湖之土就原有丘阜增高为山，称琼华岛。史载宫中主要建筑有横翠殿、瑶光楼等，而以建在岛上山顶的广寒殿最著名。金曾自汴梁运太湖石置于琼华岛上，至今尚有遗存，说明金代苑囿主要受到北宋影响。

4. 金汴梁大内后苑

在北宋后苑基础上改建，据《使燕日录》记载，入门有溪，溪北为仁智殿，殿东、西侧在溪南各有一亭，三亭殿鼎立，并在殿前左右树立巨大湖石单峰，东为“卿云万态奇峰”，西为“玉京独秀太平岩”，均为自艮岳移来的名石。殿后有山，叠石垒成，有人造瀑布流入山下三池中。山后即后载门。仁智殿、湖石单峰和叠山大假山形成苑中主景。其左右还有很多亭阁殿宇，布置于假山溪桥之间。苑中排列大量湖石，植物主要为桧和木堇。[⑤]所记述与《宋史·地理志》特别是日僧成寻《参天台五台山记》所记亲历的北宋内苑情况有很大差异，可知在金朝南迁后有较大的改变。[⑥]北宋和金汴京内苑是平地筑山开池而成的人工园囿。

（三）礼制建筑

礼制建筑是除宫殿以外最大型的国家级建筑，规模巨大，建筑质量及艺术要求较高。北宋礼制建筑继承唐代传统，除宗庙社稷、郊坛、四岳、四渎等外，又增加了一些内容，如在汴梁建玉清昭应宫、景灵宫、明堂，在曲阜建孔庙，在汾阴建后土祠等，都属国家级大型宫观祠庙。并在大中祥符五年订立了宫、观的建筑规制。[⑦]

辽代早期太庙及祠庙多东向，现存山西大同上华严寺原址即为辽西京太庙。金代曾按北

---

① 周密，武林旧事，卷7，乾淳奉亲。杭州：西湖书社，1981年，第123页。

② 周密，武林旧事，卷7，乾淳奉亲。杭州：西湖书社，1981年，第119页。

③ 周密，武林旧事，卷7，乾淳奉亲。杭州：西湖书社，1981年，第116页、125页。

④ 据郑刚中记载，他绍兴九年亲历宋宫时，见宋徽宗所建锦庄已使用罗木仿假檀香木，则在宋徽宗时已使用新罗白木，高宋是沿用已有之做法而已。见郑刚中：《西征道里记》，丛书集成初编，商务印书馆，1936年，第2页。

⑤ 白珽，《湛渊静语》，卷2，引《使燕日录》。

⑥〔日〕成寻：《参天台五台山记》第七，熙宁六年三月二、三、九日各条。《日本佛教全书·游方传丛书》，第130～133页，136～137页。按：其中说瑶津亭为八角重檐亭，所在大方池可容帝后泛舟，龙船竞渡，殿阁间隔以假山，与《使燕日录》所载大异。

⑦ 李焘：《续资治通鉴长编》卷79：“凡宫观之制，皆南开三门，二重，东西廊，中建正殿，连接拥殿。又置道院、斋坊。其观宇之数，差减于宫。”中华书局标点本，2004年，第1802页。

宋规制重建了登封中岳庙，修缮了曲阜孔庙，其南京太庙即沿用北宋太庙规制，可知金的礼制建筑基本效法北宋。

宋、辽、金都城的坛庙均已毁去，只能从文献中知其大略。但所建岱庙、中岳庙、孔庙虽经历代改建，基本格局尚存，如与现存几座宋、金的庙碑图互证，还可了解宋代坛庙在布局上的特点和规划技术，将在后面规划布局技术部分探讨。

1. 北宋汴梁——金南京太庙

北宋太庙的位置和布局史籍未载，只记其沿用唐代同殿异室之制，主殿分前后两部分，前部连通，为供祭祀之殿，后部分隔为若干储木主之室。各帝依世次排列，每一帝占二间，祧庙之主藏于两端夹室，故殿身横长。北宋太庙太平兴国二年（公元977）定为5室10间，加2间祧庙夹室为12间，至徽宗崇宁二年（1103）增为10室22间。[①]

金中都太庙在宫门前御街中部东侧，但其规制史未详载。南迁汴梁后，太庙仍依中都之制，位于宫门前御街中部的东侧。《金史》载正殿一组之外有二重墙，均在东西南三面开门，南面开三门，内重墙内为殿庭，廊庑环绕，三面开门，北为正殿，下有二重台基，并列设三阶，殿身面阔25间，上复庑殿顶，内设11室。[②]

从金南京太庙正殿与北宋庙制相同推测，很可能其布局也源于北宋庙制而有所增益。

据太庙主殿内部为前殿后室的记载，其构架应属有中柱的分心槽，随着室数增加，间数也由十几间递增至二十几间。唐、北宋、辽、金重要宫殿一般面阔为9～11间，只有太庙正殿都是长达二十几间的横长建筑，颇近于巨大的廊庑，在建筑形象和殿庭空间上都不好处理。至南宋时通过祧庙把太庙正殿减为13间，建筑形象就较为正常了。

2. 北宋、金的大型祠庙建筑

北宋立国后按一定规格建立了一些国家祭祀的祠庙，如五岳庙、后土庙、孔庙等，是当时国家从事的大型工程，代表当时的规划、设计和施工水平。其中中岳庙、后土庙有旧图流传下来，岱庙、中岳庙、孔庙虽经金元以后修缮增建，但原布局还可考知，把图与遗存对照，还可了解其特点和成就。

(1) 登封中岳庙。大中祥符二年（1009）建，平面纵长矩形，南面三门，四角有角阙。其南有外门棂星门左右连矮墙。南门内有第二重门，门之内外在两侧建有碑亭等；其北居中为主殿院，南面正门左右有掖门，连接廊庑，围成殿庭，北面正中建前殿七间，寝殿五间，用穿廊连成工字殿。前殿左右有斜廊通向东西庑，分殿庭为前后两部分。主殿院左右侧为东、西路，建有若干辅助建筑（参阅图7-55)。

(2) 泰安岱庙。大中祥符五年（1012）建，平面布局与中岳庙同，也是南门内有第二重门，门北居中为主殿院，前开三门，内建工字殿形主殿和连东西庑的斜廊。主殿院左右为东、西路，布置辅助建筑（参阅图7-56)。

(3) 曲阜孔庙。乾兴元年（1022）拓建，以后历代增修。现状四个角楼以内部分是宋初庙域，也是南门以内有第二重门，门北居中为主殿院，内建工字殿形主殿（参阅图7-57)。

(4) 汾阴后土庙。北宋大中祥符三年（1010）建，约在一年内建成，用工三百九十余万，是宋初所建国家级大型祠庙之一[③]。据史料和金代重修的庙图碑可知其庙域东西160丈，南北366丈，南面开三门，北面开一门，四角有角阙。南门外尚有一重矮墙，正中建棂星门，

---

① 《宋史》卷106，礼9，宗庙之制。中华书局标点本⑧，1990年，第2566、2577页。

② 《金史》卷30，礼3，宗庙。中华书局标点本③，1992年，第728页。

③ 李焘，《续资治通鉴长编》，卷75，中华书局排印本⑥，2004年，第1716页。

为附加之外院。庙墙内分前后两部分：前部被二重横墙分为三进院落，墙正中开门，各院左右侧建碑亭。北部居中为主殿院，四周绕以廊庑，前为殿门，其内殿庭北面为工字殿形正殿，殿庭东西庑外侧各有三座小殿，用廊与东西庑相连，形成 4 个小院，尚存唐代廊院布局的制度。在庙北墙之北为平面半圆形的坛区，入后部建方台，上建方亭，即祭后土之坛（图 7-24 和图 7-25）。

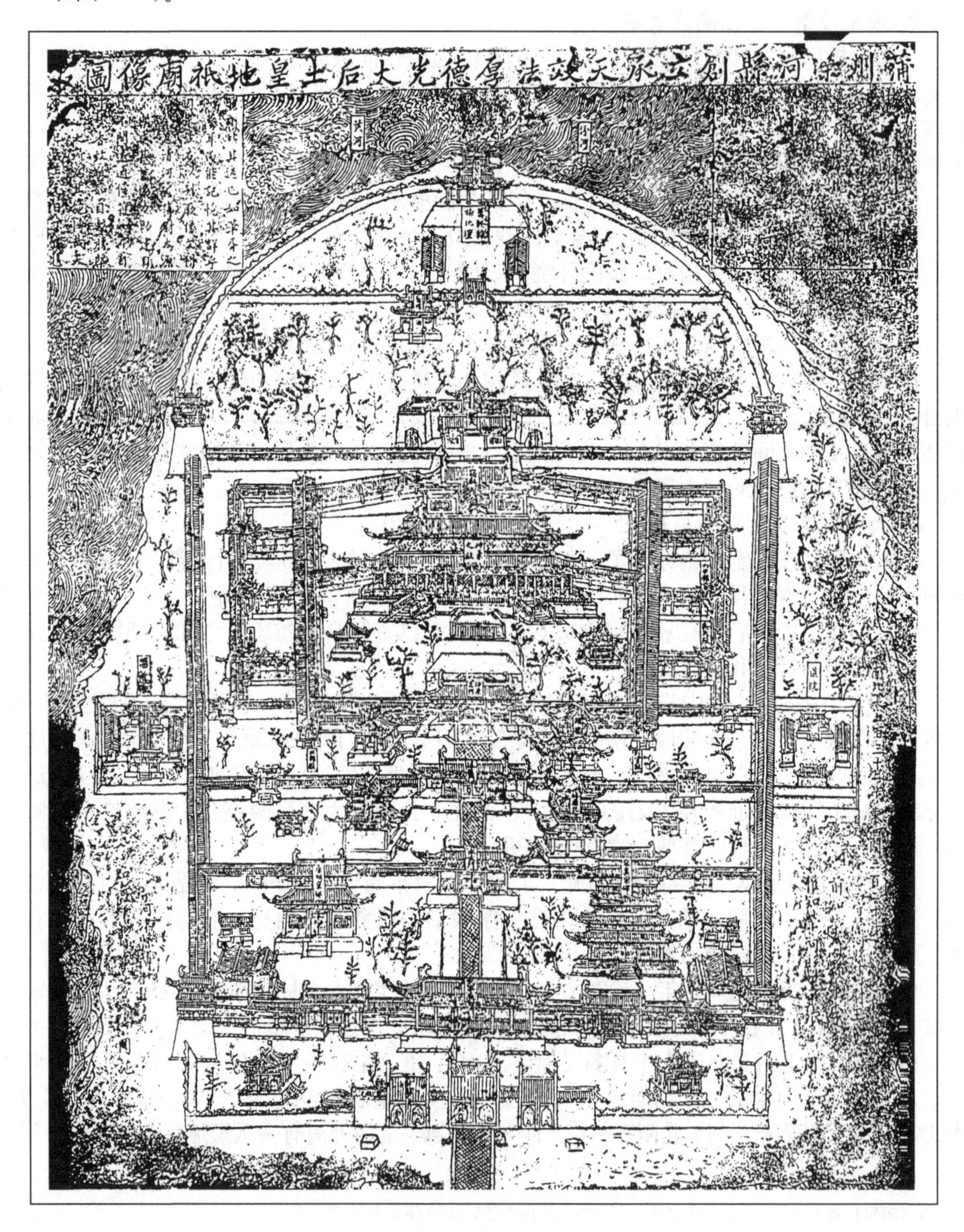

图 7-24　金刻《后土庙像图》碑拓本

图 7-25　北宋后土庙复原鸟瞰图
刘敦桢：中国古代建筑史，图 116-2，中国建筑工业出版社，1984 年第二版

史载北宋大中祥符五年（1012）政府颁布了宫观制度，说："凡宫观之制皆南面开三门，三重，东西两廊，中建正殿，连接拥殿。又置道院、斋坊。其观宇之数，差减于宫。"①以此与上述四所祠庙比较，都是只有一重庙墙，南面开三门，如把殿门也计入，自入庙至殿前恰都经过三重门，正殿连接拥殿即形成工字殿，正殿两侧东西路辅助建筑正是道院、斋坊等，与上举"宫观制度"绝大部分相符。如果对遗址尚存的二、三处的实测图进行核算，还发现在具体规划中使用了面积模数，表明当时的建筑规划布局技术又有所发展。这将在第三节群体设计部分进行探讨。

3. 南宋临安太庙

据《咸淳临安志》记载，南宋太庙在行宫北御街西侧，瑞石山之东，创建于绍兴四年，有正殿 7 间，分 13 室。绍兴十六年正殿又增为 13 间，并增建廊庑、神门及库屋等，但其总体规制史未详载。

太庙遗址在 1995 年被发现，已发掘庙之东墙、东门、砖铺路面和夯土殿址等部分，都深埋在现地面下近 2 米处，其全貌尚有待进一步考古工作揭示。庙之东墙残长 90 米余，厚 1.7 米，残高 1.5 米，两面用条石错缝平砌，其内填以乱石和黏土。墙外（东）是用条砖竖砌路面的御街，墙内有用长方砖平铺的宽 1.2 米的散水。在东墙中部有一门址，宽 4.8 米，用竖砌条砖铺地面，门内接同宽的平铺长方砖的道路。门南侧还有砖砌的穿墙而出的排水沟。殿址目前只发掘了 250 平方米左右，用夯土筑成，残高 0.5 米，局部尚存柱坑及柱础，

① 李焘，《续资治通鉴长编》，卷 79，中华书局排印本⑥，2004 年，第 1802 页。

石柱础方 0.74 米。[①]

太庙遗址目前只发掘了局部，尚难了解其全貌，但从巨大的殿基、柱础，坚厚的石墙，精工铺砌的砖路面，可了解南宋皇室工程的建筑精度、技术特点，从砖铺地面、散水和排水沟也可了解在南方多雨地区地面防水排水的措施。史载自五代北宋以来江南开始出现用砖铺路面的做法，临安御街和太庙所示是很重要的实例。

（四）陵墓

此期宋、辽、金、西夏四个王朝各建有陵墓：北宋陵墓沿袭唐制，但规模大为缩小，且均建于平地；辽陵倚山而建，前有献殿，在形制和选地上也受唐代陵制影响；西夏陵主体布局近于唐代，但其陵台作八角塔形则为创见；只有金陵型制尚待进一步探查。此期诸陵的尺度规模都大为缩小，和汉、唐陵相比，宋代帝陵占地尚小于唐代的太子墓，辽、西夏陵规模更小，在工程量和建筑的规模、石刻的数量和精度上也远逊前朝。此期经济发展，一般官员、富人的坟墓也有颇为精美豪华者，一些仿木构的砖石墓室中有精美的砖雕、石刻，模仿墓主生前居室环境，在工艺和艺术上都达到较高的水平。

1. 帝陵

(1) 巩县北宋陵。在河南巩县，有帝陵 8 座，后陵 22 座。北宋陵沿袭唐陵，也分上宫、下宫。上宫即陵墓，坟丘称陵台，呈复斗形，三层，下二层用砖包砌。其外围以方形陵垣，称神墙，神墙四面正中各开阙形陵门，称神门，四角建有角阙。陵之南神门外的陵道称神道，分南北两段，各以双阙为前导，北段神道两侧立石象生。下宫为日常祭祀之处，在上宫的西北方，是一所宫院，内建正殿、斋殿及厨库等附属建筑。1127 年金灭北宋后，宋陵陆续遭到破坏。[②]

经对诸陵实测，发现帝陵规制为陵垣方 75 丈，陵丘与陵垣之比为 1∶4 或 1∶5，神道长 95 丈。后陵陵垣方 37.5 丈，面积恰为帝陵的 1/4（参阅图 7-58）。

宋陵尚未经发掘，地宫形制不明。近年对陪葬墓中早年被盗的太宗元德李后墓和英宗之子魏王赵頵墓进行过清理，发现二墓都是前为斜坡土墓道，墓门内接砖砌筒拱甬道，通入平面圆形上复穹顶的砖墓室。值得注意处是二墓均为砖砌圆形穹顶墓室，形制与辽墓相近，故辽墓之圆形穹顶墓室是反映本民族之毡帐还是模仿北宋贵族墓制，是一待研究之问题。

北宋陵基本延续唐制，尺度规模大为减小。在选地上，唐陵多倚山甚至因山为陵，地形前低后高，以山势衬托陵之高大弘伟。而宋陵建在平地上，并误信风水之说，按“五音姓利”角音的要求，特选前高后低的倒坡地形，景物一览而尽，不仅在气势上远不如唐陵壮观，在陵区排水等方面也颇有隐患。

(2) 辽庆陵。辽代在内蒙古自治区巴林左旗原辽庆州西北，倚大兴安岭南部庆云山麓建有三陵，诸陵中，只对被盗过的庆陵有所了解。辽圣宗的庆陵在东侧，建于辽太平十一年(1031)。其最前方坡下有双阙，其北依山势筑成一长 120 米、宽 60 米之台基，上建殿门、献殿，左右用廊庑围合成殿庭，现仅存基址。墓室曾被盗掘，有前、中、后三室，前室为砖

---

① 杜正贤，南宋临安城考古发掘的里程碑——赵氏太庙遗址，载：《中国十年百大考古新发现》（下），文物出版社版，2002 年，第 770～776 页。

② 河南省文物考古研究所，北宋皇陵，中州古籍出版社，1997 年。

砌筒壳，中、后室为砖砌圆形穹窿。另在前、中二室之左、右侧也建有圆形穹窿顶的耳室。

从前建双阙和献殿、墓室分前中后三室并附耳室看，是效法唐代帝陵规格，而把中、后室及耳室建成圆形穹窿，则有两种可能。其一是保持本民族居住于毡庐的传统，属汉、契丹文化相结合的产物；其二也可能是受当时风尚的影响，因同期北宋皇室、贵族之墓，如太宗李后墓之墓室也是砖砌圆形穹窿。辽陵木构殿宇和砖砌墓室也全用北方汉族传统做法，和辽的都城宫殿相同，可能也是由北方汉人主持修建的。

（3）宋绍兴攒宫。南宋王朝口头上不放弃恢复中原，宫殿称行宫，故也不正式建陵，而称为“攒宫”。淳熙15年宋高宗死，葬于绍兴，称永思陵。其陵制仍有上宫，下宫，但只是二组小宫院，不起陵丘。

据周必大《思陵录》记载，[①] 上宫是一座有二重砖砌围墙的宫院。外重正门为棂星门，内重正门为三间悬山顶的殿门，殿庭北面为面阔三间的正殿，在其明间后部接建竖向的三间屋，称“龟头屋”，形成丁字形平面。龟头屋地下开一竖长穴，穴底及四壁用石板衬砌，棺椁即置其中，上加木枋，铺毡及条石，表面铺砖，称“皇堂石藏子”（图7-26）。殿庭有焚帛

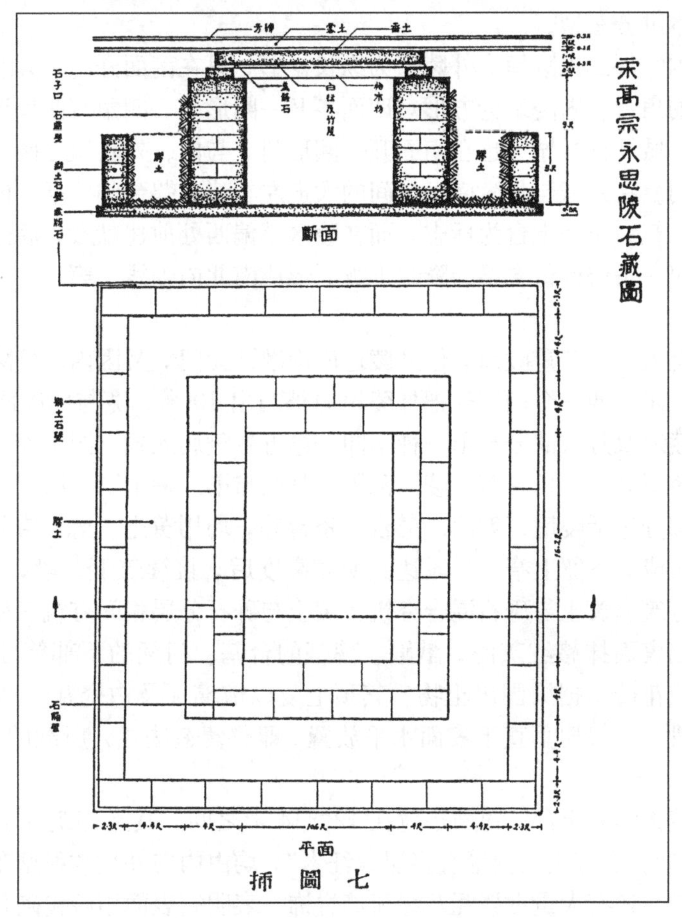

图7-26　绍兴宋高宗攒宫皇堂石藏子示意图

陈仲篪：宋永思陵平面及石藏子之初步研究，图7，中国营造学社汇刊，第6卷3期

① 周必大，《文忠集》，卷173，见：《思陵录》（下）。淳熙十五年三月戊午条。电子版《四库全书》本。

炉及水缸四口。另在外重棂星门外再加一座棂星外门，连以竹篱，在殿前形成二重门，这当是体制上的要求。

下宫供日常祭祀用，最外为外篱门，其内为棂星门，连接砖围墙。再内为面阔三间悬山顶的殿门，左右各有挟屋一间。殿庭北面有前、中、后三座殿，均为面阔三间悬山顶，后殿左右也各有挟屋一间。殿门及后殿左右有翼廊，连接东西廊，围成主殿院。在主殿院外围墙之内建有神厨、神库、换衣厅等辅助建筑。

上宫宽三间的门、殿通面阔只 4 丈，下宫的通面阔为 4.2 丈，尺度很小，房屋梁架用“彻脊明”（即厅堂型构架的彻上露明造），屋顶为“直废造”（悬山顶），油饰只用“赤白造”（只刷土朱和白），建筑的等级规格颇低，充分体现临时建筑的特点。

南宋以后诸帝的攒宫基本依此规制。南宋亡后，诸陵迅即遭到元喇嘛杨琏僧伽的盗掘破坏。

（4）西夏陵。在宁夏回族自治区银川市西，陵域南北 10 公里余，东西 4.5 公里余，地势平坦开阔，建有 9 座西夏王陵。时间约在北宋明道元年（1032）至南宋嘉定四年（1211）间。①毁于蒙古灭西夏时。

各陵规制基本可分三型。

一型：建有内、外二重陵垣，外陵垣为纵长矩形，只在南面开门，其北面二角及东西墙南部外侧有土筑的角台。内陵垣为方形，四面各开一阙形门，四角有曲尺形角阙。在南门之外又附建一矩形小城，称月城，也在南面开一阙形门，与内、外陵垣之南门相对，在入陵大道上形成三重陵门。在月城与外陵南垣之间的大道左右建有鹊台和碑亭。内陵垣之内在几何中心处不建陵而只筑一小夯土台为标志，而在陵区稍偏西处前建献殿，后建八边形陵台，在献殿与陵台之间筑一条俗称鱼脊梁的隆起土陇，形成南北向轴线。第一、二、六号陵属此式（图 7-27）。

二型：也建有内、外二重陵垣，但外陵垣南面敞开无门，又因内、外陵垣间只宽 10 米，故在内陵垣的北、东、西三个门阙处把外陵垣向外凸出 10 米，宽与门阙同，以扩大三门阙外的空间。其内陵垣及月城部分与第一种全同。第五号陵属此式（图 7-28）。

三型：无外陵垣，只以角台表示陵园范围，其余与第一种全同。第三、四号陵属此式。

陵园的主体部分包括陵垣、阙门、鹊台、陵台等，均用黄土、砾石夯筑成。陵垣用长 3 米左右的版分段筑成，下宽上窄，一段达到所需高度后，接续筑下一段，形成墙体和阙身。做法有用纯黄土夯筑、黄土与砾石混合夯筑、黄土与砾石分层相间夯筑三种情况。为防夯土体遇水破坏，垣墙表面抹赭红灰泥，献殿、碑亭的台基、门阙的下部等处都用砖包砌，地面、散水铺方砖及花砖。据周围出土物，其顶上复以琉璃瓦及白瓷瓦。高大夯土体为防崩塌，其中夹有木骨，一般均垂直于表面水平放置，即《营造法式》所载的“纴木”，也有个别竖置的。

陵台均为八棱锥形夯土台，每面边宽在 12～14 米之间，其上夯筑 5、7、9 层不等，高度在 15～23 米之间。在夯土之内铺有多层“纴木”，均由内向外呈放射型布置。陵台周围出土物除陶制砖瓦外，还有大量白瓷瓦及绿琉璃脊饰，表明它表面用砖包砌并有复以白瓷、绿琉璃的屋檐或屋顶。

---

① 杜玉冰，关于西夏陵的几个问题，载：宁夏文物考古研究所等，西夏陵，东方出版社版，1955 年，第 145～148 页。

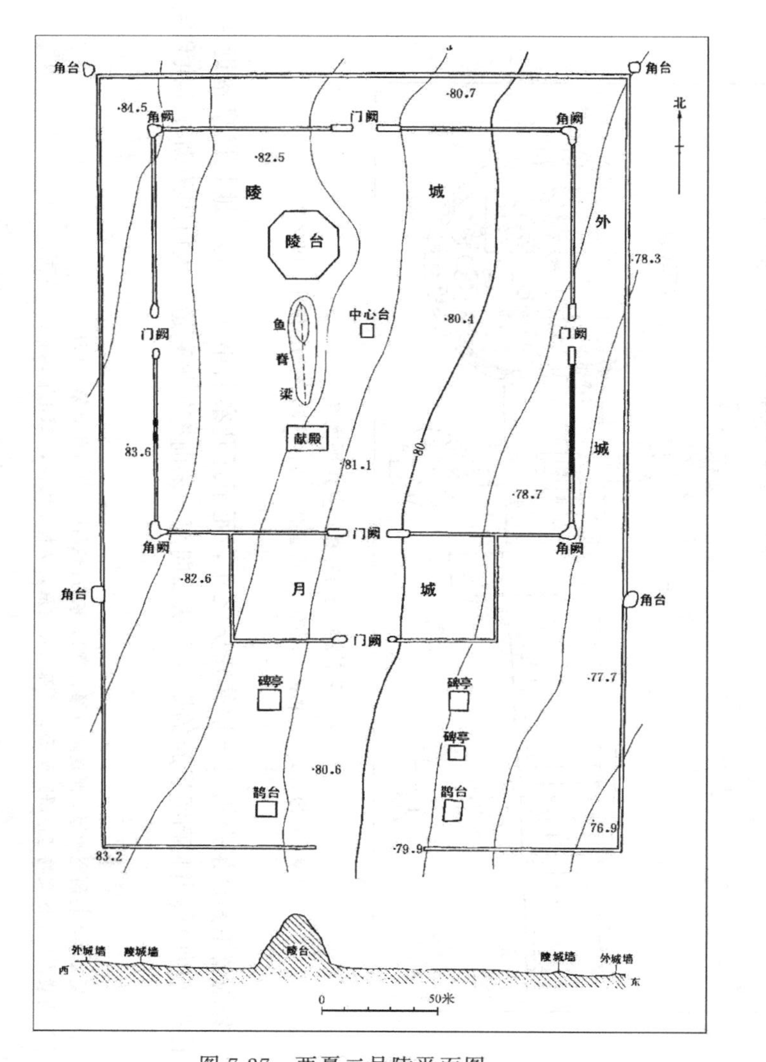

图 7-27 西夏二号陵平面图
宁夏文物考古研究所等:西夏陵,图 7,1955 年,东方出版社版

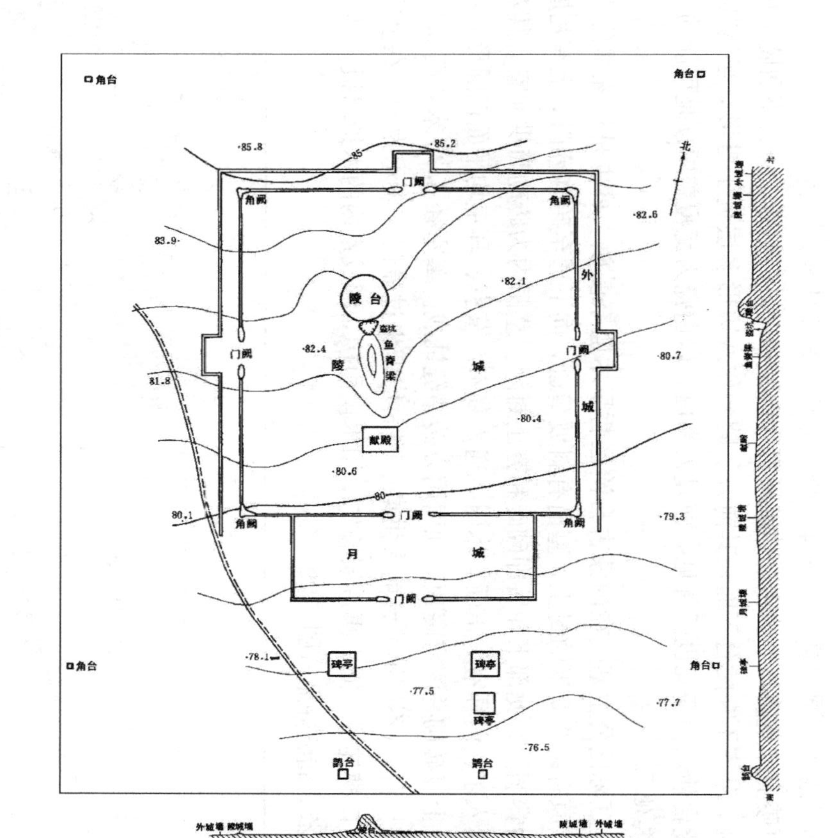

图 7-28 西夏五号陵平面图
宁夏文物考古研究所等:西夏陵,图 12,1955 年,东方出版社版

与一般陵墓墓室在陵台下的布置不同，它的墓室在陵台前方，隆起的鱼脊梁下即为斜坡墓道，向下通入土洞式墓室，只有一个主室和左右二耳室。①

西夏陵有二重陵垣，陵台前建献殿都和唐制相近，但献殿、陵台不居陵垣内几何中线而偏在一侧，墓室不在陵台下而在其前方，陵台作八边形多层近于塔形，当是其本民族特点。建筑及陵台使用白瓷瓦也属首见，西夏人尚白，以白瓷为瓦覆盖屋顶是可能的。

2. 其他墓

(1) 辽陈国公主墓。在内蒙古自治区哲里木盟奈曼旗，墓主是辽陈国公主和驸马肖绍矩。墓上原有高 3.5 米的封土，墓前有斜坡墓道，向下通至砖砌墓门，上有瓦屋檐和砖雕斗栱，下为券洞门。此部下葬后即砌砖和夯土封闭。墓门内为砖砌筒拱前室，其左、右壁各有券门，通入东、西耳室，正面有木门，通入墓室。墓室、耳室均平面正圆形，用条砖平立相间砌成，上复砖砌叠涩穹窿顶，地面用方砖错缝铺成。墓室径 4.38 米，高 3.97 米，后部有砖砌的陈尸台，(不用棺) 台前有供桌，侧面均砌出过壶门，表示为床。在墓室四壁用弧形木条以企口榫连成一圈，再逐层叠加，用木楔固接，形成室内的木护墙板。耳室径 1.58 米，高 2.43 米，储随葬品 (图 7-29)。②

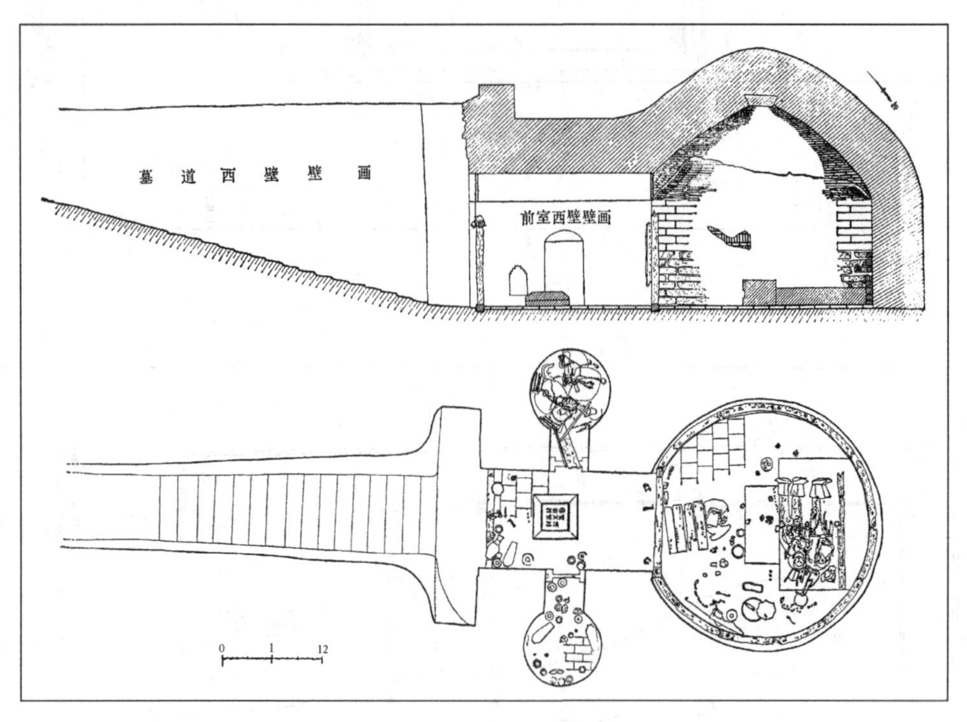

图 7-29　辽陈国公主墓平面图

内蒙古自治区文物考古研究所等：辽陈国公主墓，图 3，文物出版社，1993 年

陈国公主是辽景宗第二子耶律隆庆之女，死于辽开泰七年 (1018)。她是辽皇室近亲，故其墓制也应属当时高级贵族的规格。从墓向南，墓前挖斜坡墓道，入口用砖砌有斗栱和屋

① 宁夏文物考古研究所等，西夏陵 (第二章)，东方出版社，1955 年，第 5～38 页。

② 内蒙古自治区文物考古研究所等，辽陈国公主墓，文物出版社，1993 年，第 8～16 页。

檐的大门及内设前室、耳室、后室的布置看，都是受当时唐、宋传统的影响。其中墓室加木护壁则是仅见之例。

(2) 法库叶茂台辽墓。在辽宁法库叶茂台村，是辽萧后家族萧义的族墓地，已发现并清理二十余座。其中一座较具特色。此墓南向稍偏东，前为斜坡墓道，通向砖砌的有屋檐斗栱的仿木构墓门，门内为前室。前室左、右、后三面有券门，通左、右耳室和后方的墓室。前室、耳室、墓室均条砖砌成，平面方形，上复穹窿顶。墓室后部横置一座面阔三间歇山顶的屋形木椁，其内放置一石棺，顶盖浮雕十二生肖，四壁浮雕“四神”。另在椁内东西壁各悬一轴画。椁前有石供桌，上设供具。在墓室的东南、西南二角各置一桌一椅，桌上陈餐饮具(图 7-30)。[①]

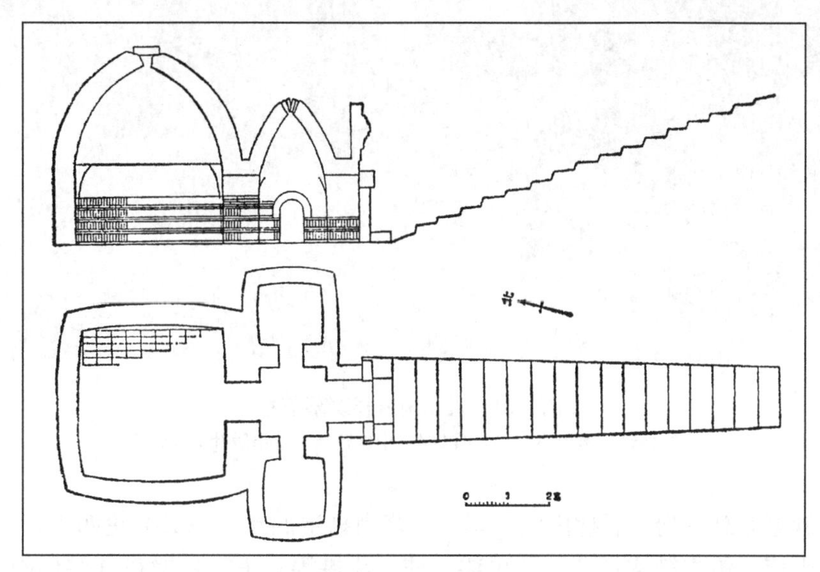

图 7-30 法库叶茂台辽墓

辽宁省博物馆等：法库叶茂台辽墓记略，图 3，文物，1975 年第 12 期，第 26～28 页

此墓的平面格局和构造做法与陈国公主墓基本相同，唯各室均平面方形，且四壁均微外凸，几与唐墓形式全同，其内屋形椁也见于隋唐墓，所异仅隋唐之椁沿西壁放置而此墓横置于北壁而已。与前墓相比，此墓汉化程度更深，在墓室形制上已不再反映出契丹特色。

(3) 贵州、四川诸南宋石墓。近年在贵州、四川陆续发现若干雕刻精美的石室墓，以贵州遵义市发现的南宋播州安抚使杨璨墓和四川华蓥市四川安抚使安丙家族 5 座墓及 2000 年在泸县发现的 6 座墓较具代表性。

杨璨墓为夫妇合葬墓，建于南宋淳祐间，面积约 50 平方米，用巨大石块砌成，在砌造技术上无明显特点，而以雕刻胜。夫妇二墓室左右并列，各有前后室，内部雕作木构建筑室内的形象，前室侧壁雕有缠龙柱的壁龛和侍立的武士、属吏的浮雕像，后室上雕藻井，后壁雕一前出龟头屋的建筑，其内分别雕墓主夫妇坐像，雕琢精工，是南宋此类墓的代表作品(图 7-31)。

① 张柏，全国重点文物保护单位（第三卷），(贵州省，杨璨墓)，文物出版社，2004 年，第 202 页。

图 7-31　贵州南宋杨璨墓前室
中国建筑艺术全集（6），图 204，中国建筑工业出版社，2001 年

安氏家族墓 5 墓并列，后枕山坡，其二号墓为嘉定四年（1221）建四川安抚使安丙墓。墓室用石块砌成，仿木结构形式，雕出梁、柱、斗栱等，主室后壁在月梁形阑额下砌出壁龛，内雕墓主坐像，上为券顶。墓前有地面建筑遗迹。

（4）山西稷山金代砖室墓。北宋时民间即流行雕砖仿木构墓室，较有代表性的是白沙宋墓。金代基本继承北宋传统，也流行此类墓，在山西侯马、稷山都发现了家族墓群。

稷山马村在 20 世纪 70 年代末发现十余座金代段氏家族雕砖墓，墓室多为纵长矩形，长 2.5 米左右，宽 2.1 米左右，高 3.5～4 米，墓门在南壁东侧，外接墓道，平面近于刀形。墓室四面雕砌成房屋形象，下方表示台基的部分雕为须弥座，复杂者上下涩雕仰覆莲瓣，束腰版柱上雕突出的侏儒或走兽，其间雕壶门花饰。须弥座以上，四壁均用砖砌的壁柱分为三间，柱顶阑额以上雕砌出砖斗栱和挑出的屋檐，把墓室围合成一方形四合院空间。东、西壁的三间每间雕两扇格子门，南、北壁虽也雕为三间，但都把明间雕成外凸之抱厦，上复山面向外的歇山顶，宋代称“龟头屋”。北壁的龟头屋下雕墓主夫妇宴饮观剧像，以版门为背景，南壁的龟头屋雕为戏台，壁上高浮雕或镶嵌出各种戏剧角色。屋檐以上部分用条砖砌成覆斗形墓室拱顶，有的墓室还在四角砌出砖肋，至中间斗合，以加强拱顶。墓室地面砌有砖床，侧壁砌出须弥座，其上直接放置尸体。全墓虽砖工细致、砖雕繁富，但地面及砖床的表面却只用土筑成，不铺面砖，当是出于特殊葬俗的要求。

墓室主体用条砖砌成，也部分使用方砖。须弥座及仿木构部分的柱、阑额、斗栱、格子门、勾头滴水、瓦饰、等多是模制的，一些神仙、人物、走兽、写生花卉等高浮雕饰件则是在特制的方砖上雕出后再拼合成的，表现出很高的工艺制作水平。在砌拼合构件时，多把砖之侧棱向内斜削，使表面能够密接，与明清时的“磨砖对缝”做法基本相同。当饰面砖较薄弱时，还在背后用衬砖加固。整个墓室是在预先挖出的土穴中砌成的，在砖壁与土洞壁之间用碎砖及黄土夯实，使墓室与土穴紧密结合，以加固墓室（图 7-32）。这些反映出宋代在砌砖工程和雕砖技术上的巨大进步。[①]

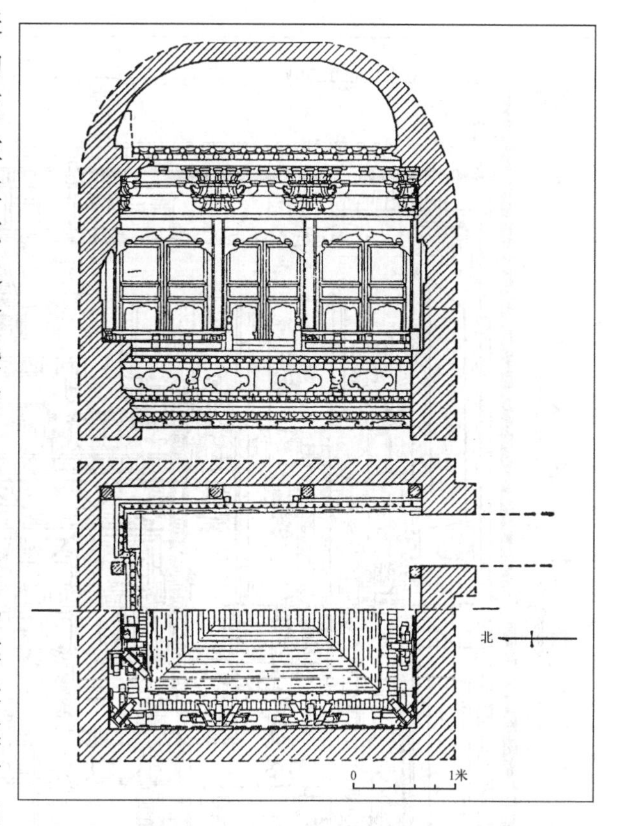

图 7-32 山西稷山马村金墓平剖面图
山西省考古研究所：山西稷山金墓发掘简报，图 4，文物，1983 年第 1 期

（五）官署

北宋汴梁受地区限制，中央机构中书省、门下省、尚书省只能分散布置，至神宗改官制后始在宫城西南侧集中建尚书省，为大型廊院式建筑群。金南迁汴梁后，其尚书省也集中布置，但规模小于北宋时。南宋临安官署虽集中在宫北，限于地域，也只能分别建造。大型州府的官署一般与军营仓库共建在子城中，以利防守。官署布局都是前有重门，主厅居中，周以回廊，形成主院，小型的附属职能机构即设在两廊，大型的则在主院落两侧建若干小院。主院后设长官住宅，有的还有园林，称为郡圃，节日可对市民开放。

1. 北宋尚书省

尚书省是最高行政机构，宋初设在蜀主孟昶的旧第 ，元丰五年（1082）宋神宗改官制，在宫城右掖门之西建新尚书省，前为都省，主院内令厅居中，左右仆射厅东西分列，总 542 间；其后吏、户、礼、兵、刑、工尚书六曹各为一小院，东西分列，各 420 间，总计 3062 间。这是见于记载的最大规模的官署，按大型廊院式传统布局的。[②]

2. 南宋官署

此期地方官署形制可在宋绍定二年（1229）刻平江府图碑中的平江子城图（图 7-33）和南宋刻本（1270～1273）《咸淳临安志》中的临安府治图中了解其概貌。

（1）南宋平江府治：以子城为府治，子城用砖石包砌，四角有角墩，南、西二面各开一门，上建城楼，以南门平江府门为正门。城内官署是遭金人破坏后陆续重建的。南门内中轴线上建府衙和官邸。府衙正门称戟门，榜平江军，门外左右有廊庑，形成门内的广庭。戟门

① 山西省考古研究所，山西稷山金墓发掘简报，文物，1983 年第 1 期。
② 庞元英，《文昌杂录》，卷 3，文渊阁《四库全书》电子版。

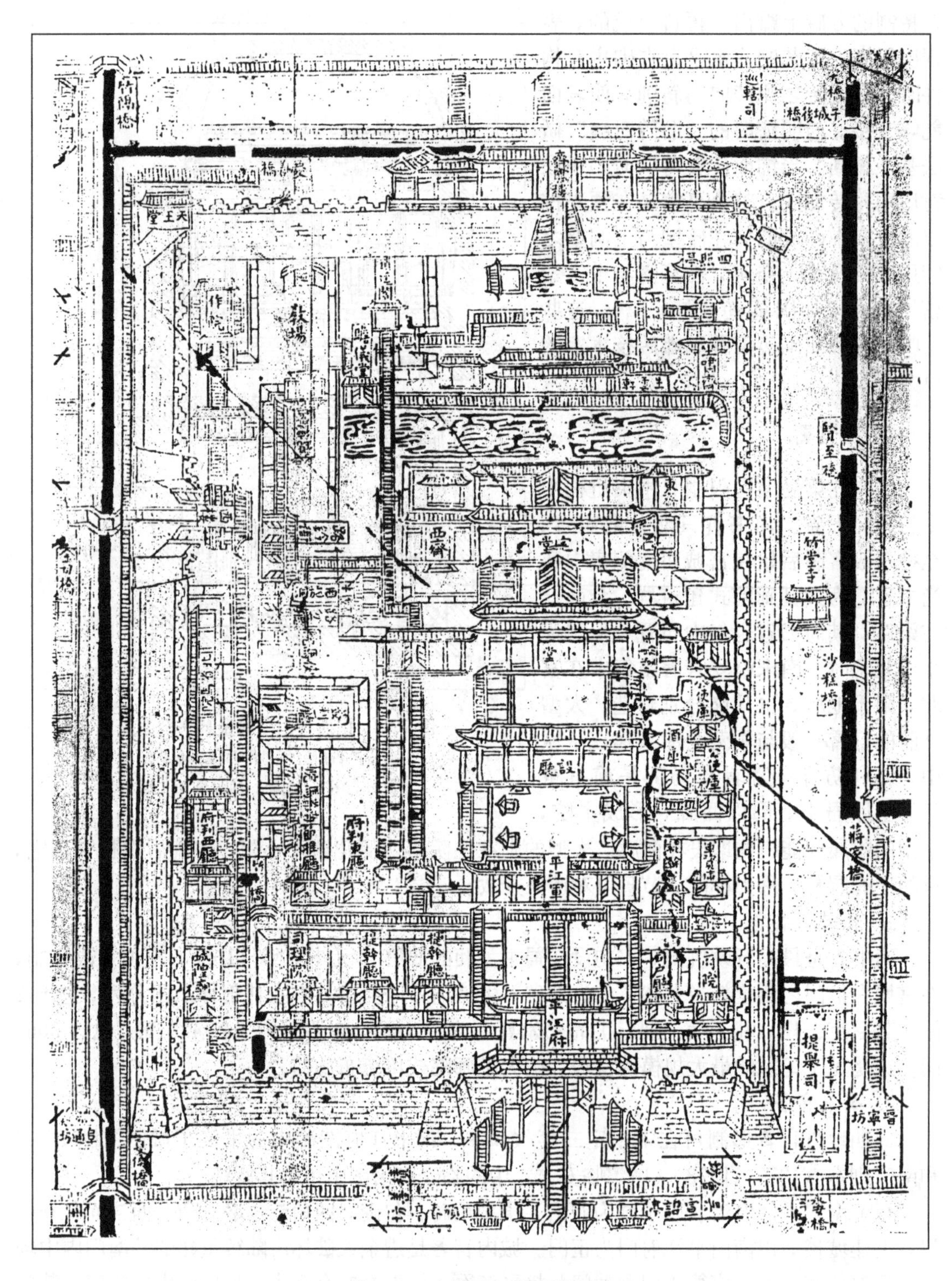

图 7-33　南宋平江府治平面图

刘敦桢：中国古代建筑史，图 111-2，中国建筑工业出版社，1984 年，第二版

内前为二进院落的府署，北面正中为正堂，称设厅，其后称小堂，均面阔5间；其后为二进的官邸，是面阔五间的工字厅，称宅堂。官邸后大池之北为郡圃，即官署中的园林，建有亭馆，有坡道通向北面城上宴会及观景的齐云楼。在戟门两侧，分前后两排，按左二右三，各并列五座院落，为所属职能官厅，比较规整。在其北部、西部又有若干小官厅，可能是重建时随机布置的，不甚规整。西北角有教场和作院。[①]

(2) 南宋临安府治：南宋以杭州子城旧府治为皇城及行宫后，在清波门北净因寺故址建新府治。新府治南向，最南为府治门，其内为正厅门，东西庑为各职能司房，围合成庭院，北面正中为设厅。自设厅向后，共有六进院落，分为二组，前为后堂，后为官邸，六座厅堂前后相重，形成主轴线。主轴线东有东厅、公使库二组院落并列，也是前为官厅，后为官邸。其东为园林区，形成三条次要轴线。主轴线西为教场，教场西为库房。整个府治包括各级官厅、仓库、教场和主要官员住所（图7-34)。[②]

2000年在施工中发现了南宋临安府治的局部遗址，包括一座厅堂和厢房的残部。厅堂是一座面向西的工字厅，只存穿堂和后部。穿堂部分地面铺方0.33米的模压宝相花的方砖，其台基下有砖砌的水沟，向北连通侧天井内用条砖立砌的中间凹下的排水沟。后部的台基高约0.8米，夯土筑成，四周用条砖包砌，上加压阑石。室内现存4个方约0.74米的素平石础，明间面阔约5.9米，次间面阔约5.3米，进深约8.7米。在遗址中还出现了陶制筒瓦、板瓦、莲花纹瓦和兽头残片，可知此建筑地面铺花砖，上复筒板瓦，脊端用兽头，符合宋代官署的规制。据此遗址可以大体了解临安府治建筑的规模和大体做法。[③]

府衙是地方政权的中心，故集衙署、官邸、仓库、守卫军士等于一区，多建在子城之内，以利防守，故子城又称“衙城”。一般州郡级的子城，按规制其正门下开两个门洞，称“双门”，其上的城楼设鼓，故称“谯楼”，又称鼓角楼。双门之例见前节靖江府图子城。其府署的正堂称“设厅”，其例见于平江府图碑。双门和设厅是象征州府级政权的建筑物。府署的布置均为院落式，中轴线上布置正衙和长官官邸，左右分列各较小院落，安排各职能官署、档案库（架阁库）等，再外侧为仓库、卫兵驻所和校场等。上举临安、平江两府治图基本是这样布置的。

唐以前因地方豪强有很大势力，州府大都建有衙城，内为衙署，不安置居民，主要是从地方政权的安全角度考虑的。宋以后高度中央集权，地方势力大为削弱，故南宋以后新建或改建的地方城市的官署即建于大城中，较少建衙城，这是宋元明以来官署在城市中地位的变化。

3. 金代官署

金中都官署史未详载，南迁汴梁后，其尚书省的布局尚可从《使燕日录》中知其大略。[④] 金南京尚书省在宫前西侧，正门南向，榜曰尚书省，门内东偏学士院，西偏御史台。再向北，东西各一门，分别署吏、户、礼部及兵、刑、工部，内为尚书六部官署。再向北为尚书省主体，外门5间，榜曰“都省”，东西庑各20间，北面9间为正堂，榜曰“都堂”，经

---

① 范成大，《吴郡志》，卷6，官宇，中华书局影印《宋元方志丛刊》①，1990年，第723页。

② 潜说友，《咸淳临安志》，卷52，府治，中华书局影印《宋元方志丛刊》④，1990年，第3815页。

③ 杭州市文物考古所，杭州南宋临安府衙署遗址，文物，2002年第10期。

④ 白珽，《湛渊静语》，卷2，引：《使燕日录》，文渊阁《四库全书》电子版。

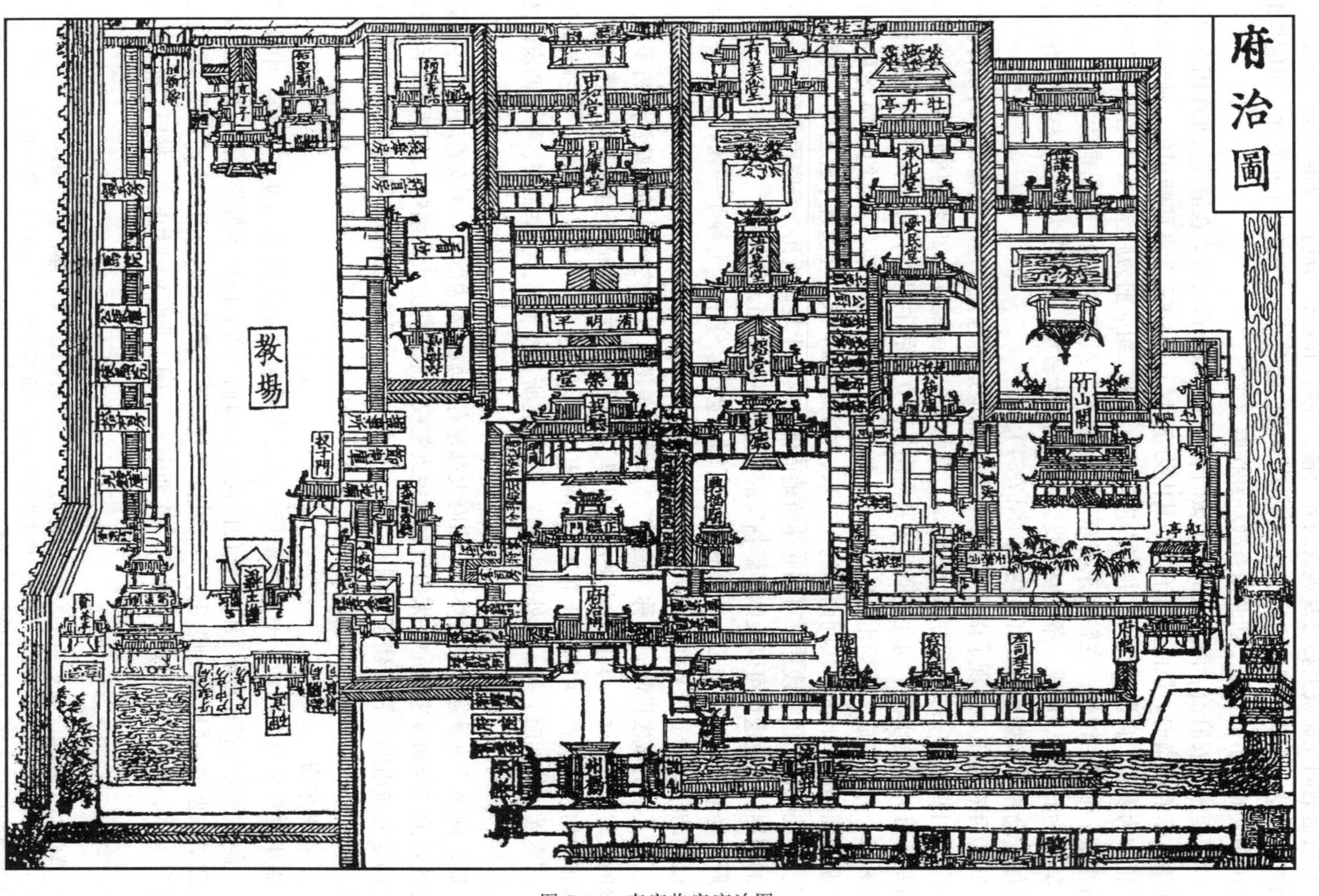

图 7-34　南宋临安府治图
据日本静嘉堂文库藏宋本《咸淳临安志》附图

船斋（柱廊）通至后堂，构成工字厅。都堂为正堂，后堂为宰相议事之处。工字厅之东西侧相对各有5间厅，为五府。据此可得到一示意图（图7-35）。可知因金后期官制受北宋影响，其集中设置的中央官署也和北宋时相近，以主院为中心，围以若干次要院落而成。

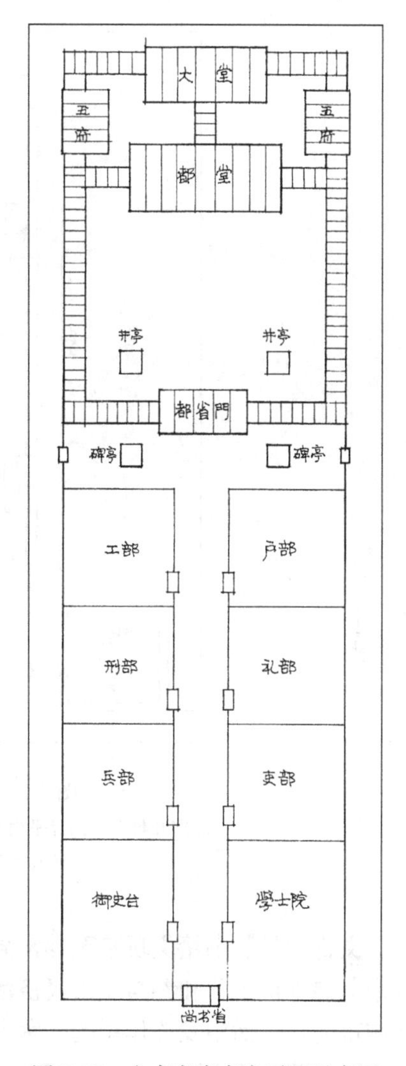

图7-35　金南京尚书省平面示意图

（六）宗教建筑

宋、金兼崇道教，北宋真宗、徽宗两朝尤盛。全真教在金代中后期得到流行，并影响到元代。伊斯兰教与宋之交通多通过海路，故现存四大清真寺均在南方，与辽、金之交通多通过陆路，其寺之遗迹不存。早期清真寺多保持中亚风格和构造特点，至明代始逐渐吸收中国建筑特点。

1. 佛寺

宋、辽、金、西夏都建有大量寺塔。当时的大型寺庙仍延续传统的廊院式布局，主院落居中，数殿相重，形成多进院落，左、右、后三面在廊庑外侧建若干小院，实际和宫室、大型官署和贵邸的廊院式布局基本相同，属于大型建筑群布局的通式，但一些标志性的建筑有所变化。其一是自中晚唐以来，佛教中盛行崇拜菩萨，因菩萨多为立像，故佛寺中开始盛行建楼阁，至宋代更为盛行，中轴线上殿宇大多以楼阁为结束，使佛寺立体轮廓有较大的变化，正定隆兴寺是其例。其二，佛塔也自中轴线上移到殿门外的两侧，形成东西塔对峙，五代北宋的灵隐寺、北宋的相国寺、辽的悯忠寺均是其例。其三，宋代禅宗在江南盛行，“五山十刹”成为全国著名大寺，禅宗重传承世系，建有法堂、祖堂和大型僧房，形成禅宗佛寺的新特点，并影响到明代。

（1）北宋汴梁大相国寺。唐睿宗时建（710～711），北宋时陆续增建改建，成为汴梁巨刹。其主院前为高二层的大三门，上层供五百罗汉，左右有侧门，门内左右建东西塔院，有二石塔对峙，中间为二三门，即主殿院之殿门，内供弥勒。门内正北建正殿九间，供卢舍那大佛，左右有朵殿各五间，东西廊上各有配殿，配殿之北分建钟楼、经藏，围合成巨大的殿庭。殿后为资圣阁，左右有东西翼楼。①②

主院两侧原有若干院，至神宗元丰间（1078～1085）重加整理，建为东西各四个小院，形成主院两侧各四个小院的廊院式布局（图7-36）。

大相国寺在北宋时成为集市，每月五次开放，各殿庭搭设采棚，出售使用物品、珍翠饰

① 〔日〕成寻：《参天台五台山记》熙宁五年十月廿三日。
② 邓之诚：《东京梦华录注》卷3，相国寺内万姓交易条，注一。中华书局，1982年，第89页。

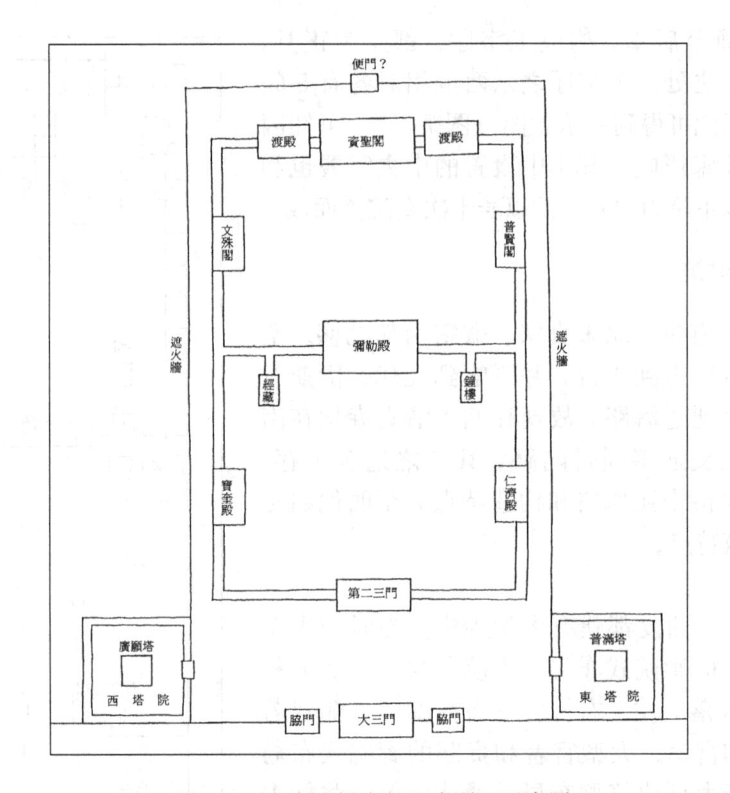

图 7-36　北宋汴梁大相国寺平面示意图

北宋开封大相国寺平面复原图说，图 1，载徐苹芳：中国历史考古学论丛，第 439 页，（台北）允晨文化公司，1995 年

物、文物用具、书籍文玩甚至珍禽异兽等，极为繁荣。这是继唐代大慈恩寺内设戏场、俗讲以来，佛寺世俗化和参与城市经济活动方面的新发展。延续至明清时，寺院庙会遂成为寺观在城市公众生活中发挥作用的一种方式。

(2) 北宋正定隆兴寺。本名龙兴寺，创建于隋。北宋开宝初（公元 969）宋太祖北巡，命在寺内铸大悲菩萨立像，并建大悲阁。至北宋中后期发展成北方大寺，改名龙兴寺，至清改称隆兴寺。其布置原分三路，也属廊院式布局，现只存中路和东路残部。中路为主体，在中轴线上依次建山门、六师殿、摩尼殿、戒坛、大悲阁（后称佛香阁）、弥陀殿，共五进六座建筑，其中弥陀殿是后增的。以戒坛为界，可分为前后两部分。后部的大悲阁左右有朵楼，阁前相对有慈氏阁和转轮藏，聚五座楼阁于一区，是全寺重心，在现存佛寺中也是仅见之例。

就平面实测图分析，此寺前殿后阁，从佛教等级来说，摩尼殿供释迦，应是主体，故摩尼殿是建在全寺几何中心的主殿。大悲阁体量虽大，但所供为菩萨，等级上低于佛，只能居后。前举之汴梁大相国寺也是以供佛的大殿为主体（参阅第三节图 7-59）。

此寺大悲阁内供高 22 米的铜佛，就地铸造，下有复杂而坚固的基础，代表了古代铸铜技术的高度水平。阁原为面阔 7 间，进深 6 间，3 层，5 重檐的巨大楼阁，也反映了当时的高层木构楼阁的技术水平。

(3) 辽南京大悯忠寺。即今北京法源寺之前身。始建于武则天万岁通天元年（公元

696)，以后续有兴建，晚唐时建面阔7间高3层的观音阁，又重建已毁的双塔，成为寺中的标志性建筑。入辽后，辽帝曾在寺建道场，并安排北宋使臣参观，成为重要寺庙。寺在1057年地震时遭破坏，以后陆续修复完善，毁于明初，现状为清初重建。综合史籍和寺中石刻记载，在五代至辽时期，寺可分中、东、西三路。最南为寺门，门内左、右外侧为东、西塔院，各建一塔。寺门北中轴线上为中路，即主佛殿院。前为二层的大三门，门内正中为正殿，殿后为三层五重檐的观音阁，在门、殿、阁的两侧有廊庑，围合成两进巨大的庭院。左右侧的塔院之后又各建四五个小院，形成东西路。寺之总体是在主院左右对称建若干小院的布局，仍为唐以来宫殿贵邸官署盛行的廊院式。据此可绘出辽代悯忠寺的示意图（图7-37）。[①] 主院奉佛，左左小院为专题供奉其佛或菩萨，并安置寺僧。史载辽安排宋使住悯忠寺，应即居于小院中。

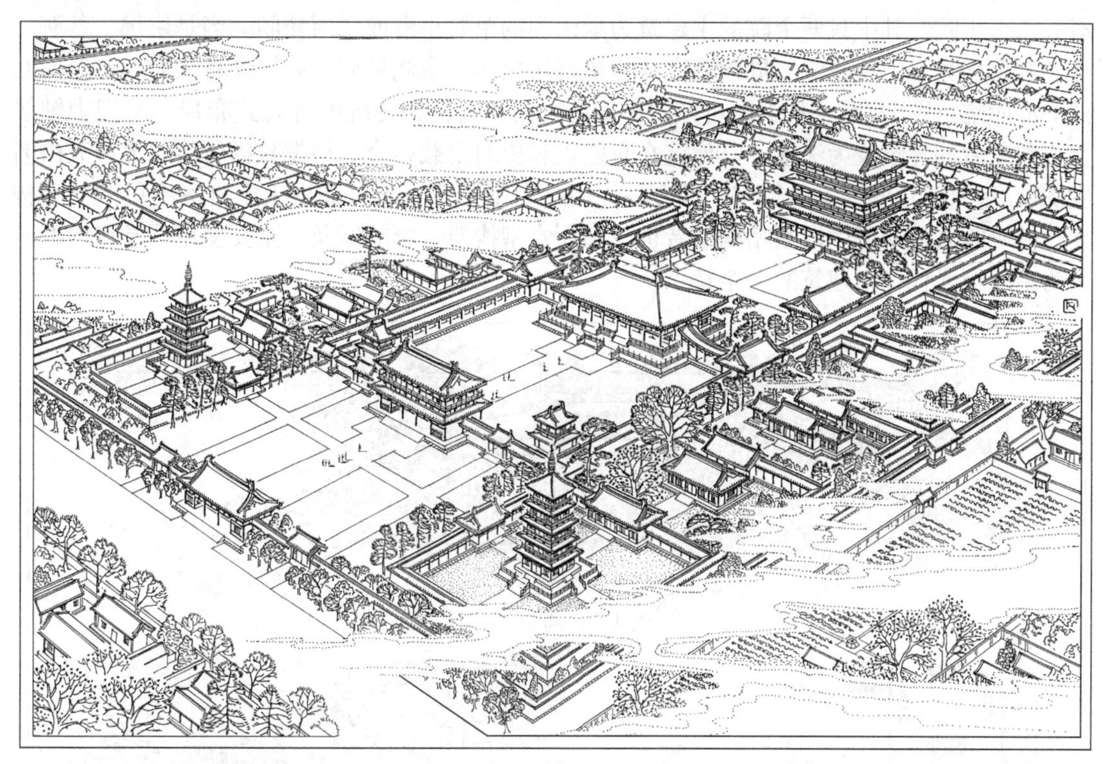

图7-37 辽南京悯忠寺示意图

悯忠寺观音阁也是7间3层，和正定隆兴寺大悲阁型制相似，时代相近，通过对大悲阁平面布置和历史记载，也可大体推知其形象。它们都可代表当时大型多层建筑的技术水平。其构架特点则可参照蓟县独乐寺观音阁有大致的了解。

(4) 南宋明州天童寺。南宋禅宗盛行，境内最大型禅寺为“五山”、“十刹”两个等级，小于此的若干大寺称“甲刹”，它们虽大小规模不同，但基本格局相近，与其他佛寺不同处是增加了新的内容，如改讲堂为法堂，作为传法谈禅的活动中心，设有大型僧房并建有强调

① 傅熹年，北京法源寺的建筑，载：傅熹年建筑史论文集，文物出版社，2006年，第264页。

宗派世系的祖堂等。一般布局是中轴线上建山门、大殿、法堂、方丈，在法堂之西为僧房，东为库院。[①]

五山十刹各寺现状已有很大改变，现在主要据宋末日本禅僧记录的《五山十刹图》来了解其概貌。但在元代名画家王蒙所绘《太白山图卷》中还保留有“五山”之一的宁波天童寺在元代的形象，可看到其具体面貌。据图，天童寺仍采取廊院式布置，中间为主院，左右对称布置若干小院。主院最前为面对八功德池的面阔七间二层三滴水的大三门，左右有侧门，门内中轴线上第一进为七间重檐的正殿，第二进为七间二层三滴水的楼阁，是法堂。三门、正殿、法堂的左右有翼廊，连接东西廊，围合成依山势升高的二进殿庭，第一进殿庭左右侧为钟楼、经藏，第二进殿庭左右各有五间重檐的东西配殿。二进之后还画有松林掩映的殿宇，表示其后尚有建筑，当是方丈等，但限于画幅，未能完整表现。在主院东西廊的外侧各有五六个小院。其中只两个院的主建筑为歇山顶的单层小殿或二层楼阁，当是供佛、菩萨之处，其余均为悬山顶建筑，周以廊庑，应是僧房之属。东侧最后一院屋顶有天窗，是仓储之处，即库院（图 7-38）。从上图可以看出，特大型禅寺仍为传统的廊院式布局，只把中轴线上正殿之后的建筑改为法堂，其库院在东侧也和史料记载相合。根据日僧所绘《大唐五山诸堂图》，南宋时这些佛寺的殿宇、佛阁往往用厅堂型构架，这可能因南宋宫室不用殿堂型构架，佛寺等其他原可用殿堂型构架者也改用厅堂型构架，影响所及，主要使用厅堂型构架遂成为南宋至元代江南建筑的一个特点。

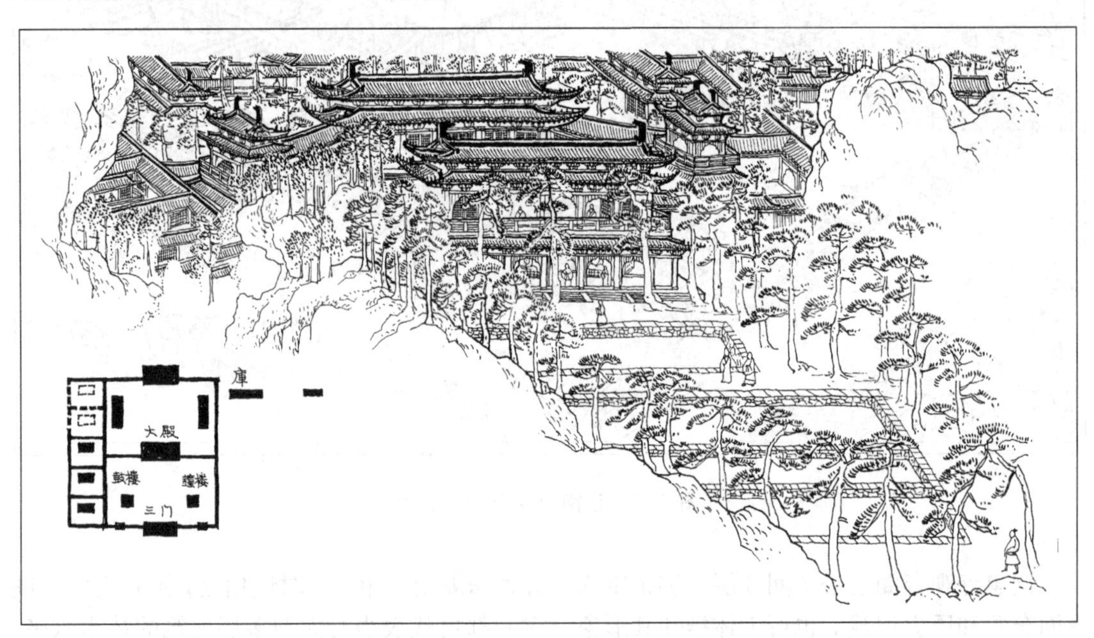

图 7-38　王蒙《太白山图》中所反映的天童寺在元代的形象（摹本）

(5) 金朔县崇福寺。现状只存中轴线上建筑，自南向北依次为山门、金刚殿、千佛阁、大雄殿、弥陀殿、观音殿，形成主院，只最后二殿建于金皇统三年（1143），余为后代改建。

① 张十庆，中国江南禅宗寺院建筑（第三章，禅宗寺院的布局及其演变），湖北教育出版社，2002 年。

据史籍和现状勘探可知，在中轴线上主院四周原有廊庑，围合成院落，在其左右两面在清初时尚有巷道，在东、西巷道外尚有6个小院，证明曾是廊院式布局，但诸小院已毁，具体情况尚待查清（图7-39）。①

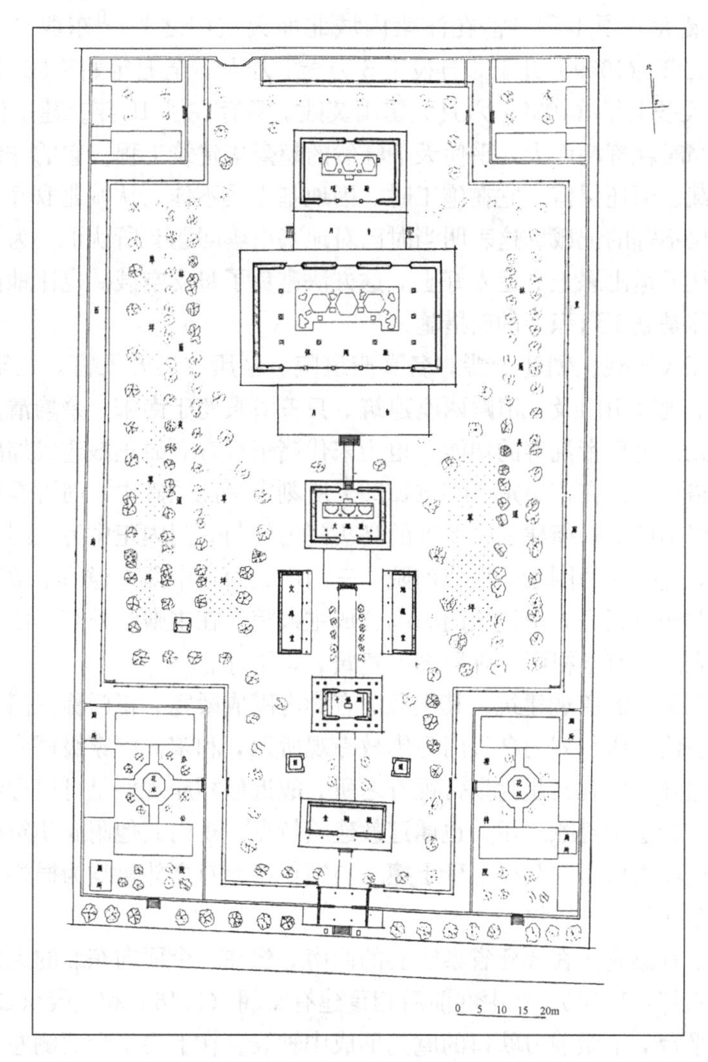

图7-39　朔县金代崇福寺平面图

山西省古建筑保护研究所·柴泽俊：朔州崇福寺，图2，文物出版社，1996年

2. 道观

北宋真宗、徽宗大崇道教。真宗建玉清昭应宫，又下诏诸路、州、府、县“择官地建道观，并以天庆为额。……天下始遍有道像”。徽宗自称“教主道君皇帝”，在宫中建玉清和阳宫，后改为玉清神霄宫以奉道教，又下令在各洞天福地修建宫观。但这些行为南宋人即视为弊政，极力掩盖，故此期所建大量道教宫观，特别是官建的宫观的情况史籍多不详载，目前

① 柴泽俊，中国古代建筑：朔州崇福寺（二，崇福寺的历史沿革），引雍正《朔州志》。文物出版社，1996年，第7页。

尚难了解其具体规制和建筑特点。

(1) 北宋汴梁玉清昭应宫。宋太宗以篡夺得帝位，其子真宗对辽作战失败，更无功业，故企图通过崇尚道教，伪造“天书”，来表示自己受命于天。为此，特建玉清昭应宫以供奉天书，这是宋初最大一项工程。宫在汴梁内城北面天波门之外，[1]东西 310 步，南北 430 步，[2]自大中祥符二年（1009）开工，日役工 3 万～4 万人，至七年始建成（1014），总两千六百一十区，[3]至天圣七年（1029）六月大雷雨焚毁，只存在了 15 年。建玉清昭应宫是一场政治丑剧，也是当时耗资耗巨大几乎使天下骚然的超豪华建筑工程。它的详细情况宋代即加以掩盖，史不详载。但还保留下它在施工时，因地基土质不佳，从城北取好土替换，挖掘深度自三尺至十六尺不等的记载。这表明当时已对地基土壤问题有所认识。为了换土，还疏浚了五丈河，用船往返运出恶土，运入好土，这方法避免了舟支空载，也比地面运输省工，为前史所不载，可能是施工组织上的新措施。

(2) 南宋平江天庆观。创建于晋，名真庆道院，至唐改名开元宫，北宋初又改称天庆观。观内中轴线上现存山门及三清殿两座建筑，只三清殿建于南宋，余均清及近代建筑。三清殿延续唐代开元宫为皇帝祝寿的功能，也为宋代诸帝祝寿，故正殿建成加副阶为九间、上复重檐顶的高规格殿宇。在宋绍定二年（1229）所刻宋平江图碑中，尚可看到当时天庆观的外貌。它四面周以围墙，临街建三座并列的乌头门为外门，门内正中为三门，三门左右有挟门和八字影壁墙，连接东西围墙，形成前院。三门内北面正中即重檐的主殿三清殿。殿左右有挟屋，殿前东西侧有廊庑，南连挟门，围合成主殿院。在主殿院外东、西、北三面尚有隙地，据记载，曾先后建有圣祖殿、弥罗阁等建筑，均不存。

三清殿是现存最早的道观建筑。其主殿前有廊庑围成殿庭，正门称三门，与同时佛寺相近。只有在观门前建三座并列的乌头门为佛教寺观所无，和宋代国家级祠庙的规制近似。祠庙之设立多源于道教，此观又是为皇帝祝寿之所，故近似祠庙规格是可以理解的。主殿前建有突出的大月台，为道士打醮之用，也属道教建筑特点。观内其他附属建筑的情况和位置已无考。三清殿后檐和内槽后部数柱上延承檩，与铺作层相对之斗栱均为插栱，明显具穿斗架特点，将在后文穿斗架部分探讨。

(3) 南宋泰宁甘露庵。在福建省泰宁县的西南，建在一个面向东北的天然石洞窟中，始建于南宋绍兴十六年（1146）。在中部前后相重建有蜃阁（1146）和上殿（1205～1207）。蜃阁前有二层木构平台，下瞰前方峡口的庵门形成中轴线。在上层平台两侧左右相对建有观音阁（1153 年稍前）和南安阁（1165），形如蜃阁前的配殿，形成横向轴线。南安阁后为库房（1227 年以前）（图 7-40）。诸建筑中只观音阁为二层楼阁，其余均为建于二层木平台上的单层建筑。除蜃阁为单檐歇山顶、库房为单檐悬山顶外，余均为重檐歇山顶。

这组建筑的最大特点是，它虽受洞窟限制，但布局仍保特纵横二条轴线，蜃阁前的木构平台也可供道士打醮使用。蜃阁、南安阁、库房三建筑均属于穿斗架体系。上殿、观音阁则使用了大量插栱，也有穿斗架的影响，表现出南方穿斗架建筑使用斗栱的特点。因洞内地面变化大，各殿、阁之下，或全部或局部建有木构平台，又略具干阑建筑特点。

---

① 李焘，《续资治通鉴长编》，卷 68，中华书局排印本⑥，2004 年，第 1534 页。
② 李焘，《续资治通鉴长编》，卷 71，中华书局排印本⑥，2004 年，第 1617 页。
③ 李焘，《续资治通鉴长编》，卷 83，中华书局排印本⑦，2004 年，第 1899 页。

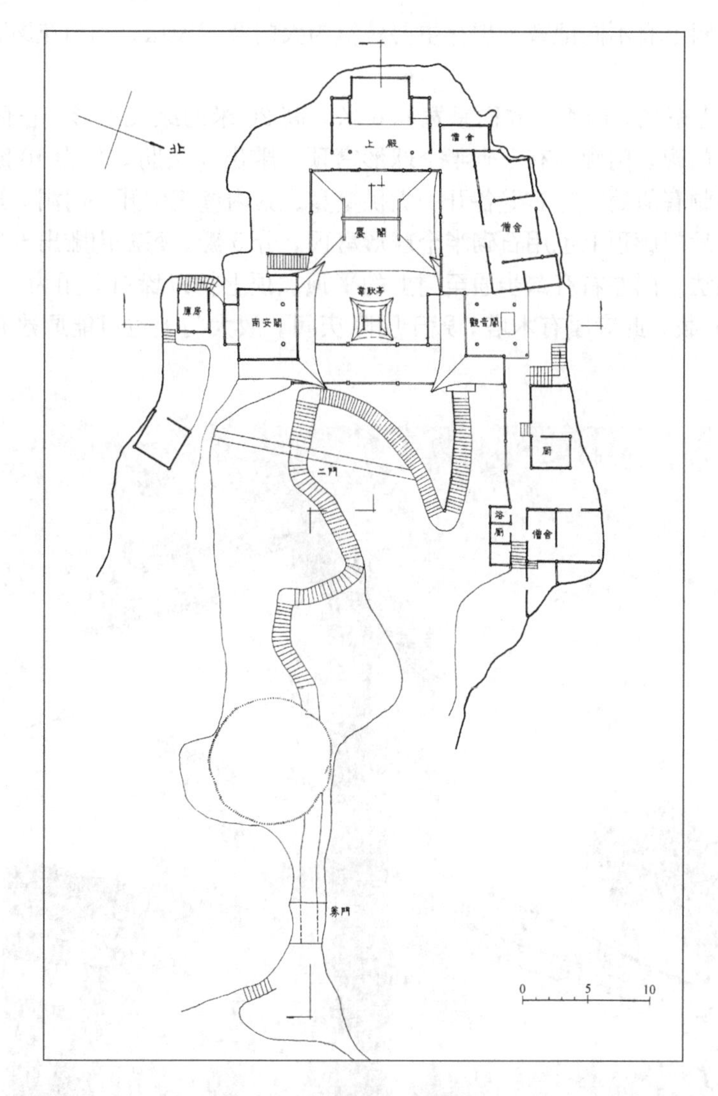

图 7-40　泰宁甘露庵平面图

张步迁：甘露庵，图 1，载：建筑历史研究（第二辑），建筑理论及历史研究室编

从仅存的二座宋代道观很难了解宋代道教建筑的全貌，但可知它仍是院落式布局，大型的仍为廊院式，规制大致介于佛寺和祠庙之间。

3. 伊斯兰教寺院

伊斯兰教自唐代传入中国后，虽自西北辗转东传，远至江南扬州等地，但因遗构不存，其形制不明。宋代伊斯兰教更多由海路传入，今泉州清净寺、广州怀圣寺均在闽、粤等海路交通兴盛处。这二寺是中国现存最古的伊斯兰教寺院，其建筑均属中亚阿拉伯风格，砖石工艺也与中国传统有异，当是中国工匠按传入的阿拉伯建筑式样修建的。

（1）泉州清净寺。在今泉州市涂门街，背倚南宋绍兴间拓建的南罗城及城壕。因当时尚有外国人不得入居城内的禁令，故建在南罗城之外。据寺碑所载，寺建于回历 400 年（北宋大中祥符二年，1009），但《万历泉州府志》又称其为“宋绍兴间回人兹喜鲁丁自撒那威来泉所造”，[1]在史料上有不同记载。现存主要建筑为大门及奉天坛，均为花岗石砌造的阿拉伯式建筑。

①大门。在寺东侧，面南，立面呈宽 6.6 米，高 20 米的纵长矩形，正面开一狭长的尖拱门龛，形成外门廊，门廊顶有石砌半个球形穹顶，雕出 9 条肋，分为 10 瓣，和宋式斗八藻井上部的阳马颇有似处。左右壁各开一尖拱壁龛。其内壁正中开一门洞，进入后门廊，再左转进入殿内。后门廊顶上也用石砌半个球形穹顶，分 5 瓣，每瓣内雕出五排小尖拱，则是阿拉伯风格的做法。门左右有踏步通至门上的平顶，顶上护以垛口，用为“宣礼台”。但据《万历泉州府志》载，此寺原有木塔，毁于明隆庆间，故大门上也可能原建有用为宣谕楼的木塔（图 7-41）。

图 7-41　福建泉州清净寺大门

中国古建筑，中国建筑工业出版社，1983 年，第 129 页

②礼拜殿。在门之西侧，南北宽 24.3 米，平面近于方形，四周用石砌墙壁。正门在东，西墙中部外凸，作尖拱项龛状，即奉天坛，南北各有二窗。南墙上开八个上用石板过梁的平顶窗，北墙只开一门。殿内有三列南北向柱，每列四柱，仅存柱础石和部分残柱，屋顶已毁。此殿石墙用条石砌成，上下层错缝，略似砌砖的一顺一丁砌法，但顺砌的条石加长，丁头的条石略近方形，其砌法和外观效果和中国传统石墙迥异，明显属外来做法（图 7-42）。

① 明·阳思谦《〖万历〗泉州府志》卷 24，清净寺。国家图书馆，善本 No.01367。

图 7-42 泉州清净寺大殿遗迹
中国建筑艺术全集（16），图 13，中国建筑工业出版社，2001 年

此寺属 10 世纪前中东地区礼拜寺大殿的形式，其石块砌法、尖拱形式均为中国所无，史载为当时阿拉伯人所建当是事实。只有二处可能透露出少许中国工匠的传统手法和工艺。其一是大门前廊顶上半球龛略似宋式藻井顶部的阴马和背版，与大门内廊顶上中亚式半球龛明显不同；其二是穹顶由方转圆处的角部未使用伊斯兰建筑传统的蜂巢式作过渡，而直接用三角形石板承托，颇似宋式藻井由方形转八角形处所用的角蝉。

（2）广州怀圣寺。在广州市光塔路，传始建于唐，其原有布局已不可考。寺内现存最古建筑为光塔，即伊斯兰教呼唤信徒礼拜之邦克楼。光塔平面圆形，现高 36.3 米，用青砖砌成，外抹蚬壳灰，外观作白色，自下而上有明显收分。塔下部开有南北二门，入门各有螺旋形梯道相对盘旋而上，通至塔顶平台，随梯道上升，塔壁上相间开有小采光孔。平台以上传说原立一金鸡，现状的小塔为后代所修。此塔具体建年虽不可考，但证以（宋）岳珂《桯史》所记他在南宋绍熙三年壬子（1192）所见塔之形式特点，除只记下开一门而非二门，可能是年久遗忘所致外，与现状全同，[①]证明它至迟在南宋中期已存在。此塔的形式、构造、登塔梯道做法均与我国传统砌砖工程不同，岳珂也说它“式度不比它塔”，可知基本属外来的中东地区影响（图 7-43）。

与光塔内部砌螺旋梯道做法相近的已知有山西洪赵县广寺明代飞虹塔，它也是砖塔，虽只有一条梯道而非两条，但也不能完全排除受光塔做法的影响的可能性。砌两条螺旋梯道相对上升的在我国未见它例，但在法国文艺复兴时期所建罗亚尔河沿岸的堡宫，如香堡、布惹阿堡等的大楼梯都是这种做法，但已较此晚三百余年了。

---

① 宋·岳珂，《桯史》卷 11 番禺海獠条云：“绍熙壬子，先君帅广，余年甫十岁，尝游焉。今尚识其故处，……然稍异而可纪者亦不一，因录之以示传奇。……后有嘿堵波，高入云表，式度不比它塔。环以甓，为大址，垒而增之，外圜而加灰饰，望之如银笔。下有一门，拾级而上，由其中而圜转焉如螺旋，外不复见其梯磴，每数十级启一窦。”中华书局，唐宋史料笔记丛刊，1997 年，第 126 页。

图 7-43　广州怀圣寺光塔
中国建筑艺术全集（16），图 1，
中国建筑工业出版社，2001 年

（七）住宅

此期居住建筑已无保存至今者，我们只能主要通过绘画中的图像、个别发现的遗址和文献记载知道其概貌。据绘画中的图像，可以知道除都城和大城市延续传统院落式并具一定时代特点外，地域特点比较突出，大体而言，中原、西北和北方以土构、土木混合结构为主，南方以全木构为主。在大量居住建筑中，即使是土木混合结构建筑，其围护结构仍是夯土墙、土坯墙或下加砖砌基墙（隔减）的土墙，尚未发现全部用砖墙之例，全木构建筑的围护结构在中原地区多用夯土墙、土坯墙，南方一般住宅则多用木骨加苇、竹编织物的抹泥墙。

自唐末五代以来，汉族地区室内起居方式发生改变，由在床、榻上跪坐改为在床和有靠背的椅子上垂足坐，床前低矮的案也改为高足的棹和几，人在室内起坐的高度发生变化，对室内空间高度和装修的形式也有影响。

1. 全木构住宅

主要在北宋、南宋辖区。在宋代绘画王希孟《千里江山图》（图 7-44）中表现了很多北宋末年江南乡村的住宅形象（图 7-44），一般

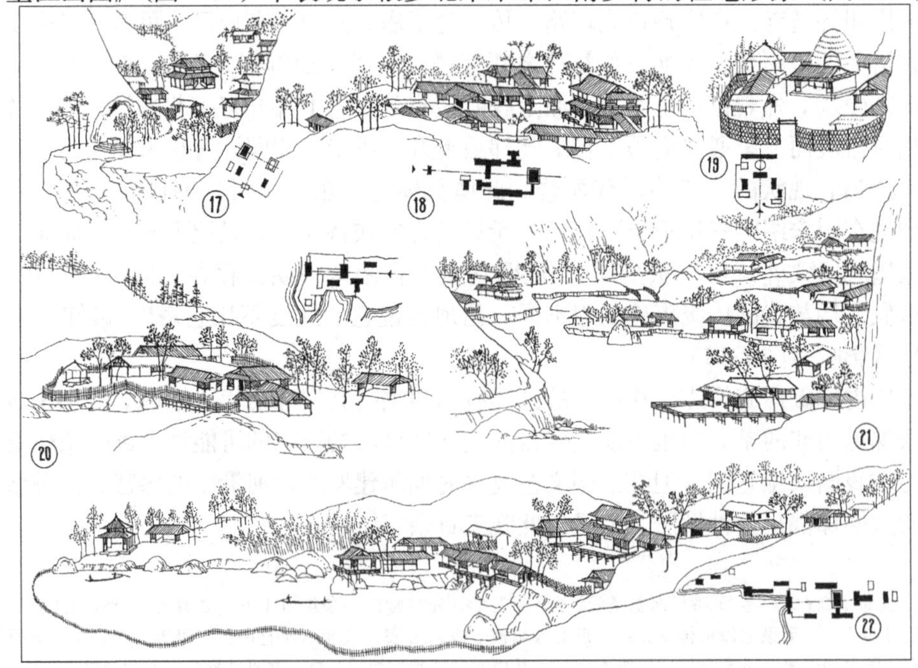

图 7-44　北宋王希孟《千里江山图》中所绘南方民居（摹本）

单栋者多为一字形、丁字形或曲尺形平面。作院落式布局的较大型住宅，其主体多为工字厅，也有后厅为楼的，左右有厢房围合成院落。一般做法是下为台基，其上立柱架梁。梁架多为柱梁式，脊下蜀柱两边加叉手，进深为 2 至 4 椽，未见用穿斗架之例。其墙多为包不住柱子的薄墙，应属在木骨间编苇、编竹后抹泥的非承重墙。窗多为直棂窗，门为版门。屋顶多为悬山顶，或在悬山顶两山加披檐，个别有用歇山顶者。屋面用草顶或复瓦。在传赵伯驹《江山秋色图》（图 7-45）中所表现也基本相同，临水或沿山坡建屋则下建木平台，其上建屋，类似干阑建筑。

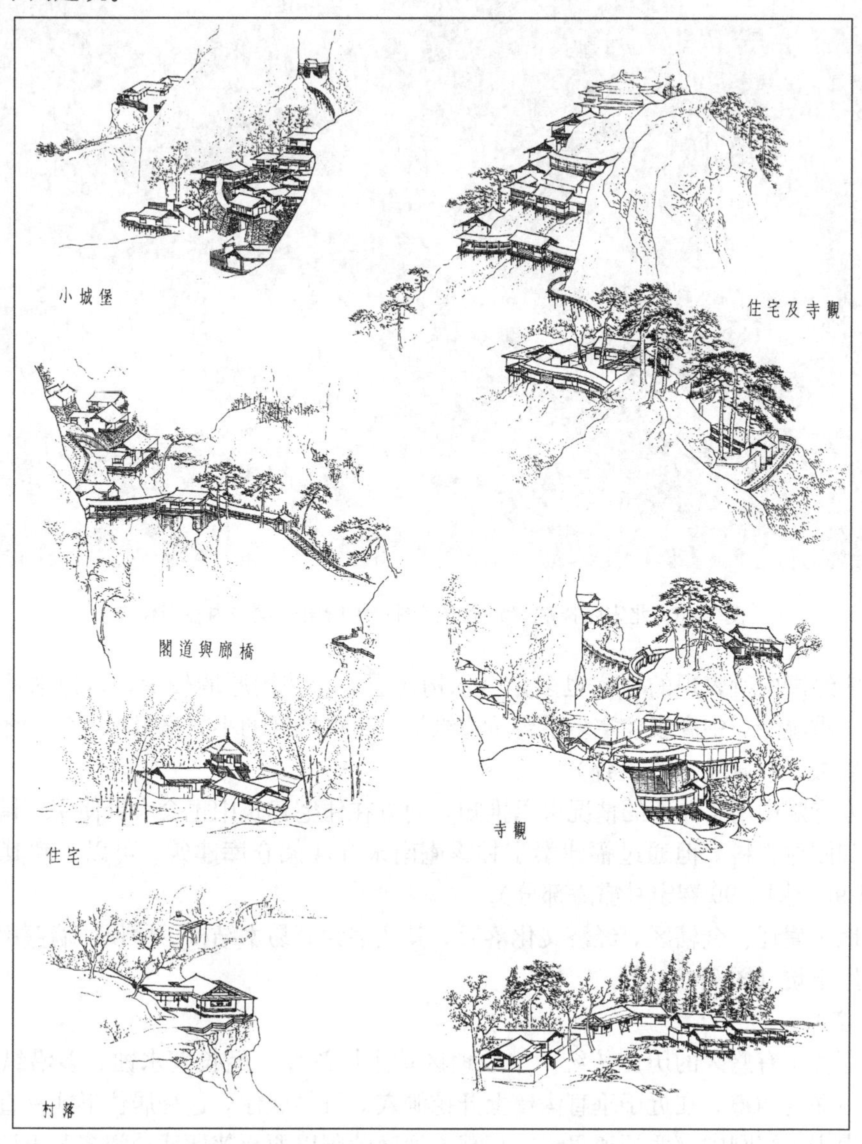

图 7-45　传南宋赵伯驹《江山秋色图》中所绘南方民居（摹本）

在张择端《清明上河图》中所绘为中原地区汴梁的情况。其郊区的草顶农舍和小商店仍是柱梁式的全木构房屋，只是台基较低甚至没有，所用柱梁为未加工的圆木而已。但出于防寒要求，山墙和后墙多用夯土墙。汴梁城内的大第宅则是使用斗栱的全木构建筑，但从其大门山墙用下加砖砌隔减的土墙推测，其房屋的窗下墙、山墙、后墙也是这种做法。图中还有山墙顶随札牵和平梁呈阶梯状的“五花山墙”形式，也可证明其山墙是土筑的（图 7-46）。这是从北宋画中所看到的住宅情况。

图 7-46　北宋张择端《清明上河图》中所绘汴梁城内临街住宅

在南宋绘画中所表现的住宅也多是全木构房屋，但使用厚墙较少，多为木骨编织抹泥墙。南方冬季湿冷，中高级住宅多沿台阶边缘加一重可拆卸的小方格眼格子门，冬季用以保暖，夏季撤去以利通风（图 7-47）。

从南方寺观中用穿斗架的情况可以推知，南方在住宅建筑中也会大量使用，惜目前尚未发现实例和图像资料，但通过福建泰宁甘露庵南宋穿斗架仓库建筑，可以了解其大致特点（参阅图 7-96～图 7-99 泰宁甘露庵部分）。

东北地区属辽、金辖区，经济文化落后，其住宅为简易木结构，屋顶、墙壁用木板、木皮，起居用土炕（图 7-48）。①

2. 土窑洞

穴居在我国有悠久的历史传统。中原地区黄土层深厚，经长期水蚀，多沿纵向节理崩坏，出现很深的沟壑，在近于垂直沟壁上开挖洞穴，可供居住，这种居住形式一直延续至近现代。据南宋人郑刚中《西征道里记》记载，河南荥阳以西至陕西武功间多黄土地带，遭金兵破坏，居民大多住在土洞中，做法是先挖竖井，然后横穿为洞穴。又记有一大洞可供居民

① 佚名：《女真传》：“其俗依山谷而居，联木为栅。屋高数尺，无瓦，复以木板或桦皮，或以草绸缪之。墙垣篱壁，率皆以木，门皆东向。环屋为土床，炽火其下，与寝食起居其上，谓之炕，以取其暖。”崔文印：《大金国志校证》附录一，引自徐梦莘《三朝北盟会编》卷 3。中华书局排印本，第 584 页。

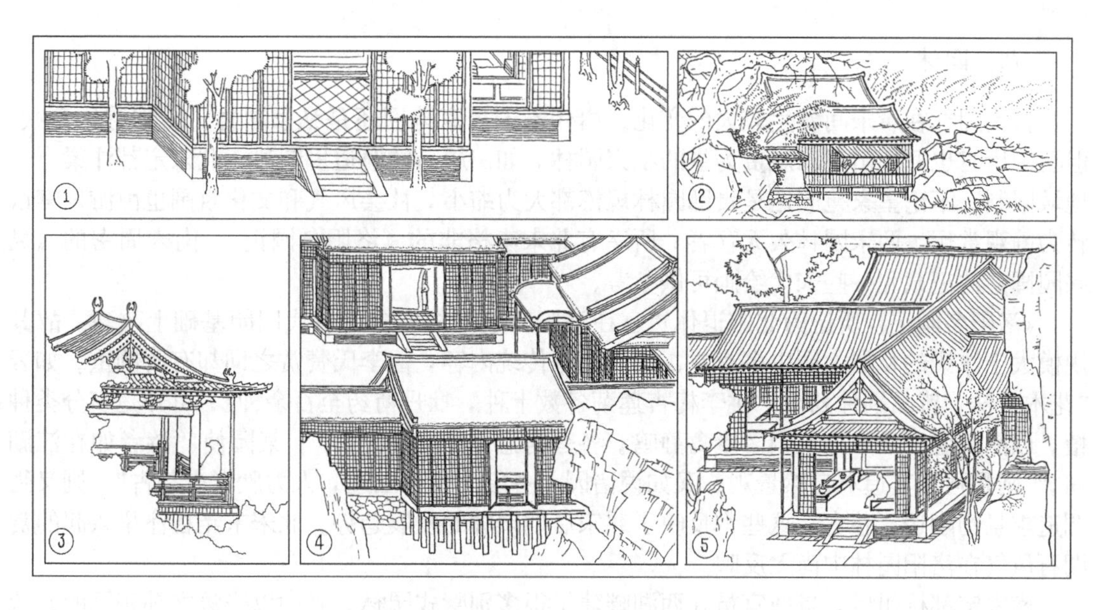

图 7-47　南宋院画中所绘江南住宅（摹本）

图 7-48　金人《归去来图》中所绘北方住宅（摹本）

数千人避难，藏储粮食牲畜，并可设防。[①]

① 郑刚中《西征道里记》："荥阳以西皆土山，人多穴处，谓土理直。……穿洞之法，初若掘井，深三丈即旁穿之，自此高低横斜无定式。低处深或四五十丈，高处去平地不远，烟水所不能及。凡洞中土皆自初穿井中出之，土尽洞成，复筑塞其井，却别为入窍。去窍丈许为仰门，陈劲弩，攻者遇箭即毙，如是者数重。时于半里一里余斜穿气道，谓之哨眼。……其下系牛马，置磑磨，积粟凿井，无不可者。土久弥坚，如石室。"商务印书馆丛书集成初编，1936 年。

（八）园林

古代园林在唐宋间发生较大的变化。唐代不论皇家苑囿还是私家园林，均重游乐宴饮，但至晚唐时也开始出现以观赏为主的私家园林，如白居易的履道里园池。北宋定都汴梁，受地域限制，不论皇家苑囿还是贵邸园林规模都大为缩小，社会风气和文化氛围也由游乐宴饮转为静观赏玩。两宋园林久无存者，所幸有北宋李格非的《洛阳名园记》、南宋周密的《吴兴园圃》的记载和一些宋代绘画可供参考。

《洛阳名园记》所记为北宋退休贵官在洛阳所建园林，多在唐代旧园基础上改建，故其规模大于汴梁的私园。园中多有堂、阁、台等传统内容，但李氏赞赏之词却有所侧重。如云“花木千株，皆品别种列”、“桃李梅杏莲菊各数十种，牡丹芍药至百余种”，可知是多分类种植，以品类胜。又如称某园“幽禽静鸣，各夸得意，此山林之景”，某园使“游者如在江湖间，”则是强调其追求自然景观。又如说诸园“务宏大者少幽邃，人力胜者少苍古”，则又强调追求景物幽邃、苍古。这些都反映了北宋后期园林的发展趋势。北宋末年在汴梁兴起的赏湖石风气在洛阳园林中尚无反映。

南宋定都杭州后，贵戚官员在西湖畔建了很多别墅式园林，其中以张浚之孙张镃的北园最著名，据周密《武林旧事》记载，内有楼馆十余所，其主楼前后十一间。园中成片种植桂、松、竹、梅、腊梅、杂春花、荷并安置奇石于各亭馆中，使各成一景，与宋高宗德寿宫的布景方法相近。周密《癸辛杂识》前集《吴兴园圃》记录了湖州城内外园林各18处，除大园仍记其堂、阁、台等，但重点是强调奇石、古木和分类集中种植使形成景观的花木。对于南宋园林，目前只能从南宋院体绘画中了解其概貌。著名的刘松年《四景山水图》表现的是杭州西湖畔的园林式别墅春夏秋冬四季的不同景象（图7-49至图7-52），可供参考。

图7-49　南宋刘松年《四景山水图》中之春景

图 7-50 南宋刘松年《四景山水图》中之夏景

图 7-51 南宋刘松年《四景山水图》中之秋景

图 7-52　南宋刘松年《四景山水图》中之冬景

第三节　规划与建筑设计方法

此期除较完整的新创建城市资料外，保存下的建筑遗物较唐及唐以前为多，故较有条件具体地探讨它在规划布局和建筑设计上的方法和特点。大量实例表明，除了在具体建筑设计上使用“材分”为模数外，还以模数网格为建筑群组布置的基准，而以一层柱高为建筑立面、剖面设计的扩大模数。采用这种方法大大简化了规划布局和建筑设计的进程，由于存在着一些共同的规律和手法，在院落、建筑之间也易于达到统一谐调。《营造法式》的编定全面反映了北宋末年官式建筑设计、施工、制材水平和成就，为我们全面了解宋代建筑成就提供了重要史料。

一　城市规划

第六章关于唐代城市部分，根据一些创建的都城和地方城市的实测图，我们对其规划设计方法进行了探讨，发现了以坊为面积模数的迹象。但对于宋、金城市，迄今找不到一座属于创建而有实测图之例，故尽管宋代城市由坊市制转为街巷制，成为中国古代城市发展上的巨大变革时代，但我们目前只能看到由坊间方格网街道转化成的城市次要干道和由坊内横向小街演化成的胡同，尚无法具体分析新创建的街巷制城市在规划设计方法上的特点。综合而言，宋代城市与前代最大不同处是其开放性，这使城市生活和城市风貌发生根本性的变化。

唐五代以来城市经济发展、商业繁荣，出现了开放的商业街道和夜市。这样，由商业发展导致的经济繁荣就逐渐改变了城市的面貌和特点。唐五代的战乱破坏了中原和江淮的大量城市，在宋初恢复重建时，一些城市为适应商业的发展，就只复建了坊门为标识，却并未同时建坊墙，且官方在街道两侧建了很多供从事商业活动的廊屋以盈利，称市廊。这样，随着城市商业手工业的繁荣，约在北宋中期，城市中封闭的坊市解体，转变为开放的街巷制城市。

开放的街巷制城市市民所居的巷可直通街道，街道两侧可以设店铺，放松夜禁，大大活跃了城市商业活动，丰富了市民生活，适应了经济和社会生活新发展的需要。沿街建邸店、廊屋出租，有很多是出于权臣、贵官和官府的谋利行为，故在他们的权力和利益的推动下，比市民侵街建店的个人行为更快、更有力地促进了城市面貌的改变。熙宁八年（1075）沈括曾大力呼吁在边城恢复里坊，作为加强边城安全的措施，可知在北宋中期连边城也已是开放的街巷制城市了。[①]

因为宋代大中型城市基本是沿用唐以来的旧城，故宋代的街巷制城市大部是在坊市制城市的格局上改造成的，除主干道通城门外，街道仍多保持十字网格状，但街景则由坊市制城市两侧由坊墙、坊门、官署、寺观和少量贵邸朱门造成的整齐严肃而稍单调的面貌转变为沿街排布商店、酒楼、质库、邸店富有生活气息的繁华景象，由于侵街建店，街道也比唐代为窄。除大街外，一些城内和近郊的街巷内也有小型商店旅邸，在近郊还出现随地形自由发展形成的弯曲街道（图 7-53）。

图 7-53　北宋张择端《清明上河图》中所绘汴梁近郊商业街道

① 李焘：《续资治通鉴长编》卷 267，神宋熙宁八年。中华书局排印本 ⑲，2004 年，第 6543 页。

在此条件下，都城、州府县城的面貌都发生根本性的改变。

唐代都城宫城的正门在皇城以北，其前的横街主要进行礼仪活动，一般不对公众开放(元宵观灯在皇城西门外)。而北宋汴梁宫城正门宣德门外则在横街以南建开放的御街，御路两旁有植莲花的水渠和花树，改变了前代肃穆单调的形象。在其两外侧又建长数百米的御廊，允许在其内进行商业交易，成为重要城市景观和公众活动场所。在元宵等节日还搭设采棚，允许百姓进入观灯，皇帝亲临还打出“与民同乐”的牌子，有较强的生活气息。在热闹街市和重要寺观，公众活动也十分活跃。西城外的供皇帝游赏的金明池在一定时期也允许民众进入，在一定程度上具有城市公园的性质。汴梁的主要商业街道就靠近宫城东侧，非常繁华，酒店门外都搭建近于后世扎采牌楼的“采楼欢门”。大型酒楼丰乐楼由高达三层的五座楼组成，其间用飞桥连通，极为繁华，其中西楼靠近宫城，这在唐代是不可想象的，充分反映了中古封闭性城市与近古开放性城市的巨大差异（图 7-54）。

图 7-54　卫贤《闸口盘车图》中的酒楼和采楼欢门

宋代州府级城市的开放性也大为加强。其子城的正门下开二门洞，上设谯鼓，故称“双门”或“谯门”，为衙署正门。门外两侧按规定都建有礼仪性的“颁春”、“宣诏”二亭，供迎接圣旨和上级视察之用。谯门前的丁字街口即为城市的主要公众活动的广场。有的把行刑的法场也设在此处，并建立一座表示超度免罪的陀罗尼经幢为标志。其实例如松江市原谯门前的巨大唐幢。在苏轼、陆游著作中也有这类记载。[①] 官署中一般建有园林，称“郡圃”。有些城市的郡圃在节日对公众开放，在一定程度上具有城市公园的性质。小的县城一般无子城，县衙前的丁字街口即为主要的城市广场。这些都表现出宋代城市的开放性。

开放性的城市对公安和消防有更高的要求，宋代在汴梁城内按地段建军铺以管理居民和维持治安。又建望火楼以监视火灾，对桥道的维修和下水道的淘治也按区有专职人负责，都属新的城市管理措施。

二　建筑群组的规划布置

宋、辽、金都有少量大型建筑群，如岳庙、陵墓、寺院等保存下来，通过它们可以探索其总体布局的方法和规律。大体而言，当时大型建筑群布局都以一定尺度的方格网为布局基准，以控制总体关系。在具体布置上多沿用主殿院居中，两侧分别建若干小院的廊院式布局。为了突出主体建筑，又延续古代“择中”的原则，把最重要建筑物置于地盘的几何中心。

（一）祠庙

在现存登封中岳庙、泰安岱庙和阜曲孔庙中尚可看到北宋、金时的总体布局的情况，它们基本上仍是廊院式布局。

1. 登封中岳庙

布局概况已见前节。在实测总平面图上分析，可看到两点。

其一，它是以方 5 丈的网格为布局基准的。从图上可见，庙区东西 11 格，南北 25 格，为宽 55 丈，深 125 丈。庙内中轴线上的主殿院东西 5 格，南北 12 格，为宽 25 丈，深 60 丈。

其二，如在主殿院轮廓上画对角线求其几何中心，位置在主殿前月台的前部。这现象在其他祠庙中也曾出现，详见后（图 7-55）。

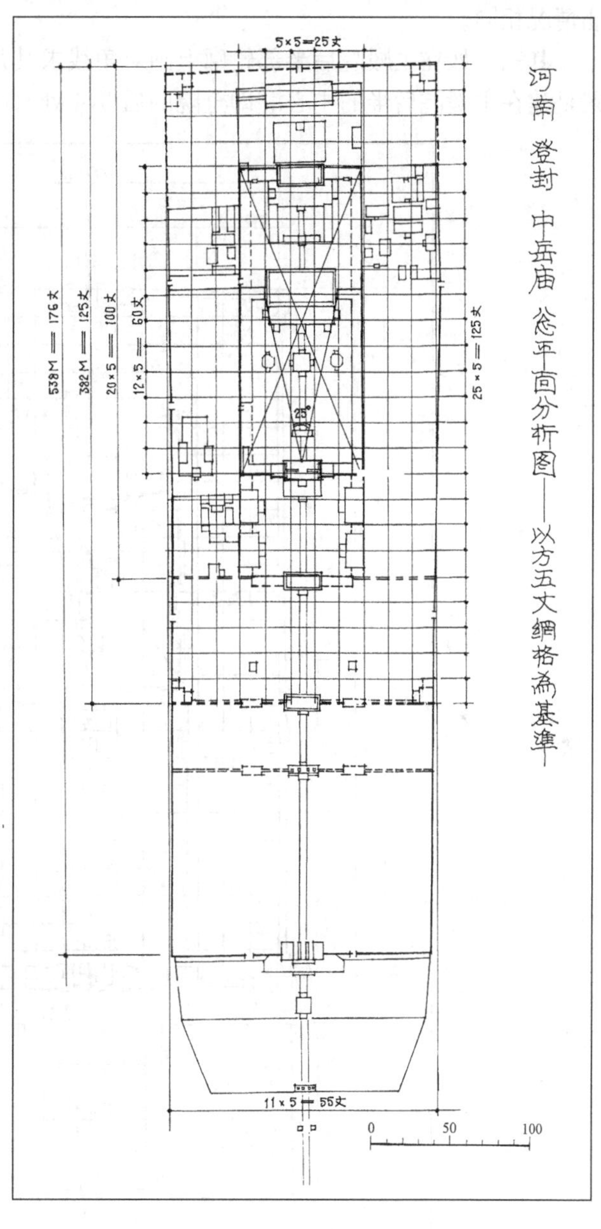

图 7-55　登封中岳庙平面布置分析图

① 陆游，《入蜀记》七月九日条云：“有为他邑尉者，亦获盗，营赏甚力，卒得京官。将解去，入郡，过刑人处则掩目大呼，……后至他郡，见通衢有石幢，问此何为？从者曰：法场也。”

2. 泰安岱庙

在实测总平面图上分析，也可以看到：

其一，以方 5 丈的网格为布局基准。从图上可见，庙区东西 14 格，南北 25 格，为宽 70 丈，深 125 丈。庙内中轴线上的主殿院东西 8 格，南北 11 格，为宽 40 丈，深 55 丈。

其二，如在主殿院轮廓上画对角线求其几何中心，位置也在主殿前月台的前部，与中岳庙情况相同。

其三，如在主殿院后半部轮廓上画对角线求其几何中心，位置恰在主殿的中心，表明主殿是建在主殿院后半的中心，即全院的后 3/4 处（图 7-56）。

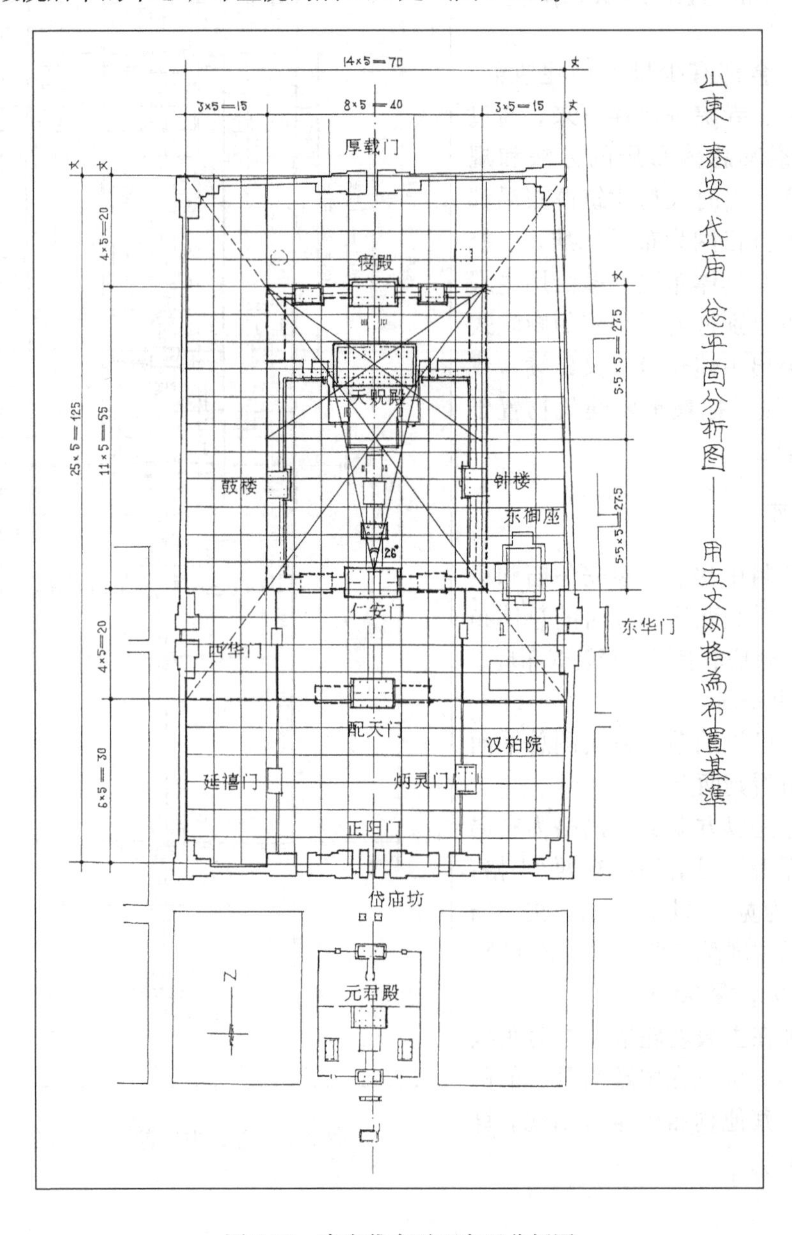

图 7-56 泰安岱庙平面布置分析图

3. 曲阜孔庙

现状四角楼所包庙墙以内部分形成于北宋至金代。在实测总平面图（图 7-57）上分析，也可以看到：

其一，它也是以方 5 丈的网格为布局基准的。从图上可见，庙区东西 9 格、南北 25 格，为宽 45 丈、深 125 丈。庙内中轴线上的主殿院东西 5 格、南北 10 格，为宽 25 丈、深 50 丈（庙外墙走向稍有歪斜，以南部最窄处和西部最深处计，结果如此。主殿院尺寸则是准确的）。

其二，在庙墙四角画对角线求几何中心，正在杏坛处。杏坛处传原为孔子讲授堂故址，是孔子最重要的活动场所，故置于庙区的中心。

其三，如在主殿院轮廓上画对角线求其几何中心，位置在主殿前月台的前部。

以上三例总平面形成于北宋或金，均用 5 丈网格为布置基准；主殿院月台前部是举行祭仪或做法事之处，故定为几何中心；它们的布局表现出使用了共同的规划设计方法。

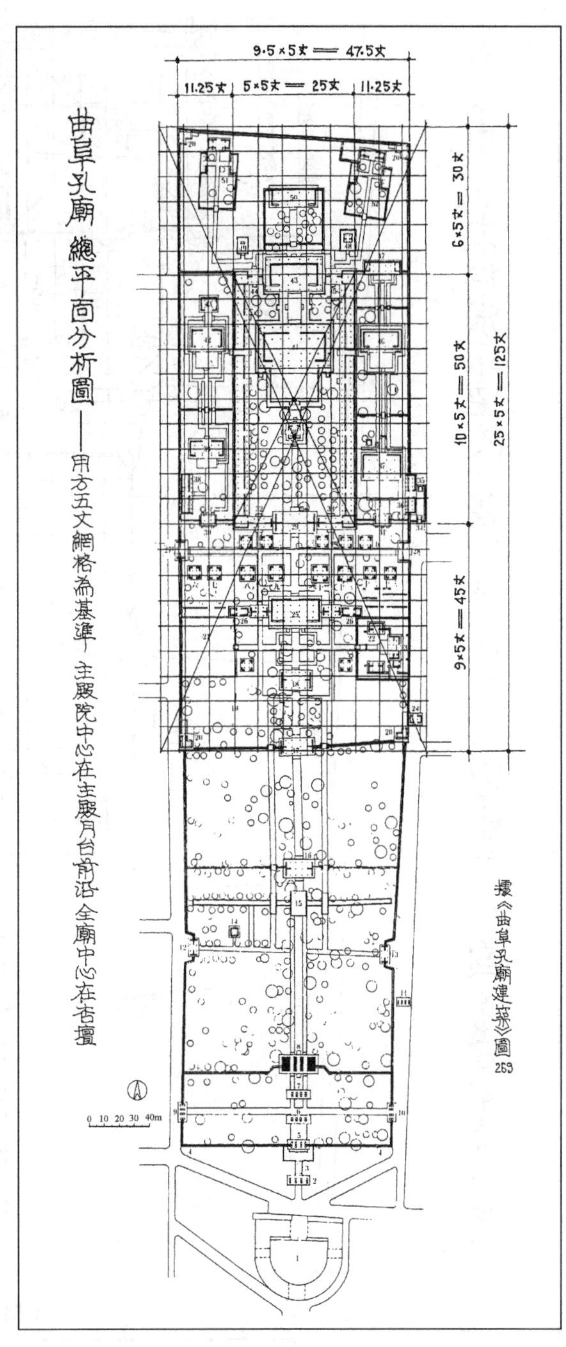

图 7-57　曲阜孔庙平面布置分析图

（二）陵墓

分析现存河南巩县北宋诸陵的平面实测图，发现它也以方 5 丈的网格为布置基准。帝陵中，真宗永定陵、仁宗永昭陵的上宫均为正方形，方 15 格，即神墙每面长 75 丈；神道长 19 格，宽 3 格，即长 95 丈，宽 15 丈。仁宗曹皇后陵之上宫方 7.5 格，神道长 6 格，宽 2 格，即神墙每面长 37.5 丈，神道长 30 丈，宽 2 丈。后陵神墙每面长度恰为帝陵的 1/2，亦即上宫面积为帝陵的 1/4。帝、后陵之陵山均居陵垣内之几何中心（图 7-58）。

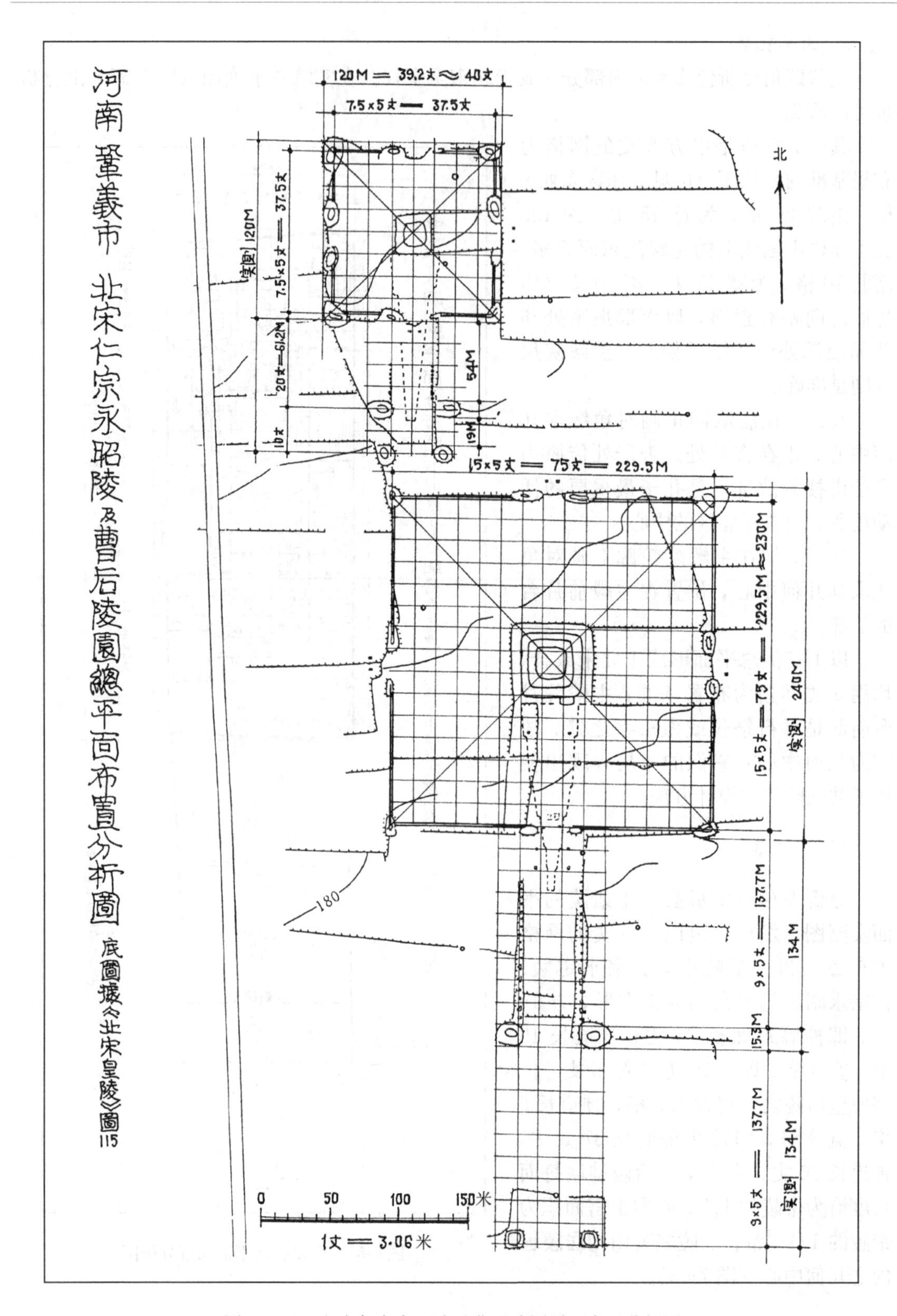

图 7-58　巩义宋仁宗永昭陵及曹后陵园平面布置分析图

（三）寺庙

1. 正定北宋隆兴寺

寺之概况已见前节。在实测总平面图上分析，其北端如以佛香阁后墙为界，则自山门至北端深为 90 丈，中路宽为 30 丈。如在此范围画对角线求几何中心，恰落在摩尼殿的中心，证明它也是以方 5 丈的网格为布置基准，并令主殿摩尼殿居全寺几何中心的。如果以此为界，求寺之前、后两个半部之中分线，则前半部之中分线恰在已毁的六师殿之中心，说明三殿前后等距布置；后半部之中分线在东西相对的转轮藏与慈氏阁之南墙，即后部五座楼阁攒聚一区恰占寺的 1/4 面积。这表明此寺规划时是沿进深方向等分为 4 段，再依次安排各殿宇楼阁的（图 7-59）。

2. 应县辽佛宫寺

为辽萧后之父萧孝穆在 1056 年建，其主体为高 67 米的五层木塔，寺的山门和其后建大殿的高台尚存，可推知其主体部分的进深，但因其边缘尚待探查，宽度待考。目前只能在此范围内探讨其布局特点。

在实测图上分析，首先发现木塔之宽度如以副阶柱中计，恰为唐尺 10 丈，而塔后高台之台面宽度为 20 丈。据此，试在平面实测图上按唐尺画 5 丈网格，如南起南墙，北抵台上大殿之后墙，恰可容 10 格，即深 50 丈；台面宽度 20 丈可容 4 格；在此区画对角线求其几何中心，可发现而木塔即位于几何中心上，若以副阶东、西、南、北四面柱中线计，则共占 4 格。

再分别画对角线求南北两半部的中心，又可发现，塔后高台之前缘恰在北半部的中分线上，亦即占总平面的最后 1/4 部分（图 7-60）。

综合上述，可知在佛宫寺布局中，第一是使用了方格网，第二是置主体建筑（此寺为塔）于全寺的中心处，第三是后部的高台及殿宇恰占全寺的 1/4。这三点和前举之正定隆兴寺基本相同，表明北宋和辽的大型寺庙在规划布局上采用的方法基本相同。

3. 朔州金崇福寺

寺之概况已见前节。在实测总平面图上分析，南北向如以南墙（亦即山门之中柱列）至最北面之观音殿北阶计，约为金尺 54 丈；东面向如计至发掘出之廊址，约为金尺 39 丈。即此寺布置使用了 3 丈网格，南北 18 格，东西 13 格。

如在进深方向用画对角线方法等分为四等分，则可看到山门、千佛阁、大殿、弥陀殿的中心都位于等分线上，山门、千佛阁、大殿虽为明以后建筑，尺度缩小，但可能是在原有位置上重建的，这表明此寺中轴线上建筑是按等距离布置的（图 7-61）。

综合上举北宋、辽、金三座大型寺庙的布局情况，可以看到，它们的共同点是：①都使用方格网为布置基准；②在主院的几何中心处安排重要建筑；③沿纵深方向用画对角线方法等分为 2 部分和 4 部分，中轴线上重要建筑除位于前后端外，多建在 1/2 或 1/4 分界线处。其中前 2 点继承自唐代，第 3 点因目前未掌握唐代大建筑群较精确的平面布置图，是唐已有之，还是宋辽金时的新发展，尚有待研究。就规划方法而言，这种网格实即建筑群组的面积模数，利用它可以较易控制主次建筑、主次院落的尺度关系和庭院的空间关系，保持建筑群组形成重点突出而又谐调有序的整体。就施工而言，在地盘上布置网格，或用画对角线求几何中心，都是很简单而易于操作的方法。

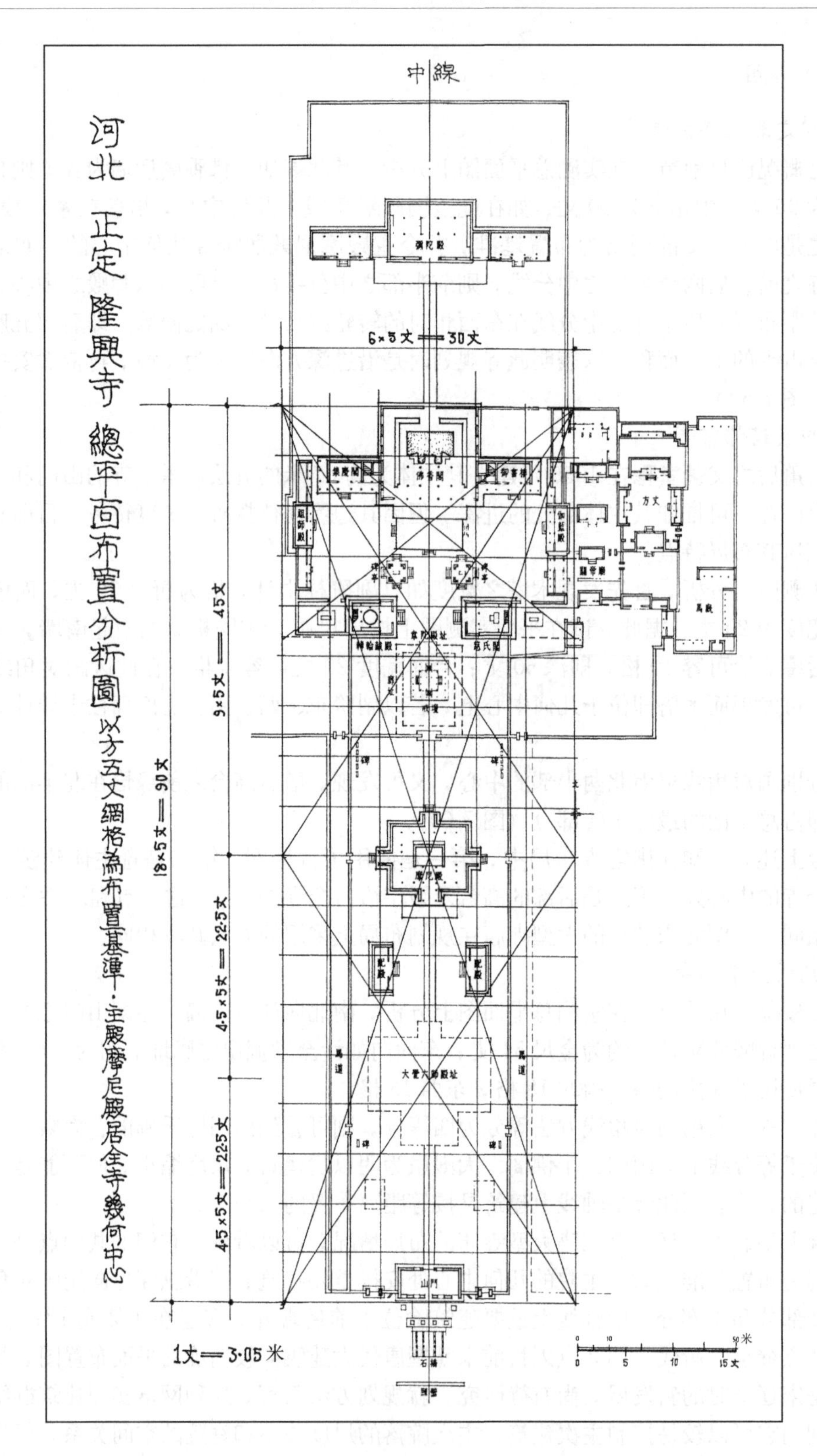

图 7-59　正定隆兴寺平面布置分析图

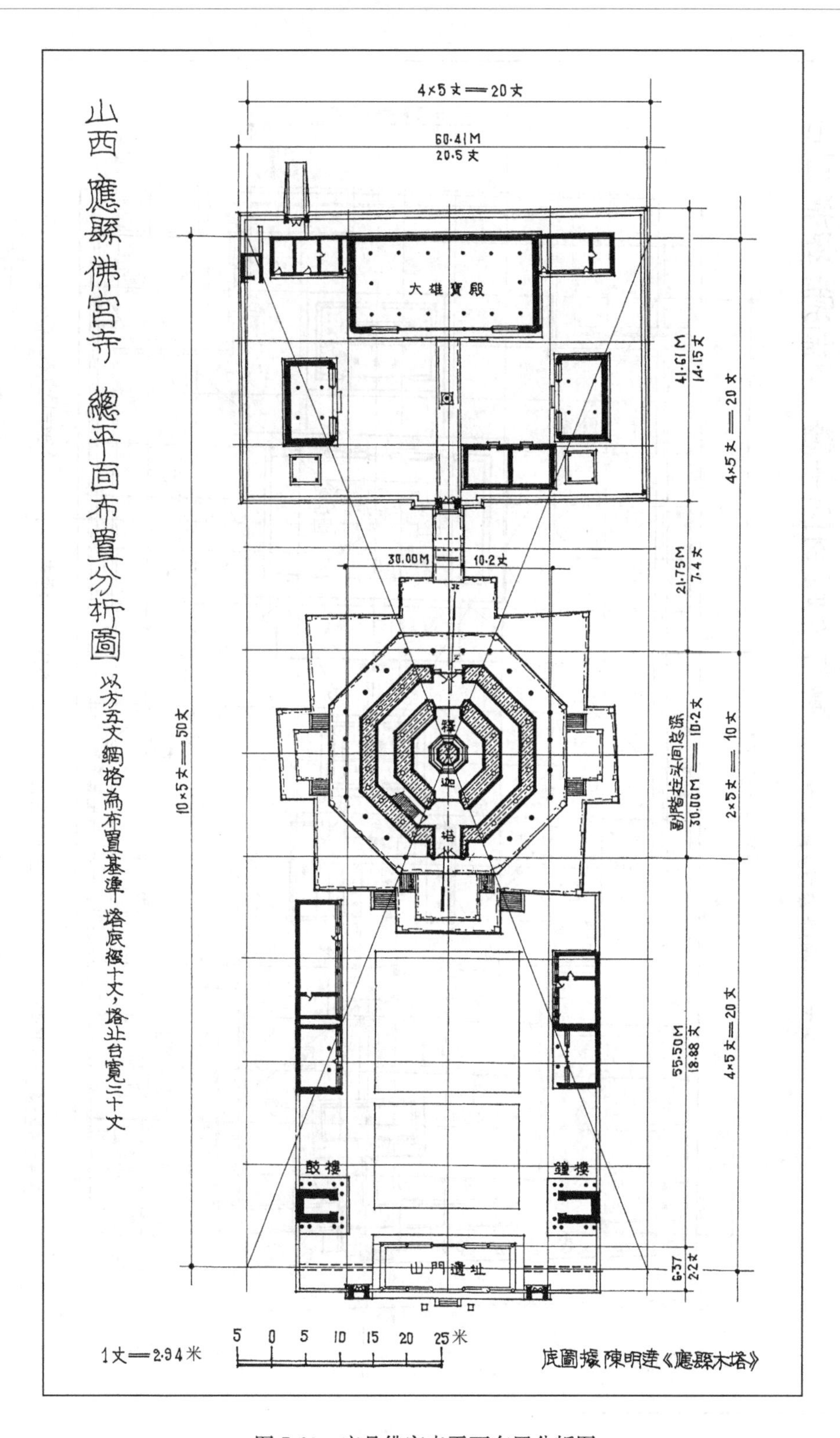

图 7-60　应县佛宫寺平面布置分析图

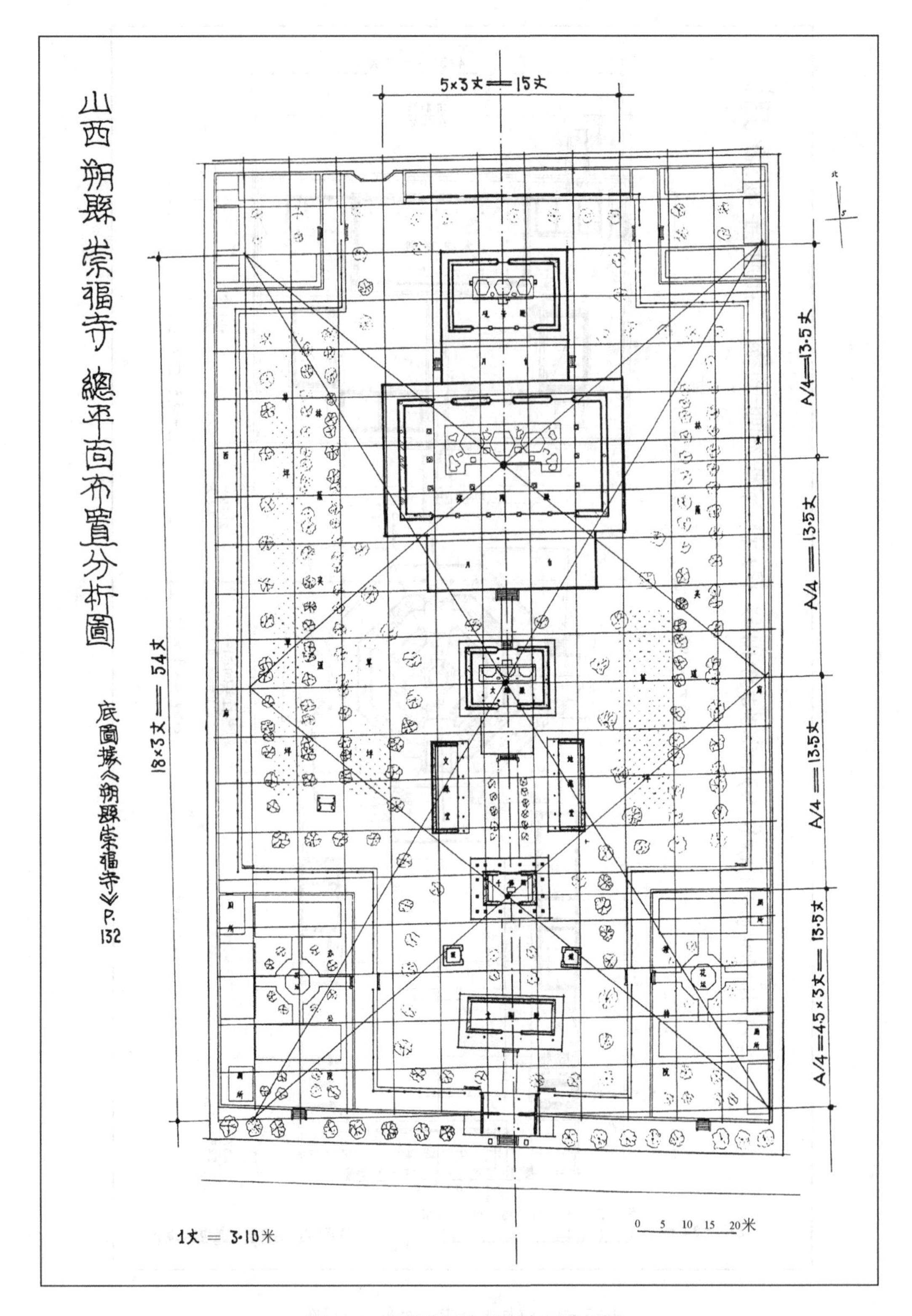

图 7-61　朔州崇福寺平面布置分析图

三　单体建筑设计

北宋建筑继承唐五代，但受晚唐五代时江南影响较多；辽代建筑受唐代北方建筑影响较多，到后期也接受一些北宋影响；南宋建筑更多地受北宋以来江南地方特点的影响；金代建筑兼受辽和北宋影响。它们的设计手法基本相同，在建筑风格上的差异大体上也可视为中国南北方的不同。继承唐以来传统，此期单体建筑使用以“材分”为模数进行设计的方法，它的开间、进深、构件尺寸都以材分数折算，再适当调整地盘数字为整尺寸，以利施工和核查，是一种结合使用要求并满足艺术及结构、构造需要的设计方法，其详见下文《营造法式》部分。

但是对现存大量此期建筑实物进行分析，还发现它在以材分为模数的基础上也使用了扩大模数，以控制大的比例关系，并简化设计过程。

（一）单层建筑

此期单层建筑仍沿用唐以来以檐柱之高为正立面和剖面设计的扩大模数的设计方法。

其一：大多数建筑的正立面都由若干个以檐柱平柱之高为边宽的正方形组成，亦即以檐柱平柱之高为立面的扩大模数。包括北宋建筑太原晋祠圣母殿、登封少林寺初祖庵，辽代建筑义县奉国寺大殿、大同下华严寺薄伽教藏殿、大同下华严寺海会殿，金代建筑山西五台佛光寺文殊殿、朔州崇福寺大殿均是其例。但辽后期及金代也有以角柱之高为立面的扩大模数之例，如图 7-62 所示。

其二，在剖面设计方面，大多数单檐建筑的中平槫（檩，即自檐檩起向上数第三根檩，亦即进深四椽房屋的脊檩）标高为檐柱高的 2 倍。图 7-63 所示包括北宋建筑宁波保国寺大殿、登封初祖庵大殿，辽代建筑蓟县独乐寺山门、义县奉国寺大殿，南宋建筑苏州玄妙观三清殿之上层，金代建筑朔州崇福寺观音殿、大同善化寺山门等均是其例，如图 7-63 所示。

在辽、金时有一部分单檐建筑（大多属厅堂型构架）的上平槫（即自檐檩起向上数第四根檩，亦即进深六椽房屋的脊檩）标高为檐柱高的 2 倍，相对加大了檐柱高度。如图 7-64 所示之辽代建筑大同下华严寺海会殿、善化寺大殿，金代建筑佛光寺文殊殿均是其例。到元明时期遂成为普遍做法。

其三，重檐建筑的上檐柱之高为下檐柱高的一倍，而自上檐柱顶至上檐屋顶中平槫之距仍等于下檐柱之高，与单檐建筑相同。图 7-65 所示北宋建筑太原晋祠圣母殿、辽代建筑应县佛宫寺释迦塔的下层均是其例。

（二）多层楼阁

多层楼阁立面设计仍以底层柱高为模数。如图 7-66 所示，蓟县独乐寺观音阁为由底层、平坐层、上层三层叠合成的外观为二层的建筑。它以一层内槽柱高为扩大模数：在平面上，正面当中 3 间总宽和侧面总进深均为 3 倍柱高；在立面上，自一层内柱柱顶至平坐柱顶、自平坐柱顶至上层柱顶之距也均为一层内柱之高。这样，整个侧面和正面的中间三间自下而上，均为以一层内柱之高为边宽的方格网所控制，表明在立面设计上与单层建筑相同，多层楼阁也以柱高为扩大模数。

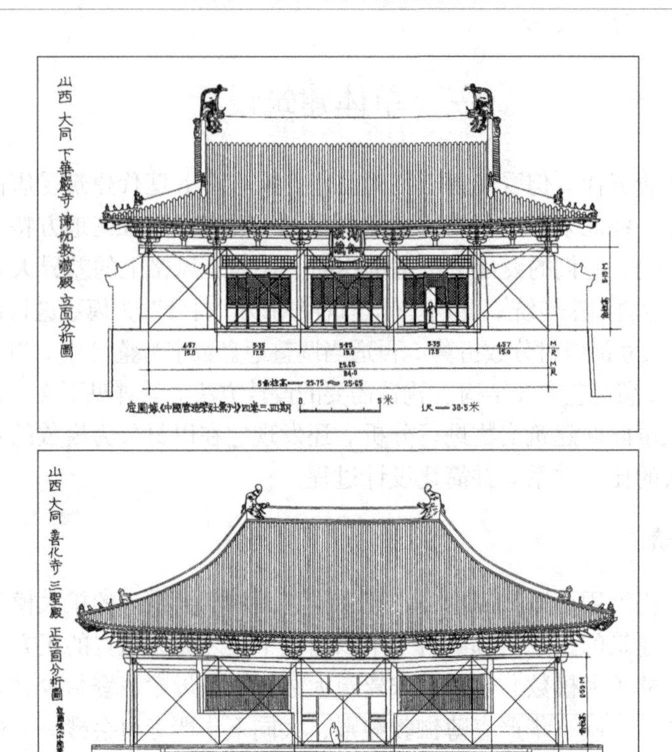

图 7-62　辽、金单层单檐建筑立面以角柱高为模数之例

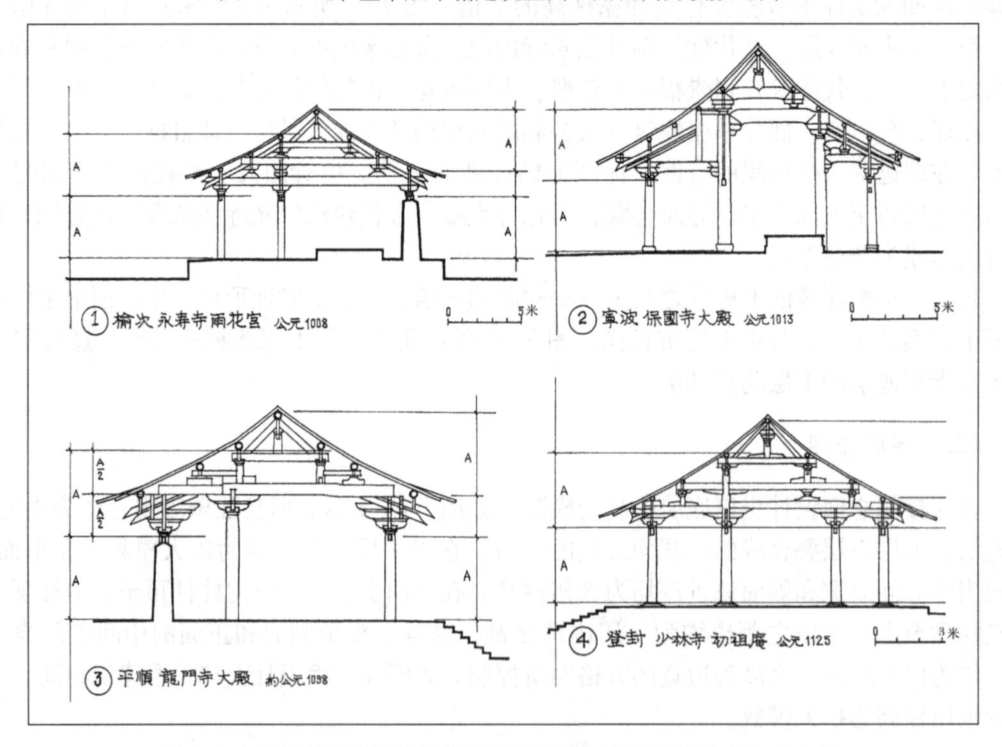

图 7-63　宋代单层单檐建筑剖面以中平槫标高为下檐柱高 2 倍之例

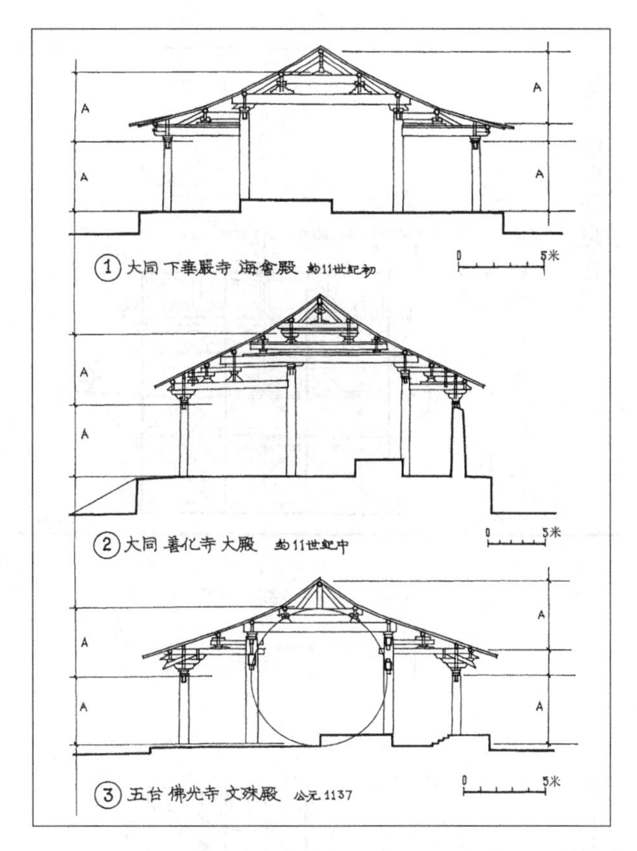

图 7-64　部分宋、辽、金单层单檐建筑剖面以上平槫标高为下檐柱高 2 倍之例

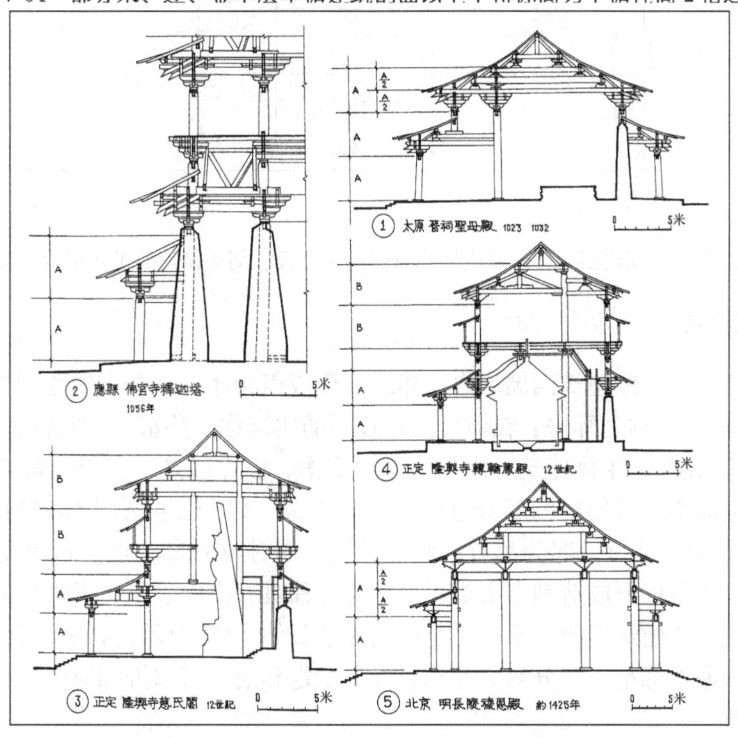

图 7-65　宋、辽、重檐建筑上檐柱高为下檐柱高 2 倍之例

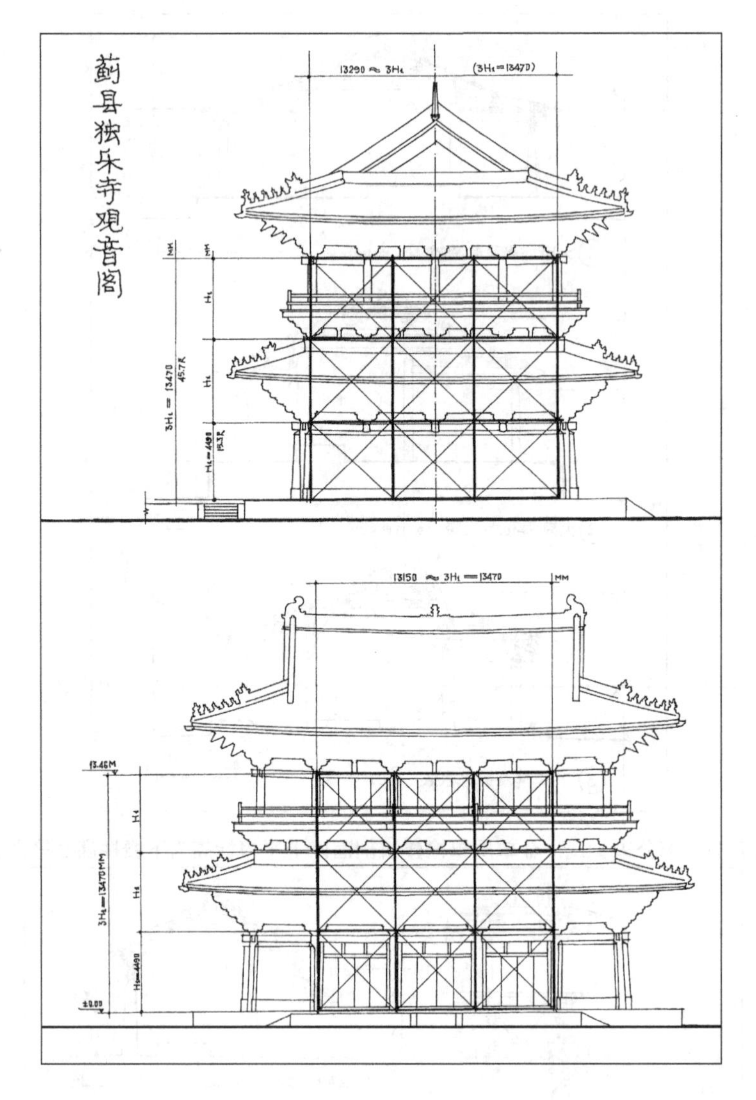

图 7-66　辽代多层建筑以底层内槽柱高为立面、剖面设计的扩大模数之例

（三）建筑组合体

此期建筑盛行在主体建筑四周加附属建筑，形成组合体。如在主体两侧接建较小的建筑称“挟屋”，即清式习称之耳房；在前后接建较小的建筑称“抃水”，即清式之抱厦，其以山面向外的称“龟头屋”。主体建筑可以是单檐、重檐，也可以是二三层的楼阁，但其附属建筑则应比主体低而小，所用材的等级也要低一至二级，以利于突出主体建筑（图 7-67 和图 7-68）。这种建筑组合体每一部分都有完整的柱网，是独立构架，既可以满足建筑组合体的构架稳定要求，也可以形成造型丰富多彩、体量宏伟具有高度建筑艺术水平的大型建筑。宋辽金这类大型组合体建筑实物已不存，目前尚无法具体了解其设计方法和规律，但从宋代绘画中看到它的形象大都是主次分明，互相衬托，稳定和谐，可以推知应已有相当成熟的设计方法和构图规律。

图 7-67　明人临摹宋画《滕王阁图》

图 7-68　南宋李嵩绘《高阁焚香图》

（四）塔

对现存宋、辽塔的实测数据和图进行分析，发现在设计时可以使用两个控制模数，即底层的柱高和中间一层的面阔。

（1）应县佛宫寺释迦塔（1056年建）：外观八角五层，为现存唯一完整的木塔。对实测图进行分析，发现它是用长0.294米的唐尺进行设计的，其中间一层（第三层）每面的通面阔A均为30唐尺。如自底层地面起，依次向上计至一层、二层、三层、四层的普拍方上皮和五层檐口，其间的高差也均为A，可知此塔是以塔身第三层每面的通面阔30唐尺为控制整个设计的扩大模数的。再对1至5层每层塔身每面的通面阔进行分析，还发现各层每面的通面阔也以中间一层（第三层）每面的通面阔30唐尺为基准，向下的二、一两层每层递加0.15尺，向上的四、五两层每层递减0.14尺，用这方法形成塔身的弧线形整体轮廓（图7-69）。

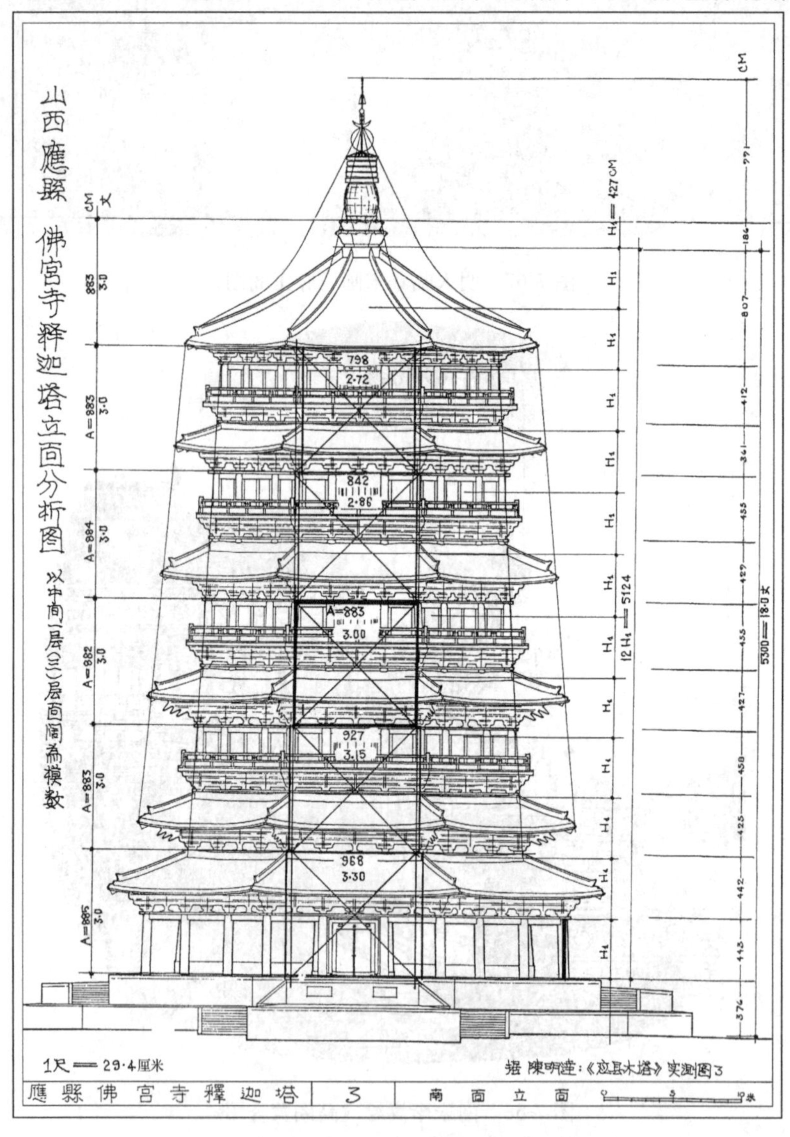

图7-69　辽代木塔以中间一层每面面阔和底层檐柱高为控制塔身总高的扩大模数之例

此外，以底层柱高为高度上的模数是唐以来的传统。如以底层副阶柱高 H_1 为高度上的模数，则此塔自副阶地面至塔顶博脊之上皮为 12 H_1。但其中只有一层副阶柱、一层上檐柱、二层平坐柱上皮三者之间的距离为 H_1，再向上即不能与分界线吻合。因此，此塔以中间一层面阔为扩大模数的可能性最大（参考图 7-69）。

（2）内蒙古巴林右旗释迦佛舍利塔（庆州白塔）：为八角七层砖塔，外观仿木构，有塔檐及平坐层。据实测数据和图纸，它也是用长 0.294 米的唐尺设计的，其中间一层（第四层）每面通面阔 A 为 23 唐尺。自一层莲座上皮至顶层檐口共高 7A，其二至七层檐口间的距离均为 A，表明它以中间一层（第四层）每面通面阔 23 唐尺为控制整体设计的扩大模数。

如以底层柱高 H_1 为扩大模数，在实测图上验核，发现自一层莲座上皮至顶层博脊共为 13 H_1。但除一、二层和顶层檐口与 H_1 的划分一致，其余均不能吻合，这表明此塔与应县佛宫寺释迦塔相同，也以中间一层每面的通面阔为控制整体设计的扩大模数（图 7-70）。

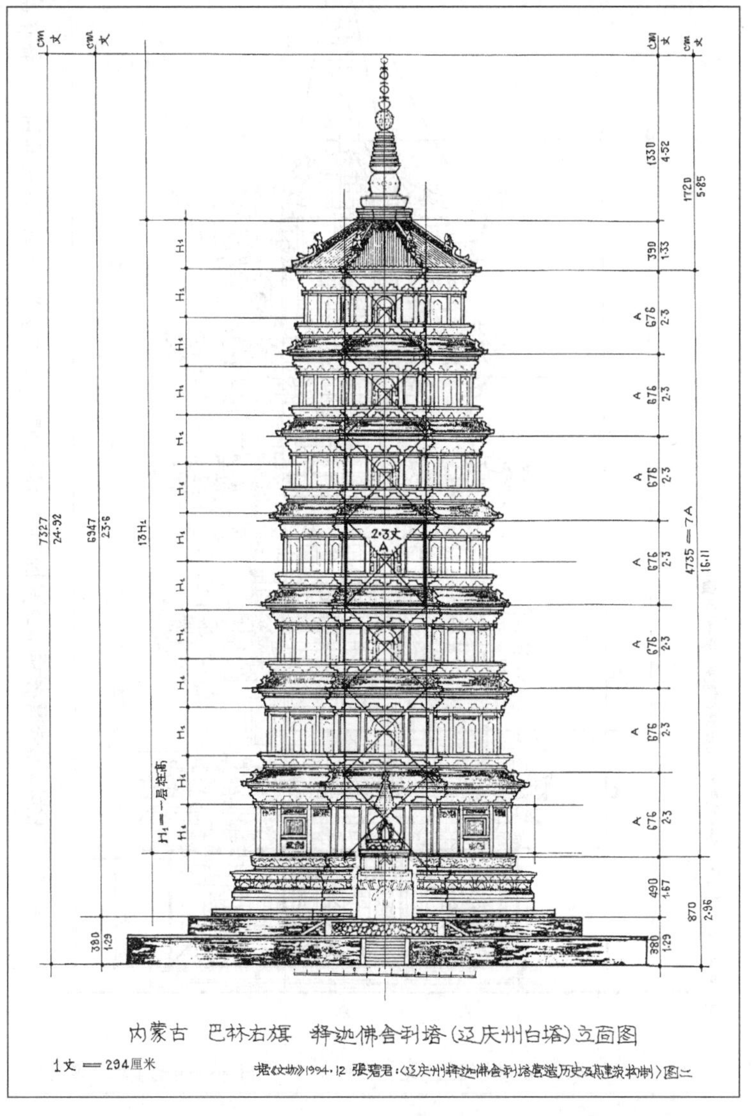

图 7-70 辽代砖塔以中间一层每面面阔和底层檐柱高为控制塔身总高的扩大模数之例

二座塔使用扩大模数控制塔身时有一共同特点，即当以中间一层每面通面阔 A 为塔身之扩大模数时，自底层地面计至顶层檐口为其整倍数；当以柱高 H_1 为扩大模数时，自底层地面计至顶层博脊为其整倍数。

(3) 泉州开元寺仁寿塔：为八角五层石塔，外观仿木构，有塔檐、斗栱及栏杆。据实测图纸可知，当它以中间一层（第三层）每面通面阔 A 为塔身之扩大模数时，塔高自一层地面计至顶层博脊，恰为 7A，塔底层之总宽为 3A。

如以底层柱高 H_1 为扩大模数时，自底层地面计至顶层檐口恰为 7 H_1（图 7-71）。

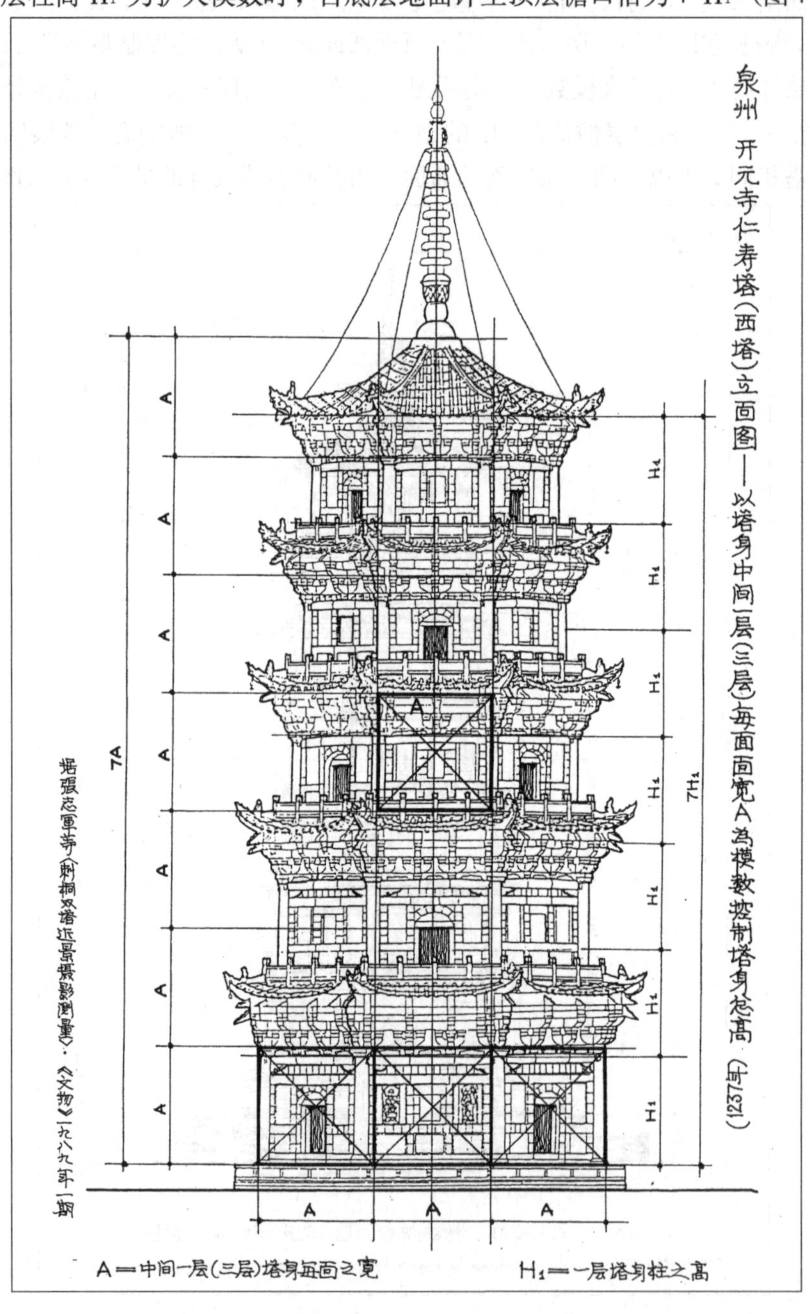

图 7-71　宋代砖石塔以中间一层每面面阔和底层檐柱高为控制塔身总高的扩大模数之例

与此塔情况相同的还有泉州开元寺镇国塔、上海龙华塔、苏州报恩寺塔、松阳延庆寺塔等，以 A 及 H_1 为扩大模数时，其计算的起止处也相同。

综括上举，可知此期的塔都使用中间层每面的通面阔 A 及底层柱高 H_1 为扩大模数。但进一步分析，还可以看到北方的辽和南方的宋还存在着差异：

当以中间一层每面通面阔 A 为扩大模数时，辽塔自底层计至顶层檐口止，而宋塔自底层计至顶层博脊止。当以底层柱高 H_1 为扩大模数时，辽塔自底层计至顶层博脊止，而宋塔自底层计至顶层檐口止。二者计算方法恰好相反，这应即是地域的差别。

四　装修装饰

北宋以后，随着商业发展和城市经济繁荣，社会风气倾慕繁华富丽，故北宋的建筑注重细部处理，装修和彩画都强调装饰性，一反唐代的浑朴厚重之风。而当时木工工具和榫卯结合技术的发展则为其提供了可能性。这情况大都反映在《营造法式·小木作制度》中，而在同期绘画如《清明上河图》中所画街市部分也有很形象的表现。但到南宋时，受偏安形式和舆论所限，加以文化素养的提高，除商业建筑和市井生活外，宫殿、邸宅、园林等又舍弃过于繁华富丽，转而趋于精雅秀美。这在南宋画中所绘的宫殿、贵邸、园墅中都有明显的反映。

辽代前期受唐、五代北方建筑影响，装修简单浑朴，彩画多用赤白，保存北方唐代遗风尚多，末期受北宋影响，微趋繁丽，如河北涞源阁院寺大殿格子门和易县开元寺三殿的藻井均是其例（图 7-72）。

图 7-72　河北易县开元寺毗卢殿藻井

中国古建筑图典（第一卷），北京出版社，1999 年，第 48 页

金代宫廷建筑主要继承北宋传统并向奢丽发展，屡见于南宋使臣的记载。虽其实物多已不存，但从北京房山金陵出土的石雕栏板和山西繁峙岩山寺金代宫殿图壁画中可以看到它继承了北宋精巧富丽的传统，其图案纹饰也向细腻精工发展（图 7-73）。但金代的地方建筑，如山西等地的所存金代建筑仍主要继承辽金以来北方传统。

图 7-73 北京房山金陵出土石雕阑版

此期建筑中遗存的同期装修、装饰较少，但与《营造法式·小木作制度》部分所载互证，还可了解其概况。但有关石雕、木雕、彩画方面的遗物更少，只能在下文关于《营造法式》部分进行介绍。

（一）外檐装修

（1）版门。基本延续古来传统做法，一般以两扇为一组，以其坚牢，一般用于城门、宫门、宅门等有防卫作用之处。每扇两侧用厚木枋为边框，称“肘版”，肘版上下端加长，用为门扇开闭的门轴。肘版间竖向排列木板，版背面开槽，穿入横向的“楅”，即连为一扇版门。为了加固，用门钉把各条版钉在“楅”上，使牢固连为一体，并在每扇门的四角包铁叶，称“角叶”。这些角叶上可以錾出花饰，规律排列的铁门钉上可罩以铜帽，和錾花的门环铺首相结合，即成为版门的装饰。在宫门等重要地点，这些金属饰件上还可以鎏金，朱门与鎏金的门钉、铺首、角叶相衬，有很端庄、华贵的装饰效果。

（2）格子门。在唐末五代的石棺上已有表现在版门上部开直棂窗的图像，北宋以后遂发展出在框架上装棂格的较为轻巧的格子门，一般用在房屋的外檐和室内隔断。但商业建筑也有用于临街店面者。用为室内隔断的还有不能开启的，称“截间格子”。

格子门一般以四扇为一组，每扇以竖向的“桯”和横向的“子桯”构成骨架，它分为上中下三段，上段占 2/3，嵌入棂格，下段占 1/3，嵌入障水版，中段很窄，在相距很近的二根子桯间嵌入窄版，名腰华版，实际是加固措施。

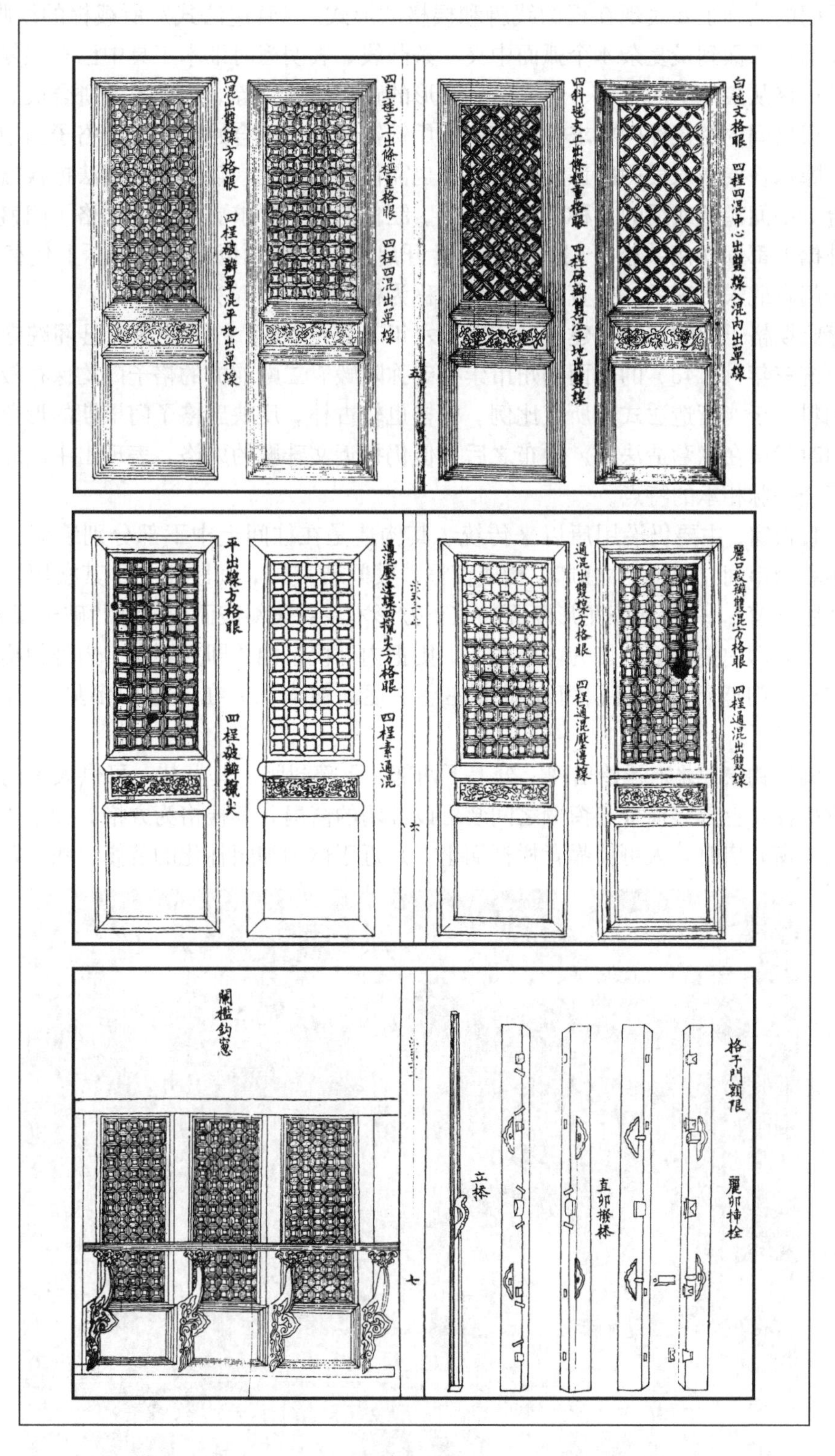

图 7-74 营造法式中的格子门图

《营造法式》卷 32 图样

格子门的装饰主要表现在桯的线脚和棂格的形式。《营造法式》所载桯的线脚有 6 种，从最简单的单弧面到最复杂 4 个弧面中夹 4 条凸线，表明当时细木工具中已有很复杂的线脚刨床。其棂格从最简单的方格、斜方格到圆形的正、斜毬纹等，均由木条拼合成，也有复杂的线脚。棂格间的搭接榫卯要求很准确，需用锼锯和雕刀配合始能完成。格子门中、下部的腰华板、障水板要嵌入桯侧面预开的槽中，也需使用开槽刨。较考究的做法把棂格做成内外两片相合，中间糊纸或绢的，称两明格子门，制作的技术要求更高。北宋格子门盛行后，殿阁厅堂外檐大都逐间满装格子门，除明间常开启外，一般用以采光，实际上代替了窗的功能。格子门自北宋出现后，一直沿用至清，称为槅扇（图 7-74）。

现存此期格子门的实例在建于辽应历十六年（公元 966）的河北涞源县阁院寺文殊殿和建于金皇统三年（1143）的山西朔州市崇福寺弥陀殿，二殿前檐的格子门均保存较完整，文殊殿的用料大于《营造法式》所定比例，棂格也较古朴，反映出格子门早期的形象。弥陀殿的格子门时代虽在《营造法式》颁布之后，但仍接近文殊殿的风格，表现出中国北方地方风格建筑辽金一脉相承的特点。

（3）直棂窗。主要仍沿用唐以来传统，其构造是在柱间上中下部分别装额、腰串和地栿，在额和腰串间立两根“立颊”，构成窗框，其间装直棂，间距 1 寸。其棂用矩形断面木条的称“版棂窗”，用等腰三角形断面的（正方形木条对角斜破而成）称“破子棂窗”。这种窗如为单层，即内侧糊纸，如为内外两层，则把内外棂格相并即为开窗，内外棂格错开即为关窗。在格子门盛行后，直棂窗在城市住宅中逐渐被淘汰，在宋画中多见寺庙或乡村建筑中。

（4）阑槛钓窗。北宋开始出现，分上下两部。下部封闭，其上装一可供人坐的横板，板外装靠背栏杆。上部在横板与窗额之间装可以开闭的窗扇，其棂格为方格，如格子门上的四直方格眼。窗开启时，人可倚靠背栏杆而坐，是近于休闲和园林化的装修（图 7-75）。

图 7-75　宋画中所表现的阑槛钓窗

阑槛钓窗的出现，开启了在槛墙（窗下墙）上装棂格窗扇的做法，其形式构造与格子门的上部相同，它虽不载于《营造法式》，但在南宋中后期的画中已经出现，至元明以后则成为普遍做法，称为槛窗。

（5）钩阑。前代已有，为用在殿和楼阁的四周的木栏杆。至宋代装饰作用加强，按高度和装饰程度分单钩栏和重台钩栏两种，其中一些构件如望柱头、云栱、华版为圆雕和高浮雕木构件。

此期代表性实例是大同下华严寺薄伽教藏殿内壁藏上天宫楼阁中的木钩栏。它建于1038年，也早于《营造法式》颁布65年，反映的是早期风格，但形式、构造是相同的（图7-76）。木钩阑一直沿用至清代，基本形式和做法未改变。

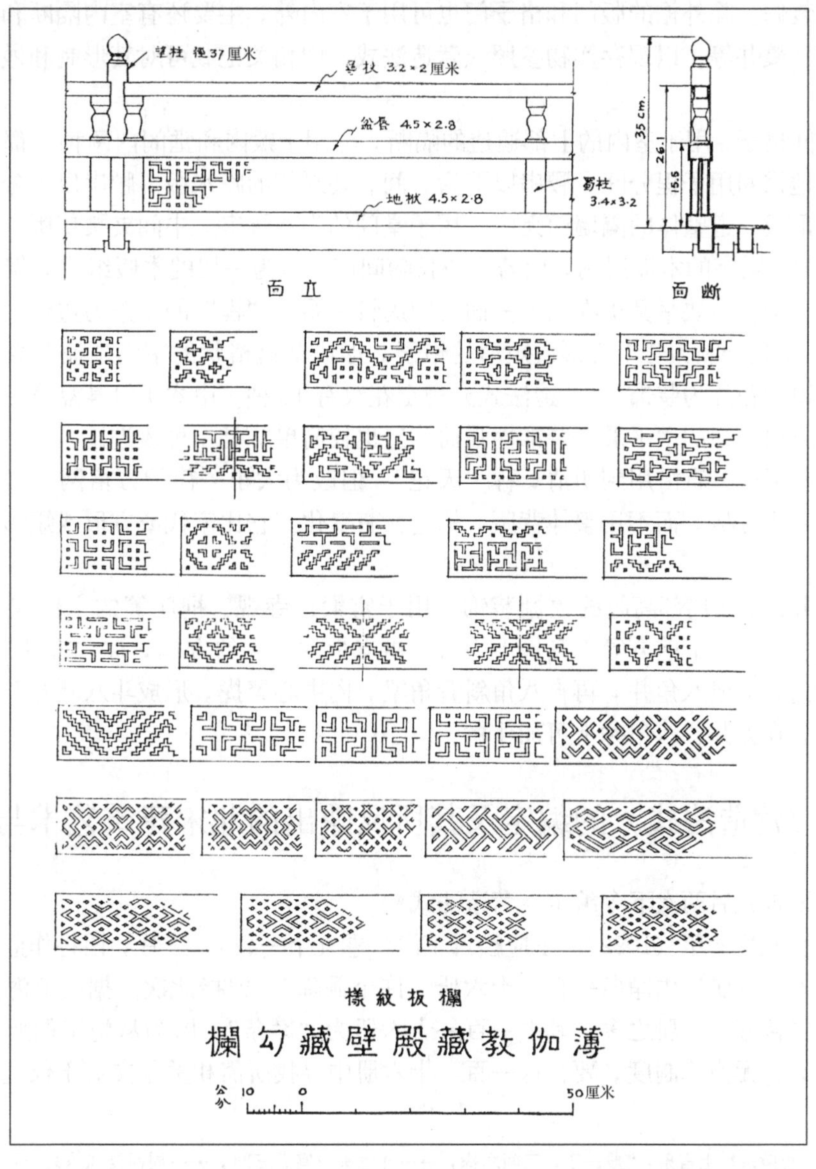

图 7-76　大同下华严寺薄伽教藏殿内壁藏上天宫楼阁中的木钩阑

梁思成·刘敦桢：大同古建筑调查报告，插图57，中国营造学社汇刊，4卷第3、4期

(6) 搠簾竿。外檐挂竹簾的设施，《营造法式》所载为每间装一扺在椽头下之木柱，其间连以悬簾的横竿。

(7) 避风簹。南宋时由搠簾竿发展而来。此时搠簾竿横竿发展为上下二道，中间嵌以方形棂格，形成横披，地面增设地栿。在其间安装若干扇用料较小的格子门形装修，上下通为方形棂格，内糊白色纸或绢，称为"避风簹"。[①] 它是轻便的活动装修，在夏日撤去，悬竹簾以通风，冬日安装以避寒，是南宋时适应江南气候而发展出的一种新的装修，盛行于宫殿、贵邸和园墅中，在南宋绘画中有大量表现它的形象（参阅图7-47）。

（二）内檐装修

即室内装修。除外檐的版门和格子门也可用于室内外，主要还有室内隔断和吊顶的截间格子、天花、藻井等。以现存实物参照《营造法式》中相关记载可对其形制和做法有较清晰的了解。

(1) 截间格子。用于室内的上部通透的隔断，分用于殿内和堂阁内两种。都是在通长的额、腰串、地栿间用子桯分间，腰串以下为3间，装封闭的障水版，腰串以上分2间，装透空的格子，形成一道整体的隔墙而无门。用于堂阁的为双腰串，中间夹腰华版。

(2) 平棊。殿宇的木板顶棚，由若干块长随间广，宽为一架的木版组成，架在斗栱后尾的"算桯枋"上。每块平棊板在向下一面的四周钉一圈称"桯"的木条为边框，其内用称为"贴"的较小木条分隔为若干方形或矩形的格子，形成棊盘格状的室内顶棚。豪华者还可在每格内钉镂雕的花片为装饰，《营造法式》规定花纹有13种。由木板钉棊盘格为饰的平棊比起唐代以小方格为饰的"平闇"装饰性强而构造也较简单，是一种改进。

平棊这种形式一直沿用到明清，称"天花"，但改为大小一律的方格网，以它为整体骨架，其间嵌入小方板，而不用整体背版，构造又有变化。它比宋代或方形或矩形的平棊更为整齐划一。

(3) 藻井。室内局部高起的顶棚装饰，用于宫殿、寺观、祠庙等的主体建筑中主位上部，如宝座、佛座的上前方等。其最下为由斗栱支承的一大的方框，称"方井"，然后再加斜枋抹去四角，形成八角井，再自八角斜置角梁，向中心聚拢，形成斗八藻井。为增加高度和装饰效果，在方井、八角井上可加斗栱。

五　《营造法式》的编定及其所反映出的北宋建筑艺术与技术

北宋后期曾先后两次下令编定《营造法式》。

第一次在元祐七年（1092）。王应麟《玉海》卷九十一载："三月，诏将作监编修到营造法式共二百五十一册，内净条一百一十六册，许令颁降"，即指此次。据《玉海》所载，此次所编竟有二百五十一册之多，其中一百一十六册为"净条"，即为从施工档册案例中征引的简单条文，并无换算制度，要在这一百一十六册中寻找所需相关条文，不仅过于繁难，也

① 周必大《思陵录》上宫条："殿一座，三间六椽，……并龟头一座，三间，……周回搠风簹共一百二十扇。"同书下宫条："前后殿三座，……避风簹八十扇"。周必大：《文忠集》卷173，《思陵录》下。淳熙十五年三月戊午条。电子版《四库全书》本。

无法满足通过规范做法和工料定额控制政府工程经费的需要，很不实用。在李诫《营造法式·总诸作看详》中说："《营造法式》旧文，只是一定之法，及有营造，位置尽皆不同，临时不可考据，徒为空文，难以行用，"即指这种情况。因此它编成后即被废止。《宋史·艺文志》载此书，下注"卷亡"，则已失传。

第二次在绍圣四年（1097），又下令要李诫重新编定。李诫受命后，即开始组织编写，他除"考究经史群书"外，更"勒人匠逐一讲说"，"与诸作谙会、经历造作工匠详悉讲求规矩，比较诸作利害，随物之大小，有增减之法，各于逐项制度、功限、料例内创行修立，并不曾参用旧文。"这就是说，与元祐间大量引用旧案例的编法不同，李诫是集中各工种熟悉业务且有实践经验的工匠共同研讨逐条编定的，并使各条做法都有随实际制作尺寸按比例换算的方法，可据以预估和竣工后核算工料，是一个实用的建筑技术规范性专书，即现存的《营造法式》。

李诫编修的《营造法式》成于元符三年（1100），崇宁二年（1103）批准颁行全国。李诫在《营造法式·看详》中说，全书总释、总例 2 卷，制度 15 卷，功限 10 卷，料例并工作等第 3 卷，图样 6 卷，总 36 卷，357 篇，3555 条。(但现存制度为 13 卷，全书为 34 卷。) 编修的直接目的是作为工程验收的工料定额技术标准，全书共 357 篇，3555 条，除其中 49 篇、283 条外，其余 308 篇、3272 条是与各工种有经验的工匠逐项研讨后订立的，并订有按比例增减之法，以利于计算不同尺度的建筑及构件的工料。它是全面反映北宋末年官式建筑设计、施工、制材水平的建筑技术专著。此书宋代三次刻版，但现仅残存第三次刻板 43 页，主要以钞本流传于世。

"总释"是对建筑各部分名称的异同及其发展源流的考证。

"总例"是对书中所用基本名词和计量单位的限定解释。

"制度"就是各工种的标准做法。

"功限"就是诸工种各项工程的用功定额。

"料例"就是各工种各项工程的用料定额，也包括一些材料的规范制作方法。

"诸作等第"是指各项不同工程做法在技术难度上的差异。

"图样"是对涉及各制度主要内容的图释。包括圆方、方圆（方形内切圆、外接圆），测量工具，及石作、大木作、小木作、雕木作、彩画作的图样。把图样与制度互相参照，可以看到，大木作制度中的分件图涉及榫卯做法，侧样涉及构架分类，彩画涉及装饰图案，可对宋代官式各作的具体形式和技术水平有较清晰的了解。

《营造法式》主要用为施工验收规范，而验收一般不涉及整体建筑，主要对诸工种的各项具体工程项目乃至重要构件等从制度、功限、料例三方面进行验收。故书中没有从正面系统完整地阐明设计方法，而着重详列各工种的单项工程。它虽不是一部完整的设计规范，但通过对书中所列各种制度做法和按比例的变造制度的综合研究并与实物对照，专家们却从中反推出蕴涵在其中的一系列重要的设计方法规律，是我们较全面了解宋代建筑技术水平和官式建筑的设计施工情况的极重要参考。

它的重要性和主要技术成就体现在下述几个方面。

（一）明确基本形体和功料数据

1. 基本形体的精度控制

书中应用了当时数学、几何学的成就，并据以选取了工匠在施工中易于掌握的近似值。

如圆周率定为 22/7（3.142），正方形对角线定为 1.41（近于 1.4142）；八边形每面宽 25 时，径 60，斜 65；六边形每面宽 50 时，径 87，斜 100；圆 10，其内接正方形方 71 和正方形取内切圆，径与方同等等。这比旧法“径一周三”、“围三径一”、“周五斜七”等更为精密，也同样易于为工匠所掌握。在测量定向、定平方面也使用了水池槽、水浮子的方法和铅垂线法，都可适应当时建筑所需的精度要求（图 7-77）。

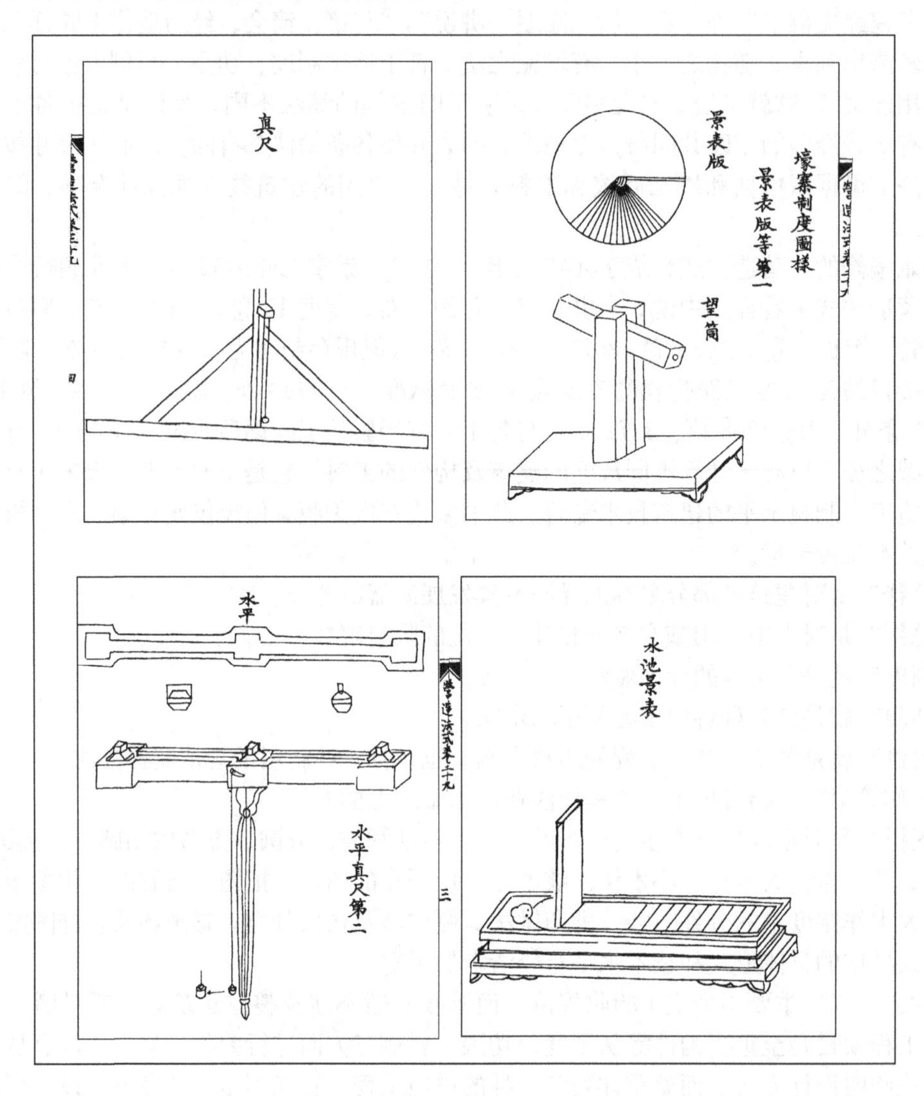

图 7-77　景表版、水池景表、水平真尺图

《营造法式》卷 29 图样

对木构建筑构件及檐口起翘艺术加工所用的曲线，都以不同瓣数的“卷杀”加以规定。对屋顶曲线也以举屋、折屋的规定加以明确。使用卷杀方法对保持建筑艺术风格一致、整体和谐起重要作用（图 7-78）。

2. 人工定额的确立

唐代对不同季节中可工作时间的长短已有所考虑，在《唐六典》卷 23 将作监条规定：

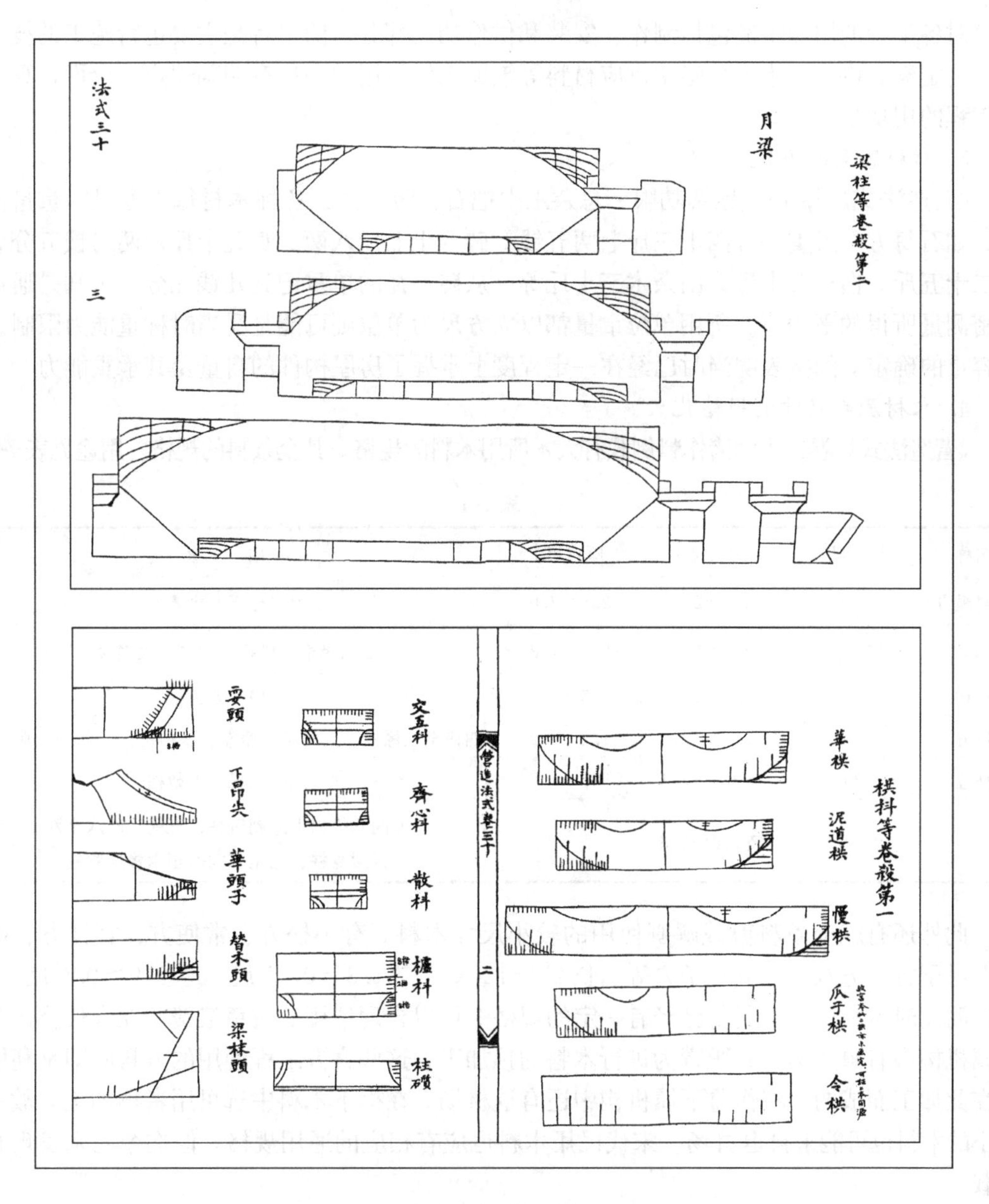

图 7-78　卷杀图

《营造法式》卷 29 图样

“凡计功程者，四月、五月、六月、七月为长功，二月、三月、八月、九月为中功，十月、十一月、十二月、正月为短功。”[①]《营造法式·看详》部分‘定功’条即沿用《唐六典》所定的长、中、短三种功，并进一步明确《功限》中所定之功指中功，如以中功为十分，则长功加一分（+10%），短功减一分（−10%）。

对运输工作中人力搬运、船运、车运、筏运的折算用功量也有规定。

① 唐·李林甫等，《唐六典》卷 23。中华书局标点本，1992 年，第 595 页。

对各工种的用功定额包括制作、安装和供作功三部分。前二者是主要进行施工的技术工的用功定额，供作功指配合施工供应材料等辅助工作所用功，也有明确规定，全面估算了各项工程的用功量。

3. 材料容重的测定

《营造法式》卷16，壕寨功限·总杂工中把石、砖、瓦、各种木材每立方尺的重量都列出，如石每方一尺重一百四十三斤七两五钱，砖八十七斤八两，瓦九十斤六两二钱五分，黄松二十五斤，白松二十斤，山杂木三十斤等。从砖、瓦的单重记到几钱几分，可知是通过较精密测量所得的平均值。所用单位重量都以立方尺为单位则可能是受当时称重能力限制。材料容重的确定，间接表明当时已经在一定程度上掌握了房屋构件的自重及其承重能力。

4. 木材原料尺寸的规格化

《营造法式》卷二十六诸作料例载有大木所用木料的规格，其全条料的规格、用途见表7-1。

表 7-1

名称	长（尺）	广（尺）	厚（尺）	用　　途
大料模方	80～60	3.5～2.5	2.5～2.0	十二椽至八椽梁栿
广厚方	60～50	3.0～2.0	2.0～1.8	八椽栿、檐栿、绰幕、大檐额
长枋	40～30	2.0～1.5	1.5～1.2	六椽至四椽栿
松方	28～23	2.0～1.4	1.2～0.9	四椽至三椽栿、大角梁、檐额、压槽枋、15尺以上版门等
朴柱	30	径3.5～2.5		五间八椽以上殿柱
松柱	28～23	径2.0～1.5		七间八椽以上殿副阶柱、五间三间八至六椽殿身柱、七至三间八至六椽厅堂柱

此外还有就全条料剪截解割使用的较小尺寸木料，有小松方、常使方、官样方、截头方、材子方、方八方、方八子方等，长27～12尺、广1.3～0.5尺、厚0.9～0.4尺不等。这表明此时木材原料的制备已经有一定的规格，可以合理选用，避免浪费。在宋代将作监的附属机构中有事材场，其职责为进行木料的预加工，这些官方工程使用的方料应即是利用原木在此加工而成的。将作监下属机构中还有退材场，在拆下木料中选可用者再加工，故一些较小的木料也可能来自退材场。宋代民用木料也应有相应的通用规格，但迄今尚未发现有关记载。

（二）完善了木构建筑以“材”为基本模数的完整的模数制设计方法

在前二章我们已确认，至迟到南北朝后期，已使用“材”做木构建筑的设计模数，至唐代又有进一步的发展。但因实物极少、文献不传，目前只能知其大略。通过《营造法式》记载，结合实物，则可以对此有更完整全面的认识。

1. 基本模数和分模数

《营造法式》中规定：“凡构屋之制，皆以材为祖。材有八等，度屋之大小因而用之。”这就是说，‘材’是建造木构房屋的基本模数（祖），把材的大小（以材高代表之）分为8个等级，以适用于建造不同规模（间数）、性质（殿阁、厅堂、余屋、小亭榭）的建筑物。

其次，《营造法式》中又规定，“各以其材之广分为十五‘分’，以十‘分’为其厚。凡屋宇之高深，名物之短长，曲直举折之势，规矩绳墨之宜，皆以所用“材”之‘分’以为制度焉”。这个‘分’是材高的1/15，也就是基本模数‘材’的分模数，用以表达较小构件的尺寸并控制对建筑的艺术处理。

这就形成了以‘材’为基本模数，以‘分’为分模数的八个模数等级。在一座建筑中，栱和柱头方的断面均为一‘材’，相当于结构构件的最小尺寸（图7-79）。

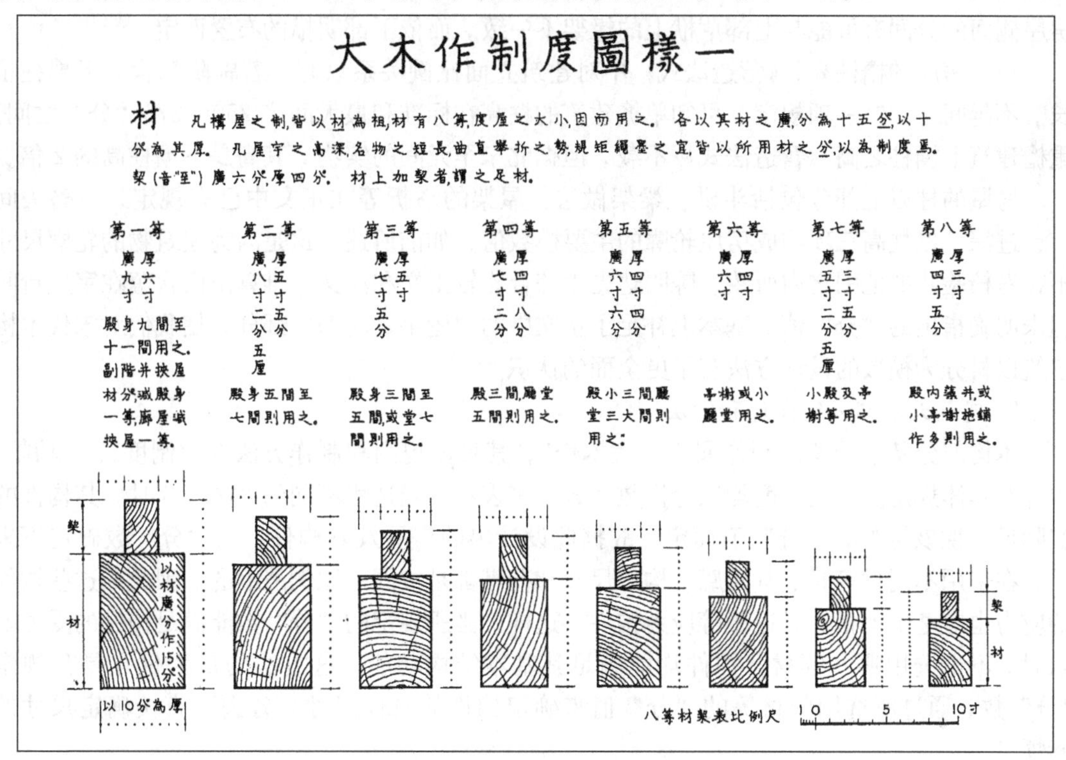

图7-79　材分、材栔示意图

梁思成：营造法式注释（卷上），大木作制度图样一。中国建筑工业出版社1983年版

在《营造法式》的“制度”部分，又对木构部分的结构构件、装修等的标准做法以材分为模数和分模数，对其相对尺度做了规定，制作时按所选用之材的实际尺寸进行折算，即可得到构件的实际尺度。

2. 建筑物的轮廓尺寸

在《营造法式》中曾提到“屋宇之高深”也“以所用材之‘分’以为制度焉，”可知这个“以材为祖”的模数制设计方法也包括建筑物的轮廓尺寸，而书中却没有明确提到以材分表达建筑开间、进深、柱高的“分”数等问题。

但是经梁思成先生、陈明达先生等先后数十年的研究，从逐渐发现问题到通过把《营造法式》正文中相关项目的制度、功限、料例集中起来反复对照分析，最终钩稽出蕴涵在正文中却没有明确列出的关于以材分控制建筑物大轮廓的有关数据，其成果主要发表在陈明达先生所撰《营造法式大木作制度研究》中。陈先生的发现大致如下。

（1）房屋的间广。用斗栱的房屋，间广受所用斗栱的朵数控制。斗栱间的标准间距为

125“分”，可视情况增、减25“分”，即最小100“分”，最大150“分”。[①]但也有个别突破其最大、最小值的情况。

(2) 房屋的进深。从木构架角度看，房屋进深以所用椽数计，椽之水平长度称架距，其标准水平长度为150“分”，可视实际情况增减。厅堂型以下建筑进深方向分间视所用屋架形式而定。但殿阁型构架有吊顶，下部明栿和柱网可能与上部草栿上的檩椽布置不对位，故房屋侧面的分间有可能与上部草栿上的椽架不一致，而依下部明栿的布置而定。[②]

(3) 房屋的檐柱高。《营造法式》中对建筑立面比例关系只有“若副阶廊舍，下檐柱虽长，不越间之广”一项规定，可知单檐建筑的柱高在标准和最大间广250～375“分”之间。重檐建筑上檐柱之高《营造法式》不载，但据北宋至元间的实物，其高是下檐柱高的2倍。

房屋的柱以上部分包括斗栱、梁架做法、屋架的举折等在正文中已有规定，只略去间广、进深、檐柱高三项构成房屋轮廓的主要模数值。如前所述，这是因为建筑物的轮廓尺寸不在考核验收的范围之内所致。陈明达先生综合比较正文和注文，推算出已含蕴在字里行间但未明确指出的“分”值，基本上补足了正文中的“屋宇之高深”部分，使我们对宋代木构建筑以材分为模数的设计方法有了更全面的认识。[③]

3. 建筑大木部分的设计和做法

木构部分基本骨架的制作属于“大木作”，其具体规则和制作方法在《制度》、《功限》中都有具体规定。它们尺度均以分模数“分”来表示。当选用不同的“材”等时，其构件的实际尺寸视该材等的“分”值而定。故据此设计出的房屋及其构件，当“分”数确定下来后，在采用不同材等时，其轮廓、构件尺寸和荷儎都是按同一比例涨缩的，因此，这些构件的应力也应基本上相等，近于等应力构件。这样，当所规定的“分”数能满足构件的受力要求时，不论选用哪一等材，构件均能满足其基本结构功能。这方法的最大优点是只规定“分”数，通过所选用的材等的“分”值来确定构件的具体尺寸，省去了直接确定尺寸的麻烦。

这样，我们就可以对这种以材分为模数的设计过程做一个简单的概括。

(1) 确定房屋的性质和尺度。根据房屋的尺度规模确定房屋之间数、椽数。

根据房屋的性质确定所用构架形式—殿阁、厅堂、余屋、小亭榭（图7-80）。

(2) 确定所用“材”。根据已确定的房屋的性质和尺度，在八等材中按规定选择所要用的等级，确定所用“材”和“分”的具体尺度。

(3) 确定平面轮廓尺寸。根据房屋性质确定房屋面阔、进深的“分”数，再结合所用材等，确定平面轮廓尺寸，形成地盘图。

(4) 确定柱网和上部构架。根据平面图和已选定的构架形式，确定柱网和上部构架的布置，并据大木作制度的规定确定侧脚、生起、举高、举折等特殊建筑处理的具体尺寸。

①侧脚：柱脚微向外移，柱头微向内聚，称侧脚。正面柱脚外移1%，侧面柱脚外移8‰。

②生起：自明间起，左右侧诸柱依次各增高5“分”。

---

① 陈明达，营造法式大木作制度研究（第1章，第2节，间广），文物出版社，1993年，第11～15页。

② 陈明达，营造法式大木作制度研究（第1章，第3节，椽架平长），文物出版社，1993年，第15～17页。

③ 陈明达，营造法式大木作制度研究（第1章，第7节，小结），文物出版社，1993年，第25～26页。

图 7-80　《营造法式》厅堂及殿堂构架图

刘敦桢：中国古代建筑史，图 134-1、2，中国建筑工业出版社，1984 年第二版

③举高、举折：宋式确定屋顶曲线的方法。以前后撩檐枋心之距为计算跨距，（以 B 表之）以屋脊至撩檐枋上皮之高差称“举高”，（以 H 表之）宋式规定殿阁举高为跨距的 1/3（即 $H=B/3$），厅堂举高为为跨距的 1/4（即 $H=B/4$）。自屋脊向前后撩檐枋引斜线，将各步架的位置垂直投影于线上，脊下第一架自此线下折 $H/10$ 定槫之位置；自第一架槫再向撩檐枋引斜线，在第二架位置处下折 $H/20$ 定第二架槫位置；依此法在逐架下折，每次下折减上折之半，以定各架槫之位置（$H/40$ 、$H/80$、……），最后求得一自脊向下逐步平缓之屋顶曲线，据此布置内部各架梁。用此法求屋顶曲线要先定举高，再逐架下折，统称为“举折”（图 7-81）。

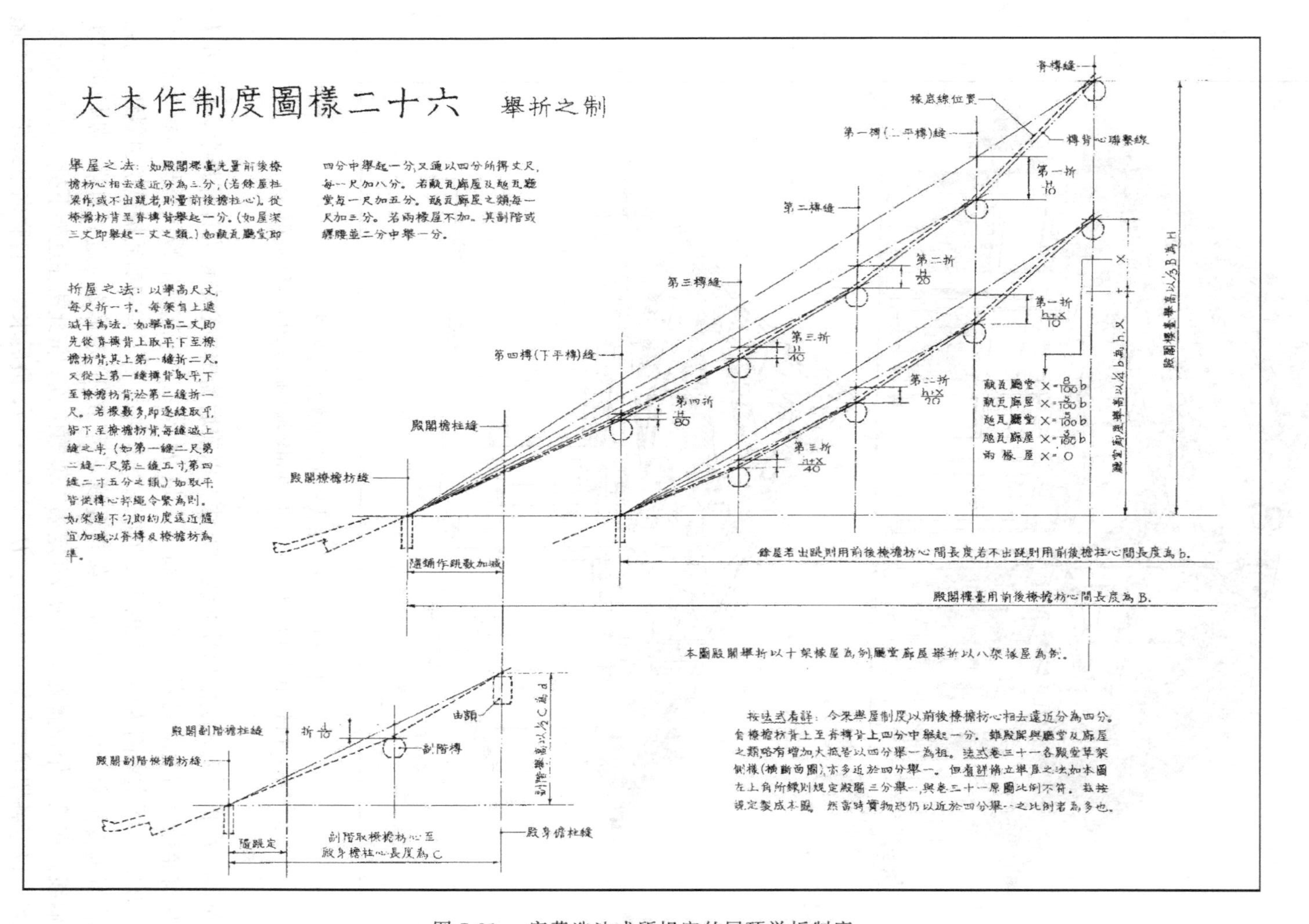

图 7-81　宋营造法式所规定的屋顶举折制度

梁思成：营造法式注释（卷上），大木作制度图样二十六，中国建筑工业出版社，1983 年

(5) 确定主要构件分数。根据已确定的平面和构架形式，按大木作制度中的规定，即可逐项确定柱、铺作、梁架、槫椽的长度和断面的“分”数。

(6) 木构件榫卯结合技术。木构房屋最重要的连接方式是用榫卯结合。因唐以前木构建筑实物不存，对当时榫卯结合的情况不详，只能参照其他大型木构器物，如木椁、木箱等。但《营造法式》卷 30 大木作图样上中对柱、阑额、梁、斗栱的榫卯做了较详密的介绍。这里只举与构架整体性有关的数种介绍。

① 柱与阑额连接：在唐代南禅寺大殿等建筑中，其柱顶开直卯口，阑额平置其中，只是简支结合。但在《营造法式》“梁额卯口第六”中介绍了鼓卯、镊口鼓卯、藕批搭掌箫眼穿串三种结合方式。

在早期木构件结合中常用一种两端宽中间窄的榫，因形似银锭，称银锭榫，把它卡入二构件之中，可起拉结固定作用，《营造法式》中称为“鼓卯”。[①]在柱额间用的“鼓卯”是在柱顶开半个银锭榫的卯口，俯视呈梯形，外窄内宽，与阑额外端外宽内窄的榫头相结合，可以起密接拉结固定的作用。“镊口鼓卯”是在柱顶开二个直卯口，但在内端侧壁各突出一梯形榫头，与左右方阑额榫头外端凹入的梯形卯口相结合，也可起紧密拉结作用。“藕批搭掌箫眼穿串”专用于月梁形阑额与柱的结合，在柱顶稍向下处横穿一卯口，把两侧阑额的榫头做成外窄内宽的斜坡状，相对插入柱顶卯口，挤紧密后，从正面用一根木销钉插入固定。这三种方式远较唐辽时代的直卯直榫结合精密，可以使阑额与柱头紧密结合，连为一体，协同受力，大大增强了柱网的整体性和稳定性（图 7-82）。

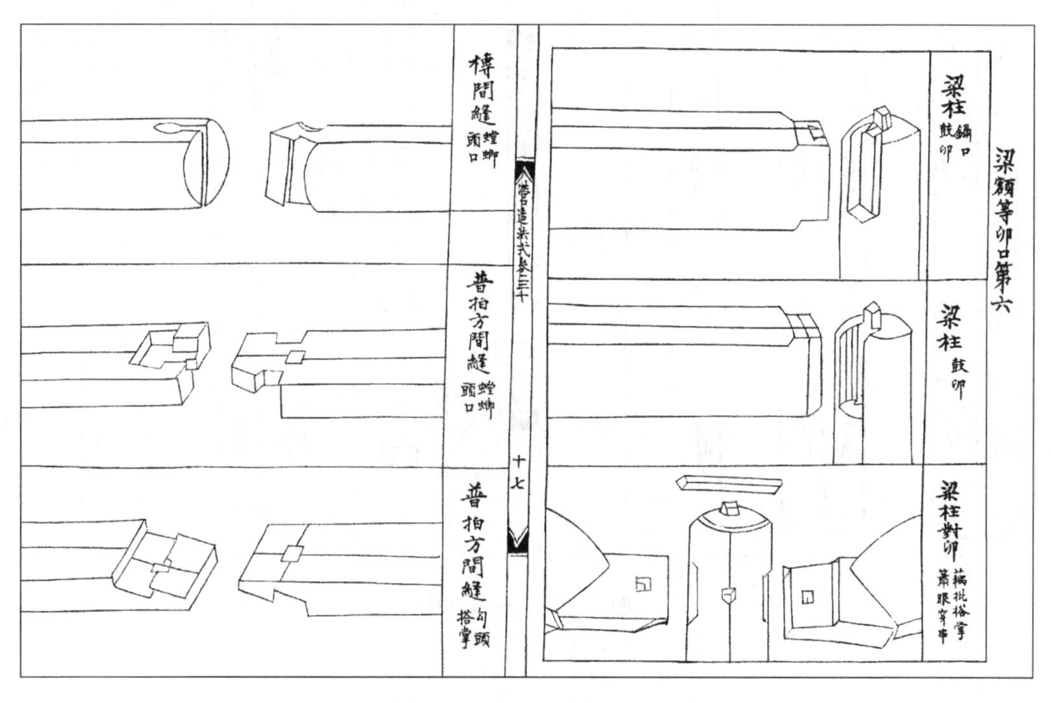

图 7-82　柱额连接榫卯图·普拍枋、槫连接榫卯图

《营造法式》卷 30 图样

① 《营造法式》卷 26 石作料例“熟铁鼓卯”条。

② 普拍方、槫、枋间的水平连接：《营造法式》“梁额卯口第六”中载有此种榫卯：用于槫（檩）间连接的称“螳螂头榫”，它的榫在减薄了的颈部外端凿出一个三角形，略似螳螂之首，因以得名。把它扣在同形的卯口内，可使二构件密接。“螳螂头榫”也可以用在普拍方的平接上，但与用在槫间不同，其卯深和榫厚只有材厚的一半。还有一种“勾头搭掌”做法，用在普拍方的平接上，相接二普拍方端头都做成斜坡，一向上，一向下，在根部各开一槽，使端头形成一凸出部，二者上下扣搭结合，使凸出部分别嵌入另一方的槽中，互相扣搭紧密，中间再用一方形木销钉穿透，使连为一体（图 7-82）。

由于阑额、普拍枋与柱头间结合的榫卯的改进和完善，使柱网的整体性、稳定性大为加强，为上部构架的改善提供了条件。

③ 木料拼接榫卯：在木构建筑中，以小料拼合为大料是常见做法，除用银锭榫平接木梁木板外，还可用来拼合大的柱子，在《营造法式》中称“合柱鼓卯”。一般为两个半圆木双拼。先在一面的半圆木柱上分二排加凸出的银锭榫头，再在另一半圆木上相对开银锭形卯口，互相拼合。为使榫头入卯，在已开卯口之下要开一可纳入榫头之宽口，拼合时，榫头先压入宽口，然后再上推，进入银锭形卯口，使紧密拼合。然后在柱身和柱顶拼缝处开卯口，钉入铁锔，上加“盖锔明鼓卯”以防移位松动。这方法也可用来做三瓣拼合的木柱（图 7-83）。

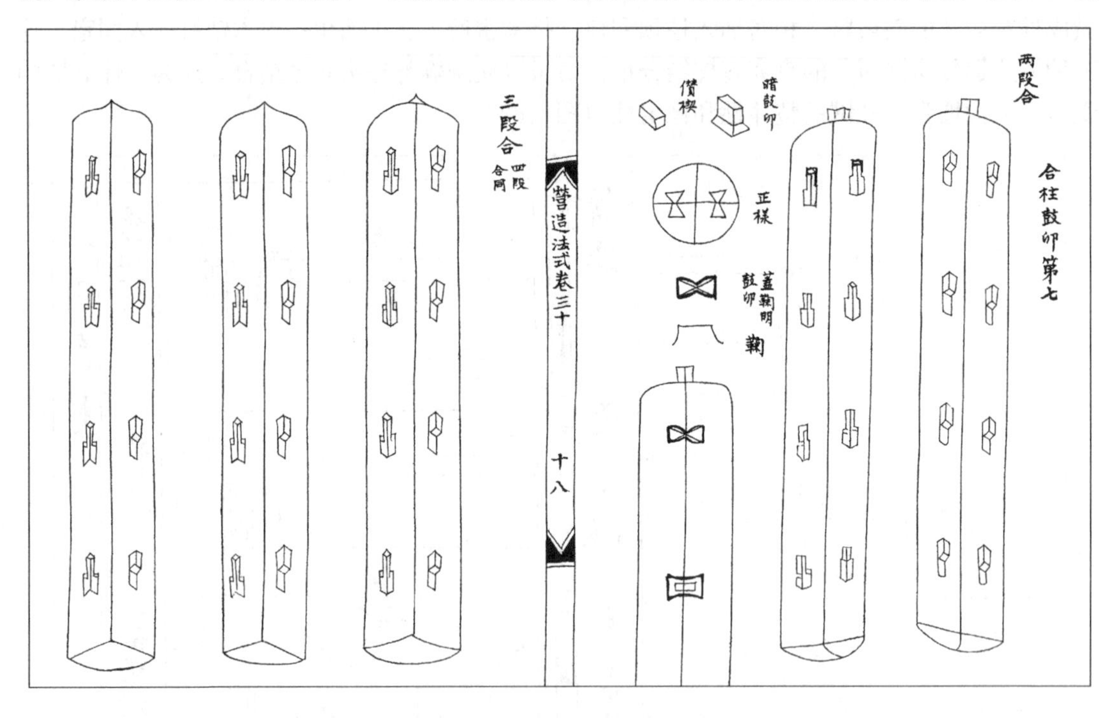

图 7-83　合柱鼓卯图
《营造法式》卷 30 图样

在斗栱、梁架的结合上，其榫卯结合更为精密，基本原则是互相卡紧、防止移动、下滑，而又要尽量减少关键受力构件断面的折减。因过于专门化，这里暂时略去，以图纸示例（图 7-84）。只重点介绍在房屋构架主体的结合上常用的榫卯做法。

大木部分除柱、额、梁、檩等大构件间用榫卯结合外，较小构件间的结合仍需使用铁

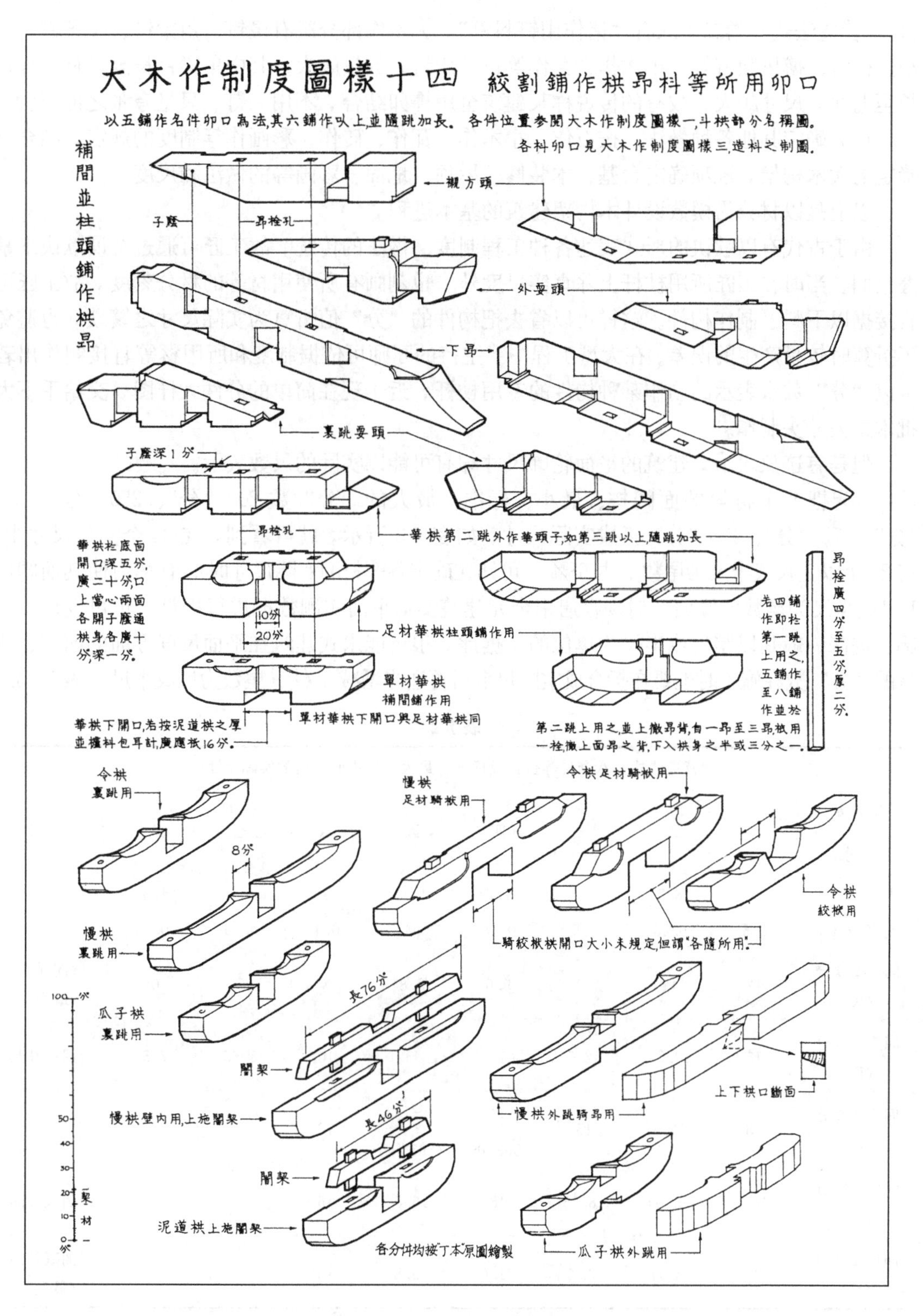

图 7-84　斗栱榫卯示例

梁思成：营造法式注释（卷上），大木作制度图样十四，中国建筑工业出版社，1983 年

钉。《营造法式》卷二十八有“诸作用钉料例”，大木作部分载有椽钉、角梁钉、飞子钉、大小连檐钉、搏风版钉等，小木作、瓦作等也都用钉，数量颇大。其中角梁钉长至二材，椽钉长至七寸，尺寸颇大。故有的传说称某建筑全用榫卯结合，不用一钉，只是夸张之词而已。

（7）确定其他各种做法。按石作、小木作、瓦作、砖作、彩画作等制度的规定，结合已确定的大木构架，逐项确定台基、木装修、屋顶、地面、彩画等的做法和尺度。

以上是以材分为模数设计木构架建筑的基本进程。

由于古代有以歌诀的形式表达各种工程制度、做法的传统，故工匠可通过背诵歌诀来掌握它们。当时在工匠所用杖杆上除真实尺度外，也刻画有所使用材等的材分刻度，故工匠可直接据以下料、制作构件。这样可以省去把构件的“分”值折算为实际尺寸之繁琐，也避免了折算时较易产生的误差。在大型工程中，主持的匠师可依据制度和所用材等直接制作出若干以“分”数来表示的制作某种构件的专用杖杆，近于现在简单的分件大样图，交给手下大批木工去分头制作。

但是有迹象表示，建筑的平面轮廓尺寸却有可能以实际的尺数表示。

如果把 8 个材等的面阔按、最小、标准、最大的“分”数 200“分”、250“分”、300“分”、375“分”、450“分”折成实际尺寸，如表 7-2 所示，就可看到，在 34 个实际尺寸中，有 23 个以 1 尺或半尺为尾数，占 68%。可知在确定各等材的实际尺寸时，有尽力使其面阔以 1 尺或半尺为尾数的倾向。对现存唐宋金元建筑实物平面实测数据进行折算，也可发现其面阔、进深一般是以整尺或半尺为单位的。据此，很可能宋式建筑在平面尺度方面的面阔、进深的“分”数在施工时也要在折合成实际尺数后再适当增减，使其尾数为尺或半尺（表 7-2）。

表 7-2

《营造法式》八个材等折合成标准、最大、最小间广后的实际尺寸

材等 / 实际尺寸	一	二	三	四	五	六	七	八	建筑型制
材高（寸）	9	8.2	7.5	7.2	6.6	6	5.2	4.5	
分长（寸）	0.6	0.55	0.5	0.48	0.44	0.4	0.35	0.3	
间广 200 分（尺）	12	11	10	9.6	8.8	8	7	6	殿阁厅堂（最小）
间广 250 分（尺）	15	13.75	12.5	12	11	10	8.75	7.5	殿阁单补间
间广 300 分（尺）	18	16.5	15	～14.5（302 分）	～13（295 分）	12			厅堂
间广 375 分（尺）	22.5	20.625	18.75	18	16.5	15			殿阁双补间
间广 450 分（尺）	27	24.75	22.5	21.6	19.8	18			殿阁双补间（最大）

把平面尺寸由“分”数转为以 1 尺或半尺为尾数的实际尺寸，主要优点是便于核验。但更重要的是可满足总平面布置的需要。因在一组建筑群中，各个建筑所用的材等不同，其

"分"值即不同，只有都转化为尺数，才能有共同的尺度标准，才能在总体布置上正确显示其相互关系，而以尺或半尺为单位则能简化这种关系。

当然，作为木构房屋的设计方法，其关键是正确决定构件断面的"分"数，使其能负担荷重，且有一定安全度。这在《营造法式》中没有涉及。但从当时情况和书中内容分析，它有两种可能。

其一，是否有可能是经过某种测试而决定的。

在《营造法式》中记录了很多材料的单位重量，对石、砖、瓦、各种木材每立方尺的重量均列出，当是出于实际测量。此外，《营造法式》中确定材和梁的断面高宽比均为3∶2，则当时已知道这是在圆木中截取最大承重能力的矩形材的比例，表明可能已有相当程度的力学知识。在杜拱辰教授与陈明达先生合写的《从营造法式看北宋的力学成就》中曾据《营造法式》所定的材料单位重量推算出屋盖自重，据以对椽、槫、梁进行过验算，发现就《营造法式》所定构件长度和截面尺寸的上下限验核，其弯曲应力都较接近，大约为现代木结构设计允许应力的1/2～1/3，其安全系数比现代木结构高半倍到一倍。① 因此，当时是否可能对各类梁架的承重能力进行过某种测试，是一个值得考虑的问题。但史料缺略，目前尚难得到显证。

其二，也可能是通过多年的经验积累，不断改进完善而形成的。木梁的承重能力较多体现在梁的高跨比上，把现存唐宋辽金建筑的用料和《营造法式》的规定相比，通过对其高跨比的变化也可发现其间的联系。

《营造法式》构架形式分殿阁、厅堂二类。殿阁下部的明栿月梁只承天花之重，不是承重的结构构件；厅堂的月梁出于艺术加工需要，断面有所增大，且有出跳栱支承，跨度也有变化，都不很标准。但殿阁上部的草栿和厅堂用直梁时，其下至多一端有一、二跳华栱支承，跨度变化较小，用以核验各种梁的高跨比是有可比性的。可通过下列表格来表达。

表7-3和表7-4所示为现存唐、宋、辽、金殿堂型及厅堂型建筑主要直梁的高跨比。

表7-3　辽殿堂型构架草栿之高跨比（以实测图计，单位厘米）

	独乐寺观音阁上层草栿
平梁	43∶366=1∶8.5
乳栿	40∶293=1∶7.3
四椽栿	56∶732=1∶13

表7-4　宋、辽、金厅堂型构架草栿之高跨比（以实测图计，单位厘米）

	镇国寺大殿	晋祠圣母殿	奉国寺大殿	华严寺海会殿	善化寺大殿	佛光寺文殊殿	浮动范围
平梁	44∶370 =1∶8.4	39∶372 =1∶9.5	54∶498 =1∶9.2	50∶464 =1∶9.3	45∶508 =1∶11.3	44∶434 =1∶9.9	1∶8～1∶11
乳栿		45∶3735 =1∶8.3	54∶501 =1∶9.3	47∶479 =1∶10.2	52∶450 =1∶8.7	44∶434 =1∶9.9	1∶8～1∶10

① 杜拱辰、陈明达，从营造法式看北宋的力学成就，建筑学报，1977年第1期。

续表

	镇国寺大殿	晋祠圣母殿	奉国寺大殿	华严寺海会殿	善化寺大殿	佛光寺文殊殿	浮动范围
三椽栿					75∶958 ＝1∶12.7		1∶12.7 近于1∶13
四椽栿	51∶656 ＝1∶13	46∶744 ＝1∶16	71∶996 ＝1∶14	68∶968 ＝1∶14.2		60∶868 ＝1∶14.5	1∶13～1∶16
五椽栿		49∶930 ＝1∶19					1∶19
六椽栿	41∶1077 ＝1∶26	55∶1122 ＝1∶20.4					1∶20～1∶26

表7-5为《营造法式》中规定的梁之高跨比。

表7-5　《营造法式》中规定的梁之高跨比（以所定“分”数计）

构架型制 梁之种类	殿堂型构架（梁高：梁长）		厅堂型构架（梁高：梁长）		浮动范围
	明栿月梁	草栿直梁	彻上明造月梁	直梁	
乳栿	断面与相对主梁同	30∶300＝1∶10 42∶300＝1∶7.1	42∶300＝1∶7.1	30∶ 300＝1∶10	1∶7～1∶10
平梁	30∶300＝1∶10 36∶300＝1∶8.3	36∶300＝1∶8.3		30∶300＝1∶10	1∶8～1∶10
三椽栿	断面与相对主梁同 36∶450＝1∶12.5	30∶450＝1∶15 42∶450＝1∶10.7	42∶450＝1∶10.7	30∶450＝1∶15	1∶10～1∶15
四椽栿	42∶750＝1∶17.9	45/600＝1∶13.3	50∶600＝1∶12	36∶600＝1∶16.7	1∶12～1∶18
五椽栿	55∶750＝1∶13.6	45∶750＝1∶16.7	55∶750＝1∶13.6	36∶750＝1∶20.8	1∶14～1∶21
六椽栿	60∶900＝1∶15	60∶900＝1∶15	60∶900＝1∶15		1∶15
八椽栿	60∶1200＝1∶20	60∶1200＝1∶20	60；1200＝1；20		1∶20
札牵				21∶150＝1∶7.1	1∶7

把表7-3、表7-4实例与表7-5中《营造法式》中所规定的直梁高跨比的浮动范围列为表7-6相比较，可以看到其延续关系。

表7-6　宋辽金实例与《营造法式》中所规定的殿阁草栿与厅堂直梁之高跨比的比较

	宋、辽、金殿堂草架和厅堂型构架的直梁之高跨比	《营造法式》中殿阁草栿、厅堂直梁之高跨比
乳栿	1∶7～1∶10；(平均1∶8.5)	1∶7～1∶10 (平均1∶8.5)
平梁	1∶9～1∶11；(平均1∶10)	1∶8～1∶10 (平均1∶9)
四椽栿	1∶13～1∶16。(平均1∶14.5)	1∶12～1∶18 (平均1∶15)
五椽栿	1∶19	1∶14～1∶21 (平均1∶17.5)
六椽栿	1∶20～1∶26 (平均1∶23)	1∶15 (殿阁)..
八椽栿		1∶20 (殿阁)

表7-6可以看到《营造法式》所定各种梁的高跨比中，乳栿基本相同，平梁、四椽栿、五椽栿、六椽栿都较实例稍大，但如以浮动的平均值计，则大体相等。

（三）记录了很多重要的材料制作问题

此期建筑石雕、木雕、彩画遗存较少，品类也不完整，但在《营造法式》相关部分中有明确的分类，对其加工的次序和品种都有规定，互相参照，可以知其大略。

1. *石雕做法*

（1）石料加工次序。《营造法式·石作制度》中规定为六道工序：①打剥；②粗搏；③细漉；④褊棱；⑤斫砟；⑥磨礲[①]。

（2）石雕雕刻方法。《营造法式·石作制度》中规定为四种不同雕刻方法：

①剔地起突：是使被雕物突出于石料表面之外的高浮雕（图7-85）。

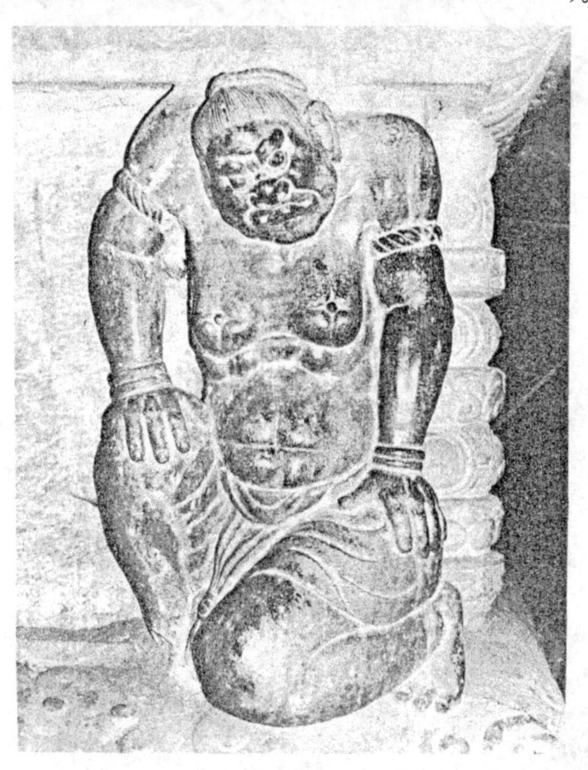

图7-85 剔地起突雕法

②压地隐起花：一种淺浮雕。沿图形的四周由深至浅斜凿，勾出其轮廓，使被雕物虽不突出石料表面却似有突出之感，称“隐起”。“压地”即指这种在图形四周斜凿去地子以突显之的方法（图7-86）。

③减地平钑：是浅而平的凿去欲雕图案四周的地子以突显之的很浅的平面浮雕（图7-87）。

---

① “磨礲”：是水蘸沙石磨去石料表面凿痕，使其光平。

图 7-86　压地隐起花雕法

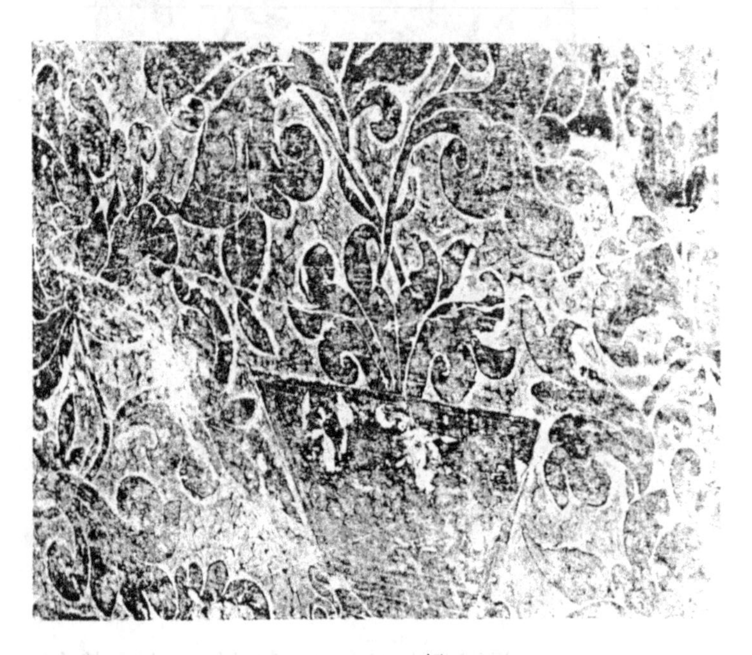

图 7-87　减地平钑雕法

④素平：是指在磨光的石料表面用阴线刻出图案或图形。因为所列都是建筑石构件的加工方法，故没有涉及立体圆雕。

石作制度中还把常用的图案分为十一种，并说明其通常使用的位置。

北宋以后，建筑中石雕工作量大增，如台基、须弥座、栏杆、螭首、柱础、地面斗八等，与宋代重装饰、追求华美的大趋势是一致的，并影响到元明清各代。

2. 木雕做法

《营造法式》中分为四类做法：

(1) 混作 ：即圆雕，各括各种立体的人物、动物和角梁下的角神及缠龙柱等。

(2) 雕插写生华：圆雕的立体花枝，插在栱眼壁为装饰。

(3) 起突卷叶华：即压低地子以突显主题的高浮雕，相当于石雕中的“剔地起突”。

(4) 剔地洼叶华：表面的浅浮雕。在图形外缘用斜雕法压低地子以突出其轮廓，或均匀减低图形外的地子，略近于石雕中的“压地隐起”或“减地平钑”。

3. 彩画做法

古代建筑以木构为主体，出于保护和装饰要求，自古就有在木构件表面加油饰彩画的做法。虽曾见于汉、唐以来残存的个别实物和文献记载中，但正式记录彩画的工艺做法和品种规格则以北宋所编《营造法式》为最早。

《营造法式·彩画作制度》一卷分总制度和不同彩画品类——各种“装”两部分。

(1) 总制度。指标准做法及取得和调制颜料的方法，包括遍衬地、分衬所画之物、衬色之法和调色法、取石色法等。

①遍衬地：在木构件表面及画壁壁面先以胶水遍刷，作为画彩画的基底。

②分衬所画之物：以草色（粗糙底色）加粉分衬所画之物，如对贴真金、五彩装、碾玉装、画壁等要分别刷用不同的色所调的粉浆若干遍为地子，以保持色调之沉厚。

③衬色之法：对于青、绿、红三种主要色规定分别用不同色加粉为地，以衬托上层色，使其鲜明。

④调色之法和取石色之法：包括各种颜色的取得和调制方法。

此外，在“炼桐油”条中说：“如施之于彩画之上者，以乱线揩搌用之。”可知这时已有在彩画的表面罩桐油为保护层的做法，其方法可能和后代“搓油”相近。

(2) 装——各种品类的彩画。可分为“五彩遍装”、“碾玉装”、“青绿叠晕棱间装”、“解绿装饰”、“丹粉刷饰”五种，并附有“杂间装”等几个变体，图案由繁复至简洁、色彩由浓丽至淡雅，以适应不同等级、不同性质建筑的装饰需要。

宋式彩画最突出的特点是在用色上使用了“间装”、“叠晕”、“对晕”三种方法，增加了色彩的丰富程度。

①间装：即间隔用色的原则。彩画地子一般可分别选用青、红、绿三色，以其色为主，其上的华文和外棱叠晕所用色都不得与地子的颜色重复。例如用青地，则华文用红、黄、绿三色，外棱叠晕用红色，其中均不得再出现青色。其他类推。间装的方法避免了颜色重复、粘靠，使互相衬托，色彩鲜明、醒目。

②叠晕：是把同一颜色由浅至深分四个色阶，如青（或绿、朱）华、三青（绿、朱）、二青（绿、朱）、大青（绿、朱）以增强色彩的丰富程度。多用为构件或图形边缘的饰带。

③对晕：是使二个叠晕相并，形成宽的色带，其间以浅色相对，以增强色带的立体感。

彩画由唐代以较简洁的赤、白二色为主，经五代的过渡，到宋代出现了繁复的图案和鲜明的色调。它以青、绿、黄、红四色为主，通过色彩的间隔、对比以及色阶的变化等方法，创造出绚丽多彩的新的风格，是彩画的重大发展，并成为以后明清彩画的先河。

但随着盛饰彩画使建筑向富丽发展的同时，在南宋又开始出现向淡雅发展的倾向。如淳熙十五年为太后新建的慈福宫，虽其前朝部分部的正殿、朵殿、殿门、廊屋的柱及外檐装修、都用朱色。但属于后寝部分的寝殿、挟屋、后殿的柱和窗隔板壁等外檐装修都改用黑色退光漆。其正殿后穿廊、后楼及殿后廊屋又用绿柱。在彩画风格上有明显差异。

(3)彩画颜料配制。建筑用彩画至少在周代已有，但记载实际做法和图形的实以《营造法式》为最早，也最系统。综合《彩画作》的制度、工限、料例所载，在北宋时重要建筑画彩画要先在平整好的木构件表面刷胶水、然后用铅粉、白土、茶土衬地，在其上画彩画。画毕可以罩一层胶水或擦一层桐油以资保护。在《制度》中的“调色之法”、“取石色之法”、“炼桐油”三部分中对颜料的品种、淬取、配制都有较详细的记载，具有较高的价值。宋代将作监下属机构中有丹粉所，从事彩画颜料制作，故《营造法式》中有关彩画颜料制作的资料颇有可能来自丹粉所。

4. 陶制砖瓦和琉璃的规格和制作

在卷15窑作制详载了筒瓦、板瓦、方砖、条砖、各种异形砖的规格、尺寸、用途和制坯方法。对一般砖瓦、青掍瓦、琉璃瓦的烧变次序和窑的形制规格、砌造方法都有详尽的记载。在宋代将作监下属机构中有窑务，设有烧砖瓦场，上述《营造法式》中有关制度颇有可能源于将作监的窑务。

琉璃至迟在汉代已出现，以后历代不绝于记载，但具体原料、做法史籍失载。在《营造法式》卷15“窑作制度·瑠（琉）璃瓦”中记载了原料为黄丹、洛河石、铜末为原料。在卷27料例“窑作·造琉璃瓦并事件”中还记载了三种原料的配合比为每黄丹三斤用洛河石一斤、铜末三两，对研究宋代琉璃制作颇具史料价值。《营造法式》中虽记载了琉璃瓦的制作原料和工艺，但只用在宫殿的脊饰和檐口，用量不大。到金代才出现在殿顶满覆琉璃瓦的做法，表明制琉璃手工业有较大的发展。史载靖康之变后金人掳掠北宋图籍档案和工匠北行，当即是金代制琉璃手工业发展的基础。

（四）表现出很高的制图水平

《营造法式》最后6卷为图样。其中卷29为总例及壕寨（测量工具，参见图7-77）、石作图样，卷30、31为大木作图样，卷32为小木作、雕木作图样，卷33、34为彩画作图样。

大木作图样表现房屋构架及其分件。使用正立面图和轴侧图表现柱、阑额、梁栿、斗栱的单体形式（参见图7-82）和组合关系；使用平面图表示房屋的柱网布置（参见图7-89）；使用侧立面图表示各种不同型制（殿堂、厅堂）、规模（几架椽屋）房屋的构架形式，完整表现出其构架特点及构件结合关系，称为侧样。这种侧样表现结构关系的清晰程度和比例关系已和现代制图法所绘很相近，应是在一定程度上考虑到其间的比例关系的（参见图7-90）。

小木作图样使用立面图表现门窗格子门等装修（参见图7-74）；使用近于一点透视法表现一些形体复杂的立体装修，如佛道帐等。

彩画作图样使用平面线图表示各种图案和动物图像及其在构件上的排布；使用略近于一点透视的立体斗栱图样表现各种图形在斗栱各部位上的组合运用。

虽然现存的图样都是经明、清二代辗转传抄后流传下来的，必会有某种程度的误差或变形，不能直接据以核查其比例关系的准确程度，但这些图样都有相当的精度，可以满足当时设计、施工的需要则是可以肯定的。

第四节　建筑技术的发展

一　木　结　构

此期中国又处于南北分裂状态，自公元947年辽建国起，至1125年亡于金止的178年，是北宋与辽、西夏对峙期；自1127年南宋建立，至1234年金亡止的107年，是南宋与金对峙期；自1234年金亡，至1279年元灭南宋的45年，是南宋与蒙古、元朝对峙期，最后统一于元。在这约330年的南北分裂时期，由于和战交替、区域变动频繁，各朝建筑的继承发展关系与相互影响也颇为复杂，集中表现为南北两个主要的建筑体系。

在辽与北宋对峙时期，建筑有两大系统。辽是以契丹族为主体在中国北方和东北建立的王朝，辖区是中唐以后的军阀割据区，建筑上保存中唐以前传统较多。辽建国后招募了大量北方汉族的工艺技术人才，故辽的建筑是在唐、五代时北方建筑传统基础上发展的。北宋立国之初，唐的中心地区关中和中原的唐文化传统极大削弱，但江浙、四川等地相对较安定，晚唐以来形成的地方建筑传统未受到重大破坏，而且还在发展。北宋舍长安、洛阳而定都与南方交通便利的汴梁，就可以较自由地吸收唐五代时齐鲁和江南的地区文化传统，与汴梁地区的传统相结合，创造出北宋官式。

宋金对峙时，在建筑上也是两个系统，金官式继承北宋官式，并受辽和北宋以来北方地方建筑传统的一定影响，但由于北宋官式比这些地方传统先进，故以它为主，形成金之官式。南宋初期也遵守北宋官式，但在江浙地区先进的建筑传统影响下，对官式做了很大的改进，成为以后影响明清建筑发展的重要因素。故南宋建筑是推动这一时期和宋以后建筑发展的主要力量。

此期重要木构建筑多用传统的柱梁式木构架，在南方地区兼有使用穿斗式者。二者早在汉代已出现。南北朝时期，虽无建筑实物保存下来，但在石刻和明器中所见建筑形象基本为柱梁式，现存唐五代建筑实物和壁画石刻中的建筑形象也是柱梁式。穿斗式构架较早见于广州出土东汉明器陶屋，但在南北朝、隋唐、五代的建筑实物和图像中却从未出现。这可能是因为现存南方建筑形象资料极少，表现建筑图像的石窟雕刻壁画都在北方，反映的是北方流行的建筑形式所致。且南方湿热地区保存木建筑不易，穿斗式构造及用料又明显比柱梁式简易，更不易保存下来，故穿斗架的历史资料自南北朝至北宋间出现了一段空白。从现存长江以南南宋时期穿斗式建筑的成熟程度看，它应是作为南方的地方形式而长期延续并不断发展的。在北宋时还出现了用为桥梁构架的叠梁栱。

从上述现象看，柱梁式因是官式使用的木构架形式，故广泛存在于南北各地，用于重要建筑。穿斗式主要流传于南方，属地方形式，多用于一般建筑，但也可以在穿斗架的基础上，结合一些柱梁式建筑斗栱梁架的特点，建造较重要的寺庙等（图7-88）。

宋代木构架沿用前代传统而有所发展。其中柱梁式为保持柱网稳定，至迟在唐代已令各柱之柱头向内微斜，每列柱之柱身均向内微倾，而每列柱中各柱又均依次微向中心倾侧，称为“侧脚”。这样做的结果，在正侧立面上各间均微呈下宽上窄，整个柱网上各柱均微向中心倾侧，并由其间的阑额加以连接固定，在承屋顶之重后，因柱头内聚、柱脚外撑而增加柱

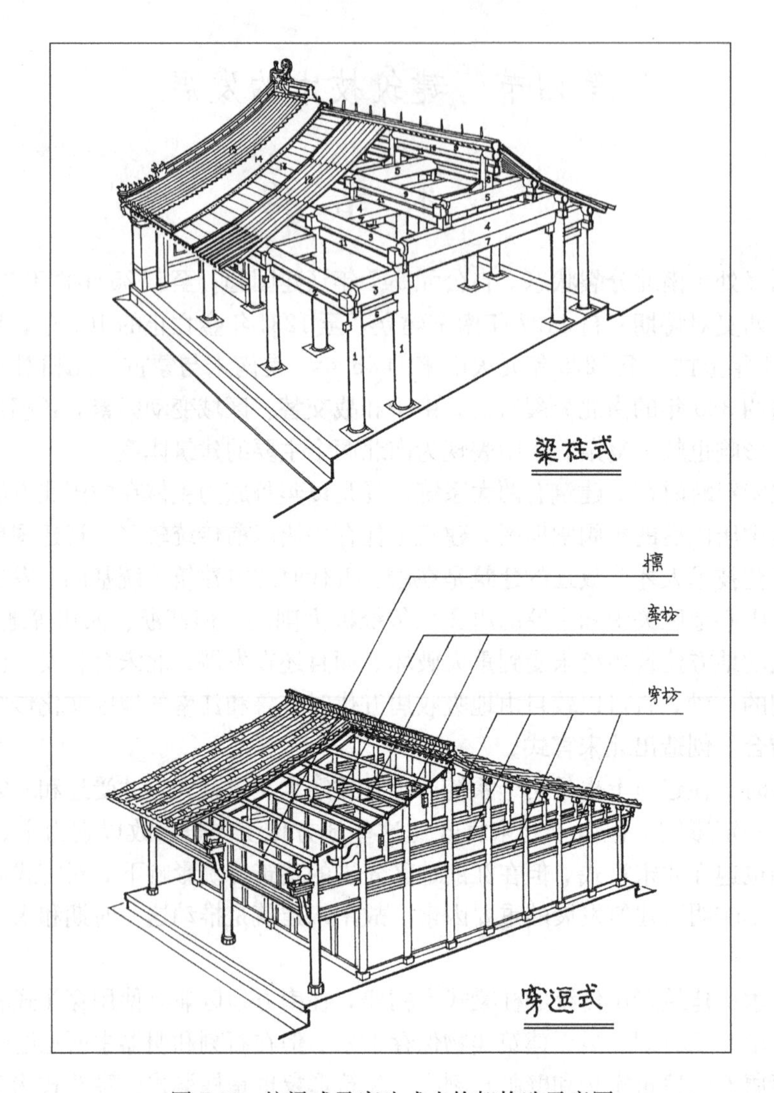

图 7-88　柱梁式及穿斗式木构架构造示意图

网之稳定。与此同时，在外观上为矫正长水平直线易引起中间高起两边下垂的错觉，又使角柱增高少许，令自明间二柱外诸柱依次加高，使柱顶线呈上翘极平缓的抛物线，称为“生起”。这些做法均已见于唐佛光寺大殿，在宋代则明确规定于《营造法式》中。

侧脚在《营造法式》卷 5 柱条已有具体规定：“凡立柱，并令柱首微收向内，柱脚微出向外，谓之侧脚。每屋正面随柱之长，每一尺则侧脚一分。若侧面，每长一尺，即侧脚八厘。至角柱，其柱首相向各依本法。”即正面各柱侧脚为 1%，侧面各柱侧脚为 0.8%。

生起在同卷同条也有规定：“至角则随间数生起角柱。若十三间殿堂，则角柱比平柱生高一尺二寸，十一间生高一尺，九间生高八寸，七间生高六寸，五间生高四寸，三间生高二寸。”

（一）柱梁式

其构架层次是柱上承梁，梁上架梁，层层内收，梁两端承檩，构成屋身及三角形屋顶构架。与柱子直接承檩的穿斗式不同。

北宋统一时，中原地区遭破坏严重，而五代时江浙等地破坏相对较轻，其地方建筑水平较中原为高，故在北宋建国后江浙地区的建筑技术得以北传。在北宋开始建立自己的官式建筑体系时，虽其来源以中原地区传统为主，但也接受了一些南方建筑的影响。其标识之一即吴越国名匠喻浩北上汴梁，得到重用，建造了著名的皇家工程开宝寺塔。这在《营造法式》也有反映。在卷4“总铺作次序”叙述“计心”、“偷心”时注云：“凡出一跳南中谓之出一枝。计心谓之转叶，偷心谓之不转叶。”可证宋官式中吸收有南方建筑的因素。

综观现存北宋建筑及有关图像，参以《营造法式》所载，可知北宋官式的木构架进一步完善，把在唐五代已出现的四大类构架形式——殿阁、厅堂、余屋、小亭榭向规格化、模数化发展，成为官方建筑的主要构架形式。其中小亭榭的斗尖做法和木构桥梁中的叠梁拱做法（虹桥）都是一种新的创造。

1. 殿堂型构架

殿堂型构架只用在殿宇等最隆重的建筑物上，是最高等级的构架形式，最大的面阔可到11间、进深可到10椽。它的构架特点是由柱网、铺作层、草栿屋架层三个水平层次叠加而成，结构整体性强，但用功、用料多，制作的工艺要求也高。

（1）柱网。殿堂构架一大特点即檐柱、内柱同高。由高度相等的檐柱、内柱组成柱网，在柱顶间架阑额，围合交圈，形成木构建筑的屋身部分。殿堂构架形式决定于柱网布置，宋代有定式，载于《营造法式》大木作制度图样下，称为“殿阁地盘分槽”，分“单槽”、“双槽”、“分心斗底槽”和“金厢斗底槽”四种（图7-89）。四图中除表现柱子外，柱列间轴线上还画有四条相并的连线，表示柱列上的阑额，把殿内空间划分为若干块，每块依其位置称为某某槽，而“槽”的四周边界轴线就称为“槽缝”。在槽缝上的柱列上，都架设阑额和柱

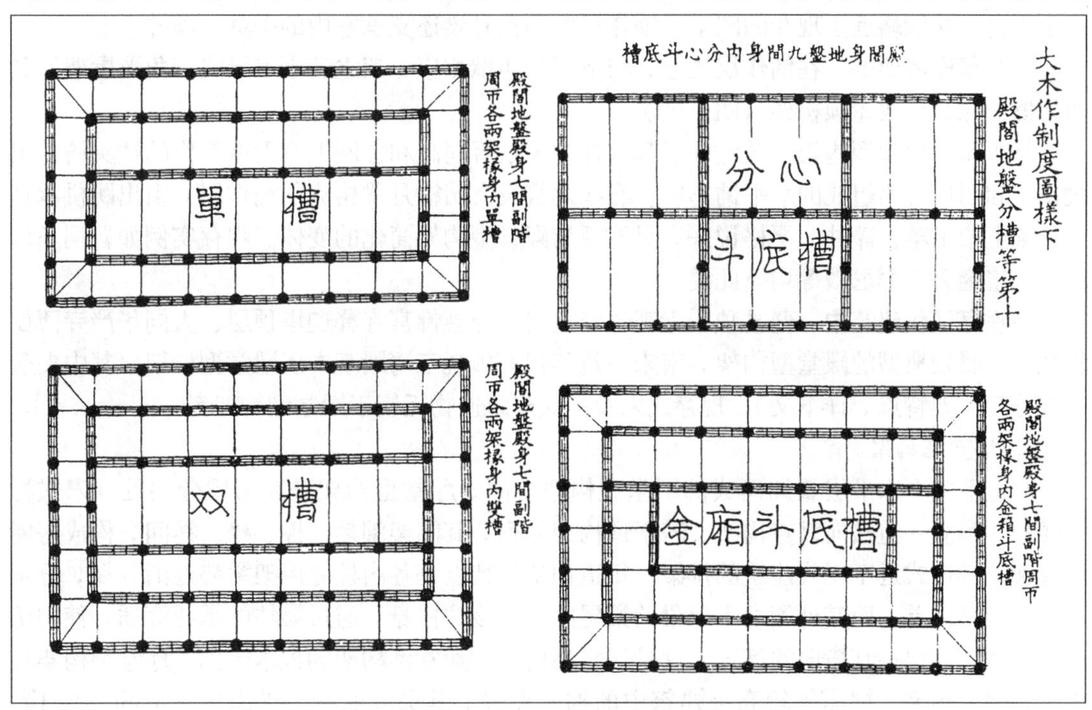

图7-89　营造法式殿阁地盘分槽图

头方。

①单槽：自前（或后）檐柱列退入一间（二椽跨）处加一排纵向内柱，上承阑额，形成内槽槽缝，与山面檐柱交圈后，分殿内为一宽一窄两个空间单元，其柱网近似一个横长的曰字。

② 双槽：自前、后檐柱列各退入一间处分别加一排内柱，上加阑额，形成内槽槽缝，各与山面柱交圈，分殿内为中间宽（内槽）、前后窄（外槽）的三个空间单元，其柱网如一个横长的目字。

③ 分心斗底槽：在殿内中部加一列纵向内柱，形成槽缝，等分殿内为前后两部分，柱网也作曰字形；面阔九间进深四间的殿宇还可分成三段，相邻两段间不再用梁而沿进深方向逐间加柱、阑额，也形成槽缝，把殿内分割成六个空间单元，其柱网形如形。

④ 斗底槽：在宽五间、深四间以上的殿内，距正面、山面檐柱列各退入一间处分别加纵、横向柱列，形成一圈内柱和其上的内槽槽缝，分殿内为中心敞厅（内槽、至少深二间）和四周回廊（外槽，宋时深一间）两大部分，其柱网形如回字。（如把斗底槽内槽缝之一向外侧延伸，与山面相交，则称金厢斗底槽。）

这四种柱网布置是定式，凡在槽缝上的柱子，不论纵向成行还是横向成列，其间距都是一间，只有内槽前后柱之间因有大跨梁栿，故不用柱，即图上用单线表示之处。这是殿堂型构架的固定形式。

（2）铺作层。在柱网的槽缝之上架设柱头和补间铺作，前后槽铺作间架设明栿月梁，由柱头枋构成与下层槽缝相重的水平构架，其间与明栿月梁穿叉交织，使连为一体，作为屋身和屋顶间连系部分。因其有较大的刚性，可以保持房屋构架的整体稳定，并为上层草栿构建一个平台，功能略近于现在的圈梁。铺作层的明栿月梁还支承室内的平棊、藻井。

（3）草栿屋架层。在铺作层之上，与下层的明栿相应，架立若干道梁式三角形屋架，其间架檩、椽，形成屋顶构架（图 7-90）。

是否属于殿堂型构架，关键在于其内外柱子是否同高和柱网上有无由铺作的柱头枋、出跳栱、和明栿月梁组成的水平铺作层。有些建筑没有明栿月梁构成的铺作层，由出跳栱承直梁、梁上架平棊、藻井，严格说来，只能视为殿堂型构架简化的变体。现存实例如晋祠圣母殿、正定隆兴寺牟尼殿等均属此类。

在现存辽代建筑中，蓟县独乐寺观音阁上层、应县佛宫寺释迦塔顶层、大同华严寺薄伽教藏殿等属较典型的殿堂型构架，南宋建筑苏州玄妙观三清殿基本属殿堂型构架（其中夹杂有部分穿斗架特点，详下文），现存北宋及金代建筑遗物无属于殿堂型构架者。

2. 厅堂型构架

与上下三个水平层叠加而成的殿堂型构架不同，厅堂型构架是在房屋分间处（宋式称“间缝”）各立一道横向垂直构架，若干道构架并列，其间架阑额、檩、椽、襻间，构成房屋的骨架。其形式近于现代建筑的排架。每道构架的特点是各内柱随屋架举势逐渐升高，分别承托上架梁之首，而其外侧之下架梁的梁尾则插入该柱柱身，通过梁柱的承托穿插，使构架连为一体，并保持其横向的稳定。这是厅堂型构架与殿堂型构架的根本区别。厅堂型构架是用于官署、第宅、祠庙等较高级建筑中的构架形式，其最大面阔、进深可达 7 间、10 椽。可使用梭柱、斗栱、月梁，但室内不得装设平棊（图 7-91）。

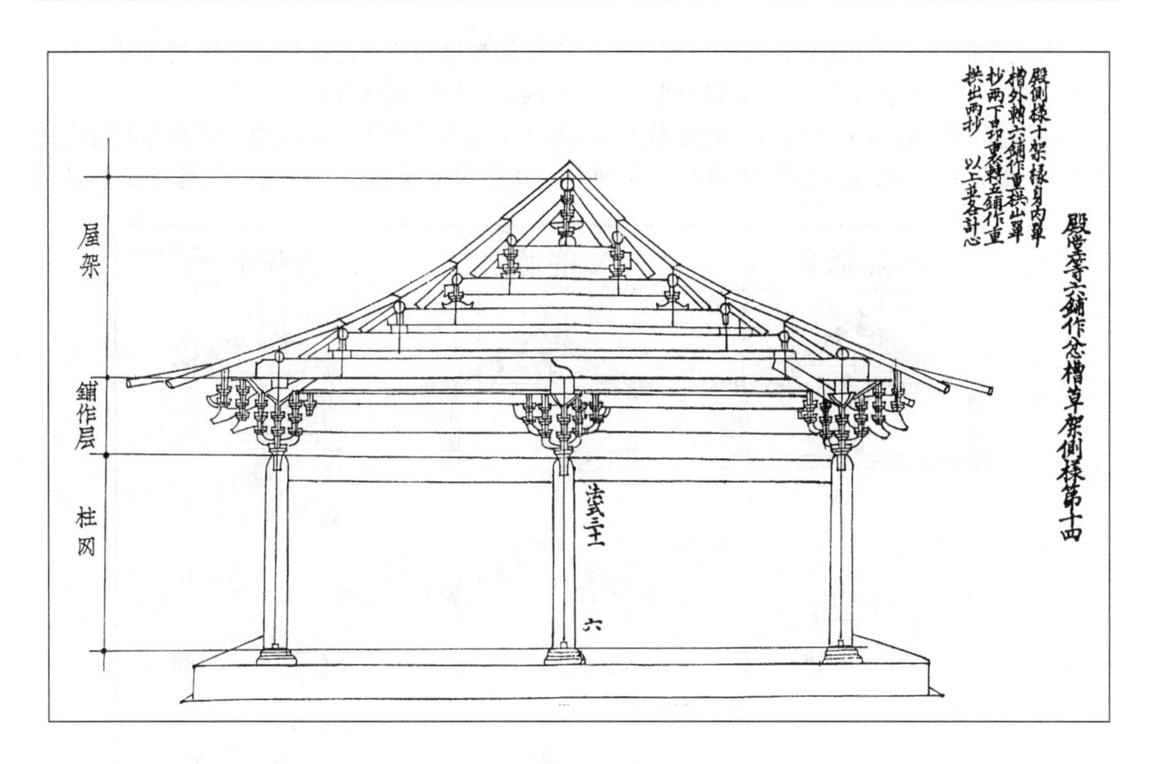

图 7-90　殿堂型构架沿水平方向分解示意图

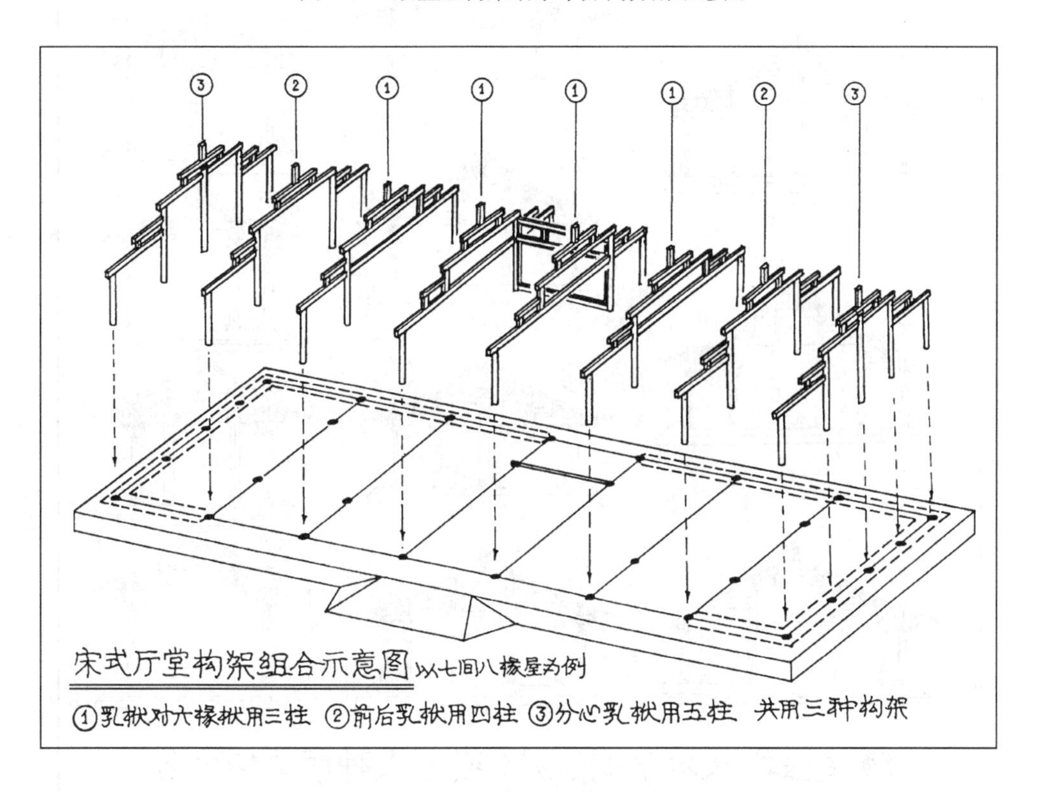

图 7-91　宋式厅堂构架组合示意图

宋式厅堂型建筑除前后檐必须有檐柱外，内柱的数量和位置随所选构架形式而异，有一定灵活性，一般不形成纵向的内柱柱列，故在室内也不能形成槽和纵向槽缝。

(1) 基本形式。《营造法式》图样载有18种厅堂型构架的图样，称为“厅堂等间缝内用梁柱”(图7-92)，可知厅堂构架用在每间缝上。其形式按所用梁的跨度（几椽栿）和柱数

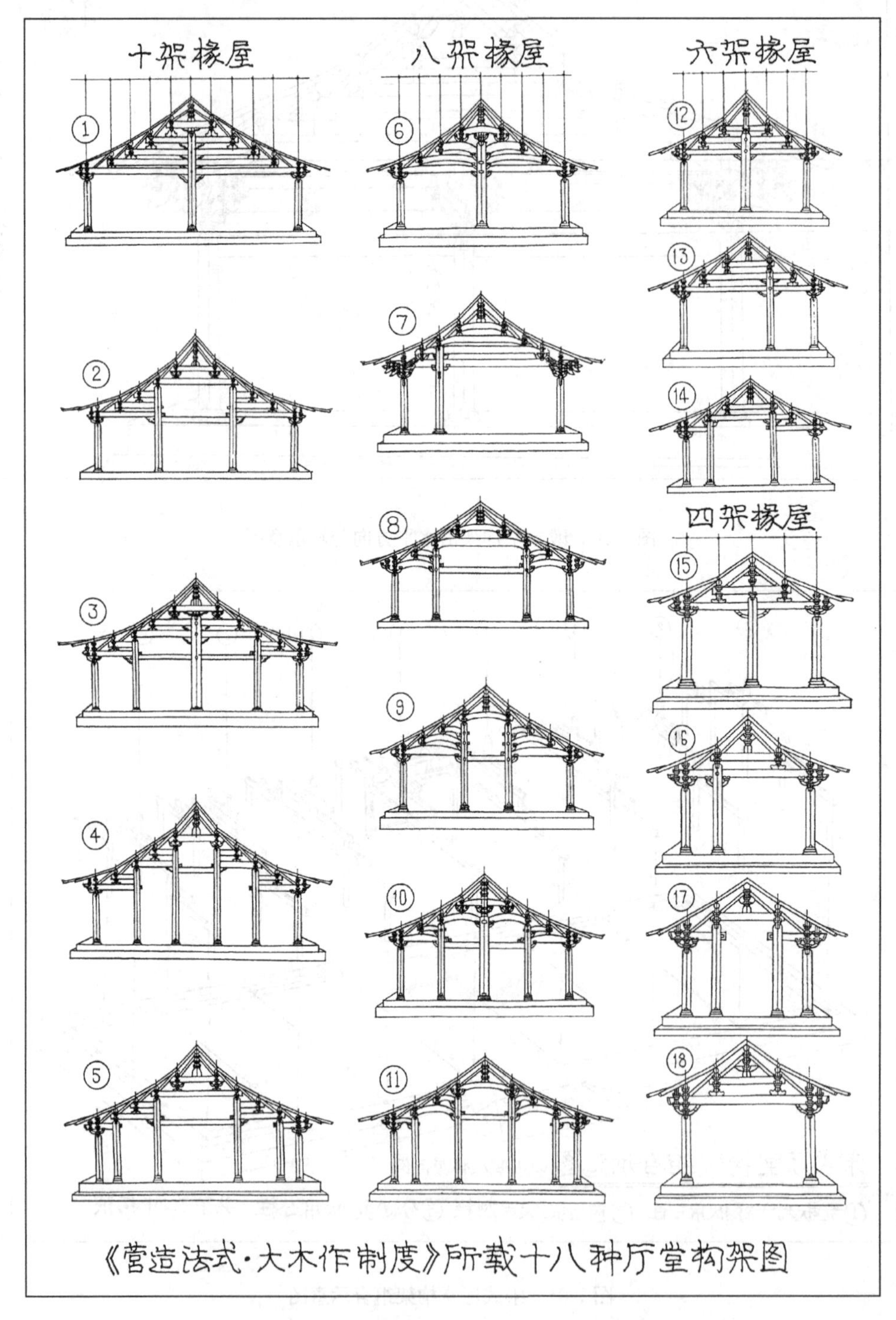

图7-92　《营造法式》所载18种厅堂构架图

来区分，可分为十架椽屋、八架椽屋、六架椽屋、四架椽屋四个跨度等级和用 2、3、4、5、6 根柱五种形式。其最大特点是，凡椽数相同的构架，其檩数也相同，尽管所用内柱的位置和数量不同，因上部的檩相互对位，故均可用于同一座建筑中。这样，厅堂型建筑可以根据室内需要确定所用内柱的位置和数量，然后通过选定椽数相同而形式不同的构架，来满足这种室内布置的需要。这是厅堂型构架的主要特点和优点（参阅图 7-91）。前人有把厅堂型建筑室内柱布置上的变化误认为是“减柱”，是对这种构架特点不了解所致。

现存宋、辽、金建筑中，福州华林寺大殿、宁波保国寺大殿、大同华严寺海会殿、五台佛光寺文殊殿、朔县崇福寺弥陀殿等属厅堂型构架。

（2）兼有某些殿堂构架特点的厅堂型构架。但是在现存辽代实物中还存在另一种构架类型，如义县奉国寺大殿（1020）、大同善化寺大殿（11 世纪）和已毁的宝坻广济寺三大士殿（1024）等。这种构架兼有殿堂、厅堂两种构架的特点。首先，它是彻上露明造，不设天花，梁架均为明栿，房屋构架由若干道并列的屋架纵联而成，基本具厅堂构架特点。但是它又在正侧面檐柱上及自此向内退入二椽（一间）的中平槫缝上重叠了多层柱头枋，形成内外两圈类似殿堂构架的内槽、外槽的槽，其构架的整体稳定性优于一般厅堂构架，这又近于殿堂构架的特点。因此，它是一种介于殿堂和厅堂构架之间的构架类型。陈明达先生在《中国古代木结构技术 战国—北宋》中称之为“奉国寺形式”（图 7-93）。

这可能是唐以来厅堂构架演化过程中一个阶段的形式，因冀北、晋北等地远离中原，故保留下一些早期发展进程中的痕迹，但也可能是辽代发展出的一种新构架形式，限于史料，尚难做进一步判断。辽亡以后，在金代建筑中只有大同上华严寺大殿因是在辽代基址上重建的，尚属此型，其余建筑即不再采用这种做法。这种做法也不见于北宋和南宋建筑中，故说它属于北方辽代建筑系统是可以的。

（3）使用大阑额的厅堂型构架。此期开始在厅堂型构架中出现一种较特殊的做法，其特点是在檐柱列或内柱列上使用跨长 2 间或 3 间的巨大的阑额，直接承梁，其下省去 1 根或 2 根柱子，以扩大室内空间。目前发现的实例均在金代，以建于 1137 年的五台佛光寺金代文殊殿为最早，在前后内柱列上使用了长 3 间和 2 间的内额（图 7-94）。稍后的建于 1143 年的朔县崇福寺弥陀殿也是其例。在金代目前只有大阑额用于内柱之例，至元代则开始有用于檐柱间以扩大明间开间的做法。这类做法多见于西北地区。在西北地区的民居中有时可以看到早期纵架结构的痕迹。这种使用大内额的做法是否是早期纵架结构做法的孑遗，是值得探索的问题。

周密《癸辛杂识》载南宋数学家秦九韶在湖州的宅堂面阔 7 间，堂中一间横亘七丈。秦氏原籍为秦凤间人，地属甘肃，故此堂可能是在江南沿用了其家乡作法。[①] 这种做法也属金以后北方建筑系统。

这种组合内额实可视为平行弦桁架的初型。在使用大阑额以减柱的厅堂型构架建筑中，在跨长超过 2 间时，有时使用上下两条阑额，在中部分间处加垂直的矮柱以承上方的梁，并在两端加斜撑，状如平行弦桁架，实例即五台佛光寺文殊殿（1137）。其斜撑的上端相抵处作锯齿状，很像现在的齿形结合做法，起了很好的支撑作用。但其矮柱的作用本应是拉杆，而它与其下阑额的连接却只做成简单的插入榫，未能起到拉结的作用，致使此处年久下垂，

① 宋·周密，《癸辛杂识》（续集下），唐宋史料笔记丛刊，中华书局，1988 年，第 170 页。

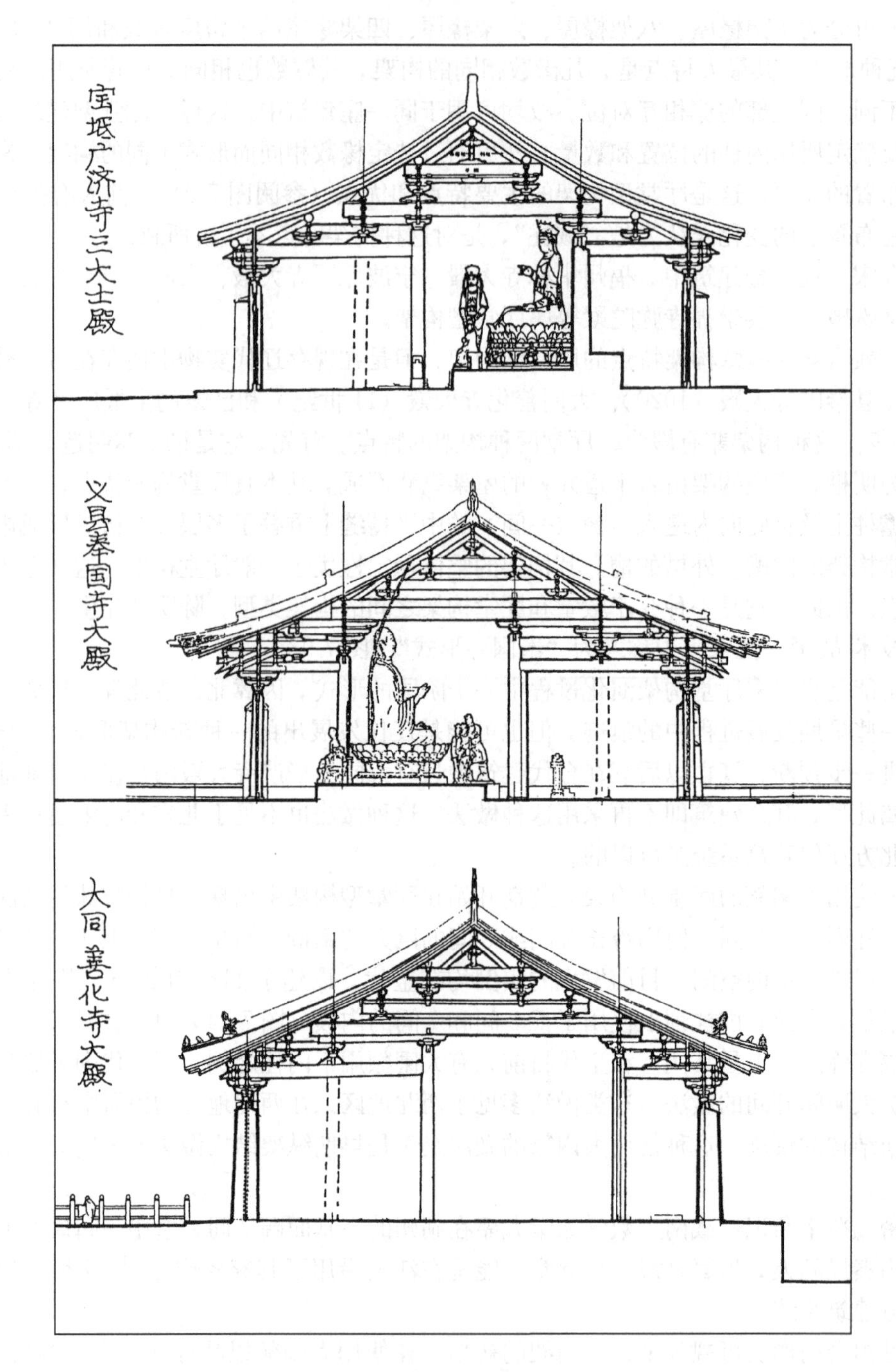

图 7-93　奉国寺型构架剖面图

这表明当时工匠对各杆件的受力情况尚不能完全认识。但早在近 870 年以前我国已出现平行弦桁架的初型，也可反映出当时工匠不囿于传统做法束缚，努力向多方面进行探索的情况(图 7-95)。

这种构架只见于金元时期北方地区，也属于北方建筑系统。

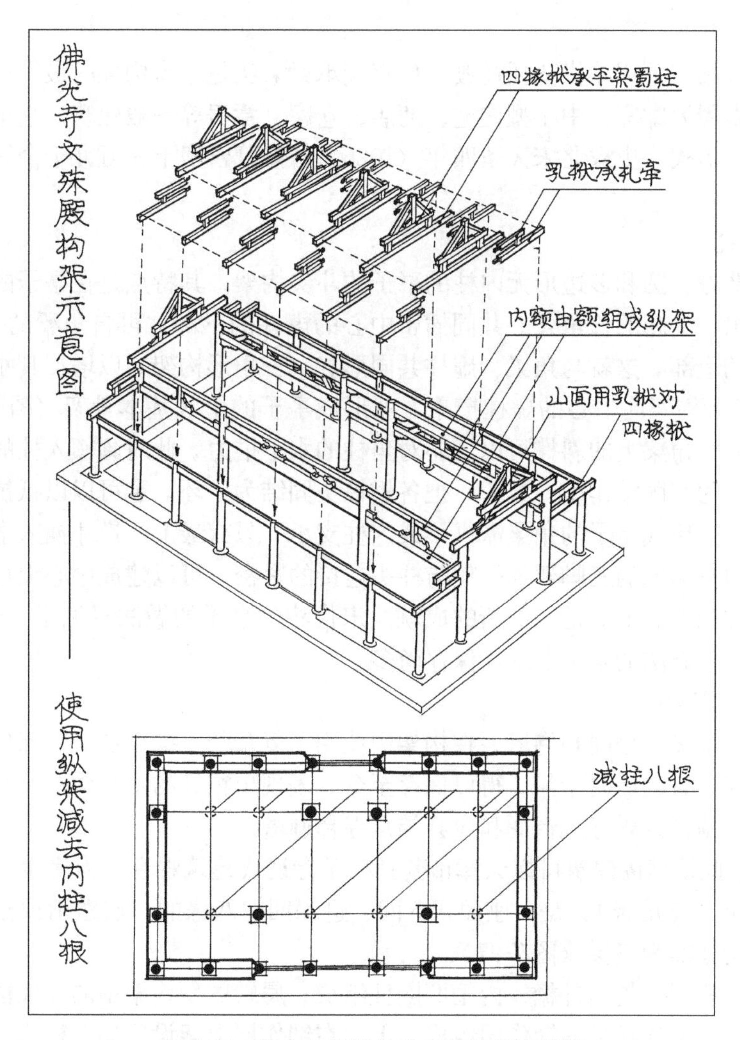

图 7-94　用大内额的佛光寺文殊殿构架图

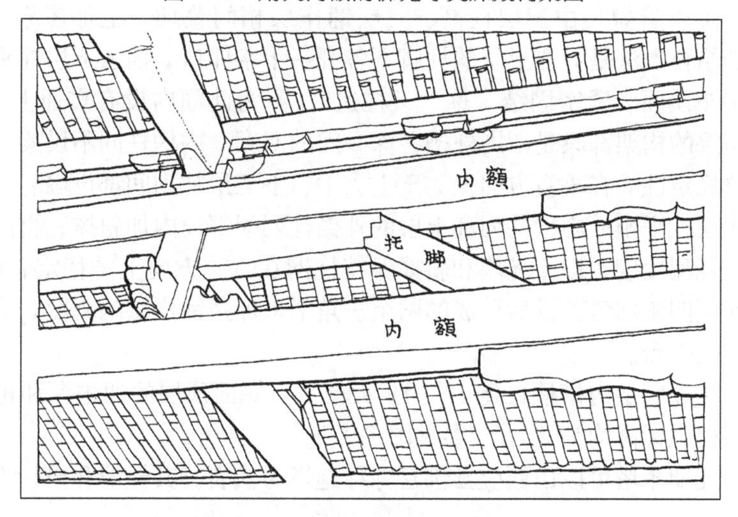

图 7-95　文殊殿内组合内额图

3. 余屋

使用直柱直梁，不用斗栱垫托过渡，柱直接承梁，实是厅堂构架的最简单形式，故简称“柱梁造”。它多用为廊庑、中小型住宅、商店、仓库、营房等一般建筑。它虽结构简单，却是最通用的构架形式，史载北宋天圣四年（1026）曾修葺营房十三万九千余间，可知其建造量之大。①

4. 亭榭斗尖

主要指建造方、圆和多边形无内柱的亭子的斗尖构架。其特点是在亭子的各个檐柱上设斗栱，后尾各出一上翘的长角梁，共同插于中心的虚柱的下部，再自角梁的中部加一斜撑，后尾插入虚柱的上部，这就与角梁、虚柱共同形成一三角形构架，以增加其刚性。这样若干道（4、6、8道）构架向中心的虚柱攒聚，就形成亭子的伞状基本骨架（图 7-96）。这种构架承屋面荷载后，角梁上的斜撑可以减弱对角柱的水平推力，此时阑额入柱的榫卯已由唐辽时简支的直卯变为有固结作用的鼓卯，把各檐柱头固结为一环，也可以以抵抗水平推力。

与唐代相比，唐代亭子的角梁需靠梁或内柱支承，只有最上一道才插入虚柱，构成攒尖顶，而宋代靠斜撑形成的三脚架和阑额与柱头连接的紧密，可以建成中心无柱的大跨度的伞状构架，在木构架发展上应是一项新的成就。宋代斗尖亭子的做法只见于《营造法式》中，实例不存，但相似做法的亭子在明代保存尚多。

5. 多层楼阁及塔

此期建有大量多层楼阁和佛塔，在构架中使用了复杂的支撑系统，以保持构架在水平和垂直方向的稳定，有的历时千年，得以保存至今，表现出很高的木结构技术水平。最典型的例子是辽代建筑蓟县独乐寺观音阁和应县佛宫寺释迦塔。

（1）楼阁。此期楼阁建筑可以天津市蓟县独乐寺辽代建筑观音阁为代表。独乐寺观音阁建于辽统和二年（公元 984）是一座面阔 5 间、进深四间八椽的二层歇山顶楼阁，若考虑中间的平坐，其构架实为三层（图 7-97）。

各层的柱网相同，均由外檐、内槽两圈柱组成，属殿阁型构架中的斗底槽。它的三层构架每层均由柱网层承托水平的铺作层组成，上层在铺作层上架设屋架，构成屋顶。若把它按水平方向分解，可以看做是由三层柱网、三层铺作层相间叠加，上加屋架而成（图 7-98）上下层构架间的结合方法是，在上层的柱脚下各开一十字卯口，插入下层柱头枋与华栱十字相交处，直抵栌斗顶面，紧密固结，称“叉柱造”。因为此阁内设有贯通上下的观音立像，故其下层和平坐层的构架都只是四周外槽各深一间的回廊，内槽柱间不设梁，形成空井。为增强构架的整体稳定性，在垂直方向上，于上、中、下三层柱列间都设墙：下层在外檐柱列间砌土坯墙，中层在平坐的内槽柱列和上层的外檐柱列间都设内加斜撑、再用植物杆茎填充后内外抹泥的较轻型墙壁，以土坯墙和斜撑保持柱网在垂直方向上的稳定；在水平方向上，主要利用在铺作层四角加角乳栿后形成的两个三角形来加强铺作层的刚度，为平坐和上层柱网提供一个稳定的平台。

在设计上，它以底层内槽柱之高 H_1 为扩大模数，侧面顶层的通进深和正面当中三间的总面阔及其顶层柱顶标高均为 3 H_1（参见图 7-97）。

（2）木塔。此期木塔可以山西应县佛宫寺释迦塔为代表。其概况和设计方法见第三节单

① 宋·李焘，《续资治通鉴长编》，卷 104，中华书局标点本⑧，1985 年，第 2424 页。

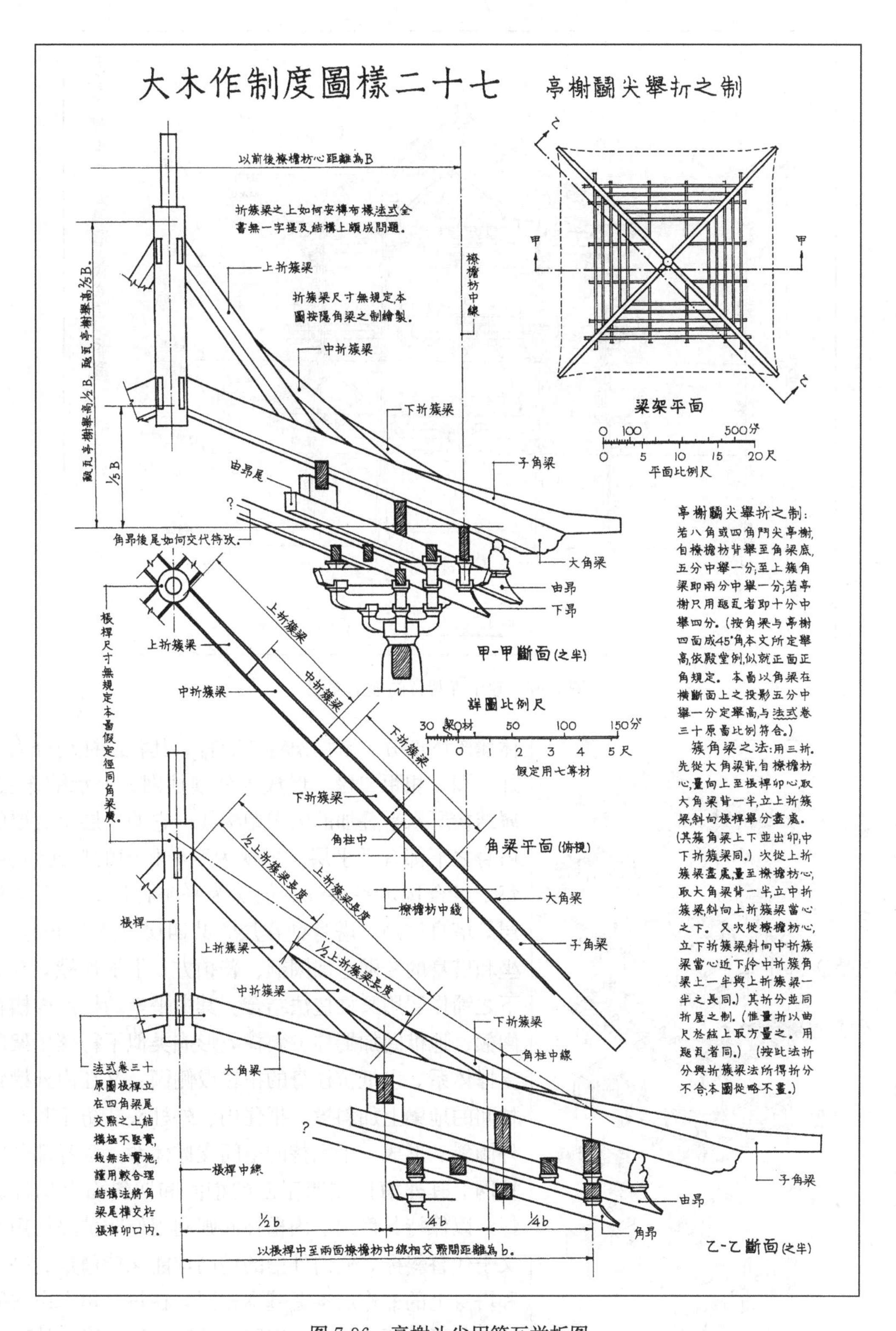

图 7-96 亭榭斗尖用筒瓦举折图

梁思成:营造法式注释(卷上),大木作制度图样二十七,中国建筑工业出版社,1983 年

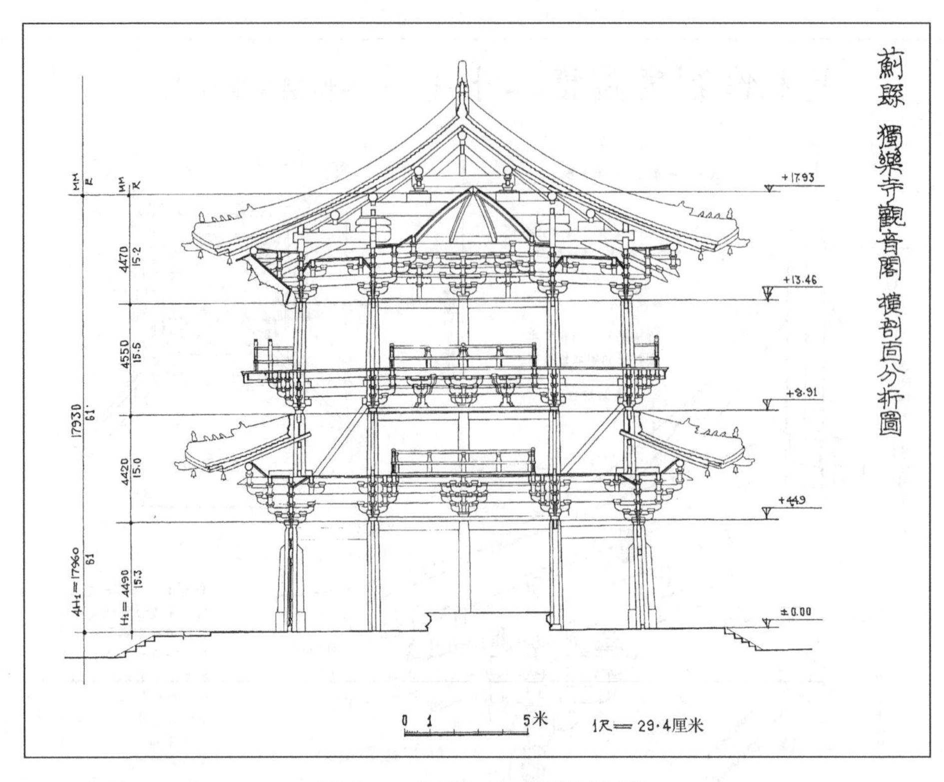

图 7-97　独乐寺观音阁横剖面图

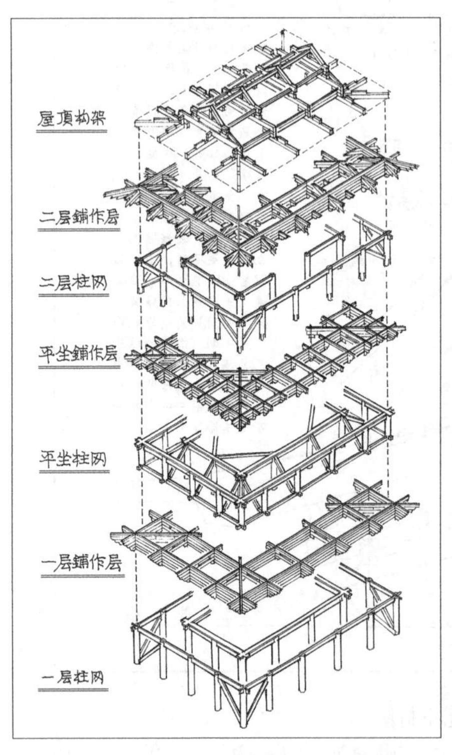

图 7-98　独乐寺观音阁构架分解图

体建筑塔部分。就构架特点而言，其各层柱均分为内外二圈，相距二椽，形成内外槽柱网，上承铺作层，属结构层水平叠加的殿阁型构架。它的二层至五层的塔身之下都有平坐层，可视为四个相同的单元组合。每个组合按水平层计，依次为平坐柱网，平坐铺作层，塔身柱网，塔身铺作层，共四层（图 7-99）。平坐和塔身的柱网上加阑额、普拍方，下加地栿，与其下之铺作层用叉柱造法结合。其中平坐的柱网内槽在阑额、地栿间加蜀柱、斜撑，形成类似平行弦桁架的支撑体系，以抵抗柱身的扭转或侧倾；又在内外槽角柱间的地梁上加斜撑，抵住内、外柱头，防止其向内外倾斜，形成一个完整的空间支撑体系。塔身部分的柱网，其外槽柱在四正面的梢间和四斜面上均加斜撑，以保持其稳定，内槽柱间则利用作防护隔栏用的叉子代替斜撑，使内外槽的柱网均能保持稳定。平坐和塔身上的铺作层构造基本相同，在每个角上由次间梁架各形成两个具有一定刚性的三角形，以保持其本身和立于其上的柱网的稳定。

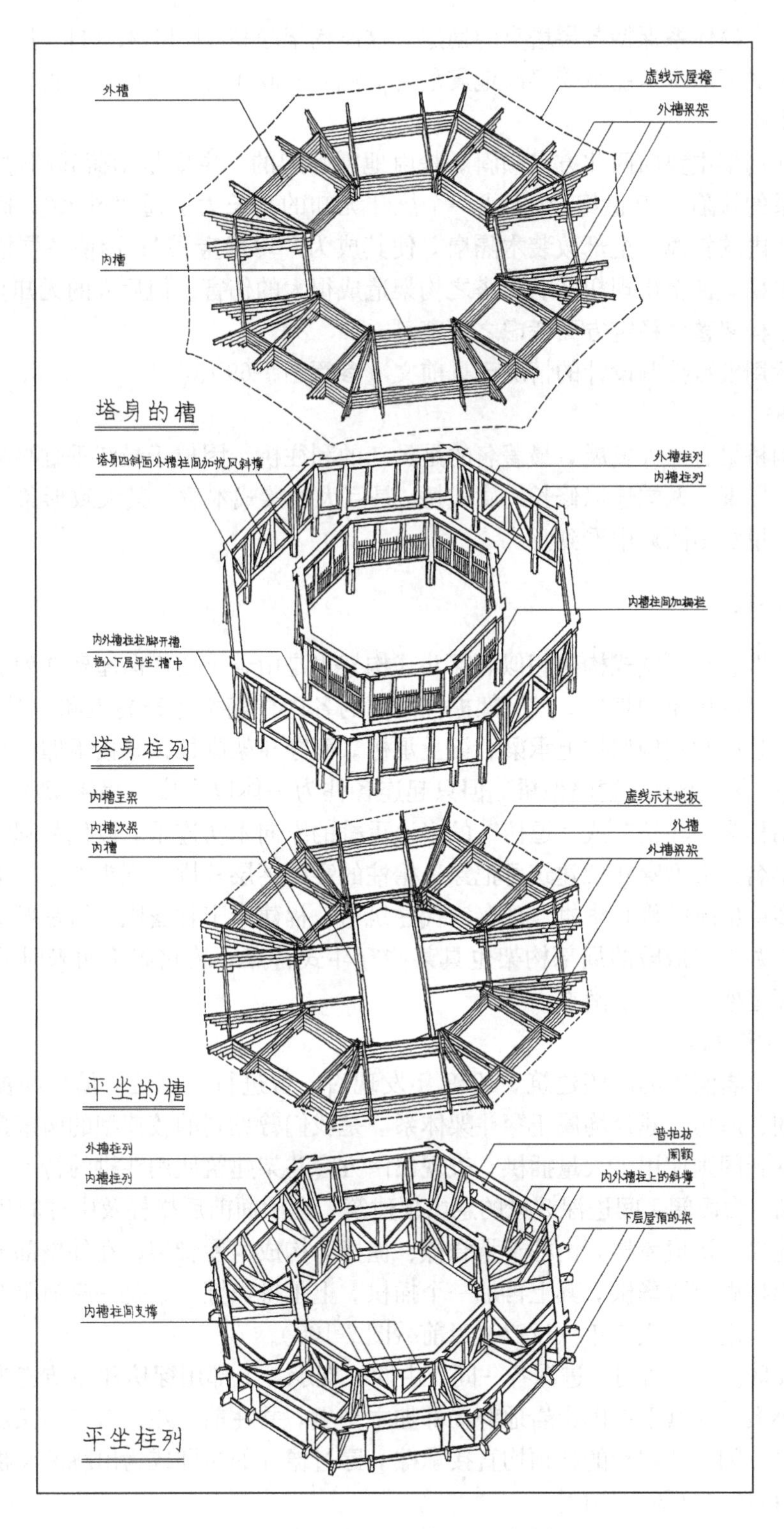

图 7-99 应县佛宫寺释迦塔构架分解示意图

由于铺作层为其上的柱网提供稳定的平台，叉柱造的做法保证上下层间的稳固结合，柱网间以垂直向支撑体系保持各层塔身的稳定，这座构架净高 51.14 米（自一层地面至五层刹下砖座上皮）的五层木塔能承受多次地震危害，屹立 950 年至今，反映出古代木构架技术所达到的高度水平。

此塔目前构架主要向西北方向倾斜，是由地震引起的，主要是动荷载超过木材承压力，而非构架体系的缺陷。20 世纪 20 年代一个愚昧无知的县长为了通“风水”，拆去各层塔身外檐的墙和墙内的斜撑，全部改装木隔扇，使其成为“玲珑宝塔”，遂使各层塔身的柱列不同程度倾斜失稳，甚至出现扭转，对塔之构架造成很大的伤害。但后人的无知妄作，更反衬出古代匠师在构架整体稳定方面考虑之周密。

此塔的运用模数控制设计的情况已见前文（参阅图 7-69）。

6. 梁式桥

此期木构桥梁有巨大发展，最著名的是吴江的利往桥。因位于吴江垂虹亭畔，亦称垂虹桥，中间五亭攒聚，两端连以修长的廊式桥，是巨大的梁式木桥，其大致形象可以在宋人王希孟所绘《千里江山图》中看到。

（二）穿斗式

或称穿逗架。与厅堂式构架相似，穿斗式构架也是由若干道横向屋架并列，其间用纵向枋、檩连接，形成房屋的骨架，其屋架檐柱以内的各内柱随举势升高也和厅堂式构架相似。但二者不同处是厅堂式构架柱上承梁，梁上承檩，而穿斗架则柱顶直接承檩，另用多重小的“穿枋”横贯柱身，形状位置略似梁，但只起连各柱为一体以形成一榀屋架的作用。各榀屋架在柱间再用称为“斗枋”或“逗枋”的多道重叠的纵向木枋连系，以代替阑额、内额。穿斗架即以此得名。大型穿斗架建筑可把穿透檐柱的穿枋逐层外挑，端头加斗，上承出跳的挑檐檩，状如多层出跳的偷心华栱。现存宋代建筑中，福建泰宁甘露庵一组是典型的穿斗式建筑，而苏州玄妙观三清殿的局部构架也具某些穿斗式特点，故它属于两宋时的南方建筑系统。宋以后穿逗架也只见于南方。

1. 福建泰宁甘露庵

为建在一个岩洞中的四座建筑，1959 年发现后，曾进行了测绘，随后即被焚毁。其中蜃阁、南安阁、库房三建筑均属于穿斗架体系，是我们曾见到的较典型的南宋穿斗架建筑实物。上殿、观音阁则使用了大量插栱，表现出南方穿斗架建筑使用斗栱的特点。

（1）库房。为面阔 1 间进深 2 椽的悬山顶建筑，在山面前后檐柱及中柱间用上下两道穿枋穿透柱身连接，形成屋架，由柱子承脊檩、檐檩，构成房屋骨架。在外檐部分，令下面一道穿枋穿过檐柱做出跳华栱，其上再加一个插栱，上承挑檐檩。它是一座简单但较典型的穿斗架房屋，建于南宋宝庆三年（1227）以前（图 7-100）。

（2）南安阁。为一面阔、进深各一间，由四柱支承，上部用穿枋和斗枋连为一体，上复歇山屋顶的小殿。在其下部因山岩地势局部加木平坐，并在前、左、右三面又加副阶，构成单层重檐建筑。阁身和副阶的柱顶均直接承檩，穿过檐柱的枋即成为出跳的斗栱。它建于南宋乾道元年（1165）（图 7-101）。

这两座建筑构架简单轻巧，用小料为连系构件，省去了需用较大料的横梁，表现出南宋时穿斗架建筑的主要特点和优点。

（3）蜃阁。为一面阔 3 间，进深 4 椽，前檐加擎檐柱的单檐歇山小殿，其明间两道梁架

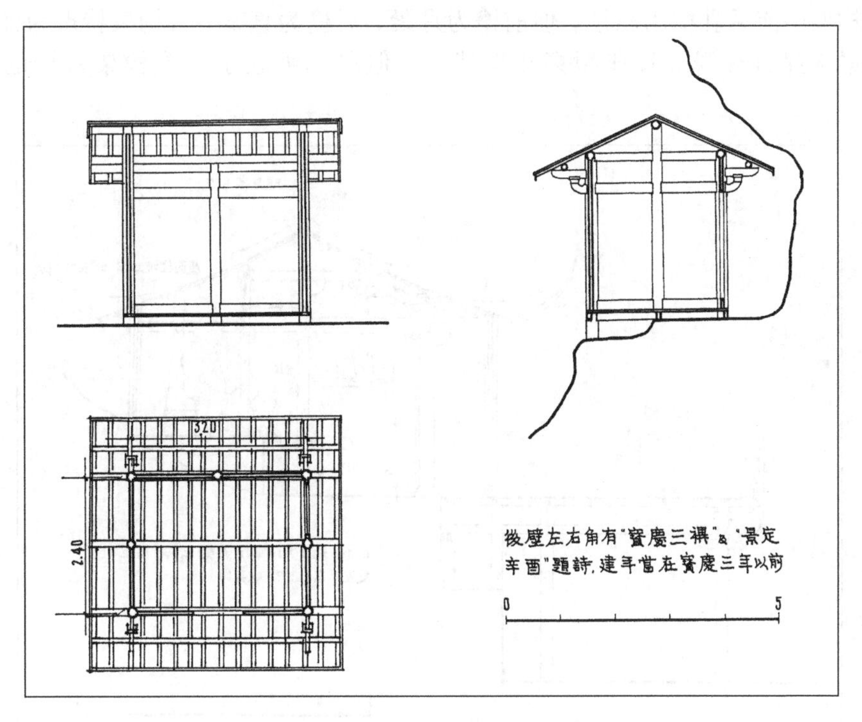

图 7-100 泰宁甘露庵库房剖面图

张步迁：甘露庵，图 34，载：建筑历史研究（第二辑），建筑理论及历史研究室编

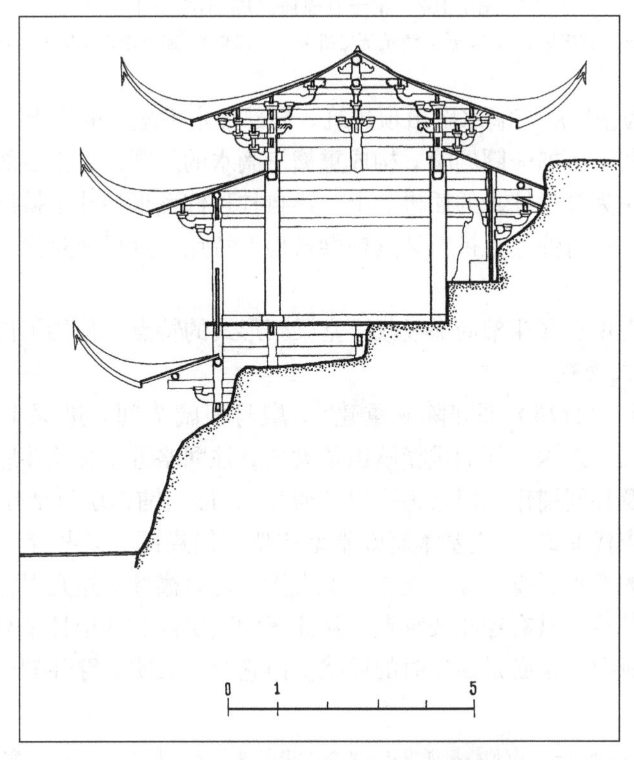

图 7-101 泰宁甘露庵南安阁横剖面图

张步迁：甘露庵，图 22，载：建筑历史研究（第二辑），建筑理论及历史研究室编

近于厅堂构架中前后乳栿用三柱，但前檐为月梁，后檐为直梁，其构架特点为柱头直接承檩，栱和梁均穿过柱身，具典型穿斗架特点，但局部吸收了厅堂构架月梁的形式（图 7-102）。

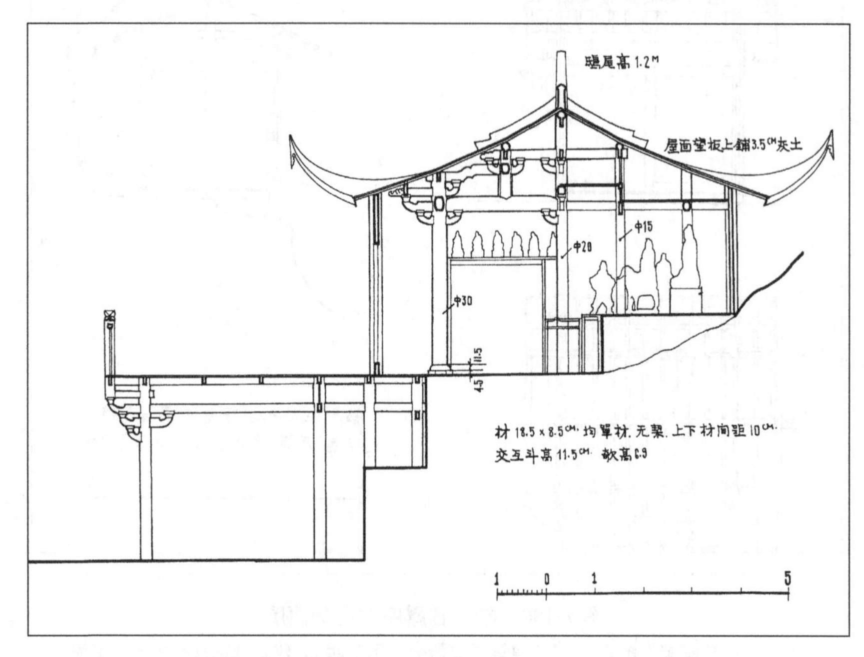

图 7-102　泰宁甘露庵蜃阁横剖面图

张步迁：甘露庵，图 6，载：建筑历史研究（第二辑），建筑理论及历史研究室编

（4）观音阁。为一二层三滴水歇山顶建筑，局部加木平坐。阁身上下层均面阔进深各一间，由四柱支承，其下各加一圈副阶，构成重檐三滴水的外观。其上层阁身四柱的柱头铺作出四跳华栱，下二跳为穿过柱身的插栱，上二跳自柱顶仰莲形栌斗上挑出。下二跳穿过柱身属穿斗架特点，上二跳自仰莲上挑出又具柱梁式构架特点，这可能是穿斗架使用多重斗栱时的做法（图 7-103）。

这两座建筑都表现出穿斗架局部吸收厅堂梁架形式的特点，使用了出跳斗栱和月梁。

2. 苏州玄妙观三清殿

此殿为淳熙三年（1176）郡守陈岘重建[①]，殿身面阔 7 间，进深 4 间，四周加一圈副阶，外观为面阔 9 间，进深 6 间的重檐歇山顶大殿，柱网略近于金箱斗底槽。柱网上施七铺作二抄二昂的柱头及补间铺作（但昂为平出的假昂），形成铺作层（铺作层之上的草架为后代重建所改，不是宋代原式）。它基本属殿堂型构架。但局部有某些穿斗架特点，表现为殿身北半部中间 5 间的 6 根后檐柱穿入天花以上直接承托后檐檩，这几根柱上的斗栱均为插入柱身的插栱，不用栌斗，具有穿斗架特点。从此殿的重要性和 6 根柱子与构架的结合看，颇有可能是后代修理所致，未必是始建时的原状。但它至少表明，穿斗架宋元时在江南地区流

① 此殿前人谓为淳熙六年（一）赵伯骕摄郡重建，然按之宋范成大《吴郡志》，其卷 31 宫观正文为："淳熙六年圣祖殿火，提型赵伯骕摄郡重建。三清殿淳熙三年郡守陈岘建。初道士募缘，御前亦有所赐，始克成就。八年（1181）至尊寿圣皇帝（宋孝宗）赐御书金阙寥阳宝殿六字为殿额" 可证三清殿始建于淳熙三年（1176），旧说应更正。

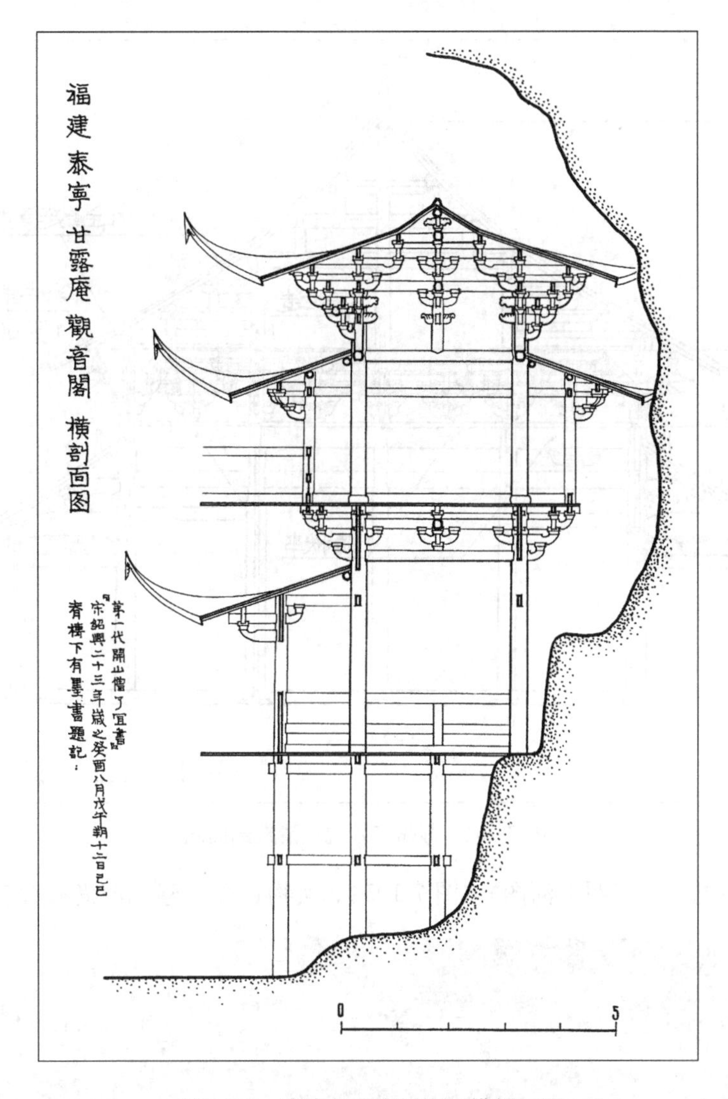

图 7-103　泰宁甘露庵观音阁横剖面图

张步迁：甘露庵，图 29，载：建筑历史研究（第二辑），建筑理论及历史研究室编

行，也使我们了解到穿斗架用在有斗栱的大型殿宇中的情况（图 7-104）。

（三）木构拱架——叠梁拱

在北宋前中期，为在急流上造桥，创造出的一种造单跨木构拱形桥的新结构。《渑水燕谈录》载，北宋明道间（1032～1033）青州卒有智思，“叠石固其岸，取大木数十相贯，架为飞桥，无柱。……庆历间（1041～1048）陈希亮守宿，以汴桥屡坏，率尝损官舟、害人，乃命法青州所作飞桥。至今沿汴皆飞桥，为往来之利。俗曰虹桥。”[①] 据此，这种桥创建于 11 世纪初的山东青州，稍后传至汴梁，逐渐盛行于汴河一线。

① 王辟之，《渑水燕谈录》，卷 8，中华书局排印本，1997 年，第 100 页。

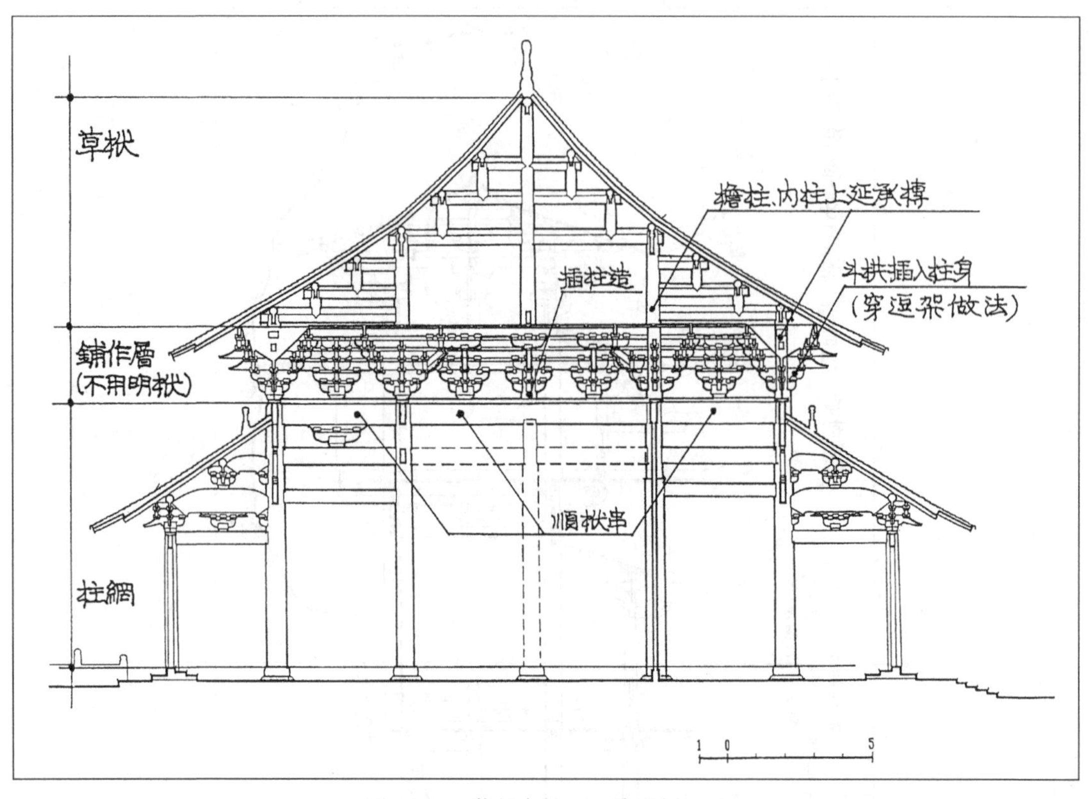

图 7-104　苏州玄妙观三清殿剖面图

虹桥的形象见于《清明上河图》（图 7-105），实物在今福建北部尚有存者。据图和实物

图 7-105　张择端《清明上河图》中所绘虹桥

所示，它是由若干道并列的短梁接续而成，其做法是以相邻两道为一组，由若干组并列至所需宽度。每一道木梁的端头均互相搭接，在排列时使相邻两道的搭头互相错开，令此道的搭头处于另一道的中部，然后在此道搭头之下与另道木梁之间穿入一根横梁，这样接续下去，直至所需跨度，形成一道有一定宽度的单跨拱形木桥。当桥梁受压后，其每一组的每根木梁的受力状态都是两端有横梁支承，中间受其上横梁传来的另一组搭头之重。故它的外形虽连接成弧形木拱梁，但其中每根构件的受力情况却都是中间受压的简支梁，即由简支梁重叠接续而成的拱，故现在工程界称之为“叠梁拱”（图 7-106）。这是北宋时期为解决大跨度木桥在木构架技术上取得的新成就。

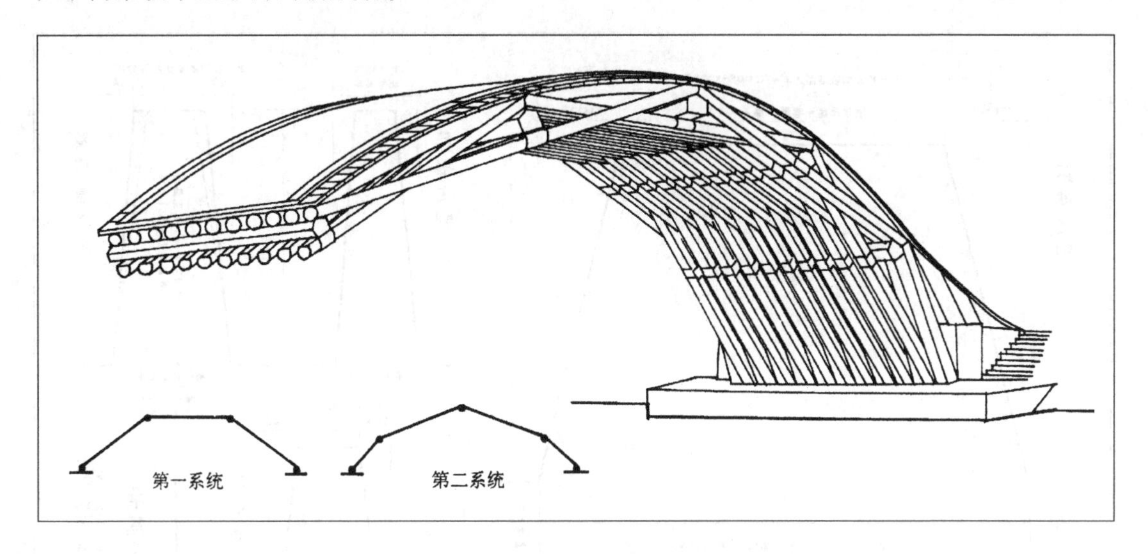

图 7-106　虹桥的构造示意图

二　土工结构

宋《营造法式》把筑城、筑墙、筑基、穿井等土方工程归入“壕寨”，文献中记有筑陵、修河坝等也属壕寨，并有称掌管者为壕寨官的记载。

（一）筑城

宋代有多种官方筑城法规，如熙宁十年（1077）中书门下筑城看详载“其州县无城处，即以二丈为城，底阔一丈五尺，上收五尺。”[①] 这是一般州县城墙的标准。《武经总要》记载：“平陆筑城，下阔与上倍，其高又与下倍。假如城高五丈，则下阔二丈五尺，上阔一丈二尺五寸。”[②] 这是延续兵书中战时筑城的标准。此外还有《元丰城隍制度法式》[③] 和《修城法式条约》[④] 等。这些规定多不一致，有可能是大、小城市和常规与战时筑城的差异。在

① 徐松，《宋会要辑稿》，方域八之四，中华书局影印本 ⑧，2006 年，第 7442～7443 页。

② 曾公亮，《武经总要》，卷 12，上海古籍出版社，四库兵家类丛书本（一），1988 年。

③ 徐松，《宋会要辑稿》，方域八之十一，中华书局影印本，2006 年，第 7446～7447 页。

④ 宋·陈振孙，《直斋书录解题》卷七，法令类：“《修城法式条约》二卷。判军器监沈括、知监丞吕和卿等所修敌楼、马面、团敌式样，并申明条约。熙宁八年上。”上海古籍出版社，1987 年排印本，第 226 页。

《营造法式》所载较为详尽，应是都城和大城市的标准。

据《营造法式》卷 3 壕寨制度“城”条，城身断面为城高与城底宽之比为 4∶6，[①] 两侧壁按 1∶4 收坡。也可视为城高与城顶宽相同，两侧自顶以 1∶4 坡度向外斜出至地(图 7-107)。《营造法式》还规定城身内加木骨。每城长 7.5 尺，各立二根与城同高、径 1～1.2 尺的永定柱和比它短 4 尺的夜叉木；每筑高 5 尺垂直城身平置一根长 1～1.2 丈的纴木。垂直的永定柱可以加固夯土城身，水平的纴木则可防止敌人挖洞导致城身崩塌。筑城的边模仍为传统的木棍，称膊椽，用草绳拴住，紧系在钉入城身的木橛上，基本与战国以来使用的方法相同。筑后城身表面要削平。

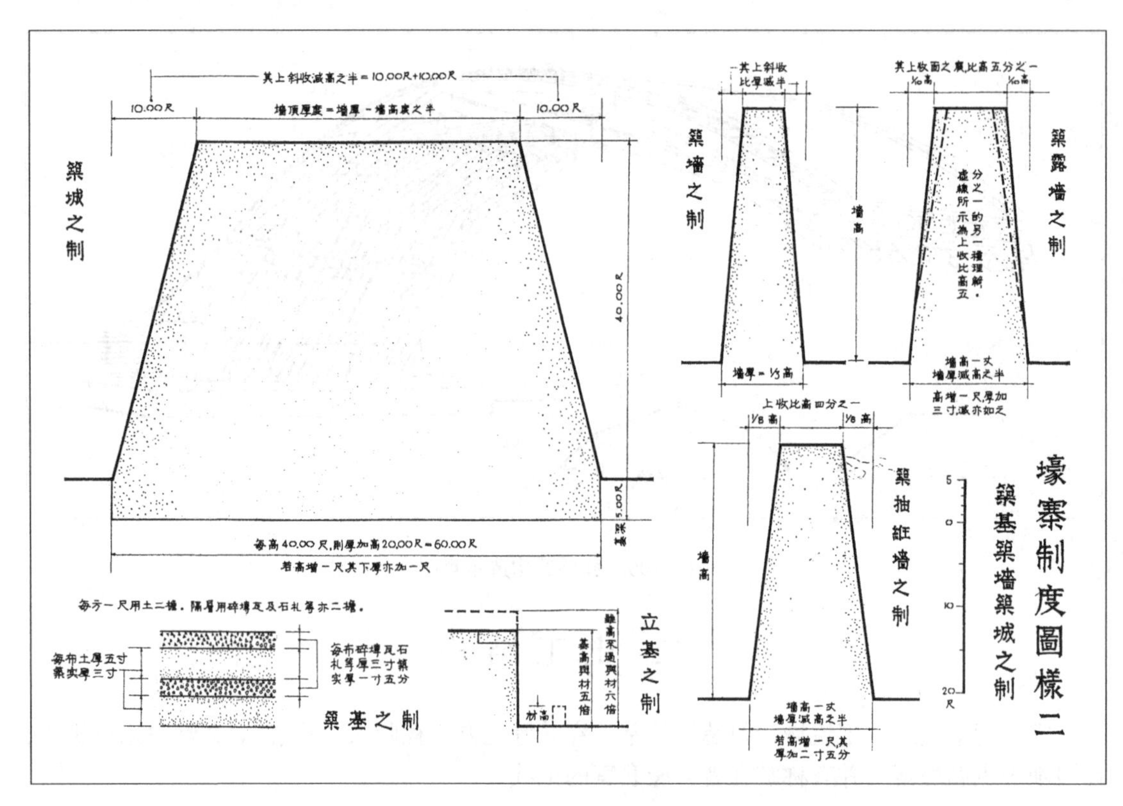

图 7-107　宋《营造法式》所定筑城及三种筑墙之断面图

梁思成：《营造法式注释》卷上，壕寨制度图样二。中国建筑工业出版社 1983 年版

从《营造法式》所载筑城制度看，在土工技术和方法上并无明显改进，但工程量是很大的。

（二）筑墙

宋代墙壁包括围墙、屋墙仍以夯土、版筑、土坯垒砌为主，个别重要建筑之墙两侧砌砖或石块，中间筑土，极少全部用砖砌造的。

---

① 陶本，《营造法式》卷三，城，正文云：“筑城之制，每高四十尺，则厚加高一十尺”。但据刘敦桢先生校故宫本作“则厚加高二十尺”。梁思成先生《营造法式注释》亦作“二十尺”。

《营造法式》卷3“墙”条记载了三种断面比例：先泛论筑墙之比例关系之高厚比3∶1，墙顶厚0.5。又记载了“露墙”和“抽纴墙”二种做法。露墙当即露天的围墙，其墙身高厚比为2∶1，两面收坡为1.5/10。抽纴墙墙身高厚比亦为2∶1，但两面收坡为1/8。其具体做法未详载，从现存实物看，也主要是沿用传统技术，无重要改进（图7-107）。

在宋元时还有把土墙下段用砖砌，砖上平铺木枋，其上再筑夯土墙或砌土坯墙的做法，目的是防地面潮气上侵，称隔减。有的还在上段的土墙内加木骨和斜撑，以增加其整体性和稳定。此法《营造法式》不载，实例见于北京护国寺千佛殿的山墙及后檐墙。此殿刘敦桢先生认为可能是辽代遗物，则这做法可能在辽、北宋时已有了。[①]

（三）筑基

《营造法式》卷3“筑基”条记载建筑的基底视土壤情况开挖4～10尺深，用三份土加一份砖石札夯筑。台基用土和砖石札由二人相对用杵分层相间夯筑，土层夯后的厚度压缩至3/5，砖石札层夯后厚度压缩至1/2。但从目前已发掘的建筑基址如金中都大安殿址和阿城刘秀屯金代宫殿址所见，其殿基本身均为素夯土，只有柱础坑才用土和砖石札相间夯筑，与《营造法式》所规定做法不同。由于宋代大型建筑基址的实例尚缺，故它是宋已如此，还是属金代的简化措施，尚待进一步探讨。

《营造法式》卷3“筑临水基”条载有筑临流岸口屋基之制，规定基础挖深增至1丈8尺，广随房屋间数，其外作两摆手（即临水一面作八字形斜出）。基坑内布厚1丈5尺的柴梢，梢上用胶土夯实。每岸长5尺打一根长1.7丈的桩，以保护岸墙。

在《营造法式》卷3“卷輂水窗”条载有建过水涵洞和闸坝的临水地基的做法。规定要自欲砌墙壁处下挖至硬土，然后打木桩，再在成行的木桩顶上铺三路条石（衬石方），石间空隙用碎砖瓦筑实，其上铺内外相并的石条（石涩）为墙基，基上砌临水的墙。为防基础沉降或被水冲刷移动，石条间用熟铁鼓卯（铁制银锭榫，又称“腰铁”）固结。

1990年在北京发现了金中都南城墙上的水关，其出水涵洞长21.35米，宽7.7米，均用石砌成，出入水口做八字形展开。其基础做法是最下密植木桩，桩顶间空隙用碎砖石札夯实，上铺条石（衬石枋），条石上钉铺地面石。条石间用木制银锭榫拉结，地面石板间用腰铁拉结，使连为一体，防止移位。在涵洞底入水、出水处地面石的边缘密钉木桩，以防为水冲刷移动。其做法和《营造法式》卷3“卷輂水窗”条所载基本相同，可以互相印证。[②]

三　砖　　工

宋代建筑工程中砖的用量大增，表明制砖技术较唐代有很大的进步，但具体制作工艺上的变化目前所知甚少。砖用在建筑物上的情况无太大变化，主要仍是用条砖砌台基边缘，用方砖铺地。房屋墙壁一般只用条砖砌高出地面3尺左右的基墙，其上平铺称隔减（碱）的厚木板，以利防潮，板上砌土坯至顶，极少有全部用砖砌至顶部者。南宋人记数学家秦九韶宅

① 刘敦桢，北平护国寺残迹，载：刘敦桢文集，卷二，建筑工业出版社，1984，第238～239页。

②《全国重点文物保护单位》编辑委员会，全国重点文物保护单位，北京市“金中都水关遗址”，北京文物出版社，2004年，第136页。

堂，特别说“凡屋脊、两翚、搏风皆以砖为之”，强调其山墙包括搏风板全部是用砖砌成的，似近于后世的“硬山”做法，但在宋代绘画中迄未见硬山房屋，可证在那时仍是较特殊的做法。宋、辽多用条砖砌筒拱或穹顶墓室，在构造及体量上无很大变化，所不同是大量使用镶嵌上去的砖雕装饰，其详已见陵墓部分。

宋代最大的砖工程是铺砌街道和包砌城墙和城防工事，自北宋初起，史不绝书。砖铺街道主要在多雨的南方。在南宋中后期火药使用后，很多城市用砖、石包砌城墙，城防设施也随之改进，最突出处是把传统的木构架城门道改为砖筒拱城门道。

（一）砖铺街道路面

较早见于北宋平江，史载至元丰七年（1084）时，已是“近郊隘巷，悉甃以甓”。[①] 南宋绍兴十三年（1143）成都开始用砖铺路面，至 1177 年续成，共长 3360 丈，用砖一百余百块，钱一千万，是很大的工程。[②] 从发掘出的临安御街可知，路面砖的铺法是用条砖竖砌的，故可承受车马重压。近年发掘出一些宋代庭院，地面也铺砖，但因无车马辗踏，故多用方砖、条砖平铺，并可组合出一定图案，而以竖砌条砖为边线。

（二）砖包城墙

两宋史籍有大量城墙包砖的记载，如载宋平江城经后梁龙德二年（公元 922）、北宋宣和五年（1123）、南宋淳熙中（1174～1189）多次包砌，形成完整壮丽的用砖包砌的城墙。[③] 又载南宋乾道六年（1170）修和州城壁，“其城壁表里各用砖灰五层包砌，糯粥调灰，铺砌城面。”这是用糯米粥调灰浆的最早记载，至明代则成为皇家工程的通用做法[④]。庆元五年（1199）修扬州城，所用砖、灰向诸州征调，为保证城砖质量，规定要在砖侧模印烧制单位名，以便看验。这在以后也形成传统，明初修南京城墙时，其城砖侧面即模印制作地如江西袁州等地名。[⑤]到蒙古军占四川、云南后，两广、两湖都成为前线，也加紧包砌砖石城。景定五年（1264）以后永州陆续包砌外城墙，史称“埏土为甓，风石为灰，”即就地制砖和烧石灰，在一年内砌筑成外城 1235 丈。[⑥]广西靖江府（桂林）在此情况下也大修城池，在咸淳八年以后所刻《靖江府修筑城池图》中可以看到历次修筑的情况。据图上记文，四次修筑共用石 535 579 块、砖 20 635 000 片、石灰 24 914 844 斤，其工程之巨大可以想见。城墙普遍包砖是出于防止火药爆破的要求。

据当时记载，用厚二寸的砖砌城身，厚四层，上下层之间垂直交搭错缝，再用石灰灌浆，可以固结为一体，十分坚牢。[⑦]

在南宋以后，用砖石包砌城墙的记载大量增加。这在南宋数学家秦九韶所撰《数学九

---

① 朱长文，《吴郡图经续记》，卷上，城邑中华书局，1990 年。

② 范谟，《砌街记》，载：傅增湘，《宋代蜀文辑存》，卷七十三，国家图书馆出版社，2005 年。

③ 明卢熊，《苏州府志》，卷四（城池，罗城条），国家图书馆藏本卷四，第 2A 页。

④ 徐松，《宋会要辑稿》，方域九之八，中华书局影印本⑧，2006 年，第 7462 页。

⑤ 徐松，《宋会要辑稿》，方域九之二，中华书局影印本⑧，2006 年，第 7459 页。

⑥ 徐松，《宋会要辑稿》，方域九之二十二，中华书局影印本⑧，2006 年，第 7469 页。

⑦ 黄幹，《勉斋集》，卷 34：“申制司行以安庆府催包砌城种事宜”云：“向来商议，包砌自上至下各用砖厚二寸。除女墙外，城高二丈，自下而上砖约百片，每片杀入八分，自下而上共杀八尺。四重之砖又皆横直相交，谓之丁搭，言其一横一直如丁字然。多用石灰浇灌，既乾之后，合为一片，牢不可破。”电子版文渊阁《四库全书》本。

章》中有所反映。该书第七章下载有筑砖城的算例[①]，记载筑1510丈砖城及相应之城壕、羊马墙、女头、箭窗、护险墙等项目，列出每城长一丈所用材料和人工定额，要求计算工程量、用料量及人工总量，后附解答。据所载可以知道当时筑城所用砖、木等料的规格尺度，制作的定额和不同工种工的人工定额等。如砌城用砖每片长一尺二寸，阔六寸，厚二寸五分，工人砌砖定额为每日700块，每块砖用灰一斤等。其中还记有一些具体做法，如规定高三丈之城包砖的厚度自下而上分三等：近地一丈砌砖厚9层，中间一丈砌砖厚7层，上面一丈砌砖厚5层，这明显是重点加强城身下部砖墙的厚度，以防止敌人挖掘或爆破的措施。

（三）砖构城防设施

南宋先后遭金、蒙古侵略，在城防设施上逐渐有若干新的发展，反映在（宋）陈规的《守城机要》、（宋）赵万年的《襄阳守城录》等史籍和桂林南宋石刻《静江府修筑城池图》的图像和一些地方志中。在南宋数学家秦九韶的《数学九章》中载有建城上楼橹的算例，包括一些基本构件，也可供参考。

1. 城门

北宋城门据《营造法式》所载和大量图像所见，仍是唐以来的梯形木构架城门道，只有水门开始用券洞。至南宋后期则大量改用砖石券门道，在《静江府修筑城池图》所绘各城门中，除旧城内府治的双门为木构梯形门道外，其余城门，包括旧城各门，均为砖石券门道，可知已广泛使用，这主要是出于防火攻的要求。

图中所绘券洞多画作内外二圈，表示砌了二重砖券，或是“一券一伏”做法。个别城门只画一重，并划分为若干块，则是表示其为石券门道（图7-108）。

2. 瓮城和万人敌

瓮城汉代已在边塞城使用，以后逐渐用于内地城市，用于都城则始于北宋，有矩形和半圆形（即瓮形）两种，均用砖包砌，其规模尺寸已见汴梁城部分。南宋以来，出现在瓮城顶

---

①（宋）秦九韶，数学九章，卷七下：“计定城筑 ：问：郡筑一城，围长一千五百一十丈，外筑羊马墙，开壕长与城同。城身高三丈，面阔三丈，下阔七丈五尺。羊马墙高一丈，面阔五尺，下阔一丈。开壕面阔三十丈，下阔二十五丈。女头鹊台共高五尺五寸，共阔三尺六寸，共长一丈。鹊台长一丈，高五寸，阔五尺四寸。座子长一丈，高二尺二寸五分，阔三尺六寸。肩子高一尺二寸五分，阔三尺六寸，长八尺四寸，帽子高一尺五寸，阔三尺六寸，长六尺六寸。箭窗三眼，各阔六寸，长七寸五分，外眼比内眼斜低三寸。取土用穿四坚三为率。周回石版铺城脚三层，每片长五尺，阔二尺，厚五寸。通身用砖包砌，下一丈九幅，中一丈七幅，上一丈五幅。砖每片长一尺二寸，阔六寸，厚二寸五分。按：九幅即九层。护崄墙高三尺，阔一尺二寸，下脚高一尺五寸，铺砖三幅，上一尺五寸铺砖二幅。每长一丈用木物料永定柱二十条，长三丈五尺，一尺，每条栽埋工七分，串凿工三分。爬头拽后木共八十条，长二丈，径七寸，每条做工三分，串凿工二分。搏子木二百条，长一丈，径三寸，每条做工二分，搬扛工二分。纴橛二千个，每个长一尺，方一寸，每个工七毫。纴索二千条，长一丈，径五分，每条工九毫。石版一十片，匠一工，搬一工。每片灰一十斤。搬灰千斤用一工。砖匠每工砌七百片，石灰每砖一斤。芦席一百五十领，青茅五百束，丝竿筀竹五十条，笍子水竹一十把，每把二尺。围镬手、锹手、担土杵手每工各六十尺。火头一名，受六十工。部押壕寨一名，管一百二十工。每工日支新会一百文，米二升五合。欲知城墙坚积、壕积、壕深、共用木竹橛索砖石灰芦茅人工钱米数各几何？……

答曰：城积二千三百七十八万二千五百尺，坚积墙积一百一十三万二千五百尺，坚积。壕积三千三百二十二万尺，穿积壕深八丈。永定柱三万二百条，每条长三丈五尺，径一尺。爬头拽后木一十二万八百条，每条长二丈，径七寸。子木三十万二千条，每条长一丈，径三寸。纴橛子三百二万个，每个长一尺，方一寸。纴索三百二万条，每条长一丈，径五分。芦席二十二万六千五百领。青茅七十万五千束，每束六尺围。筀竹七万五千五百竿，水竹一万五千一百把，每把二寸围。石版一万五千一百片。城砖一千二百八十三万三千四百九十片。石灰一千二百九十八万四千四百九十斤。用工二百万三千七百七十工。新会二十万三百七十七贯文，支米五万九十四石二斗五升。”据电子版文渊阁《四库全书》本。

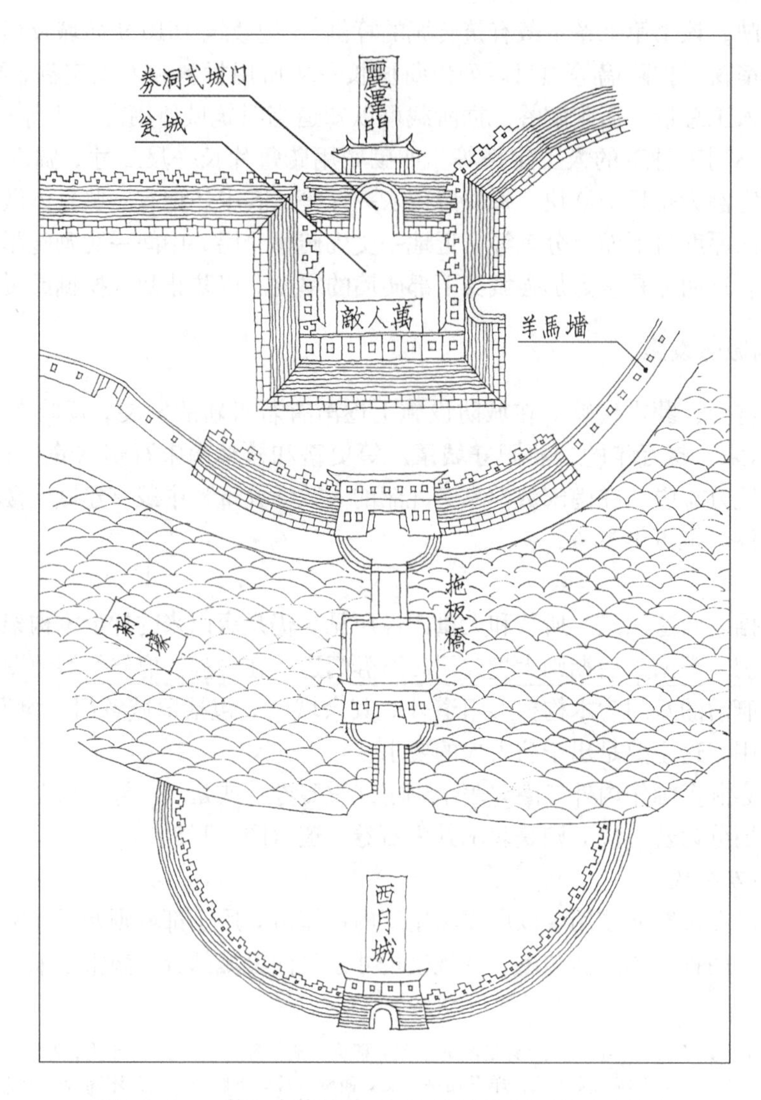

图 7-108　《静江府修筑城池图》所绘券顶城门道及月城

上建屋，对外开箭窗，以利于积极防守的做法，称“万人敌”。其形象见于《静江府修筑城池图》中，而其名始见于宋乾道五年（1169）修六合城的记载中。万人敌即元、明时箭楼的初型，宋代只有一重，向外一面用开有箭窗的厚木板墙，称“垂钟版”，近于战时临时性设施，以后发展成开有箭窗的砖墙，成为永久性防御设施。到明代才发展成有多重箭窗的高大箭楼（图 7-109）。

3. 硬楼

宋代称建在突出城身以外的马面上的敌楼为硬楼，早期为木构架临时建筑，向外三面装开有箭孔的称为垂钟版的厚木版，顶上密排平椽，上覆厚土，以防炮石攻击。但在《静江府修筑城池图》中所绘却似开有箭窗的实墙，是永久性设施，也应是为适应火器攻击所作的改进（图 7-110）。

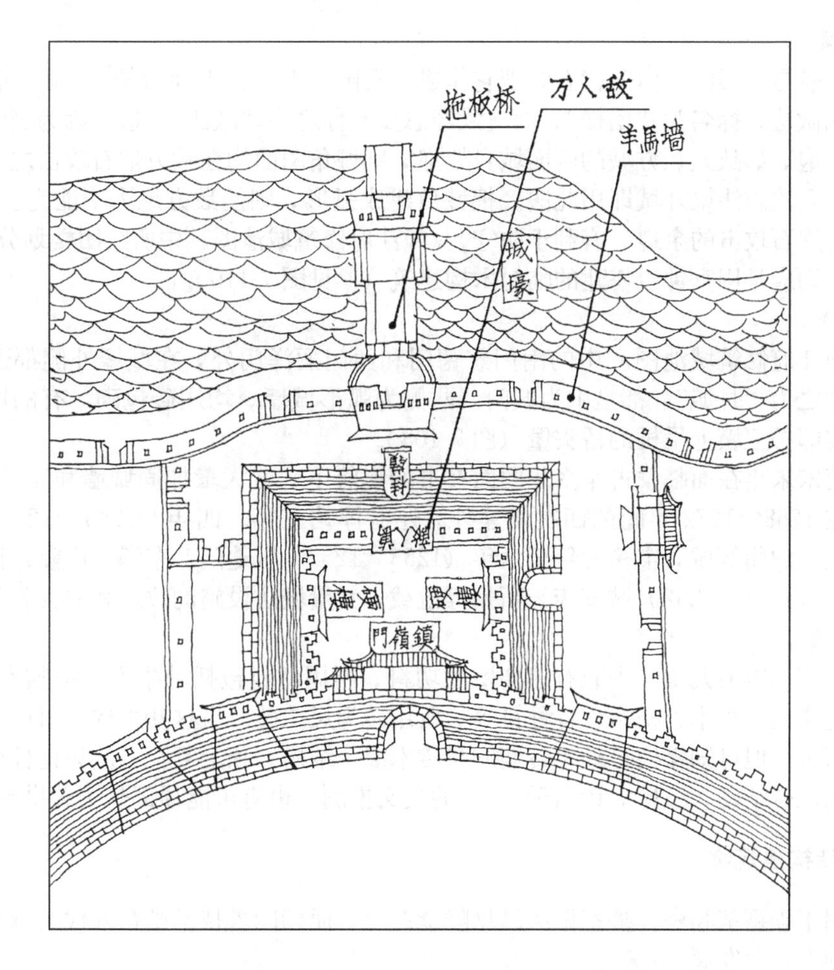

图 7-109 《静江府修筑城池图》所绘万人敌

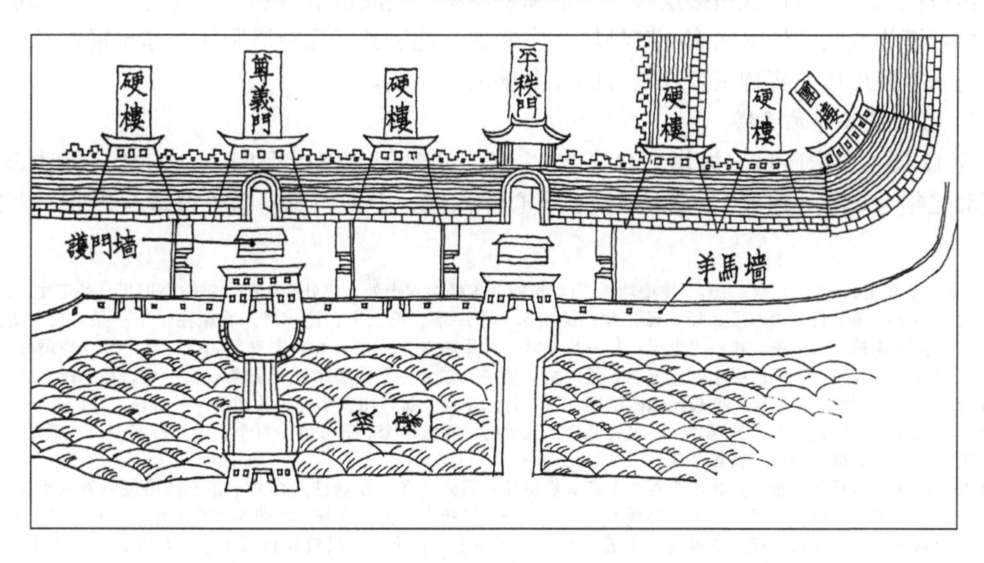

图 7-110 《静江府修筑城池图》所绘硬楼、团楼

4. 团楼

城角一般是方形的，但宋代有时把它作成一段圆弧形，其上建敌楼，《静江府修筑城池图》中有此做法，标名为“团楼”，而《武经总要》称之为“敌团”。这是因为当时攻城已大量使用抛石炮，如敌人顺方城的两面城身架炮，则城角两面均在敌方炮石攻击之下，无法防守，史载金兵攻破汴梁外城即用此法。把城角建成弧形，则使敌方炮火不能完全控制城角，守军有闪避炮石攻击的余地，有利于防守。《静江府修筑城池图》中所绘团楼划分为若干间，上开箭窗，则应是用垂钟版搭建的临时木构建筑（参见图 7-110）。

5. 月城

在《静江府修筑城池图》中的南门宁德门和西门丽泽门外，在城壕外侧都建有弧城小城，图上称之为“月城”，都是中为城门，两侧为弧形城墙，均用砖包砌，有的城顶上砌有垛口。这实即护卫壕上吊桥的桥头堡（图 7-108）。

史载南宋末年在面临蒙古军南北两面夹击的形势下，曾大量加固城墙和完善城防设施，除静江府在 1258～1272 年间的四次修建外，还有淳祐三年、四年（1243～1244）筑施州、利阆、嘉定、泸州等城，宝祐元年至六年（1253～1258）城夔门、东海、广陵、播州，景定二年、三年（1261～1262）城安庆、蕲州等记载，大量城防设施的改进和完善就是在这个大背景下完成的。

在秦九韶《数书九章》中载有建楼橹的功料，所用材料包括卧牛木、搭脑木、看壕柱、挂甲柱、虎蹲柱、板木、枋木、各种钉等，所用砖为尺二砖。虽这些木构件目前尚不明其用途和使用部位，但可知楼橹是外包砖墙的与砖木混合结构，顶上复瓦。从只记柱材而无梁材和“仰板四八砖结砌，三层，计六千片，”的文义推测，也有可能顶部是用砖拱砌成的。[①]

（四）砖构建筑物

主要用于砌墓室和塔。墓室做法已见陵墓部分，而砌砖塔技术则在五代吴越国出现的新形式的基础上有所发展。

砖塔在宋、辽盛行八角多层楼阁形塔和密檐塔。楼阁形塔多延续五代时出现的以苏州虎丘云岩寺塔为代表的外壁回廊心室型塔，实例如河北定县开元寺塔和江苏苏州报恩寺塔。密檐塔仍为空腔形塔，实物主要在北方的辽金辖区。

1. 河北定县开元寺塔

为 11 层八角形砖身砖檐塔，总高 83.7 米，始建于北宋咸平四年（1001）历时 55 年，至至和二年（1055）建成。[②]它由外壁、塔心体构成，中夹回廊。塔外壁逐层内收，上部叠

---

① 宋·秦九韶，《数书九章》云：“楼橹功料 问：筑城合盖楼橹六十处，每处一十间。护险高四尺，长三丈，厚随砖长。卧牛木一十一条，长一丈六尺，径一尺一寸。搭脑木一十一条，长二丈，径一尺。看壕柱一十一条，长一丈六尺，径一尺二寸。副壕柱一十一条，长一丈五尺，径一尺二寸。挂甲柱一十一条，长一丈三尺，径一尺一寸。虎蹲柱一十一条，长七尺五寸，径一尺。仰鰝板木四十五条，长一丈，径一尺二寸。平面板木三十五条，长一丈，径一尺二寸。串挂枋木七十三条，长五尺，径一尺。仰板四八砖结砌三层，计六千片，每片用灰半斤，共用纸斤一百斤。墙砖长一尺二寸，阔六寸，厚二寸半。中板瓦七千五百片。一尺钉八个，八寸钉二百七十个，五寸钉一百个，四寸钉五十个，丁环二十个。用工三百九十六人，欲知共用工料各几何？

答曰：卧牛木六百六十条，搭脑木六百六十条，看壕柱六百六十条，副壕柱六百六十条，挂甲柱六百六十条，虎蹲柱六百六十条，串挂枋四千三百八十条，仰板木二千七百条，平板木二千一百条。城砖四万八千片，四八砖三十六万片，石灰二十万八千斤，纸斤六千斤。中板瓦四十五万片。丁环一千二百个，一尺钉四百八十个，八寸钉一万六千二百个，五寸钉六千个，四寸钉三千个。用工二万三千七百六十人。”（宋）秦九韶《数学九章》卷七下。《四库全书》电子版。

② 此塔位于宋辽边境地区，用以料敌，又称料敌塔。建塔时间长可能是不欲引起辽的注意，因当时双方有控制边防建筑的协议。

涩出砖塔檐，构成作抛物线形上收的塔身曲线。塔内部在外壁与塔心体之间挑出叠涩，相交后平砌砖至所需高度，构成上层回廊地面。塔心内上下层十字交叉砌出梯道，通至上层。

由于塔壁与塔心之间用叠涩相交后，其上部平砌的若干层地面砖不能起拉结作用，故1884年地震造成塔之东北角外壁劈裂，暴露了这种做法在塔壁与塔心在连系上的缺陷。

2. 江苏苏州报恩寺塔

为八角九层砖身木檐塔，南宋绍兴间（1131～1162）重建，自副阶至刹顶高近70米。塔身也由外壁、塔心体构成，中夹回廊。塔外壁挑出木平坐、栏杆、檐柱、斗栱，上承塔檐，形成木塔的外观。塔内部在砖砌外壁与塔心体之间不再用叠涩出挑相接，改用在其间架设木制月梁及顺栿串相拉结，只在各层顶部出一二层叠涩，其间搭木楼板，板上墁地面砖，构成回廊的地面。各层用木楼梯登塔，梯设在回廊中，每梯占回廊的斜、直两段，上下层间错开，以避免楼梯穿越楼板结构形成的弱点集中。塔心有方形的塔心室，各层分别开有一至三条通道通入（图7-111）。

这些塔的设计仍以中间一层每面的面阔为扩大模数。

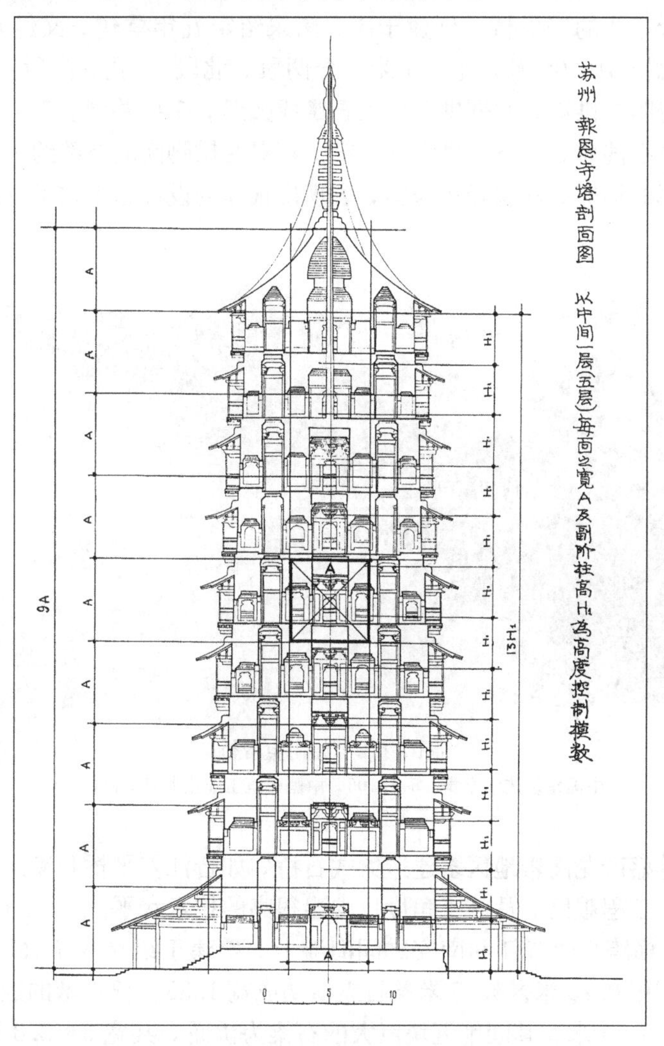

图7-111　江苏苏州报恩寺塔剖面图

四　石　工

宋代建筑装饰石工已见《营造法式》部分。这里只介绍石结构发展的情况。此期主要石结构为石桥、石塔等，一些大型的石桥，无论从绝对尺度上还是工程的难度上都超越前代。

（一）石桥

此期南方水乡城市的木桥大部分改为石桥，小型石桥十分普遍，这在《吴郡志》、《武林旧事》中均有反映。但随着社会经济的发展、商业交流的兴盛，一些重要的大型桥梁也建为永久性的石桥，如北京卢沟桥、泉州洛阳桥等。从结构特点分析，这些石桥又可分梁式桥和拱券桥，反映了当时新的造桥技术和巨大的施工规模。

1. 拱券桥

此期建造了大量的拱桥，如金代的北京卢沟桥、赵县永通桥和南宋的苏州宝带桥等。

宝带桥是五十三孔的连拱桥，创建于唐，南宋绍定五年重建，又经元明重修，形成现状。桥南北向，总长 316.08 米，宽 4.1 米，分两段，北段 12 孔，南段 36 孔，中间连以高起的五孔桥以通舟船。拱均为并列拱，把条石镌成弧形，多排并列，其上下列间加横条石以加强整体性。拱券石甚薄，其下的拱脚墩亦窄，相对两拱脚间的空隙约一拱石之厚，拱顶至桥面间亦只有极薄的垫层，外观轻巧秀美，表现出很高的设计施工技术（图 7-112）。

图 7-112　苏州宝带桥

中国建筑艺术全集，5-图 105，中国建筑工业出版社，2001 年

2. 梁式桥

在福建南部等盛产花岗岩地区多建造梁式石桥，如晋江安平桥和漳州虎渡桥，其长度及所用石料均巨大，工程艰巨，从施工角度反映出很高的技术水平。

（1）安平桥。横跨福建晋江和南安之间海滩上，始建于绍兴八年（1138），长 2255 米，故又称五里桥。下用 0.25 米×0.25 米条石纵横垒成宽 1.35、长 4 米的矩形桥墩，墩距 6～6.3 米，最大为 8.5～9 米，其间铺五块巨大的石梁为桥面，共宽 3～3.8 米，石梁最重者达 25 吨。因桥墩面高出水平面不多，故可在潮涨时用船承载石梁到位，再随潮落安装就位。

它是现存最长的古桥。类似的长桥还有泉州洛阳桥（图 7-113）。

图 7-113　福建晋江安平桥

中国建筑艺术全集（5），图 8，中国建筑工业出版社，2001 年

（2）虎渡桥。在福建漳州东 18 公里的九龙江上，为 15 孔梁式石桥。下为用条石纵横砌成的桥墩，顶宽 7 米，两端出尖墩，中间最大跨中距 23.7 米，一般在 19～22 米左右。二墩间架设 3 条石梁为桥面，宽约 4 米。石梁平均高 1.35 米，宽 1.10 米，个别宽 1.32 米，一般重 90 吨，其中最大跨者重约 118 吨，尺度和重量均极为巨大。这些巨大石材多在附近沿河石崖下部开凿，个别处尚可见遗痕。但如此巨材如何转移至船或筏上，又如何抬升 2 米以上安放到桥墩上，其技术仍是很值得探讨的问题（图 7-114）。①

图 7-114　福建漳州虎渡桥

中国古建筑，中国建筑工业出版社，1983 年，第 116 页。

① 此桥如以水面为 0.00 计，墩顶承石梁处为＋4.75 米，桥墩上最高水痕为＋2.40 米，上距梁底 2.35 米。当时用何方法把重 90～118 吨的石梁安放在船或木筏上，再抬升 2.35 米至墩顶安放就位，仍是很值得探讨的问题。

（二）石塔

此期石塔有用石块砌成和雕成两类，前者可以泉州开元寺双塔为例，后者可以杭州闸口白塔为例。

1. 泉州开元寺仁寿塔

在泉州开元寺大殿前两侧各有一座石塔，东塔名镇国塔，建于南宋嘉熙二年（1238），高48.24米。西塔名仁寿塔，建于南宋绍定元年（1228），高44.06米。二塔都是石砌的五层八角形楼阁形塔，虽然历史记载北魏平城永宁寺已有用石材建的仿木构的三层塔，但现存石造仿木构塔以此二塔为最高。因仁寿塔建造在前，雕工亦较精美，即以其为例（参阅图7-71）。

仁寿塔平面八边形，每面一间，外观上每角用一整根石柱，柱间用石块砌成，雕作阑额、地栿、门窗等形状，其上架设石雕斗栱、撩檐枋，上复屋檐、平坐栏杆。如此逐层重复，直至五层，上复攒尖屋顶，立塔刹。但从塔内壁可以看到，塔身是用矩形条石上下层纵横交错，按"一顺一丁"砌成，有绕塔石梯登上。塔顶在心柱、外墙之间架设石雕的月梁和札牵，上承矩形槫及板椽。它是一座按宋代闽粤式样用条石砌成的可以登上的五重石塔。它的设计仍按宋代塔的设计特点，以中间一层面宽A为扩大模数，自一层台基至塔顶搏脊为7A。此塔下的须弥座雕刻上的写生花卉及化生多可与营造法式所载图样相印证，极富历史艺术价值。

2. 杭州闸口白塔

约建于北宋初建隆至开宝间（公元960～975），为八角九层楼阁型塔，每面一间，每层依次为塔身、铺作、塔檐、平坐，直至塔顶。它是用巨大石块雕成，每层由两块拼合成，上下层间错缝，与南京栖霞寺五代舍利塔做法相同（图7-115）。

就工程量和施工难度而言，泉州仁寿、镇国二塔可作为南宋石结构建筑的代表。而就造型优美、雕镂精工、可视为实物之较准确模型而言，杭州闸口白塔可作为北宋仿建筑石雕的代表。

五　施　　工

此期建筑施工的情况，特别是具有某种创新的成就，在文献史料中极少有较具体的记载，偶有记载，也多见于笔记中，并不详尽，只能作为参考。其施工定额已见前文《营造法式》部分和砖工部分所引秦九韶《数学九章》中，但只是个别记载，并不完整系统，无法和前代比较。

在施工组织方面，北宋初修玉清昭应宫时，其地基为土质不佳的黑土，需要掘深3尺至16尺，取好土置换，每日用工数万。因土方运量过大，为此疏浚了五丈河，由工人以纤挽船，自城北取好土运入，再以空船运出废土，当时估计其用工量仅为陆运的1/10。施工中大量材料的运入和渣土及废弃物的运出也用此法。利用附近有河道之便利，以船运大量物资，比陆上车运可节省大量人力，且船出入无空载，应属施工上的新成就。①建筑地基换土的做法也始见于此。

《宋会要辑稿》载：绍圣二年增筑京城，"创机轮以发土，为铁疏以固沟"。② 可知当时

① 宋·李焘，《续资治通鉴长编》，卷71，中华书局排印本⑥，1980年，第1617页。

② 清·徐松，《宋会要辑稿》⑧，中华书局，2006年，第7327～7330页。

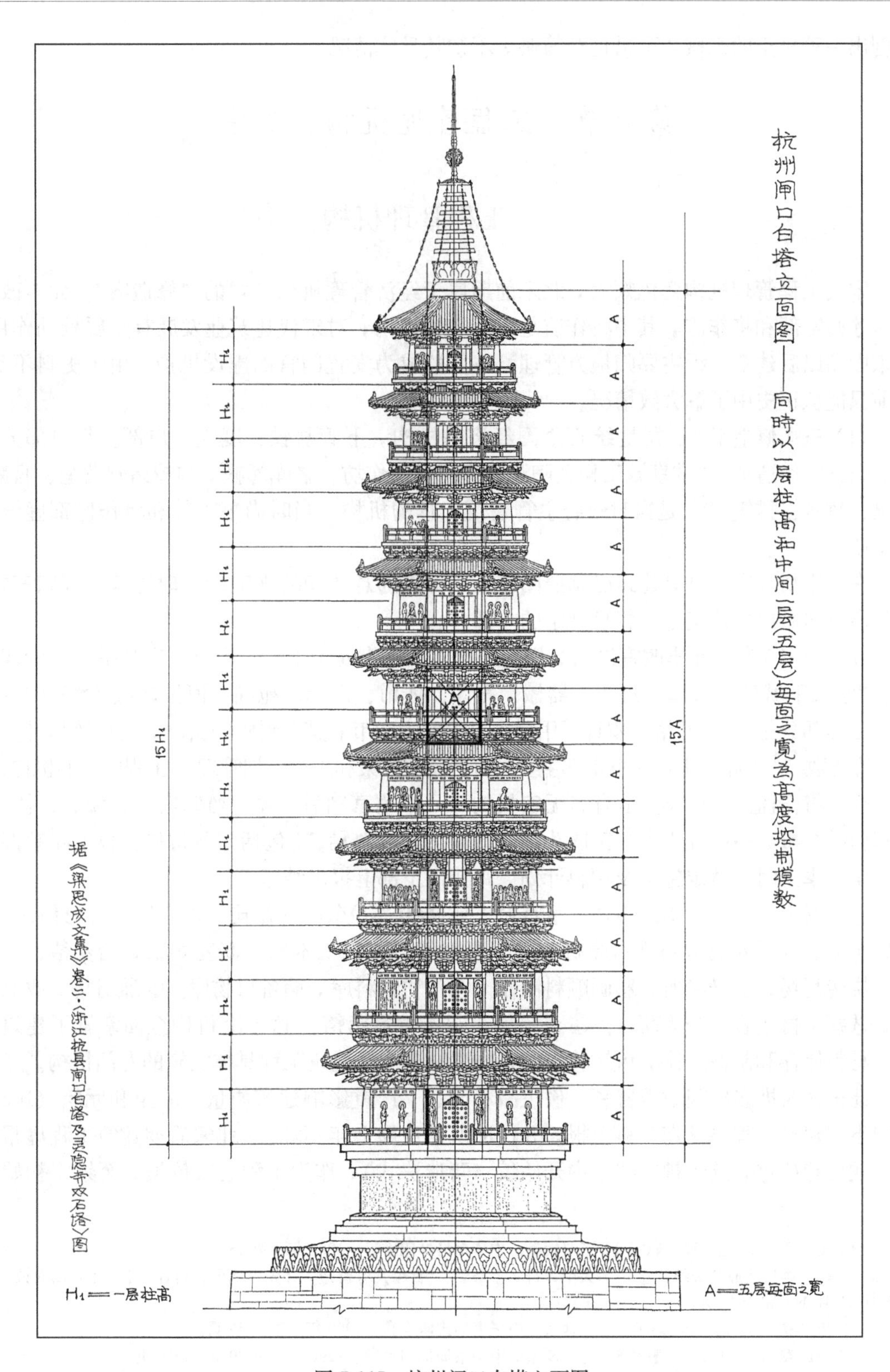

图 7-115　杭州闸口白塔立面图

曾创出一种掘土的机械，可惜记载简略，不知其具体情况。

第五节　工程管理机构、工官

一　工程管理机构

宋代工程管理机构变化颇大，北宋前期属于经济管理机构三司的“修造案”。元丰改官制后才归工部和将作监，其中将作监是实际实施机构，对宋代建筑业发展有重要推动作用。南宋中期以后建筑工程主要归地方管理，将作监成为安置闲官的虚设机构。由于史料不足，目前只能从正史中了解大致情况。

（1）三司修造案。三司是统管全国经济的机构，下管盐铁、度支、户部。其户部分五案，第三为修造案，“掌京城工作及陶瓦八作、排岸作坊、诸库簿帐，勾校诸州营垒、官廨、桥梁、竹木、排筏。”[①] 是当时政府主管建筑工程的机构。当时尚书工部和将作监都虚设而无实职。

在北宋初真宗时已有建筑必须照图施工，不得随意改变的规定。[②]当时建筑工程归三司，当是由三司做出的建筑施工管理规定的一部分。

（2）尚书工部。元丰改官制后，城池土木工役才隶属于工部。当时规定尚书工部的职责为：“掌天下城郭、宫室、舟车、器械、符印、钱币、山泽、苑囿、河渠之政。”[③]其中有关建筑工程部分是：“凡营缮，岁计所用财物，关度支和市；其工料则饬少府，将作监检计其所用多寡之数。”[③] 据此，宋代尚书工部主要是负责制定政策和进行计划管理、工程验收的机构。

（3）将作监。在北宋初是有名无实机构，元丰改官制后，才“监掌宫室、城郭、桥梁、舟车营缮之事，……凡土木、工匠、板筑造作之政令总焉。”[④]包括储备材料、教工匠掌握法式、定四季工时、核定施工及用料计划，每年向工部上报出纳账等。

它下属十个机构：①修内司，掌宫城太庙修缮。②东西八作司，掌京城内外修缮之事。③竹木务，接受外地运来竹木原材料。④事材场，预加工木料。⑤麦䴭场，储麦秸。⑥窑务，烧砖瓦场。⑦丹粉所，彩画颜料制作。⑧作坊物料库，储备材物库。⑨通材场，收储废材，选择可再用者，余为薪材。⑩帘箔场，制作竹帘苇箔。[④] 这十个机构全面掌管了建筑施工、材料储存和制备工作，可知将作监是中央政府主管建筑工程具体实施的专门机构。

北宋初时即多出现虚报冒领、偷工减料问题，严重影响建筑质量，故至和元年（1054）即曾下诏建筑工程要核定工料上报，并保证所建房屋七年不坏。[⑤] 北宋后期建筑工程虚报冒领问题更趋严重，遂于神宗熙宁中开始编《营造法式》，作为工程验收依据，至崇宁初始重

---

① 《宋史》卷162，志115，职官2，三司使条。中华书局排印本⑫，1990年，第3809页。

② 李焘，《续资治通鉴长编》卷71，大中祥符2年条云：“自今凡有营造，并先定地图，然后兴工，不得随时改革。”中华书局排印本，第1611页。

③ 《宋史》卷163，志116，职官3，工部条，中华书局排印本⑫，1990年，第3863页。

④ 《宋史》卷165，志118，职官5，将作监条，中华书局排印本⑫，1990年，第3918～3919页。

⑤ 李焘，《续资治通鉴长编》，卷177，至和元年九月乙丑诏：“比闻差官缮修京师官舍，其初多广计工料，既而指羡盈以邀赏，故所修不得完久。自今须实计工料申三司，如七年内隳损者，其监修官吏并工匠并劾罪以闻。”中华书局排印本⑬，1980年，第4279页。

编完成颁行实施，其详见前文《营造法式》部分。李诫在进书《札子》中说，重新编修的《营造法式》是他考究经史全书，并勒人匠逐一讲说而成。《看详》则说全书3555条中有3272条是“经久可以行用之法，与诸作谙会经历造作工匠详悉讲究规矩，比较诸作利害，……创行修立”，可知将作监是集中了大量有实际经验、熟悉专业的工匠，共同研究，逐条讨论，才编成了《营造法式》。编《营造法式》主要目的是确定标准做法和工料定额，以便在全国官建工程验收核查时作为依据。

二　建筑制度

历朝都以法令形式订立建筑制度，其目的：一是确定建筑等级，通过建筑的规模、形式反映人的社会地位；二是限制在建筑上的过度奢豪，避免对经济造成过度破坏。

《宋史》154，志107，舆服六，臣庶室屋制度只记载了官署和第宅的规制，“臣庶室屋制度……私居，执政、亲王曰府，馀官曰宅，庶民曰家。诸道府公门得施戟。若私门，则爵位穹显经恩赐者许之。在内官不设，亦避君也。凡公宇：栋施瓦兽，门设梐枑。诸州正牙门及城门并施鸱尾，不得施拒鹊。六品以上宅舍，许作乌头门。祖、父舍宅有者，子孙许仍之。凡民庶家，不得施重栱、藻井及五色文采为饰，仍不得四铺飞簷。庶人舍屋许五架，门一间两厦而已。”①

此外，在仁宗景祐三年（1306）曾下诏：“天下士庶之家屋宇，非邸店（毋得为）楼阁临街市；毋得为四铺作及斗八；非品官毋得起门屋。非宫室、寺观毋得彩绘栋宇及间朱黑漆梁柱窗牖，雕镂柱础。”②

官署的建筑屋脊上可用瓦兽，门外可以设拒马叉子。只有州衙的正门和城门屋脊上才可以装鸱尾，但鸱尾上不能装拒鹊。拒鹊即明清正吻上剑靶之前身，但据此可以推知，只有宫殿的鸱尾才可用拒鹊。故同样安设鸱尾，其上有无拒鹊又形成等级差异。

在第宅规制上官宅和民宅是有区别的。例如官员住宅，规定六品以上官员的住宅外门可以建乌头门。乌头门是外门，即在住宅大门以外允许加建一重外院，实际是供安排马厩、车房等之处，一般百姓则不许。有的官员住宅按规定在门外可以设戟，但又规定“在内官不设，亦避君也”，即居住在首都者，虽符合规定，仍不许设戟。对所有住宅规定不得用朱黑漆（即大漆）涂门窗，也不许柱础雕花。对庶民住宅规定“凡民庶家不得施重栱藻井及五色文采为饰，仍不得四铺飞檐。庶人舍屋许五架，门一间两厦而已。”这里所说“飞檐”可能指歇山转角做法，“四铺”指出一跳的斗栱，“重栱藻井”指下有小斗栱的藻井，“五色文采”指较华丽的彩画，这样，在艺术处理和装饰上对民宅做了限制。此外，从官署的建筑屋脊上可用瓦兽的规定可以推知，大概一般住宅屋脊上是不许用瓦兽的。“五架”指五架梁，即一般无职百姓的房屋，其最大进深为四椽，大门只能宽一间，用深二椽的两坡屋顶。这些表明对庶民住宅规模的限制还是很严的。主要目的是通过建筑规模和装饰反映官署的级别和房主的社会地位。

---

① 《宋史》卷154，志107，舆服6，臣庶室屋制度。中华书局排印本⑪，1990年，第3600页。

② 宋·李焘，《续资治通鉴长编》，卷119，中华书局排印本⑨，1980年，第2798页。

三 工匠和关心建筑发展的文士

宋代消灭了地方豪族和门阀，在政治、经济上统一全境，实现了真正的中央集权。在这条件下，经济发展、生产改进，出现了一些科学发现和发明，如活字印刷和火药应用于军事等，在建筑艺术和工程技术上也有较大发展，但文献上保留下的匠师名字却很少，成就大都记在主管官员的名下。北宋在通过推行科举制给庶族地主以进身之阶以扩大统治基础的同时，也较大地扩大了文士的队伍，故就文化和科学发展而言，远胜于唐代。这时的文士除以传统的经史诗文为进身之阶外，往往也关注社会生活、艺术甚至科学、生产和工艺方面，在出现了一些著名的工匠的同时，也出现一批关心建筑发展的文士。他们的一些记载补充了文献史料对工匠成就记载的不足。

（1）喻浩。浙江人，五代末吴越国名匠，后入北宋。在北宋人著作中曾记有他的故事。沈括《梦溪笔谈》云，吴越国在杭州建梵天寺木塔，构架摇动不稳，喻浩献策把各层木楼板钉实于楼层构架上，塔即稳定。释文莹《玉壶清话》说北宋太宗端拱二年（公元989）命喻浩在汴梁建八角十一层的开宝寺塔，他先造小样。郭忠恕对小样验算后，认为顶上有一尺五寸的差距，喻浩核验后加以改正。这两个故事说明喻浩掌握了当时设计高塔的方法，也了解从水平方向加强塔体稳定的方法，是高水平的工匠。如结合当时情况考虑，五代末中原残破，而江南吴越相对安定，其建筑技术水平高于中原。命喻浩在开封建皇家工程开宝寺塔一事，表明较高的吴越建筑技术北传中原，这成为北宋官式的一个来源。

（2）郭忠恕。洛阳人，北宋初著名学者和大画家。精通小学，撰有《佩觿》，又善画建筑。从上引释文莹《玉壶清话》说他能通过验算发现喻浩所制开宝寺塔小样有一尺五寸的差距之事，可证他是精通建筑设计的。

（3）沈括。钱唐人，北宋熙宁中官至翰林学士。所撰《梦溪笔谈》记载了很多当时科学技术的情况，也包括一些北宋时建筑方面的成就，如喻浩木经和建开宝寺塔的情况。

（4）李诫。郑州人，据李诫《墓志铭》称，其父李南公官至户部尚书，元丰八年（1085）哲宗即位，以恩荫入仕，为郊社斋郎。元祐七年（1092）始入将作监为主簿，崇宁元年（1102）升将作少监，辟雍建成后迁将作监，成为将作监最高官吏。在将作监十三年中，参加或主持建造尚书省、龙德宫、棣华宅、朱雀门、景龙门、九成殿、开封府廨、太庙等重大工程。绍圣四年（1097）因元祐六年（1091）所编《营造法式》不切实用，遂命李诫重新编修，他受命后“考究经史群书，并勒人匠逐一讲说，编修海行《营造法式》，元符三年（1100）内成书。”书成后于崇宁二年（1103）刻版颁行。大观四年（1110）李诫卒。

将作监是工官，历来不受重视，一般多用来安置贵族显宦的子弟。李诫以恩荫入仕为郊社斋郎，转入将作监，应也属这种性质。但他能通过参与大量重要工程，取得实际经验，并熟识工匠，则是他与一般显宦的子弟不同处。他编成《营造法式》，除了自己博通经史、能考究群书编成“总释”部分外，更重要的是“勒人匠逐一讲说”，即组织各工种匠师，就“制度”、“工限”、“料例”诸方面分类逐条研讨，把当时的建筑传统做法、实践经验加以总结和系统化，并辅以图纸，形成指导全国建筑工程的《法式》。《法式》能在三年内编成，他知人善任、能依靠有经验匠师是他成功的关键。

关于《营造法式》的成就与价值已在前节中加以介绍，从它初编失败、再编成功的过程，可以看到李诫所起的卓越作用。

第八章　蒙古、元代建筑

第一节　概　　说

此期可大体分为蒙古（1206～1259）和元（1260～1368）两个阶段。

（1）蒙古时期。1206年，铁木真接受成吉思汗的称号，建立蒙古国，开始发动征服金、西夏、西域的战争，逐步控制了从朝鲜半岛至东欧的辽阔领土，并在西部建立了四大汗国。窝阔台继位后，于1235年建哈拉和林城为首都（现蒙古国南杭县哈拉和林郡内）。1247年（蒙古定宗贵由二年），窝阔台之子阔端与西藏萨迦派第四代法王萨迦·班智达（萨班·贡噶坚替）在凉州会谈，达成协议，自此西藏归入祖国大家庭。蒙古时期疆域广大，北方和西域按蒙古制度统治；对西藏地区则利用宗教关系加强联系，如册封地方政教合一政权，封聘高级喇嘛入京为法王、帝师等，使西藏承认其中央地位；对汉地则主要是通过已归附的地方势力控制北方，征发工匠，掳掠人夫，征求赋税，并伺机消灭南宋。蒙古对汉地最初曾有空其地为牧场的荒谬计划，后始发现征收农业税更为有利，所课赋税沉重，加上对工匠的无节制征发，对社会生产有较大破坏，基本上无建设和发展。

（2）建立元朝后。1260年，忽必烈在开平即大汗位，建元为中统元年。中统四年（1263）以开平为上都，次年（至元元年，1264）把统治中心移至汉地，以燕京为中都。至元八年（1271）建国号为元，次年改中都为大都，定为首都，正式在汉地立国、建号、定都，建立了以蒙古贵族为主体的元王朝。元朝官制、仪节多保持蒙、汉二元体制。在蒙古贵族内部保持本民族习俗，以藏传佛教为协和内部和团结藏族的重要手段。1279年元灭南宋，统一全国。元朝时基本奠定了现在中国的领土范围。

元朝以蒙古人和色目人（“诸色名目人”，主要指西域各族人）为主体进行统治。但在汉地立国后，也不得不吸收辽、金以来在北方的汉族文化，酌用原金辖区的北方儒士，在他们的建议下兼采一些汉法，以稳定形势、确立和巩固蒙古的统治。元代也适度提倡儒学，使用个别南方著名人士，但他们只能任闲职，在政治上不起作用。蒙古原是游牧民族，轻农业而重商业交换。灭南宋统一全国后，全国商业交流较顺畅，利用大运河和南北海运，转运南方物资入京，又接受了南宋以来开拓的海上东西交通，手工业及对外贸易有较大发展。元与北方、西方交流顺畅，包括伊斯兰和西域中亚的科技、医药学等传入较多，但在建筑方面影响并不显著。蒙古帝室、贵族生活奢侈，对高级手工艺品有大量需求，除宫廷、官府强征工匠设有各种专门手工艺制做机构供应外，对地方手工业发展也有刺激作用，故元代虽整体经济发展水平不及南宋，但在一些手工艺上有所提高，大都、杭州和沿运河一些城市的经济也有一定发展。在建筑方面，元政权创建了面积51平方公里的都城大都，是中国历史上唯一一座按街巷制规划平地新建的都城，城内建豪华的宫殿和若干大型佛寺。此外基本上无国家主持的重大工程项目。但元官式建筑简化了宋式殿堂型构架的层次和分槽的特点，江南地方建筑在南宋的基础上有所创新，是在木结构技术方面的较重要发展。

元统一南北后形成多民族国家，分全国居民为四等，实行分化政策，主要依靠蒙古人、色目人进行统治，对南方人民进行极严的民族压迫和经济压榨，甚至设置了有人身侮辱性质的“甲首制度”控制居民。由于沉重的赋税和皇帝贵族的无节制开支，不断引起严重财政经济问题，逐渐衰落。在长期民族矛盾和经济危机的反复作用下，在受压迫最深重的南方首先暴发农民起义，规模日渐扩大，1368年元亡于农民起义战争。

下面分类介绍此期在建筑方面取得的成就。

第二节　建筑概况

一　城　市

蒙古建国后开始建立都城和林，其四周又建若干行宫，因要举行部落聚会，也有一定的城市性质。忽必烈进入汉地后，先后建了上都和大都[①]，元武宗时又建了中都。[②]但元代地方城市目前只发现了少量在北方新建城市的遗址，其余城市建设情况史不详载，所载多是元进攻四川、云南和以后南下灭南宋的战争中对各地城市的破坏，以及灭宋以后为防人民反抗，下令拆毁江淮城市的城门和城墙，造成南方城市的大破坏的情况。[③] 到元末发生农民起义后，为了防守，又被迫于至正十二年下令重建南方城市的城墙，在大都也增建了瓮城，但最终仍无法改变亡于农民大起义的命运。

（一）都城

（1）蒙古时期：太宗窝阔台于1235年在鄂尔浑河上游建哈拉和林城为首都，并于其周围建四季行宫。20世纪50年代，苏联考古学家吉谢列夫进行过发掘并提出遗址简图，认为在城市西南角的方形宫院为万安宫。1995～1996年间，根据联合国教科文组织的计划，日本学者加藤晋平、白石典之主持了一次调查，提出了新的遗址平面图，对城市的轮廓和方向作了一些校正。[④] 由于尚未看到正式的调查报告，目前尚难做进一步的探讨。

（2）元朝时期：1256年，忽必烈为藩王时在桓州东滦水北建开平城为驻地。1260年忽必烈被推为大汗，建年号中统，以开平城为汗廷。1261年忽必烈进驻燕京后，于中统四年

---

① 《元史》卷一百五十七刘秉忠传：“初，帝命秉忠相地于桓州东滦水北，建城郭于龙冈，三年而毕，名曰开平。继升为上都，而以燕为中都。（至元）四年，又命秉忠筑中都城，始建宗庙宫室。八年，奏建国号曰大元，而以中都为大都。”

② 《元史·卷二十二》：“（大德十一年）六月……甲午，建行宫于旺兀察都之地，立宫阙为中都。”……“（至大元年秋七月）旺兀察都行宫成。立中都留守司兼开宁路都总管府。”

③ 明·卢熊：《苏州府志》卷四，城池：“元初既定江南，凡在城池，悉许堙夷，故民杂居遗堞之上，虽设五门，荡无关防。至正壬辰，他郡盗起，始诏天下缮完城郭。”据国家图书馆善本部藏明洪武刊本。

明·李日华等修《【崇祯】嘉兴县志》卷2城池云：“元至正（应为至元）十三年（1276）隳郡县城。罗城遂平，门楼俱废。……当元末兵起，守臣议防御，至正十六年（1356）……复筑罗城。”书目文献出版社版《日本藏中国罕见地方志丛书》本，第73～74页。

明·王时槐等修《【万历】吉安府志》卷1郡纪云：“至元十四年春，隳吉州城。”书目文献出版社版《日本藏中国罕见地方志丛书》本，第14页。

④〔日〕白石典之，日蒙合作调查蒙古国哈拉和林都城遗址的收获，考古，1999年第8期。

(1263) 升开平为上都。次年改元至元，升燕京为中都。至元四年（1267）开始在中都东北建新都，至元九年（1272）以新都为首都，称大都。[①] 元大德十一年成宗死，武宗立，又在今张北县境建中都。即元朝以大都为首都，以上都、中都为陪都。蒙古人既畏汉地夏热，又有游牧民族巡游的旧习，故元帝每年二三月自大都北上至上都，八九月秋凉后再返回大都，称为"时巡"，陪都就是为了避暑和"时巡"需要而建的。

1. 大都

元世祖至元四年（1267）在金中都东北方建造新都大都城，至元十一年（1274）宫城建成，至元二十一年外城建成。大都是一座建有外城、皇城和宫城三重城的巨大城市，它的规划者是刘秉忠。中国城市自北宋后期由封闭的坊市制改为开放的街巷制，但宋、金都城都是在坊市制旧城基础上改建的，只有元大都是中国历史上唯一在平地上按规划创建的街巷制都城，充分表现了街巷制都城的特点、优点和当时的城市规划水平。大都城面积约 50.9 平方公里，从规划的完整性和面积的宏大而言，在中国和世界古代城市发展史上都具有重要意义。

(1) 外城：遗址在今北京城旧城的内城及其北部。经实测，遗址北城墙长 6730 米，南城墙长 6680 米，东城墙长 7590 米，西城墙长 7600 米，平面呈南北略长的矩形，面积近 51 平方公里（图 8-1）。[②] 若以从元代建筑上推知的元代尺长 31.5 厘米折算，城之东西宽约为 14.1 里，南北深约为 16 里，周长为 60.2 里，与史书所载方 60 里相合。大都城墙全部用夯土筑成，基宽 24 米，城身内按传统做法埋有立柱——永定柱和水平木骨——纴木，以防止崩塌。为防止雨淋损害墙面，用苇箔遮盖，设有专职人员管理此事。其东西城墙的北段及北城的夯土城墙遗址尚存，现俗称"土城"。其东、西城墙南段原压在明北京内城东、西城墙下，已在拆明清北京城墙时一并毁去。南墙位于今东、西长安街北缘，在明永乐建北京城拓展南城时即毁去。大都城南、东、西三面各有三个城门，北面有两个城门，共十一座城门。据发掘出的和义门城门址，大都城门仍沿用传统的梯形木构门道，上建城楼。至元顺帝至正 18 年（1358）年，为防起义軍进攻，又在城门外加建了瓮城，其城门道改用砖券洞以防火攻，还在城壕内侧建了防止敌人攻城的羊马墙。瓮城和羊马墙遗迹在 1969 年拆毁西直门箭楼时发现，时在"文化大革命"期间，故随后即被毁去。[②]

(2) 街道：城内有南北向大街 7 条（未计入东西顺城街）、东西向大街 4 条（未计入南北顺城街），共 11 条（若计入 4 条顺城街则共为 15 条）。受城内皇城及湖泊的阻隔，这 11 条街中，只有 1 条东西街、2 条南北街贯通东西或南北。其中大都东、西城墙上中间一门崇仁门、和义门（今西直门）间的东西向大道基本位于城市南北几何中分线上，等分全城为南北两部；北半部的钟楼、鼓楼间南北大道相当于全城的东西几何中分线；南半部自南面正门丽正门向北，经皇城正门棂星门、宫城正门崇天门、正殿大明殿等北至鼓楼东侧的中心阁，构成全城的规划南北中轴线，它位于全城的东西几何中分线之东约 129 米处。

这 11 条纵横大街形成全城的街道网格，划分全城为若干个矩形街区。除皇城及大型官

---

① 《元史》卷 157，刘秉忠传："（至元）四年，又命秉忠筑中都城，始建宗庙宫室。八年，奏建国号曰大元，而以中都为大都。他如颁章服，举朝仪，给俸禄，定官制，皆自秉忠发之，为一代成宪。"中华书局标点本⑪，1990 年，第 3694 页。

② 徐苹芳，元大部的勘查和发掘，载：徐苹芳，中国历史考古学论丛，（台北）允晨文化实业有限公司，1995 年，第 159～172 页。

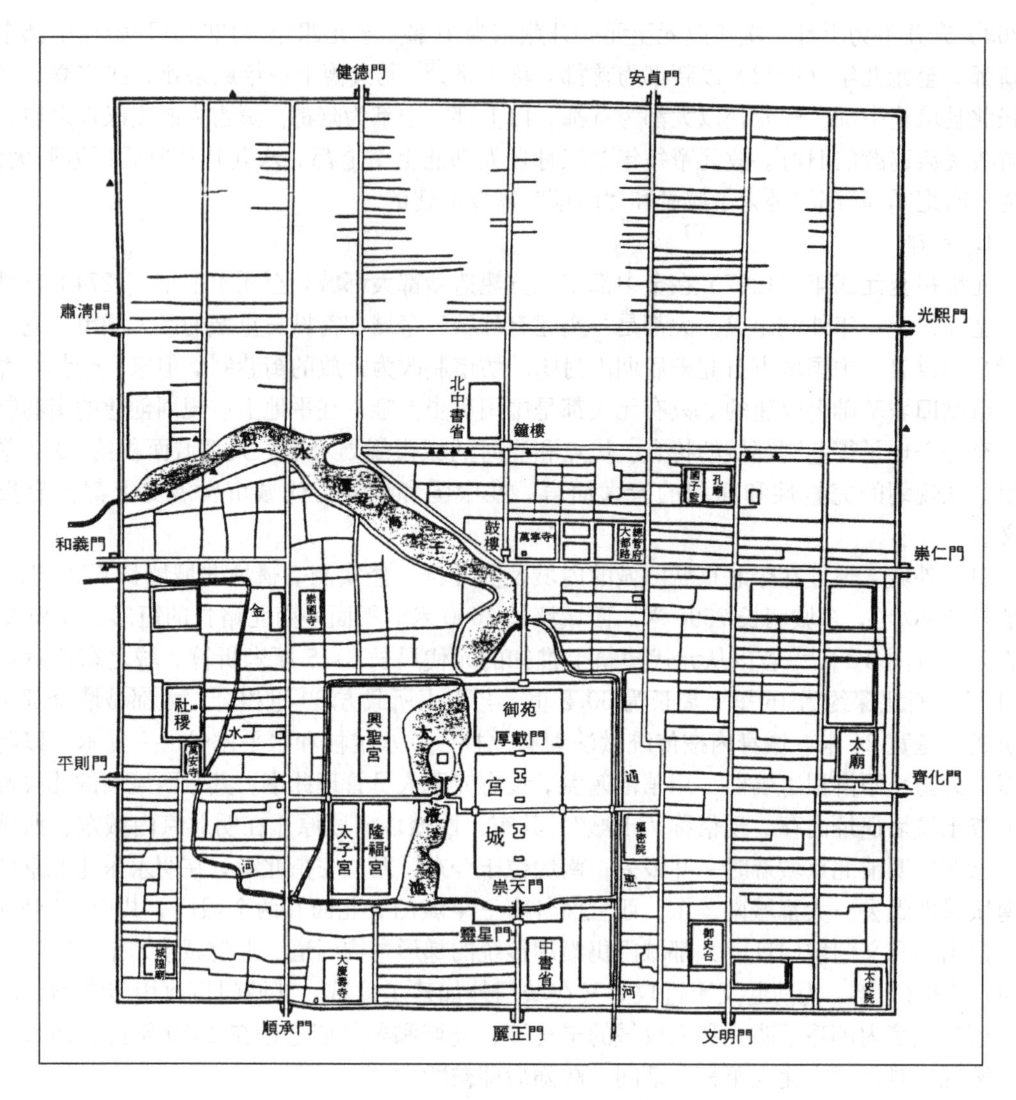

图 8-1　元大都平面复原示意图

徐苹芳：元大都的勘察和发掘，图 1，考古，1972 年第 6 期

署占地外，其余的街区内均布置横向的巷，即胡同。据（元）熊梦祥《析津志》记载，“大街二十四步阔，小街十二步阔。”[①]胡同两端可直通大街。据实测，胡同宽约 7 米，中距为 77.6 米，则居住地段深约 70.6 米，约合 22.5 丈。当时规定标准宅基地为 8 亩，据此增减[②]，则标准宅基地的横长约为 21 丈余。大都虽然名义上按大衍之数定了五十个坊名，但只是区域名，并无坊墙、坊门，是胡同直通街道的开放性城市。大都的住宅遗址 20 世纪 60 年代曾发现数座，大多为四合院，但也首次发现了供出租用的联排式住宅，反映了大都商业发达、暂住流动人口增加的情况。

① 北京图书馆善本组辑，(元·熊梦祥撰)《析津志辑佚》：城池街市，北京古籍出版社版，1983 年，第 4 页。

②《元史》卷 13：“（至元二十二年二月）诏旧城（金中都）居民之迁京城者，以资高及居职者为先，仍定制以地八亩为一分；其或地过八亩及力不能做室者，皆不得冒据，听民作室。”中华书局标点本②，1990 年，第 274 页。

大都街道均为土路面，沿主街两侧有石砌的排水明渠，宽约1米，深约1.65米，在跨越街道时用石板覆盖。街渠最后通过城墙下的石砌排水涵洞排至城壕中。排水涵洞基础打木桩后用碎砖夯实，上用石条铺渠底和砌两壁，形成宽2.5米、高1.22米、长约20米上砌砖筒壳的穿城水道，涵洞中间加铁栅以阻隔内外，两工端用石铺砌出入水口。[②] 其做法与宋《营造法式》中的“券輂水窗”全同。表明是继承宋、金做法。其居民区胡同的下水道情况因和明清遗迹重叠，目前尚不明了。在《析津志》中还记载了元大都始建时先开凿有洩水渠七所，并注明位置，当是城市的排水干渠，但其具体情况也不可考了。[①]

宫城在城之南半部，其主轴线南对皇城正门棂星门和南城正门丽正门，形成全城的规划主轴，但不与全城南北向几何中分线重合而稍偏东。其北为御苑。宫城之外围以皇城，皇城西面较宽广，包太液池和以后续建的兴圣宫、隆福宫及太子宫于内，东面较窄，主要安排服务及仓储部分。其详见下节宫殿部分。

大都南半部在皇城东侧布置较多官署，西侧建有较重要寺观。在东、西城墙上南面的齐化门、平则门内东西向大街之北侧分别于至元十四年（1277）建太庙、至元三十年（1293）建社稷坛。大都北半部在南北中轴线上建鼓楼和钟楼。鼓楼又名齐政楼，居全城的几何中心。[②] 其西南的海子（今后海、积水潭）是大运河通入大都的水运终点，在其周围，特别是鼓楼和钟楼一带，成为繁华的商贸中心，附近也布置了一些中央和大都的地方官署。

大都的城市给水、排水问题在规划和建设中都有较好的处理。大都的水系主要有高梁河和金水河两个系统。高梁河引昌平白浮诸泉和瓮山泊（昆明湖）水自和义门北入城，汇入海子；后又于至元三十年（1293）开挖通惠河，建二十四闸[③]，自通州引大运河的运粮船北入大都，泊于海子，解决了大都的漕运问题。金水河引玉泉山水自和义门南入城，向东向南转折，分二支分别注入今北海和中海，供应宫廷用水。一般居民用井水。除就地凿井外，还有流动售水车。《析津志》记有“施水堂”，说以垂直水轮联戽斗入于井下，人在上推平轮以转动直轮，提水至地上，注于石槽中，供人畜饮用。并说它是当时的创新，解决了生活用水[④]。这种提水井一直沿用至明、清和近代，以木轮提水并装入水車到各胡同贩卖，新中国成立之前在北京尚存在，但其起源在元代。

因大都的实测数据尚未发表，只能就实测图并利用北京1/500地形图对其规划特点进行分析，发现了几点：

其一，若把大都的宫城和御苑视为一个整体，设其东西宽为A，南北总深为B，用做图法在城图上探索，可以发现，大都城之东西宽为$9A$，南北深为$5B$，即大都城面积为宫城与御苑面积之和的45倍。且其中东西侧各有二三条南北大街之间距等于或基本等于A，表明大都城的规划以宫城为面积模数（图8-2）。都城以宫城为面积模数的规划方法在隋唐时创

① 北京图书馆善本组辑，(元·熊梦祥撰)《析津志辑佚》：古迹：“洩水渠：初立都城，先凿洩水渠七所。一在中心阁后，一在普庆寺西…”。北京古籍出版社版，1983年，第114页。

② 北京图书馆善本组辑，(元·熊梦祥撰)《析津志辑佚》：古迹·齐政楼。北京古籍出版社版，1983年，第108页。

③ 北京图书馆善本组辑，(元·熊梦祥撰)《析津志辑佚》：河闸桥梁。北京古籍出版社版，1983年，第108页。

④ 北京图书馆善本组辑，(元·熊梦祥撰)《析津志辑佚》：古迹，施水堂条云：“顷年有献施水车以给井而得水，……其制随井深浅，以犖硧水车相衔之状，附木为戽斗，联于车之机直至井底。而上人推平轮之机与主轮相轧，戽斗则倾于石枧中，透出于阑外石槽中，自朝暮不辍，而人马均济。古今无有，诚为可嘉，故记之以旌其善”北京古籍出版社版，1983年，第110页。

建的长安、洛阳已在使用，宋、金都城均是据旧城改造，故不可能具此特点。它在元大都中再次出现，表明这种规划传统仍然存在。这只能是刘秉忠率领汉族官吏、技师们进行规划才能做到的。

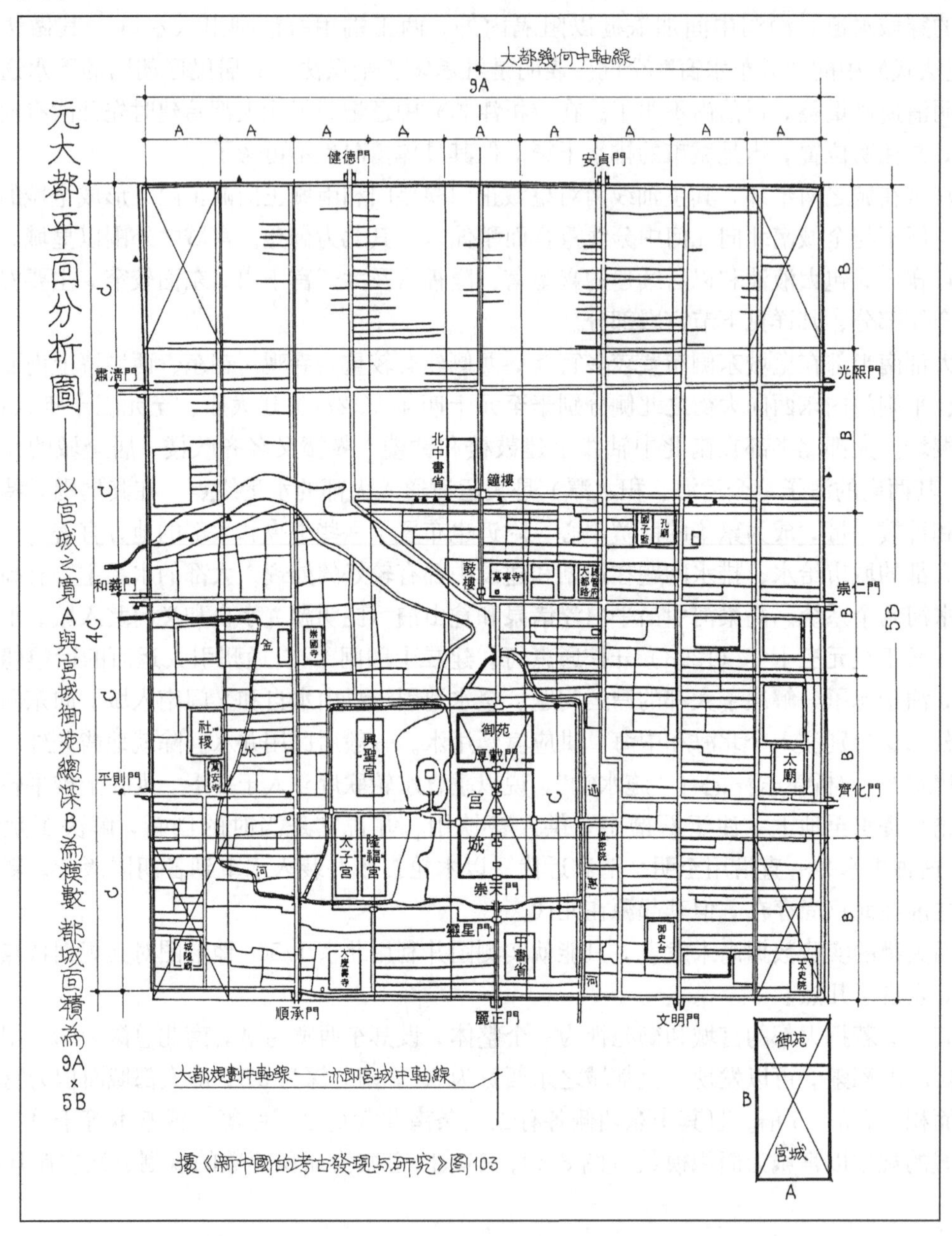

图 8-2　元大都规划以宫城御苑为面积模数分析图

其二，若在城址实测图上画对角线，则其交点正在鼓楼位置，即鼓楼位于大都城的几何中心。鼓楼正北建有钟楼，其间有南北大街，并向北延至北城墙，这条街实际是大都城的南北向几何中分线（图 8-3）。

其三，建在城南半部的宫城，其主轴线自主殿大明殿向南至南城正门丽正门，向北至万宁寺的中心阁，长约 3.65 公里。它应是大都城的规划中轴线，但却不在全城的南北向几何中分线上，而向东移了约 129 米（图 8-3）。

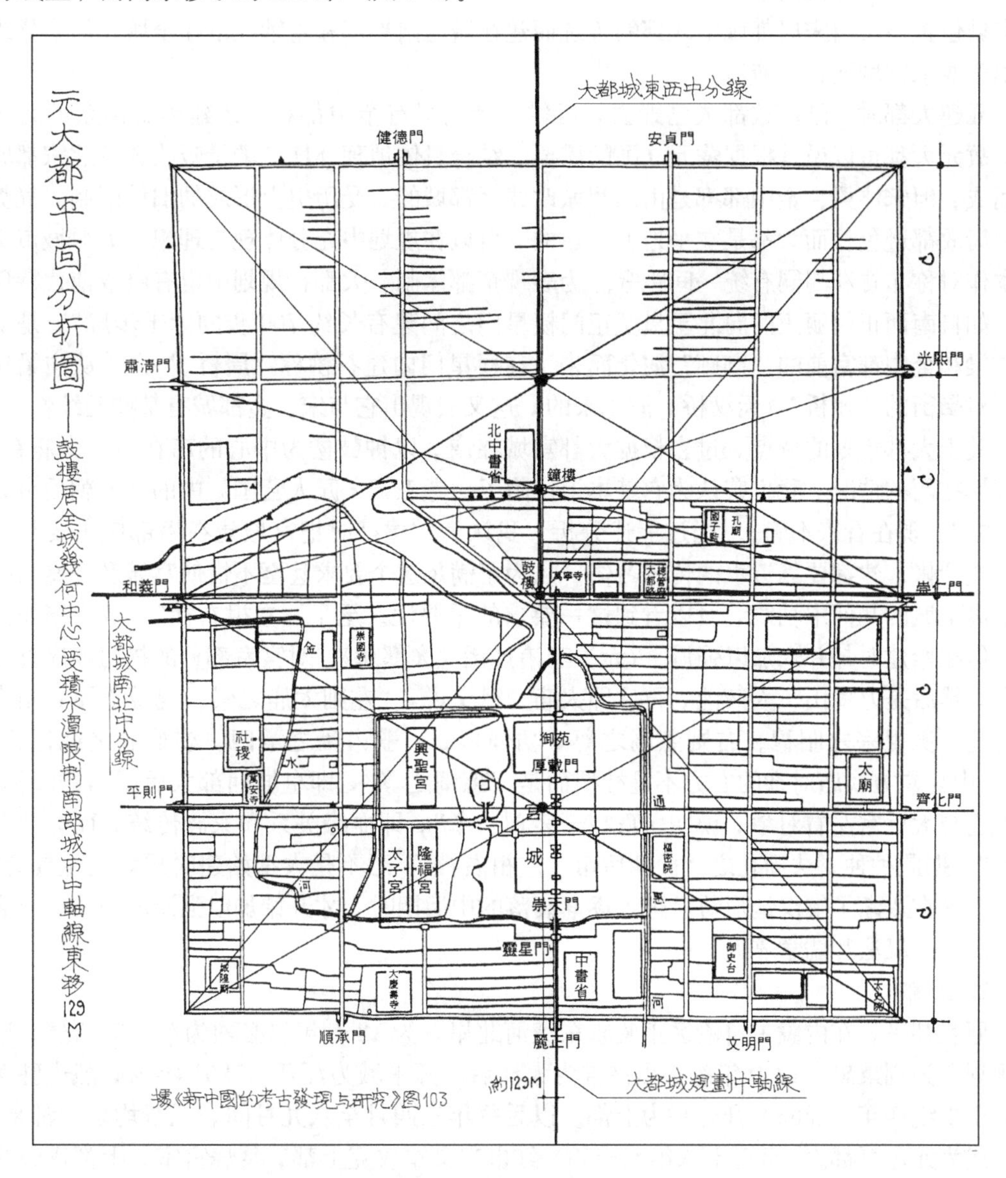

图 8-3 元大都规划中宫城主轴线向东偏移分析图

对于后两个特点，可通过对大都具体地形的分析找到原因。蒙古是游牧民族，有逐水草而居的习惯，在开始定居建都和建行宫时，多选在有河流湖泊之处。忽必烈最先建的上都开平即位于滦河北岸，在宫城和大城内均有湖泊。进驻金中都后，在建大都之前，出于同样的习惯，忽必烈已在四周有太液池（今北海、中海）环绕的万寿山（即今北海琼岛）建行宫居住。故在建大都时，也要求把宫城建在接近太液池处。因太液池在城的南半部，故其宫城也就只能建在都城的南部。

把宫城建在太液池东侧，因其紧邻太液池，不能向西拓展，而宫城又需要一定宽度，只能稍向东移。又因大都东城之东有大量“水泡子”(沼泽)，城墙不宜再向东移，遂出现了宫城的中轴线比全城几何中轴线向东偏移129米(约41丈)的结果。由此可知，在大都规划中宫城位置一反唐宋居都城中北部的传统而建在城之南半部和主轴线不在全城几何中分线上均出于要求宫城西临太液池。

元建大都时，隋唐故都久已毁去，可供参考的只有金中都和已改建为金南京的北宋汴梁，故元大都可以说是根据蒙元立国的需要，结合具体地理环境，酌量吸收金及北宋都城传统而成。但宋汴梁、金中都都是由旧州城改建为都城的，受历史上形成的旧城限制，气势远较隋唐故都逊色。而大都是在平地上创建的，可以在规划中充分体现其理想，如对城市干道基本作对称布置和胡同有统一间距等。为表现帝都体制，大都在规划中也有吸取前代特色之处，如自南面正门丽正门向北至皇城正门棂星门之间建有长约700步的“千步廊”，是从北宋汴梁和金中都宫前的“御廊”演化而来。在棂星门内建石桥称“周桥,”也是从汴梁汴河上正对御街的“州桥”(天汉桥)演化来的，这又表现出它与宋、金都城有某些延续性。

关于大都规划的特点，过去根据大都宫城在南，以钟鼓楼为中心的市在后，太庙在东、社稷坛在西的情况，我也曾认为它基本上比附了《考工记·匠人营国》中的“面朝后市，左祖右社”，现在看来不确。[①] 通过上述分析，我认为始建都时把宫城建在南部应主要是出于蒙古建牙帐、建都要靠近水的传统习俗。从为了满足这个要求甚至不惜使宫城及都城南面正门偏离全城的几何中轴线，可以看到这一要求的重要性。至于“左祖右社”，虽确作如此布置，但在始建时却并未加以强调。(元)李洧孙撰《大都赋》，对宫室部分的描写顺序首先为宫殿，然后是万岁山、太液池，再后即太庙。赋文说：“左则太庙之崇，规遵重屋；制堂室之几筵，班祖宗之昭穆。右则慈闱之尊，功侔娲石；歌肃雍之章四，颂怡愉之载亿。”在《赋》中与左方太庙对举的右方不是社稷而是“慈闱之尊”，即皇城西部太后所居的隆福宫。把太庙与太后宫左右对举，说明所重在于表现“孝”，即血缘关系和家族传统，而非“左祖右社”。据此种种，法周礼之“面朝后市，左祖右社,”恐不是大都始建时规划的主要意图，它可能是在逐渐了解汉地形势且进入逐渐衰落的中后期时，才开始加以强调的说法，以表示更向汉人、汉法和儒学靠近。

2. 上都

原名开平，在内蒙古自治区正蓝旗东滦河北岸，为1256年忽必烈为藩王时所建，选地并规划者为刘秉忠。1260年忽必烈被推为大汗后以开平城为汗廷。1261年忽必烈进驻燕京后，于中统四年(1263)升开平为上都。以后每年三四月至八九月间，元帝均自大都来此，实际成为元之夏都。[②] 至正十八年(1358)红巾起义军攻克上都，焚烧宫室，上都遂毁为废墟，它前后存在了102年。上都有外城、皇城、宫城三重(图8-4)。外城北部为山岗，内城、外城的南部都有湖泊沼泽，符合蒙古建牙帐选地的传统要求。[③④]

(1) 皇城。平面方形，每边宽1400米，城身用土筑，下厚12米，残高6米，内外用石块包砌，城壁面砌出排水沟，每隔150米左右建一马面。四角筑有圆形角墩，其上建角楼。

---

① 傅熹年，中国古代城市规划建筑群布局及建筑设计方法研究(上册)，建筑工业出版社版，2001年，第10页。

②《元史》卷五十八：“上都路，……元初为札剌儿部、兀鲁郡王营幕地。宪宗五年，命世祖居其地，为巨镇。明年，世祖命刘秉忠相宅于桓州东、滦水北之龙冈。中统元年，为开平府。五年，以阙庭所在，加号上都，岁一幸焉。”

③ 贾州杰，元上都调查报告，文物，1977年第5期。

④ 内蒙古文物工作组，内蒙发现的元代遗存简况，文物参考资料，1957年第4期。

图 8-4　元上都平面图

中国历史博物馆·内蒙古自治区文物考古研究所：内蒙古东南部航空摄影考古报告，图 29，科学出版社，2002 年

城南、北面中间各开一门，门外各有方形瓮城。东、西面各开二门，门外各有圆形瓮城。现存西门遗址的基宽 13.6 米，门宽 10 米。各城门均有大街通入城内，其中东、西城南面二门间的大街横贯全城，与正对宫门的南门内大街形成宫城前的丁字街，其北为宫城前广场。东、西城北面二门间的大街被宫城遮断，未能贯通，可能是出于防卫要求，也不与宫城的东西门相对。但城内主干道包括各门内大街和宫城东、西侧的南北大街都是对称布置的，形成矩形干道网格。在几条大街之间又辟有若干小横街。除宫城外，城内四角都发现较大型建筑址，综合文献记载，东南角为孔庙（至元四年建，1267），东北角为华严寺（宪宗八年建，1258），西北角为乾元寺（至元十一年建，1274）。上都还建有城隍庙（至元五年建，1268）、回回庙（建年不详，至治元年，1321 年毁，改建帝师庙）等，但其位置史无明文。元帝来此时的临时官署可能也安置在皇城中。

(2) 宫城。在皇城中间偏北，东西宽 542 米，南北深 605 米，城墙土筑，内外用砖包砌，四角有角楼。城东、南、西三面各开一城门，北面无门。其宫室布置分散，不追求严格对称，详见下节宫殿部分。

(3) 外城。包在皇城的西、北两面，平面呈曲尺形，西城、北城长均为 2200 米，城身土筑。其东墙、南墙即自皇城的东墙、南墙分别向北、向西接筑而成，长均为 800 米。东城墙上无门，南墙开一门，门外筑有方形瓮城，西墙上开一门，门外筑有圆形瓮城。北面二门，门外均筑有方形瓮城，偏东之门南与皇城北门相对。城外有宽 26 米的城壕。[①] 外城北部横长地段主要为一横亘东西的山岗所占，无街道，也未见建筑址。史载忽必烈命刘秉忠“相地于桓州东滦水北，建城郭于龙冈，”很可能这山岗即龙冈余脉。外城南部竖长地段的主街为东西向，但西门内大道也不与皇城西门相对。主街间连以南北向小街，其间未发现大型建筑基址。《元史》有“上都民仰食于官者众，诏佣民运米十万石致上都”（至元二十八年）和“上都工匠二千九百九十九户，岁縻官粮万五千二百余石”（至正三十年五月）等记载，可知上都还住有大量民众和工匠，其中一部分人的住房、作坊等可能即在外城中。

在城东、南、西二面都有关厢，街长依次为 600 米、800 米、1000 米，应是较大的居民区和手工业区。《大元仓库记》载上都原有体源、广积、万盈、云州等仓库，均在城外，至元二十五年又在城内建仓。其城东发现一仓库遗址，但规模比《大元仓库记》所载为大，可能以后又经拓建。城东北方山区为砖瓦窑场，城东南方为墓葬区。

分析上都三城的关系，可明显看到，与大都的外城、皇城、宫城三重相套不同，只有皇城、宫城内外相套，形成明显中轴线，干道对称布置，是主体。外城只是就皇城的东墙、南墙接建而成，偏在皇城西北侧，并未包皇城于内，极可能是以后增建的。《元史》有至元二十七年（1290）二月“发虎贲更休士二千人赴上都修城”的记载，事在上都建成后 34 年，也有可能与增修外城有关。上都三城中，皇城布置官署、寺庙和随行官吏、贵族住所，外城则为驻军区和部分工匠、居民的居住区。仓库和大量手工业者及居民则安置在城外南、东、西三面的关厢。

在建城技术方面，仍延续北方筑城技术，以土筑为主，皇城外皮包砌石块，城顶复瓦，宫城外皮包砖。在筑城技术上无明显发展。

3. 中都

在河北省张北县北 15 公里，始建于元大德十一年（1307），武宗至大元年（1038）建成。城址已发现，由宫城、皇城、外城三重相套而成。宫城东西 560 米，南北 620 米，城墙夯土筑成，基宽 15 米，残高 3～4 米。四面各开一城门，四角有角楼，外皮用砖包砌，转角处用角石（其详见宫殿部分）。皇城东西 675 米，南北 1045 米，城基宽 5～7 米，残高约 1 米。外城东西 2900 米，南北 3110 米，只发现残基址（图 8-5）。[②③]

元中都主要供元帝狩猎或自上都返回大都时为临时住地，在建造四年后即基本停止工程，故在皇城和外城遗址中，除外城北部中央有一处遗址外，尚未发现其他的元代遗迹和遗

① 上都城的尺度均据全国重点文物保护单位编辑委员会，全国重点文物保护单位，第一卷，内蒙古元上都遗址条所载，文物出版社，2004 年，第 480～481 页。

② 国家文物局，全国重点文物保护单位简介汇编，元中都遗址，第 473 页。

③ 全国重点文物保护单位编辑委员会，全国重点文物保护单位，第一卷，河北省·元中都遗址，文物出版社，2004 年，第 269 页。

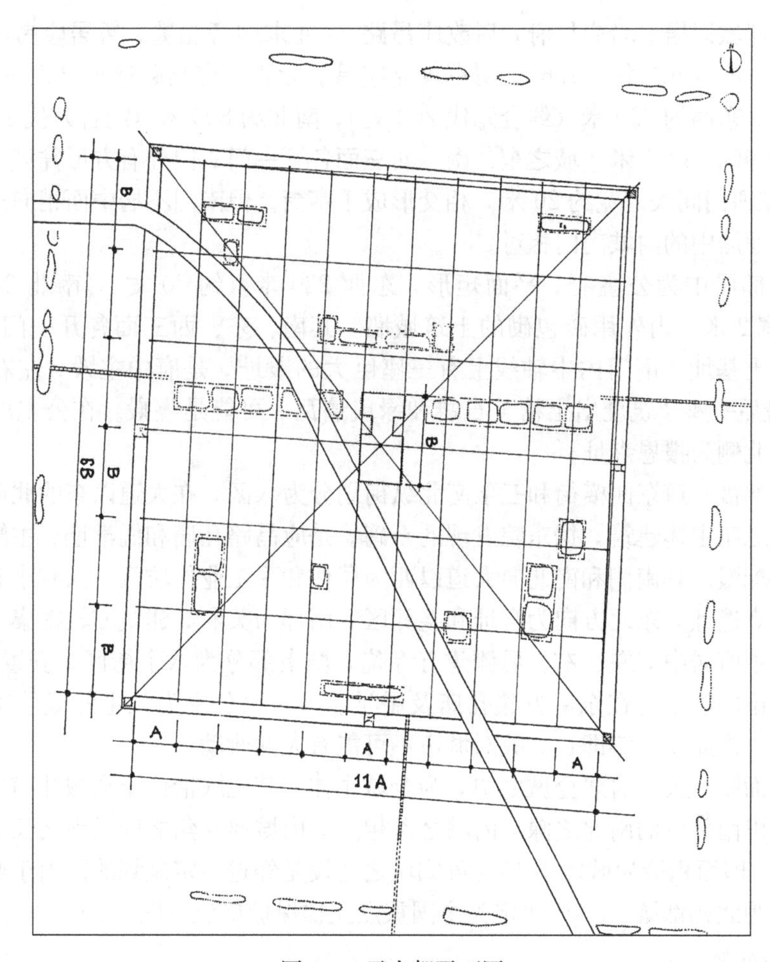

图 8-5 元中都平面图

物。它是一座宫室尚未完全建成即衰落的城市。

(二) 地方城市

据《元史·地理志》记载，元代设行省 11，下辖城市分路、府、州、县四级，计路 185、府 33、州 359、军 4、安抚司 15、县 1127。其中大部分沿用原有城市，但元立国后在所谓“腹裏”地区（约今河北省北部和内蒙古自治区）建了一些路、府、州、县级城市，目前在内蒙地区已发现约 30 处。其中有的是就功臣贵戚的领地创建的，如至元七年（1270）和元贞元年（1295）先后应公主、驸马之请在其领地建的应昌路和全宁路等，供安置所统民户、工匠，并设官管辖，具有一定特点。其中应昌路故城遗址已发现，可以了解到元代在其“腹裏”地区创建的城市的情况。北方原有城市基本维持原状，但在超强压榨下经济较衰败。江南的城市在灭宋后即下令拆毁其城防设施，也遭到一定程度破坏，直至元末至正十二年（1352）各地暴发农民起义后元廷才又下令重建城墙。但在随后的战争中又有很多城市遭到破坏，到明代才逐渐恢复。

1. 应昌路故城

在内蒙古自治区昭乌达盟克什克腾旗境内，此处为驸马斡罗陈及公主之封地，至元七年

(1270)，请旨建城以居，名应昌府，后改应昌路。[①]元末顺帝北逃，暂居应昌府，此地遂成为北元的都城。明洪武二年（1369）明军攻克应昌，元亡。应昌路遗址已发现[②]，城平面矩形，城墙土筑，东西约650米（约合元代200丈），南北约800米（约合元代250丈），土城基宽约10米，残高3～5米。城之东、南、西三面各开一门，门外有方形瓮城。南门内大街宽约10米，东西门间大道宽约20米，相交形成丁字街。但南门不居中而稍向东偏，故南门内大街不与北面居中的内城南门相对。

城之北半部居中为公主府，平面矩形，东西220米（约70丈），南北240米（约76丈），周以基宽2米、内外用砖包砌的土筑城墙。其南、东、西三面各开一门，北面无门，而中间有一夯土基址。南门内中轴线上有三座巨大的殿址，是府中主殿，左右有方形殿址10座。中路最后一座建筑址出土精美石雕和绿琉璃瓦，可能是寝殿。在公主府之西北侧为罔极寺址，东北侧为报恩寺址。

城之南半部被一道东西横街和三条南北纵街划分为八区，在大道以东的北侧有两个大型院落，内各有二座主体建筑，据东院发现的石碑，是应昌路孔庙和儒学址，主殿在后，前方左右各有二座配殿。其南侧和南北向大道以西为居住和手工业作坊区，尚有小巷遗迹。在城外西部为白塔寺遗址，东北方向为窑址和墓葬区，南部为关厢，建筑亦较密集。[③]

城北部公主府居中，左、右、后侧建有寺院，城南部分为八个街区，安置居民和匠户，后又依路级城市的规格，在东南方建孔庙及儒学，由一以公主为领主的城邑发展为路级城市。元顺帝逃亡来此仅二年即亡，故对城市不可能有大的改动。

据实测平面图，公主府居全城之中，为全城主体。其主殿恰位于全城几何中心处。其前东西门间大道以南部分的南北之深与内城之深相同，内城西北角之罔极寺之长、宽均为城之长、宽的1/4，即面积恰为城之1/16。可知城之建设是经过一定规划的。由于此城格局保存较完整，又曾为北元都城，2001年定为全国重点文物保护单位（图8-6）。

2. 集宁路故城

在内蒙古自治区察哈尔右翼前旗境内，其遗址经初步调查。它有内、外二重城。内城东西约630米，南北约730米，四面中部各开一门，东门外有方形瓮城。自四门向内有大道，通向城中心一方60米的城堡，应是衙署。外城自内城的北、东墙向外增筑而成，呈曲尺形，包在内城的南西二侧之外，东西约1000米，南北约1100米，西城开一门，南城开二门，其东侧一门与内城南门南北相对，有街相连。其南城及东城南段已堙没，只存残埂。在外城的东北角（图8-7）。

二　各类型建筑

（一）宫殿

蒙古时期，窝阔台于1235年建哈拉和林城为首都，建有万安宫。忽必烈受命统领漠南

① 《元史》卷118，列传5，特薛禅传。中华书局标点本⑩，1987年，第2920页。

② 李逸友，元应昌路故城调查记，考古，1961年第10期。

③ 全国重点文物保护单位编辑委员会，全国重点文物保护单位，第一卷，内蒙古自治区，“应昌路故城遗址”条，文物出版社，2004年。

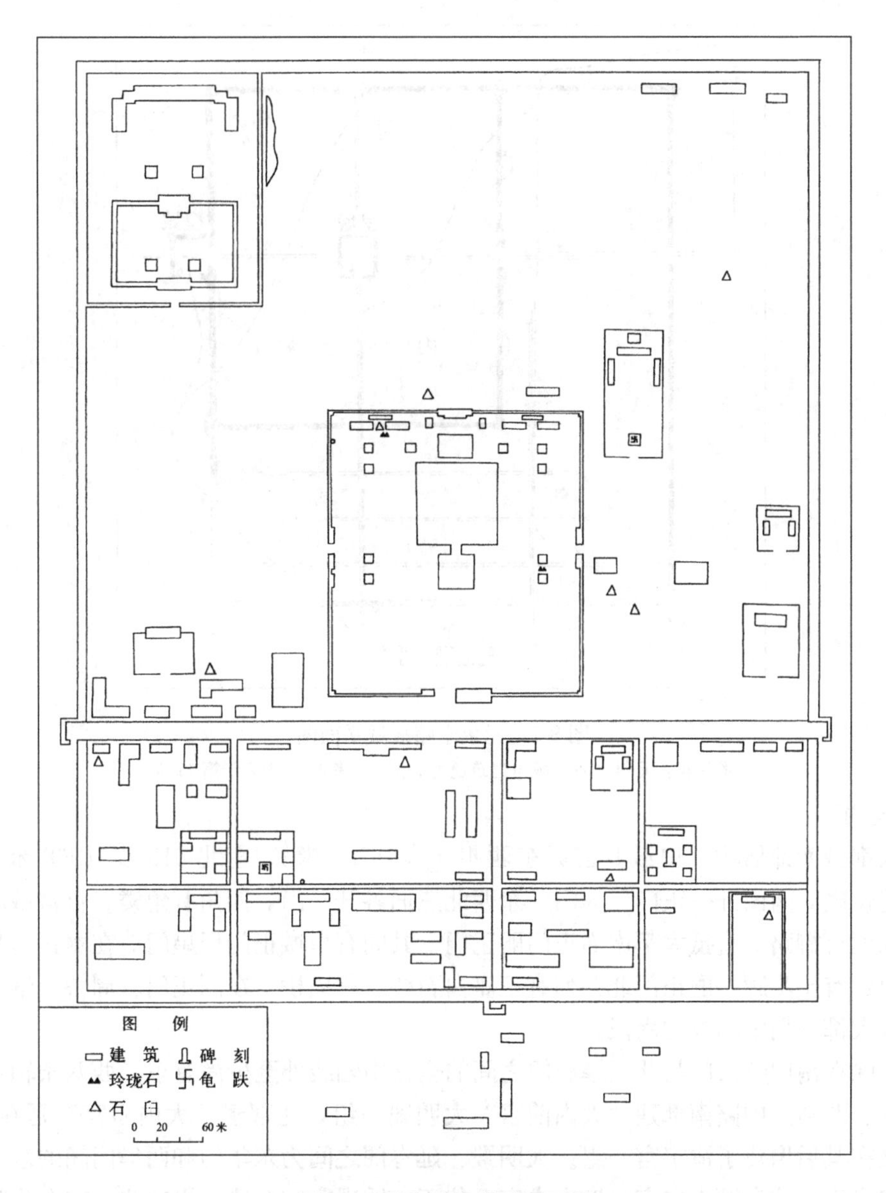

图 8-6　元应昌路故城平面图

中国历史博物馆·内蒙古自治区文物考古研究所：内蒙古东南部航空摄影考古报告，图 31，科学出版社，2002 年

汉地后，于 1256 年在桓州东建开平城及藩府。中统元年（1260）进驻燕京，居琼华岛。至元四年（1267）建大都城，五年十月宫城建成。在元世祖忽必烈之世，已建成上都和大都两所宫殿。

至元三十一年世祖死，成宗即位，改建皇城西侧的原太子府为隆福宫以居太后。至大一年（1308）武宗即位后，在太液池西侧为皇太后创建兴圣宫，同时又在今河北省张北县创建中都城及宫殿。总计元代在大都有三座宫殿，上都、中都各有一座宫殿，共有五座宫殿。对这五座宫殿的遗址和大致情况，现已有初步了解。此外还有很多离宫、行宫，目前尚未能探查知其具体情况。

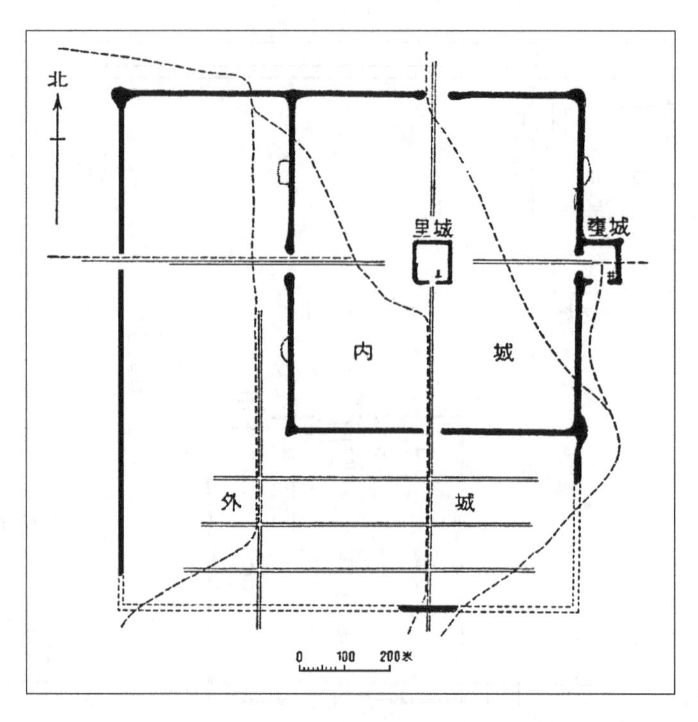

图 8-7　元集宁路故城平面图
张驭寰：元集宁路故城与建筑遗物，图 2，考古，1962 年第 11 期

1. 大内

在大都城南部居中，史载其宫城东西 480 步（756 米），南北 615 步（968 米），高 35 尺，用砖包砌，南面开一正门二翼门，东西北三面各开一门，四角有角楼。自宫城南面正门崇天门向南有御路，直抵大都南面正门丽正门，其间有皇城正门棂星门，在丽正门与棂星门之间夹道建有千步廊。丽正门北并列有三座白石桥，称周桥。在丽正门、周桥、崇天门间的御路构成大都规划中轴线的南段。

宫中除在南门崇天门与北门厚载门之间的全宫中轴线外至少尚有东、西两条轴线，形成中路和东、西路。中路南部建“大内前宫”大明殿一组，北部建“大内后宫”延春阁一组，元后期又在其后增建了清宁宫一组。大明殿、延春阁之间为东华门和西华门间的东、西向大路。东路自南而北有酒人之室、庖人之室，位于大明殿宫院东侧。再向北，在东华门内向北有先朝老后妃所住的 11 所宫院，位于延春阁宫院之东侧。西路自南而北为内藏库 20 所和供佛的玉德殿和宸庆殿等，分别位于大明殿宫院和延春阁宫院之西侧（图 8-8）。其余布置史未详载。[①] 由于（元）陶宗仪：《南村辍耕录》卷 21，宫阙制度引自元将作所为修《经世大典》提供的宫阙情况，有较详细的描写和数据，虽遗址已无法探查，我们仍可据以对元宫主要建筑的形制规模进行较具体的探讨。[②]

史载元大内宫城正门为崇天门，下开 5 门，其上门楼面阔 11 间，东西 187 尺，高 85 尺，左、右有斜廊通东西朵楼，再分别向南接凸出的两阙，形成凹字形平面。东、西城上的

① 元·陶宗仪，南村辍耕录，卷 21（宫阙制度，元大内部分），中华书局，元明史料笔记丛刊本，第 250～252 页。
② 傅熹年，元大都大内宫殿的复原研究，考古学报，1993 年第 1 期。

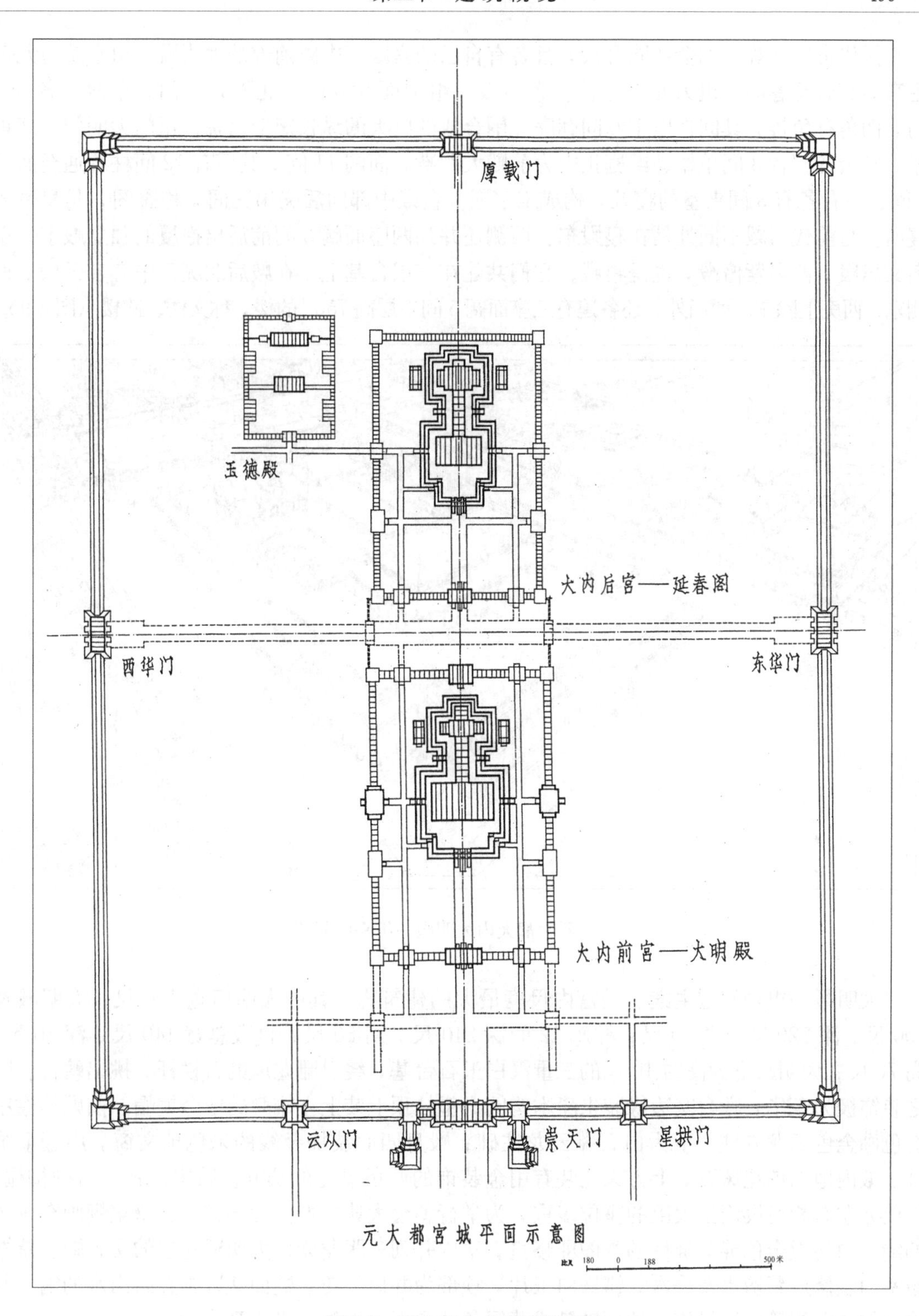

图 8-8 元大都大内平面复原图

东、西华门面阔 7 间，下开 3 门。北城上的厚载门面阔 5 间，下开 1 门。城四角有角楼。宫城各门均红柱、红墙、朱门、绘彩画，屋顶用琉璃瓦饰屋檐、屋脊，即所谓“琉璃剪边”做法。

元代帝后并尊，朝会共同升殿，且各有自己的宫殿。中路前部的大明殿一组宫院为元帝主宫，其后延春阁一组为元后主宫。大明殿一组南面开3门，北面开2门，东西面各开1门，四角有角楼，其间连以120间廊庑，围合成的巨大的纵长矩形宫院。正门大明门7间重檐，其余各门皆3间单檐。殿庭正中为前殿大明殿，面阔11间，其后有12间柱廊通至面阔5间、左右各有3间夹室的寝殿，构成工字殿。寝殿中部向后突出三间，称香阁，是皇帝的寝所。与前代宫殿不同处是在寝殿东、西侧还并列两座面阔3间前后出抱厦的独立殿宇，东名文思殿，西名紫檀殿，也是寝殿。它们共建在三层台基上。在殿后北庑正中有宝云殿，两侧东、西庑上除东、西门外，还各建有三座面阔5间二层高75尺的楼，称文楼、武楼（图8-9）。

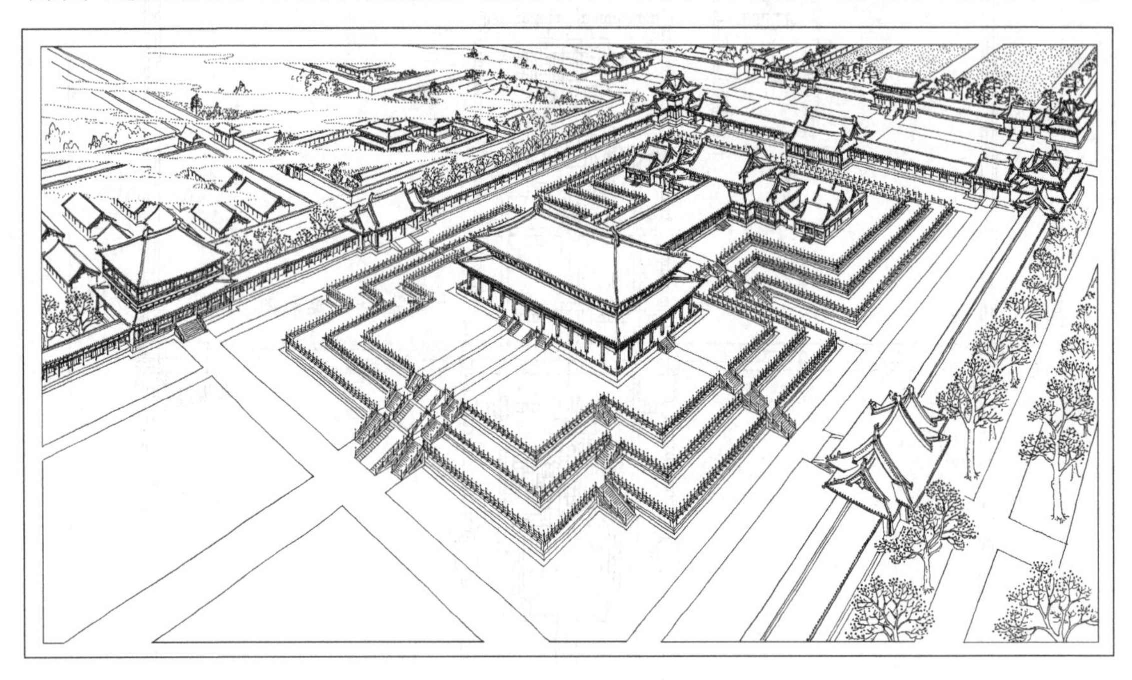

图8-9　元大都大内大明殿一组平面复原图

大明殿一组是元宫主殿，是宫内尺度最大的建筑物。其中大明门宽120尺；大明殿宽200尺，深120尺，高90尺；柱廊12间深240尺，高50尺；寝殿总宽140尺，深50尺，高70尺；大明殿下为高约10尺的三重汉白玉石台基，绕以雕龙凤的石栏杆，挑出螭首。殿之装饰极为豪华：殿台基边缘装朱漆木钩阑，望柱顶上装上立雄鹰的鎏金铜帽；前殿外檐用红色画金色云龙方柱，下为白石雕云龙柱础；殿身四面装加金线的朱色琐文窗，用鎏金饰件；殿内地面铺花斑石，上方天花装有用金装饰的两条盘龙的藻井。殿中设帝、后的御榻，其前方左右相对设诸王大臣的座位多重，为举行朝会大典之处。后部寝殿四壁裱糊画有龙凤的绢，中间设金色屏，屏后的香阁即寝室，室内并列三张龙床。大明殿左右的文思殿、紫檀殿室内装修用紫檀木及香木，镶嵌白玉片，顶部为井口天花，壁面裱以画金碧山水的绢，并设有储衣壁柜等生活设施，地面铺染成草绿色的皮毛为地毯，极为豪华。[1]

元后主宫延春阁一组宫院隔宫城东、西华门间的东西向大道与南面的大明殿一组相对。

---

① 明·萧洵，故宫遗录，北京出版社排印本，1963年，第67～68页。

它四周也由门、角楼和廊庑围成矩形宫院，中建工字殿，布局和内部装饰、陈设基本与大明殿相同，所异处是虽工字殿的寝殿部分二者基本相同，但前部却由面阔 11 间的殿改为面阔 9 间、高二层、出三重檐的楼阁，名延春阁。延春阁一组的周庑也由 120 间增为 172 间（图 8-10）。

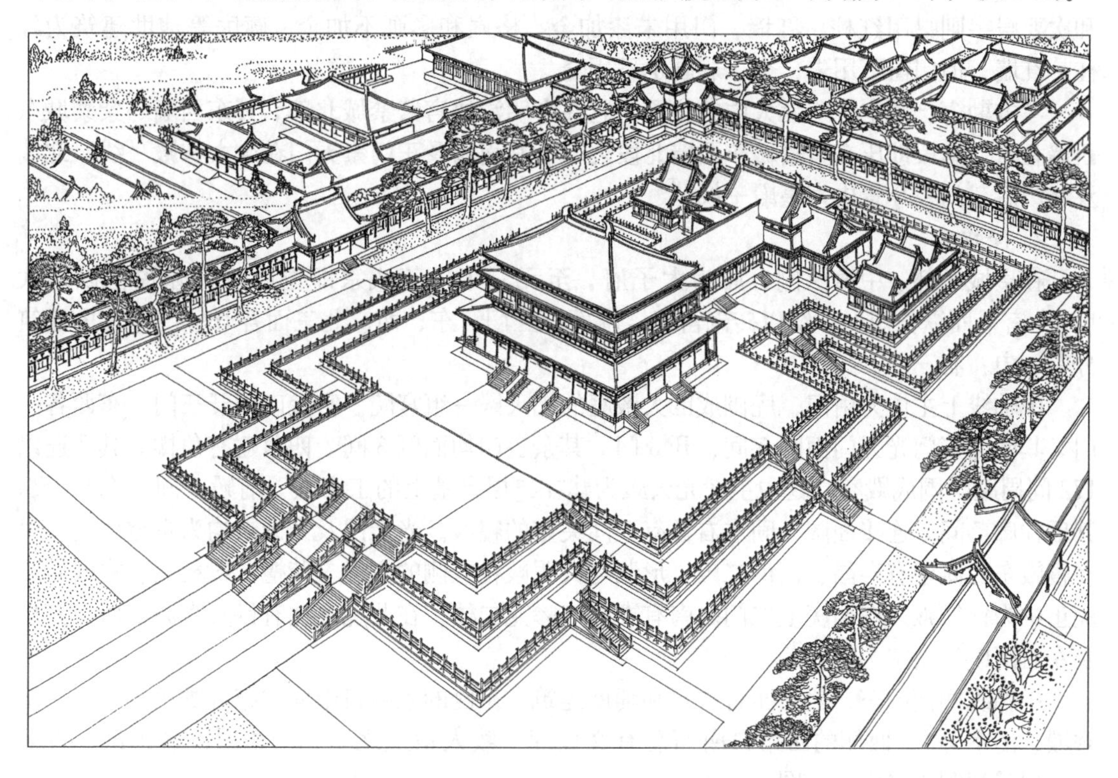

图 8-10 元大都大内延春阁一组复原示意图

清宁宫在延春阁后，是元后期增建的，也是由门、庑围成的宫院，形制、规模与延春阁相近。[①]

东路的庖人之室、酒人之室，参照兴圣宫有关记载都是较大的院落。其北部的老后妃宫殿参照兴圣宫妃嫔院的记载，其形制也可大体推知。

西路北部的玉德殿是一组很大的宫院，前殿玉德殿面阔 7 间，中设佛像[②]，左、右有东西香殿，是宫中做佛事处。其后的宸庆殿面阔 9 间，中设御榻，其前有东西更衣殿，可能是元帝拜佛时休息更衣之处。但元成宗曾在玉德殿大宴，以后诸帝有临时在此决大事的记载，故可能兼具临时使用的便殿的性质。玉德殿东西 100 尺、深 49 尺，《辍耕录》说“饰以白玉，甃以文石”。《故宫遗录》说“殿楹栱皆贴白玉云龙花片，中设白玉金花山字屏台，上置玉床”，应是宫中最豪华建筑，殿名玉德，建筑上大量用玉为饰，可能有古人所说“玉以比德”之义，但实际上是供佛之处。

元帝信佛，经常做佛事，除玉德殿外，大都各宫的大明殿、延春阁、光天殿、兴圣殿、

① （明）萧洵，故宫遗录，北京出版社排印本，第 67～68 页。

② 《元代画塑记》载延祐 7 年为玉德殿正殿铸三世佛，西夹铸五方佛，东夹铸五护佛陀罗尼佛，可证是供佛殿。载：仓圣明智大学刊《广仓学窘丛书》甲类第二集叶 17 下～18 上。

延华阁等和上都的大安阁在《元史》中也都有做佛事的记载。

元大内建筑在装饰上表现出一定级差。除屋顶全为琉璃剪边，未见全用琉璃的记载外，帝后的主要殿宇均用朱色加金线琐（锁）纹格扇，彩画描金，地面用磨光花斑石。宫城各门和次要殿宇则只用红柱、红墙、门用朱漆加金，格扇和彩画不加金。廊庑等辅助建筑为红柱，红墙，但门窗不用朱、金，彩画也不用金。

考古勘察已基本查明元大内的位置，它在今明清故宫紫禁城北部，其东西墙与紫禁城东西墙相重，南段即压在紫禁城东西墙北段之下，其南墙及正门崇天门在今太和殿一线，北墙及北门后载门在今景山寿皇殿一线。[①]

2. 隆福宫

在皇城西部，中海西侧，原为太子府，至元三十一年成宗即位后改称隆福宫以居太后。[②] 宫平面纵长矩形，绕以砖砌宫墙，南面开三门，东、西、北三面各开一门。其内建筑分左、中、右三路。

中轴线上主体为由门、庑围成巨大殿庭的光天殿一组宫院。宫院南面开三门，东西各一门，其南面正门光天门面阔 5 间、开 3 门，其余各门均面阔 3 间，四角建有角楼，其间连以 172 间周庑，围成殿庭。庭中主殿光天殿为建在二层台基上的工字殿，前殿 7 间，宽 98 尺，其后柱廊 7 间，连接面阔 5 间左右各有 2 间夹室的寝殿。光天门及光天殿均为重檐建筑。另在寝殿东西侧建有寿昌、嘉禧二殿，形制与大明殿寝殿侧的文思、紫檀二殿相同。寝殿后北庑正中为针线殿。东西庑上二门之南有翥凤、骖龙二楼。在北庑之北有侍女直庐 5 所，其后及左右围以侍女室 72 间。[③]

中轴线两侧的东、西路布置次要和辅助建筑。东侧的东路自南向北布置酒房、内庖、沉香殿、浴室等[④]；西侧的西路自南而北有文宸库、牧人宿卫之室、文德殿、盝顶殿、香殿等，但其规制史未详载（图 8-11）。

隆福宫先后为太子宫和太后宫。其主体光天殿一组的格局、建筑形制与大内的大明殿一组基本相同，反映出元代宫室的特点。但其门殿缩小为 5 间、7 间、9 间，可能是反映了太后、太子与皇帝在宫室上的差异。

隆福宫西还有御苑，供前朝后妃居住，内有石假山、流杯池、棕毛殿等。

3. 兴圣宫

在皇城西北部，太液池（今北海）西侧，元武宗至大元年（1308）为皇太后创建。[⑤⑥]宫平面纵长矩形，四周有砖砌宫墙，南面三门，东、西、北二面各一门。宫墙外尚有夹垣，安置附属机构。宫内建筑也分左、中、右三路。

---

① 徐苹芳，元大都的勘察和发掘，载：徐苹芳，中国历史考古学论丛，（台北）允晨文化实业有限公司，1995 年，第 161 页。

②《元史》卷 18：至元三十一年(1294)五月“己巳，改皇太后所居旧太子府为隆福宫，”中华书局标点本②，1987 年，第 383 页。

③ 元·陶宗仪，南村辍耕录，卷 21（宫阙制度，隆福宫部分），中华书局，元明史料笔记丛刊本，第 252～253 页。

④ 明·萧洵，故宫遗录，北京出版社排印本，1963 年，第 70 页。

⑤《元史》卷一百一十六：“至大元年三月，帝为太后建兴圣宫，给钞五万锭、丝二万斤。”中华书局标点本⑩，1987 年，第 2901 页。

⑥《元史》卷 23：（至大二年）“五月丁亥，以通政院使憨剌合儿知枢密院事，董建兴圣宫，”中华书局标点本②，1987 年，第 5 页。

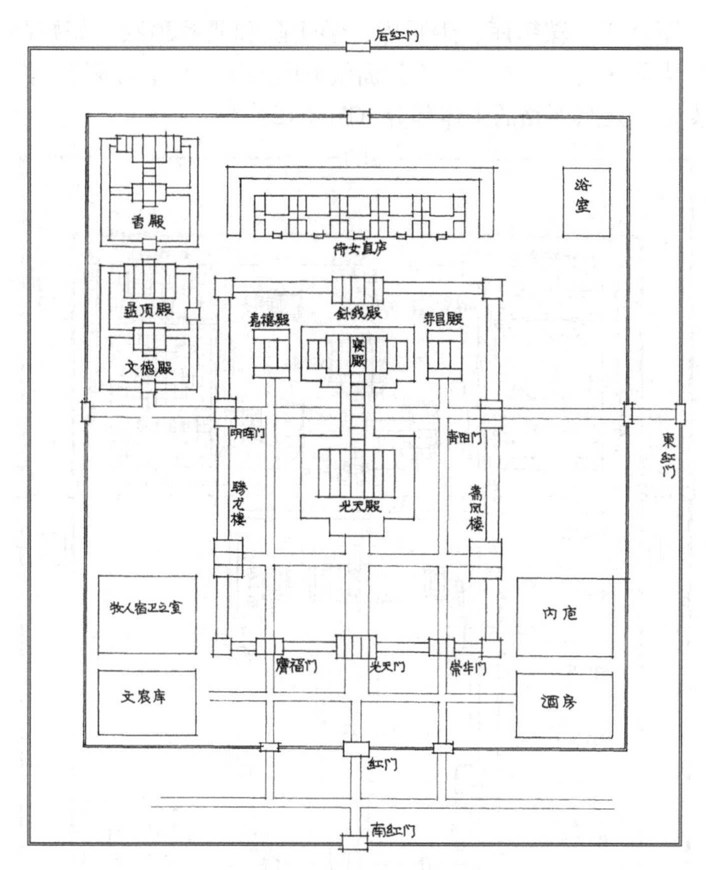

图 8-11　元大都隆福宫平面示意图

中路前后相重建有兴圣殿、延华阁两组宫院，形成全宫的中轴线。兴圣殿是一组由门、庑围合成的宫院，南面三门，东、西各一门，只南面正门兴圣门为五间三门，其余均三间一门。主殿兴圣殿的前殿面阔 7 间，东西 100 尺，深 97 尺，后为柱廊 6 间，连接面阔 5 间、深 77 尺、左右各有三间夹室、后出三间香阁的寝殿，组成工字殿，建在白石砌成的二层台基上。在寝殿东、西外侧也建有面阔三间的嘉德、宝慈二殿。寝殿北有宽一间左右有两夹的山字门（中间高，两侧低，轮廓如山字，因以得名），在东、西庑的侧门之南各有一面阔 5 间的楼，在殿前东西相对。此组宫院的布局、形制与隆福宫的主体基本相同，所异处是北庑无殿宇，只建一山字门，四角亦无角楼，除按宫殿体制用朱色琐窗、文石铺地外，最特殊处是屋顶满覆白瓷瓦，用绿琉璃瓦剪边。

自山字门向北为延华阁一组，围以木版垣。主建筑延华阁方 79.2 尺，二层，十字脊屋顶上满复白琉璃瓦，用青琉璃瓦剪边。阁东前西侧各有面阔 5 间的东、西殿。阁后有圆亭，圆亭东、西相对有芳碧、徽青二方亭，方三间，上为十字脊屋顶，复以青色琉璃瓦，用绿琉璃瓦剪边，其内供佛。[①] 此外，在东西外侧还有浴室、盝顶房、畏吾儿殿等次要建筑。

东路自南而北为酒房、庖室、东盝顶殿、妃嫔院、侍女室。西路自南而北为藏珍库、牧

① 《元代画塑记》载至治三年“敕功德使……等：延华阁西徽青亭内可塑带伴绕马哈哥剌佛像，……”可证内供佛像。载仓圣明智大学刊《广仓学窘丛书》甲类第二集叶 12 上、下。

人庖人宿卫之室、军器库、鞍辔库、生料库、学士院和西盝顶殿、妃嫔院、侍女室。其中东、西盝顶殿与延华阁一组东西并列，均为面阔五间的工字殿，由附属建筑围成宫院，其后附有妃嫔院、侍女室，是东西路的主体部分（图 8-12）。①

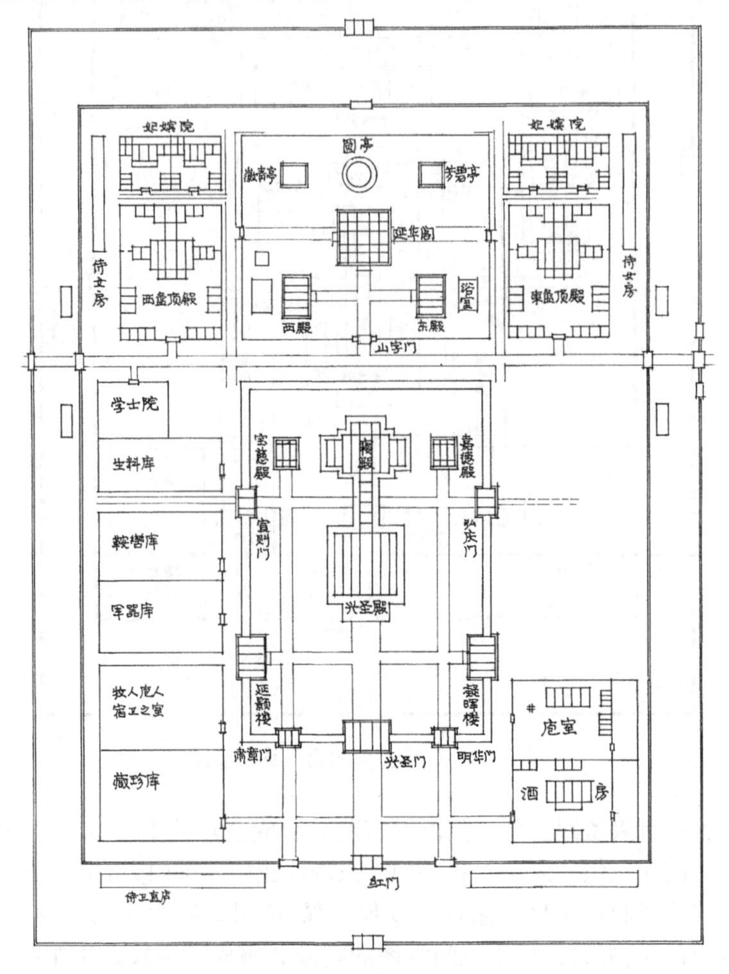

图 8-12　元大都兴圣宫平面示意图

综观兴圣宫的情况，它是元武宗专为太后建的宫殿，虽受体制限制，表面上建筑规制不得不稍低于帝后宫殿，如正门及前殿面阔为 5 间、7 间，但寝殿为面阔 5 间、左右各有 3 间夹室，后出香阁，与大明殿的寝殿全同。它只比大明殿略有贬损，却高于隆福宫。兴圣宫在某些方面还有超过帝宫之处，如元大内各主要宫殿屋顶均覆以陶瓦，加琉璃瓦剪边，而兴圣宫的前殿、延华阁、芳碧徽青二亭四座建筑的屋顶却满覆白瓷瓦、白或青色琉璃瓦，用绿或青琉璃瓦剪边，超过了大内宫殿，就装饰用材论，属于最高规格。

4. 上都宫殿

上都及其宫殿为 1256 年忽必烈为藩王时命刘秉忠规划建造，三年而成。其宫城在皇城

① 元・陶宗仪，南村辍耕录，卷 21（宫阙制度，兴圣宫部分），中华书局，元明史料笔记丛刊本，1997 年，第 253～255 页。

中间偏北，遗址已发现。东西宽542米，南北深605米，宫城基宽10米，土筑，内外用砖包砌，四角有角楼。在宫城外有宽约1.5米的石砌夹城，内有小型建筑址，可能是守卫和警戒用的铺屋等。遗址所示，宫城东、南、西三面各开一城门，北面无门，而有一巨大的阙形建筑基址。宫之南门名阳德门，门内大街和东、西面的东华门、西华门间的大街相会，形成丁字街，为宫内主要干道。在南门内大街北端，有一方60米、高3米之夯土台基，其上偏北有一长25米、宽30米、高2米之殿基，居于全宫的几何中心。其正北在北宫墙上的阙形建筑中心基址宽75米，两端突出的阙台方28米，是宫中最大的建筑基址。[①] 可能是元末至正间所建的穆清阁。这两个基址与南门相对，形成全宫的中轴线。宫中其他建筑址分别位于轴线东西侧，近于围绕湖泊自由布置的园林建筑，未再形成明显的轴线或对称关系，与正式宫殿的布置有很大差异。这些建筑遗址多为用墙围成的大小不等的矩形院落，有一进、多进和并列等多种组合形式，其主体建筑多为一正两厢，个别为工字殿。因尚无进一步的遗址勘测或发掘报告，目前尚难作更多的探讨（图8-13）。

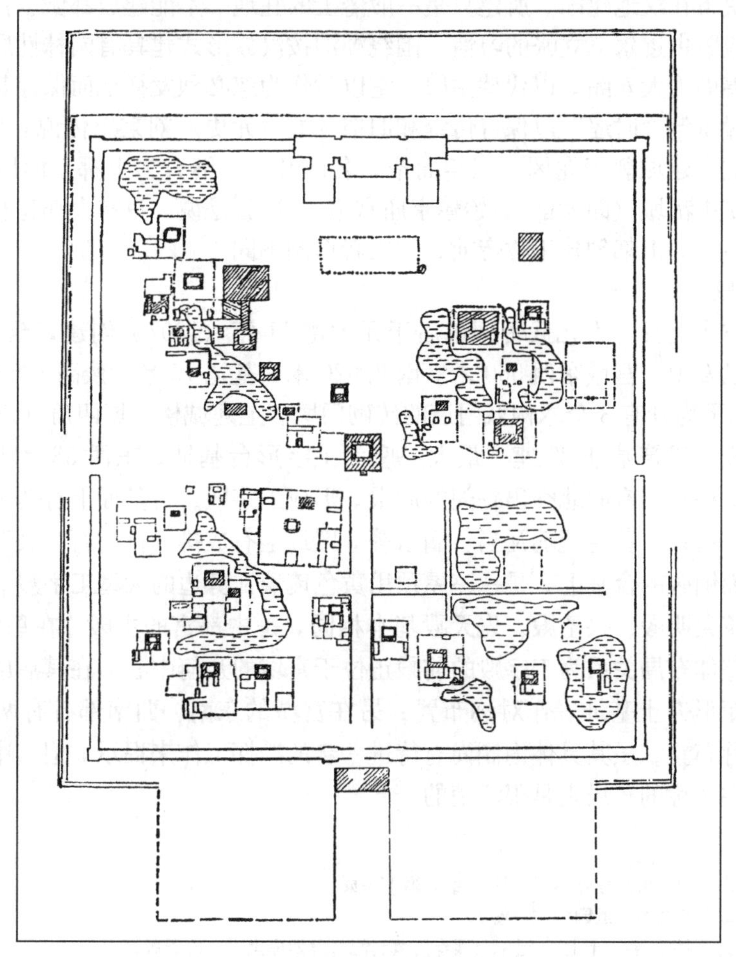

图8-13 元上都宫殿平面图

贾洲杰：元上都调查报告，图6，文物，1977年，第5期

① 贾洲杰，元上都调查报告，文物，1977年第5期。

大安阁是上都宫中最重要建筑，《元史》载至元三年（1266）建大安阁于上都。[①]虞集《道园学古录》说它原为汴京宋宫的熙春阁，迁建于上都宫中后改名大安阁，以其为前殿，为元帝即位和举行大朝会之处，宫城之内即不再建正殿。[②] 据元王恽《熙春阁遗制记》记载，[③] 熙春阁广46步（23丈，约合72米），高222尺（约70米），主体面阔5间，高3层，有五重檐，左右有挟楼各2间，比阁低一层。另据元代史料，大安阁后还有寝殿[④]，则应为前阁后殿的工字形平面，但现存几何中心处的遗址尺度小于大安阁，究竟大安阁址在何处，尚有待进一步考古工作来揭露。

此外，据元人记载，上都宫殿除大安阁外，尚有水晶、洪禧、睿思、清宁等殿和香殿、鹿（盝）顶殿、棕殿、宣文阁等。周伯琦《近光集》还提到上京有西内，棕殿在西内中，其位置均俟考。

尽管对上都宫殿目前只能有很初步的了解，却可以看到，它与大都的三座宫殿从布局到建筑形制都不同。它创建于1256年，比建大都宫殿的1267年早11年以上，其时忽必烈尚未称帝，更未决策在汉地建国，所建只是一般藩王的驻地，不能建成都城、宫殿的体制，故刘秉忠只是顺应蒙古逐水草立帐的习惯，围绕湖泊按汉族形式建具有园林性质的宫室，又特从汴梁迁来熙春阁为大安阁，以代替主殿。它以后作为忽必烈发祥地而保存其原状，未做大的改建，并通过每年"时巡"以保持传统和旧俗。故《元史》刘秉忠传说："帝命秉忠相地于桓州东滦水北，建城郭于龙冈，三年而毕，名曰开平。继升为上都，而以燕为中都。四年，又命秉忠筑中都城（即大都），始建宗庙宫室。"这就是说，只有大都建有宗庙宫室，是按帝王体制建造的，上都创建于称帝前，故二者形制不同。

5. **中都宫殿**

在今河北省张北县，为元武帝即位后于元大德11年（1307）创建，至大三年（1310）建成，其遗址已发现。宫城东西560米，南北620米，基宽15米，残高3～4米，四面各开1门，南面正门下为开有3个木构城门道的砖砌门墩，上建城楼，城四角有角楼。

宫城内已发现建筑基址27座。最大一座为工字形台基址，东西38～59米，南北120米，上建前殿，柱廊、有向北突出香阁的后殿，形成工字殿。台基面上有砖铺地面残迹、汉白玉石雕的栏杆螭首、黄色琉璃瓦当、滴水等，殿址上有成排的柱础石，表明此殿建在汉白玉石包砌、表面铺砖的台基上，是一座屋顶用黄色琉璃瓦剪边的大型工字殿，其形制和大都元宫的主体建筑大明殿、兴圣殿、先天殿基本相同，是中都宫的主殿。在鸟瞰照片上分析，宫城中建筑的整体布局关系为工字殿的前殿正位于宫城的几何中心，在其后殿的左右外侧各有并列的五座矩形夯土基址，作对称布置；另在宫城的东南、西南部各有两座东西向的基址，作东西对称布置。虽其具体内涵尚有待进一步的勘探工作来揭示，但宫中主要建筑以主殿为中心作左左对称的布局则是很清楚的。[⑤⑥]

---

① 《元史》，卷六。中华书局标点本①，1987年，第113页。

② 元·虞集，跋大安阁图，道园学古录卷10

③ 元·王恽：《秋涧集》卷三十七·记·《熙春閣遺制記》。《四库全书》电子版。

④ 《大元官制杂记》行大司农司条云："（至元三十年）四月十三日，上纬（?）大安阁后寝殿，省臣禀：……"载仓圣明智大学刊《广仓学窘丛书》甲类第二集叶5下。

⑤ 国家文物局，全国重点文物保护单位简介汇编，元中都遗址，第473页。

⑥ 《全国重点文物保护单位》编辑委员会，全国重点文物保护单位，第一卷，河北省·元中都遗址，文物出版社，2004年，第269页。

综括上述五座宫殿，可以看到上都宫为一种类型，大都大内为一种类型，大都隆福宫、兴圣宫和中都宫为一种类型，共有三种类型。其中上都宫是称帝前所建，非帝宫体制，可置不论。大都大内是首都的主宫，中路前后相重建皇帝主殿和皇后主殿两所宫院，左右对称并列东、西路，可完全代表元代皇宫的体制。大都的隆福宫、兴圣宫和中都宫三座宫殿或为太后宫（后期也曾供元帝的第二皇后使用，则也用为帝宫），或为别宫，要比大内有所贬损，故虽也分中、东、西三路，但在中路只建了一座宫院。这是这三座宫殿与大都大内间的差异。

蒙古原属游牧民族，逐水草而居，迁徙不定，没有定居建城、建宫的传统。故铁木真在称成吉思汗后也未建都立宫，到窝阔台时始建了规模很小的和林。到忽必烈领漠南汉地后，为适应对汉地统治的需要，才开始建上都、大都，故其宫室只能采取汉族的形制，并就本民族习俗略加变通。上都、大都的规划者虽都是刘秉中，但二座宫殿布局形制有很大的差异，这是因为二宫分别建于称帝前后，故其布局之不同应是反映了藩府和帝宫的差异。

就元大都大内宫殿布局进行分析，可以看到，中轴线上建大明殿、延春阁前后两组宫院与金中都宫殿中轴线上前后建大安殿、仁政殿两组宫院的基本格局相同。同时，首创自金中都宫殿的在大安殿和仁政殿两组宫院的东西廊上相对建楼的做法（唐及北宋宫殿无此制）也出现在大明殿、延春阁二组宫院中，这就证明元大都大内宫殿中轴线上的主体部分是继承自金中都宫殿。大都大内、隆福宫、兴圣宫的东、西路建筑，虽性质不尽相同，却都是以若干所院落自南向北排列，和唐宋以来大型廊院建筑群在主体建筑群左右排列若干院的布置方式相同，故各宫的总体布置也属汉族传统布局形式。

大都三所宫殿和中都宫殿的主殿都是工字殿，可知这是元宫主殿的统一形式。主殿用工字殿始见于北宋汴梁宫的主殿大庆殿、文德殿等，金代的大安殿和仁政殿是继承自北宋汴梁宫殿之制，故元大内的主殿为工字殿是直接、间接继承了金中都、北宋汴京宫殿之制。综括上述，可知元朝建立后所建宫殿从总体布局到主要殿宇的形式和结构是直接继承金代的，而金又是继承自北宋而有所发展的。

但元宫也有与旧制不同之处，其一是延春阁一组工字殿把前殿建成楼阁，这可能是始见之例。[①]其二是大明殿、兴圣殿、先天殿都在寝殿东西外侧各建有面阔3间出前后轩的独立的小殿，装饰极为豪华，并设有储衣柜等生活设施，可知也是寝殿。在主殿后寝殿之左右侧另建二寝殿，为历朝宫殿所无，应是元宫首创的。对于此制，有人据测可能和蒙古牙帐左右附设小帐的习俗有关，《元史祭祀志·国俗旧礼》载元代帝后有不死于正寝的习俗，“凡帝后有疾危殆，度不可愈，亦移居外毡帐房”[②]，从忽必烈死于紫檀殿的记载分析，这类寝殿左右侧的小寝殿可能即相当于“外毡帐房”之属，是蒙元的民族习俗。元宫的绿化也有其特点。在大都大内大明殿前殿庭曾种植一片从漠上移来的草地，护以栏杆，取不忘故乡和当年的艰辛之意。[③] 大内延春阁和兴圣宫兴圣殿前殿庭内均植青松，在清宁宫的廊庑前植花卉异

---

① 虽在山西繁峙岩山寺金代壁画中宫殿图有主殿工字殿的后殿作二层楼阁之例，但前殿在工字殿中为主殿，建为楼阁与建后殿为阁性质有所不同。

②《元史》祭祀志·国俗旧礼条，中华书局排印本⑥，1987年，第1925页。

③ 明·叶子奇《草木子》卷四，谈薮篇：“元世祖皇帝思太祖创业艰难，俾取所居之地青草一株，置于大内丹墀之前，谓之誓俭草，盖欲使后世子孙知勤俭之节。至正间，大司农达不花公作宫辞十数首，其一云：墨河万里金沙漠，世祖深思创业难；却望阑干护青草，丹墀留与子孙看。”

石[①]，都是前朝宫殿所无的做法。

总的说来，忽必烈在汉地立国，建立元朝，必须采取汉人能接受或认同的统治方式和形式始能稳定，尽管在本族内部保持旧俗、旧仪，但宫室和正式朝仪还要采取汉族传统形式，即是通过观感争取汉人认同的重要内容之一。故刘秉忠在整体上继承北宋、金以来的宫殿形式，建造了大都大内，只在局部和装饰陈设上保存一些蒙古特色。以后建的隆福、兴圣二宫也基本如此。而带有蒙古和西域特色的盝顶殿、畏吾儿殿等只能作为猎奇点缀居次要地位。一些蒙古特色的内容如帐殿等，主要设在其传统领地上都等地。

（二）苑囿

元代大都三宫中只有少量殿庭有绿化，苑囿主要有万寿山和隆福宫西御苑。因遗址均未勘探发掘，只能就文献记载探讨其大体情况。

1. 万寿山

即今北海琼岛，在金代已为离宫，堆叠从汴梁运来的艮岳太湖石为点景假山。元中统三年（1262）在此基础上加以修缮，至元八年（1271）定名。山顶主体建筑为广寒殿，其东、西侧相对应有金露、玉虹二圆亭（元末改为二殿）。殿前山半又有方壶、瀛洲二八角亭和仁智殿，仁智殿东北、西北有介福、延和二殿和荷叶殿、温石浴石，均为面阔3间小殿。这些殿、亭都对称布置在广寒殿前和两侧，虽然较呆板，却颇合苑囿体制。岛上遍植松桧及花木，随山势叠湖石为崖壁、洞窟、护坡等，景物深秀。广寒殿为重檐殿宇，面阔7间，宽120尺，用蟠金龙朱柱、描金朱琐窗，文石地面，殿顶装金龙藻井。殿内设御榻，前方设黑玉酒瓮（即至元二年至三年制成之“渎山大玉海”和“五山珍御榻”，现陈列于团城承光殿前琉璃亭中。），左右列从臣坐床。此殿在大都宫殿未建成前是忽必烈接见臣下的重要殿宇，故极为豪华。[②③]岛南部有石桥通仪天殿后（今团城），岛东部也有石桥通东岸，以桥之一半为石渠，引水至岛上，逐层提水至山顶，自广寒殿后二小石龙口中流出，汇聚于方池，再经暗渠引至仁智殿后，自昂首的石龙口中喷出为喷泉，蜿转下流，注入山下的太液池中。《南村辍耕录》说：“转机运㪷，汲水至山顶”，㪷可训为斗之义，可知是用水斗逐级汲水至山顶的。虽然北宋末修艮岳已出现在山峰间有人造瀑布的记载，但水源何来，没有记载。琼岛用水斗逐层提水至山顶，再利用水位差形成喷泉和山溪的做法是首次见于我国记载的。

2. 隆福宫西御苑

在隆福宫西，为旧太子宫的一部分，建隆福宫后以其地为供后妃游赏的御苑，四周围以红墙，南面开三个红门，门内中轴线上最南为面阔五间的歇山殿，殿前有池，池中对称建东、西水心亭，殿后在左右侧又建十字脊的东、西亭，与东、西水心亭南北相对。歇山殿后为圆殿，圆殿后有流杯池，池之东西对称建流水圆亭。其后为苑内主景石假山，四周林木茂密，山顶建三间两夹上复琉璃瓦的香殿，殿后有石台。山之东侧有木香洞，西侧亦有殿宇。山北有北红门，其内为旧太子宫。[④]

---

① 明·萧洵，故宫遗录，北京出版社排印本，1963年，第68、70页。

② 元·陶宗仪，南村辍耕录，卷21（宫阙制度），中华书局元明史料笔记丛刊本，1997年，第255～256页。

③ 明·萧洵，故宫遗录，北京出版社排印本，1963年，第69、70页。

④ 缪荃孙摘钞《顺天府志》阙，引《析津志》。北京大学出版社，1983年，第65～66页。

隆福宫西御苑也在中轴线上建数重殿宇，左右对称建亭，后倚石假山，山顶建香殿，也属中轴对称布置，与万寿山的布置原则全同，这可能是由宫廷体制决定的。

3. 大内后御苑

在大内北，四周有红墙围绕，开有四个红门，其内以农田和园艺种植设施为主，辟有专供皇帝行"藉田"礼亲耕时使用的熟地，配有水井、水碾、花房等，并引海子之水入苑，分若干支渠进行灌溉，实际耕种则由宦官服役。苑内建有供皇帝使用的正殿及东西配殿。[①]

（三）礼制建筑

元朝建立后，必须保持本族和汉族两套礼仪，行本族礼仪可以凝聚本族的力量以巩固其统治，行汉族礼仪的目的则是适应统治汉地的需要。元代礼制建筑有相当规模，但因遗址不存，尚不能探讨其规划设计方法，只能就文献记载略了解其规制

1. 郊祀

蒙古及元初郊祀用本族礼。至元十二年始折中唐、宋、金旧仪，在丽正门东南七里建祭台，合祀天地，但元帝不亲临，由大臣代行礼。至元三十一年成宗即位，始建正式的祭坛。[②] 元后期曾拟在北郊建地坛，未能实现。

南郊天地坛圆形，高 3 层，每层高 8.1 尺，3 层径依次为 50 尺、100 尺、150 尺，用砖包砌。坛外有二重壝墙，内壝距坛 25 步，外壝距内壝 54 步，各高 5 尺，四面各开 3 座红门。外围的坛墙南面开 3 座棂星门，东西两面各开 1 座棂星门。外壝内东南侧建砖砌燎炉，外壝与坛墙间建厨库及管理机构。[③]

元代南郊天地坛的规制、尺度基本采取唐制，但由 4 层改为 3 层，故坛基由 200 尺减为 150 尺，其余层高 8.1 尺和 4 陛，每陛 12 级等均同唐制。唐代圆丘近已发掘，为土筑，而元代则改为用砖包砌，在建筑规制和技术上有所改进。

2. 太庙

蒙古及元初祭祀祖先最初沿用本民俗祭仪，由巫祝诵咒语洒马乳为祭。忽必烈进驻燕京之初只在中书省附祭，中统四年（1263）才按中原传统建太庙于燕京（原金中都），定庙制为七室。营建大都后，在至元十四年（1277）建正式太庙于大都齐化门内路北，至元二十一年（1284）建成。[④] 庙有二重围墙，外重墙东、西、南三面建棂星门，南面棂星门前临齐化门内大街。内重墙称宫城，在南、东、西三面与外重墙上三门相对建神门，南神门外有石桥，宫城四角建角楼。在内、外重墙之间安排库、厨及附属机构等。宫城内建面阔 7 间、进深 5 间的正殿和面阔 5 间、进深 3 间的寝殿，前后相重，共建在二层石台基上，南面设 3 阶。自东西神门间有大道相通，称横街，自南神门内有向北的大道，称通街，二者垂直相交于台基前，形成丁字街。[⑤]

大德六年（1302）太庙寝殿灾，至治二年（1322）重建时加以拓展。改以原面阔 7 间的正殿为寝殿，在其南新建面阔 15 间进深六间（12 架椽）的正殿，中间 3 间相通，其余 10

---

① 北京图书馆善本组辑，析津志辑佚，古迹，北京古籍出版社印本，1983 年，第 114 页。

② 无史卷 72，郊祀上，中华书局标点本⑥，1987 年，第 1781 页。

③《元史》卷 72，郊祀上·坛壝，中华书局标点本⑥，1987 年，第 1793 页。

④《元史》卷 74，宗庙上，中华书局标点本⑥，1987 年，第 1831～1835 页。

⑤《元史》卷 74，宗庙上·庙制，中华书局标点本⑥，1987 年，第 1842～1843 页。

间各为一室，东西端 2 间用墙隔开为夹室。因新正殿南移，宫城和外垣南部的神门、角楼、棂星门等亦均南移。又在宫城西北建皇帝亲祀时使用的大祀殿，形成元后期太庙的完整规模。①

元太庙吸收了宋、金制度而有所改易。外有二重墙，开东南西三门等与宋、金同，但宋、金太庙只建一殿，前半打通，后半按间数隔为若干室。室数随皇帝世数增加，故北宋太庙正殿长 22 间，金南京太庙正殿长 25 间，长度超出正常殿宇比例，宛如廊庑。元代改为前后二殿，正殿长 15 间，始近于正常殿宇比例。

元建太庙只是为适应汉地的环境，前期元帝极少亲自致祭，殿宇多次雨淋受损，祭器和元帝的木制金牌表等也多次被盗，可知最初并不重视，至后期才加以扩建。元太庙建前后二殿的规制为明代所继承，明初的太庙也为前后二殿，后期才增为三殿。

3. 社稷坛

至元二十八年（1291）在大都和义门内稍南以 40 亩地建太社、太稷二坛，社东稷西，相距 5 丈，均北向。坛各方 5 丈，高 5 尺，四面正中设宽 1 丈之阶。社坛上偏南埋白石"主"，坛上按五行方色填五色土，稷坛不用"主"，只填黄土。在社坛北有砖砌的"北墉"，饰以黄泥。又有 2 瘗坎。坛外有内、外二重高 5 尺用砖砌的壝垣，内壝广 30 丈，四面各有一正二偏三门并列的棂星门，称神门，外壝只二面有棂星门，门外均列戟。在内外壝垣之间建有供祭祀和管理用房近 70 间。②

（四）陵墓

1. 帝陵

元代帝室按其本民族的传统营葬，其规制载于《元史·祭祀志六·国俗旧礼》部分。③据载，其棺用原木一分为二，中间挖出人形以纳遗体。其传统墓地称"起辇谷"，在此平地掘穴下葬，所挖土块整齐码放，下葬后放回原穴。穴上不起陵山，传说用"万驼踏平"，然后留专人在附近守候三年，其间杀绝误入之人以灭口，待荒草丛生，地面没有任何痕迹后始撤退。由于采取这种灭迹的措施，迄今不知"起辇谷"在何地，更没有发现元代的帝陵，可称在历代帝陵中保护得最成功之例。刳原木为棺的做法可以从河北省沽源县元代贵族墓葬"梳妆楼"中知其大体形制（图 8-14）。

2. 墓葬

近年发掘出的元代较大型墓葬不很多，大多延续旧俗，现择北方蒙族墓和南方汉族墓中在葬制和建造技术上具有特点的各一例进行探讨。

（1）梳妆楼元墓。在河北省沽源县，是极罕见的有地上建筑的元代蒙古族墓。墓上建一

---

①《元史》卷 74，宗庙上·庙制，中华书局标点本⑥，1987 年，第 1842～1843 页。

②《元史》卷 76，太社太稷，中华书局标点本⑥，1987 年，第 1879～1880 页。

③《元史》卷 77，祭祀志六，国俗旧礼："凡宫车晏驾，棺用香楠木，中分为二，刳肖人形，其广狭长短仅足容身而已。殓用貂皮袄、皮帽，其靴袜、系腰、盒钵，俱用白粉皮为之。殉以金壶瓶二，盏一，碗、碟、匙、筯各一。殓讫，用黄金为箍四条以束之。舆车用白毡青缘纳失失为帘，覆棺亦以纳失失为之。前行，用蒙古巫媪一人，衣新衣，骑马，牵马一匹，以黄金饰鞍辔，笼以纳失失，谓之金灵马。日三次用羊奠祭。至所葬陵地，其开穴所起之土成块，依次排列之。棺既下，复依次掩覆之。其有剩土，则远置他所。送葬官三员，居五里外。日一次烧饭致祭，三年然后返。"中华书局标点本⑥，1987 年，第 1925～1926 页。

图 8-14 河北省沽源县梳妆楼元墓外观。

地上享堂，为一方形上复穹窿顶的砖砌建筑，边宽 10.69 米，高 9.1 米。顶部出砖砌挑檐，中高边低，前、左、右三面在高起的挑檐下开券洞门，门上加倒凹字形的砖砌线脚。其内部为穹顶，在中部地下并列开三穴，内葬一男二女。男棺居中，为用圆木一分为二，上下刳出人形以纳尸，属蒙古族传统葬制。

据考古勘探，附近还有此类建筑的基址，可知属于一元代贵族墓葬群，而建砖砌地上享堂也非孤例，而可能为一定地域的通制。虽因其穹顶内外抹灰，砖的砌造方法和特点不详，但其外观与宋元时汉族传统做法不同，极可能是受有中亚伊斯兰建筑影响所致，与本世纪初尚存的“忽必烈紫堡”很相似，其券门上的倒凹字形的砖砌线脚更完全相近。①

(2) 元末张士诚父母墓。在苏州南郊盘门外，1964 年在基建中发现，为元末割据苏州的吴王张士诚父母合葬墓，以侧立石板和大量灌三合土浆筑成，形制做法颇为特殊。

墓穴平面方形，穴底在生土上铺一层碎石层和三合土浇浆层为基底，其上建墓。墓穴四壁有五层保护层。最外层各竖置石板 6 层为边墙，石板长 1.1 米，宽 0.65 米，厚 0.25 米，大小一律，每板侧壁上凿 2 圆孔，用圆木贯穿，连为一体。其内第二层为厚 1.1 米的碎石三合土浇浆层，第三层为厚 0.37 米的砖墙，第四层为厚 0.55 米的石灰和黄土，第五层为厚 1.8 米的石灰浇浆，其内即方形墓圹。墓圹长宽均 3.97 米，用大青石板围合而成，以铁锔固定，上复两块条石为盖。另在两端石板顶上开槽，架设两根楠木梁以承石盖板。圹内并列二木棺。入葬后在圹顶及四周满填三合土浇浆，其上再铺一层竖立的石板为防护层。石板排列成 8 行，侧壁上也各凿 2 圆孔，用圆木贯穿为一体，做法与墓穴侧壁外层相同。在此石板层上再覆以厚 0.4 米的三合土浇浆，然后加封土，在地上形成坟山（图 8-15）。②

史载张士诚母死于至正二十五年（1365），墓当建于此时。此墓以用木棍贯穿为一体的

① 作者 2002 年考察所见。

② 苏州市文物保管委员会等，苏州吴张士诚母曹氏墓清理简报，考古，1965 年第 6 期。

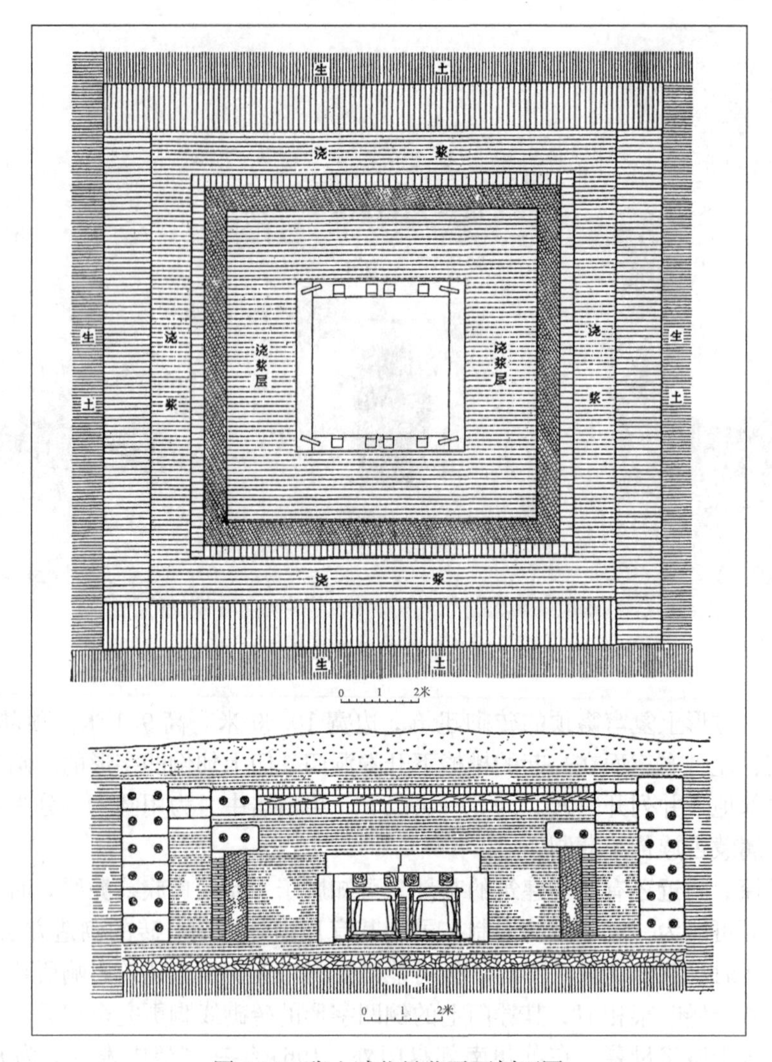

图 8-15　张士诚父母墓平面剖面图

苏州市文物保管委员会等：苏州吴张士诚母曹氏墓清理简报，图 3、4，考古，1965 年第 6 期

石板为墓穴四壁和顶盖，内外以大量三合土沙浆填充，起了很好的防护作用，故未被盗掘，遗物完整保存下来。使用三合土沙浆也往往见于明代江浙地区坟墓中，但用木棍贯串石板建墓穴则似以此墓为最早，其渊源俟考。

（五）官署

据文献记载，元代在汉地建国后，其官署基本延续北方的北宋和金的规制，包括明显的等级差异。

1. 中央最高官署

在《析津志辑佚·朝堂公宇门》记有南中书省、北中书省、枢密院等中央官署概况，都是前有外、中、内三重仪门，内仪门开三门，其内为主院，有甬道通至正厅，正厅后有五间的穿廊，通入正堂，构成工字厅。正厅、正堂均面阔五间，左右有耳房。厅堂四周由周庑围成主院。主院左右侧并列有若干职能官厅，各为一院，院内正厅均为三间，如断事官厅、参议府厅和内有吏、户、礼、兵、刑、工六部的东左司厅和西右司厅等。① 仍是唐宋以来传统的長官视事的主院居中、后部及东西廊外侧排列若干小院以安排职能部门的廊院式布局。

2. 中央职能官署

在《大元官制杂记》内所载的下一级的官署如大司农司、籍田署、修内司、翊正司等的正厅均为三间。较大的修内司正厅三间，长四丈五尺，深三丈五尺。较小的籍田署，正厅三间，长三丈四尺，深一丈四尺。②中央官署正厅、正堂的间广虽史籍失载，但应比修内司正厅的间广一丈五尺要大。

3. 地方官署

据《元典章·公廨》规定地方官廨规制如下：

总府廨宇：正厅面阔五间进深六椽。司房东、西各五间，深四椽。门楼两椽。

州廨宇：正厅面阔（失记，应是三间），进深四椽，并两耳房各一间。司房东、西各三间，深二椽。

县廨宇：厅无耳房，余同州。③

据此可知，元代官署建筑正厅的规格为：中央最高机构为五间工字厅左右加耳房，其下的附属职能官署正厅的面阔只能为三间，一般为院落式布局，大型的则为廊院式布局。地方官署为五间，一般只为三间四椽，规模大体和宋金时相近。从进深以椽计可知其构架只能是厅堂型。

现存元代衙署有山西绛州大堂和霍州大堂。

绛州州衙大堂在山西新绛县，为元代建筑，面阔七间，进深八椽，用五铺作斗栱上覆单檐悬山屋顶。其梁架为乳栿对六椽栿用三柱，前后用大内额，以减去前金柱四根、后金柱二根，属元代山西地方做法。

山西霍州州衙创建于元代，中轴线上有谯楼、仪门和大堂。大堂为元代建筑，面阔五间，进深八椽，悬山屋顶，前有面阔三间的抱厦。其构架基本用未经细加工的原木制做，使用大内额，梁架为乳栿对六椽栿用三柱，也属元代山西地方做法。

这两座衙署大堂面阔七间、五间，都超过了上述官定规格。

（六）孔庙、学宫

蒙元建国后，重用蒙古、西域人，其次为原金辖区的契丹、女真和汉人（通称北人），规定原南宋辖区的汉人（通称南人,）不得在中央机构任职（四川、云南在南宋末即为蒙古占领，故视同北人，稍宽其限）。但元朝人口中，汉人又占绝大多数，文化又高于蒙人，故只能利用其原有机制进行统治。其中儒学是原有统治机制的核心，故元代大力加以提倡，尤重朱、陆的理学，还曾间断地进行过开科取士，企图通过这些措施来表示对汉地传统文化的认同，以削弱民族压迫引起的不满与隔阂。但实际上对大量的文士仍尽量限制其入仕，一般南人只能做吏或学官。大修曲阜孔庙并在各级城市建学宫就是在这个背景下进行的。

---

① 北京图书馆善本组辑，析津志辑佚，朝堂公室门，北京古籍出版社印本，1983年，第8～10，32～36页。

② 大元官制杂记，大司农司、籍田署、修内司、翊正司条，载：仓圣明智大学刊，《广仓学窘丛书》本叶3下、4下、11下、13上。

③《大元圣政国朝典章》卷59，工部卷二·造作二，公廨，随处廨宇。据日本影印故宫博物院藏元刊本。

1. 曲阜孔庙

尊孔是汉以后历朝共同遵循的政策，而保护和修缮孔庙是尊孔崇儒的重要举措。北宋初曾拓建曲阜孔庙，金天会七年（1129）金兵南侵时，孔庙遭到重大破坏，至金明昌间（1191—1195）才加以重修，在主殿院前建了奎文阁、碑亭，增建了外门大中门，其概貌见于孔元措《孔氏祖庭广记》所附金阙里庙制图。至金贞祐二年（1214）又毁于兵火。元大德（1297—1307）间修复了主要部分，从现存元代残碑可知元前中期孔庙南部的概貌。以后又在至顺二年（1331）建了4座角楼，基本形成现庙域的四至。

综合金、元庙图，庙可分前后两部。庙前建有二重门，加上外侧的棂星门，即为三重门，门内正中有奎文阁（元代改称御书阁），其后并列若干碑亭，构成前部。其北为后部，由居中的主殿院和左右侧的东西路构成。主殿院南面为殿门大成门，左右连廊庑，至角矩折北行，围成殿庭。在大成门北，殿庭正中，依次有赞德殿、杏坛、主殿大成殿及寝殿郓国夫人殿，形成中轴线。大成殿与寝殿间有柱廊连接，形成工字殿。大成殿左右有斜廊通东西庑，分割殿庭为前后两部分。在主殿院左右侧的东西路还各有两进院落，内建殿宇。（参阅第三节群组布局图）从前有二重门、主殿旁有斜廊分主殿院为前后两部的整体布局看，和北宋时的岳庙、后土庙等国家级祠庙的规制基本相同。它的规划方法和特点将在第三节规划与建筑设计部分加以探讨。

2. 地方学宫

元代所建地方学宫没有保存至今的，据文献记载可知，府、路、州、县学宫虽规模有大小，但都有祭殿大成殿和讲堂明伦堂，其主要差异是有无固定的学舍。

(1) 元集庆路学。（元）张铉《至正金陵新志》中载有元集庆路学图（图8-16），其学

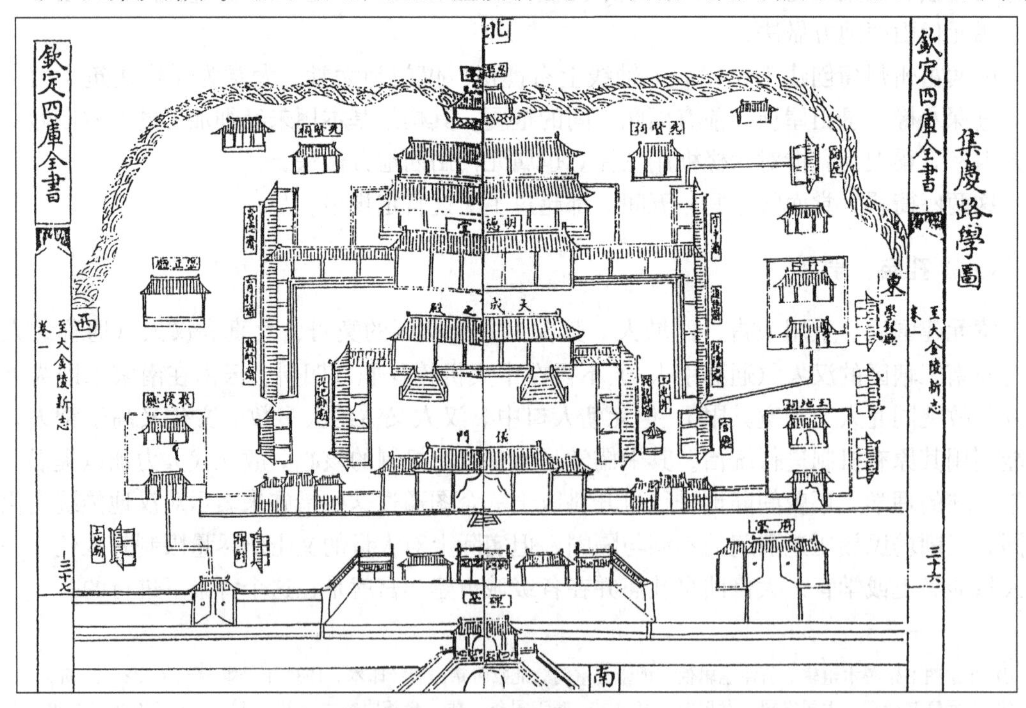

图 8-16　元集庆路学图

引自《至正金陵新志》卷1

宫沿南宋之旧，在元大德四年（1300）灾后于大德七年（1303）重建。据图 8-16，最前为三座棂星门，门内中轴线上为面阔三间两耳的仪门（又称戟门），门内北面正中为面阔五间东西设两阶的大成殿，其东西庑供从祀诸贤。大成殿北为明德堂（又称讲堂），亦面阔五间，其东西廊通向两侧的学舍，东侧为守中、进德、说礼三斋，西侧为常德、育材、兴贤三斋。明德堂之后为面阔五间的御书阁，阁之下层四周加副阶，形成面阔七间的议道堂。这三进院落形成学宫的主体。在主体东侧有土地祠、义仓等。这是一座较完整的具有讲堂、学舍的宋、元时府、路级学宫的布局情况。

（2）元广州香山县学宫。在吴澄所撰《广州路香山县新迁夫子庙记》记载了泰定三年（1326）所建孔庙的情况。庙前为仪门，高 18 尺、深 25 尺；其内正中为大成殿，高 30 尺、广 60 尺、深 45 尺；其后为明伦堂，高 18 尺、广 63 尺、深 25 尺。仪门和明伦堂的东西外侧还有门塾和夹室，其间连以长 120 尺、深 25 尺、高 15 尺的东西庑，围合成纵长矩形院落。[①]据此可知元代县级学宫主要建筑为仪门、大成殿和明伦堂，左右有东西庑，围成院落。和府、路级学宫不同处是不设学舍。

（七）宗教建筑

1. 喇嘛庙

元代崇信藏传佛教（喇嘛教），元世祖先后以八思巴及其弟亦怜真为帝师，在都城及各地大量建造藏传佛教寺院，其中大都之大圣寿万安寺及山西的五台山寺为元皇帝、太后所建，主体建筑为巨型喇嘛塔。以史料结合现状分析，大圣寿万安寺仍是主殿院居中，左右各有若干小院的传统廊院式布局，仅置塔院于最后而已。西藏地区的喇嘛教寺庙也受到汉式建筑的影响，如日喀则的夏鲁寺，其上层殿宇即和元官式极为接近。这些都反映出西藏和内地在建筑上的相互交流和影响。

（1）大圣寿万安寺及释迦舍利灵通之塔。在大都平则门内路北，即今妙应寺之前身。因至元八年（1271）在辽代所建永安寺塔中发现舍利，忽必烈遂决策创建寺、塔，为新建的首都大都城祈福。塔大约在至元十六年（1279）建成，称“释迦舍利灵通之塔”，即今北京妙应寺白塔。[②] 寺在至元二十五年（1288）四月建成，《元史》说“佛像及窗壁皆金饰之，凡费金五百四十两有奇，水银二百四十斤”[③]，是大都最重要的寺庙之一。塔为寺之主体，建在后部塔院中，前部为佛殿。据《元代画塑记》记载，寺内建筑有五间殿、九曜殿、五方佛殿、五部陀罗尼殿、天王殿和东西角楼、东北角楼、西北角楼、西北朵楼等。[④] 以后又在寺中增建了忽必烈和太子真金的影堂。结合现状分析，此寺大约山门内即主殿院，院正门为天王殿，四角有角楼，其间用廊庑围成殿庭，庭中北面建正殿，为前后两进殿宇。其后即塔院。从现存“东廊下”、“西廊下”等地名可推知，在主殿院的东西廊外侧应各有若干小院，纵向排列成行，其内安排其他佛殿和僧舍等，表明寺院之佛殿部分仍属传统的廊院式布局。此寺西侧现仍存有小殿和藏经楼，虽属后代重建，应即元代寺之主院东西侧建有小院的残

---

① 元·吴澄，广州路香山县新迁夫子庙记，载：吴澄撰，吴文正集，卷三十六。

② 宿白，元大都圣旨特建释迦舍利灵通之塔碑文校注，引自：宿白，藏传佛教寺院考古，第 325 页。文物出版社版。

③《元史》，卷 15，中华书局标点本②，1987 年，第 311 页。水银是鎏金所需。

④ 元代画塑记，载：仓圣明智大学刊《广仓学窘丛书》本，第 7～12 页。

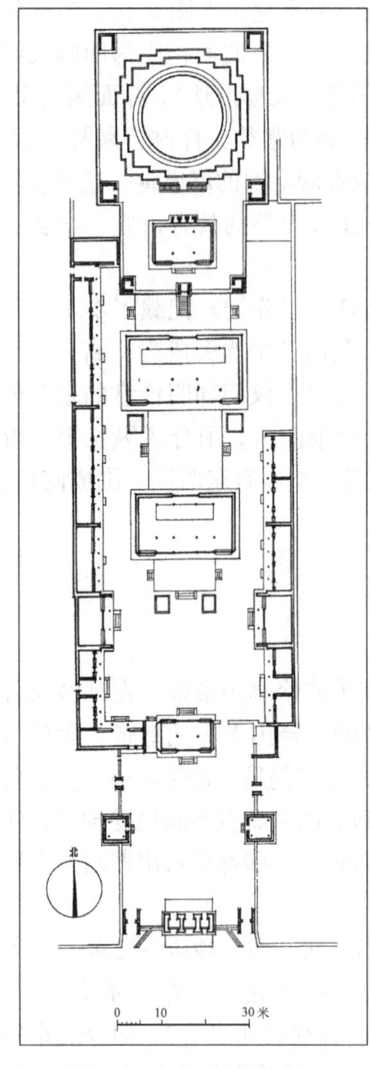

图 8-17　北京妙应寺平面图

迹。《元史》称此寺殿前的月台和栏杆等规制近于元大内宫殿，曾用为百官学习上朝礼仪之处，可推知其建筑的豪华程度。至正二十八年（1368）六月甲寅，寺为雷火所毁，仅存白塔。[①] 现存地面建筑是明以后陆续建造的。唐宋佛寺很少有在主殿院四角建角楼之例，但据《元代画塑记》记载，除此寺外，大都的大天源延圣寺、至大三年武宗敕建的某寺等都有角楼，[②]从所记均有喇嘛教传统塑像可知均系喇嘛庙，是元朝大型喇嘛庙的特点之一。从西藏与元廷关系最密切的薩迦南寺外墙四角即建有角楼看，可能是受其影响所致（图 8-17）。

“释迦舍利灵通之塔”为在元朝任职的尼泊尔匠师阿尼哥建造，但塔身形制及各部分埋藏之宗教性镇物与外部装饰题材及其宗教象征意义则为来自西藏的帝师益邻真按密教经典设计安排的，故其主要规划设计者应为帝师益邻真。[③] 它是一座外表砖砌加白色抹灰粉刷的喇嘛塔，俗称“白塔”，塔主要由亞字形基座、复莲座、复钵形塔身、由相轮简化成的十三天和天盖、宝顶各部分组成，建在凸字形砖台上，通高 50.9 米。砖台四周围以矮墙，四角有角亭，台之前凸部分建一小殿（图 8-18）。

与此塔基本同时兴建的还有山西五台县塔院寺塔，名“释迦文佛真身舍利宝塔”，是阿尼哥于元成宗大德五年（1301）所建，晚于此塔 22 年。[④]

喇嘛塔的“十三天”（俗称“塔脖子”）元代前期所建较粗壮，而明以后所建则明显变细，天盘亦缩小。将此塔与北海白塔相比较就可清楚看到二者在外形轮廓上的差异。早期的形式藏语称“噶当觉顿”，盛行于西藏萨迦时期，相当于元代，此塔及五台县塔院寺塔均是其例。晚期的形式称“觉顿”，流行于喇嘛教格鲁派兴盛之后，相当于明代，现北海白塔是其例。[⑤]

(2) 居庸关过街塔及永明寺。位于北京西北 48 公里处的居庸关内，现仅存塔之基座，称“云台”。居庸关是大都至上都间的交通要道，塔即跨大道而建，故俗称过街塔。它创建于元顺帝至正二年（1342），五年（1345）建成。塔基用附近开采的石料砌成[⑥]，底部宽

① 《元史》，卷 47，中华书局标点本④，1987 年，第 1101 页。

② 元代画塑记，载：仓圣明智大学刊《广仓学窘丛书》本，第 7～12 页。

③ 宿白，元大都圣旨特建释迦舍利灵通之塔碑文校注，引自：宿白，藏传佛教寺院考古，文物出版社版，1996 年，第 327～331 页，

④ 元·程钜夫，《雪楼集》，卷 7，凉国敏慧公神道碑，上海人民出版社，电子版文渊阁《四库全书》本。

⑤ 宿白，元大都圣旨特建释迦舍利灵通之塔碑文校注，引自：宿白，藏传佛教寺院考古，文物出版社版，1996 年，第 328 页。

⑥ 《顺天府志》，昌平县，关隘条引元·欧阳玄：《过街塔铭》：“山发珍藏，工得美石，取给左右，不烦输挽，为费倍省。”可知为就地采石建造的。北京大学出版社，1983 年版《顺天府志》，第 407 页。

26.84 米，深 17.57 米，顶面宽 25.21 米，深 12.9 米，高 9.5 米，作四面内收的城门墩形式。中间辟一宽 6.32 米、高 7.27 米、在壁面、顶面满布佛教浮雕的梯形门洞（图 8-19）。台顶上并列建有三座喇嘛塔，四周加石栏杆围护。塔建成后，又在其北建大宝相永明寺，主殿为三世佛殿，两侧有规律布置院落房舍[①]，寺内设有御榻，供元帝自上都返回大都时临时休息之用，故寺之规格颇高。[②]

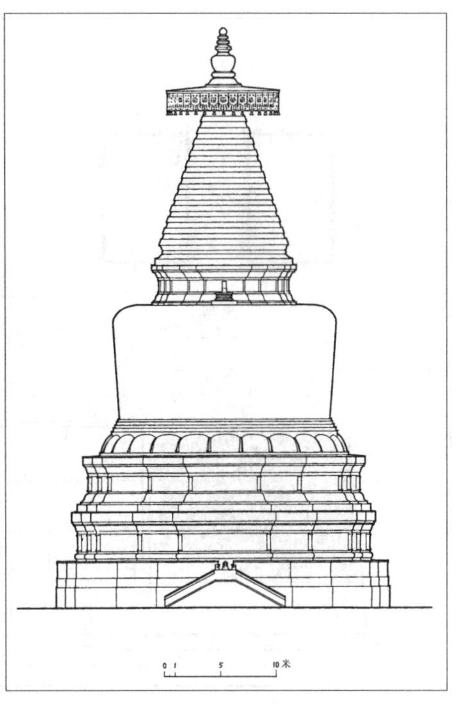

图 8-18　北京释迦舍利灵通之塔立面图
刘敦桢：中国古代建筑史，图 149-2，
中国建筑工业出版社，1984 年

大约在元明易代时，过街塔上部三塔及永明寺均被毁。明初曾在台顶建佛殿，至明正统八年（1443）又重建佛殿，并在其附近建泰安寺。现只存门洞式基座—云台，其上的佛殿只残存柱础，泰安寺也已毁去。

云台用大块条石砌成，壁面内收的坡度一律，整体轮廓规整，间用巨大条石，体型壮伟。在门洞内部，洞顶的水平部分浮雕五个喇嘛教“坛城”的标志“曼荼罗”，两面斜坡部分各浮雕五尊坐佛，与顶上曼荼罗相应。在门洞两侧垂直壁面上浮雕四大天王，其间用梵文、八思巴文、藏文、维吾尔文、西夏文、汉文六种文字刻陀罗尼经咒和造塔功德记。门洞内的这些雕刻除坐佛和天王局部为高浮雕外，大部为浅浮雕，即刻在石块砌成的壁面、顶面上，无预制拼合之迹，有可能是在砌成的壁面上现场雕成。塔壁铭文纪年有在至正五年以后者，也表明在塔建成后仍有些雕刻工作在继续进行。这些壁面雕刻，是元代石雕之代表作。除坐佛和曼荼罗用藏式图像外，其四大天王面貌服饰均为汉相，衣带回环飘扬，仍属唐、北宋以来优秀传统，表明元代雕刻艺术和技术仍与唐、北宋、金一脉相承。

过街塔在元代又称“塔门”，是随西藏喇嘛教萨迦派传入的。史载元世祖忽必烈曾在金中都西城北侧的彰义门建有过街塔，元顺帝至正十四年（1354）也曾在卢沟桥造过街塔。[③]这些塔都建在出入都城的必经之路上，从宗教意义上讲，有令出入此门洞者皆归皈佛教之义，但因其建于通衢，在时移世异，宗教性减弱后，也未始不可视为一种城市的观赏建筑，即如今日欧洲各地之罗马时代的凯旋门。

（3）西藏日喀则萨迦南寺。13 世纪，西藏萨迦派兴盛。1247 年（蒙古定宗贵由二年），窝阔台之子阔端与西藏萨迦派第四代法王萨迦·班智达（萨班·贡噶坚赞）在凉州会谈，达成协议，自此西藏纳入祖国大家庭。稍后，萨班·贡噶坚赞之侄八思巴被元帝封为帝师，以

① 《顺天府志》，昌平县，关隘条引元·欧阳玄：《过街塔铭》“既而缘崖结构，作三世佛殿，前门翚飞，旁舍棋布。”北京大学出版社 1983 年版《顺天府志》，第 407 页。

② 《顺天府志》，昌平县，关隘条引元·熊梦祥：《析津志》“至正二年，……创建过街塔，在永明寺之南。……车驾往回，或驻跸于寺，有御榻在焉。其寺之壮丽，莫之与京。”北京大学出版社，1983 年版《顺天府志》，第 406 页。

③ 宿白，《居庸关过街塔考稿》“过街塔渊源与大都附近之过街塔”。载：宿白，藏传佛教寺院考古，文物出版社，1996 年，第 352～353 页。

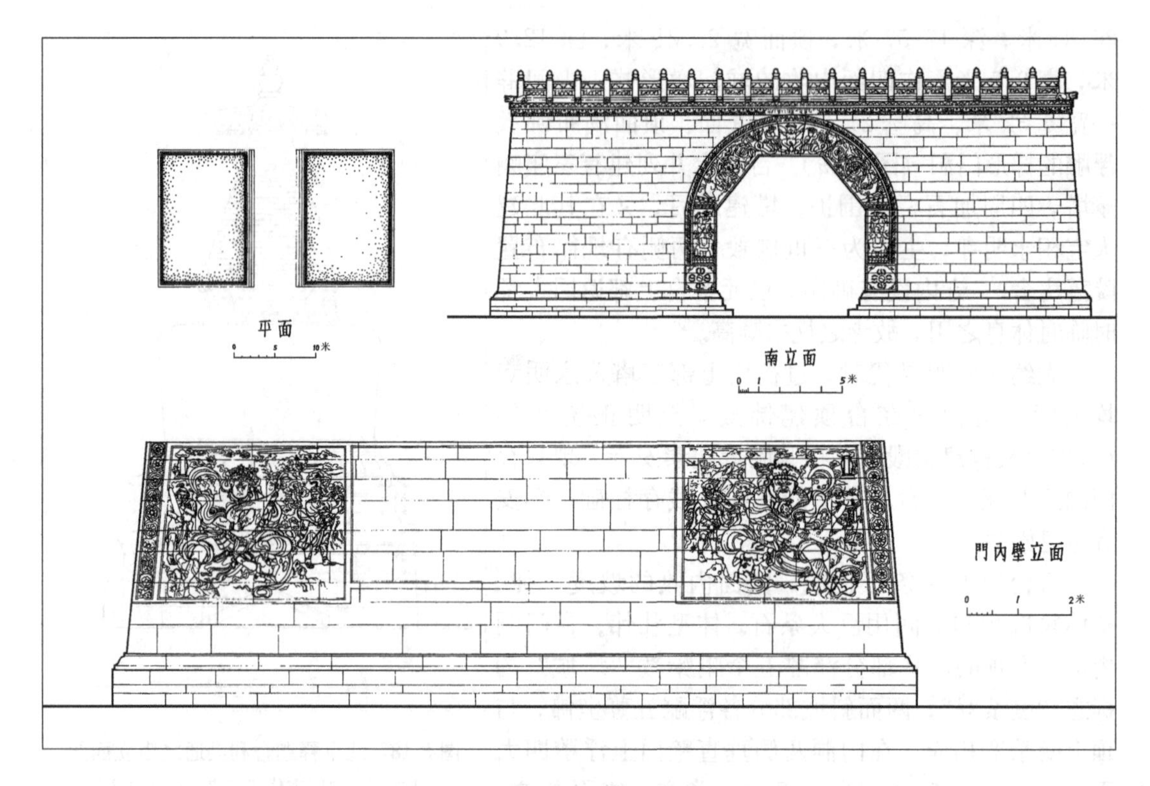

图 8-19　北京居庸关云台平立面图

刘敦桢：中国古代建筑史，图 149-2，中国建筑工业出版社，1984 年

后元朝历任帝师均出自萨迦派，萨迦派也成为当时西藏重要的政教合一力量。萨迦派原在日喀则西南萨迦县仲曲河北岸建寺，1268 年，八思巴委托萨迦本钦释迦桑布在南岸创建大寺，因在河南，后世称萨迦南寺，而称旧寺为萨迦北寺。

萨迦南寺平面方形，东向，外围建城，东面建城门，余三面建敌楼，四角建角楼，城外周以城壕，壕内建羊马墙，实为一严密设防的城堡（图 8-20）。

寺内居中建南北向 84.4 米、东西向 79.8 米的主殿大佛殿，是由东向的门厅及其西的大经堂，其南、北的浦康、银塔殿等聚合成的建筑群，正中围合成宽约 27 米、深约 20 米的庭院（图 8-21）。

大佛殿四周为高约 20 米的厚夯土墙，其主体部分大经堂内木柱东西向 4 排，每排 10 柱，共 40 根高约 10 米的方形柱，上承木梁，构成平屋顶，颇为宏伟。屋顶上南、西两面为敞廊，北面原有建筑，已毁去。大佛殿面向天井一面的檐口由两重短檐组成，其下用伸出的挑木和其上的两重横栱承托，围合成一圈，是当时藏族建筑的较通用形式（图 8-22）。

（4）西藏日喀则夏鲁寺。位于西藏自治区日喀则市东南 25 公里的夏鲁村，是西藏佛教夏鲁派的祖寺。始建于宋元祐二年（1087），后毁于地震。元延祐七年（1320）重新修建。14 世纪中叶，夏鲁氏家族迎请当时喇嘛教著名僧人布顿·仁钦珠（1290～1364）主持寺务，并重新修建寺院，以该寺为中心创立了喇嘛教夏鲁派，又称布顿派。此寺原规模较大，现仅存夏鲁拉康一组。

夏鲁拉康主殿在西，前为由三面回廊环绕的前庭。其下部殿堂为藏式平顶建筑，二层以

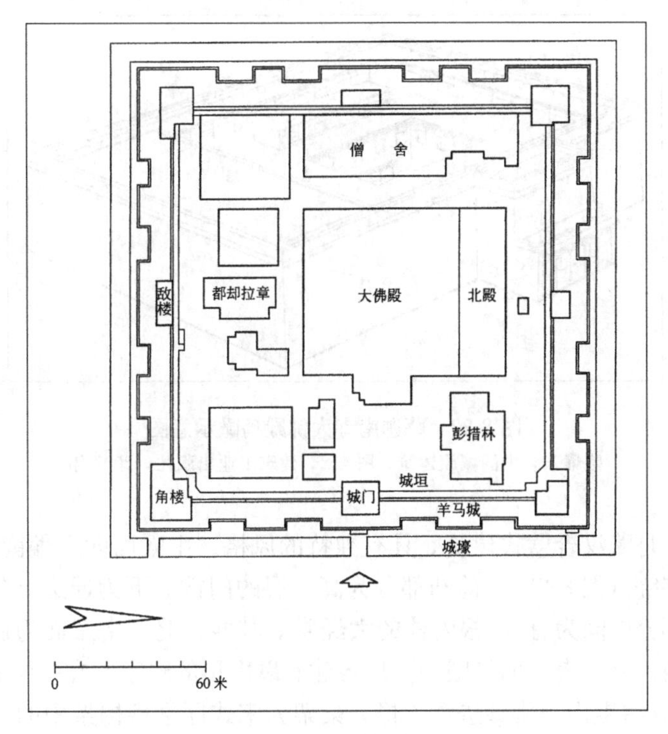

图 8-20 薩迦南寺总平面图

陈耀东：中国藏族建筑，图 404，建筑工业出版社，2007 年

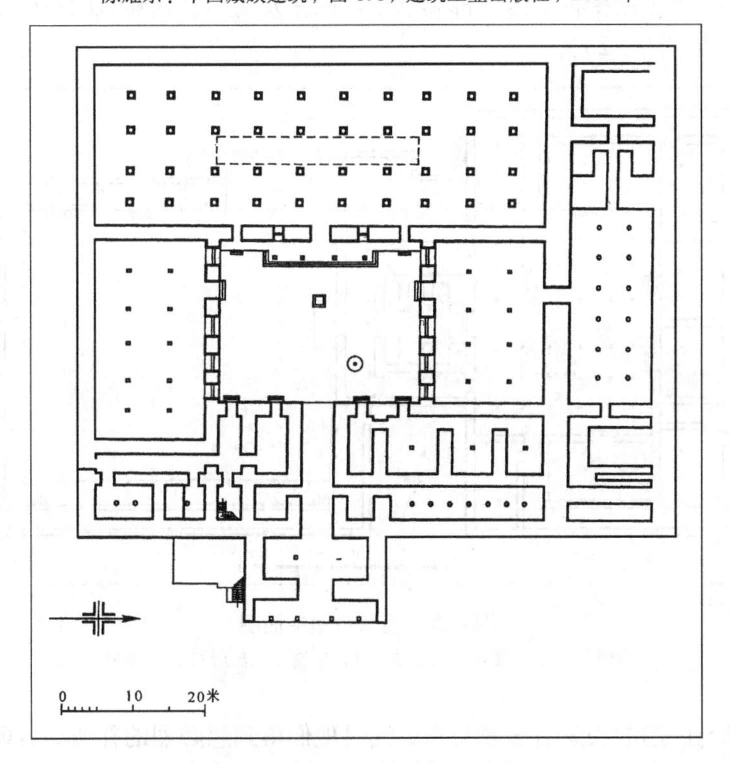

图 8-21 萨迦南寺大佛殿平面图

陈耀东：中国藏族建筑，图 407，建筑工业出版社，2007 年

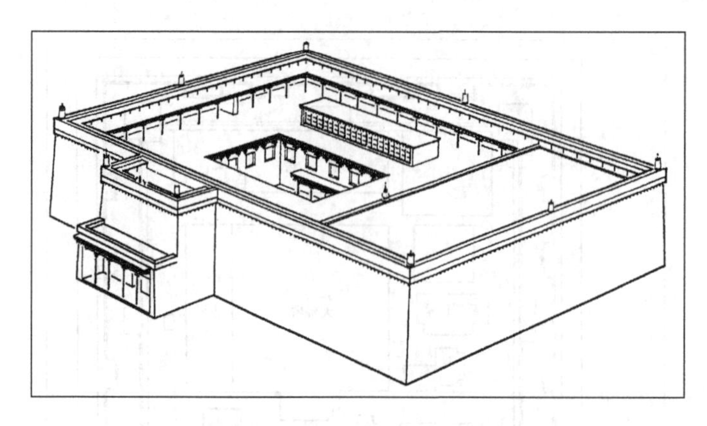

图 8-22　萨迦南寺大佛殿鸟瞰示意图

陈耀东：中国藏族建筑，图 412，建筑工业出版社，2007 年

上及殿顶为汉式，是藏汉合璧式建筑，具有独特的风格。主殿面向东偏南，平面呈凸字形，四面用厚夯土墙围绕（图 8-23）。前凸部分为高三层的门楼，下为通道，二、三层为歇山顶佛殿。门内主体部分中间为有 36 根内柱的大经堂，其西、北、南三面为佛殿所环绕，共同形成平屋顶。在西、北、南三面佛殿的上层各建有歇山顶的殿宇，在一层平顶之上围合成三合院（图 8-24）。这些歇山顶佛殿进深 4 椽，梁架为宋式厅堂型构架中的“四架椽屋通檐用二柱”形式，其柱头铺作为出两跳的斗栱，承四椽栿，栱头做成假昂的形式，以外跳跳头承撩檐枋而在正心缝上不用檐榑，这些都和永乐宫四座元前期官式建筑的斗栱极为相近，明显具有元代官式特点（图 8-25）。

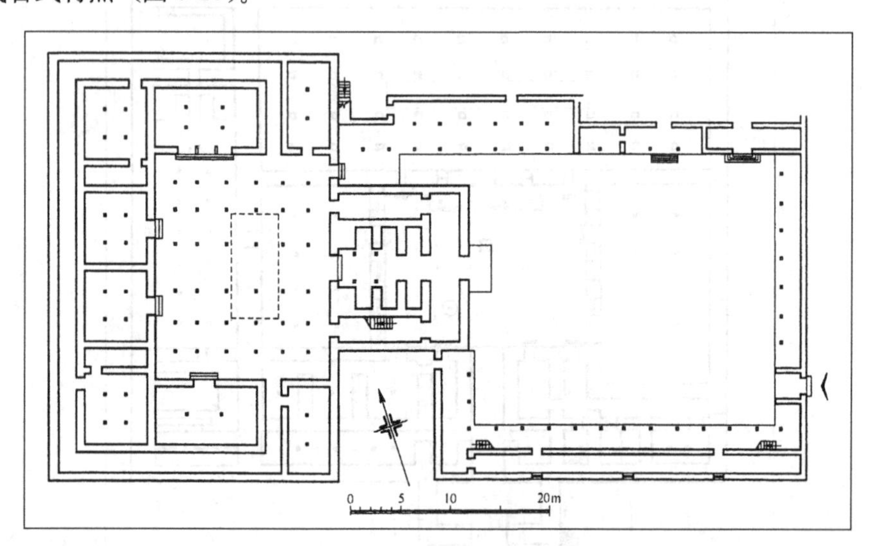

图 8-23　夏鲁拉康平面图

陈耀东：中国藏族建筑，图 437，建筑工业出版社，2007 年

史载夏鲁家与萨迦的法王有亲戚关系，通过他们得到忽必烈的礼遇，曾赐以金佛和助修寺院的金银，表明它和当时中央政权有相当的联系，故其上部的四座歇山顶殿宇近于元官式，在寺庙建筑形式上反映出西藏和内地的密切关系。

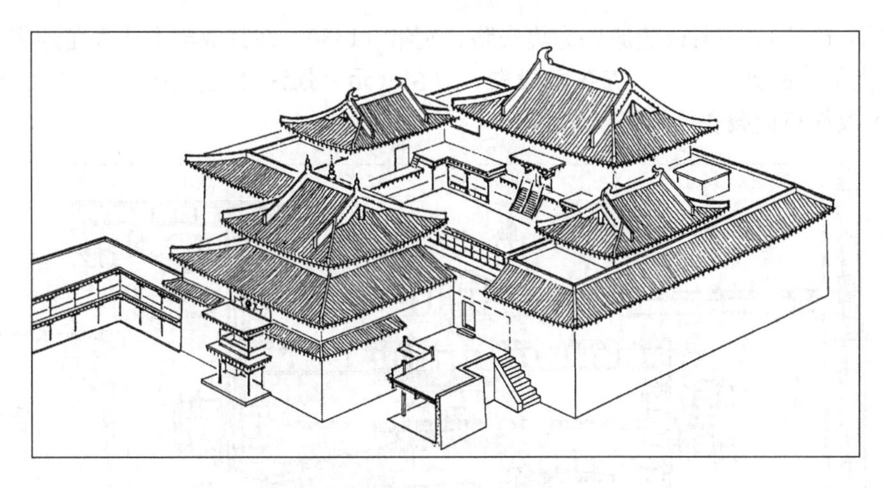

图 8-24 夏鲁拉康主殿鸟瞰示意图

陈耀东：中国藏族建筑，图 442，建筑工业出版社，2007 年

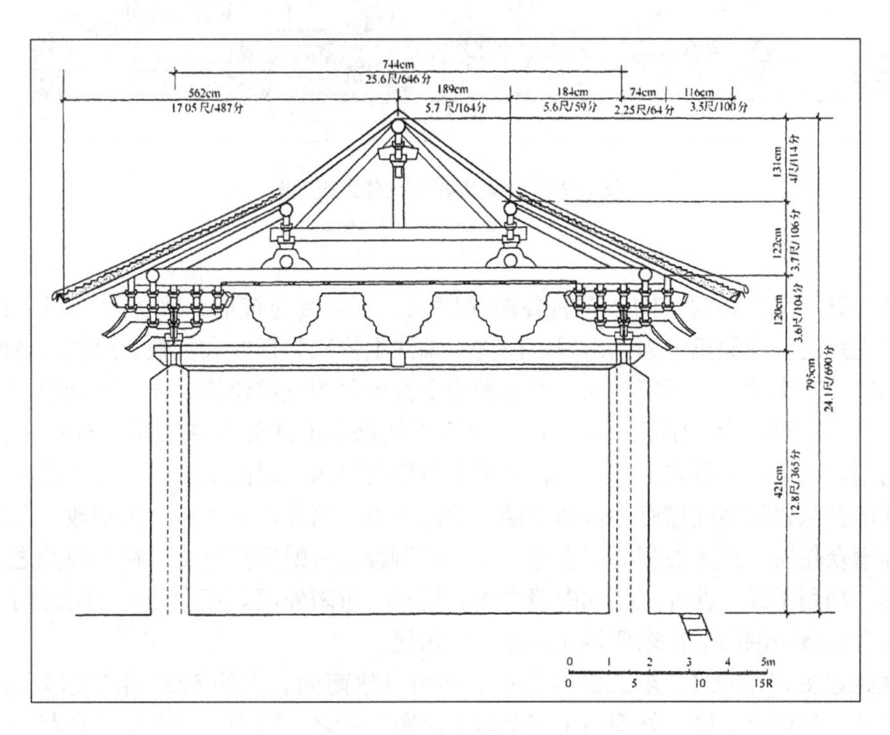

图 8-25 夏鲁拉康横剖面图

陈耀东：中国藏族建筑，图 448，建筑工业出版社，2007 年

2. 佛寺

元代佛寺形式基本分南北两个系统，北方延续辽、金以来的传统，南方则是南宋以来南方地区的传统，加以宗派上的差异，在布局及建筑的形式、结构上都有不同。但目前元代在大都官建的佛寺和南方完整的元代寺庙均已不存，只能通过文献记载探讨其概貌。

（1）元集庆路大龙翔集庆寺。元仁宗图帖睦尔为藩王时曾被监视居住于建康，即位后，于天历二年（1329）三月改建康路为集庆路，次年（1330）在其故宅上建大龙翔集庆寺，是元帝在江南创建的大型寺庙。寺久已毁去，但在（元）张铉《至正金陵新志》中附有寺图（图 8-26）及简略记载，可知其概况。

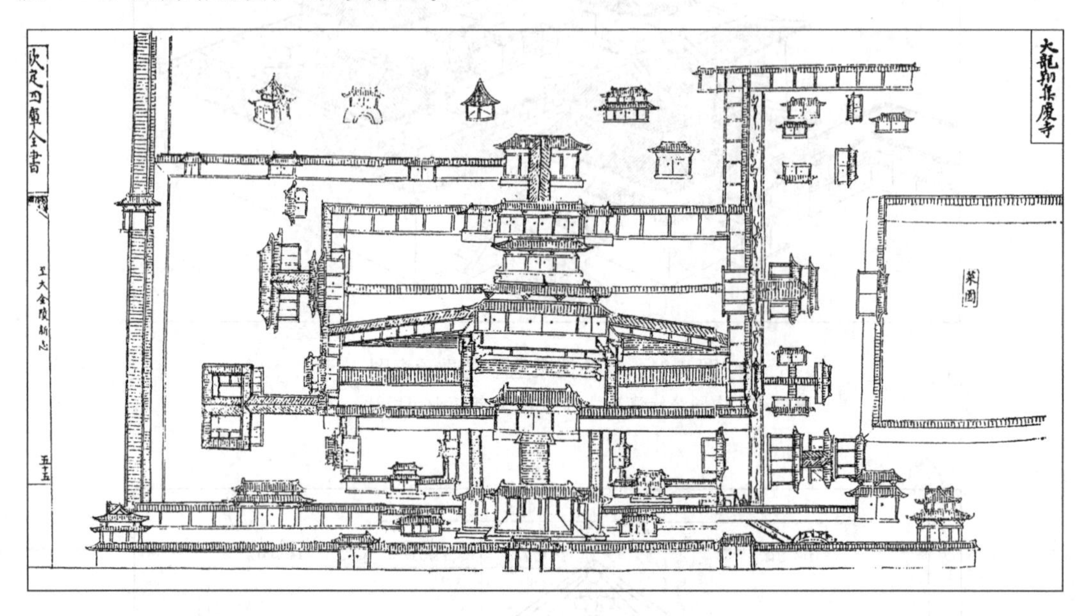

图 8-26　元集庆路大龙翔集庆寺图

引自《至正金陵新志》卷 1

据图 8-26，寺之正门三间，左右各两间挟屋，东西侧连接墙、廊庑及侧门。正门内中轴线上即主殿院，南面正中为二山门，门内中轴线上依次为正殿大觉殿，讲堂雷音堂，后殿五方调御殿。三座建筑均面阔三间，但正殿为下有副阶的重檐建筑，五方调御殿左右各有二间挟屋，后有柱廊，为工字殿。在二山门及五方调御殿的两侧均有廊庑，至角矩折为东西庑，共同围合成矩形主殿院。院内，在正殿左右侧有斜廊，通向东西庑，分主殿院为前后两部分。前部在东西庑南端建有钟楼和鼓楼。后部在东、西庑正中各有一工字殿，西名禅宗海会堂，即僧众住所；东为香积，即食堂；五方调御殿之后殿应是方丈。在主殿院之外，尚有几个小院，功用不详。在寺正门和南墙之南，尚有一重南外墙，正中开一三间之门，与正门相对，左右各有一侧门，在东西端还各建一座角楼。

综观此寺图，寺墙北、东二面不完整，外墙只建南面，大约 1332 年仁宗死后即停建，所示可能是一只建成主体，外围尚未完全竣工之图。寺之主院中，正殿建在高基上，在右有斜廊，殿后有讲堂，讲堂西为僧堂，东为食堂，与宋以来江南五山十刹等南方禅宗寺院布局基本相同，而与北方寺院有异。这表明当时南北差异之巨，此寺虽为元帝命建，但仍不能不入乡随俗，建成江南南宋以来传统的禅寺形式。

（2）洪洞广胜寺下寺。广胜寺在洪洞县东北方霍山南麓，分上寺、下寺和水神庙。其中下寺和水神庙主要建筑为元代所建。上寺则以明代建筑为主，其布置基本沿袭前代。

下寺中轴线上依次为山门、前殿、后大殿，形成两进院落，除钟楼、鼓楼夹前殿两山而建，下为通道外，在布局上无特殊处（图 8-27）。其中山门、后大殿和后大殿西之朵殿为元代建筑，后大殿前之东、西配殿均清以后所建。前殿建于明成化 11 年，其构架特点将在第九章探讨。

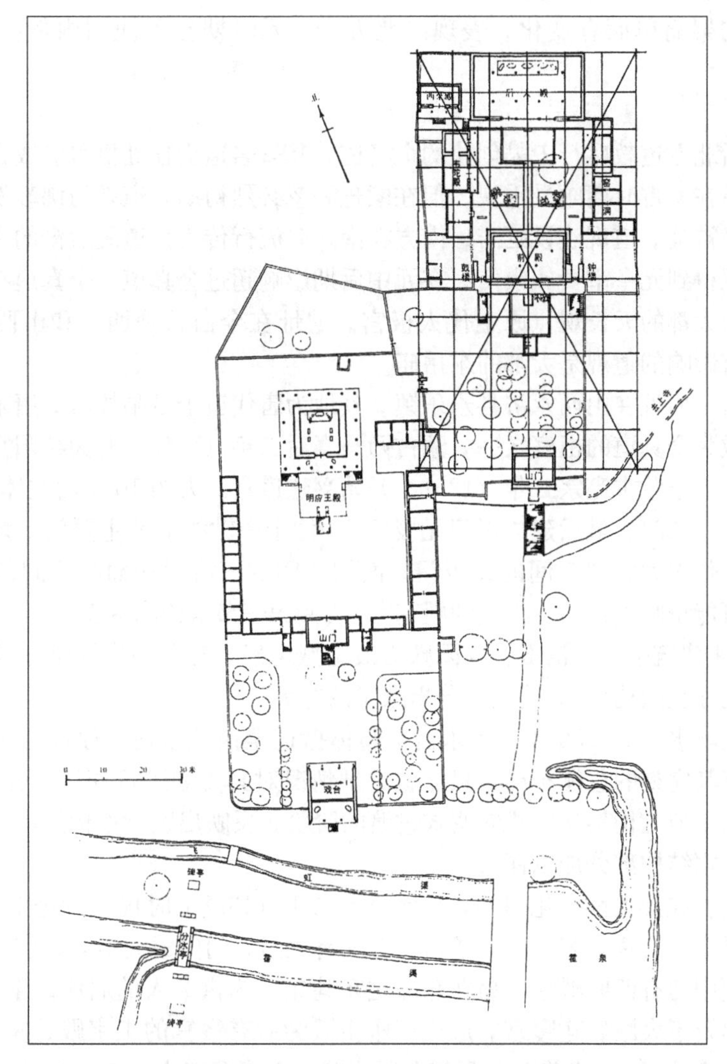

图 8-27 山西洪洞县元广胜寺下寺平面图
刘敦桢：中国古代建筑史，图 144-1，中国建筑工业出版社 1984 年

①山门。为面阔三间、进深二间四椽（现上平槫为后加）的单檐歇山顶建筑。其构架手法简洁：明间用两道四椽栿，承下平槫及脊槫；两山在山面中柱与明间前后柱间加 45°抹角梁，其上承托角梁后尾，在角梁后尾上加蜀柱，承托正侧面下平槫之交点，构成歇山构架。从山门有承平綦方的斜栱和檐柱与内柱同高看，它可能原为殿堂型构架，现状是经修缮后形成的。

②大殿。建于元至大二年（1309），为面阔 7 间、进深 8 椽、单檐悬山顶殿宇，属前后乳栿对四椽栿的厅堂型构架。在殿内前后进深二椽处，原各应有一排 6 根内柱，此殿在明间前后内柱及山面柱之间架设大内额，在其中点处加一内柱，以代次梢间缝上的两根内柱，用此法前后各自省去二根内柱，扩大了室内室间。殿内正中设三世佛，左右为文殊、普贤菩萨

像，殿内四壁绘有壁画，均为元代塑像及壁画精品。可惜壁画主要部分已在 1928 年为寺僧盗卖，现藏美国堪萨斯城纳尔逊美术馆。

此二殿的构架简单而有变化，表现出北方金、元时期善于使用内额扩大室内室间的特点。

3. 道观

金中期以后北方道教盛行王喆创建的全真道，其著名道士丘处机曾应成吉思汗之召远赴中亚，故全真道在蒙古时期颇受重视。但在蒙哥和忽必烈初期，道教与佛教发生矛盾，两次受到压抑，道经被焚，道观建设延滞。南方在南宋时流行传为张道陵后裔的正一道天师，入元后以符箓念咒得到元皇室贵族崇信，在元中后期影响超过全真道。全真道在元所建最有影响的大型道观为大都的天长观（原金代太极宫，遗址在今白云观西）和山西永济县的永乐宫，正一道最有影响的道观是大都的东岳庙。

(1) 永乐宫。原址在山西永济县永乐镇，其地为唐代道士吕嵒故居，唐末以来建有纯阳祠，金元之际成为全真道的祖庭之一，蒙古乃马真后二年（1245）升为纯阳宫，次年著名道士潘德冲来主持，于蒙古宪宗二年（1252）开始兴建道宫，大约 10 年后主体殿宇基本建成，到至元三十一年（1294）最后建成正门无极门。[①] 位于中轴线上的主要门、殿，均为元代所建，自南而北，依次为面阔 5 间的无极门，面阔 7 间的三清殿和面阔 5 间的纯阳殿、重阳殿。其后尚有可能稍晚些建的丘祖殿的殿基[②]（参阅第三节群组布局图 8-34 永乐宫总平面分析图）。现存四座建筑中，三清殿、纯阳殿为殿堂型构架，其余均为厅堂型构架（丘祖殿据其柱础布置也属厅堂型构架），明显区分出殿宇的等级。

由于建三门峡水库，1959 年，永乐宫被整体搬迁至芮城重建，原址为淹没区，目前已无法进一步了解其完整的总体布局，只能就原址情况对其规划进行探讨。各殿中，三清殿、纯阳殿的构架属于殿堂构架从宋式向明式过渡的阶段，反映出殿堂型构架由宋至明的演进过程，其特点将在木结构部分加以探讨。

(2) 东岳庙。在元大都齐化门外，是元至治二年（1322）时任“特进上卿玄教大宗师”的正一道道士吴全节所建，名东岳仁圣宫。宫前有大门，门内建大殿，殿前有月台，周以廊庑，在东、西庑中建有四座殿宇。另在东庑之东建馆，为供奉人的居所。泰定二年（1325）鲁国大长公主出资于大殿后建寝宫，形成一座主殿为后有寝宫的工字殿，左右各有二配殿，其间连以廊庑的宫院。[③] 明代曾在东西侧有所增建。清康熙三十七年（1698）毁于火，三十九年（1700）重建，碑文称“殿阁廊庑视旧加饰焉”，可知基本保持原规制，只在形式、装饰上有更多的加工[④]（参阅第三节群组布局图 8-35 北京东岳庙平面分析图）。

以东岳庙现状和上述记载对照，大殿、寝殿中连柱廊形成的工字殿和东西庑上的四座配殿俱存，可知现主殿院基本是在元代基址上重建的，但东、西和后侧的附属建筑已不可考。东岳庙的主殿院是北京现存较完整的元代建筑基址，其规划布局特点将在后面群组布局部分进行探讨。

---

① 宿白，永乐宫创建史料编年，文物，1962 年第 4、5 期，第 80～87 页。

② 杜仙洲，永乐宫的建筑，文物，1963 年第 8 期，第 3～18 页。

③ 元·虞集，《道图学古录》，卷 23，东岳仁圣宫碑，上海人民出版社电子版文渊阁《四库全书》本。

④ 清·于敏中等，《日下旧闻考》，卷 88（郊坰，东一，圣祖御制东岳庙碑文条），北京古籍出版社版⑤，1981 年，第 1487 页。

4. 伊斯兰教寺院

杭州凤凰寺。在杭州市中山路西侧，正名为真教寺。据康熙九年真教寺碑载，“创自唐，毁于宋季，元辛巳年（1281?）有大师阿老丁者，来自西域，……瞻遗址而慨然捐金，为鼎新之举。”寺之规模大约形成于此时，以后又历经修缮改建。按伊斯兰教礼拜寺传统，前应有门及邦克楼，其内庭中为坐西面东的大殿，大殿内西端为窑殿。现状中轴线上有大门、大殿、窑殿三重，左右以辅助建筑围成院落。但其中只窑殿为旧建筑，其余均近、现代改建者（图 8-28）。

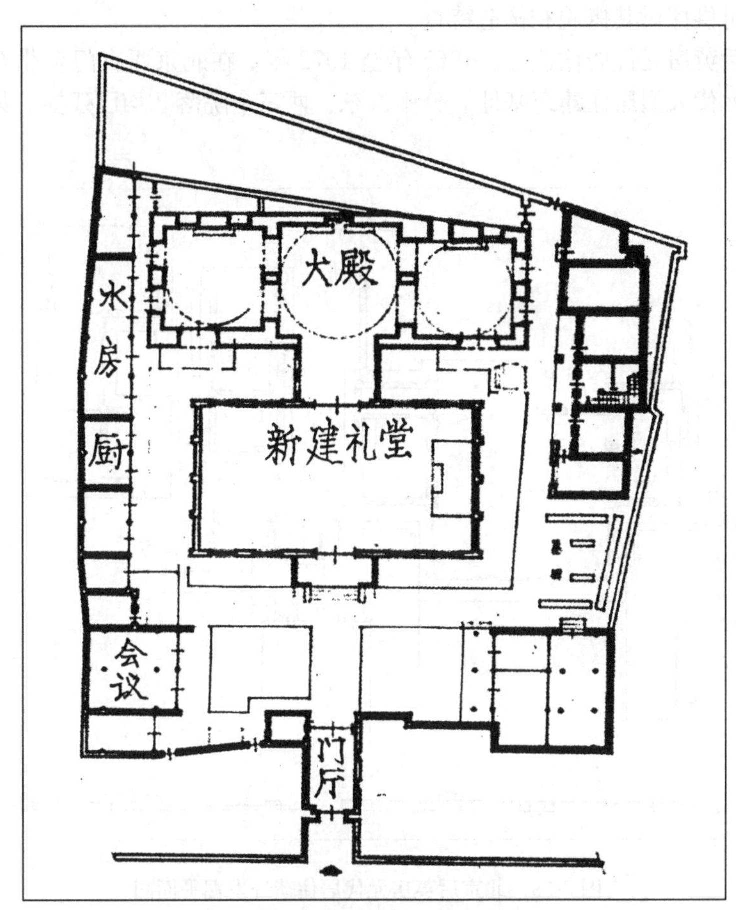

图 8-28 杭州凤凰寺平面图

刘致平：中国伊斯兰教建筑，图 5-1，新疆人民出版社，1985 年

窑殿为砖建筑，三间并列，平面均为方形，东面开门，其间有侧门互相连通。每殿内上部建穹窿顶。并在突出的穹顶上建攒尖瓦屋顶。中间一座为八角攒尖重檐屋顶，左、右侧二座为六角攒尖单檐屋顶。[①]

据刘致平教授考证，此寺在宋代之殿为方形，上复“鸡笼顶”，即穹顶。故可能在三座窑殿中，以中间一座为最早，两侧为以后增建者。[②]

① 数据引自《中国美术全集·建筑艺术编 4·宗教建筑》图版说明，2004 年，第 32 页，凤凰寺说明。

② 刘致平：中国伊斯兰教建筑，新疆人民出版社，1985 年，第 25～30 页。

穹顶窑殿是伊斯兰建筑传统做法，在中亚的伊斯兰教礼拜寺中即保持穹顶轮廓，目前所知穹顶上罩以中国式屋顶者多在明初以后，故此寺窑殿上之中式攒尖屋顶是元代已如此，还是以后改建，尚需进一步研究。

（八）住宅

1. 北方住宅

元代住宅实物已基本不存，但20世纪60年代在北京明清北城墙基下发现一些元代居住建筑的基址，可供探讨其概貌和构造特点。

（1）北京后英房元代居住遗址。1965年至1972年，在北京西直门东北方明清北城的墙基下发现一处元代大型居住建筑基址，分中、东、西三个院落，均已残损，只存北半部（图8-29）。①

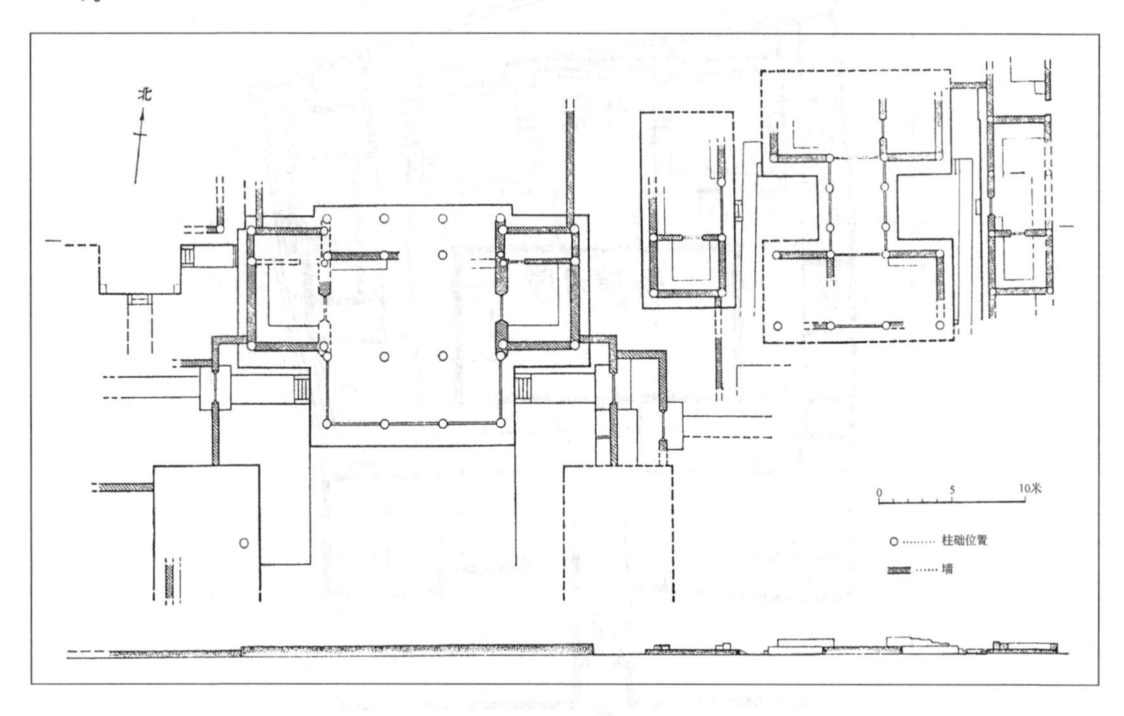

图8-29　北京后英房元代居住遗址发掘平面图
徐苹芳：元大都的勘察和发掘，考古，1972年第6期

中院建筑体量大，规格高，应是主体。北面有正厅三间，宽11.83米，进深6.64米，后加一间深2.44米的后廊。厅前面出一间同宽的轩，深4.39米，三面装格子门。厅之两山为砖墙，其外侧各有宽一间的耳房。它们共建在砖砌的高约0.8米的凸字形台基上。台前连接一与前轩台基同宽的甬道。甬道两侧有东、西厢房，只存北部的残台基。自正厅两挟的山墙至东、西厢房的北山墙间有曲尺形墙相连，墙上各开一东西向角门，通向东院和西院。据遗址推测，中院是一所主体为面阔三间、左右有耳房、前后出前轩和后廊的建筑组合体，

① 徐苹芳，北京后英房元代居住遗址，考古，1972年第6期。

东、西有厢房的大中型院落。

东院只残存北半部。正中的主建筑为面阔3间的工字厅，前厅宽11.16米，深4.75米，其后为长3.62米、一整二破的3间柱廊，后接同宽的后厅。在它的东西侧有东、西厢房各三间，通面阔11.25米，其明间与柱廊的当中一间相对，东厢房又各向南北延伸一间。自西厢房南山墙有墙南行，在与中院东面角门相对处也有门。此院的前部已毁，情况不详。

西院只残存建筑的前部台基及小月台，是一座三间小厅，其台基之东南角与中院西挟屋台基的西北角相抵，当是稍后建成的。

通过发掘可了解其特点和构造做法。

房屋的台基均不挖基坑，平地起筑，用土筑成，边缘用单砖包砌，地面铺方砖。安柱础的方法是先在台基上挖坑至生土，用碎砖瓦与土相间夯筑至所需高度，然后立础。墙壁一般即平地砌造，不挖基槽，房屋的山墙、后墙等下部为磨砖对缝砌成的基墙，顶上用条砖压边线，称“隔减”，其上再砌土坯墙至顶。土坯墙表面先用麦秸泥抹底层，再用青灰泥抹平压光。这大体和明清时北京中等以上住宅的做法近似。

在装修和室内布置方面，于东院工字厅内发现了木板门和格子门，格子门用于前厅前檐，为四直方格眼双腰串造，有的还装有铜饰片——看叶。室内布置的最大特点是沿墙大量砌条形的窄土炕。在中院的主厅后壁、挟屋前檐及山面，东院工字厅的明间、厢房前檐及山面、后壁等处都有。炕用土坯砌成，大多为实心，有44厘米、50厘米、62厘米、72厘米、86厘米、104厘米等不同宽度，炕面前沿有木制“炕帮”，其前壁或立柱镶木板，或用砖砌。这种以炕为室内睡眠和起居的主要设施是金元以来北方的居住特点，其图像屡见于金、元绘画中，近代东北地区满族住宅仍有使用者。

根据发掘形况，推测其原状大体如图8-30所示。

图8-30 北京后英房元代居住遗址复原图

(2) 北京西绦胡同元代居住遗址。由前后两排宽8间的房屋组成，在前后排房屋之间逐间建隔墙，分割成8所面宽1间，前为厅，后为居室，中为家务院的简易住宅。后室对庭院处开一门一窗，前厅对外只开一板门、一高窗，小院内设有水沟、石臼。在前排房之前用墙围成一横长的公共院落，由西端之门通至街上。房屋深约4.7米，相当于进深4椽的房屋，庭院深度不足4米，尺度很小（图8-31）。

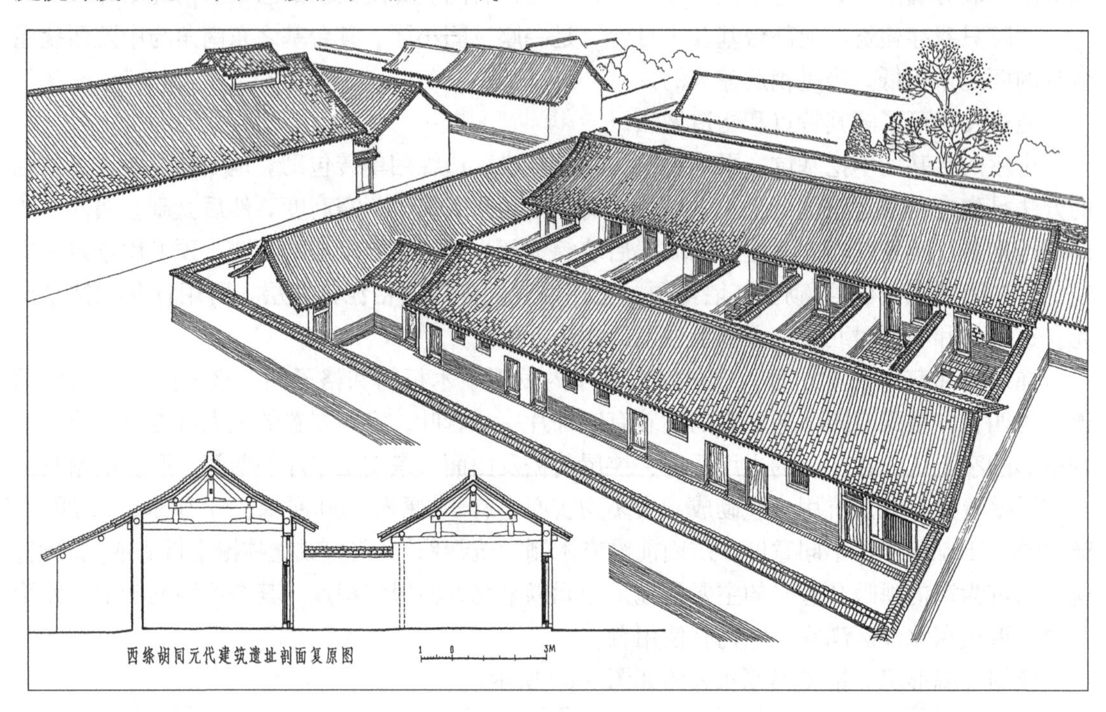

图8-31 北京西绦胡同元代居住遗址复原图

古代经济发达的城市流动人口众多，都城尤甚，出租房屋成为解决临时居住问题的重要形式。官员和上层人士一般视财力租住不同大小的院落，唐白居易曾多次在长安租不同规模的房屋居住即是其例。但中下层人士和小商贩则需廉价的低档住房，遂逐渐发展出这种专供外来人口临时租住的连排式简易住宅，其前有公共院落并共走一外门是为了安全和便于管理。从经济发展需要看，唐宋或更早时，经济发达的城市中应已出现这种简易廉租房，但均未能保存下来。这个遗址是迄今所发现的较早之例，为古代城市中这种特殊形式和用途的居住建筑提供了实物例证。

(3) 元画《归去来图》所示元代住宅。在元代何澄画《归去来图》中画有几所住宅，都是木构架建筑，下为用砖包砌的台基，墙身下部为砖砌隔减，上部土墙抹灰面，屋架上用叉手，上覆瓦屋顶。在室内设有宽窄不同的土炕，其形式、构造基本可与北京后英房元代居住遗址互相印证，属于北方中高档住宅（图8-32）。

2. 南方住宅

在南方迄今未发现元代住宅遗址，只能通过现存元代绘画所示，知其基本延续南宋以来形制，以全木构架建筑为主流（图8-33）。

图 8-32　元何澄《归庄园》中所表现的元代北方住宅（摹本）

图 8-33　元代绘画中所示南方住宅

第三节　规划与建筑设计方法

一　城市设计

大都城的概况已见第二节都城部分。通过对实测图的探讨分析可进一步了解其规划方法和特点。

(1) 关于城市的几何中心和南北向几何中轴线。如在城之四角间画对角线，可发现鼓楼恰建在全城几何中心位置。鼓楼正北有钟楼，在钟、鼓楼间辟有南北大道，在城之北半部形成南北向几何中轴线。

(2) 关于城市的南北向规划中轴线。第二节都城部分已做过分析，城之南半部因受太液池影响把宫城的中轴线——亦即全城的规划中轴线向东移，这样，城市的规划中轴线就与几何中轴线相差129米。为了强调这条规划中轴线，还在其北端，鼓楼之东的万宁寺内建中心阁。这表明，元代在规划大都时是既要强调以宫城为中心的规划中轴线，也要通过建钟鼓楼来标示出其几何中轴线（参阅图8-3）。

(3) 关于城市的面积模数。中国古代都城规划有以宫城为面积模数的传统。在大都实测图上分析，设其宫城东西之宽为 A，则大都城东西宽为 $9A$，但其南北之深却为大都城南北深的1/7.7，不是整倍数，然而若以宫城及其后御苑的总深 B 计，则大都城南北深为 $5B$，因此可以认为，大都规划中是视宫城和御苑为一体，以其为面积模数的。其结果是大都城之宽为其宽的9倍，深为其深的5倍，总面积为其45倍。而且9和5两个数字又可以比附“九五之尊”，并且象征皇权的宫殿扩大9和5倍为代表国的都城，还隐寓皇权涵盖一切的意思（参阅图8-2）。

在城市实测图上依 A、B 画纵横网格，可以发现在大都南北向9条街中（包括顺城街），安贞门及其东的3条和最西面的3条都基本在纵向网线上，即与宫城同宽，这表明规划时是以宫城宽、长（A、B）为模数的。其余不尽相合处主要是受水系影响和要分别在南、北城的规划中轴线和几何中轴线上辟南北大街所致。

(4) 关于城市的东西向中分线。在实测图上还可看到，在大都东、西墙上的三座城门等分东西墙为4段，设每段长为 C，则城南北深为 $4C$。这六座门间的三条东西向大道（或连通，或遥对）等分大都城为南北四部分，在中间的一条（崇仁门与和义门间）大道虽被积水潭遮断，却是全城东西向的中分线。这3条东西向大道与7条南北向大道基本上划分全城为若干个宽为 A、深为 C 的街区，其间布置横向的胡同。

在图上探索，发现皇城南北之深基本与东西城上相邻二门之间的距离相等，其深度也为 C，相当城南北之深的1/4。这表明大都皇城之深与大都城南北之深间也有倍数关系。再在图上分系，还可发现钟楼的位置基本在东城北部光熙门内大道和中部崇仁门内大道间的中点处，前文已述及这两条大道间距离为 C，则钟楼与鼓楼间的距离为 $C/2$。这表明在轴线上标志性重要建筑物之间距也受城市所用模数控制。

综括上述，可以看到，虽然大都是按街巷制城市规划的，城内用纵横街道划分为街区而非里坊，但其规划原则和方法仍有延续前代之处。如都城之长、宽以宫城之长、宽 A、B 为模数，都城之深同时又以皇城之深 C 为模数等，与唐代长安、洛阳的规划方法有相近处。但因它的居住区以横巷为主，故其所形成的街区以纵长矩形为主，因而城市街道网与以前的坊市制城市以近于方形格网为主改变为以纵长矩形网格为主。

元代都城尚有上都及中都，其概况已见前节。其中上都是称帝前的藩府驻地，不是按帝都或行都规制规划的，甚至不建正殿而以自汴梁迁建的大安阁代之，近于园林式行宫。中都并未完全建成即中止。且二城目前尚未发表精确的实测图和数据，除中都宫城可以明显看到采取中轴线对称布局和置主殿于几何中心等手法外，目前尚无法进一步具体分析其规划手法和特点。

二　群组布局

元代建筑群组布局最有代表性者当推大都的几座宫殿，尽管《南村辍耕录》引元将所作的文书对其形制包括主要建筑之开间尺寸作了详细记载，但对相互间的距离却无记载，宫殿遗址又压在明清故宫和景山之下，绝无发掘之可能，故尚不能对大都宫殿的规划布局作具体的分析研究。现存元代建筑中，成完整群组者极少，只能就其稍完整而有测图者进行探讨。

（一）永乐宫

在芮城永乐宫原址的实测平面图上分析，虽然它只存中路四座建筑，但大体仍可了解一些布置特点。若以南端正门无极门分心柱之柱列为南界，以北围墙为北界，画对角线求南北中分线，则正好在主殿三清殿的中部，若就后半部再求中心，则正在纯阳殿中部，表明仍沿用置主建筑于中心的布置方法。永乐宫现宫墙范围南北深为 235 米余，以元代尺长 0.315 米折算，合 74.6 丈，其东西宽为 47 米余，合元尺 14.9 丈，考虑到误差，可视为深 75 丈，宽 15 丈。据此在平面图上画方 5 丈网格，则三清殿进深恰罩在一格之中，而纯阳殿、重阳殿中部均有一网线横过，这表明在规划时是以方 5 丈网格为布置基准的。在永乐宫之南尚有一外宫门，其中柱柱列距永乐宫正门无极门中柱柱列为 30 丈，恰可容 6 个 5 丈网格。这表明外宫门虽为后代重建，位置却在元代原处，也进一步证明永乐宫是以方 5 丈网格为布置基准的（图 8-34）。

（二）洪洞广胜寺下寺

寺之概况见前节佛寺部分。在下寺实测图上利用所附比例尺折算，自后大殿东西中分线至西侧朵殿之西山墙为 9 丈，其东侧虽已毁，但原状应是对称的。自后大殿后壁至山门分心柱中线为 33 丈，因此可以推知其布局以 3 丈网格为基准。在寺图上画对角线，其中心恰在前殿的中心，也使用了置主体于地盘几何中心的布局手法（参阅图 8-27）。

（三）北京东岳庙

北京东岳庙概况已见前节。就实测总平面图分析，现存主殿院东西宽 85.35 米，南北深 180.04 米，如按元代尺长 0.315 米折算，为宽 27.05 丈，深 57.2 丈，考虑误差，可略去尾数为宽 27 丈，深 57 丈。这表明规划东岳庙时以方 3 丈网格为基准，宽 9 格，深 19 格。以网格和建筑对照，殿前之东、西、南三面周庑宽 1 格，殿庭宽 7 格，均与网格相符，表明布

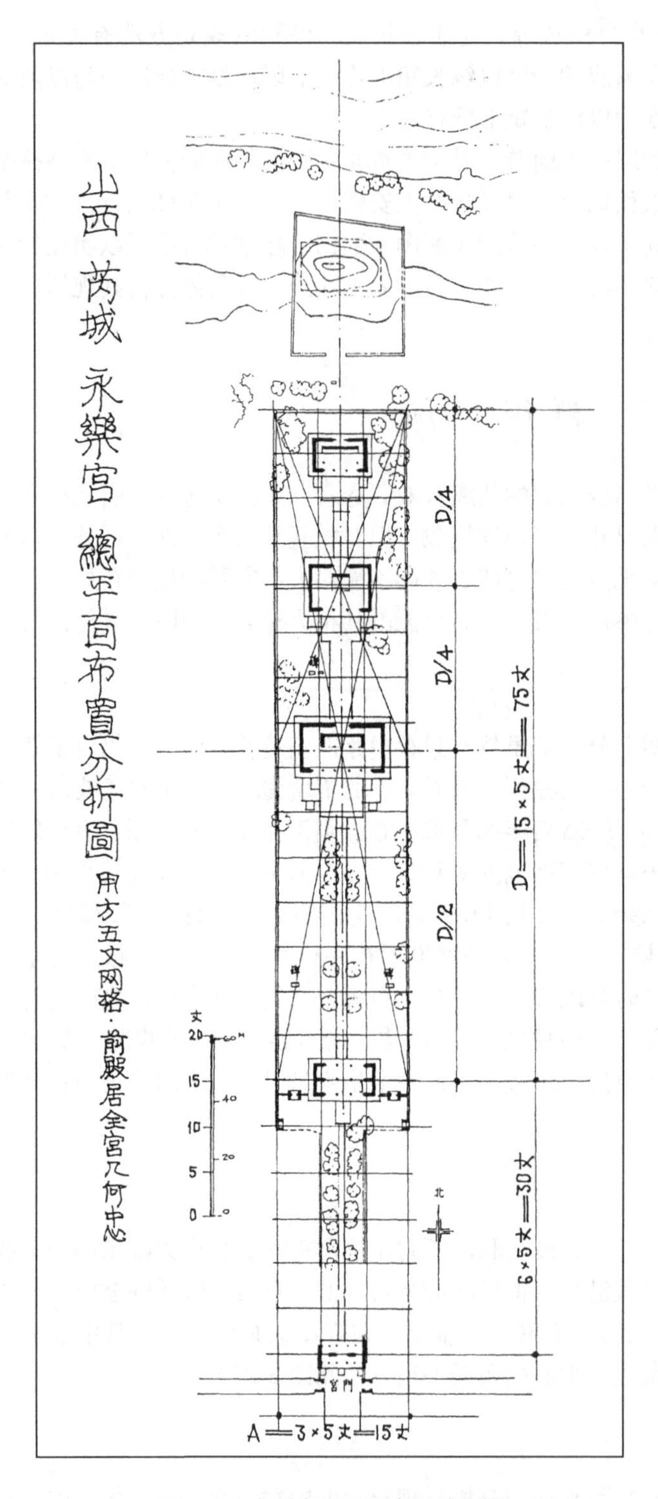

图 8-34　永乐宫总平面布置分析图

局确是使用了方 3 丈网格。

但在现状平面上有三点值得考虑处，其一是在后殿之后又有一重院，与宋元时主殿院以工字殿之后殿居最后，左右连廊庑围成院落的特点不合，而近于明清时的特点。其二是画对角线求几何中心，其交点在殿前抱厦中，与大量祠祀和道教建筑在殿前月台前部不合。其三是正殿面阔只五间，与一般岳庙及国家级祠祀为七间者不同。

就此分析，发现如按宋元特点，以寝殿为最后，在其左、右建廊庑，则主殿院进深缩至 16 格，即 48 丈。就此轮廓上画对角线，则交点恰在月台前沿，也与祠庙通用的几何中心位置相合。关于正殿之面阔，现状在正殿两山与东西朵殿之间有一间空隙，也有可能是后代缩减面阔所致，如原为 7 间，则正好占 3 格，为宽 9 丈，现朵殿原为挟屋，也符合古制。

因此，东岳庙在元代规划时其主殿院的原状极可能是宽 9 格，深 16 格，即宽 27 丈，深 48 丈。其正殿为面阔 7 间，宽 9 丈，占 3 格，四周廊庑均深 3 丈，占 1 格，明显是按以 3 丈网格为基准布置的（图 8-35）。

（四）曲阳北岳庙

在河北曲阳县，创建于北魏，宋初为契丹所焚，宋太宗下令重建。现存主殿德宁殿建于元至元七年（1270），为庙中最古建筑。现在的规模形成于明嘉靖间，前有二重门，其内即主殿院，南面正门左右有掖门，东、西、北三面各一门，门间无廊庑，以墙相连，围成殿庭。庭中左右相对列钟鼓楼、历代碑亭和小殿宇等。南门以内中轴线上有三山门、飞石殿址，最后为高居大台基上

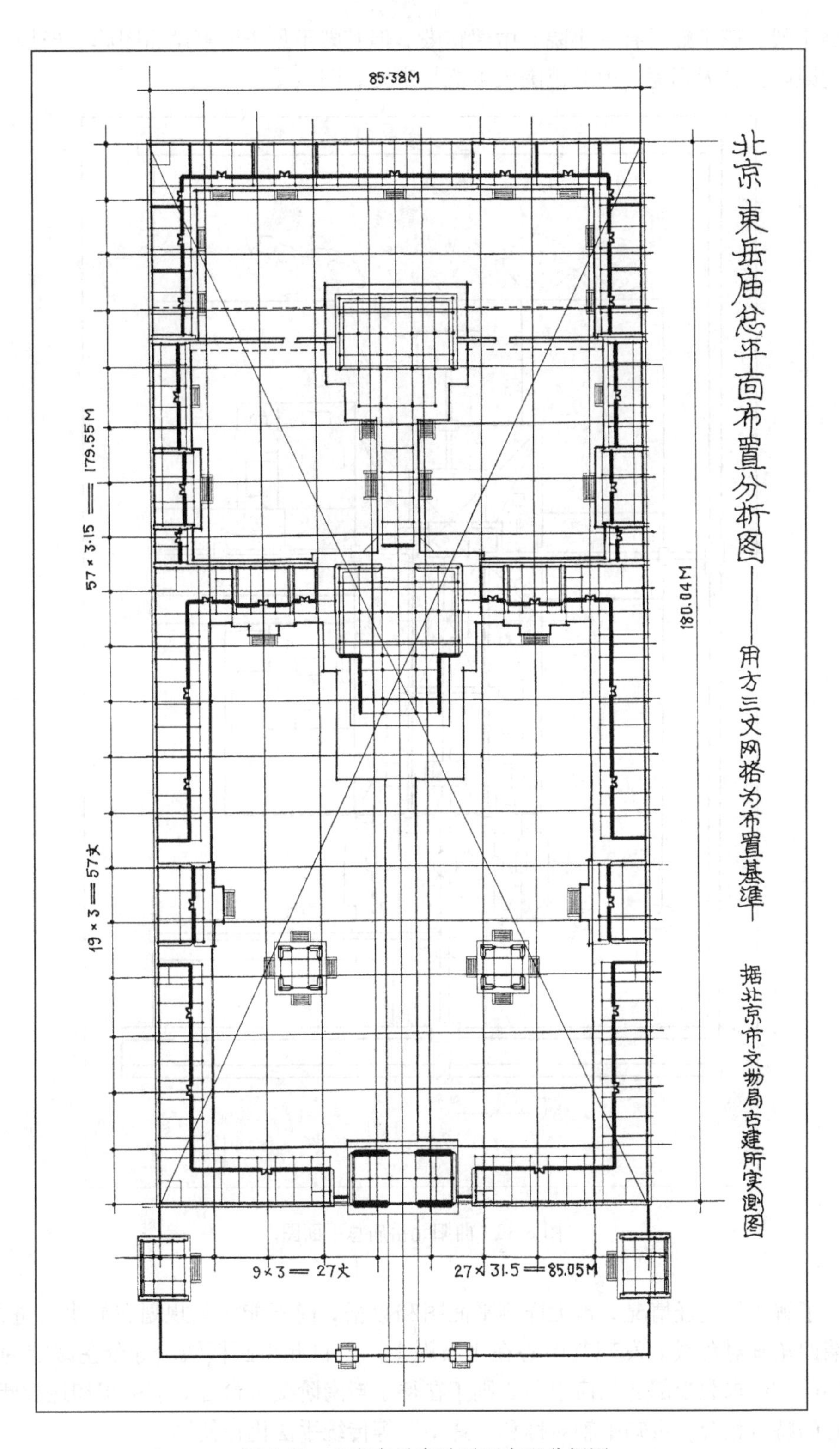

图 8-35　北京东岳庙总平面布置分析图

的主殿德宁殿。德宁殿后有一小院，中建寝殿，但其殿不见于明嘉靖庙图碑，当是嘉靖以后增建。主殿院虽已无廊庑，但其范围极可能是宋元之旧（图 8-36）。

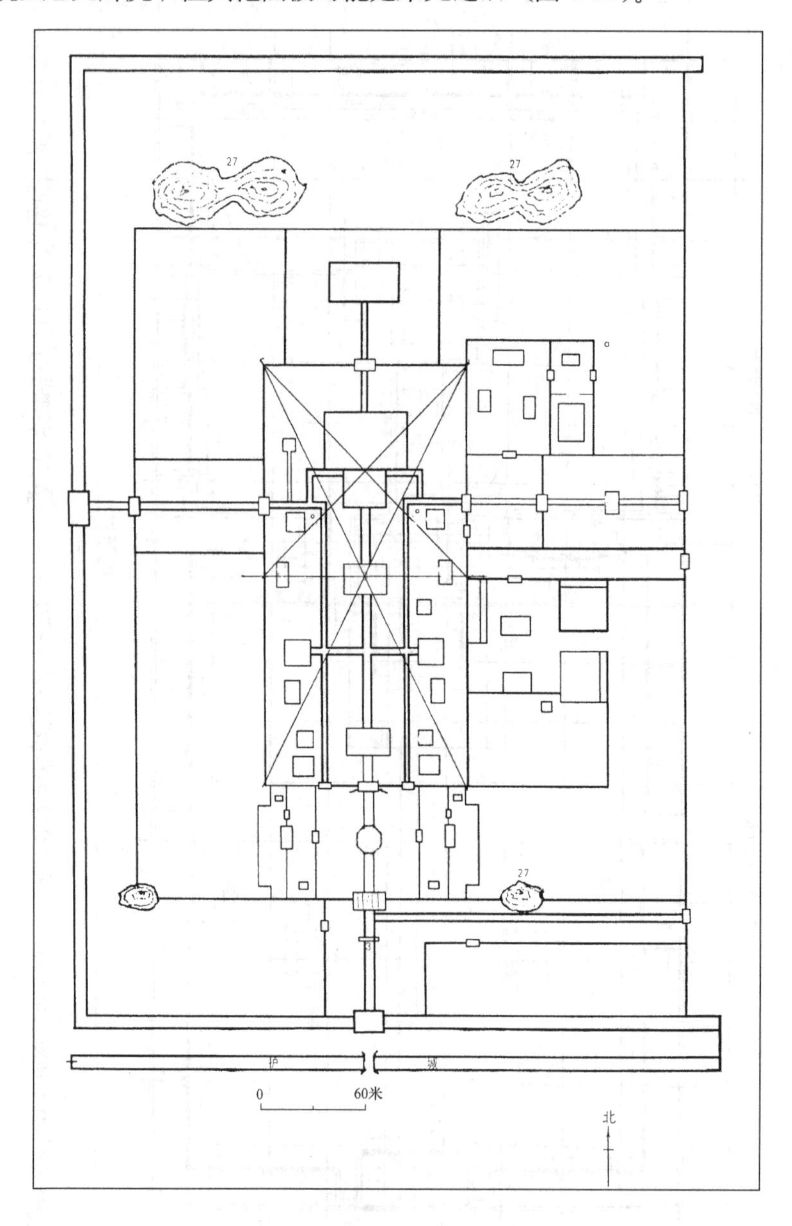

图 8-36　曲阳北岳庙总平面图

因不了解历代变迁情况，也无详测平面图和数据，尚不能对其规划布局手法进行分析。但在院墙四角画对角线，发现其中心在飞石殿上。若自此再画横线，等分主殿院为南北二部，用相同方法求北半部之几何中心，则正在德宁殿南阶接月台处，与祠祀和道教建筑以月台居中心的特点相合。可知中轴对称和“择中”等传统手法仍在使用。

综括上述，可知元代大型建筑群布局仍沿用宋以来以方格网为布置基准和置主体建筑于地盘几何中心的特点。

三　单体建筑设计

元代汉式建筑至少有北方、南方两个体系。北方即辽、金、西夏故地，继承辽、金、北宋建筑传统，并形成地方特点。南方为南宋故地，继承南宋以来传统，其中闽、粤地区还保存有很强的地方特点。这里只探讨其运用扩大模数的设计方法，它在构架方面的演变和创新将在木结构部分加以探讨。探讨单体建筑设计必须有平面、立面、剖面图和基本数据，现存元代建筑虽多，但目前只有少数单檐建筑和个别重檐建筑有测图及数据，只能先就具备此条件者进行探讨。此期多层楼阁存者极少，仅知有河北定兴慈云阁一例，尚无精确实测图，只好暂缺。

（一）北方

1. 单檐建筑

（1）山西永济永乐宫三清殿。为面阔七间，宽 28.4 米，进深四间，深 15.2 米的单檐庑殿顶大殿，是主殿，约建于元中统三年（1262）以前。其构架属殿堂型，所用材为 20.7 厘米×13.5 厘米，1“分”为 1.38 厘米，相当于宋式第五等材。把各间面阔、进深折成尺长时，发现当尺长为 31.5 厘米时，四座殿宇之面阔、进深基本都是整尺数，故可推定建永乐宫时所用尺长为 31.5 厘米左右。按此折算，并考虑柱子侧脚后可知：

此殿之面阔为 10＋14＋14＋14＋14＋14＋10＝90 尺。

此殿之进深为 10＋14＋14＋10＝48 尺。

唐宋以来，在建筑立面设计和剖面设计上除以材分为模数外，还同时以檐柱（用平柱或用角柱均有实例）之高为扩大模数的做法。此殿檐柱平柱高为 532 厘米，角柱高为 558 厘米，以此 2 数值核算，结果是：

通面阔 28.4 米∶檐柱平柱高 5.32 米＝5.3∶1。

通面阔 28.4 米∶檐柱角柱高 5.58 米＝5.09∶1≈5∶1

可知三清殿之立面以角柱高为扩大模数，通面阔为角柱高的 5 倍（图 8-37）。以角柱高为立面扩大模数前曾见于大同一些辽、金建筑中，并非始见于此。

此殿上平槫之标高为 10.57 米，它与檐柱平柱高之比为

10.57∶5.32＝1.99∶1。考虑误差及年久变形，可视为 2∶1。

这表明三清殿之剖面设计以檐柱平柱高为模数（图 8-38）。

三清殿立面上还有一特点，即明间间广为 4.40 米，比檐柱高 5.32 米小，开间比例竖长，这和唐宋以来下檐柱高小于明间间广的传统不同。但这在永乐宫四座元代遗构中也是孤例，尚待进一步探讨。

（2）山西永济永乐宫纯阳殿。为面阔五间、宽 20.35 米、进深三间、深 14.35 米的单檐歇山顶大殿，也建于元中统三年（1262）以前。其构架属殿堂型，所用材为 20 厘米×13.5 厘米，1“分”为 1.33 厘米，相当于宋式第五等材。仍按元尺长 31.5 厘米折算，考虑侧脚后，面阔为 64 尺，2016 厘米，进深为 45 尺，1418 厘米。

此殿檐柱平柱高为 486 厘米，角柱高为 499 厘米，以此 2 数值与通面阔尺寸相比，结果是：

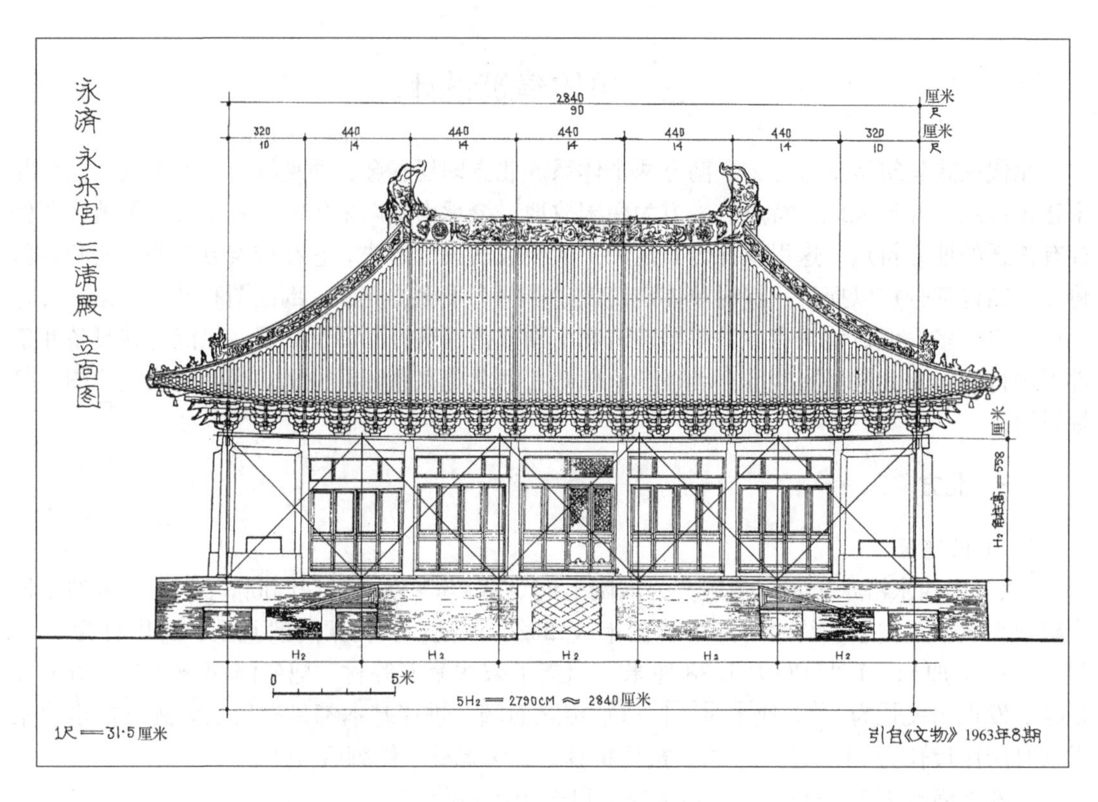

图 8-37　永乐宫三清殿立面分析图

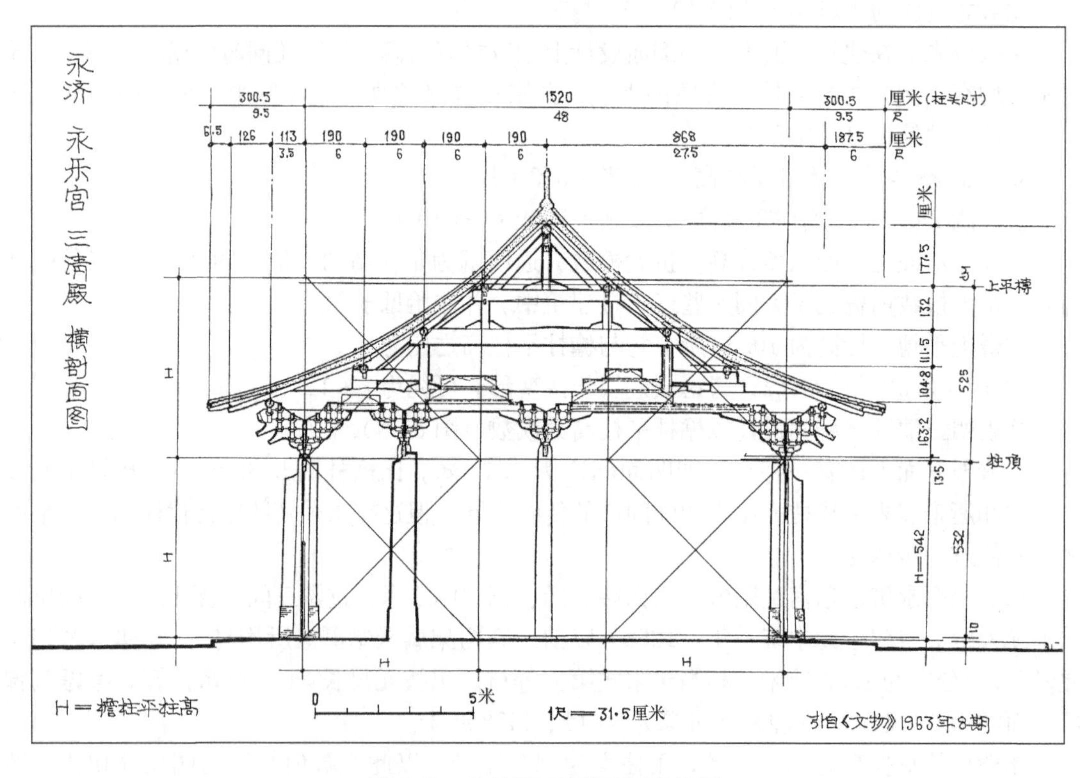

图 8-38　永乐宫三清殿剖面分析图

通面阔 20.16 米：檐柱平柱高 4.86 米=4.15：1。

通面阔 20.16 米：檐柱角柱高 4.99 米=4.04：1≈4：1。

可知与三清殿相同，纯阳殿之立面设计也以角柱高为扩大模数，通面阔为角柱高的 4 倍（图 8-39）。

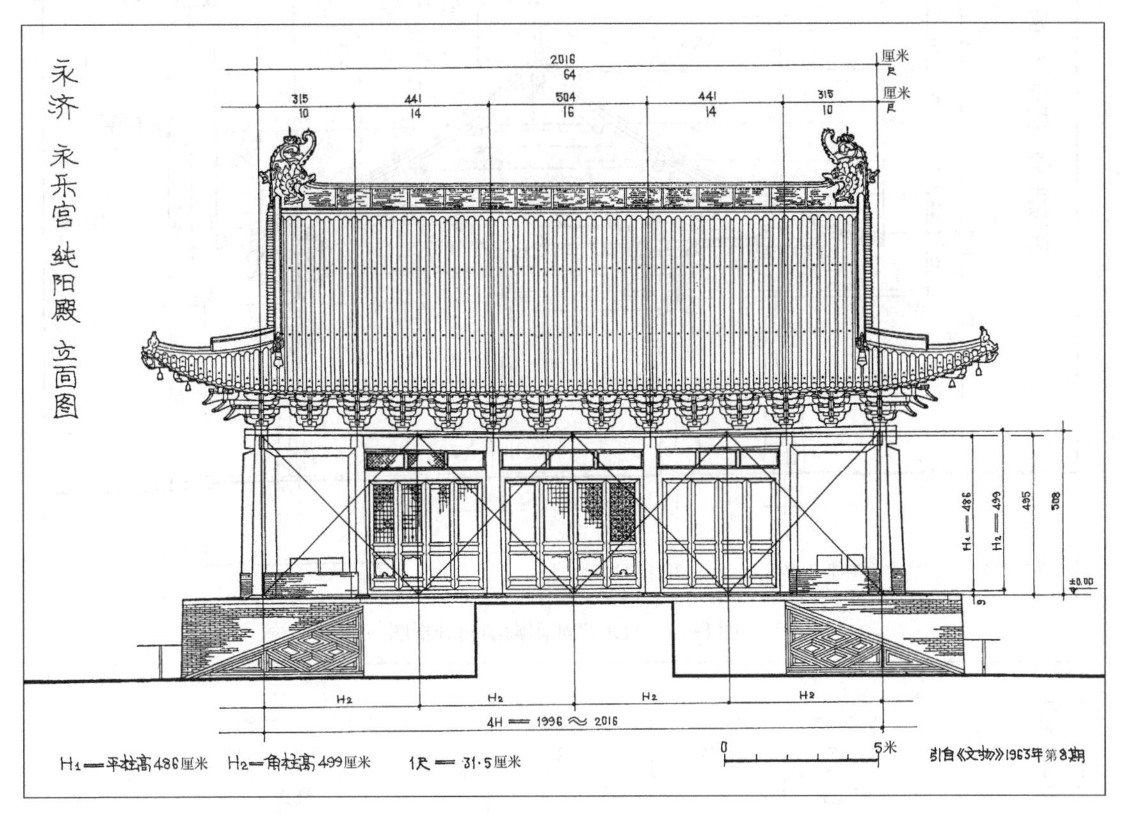

图 8-39 永乐宫纯阳殿立面分析图

此殿上平槫之标高为 9.91 米，它与檐柱平柱高之比为

9.91：4.86=2.04：1。考虑误差及年久变形，也可视为 2：1。

这表明纯阳殿之剖面设计也以檐柱平柱高为扩大模数（图 8-40）。

（3）山西永济永乐宫重阳殿。为面阔 5 间、宽 17.46 米、进深 3 间 6 椽、深 10.86 米的单檐歇山顶大殿，也建于元中统 3 年（1262）以前。其构架属厅堂型，所用材为 18.5 厘米×12.5 厘米，1“分”为 1.23 厘米，相当于宋式第六等材。如按元尺长 31.5 厘米折算，考虑侧脚后，面阔为 55 尺，17.34 厘米，进深为 34 尺，10.72 厘米。

此殿檐柱平柱高为 420 厘米，角柱高为 431 厘米，以此 2 数值与通面阔尺寸相比，结果是：

通面阔 17.34 米：檐柱平柱高 4.20 米=4.13：1。

通面阔 17.34 米：檐柱角柱高 4.31 米=4.02：1≈4：1。

可知重阳殿之立面设计也以角柱高为扩大模数，通面阔为角柱高的 4 倍（图 8-41）。

此殿进深 6 椽，脊槫即相当于上平槫，其标高为 8.79 米（自柱脚计），它与檐柱平柱高

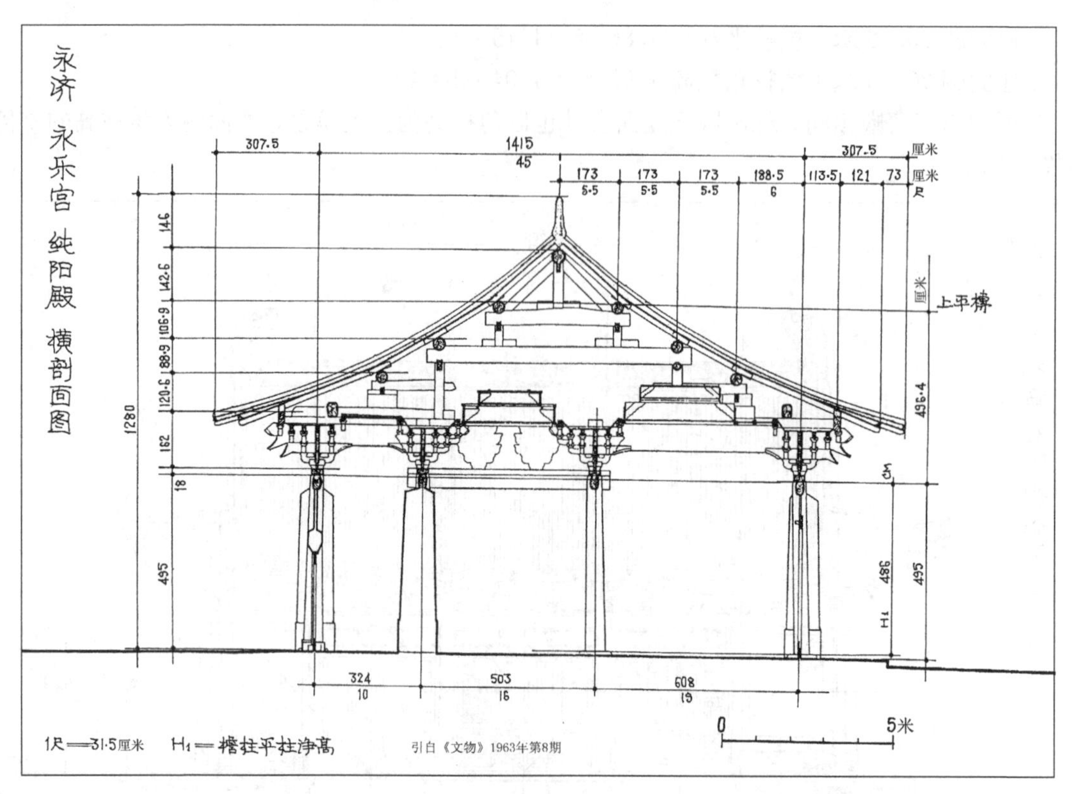

图 8-40　永乐宫纯阳殿剖面分析图

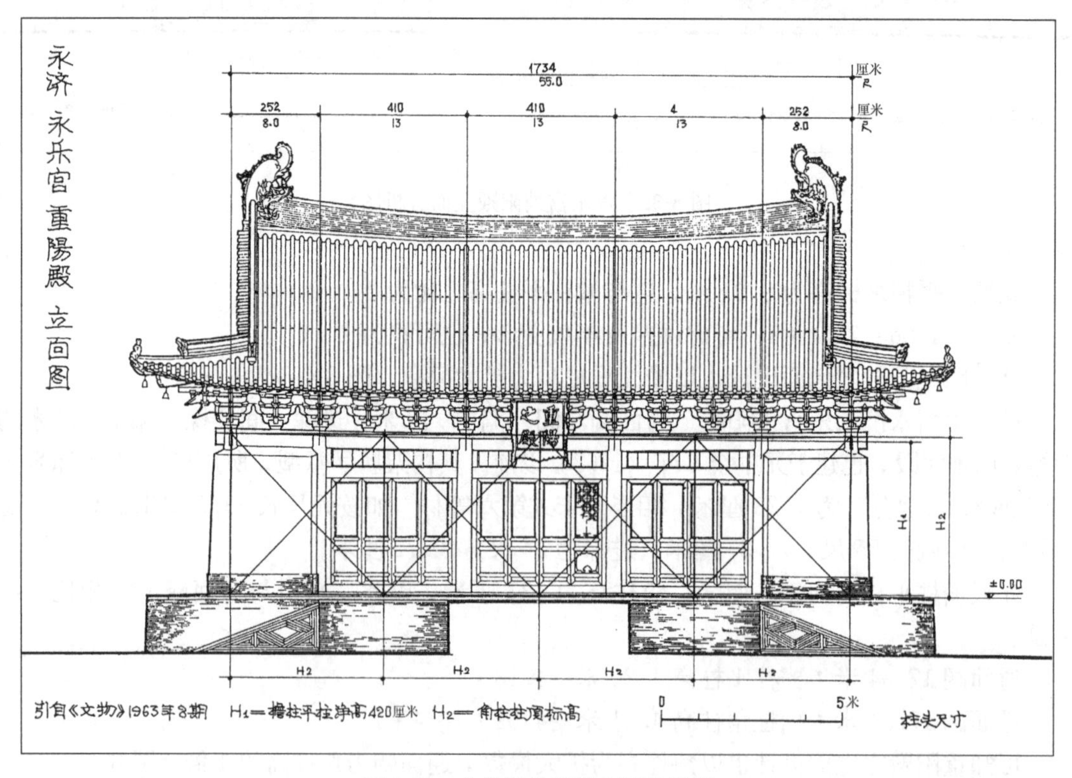

图 8-41　永乐宫重阳殿立面分析图

之比为 8.79∶4.20=2.09∶1。与 2∶1 的差异稍大（图 8-42）。

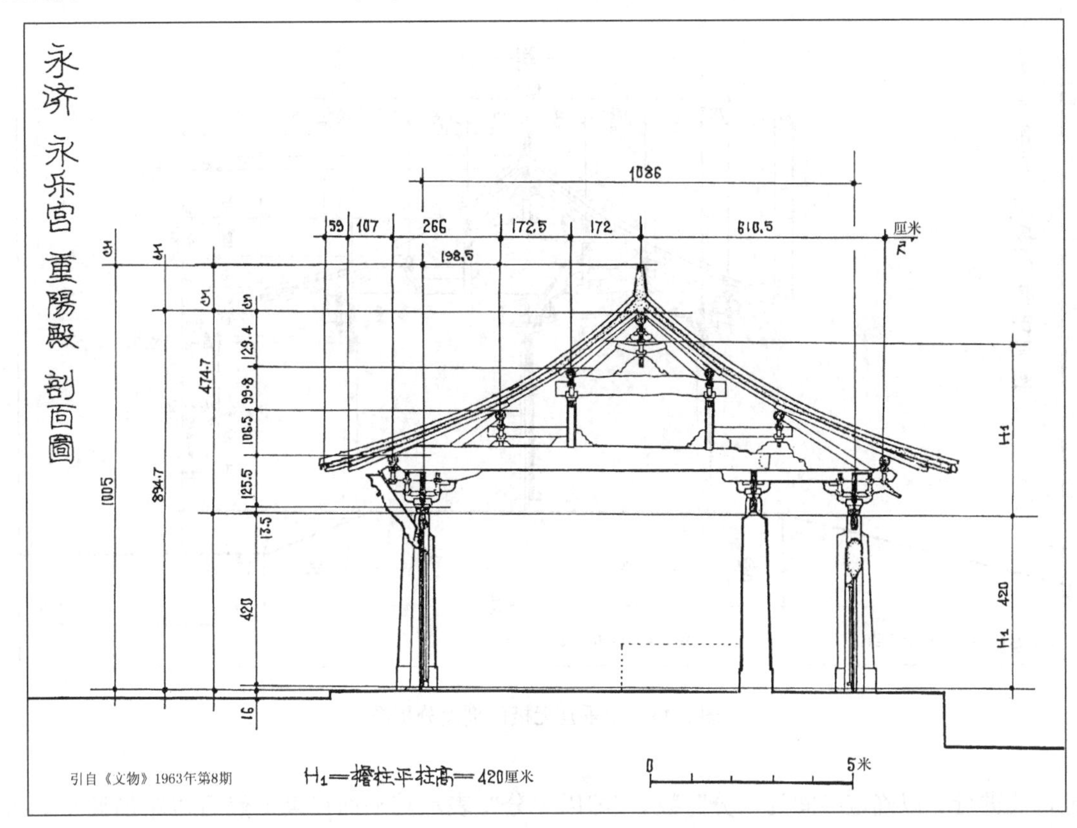

图 8-42　永乐宫重阳殿剖面分析图

（4）山西永济永乐宫无极门。为面阔 5 间、宽 20.68 米、进深 2 间、深 9.60 米的单檐庑殿顶大门，建于至元三十一年（1294）。其构架属殿堂型，所用材为 18.5 厘米×12.5 厘米，1“分”为 1.23 厘米，相当于宋式第六等材。按元尺长 31.5 厘米折算，考虑侧脚后，通面阔为 65 尺，2040 厘米，进深为 30 尺，944 厘米。

此门的与檐柱平柱高为 432 厘米，角柱高为 438 厘米，以此 2 数值与通面阔尺寸相比，结果是：

通面阔 20.40 米∶檐柱平柱高 4.32 米=4.7∶1。

通面阔 20.40 米∶檐柱角柱高 4.38 米=4.66∶1。

这两个数字都与 5∶1 差距太大，只能认为无极门之立面设计未以檐柱角柱高为扩大模数。

此门进深 6 椽，脊槫即相当于上平槫，其标高为 8.83 米（自柱脚计），它与檐柱平柱高之比为 8.83∶4.32=2.04∶1。则其剖面设计仍可认为是以檐柱平柱高为扩大模数（图 8-43）。

综观永乐宫四座元代建筑，所用材等均低于宋式用材规定，按宋式，三清殿应为 2 等材而实用 5 等材，纯阳殿、无极门应为 3 等材而分别用 5 等和 6 等材，重阳殿应为 4 等材而用 6 等材，均比宋式规定低 2～4 个材等。当以宋式所定材等的“分”值去折算各建筑的逐间面阔、进深时，结果“分”数多近于整数。由此推测，可能元代在设计建筑时，仍按宋式所

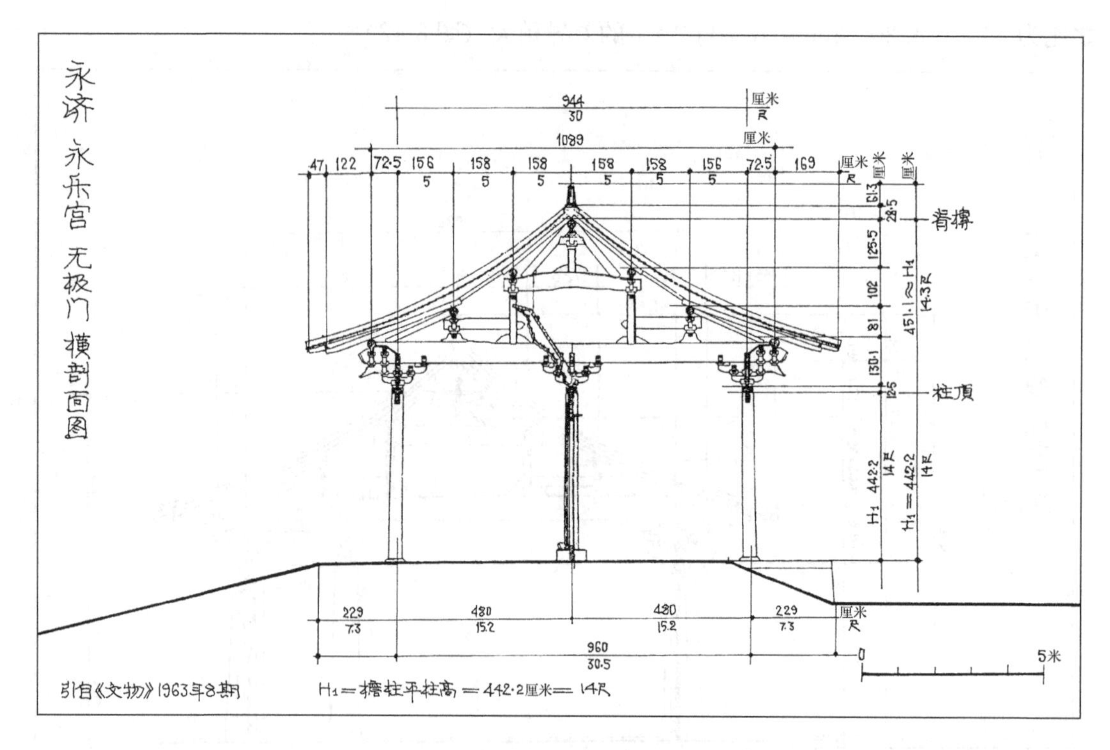

图 8-43　永乐宫无极门剖面分析图

定材等进行，以确定各间的“分”数，（即以“分”表示其平面尺度）然后再略加调整，折成整尺度，以利于施工放线和核查。但在制做柱、阑额、斗栱时，则降低了 2～3 个材等，这样，柱、阑额变细，斗栱在立面上所占比例就明显减小。而对于梁、槫等主要承重构件则仍按宋式原材等的“分”值制做，以保证其承载能力。①

这现象即自元以后斗栱比例逐渐缩小、剖面设计上檐柱高的二倍由四椽屋脊高上升为六椽屋脊高的原因。

2. 重檐建筑

河北曲阳北岳庙德宁殿。北岳庙的主殿，建于元世祖至元七年（1270）。属殿堂型构架，殿身面阔七间，宽 34.88 米，进深四间，深 18.62 米，外加一圈深一间，宽 3.67 米的副阶，外观为下檐面阔九间，宽 42.32 米，进深六间，深 25.96 米的重檐庑殿顶大殿。按宋式规定，应使用二等材，而实际所用材为 21 厘米×14 厘米，相当宋式五等材。

将此殿殿身面阔、进深各间尺寸按长 31.5 厘米的元尺折算，均非整数，但按长 31 厘米的金尺折算，均为整尺或半尺，故它有可能是在金代基址上重建的（图 8-44）。

此殿下檐平柱高 $H_{下}$ 为 4.89 米，上檐柱高 $H_{上}$ 为 9.96 米，上檐柱顶至屋顶上平槫之距 A 为 4.97 米。殿身七间的通面阔（柱头间）为 34.84 米。据此可以推算得：

上檐柱高 $H_{上}$ ∶下檐平柱高 $H_{下}$ =9.96∶4.89=2.04∶1。

① 参阅傅熹年，中国古代城市规划建筑群布局及建筑设计方法研究（上册），中国建筑工业出版社，2001 年，第 120～122 页。

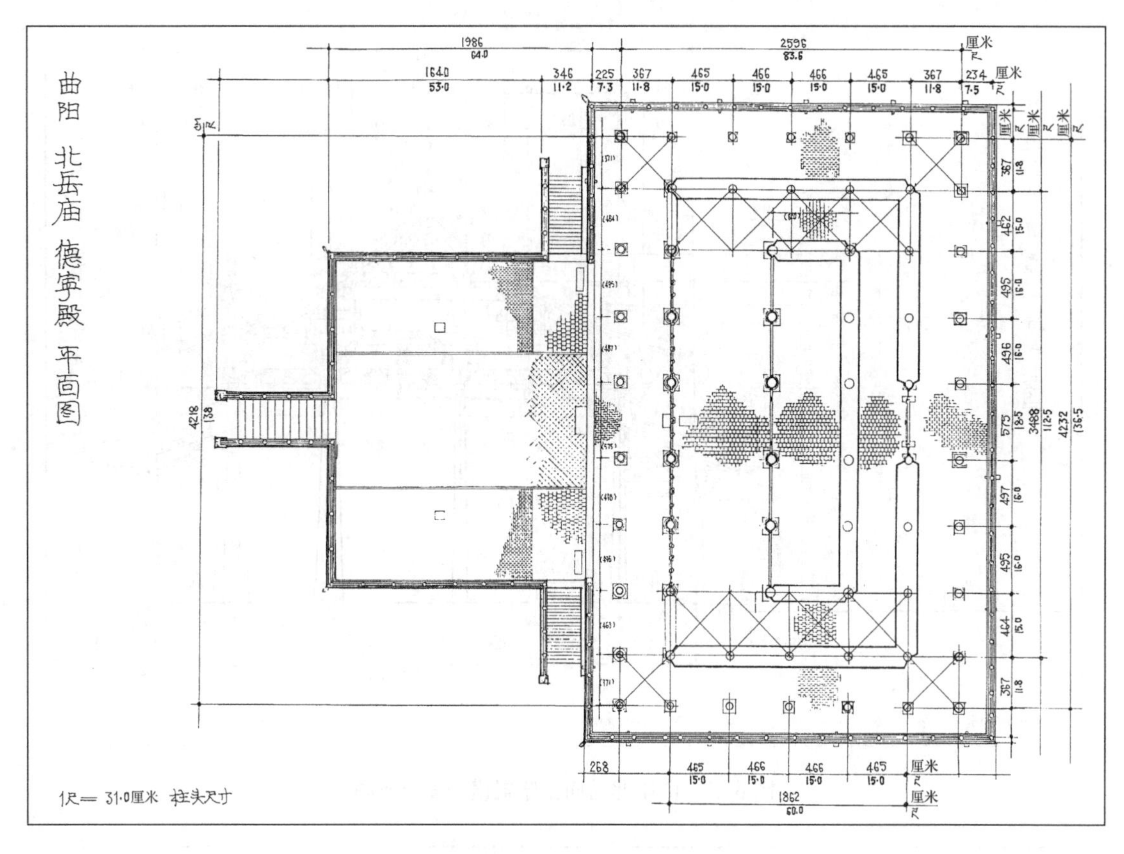

图 8-44　曲阳北岳庙德宁殿平面图

上檐柱高 $H_{\text{上}}$：上檐柱顶至屋顶上平槫之距 $A=9.96:4.97=2:1$。

殿身七间通面阔：下檐柱高 $H_{\text{下}}=34.84$ 米：$4.89=7.1:1\approx 7:1$。

这表明它在立面设计上延续了宋以来的传统，以下檐平柱高 $H_{\text{下}}$ 为扩大模数，令上檐柱高为下檐柱高的 2 倍（图 8-45），其殿身通面阔也为下檐柱高的整倍数（图 8-46）。

在剖面设计上，其上檐柱顶至屋顶上平槫之距 A 与下檐平柱高 $H_{\text{下}}$ 基本相等，也符合宋以来上平槫之高为下檐平柱高的 2 倍的高度控制比例，亦即仍以下檐平柱高为剖面设计的扩大模数。

（二）南方

1. 单檐建筑

（1）虎丘二山门。在苏州市虎丘，建于元顺帝后至元四年（1338），是一座面阔三间、进深二间 4 椽的单檐歇山顶建筑，近于厅堂型构架中的“四架椽屋分心用三柱”，小异处是不用平梁而由中柱上承脊槫。材高 20 厘米，合 6.5 寸，近于宋式第六等材。

其面阔为 350＋600＋350＝1300 厘米，合 255＋438＋255＝949“分”。

进深为 350＋350＝700 厘米，合 255＋255＝510“分”。

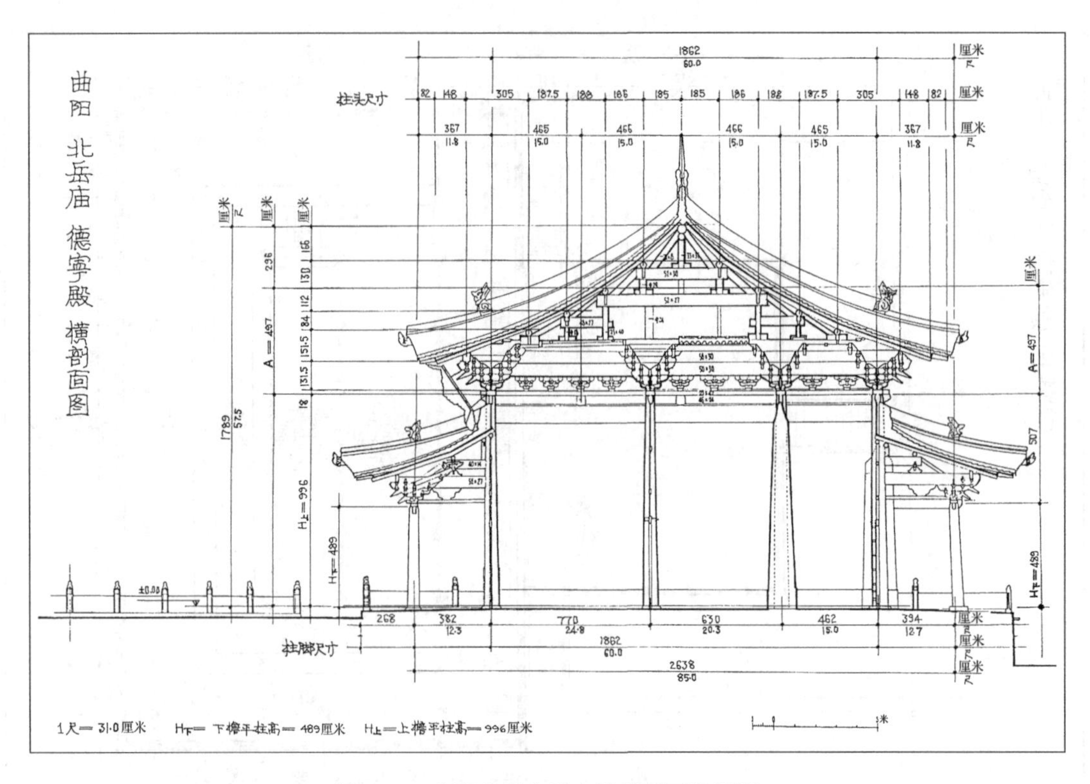

图 8-45　曲阳北岳庙德宁殿横剖面分析图

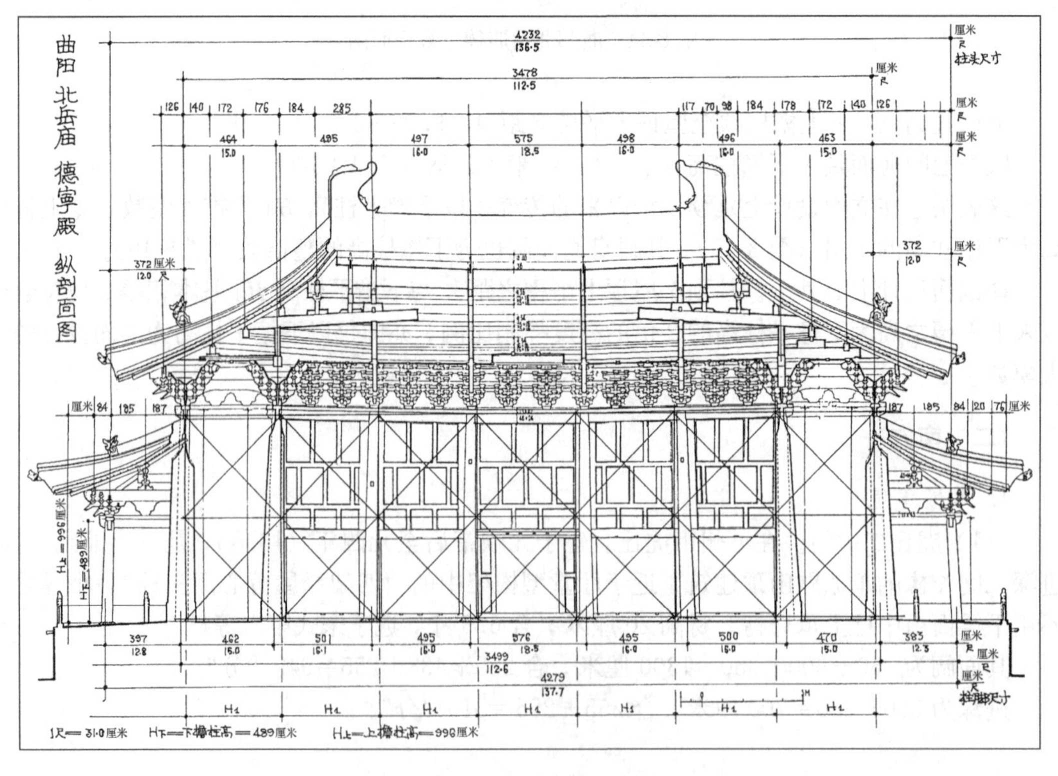

图 8-46　曲阳北岳庙德宁殿纵剖面分析图

檐柱高为 382 厘米，合 279 “分”；脊高 758.5 厘米，合 554 “分”。①

以檐柱高 382 厘米与以上数据相较，其中面阔为其 3.4 倍，进深为其 1.8 倍，均非整数，只有脊高为其 1.99 倍，可视为 2 倍。可知此门之面阔、进深均未以檐柱高为扩大模数，只在剖面设计上以檐柱高为扩大模数（图 8-47）。

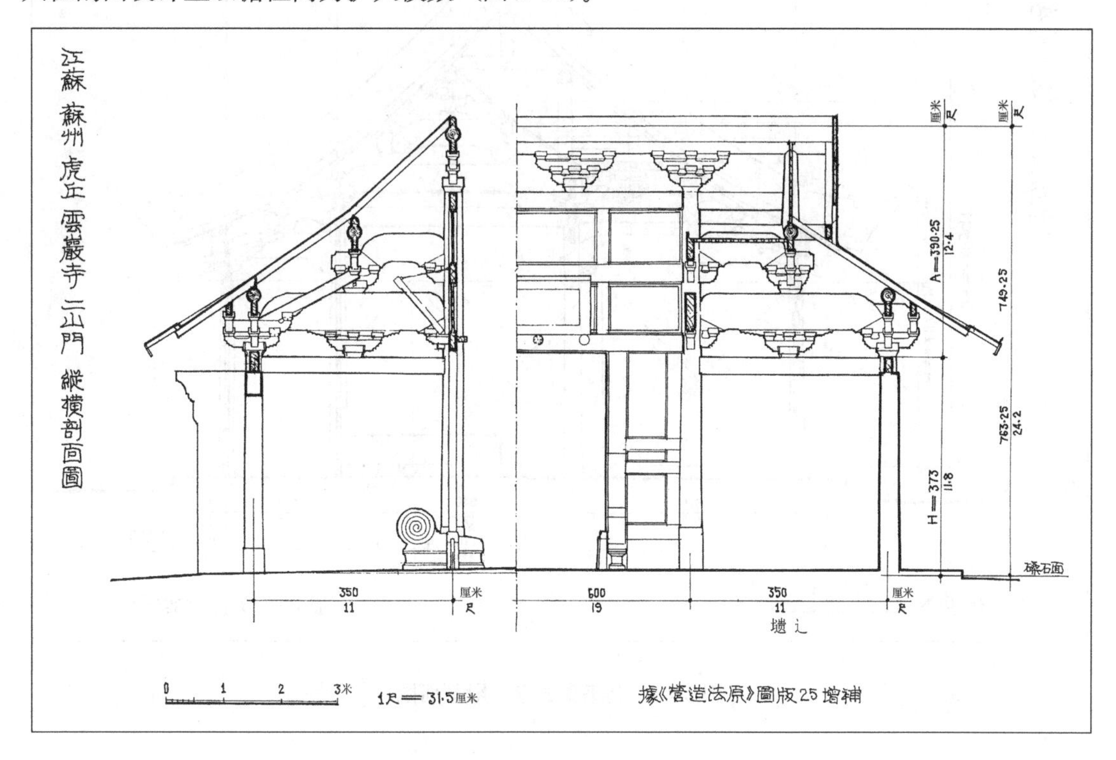

图 8-47　江苏苏州虎丘灵岩寺二山门剖面分析图

但一般元代建筑因比宋式降低材等，其剖面比例已由宋式之四椽屋脊高为檐柱高之 2 倍改为六椽屋脊高为檐柱高之 2 倍，前举北方诸例均如此，而此门仍沿用宋式，保持四椽屋脊高为檐柱高之 2 倍的比例，表明江南地区可能仍保存一些古代做法。

（2）上海真如寺正殿。在上海真如镇，建于元延祐七年（1320），是一面阔三间，进深十椽的小殿，属于厅堂型构架。进深三间中，前二进为四椽栿，后一进为乳栿，可称为“十架椽屋前四檐栿后乳栿用四柱”。材为 13.9 厘米×9 厘米，高为元尺 4.4 寸，相当于宋式第八等材。

其面阔为：370＋607＋374＝1351 厘米，合 411＋674＋416＝1501 “分”。

其进深为：511＋540＋261＝1312 厘米，合 568＋600＋290＝1458 “分”。

以檐柱高 427.5 厘米与面阔、进深和上平槫标高相比，只有与进深之比为 1∶3.07，如考虑柱头侧角，可视为自柱头间计近于 1∶3。因其主要的正立面及剖面均非檐柱高之倍数，故不能确认是以檐柱高为扩大模数进行设计的。但此殿的特点在其构架中出现了草架，将在下文结构部分探讨（图 8-48）。

① 数据引自陈明达：营造法式大木作制度研究，第 7 章表 37，文物出版社，1993 年，第 186～187 页。

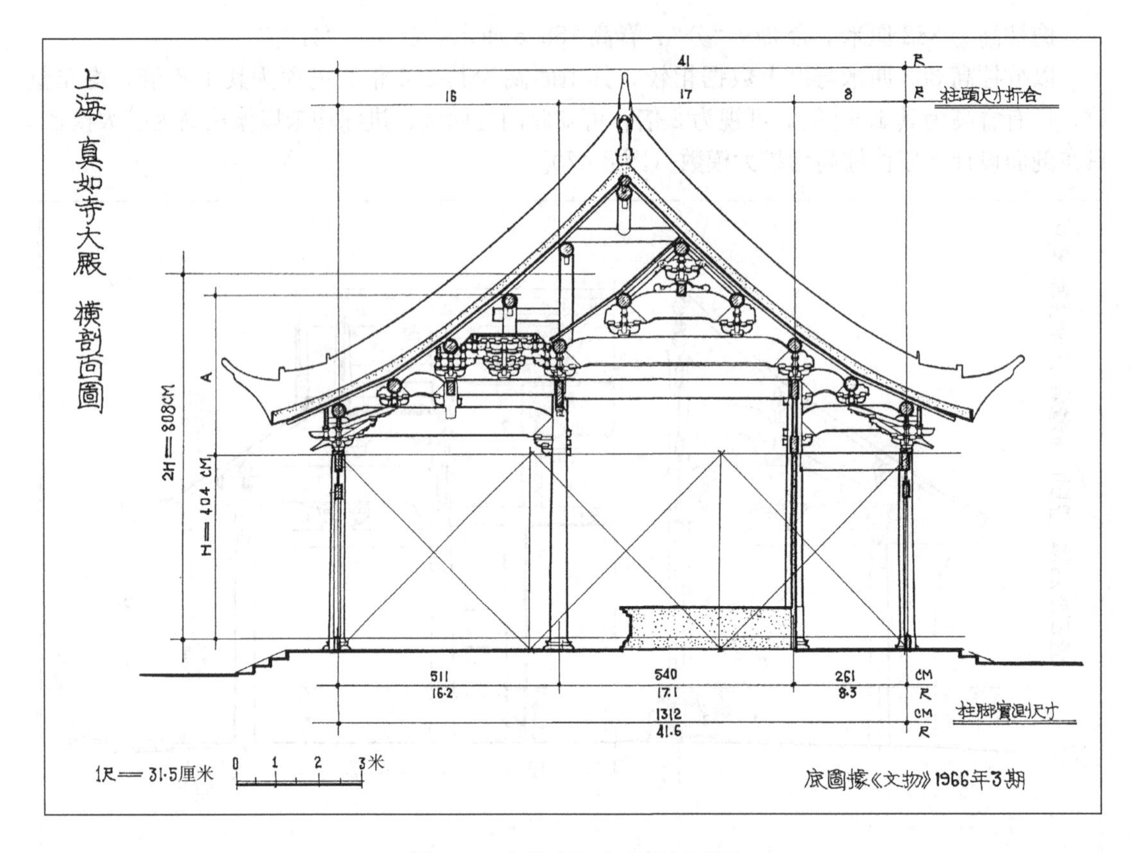

图 8-48　上海真如寺大殿剖面图

2. 重檐建筑

武义延福寺正殿。在浙江武义县，为殿身面阔三间，进深三间八椽，四周加深一椽副阶的重檐歇山顶小殿，建于元延祐四年（1317）。其殿身前、中二进用三椽栿，后进用乳栿，属厅堂型构架中的八架椽屋用四柱一类。所用材为 15.5 厘米×10 厘米，1“分”＝1.03 厘米。

面阔为：165＋195＋460＋195＋165＝1180 厘米。

进深为：160＋290＋370＋200＋160＝1180 厘米。基本为一方形小殿。

因调查报告中无柱高数据，只能用作图法进行探讨，发现其面阔、进深均为下檐柱高的 4 倍，即它以下檐柱高为立面设计之扩大模数。

在图上还发现其中平槫中心至殿身柱顶之距又为殿身柱之高的 1/2。这就是说它又以殿身柱高为剖面设计之扩大模数（图 8-49）。

然而这就出现两个问题。其一是剖面上高度是按宋式自中平槫计而非元代惯用的自上平槫计，可能为沿用旧法。其二是它是重檐建筑，但副阶柱高约为殿身柱高的 2/3，远高于宋、辽、金、元时为上檐柱高之半的比例关系。其三是立面与剖面分别用了下檐柱高和上檐柱高二种扩大模数。这些和已知的元及元以前做法均不同，但稍后的明初江南建筑又有和它相同的做法，如建于明洪武五年（1372）的扬州西方寺大殿，故颇有可能是元后期至明初的地方特色。

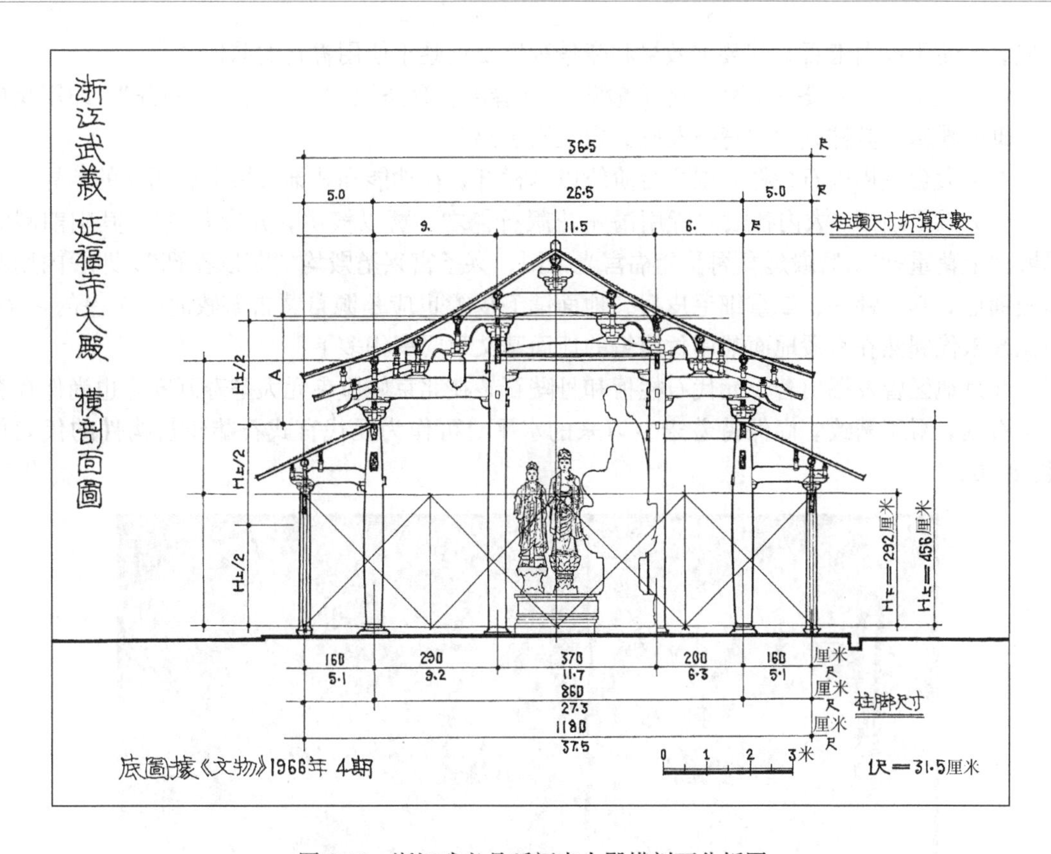

图 8-49　浙江武义县延福寺大殿横剖面分析图

四　装饰装修

建筑装修装饰由简单、质朴发展到类型丰富、制做精丽，其转折点在北宋，主要记载于《营造法式》中，已在上章中介绍。在元代薛景石所撰《梓人遗制》中载有建筑小木作装修的规制与图样。其版门之种类与《营造法式》所载相近，而格子门则收录了 34 种格子的图样，远较《营造法式》所载为丰富，也反映了元代建筑装修的新发展，其详见后文建筑著作部分。元代官式建筑虽通过继承金代而遥接北宋传统，但元宫廷贵族豪奢之风远超过宋、金，又虏掠和征调大量技工，组织了若干工艺制做局为其服务，故除生活器用外，建筑装修装饰也向豪华方面发展，大量精致的装修，大量使用描金、贴金、鎏金为饰，成为元代宫殿、寺观等大型建筑的特点。

元代宫廷建筑装饰、装修以奢丽著称于史册，从《南村辍耕录》卷 21 宫阙制度条据《经世大典》录出的文字（以①表之）和肖洵《故宫遗录》所载（以②表之）与近年出土的一些遗物互证，可以知其大致情况和水平。

1. 台基、殿基及地面

（1）台基。大型殿宇一般均下有较宽大的台基，古称陛，其上所建殿之台基古称阶。大明殿“前为殿陛，纳为三级，绕置龙凤白石栏，栏下每柱压以鼇头，虚出栏外，四绕于殿”。可知其台基三层，每层绕以雕龙凤栏版，望柱下有挑出的螭首，形制虽与《营造法式》所载近似，但使用汉白玉石，其装饰效果和豪华程度要远胜于使用青石的前代。

(2) 殿基。大明殿一组为“燕石重陛”，延春阁、兴圣殿均为“白玉石重陛”，即用汉白玉石砌的殿基。其柱础为“青石花础，白玉石圆舄”。

殿下大台基周以石栏杆，殿之台阶绕以木栏杆，在功能和装饰效果上有明显的差异。

(3) 殿上地面。大内各殿“皆用濬州花版石甃之，磨以核桃，光彩若镜”。其中前殿大明殿“上藉重裀”，后殿延春阁及隆福宫光天殿、兴圣宫兴圣殿均“藉以毳裀”，即殿内用花石板铺地，其上铺一、二重细毛皮褥。地面铺毛皮褥也应是源自蒙古游牧时住帐篷的习俗，但比起宋代偶然在宫殿地面铺用竹篾编的地面綦文簟要豪华多了。

北京地区曾发掘出若干元代石栏板和丹陛石，在北京妙应寺元大圣寿万安寺也尚保存有少量石刻，雕工精致，尚保持着宋金以来的水平，可作为元代官式石雕建筑构件的代表作(图 8-50)。

图 8-50　元代石栏版

北京文物精粹大系·石雕卷，图版 130、131、132，2000 年，北京出版社

2. 油饰彩画

元代宫殿彩画至少可分三等，凡皇帝使用的殿宇“皆丹楹，朱琐窗，间金藻绘”。宫门“皆金铺、朱户、丹楹、藻绘，彤壁。”一般周庑和次要建筑“并用丹楹、彤壁、藻绘”。据此可知，虽柱皆红色，但宫殿的窗刷朱色加金，彩画亦用金，而周庑和次要建筑壁面只能用红色，彩画也不能用金。这表明用红色或朱色和彩画是否能用金是两个不同等级的标志。而宫门则介于二者之间，除门用金、朱二色外，其余均与一般周庑和次要建筑相同。

除一般彩画外，从祗应司下设油漆局可知，元宫廷建筑可能有使用髹漆之处，这是远比彩画为贵重豪华的做法。在南宋所建慈福宫中已有使用黑漆退光柱的记载，则元宫廷用漆应非首创。

元代彩画实例如以近于官式的永乐宫三清殿为例，其额枋彩画的两端已从宋式两瓣如意云头向旋花发展，成为藻头的初型，中部也已形成枋心，其内满绘琐文，但尚未形成各占 1/3 的比例关系。另在北京雍和宫北出土元代彩画残片在两端已有箍头、盒子、藻头之初型，其枋心部分满填青色。从这两例中已可看到以后明官式的某些特点的初型，可据以大体推知明官式彩画可能是在北方元代彩画基础上发展出来的。但目前对元代彩画的地仗、调色法、着色法、表面有无胶或桐油保护层均不甚了解。

3. 屋瓦

元宫屋顶多用琉璃瓦。较普遍做法是屋顶覆以灰色陶瓦，而在檐口及屋脊上使用琉璃瓦。大内的宫门、角楼、殿宇、周庑均用“琉璃瓦饰檐脊”，即此做法。

但元宫也有满复琉璃瓦之例，但屋顶及檐口和屋脊各用一种颜色。如兴圣宫之芳碧亭“覆以青琉璃瓦，饰以绿琉璃瓦，脊置金宝瓶”。延华阁“白琉璃瓦覆，青琉璃瓦饰其檐脊”。

元宫还有用白瓷瓦之例，如兴圣宫之正殿兴圣殿“覆以白磁瓦，碧琉璃饰其檐脊”。

从上举可知，元代宫殿屋顶用瓦一般为在陶瓦屋面主体上用琉璃瓦饰檐口和屋脊，即通常所说的“琉璃瓦剪边”做法。个别的满覆琉璃瓦，但屋面主体与檐口和屋脊所用瓦颜色不同，也属“剪边”做法。用白磁瓦则是比琉璃瓦更为贵重奢华的材料，在《辍耕录》中仅一见，也可能是偶然一用的材料，未必普遍。

元代琉璃遗物见于永乐宫，其琉璃构件为红色的陶胎，正殿三清殿屋脊两端两座翠蓝色琉璃正吻高达 3 米，正脊、垂脊脊身身用黄、绿、蓝三色琉璃瓦件砌成，中间嵌入龙、凰、花卉等各色装饰，造型精美，釉色鲜丽，表现出制琉璃工艺已达到很高的水平。

4. 内外檐装修

现存元代建筑中，保存有元代原装修者极少，存者也多简陋，但综合《南村辍耕录》、《故宫遗录》二书记载，可知元宫主要殿宇的内外檐装修的情况。

(1) 柱。大明殿为“丹楹，金饰龙绕其上”。即殿之下檐柱为缠龙柱，龙身涂金。

(2) 门。“诸宫门皆金铺、朱户”，宫门为版门，朱漆，鋪首及门釘塗金。

(3) 窗。大明殿为“四面朱琐窗。”“四面皆缘金红琐窗，间贴金鋪。……殿后连为主廊十二楹，四周金红琐窗”。即大明殿及连通后殿的主廊均装朱色加金饰的琐文窗，鎏金铺首。

(4) 天花藻井。大明殿“藻井间金绘饰”，“楹上分间仰为鹿（盝）顶，斗栱攒顶中盘黄金双龙”。指副階顶上的天花为鹿顶形，用斗栱攒聚为藻井，中间为盘绕的金色双龙。

(5) 栏杆。大明殿、延春阁、光天殿殿基四周“朱阑，涂金铜飞雕冒”，“朱阑，铜冒楯，涂金雕翔其上。”即在各主要殿宇殿基的边缘安装涂朱漆的木栏杆，其望柱头顶装铜制鎏金的飞雕帽为装饰。望柱头饰以飞雕只见于元代记载，当源于蒙古人的狩猎习俗，不是汉族传统做法。

(6) 擎檐柱。由南宋时的搟簾杆发展而来，柱头上抵檐椽之下，其间装横披，柱下沿殿階装木栏杆，成为宫殿寺庙楼阁上层外檐常用的装修，屡见于元代绘画中。

五　建筑制图

元代创建了大都城和宫殿，在规划布局和建筑设计上都取得巨大进展，它所使用的方法已在前文进行分析，推想其规划、布局、设计应是在相应的制图技术基础上进行的。

在宫室布置方面，虽无图纸流传，但（元）陶宗仪《南村辍耕录》“宫阙制度”条有元宫建筑实况记载，出自元官方的将作院。其中包括宫城的宽、深、高和宫内各宫院和主要建筑物的开间、进深、高度尺寸和主要装修装饰，极为详细。由此可以推知当时将作院必保有包括总图、建筑图、装修图的图纸和完整的档案，惜未能保存下来。

在（元）薛景石撰《梓人遗制》中附有若干版门、格子门等小木作装修图（参阅图 8-63 和图 8-64），其画法与《营造法式》小木作图样中相应之图类似，而装饰图案更为繁富。

这是私人撰述，尚可延续《营造法式》的制图传统，则可推知元代宫殿府和工部等主持国家重大工程的机构在这方面更应能保持甚至发展这种传统制图技术。

第四节　建筑技术的发展

元代建筑技术资料流传下者极少，涉及官府工程的更少。但现存（元）沙克什所撰《河防通议》一书，内有河议、制度、功程、输运、算法诸门，记有关治河技术及工料定额，自序称取北宋沈立和金都水监的两种治河技术专著《河防通议》综合成书，供元代治河之用。可以推知元代虽未必有正式官定的各项工程法式，但主管官吏仍掌握一定工程技术资料。从《河防通议》中有关定平、筑城、程功等条多摘编自《营造法式》的相关条目可知，在基本工程技术上，元是继承自北宋、金的。据此也可以推知，元代主管建筑的工官可能也有类似的继承自宋、金的工程技术资料，供各项官工程之用。

一　基础工程

元代建筑基础的做法通过搬迁永乐宫元代建筑和发掘元大都建筑遗址中了解到一些情况。其中永乐宫是规模较大的殿宇，而元大都建筑遗址则以中小型住宅为主。

1. 大型建筑基础

永乐宫四座元代建筑的基础和台基均用黄土和碎砖瓦石札分层夯筑而成。但并非整个基础和台基如此，而是视各部位的承重情况，所用碎砖瓦石札的层数有所不同。但这四座建筑在用碎砖瓦石札的层数上相差颇大，又似无共同规律，可能是建造时间的差异和对坚牢度要求不同所致。其中以角柱下用碎砖瓦石札的层数最多，自 15 层至 5 层不等，其他柱下碎砖瓦石札的层数减角柱 5 层至 1 层不等。其黄土层每层厚在 8～10 厘米间，以 9 厘米为多。砖瓦石札层每层厚在 3～7 厘米间，以 5 厘米为多，均和《营造法式》规定的 9.3 厘米和 4.7 厘米接近。[①]

2. 中小型建筑基础

元大都发现的居住建筑遗址以后英房遗址规模最大，建筑也最考究。其建筑的台基均自平地起夯筑，不向下挖基坑，台基边缘用单砖围砌，上加压阑石或特制的長条压阑砖，其内用碎砖瓦填实，然后填土，只在近台面一层稍加夯筑，其上即铺地面砖。房屋的柱下都有较大的基础，其主院正房即先在立柱处挖 1.5～2 米方的础坑，挖至生土（约深 1.1 米），其内用素土和碎砖瓦札分层相间夯筑，至近地平处安放础石。房屋的墙基因未做解剖，情况不明，但院内的围墙均在平地起筑，未挖基槽和夯筑基底。[②]

据此，元代大型建筑的基础仍基本延续金代的做法，只在素夯土筑成的建筑台基上向下开掘柱础坑和墙基坑，坑之宽度要大于础石或基墙的实际宽度近一倍，坑内用碎砖瓦石札和素土相间夯筑，作为柱和墙的地基，并非整个房基均为加碎砖瓦石札分层夯筑而成。而从

① 杜仙洲，永乐宫的建筑（附表二、三、四），文物，1963 年第 8 期，第 10～11 页。

② 徐苹芳，北京后英房元代居住遗址，载：徐苹芳，中国历史考古学论丛·贰（古代城市考古学），（台北）允晨文化实业股份有限公司，1995 年，第 179～182 页。

《营造法式》卷三“筑基”条所载文义看，似乎可以理解为整个地基均为隔层用碎砖瓦石碴筑成的，与此不同。

3. 临水建筑基础

在元大都东城墙曾发现排水涵洞，宽2.5米，长约20米，两壁及底用石砌，上起砖券为门洞，内外侧入水、排水口做八字形，铺石板。涵洞的地基先均布木地桩，桩上横铺石条若干条，其间空隙用碎砖石札夯实，其上再铺底石，上砌涵洞墙壁。在石条间为防变形移动，用腰铁（铁制银锭形）固结，其做法与《营造法式》卷3“卷輂水窗”条所载基本相同。①

二 木 结 构

元虽统一全国，但享国不到百年，从建筑发展上说，是从宋、金到明的过渡。北方的元官式建筑构架开始在宋、金基础上简化，在殿堂构架上表现尤为明显。北方的地方建筑则大量使用原木斜梁和内额。江南地区在南宋官式的基础上开始简化，在闽粤地区，五代宋初以来的地方特色仍在保持和发展。但对当时和后世影响最大的是元官式和江浙地区的南宋遗风，元代的江浙建筑成为以后明官式的滥觞。

（一）元官式

蒙古于1234年灭金，拥有中国北半部，与南宋对峙达45年之久。其间忽必烈于1256年建开平宫室，1267年建大都，1271年改国号为元，并兴建大都宫殿。这一系列建设标志着在元统一全国以前，其官式建筑已在形成中。从文化传承上看，元是草原民族建立的王朝，本身无建筑经验，其官式继承自金，金继承北宋和辽，故元之官式是在十世纪以来北宋、辽、金三朝北方建筑传统的基础上发展而来。

目前所见属于元官式的遗物为永乐宫三清、纯阳二殿，曲阳北岳庙大殿和北京文庙大门（只存外檐斗栱，上部梁架清代改建）。

永乐宫是蒙古中统初（1262）以为蒙古皇帝祝寿、延寿名义建的，其中最晚建成的无极门的匾上有元代重臣商挺的衔名和少府监梓匠朱宝的名字，少府监是元宫廷营缮机构，其为官建无疑。这四座建筑建造时尚处于蒙古与南宋对峙时期，此时虽元大都宫殿还未开始建造，但官方工程机构宫殿府已经设立，故可视为蒙古时期的官式建筑。

1. 永乐宫三清殿

其概况已见前节单体建筑设计部分。它在结构上的明显特点有三。

其一是在柱网布置上改变了唐宋以来形成的内外槽关系。此殿有内、外两圈柱，近于宋式之斗底槽。宋式内槽柱网比外槽柱网退入一间二椽，则此面阔七间、进深四间之殿如按宋以来传统，其内槽应为面阔五间、进深二间。但此殿之内槽柱网实际为面阔三间、进深一间，与宋式相比，其前部及左右侧各多退入一间二椽，把内槽缩小为神龛，并扩大了外槽的空间。这样，就大大改变了唐宋以来殿堂型建筑外槽为一圈回廊、内槽为殿内主体的内部空

① 徐苹芳，北京后英房元代居住遗址，载：徐苹芳，中国历史考古学论丛·贰（古代城市考古学），（台北）允晨文化实业股份有限公司，1995年，第179～182页。

间关系。这是始见之例（图 8-51）。

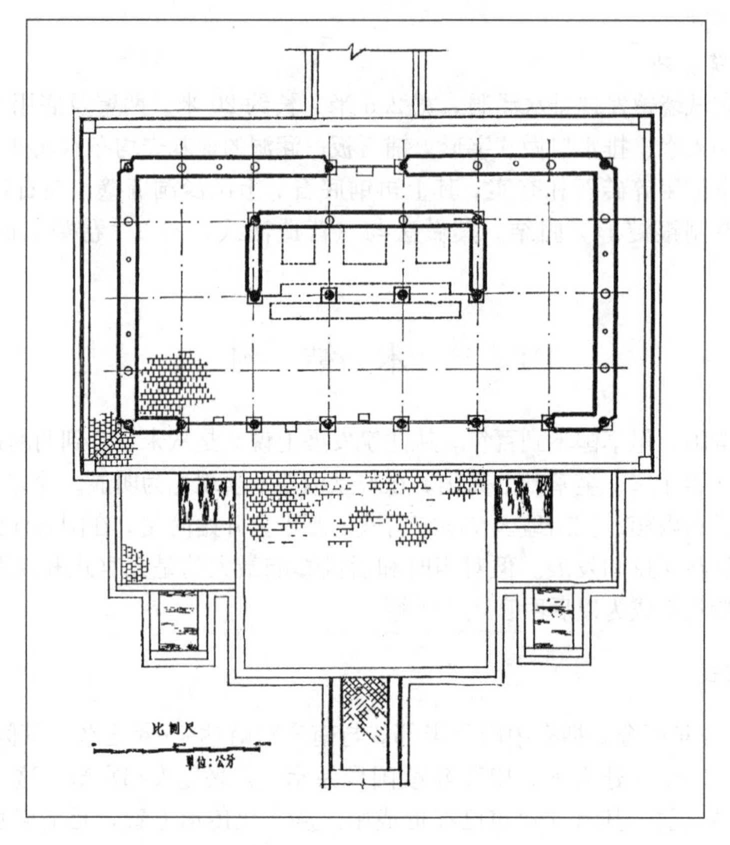

图 8-51　永乐宫三清殿平面图

杜仙洲：永乐宫的建筑，图 10，文物，1963 年第 8 期

其二是宋式殿堂型构架在柱网层之上应有由斗栱和明栿组成的铺作层和屋顶草架两个层次，明栿只承天花，由草架承屋顶之重。但此殿省去草架最下层各梁栿，令承四椽草栿之蜀柱直接立于明栿背上，使明栿同时承天花和屋顶之重。这就突破了唐、宋以来铺作层明栿只承天花，草架承全部屋顶之重的传统，使二者局部合二而一，简化了殿堂型构架（图 8-38）。

其三是斗栱用材小于宋式规定二至三等，遂使鋪作的高度在立面比例上降低，与唐宋建筑在外观上出现明显差异。

2. 永乐宫纯阳殿

其概况已见前节。殿身面阔五间，进深三间八椽。其特点和三清殿相似，内槽也缩小为宽一间、深一间半的神龛。其构架也是省去草栿下层梁，使明栿同时承天花和屋顶之重（图 8-52）。

3. 曲阳北岳庙德宁殿

为面阔七间、进深四间、副阶周匝的重檐庑殿顶大殿，其特点与三清殿相同。其一，殿身柱网为斗底槽，内槽本应深二间而缩小为一间半，相应把前部外槽加深为一间半。其二，省去草架最下层的草栿，令上层的劄牵、四椽栿直接落在明栿上，使明栿兼承天花和屋顶之重，简化了殿堂构架的结构层次（图 8-44 ）。

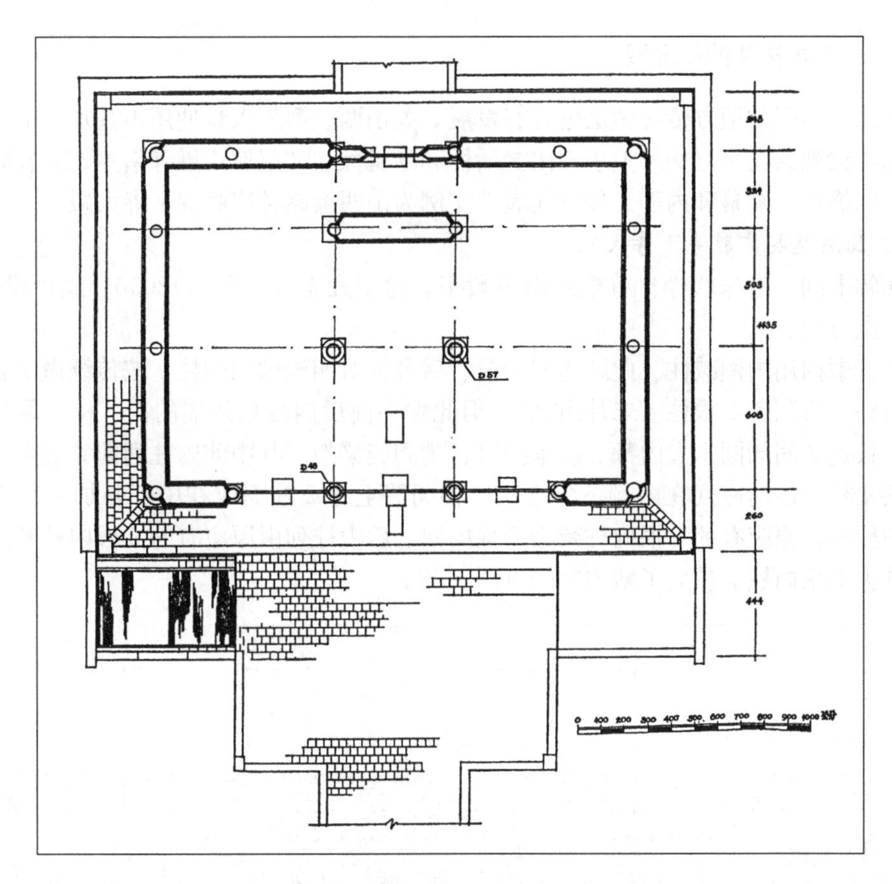

图 8-52　永乐宫纯阳殿平面图
杜仙洲：永乐宫的建筑，图 12，文物，1963 年第 8 期

三清殿、纯阳殿建于蒙古时期（1206～1259），德宁殿建于元初的至元七年（1270），都属蒙元前期官式建筑中的殿堂型构架，它们在构架上的共同特点有三：

其一，改变了唐、宋、辽以来殿堂型构架中铺作层与屋顶草架严格分为独立的上下两层的做法，使草架的最下层梁与铺作层的明栿合而为一，简化了殿堂型构架的层次。

其二，在柱网布置上，也改变了外槽深只一间二椽的定式，扩大外槽深度，缩小内槽，三清殿、纯阳殿甚至把内槽缩小为安置塑像的龛。

其三，在用材方面，按宋式规定，德宁殿七间重檐殿，应使用二等材，而实际所用材相当宋式五等材。永乐宫三清殿为七间殿，应使用二等材，实际所用材相当于宋式第五等材。永乐宫重阳殿为五间厅，应使用四等材，实际所用材相当于宋式第六等材，平均比宋式低二至三个材等。但它面阔的“分”数基本都在宋式双补间 300～375“分”范围之内，其结果是斗栱层变矮，开间变小，各间比例变得较狭长。

这不同于北宋《营造法式》所定殿堂构架的做法，也和北宋、辽代殿堂型构架建筑实物完全不同，是对北宋、金殿堂型构架所做的简化和改进，是元代官式建筑构架取得的重大发展，也成为明代进一步简化大木结构创造出明官式的先声。

（二）北方木构架的新发展

元代北方地区的地方传统做法也各有发展，如山西、河南大量使用不甚加工的甚至是弯曲的原木造梁架，在房屋构架上表现出灵活性和随机性，如赵城广胜寺诸建筑；在陕西和西北则多使用檐额、绰幕和内额。较有代表性实例为山西洪赵县广胜寺下寺大殿。

1. 山西洪赵县广胜寺下寺大殿

为面阔七间、进深八椽、单檐悬山顶殿宇，建于元至大二年（1309），属厅堂型构架。其主要特点有二：

其一，殿内用内额减柱。此殿构架为前、后乳栿对四椽栿用四柱，按传统做法在殿内应有两列内柱，每列各 6 根柱（未计山柱）。但此殿在前后内柱列两端的次、梢、尽三间处各用了 1 根长达 3 间的圆木大内额，以承担次、梢间缝梁架。其中前内柱列即省去左右次、梢间缝上共 4 柱，后内柱列在内额下省去次、梢间缝上各 2 柱而改在中部各加一柱支撑。这样，前内柱列由原应有的 6 根内柱减为 2 根内柱，后内柱列由原应有的 6 根内柱减为 4 根内柱，共减去 6 根内柱，扩大了殿内空间（图 8-53）。

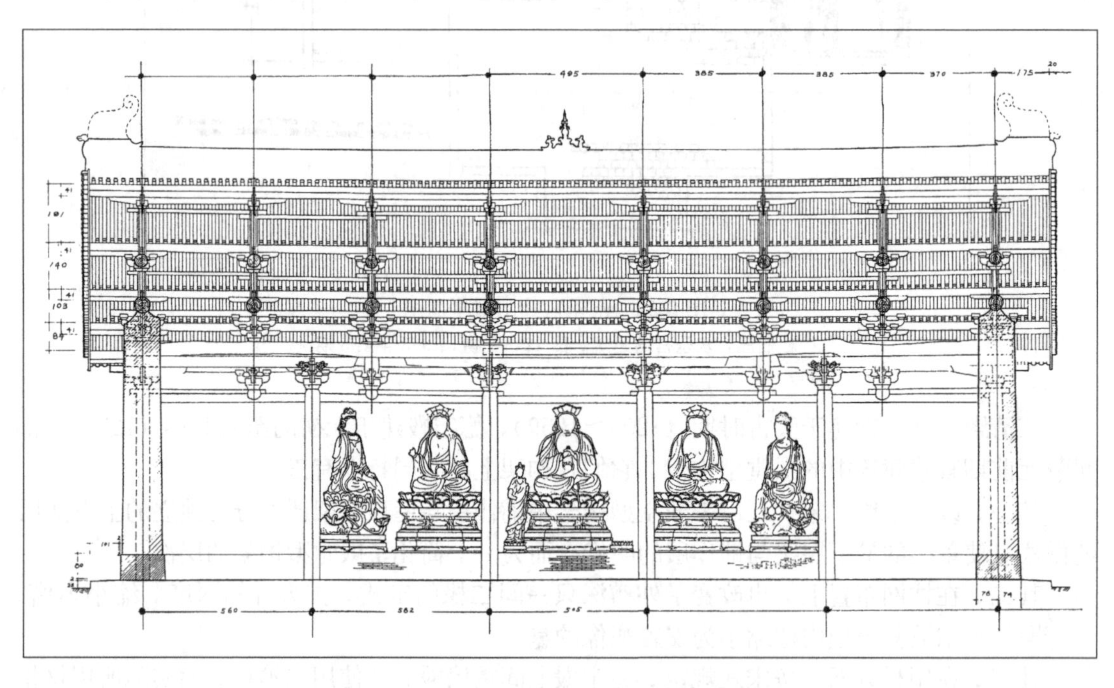

图 8-53　山西洪赵县广胜寺下寺大殿纵剖面图

柴泽俊等：洪洞广胜寺，图 49，文物出版社，2006 年

其二，使用弯曲的原木梁。由于用内额后省去次、梢间缝上各两根内柱，故前后檐次、梢间的乳栿后尾只能斜搭在内额之上，成为斜梁。为此，特别选取了若干条后尾上翘的弯曲原木为乳栿和劄牵，形成此殿构架的另一特点（图 8-54）。

使用大跨度的内额以减少内柱始见于 1137 年所建山西五台佛光寺文殊殿，但内额与斜梁配合使用则始见于元代，当是元代地方建筑做法的新发展。使用大额的做法在山西、豫北和陕、甘等地沿用至明清，除用于内柱列外，也有用于檐柱列的，称檐额，利用加长的檐额

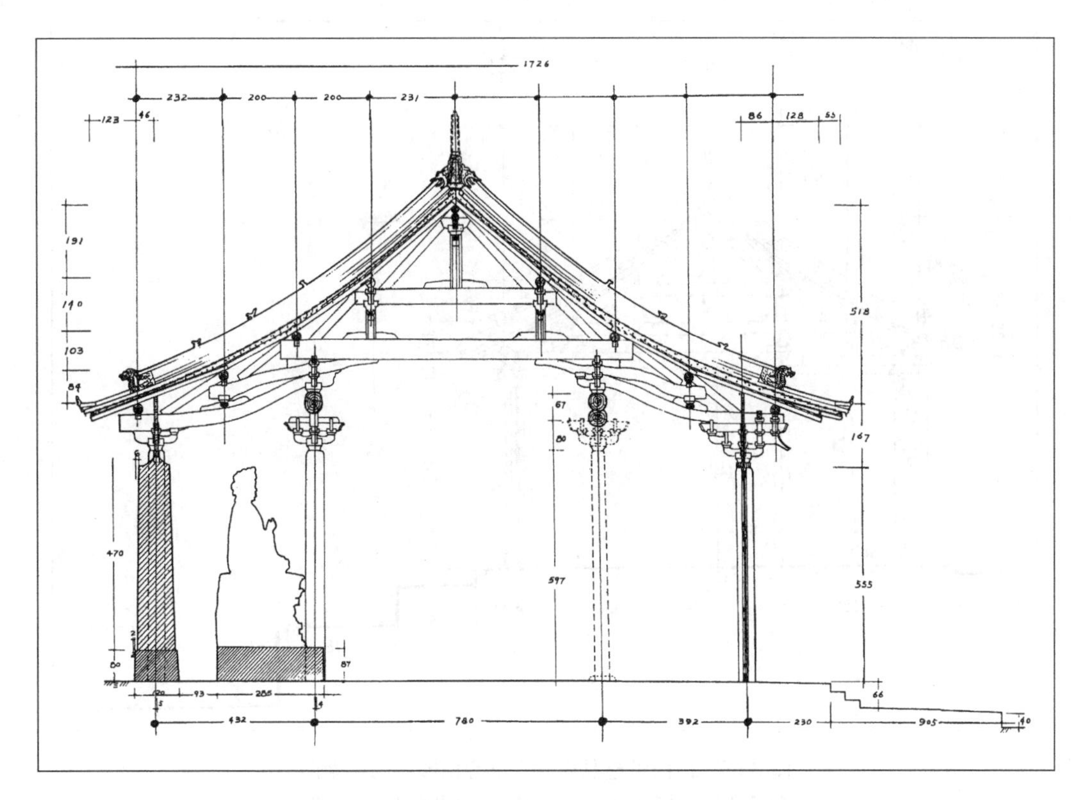

图 8-54　山西洪赵县广胜寺下寺大殿次间横剖面图

柴泽俊等：洪洞广胜寺，图 48，文物出版社，2006 年

以扩大明间面阔也是常见的做法。

2. 山西洪赵县广胜寺下寺前殿

为面阔五间、进深三间六椽、单檐悬山顶殿宇，属厅堂型构架中的乳栿对四椽栿用三柱。按常规做法，殿内应有 4 道梁架和 4 根后内柱，但此殿只有明间缝 2 道构架用此式（图 8-55）。次间梁架改用内额和斜梁，做法是在明间 2 道四椽栿上距前、后檐内各两架处各架设 2 根长二间的纵向内额，外端搭在两侧山面梁架上。然后在次间前、后檐柱上斜置长三架的斜梁，中部搭在内额背上后内延，至中间相抵，形成人字撑，以代替乳栿和四椽栿。其上的平梁两端由蜀柱承托，立在斜梁上，中间即由相抵的斜梁承托（图 8-56）。

此殿的主要特点有二：

其一是以内额承次间缝梁架，省去了次间缝的 2 根后内柱，使这座宽 5 间、深 3 间的中型殿宇只有两根内柱，扩大了殿内空间。

其二是在次间缝上以斜置相抵的二道三椽栿形成人字撑，以代替乳栿和四椽栿。

与广胜寺下寺大殿相比，此殿除使用了内额外，还出现了由斜梁组成的人字撑。此法不见于前此的辽、宋、金建筑遗物中，也可能是属元代地方建筑的新发展。

这种使用原木为大内额、使用弯木为梁的自由灵活做法不见于官式建筑中，是地方工匠的创新。其优点是可以尽最大可能去利用那些通常视为“不成材”或“废材”的扭曲、翘曲等不规整的木料。但究其原因，可能仍是由于金元以来，北方连年遭到战乱破坏和过度的采

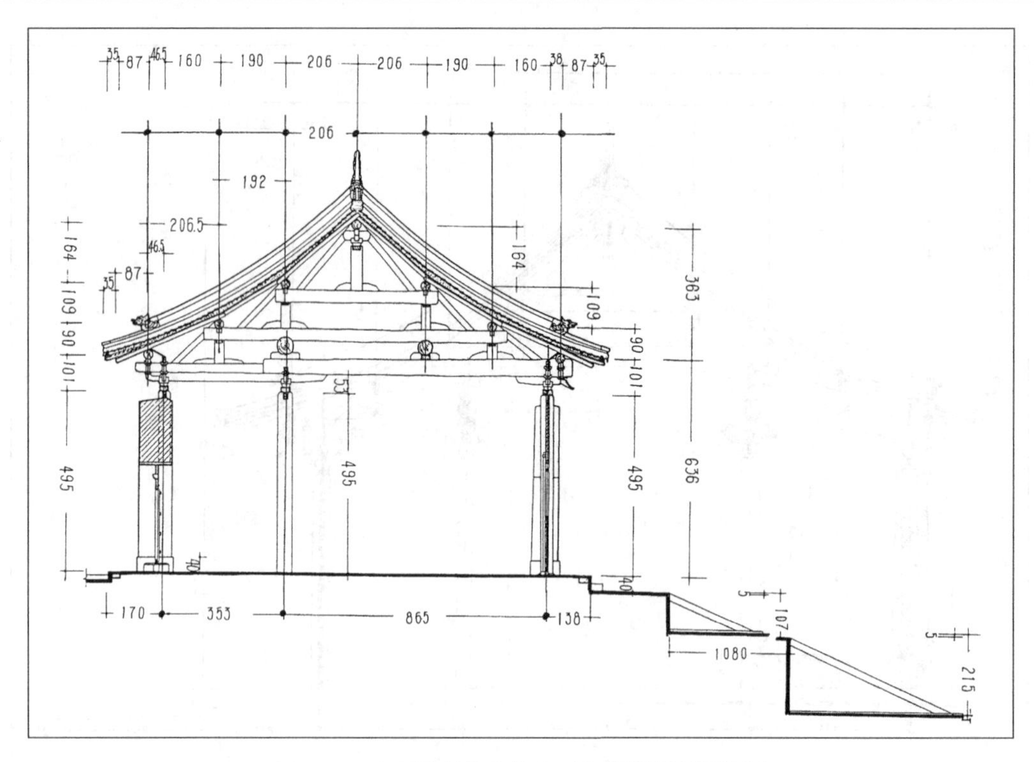

图 8-55　山西洪赵县广胜寺下寺前殿明间梁架图

柴泽俊等：洪洞广胜寺，图 42，文物出版社，2006 年

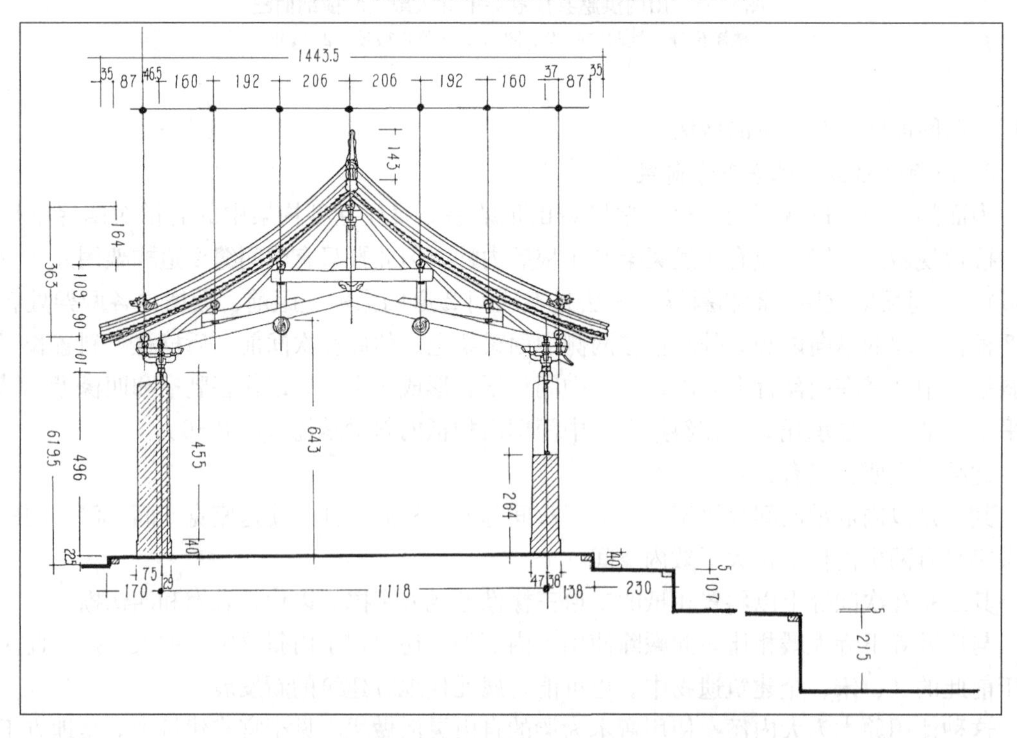

图 8-56　山西洪赵县广胜寺下寺前殿次间梁架图

柴泽俊等：洪洞广胜寺，图 41，文物出版社，2006 年

伐，造成木材来源紧张所致。

但我们如把视线放得更远些，考虑中国木结构早期发展的进程，也可以认为使用大跨度内额实与古代柱子纵向（即沿檩的方向）成列和横向（即沿梁的方向）不对位的纵架结构同一原理，而斜梁的使用也见于古代的纵架结构建筑中，因此，它是否也有可能是古代纵架结构在木材来源紧张的条件下的再现和发展，也是应该考虑的问题。

（三）南方建筑

1279 年元灭南宋后，对南方采取歧视和高压政策，且辽、金以来的北方建筑传统已先入为主地形成元之官式，故尽管南宋官式比北方成熟、先进，却只能转化为地方传统在江浙地区流传和发展。虽然它可以随着佛教东传日本，形成日本的“禅宗样”，却不再可能影响或溶入元之官式建筑。明朝建立后，在恢复和重建汉族文化传统的大前提下，建筑传统上也有意摒弃元官式而在南宋以来江浙地区汉族建筑传统的基础上发展出明官式建筑。南方的四川、云南地区较早为蒙古占领，故有一些北方建筑系统的影响掺入，但目前尚有待取得具体实测资料进行研究。

江南在南宋与蒙元对峙的 45 年期间没有建筑实物遗留下来，现存的五座都是元中后期的建筑，其中建于 1317 年的浙江武义延福寺大殿和建于 1320 年的上海真如寺大殿较有特色，把它们综合起来，可大体了解元代江浙地区建筑构架的概况。

元代闽粤地区仍延续北宋以来的传统，保持较强的地方特色。

1. 武义延福寺大殿

其概况已见前节。此殿构架为彻上露明造，梁栿均加工成月梁形。此殿构架的一个突出的特点是其跨度仅一椽的劄牵也做成弯曲度极大的月梁形，为前此所未见。这种形式的月梁除结构作用外，有很强的装饰性，以后流传于明、清时浙江一些民居巨宅中，形成浙江的地方特色。同时它还远传日本，出现于其“禅宗样”建筑中，日本称之为“海老虹梁”，为日本“禅宗样”建筑源于中国江、浙地区提供了物证（参阅图 8-49）。它的柱子用梭柱，则是古制之遗。

2. 上海真如寺大殿

构架由两道四椽栿与乳栿相连构成进深三跨十椽的歇山顶方殿，其形式为《营造法式》厅堂型草架侧样所不载，可暂称为“十架椽屋前四椽栿后乳栿用四柱”。它的乳栿、四椽栿、平梁均为月梁形，但只有前后檐各深二椽处和山面深一椽处为彻上露明造，其余部分均装有人字披和平綦。人字披设在明间中跨佛座上方的四椽栿平梁处，北坡为真屋椽，南坡为假椽。平綦则装在前檐三间和中跨的左右次间，各深二椽跨，从前、左、右三面环绕人字披，形成中高边低的顶棚，其上立草架柱子，形成屋顶构架。这种把草架用在厅堂型构架上的做法比苏州玄妙观三清殿在殿堂型构架上用草架又进了一步（参阅图 8-48），应属建筑构架的新发展。

这两座建筑还有一个共同特点，即都使用了顺栿串，一般用在后檐和两山乳栿之下，也有用在主梁四椽栿之下的，但没有像苏州玄妙观三清殿那样在所有柱头间全用的，这可能是殿堂、厅堂构架间之不同。顺栿串始见于北宋初的宁波保国寺，属五代时吴越建筑体系，以后虽载于《营造法式》，但不见于现存北方的辽、宋、金、元建筑，在明以前都属南方建筑独有的做法。顺栿串纵向布置，用在柱头之间，加强了内外柱间的连系，与横向布置的阑额结合，加强了柱网间的纵横向连系，大大增强了柱网的整体性和稳定性。

上述情况表明，在元代，北方的元官式和南方江浙地区由南宋官式转化的江浙地方传统是两个并行的建筑系统。元虽统一了全国，但在文化上，包括建筑，却没有能像隋唐和北宋初那样在统一基础上令南北交融，出现新风。

三 砖石结构

（一）砖结构

1. *砖拱券结构*

砖拱券结构自汉代已来都在使用，但跨度小，多用于墓室或水道等。从桂林南宋末摩崖石刻《靖江府修筑城池图》中可知，在南宋末年已出现用砖筒拱修建城门洞的做法，即出现了用于地上建筑的大跨度拱券，从图上所绘门洞多画两条线看，其券砖至少二重，或是一券一伏，这应是技术上的进步。但金元时北方却未必如此。从元大都的和义门门遗址和比它晚23年建于大德十一年（1307）的元中都城的城门仍为木构城门道的情况可以推知，元代都城城内仍用木构城门道，尚未出现用砖券砌造的城门洞之例。这现象表明，用大跨砖券造门洞，南方要早于北方。

从使用功能看，把城门洞由木构改为砖券主要是出于防火攻的需要。在南宋金元之际，基本情况是南宋处于守势，先后受到金和蒙古的攻击。史载，蒙军进攻金及南宋时都已使用了火药武器，故作为受到攻击的一方，南宋先发展出用砖券砌造的能防火攻的城门洞是可以理解的。元灭南宋后，下令南宋境内平毁各城市的城墙城门，在相当长时期内筑城技术受到扼制。到了元朝末年，发生大规模农民起义后，元廷又仓促下令全国各地重修城池以利防守，开始了重建城门、城墙的进程。这时连首都大都城新增建的瓮城的门洞也为了防火攻而舍弃木构，改用砖砌筒拱了，近年发现的和义门瓮城即其例。

元大都和义门瓮城的筒拱城门洞。1969年在拆除北京西直门箭楼时发现了包砌在其内的元大都和义门瓮城的城门。城门墩为土筑，外皮用砖包砌，底宽约11.6米，深约16米。中间辟门洞，宽4.62米，深9.92米，顶部为砖砌筒拱。门道筒拱由高低两段组成，面对城外一段宽2.4米的筒拱较低，高仅4.56米，其内一段长7.5米的筒拱高6.68米，在高低券相接处安装城门。门洞顶均由上下四层立砖砌的筒拱构成，逐层相压，其间不用平置的伏砖。① 且四层筒拱中只有最下一层半的券脚得到城墩侧壁砖墙的支持而起作用，上二层半落在夯土墩上，实际上徒增加负荷，并不能加强筒拱的承载能力。自汉唐以来砖筒拱已开始在券砖上平置伏砖以加强拱的整体性，也均令各层券脚落在砖墙上，而和义门瓮城却未能掌握这两点，这正是元代长期禁止造城导致这方面技术落后的反映（图8-57、图8-58）。

为防火攻，和义门瓮城门洞顶上城楼的前部相当于城门的上方处，在明间地面上镶有两个各凿有五孔的石制地漏，其下为砖砌水池，由池中引出砖砌水沟，经三个注水口向下通至木制城门的门额之上。遇敌火攻时，可以从城楼上注水灭火。这是目前所见最早的城门防火

① 徐苹芳，元大都的勘查和发掘，见：徐苹芳，中国历史考古学论丛，第165～167页，（台北）允晨文化实业有限公司，1995年。

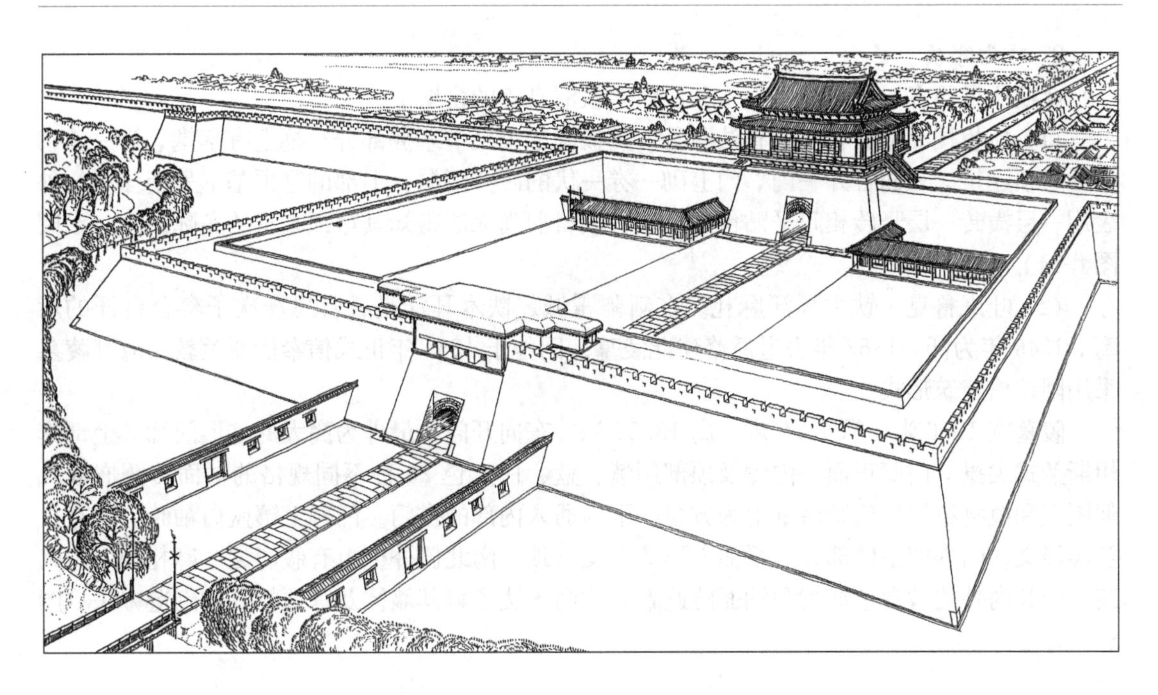

图 8-57 元大都和义门瓮城复原示意图

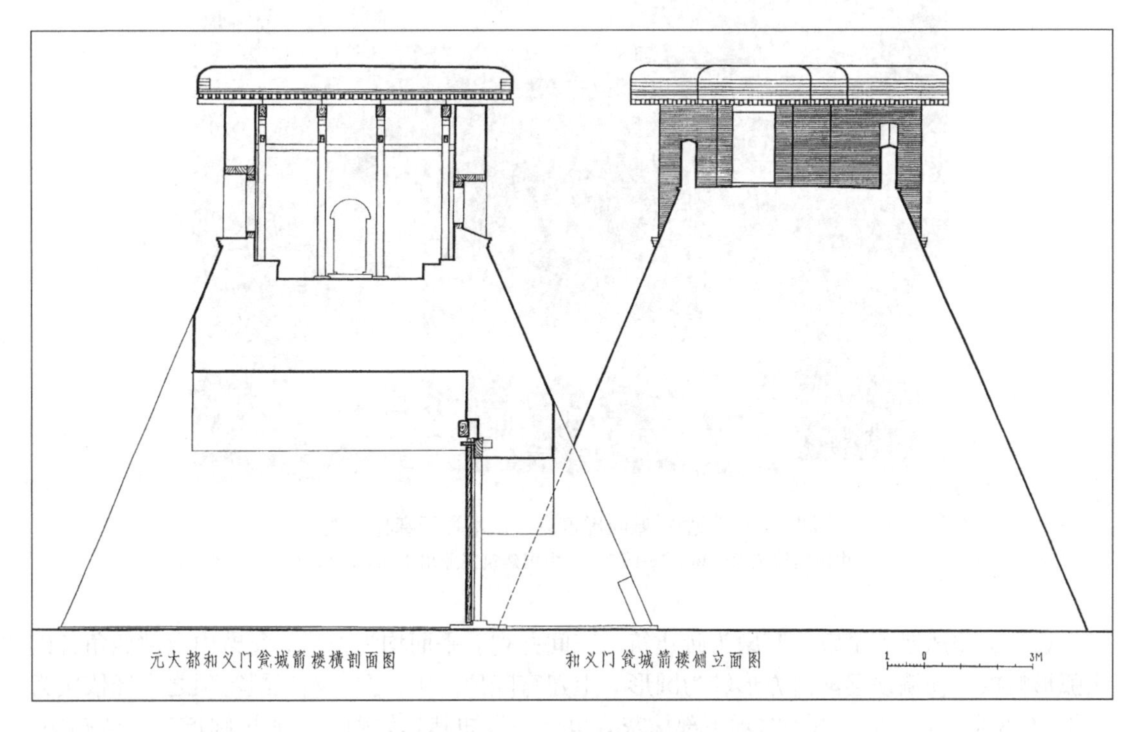

图 8-58 元大都和义门瓮城剖面示意图

攻设施。此法在明清以后延用，在福建永定客家族所筑圆形土楼的大门上方目前还可看到这种设施。

2. *砖砌穹顶*

此期所见不多，大多用于墓室和伊斯兰教清真寺的窑殿上。

（1）梳妆楼元墓。在河北省沽源县，其概况已见三节墓葬部分。墓上有享堂，为一砖砌方形穹顶建筑，三面各开一门，门上砌一券一伏的砖券门洞。上部的穹顶基本呈半球形，外表用一层横砖一层竖砖相间平贴包砌至顶，故目前尚无法得知其穹顶本身的实际砌法（参阅图 8-14）。

（2）吐虎鲁克·铁木耳汗麻札。在新疆霍城。铁木耳汗是成吉思汗次子察合台汗的后裔，1346 年为汗，1363 年去世后修建此陵墓。因他于 1354 年正式信奉伊斯兰教，故其陵墓采用阿拉伯建筑形式。

陵墓宽 10.6 米，深 15.8 米，高 13.35 米。东向开门，最外为高大的龛形门廊，上部作伊斯兰式尖拱，门廊正面、内侧及顶部用紫、蓝、白三色 26 种不同规格的釉面砖镶嵌成几何图案和植物纹样。门廊后壁上为方窗，下为通入内部的拱门。门额上镶蓝白釉砖，嵌有古兰经经文。门内即主体部分，平面方形，上覆穹顶，南北侧外壁上有假门龛。麻札均用砖砌筑，因其内外均被白色抹灰和釉面砖遮蔽，故尚无法了解其墙体及穹顶的具体砌造方法（图 8-59）。

图 8-59 新疆霍城吐虎鲁克·铁木耳汗麻札外观

中国建筑艺术全集，16-图 163，中国建筑工业出版社，2001 年

（3）杭州凤凰寺窑殿。窑殿为砖建筑，三间并列，平面均为方形，每殿内上部四角各砌出弧形帆拱，使墙顶逐渐由方形转为圆形，上建穹隆顶。中、左、右三殿穹顶之直径依次为 8 米、6.8 米、7.2 米。由于穹项下部抹灰，也无法得知其具体砌法，帆拱则近于叠涩砌法，用条砖砌的逐层加長并外挑的菱花牙子构成，与阿拉伯建筑中习见的蜂房形做法有异。

用三角形帆拱为过渡，把墙由方形转化为圆形，在其上建造圆形穹顶，是当时中亚波斯伊斯兰建筑常用的做法。这种做法我国在汉代也曾出现过，见于河南襄城县茨沟东汉墓（见第四章砖石拱壳部分），但汉以后即未再见使用。故此窑殿建穹顶使用帆拱可能是受伊斯兰建筑传统影响，但使用了中国式的叠涩做法。

3. *砖砌体*

元代所建体量最大的砖砌建筑是在大都和五台山所建的两座喇嘛塔，其高度和工程量都可反映出元代的砌造水平。

（1）释迦舍利灵通之塔。即今北京妙应寺白塔，建于元世祖至元十六年（1279）。通高50.9米。塔身最下为双重亚字形须弥座形基座，基座上为一巨大的圆形覆莲座，上加五重称为“金刚圈”的线脚，其上即为上大下小直径18.4米的覆钵形塔身，在塔身白灰皮之下隐约可见7圈很窄的凸痕，在早期照片中可看到是铁箍，当是后世加固塔身的措施。塔身之上又砌一亚字形小须弥座，座上砌由十三道“相轮”简化而来的呈圆锥形的“十三天”（俗称“塔脖子”）。十三天以上是由纵横排木构成的直径9.7米的圆形“天盘”，上覆铜瓦。天盘边缘装一圈下垂的镂花铜片为饰，下悬铃铎。天盘之上又置一高约5米的铜质鎏金微型喇嘛塔结顶，称“宝顶”。此类喇嘛塔之形制仍由天竺嘿堵坡演化而来，其主要组成部分未变，明显变化是抬高基座，并将半球形之坟山增高，改为上大下小之覆钵形，外轮廓由低平变为高耸。元僧祥迈说它“取军持之像”，“军持”即净瓶，很好地描写了塔身形象特点（参阅图8-18）。

此塔自基座至十三天，外表全部用砖砌成，但其内部未经探查，构造不详，仅在基部须弥座的上层挑出部分发现其内加有圆木以增加承托力。在夯土或砖砌体中加排木、挑梁以增强整体性或出挑能力，是中国古代传统做法。大量汉唐以来的夯土城墙和墩台都内加水平的“纴木”层以防崩塌，唐代长安荐福寺砖砌小雁塔在夯土基中加纵横向木梁以防不均匀沉陷，又在各层塔檐的转角处加顺角梁方向的水平木梁以加强出挑处之稳定。此塔的体量和高度在当时是空前的，尤其是上大下小的塔身，极易劈裂下坠，能历时七百余年，至今无地基走闪、砌体劈裂之病，相信必然是应用了这些传统的技术，只是目前我们尚无法查知它所采用的具体措施而已。此塔在明万历间李太后曾出资修缮，现天盘四周下坠之镂花铜片即修缮时重制。

（2）释迦文佛真身舍利宝塔。即五台县台怀镇塔院寺大塔，是元成宗大德五年（1301）阿尼哥所建，明万历间李太后曾出资大修。塔身用条砖砌成，外皮全部用顺砖砌成，每砌15层砖加砌一圈条石，共用6圈条石。可能现存塔身表面砖石是明万历间大修的结果，但其内部构造目前尚无法查知（图8-60）。

图8-60　山西五台山释迦文佛真身舍利宝塔外观
中国古建筑大系（6），佛教建筑，
图38，中国建筑工业出版社，1993年

二塔上部高大的“十三天”立在覆钵形塔身上，有很大的集中荷载，但历时七百余年未见下陷或崩裂之迹，据此情况推测，其内部即使不全用砖砌，至少也应是遇水湿不致膨胀塌落的灰土而不太可能全部使用夯土，而且很可能也使用了在筑城中防止崩塌的纴木。

（二）石结构

1. *石拱券*

此期大型石拱券主要用于桥和城门洞，大多为并列筒壳，其石块随券洞略呈弧形，下举之阳和楼门洞即其例。

正定阳和楼。在河北省正定市南门内南大街，为跨街而建的城楼，其下为巨大的用砖包砌的城门墩，中间主墩宽约 37 米，深约 19 米，左右各有一长约 15 米的翼墩。主墩下开有两个城门洞，其内未设城门。城墩四面有很大的收分，城门洞上方则自墩顶向下改为垂直的壁面，与元大都和义门瓮城的形制相同。主墩上建有面阔 7 间、进深 3 间 6 椽歇山顶的城楼，构架为厅堂型之“六架椽屋乳栿对四椽栿用三柱”，即阳和楼（图 8-61）。[①]

图 8-61　河北正定阳和楼外观

中国古建筑图典（第一卷），北京出版社，1999 年，第 38 页

此楼在元人迺贤的《河朔访古记》记载说：“真定路之南门曰阳和，其门颇完固，上建楼橹，以为真定帑藏之巨盈库也。下作双门而无枨臬，通过而已。”所记与此门情况相合，可证即元代遗物。据唐、宋旧制，路、州、府级城市子城之正门下开二门，俗称“双门”。此门为元真定路之南门，故依制建成双门，其上巨大的城楼阳和楼用为元真定路之仓库。

此楼下的门洞下层为石砌的并列筒券，券石厚而长，随券洞曲线凿成圆弧形，石券之上再砌三层砖券。这种石券上加砖券的做法曾见于汉墓，因其非结构之必需，后世早已不用。它出现在阳和楼，应是当时对砖石砌城门洞的技术尚不充分掌握的反映。

阳和楼是元代用砖石所造券洞城门中最大一例，可惜在 20 世纪中叶被毁，以致无法作进一步探讨。

① 梁思成，正定调查记略，载：梁思成文集（一），中国建筑工业出版社，1982 年，第 210～216 页。

2. *石构筑物*

现存元代所建石构建筑较少，多为佛塔，以居庸关云台体量巨大、工程复杂、为最重要。元代在昆明还曾建有石砌金刚宝座塔，可惜现存者为明代重建，只能据以得知元代已建有此类型之塔而已。现存还有几座元代石造喇嘛塔，如镇江云台山过街塔和武昌蛇山胜像宝塔等，但体量较小，介于雕刻和建筑物之间。

(1) 居庸关云台。在北京居庸关，建于元顺帝至正二年（1342），其概况已见前节宗教建筑部分。现状只存一城门墩台，为过街塔下之基座，用大块条石砌成，四壁收坡，底部宽26.84米，深17.57米，顶面宽25.21米，深12.9米，高9.5米。各层石块的高度不尽相同，杂以巨石，但壁面内收坡的坡度一律，整体轮廓规整，颇为壮伟，表现出很高的施工和雕刻水平，是现存元代所建最大的石构筑物。在墩台上原建有三座石喇嘛塔，现已不存。

云台正中开一门洞，宽6.32米，两侧壁陡直，上部按当时木构城门洞的形式，做成中间平两侧斜的梯形，但其下未表现梁架。门洞上部的平顶和两边斜坡与直壁砌法相同，均用条石顺门道方向成行砌成，行间各石块互相错缝，形成平整的壁面和顶面。其平顶部分由11行石块组成，宛如悬挂，从工程角度看，必然需要有特殊的固定措施才能稳定并保持六百余年不下垂或歪闪，但目前只能从外部作无创伤观察，尚未能查知它所使用的方法（参见图8-19）。

图8-62　江苏镇江台山元代过街塔
梵宫-中国佛教建筑艺术，
图42，上海辞书出版社，2006年

(2) 镇江石造过街塔。为元末所建，下用石柱和顶板建一跨街的城门墩式塔基，中间形成一梯形顶的门洞以通往来。其上建一喇嘛塔，塔高4.69米，其形制与北京妙应寺白塔相同。由于体积小，各部均用青石雕成，然后叠合为塔，故亦可视为建筑雕刻（图8-62）。

四　建筑施工

有关元代建筑施工，只能从文件中大体知道官府所属施工机构工匠的来源和大体上有若干工种等，具体施工组织及民间建筑施工情况等史料遗存极少。

（一）工匠

1. *国家直属施工机构和工种*

大都留守司和上都留守司内都设有修内司和祗应司。修内司，掌修建宫殿及大都造作等事，下设大木局、小木局、泥厦局、竹作局等，至元间（1264～1294）大都留守司辖工匠1272户。祗应司是在至元间建两京殿宇时设置，下设油漆局、画局、销金局、裱褙局等，有工匠700户。据局名，這些局分管建筑业中的大木作、小木作、泥作、竹作、髹漆作、彩画作、装銮作、裱褙作等各专业工种和供应彩画作使用的制作金箔的专门机构，包括制做和施工。从两司内所设置的局不同看，修内司似以建造房屋为主，而祗应司似以进行房屋的内外装修、装饰为主。这是由政府控制的专业施工组织，拥有大量专业匠户。

2. 临时征发与和雇的工匠和民夫

在大型工程建设中，官府所掌握的工匠只是骨干，大量的民间工匠和民夫是主要力量。蒙元初期多在战争中掳掠大量工匠从事各种手工艺，包括建筑活动，贵族和大将也都掠有自己的工匠。官府还遇事临时强征工匠民夫，不应役者则派人搜索捉拿，都近于强迫奴役，这在修建大都城及宫殿的史料中有明确记载。

（元）魏初：《青崖集》卷四奏议中说：“窃见大都修建宫阙合用诸色人匠，每年逐旋于随路桩要，至有逃避隐匿，烦劳有司勾捉，不惟失误造作，恐积久民力不胜烦扰之弊。今来参详，合无于各处取会诸色人匠见数，依和雇之例，以理给付工价，利之所在，人将趋赴……”这是建大都时大量无偿征调各地工匠民夫劳役甚至搜捕逃避者的情况。

在建大都时还强征大都本地的百姓服役，奏议中说：“乃者近余年间，其（大都）赋役科差比之外方更为烦重，每岁除包银、丝料课程税粮外，略于总管府各科分取问得，打造石材、般载木植及一切营造等处，不下一百五六十万工。和买秆草、烧草又不下数十百万束，料粟不下数十万石，车具不下数千余辆，其余杂细不能缕数也。”奏议又说：“目今大都供役人夫，虽支盐、粮、工价，实于农务有所妨夺。人户有虑妨岁计，除各得工价盐粮外，更贴钞或一钱或一钱有零雇觅人夫替代。”这表明开始建大都时征调本地民夫也是只付给不抵所劳的低值，农民为了不妨农时，往往要贴钱雇人代为服役的情况。

3. 匠户

忽必烈建立元朝以后，曾将其大量俘获民夫中一部分有技艺者确认为工匠，又公开招募工匠，将这些工匠隶属于若干官办的局。这些工匠以后又成为世袭的匠户，子孙也不得改业，其中也包括建筑工匠。上文所记大都留守司辖工匠1272户、祗应司有工匠700户是其例。

4. 军匠

元代还大量使用军工从事建筑施工，《元史》卷36百官二及卷99兵二均载，枢密院设有武卫亲军都指挥使司，其职能是“掌修治城隍及京师内外工役，兼大都屯田等事”。总一万人左右，是从事修建和屯田的军工。修大都、上都及佛寺等均有大量使用军工的记载。如《元史》卷16载至元二十七年（1290）“发虎贲更休士二千人赴上都修城”，“发六卫汉军万人伐木为修城具。”卷22载至大元年（1308）“敕枢密院发六卫军万八千五百人，供旺兀察都（中都）建宫工役。”在卷23有至大三年“立管领军匠千户所，割左都威卫军匠八百隶之，备兴圣宫营缮”的记载，可知在军队中也有从事建筑工程的专业军匠。

（二）用工量

宋《营造法式》有工限，记诸工种用工的定额。元代无此方面完整资料遗存下来，只有个别建筑记有用工量，可备参考。

从元《经世大典·治典》中抄出的官制十则中记有个别建筑的用料和工量如下：

至大四年大司农司添建西架阁库三间，在记载用料之后[1]，记用“木工一百七十四，泥工一百七十四，夫工三百七十九。”

又建东架阁库三间，在记载用料之后，记用“木匠一百九十二，泥工二百一十，夫工三百九十。”

所谓“夫工”即《营造法式》卷16壕寨工限“诸供作工”中的“供作工”，是非专业的壮工。木匠、泥工等即《营造法式》中的“本工”，是专业工。从上举二例可知，夫工用工量为专业工的1.1～0.97倍，平均近于1∶1。比起《营造法式》所载结瓦、泥作、砖作等“本作一功，供作各二功”的比例要低，这可能在一定程度上反映此时施工能力较宋代有所提高。

五　建筑著作

（一）《元内府宫殿制作》

在《四书全书总目》卷84中“史部・政书类・存目二”著录此书，云出于《永乐大典》。提要说：“不著撰人名氏。所记元代门廊宫殿制作甚详，而其辞鄙俚冗赘，不类文士之所为。疑当时营缮曹司私相传授之本也。”据此，当是主管工程部门的技术文件或档案，然只列存目而未收入《四库全书》。四库存目之书在《四库全书》编成后保存在翰林院，以后管理不善，陆续遭到盗窃，盗窃之余者毁于1900年的八国联军入侵，以致此项极重要的元代建筑史料得而复失，至为可惜。

（二）《梓人遗制》

（元）薛景石撰。其部分文字录入《永乐大典》，早已残损，仅小部分残存在卷18 245匠字及卷3518门字册中。匠字册最先发现，前有中统癸亥（4年，1263）段成已序，说现今木工为两部分，匠为大，梓为小，“大者以审曲面势为良，小者以雕文刻缕为工”，据周礼郑注对“审曲面势”的解释，“匠”为大木作工匠，则“以雕文刻缕为工”的“梓”指小木作工匠。此书名《梓人遗制》，故是讲小木作的专著。在匠字中只著录了制做木车及木织机等7种，并附有图。但近年发现的门字册中标明引自《梓人遗制》的有格子门（图8-63）、版门（图8-64），内容都是分“用料”和“功限”两部分，也附以图，与匠字卷记车及织机部分的体例全同，可知《梓人遗制》是一部包括建筑小木作在内的讲小木作的专著。其版门之种类与《营造法式》所载相近，而格子门则远较《营造法式》所载为详。

格子门部分云“与李诫《法式》内版门、软门大同而小异。”但附图所载格子的品种有34种，均为《营造法式》格子门部分所不载。其图案有方胜、万字、龟背、艾叶、菱花、满天星、聚六星等，或单用或组合。其组合形式或正或斜、或单用或双用、或嵌合子，颇为复杂。其腰华版上雕刻和障水版上的壸门牙子也有多种式样。这表明此书虽与宋《营造法式》有继承关系，但金元以来格子门的装饰图案已远较北宋《营造法式》所载丰富。繁复的格子图案又可表明当时的细木工艺较前代又有巨大的发展。

---

[1] 全文详见第五节工程管理机构部分。

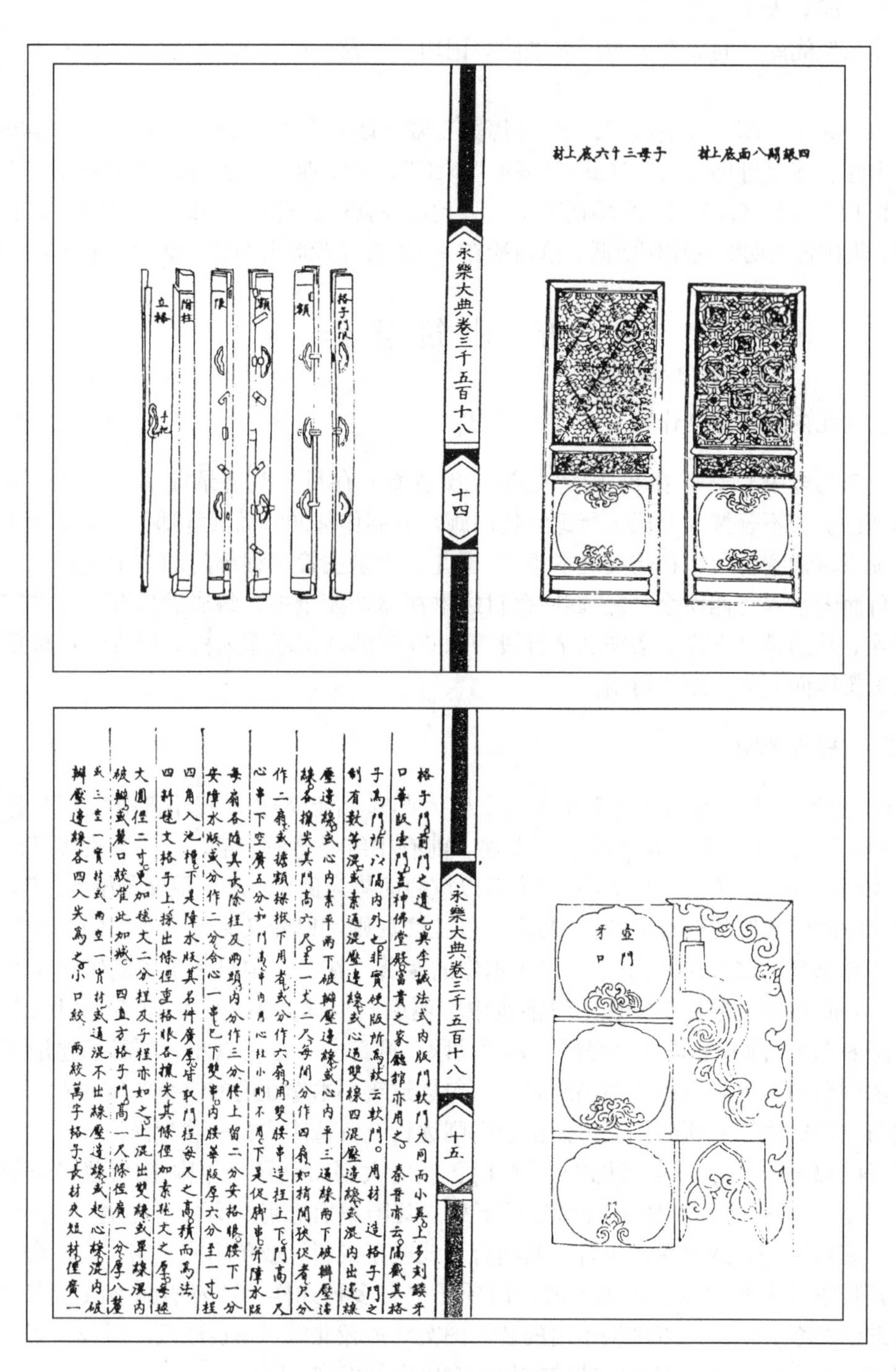
永樂大典卷三千五百十八　十四

永樂大典卷三千五百十八　十五

格子門前門之遺也，與李誡法式内版門軟門大同而小異，上多刻鏤牙
口華版壺門，蓋神佛堂殿富貴之家[illegible]館亦用之。春晉亦云：隔截其格
子為門，所以隔内外也，非實硬版所為，故云軟門。用材造格子門之
制有數等：混武素通混壓邊線武心通雙線四混壓邊線武混内出邊線
壓邊線武心内素平兩下破瓣壓邊線武心内平三通線兩下破瓣壓邊
線各攛尖。其門高六尺至一丈二尺，每間分作四扇，如梢間狹促者，只分
作二扇，武據額，採栿下用者，武分作六扇，用雙腰串造，桯上下門高一尺
心串下空廣五分。如門高，串内用心柱；小則不用，下是促脚串，并障水版
每扇各隨其長，除桯及兩頰内分作三分，樓上留二分安格眼，腰下一分
安障水版，武分作二分，合心一串已下雙串，内腰華版厚六分至一寸，桯
四角入池槽，下是障水版，其名件廣厚，皆取門桯，每尺之高，積而為法。
四料毬文格子上採出條桱重格眼，各攛尖，其條桱加素毬文之厚，每毬
大圓徑二寸，更加毬大二分，桯及子桯亦如之，上混出雙線武單線混内
破瓣，武叢口紋，准此加減。四直方格子門高一尺，條桱廣一分，厚八釐
武三空一實，桯武兩空一實，桯武通混不出線，壓邊線武起心線混内破
瓣壓邊線各四入尖，為之小口紋，兩紋萬字格子，長材夾短材，桯廣一

图 8-63　《梓人遗制》中格子门及附图

《永乐大典》卷 3518 所收

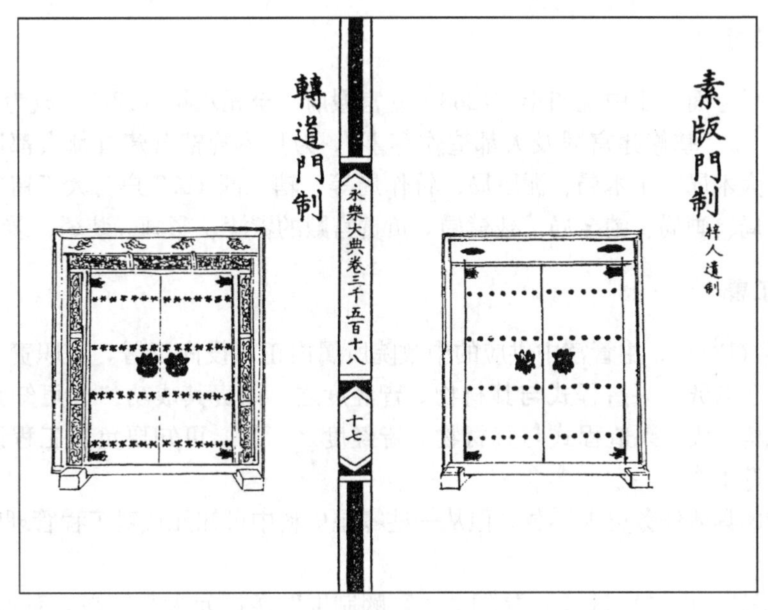

图 8-64　《梓人遗制》中版门及附图
《永乐大典》卷 3518 所收

第五节　工程管理机构、工官

一　工程管理机构

元代的工程管理机构颇为庞杂，且多次变易，据《元史》所载，中央行政系统主要为工部，宫廷所属系统主要为宫殿府，后转归大都路留守司的修内司。前代传统的建筑机构将作院却只从事宫廷豪华用品的制做，而基本不再参与建筑事务。尽管史书所载较简略，但从现存《大元仓库记》、《大元官制杂记》等片段文献看，当时有很精密的管理制度。

（一）工部

元朝于中统元年（1260）在中书省内以吏、户、礼为左三部，兵、刑、工为右三部，至元元年（1264）工部始独立为一部，其职司为“掌天下营造百工之政令。凡城池之修浚，土木之缮葺，材物之给受，工匠之程式，诠注局院司匠之官，悉以任之”，[①] 是主管全国工程建设的部门。其主要机构诸色人匠总管府下属之石局、木局、油漆局均为直接有关建筑工程者。据“掌天下营造百工之政令……”等语，可知是负责制定建筑的法令、制度、规范并主管重大工程的行政机构。《元史》载，元贞元年（1295）“闰四月丙午，为皇太后建佛寺于五台山，以前工部尚书涅只为将作院使，领工部事；燕南河北道肃政廉访使宋德柔为工部尚书，董其役。”是工部主持重大工程之例。[②]

---

① 《元史》卷 85，百官志一，工部条。中华书局标点本⑦，1987 年，第 2143～2145 页。
② 《元史》卷 18，成宗一，元贞元年闰四月条。中华书局标点本②，1987 年，第 392～393 页。

（二）修内司

在都城建设方面，于中统四年（1263）立宫殿府，至元八年（1271）改为修内司，隶属于大都留守司①，“掌修建宫殿及大都造作等事”，为具体管辖营建首都大都城及宫殿的机构。其内设有大木局、小木局、泥厦局、竹作局等，辖工匠1272户。大都留守司又有祗应司，下设油漆局、画局、销金局、裱褙局，负责宫殿的髹漆、彩画、装鎏、装裱等工程。②

（三）尚工署

皇庆元年（1312），主管宫中供应的中政院所属内正司设尚工署，其职责为“掌营缮杂作之役，凡百工名数，兴造程式与其材物，皆经度之，而责其成功。”③ 可知是负责宫中建造与修缮的机构。从“兴造程式与其材物，皆经度之”句，可知要负责工程设计、工料预算、工程验收等工作。

上述机构的具体任务史未详载，但从一些零星史料中可知元代对工程管理颇为精密，举例如下：

（元）陶宗仪《南村辍耕录》卷21，“宫阙制度”条记元大都宫殿，对各主要门、殿、楼、阁都详记其面阔、进深、高度的尺寸。（已引用于大都宫殿部分。）其后所附虞集跋说，此条出于将作所为修《经世大典》提供的资料，可知元代工程主管机构对宫殿规制有很详细的记载。

前已述及，《四库全书总目》政书类存目二载有《元内府宫殿制作》一卷，出自当时的工程档案，是记载元代宫殿建筑的最重要史料。

《大元官制杂记》传钞自《永乐大典》，其中“大司农司”条记至大四年（1311）建西架阁库（档案库）三间用料如下：“凡用赤栝木方三十一，檩五十，椽二百六十二，条砖三万八千五百，板瓦五千五百五十，连沟瓦三百七十，压檐尺六砖一百五十，副沟四百五十，脊条二千五百，改样磨砖二百五十，猫头瓦十五，挂当一百二十副，长短重唇一百副，石灰二万五千斤，青灰二百斤，麻刀十三称（秤），穰草五十七束，苇箔七十，大、小钉一千六百二十四，门钹曲戍环八副，肘叶四，平盖钉三十六，木工一百七十四，泥工一百七十四，工夫三百七十九。”④从所记用料品种数量竟细致到计及瓦当、门钹、门钉、肘叶和大小钉子数量看，当是出于竣工验收报销数据，表明当时工程的预算、决算工作已很精细。大司农司的工程应属工部管辖，此文很可能出自工部的档案。此外，同样传钞自《永乐大典》的《大元仓库记》也保存了类似的工料记录，可供参考。⑤

---

①《大元官制杂记》修内司条。仓圣明智大学刊《广仓学窘丛书》本叶11上、下。

②《元史》卷90，百官志六，修内司条。中华书局标点本⑧，1987年，第2278页。

③《元史》卷88，百官志四，中政院条。中华书局标点本⑦，1987年，第2230～2231页。

④《大元官制杂记》大司农司条。仓圣明智大学刊《广仓学窘丛书》本叶3下。

⑤《大元仓库记》在京诸仓条记有仓库10间用料数字如下：“檐柱高一丈二尺，檩长一丈四尺，八椽。”并详记每十间用料数字云：“每十间用物：赤栝檩五百四十，赤栝方二百五十，椽一千七百三十四，板瓦三万四千七百六十，条砖六万八千一百三十九，重唇三百三十六副，合脊连勾一千一十六副，沟六百七十七，穰子五百三十三称（秤），箔子四百一十四，石灰二万二千六百六十四斤，麻刀六百二斤，紫胶一十斤，煤子四十斤，石础五十五，竹雀眼二十四片，五五寸钉八千一百六十二，六寸钉三百五十六，三寸钉四千五百四十七，寸钉四百八，寸锡子一百。”也应出自验收档案。仓圣明智大学刊《广仓学窘丛书》本叶1上、下。

从上举诸例可以推知，元代工程管理机构应有一套很严格的工程管理办法和规章，并积累完整的档案，以适应修筑城池，建造宫殿、寺观、官署、仓库等的大量工程。又，元代的建筑工程管理制度源于金和北宋，故很可能金、北宋时官方已有此制度，但史料缺失，现在已无法知其全貌了。

二　建筑制度

历朝史书大都在舆服部分附记简略的建筑等级制度，但《元史》中无此记载。然而从《南村辍耕录》“宫阙制度”和《元典章》卷59（工部·造作）所载，却可看到宫殿和官署存在着等级差异。但限于史料，一般居宅的等级差别目前尚需做进一步的探索。

（一）宫殿等级差异

通过《南村辍耕录》“宫阙制度”的记载，可以看到不同的门殿在间数上有明显的差异[①]，试举大明殿、延春阁、光天殿、兴圣殿四组宫中主殿比较如下：

正殿：　大内大明殿——十一间。　延春阁——九间。
　　　　隆福宫光天殿——七间。　兴圣宫兴圣殿——七间。

殿庭正门：
　　　　大内大明门——七间。　延春门——五间。
　　　　隆福宫光天门——五间。　兴圣宫兴圣门——五间。

殿庭东西门：
　　　　大明殿东西庑凤仪门、瑞麟门——五间。
　　　　延春阁东西庑景耀门、清灏门——三间。
　　　　光天殿东西庑青阳门、明晖门——三间。
　　　　兴圣殿东西庑弘庆门、宣则门——三间

从上举四组宫殿的殿、门的面阔可以看到，它们虽都是所在宫中的主殿，但其相应的殿、门却在间数上存在差异。

同为主殿，皇帝为面阔十一间，皇后为面阔九间，太后为面阔七间。

同为主殿院正门，皇帝为面阔七间，皇后、皇太后为面阔五间。

同为主殿院东西门，皇帝为面阔五间，皇后、皇太后为面阔三间。

这表明，在宫廷建筑中，存在着皇帝、皇后、皇太后三个明显的级差。至于妃嫔所居，从兴圣宫的东西鹿（盝）顶殿和妃嫔院可知，一般是面阔五间或面阔三间左右夹室各两间，规格又低很多了。故尽管元代宫殿建筑的等级规定没有流传下来，但我们可以根据上述分析推知它是存在的。

（二）官署等级差异

元代中央官署的情况已见第二节官署部分，正厅最高规格为面阔五间的工字厅，由周庑围成的主院落。其下的附属职能官署各为一院，正厅面阔只能三间，附在主院左右，形成廊

① 陶宗仪，南村辍耕录，卷21，宫阙制度，中华书局，元明史料笔记丛刊，1959年，第250～257页。

院式布局。

元代地方官署的规制，据《元典章·工部·造作·公廨》所载，府衙正厅及东西司房各5间；州衙正厅三间两耳，东西司房各3间；县衙同州衙，但无两耳房。①

据此可知元代官署建筑有明确的等级差异，最高规格为正厅五间加左右两耳房。

三　工官及关心建筑之官吏、文士

（一）刘秉忠

河北邢州人，初名侃，先世仕于辽、金，母亡后祝发为僧，名子聪，为官后还俗，改名秉忠。他读书广博，精通世务，被海云和尚荐给时为藩王的忽必烈后，提出减赋役，防止官吏残民自利，鼓励百姓务农桑、营产业，尊孔、兴学等建议，对稳定蒙古统治下的北方汉地局势有一定作用，大受信任。中统元年，忽必烈即位后，刘秉忠提出“采祖宗旧典，参以古制之宜于今者”的若干建议，即在保持蒙古统治特权的前提下，尽可能利用汉法治理汉地。他熟悉传统的典章制度，在元立国之初制定了整套的行政建制和朝廷礼仪制度，稳定和巩固了元初的政权。甚至定国号为元也是刘秉忠的建议。

在确定元代的都城、宫殿规制上，刘秉忠起了重要作用。蒙古宪宗六年（1256）建开平城，元世祖至元四年（1267）建新都大都，其城市布局，宫殿宗庙形制都是在刘秉忠主持下确定的。②他进行大都城规划所参考的是金中都和金南京（北宋汴梁），但这二座城都是由旧州城改建成的，布局受到一些限制，而大都是在平野上创建的，故可以参考二城的特点规划得更为完善和条理化，遂成为中国历史上唯一一座按完整规划平地创建的街巷制都城。它与上述二都城不同，把宫城建在部城南半部，则是为了满足蒙古“逐水草而居”的传统，使宫城西临位于城南半部的太液池的缘故。大都宫殿也主要是参照金中都宫殿的规制，只是结合元朝“帝后并尊”的特点，把皇帝、皇后的主宫建得规模基本相等而已。

刘秉忠先世仕于辽、金，属于元代的“北人”，传承的是北方文化，故规划都城、宫殿主要参考金代，而兼顾宫城临水和帝后并尊等蒙古习俗则表明他通达世务不拘泥古制的优点。

（二）也黑迭尔

也黑迭尔，元人文集中又译作伊克德勒，阿拉伯人，是元世祖忽必烈为藩王时的旧臣，忽必烈即位后，日渐重用，于至元三年八月受命主持修建大都宫室。（元）欧阳玄为其子玛哈穆特实克撰“元赠效忠宣力功臣太傅开府仪同三司上柱国追封赵国公谥忠靖玛哈穆特实克碑”称：“伊克德勒受任劳勩，夙夜不遑，心讲目算，指授肱麾，咸有成画。……魏阙端门，

① 《大元圣政国朝典章》卷59，工部卷二·造作二，公廨，随处廨宇云：“尚书右三部呈奉到都堂钧旨，送本部拟定随路州府司县合设廨宇间座数目：总府廨宇，正厅一座，五间七檩六椽。司房东西各五间，五檩四椽。门楼一座，三檩两椽。州廨宇，正厅一座，五檩四椽。并两耳房各一间。司房东西各三间，三檩两椽。县廨宇，厅无耳房，余同州。”据日本影印故宫博物院藏元刊本。

② 《元史》卷157，刘秉忠传：“初，帝命秉忠相地于桓州东滦水北，建城郭于龙冈，三年而毕，名曰开平。继升为上都，而以燕为中都。四年，又命秉忠筑中都城，始建宗庙、宫室。八年奏建国号曰大元，而以中都为大都。他如颁章服、举朝仪、给俸禄、定官制，皆自秉忠发之，为一代成宪。”中华书局标点本⑫，1987年，第3693～3694页。

正朝路寝，便殿掖庭，承明之署，受釐之祠，宿衞之舍，衣食器御，百执事臣之居，以及池塘苑囿，游观之所，崇楼阿阁，缦庑飞簷具以法。…功成落之，䞉赏称首。”碑文又说同年十二月受命与光禄大夫张公柔、工部尚书叚天祐同行工部事，修筑宫城，“乃具畚锸，乃树桢榦，伐石运甓，缩版覆篑，兆人子来，厥基阜崇，厥址矩方，其直引绳，其坚凝金，又大称旨。自是宠遇日隆而筋力老矣。”大约宫城建成不久也黑迭尔即年老去世。

从碑文中“心讲目算，指授肱麾，咸有成画”，和所主持建造的宫室“具以法”的说法，结合史载大都宫室实况，可知他虽是阿拉伯人，但所建大都宫城是在刘秉忠确定大的布置原则后，由他结合中国传统宫室法度和传统技术有计划地实施的。①

（三）阿尼哥

尼泊尔人，中统初（1260）应征至吐蕃修黄金塔，为帝师八思巴所赏识，度为僧徒，事后荐于元世祖忽必烈。至元二年（1265）以补针灸铜人为忽必烈所激赏，委以重任。至元八年（1271）主持建护国仁王寺及万安寺释迦通灵宝塔（今妙应寺白塔）。至元十年（1273）主管诸色人匠总管府。至元十一年（1274）建上都乾元寺。至元十五年（1278）命还俗，授大司徒，兼领将作院。至元十六年（1279）圣寿万安寺塔建成，受忽必烈重赏。以后又陆续建城南寺、兴教寺等。元成宗元贞元年（1295）建京师三皇庙及五台山万圣祐国寺，大德五年（1301）建浮图于五台（今五台塔院寺大塔），大德八年（1304）建东花园寺，大德九年（1305）建圣寿万宁寺。大德十年（1306）死于大都，年六十二。平生所建主要建筑包括三座塔（大都及五台两座喇嘛塔）、九座大寺、二座祠祀、一座道宫，几乎元世祖及成宗前期主要的大型工程大半为阿尼哥所主持。他还精于制造工艺，至元二十八年（1291）创制浑天仪及司天器物。又织造忽必烈及故太子真金的缂丝像悬于大圣寿万安寺的世祖和裕宗两座影堂中。②

① 元·欧阳玄《圭斋文集》卷9，元赠效忠宣力功臣太傅开府仪同三司上柱国追封赵国公谥忠靖玛哈穆特实克碑。上海人民出版社电子版文渊阁《四库全书》本。

②《元史》卷203，方技，阿尼哥传，中华书局标点本⑮，1987年，第4545页。参见（元）程钜夫《雪楼集》卷7，凉国敏慧公神道碑。上海人民出版社电子版文渊阁《四库全书》本。

第九章　明代建筑

第一节　概　　说

明的建立结束了宋、辽、金、元四朝历时近四百年分裂对峙和非汉族政权统治的历史，成为唐以后460年来唯一的汉族建立的统一全国的政权，立国之初，气象振奋，开始重整政权架构，在传统汉族文化基础上重建一代制度，巩固统一，发展经济，成为继汉唐以后中国历史上第三个强盛王朝。明建国时所倚重的文臣多是江浙的文士，所继承的主要是南宋以来的江浙文化传统，视北方辽、金、元以来的典章制度为非正统，故明建立后，在建筑上废弃北宋、辽、金以来以中原和北方建筑传统为基础所形成的元官式，以南宋以来汉族在江南形成的建筑传统为主体，逐渐形成明官式。明初定都南京，主要用苏州工匠修建宫殿，故明初建都南京时形成的官式是在南宋以来江浙地方传统的基础上加以规范化、典雅化而形成的。明永乐帝拆毁元宫，以南方工匠为主，基本按南京宫殿形制修建北京宫殿，明初的南京官式遂北传并逐渐发展为北京的明官式。这是继隋唐初、北宋初以后较先进的南方建筑第三次向北方传播，又一次形成一代新风，是古代南北交融促进建筑发展的大事。这样，在北方金元建筑中所含蕴的北宋官式遗风自此逐渐减弱乃至消失。明代创建的都城北京及其中的宫殿、坛庙、官署，既继承传统，又有创新，经清代沿用，并加以发展，留存至今，成为中国古代二千余年来经历十余个王朝后唯一保存下的基本完整的都城和大量多种类型的建筑文化遗产，极富历史、文化和科学技术价值。

明代地方经济有较大发展，原有遭元代破坏的城市和农村逐步得到恢复和发展，新出现了很多地方城市和大型集镇，地方建筑特点日益突显，形成地方流派，如北方的冀、晋、鲁、豫，西北地区的陕、甘、宁，西南地区的川、贵、滇、青、藏，江南地区的江、浙、皖，中南地区的湘、鄂、川，东南沿海的闽、粤、桂，都独树一帜，各具特色。明代商业发展，其中山西、徽州尤以钱庄和木材业最为发达，被称为“西贾”、“徽商”。他们经商积累大量财富后，多在家乡购地建住宅、祠堂，故安徽的徽州地区和山西晋中、晋东南等地都以住宅精美著称。有些明代住宅甚至是成群组保存下来的，五十年来陆续有所发现，如安徽歙县、屯溪、绩溪等地的明代民居群和相关的祠堂，山西襄汾丁村等地的明代民居群，江西景德镇明代民居群，以及山东曲阜孔府、浙江东阳卢宅、吴县东山明代大宅、广东潮州许驸马府等巨邸。这反映出明代地方经济、文化发展，建筑业兴盛，形成多种独特地方建筑传统的盛况。

在建筑方面，明官式建筑是继宋官式以后又一个完整、成熟、稳定的建筑体系，而明代大量的地方建筑则形成了多种流派百花齐放的盛况，其影响至今犹在。因此，也可以认为和汉、唐、明在历史上被认为是三个强盛的中央集权王朝相应，明代也可以和汉、唐二代并列，成为在建筑上有突出成就的三个王朝之一。下面分类介绍此期在建筑方面取得的成就。

第二节 建筑概况

一 城 市

明代在元代大肆破坏南方城市之后，大力恢复，出现了城市建设大发展时期。除建设南京、北京两座巨大的都城外，各地的大、中、小城市都得到恢复和发展。据《明史·地理志》载，有明一代的城市有都城 2、府 140、州 193、县 1138，羁縻府州县 72，共有大小城市 1545 座。大城市多在原有基础上发展完善，如苏州、杭州、扬州、广州、成都、西安等，又出现了很多中小城市。明代制砖手工业有很大发展，故除大城市外，很多中小城市的城墙也用砖包砌，建造城楼，城内也建较雄壮的钟鼓楼，形成优美的城市立体轮廓，这是超越前代的。

（一）都城

明代先后有南京、北京两个都城，是分别在元代的集庆路和大都城的基础上改建成的。明初还曾在安徽凤阳建中都，是平地创建的，但在即将建成时放弃，以后逐渐废毁。三座都城都在一定程度上反映了当时的规划意图和工程技术水平。

1. *南京*

南京古称建康或金陵，元代称集庆路，元至正十六年（1356）为朱元璋军占领后，改称应天府。元至正二十六年（1366）开始在此拓展城垣，建宫室、坛庙。南京是六朝故都，唐宋以来为江南重镇，受原有城区和当时的政治、经济条件的限制，新建宫殿只能寻觅较空旷之地，遂在东侧北倚钟山余脉填燕雀湖建宫，于次年初步建成。[①] 因是填湖而成，地势低洼，又偏在旧城之东，且可从钟山上俯览全宫，朱元璋颇不满意，故明朝建立之初，在洪武元年至七年间（1368～1374）朱元璋曾属意于在家乡临壕另建中都，停止了在南京的建都工作。至洪武八年（1375）放弃中都之后[②]，始决意定都于此，又开始大规模建设，至洪武十年（1377）基本竣工。[③]自洪武元年（1368）至永乐十八年（1420）永乐帝定都北京止，南京作为明初的首都城，历时 52 年。据《大明会典》卷 187 载，城周围 96 里，开 13 门。外城周围 180 里，开 16 门（图 9-1）。

（1）新建的皇城、宫城和官署区。据《大明会典》及《洪武京城图志》所载，吴元年（1367）在旧城东侧建宫城，别为一区，平面纵长矩形，四面各开一门，南北中轴线上建外朝奉天、华盖、谨身三殿和内廷乾清、坤宁两宫。至洪武十年（1377）扩建，形成较完整的规模，又在其外建皇城，并比附“左祖右社”之制，把原建在宫城东北的太庙改建在宫城南御街之左，与右侧的社稷坛东西相对。洪武二十五年，又建皇城的端门、承天门及承天门外的长安东、西门。[④] 并在承天门至南城正阳门间御道左右有计划地按文东武西集中建六部、

---

① 单士元，《明代建筑大事年表》，第一编，宫殿，吴元年九月，中国营造学社版，1937 年，第 1 页。

② 单士元，《明代建筑大事年表》，第一编，宫殿，洪武八年四月，中国营造学社版，1937 年，第 8 页。

③ 单士元，《明代建筑大事年表》，第一编，宫殿，洪武十年十月，中国营造学社版，1937 年，第 12 页。

④《明会典》卷 181，吴元年、洪武十年、洪武二十五年，中华书局，影印万有文库本，1989 年，第 918 页。

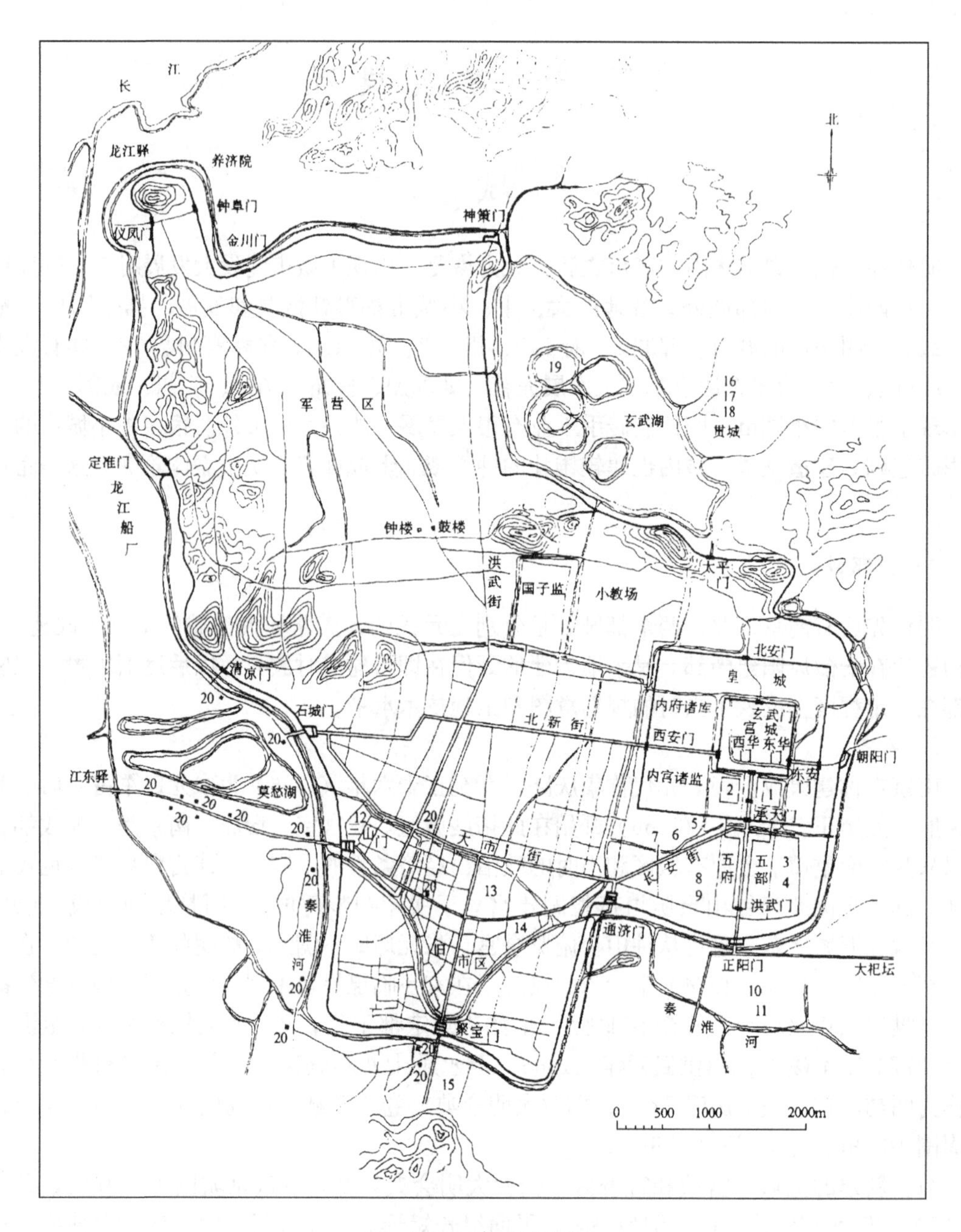

图 9-1　明南京城复原图

中国古代建筑史，第四卷·元明建筑，中国建筑工业出版社，2001 年，第 23 页

五府等中央文武官署。[①] 至此，明南京作为都城所必备的宫殿、庙社、中央官署等基本建成。

（2）旧城区。南京的旧城部分，以东西向的大市街为界，其南为旧市区，其北为五代宫城旧址，是城市最繁华之处。地方官署江宁县治、上元县治及新增的应天府署和若干新设的

① 单士元，《明代建筑大事年表》，第二编，衙署，洪武二十五年七月，中国营造学社版，1937 年，第 95 页。

官署都布置在此区。这里也是传统的商业、手工业集中区，南市楼、北市楼和各种市均集中于此。明洪武二十七年（1394）又特命在三山门、石城门外建酒楼十座，后又增建四座。这种在城内建较多的楼以表现都城之繁华，是明初南京的一个重要特色，但官办酒楼而有大量官妓，招致对明政之讥，终明之世未能得到推广。旧城区还有些以手工艺命名的坊，如织锦坊、鞍辔坊、铁作坊、弓匠坊、皮作坊，当是传统的手工业集中地区。[①]

（3）军事区。在旧城西北的倚山临江地区主要安排驻防首都的军营，包括各卫和北兵马司等。在北兵马司之南并列建了鼓楼和钟楼。

在这新旧区之外周以城墙，始于元至正二十六年（1366），至洪武十九年（1386）竣工，将原南朝及南唐城的西南两面城墙加高、扩建，又把北面的卢龙、鸡笼、覆舟诸山围入城内，东面包新建的皇城官署区于内，形成周回九十六里，开有十三个城门（后塞二门为十一门）的砖石城墙（现实测为33.68公里）。城墙大部分为旧城增高加固，而在新建的皇城区外则更为坚实，城基宽14.5米，顶宽4～9米，高14～21米，用条石或砖两面包砌。各门上均建城楼，主要城门建有瓮城一至三重。现存的聚宝门，东西宽118.57米，南北深129米，城高21.45米，有三重瓮城，四道城门，均用石券，其设防之严密，工程之坚实为前所未见，极为壮伟。[②]

2. 中都

中都在今安徽凤阳，是朱元璋的家乡。他因对都城南京的地理位置和宫殿区偏在城东侧且地形前高后低颇不满意，遂在洪武二年（1369）九月决定在家乡临壕兴建中都。至洪武八年（1375）在建设了六年大部分接近完成之际，终于发现从政治、经济、地理、交通、軍事、人文诸方面考虑，都不宜在此建都，遂以“劳费”为藉口下令停止建设。自洪武十六年（1383）开始拆宫殿之材修大龙兴寺起，中都宫殿、官署逐渐废毁，成为凤阳府城。凤阳建设的失败是朱元璋乍得帝位后，忘乎所以，意之所至，无人敢违，不顾形势和实际条件，劳民伤财导致的必然结果。

明中都在临壕西二十里处。《洪武实录》载洪武二年九月“诏以临壕为中都，……命有司建置城阙，如京师之制焉。”主持者为李善长。其具体情况史籍无专门记载，根据王剑英在《明中都》专著中综合《明实录》、明柳瑛《中都志》和明袁文新《凤阳新书》等各方面记载和实地调查，可知其概况（图9-2）。[③]

中都城平面横长矩形，周五十里四百三十步。南、东两面各三门，北面二门，西面一门（原为三门，后废去二门），共有九门，以南面中门洪武门为正门。中都城墙大部为土筑。城内中心偏北有凤凰山、万岁山，皇城、宫城即建于山南，南对洪武门。皇城（文献中称禁垣）平面纵长矩形，周十三里半，城高二丈，内外包砖，四面各开一门，为承天、东安、西安、北安门。皇城内为宫城，（文献中称皇城）周回六里，城高三丈九尺五寸，内外包砖，四面也各开一门，为午门、东华门、西华门、玄武门，城四角有角楼，其内建宫殿。在午门外左、右分建中书省、大都督府等官署，在午门与皇城正门承天门间按“左祖右社”之制分

① 据《洪武京城图志》所附官署图、街市桥梁图、楼馆图，1928年南京图书馆影印明弘治五年（1492）江宁知县朱宗翻刻本。

② 据《全国重点文物保护单位》江苏省·南京城墙，文物出版社，2004年，第647页。

③ 王剑英，《明中都》，六，明中都的设计、布局和建筑，中华书局，1992年，第73～119页。

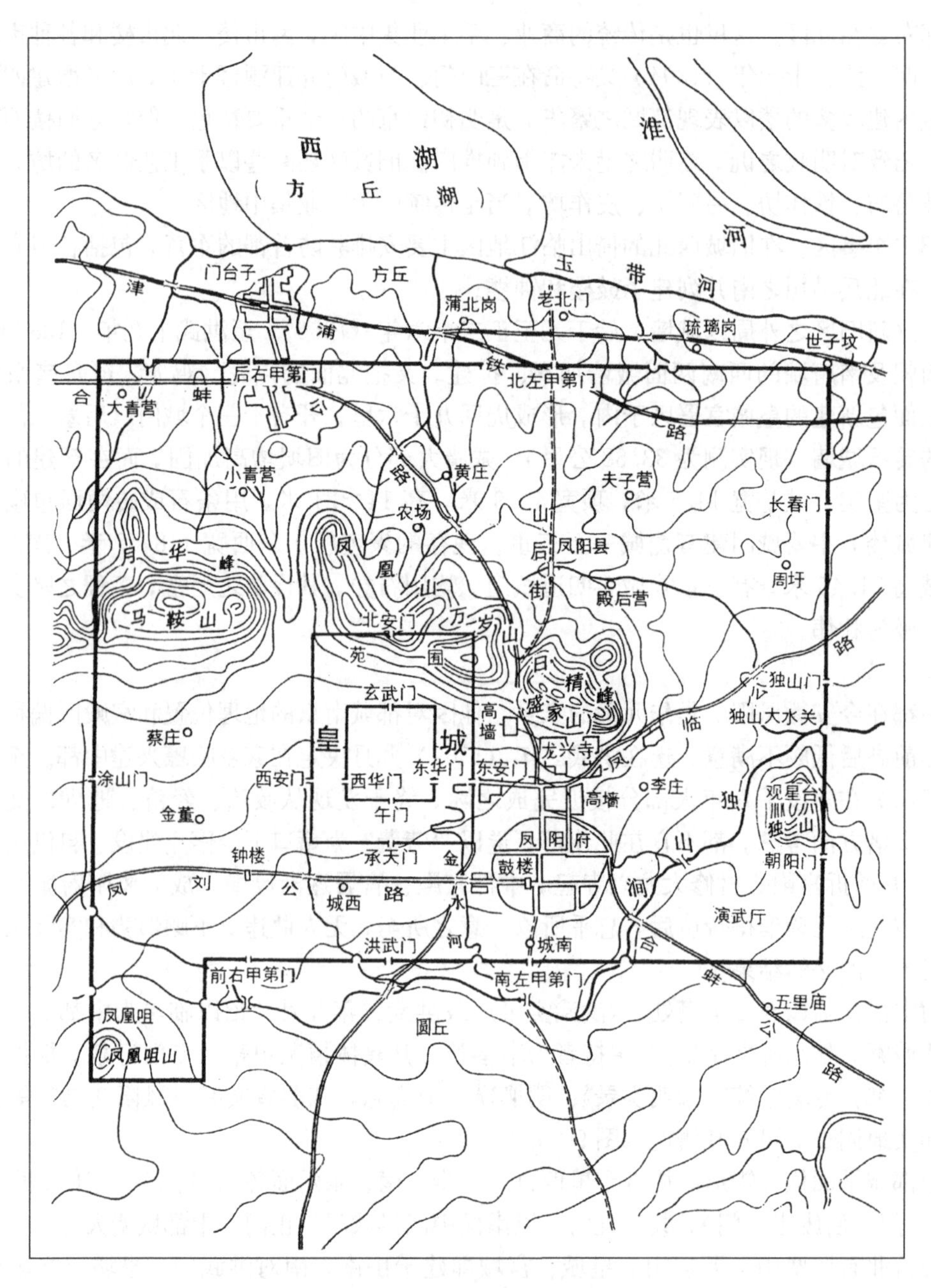

图 9-2　凤阳明中都遗址示意图

王剑英：明中都，附图，中华书局，1992 年

别建太庙、社稷坛。承天门南对都城南面正门洪武门，其间御街左右建东西千步廊。自洪武门向北，经大明门、承天门、午门北至玄武门，形成中都的城市南北轴线。

中都在建城初期对街道和居民区只有初步的规划，《太祖实录》载洪武五年（1372）定中都城基址时只规划了南街顺城街和北街子民街二条街，每街东西各布置四坊，共十六坊。这是在皇城以南部分的情况。然而，从城有九门分析，每门内必对一条大街，故此二街可能指已安排了居住街坊的街数，但其余部分在洪武时史料即无记载。在明中后期文献如明弘治间的《中都志》和明天启间的《凤阳新书》分别记有二十四条街、一百零四坊和二十八条街、九十四坊，但它的具体情况和是按原有规划兴建还是以后凤阳府时期的发展已无法考订了。在洪武五年还开始在中都建公侯府第，拟建公府六座，侯府二十七，其具体位置和规模也失载。

《明实录》载中都城还修建了圜丘、方丘、日月山川坛、历代帝王庙、国子学等作为帝都所必需的建筑和鼓楼、钟楼。其鼓楼、钟楼一反元大都在大内以北前后相重的布局，改为在皇城之前鼓东钟西相对而建。

综合上述，朱元璋建中都是想按自己的意愿在平地创建全新的都城。中都以皇城、宫城为中心，虽受地形限制，未能居几何中心，但也与南面正门相直，形成全城的主轴线，突显了皇权的气势。

3. 北京

明永乐十八年（1420）明成祖朱棣在元大都基础上改建而成，沿用至崇祯十七年（1644）明亡止，做为明代都城历时224年。其发展可以嘉靖一代（1522～1566）为界，分为二个阶段。

明洪武元年（1368）明军攻克大都，元亡，明改大都为北平府。为防元残余势力反扑，缩小城区范围，在原北城墙之南约2.8公里处建新北城墙，以利防守。[①] 洪武三年（1370）朱元璋封其第四子朱棣为燕王，镇守北平。1403年，朱棣夺得帝位后，即改北平府为顺天府，立为京都，称北京，与南京并称南、北两京。[②]

永乐14年（1416）决策以北京为首都，开始建新的宫殿，并相应改建城市，至永乐18年（1420）基本建成。此后即改称“京师”，以区别于南京。[③]

（1）改建元大都为明北京的原则和措施。元末农民起义的目的是反对元的暴政，特别是民族压迫，故明代反元的口号是“驱逐胡虏，恢复中华”，因此，明建国后的基本措施是恢复和发展唐宋以来的汉族传统。北京城是在元大都基础上改建的，故其规划思想也是要从根本上改变蒙元特色，形成能代表“恢复中华”的明朝的新面貌。但大都的街道格局形成已超过百年，很难做重大改变，故只能基本沿用，而尽量去除城市中带有标识性的布局和建筑群，依唐宋以来汉族文化传统加以改变。为把元大都改建为明北京，大体上采取了下面一些措施。

① 城向南移。明北京城的东西城墙虽依元大都之旧，但对南北城墙有所改变。北城墙即洪武所建之新北城墙，南城墙则因宫城南移，在永乐十七年（1419）向南拓展了约0.7公里。故明北京的位置比元大都稍向南移，并非全在大都旧址上重建，面积也有所缩小，由元大都的50.9平方公里缩减为35平方公里（图9-3）。

② 改变城门数和名称。都城南移后，东、西城保留了元代城墙上三门中的南、中二门，但改变了门名。西城由平则、和义改为阜城、西直，东城由齐化、崇仁改为朝阳、东直。南、北面城虽为新建，因街道网未变，城门只是沿街道向南推移，但也改变门名。北面城门由安贞、健德改为安定、德胜，南面城门由文明、丽正、顺承改为崇文、正阳、宣武。这

① 赵其昌，《明实录北京史料》，洪武元年八月丁丑，北京古籍出版社，1995年，第5页。
② 赵其昌，《明实录北京史料》，永乐元年正月辛卯，北京古籍出版社，1995年，第166页。
③ 赵其昌，《明实录北京史料》，永乐十八年九月丁亥，北京古籍出版社，1995年，第352页。

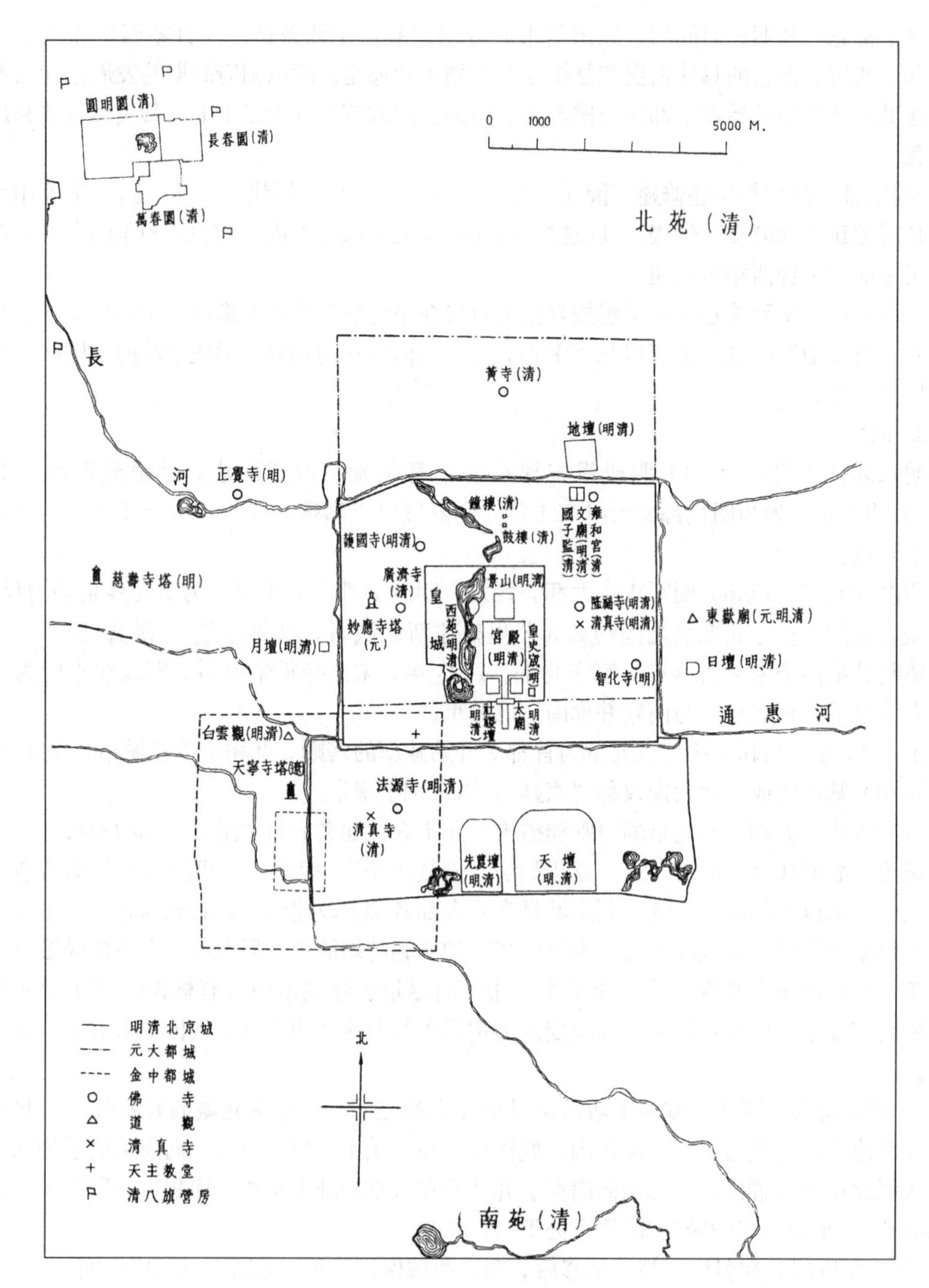

图 9-3　北京城位置图

刘敦桢：中国古代建筑史，图 153-1，中国建筑工业出版社，1984 年

样，城门数由 11 座减为 9 座，城门名也全部改变（图 9-4）。

③ 拆元宫建新宫。建都之始即彻底拆毁元宫，在原元后宫正殿延春阁址上堆积大量拆元宫的渣土，形成人工土山，即今之景山。此举隐寓对元政权镇压的象征意义，故明代有的

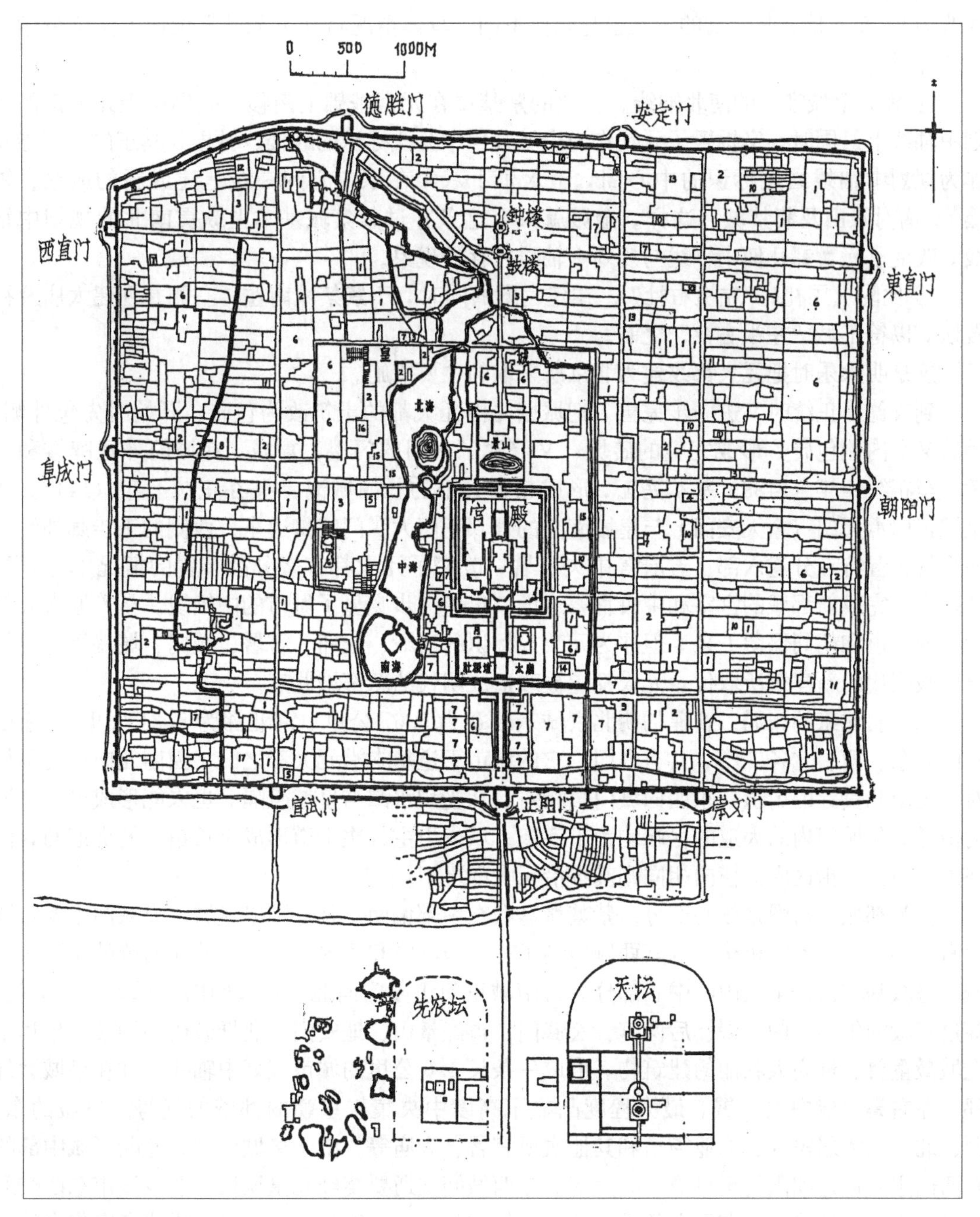

图 9-4 明永乐时北京平面图

文献称其为“大内镇山”。[①]明之新宫建在原元大内的南半部，并向南拓展，即现在的紫禁城宫殿。

④ 改变都城与宫城间的模数关系。在规划中把都城与宫城间的模数关系从元代的 9×5

① 于敏中等，《日下旧闻考》，卷 35（宫室·明三），朱彝尊原文引《西元集》曰“万岁山在子城东北玄武门外，为大内之镇山。”北京古籍出版社，1985 年，第 550 页。

倍改为 9×5.5 倍，其隐寓的含义也与元代不同（具体情况将在下节规划设计方法部分做进一步探讨）。

⑤ 确立全城唯一的南北轴线。新建的紫禁城在元宫基础上南移，故仍位于元大都的规划中轴线上。同时，又拆毁了元代作为全城几何中分线标识的鼓楼、钟楼和其东的万宁寺及作为规划中轴线结尾标识的中心阁，于永乐十八年在原中心阁一线上建成新的鼓楼、钟楼①，南对景山及紫禁城。这样，全城就只有这条穿过紫禁城基本上纵贯南北的规划中轴线，改变了元大都几何中轴线与规划中轴线并存的现象。

⑥ 比附《周礼》“左祖右社”。在建宫殿的同时，于紫禁城南左、右侧并列建太庙及社稷坛，以符王城“左祖右社”之制。

这是明永乐时把元大都改建为北京所采取的主要措施。

到宣德、正统时又进一步完善，把城墙先由元大都的土筑改为包砖。开始时先包外侧，稍后又在内侧包砖，形成完整的砖城。又修建了九门的门楼、瓮城，在城门外建牌楼和石桥。至正统四年（1439）基本完工，形成超越大都的壮丽城池。②又在正统七年（1442）在皇城正门承天门（今天安门）与皇城南突的外郛正门大明门间御道东、西侧的千步廊外侧按南京的布置特点分建六部、五府等中央官署，改变了元大都官署分散布置的情况③，这样，就基本上完成新都城的宫室和中央官署建设，也进一步突显了城市的中轴线。尽管原来大都的主要干道和胡同保留下来，但作为元政权标识的宫殿、坛庙、官署、城门、城墙等重要部分已被明代的新建筑所取代，元大都遂被改造成明代的新都城北京。

（2）明北京的布局。新建的明北京城东西宽为 6.67 公里，南北深为 5.31 公里④，南面三门，东、西、北各二门，共有九门。它的城市干道基本沿元大都之旧，因南北向城门不相对，无南北贯穿的街道，东西向城门虽相对，却受积水潭与皇城阻隔，也未能形成横贯全城的街道，各城门内的大道的尽端均为丁字街。城内由主、次干道形成纵长矩形的街道网，网格内即街区，街区内的横向胡同则基本沿元大都之旧。

作为都城，宫殿是核心部分。紫禁城宫殿在中部偏南，其外围以皇城。皇城内主要布置为宫廷供应、服务的机构，因其西侧包纳了三海苑囿区和西内，故形成偏向西侧的布置。宫城、皇城基本占据了城内的中心部分，自南城正门正阳门向北，经大明门、承天门、端门、穿过宫殿的午门、前三殿、后两宫、玄武门，再经景山、地安门，北抵鼓楼和钟楼，聚集了全城最重要、最高大壮丽的建筑物，形成一条长 4.6 公里的城市规划中轴线，并在皇城“外郛”左右集中建中央官署，最大程度凸显了高度中央集权皇朝的都城的气势。皇城的东、西、北三面为居民区、商业街道和其他次要官署、寺庙等。由于皇城居中，遮断了城中部的东西向主要通道朝阳门至阜成门间大街，东西城间交通要绕经北皇城根，造成城市东西交通的极大不便。这是北京布局上的重要缺点，但如从另一角度看，这却正是明代高度集中的专制皇权的本质在都城规划中的表现。

---

① 明·李贤等撰，《明一统志》，卷一，京师，宫室：“鼓楼，在府西。钟楼，在鼓楼北。二楼俱本朝永乐十八年建。”上海人民出版社文渊阁《四库全书》电子版。

② 赵其昌，《明实录北京史料》，正统四年四月丙午，北京古籍出版社，1995 年，第 73 页。

③ 赵其昌，《明实录北京史料》，正统七年四月癸卯、八月癸巳，北京古籍出版社，1995 年，第 121、126 页。

④ 据北京市 1/500 地形图。据《明会典》卷 187，工部，京城条，则为南城 2295.93 丈，北城 2232.45 丈，东城 1786.93 丈，西城 1564.52 丈。中华书局，影印万有文库本，1989 年，第 944 页。

由于东西主街被阻断，北京最重要的表现帝京街道面貌的是崇文门内大街和宣武门内大街两条南北向长街。在它们与东、西长安街和朝阳门内、阜成门内大街相交处各建有牌坊，作为路的阶段标志，并打破长街的单调。其中建在与朝阳门内大街、阜成门内大街相交处的十字路口的四座跨街的牌楼，其上榜题“大市街”三字，形成商业集中区和城市繁华的标志。作为居民区的胡同虽可直通大街，但在胡同口设有栅栏，并建有供看守人居留的称为“堆拨”的小屋，以管理居民夜间出入，它并不是一座居民不受限制、昼夜均可自由出入的完全开放的城市。

北京的街道基本为土路面，素有“无风三尺土，有雨一街泥”的雅谑。它的下水道系统基本沿用大都之旧，并随新城南拓有所发展。街渠有明沟和暗渠。干渠为明沟，一条原在今北河沿至南河沿处，一条原在白塔寺至太平桥处，一条原在北新华街处。暗渠大多用砖石砌成，上盖石板。史载乾隆时内城小巷沟渠长 98 100 丈[①]，明代虽小于此，也应有相当规模。这些暗渠虽考虑到利用夏季雨水冲刷清淤，但每年仍要轮翻挖开淘污泥，届时即形成城市的重要污染源，且时有行人失足陷沟的记载。明成化二年、六年、十五年及弘治十三年[②]、万历三十六年[③]都有命有关官吏巡查，及时修理，防止地沟淤塞或遭到破坏的命令，表明它始终是城市维护管理上必须时时注意的较严重的问题。

(3) 明后期的建设。1522 年世宗改元嘉靖。稍后在北京城市建设上出现了两件较大的事。

其一是拓建了南外城。明自正统以后，北方边警频传，正统十四年 (1449) 蒙古瓦剌部甚至俘获了明正统帝，北京震动。至明嘉靖间，蒙古俺答部强盛，又屡次入侵，明廷遂决计修筑北京外城。原计划外城总長约七十余里，但至嘉靖三十二年 (1553) 修完南面部分十三里左右后，即因人力财力困难而停工，北京遂由初建时的矩形发展成在南面建有外城的凸字形平面。[④]

南外城东西宽约 7.9 公里，南北深约 3.2 公里，南面三门，中为永定门，东、西为左安门、右安门。东、西面各开一门，为广渠门、广安门。北面二门，为东便门、西便门。其主要道路为南北向的宣武门外大街、前门外大街、崇文门外大街三条南北向街与东西向的广安门内大街垂直相交形成的干道网。前门外大街南通永定门，把北京的城市中轴线南延至永定门，长度增至 7.6 公里 (图 9-5)。

南外城由关厢发展而来，西侧曾是元代由南城 (金中都) 到大都的通道，遂形成几条由西南向东北走向的斜街；东侧则因有若干早期的河道，也形成若干东南向西北走向的斜街，都不甚规整。只有西侧靠近前门大街的部分，因明初官府在这里修建了若干排称为“廊房”的出租房屋，供外来经商、务工的人暂住，在正阳门外大街的东西侧形成商业横巷，并逐渐发展成北京的重要商区手工业地区。新建南外城后，把此区包入城内，为它提供了安全保障，使商业手工业更为繁荣，在明后期是北京最繁华的地区之一，也带动了北京经济的整体

---

① 蒋博光，紫禁城排水与北京城沟渠略述，载：中国紫禁城学会论文集，紫禁城出版社，第一辑，1997 年，第 153～159 页。

② 《明会典》卷 200，工部，桥道，中华书局影印万有文库本，1989 年，第 1001 页。

③ 赵其昌，《明实录北京史料》，万历三十六年十月癸亥，北京古籍出版社，1995 年，第 367 页。

④ 赵其昌，《明实录北京史料》，嘉靖三十二年闰三月丙辰、四月丙戌、十月辛丑，北京古籍出版社，1995 年，第 443、448、455 页。

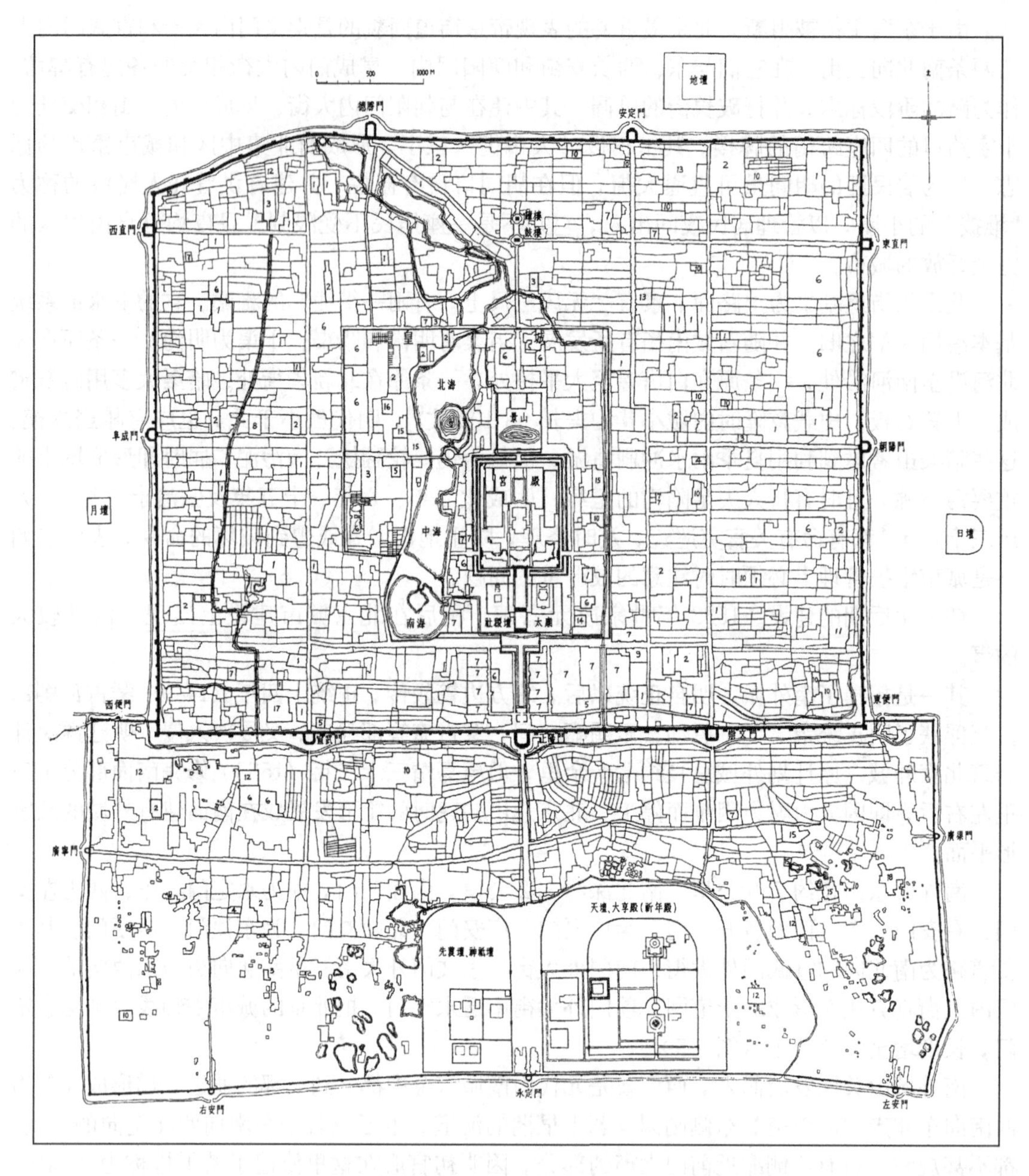

图 9-5　明嘉靖三十二年增筑南外城后的北京平面图

刘敦桢：中国古代建筑史，图 153-2，中国建筑工业出版社，1984 年

发展。

在大城市中随着商业手工业发展，必然出现暂住外来人口，早在宋代汴梁即有官建供出租的商业或居住房屋，元大都虽未见记载，但从发掘出的西绦胡同元代联排简易住宅遗址，证明已有此类建筑。明初在南京也建有联排的商业用房，供出租之用。这种由官府有规划地成片建造廊房出租，现存正阳门外的廊坊头条等即其遗例，是商业发展后城市中新出现的建筑类型。

其二是嘉靖九年（1530）在原天地坛之南建祀天的圜丘，又在北郊、东郊、西郊分建祀地的方丘和朝日坛、夕月坛，改变明初合祀天地的制度为天、地、日、月分祀。[①]这虽与城市大的发展无关，却也可视为古代都城在礼制建筑布置上的一个大的变化。

在明代南京、中都、北京三座都城中，南京受传统限制，宫室偏在东侧，不符合古代“择中”的原则，故朱元璋要另建中都。定都中都不成，朱元璋只得接受南京为首都。朱棣夺得帝位后，为防蒙元残部南侵，需在北方坐镇，且其根据地也在北京，遂决策迁都北京。此举保持了北部边疆的稳定，防止了中国再度出现南北分裂的局面，对我国统一的多民族国家疆域的确定有重大意义。

在都城规划方面，中都是明代按自己的规划平地创建的。但它当时可供参照的旧都并不多，唐长安久已毁去，宋汴梁、杭州是由州城改建的，繁华有余而气势不足，可见实例只有元之大都，因此，元大都的影响是存在的。从中都平面布置看，南、东、西三面各三门（西面二门是以后去掉的），北面二门，即与大都全同，其宫城在城中偏南也相同。但从政治上考虑，新都又必需有别于元都，其强调“左祖右社”和把鼓楼、钟楼移至皇城前方东西相对，都是明显的立异措施。

明北京是在大都城址上稍南移建成，城市的主要干道和胡同也基本未变，重大变化表现在象征家族皇权和国家政权的宫殿和中央官署。新的宫殿建在已拆毁的元宫基址的中南部并稍南移，又在其前、后增加了大量重要建筑，延伸了城市中轴线的长度。其宫前部分建有皇城的端门、承天门（天安门）、外金水桥、大明门，和千步廊，三门前后相重，左右连以廊庑，南对正阴门，形成壮丽雄深的入宫前奏，远胜元代此部分的周桥、灵星门等布置。这些都是继承了中都和南京的规制，但尺度和体量更为巨大而已。在宫城之北筑了景山为制高点，山北为皇城北门地安门，向北正对高大的鼓楼和钟楼。这部分是北京规划的创新之举，它不采用中都和南京把鼓楼和钟楼东西并列的传统，仍使其南北相重，但又改变了元大都偏在宫城轴线西侧的布置，而移到宫城正北，这样就改变了元大都几何中轴线和规划中轴线并存的局面，突出强调了以宫城为中心的规划中轴线，把宫城的轴线向南延伸到正阳门，向北直抵钟楼，形成一条长 4.6 公里的城市规划中轴线，比元大都的轴线增长约 0.8 公里。北京规划布置最重要处是在都城的核心部位彻底改变了元大都的旧貌，把象征家族皇权和国家政权的宫殿与中央官署聚集在一起，突出显示了新建的明王朝的气势，也可视为明代高度中央集权国家的性质在都城规划布局上的反映。明北京规划的整体性也超越了明中都和南京，体现了明代都城规划的最高水平，是中国历史上最后形成的一座古代都城。

（二）地方城市

明建国后，经济恢复，逐步恢复被破坏的城市，确立了城市的府、州、县三级体制，并随边防、海防需要建立一系列军事卫所系统。据《明史·地理志》载，明代城市除北京、南京两座都城外，共有府 140、州 193、县 1138。另有边境海防的军事防御的卫 493、所 2593、守御千户所 315。

明建国初期，恢复和改建了很多被战争破坏的地方城市，如大同府、南通州、抚州、秦州、太谷县等。同时，结合防御，在北部和东部近海处改建、新建了大量城市，如河北的宣

① 赵其昌，《明实录北京史料》，嘉靖九年五月乙未、嘉靖十年三月辛卯，北京古籍出版社，1995 年，第 232、237 页。

化府，陕西的神木县，山西的左云卫、右玉卫，江苏的奉贤千户所、南汇千户所等。综合各种记载，除沿用前代者外，明代重建或新建的城市大都不再建子城或衙城，城市的主干道多为十字街，划分城区为四大部分，跨街建有钟楼、鼓楼。衙署多偏在北部的一侧而不再居中轴线上，仓库等布置在其附近，儒学多在衙署之东。在城外的南、北、西三侧分别建山川坛、鬼神坛、社稷坛。

明代在恢复发展地方城市时，大量用砖石包砌城墙，建造城楼是很重要内容。在《古今图书集成·经济汇编·考工典·城池部汇考》所引各省《通志》中，对各地方城市的建造年代、周长、城高、城门数、城身是否包砌砖石、城内概况等大多有记载。如所引《畿辅通志》中载有 134 座城，其中标明在明代城身甃以砖或石的有 60 座；《山东通志》中载有 115 座城，其中标明在明代城身甃以砖或石的有 66 座；《江南通志》（江苏、安徽）中载有 117 座城，其中标明在明代城身甃以砖或石的有 53 座；《福建通志》中载有 56 座城，其中标明在明代城身甃以砖或石的有 19 座；《广东通志》中载有 104 座城，其中标明在明代城身甃以砖或石的有 41 座。[①]若综合计之，用砖石包砌城身者约占 45%。在山西、陕西、河南等省的《通志》中也有较多包砌砖石城的记载。此外，尽管首都北京街道仍然是土路，但在南方多雨地区很多城市已沿用宋以来的做法，用砖铺砌道路，改善了城市环境。总之，明代因地方经济不断发展，烧砖的技术有提高，相当多的府、州、县城由土城改为砖石城，建造较弘壮的城楼、钟楼、鼓楼，用砖铺砌街道路面，南方一些城市的街道沟渠也用砖石砌造，在一些经济较繁荣的大中型城市中，城市环境和居民生活条件较前代有所提高。

从下列几例可以看到具体的府、州、县城和军镇卫所的规模和概貌。

1. 大同府

大同是在唐、辽旧城基础上恢复改建的，属明代府级城市，又是边防重镇“九边”之一。城周长十三里余，基本保持唐代四个坊的规模和每坊内建大小十字街的格局。城墙高 4 丈 2 尺，用砖包砌。城市主干道为四城门间形成的大十字街，在十字街心之东北建代王府，西北建官署。大十字街心之南跨街建鼓楼，其西跨街建钟楼，成为城市的主要景观和商业中心。在明以前，中小城市的南门内主街多与东西门间大街相交，形成丁字街，交点北端为子城或衙署，其正门称谯楼，即鼓楼。至明代鼓楼移至街心，成为跨街的公共建筑，并增建了钟楼，与鼓楼南北或东西相对，成为城市的主要景观（图 9-6）。

2. 宣化府

明代称宣府，为府级城市，又是边防重镇“九边”之一，是位于北京和大同之间的重要防务中心。明洪武二十四（1391）年朱元璋封其子为谷王镇守此地。二十七年（1394）把城拓展至周长二十四里。其城身高广均 2 丈 8 尺，开七门，后改为每面各一门，正统五年（1440）用砖石包砌城墙。城内东西、南北向各有三街，基本分全城为十二区，仍受到前代流行的四个坊的城市、坊内辟大小十字街的格局的影响。因北面只开二门，故北部中间二区连为一体，中间建谷王府。城市主街为东西门间的横街和东侧南北门间的直街，在其交叉路口跨街建钟楼，直街北部对应处跨街建鼓楼，又在钟楼之南十字路口跨街建牌楼，与钟楼、鼓楼共同构成南北主街的景观（图 9-7）。

---

① 《古今图书集成·经济汇编·考工典》卷 18，城池部汇考 1～7 所载统计。中华书局，1935 年，影印线装本第 782～783 册。

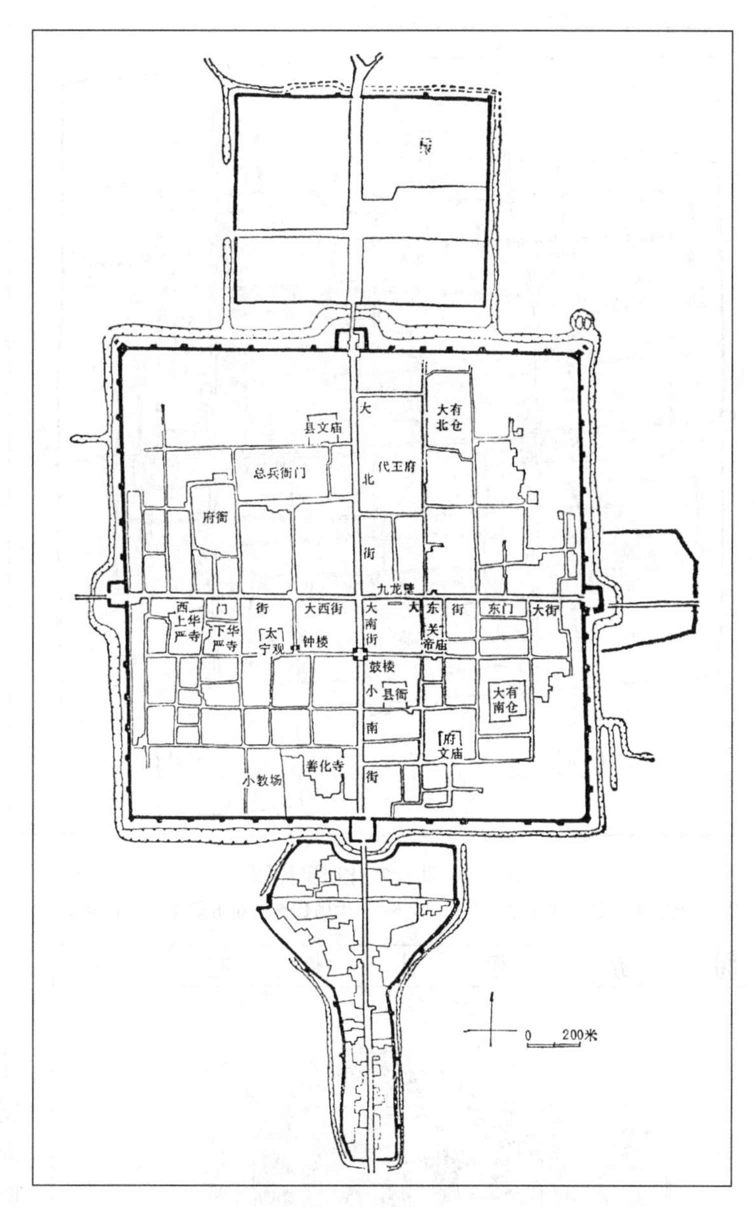

图 9-6　明代大同府平面图

董鉴泓：中国城市建设史，图 7-6-4，中国建筑工业出版社，1989 年

3. 抚州府

唐中和五年（公元 885）始筑，周回 15 里 36 步，城高 1 丈 2 尺，开 9 门。明初缩小为圆角的纵长矩形，城周长 1798 丈 4 尺，高 2 丈 5 尺。有四门，门前有月城、吊桥。南、北门间大道贯通，与东、西门内大道作丁字相交，分全城为四部分。府衙在西北部，县衙在东南部，儒学在县衙前，千户所在东南部。城南门外西侧有山川坛，北门外西侧有鬼神坛，西门外北侧有社稷坛（图 9-8）。①

① 《永乐大典》卷 10949～10950，抚，抚州府，中华书局影印本⑤，1986 年，第 4535～4550 页。

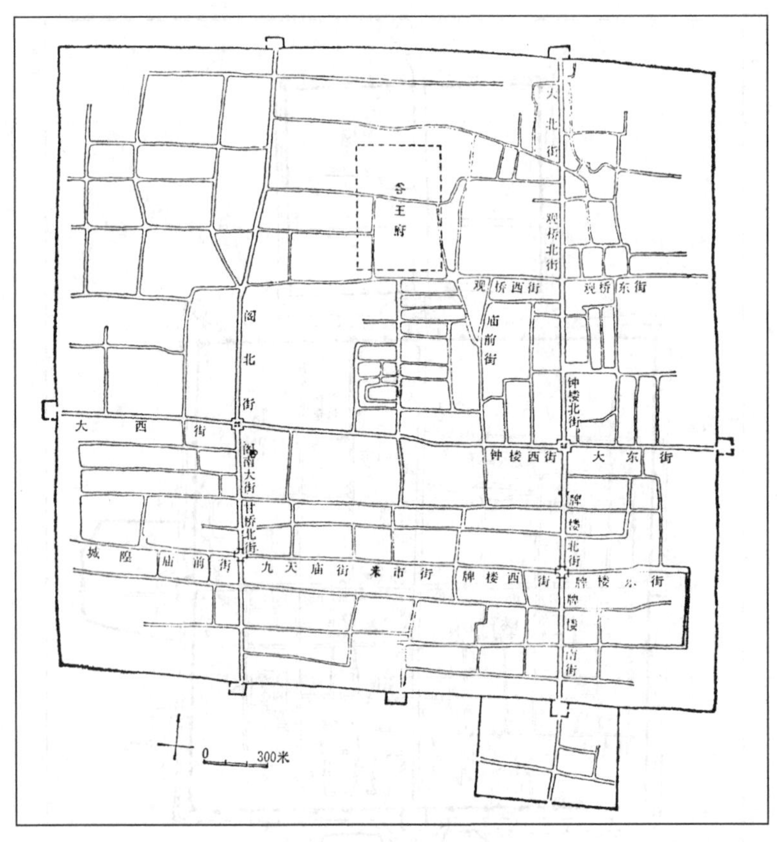

图 9-7 明代宣化府平面图

董鉴泓：中国城市建设史，图 7-6-3，中国建筑工业出版社，1989 年

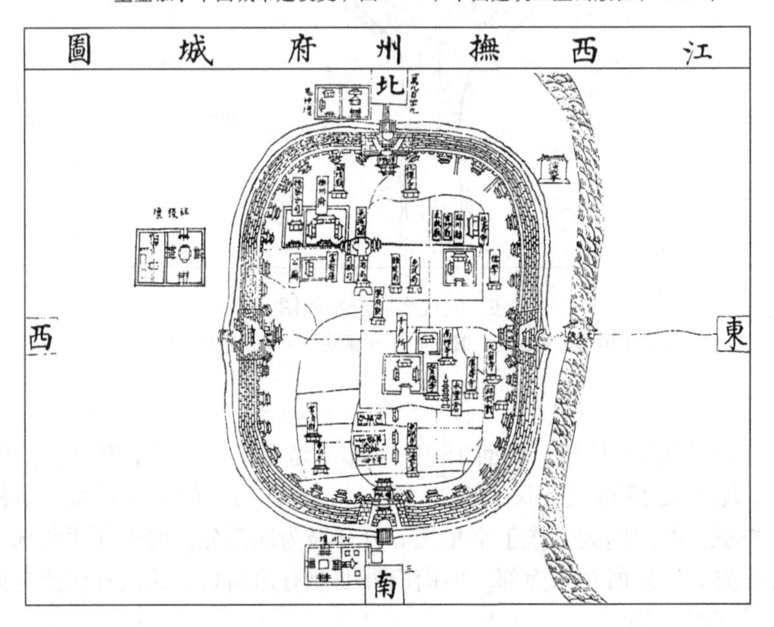

永樂大典 卷一〇九四九

图 9-8 明代抚州府平面图

《永乐大典》卷 10949 附图，中华书局，1986 年

4. 南通州

在五代至北宋间形成，在明代发展为经济较发达的州级城市。城平面为纵长矩形，周长6里70步，明代包砌砖石。城之南、东、西三面辟城门，南门内大道正对城北半部居中的衙署，东西门间大道横过衙署前，形成丁字街，为城市主干道。它可视为基本上保持着前代格局的明代城市之例（图9-9）。

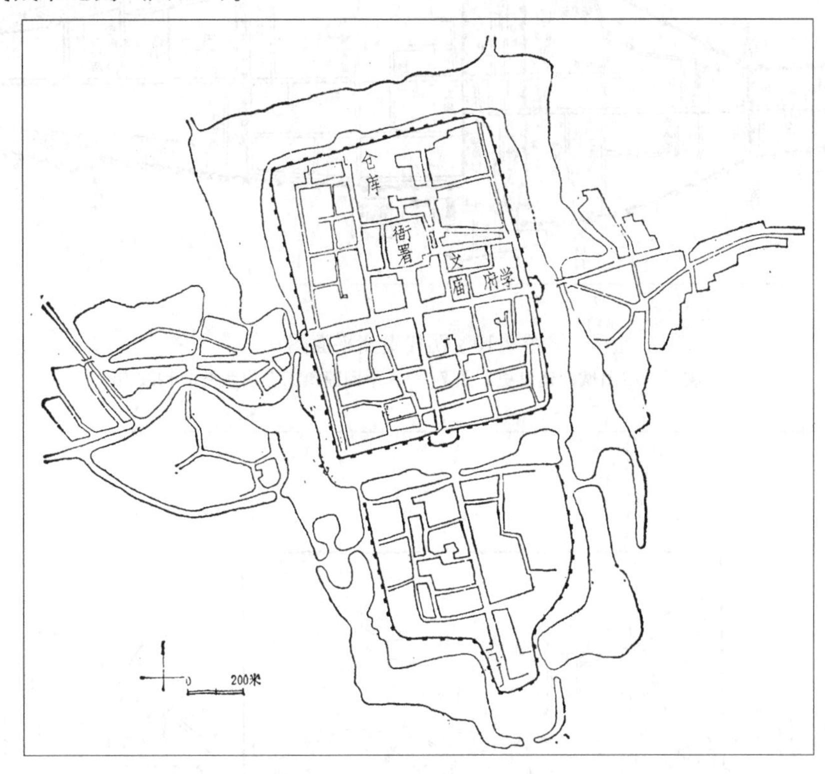

图9-9　明代南通州平面图

董鉴泓：中国城市建设史，图7-7-2，中国建筑工业出版社，1989年

5. 秦州

即今天水市。创建于唐，宋改为东西二城，明洪武六年就西城重筑，周4里104步，高3丈5尺，为大城。原辟东、西二门，后增辟南、北二门，形成十字街。其东有东关，西有西关和伏羲小城，形成横向相连的城市。据其大城边宽1里可知，它是按一坊之城的规模建造的，是州级城中规模较小的一例（图9-10）。

6. 太谷县

创建于北周，明代为县级城市，平面方形，周十二里，城高3丈5尺。据《永乐大典》卷5199太原府所附“太谷县图”，在明初时城尚为方形，四面居中各一门，中部县衙与城隍庙东西并列。南门外东侧为“风云雷雨山川坛”，北门外东侧为“鬼神坛”，城西北角外为“社稷坛”。现状为入明后增修，东、西门仍居中，但南门稍偏东、北门偏在西端，较明初时已有改变。南门内大街正对北半部正中的衙署，与东西门间大街在衙前形成主干道丁字街，与南通的情况近似，尚保存早期的格局。但把衙前建谯楼的古制改为在主干道交点上跨街建鼓楼，则是明代城市的特点（图9-11、图9-12）。

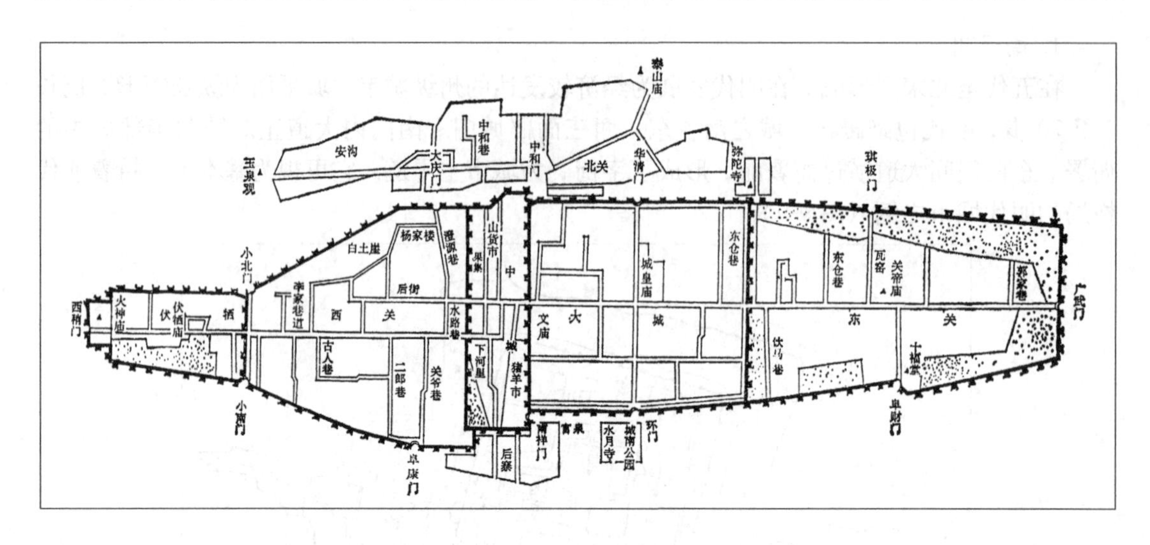

图 9-10　明代秦州平面图

董鉴泓：中国城市建设史，图 7-7-7，中国建筑工业出版社，1989 年

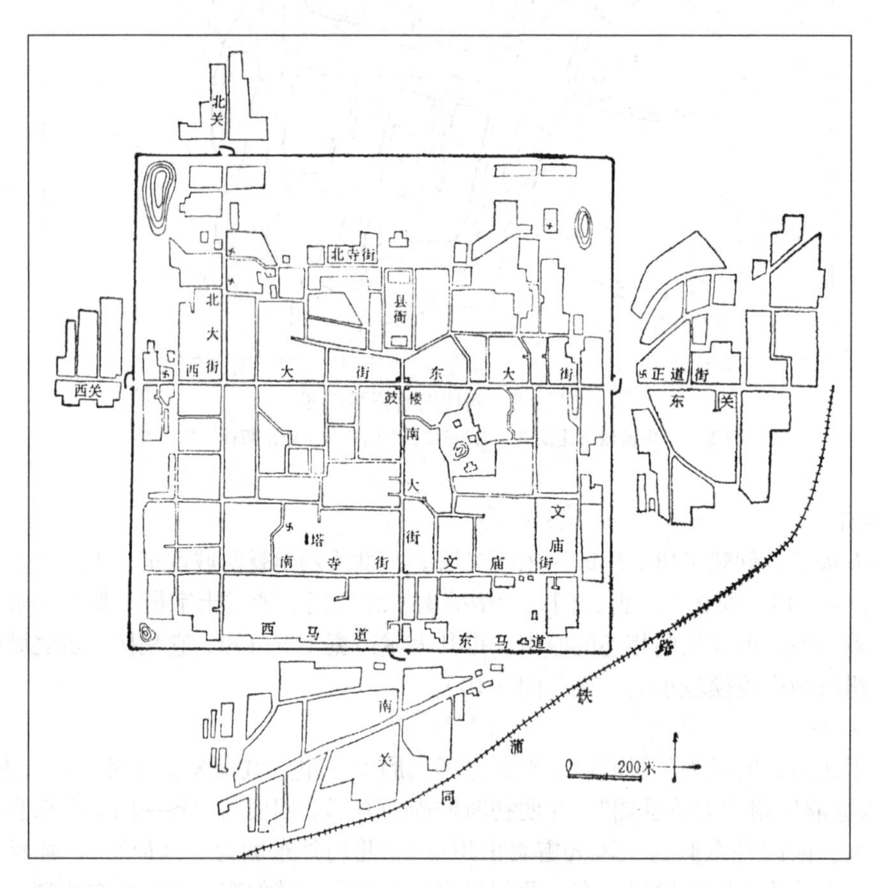

图 9-11　明代太谷县平面图

董鉴泓：中国城市建设史，图 7-8-3，中国建筑工业出版社，1989 年

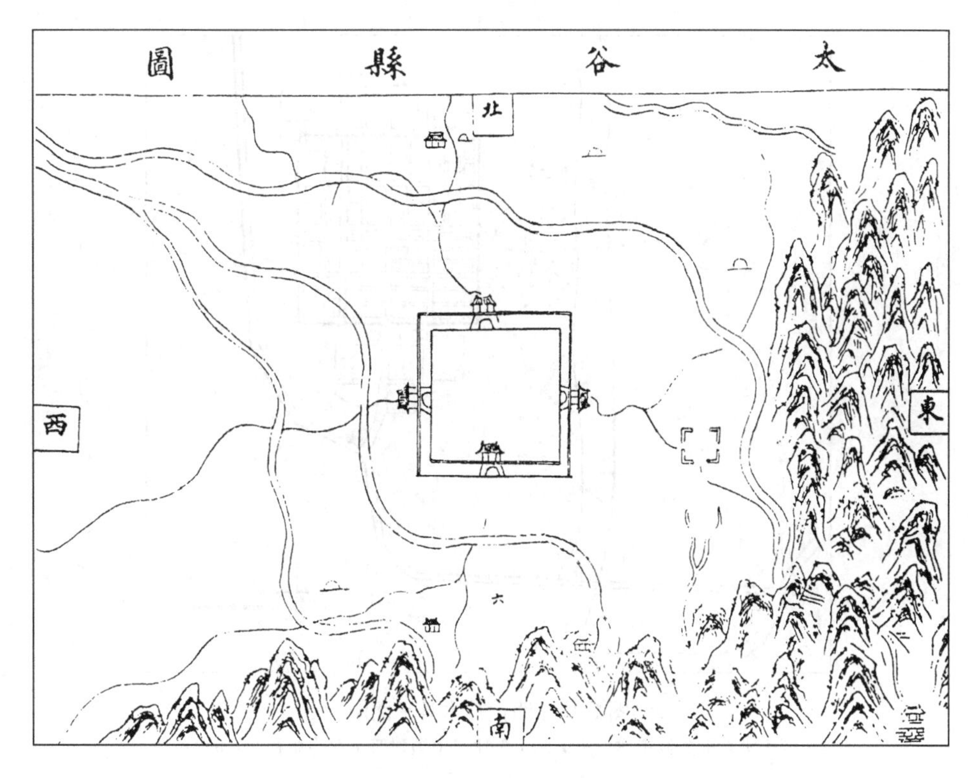

图 9-12　明太谷县平面图
《永乐大典》卷 5199 附图，中华书局，1986 年

7. 神木县

在陕西北部，金时为砦，元建为县，明正统八年（1443）重修，成化四年（1468）增修，为县级城市。城周长四里三分，高 2 丈 5 尺，四面正中各一门，在城内形成大十字街，分全城为四大区，每区内各有十字街，再分为四小区。从城方一里、内有大小十字街的布置看，仍是按唐宋时一坊的规格建造的（图 9-13）。

8. 左云卫

洪武二十五年（1392）创设，称镇朔卫，始筑城，周十里一百二十步，城高 3 丈 5 尺，西、南、北各一门。正统间改名左云川卫，是卫级軍事城市。明嘉靖间重修。现状东西宽 1590 米，南北深 1540 米，（约相当于每面宽 3.3 里）基本为正方形。城四面各一门，在城内形成十字街，仍保有前代四坊城市格局的影响。城内以南北门间大道为主干道，在与东西门间大道交叉处跨街建钟楼，在其南北相应处分别建太平楼和文昌阁，形成街道景观（图 9-14）。

9. 南汇营

在上海东南方，明初设千户所，洪武九年（1376）筑城，平面方形，周围 9 里 130 步，高 2 丈 2 尺，外有深 7 尺、宽 24 丈的城壕。四面正中各辟一门，又有水门四。四门内大道在城内形成十字街。它是沿海的防御性城寨，建有门楼、角楼、敌楼各四，又有箭楼 40，防御设施颇为完备。《江南通志》把它与吴淞、金山、宝山等均称为“营”，列为“沿海边城”（图 9-15）。

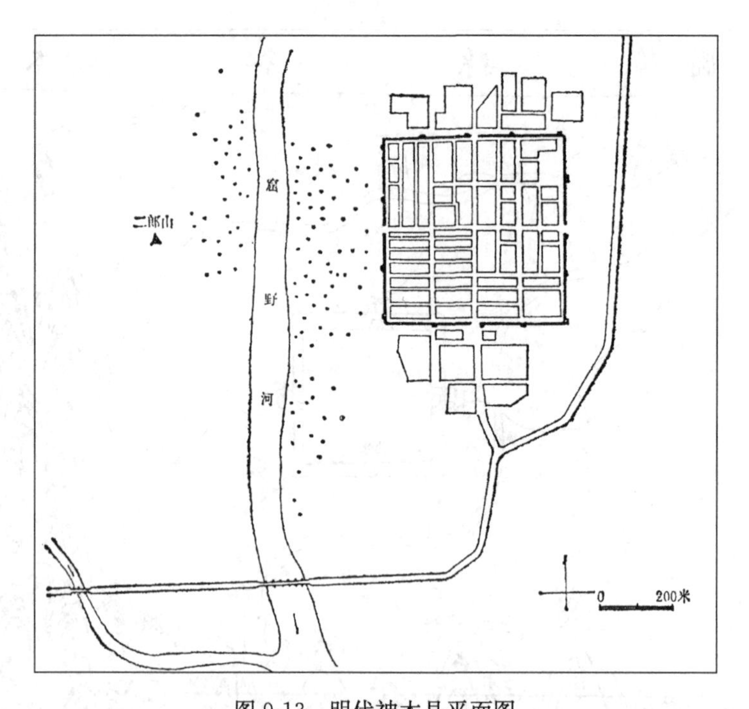

图 9-13　明代神木县平面图

董鉴泓：中国城市建设史，图 7-6-12，中国建筑工业出版社，1989 年

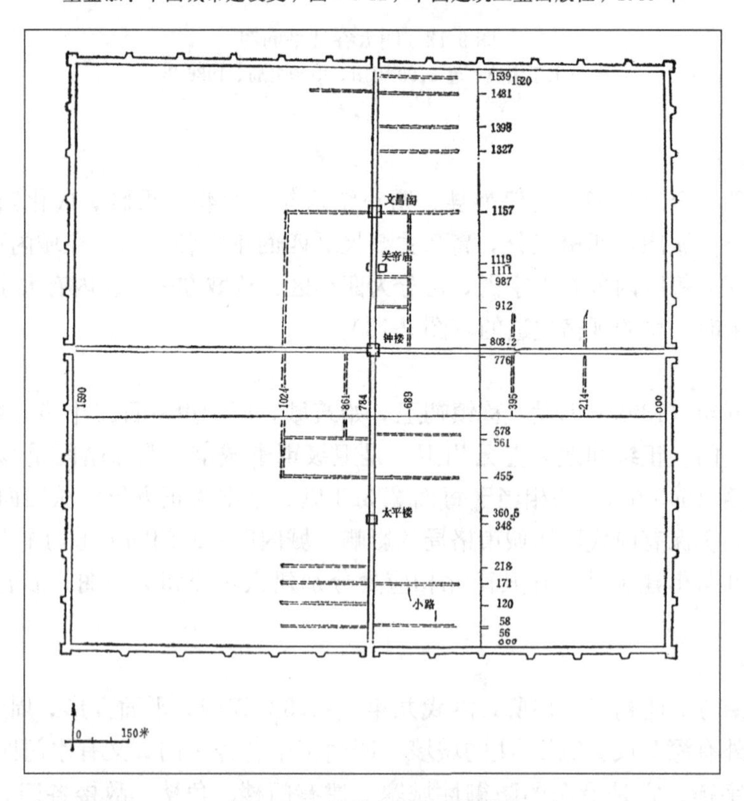

图 9-14　明代左云卫平面图

董鉴泓：中国城市建设史，图 7-6-7，中国建筑工业出版社，1989 年

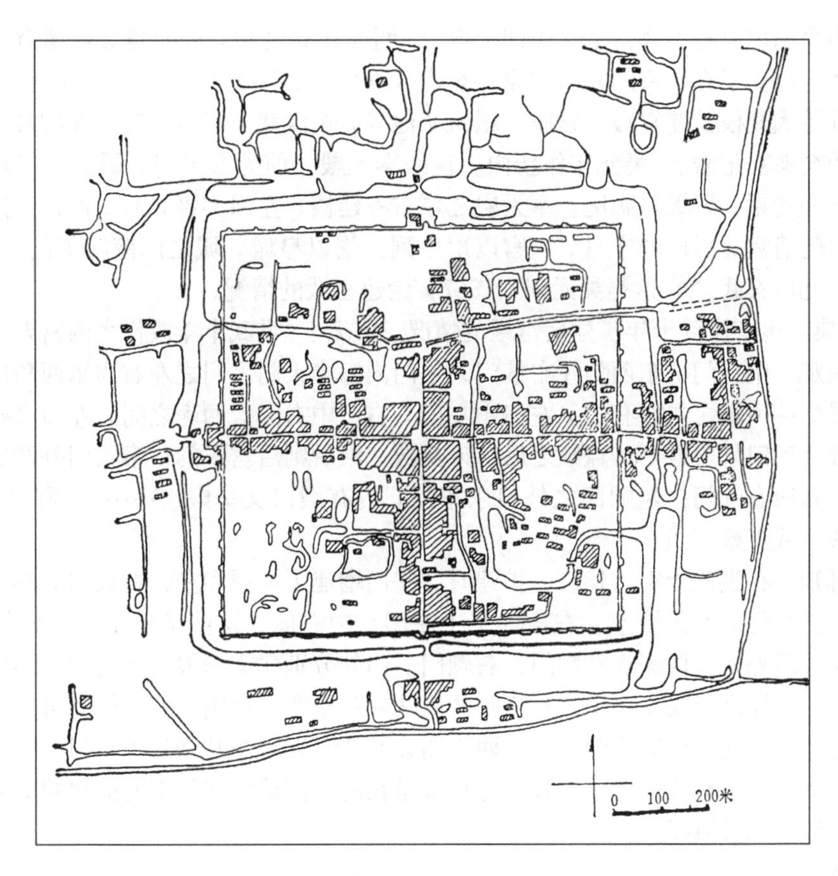

图 9-15　明代南汇营平面图

董鉴泓：中国城市建设史，图 7-6-23，中国建筑工业出版社，1989 年

宣化、左云、神木、南汇这类防御性的军事镇、卫、所级城市，从其平面的方正规整和基本被十字街划为四部分分析，应是按特定的规划依式建造的，其规模大小和布局有一定级差。最大的宣化每面宽 6 里，相当于 16 个坊规模的城市；左云每面宽 3 里余，相当于 4 个坊规模的城市；神木每面宽 1 里，相当于 1 个坊规模的城市，可知至少有三个等级，而实际建造时可能还有介于其间者。这类城市大都在街上建钟、鼓楼，并建一些弘壮的城楼，形成商业中心和城市景观，内部街道则以横巷为主，以利于建南北向的营房和居宅。在防御形势发生变化、减少或撤出驻防军后，这类城市往往逐渐衰落，只有那些有条件转化为商业、手工业或交通枢纽的城市可以维持或取得新的发展。

二　各类型建筑

（一）宫殿

1. 南京宫殿

元至正二十六年（1366）朱元璋开始在南京建宫室时，受原有城区和当时的政治军事形势、经济实力的限制，新建宫殿只能寻觅较空旷之地而不可能在中心地区大拆大建，遂在东侧北倚钟山余脉填燕雀湖建宫，次年即建成。[①] 明朝建立之初，朱元璋义曾属意于在家乡临壕另建中都，停止了在南京的宫殿建设。至洪武八年（1375）放弃中都之后[②]，始决意定都于此，又开始大规模扩建宫殿、坛庙，增筑城池等，至洪武十年（1377）相继竣工。[③]

据《明会典》记载："吴元年作新内。正殿奉天殿，前为奉天门，殿之后曰华盖殿，华盖殿之后曰谨身殿，皆翼以廊庑。奉天殿之左右各建楼，左曰文楼，右曰武楼。谨身殿之后为宫，前曰乾清宫，后曰坤宁宫，六宫以次序列。周以皇城，城之门南曰午门，东曰东华，西曰西华，北曰玄武。"[④] 这是吴元年（1367）始建宫殿的情况。

《明会典》也有洪武十年扩建后宫殿的情况，文云："洪武十年改作大内宫殿。阙门曰午门，翼以两观，中三门，东西为左右掖门。午门内曰奉天门，门之左右为东西角门，门内正殿曰奉天殿，……殿之左右有门，左曰中左门，右曰中右门，两庑之间，左曰文楼，右曰武楼。奉天殿之后曰华盖殿，华盖殿之后曰谨身殿，殿后则后宫正门。奉天门外两庑有门，左曰左顺门，右曰右顺门。左顺门之外曰东华门，内有殿曰文华殿。……右顺门之外曰西华门，内有殿曰武英殿。"[④]

据此可知，在洪武十年（1377）扩建时，午门增建了两观和左、右掖门，奉天门左、右增建了东、西角门，奉天殿左、右增建了中左门、中右门，这些增建拓展了外朝部分的宽度。又在奉天门外东、西庑建左顺门、右顺门，门外分别建文华殿、武英殿，形成了外朝的东西路。其后部原已形成左、中、右三路的后两宫和东西六宫则未变。据此可知扩建后的南京宫殿的外朝、内廷均已形成中、东、西三路，而从奉天殿左右增建中左门、中右门看，外朝部分殿庭的宽度也有所拓展。史载北京宫殿是在南京宫殿规制基础上扩建的，故通过北京宫殿可以大致推知其概况。

2. 中都宫殿

始建于洪武三年（1370），至八年（1375）基本建成。有皇城（文献中称禁垣）和宫城两重（文献中称皇城）。皇城平面纵长矩形，四面各开一门，为承天、东安、西安、北安门。城周十三里半，城高二丈，内外包砖。宫城四面也各开一门，为午门、东华门、西华门、玄武门，宫城四角有角楼。城周回六里，高三丈九尺五寸，内外包砖。[⑤]

中都宫殿的情况《明实录》只说洪武二年九月"诏以临壕为中都，……命有司建置城阙，如京师之制焉。"可知应是基本按南京宫殿规制建造的。然而朱元璋建中都是因不满南京的布局和宫殿，故中都城市及宫殿的规划设计应能弥补南京之不足。南京宫殿建于朱元璋未称帝前，其规模气势肯定不能适应新建的大明王朝的要求，需要在此基础上扩大，因此中都宫殿应是按新建王朝需要而规划设计的。

但宫城以内的具体情况史未详载，我们只能利用相关史料推测。关于吴元年（1367）所建新宫和洪武八年至十年（1375～1377）扩建宫城的情况已见前文南京宫殿部分。洪武八年扩建宫城是在停建中都决计定都南京后开始的，故这次扩建应是以按其意图规划的中都宫殿为蓝本来改造南京宫殿。因此，可以从南京宫殿改扩建前后的差异来推测中都宫殿的概貌。

---

① 单士元，明代建筑大事年表，第一编（宫殿·丙午年十二月、吴元年九月），中国营造学社，1937年，第1～2页。

② 单士元，明代建筑大事年表，第一编（宫殿·洪武八年四月），中国营造学社，1937年，第8页。

③ 单士元，明代建筑大事年表，第一编（宫殿·洪武十年十月），中国营造学社，1937年，第12页。

④《明会典》卷181，工部，营造一，内府。中华书局影印万有文库本，1989年，第918页。

⑤ 诸书于城之周长、高度记载不一，此处取王剑英《明中都》中说法，中华书局，1992年，第71页。

洪武十年扩建前后南京宫殿的主要差异已见前文南京宫殿，主要是拓展了中轴线上外朝部分的宽度，并在其东西外侧建文华、武英二组宫院，在外朝部分也形成中、东、西三路，与内廷部分的中路乾清、坤宁两宫和东西六宫三路并列南北相应。这应即是中都宫殿主要建筑格局。把它的规制和名称与现存北京宫殿相比，二者基本相合，因此可以进一步推知，按明建国后的需要规划建造的中都宫殿是洪武十年扩建南京宫殿的蓝本，而永乐十八年建成的北京宫殿又是以扩建后的南京宫殿为基础加以增大的，故北京宫殿也应和它大体相近。

由于明中都和宫殿是明代建国之初在平地上创建的，体现了它的实际需要、规划意图和具体的规划设计方法，是研究明代初期都城宫殿的较重要资料。但中都城市和宫殿均已被毁，遗址尚未经发掘和测量，我们目前还无法具体探讨它的规划设计方法和特点。

中都宫殿目前只存在少量基址和残损的石刻，除城墙、城门洞尚有少量较完整者，殿基经多次改建，已难了解其具体状貌。在午门基址的须弥座上保存有很多石雕纹饰，远较南京明孝陵及北京长陵等为繁复，与宫城正门的庄重要求颇不适应，表明在洪武初年建皇室工程时还不免有初得政权、意满而骄、忘乎所以、极力铺张的暴发户心理，至洪武末、永乐初建明孝陵、长陵及北京宫室时才开始注意加以节制和装饰有度的问题。

3. 北京紫禁城宫殿

明永乐帝夺得帝位之初，往来于南京、北京而以南京为首都，至永乐十四年（1416）始决策以北京为首都，开始改建元大都城并修建新的宫殿，十八年（1420）基本建成。

中国古代自项羽起，已逐渐形成一种恶俗，即新兴王朝必须毁去前朝宫室，甚至掘坑灌水，湮灭其迹。这在初期是表示“与天下共弃之”，到后期则还受迷信影响，含有魇胜镇压之意，认为只有这样做才能除旧立新，永绝旧政权复辟之望。历史上只有唐继隋宫、清继明宫二例，其余各朝都是拆旧建新，元灭南宋后对南宋临安宫城掘坑灌水为湖，在殿基上建喇嘛以示镇压，加以彻底破坏。故以“驱逐胡虏，恢复中华”为口号的明朝，从政治上讲，绝不可能沿用蒙元旧宫，必须彻底加以摧毁，以示“恢复中华”。在这双重历史背景下，明代新建北京宫殿也是先彻底拆毁元大内，在其后宫正殿延春阁遗址上堆积拆元宫的渣土，形成土山，称为“镇山”，即今之景山，以示对元政权的镇压，然后在其中部并稍向南拓展建造新宫。

明北京宫城又称紫禁城，东西753米，南北961米，占地面积约72.3万平方米[①]，城高约10米，四面各开一门。南门为午门，北门为玄武门，东、西门为东、西华门。在城外围以护城河。

在午门至玄武门间形成全宫中轴线，中轴线上前部为外朝主殿奉天、华盖、谨身三殿，后部为内廷主殿乾清、坤宁两宫，各自有殿门，四周有廊庑环绕，形成巨大的殿庭。在外朝三大殿的东、西侧建有文华殿、武英殿两组殿庭，与三大殿共同形成外朝的中、东、西三条轴线。在内廷后两宫的左、右为东西六宫，也形成内廷的中、东、西三路。这是始建时的情况，以后虽在外围陆续有所增建，出现外东路、西路等，但基本格局未变（图9-16）。把这基本格局与前述明中都宫殿和洪武十年改建后的南京宫殿相比较，可以看到其间一脉相承之处，但它的规模和建筑尺度要超过南京宫殿，这从《明实录》永乐十八年十二月癸丑的记载

① 在北京市1/500地形图上量出，以城墙外皮计。

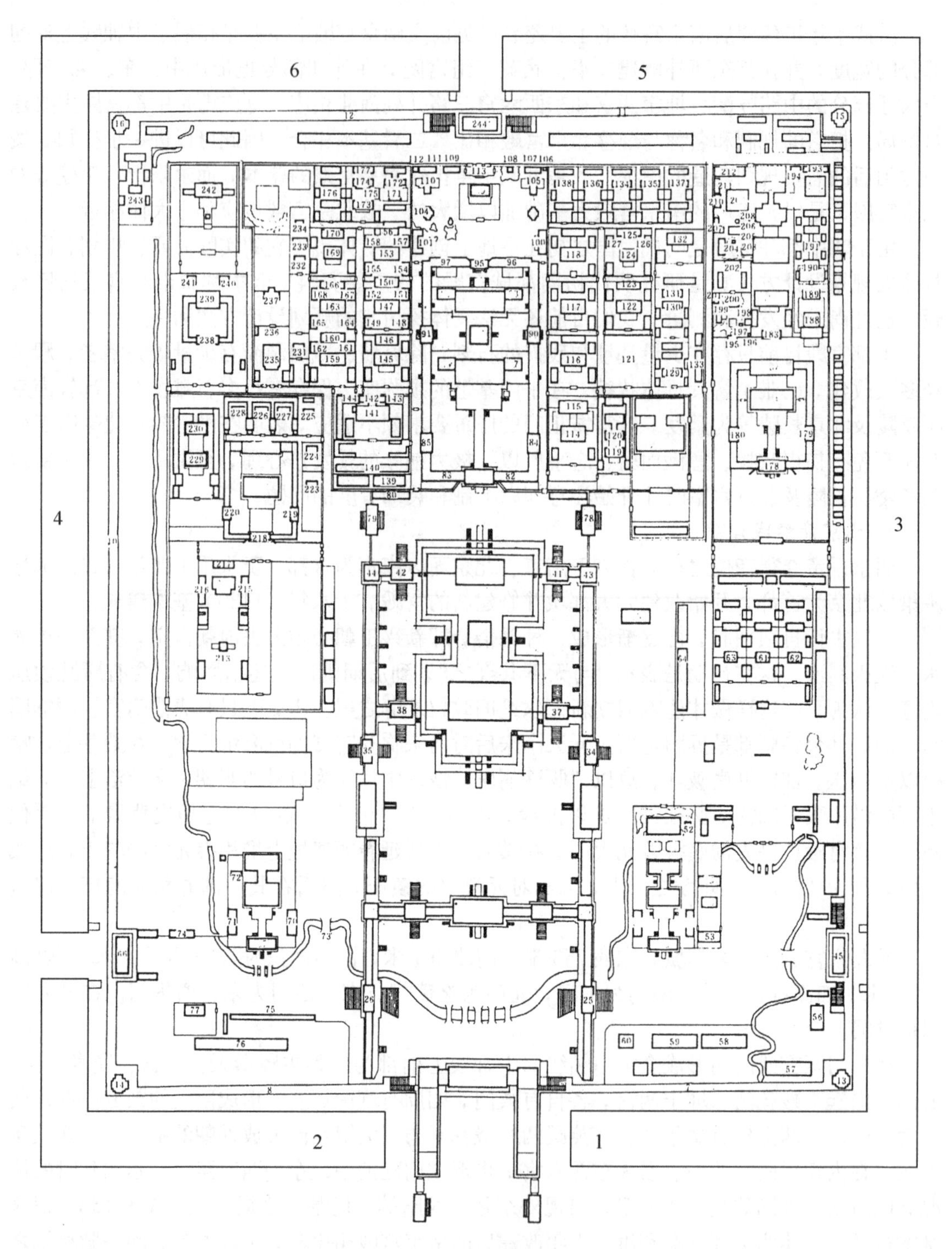

图 9-16　明北京紫禁城宫殿平面图

中也可得到证明。①

① 赵其昌，《明实录北京史料》："永乐十八年十二月癸丑，初营建北京，凡庙社、郊祀、坛场、宫殿、门阙规制悉如南京，而高敞壮丽过之。"北京古籍出版社版①，1995 年，第 356 页。

外朝是宫中代表国家政权的部分，其主体称前三殿。前殿奉天殿是外朝正殿，为皇帝举行大朝会和其他重要国事活动之处，面阔 9 间，四周各增出半间为下檐，构成重檐庑殿顶，是宫中规格最高、体量最大的殿宇。[①] 奉天殿后为华盖殿和谨身殿，三殿共建在一座面积为 25 000 平方米、高三层的工字形大台基上，前有奉天门及侧门，左右有文楼、武楼和廊庑，围成巨大的殿庭。

前三殿东侧的文华殿是太子受朝和讲学之处（嘉靖后改为皇帝讲学之处）。前三殿西侧的武英殿是皇帝斋戒之处。皇帝左右的行政办事和顾问机构多设在午门内东庑及东侧文华殿南的文渊阁等地。

内廷是皇帝的家宅，代表家族皇权，其主体后两宫的前殿乾清宫是皇帝起居之处，为内廷正殿，其后的坤宁宫是皇后所居之殿，二殿性质略近于一般邸宅的前厅和后堂，其间有稍后增建的交泰殿。三殿共建在一座工字形大台基上，四周被门和廊庑围成殿庭。在后两宫后为后苑，其北即宫城北门玄武门。

东西六宫是十二座方形小宫院，东、西侧各六座，分两行，每行三座，对称布置在后两宫两侧，中间形成巷道，是后妃的住所。

这是始建时的主要建筑群，以后在文华、武英二殿的外后侧和东西六宫的外侧陆续添建了次要宫院和太后宫等，至明后期，紫禁城内已逐渐布满了建筑。

明北京宫殿是一组巨大的建筑群组，在建筑布局和建筑的体量、形式上表现出明显的主次关系，形成有机的整体。有关建筑群组布局部分将在下一节规划与建筑设计部分探讨，这里先探讨单体建筑方面的特点。

宫内单体建筑在间数和屋顶形式上都表现出明显级差。只有皇帝所用的主要殿宇为九间，皇太后虽贵为帝母，正殿也只能七间，后妃所住东西六宫的正殿为五间。屋顶形式的级差依次为庑殿顶、攒尖顶、歇山顶、悬山顶。一所宫院可利用不同屋顶表现其主次关系。只有帝、后所居和宫中太庙可用庑殿顶，如前三殿的前殿奉天殿为庑殿顶，中殿华盖殿为四角攒尖顶，后殿谨身殿为歇山顶，后两宫中三座殿的屋顶与前三殿同，均主次关系分明。后妃住的东西六宫的正殿为歇山顶，配殿为悬山顶（后期改硬山顶）。通过屋顶形式的不同表现出明显的等级差别。宫内大量宫院建筑群在总体规划安排下，通过各座建筑在间数、屋顶形式的级差及有规律的安排，使全宫建筑在多样性的同时形成和谐和井然有序的整体。

紫禁城内有一条内金水河，从玄武门西水闸引水穿城入宫，沿西城向南，绕过武英殿门前，经涵洞进入奉天门前广庭，穿过内金水桥，再由涵洞穿出，绕文华殿北后东行南转，过东华门内侧，由涵洞穿出南城，注入城外护城河中。宫内大量地面雨水通过明暗沟渠注入内金水河后排出宫外。河两岸用石砌成，两边有砖砌护栏，行经武英门和奉天门前两侧和跨河之桥均用白石雕栏版。紫禁城外的护城河俗称筒子河，其里岸距城墙约 20 米，河宽 52 米，周长 3840 米。河岸用宽 0.7 米的花岗石条石灌白灰浆砌成，背倚厚 1.5 米的城砖砌成的金刚墙，非常稳固，数百年来无倾侧之弊。[②]

---

① 太和殿一般称为宽十一间，但在江藻《太和殿纪事》“规制第四”中称其“计九间，东西二边各一间”，可知是以殿身间数计算的。

② 石志敏、陈英华，紫禁城护城河及围房沿革考，载：紫禁城建筑研究与保护，紫禁城出版社，1995 年，第 229～230 页。

紫禁城内建有完整的排水系统。各主要殿宇散水外多有石槽和集水口，引雨水注入支渠或干渠，共计长约8000米。干渠、支渠有明沟，有暗沟，通过涵洞穿越宫院，连为一体。宫内地势北高南低，高差约2米，排水沟总的走向是将中间的雨水排向两侧，逐步汇集到南北干渠，向南分别注入内金水河中。其中玄武门南广场有东西向砖砌干渠，宽0.35米，深1.8～2.9米，上盖石板，留有泄水孔。前三殿殿庭北高南低，四周散水外有石槽、集水口，引雨水进入干渠。最后注入内金水河，可以基本做到无雨水淤积。①

明宫的冬季采暖，据惜薪司供应大量木柴情况，可能仍主要以火盆烧木炭取暖，但《芜史》记乾清宫懋勤殿时称"先帝创造地炕，恒临御之"。所指先帝为天启帝，则天启时(1621～1627)宫中已开始在殿内地下砌烟道造地炕采暖了。地炕渊源甚古，《水经注》卷14鲍丘水条已载观鸡寺大堂下造地炕采暖事，这种做法在北方民间流传甚广，不过此时传入宫中而已。至清代宫中造地炕已较多。造地炕关键在烟道通顺但不能通过太快，又要防止向室内漏烟，其上的砖地面至少要二层，并以油灰勾缝。

明北京宫殿工程量巨大，质量要求高。即以基础工程为例，宫内重要殿宇都建在高大的台基上，最重要的前三殿下有三层石台基，面积约25 000平方米，基高7.12米，基座以下基础深约7米。②初步核算，挖基础的土方量约17.5万立方米，夯筑基础和台基的土方量为35.3万立方米，挖和筑的总土方量约53万立方米。仅前三殿台基的挖、筑土方工程量即如此巨大，其余可以想见。因此有人从建宫殿时挖去元宫旧基另筑新的基础和台基的土方工程量之巨大，怀疑能否在永乐十五至十八年的四年间建成宫殿。③

明初建北京宫殿时主要殿宇的木构部分均使用由从四川、湖广等地采伐的楠木，石用房山产汉白玉石，砌墙、铺地分别用山东临清和江苏苏州定制的砖，重要殿宇铺地用花斑石，除辅助用房外，屋顶均满铺黄琉璃瓦，材料的采集、制做、长距离的运输耗费了大量的人力、时间和金钱。(明)贺仲轼在《两宫鼎建记》中记其父贺盛瑞取自工部档案的记载说：嘉靖三十六年重修三殿时"三殿中道阶级大石长三丈，阔一丈，厚五尺，派顺天等八府民夫二万，造旱船拽运，……每里掘一井以浇旱船、资渴饮，计二十八日到京，官民之费总计银十一万两有奇"。④ 近在房山的一石之费如此，其他取自四川、湖广山区的木材之费当更巨于此。可惜建造档案不存，目前无法知其具体情况。

综观明代所建三座宫殿，初创于南京，定型于中都，再据以扩建于南京，最后拓展完善于北京，其布局可谓一脉相承，踵事增华。但细审其布局，实在颇大程度上受到元大都宫殿的影响。如明南、北两京大内中轴线上都建有外朝前三殿和内廷后两宫，北京宫殿且建在殿庭中的工字形大台基上，这和元大内的大明殿、延春阁两组工字殿的布局极为相似。奉天、谨身二殿相当于工字殿的前后殿，而刘若愚《明宫史》说"南北连属穿堂，上有渗金圆顶者，曰中极殿，即华盖殿也，"可证华盖殿是由柱廊演化而来的。后两宫也是这样，只前殿未建为阁而已。前三殿中，奉先殿东西庑上建有文楼、武楼，也和元宫大明殿前相同。此制为唐、宋宫殿所无，创自金中都宫殿，而元宫则是继承自金中都宫殿，故明宫在主殿前方左

① 蒋博光，紫禁城排水与北京城沟渠略述，载：《中国紫禁城学会论文集》第一辑，紫禁城出版社，1997年，第153～159页。

② 李燮平，永乐营建北京宫殿探实，载：紫禁城建筑研究与保护，紫禁城出版社，1995年，第44页。

③ 同②，第43～45页，引单士元先生文。

④ 贺仲轼，两宫鼎建记，卷上，载：从书集成初编，(长沙)商务印书馆，1939年，第2页。

右建有文楼、武楼是它继承元宫的重要证据。但明宫也有所改变，如前三殿中的谨身殿因不再是寝殿，即不再有东西两夹室和后突的香阁。又如元代帝后并尊，故帝宫大明殿与后宫延春阁的占地面积和体量基本相同，而明代以前三殿代表国家政权，以后两宫代表家族皇权，故前三殿一组的面积为后两宫一组的四倍，两者在体量上有巨大差异。

关于明紫禁城宫殿在规划布局和建筑设计上的特点和方法，将在第三节进行探讨。

（二）苑囿

明初北京的苑囿主要沿用了元代的太液池，即今北海、中海部分，天顺四年曾加修缮，以瀛洲圆殿（今团城）为中心，三面架桥，东通紫禁城，西通西宫，北通琼华岛。琼华岛上原有建筑广寒殿及仁智、介福、延和三殿等尚存，基本保持元代原状，至明万历、天启间始先后坍毁。同时向北拓展景区，在今北海东岸、西岸、北岸建了凝和殿、迎翠殿、太素殿和六座亭子，隔湖互相呼应。[①] 明初在宣宗时期还在中海之南开挖南海，就其北岸高地建昭和殿、湧翠亭，称南台，即今瀛台前身。[②]至此，太液池三海已经形成。明中后期又续有建设，如在中海建静谷、改太素殿为五龙亭、临中海东岸建芭蕉园等，但规模都不大，目前对其规划布局的全貌尚不很了解。三海景区有规划的改造和现状的形成实在清代，当在第十章进行探讨。

（三）礼制建筑

礼制建筑包括祭祖先的宗庙、祭天、地、日、月、山川等祭祀性建筑，是皇帝通过祭祀向天下显示其皇权的合法性的场所，故在古代是仅次于宫殿的重要建筑，历朝都在其上倾注了大量精力和物力，建设了大量宏伟的建筑群。礼制建筑受古代“至敬无文”观念的影响，追求简洁、端庄、肃穆，故绝大多数采取中轴对称甚至纵横双轴对称的布局，建筑用材高贵但装饰有度。随着建筑性质和规模的不同，仍表现出多种不同的特点。

1. 太庙

明北京太庙按“左祖右社”的古制建在紫禁城前东侧，与西侧的社稷坛东西对称布置。它建成于明永乐十八年（1420），主体为正殿、寝殿两重。明嘉靖十四年（1535）一度改变庙制，在正殿左右侧为各代皇帝另建专庙，共有九庙，于次年（1536）建成。嘉靖二十年（1541）新庙为雷火焚毁，遂又于嘉靖二十四年（1545）改回旧制，重新建造，保存至今。

重建的太庙有内外二重墙，外重只南、北面开门，南门内有金水河，东西侧相对建神库、神厨。桥北正对内重墙南面的正门戟门。戟门内正中建前、中、后三殿，前殿为祭殿，中殿为贮九世皇帝木主的寝殿，均面阔九间，共建在一台基上，两侧各有长十五间和五间的东西庑。但前殿为重檐顶，故四周各增出半间为下檐，形制与太和殿同。其后用横墙隔出后院，内建面阔五间的后殿（后增为九间），储超过九世已祧庙的皇帝之木主，这后殿为南京太庙和永乐始建的北京太庙所无，因在嘉靖时出现了祧庙问题才在重建时新增加的。中轴线上的一门三殿中，正殿为重檐庑殿顶；中殿、后殿和正门戟门均为单檐庑殿顶，用黄琉璃

---

① 《日下旧闻考》卷35，宫室，引明韩雍作于天顺三年的《赐游西苑记》。北京古籍出版社②，1983年，第553页。

② 《日下旧闻考》卷35，宫室，引明彭时《赐游西苑记》云南台为“宣宗常幸处”，因知在宣德时已建成。北京古籍出版社②，1983年，第553页。

瓦，这种在中轴线上连续建四座庑殿顶殿宇的布置为孤例，虽紫禁城宫殿的主殿也不是这样，应属最高规格，用以表示家族皇权的神圣和对祖先的崇敬（图 9-17）（参阅第三节大建筑群组布局太庙部分）。

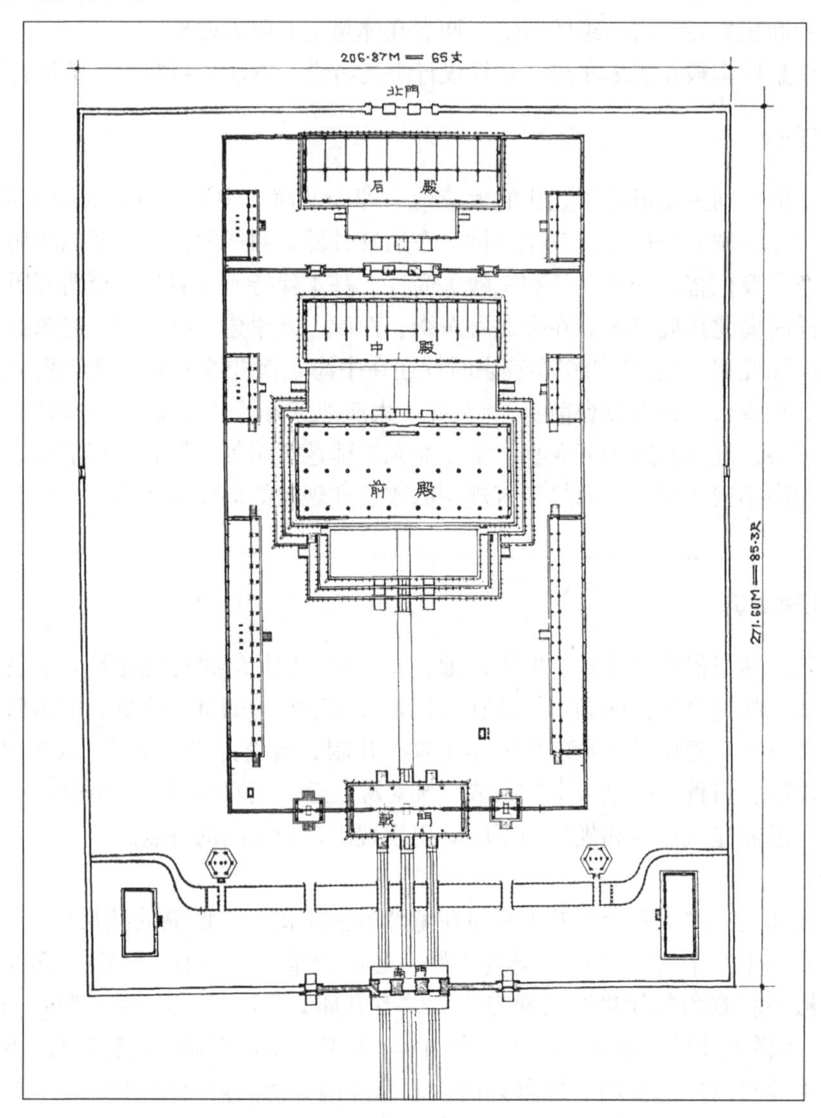

图 9-17　明北京太庙总平面图

张镈主持《北京中轴线建筑实测图》，1944 年实测图

明北京太庙是秦汉以来两千年中十余个王朝保存下来的唯一宗庙实物，布局完整，现存主要建筑为明代前中期所建，极具历史价值。其规划布置和构造特点和方法将在下文探讨。

2. 社稷坛

始建于永乐十八年（1420），位于紫禁城前西侧，东与太庙相对，二者外墙轮廓尺寸相同，严格对称地布置在宫前的东、西侧。它也有内外二重墙，外墙称坛墙，四面正中各开一门，以北门为上，祭时由北门进入，南向行礼。内重墙称壝墙，是高仅 4 尺的矮墙，四面正中各开一石制棂星门，坛在正中，方形，高三层。壝墙四面按五行方色自东面起分别用青、红、白、黑四色琉璃砖、瓦砌成。坛的四周用石砌成台基，台面分别按五行方色用青、红、白、黑、黄五色土填筑。坛北门之内，在中轴线上前后相重建有拜殿和享殿两座殿宇，均为单檐歇山黄琉璃瓦顶，供祭祀之用（图 9-18）。

社、稷分别代表土地和农业，在农耕社会中是极为重要的祭祀对象，故历代皇帝均进行祭祀。社稷坛殿宇在北，南望低矮的坛及壝墙，可能有象征广袤土地之意。它的规划布局特点将在下节探讨。

3. 天地坛

古代在郊区筑坛祭天地，有时天地分祀，有时天地合祀，明代在南京建都时采取了天地合祀之制，建天地坛。永乐十八年(1420) 在北京依南京坛制建天地坛后，经历了较长变化过程，始形成现状，大体可分四个阶段。

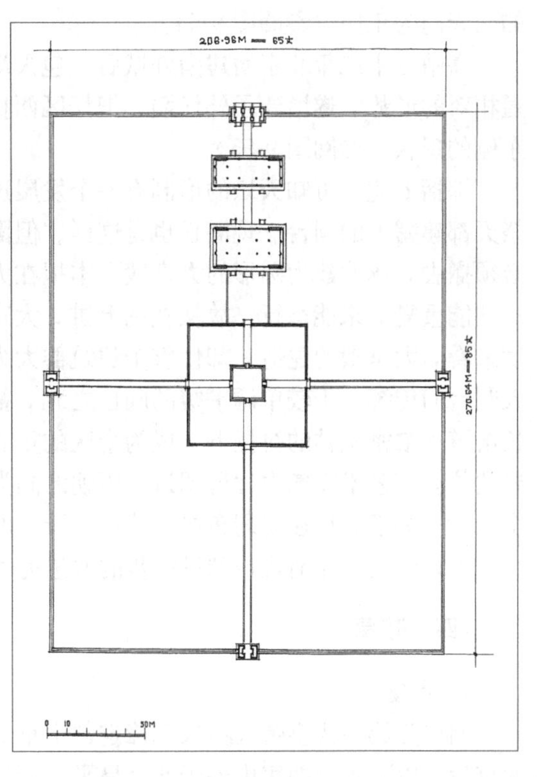

图 9-18 明北京社稷坛总平面图
张镈主持《北京中轴线建筑实测图》，1944 年实测图

永乐十八年（1420）在北京正阳门外大道东侧始建天地坛，其地盘南方北圆，以像天圆地方，周以一重坛墙，四面各开一门。其内在中心处筑高台，台边周以矮墙，四面各开一门，其内建矩形的主殿大祀殿和殿门、配殿，殿、门之间用廊庑连接，围合成南面方角、北面圆角的殿庭，与坛区地盘的轮廓相应。自坛南门筑一条高甬道，向北直抵天地坛正门，突出了坛区的中轴线，称丹陛桥，形成严格的中轴对称布局。从《大明会典》和《洪武京城图志》中的北京、南京两幅天地坛图基本相同可知，永乐时是按南京坛制修建的。永乐坛的东西宽为 1289.2 米，南北深为 991.7 米（参阅图 9-52）。

明嘉靖九年（1530）改为天地分祀后，在天地坛之南新建祀天的圜丘坛，其地盘为横长矩形，周以坛墙，四面开门，即以天地坛之南门为北门。又把天地坛的东西坛墙南延，包在其东、南、西三面外侧，形成外坛墙。其内中心部位建外方内圆两重壝墙，均在四面装石棂星门，圆壝内建三层祭天的圆坛，即祭天的圜丘。为了象征天的颜色，其三层台壁及栏杆均用蓝色琉璃制成。嘉靖十八年（1539）又在坛北门与方壝北门之间建储祭天牌位的重檐圆殿皇穹宇，其外周以圆形砖砌围墙，南面开门。又在东侧建神厨、神库等，基本形成新的祭天区。圜丘坛和皇穹宇南北相重，形成中轴线，与原天地坛的中轴线相接，形成南北长约 900 米的共同中轴线，把两区连为一体。其内坛墙南北深为 505.9 米，东西宽为 815 米（参阅图 9-53）。

嘉靖二十二年（1543）又拆毁原大祀殿，在其地建大享殿，于二十四年（1545）建成，即今祈年殿。大享殿下为三层白石砌成的圆坛，称“祈穀坛”，殿身圆形，直径 24.5 米，上复三重檐攒尖屋顶，自上而下，依次复以青、黄、绿三色琉璃瓦，为坛区最宏伟巨大的建筑物。随后在其北建贮祭器的皇乾殿，完成了对原天地坛一区的改建。这样就形成了圜丘坛和大享殿两区在坛区的中轴线上南北相对的布局。此时的坛区以现在的内坛西墙和外坛北、东、南墙为界，东西 1289.2 米，南北 1650 米，它的正门不再是南面的成贞门而改以西墙上的西天门为正门（参阅图 9-54）。

嘉靖三十二年北京增建南外城后，包天坛于城内，为与其西的先农坛形成夹正阳门外大道相对的形势，遂增建了外坛墙，把坛区西扩到近大道处，这就最终形成了中轴线偏在坛区东侧的现状（参阅图 9-55）。

综括上述，可知天坛的形制有一个发展过程，在明嘉靖三十二年以后始形成现状。历代祭天都建露天的圆台，现圜丘也是这样。但圜丘建成后，它北面明初所建合祀天地的大祀殿必须撤去，遂改建为圆形的大享殿。本拟在大享殿行祈穀之礼，又因于礼经无据，且与先农坛功能重复，未能举行，故从礼制上讲，大享殿并没有固定功能。但是如从建筑群体布置角度来看，大享殿的建造，却使整个建筑群大为生色，成为坛区的中心。它改变了历朝建造露天圆台的传统，于较单调平缓的圜丘之北，矗立起体型巨大、形象端庄的大享殿，在高台、长甬道和浓密柏林的衬托下，成为全区的重心和天坛的主要标识建筑，使祭天的圜丘退居次要地位，其艺术震撼力远远超过了历朝的同类建筑，成为历史上最后一个、也是最成功的一个天坛。关于天坛在规划布局及建筑设计上的具体特点和方法，将在第三节进行探讨。

天坛建筑群在清代得到进一步的改进完善，其详见清代的礼制建筑部分。

（四）陵墓

1. 帝陵

明代除第一代皇帝太祖朱元璋定都南京，故葬于南京紫金山的孝陵外，成祖永乐帝迁都北京后，以下各世即集中葬于北京昌平，后世称十三陵。在此以前，北宋的陵墓虽也集中建在巩县，但布局较分散，北京明陵的不同处是它以一所南北向山谷为陵区，南端建陵门，谷内各山口建侧门、陵墙，形成封闭的陵域。自山谷入口处起建有一条长 7 公里的主陵道，南端建有石牌坊，坊北即陵区正门大红门、门内为碑亭、亭北即进入夹道树立石象生的神道，后有棂星门、五孔桥、七孔桥。神道北抵背倚山谷尽端主峰天寿山的主陵成祖长陵。其他诸陵各背倚一峰，分列左右。自棂星门以北，建有多支路通向分列左右的其他各陵。陵道的布置，既突出了主体长陵，也显示出诸陵的辅翼地位，形成一个共用一条主陵道的完整的陵区，在历朝帝陵中独具特色。明十三陵是选址和利用地形非常成功的例子，表现出明代在这方面达到的高度水平（图 9-19）。

北京明陵的形制是主体为四周用砖围砌的圆形的陵山，称宝城，其前建一组祭祀用的宫院，由建有碑亭、石桥的神道为前导。此制源于南京的明孝陵，而以明長陵最为完整。长陵陵山前的宫院为纵长矩形，分为三进院落。第一进为陵门小红门与祾恩门间院落，东侧建有碑亭。第二进为祾恩门与内红门间院落，面阔九间重檐庑殿顶的享殿祾恩殿居中，左右原各有配殿十五间，与祾恩门围合成巨大的主殿院，殿中设神位，是墓主接受祭祀之处，相当于陵寝的前朝区。内红门以内至后倚宝城的方城明楼为第三进院落，相当于陵寝的寝区，方城明楼为上建重檐碑亭的方形城墩，下有门洞通至宝城前小院，是宝城前的标志建筑。宝城直径约 300 米，四周用城砖砌成圆城，城顶加垛口，其内夯土为陵山，墓室即在其下（图 9-20）。

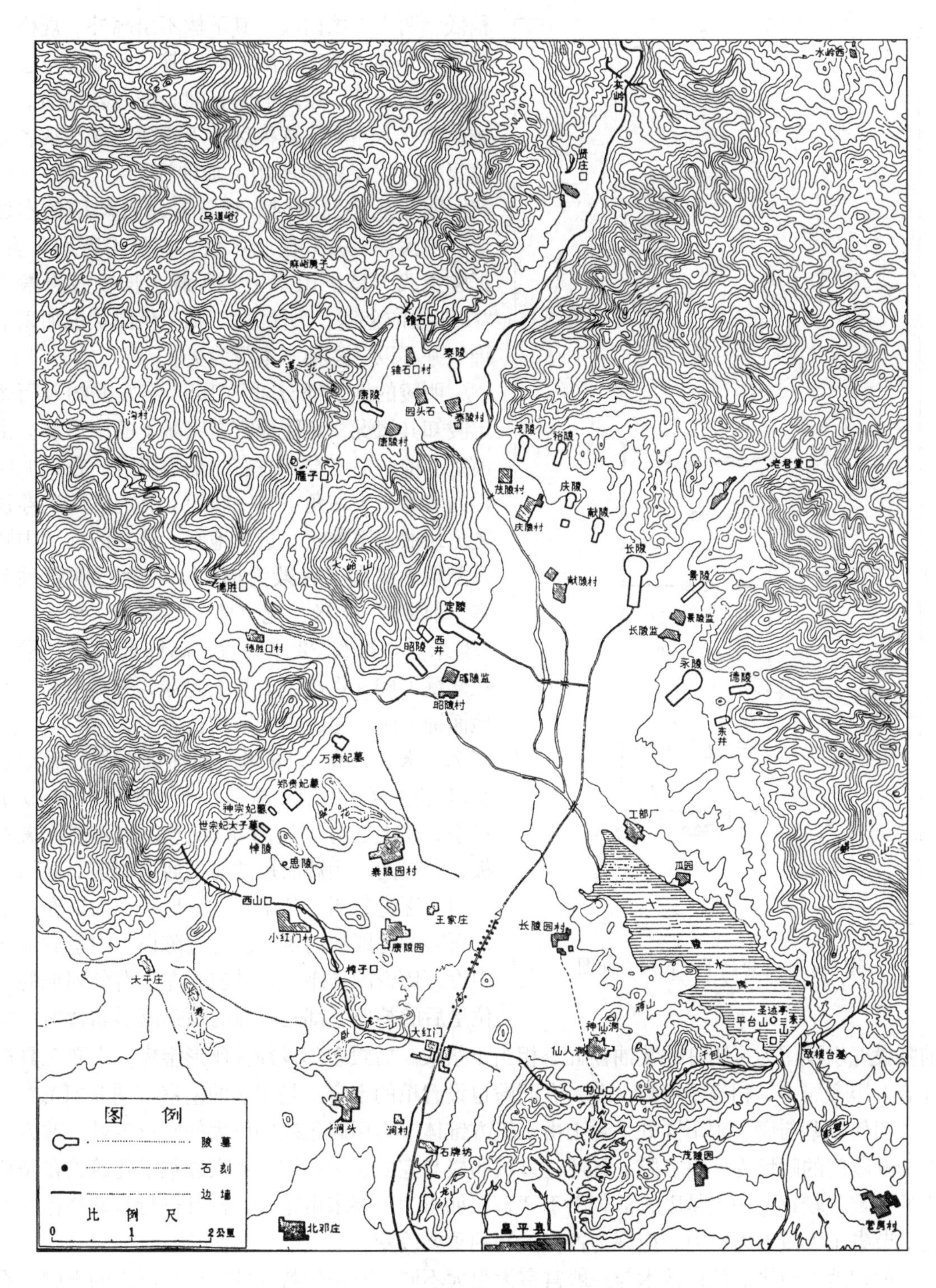

图 9-19 北京昌平明十三陵总平面图

长陵因是迁都北京后的第一代帝陵，规模大于后世诸陵，其主殿祾恩殿建于三重石台基上，周以石栏，殿身面阔九间，进深三间，出前后廊为下檐，上复重檐庑殿黄瓦顶，除台基

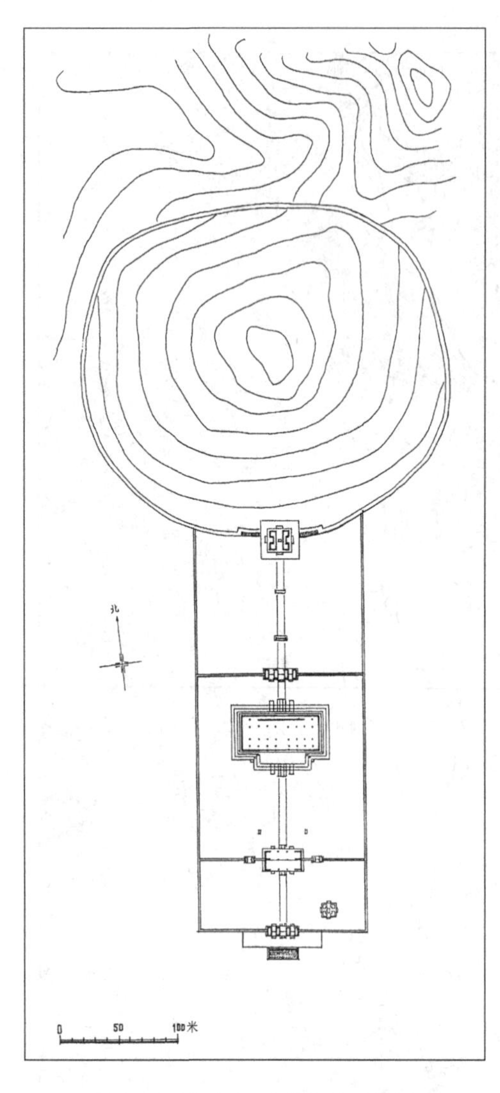

图 9-20　北京昌平明长陵平面图

稍低、两山上檐内收、其下檐不出廊外，规格与紫禁城外朝正殿奉天殿相同。其余各陵的祾恩殿除永陵七间外，余均面阔五间，配殿各五间，宝城径 200 米左右，规模远小于长陵。现在观者多惊叹明长陵祾恩殿所用不加油漆的巨大楠木柱，实际明永乐建北京时，较重要宫殿均用楠木建造，惜大都毁去，仅此孑余，遂显得特别珍贵。据顾炎武《昌平山水记》所载，长陵祾恩殿内"中四柱饰金莲，余髹漆，"则明代原状也加以油饰，并不以暴露楠木本身为美。

明陵的地下部分可从 1958 年发掘的万历帝定陵知其概况。定陵地宫在宝城下的中后部，由前室、前中后三殿和左右、配殿组成。在方城明楼的右方于宝城角下建一暗门，其内有砖砌券顶隧道迴曲通至前室，进入地宫。地宫的前、中殿及配殿为纵向，后殿为横向，均为石砌筒拱墓室。前殿长 20 米、宽（即拱券跨度）6 米、高 7.2 米。中殿长 32 米，宽、高同前殿。二殿均在侧壁平砌 9 重石条，其上起券，矢高 3.23 米，地面铺方砖。左、右配殿均长 26 米、宽 7.1 米、高 7.4 米、矢高 3.86 米，地面铺石板。后殿长 30.1 米、宽 9.1 米、高 9.5 米，侧壁平砌 10 重石条，其上起券，矢高 5.06 米，地面铺花斑石板。各殿间均用矮而短的筒拱通道相连，其间装石门，逐进封闭。其中中殿、后殿在入口券门上加石雕的庑殿顶门罩。前室无陈设。中室后部居中设万历帝的神座，在其前方左、右分列他的二位皇后的神座，都是石雕的须弥座形靠背椅，座前陈设五供及用为長明灯的装油瓷缸，相当于祭殿。后殿中部设须弥座形宝床，上置三具棺椁，万历帝居中，相当于寝殿。左、右配殿也设置棺的宝床，是妃子的墓室（图 9-21）。[①]

明代陵墓与唐、宋不同处是封土由土筑方锥体改为用砖包砌的巨大的圆形宝城，改方形四面开陵门的陵垣为一组宫院，且通过方城明楼与宝城连为一体，大大加重了建筑物在陵墓中的比重。较重要一点是废去前朝出于"事死如事生"要求由宦官、宫女进行日常祭祀的下宫，节省了大量人力财力，应视为古代陵制的重要改变。

明陵地上建筑的建造技术与一般宫室无很大不同。其中较特殊的工程是巨大的石碑、石象生等的安置。据明人笔记记载，只能先修路，沿路凿井，在冬季汲井水浇路面使结冰，再

① 中国社会科学院考古研究所、北京市文物工作队等，《定陵》（第三章，第二节，地下建筑），文物出版社，1990 年，第 11～21 页。

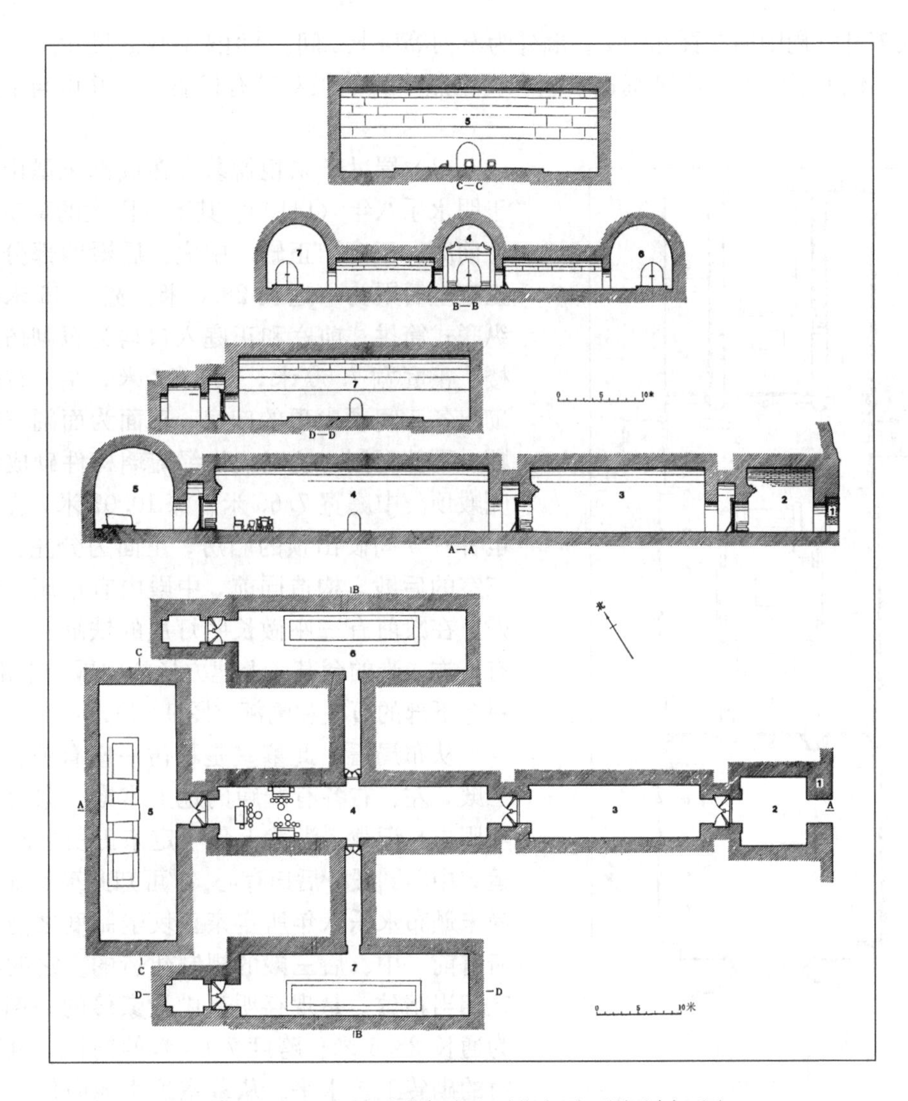

图 9-21　北京昌平明定陵地下墓室平面图及剖面图

中国社会科学院考古研究所、北京市文物工作队等：定陵，图12A，文物出版社，1990年

动员大量民工在冰道上拖运就位。

2. 王墓

明代大举封王，虽不掌实权，但魚肉地方，成为国之巨蠹，是明朝弊政之一。史载其王宫制度豪侈，但随明亡而俱毁，多不可考，只少数有遗址可寻，但各地仍有大量王墓遗存下来，虽多为残迹，但仍可知其规制。

《大明会典》卷203王府坟场条载永乐八年（1410）定亲王坟茔制度，大致为："享堂七间，广十丈九尺五寸，高二丈九尺，深四丈三尺五寸。中门三间，广四丈五尺八寸，高二丈一尺，深二丈五尺五寸。外门三间，广四丈一尺九寸，高深与中门同。神厨五间，……神库同。东西厢及宰牲房各三间，……焚帛亭一，……祭器亭一，……碑亭一，方二丈一尺，高三丈四尺五寸。周围墙二百九十丈。墙外为奉祠等房十二间。”①但未载坟之尺寸。

现存明代王墓以四川成都蜀世子墓和河南新乡潞简王墓较有代表性，并可与上述制度对照。

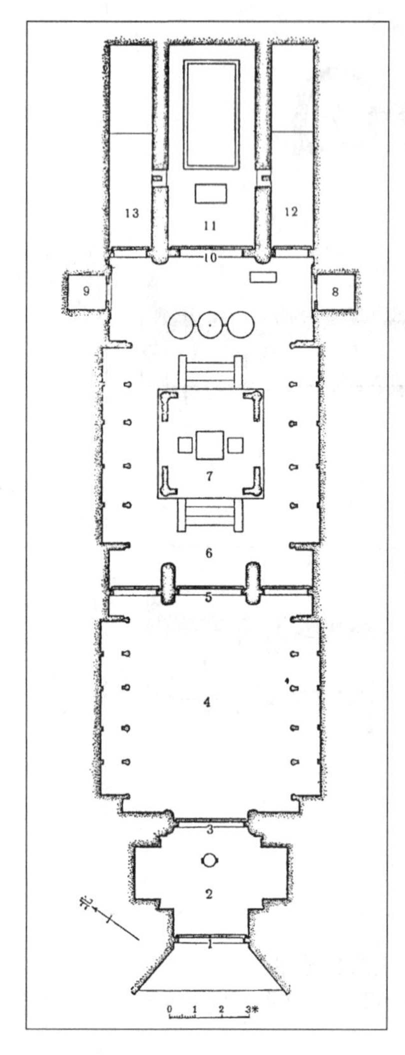

图 9-22　成都凤凰山蜀世子朱悦燫墓平面图
中国社会科学院考古研究所・四川省博物馆：成都凤凰山明墓，图1，考古，1978年，第5期

(1) 蜀世子朱悦燫墓。在成都凤凰山，入葬于明永乐八年 (1410)，其下有巨大的墓室。墓室分前庭、正庭、正殿、中庭、后殿四部分，其中正庭至后殿为一通长 28.6 米、宽 7.66 米的砖砌纵联式筒拱。前庭和正庭入口均为石砌仿木构门楼，正庭宽 7.66 米，深 8.22 米，左、右侧用石砌出各 5 间硬山顶的厢房，正面为面阔三间的正殿，下部石制，柱以上为绿琉璃构件砌成的重檐庑殿顶。中庭宽 7.66 米、深 10.07 米，左、右侧也各有 5 间硬山顶的厢房，正面为分左、中、右三室的后殿，构造同前，中殿内有棺床，象征寝殿。在殿前有三座做长明灯用的铁缸。中庭正中有一方 4 米的台基，上建方形的中殿，上部已毁，只余下部的石柱和阑额 (图 9-22)。②

从布局看，此墓室是摹仿一座有前、中、后三殿，左、右各有配殿的地上宫殿。据《明史・与服志》记载，洪武七年“定亲王所居殿前曰承运，中曰圆殿，后曰存心。”③可知此墓的地宫是在尚未颁布永乐八年所定亲王坟茔制度之前按亲王府有前、中、后三殿的规制建造的。它的石雕工艺相当精致，是现存明墓中最豪侈的一例。墓室为通长 28.6 米、跨度 7.66 米的筒拱，也表明当时的砌砖工艺水平。从墓室顶距地面仅 2 米的情况可以推知，它是用大开挖的方法在地坑内建石造建筑和砖筒拱的。

(2) 河南新乡潞简王墓。在新乡市北郊凤凰山，为万历帝同母弟朱翊镠之墓，入葬于万历四十二年 (1614)。墓园南北长 500 米，前为長约 180 米的神道，以三间四柱的石牌坊为前导，其内神道两侧设十四对石像生，北端辟一方池，过桥即抵陵外门。陵区平面矩形，东西 147 米，南北 324 米，周以高 6 米、用条石砌造的陵墙，其内用门、墙分隔为前、中、后三重院落，

① 《大明会典》卷 203，王府坟茔，中华书局缩印本，1988 年，第 1020 页。

② 中国社会科学院考古研究所、四川省博物馆成都明墓发掘队，成都凤凰山明墓，考古，1978 年第 5 期，第 306～313 页。

③ 《明史》卷 68，志 44，舆服 4，亲王府制。中华书局标点本⑥，2007 年，第 1670 页。

包享堂、宝城于其内。外门为绿琉璃瓦歇山顶门楼，下开三门洞，院中建一三间四柱石牌坊，其北二重院为主院，前为中门，残基宽20米，院内中为享堂，残基宽36.5米，左右有配殿残基。享堂后经石坊进入第三重院，居中为直径40米、高9.35米的石砌圆形宝城，宝城前有石墓碑及供桌等。宝城下的墓室距地面3.8米，分前，中、后三室，均为石砌筒拱构成，由长8.1米的甬道通入前室。前室为纵长形，长9.6米，宽3.3米，无陈设。中室宽4.8米，深3.3米，内设供桌，相当于享堂。它左、右有夹室，宽3.3米，深2米，相当于配房。后室为横长形，宽10.7米，深4.1米，中部偏后设宽7.95米，深4.25米的石棺床，相当于寝宫。①

此墓围墙东西147米，南北324米，周長为942米；中门基宽20米；享堂下台基宽36.5米。按明中期尺长0.3184米折算，围墙周长为295.8丈，中门基宽为6.28丈，享堂下台宽为11.46丈。与永乐八年亲王坟茔制度中规定的围墙二百九十丈、中门4.58丈、享堂七间10.95丈相比较，除中门稍宽外，另二项基本相合，可知基本是按永乐八年所定亲王坟茔制度建造的（图9-23）。

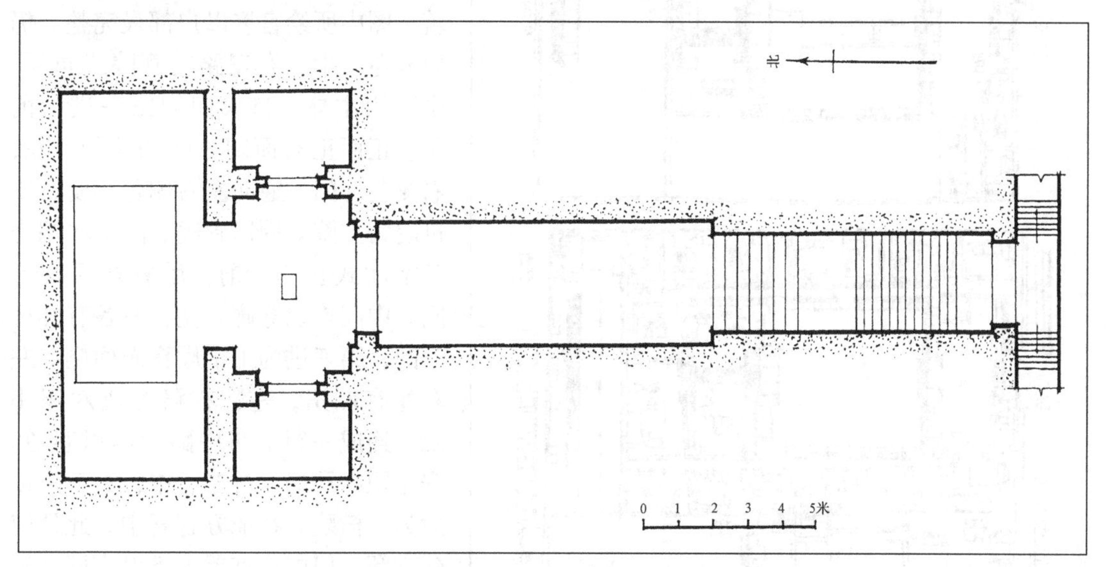

图9-23 河南新乡明潞简王墓平面图

全国重点文物保护单位（第二册河南省），潞简王墓附图，文物出版社，2004年

此二墓一在明初，一在明末，可见有明一代藩王在地方之权势。明代王墓之多，规模之大，为唐宋以来所仅见，从其规模亦可知为害地方民众之深。

3. 官员墓

《大明会典》卷203职官坟茔条载洪武二十九年（1396）定制大致为：“公侯茔地周围一百步，坟高二丈，围墙高一丈。一品茔地周围九十步，坟高一丈八尺，围墙高九尺。二品茔地周围八十步，坟高一丈六尺，围墙高八尺。三品茔地周围七十步，坟高一丈四尺，围墙高

① 河南省博物馆、新乡市博物馆，新乡市郊明潞简王墓及其石刻，文物，1979年第5期。

附记：地宫尺寸自《全国重点文物保护单位》第二册上量出。见该书第495页河南省，潞简王墓附图。

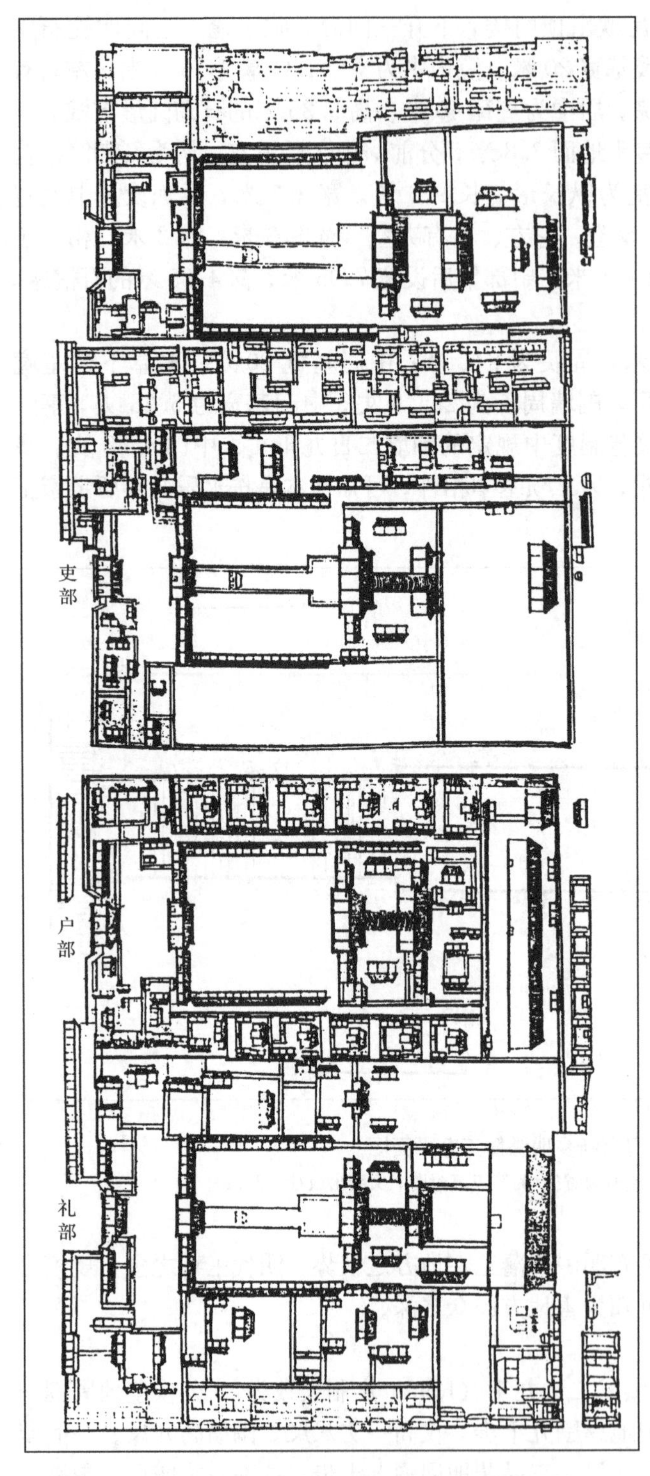

图 9-24　北京明吏部、户部、礼部官署平面图

《乾隆京城全图》

七尺。四品茔地周围六十步，坟高一丈二尺，围墙高六尺。五品茔地周围五十步，坟高一丈，围墙高四尺。六品茔地周围四十步，坟高八尺。七品以下茔地，周围三十步。坟高六尺。”[①] 即自公侯至七品茔地周围自一百步递减至三十步，对坟高、碑碣高、石兽数量也有规定。

（五）官署

明南京中央官署规制已不可考，正统七年（1442）所建北京中央官署尚可在《乾隆京城全图》中知其概貌。图中所绘官署以户部最完整，仍属分左、中、右三路的廊院式布局。中路为主体，自大门内第一进为前院，正面正对面阔三间的仪门，左、右侧各一门，通向左右侧各小院。二进院为主院，周以廊庑，院落尽端为工字厅式正堂，前、后堂均面阔五间，中间连以穿廊，左、右各有耳房三间。第三进为工字厅穿廊两侧，左右建有厢房。左、右路各建六座小院，连成一行，与中路间隔以巷道，安排职能司局。在左、中、右三路以后为一横院，在地方官署中，此处应建官邸，但中央官署内不设官邸，遂建造了巨大的户部仓库。相邻的吏部、礼部虽后代改动较大，但基本布局相同，后部也不建官邸（图 9-24）。

明代曾在洪武二年（1369）颁布地方官署图式，规定制度。历代地方官署其后部多是地方长官住宅，但一般吏员则在外居住。而洪武二年的制度特别规定要求其中也安排吏员居住之所，使长官、吏员共住在一所大院

① 《明会典》卷 203，职官坟茔，中华书局排印本，1989 年，第 1020 页。

中，共走一门出入，以利于互相监督，防止贪汙和请讬徇私，以整顿元末以来腐败至极的吏治。[①]明卢熊《苏州府志》所载苏州府治图就是按洪武二年所颁发的图式新建的（图 9-25），从附图可知，它仍是宋、元以来传统的廊院式布局，中轴线上主院及两庑为官厅，后院为长官住宅，和前代不同处是两侧各五个小院除安排附属机构外，还用为属吏住宅。直至明中后期，在大量地方志中载有很多幅府、州、县的衙署图大体均为廊院式布局，图中多标有吏舍，可知官、吏共居于官署中的制度也一直沿袭下来（图 9-26）。

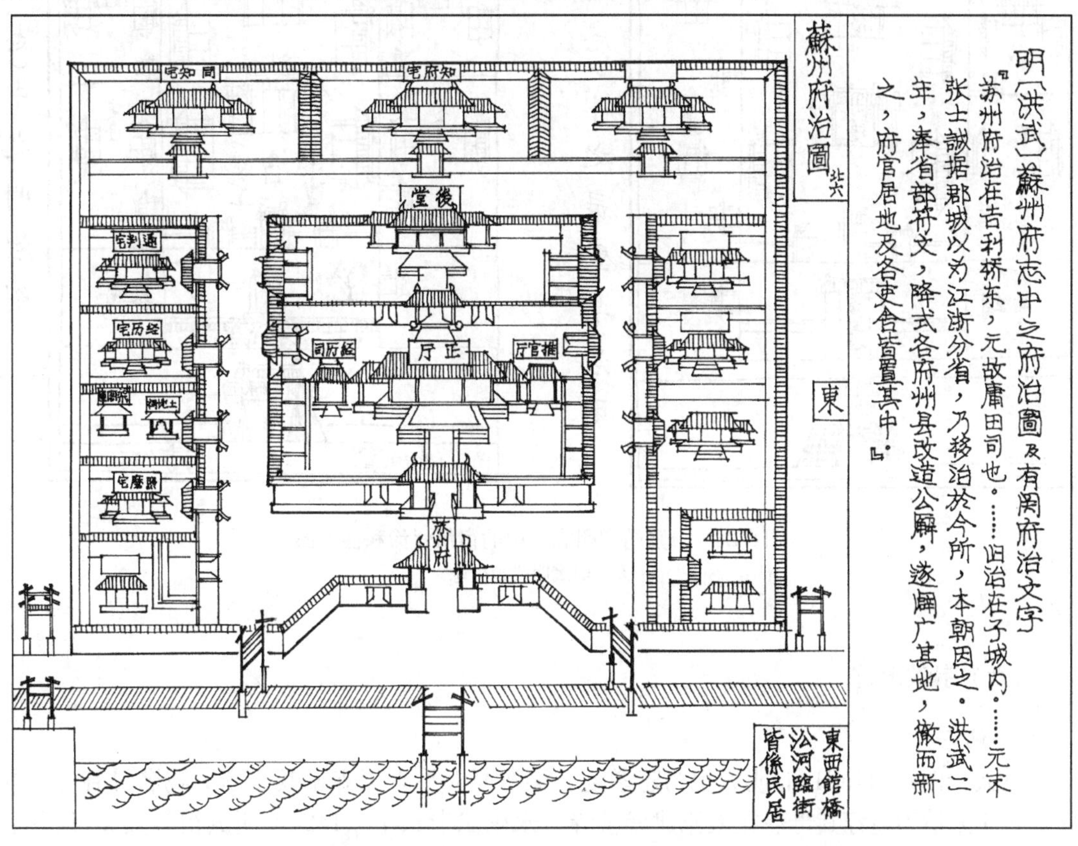

图 9-25　《洪武苏州府志》所附苏州府治图（摹本）

明代官署遗存者有山西霍州州衙，分左、中、右三路，与上述地方志所反映的情况一致，但其面阔五间的大堂是元代建筑，故超越了明制所规定的三间。

现存建筑中可反映明代州府级官署的还有山东曲阜孔府和浙江东阳卢宅，其概貌和规划布局特点将在第三节群组布局部分进行探讨。

① 明·王祎，《王忠文集》，义乌县兴造记云："今天子既正大统，务以礼制匡饬天下，乃颁法式，凡郡县公廨其前为听政之所如故，自长贰下逮吏胥即其后及两傍列屋以居，同门以出入，其外则缭以周垣，使之廉贪相察，勤怠相规，政体于是而立焉。"载《四库全书》电子版《王忠文集》卷九，义乌县兴造记。

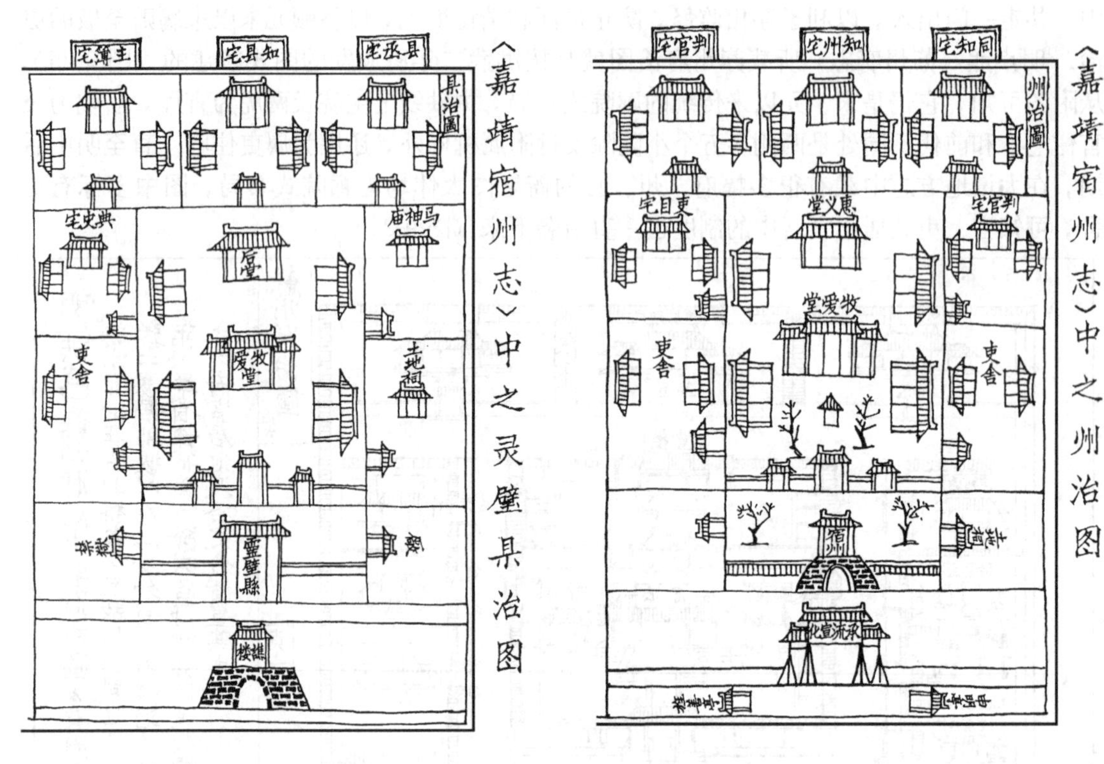

图 9-26　《嘉靖宿州志》中的宿州州治和县治图
天一阁藏明代地方志

（六）宗教建筑

1. 佛寺

洪武十四年（1381），明太祖为建孝陵，移建原太平兴国寺于其于东，赐名灵谷寺。同年，晋王朱㭎为追荐其母后在太原建崇善寺。永乐二十二年（1424）明成祖为其父母祈福，重建南京大报恩寺。正统十三年（1448）明英宗建北京大兴隆寺，景泰三年（1452）明景泰帝建北京大隆福寺。这些都是明初皇家所建有一定政治背景的大型佛寺，但历经改建，都已基本毁去，重要实物仅存南京灵谷寺无量殿和太原崇善寺大悲殿二座建筑物。南京灵谷寺、南京大报恩寺、太原崇善寺尚保存有明代寺图，可知其大体规制。此外，现存青海乐都瞿昙寺、四川平武报恩寺、北京智化寺均为明前期所建，并与官府有关，虽规模和重要性稍逊于上举诸寺，但基本完整，又表现出某些共同点，可供进一步探讨。

(1) 南京灵谷寺。据《金陵梵刹志》记载，[①] 寺采用廊院式布局，分三路。中路轴线上依次为金刚殿（山门）、天王殿（殿门）、无量殿（主殿）、五方殿、最后为法堂，均面阔五间，左右用廊庑围成殿庭。殿庭之北为供众律堂，最后为五级的宝公塔。东路有法台、静室等，西路为方丈院、斋舍及供众禅堂，规模巨大（图 9-27）。现仅存无量殿，为大型砖拱券结构，但对它是否为洪武始建时遗物尚有不同的看法。它的构造特点和成就将在下一节的砖

① 明·葛寅亮，《金陵梵刹志》，卷 3，钟山灵谷寺，1936 年金山江天寺影印明刊本。

结构部分进行探讨。

图 9-27 《金陵梵刹志》所附灵谷寺图

1936 年金山江天寺影印明刊本附图

（2）南京大报恩寺。据《金陵梵刹志》记载[①]，寺也寺采用廊院式布局，分三路。中路轴线上依次为金刚殿、天王殿、正殿、九级琉璃宝塔、观音殿、法堂，周以廊庑，围成殿庭，以塔为主体。在观音殿左右有祖师殿及伽兰殿。寺之东路有大藏经殿、司库、大禅堂、禅堂正殿等，西路安排少量附属建筑（图 9-28）。此寺的特点是以体量巨大的琉璃塔为中心，反映出明初在建筑和琉璃工艺上的突出成就。可惜此塔被太平天国毁去，我们只能通过少量琉璃残件看到琉璃色彩的多样和艳丽，其纹饰图案造型之精美也代表当时的高度工艺水平。

以上二寺是明初皇家所建特大型佛寺。

（3）山西太原崇善寺。洪武十四年（1381）晋王朱㭎为追荐其母后而建，应出于南京官匠，现只存后部的大悲阁，但其基本格局尚在，与明成化年间古图相对照（图 9-29），尚可大体探讨其原规制。

寺主体分左中右三路。中路又可分前、中、后三部分，前部为前院，南面正中为寺门金刚殿，北对主殿院的正门天王殿，左右有路通东西路。中部自天王殿以北为主殿院，中轴线

① 明·葛寅亮，《金陵梵刹志》，卷 31，聚宝山报恩寺，1936 年金山江天寺影印明刊本。

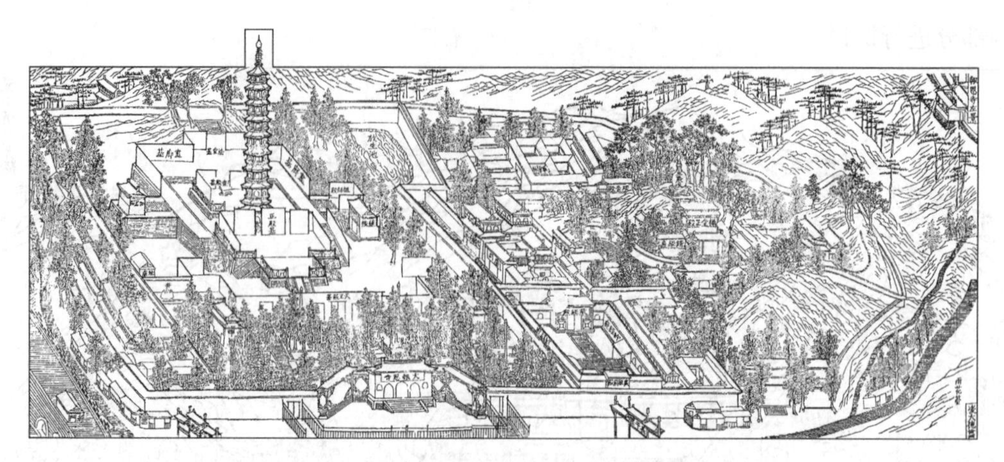

图 9-28　《金陵梵刹志》所附大报恩寺图

1936 年金山江天寺影印明刊本附图

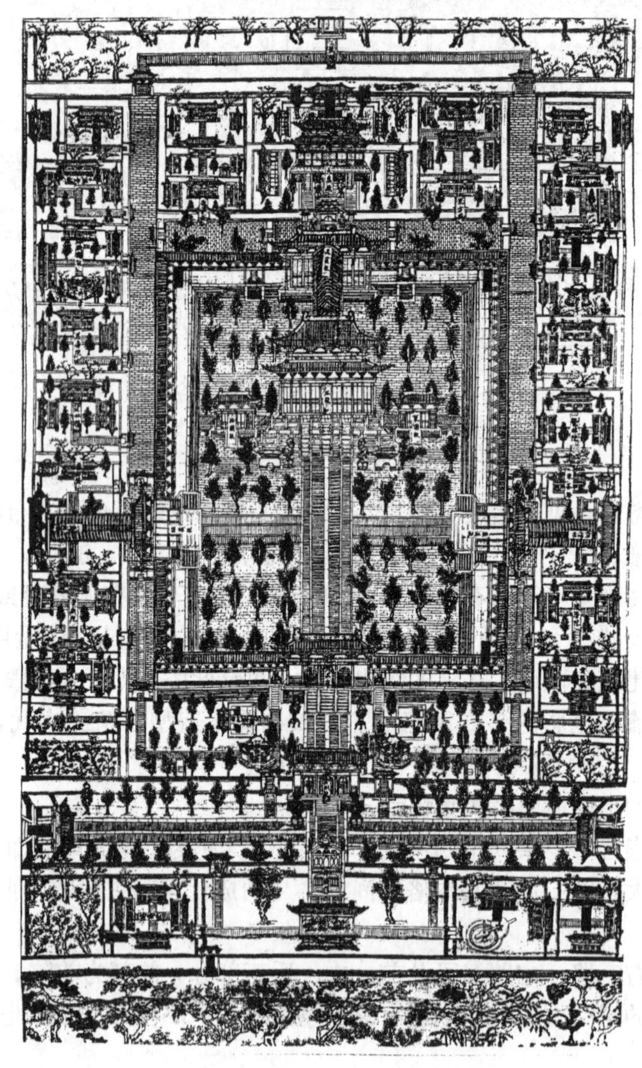

图 9-29　明成化间绘崇善寺全图（图片）

上建正殿和后殿毘卢殿，其间连以柱廊，形成工字殿。在天王殿、毘卢殿左右有南北向廊庑，矩折后连东西向廊庑，围合成纵长矩形的主殿院。在东西廊庑中部建有东、西配殿罗汉殿和轮藏殿，各以柱廊连接其后的栴檀林和选佛场，形成两座东西向的工字殿。在主殿院之后为后部，横巷之北东西并列三院，中院主体为大悲殿，东、西侧为东、西方丈院。东西路自南而北各排列八个小院，面向中路东、西侧的南北向巷道开门。

在寺主体部分之南、北均有横墙。南面隔出东西向横街，其东、西端为通入街市的东、西寺门，墙南居中有棂星门和影壁，北对金刚殿，左右为寺之服务供应部门。北面植以林木，似为后园。

此寺为晋王纪念母后而建，故主殿为属宫殿规制的九间重檐庑殿顶建筑，寺之正门不临街，前建影壁，经东西横街出东西门的布局也属王府正门的规制。

以上三寺均为皇家建造，属当时最高规格，其整体布局为东西三路的廊院式，和当时的大型官署相近，远超过一般佛寺的规格。

(4) 青海乐都瞿昙寺。在青海省乐都县，明洪武二十四年（1391）明太祖为表彰协助明军西进的噶举派喇嘛而建，永乐十六年（1418)、宣德二年（1427）又加扩建而成。寺由前院和主殿院组成。前院近方形，南面正中为山门，门内左右建碑亭。北面正中为主殿院的正门金刚殿，为三间单檐歇山顶建筑。门内中轴线上依次建瞿昙寺殿、宝光殿、隆国殿。瞿昙寺殿、宝光殿为殿身面阔三间加副阶的重檐歇山顶建筑，隆国殿规格最高，为殿身面阔五间加副阶的重檐庑殿顶建筑，左右侧辅以三间二层庑殿顶的后钟、鼓楼。自金刚殿左右有廊庑，北折为东西庑，由 78 间廊庑围成宽约 66 米、深约 133 米的矩形主殿院。[①]

在现状总平面图（图 9-30）上可以看到，东西庑在相当于宝光殿后檐处以北稍加宽，证以宣德二年扩建的记载，可知自此向北是增建部分。据此，则宝光殿以前部分是永乐十六年建成的，而隆国殿、后钟、鼓楼及北段稍加宽的东西庑则是宣德二年增建的。此寺的隆国殿为重檐庑殿顶建筑，左、右侧又辅以三间二层庑殿顶的后钟、鼓楼，虽开间较少，但形制近于紫禁城前三殿中的奉天殿及其前的文楼、武楼，属于宫殿体制，这在明代佛寺中是特例，当是得到特许的。

(5) 四川平武县报恩寺。明代平武县土官王氏为皇帝祝寿而建，始建于正统五年(1440)，天顺四年（1460）全部完成。寺坐西面东，东西 278 米，南北 100 米，山门内即为主殿院，中轴线上依次建天王殿（即主殿院之殿门)、大雄宝殿、万佛阁四座建筑（图 9-31)。山门为五间悬山顶建筑，门内经三道石桥，进入五间单檐歇山顶的天王殿。天王殿南北侧接廊庑，至角矩折向西，直至万佛阁两侧，围合成矩形殿庭。庭中大雄宝殿为面阔三间、副阶周匝的重檐歇山顶建筑，左右有斜廊通入两庑，并分割殿庭为前后两部。殿前两侧分别建有面阔三间、副阶周匝、上覆重檐歇山顶的大悲殿和华严殿，其内分别设观音像和转轮藏。殿庭后部主体为高二层的万佛阁，面阔三间，上下层用通柱，下檐副阶周匝，上檐加一圈腰檐，构成重檐三滴水的歇山顶楼阁。阁前殿庭中左右各建一方形上覆八角攒尖顶的重檐碑亭。全寺除廊庑用青瓦、大悲殿用黑琉璃瓦绿瓦剪边外，均覆以绿琉璃瓦。在建筑造型上，大悲阁的上层腰檐出檐短于屋顶出檐，两座碑亭的下檐出檐也短于其上的屋顶出檐，与宋画中所示相近，尚在一定程度上保持了宋代重檐建筑的特点。此寺以为皇帝祝延名义而

---

① 张驭寰、杜仙洲，青海乐都瞿昙寺调查报告，文物，1964 年第 5 期。

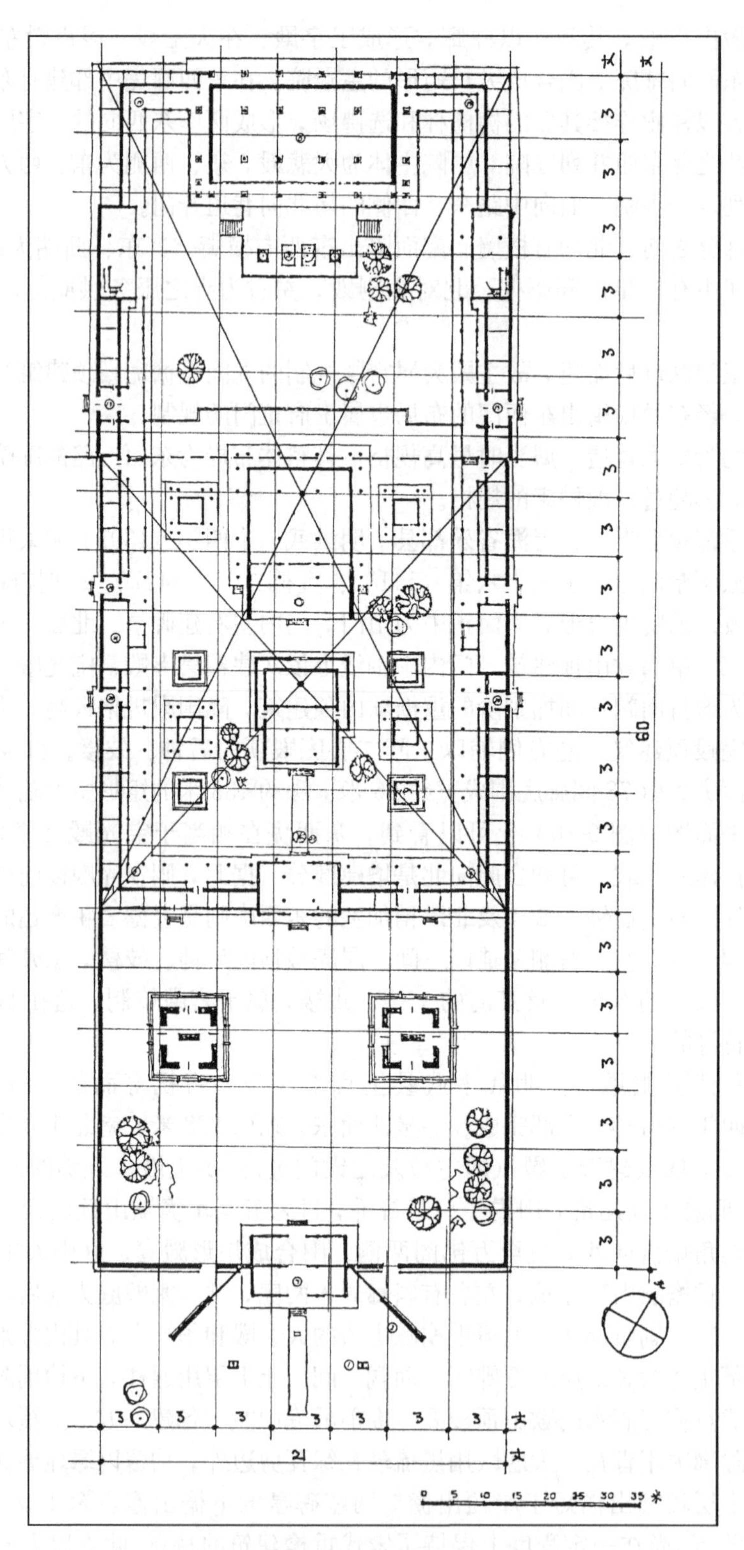

图 9-30　青海省乐都县瞿昙寺总平面图

张驭寰、杜仙洲：青海乐都瞿昙寺调查报告，附图，文物，1964 年第 5 期

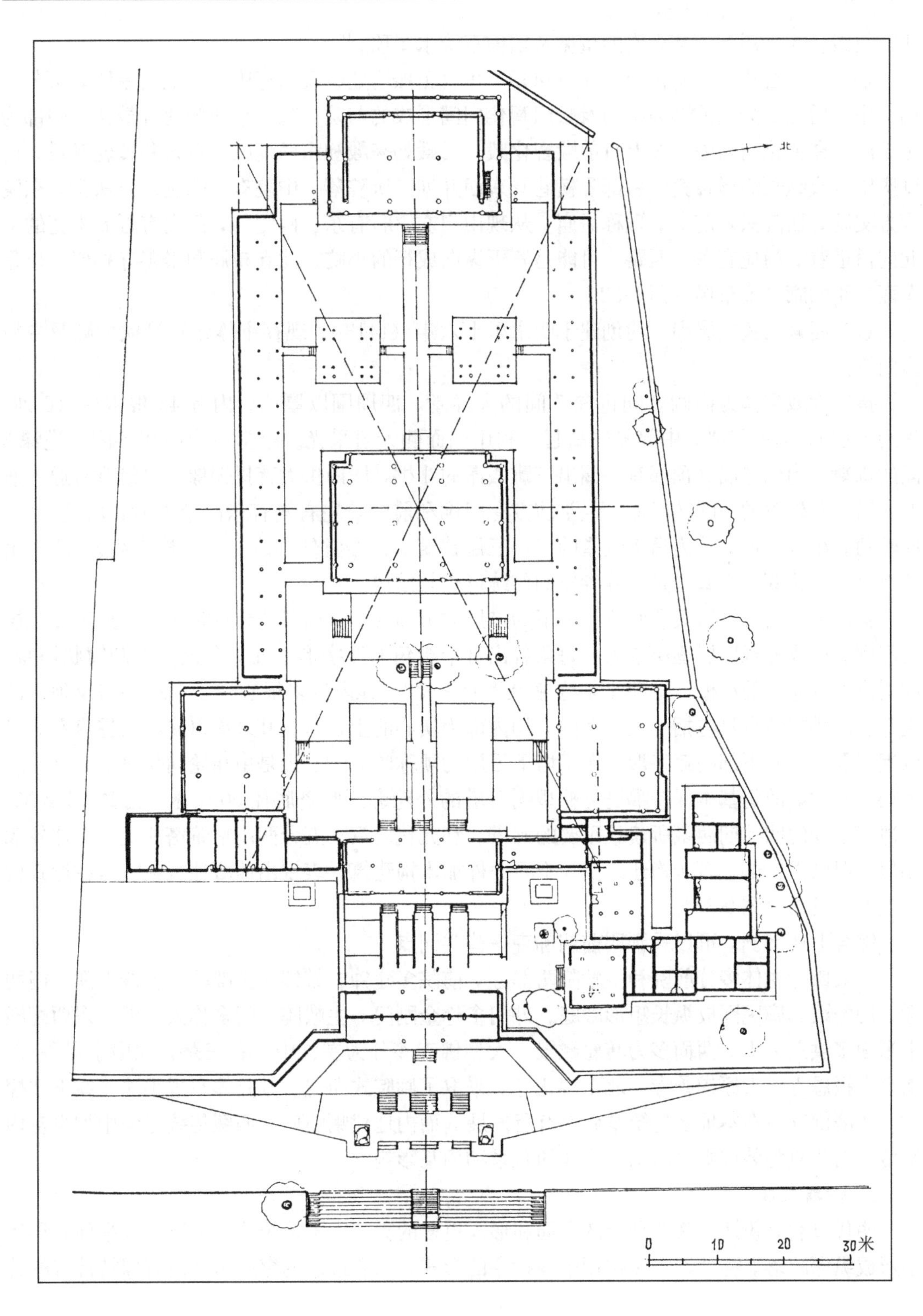

图 9-31 四川平武县报恩寺平面图

平武县文物保管所·向远木：四川平武明报恩寺勘察报告，图 3，文物，1991 年第 4 期

建，故殿、阁采用了较高规格的重檐及重檐三滴水屋顶。[①]

(6) 北京智化寺。明正统八年 (1443) 宦官王振所建，现只存中轴线上的主体，可分为前、中、后三部分。前部为山门及殿门智化门间形成的前院，院内东西侧建钟鼓楼。中部为主殿院，在智化门内中轴线上有前殿智化殿、后殿如来殿和东西配殿大智殿和转轮藏殿，由廊庑围合成纵长矩形殿庭。后部隔横巷有东西并列三所院落，中院有大悲堂、万法堂，东院为方丈院，西院只余前半，现称后庙。从现山门左、右有东、西侧门，门内有近 8 米宽的南北向甬道看，尚应有东、西路，可能是若干纵向成行的小院。此寺布局和崇善寺相似，也是东西三路的廊院式布局 (图 9-32)。[②]

(7) 西藏江孜白居寺。约创建于明永乐十六年 (1418)，现存主体建筑措钦大殿及吉祥多门塔。

措钦大殿主体为面阔 9 间进深 7 间的大经堂，四周围以厚墙，内有 48 根木柱 (6 列，每列 8 柱)，承平屋顶，中部 8 柱高起，利用四面侧天窗采光。经堂后为面阔 5 间、进深 3 间的佛殿，周以厚墙，顶部有一圈出三跳假昂的斗栱，殿内供大菩提铜像。自经堂有通入殿左、后、右外侧的一圈转经道。经堂前方有门廊和前殿，左右侧有东西净土殿，均宽 5 间，四转角有小殿相连，均为高于经堂的二、三层建筑，在经堂外围成一环，构成约方 38 米余的亚字形外轮廓。它基本是藏族寺庙的传统形式与结构。

吉祥多门塔在措钦大殿西侧。塔下为二层方形高台，每面各倚台壁建佛殿，外建高二层的门廊，形成外观四层逐层退入，每角各出五个折角的亚字形平面，台顶上为圆筒状塔身，四周出下有斗栱的小檐，上建小须弥座及“十三天”，其内有多根心柱，上承宝盖及顶部的宝珠。此塔的特点是包括十三天在内，均内部为实心的土石台，其外周以多层房屋龛室，可以逐层登上。其下部的亚字形台源于塔下习用的须弥座，十三天是由相轮演化来，因其十三天矮而粗大，故仍基本保持噶登觉顿型喇嘛塔的外轮廓。此塔底径 50 余米，总高 42.2 米，是遗存至今的明前期西藏所建最重要的佛塔。和元代北京、五台两座喇嘛塔相比，立体轮廓相似，但已由全部土石砖构建筑变为土石心外加木构建筑，表现出西藏地区喇嘛塔在形式构造上的新发展 (图 9-33)。[③]

综合上述诸例，可以看到明前期佛寺一些共同点：

一般佛寺主体多分前院和主殿院两部分，前院多建钟、鼓楼，主殿院中轴线上建一门两殿，用配殿和廊庑围成纵长矩形殿庭。外门多称金刚门，主殿院正门多称天王殿，东西配殿中东面多供三大士，西面多为转轮藏殿。大型佛寺多分为左、中、右三路，如南京灵谷寺、南京大报恩寺、太原崇善寺、北京智化寺，采取了廊院式布置。其具体布置手法将在下文探讨。西藏佛寺也在本地区传统基础上有所发展，而内地建喇嘛庙和西藏传统寺庙中加少量内地传统的斗栱为装饰则显示出与内地的联系和相互影响。

2. 伊斯兰教礼拜寺

明代以后，伊斯兰教礼拜寺的布局和形式更多的吸收中国传统建筑手法，其平面布局逐渐形成纵深院落，礼拜殿也多採用中国殿宇的形式，只有最后的窑殿个别尚有保持传统的砖

---

① 平武县文物保管所、向远木，四川平武报恩寺勘察报告，文物，1991 年第 4 期。

② 刘敦桢，北平智化寺如来殿调查记，中国建筑工业出版社，《刘敦桢文集》第一册。

③ 陈耀东，中国藏族建筑，中国建筑工业出版社，2007，第 283～285 页。

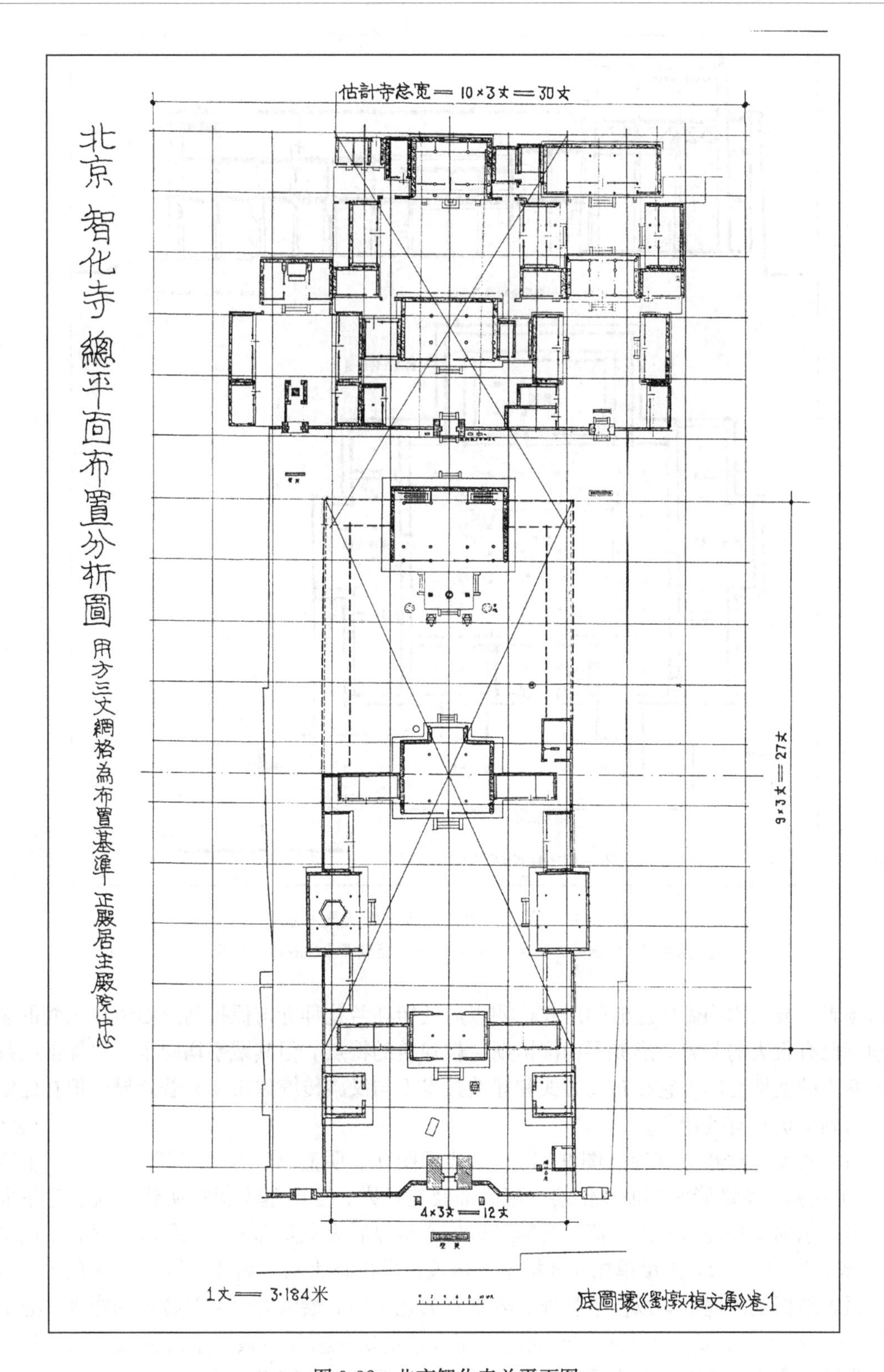

图 9-32　北京智化寺总平面图

刘敦桢：刘敦桢文集（卷 1），北平智化寺如来殿调查记，图 2，中国建筑工业出版社，1982 年

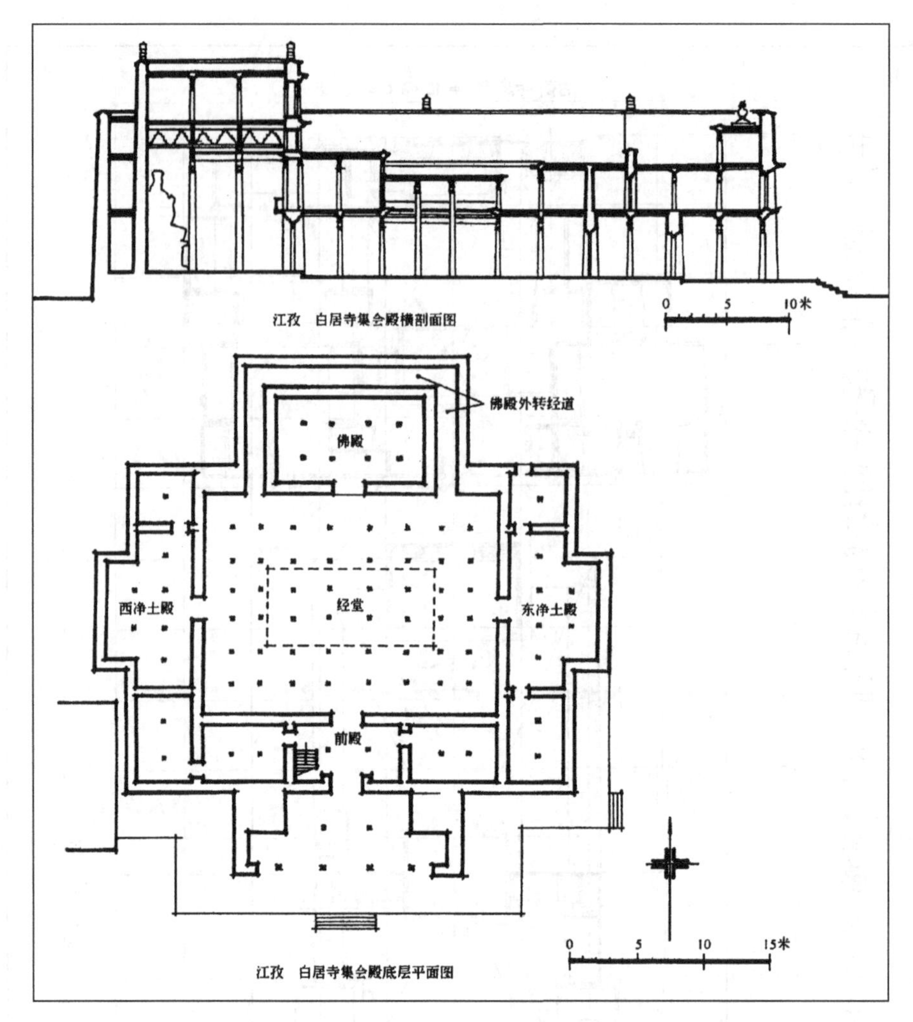

图 9-33　西藏江孜白居寺措钦大殿平面图

陈耀东：中国藏族建筑，图 476，中国建筑工业出版社，2007 年

石穹顶者，或以木构做成近似的形式。明以后的伊斯兰礼拜寺与保持阿拉伯传统风貌的泉州清净寺已有很大的差异，形成了中国伊斯兰教建筑的特点，但其殿宇均向东，以保证礼拜时面向西方的圣地麦加。它在布局方式和建造技术上与汉族传统建筑无显著差异，但在建筑装饰、彩画上仍自有其特色。

(1) 西安华觉巷清真寺（图 9-34）。始建于明初，明嘉靖元年（1522）、万历三十四年（1606）递修，清乾隆间亦加以修缮，现后部及礼拜殿、窑殿基本保持明代面貌。它平面纵长矩形，东向，分前后五进院落，自第三进省心楼以后为主要部分。礼拜殿为面阔 7 间，宽 32.9 米，深 38.5 米，上覆单檐勾连搭翠蓝琉璃瓦歇山顶大殿，后连窑殿，建在宽大的月台上。殿内地面铺木地板，以便于礼拜，内部有天花吊顶，绘以有伊斯兰特色的彩画。它的面积达 1300 平方米，就面阔 7 间用琉璃瓦顶而言，是现存清真寺殿宇中规格较高的一座。但它的窑殿为全木构建筑，其内无砖石穹顶，是否为后代所改待考。

(2) 北京牛街礼拜寺。平面为东西向纵长形，有三进院落，自西面进入后，前院为六角

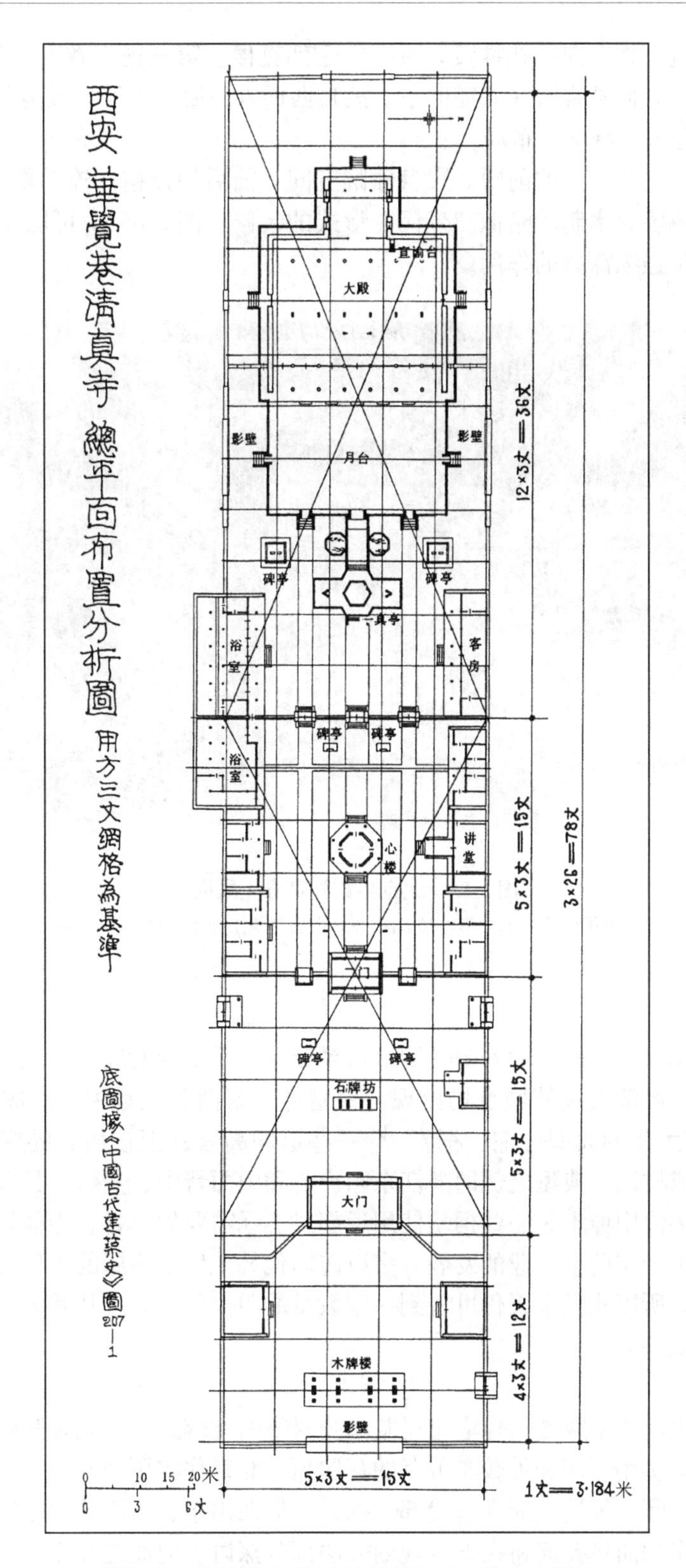

图 9-34 西安市华觉巷清真寺平面布置及分析图

形望月楼，第二进院为东向的礼拜殿，殿庭中建邦克楼，第三进为教室。其南跨院为浴室。因寺建在牛街路东，而礼拜殿又必需向东，故自西面入门后，需经大殿南北侧巷道东行，再转入殿前庭院，形成“倒座”布局。

礼拜殿最前为面阔三间的前殿，殿身面阔五间，前后勾连搭，连前殿总深 39 米。殿内在纵横柱列上间隔装有木制的略似“壸门”形式的装修（图 9-35），可能是象征拱券，并起分割殿内空间、加强纵深感的作用。

图 9-35　北京牛街礼拜寺大殿内景

《中国建筑艺术全集》16，图 39，中国建筑工业出版社，2001 年

（七）住宅

明代前、中期有一个较长的安定时期，城乡商业、手工业发展，出现一些经济繁荣的地区、城市和集镇。经济发展使城乡均出现一些富绅、富商和大地主，形成强大的地方“绅权”，他们建造了大量的大型住宅、祠堂。[①] 一些退职高官甚至按衙署的规格建宅，有的聚族而居，甚至形成村镇，典型之例即浙江东阳卢宅和山西晋中、安徽歙县等地的住宅群。安徽歙县明代住宅多使用樟木，一些祠堂使用远超过实际需要的巨材，为他处所未见，而住宅则较紧凑精雅。由于制砖手工业的发展，多以砖墙代替土墙，房屋的质量有所提高，其保存年代也大为延长，所以我们今天仍可看到一定数量的明代住宅，且从其分布地域的不同，还可以看到某些地域差异。

1. 北方住宅

北方夏季少雨而冬季寒冷，住宅布局基本为封闭的院落式，庭院较开敞，以争取多吸纳阳光，为了防寒，多用厚墙和加较厚苫背的瓦屋顶。北京住宅历经改建，已无明代的完整遗物保存下来，其府邸、民居只能在清代部分探讨。但在山东、山西等地已发现若干座较完整的明代住宅。山东的曲阜孔府将在下节规划方法部分探讨，但通过几座明后期山西住宅还可

① 《明史》卷 68，志 44，舆服 4，宫室制度、臣庶室屋制度、器用。中华书局标点本⑥，2007 年，第 1671 页。

看到一些北方住宅的特点。

(1) 山西襄汾丁村丁宅：建于明万历二十一年（1593），为纵长形四合院，其正房、南房、东西厢房均为面阔三间上复悬山顶的建筑。南房与东西厢房都各分隔为两个宽一间半的房间。正房、南房分别深6.2米、5.2米，但只用三架梁，梁上立驼峯、蜀柱承脊檩，檩下用丁华抹颏栱和叉手扶持，尚保存一些宋元旧做法。此宅大门开在东南角，左转进入庭院。正房为三间敞厅，东西厢及南房作居室，南房加一低的顶棚，其上供储物之用（图 9-36）。

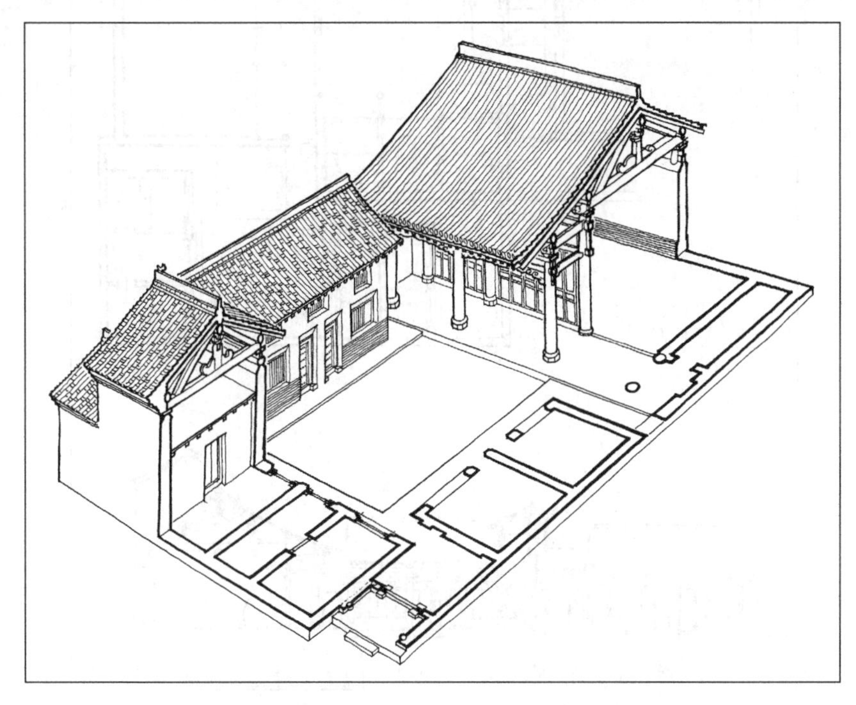

图 9-36　山西襄汾丁村丁宅平面及剖面透视图

(2) 山西襄汾伯虞乡李宅：建于明万历三十七年（1609），是一两进院的较大住宅，其正门三间在西侧，入门后经西向的二门分别向北、南进入主院及前院。主院由正房及厢房各三间围合成，南面围墙上建一垂花门。前院原应有东、西厢房及南房各三间，已毁，现只存西厢房三间。另在主院正房西侧有一储藏用小跨院，内有南北房各二间，北房为二层楼房，经南房进入院中后登楼。在主院之东还有跨院，可能是以后增修的。此宅正房三间用五架梁，加上前出廊一间，总进深近10米，厢房包括前廊总进深也近6米，廊下都有彫饰及挂落，格扇的棂格精巧，是当地现存较考究的一座明代住宅。从使用上看，正房三间仍用为厅，居室在厢房，应是当时的习俗（图 9-37）。①

(3) 晋城下元巷张宅：建于明万历二十年（1592），现存二進的主院落。正门在第一进院东南角，院内南房及东、西厢均为二层楼，北面正厅为五间六架敞厅，出前廊一架，总深约8米。第二进，正房与两厢均为三间的二层楼，其间有转角廊相连。正楼亦为六架出前

① 刘致平，内蒙、山西等处古建筑调查纪略（下），十二（襄汾，图125、129），载：建筑理论及历史研究室，建筑历史研究，第二辑，1982年，第19、21页。

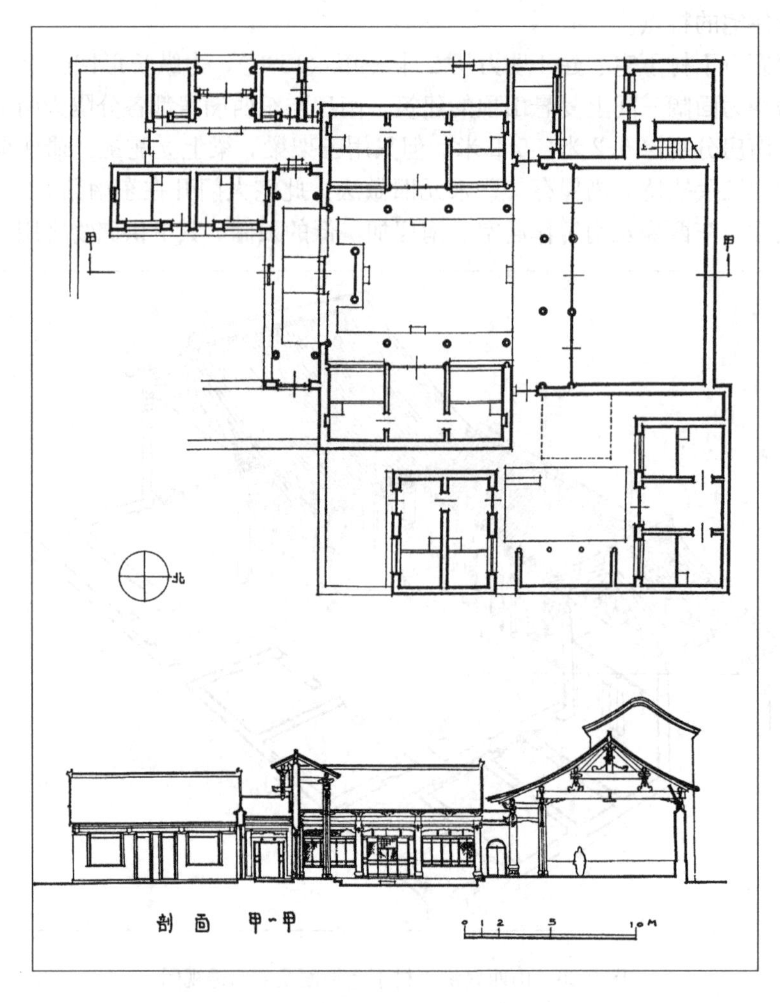

图 9-37　山西襄汾伯虞乡李宅平面及剖面图
据刘致平《内蒙山西等处古建筑调查纪略（下）》十二，襄汾，
图 129，载：建筑理论及历史研究室编，建筑历史研究（第二辑）

廊，但总深仅 6 米余，小于正房。此前后二进形成纵长矩形宅院，其前、后尚有群楼及房屋，均已残毁。建筑构架用柱梁式，上复悬山屋顶，正厅、正楼明间的梁架均用六椽通栿，用驼峰承上层的四椽栿和平梁，其上设蜀柱、叉手、丁华抹颏栱承托脊檩，尚是宋元以来旧式。此宅分前后两进，已有前厅、后堂的区分，前厅面阔五间七架，厢房及二进后堂均为出前廊的楼屋，是现存山西明代民居中较大一例（图 9-38）。[①]

这些山西明代住宅构架均为柱梁式，间或加一间前廊，油漆用黑色，门钉、门钹铁制，其山墙后墙用土坯或砖墙，屋顶有较厚苫背，以满足防寒要求。其中正房为三间四架者，符合明代庶人庐舍制度的要求。厅面阔五间者按规定为二品至五品官员之宅，就其整体规模看，虽未必即五品以上，也应是有一定级别的官员之宅。从使用功能看，一进院住宅之正房

① 刘致平，内蒙、山西等处古建筑调查纪略（下），十，晋城，图 97。载：建筑理论及历史研究室，建筑历史研究，第二辑，1982 年，第 5 页。

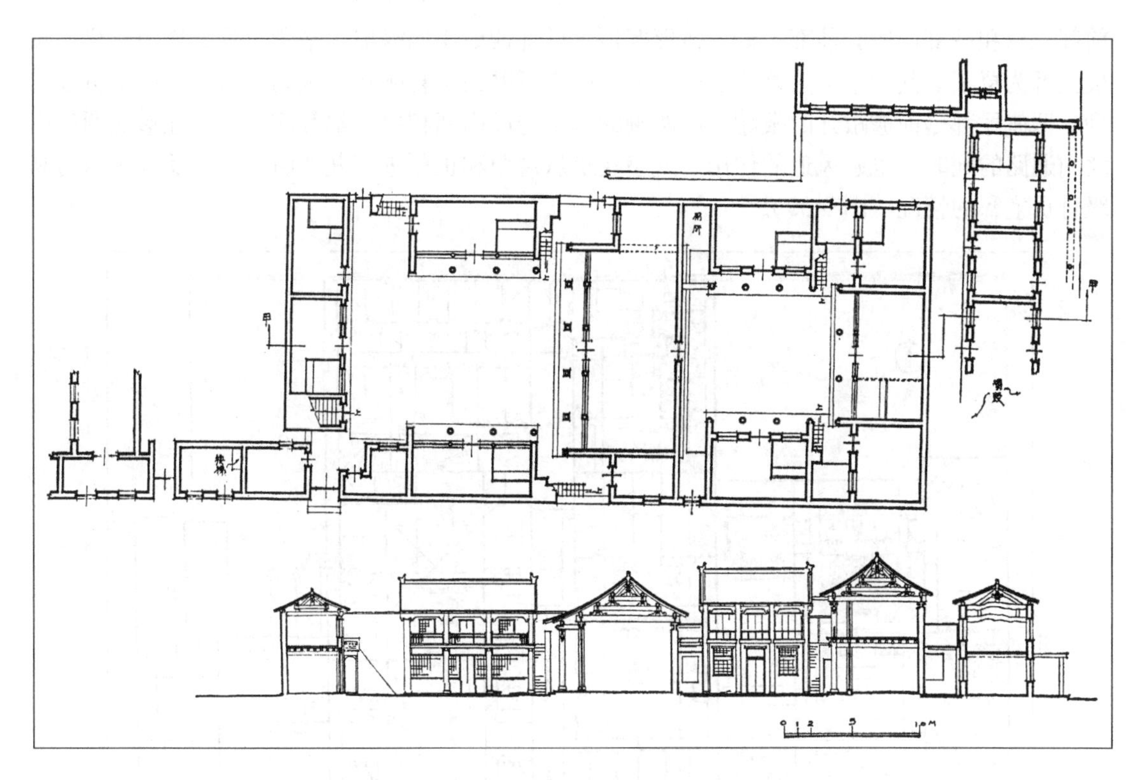

图 9-38　山西晋城下元巷张宅平面及剖面图
据刘致平《内蒙山西等处古建筑调查纪略（下）》十，晋城，
图 97，载：建筑理论及历史研究室编，建筑历史研究（第二辑）

为厅，厢房为居室，而二进院住宅则前院正房为正厅，后院正房为正堂。在建造技术上，除房屋高度相对增加、墙壁用砖量增多外，基本沿用前代。其中正厅柱、梁的用料粗大，主要是为了显示建筑的弘壮和主人的财力，都大于实际需要。但就建筑用材质量、砖瓦用量、梁架和门窗装修的彫饰而言，都优于在山西元代壁画中所表现的元代民居，反映出明代地方经济的发展和技术水平的提高。

2. 南方住宅

南方高温多雨潮湿，建筑不需防寒，而要求利于通风降温、减少日晒及利于防雨排水等。故南方住宅的构架和屋面较北方轻巧，除外墙用砖外，多用木板或竹笆抹灰的轻质隔墙。建筑多前后开窗，又多设通道和备弄，以利通风。庭院一般较小，四面屋檐相接，以减少日晒，俗称天井。庭院地面或筑为高起的甬道，或用砖石铺砌，沿房屋散水外多建砖石砌造的水沟，以便于集水、排水。

(1) 苏州。苏州是南方重要文化中心，现存的大量传统民居中有一些始建于明代，虽历经修缮改建，尚有个别基本保存原格局或残存部分明代建筑者，可供参考。

天官坊原陆宅：传为明代显宦旧居，是一所中、东、西三路并列中隔巷道的巨宅。其中路建筑前后六重、中有五进院落。前后两座厅均为单层，面阔三间，左右加耳房，只有最后两进居室和下房为面阔七间的三层楼，但其下层中间三间连通，表示仍为三间两耳，并未逾制。建筑的构架均为柱梁式，其正厅进深八椽，出前后轩各一椽，其内深六椽，用中柱分为前部二椽和后部四椽，前部二椽为弧形棚顶，后部四椽用四椽栿、平梁二重，均为月梁，顶板上部为草架，其构架与《营造法原》之“厅堂正贴抬头轩贴式”全同。从平面图上可以看到，两座厅都是前檐敞开的敞厅，厅两侧的耳房与厅山墙相接处都开前后门，在形成两道南北向通路的同时，也起风道的作用。这座建筑从规模和正厅进深九架而言，都反映了当时高级官员宅邸的情况（图9-39）。[①]

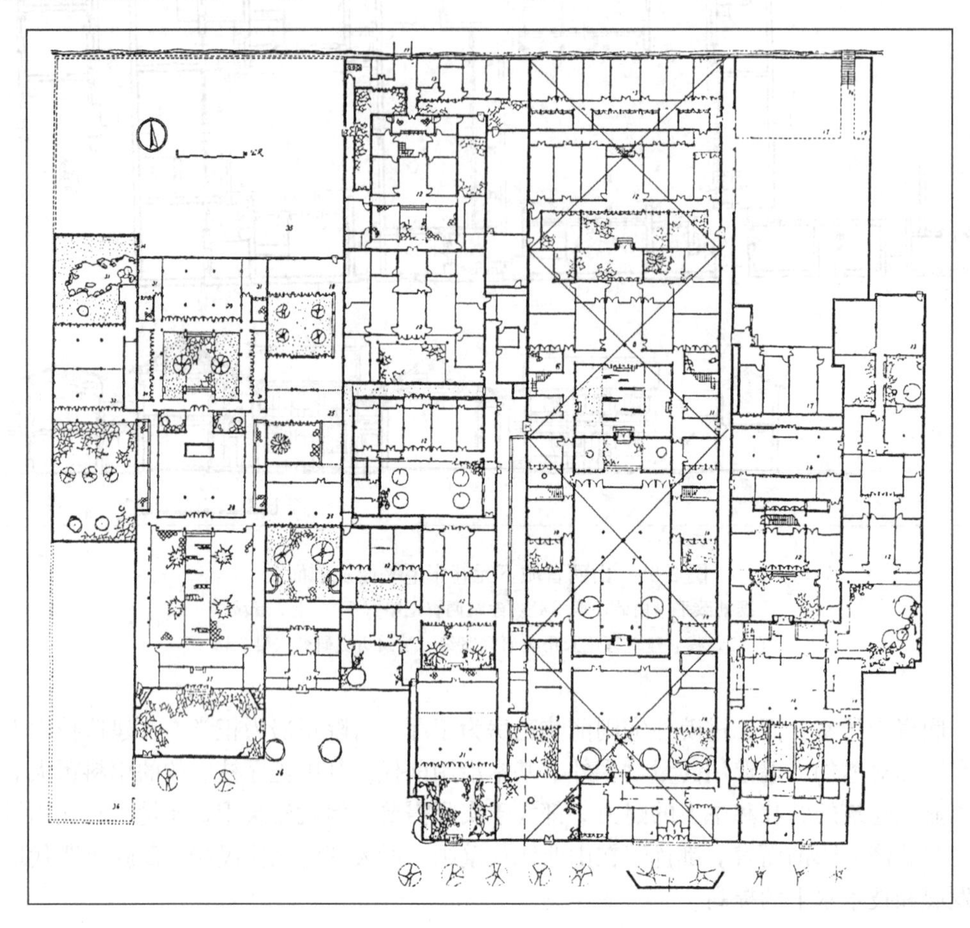

图9-39　苏州天官坊原陆宅平面及剖面图

同济大学建筑工程系建筑研究室：苏州旧往宅参考图录，附图，第162、165页

（2）歙县。即安徽徽州。明代徽商和晋商均以经商能力著名于世，多凭藉其经济能力在家乡建宅，故晋中和徽州均保存有精美的明清住宅，而徽州住宅尤以使用高级的樟木并加以精雕细刻为特点。现在尚存有若干较完整的明代住宅，可据以知其概貌。[②]

①歙县西溪南老屋角：约建于明成化前后（15世纪中后期），为现存徽州明代住宅中规格较高、年代较早的一座。它有南、北房各五间，二层，两侧无厢房，用内装楼梯的空廊连接南北，在上层形成一圈回廊，围合成横长矩形庭院。北房五间，上下层均出前廊，后为敞

① 同济大学建筑工程系建筑研究室，苏州旧住宅参考图录，同济大学教材科，1958年，第162、165页，附图。

② 张仲一等，徽州明代住宅，建筑工程出版社，1957年。

厅三间，其上层梁架为明栿月梁，用驼峰、蜀柱承上层梁，主梁高约 45 厘米，驼峰及梁头均雕出云头或流云纹饰。两梢间分为前后二室作居室。南房五间下层明间为门道，两侧分隔为小室。此宅北房进深约 9 米，而天井深只 4 米余，若计入挑檐，仅深 2.4 米左右，是缩小庭院、减少日照辐射热的很典型之例（图 9-40）。

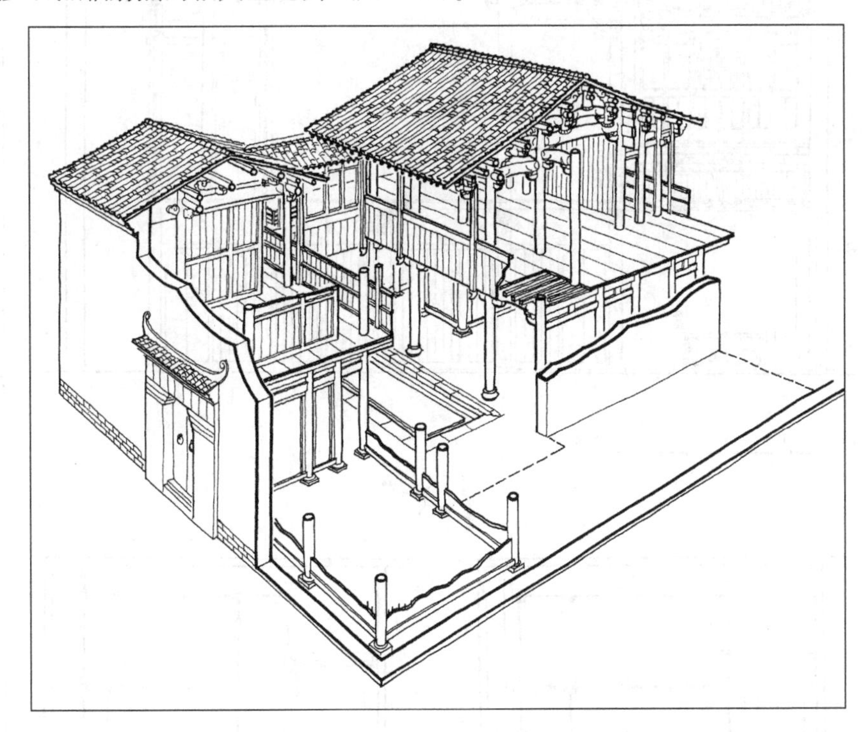

图 9-40　安徽歙县西溪南老屋阁剖面透视图

②歙县柘林乡方新淦宅：主体为面阔五间进深八椽的二层楼，前方左右侧各突出一间厢房，下为空廊，形成凹字形平面的住宅，四面砖墙环绕，南墙正中开门。下层中央三间以明间为敞厅，通入左右次间。上层以明间及东次间为敞厅，其余分隔为若干室。虽主体进深 8 米，但天井深只 3.2 米，且在左、右各建一护以石栏的水池，是当地较小型的住宅。主体楼上明间的梁架前部六椽相当于宋式之乳栿对四椽栿，上加驼峰承平梁、蜀柱、叉手，模仿柱梁式形式，后二椽加一中柱承檩，柱间用穿枋连系，则是典型的穿逗架形式。室内均用木板壁隔断，楼上正、侧三面的前檐均装靠背栏杆和格扇窗（图 9-41）。

从这二例可以看到明代徽州住宅虽建筑进深较大但天井狭小，布局颇为紧凑，所用材料多为樟木，外观为原木本色，梁架及装修的线角和雕刻精致，在江南民居中属于质朴秀雅一类。

（八）园林

在江、浙等文化、经济发达地区，自宋以来私家造园之风即很盛，明代在此基础上继续发展，在苏州、无锡、扬州、杭州、湖州、绍兴、松江等地，退休官员、文士、富商等建造了很多名园，数量和水平处于全国领先地位，其风气影响到南北各地。在北京，一些王侯贵

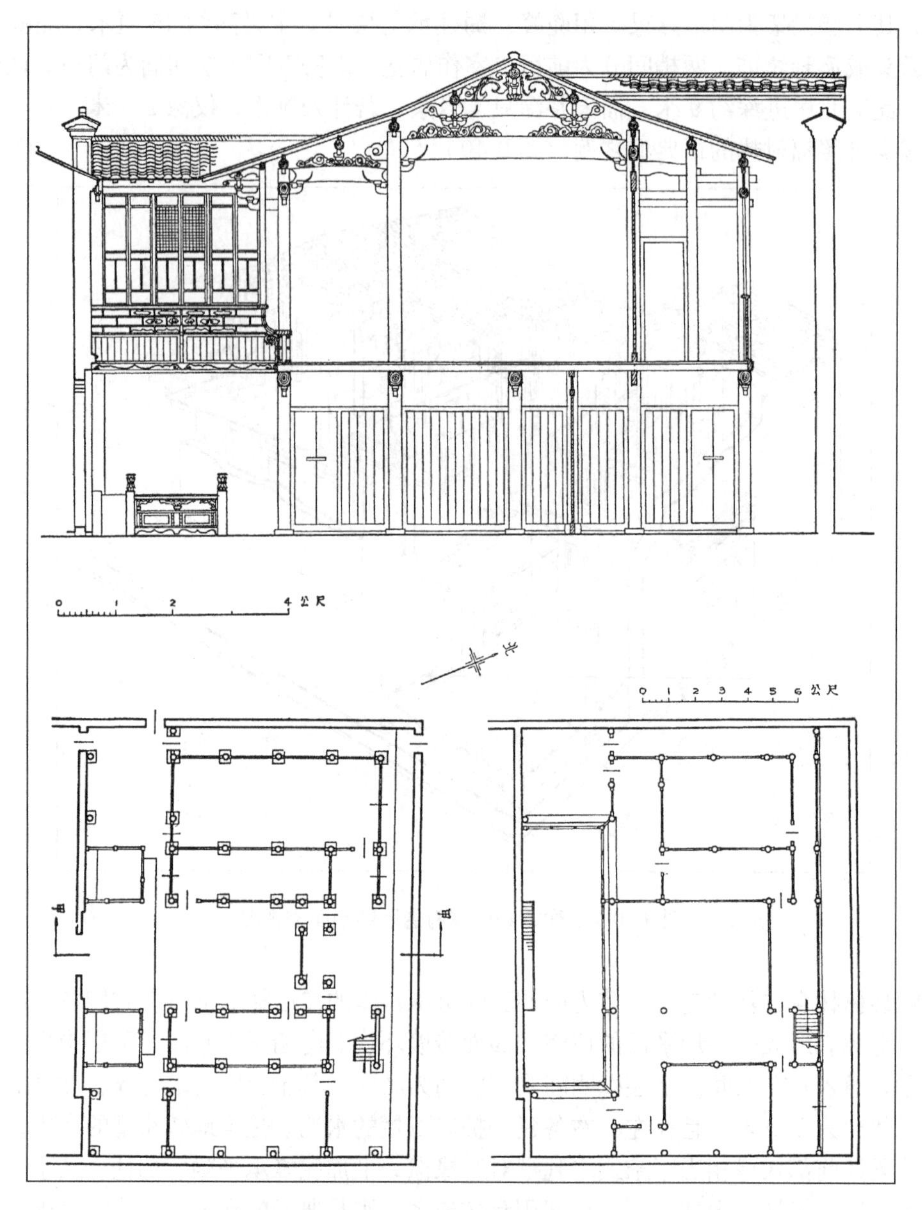

图 9-41　安徽歙县柘林方新淦宅平面剖面图
张仲一等：徽州明代住宅图（9）、(10)，建筑工程出版社，1957，第 47 页

邸、本地富人也多建园，但城内面积受限制，也不许引河流活水，故有在郊区建园墅者，如米万钟的勺园，李伟的清华园，但总体上不如江南之盛。明代园林以宅旁园为主，著名的如苏州王献臣的拙政园，文震孟的艺圃，绍兴祁承㸁的寓山园等。从计成《园冶》和明人诗文中可知，自明中后期，宅旁园已从行游向静观发展，以体现诗情画意、令人静观自得为造园主题，在理论与实践上均有飞跃发展。受宅旁园地域的限制和满足静观为主的要求，园林布景趋于紧凑，建筑密度加大，与山、池的连系密切，也推动了叠山、凿池技术与艺术的发展。

寺观园林始于早期的舍宅为寺，以后历朝一些大寺均有园林，明代北京的香山寺、碧云寺，苏州的西园寺均以园林著称。

(1) 苏州拙政园：在东北街，即今拙政园之中部，原为明王献臣之宅园，始建于明正德、嘉靖间。园即在宅后，平面横长形，北半部为水池，池中有二岛一洲，其上分别建二亭一楼为主景，背景衬以竹树。在南岸临水平台上建主厅远香堂和倚玉轩馆，以观赏水池山亭。但北部岛洲之间有桥相连，步移景异，也可以游赏。它是兼具行游、静观两种特点的园林（参阅图 9-59）。

(2) 苏州艺圃：在文衙弄 5 号，传为明张凤翼宅园，明末为文震孟所有，清初改今名。园平面矩形，位于宅南。其宅由东、西两组并列，东侧为主宅，西侧只存正堂博雅堂和前方一水榭，南临大池，以池南林木茂密、上建山亭的土山为主景，另在东岸建方亭，西岸建游廊和二方厅，与池南土山相连，围合成沿池三面的景观。此园以在水榭处凭栏静观为主（早期水榭处为临水平台，也是主要观景点），也可经东西岸登上土山游览，是以静观为主，兼具行游功能的园林（参阅图 9-60）。

图 9-42　北京碧云寺水泉院

(3) 北京碧云寺水泉院：建在寺后部塔院北壁的陡崖之下，环境幽僻，沿塔院北壁和西部山坡叠石为背景，其间以泉水为中心，并用假山分隔，辟为前后两池，间以古松巨柏，优美静雅，与宅园气氛不同（图 9-42）。原建有水亭和敞轩，现仅存遗址。此园叠山用俗称北太湖的房山所产黄石，以小块黏合成巨石，可以乱真，表现出很高的叠山技术和艺术，可惜年代久远，所用黏合剂的具体情况已难考查，也有可能是明代大量使用的糯米浆调石灰或砖灰的做法。

第三节　规划与建筑设计方法

一　城市规划

（一）都城

明代所建南京、中都、北京三座都城中，只有北京较完整保存下来，可据以探讨其规划方法和特点。

北京是在元大都基础上南移形成的，它的东、西城墙北段沿用元代之旧，南、北城墙南移，城市的主要干道网和居住区的胡同也基本保持下来，明代主要对中心部分的宫城和官署进行了改建。

在古代都城规划中，有以宫城为都城面积模数的传统，在平地创建的唐长安、隋唐洛阳和元大都都是这样。在探讨元大都规划时，我们知道它以宫城和御苑面积之和为模数，以其宽之 9 倍为城宽，以其深之 5 倍为城深，都城面积为宫城御苑面积的 45 倍。明建北京，仍按传统以宫城为都城之面积模数，但改变了其间倍数关系。

明北京紫禁城东西 753 米，南北 961 米。因北京的东西城墙和明紫禁城的东西宫墙都在元代原位置上稍南移，故明城之宽仍为明紫禁城宽的 9 倍，主要变化在紫禁城之深与城深的关系上。在北京 1/500 地形图上可以量得，自北京北城墙内皮至紫禁城北墙外皮之距为 2904 米，为紫禁城深 961 米的 3.02 倍。紫禁城南墙外皮至北京南城墙内皮之距为 1448.9 米，为紫禁城深 961 米的 1.51 倍。考虑到古代长距离测量的精度，可视为 3 倍和 1.5 倍，则明代北京城南北之深应为紫禁城之深的 5.5 倍。这样就可推算出明代北京城的面积为紫禁城面积的 9×5.5=49.5 倍。如扣除城西北角内斜所缺部分，也可视为 49 倍。从北京的建设进程看，在永乐十四年（1416）始建紫禁城时，北面城墙已经存在（建于洪武元年），而在永乐十七年（1419）拓展北京南面城墙时，紫禁城南墙已建成，由此可推知，这些比例关系是在规划中预定的。由于宫城是皇权的基础，故极可能是先确定紫禁城的尺寸，（实际只是南北深度）然后把紫禁城北墙定在距北城墙 3 倍紫禁城之深处，再把南面城墙定在北距紫禁城南墙 1.5 倍紫禁城之深处，形成现状。（但也有可能是先确定城深，再以其 1/5.5 为紫禁城之深）故这个倍数关系应是在规划中预先确定了然后逐步实施的（图 9-43）。

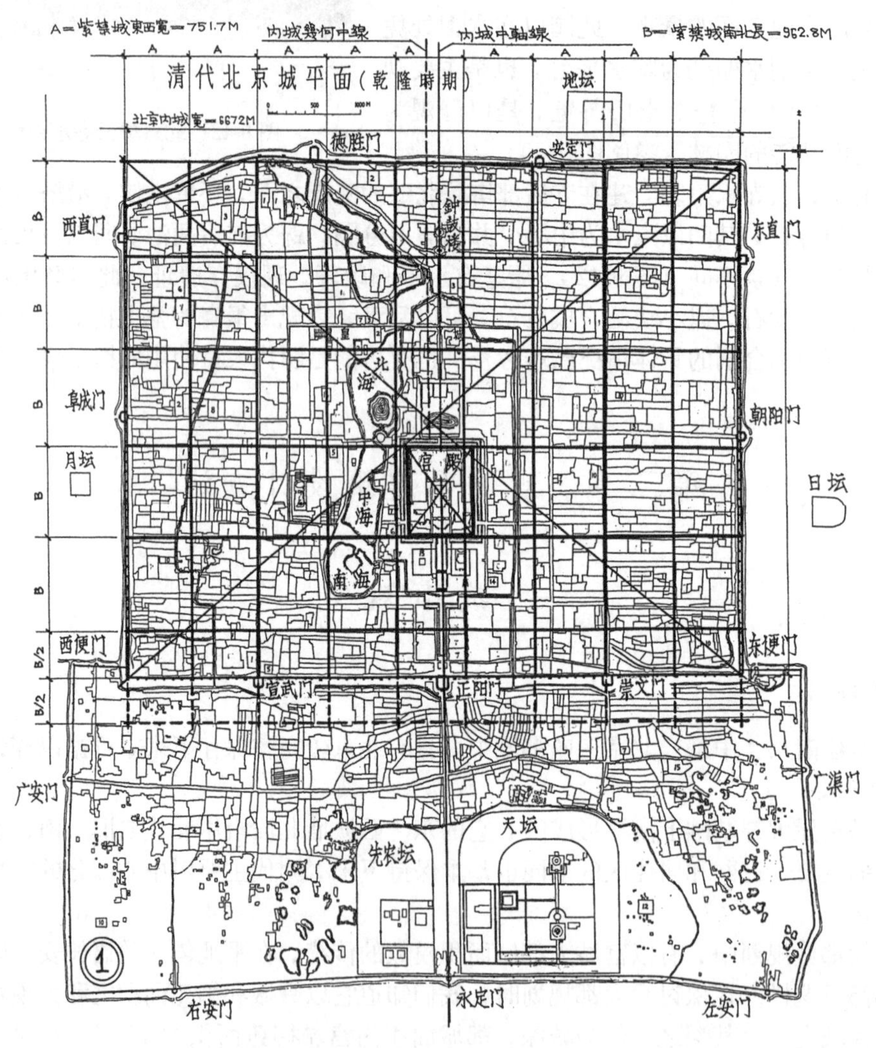

图 9-43　明北京平面布置以宫城为模数分析图

上章已探讨，元大都令都城之宽、长为宫城御苑宽、长的9倍和5倍是隐喻皇帝为“九五之尊”的意思。故明改建时必需改变这个倍数，消除其隐喻，并以新的含义代替之，才能算是从建都的根本上彻底改变了元大都。按《周易·系辞上》有“大衍之数五十，其用四十有九”的说法，魏王弼注云：“演天地之数，所赖者五十也。其用四十有九，则其一不用也。”明代在规划建北京时，令城与宫之比为49∶1就是有意以此来附会“大衍之数”，并以“上合天地之数”的“大衍之数”取代了“九五之尊”的隐喻，奠定了明北京在建都理论上的新的依据。

自隋唐长洛阳至明北京，近八百四十年间，经历了隋、唐、五代、北宋、辽、南宋、金、元，虽然其都城的体制（里坊、街巷）、布局、规模各异，但其中有实测图可进行具体分析者，都表现出其都城与皇城或宫城间有一定模数关系，尽管其表现形式和附会的意义并不完全相同。这种以宫城或皇城为都城规划的长度或面积模数的手法实来源于皇权至上的思想。在皇权专制社会中，家族皇权被视为一切的根本，而宫城、皇城是皇权的形象体现，故在宫殿设计中，以皇帝的主宫为模数，象征一姓为君，化家为国；而在都城规划中以宫城、皇城为模数象征皇权涵盖一切、拥有一切。这就是这一规划手法延续多个朝代而不衰，在历朝的宫殿布局、都城规划中都有不同形式、不同程度的表现的原因。明建北京是建都中运用这种手法的最后一例，它只重建了宫殿官署，而保留下久已形成、已难改变元大都的基本格局和街道系统，应视为是比较成功的。

（二）地方城市

由于现状变化较大，难以取得原状的较精确的测图，故较准确探讨其规划设计方法目前尚不具备条件。

综合所见资料，明代改建、新建的城市大多为矩形，一般四面各一门，个别府、州城有在东西城开二门之例，如洪武初年改筑的安阳府城等。开四门的城内主街为十字街，官署在北半部的一侧，但也有北门偏在一侧的，则主街为丁字街，其官署仍可居中轴线上北部。明代城市的中心已由宋元时的官署前移至钟鼓楼处，钟、鼓楼成为城市重心。钟、鼓楼与四面的城楼同为城内最高大建筑，形成城市立体轮廓。商业多沿钟、鼓楼一线街道布置，形成表现城市繁荣的商业街。主街外，较大城市还有次要街道，沿南北向大道两侧建东西向的巷，巷内列民居，以保持住宅为南北朝向。

二　大建筑群组布局

明代宫殿、坛庙、陵墓、寺观、官署、第宅等大型建筑群体遗存较多，可据以探索其布局特点和使用的手法。其中北京紫禁城宫殿是完整保存下来唯一古代宫殿，大量宫院布置于其间而又主次分明、井然有序，表现出多种规划布局手法，综合起来，大体上有：中轴对称，以主要建筑群为面积模数，以模数网格为布置基准，把主建筑置于院落的几何中心四种。其他较小的建筑群组也部分或全部体现出这些手法。

（一）宫殿

明代所建三宫只有北京紫禁城宫殿保存下来，可根据实测数据和利用作图分析的方法进行探讨。紫禁城宫殿的总体规划和建筑群布局主要运用以下几种手法。

1. 突出中轴线并在其左右对称布置宫院

这是汉、唐以来大型建筑群组布局中最具特色的传统手法。它在现存最巨大、等级最高的古代建筑群组北京紫禁城宫殿中得到充分的体现。

(1) 突出强调中轴线上的主要宫院及其主体建筑。在午门至玄武门间布置外朝、内廷两组主要宫院，自午门起，居中依次建有太和门、前三殿、乾清门、后两宫、坤宁门至玄武门共 10 重主要的门、殿，其中除乾清门、坤宁门、玄武门外，都是面阔 9 间的最高等级建筑，建在高度不等的城墩或台基上，形成一条南北長 961 米起伏有节奏地的中轴线，并成为长 4.6 公里的北京城市中轴线的主干。

(2) 在中轴线两侧对称布置次要宫院。在主要宫院前三殿、后两宫的东西侧对称布置文华、武英两组宫院和东西六宫、乾东西五所，以它们较小的规模体量、较低的建筑等级衬托出中轴线上主要建筑群组及其巍峨壮伟的主体建筑的重要性。在宫中最核心部分採取了严格的中轴对称布局，外侧续建的少许宫院不甚严格对称也就无伤大局了。

2. 以“后两宫”地盘为面积模数

根据北京市 1∶500 地形图可知宫内主体建筑群的轮廓尺寸。内廷主体“后两宫”的东西宽如以东西庑的后檐墙间计为 118 米，南北之深如以前门乾清门之前檐柱列至后门坤宁门后檐柱列计，为 218 米。外朝主体“前三殿”的东西宽如以东西角库的东西外墙间计为 234 米，其南北之深如以太和门前檐柱列至乾清门之前檐柱列间计为 437 米。据此可推算出“前三殿”之宽、深分别为“后两宫”的 1.98 倍和 1.99 倍。如考虑到当时的测量精度和它们均经过二次以上重建，可认为是其 2 倍，即原规划设计设定“前三殿”之长、宽为“后两宫”之长、宽的 2 倍，亦即外朝主体宫院的面积为内廷主体宫院的 4 倍。

内廷“东西六宫”的宽度如以“后两宫”东西庑的外墙至“东西六宫”的东西外侧墙之间计为 119 米，其深度如以南墙至北端乾东西五所后墙计为 216 米，考虑到可能的误差，也可认为与“后两宫”的面积相等。这是宫内主要建筑群间的关系（图 9-44）。

再在总图上分析，还可发现“后两宫”与皇城间也有着相似的关系。自天安门向南经千步廊至大明门（后称大清门、中华门），东西方向包括东、西长安门（即东西三座门）的凸形部分，称为皇城之“外郛”，是进入皇城的前奏部分。在 1/500 图上可量得，自天安门墩台南壁至大明门北面之距为 672 米，比“后两宫”南北深 216 米的 3 倍 654 米多 18 米，如计至千步廊南端则为其 3 倍。东西长安门间之宽为 356 米，比“后两宫”之宽 118 米的 3 倍 354 米多 2 米，可视为 3 倍。据此可知，在规划设计皇城“外郛”部分时，令其宽、深均为“后两宫”之宽、深的 3 倍（参见图 9-44）。

从上面的分析可知，在规划紫禁城内宫院布置和皇城時，均以“后两宫”为面积模数，把它扩大 4 倍即为“前三殿”，把它沿纵横方向各扩大三倍即为皇城之“外郛”，而“东、西六宫”的面积之和又与它相等。这样做是有特定含义的。古代当一姓的皇权建立后，它即代表国家，故对这一家而言是“化家为国”。“后两宫”是帝后寝宫，为皇帝的家宅，象征一姓为君的家族皇权。“前三殿”代表国家政权①，令“后两宫”扩大 4 倍为“前三殿”，实即在

① 唐代集中中央官署和太庙、社稷坛于皇城，故在该章分析中以皇城代表国家政权而以宫城代表家族皇权。至元明时，中央官署迁出皇城，故分析時认为宫城中外朝主殿代表国家政权而内廷主殿代表家族皇权。

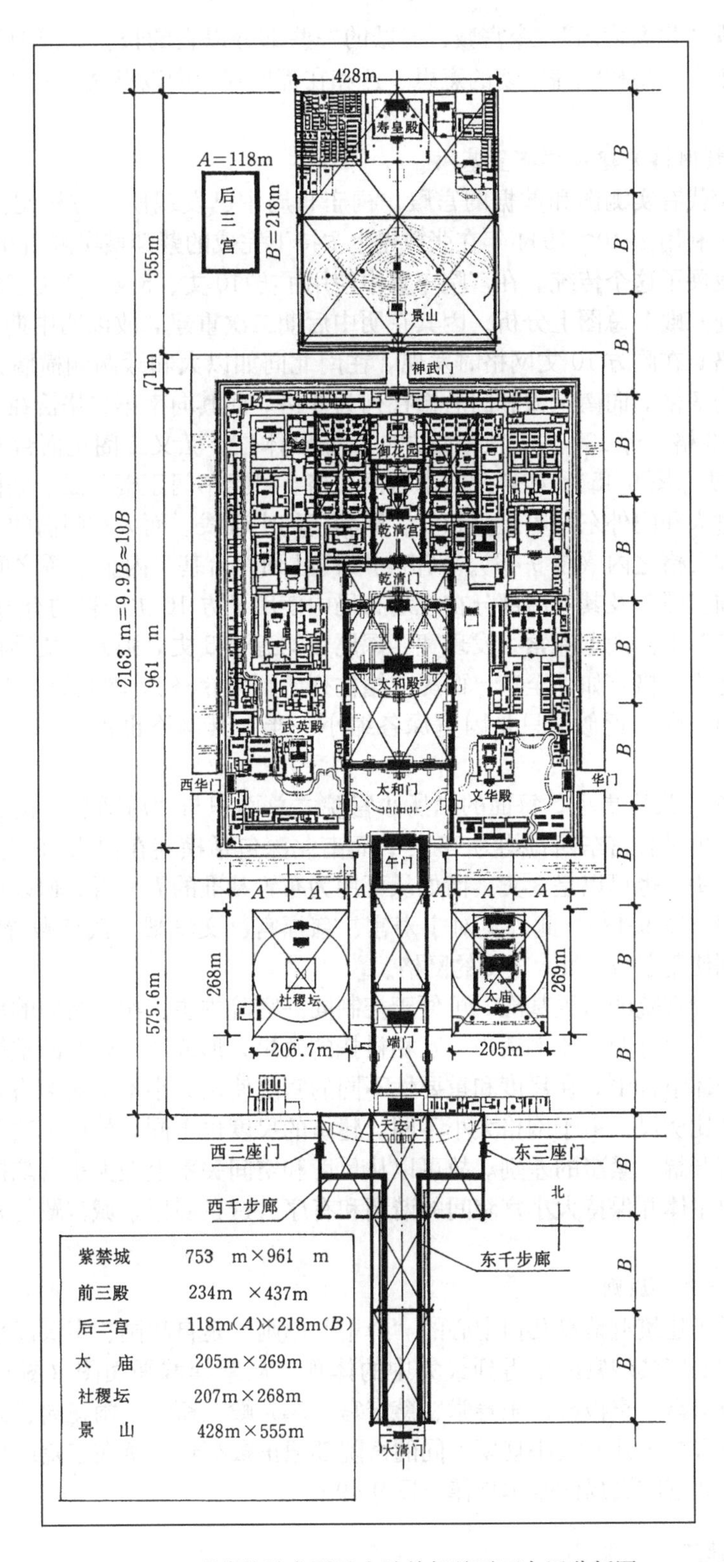

图 9-44　明紫禁城宫殿及皇城前部总平面布置分析图

宫殿规划中体现“化家为国”。令宫城、皇城的一些部分以它的长、宽或面积为模数，又有体现皇权无所不在、皇权涵盖一切的意思。这和在都城规划中以皇城、宫城为面积模数的含义是相似的。

3. 使用模数网格为建筑群布置基准

在汉代和唐代有实测图和数据的宫殿、祠庙布局中已发现使用方格网为布置基准的方法，循此线索，利用1940～1944年在张镈先生主持下完成的紫禁城实测图和数据进行探索，发现它继承和发展了这个传统，在宫院布置中使用了方10丈、5丈、3丈三种网格。

首先在“前三殿”总图上分析。因其在明中后期二次重建，故以明中期尺长0.3187米折算，绘制网格，在画方10丈网格时发现：在南北向如以太和殿两侧横墙为界，向北至乾清门前檐柱列为7格，向南至太和门后檐柱列为6格，而其向南第二格恰在太和殿大台基前檐，南北共深13格，即130丈；在东西方向，如以体仁、弘义二阁正面台基边缘间计，恰为6格，即60丈（图9-45）。如自此向南再画5格，可至午门正楼北面下檐柱列，且其第三格的网线恰通过太和门外东西庑上协和门、熙和门的中轴线，而太和门前的内金水桥又恰位于第四格的中间二格之内（图9-46）。网格与殿门柱列、台基、内金水桥之间的这种准确对应关系，是“前三殿”及其前后部分在规划布局中使用了方10丈网格的有力证明。

在“后两宫”平面图上探索，发现宽、深尾数均近于5丈，画方5丈网格后，计到宫院外缘，其东西宽为7格（如计至东、西庑前檐柱列，则为6格），南北深为13格。其布置网格的情况和“前三殿”近似，只是因宽深各缩小一半，其网格也由方10丈缩小至方5丈（图9-47）。

“东、西六宫”尺度更小，每面的六所小宫院之总面积与“后两宫”相等。用作图法在平面图上分析，可见各宫东西宽均为15丈，而南北深包括横巷在内为45丈。经反复探索，其网格可以是5丈，也可以是3丈。而如从可用为布置基准的需要看，似以用小一些的3丈网格更能起作用（图9-48）。此外，对宁寿宫、慈福宫、文华殿、武英殿等宫院进行分析，也证明它们分别使用了方5丈、3丈的网格。

使用方格网为宫院的布置基准，可便于控制同一宫院中主、次建筑间的尺度、体量和空间关系，以达到主次分明、比例适当、互相衬托的效果，形成统一谐调的整体。而在更大型的多院落建筑群体组合中，在尺度和重要性不同的宫院使用大小不同的网格，其作用略近于选用大小不同的比例尺。由于网格大小不同，建筑的尺度也不同，处理手法即有异，其建筑的空间关系也有开阔、紧凑的差别，故可以从尺度和空间关系上把大小宫院拉开档次，从更大的范围内突出主体并保持大小宫院间的谐调和有序。这在明紫禁城宫殿的布局中是反映得很突出的。

4. 实行“择中”原则

把主建筑置于建筑群地盘几何中心的“择中”原则，是自战国、秦汉以来建筑群布局的传统手法，它在明紫禁城宫殿中得到最集中的体现。从紫禁城平面图（图9-16）中可以看到，太和殿、乾清宫、皇极殿、乐寿堂、慈宁宫、奉先殿、斋宫、雨花阁、武英殿、文华殿以及东、西六宫等二十几所大小规模不同的宫院都把正殿都建于所在宫院地盘的几何中心位置，可视为较重要宫院布局的基本规律（图9-49）。

（二）礼制建筑

礼制建筑包括祭祖先的宗庙、祭天、地、日、月、山川等的祭坛，历朝都建造了大量宏

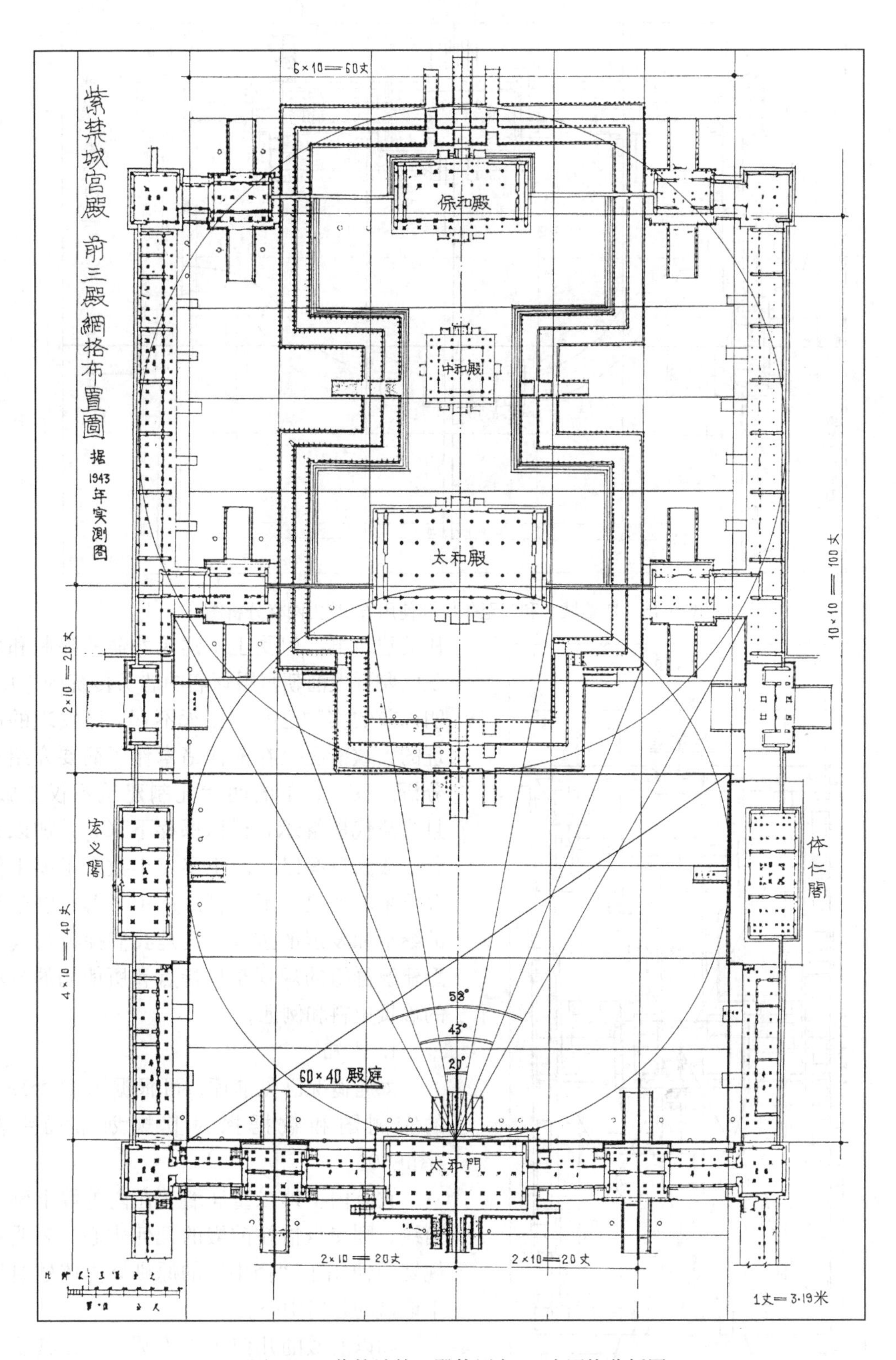

图 9-45 紫禁城前三殿使用方 10 丈网格分析图

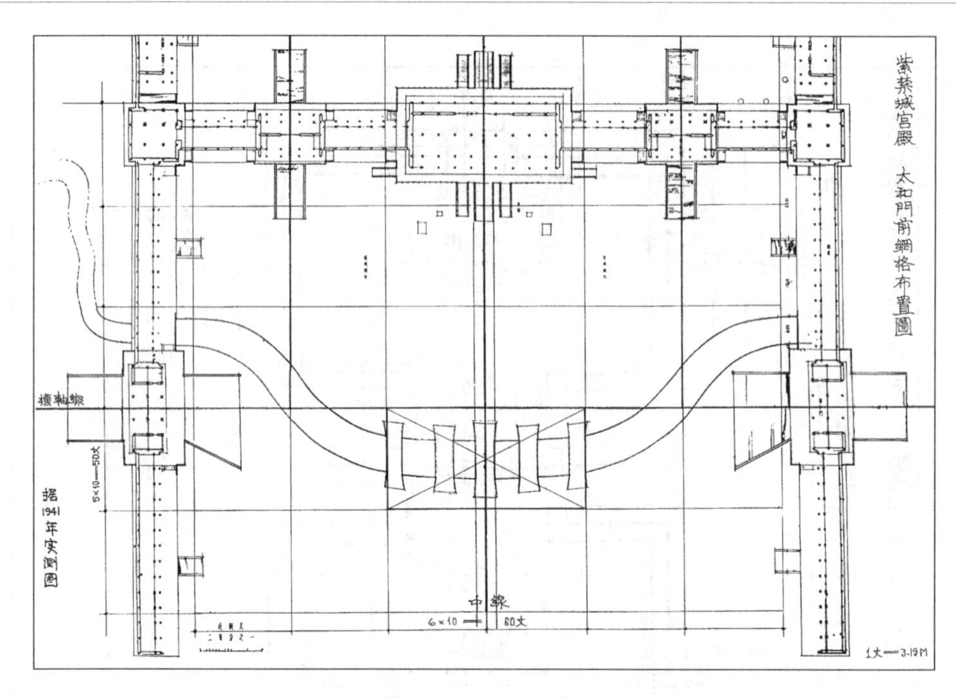

图 9-46　紫禁城太和门至午门间使用方 10 丈网格分析图

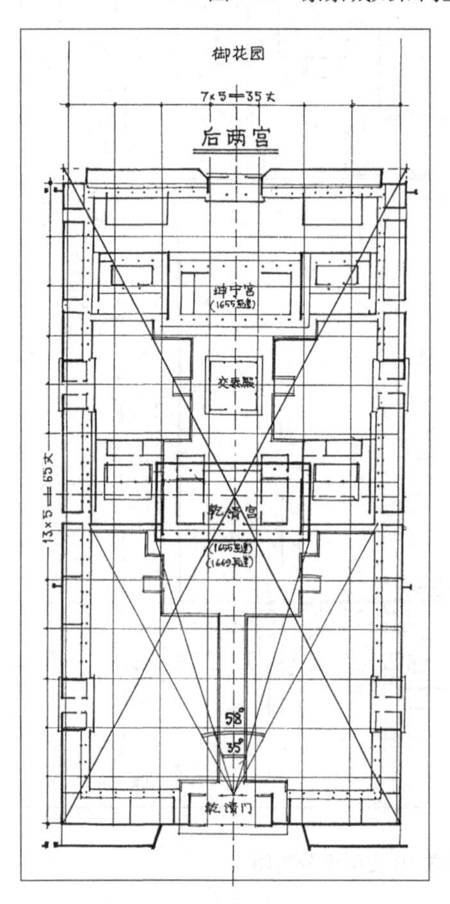

图 9-47　紫禁城后两宫使用方 5 丈网格分析图

伟的建筑群。但受土木建筑寿命的限制和新王朝要拆毁前朝宫殿坛庙的恶劣传统的作用，明以前的实物已基本毁灭不存，已发现的遗址的大致情况已在前面诸章作了简要介绍和分析。只有北京的明代礼制建筑不仅未毁，且为清代所继承，得以保存下来，并加以完善，成为自秦以来两千多年十数个王朝中仅存下来的实物，不仅可以从中了解礼制建筑的继承和发展的进程，也是我们探讨古代大型建筑群组的规划布局特点和所使用的方法的珍贵史料和例证。

1. 太庙

太庙概况已见前節。可根据 1941～1944 的实测图和数据探讨其规划布局手法(图9-50)。

它有内、外二重庙墙。在内重墙上画对角线，则交点恰在前殿的几何中心。表明在规划中使用了“择中”的原则，主体建筑置于地盘的几何中心。

如以前殿的几何中心为圆心，以其至内重南（或北）墙之距为半径画圆，可见前殿东西配殿的南山墙、后殿东西配殿的北山墙

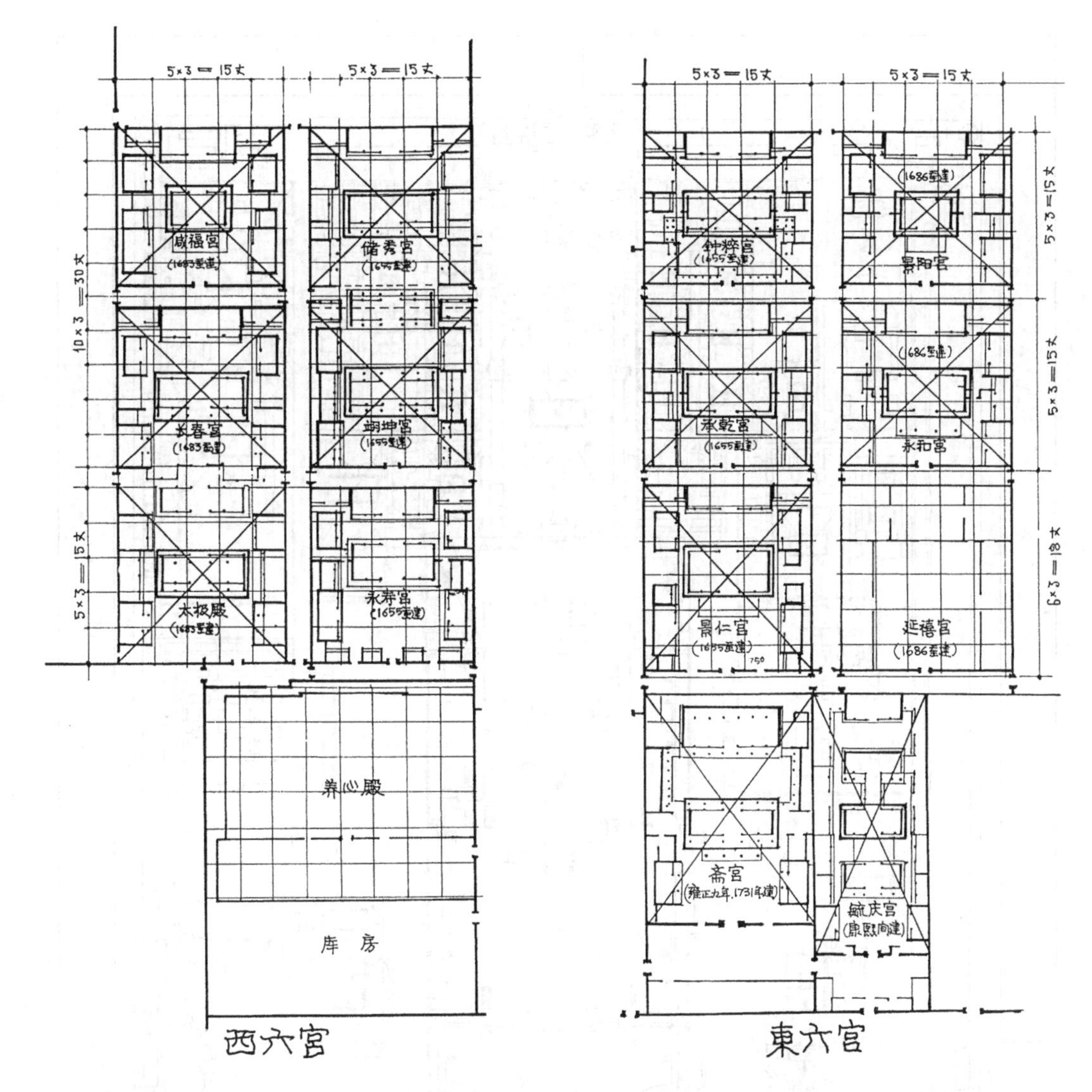

图 9-48　紫禁城东西六宫使用方 3 丈网格分析图

与东西内坛墙相交处的 4 点恰都落在圆弧上，这绝非偶然，应是规划中有意为之的。

据图上数据，太庙外重庙墙东西宽 206.87 米，南北深 271.60 米。内重庙墙东西宽 114.56 米，南北深 207.45 米。经核算，内重庙墙之深宽比为 9∶5。又因外重庙墙之宽与内重庙墙之深只差 0.58 米，也可视为相等，则外、内重庙墙宽度之比也是 9∶5，这是在附会“九五之尊”的含义。与此相同之例是紫禁城前三殿，前三殿总宽与奉天殿（太和殿）下大台基之宽的比例也是 9∶5，二者比附的手法相同。

若以明代中期尺长 0.3184 米折算，则外重墙宽为 64.9 丈，外重墙深为 85.3 丈，内重墙宽为 35.9 丈，内重墙深为 65.1 丈，如考虑误差，可视为 65 丈、85 丈和 36 丈。这样内、外重墙的宽度和内、外墙的深度均可安排方 5 丈的网格；其中内重墙宽度为 36 丈，比 7 格的 35 丈多出 1 丈，是因为它还要保持与墙深间的 5∶9 的比例关系，二者不能兼顾所致。

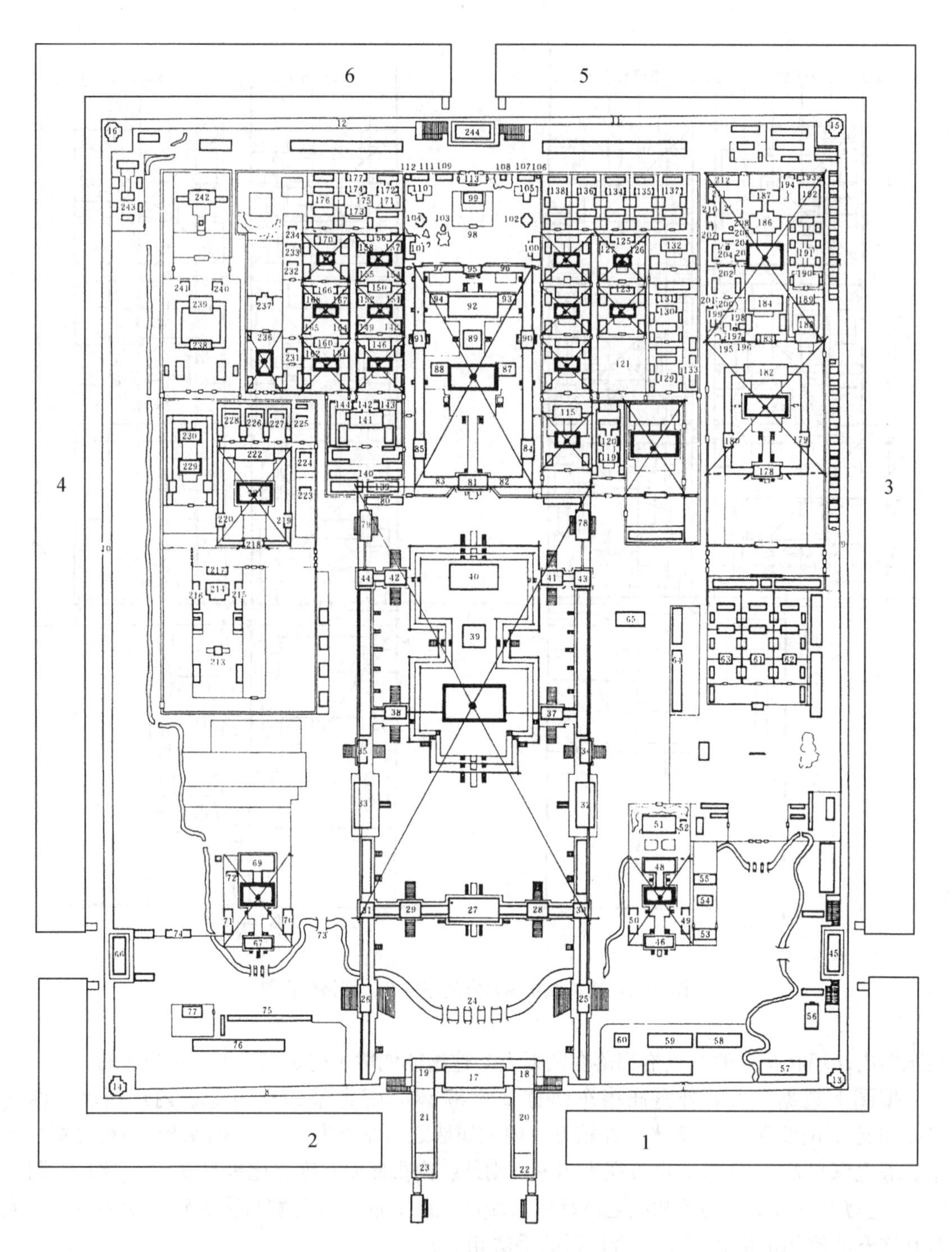

图 9-49　紫禁城各宫院布置使用“择中”手法置主建筑于院落几何中心的情况

2. 社稷坛

和太庙东西相对，它也有内外二重坛墙。实测数据为外重墙东西宽 207.21 米，南北深 268.23 米，和太庙外重墙相差极微，故应视为相等，即东西宽 65 丈，南北深 85 丈，其内

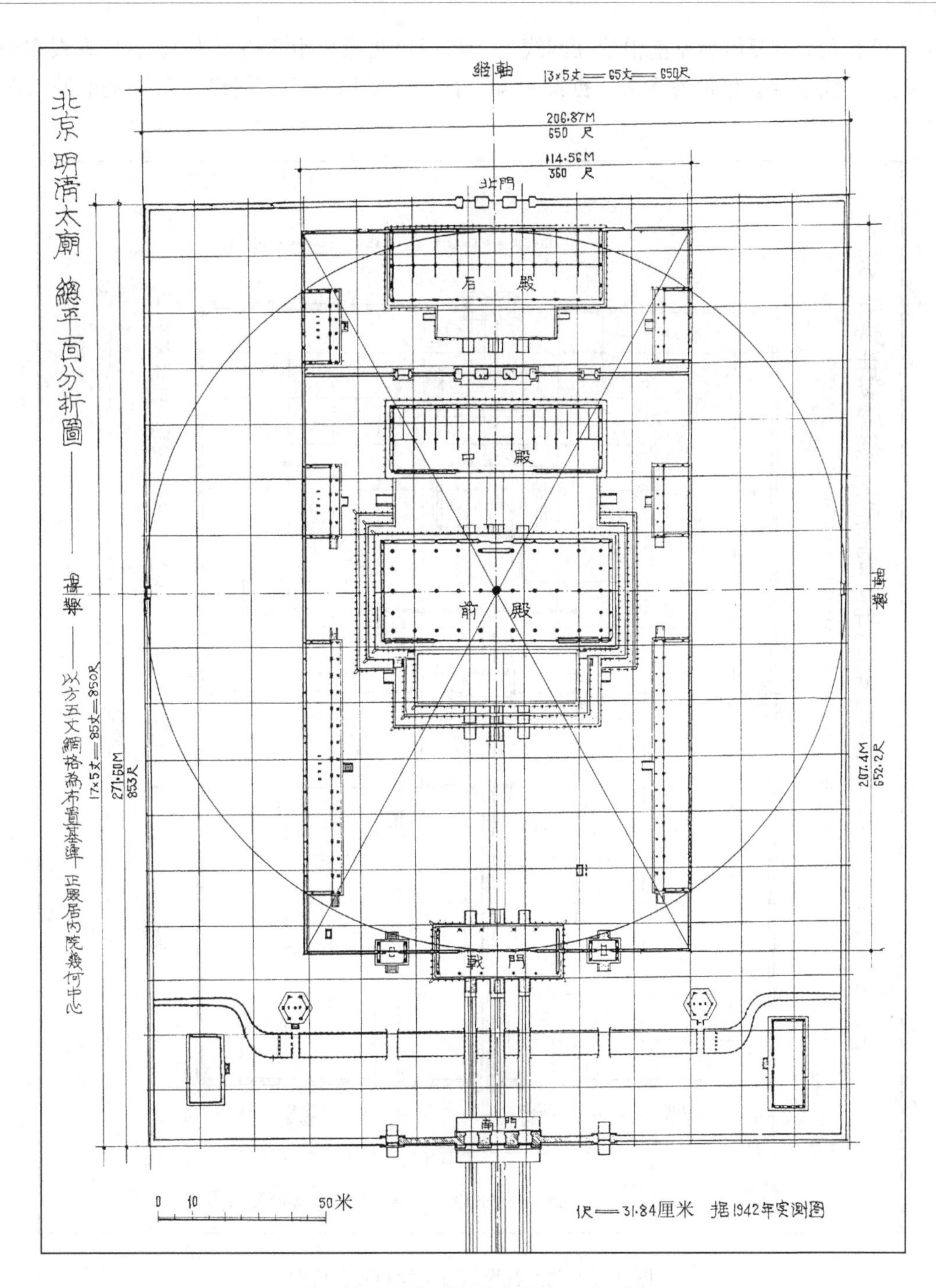

图 9-50 北京明清太庙总平面分析图

可安排方 5 丈网格。

内重壝墙方 61.4 米，坛之顶层方 15.92 米。史载坛顶方 5 丈，则所用尺长为 15.92 米/50 尺＝0.3184 米/尺，为明中期尺的长度。据此折算，壝墙方为 19.3 丈。根据坛顶方 5 丈的情况，在坛墙内画方 5 丈网格，东西为 13 格，南北为 17 格，坛顶恰在中心一格之内。在图上还可看到，其享殿台基前沿恰在网线上，与坛顶北缘相距 3 格，为 15 丈。享殿东西台阶中线与网线重合，相距为 5 丈。据此可知，社稷坛是以方 5 丈网格为布置基准的（图 9-51）。

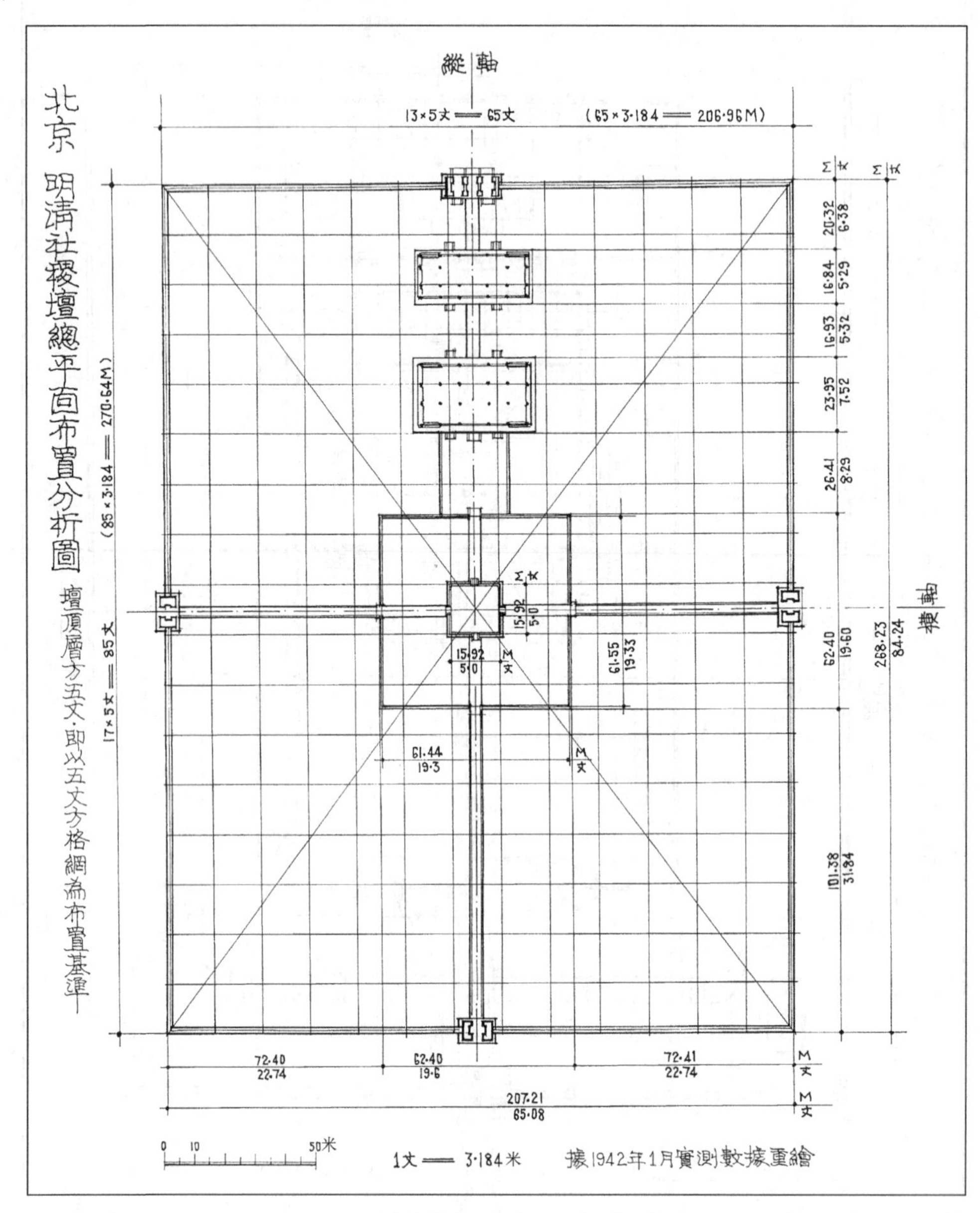

图 9-51　北京社稷坛总平面布置分析图

其壝墙方 19.3 丈，略小于 20 丈是有原因的。《明实录》载洪武十年（1377）八月改建社稷坛，坛“上广五丈”，“内壝墙东西十九丈二尺五寸，南北如之”。[①] 可知壝墙方十九丈余而不作二十丈是遵循洪武旧制所致。

① 单士元，明代建筑大事年表，第一编，宫殿，洪武十年八月，中国营造学社，1937 年，第 11 页。

3. 天坛

可根据上节所述天坛的四个发展阶段分别探讨其方法：

（1）永乐十八年建天地坛。据《洪武京城图志》和《大明会典》所附洪武、永乐两幅天地坛图，明初天地坛只有一重坛墙，内部采取中轴对称布置，而现状却是轴线偏在东侧，须探讨其原状。在东西方向上，两图中靠近西坛墙都画有斋宫，而现状斋宫在内坛墙西墙内，可知现内坛墙西墙为永乐时的西坛墙。在实测图探索，又发现外坛东墙西距丹陛桥之中轴线为653.5米，内坛西墙东距丹陛桥上中轴线为635.7米，二者相差17.8米，考虑当时长距离测量可能产生的误差，可视为相等。因可推知现外坛东墙为永乐时的东坛墙。在南北方向上，现丹陛桥南端之成贞门为永乐时南门，也是南坛墙位置。（现坛墙弧形南转是万历间改，详下文）在实测图上量得，它北距祈年殿中心为493.5米。在北面，内、外两重坛墙南距祈年殿中心分别为229.3米和498.2米。其中北外坛墙南至祈年殿中心之距与成贞门北距祈年殿中心之距只差4.7米，可视为相等，可知现北外坛墙即是永乐时北坛墙。由此可以确定永乐坛的轮廓和四至，其东西宽1289.2米，南北深991.7米，今祈年殿位于地盘几何中心，应即是原大祀殿的位置。

由于古代大建筑群规划有以主体为面积模数的传统，如紫禁城以后两宫面积为模数等，循此线索，在实测图上探索，发现祈年殿下高台有此可能，遂利用实测数据验核。此台即永乐始建时大祀殿下之台，为宽162米、深187.5米的砖砌高台。如从现祈年门中分线计，其南北深为160米，基本为方形。此数与坛区宽深之比为：

坛区宽：台宽＝1289.2：162＝7.96：1。

坛区深：台宽＝991.7：162＝6.12：1，

考虑古代长距离测量易产生的误差，可视为台宽的8倍和6倍。亦即坛区以大祀殿下高台之宽162米为模数，宽为其8倍，深为其6倍，可据此在平面图上画网格（图9-52）。

（2）嘉靖九年（1530）建圜丘。明嘉靖九年（1530），在决定天地分祀后，在天地坛南创建祭天的圜丘坛。其主体为圜丘坛，位于原天地坛中轴线向南之延长线上。其外有圆、方两重二重壝墙和内、外二重横长矩形坛墙。壝墙的尺寸在明会典都有记载，但现状经清代拓展，比明代稍大些。内坛墙四面开门，北墙、北门即借用天地坛之南墙和南门成贞门，南门名昭亨门，东门名泰元门，西门名广利门，围成横长矩形的坛区。现状南北深为504.9米，其东西宽如自圜丘中线计，东至泰元门为407.5米，西至广利门为635.7米，东西总宽为1043.2米，圜丘偏在其坛区的东侧。这种偏在东侧约现状与北面天地坛的严格中轴线对称布局不一致，故应探讨它是否始建时原状。

《明实录》有嘉靖十年决定建崇雩坛于“圜丘东南泰元门外大坛墙内地”的记载。[①]据此则崇雩坛应建在圜丘东面泰元门外与外坛东墙之间的隙地处，故现圜丘东墙及泰元门应是始建时位置，而此时天地坛的东墙也已向南延伸。

但现西墙位置则有与史籍不一致处。据《明实录》中所载明嘉靖九年（1530）《新定圜丘祀典》和明万历三年（1575）《亲祀圜丘仪》，皇帝来时先入西天门（天地坛之西门，即今内坛墙西门），然后至昭亨门，返回时再从南门昭亨门出，进入斋宫。但在现状图上可以看到，现在去斋宫的道路是不出南门昭亨门，出方壝后西行北转，自圜丘北墙（亦即天地坛之

① 单士元，明代建筑大事年表，第一编，宫殿，嘉靖十年十月，中国营造学社，1937年，第106页。

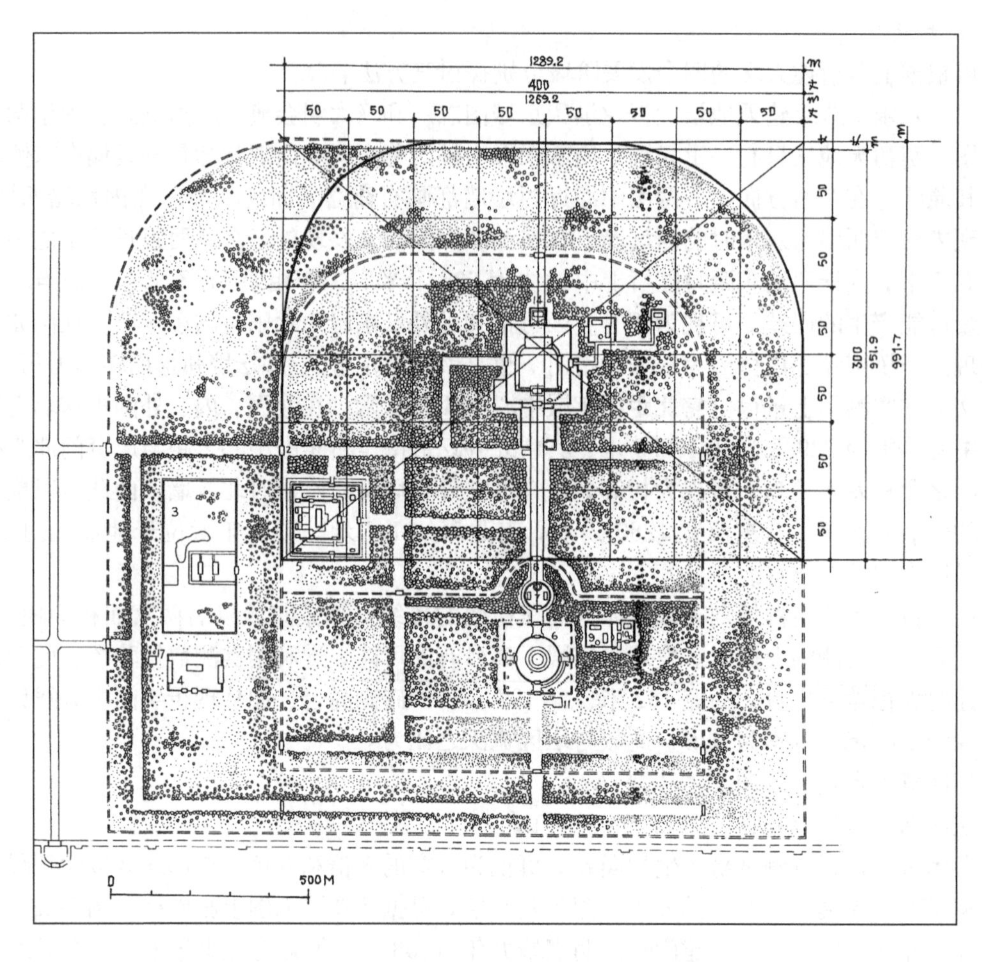

图 9-52　永乐十八年建天地坛平面分析图

南墙）上西侧之门北出即至；若按现状南出昭亨门后再赴斋宫，则只能沿现内坛之南墙西行北转，再入内坛西天门。但前引祭仪已说皇帝来时先入西天门，然后至昭亨门，则必可原路返回，无再入西天门之理。故若按《明会典》所载南出昭亨门后即可直赴斋宫的情况，则只有一个可能，即现圜丘西部不是始建时的原状，始建时其西墙应在现圜丘北墙（亦即天地坛之南墙）上西侧之门以东（现在的西墙与东侧现外坛墙相同，也是天地坛大坛墙南延部分），这样，在出昭亨门后始可沿南墙西行北转，经此门进入斋宫（当时斋宫尚未扩建，天地坛南墙尚未南移，此门可能位于今门稍偏西处）。这样，根据皇帝返回的路线，可以推知圜丘在始建时东西墙仍是左右对称的，其总平面为横长矩形，四面开门，坛在中轴线上稍北。这应是嘉靖九年建成后至万历三年间的情况。

这也就可推知始建时圜丘坛区西墙应和东墙对应，也在中轴线以西 407.5m 左右，据此可以推知圜丘坛区东西宽在 815 米左右。

如按明中期尺长 0.3184 米折算，则可推知：

圜丘坛区南北深：505.9 米÷3.184 米/丈＝158.5 丈。

圜丘坛区东西宽：815 米÷3.184 米/丈＝256 丈。

《明会典》卷 187 载：圜丘底层径 12 丈；圆壝周长 97.75 丈，即直径应为 31.1 丈；方壝周长 204.85 丈，即边长应为 51.2 丈。以此三个尺寸与圜丘外墙之宽深相对照，发现只有方壝的边宽与坛区的宽、深有比例关系：

若以方壝边宽 51.2 丈计，则：

圜丘坛区深 158.6 丈÷51.2 丈=3.1

圜丘坛区宽 256 丈÷51.2 丈=5

如考虑到记载和测量尺寸的精度，则规划圜丘时极可能是以方壝边长 51.2 丈为模数的，坛区的宽、深分别为其 5 倍和 3 倍，可据以在图上画网格（图 9-53）。

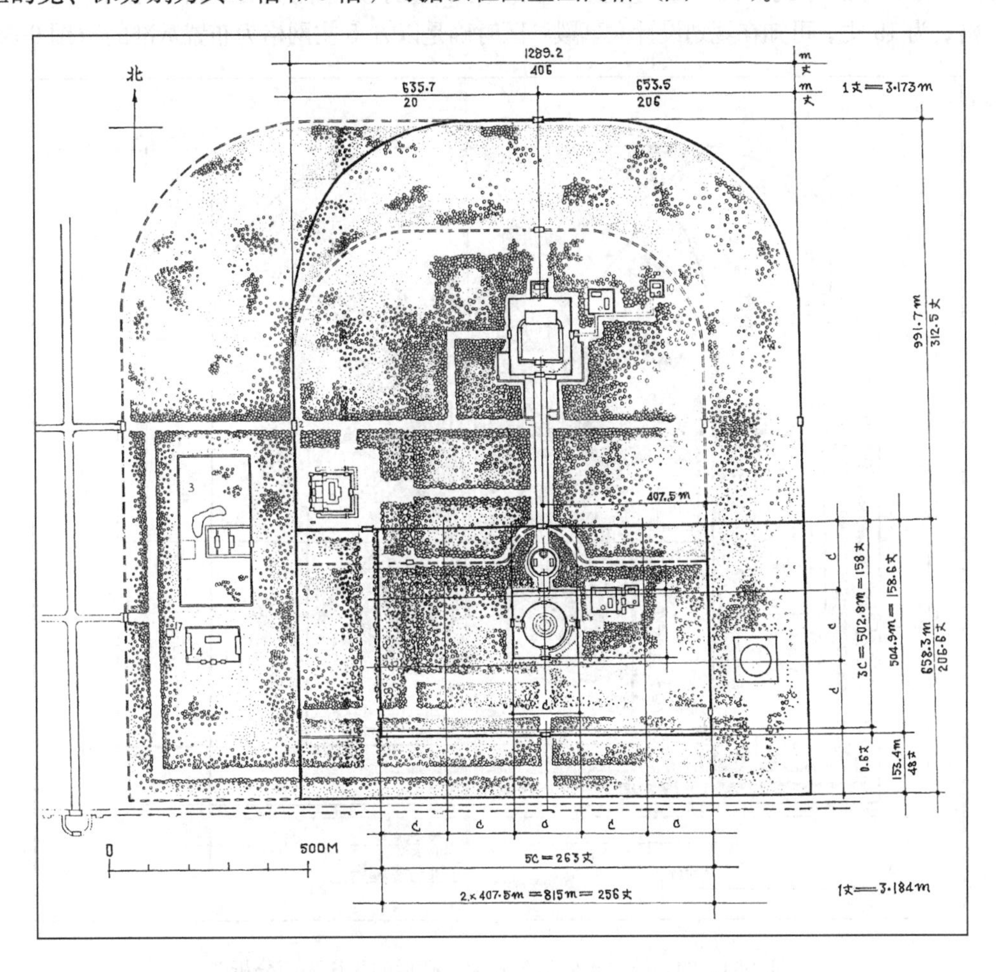

图 9-53　明嘉靖九年创建圜丘坛后的天坛平面分析图

若和天地坛相比，可以看到，圜丘坛相当于大祀殿，圆壝相当于大祀门与配殿廊庑围成之院落，方壝相当于外壝矮墙和高台。天地坛之坛区以外壝之宽为模数，圆丘坛区也以外壝—方壝之宽为模数，二者选择模数的方式是一致的。至于方壝边长 51.2 丈而非整数，颇疑另有原因，因为改建天坛的嘉靖帝周围有很多方士及风水师，他是很相信这些人的。

(3) 嘉靖二十四年（1545）建大享殿。它建在原大祀殿处，沿用其下的高台，仍四面各开一门，其内在中轴线上偏北处建直径 91 米的三层石砌圆台，周以白石栏杆，称祈谷坛。

坛中心建直径 24.5 米的圆殿，上复三重檐的攒尖圆顶，称大享殿（清改称祈年殿），始建于嘉靖二十二年，二十四年建成。殿前有殿门大享门（今祈年门），左右有配殿，自殿门左右有横墙，北折后连配殿南墙。自殿门左右横墙北至台北矮墙内皮深 160 米，基本与台宽相同。这样如自大享门左右横墙计，大享殿一区实为正方形，而殿本身为圆形。外方内圆为琮形图案，在古代是“天人交通”的象征，这就是大享殿一组造型的象征意义。

若按建此区时的尺长 0.3184 米折算，其南北深 160 米合 50.3 丈，因受旧基尺寸限制，可将此部视为规划意图方 50 丈，依此画方 5 丈网格，纵横各为 10 格。其中祈谷坛中层恰占 5 格，即方 25 丈，大享殿下层台基宽占 2 格，为 10 丈，大享门宽占 2 格，也为 10 丈，配殿长 3 格，为 15 丈，可知在规划设计大享殿一区时确是以方 5 丈网格为布置基准的（图 9-54）。

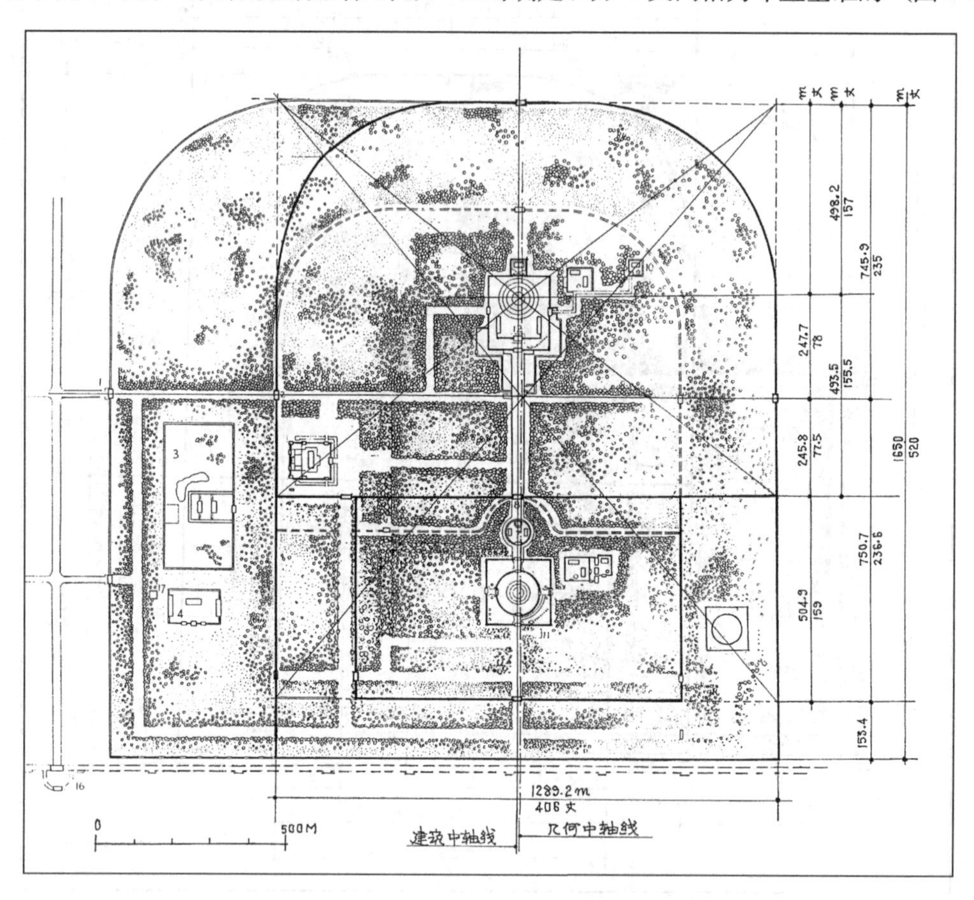

图 9-54 明嘉靖二十四年新建大享殿后的天坛平面分析图

（4）嘉靖三十二年增建南外城后。明嘉靖三十二年（1553）北京建南外城，包天坛于城内，永定门内大道成为北京全城中轴线的前奏。此时天坛需临大道再建外门和墙，以与大道西侧的先农坛夹街对峙。此时天坛南墙在圜丘以南部分已建成，把它向西延长，与新建的临街西墙相接，即可围合，在坛区南、西两面形成内、外两重坛墙。与之相应，在东北两面也应建墙，以形成完整的内外两重坛墙。但原有坛墙北有池沼，东临崇文门外大道，都不便外拓。所以在北、东两面只能以原坛墙为外墙，在其内新建一重墙，与原西、南两面的内坛墙连形成一圈内坛墙。具体做法是即以圜丘内坛东墙向北延伸为内坛东墙，以成贞门至祈年殿下方台之距（亦即丹陛桥之长）的 2 倍定内坛墙北门，最终形成内外相套的二重坛墙，同時也就造成了全坛主轴线偏向东侧的现状（图 9-55)。

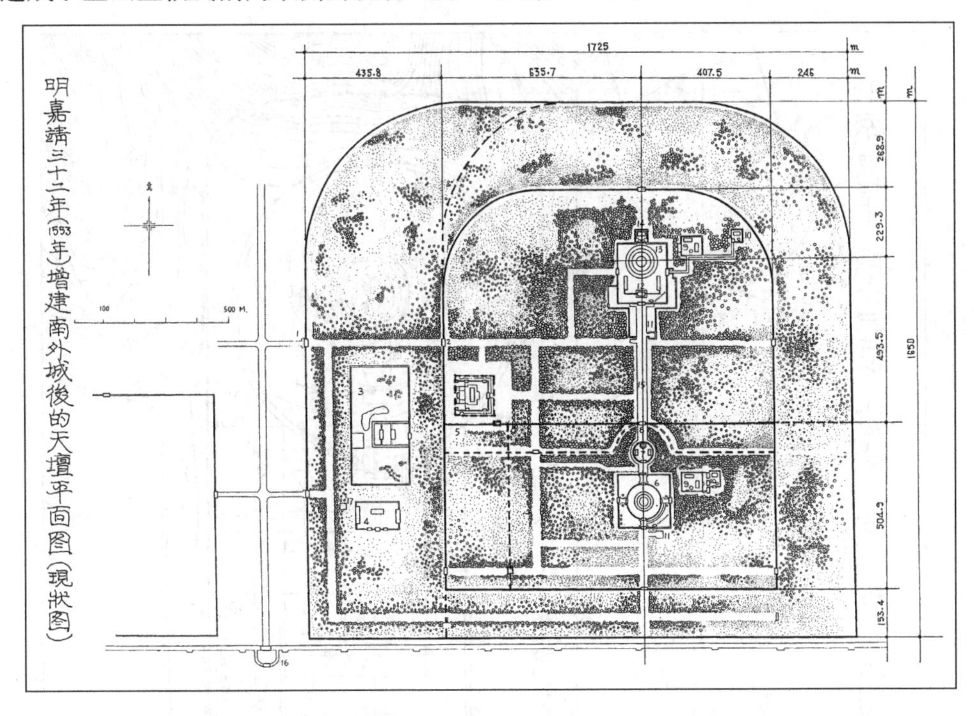

图 9-55　明嘉靖三十二年增建外重坛墙后天坛平面分析图

综合上述，和宫殿相同，明代坛庙的总平面布置也采用了有明显的中轴线的对称布局、以主建筑群为面积模数、置主体建筑于地盘几何中心、使用方格网为布置基准四种规划设计方法。

（三）陵墓

1. 帝陵

明十三陵中，现长陵、定陵有实测图，可进行分析。

明长陵内层宫墙范围东西宽 141 米，南北深 327 米，以明初尺长 0.3173 折算，合 444 尺宽，1030 尺深。考虑可能的误差，可视为 45 丈和 100 丈，据此在平面图上画方 5 丈网格，则东西宽 9 格，南北深 20 格。如自方城明楼中线起计，南至琉璃门处横墙为 7 格，南至祾恩门处横墙 10 格弱，祾恩门宽 2 格，祾恩殿宽 4 格，表明是以方 5 丈网格为基准布置的。如自陵墙四角画对角线，其交点在祾恩殿中心，等分宫院为南北两部分，若再在后部画对角线，交点正在二柱门位置，说明除令主殿居几何中心外，其余部分也尽可能取中布置(参阅图 9-20)。

定陵有内外二重陵墙，正面居中建有外陵门、内陵门二重门。外重墙前方后圆，包宝城于内，宽 259 米、深 635 米，内重宫墙宽 143 米、深 304 米。按明中期尺长 0.3184 米折算，外重墙宽 81 丈，深 200 丈，内宫墙宽 45 丈，深 95 丈。在其上画方 5 丈网格，祾恩殿左右的横墙、方城明楼墩台前缘恰在网线上，可知内重宫墙以内部分是以方 5 丈网格为基准布置的。内重墙内，自内陵门至祾恩门间为前院，自祾恩门内为主殿院，在主殿院四角画对角线，交点恰落在祾恩殿内，表明祾恩殿位于主殿院之几何中心。在外陵门之前有碑亭，在图上可以看到，碑亭至外陵门、外陵门至内陵门、内陵门至祾恩门间基本是等距的（图 9-56）。

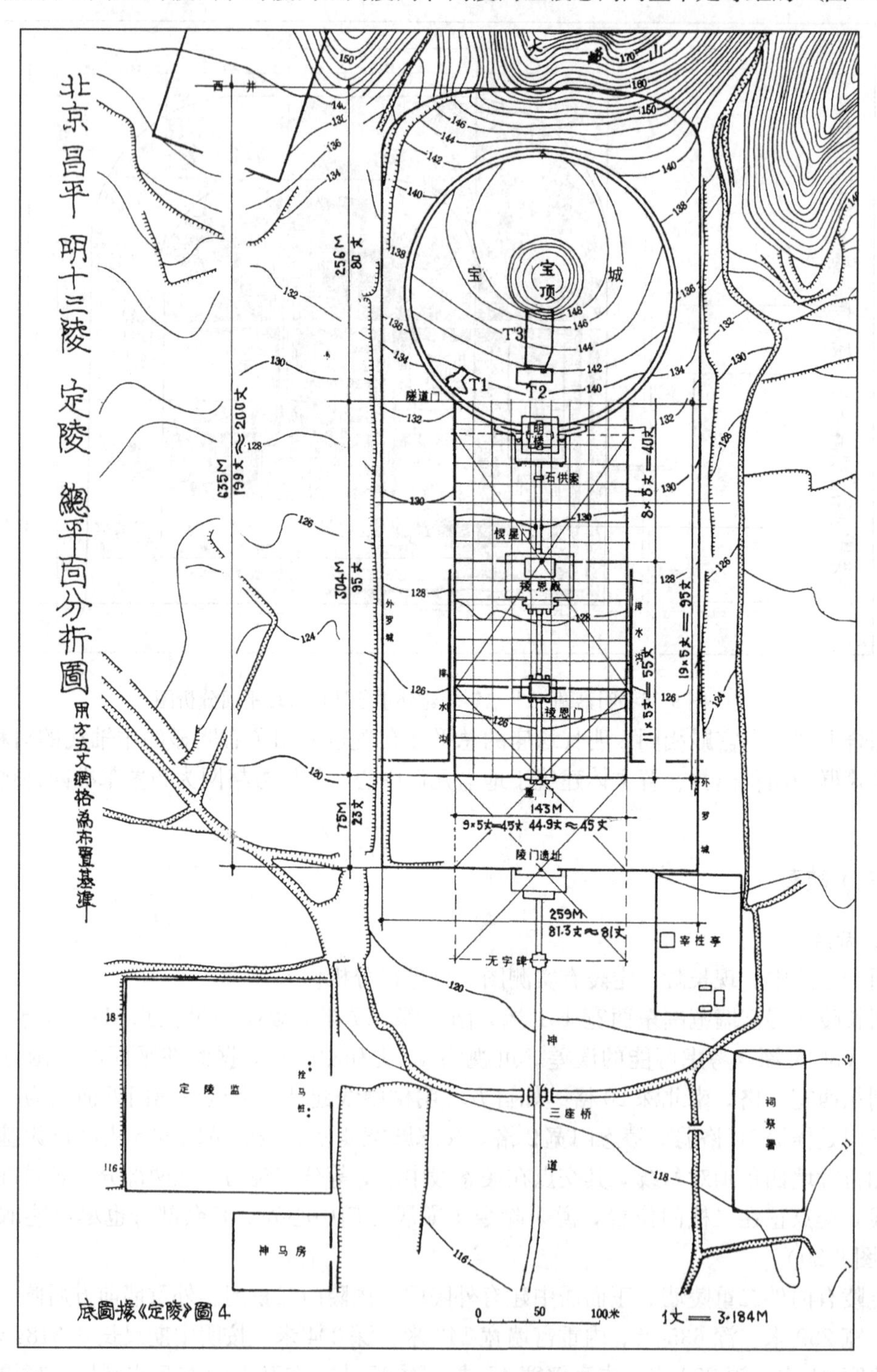

图 9-56　北京昌平明定陵平面分析图

2. 王墓

现存王墓中新乡明潞简王墓有平面简图，其陵区围墙宽 46 丈、深 102 丈、周长 296 丈，与明代王陵周長 290 丈基本符合。在简图上画对角线分析，可见其享堂正居陵区的几何中心，而宝城又居所在的后进院之几何中心，仍沿用传统的择中布置原则（参阅图 9-23）。

（四）官署

明代北京中央各部的官署已不存，未留下总平面实测图，目前尚无法对其规划设计方法进行探讨，但山东曲阜孔府和浙江东阳卢宅的前半部都是按州府级官署规制建造的，且均有实测图，可作为间接探讨此类官署规划布局特点的参考。

1. 曲阜孔府

在孔庙东侧，建于明弘治十六年（1503），分前厅、后宅、宅园三部分，因是衍圣公府，故前厅部分规制近于官衙。此部原分左、中、右三路，中路为主体。中路在中轴线上，最外为府门，门内为前院，北面正中为二门，门内即主院落。其前部有小门称仪门、左右有廊庑各十间，称东、西司房，围成矩形院落。庭中正北为三座面阔五间的厅，前后相重，前二座称正厅、后厅，其间用穿廊连成工字厅。最后一座称退厅，与后厅间有小院相隔（图9-57）。

2. 东阳卢宅

在浙江东阳市东郊，为卢姓聚居的大村镇，其主体建筑肃雍堂一组创建于明景泰、天顺间（1456～1462），基本保存至今。肃雍堂一组前有外门和前院，院北为七间照厅，明间辟门，通入主院。院内北端为面阔三间的前厅肃雍堂，左、右各有耳房一间，其前隔出小院。堂前方左右有东西廊庑各六间，围成纵长矩形的主院落。前厅之后有面阔五间的后堂，有三间穿廊与前厅连成工字厅（图 9-58）。

综观二座建筑，孔府前有仪门，前、中、后三座厅又称大堂、二堂、三堂，后堂又称退堂，其东西十间廊庑称为司房，都是衙署的称谓，说明为与衍圣公地位相称，此部是按衙署规制建造的。卢宅肃雍堂一组前有外门，堂为两侧建有耳房的工字厅，相当于府衙正堂的形制，东西廊各六间相当于衙署的东、西六司，故基本上也属于府衙的规格。

在二组院落的平面图上分析，还可发现二点：其一是如自院落四角画对角线，其交点都落在前厅的中部，即前厅位于地盘的几何中心，表明都是按择中原则布置的。其二是如按明中期尺长 0.3184 米计算，在平面图上画方 3 丈的网格，则孔府前部东西恰为 5 格，南北恰为 11 格。卢宅前部东西恰为 4 格，南北为 7 格，其中照厅深 1 格，庭院深 2 格。这表明在它们布局上也采用以方格网为布置基准的方法。

据此，则传统规划布局中通常采用的置主建筑于地盘几何中心和以方格网为布置基准的方法在衙署布局中也在使用。

（五）寺观

对现存有实测平面图的明代寺庙有乐都瞿昙寺、平武报恩寺、北京智化寺等进行分析，发现传统的置主殿于地盘几何中心和以方格网为布置基準的规划布置方法在三寺中都存在。

1. 乐都瞿昙寺

分析其平面图，发现如以东西庑变宽处为界，在廊院四角画对角线，其交点在瞿昙殿中心稍偏北；如在现殿庭四角画对角线，则其交点在宝光殿中心稍偏北；都符合主殿居中原

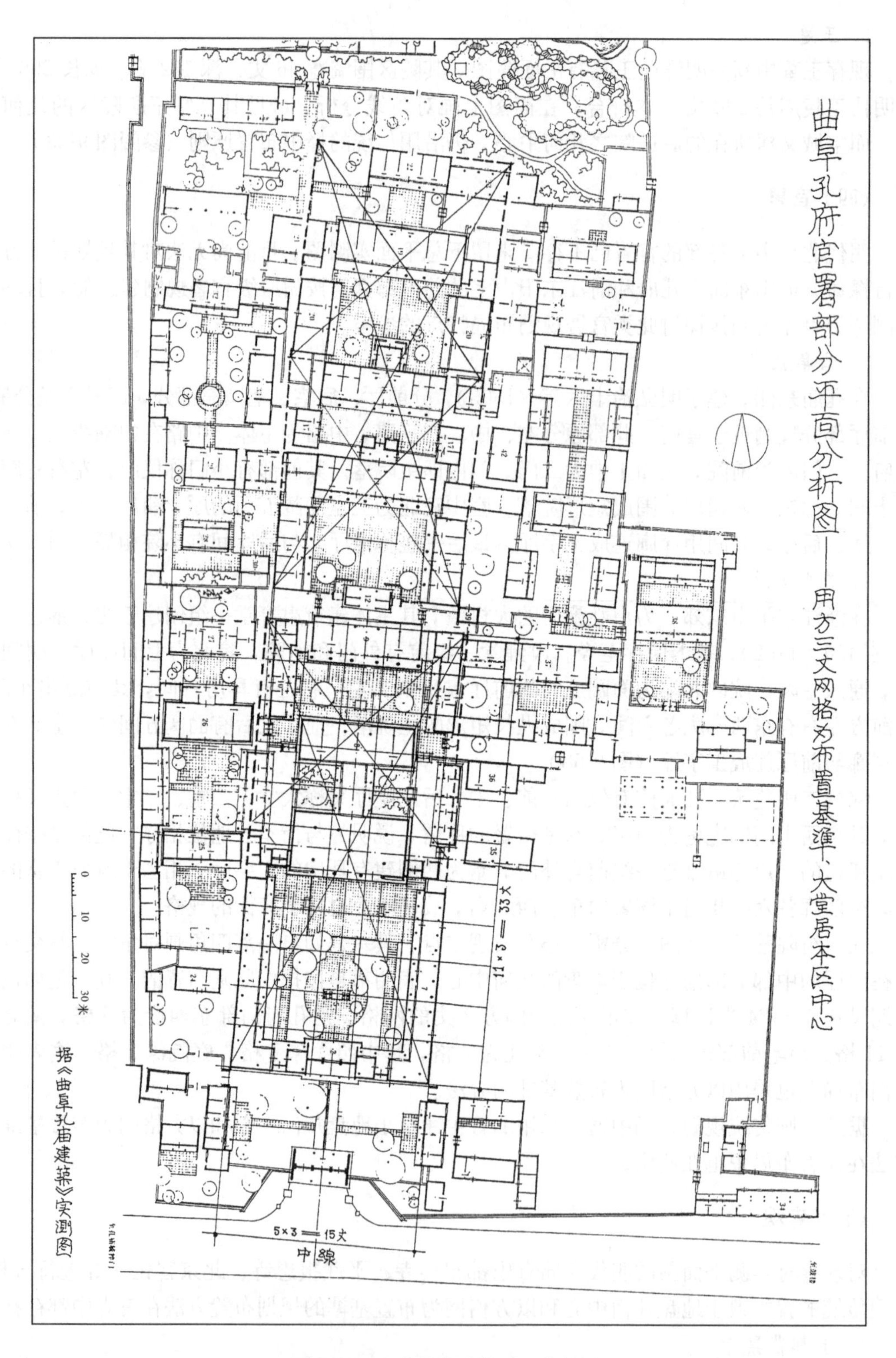

图 9-57 山东曲阜孔府平面分析图

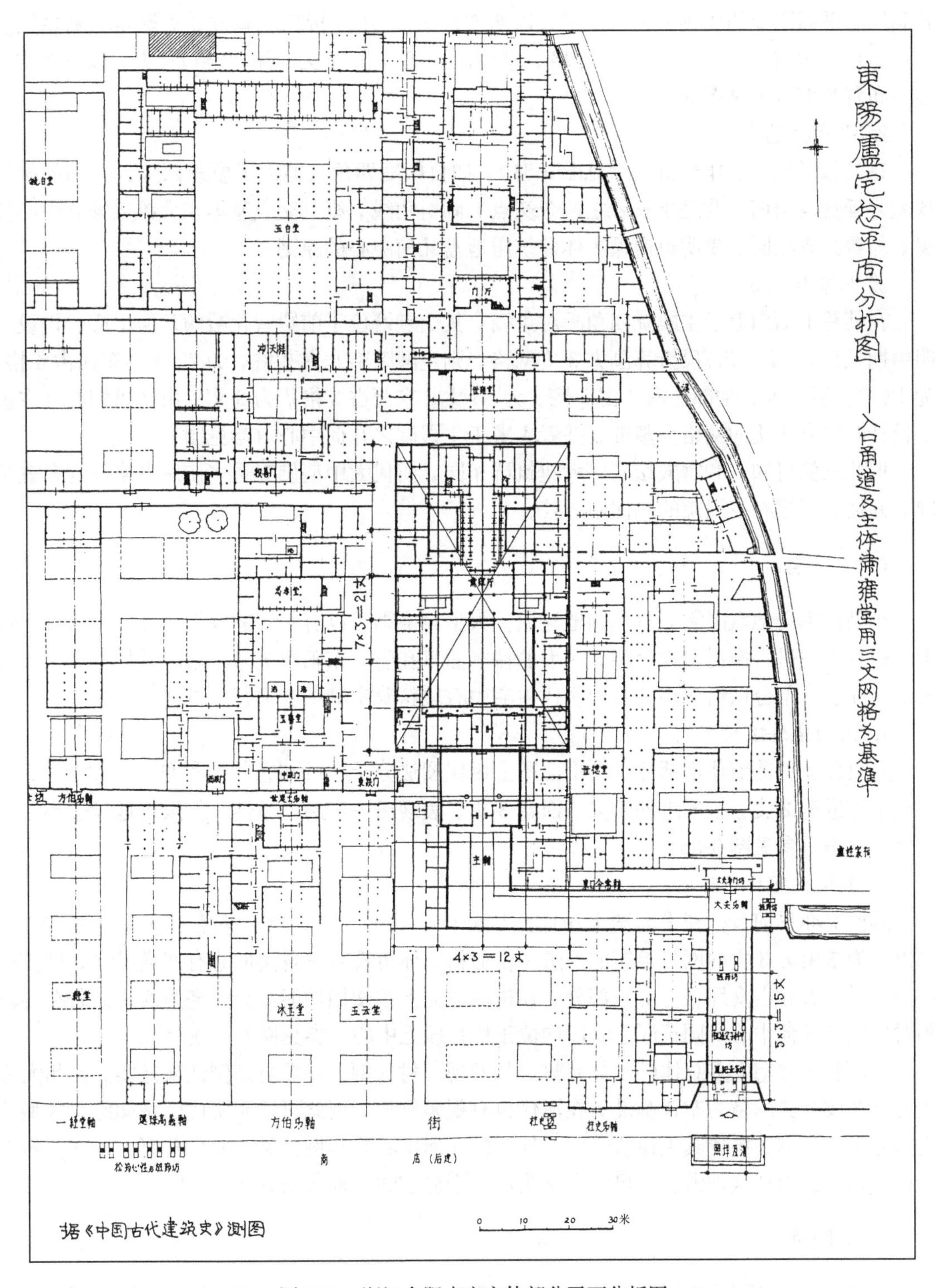

图 9-58　浙江东阳卢宅主体部分平面分析图

则。这表明此寺在永乐十六年时只有现在的前半部，故使瞿昙殿居中，而宣德二年扩展为现状后，则改以宝光殿居中。在前后两阶段中布局都遵循着令主建筑居地盘几何中心的原则。

若利用总平面图上的比例尺进行探索，以明初尺长 0.3173 折算，画方 3 丈网格，则主殿院宽占 7 格，深占 14 格，前院深占 6 格，总地盘为宽 7 格 21 丈，深 20 格 60 丈，以方 3 丈网格为布置基准（参见图 9-30）。

2. 平武报恩寺

在其总平面图上作分析（参见图 9-31），如自殿庭四角（即天王殿东西庑、万佛阁两侧挟屋之延長线与南、北庑延长线之四个交点）画对角线，则其交点基本在大雄宝殿之中心位置，与瞿昙寺相同，表明也遵循主体建筑居地盘几何中心的原则。

3. 北京智化寺

在其总平面图上于主殿院四角画对角线，其交点恰位于前殿智化殿的几何中心。再设以明中期尺长 0.3184 米/尺折算画方 3 丈网格，则主殿院南北占 9 格，为 27 丈，东西占 4 格，为 12 丈。后部大悲堂部分南北占 5 格，为 15 丈，东西占 3 格，为 9 丈。由此可知此寺在规划设计时以方 3 丈的网格为基准，并置主殿于主殿院之几何中心（参见图 9-32）。

据此三例可知，和宫殿坛庙等大建筑群相同，明代大中型佛寺也多使用方格网为布置基准，并把主殿建在主殿院的几何中心处。

（六）住宅

小型住宅受地盘限制，只能因地建屋。大型第宅则可以有一定的规划设计，可就其建筑上的布局方法进行探讨。现存明代最大的住宅曲阜孔府、东阳卢宅肃雍堂因其规制相当于官署，已在官署部分探讨，现就其他明代住宅中有较精确实测图者进行分析。

1. 山西襄汾丁村丁宅

其概况已见前节住宅部分。在平面图上用作图法分析，可知它的地盘东西 5 丈，南北 8 丈，主厅进深 2 丈，东厢进深 1 丈，面阔 3 丈，表现出一定的规整性，但限于地盘过小，不需使用网格（参见图 9-36）。

2. 苏州天官坊原陆宅

其概况亦见前节。在平面图上用作图法分析，发现其中轴线上主宅宽 9 丈，深 36 丈，可以认为是由方 3 丈的网格控制的。进一步分析，还可看到它自南向北有四道横墙，墙正中辟门，通入大厅、女厅、上房三部分，在进深方向上按使用功能等分全宅为四段。若在各段画对角线求几何中心，则正厅、女厅均位于所在段之中心（参见图 9-39）。

山西明代住宅大多总体已不甚完整，只发现丁村一例，还需更多例证来证实。苏州大型住宅以 2 或 3 丈网格为布置基准，在清代也有很多例子，据此可证明明代已是如此。大型住宅多分内、外宅，各置其主建筑于内、外宅的几何中心，其例已见于曲阜孔府，现在苏州天官坊原陆宅也出现这种做法，可知也是明代大型住宅的一种布局方法。

（七）园林

私家园林，特别是宅旁园，其布置以灵活自然为要点，故与一般建筑群布置强调轴线不同，也不宜使用模数网格，而注重对景和通过高低远近的布置取得景物的均衡并避免对称，由于私家园林向静观发展，观赏点的视角控制是园林设计的要点，这些在苏州明代园林中有很好的体现。

1. 拙政园

拙政园景物布置见上节。其主要观景点有三，即正中的主厅远香堂，西侧的旱船香洲和东侧山上的小轩。在图上可以看到，远香堂处的观景视角如西起荷风西面亭，东至北山亭为60度，若西起见山楼，东至北山亭则为80度，最大视距为60米。香洲观景点西起见山楼，东至北山亭为65度。山上的小轩观景点西起雪香云蔚亭，东至梧竹幽居为80度（图9-59）。其视角在60至80度之间。

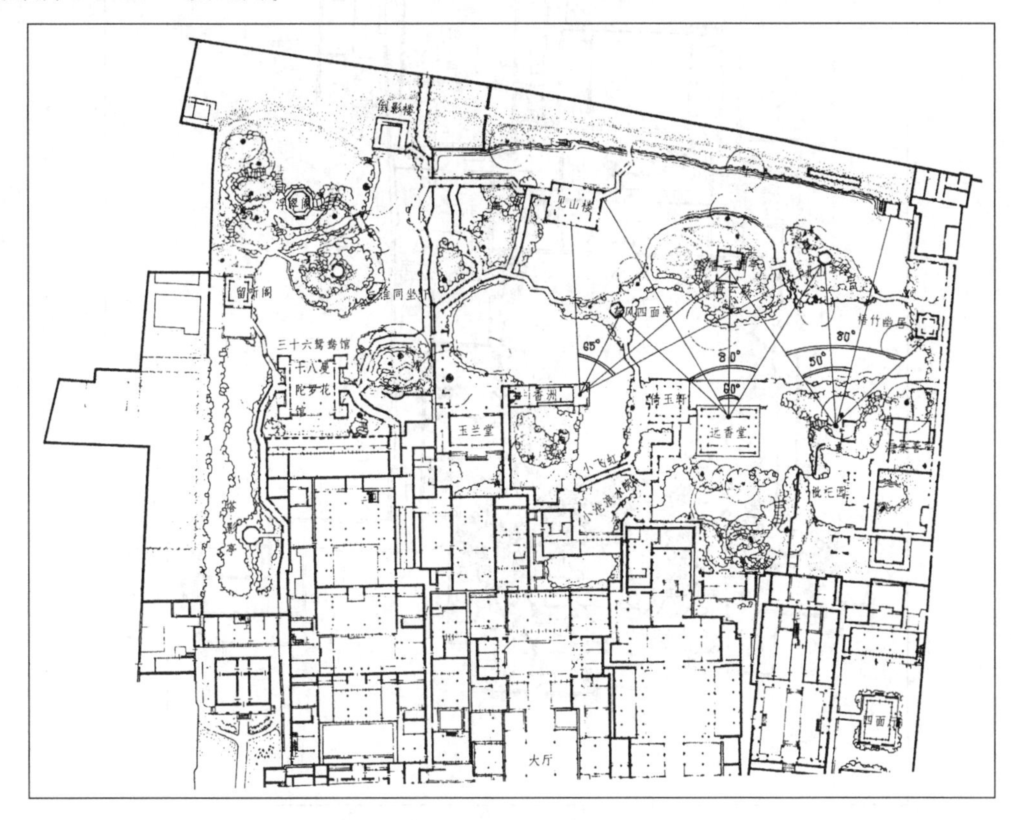

图 9-59　苏州拙政园景物布置与观赏视角图

2. 艺圃

艺圃之主观景点在水榭中部。其观景视角如东起乳鱼亭，西至月洞门为60度。如东起六角亭，西至凸出之廊为70度。其视角在60至70度之间。最大视距近60米（图9-60）。

经过实测得知，在一般情况下，人的视角为60度圆锥面，最能吸引注意力的距离为50至100米。政拙园和艺圃各观景点在观看主景时的视角和视距都在这个范围之内，属于最佳位置。古人虽不可能通过视觉测视得知此点，但通过经验积累，却可以达到相近的结果。

三　单体建筑设计

设计方法和技巧更多地表现在大中型建筑如宫殿、寺观等，目前只能就有较精确实测图和数据者进行探讨，通过一些有代表性的实例可以大体了解其设计方法和技巧。

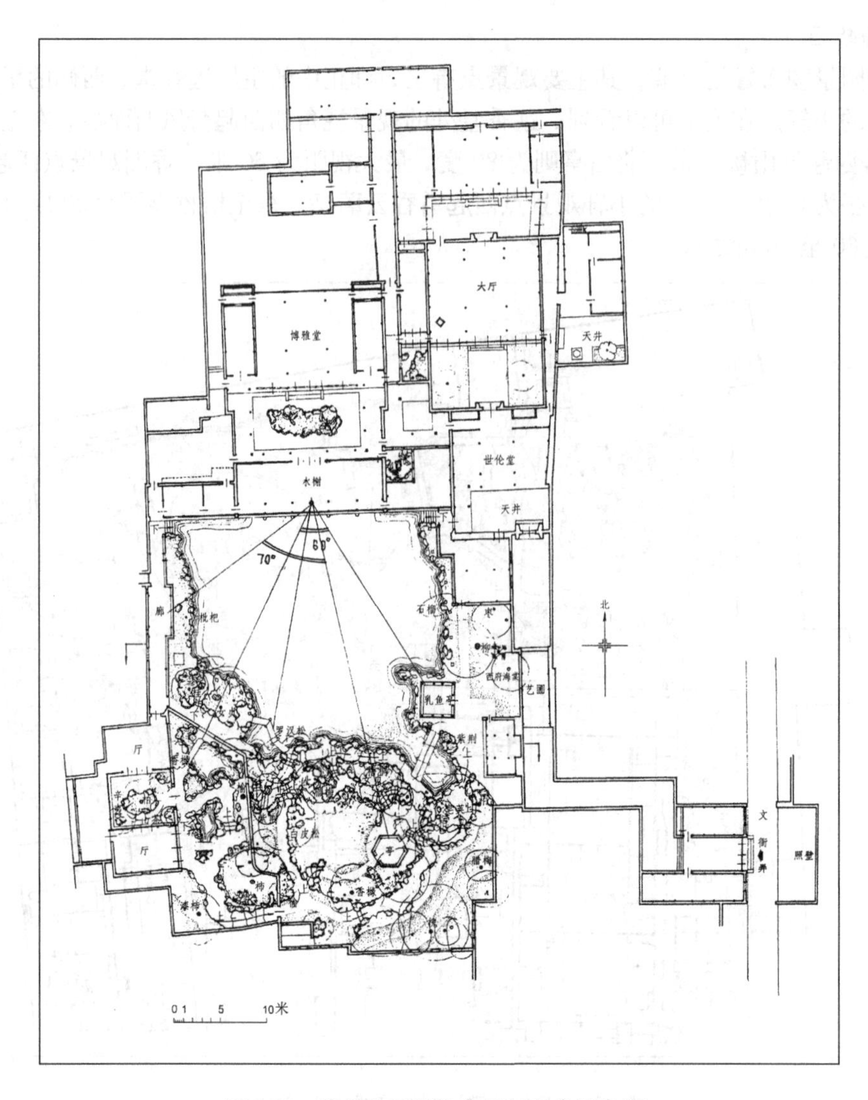

图 9-60　苏州艺圃景物布置与观赏视角图

（一）单层建筑设计

在唐、宋、元建筑中已出现建筑的立面比例多与其檐柱高度有关，在明代建筑中仍保持这个特点，但一些体量巨大、体型复杂的建筑也有一些新的发展。

1. 北京天安门

创建于明永乐十八年（1420），经明成化元年（1465）、清顺治八年（1651）二次重建。顺治八年当清立国之初，应是基本延续明代旧制，故仍可视为保存了明代的特点。

门为重檐歇山顶建筑，下檐面阔 9 间，进深 3 间加前后廊，建在下开 5 门的墩台上。就实测图所示，门楼通面阔 57.1 米，其中明间面阔 8.52 米，左右各 4 间面阔相同，平均每间面阔为 6.07 米，下檐柱高为 6.04 米。下檐左右四间的平均面阔与下檐柱高之比为 6.07∶6.04＝1.005∶1，考虑误差，可视为 1∶1。即左右四间面阔均与下檐柱高相同，开间为正方形。

把数据按明中期尺长 0.3184 折算后分析，发现它是将门楼与墩台统一考虑的。门楼的明间宽 8.52 米为 27 尺，左右各四间平均宽 6.07 米为 19 尺，下檐柱高 6.04 米也是 19 尺。墩台的高度 12.13 米合 38 尺，即 2×19 尺。就此在立面图上画方 19 尺的网格，可以看到门楼及墩台都以 19 尺为模数，门楼以一层柱高计，至左右山墙各宽 4 格，墩台高为 2 格，自门楼东、西山墙向外至门墩的东西边缘各宽 30.26 米，为 95.4 尺，合 5 格。这样，除明间外，门楼、墩台之高宽均以 19 尺为模数，在方 19 尺的方格网笼罩之下。这些现象表明，天安门及其墩台在设计时是以门楼的下檐柱高为模数的。可以推测，设计时先全按 19 尺网格制图，然后把明间面阔按需要增大至 27 尺即成现状（图 9-61）。

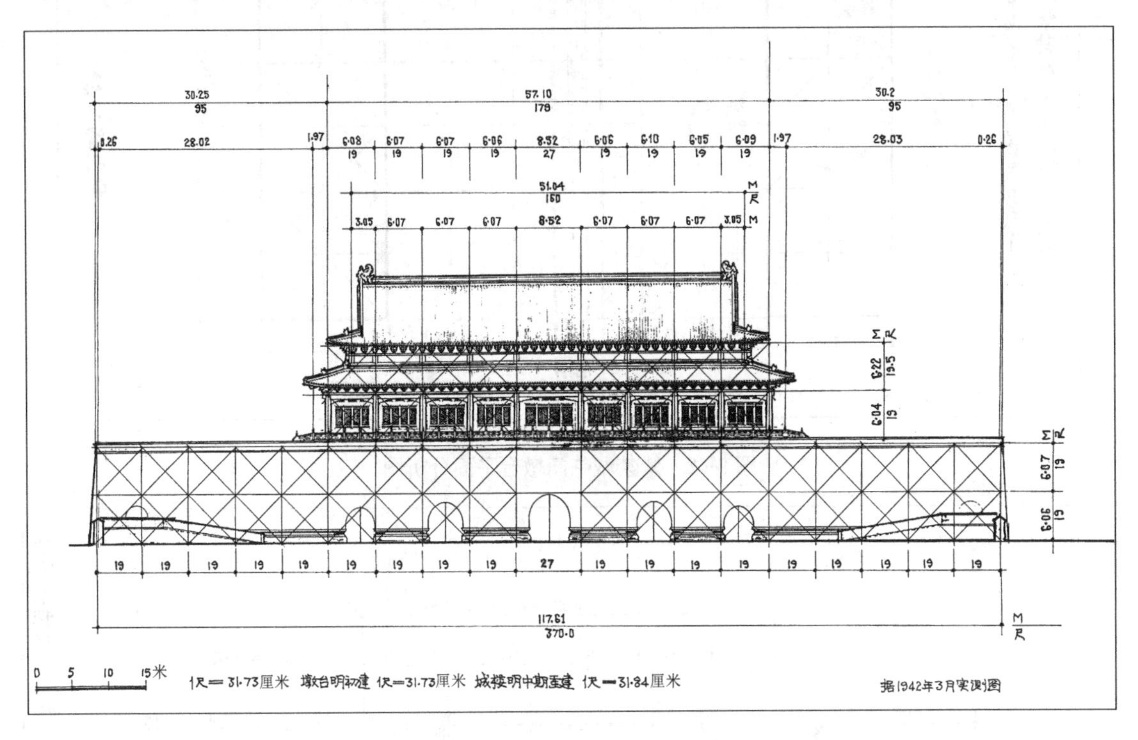

图 9-61 天安门正立面分析图

2. 紫禁城午门

创建于明永乐十八年（1420），经明嘉靖三十七年（1558）、清顺治四年（1647）二次重建。顺治四年当清立国之初，且墩台不可能改动，故应基本保持明代特点。

午门主体为正楼、钟亭、鼓亭、东观、西观五部分，用廊庑连成凹字形平面，建在同形的墩台上。就实测图分析，墩台高 40 尺，即以其为模数（自底座计），高 1 格，东西总宽 10 格，突出的两观各宽 2 格，南北总深 9 格（图 9-62）。其正楼面阔九间，通面阔 6005 厘米，下檐柱高 605 厘米，通面阔与下檐柱高之比为 6005∶605＝9.93∶1。考虑施工及测量误差，可以认为原设计是 10∶1，即下檐通面阔为下檐柱高的 10 倍（图 9-63）。

由于墩台上有 5 座建筑，故午门不可能像天安门那样门楼与墩台用统一模数，而是各有其模数。但各以其高度（墩台为台高，正楼为下檐柱高）为模数的原则是一致的。

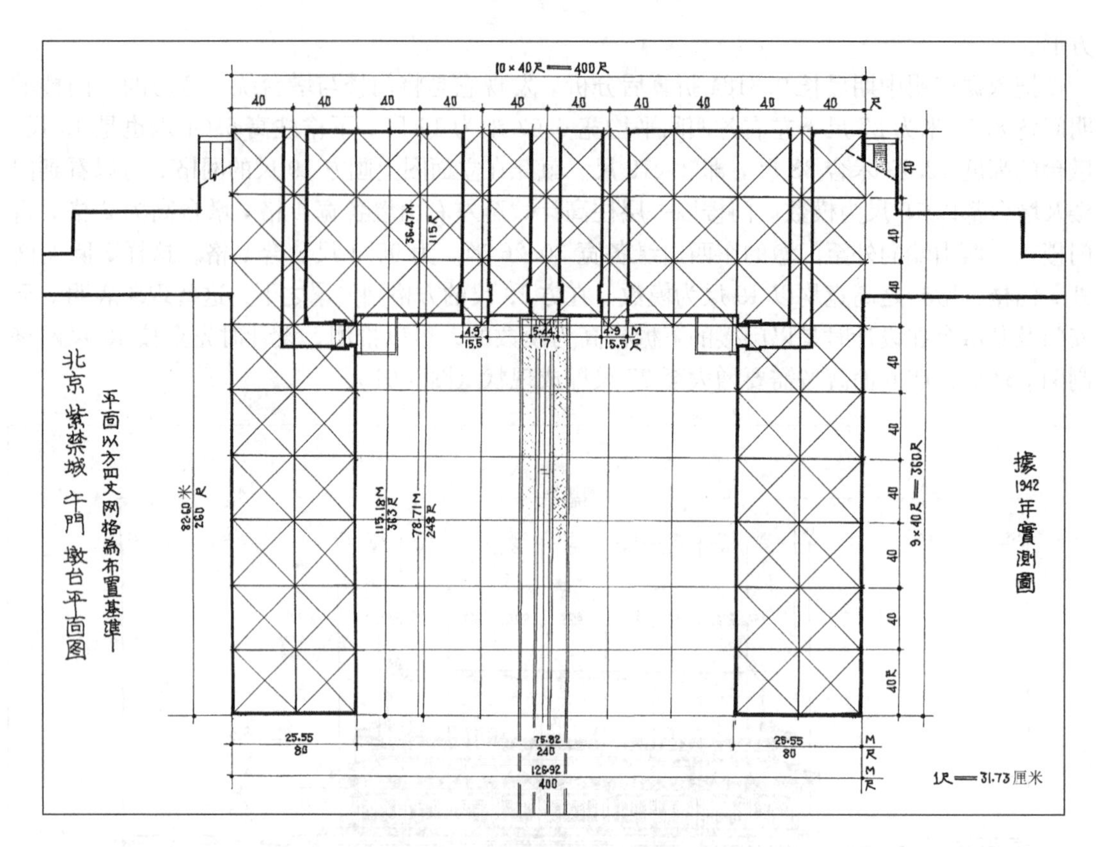

图 9-62　紫禁城午门墩台平面分析图

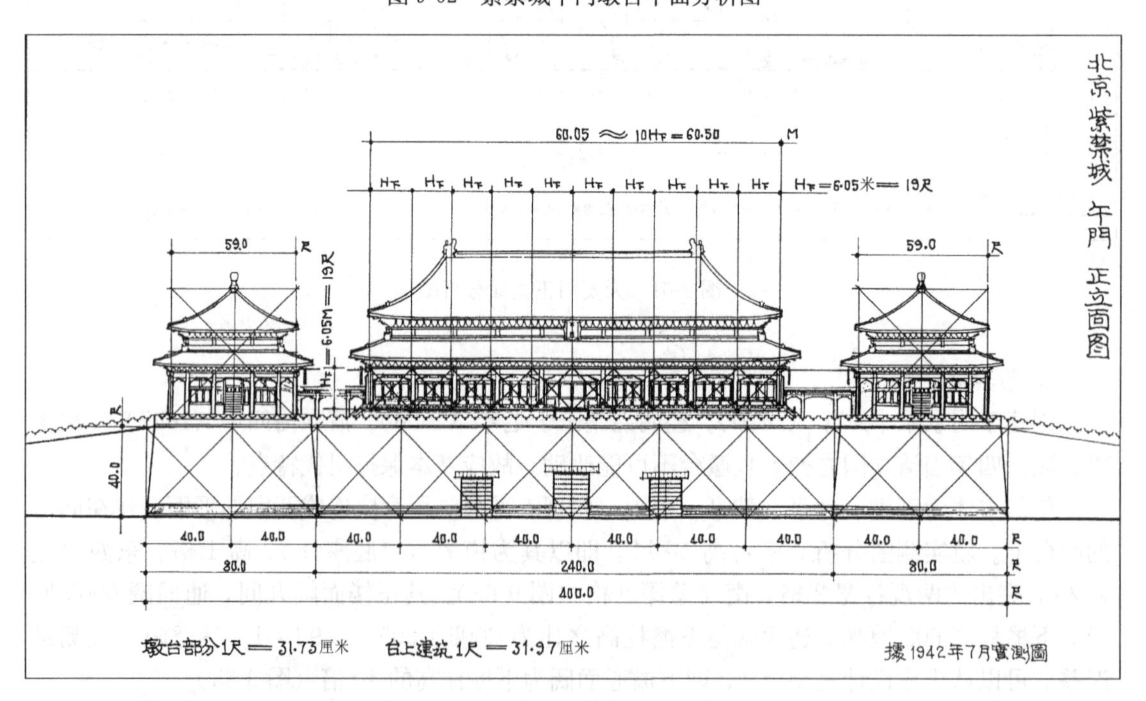

图 9-63　紫禁城午门正立面分析图

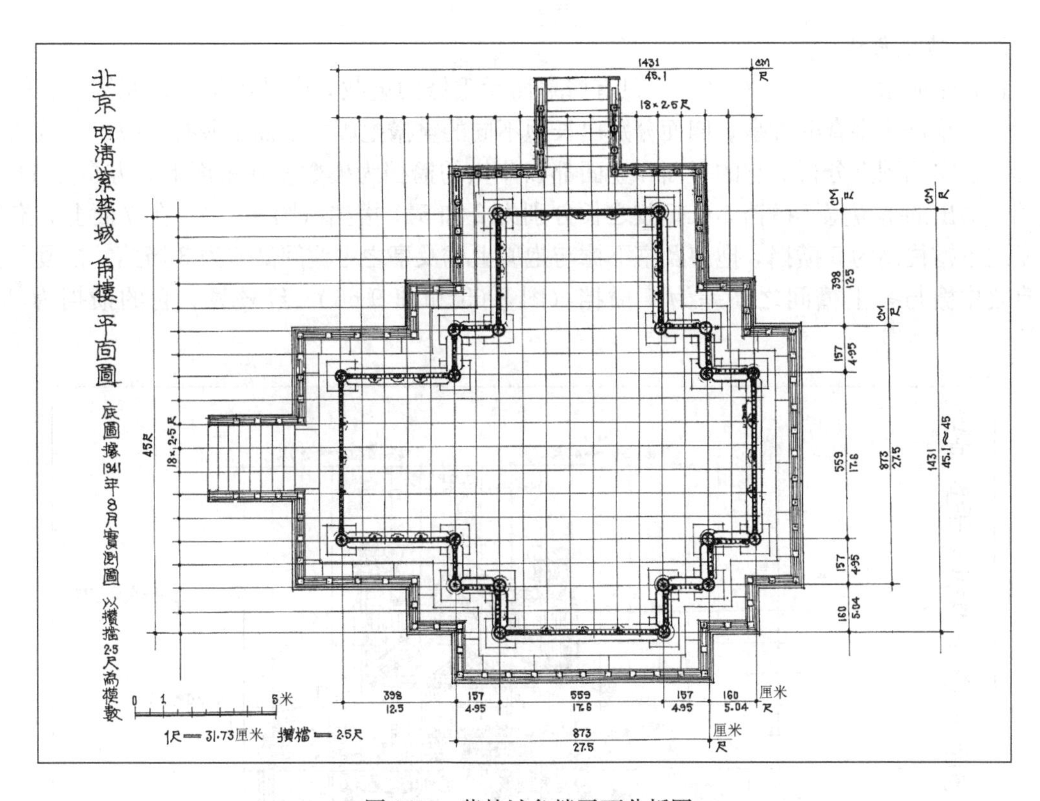

图 9-64　紫禁城角楼平面分析图

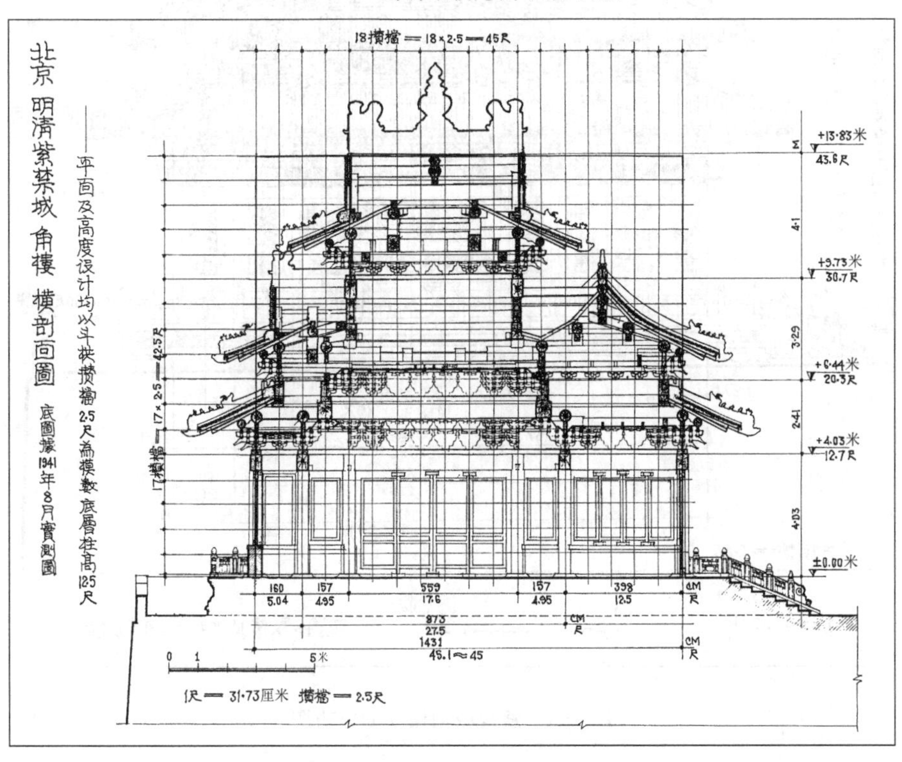

图 9-65　紫禁城角楼剖面分析图

3. 紫禁城角楼

创建于明永乐十八年（1420），只有修缮而无重修的记载，应基本是明代原构。它的主体为一三重檐十字脊的方亭，四面分别出长短不同的重檐抱厦，平面呈兼有长肢、短肢的十字形。在实测图上分析，它的平面和立面都以斗栱的攒挡为模数。在平面上，方亭方 11 个攒挡，突出的抱厦宽 7 攒挡，长短肢之长分别为 2 和 5 个攒挡（图 9-64）。在立面上，抱厦及亭之下檐柱高为 5 攒挡，抱厦及亭下檐与抱厦上檐及亭之中檐间高差为 3 攒挡，抱厦上檐及亭之中檐与亭上檐间之高差为 4 攒挡（图 9-65 和图 9-66）。经核算，它的攒挡为 2.5 明尺。

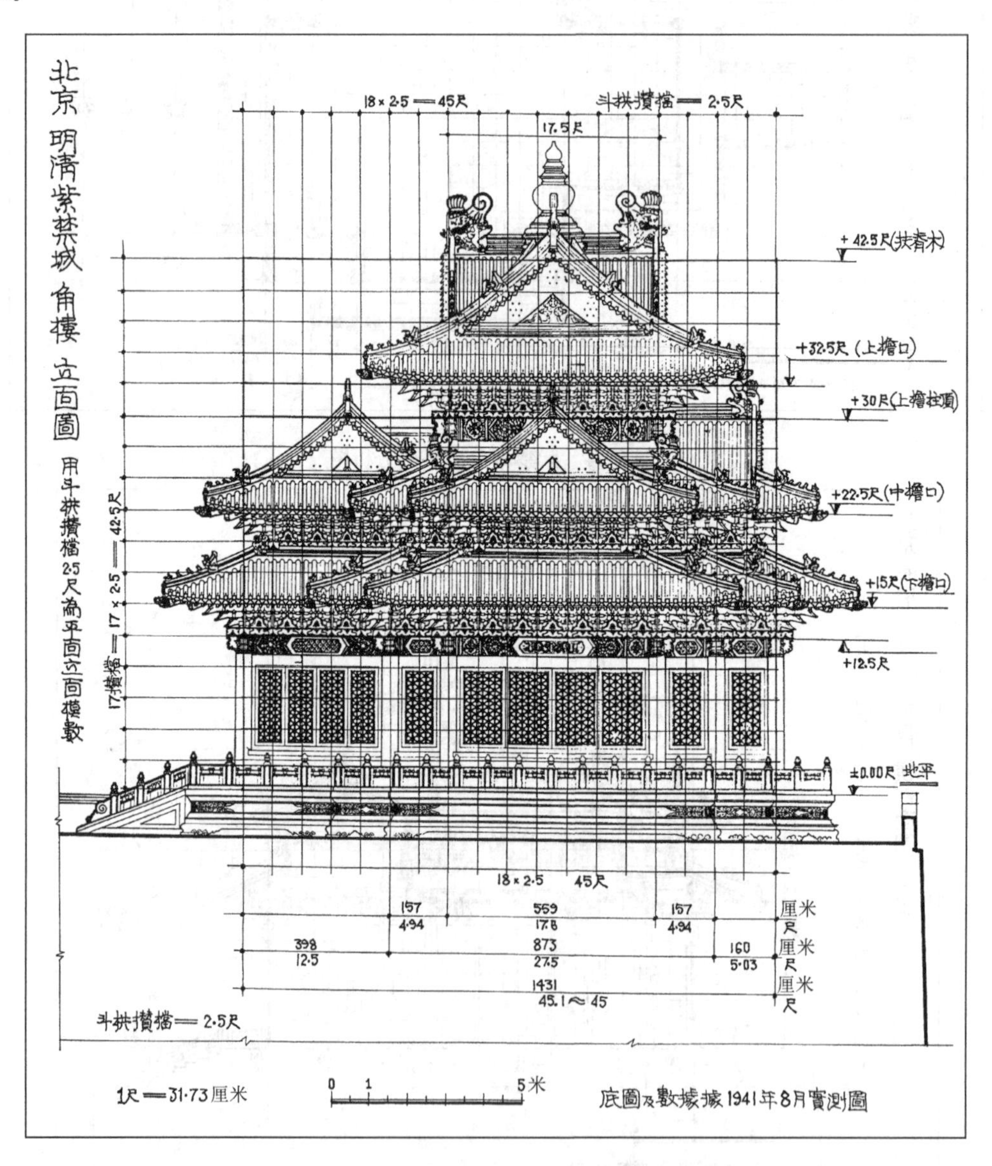

图 9-66　紫禁城角楼立面分析图

紫禁城角楼是一座由多部分聚合成的体型复杂的建筑，为求各部分谐调，最好的方法是使用一个共同的模数。选用斗栱的攒挡为模数，就使各部分有一个共同的尺度单位。角楼的形体复杂，由于斗栱同时又是醒目的装饰，极易使人通过它感觉到各部分之间的比例关系和相似之处，使整个建筑繁而不乱，取得整体和谐的效果。

紫禁城角楼属于建筑组合体，因尺度太小，其主体和附属部分使用同一等材，其斗栱的攒挡亦相等，与大型的楼阁组合体不同，但通过其相互关系，仍可供了解复杂的组合体的设计方法和技巧。

4. 紫禁城保和殿

始建于永乐十八年，天启七年（1627）重建。原名谨身殿，为殿身面阔 7 间、进深 3 间、四周有一圈回廊的重檐歇山顶殿宇。据实测图，下檐正面总宽 46.41 米，下檐柱高为 6.68 米，其面阔与下檐柱高之比为 46.41∶6.68＝6.95∶1，考虑施工及测量误差，原设计应为 7∶1。即此殿之立面以下檐柱高为模数，下檐通面阔为下檐柱高的 7 倍（图 9-67）。

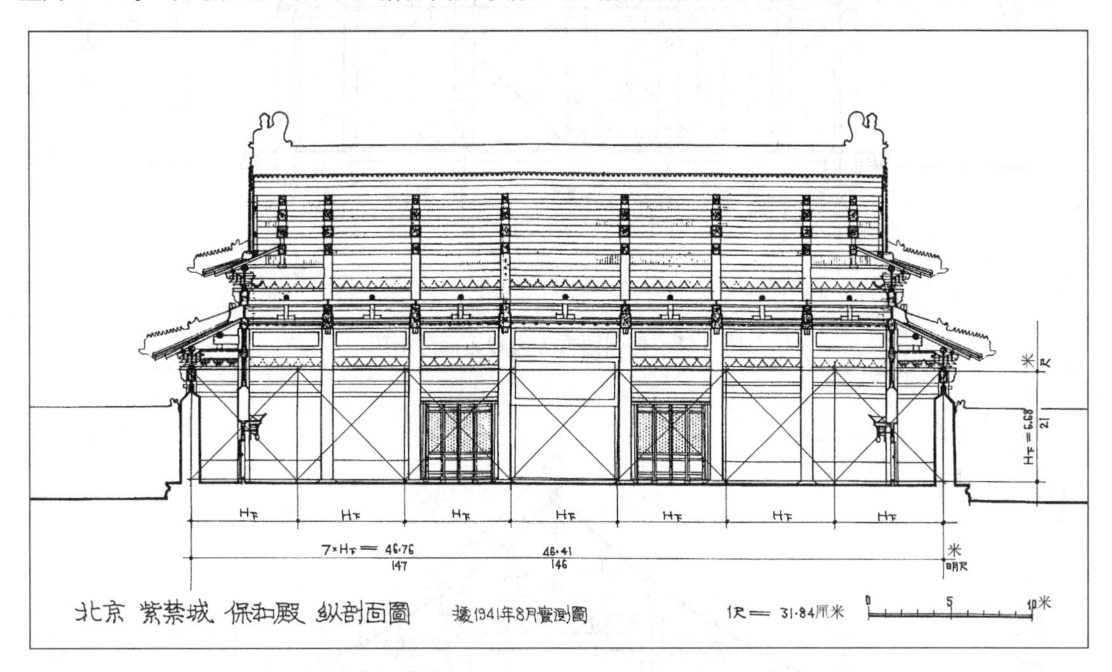

图 9-67　紫禁城保和殿正立面分析图

5. 扬州西方寺大殿

建于明洪武五年（1372），为殿身面阔进深各三间、四周加一圈副阶的重檐歇山顶建筑。此建筑只发表实测图及平面尺寸，而未附高度尺寸。在剖面图上用作图法分析，发现其面阔、进深分别为 1567 和 1539 厘米，相差 28 厘米，可视为相等。以下檐柱高计，在图上可量得其下檐之面阔、进深均为其 4 倍；以上檐柱高计，其殿身之面阔、进深均为其 2 倍。即下檐副阶部分以下檐柱高为模数，上檐殿身部分以殿身柱高为模数（图 9-68 和图 9-69）。

通过上述，可知明代仍沿用唐宋以来在立面上以檐柱高为模数的做法，尽可能使立面由若干个以檐柱高为边宽的正方形组成，在形式上更为灵活。天安门则进一步使墩台与门楼统一于一个模数网格之下，取得更为和谐统一的效果。紫禁城角楼因尺度小，体型复杂，很多部分宽度不足一间，不能以柱高为模数，只能以各部位均有的斗栱攒挡为模数，却又定其下

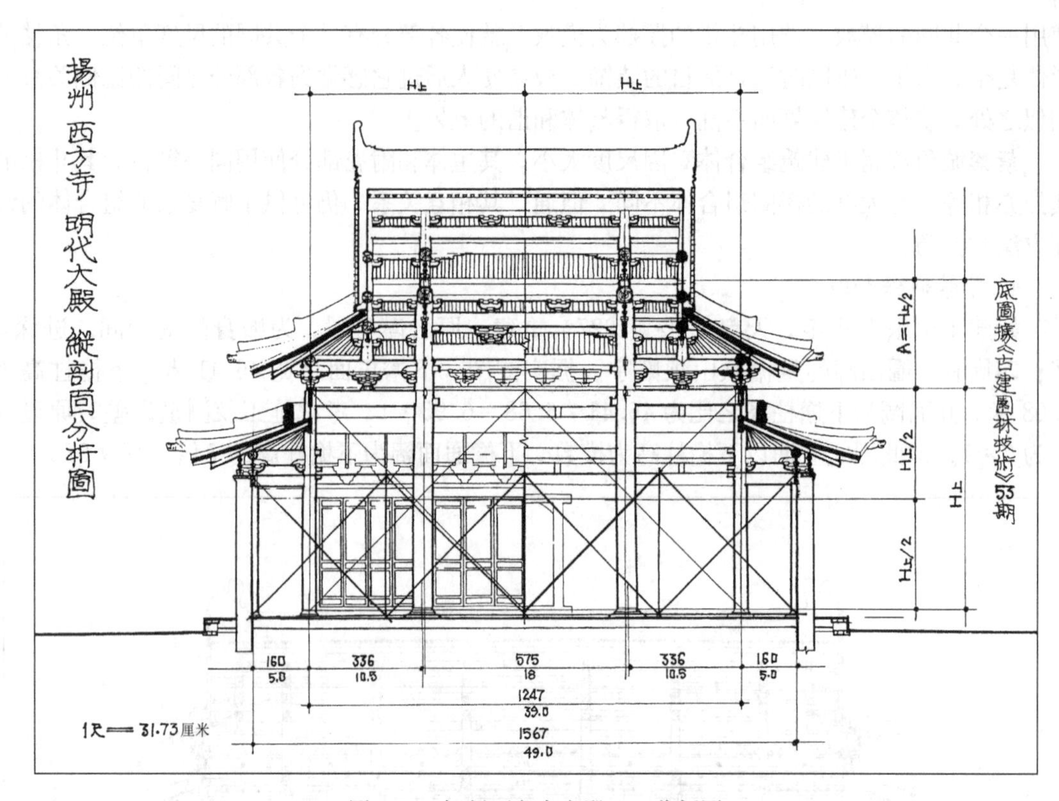

图 9-68　扬州西方寺大殿正面分析图

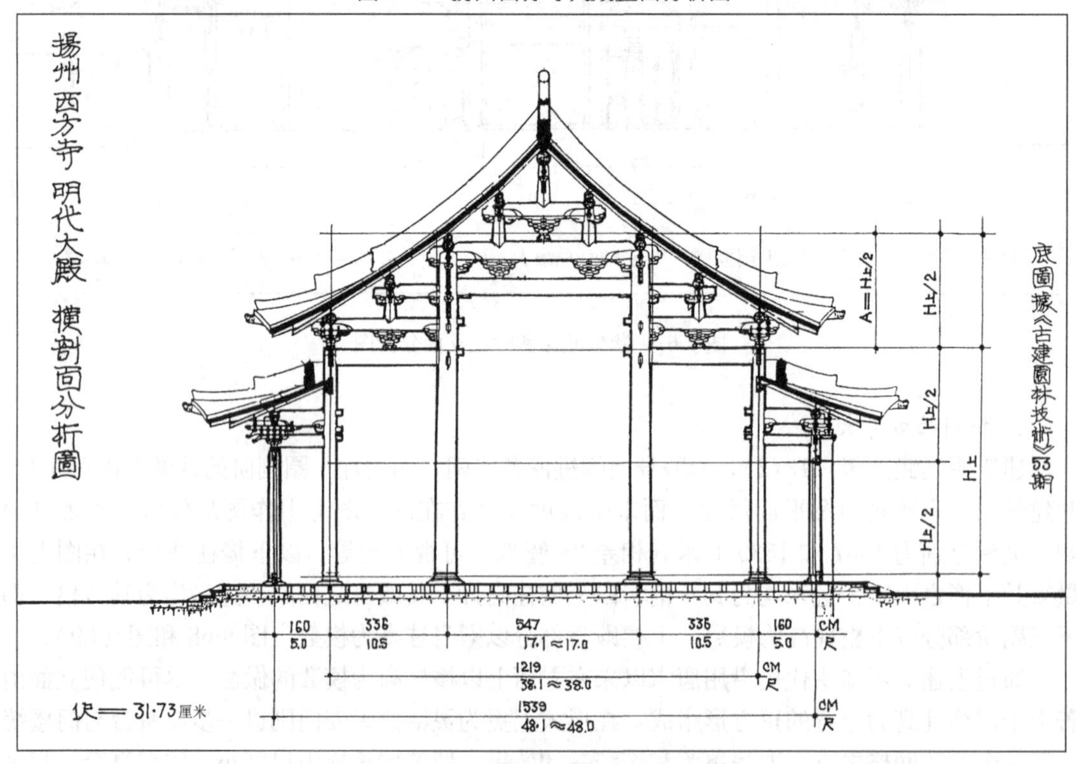

图 9-69　扬州西方寺大殿侧面分析图

檐柱高为 5 攒挡，使攒挡又具有柱高的分模数的性质。这些表明在设计技巧上明代比前代又有所发展。

（二）多层建筑设计

在辽、宋多层楼阁中有以下层柱高为立面上模数的做法，高度及面阔均受其控制，在明代仍保持着这种特点。

1. 西安鼓楼

建于明洪武十三年，楼身面阔 7 间，进深 3 间 8 椽，二层，上下均加一圈副阶，外观呈面阔 9 间、进深 5 间、重檐三滴水的歇山顶二层楼，建在高 9 米的墩台上。因无实测数据，用作图法在横剖面图上分析，可见它以一层下檐柱高 H 为模数，自一层柱础顶面至二层上檐柱顶共高 $4H$，而楼身 7 间之通面阔为 $10H$，整个楼身立面在以下檐柱高 H 为边宽的方格网笼罩下。在其立面上还可看到一个新特点，即它的明间面阔与次、梢二间面阔之合相等，这就在立面上出现了三个横长的相似形，增加立面的谐调（图 9-70）。

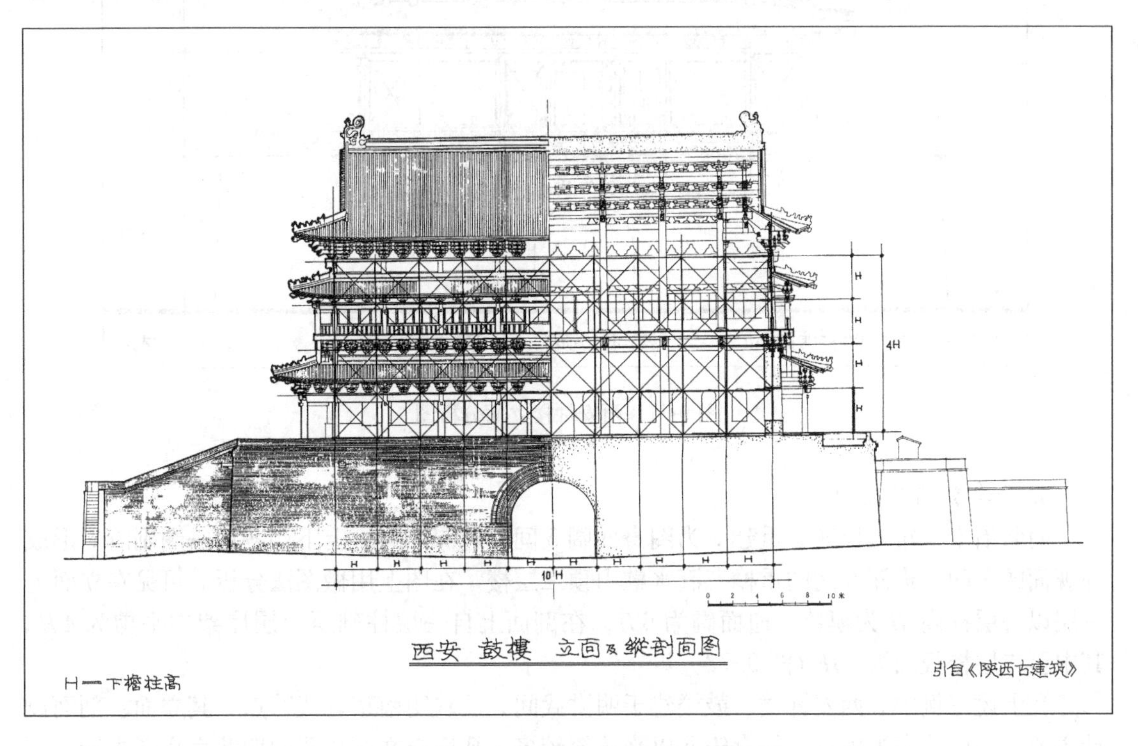

图 9-70 西安鼓楼立面及纵剖面分析图

2. 西安钟楼

建于明洪武十七年，楼身面阔、进深均 3 间，二层，上下均加一圈副阶，外观呈面阔、进深各 5 间、重檐三滴水的攒尖顶二层方形楼阁。用作图法在剖面图上分析，可见它以一层下檐柱高 H 为模数，自一层柱础顶面至二层上檐柱顶共高 $4H$，与鼓楼的情况全同。与鼓楼不同之处是钟楼在立面宽度上没有以下檐柱高 H 为模数，但它令明间由辅柱分割出的左右两个小间之宽和下檐副阶之深相等，在立面上出现了 4 个纵长的相似形，手法又有和鼓楼一致之处（图 9-71）。

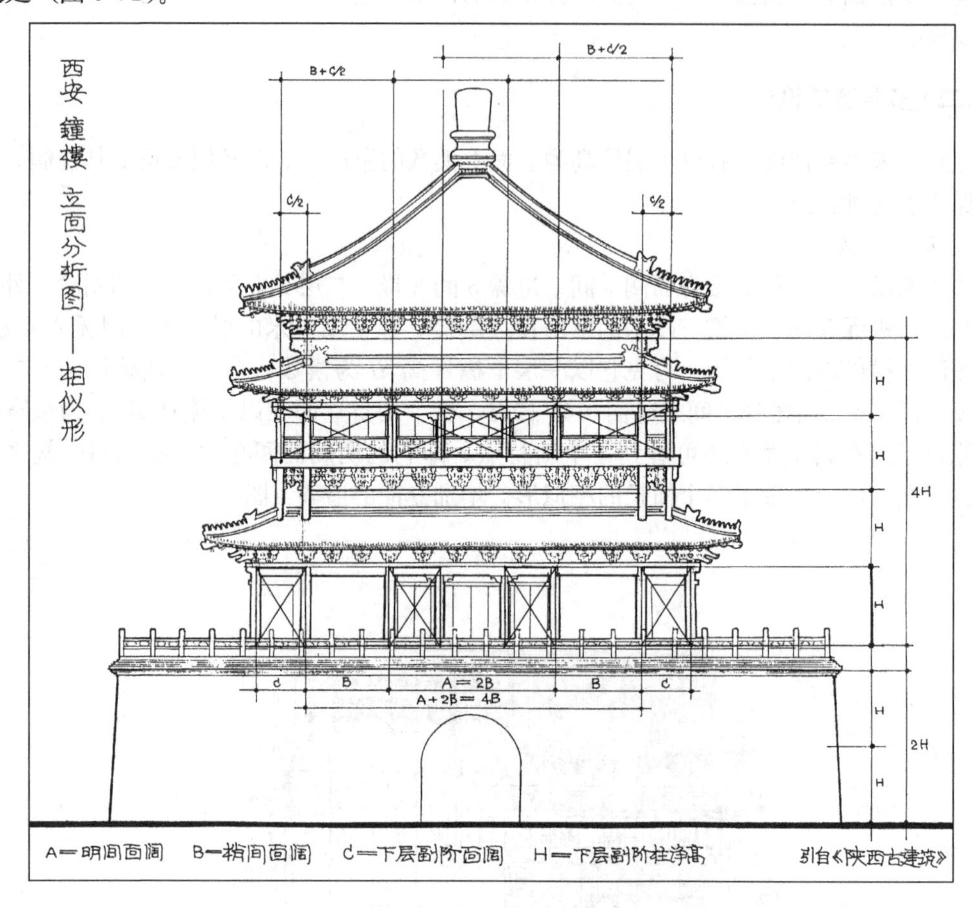

图 9-71　西安钟楼立面分析图

3. 曲阜孔庙奎文阁

明弘治十三年（1500）重建，为阁身面阔 5 间、进深 3 间、上下层各加一圈副阶，形成外观面阔 7 间、进深 5 间的重檐三滴水歇山顶二层楼。在图上用做图法分析，可见在立面上一层以一层柱高 H 为模数，通面阔为 $6H$。在剖面上自一层柱础至上层屋架中平槫为 $4H$，其中至二层楼板面为 $2H$（图 9-72）。

在上述三例中，西安钟楼、鼓楼建于明洪武间，反映明南京官式特点，其立面、剖面设计主要以一层柱高为模数，保存宋元以来传统较多。孔庙奎文阁是明中期北京官匠主持，更多反映明北京官式。它与西安钟楼、鼓楼在设计方法上的差异可能即反映了从明初南京官式到明前中期北京官式间的变化。比较二者，可以看到，西安钟楼、鼓楼除传统的以下檐柱高为立面模数，一直控制到上檐柱顶外，立面上还出现相似形的关系，处理上有一定灵活性；但孔庙奎文阁只一、二层以下檐柱高为模数，二层以上即无关系，各部间也无相似形关系，反映出北京明官式定型后向规整端庄方向发展。

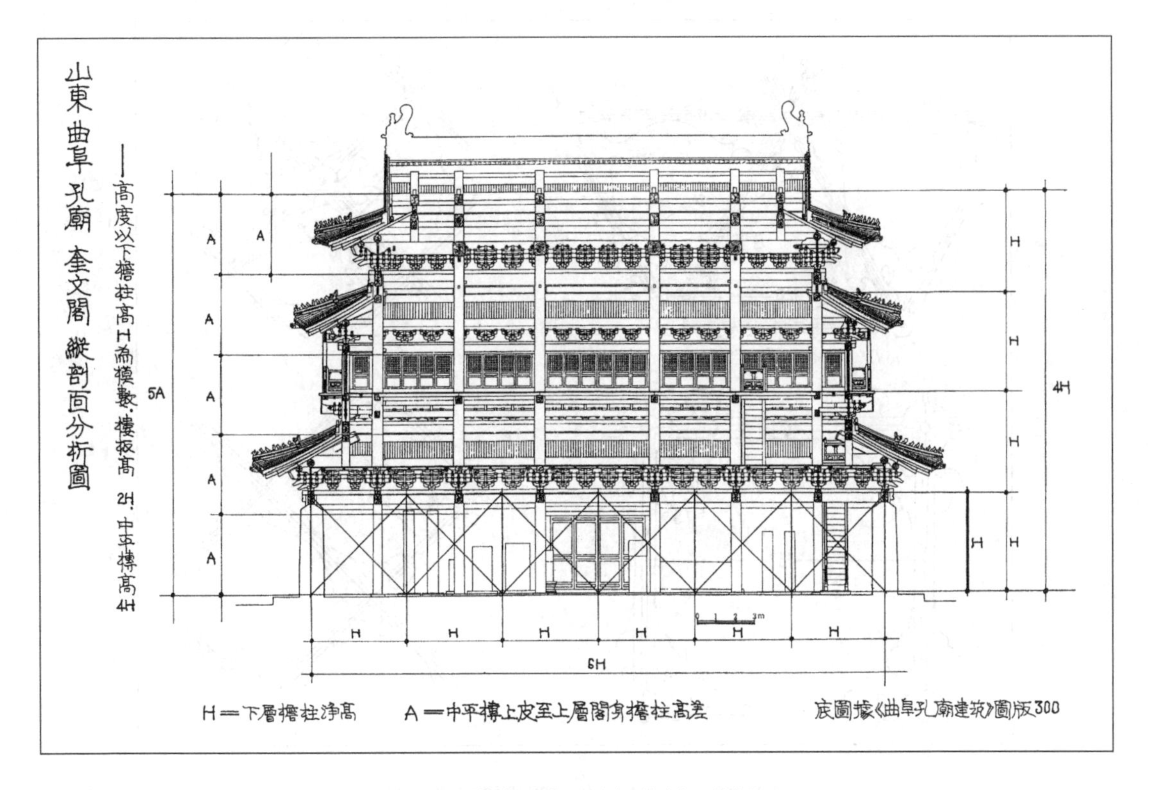

图 9-72　曲阜孔庙奎文阁纵剖面分析图

四　装修装饰

（一）内、外檐装修

明代官式建筑的内、外檐装修形式基本继承宋元传统，但向适用、舒适发展。大门仍多用版门，房屋多用格扇（格子门）、槛窗，唐宋时的直棂窗只偶然在寺庙中使用。

版门的构造基本不变，其门环、门钉的形式、数量反映等级差异。只有皇宫门钉可用九路、五路之数，与门环均用鎏金。一般房屋只能用近于黑色铁制门钉、门环。皇宫可涂朱漆，一般人只能涂黑漆。

格扇一般明间可用至六扇，次间以下用四扇。每扇视其高度和房屋等第用四抹头至六抹头不等，格扇边挺的线脚在宋代的基础上无重大改变，但出于防寒需要，总的趋势是构件向粗壮厚重发展。由于木工工具与技术发展，格心的做法也向更为工细豪华发展。在建于明正统八年（1443）的北京智化寺中已出现把四直毬纹、四斜毬纹的条桱两侧向外突出，形成近于如意头形饰，并构成成四直、四斜和更为复杂的三向 60 度角相交的簇六菱花格心的形式。这种菱花格心成为明清宫殿、坛庙、寺观等建筑中格扇的最常见做法。它的线脚复杂，两侧外突的如意头需用木雕工艺，表明明代官式木装修向更为精工方向发展（图9-73）。

在紫禁城宫殿中，内檐装修多用于后宫居住部分。在内廷东、西六宫中，西六宫绝大部分已经清代改建为格的和槛窗，东六宫各殿个别尚有痕迹可寻，其明代的外檐装修基本仍是

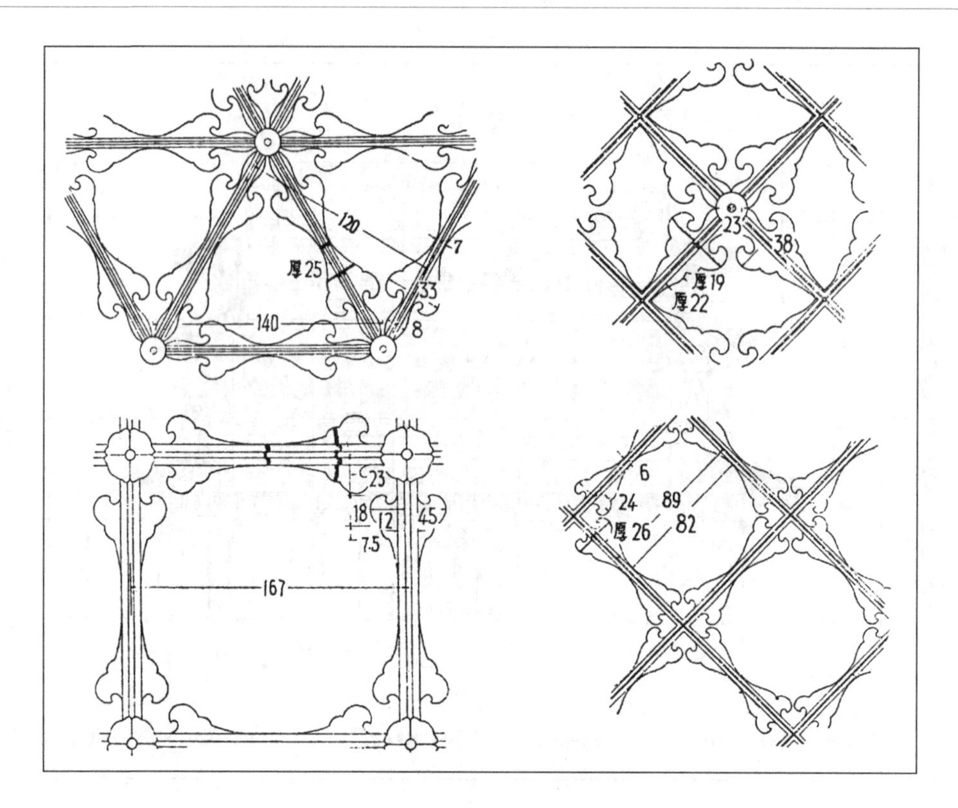

图 9-73　北京智化寺明代格扇格心图

刘敦桢：《刘敦桢文集》卷 1，《北平智化寺如来殿调查记》。中国建筑工业出版社 1982 年版

版门、格扇窗，内部隔间与照壁仍多用版壁，十分质朴。①

但在民居中，特别是苏、浙、皖地区木装修向精巧秀雅方向发展。目前所见安徽歙县等地明中后期住宅的木装修，因无防寒需要而重在通风，故其门窗栏杆构件都较细而秀挺，线脚简洁，多嵌镂空花板为饰（图 9-74）。在其正堂明间后部出现了正中为板壁，两侧各开一窄门的做法，俗称“太师壁”。稍后，其板壁又出现中间加腰串的做法（参阅图 9-41）。

明中后期一些文人关注生活起居之事，在其撰述中有所反映。如高濂撰《遵生八牋》，其卷七“起居安乐牋”中有“居室安处”条，论及居宅设施。文震孟在《长物志》卷一“室庐”中，除论及各类房间的特点和布置要领外，还记载了门窗装修几案卧榻之属，甚至浴室的做法。②这些虽主要是文人的设想，不涉及具体形式、尺度和制做，但表明当时已较多关注生活起居的舒适和雅致，这些应在当时的房屋装修设施中有所反映。

但清代内檐装修中大量使用来划分空间的各种罩，如落地罩、几腿罩、飞罩等在明代是否已出现，文献无证，只看到个别流散的实物，也难确指。③

较精致、富丽装修的出现，表明当时细木工艺的技术有所提高，也和工具的改进如平

① 此点闻之于单士元先生。

② 文震孟：《长物志》卷一，室庐，浴室条云：“浴室：前后二室以墙隔之，前砌铁锅，后燃薪以俟。更须密室，不为风寒所侵。近墙凿井，具辘轳，为窍引水以人。后为沟，引水以出。藻具巾帨咸具其中。”

③ 在苏州藕园水榭装有硬木透雕飞罩，六十年代来自扬州，从用材巨大、雕工古朴看，当时专家都鉴定为明代之物。但迄今未见在明代建筑中用罩之实例，故明代后期是否出现罩仍有待研究。

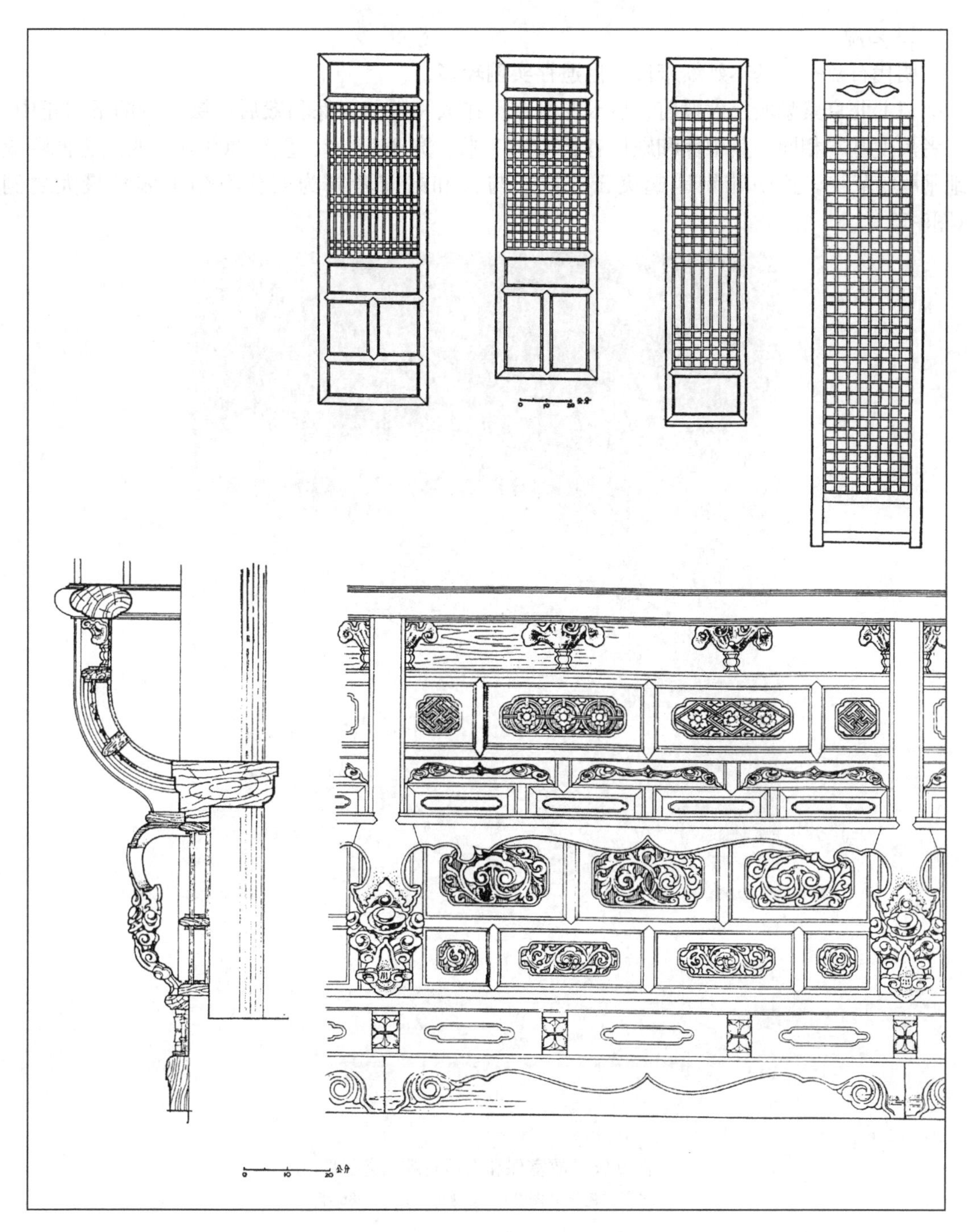

图 9-74 安徽歙县明代住宅外檐装修

张仲一等：徽州明代住宅，建筑工程出版社，1957 年

刨、线刨、镂锯、镂雕刀具的出现有密切关系。

（二）砖石雕刻

明代砖石雕刻有很大的发展。

1. *石雕*

明代石雕技术基本延续宋代，但遗存实例较多。

（1）北京紫禁城三大殿前、后云龙御路。在太和殿前、保和殿后三层台阶的下层正中，二者尺度基本相同。其中保和殿后者长16.57米、宽3.07米、重约200吨，四周边框雕减地平鹏卷草纹，正中雕剔地起突云龙纹，与太和殿前者同为明代石刻中体量最大之例(图9-75)。

图9-75 故宫保和殿后石雕云龙御路

北京古建筑，图29，文物出版社，1986年

（2）湖北襄樊市石雕云龙影壁。在襄阳古城内，建于明正统五年（1440）以后，为明襄阳王府前的影壁，北向，长26.2米，厚1.6米，高7.6米，分主体和两翼三部分，一字形排列，主体高，两翼低，轮廓略近山字形。三部分均下为须弥座，中为壁身，上覆庑殿式壁顶。壁身须弥座之上下枭混、角柱，壁身的柱、额、壁心边框均用汉白玉石，而须弥座的束腰和影壁心均用绿矾石，形成明显的颜色对比，有一定装饰效果。主体壁心浮雕“二龙戏珠”，两翼壁心浮彫行龙，周边的汉白玉石边框也彫小龙99条。影壁心的浮雕由矩形石块拼

合而成，应是先在地面拼合好的石块上进行雕刻，然后拼砌到壁面上的，各块间的图形密接，表现出很高的浮雕和拼镶技术（图 9-76）。

图 9-76　湖北襄樊市襄阳王府石雕影壁

全国重点文物保护单位Ⅱ，文物出版社，2004 年，第 524 页

2. 砖雕

砖雕有悠久历史，因其比石雕工价廉，适合一般人承受能力，故多流行于民间而在宫廷中较少使用。宋、金时主要用于墓室中，有很精美生动的作品。至明代更多用于地上建筑，如民居、祠堂等，多用在照壁、门楼、门罩、窗套、墀头、须弥座等处。砖质地较软，可用较薄而锋利的刀以木棒敲击刀尾雕刻，刀法犀利，可以使用深挖地子或剔雕、镂雕等手法，比石刻的立体感和装饰效果为强。在徽州、苏州等地还有少量明代砖雕留存下来，虽砖材不耐久，其犀利的刀口较难保存，但可以从清及近代的砖雕推想其初雕成时的效果（图 9-77 和图 9-78）。

（三）琉璃

琉璃为铅釉陶器，是以铅硝为助熔剂烧成的低温釉陶，以少量金属为呈色剂。汉代出现的绿釉陶器即属此类，其基本成分是铅、硅、铁、铜、钙等的氧化物。[①] 虽大量汉代建筑明器为绿色釉陶制成，但尚未发现已用为建筑砖瓦的实物证据。

《魏书·西域传》大月氏国条称："世祖时，其国人商贩京师，自云能铸石为五色琉璃，于是采矿山中，于京师铸之，既成，光泽乃美于西方来者。乃诏为行殿，容百余人，光色映彻。……自此中国琉璃遂贱，人不复珍之。"世祖是北魏太武帝，时在 423～450 间，京师指北魏首都平城，即今山西太同，这是在北魏时琉璃已使用在建筑上的记载。近年在大同北魏平城遗址中也发现过少量琉璃残片，可为实物证据。绿釉器已见于汉代明器，大约当时北魏平城尚不能制做，遂引入大月氏的做法。

在唐代宫殿中也局部使用琉璃瓦，在大明宫三清殿遗址中曾出土黄、绿、蓝色和三彩的

① 蒋玄怡，古代的琉璃，文物，1959 年第 6 期，第 8～10 页。

图 9-77　安徽休宁县明代砖雕之一
徽州砖雕艺术，安徽美术出版社，1990 年

图 9-78　安徽休宁县明代砖雕之一
徽州砖雕艺术，安徽美术出版社，1990 年

琉璃瓦，表明琉璃瓦制造技术和当时烧制三彩釉陶间的密切关系。在渤海国上京宫殿址也曾发现绿釉柱础圈和鸱尾。经分析，唐三彩釉以硅、铝、钙、铅为主，间以铁、镁、钾、钠、铜、钴等为呈色剂。①

在宋代只主要宫殿用绿琉璃为脊饰，见于有关政和间所建明堂的记载，其形象在宋人绘《瑞鹤图》中的宣德门上可见。宋代琉璃的制法见于《营造法式》，已在第七章作过介绍。金、元时期使用琉璃瓦较多，（宋）范成大《揽辔录》载金中都大内宫殿屋顶有纯用黄琉璃瓦者；（元）陶宗仪《南村辍耕录》也记载了元大都三所宫殿顶用琉璃瓦剪边的情况。现存山西地区的辽、宋、金、元建筑中有很多造型精美、色彩多样的琉璃砖瓦饰件，有些还记有制琉璃工匠的籍贯和名字，考虑到北魏时始制琉璃即在山西，故山西实为古代制琉璃手工业的传统地区。也是制琉璃手工业的发达地区。①

明代在制琉璃饰件上取得更大成就：

明清时地方上很多寺观也大量使用琉璃瓦，除绿色外，还有蓝、红、黑等色。

明初建都南京，永乐以后定都北京，在南北两京的宫殿、坛庙、陵墓、寺观中大量使用

① 柴泽俊，山西琉璃，山西琉璃艺术发展概述，文物出版社，1991 年，第 4～16 页。

琉璃。故南京、北京附近都建有琉璃窑进行大规模生产。明初北京官窑初设于海王村，今北京琉璃厂之地名即由此而得，后迁于门头沟的琉璃渠村。①据传是由山西赵姓主持的，则主要依靠的是山西的制琉璃技术。

入明以后琉璃瓦在宫殿、寺观中大量使用，一般是满复，少用剪边。明清时期琉璃的使用规则是：黄色琉璃只限于在皇宫、皇陵、国家级坛庙中使用。明北京紫禁城宫殿和十三陵的殿宇均纯用黄色，但辅助性房屋仍用灰陶瓦。王府的殿宇只能用绿色琉璃。在寺观中，只有个别“敕建”的经特许可在正殿可用黄瓦，一般寺庙只能用绿色或其他杂色，不得纯用黄瓦。

明清时期，就烧制质量和色彩艳丽论，山西的琉璃手工业仍居前列，属全国制琉璃手工业最发达地区之一。其代表作品有多座瑰丽的琉璃牌坊和用各色琉璃镶砌的洪赵县广胜寺飞虹塔，代表着当时制琉璃的高度水平。而南京大报恩寺琉璃塔则代表着南方制制琉璃的高度水平。

(1) 山西大同九龙壁：在大同市，为明朝代王府门前隔街而建的照壁，建于明洪武二十五年 (1392)，长 45 米，高 8 米，厚 2.02 米。下为须弥座，中为壁身，上为斗栱及庑殿式壁顶，壁面由 426 块高浮雕五色琉璃面砖拼镶而成 (图 9-79)。② 其中最精美的是壁身部分，整体上以下半的海水和上半的仙山为背景，呈蓝、绿色，其上为突出壁面的九条高浮雕龙，七条为黄色，二条为酱色，以黄色为主，与蓝绿色背景对比强烈。为要表现王与皇帝的级差，八条为侧面的升龙、降龙，仅正中一条龙首正面，略近于坐龙，九龙之爪均为四趾而非

图 9-79 山西大同九龙壁

全国重点文物保护单位Ⅰ，文物出版社，2004 年，第 365 页

① 刘敦桢，琉璃窑轶闻，载：刘敦桢文集，一，建筑工业出版社，1982 年，第 58～60 页。

② 柴泽俊，山西琉璃，山西琉璃艺术发展概述，文物出版社，1991 年。

皇帝规格的五趾。它是由六层横长矩形的琉璃砖拼合而成，每块上既有龙身，也有背景的海山，推测应是制坯后整体排列成形，然后在其上雕、塑出图形，再分别施各色釉后烧制而成的。所以就其尺度之大、图案之繁复、烧制工艺之精、釉面之坚牢、色彩之艳丽、施工拼合之准确诸方面而言，都可代表当时制琉璃工艺的最高水平。

山西还有五龙、三龙，独龙的琉璃影壁十余座，图案之精、色彩之艳，都接近于九龙壁的水平，表明山西地区在明代前期已普遍形成有很高水平的制琉璃手工业。

(2) 山西洪赵县广胜寺飞虹塔：正德十年至嘉靖六年间建 (1515～1527)，历时 12 年。塔身砖砌，平面八角形，最下层为副阶，共为十三级，高 47.31 米，此塔逐层表面镶嵌琉璃饰件，包括角柱、垂莲柱、阑额，雀替、斗栱、莲瓣、门洞、壁龛以及散置的小形佛菩萨像、力士等，均为精制的黄、绿、蓝色琉璃构件 (图 9-80)，造型规整、色泽艳丽，达到很高的制琉璃工艺和镶嵌技术水平。一层门西侧力士腰上有“正德十四年”五字，为建塔年代

图 9-80　山西洪洞县广胜上寺飞虹塔琉璃饰件

中国古建筑大系 (6)，佛教建筑，图 45，中国建筑工业出版社，1993 年

之证。塔身斜上无收分，塔檐平直，只有底层副阶屋角起翘。但副阶檩上有天启二年创建字样，其内壁板遮住塔身琉璃饰面，证明副阶为明末天启时增建。

(3) 南京报恩寺琉璃塔：明永乐帝为纪念其受马后虐杀的生母高丽妃而建，始建于永乐十年(1412)，建成于宣德三年(1428)，塔身砖砌，平面八角形，九层，高三十二丈九尺余，内外均用琉璃面砖和瓦包砌镶嵌，门券均周以曼陀优钵昙花琉璃饰面砖，壁面镶天王金刚四部(图9-81)。二层以上的建筑构件为红色，壁面为黑色，均琉璃饰面砖拚合成。塔身八层的屋檐用碧琉璃瓦，144窗外罩以半透明蚌叶，夜间点灯。[①] 此塔建成后，在历史上即有重名，被誉为“永乐之大窑器”。从现存塔身琉璃残件可以看到，主要琉璃件均用坩子土胎，有的使用瓷土胎，质量致密。近年曾在景德镇博物馆发现与塔身瓷砖相近的标本，故也可能有部分精致构件来自景德镇。

图9-81 南京报恩寺塔琉璃饰件（图片）

在现存山西明代建筑的琉璃制品上尚保留着很多制琉瑠工匠的籍贯和姓名，可以看到山西有一些传统的制琉璃地区，其制琉璃工匠有些也出于一个家族，形成家族手工业。如太原马庄芳林寺成化十六年(1480)重修碑上有琉璃匠贺子鉴、贺子宽、贺子文等名。平遥双林寺天王殿脊刹有弘治十二年(1499)琉璃匠侯伯意、侯伯全、侯伯□、侯伯林、侯恭、侯让、侯旻、侯运、侯奈、侯坚、侯庆、侯相等名，平遥南神庙明正德五至八年(1510～1513)敬神安民之记碑上有“杜村里琉璃匠侯敬、侯讓”之名。在晋城玉皇庙明隆庆四年(1570)琉璃狮下刻有“阳城县琉璃匠乔宗继同姪乔世桂……同造”铭刻，明万历六年(1578)阳城县关帝庙琉璃照壁下方有“本关琉璃匠……乔世虎、乔世英、乔世贵……姪乔永先、齐永丰同造”铭文。明万历三十七年(1609)阴城寿圣寺琉璃塔上也有“阳城县匠人乔永丰、男乔常正、常远”铭文。[②]从这些可知太原、平遥、阳城、文水等都是山西传统制琉璃发达地区，而通过工匠名甚至可以推知其家族各代谱系，知道太原马庄贺氏、平遥侯氏、阳城乔氏等都是明中后期山西著名的制琉璃手工艺的家族。在这背景下，明代北京琉璃官窑的技术来自山西制琉璃工匠世家也就可以理解了。

① 明·陈沂《琉璃塔记》云：“文皇诏天下尽甄工之能者，造五色琉璃，备五材百制，随质呈色而陶埏为象，品第甲乙，钩心斗角，合而甃之为大浮图。下周广四十寻，重屋九级高百丈。外旋八面，内绳四方。外之门牖，实虚其四，不施寸木，皆埏埴而成。…叠玉砌数级，上为五色莲台座，高拥寻丈。乃列朱楹，八面辟为四门，悬十有六牖于八隅。……门绕以曼陀优钵昙花，壁刻以天王金刚四部。……覆以碧瓦鳞次，螭头豹尾交结上下。又蔽以镂槛雕楹、青琐绣闼。……于外二级至九级不设琐闼，惟楹槛皆朱，壁皆黝。至榱栱则间以玄朱，……尽九级之上为鉄轮盘，……维以铁纤，坠以金铃。……明牖以蚌蛎薄叶障之，冒出槛外，凡百四十有四，昼则金碧照耀云际，夜则百四十有四篝灯……腾焰数十里。……浮图之内悬梯百磴，旋转而上，每层……四壁皆方尺小释像，……布砌周遍。井栱叠起皆青碧，穹覆如华盖……”

② 陈万里，谈山西琉璃，文物参考资料，1956年第7期，第28～35页。

由于正是由于这些家族世代相传，才能使制琉璃手工艺不断发展、提高，使山西成为明代制琉璃最发达地区。但是家族手工业也有不利于技术发展的一面，其一是谨守家法，不重视技术改革；其二是对外技术保密，不利于交流；故在社会发生重大变化时往往就有失传的可能。这是家族手工业共同的问题，并不仅仅表现在制琉璃方面。

（四）彩画

明代北方彩画以官式为代表，在北京宫殿寺庙中尚有较多实例，南方彩画则以徽州较多，明显表现出不同的地区特色。

北方官式彩画由宋元官式彩画发展而来，主要用色布局为下部的柱和窗为红色，上部的梁枋、斗栱为青绿色相间，形成暖色、冷色交替。其图案及用色较前代规范化，最重要的梁枋均基本由箍头、藻头、枋心三大部分组成。主要图案为把宋元以来的旋子规范化而形成各种旋花，用在箍头、藻头处，用色左右、上下均青绿相间，加上叠晕、对晕的色阶变化，可以用较少色种造成绚丽的效果，并与下方的红色柱子形成冷暖色对比（图 9-82）。个别用于重要宫殿者用龙凤和锦纹，加上点金造成更为富丽的效果。

图 9-82　北方彩画

南方彩画多用于寺庙、祠堂和大型第宅，以徽州明代建筑中保留彩画实物较多。现存徽州明代彩画多画在梁、额、檩、枋等横向构件上，重点在构件中部，称包袱，图案以规律的锦纹为主，两端有较简单的箍形图案，相当于北方官式的箍头和枋心部位，但其间相当于藻头的部位没有彩画，空白处露出原木。由于彩画用色以红、褐、黄色为主，局部重点点缀以黑、白、蓝、绿等色，总体呈暖色调，与暴露出的原木部分和柱、枋的樟木本色很谐调，造成统一而又精雅的效果（图 9-83），与北方彩画的强烈对比迥然不同。

北方官式彩画下层多用地仗，后期因完整木料难得，地仗有加后厚的趋势，既不利于保护木料，本身也难长期保存。南方彩画基本保持直接画在木材表面的传统做法，且局部露出木料表面，较雅洁自然。

图 9-83　南方彩画

第四节　建筑技术的发展

一　基础工程

由于明代文献记载的缺乏，了解明代的基础工程目前尚只能就已经勘探或发掘过的建筑基址进行，故其内容及了解的深度均受限制。从现有材料看，主要是夯土工程，但有加砖石碴、加石灰粉、下部加桩基、表面灌浆等不同的做法。

近年故宫博物院通过开挖和修缮地下管道沟，发现了一些埋在地下的明代殿基、墙基，也对一些地上台基进行了探查，是目前所知此期最重要的明代大型官式建筑基础工程做法的资料，极有价值。①②

① 白丽娟、王景福，故宫建筑基础的调查研究，载：紫禁城建筑研究与保护，紫禁城出版社，1995 年，第 286 页。

② 白丽娟、王景福，北京故宫建筑基础，载：中国紫禁城学会论文集，第一辑，紫禁城出版社，1997 年，第 238 页。

（一）紫禁城城墙基础做法

最下为柏木桩，其上相间夯筑黏土层和碎砖瓦层，共27层。在最上一层黏土之上砌条石（土衬石），其上夯筑城身，并自条石边缘退入10厘米后包砌城墙砖面。

（二）紫禁城西华门城墩台基础做法

如图9-84所示，最下层为木桩，桩顶铺密排的水平圆木层，圆木层上用碎砖、黏土逐层夯筑至所需高度，在其上筑城墩、砌墙。但木桩和原木排的具体尺寸未详。它的做法基本与城墙同，但在密集的木桩上加一层水平排木，以防止不均匀沉降，应是这时重要大型建筑基础的通用做法。

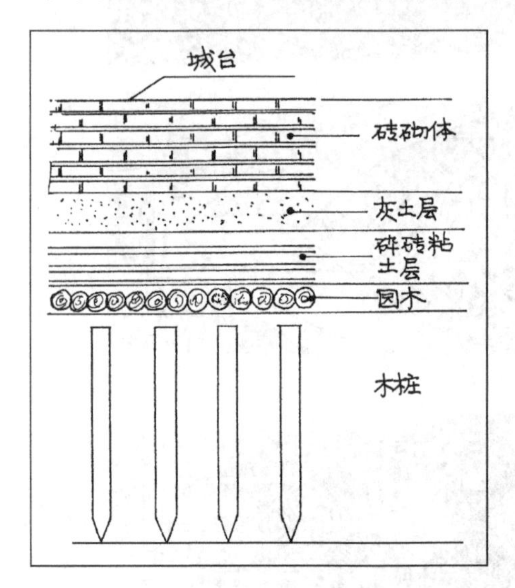

图9-84　紫禁城西华门墩台基础示意图
白丽娟、王景福《北京故宫建筑基础》。
《中国紫禁城学会论文集》第一辑

相似的做法也见于慈宁宫东侧一座地下残基中，其尺度可供分析西华门的基础参考。如图9-85所示，所用木桩直径在20～23厘米间，纵横间距分别为45厘米和35厘米，桩顶填实空隙后上铺纵横二层排木，排木的直径在25厘米左右。在纵横排木层的外缘分别加直径17厘米的立桩，以固定排木，防止其滚转松动（图9-85）。

（三）紫禁城三大殿下台基基础做法

经探查，三大殿下台基基础由黏土、碎砖、卵石分层筑成（图9-86），自下而上为：卵石层—黄黏土层—碎砖层—黄黏土层—卵石层—黄黏土层—碎砖层—黄黏土层—地面灰土。实即在黏土层之间相间使用碎砖和卵石。最下一层卵石层上距三大殿台基表面9.17米，其基坑边缘自三大殿台基边缘向外扩展7米。它的特点之一是除碎砖层外还有卵石层，这不见于记载，是首次发现的（图9-86）。

（四）紫禁城北上门建筑基础

在神武门北，原是景山之南门，为面阔5间，进深2间，单檐歇山屋顶的大门，1956年拓宽景山前街时拆去。此门《明宫史》已著录，是明代已有之建筑，也是故宫所拆除的较大型的明代建筑，可较全面、完整地了解大中型门、殿基础的做法。北上门之台基高1.2米，在其上开挖墙之基槽、柱之础坑，均上宽下窄，边缘呈斜坡状，其内用碎砖、黏土分层夯实。不同承重情况的墙和柱，槽、坑的深度和夯筑的层数都不同。基槽之深和夯筑层数明间为深1.92米、夯18层，次间为深1.66米、夯15层，稍间为深1.32米、夯12层。柱础坑之深度和夯层为明间深2.92米、夯26层，次间深3.01米、夯27层，稍间深3.19米、夯29层，近地面处在夯土上砌砖磉墩，砖磉墩上安放柱础石。

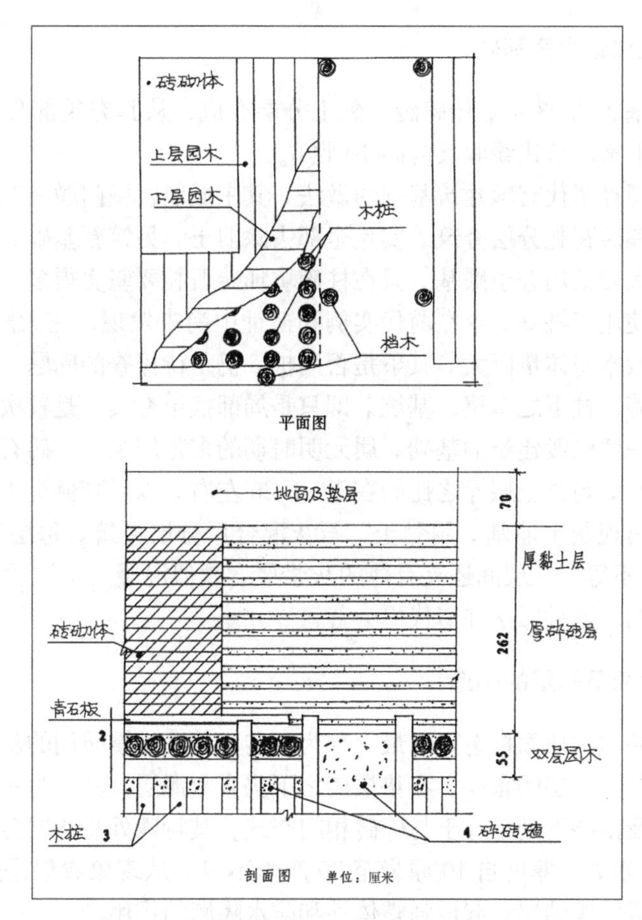

图 9-85　紫禁城慈宁宫东侧基础示意图

白丽娟、王景福：北京故宫建筑基础，载：中国紫禁城学会论文集（第一辑）

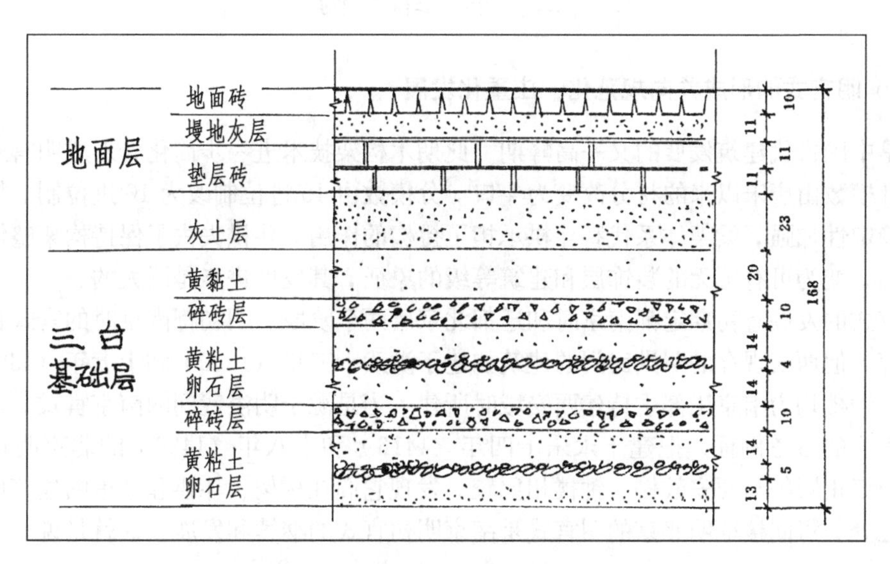

图 9-86　紫禁城三台基础局部剖面示意图

白丽娟、王景福：北京故宫建筑基础，载：中国紫禁城学会论文集（第一辑），1997 年

（五）紫禁城保和殿东庑基础

自室外地平至基底2.03米，用碎砖、黏土分层夯成。从其夯筑部分上下宽度的差异可以推知，基坑下窄上宽，坑边缘收坡为高10收6。

以上五项均是现存明代宫殿建筑基础的做法，其中城墙、城门墩及三大殿台基是开挖满堂基坑，内用黏土和砖瓦札分层夯筑，实是全部去除旧土，另筑新基础，是重要大型建筑的做法。它较金中都大安殿用夯土殿基，只在柱础坑加砖石札要坚实得多。其中城墙、城门墩基础承重巨大，故使用了桩基，这在前代实例和遗址中尚未发现。三大殿台基因上无荷载，故不用桩，但三大殿本身体量巨大，其下是否用桩，仍是待探查的问题。北上门和保和殿东庑的基础则只开挖墙、柱下之基槽、基坑，即只是局部换土夯实，是较次要建筑的做法。

故宫还发掘出一些已毁建筑的基础，属元明时期的多是用黏土、砖石札分层夯筑，其中早期的砖石札层较厚，与黏土层厚之比约在1∶1.25左右，以后减薄至1∶3～1∶4左右。

在明中期以后出现灰土地基，用黏土、石灰混合后分层夯筑，每层厚度各基础并不一致，自10～40厘米不等。在层间还夹有薄的灰浆层，颇似混凝土浇注后的泛浆，可能是夯筑时加糯米后形成的。这种做法在清代更为普遍。

（六）紫禁城地面下基层的构造

一般广场、宫院内的地面构造是：最上部为面砖，其下为墁砖用的灰泥层，再下是垫层砖，一般为一、二层，三层的很少。在垫层砖之下仍有灰泥层，其下为一层灰土，再下即素夯土，在重要广场及甬路下则是夯土与碎砖相间夯筑。其特殊处是垫层砖下的灰土层，它一般位于地面下50厘米处，厚度自10厘米至30厘米不等，从现象看似是逐层在素土上泼洒石灰浆后夯筑而形成的胶结层，起增强整体性和防水隔潮的作用。①

二　木　结　构

（一）明官式的形成并向规范化、庄重化发展

明是中国古代建筑发展的又一高峰期。此期木构架技术进一步简化，形成明官式。明官式的设计模数由唐宋以来的材分改变为斗口，分模数由15进位制改为10进位制，柱网的整体性、稳定性加强，梁架体系代替斗栱承担了挑檐的作用，斗栱失去了保持构架整体性和挑檐的作用，变为可有可无的装饰层和建筑等级的象征，其发展进步是巨大的。

明官式的发展有初期定都南京时和迁都北京后两个阶段。明初都南京时的官式建筑久已毁灭不存，但西安现存的明洪武间的建筑如建于洪武十三年（1380）和十七年（1384）的西安鼓楼、钟楼均为南京工部主持建西安城时所建，当是源于明洪武间的南京官式，可作为了解南京官式的参考例证。把建于永乐十四年（1416）和十八年（1420）的北京明长陵祾恩殿、社稷坛正殿等与西安鼓楼、钟楼相比较，发现它们在构架、斗栱和稳重的建筑风格上都有相近之处，可间接证明北京的明官式是南京明初官式的继续和发展。这就是说，明官式是

① 白丽娟、王景福，故宫建筑基础的调查研究．载：紫禁城建筑研究与保护，紫禁城出版社，1995年。

在南宋以来江浙地方建筑的基础上按宫殿官署的要求加以规范化、庄重化而形成的。

但是关于明官式的具体技术文献和资料都没有流传下来，我们只能根据现存早期明代官式建筑实例结合清式来探讨它的主要特点和大体的形成过程，其中很多问题尚有待在更多的资料数据基础上进行深入研究。

1. 沿房屋进深方向，在柱头之间用横向的随梁枋、跨空枋相连系，与柱头之间纵向的额枋交圈，加强了柱网上各柱头间的连系，增强柱网的整体稳定性

在各柱头横向间（沿进深方向）遍加顺栿串（明、清时易名为随梁枋，在内柱之间的称跨空枋），与各柱头纵向间（沿面阔方向）的阑额相结合，在整个柱网的柱头间形成了纵横双向的井字格，使柱网本身成为稳定结构。

加顺栿串的做法始见于北宋初浙江宁波的保国寺，为厅堂型构架，属当时的地方传统做法。后为北宋官式所吸收，载入《营造法式》，用在厅堂型构架的乳栿、扎牵之下（即檐柱与内柱之间）。在南宋及元代的江南地区继续沿用，而不见于辽、金、元时的北方建筑。

入明以后，目前所见较早用随梁枋的实例是建于明洪武五年（1372）的扬州西方寺大殿。此殿为重檐歇山建筑，属厅堂型构架，殿身的面阔进深各3间，正面及山面的檐柱与金柱之间和前后金柱之间均加随梁枋。但其建筑风格仍是元以来江南传统特色（参阅图9-73）。

此后在明洪武十三年（1380）和十七年（1384）在西安所建鼓楼、钟楼，也属厅堂型构架，于梁下两柱头间遍加随梁枋，和扬州西方寺构架特点相同，但翼角起翘减低、柱之侧脚、生起减弱，外观趋于平稳端庄，江南传统风格特色减弱，更近于以后的北京明官式。（参阅图9-74 西安鼓楼剖面图）这两座建筑均系明洪武间主要由南京工部主持建设西安时所建，实可视为较多地反映了明初南京官式建筑的面貌特点，也可间接证明永乐以后的北京官式是在明初南京官式的基础上发展成的，并和江南宋、元以来的传统有直接的渊源。

明永乐时在北京所建官式建筑包括长陵祾恩殿、社稷坛正殿等都在梁下两柱头间使用随梁枋。其中长陵祾恩殿属于殿堂型构架（图9-87），表明北京明官式加随梁枋的做法源于南京明官式，并普遍用于殿堂型构架和厅堂型构架建筑中，成为明北京官式建筑的通用做法。

2. 殿堂型构架简化了明栿草栿上下重叠的做法

前章已述及，宋《营造法式》规定，殿堂型构架由柱网、铺作层、屋顶草架三层叠加而成。其铺作层是由斗栱、柱头枋和明栿月梁组成，其功能以保持构架的横向稳定为主，同时，斗栱和明栿月梁又分别承托挑檐檩和室内天花。（参阅图7-90）但在南宋的苏州玄妙观三清殿和元代的永乐宫三清殿、纯阳殿、北岳庙德宁殿等殿堂型构架建筑中，已出现了省去最下层草栿，在明栿上立草架的瓜柱，由明栿直接承屋顶之重的现象，开始简化殿堂型构架中的明栿与最下一层草栿跨度相同而上下相重的做法（参阅图7-104和图8-38）。

到明初，由于随梁枋与额枋结合使用，加强了柱网本身的稳定，殿堂型构架的铺作层失去原有的作用，遂在把斗栱缩小变为装饰垫层的同时，也把明栿、草栿两个层次合为一体。在明长陵祾恩殿、祾恩门等殿堂型构架建筑中都把明栿由月梁改为与草栿相同的直梁，在梁侧面装天花支条，梁背上直接立屋顶草架的瓜柱，减去了最下一层草栿（也可认为是以最下一层草栿代替明栿）（参阅图9-87）。这表明殿堂型构架的简化在明初官式中已成为通用做法，取消了宋式殿堂型构架三个水平层叠加的做法和斗栱的挑檐作用（图9-88）。

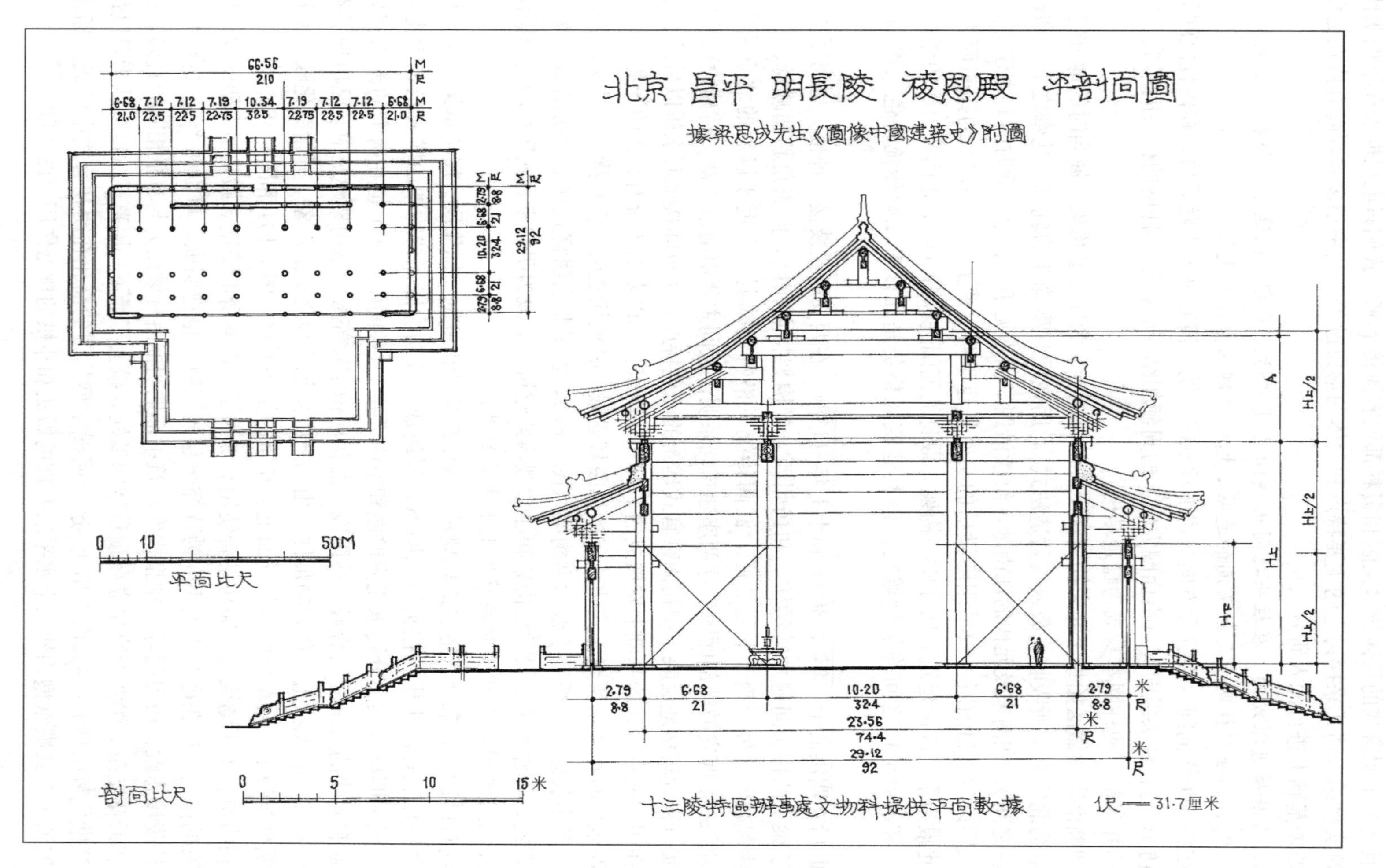

图 9-87　北京明长陵祾恩殿剖面图

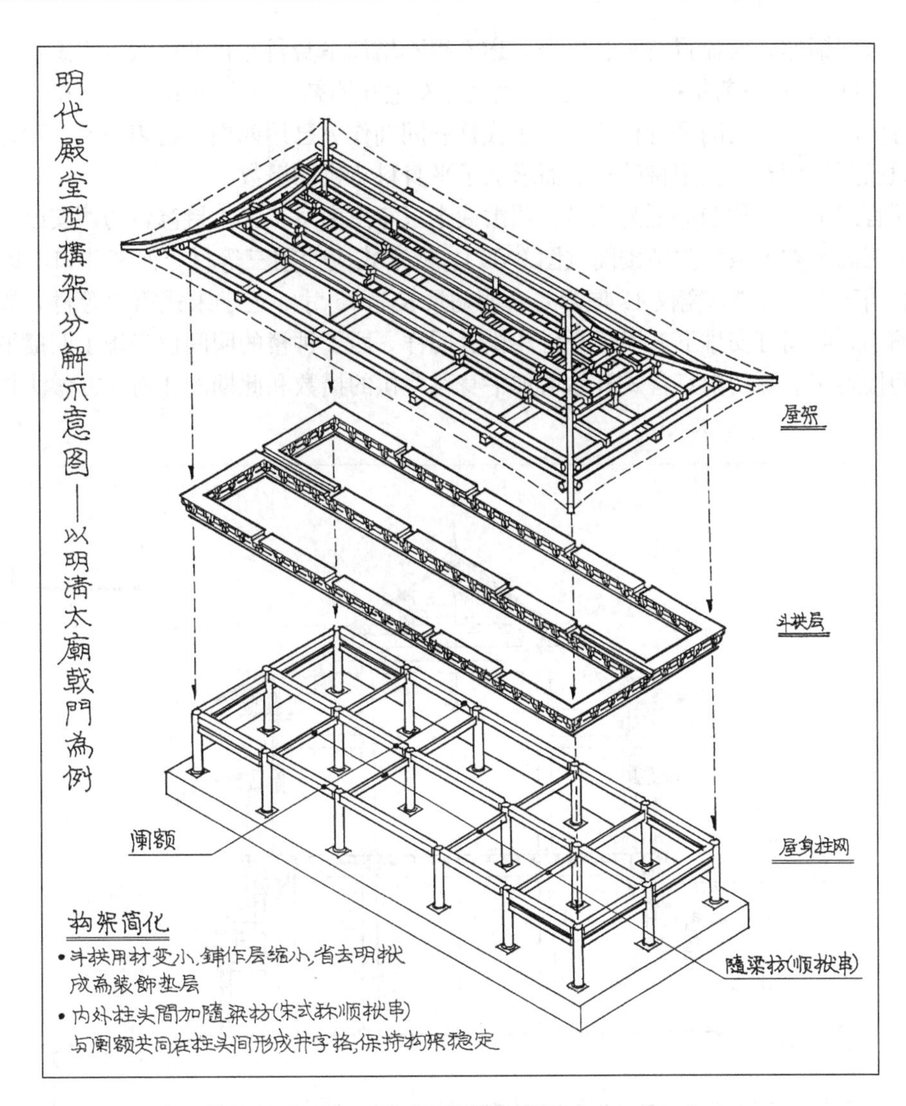

图 9-88 明代殿堂构架分解示意图
——以北京明太庙戟门为例

3. 楼阁用高二层的通柱，简化了楼层的结构构造

在现存明代木构楼阁中，始建于正统五年（1440）的四川平武报恩寺万佛阁和建于正统八年（1443）的智化寺万佛阁，其下层金柱都用一根通柱穿过楼板上延，成为上檐之檐柱，这比宋式上下层柱断开、中间加铺作层的做法要简单。明紫禁城太和殿两侧的体仁、弘义二阁的 16 根前后金柱也是巨大的通柱。用通柱需要长材，但明代的通柱很多是用两根木柱墩接的，前举之平武报恩寺万佛阁即是这种做法。

4. 檐栿外伸，承托挑檐檩，斗栱的结构功能减退，攒数增加，演化为装饰垫层

在元代官式建筑永乐宫纯阳殿、北岳庙德宁殿已出现了把檐栿外伸，承托挑檐檩，以代替斗栱的挑檐作用的做法，但斗栱用材尚未明显缩小，补间铺作一般仍用两朵。然而斗栱失去结构作用后，其用材即逐渐缩小，每攒斗栱的宽度也随之减少。此时若仍按宋元时只用 2

朵或1朵补间铺作，就显得空旷、单弱，遂不得不增加平身科斗栱的攒数（宋式称朵，明以后称攒，下同）。据目前掌握资料，这变化至迟发生在明初，在明洪武五年（1372）所建扬州西方寺大殿中，其明间平身科斗栱（宋代称补间铺作）已用四攒，这表明元、明之际江南地方建筑已开始随着斗栱用材的降低而增加了平身科斗栱的攒数。

在明官式中，这种趋势更为明显。明洪武十三年由南京工匠主持修建的西安鼓楼为面阔七间重檐三滴水歇山顶厅堂型楼阁（图9-89），依宋式应使用三等材，而其斗口（即宋式之材宽，相当于10“分”）宽仅12厘米，合明初尺长3.75寸，近于宋式第六等材，故其斗栱即相应缩小，明间可安排下五攒平身科斗栱。同样，西安钟楼的明间也安排了四攒平身科斗栱。这间接表明，明初南京官式开始增加平身科斗栱的攒数和此期的江南地方做法是密切相关的。

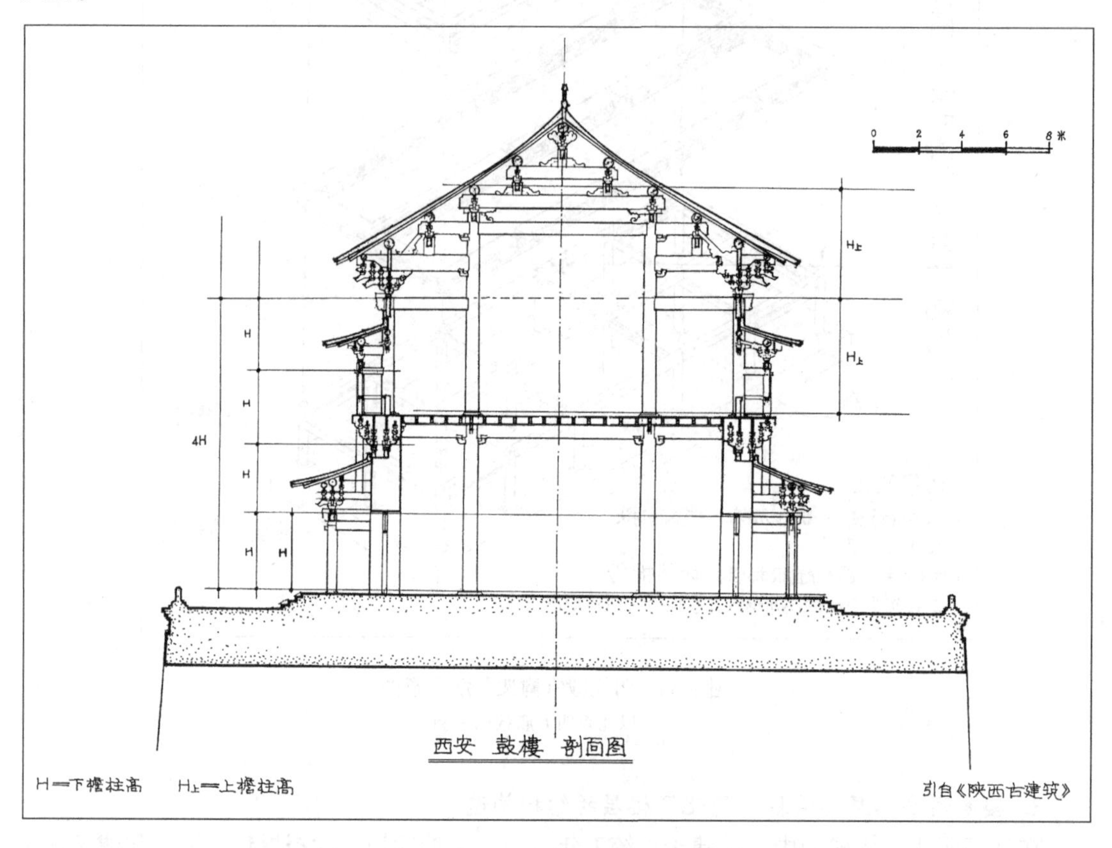

图9-89　明西安鼓楼剖面图

到永乐中后期建北京宫殿坛庙时，最早建造的明长陵祾恩殿为九间重檐庑殿顶殿堂型建筑，属最高等级，依宋式应使用一等材，但其斗口宽在9.5厘米左右，合明初尺长3寸，仅相当宋式第八等材，比宋式降低了七等，故明间、次间能分别安排八攒、六攒平身科斗栱。長陵祾恩门为五间歇山顶殿堂型建筑，依宋式也应使用三等材，但其斗口宽11厘米，合明初尺长3.5寸，仅相当宋式第七等材，比宋式降低了四等，故其明间、次间也能分别安排八攒、六攒平身科斗栱。北京社稷坛正殿为五间歇山顶厅堂型建筑，依宋式应使用四等材，但其斗口只在13厘米左右，合明初尺长4寸，仅相当宋式第六等材，比宋式降低了二等，故其明间、次间分别安排六攒、四攒平身科斗栱。北京明初官式建筑缩小斗栱用材、增加平身科斗栱的攒数应是源于明南京官式。

从现存明清建筑实例看，明间用八攒、次间用六攒平身科斗栱的只有长陵祾恩殿、祾恩门和故宫保和殿（明谨身殿旧制）三座建筑，是用平身科最多之例；其次为明间用八攒、次间用五攒平身科斗栱，有太和殿、午门、太和门；明间用六攒次间用五攒平身科斗栱的是武英殿，其余重要门、殿，包括太庙的前中后三殿、紫禁城的东西华门、文华殿等，都是明间用六攒、次间用四攒平身科斗栱。这现象表明，自明永乐建北京宫殿起，平身科斗栱攒数自八、六、五、四递减，已开始具有建筑等级标志的意义，这时的斗栱已不再有结构作用，而成为兼以其出跳数和攒数表示建筑等级的装饰性垫层。

5. *以斗口为模数*

明官式建筑斗栱的斗口相当于宋式的材宽，即宋式的 10“分”。因为此时斗栱已不起结构作用，其高度可大大缩减，遂在减小用材的同时也把材高（相当于栱高）的“分”数减低，逐渐由宋式的 15“分”减为 14“分”，栔高仍为 6“分”不变，但它只代表上下层单栱间的空挡，已不再作为构件高度使用。这样，其出跳栱所用足材栱由宋式的 21“分”减为 20“分”（亦即 2 斗口），每攒斗栱之高视其层数以 2 斗口为单位向上叠加，在计算上较宋式为简化。但它在明代可能要经过一个发展进程始能基本形成。

在上述明代前期重要官式建筑中，目前只得到建于永乐十八年的社稷坛正殿和太庙戟门[①]的较精密的测图和相应数据，可供分析。在斗栱做法方面，在实测图上得知，社稷坛正殿的斗口宽 12.5 厘米，如以 10“分”计，则栱高 18 厘米为 14.4“分”；翘、昂等足材栱高 18 厘米为 21.1“分”，表示足材虽仍按宋式，而材高则开始缩减，正处在变化过程中。太庙戟门的斗口宽 12.5～13 厘米，如以 12.5 厘米计，设为 10“分”，则虽材高数据尚缺，但据实测图可知其翘、昂等足材高 25 厘米，为 20“分”，即 2 斗口，表示在建太庙戟门时足材之高已由宋式缩至明清官式的 2 斗口。

斗栱缩小，斗栱的攒数增加，各攒斗栱间的中距遂成为计算面阔进深的数据，称为“攒挡”。明初各建筑中，明长陵祾恩殿为九间重檐庑殿顶殿堂型建筑，斗口宽在 9.5 厘米左右，其明间、次间面阔为 10.34、7.19 米，分别安排八攒、六攒平身科斗栱，则知其攒挡分别为 12.1 和 10.8 斗口。北京社稷坛正殿为五间歇山顶厅堂型建筑，斗口在 12.5 厘米左右，其明间、次间面阔为 9.47、6.42 米，分别安排六攒、四攒平身科斗栱，则知其攒挡分别为 10.8 和 10.3 斗口。北京太庙戟门为五间庑殿顶殿堂型建筑，斗口宽 12.5～13 厘米，如以 12.5 厘米计，其明次间面阔为 9.46、6.48 米，分别安排六攒、四攒平身科斗栱，则其攒挡分别为 10.8 和 10.4 斗口。据此可知，在明前中期斗栱攒挡在 12～10 之间。攒挡以斗口计，故可视为是确定建筑面阔、进深的扩大模数。清式把攒挡定为 12、11 斗口，当即源于明代。

但明初时官式斗口大小的等级似还不很规范，明显的例子是长陵祾恩殿之斗口为 9.5 厘米，祾恩门斗口为 11 厘米，正殿之斗口竟小于殿门，明显不合理。这些表明，斗口制在明永乐时仍处在由宋式到明式的过渡中，大约到明弘治、嘉靖时始完全定型。

---

① 太庙戟门斗栱数据张镈主持测绘的太庙实测图上量得，斗口宽据郭华瑜：《明代官式建筑大木作》表 5.1，东南大学出版社，2005 年，第 127 页。

明初北京官式建筑攒挡情况举例

建筑	建年	斗口（cm）	明间面阔（cm）	斗栱攒数	攒挡（斗口）
长陵祾恩殿	1416	9.5	1034	9	12.1
紫禁城角楼	420	7.5	559	7	10.6
社稷坛正殿	1420	12.5	947	7	10.8
太庙戟门	1420	12.5	946	7	10.8

注：长陵面阔据十三陵管理处提供数据。后三项据张镈主持的《北京中轴线建筑实测图》。

6. 梁及阑额等断面比例改变

在宋式中，梁、阑额、枋等断面比例均定为3∶2，但在明初时已明显改变了这个比例。下表中所列五座建筑均建于明前期，其梁的断面高宽比中，只有社稷坛正殿边跨的三架梁为5∶3.25，近于3∶2；另有社稷坛后殿的七架梁为5∶2.66，近于2∶1；其余建筑梁、枋的高宽比大多在5∶4左右。

明代官式建筑梁、额的断面比及高跨比举例

	梁、额	高	厚	高∶厚	跨度	高∶跨度
太庙戟门	下架主梁	94	75	5∶4	654	1∶7
	七架梁	77	66	5∶4.3	758	1∶9.8（近于1∶10）
	五架梁	69	62	5∶4.5	490	1∶7.1（近于1∶7）
	三架梁	69	56	5∶4.1	222	1∶3.2
	大额枋	79	52	3∶2	946	1∶12
天坛祈年门	下架主梁	84	□	5∶□	661.5	1∶7.9（近于1∶8）
	七架梁	80	65	5∶4.1	775	1∶9.7（近于1∶10）
	五架梁	65	58	5∶4.5	449	1∶6.9（近于1∶7）
	三架梁（平梁）	58	50	5∶4.3	249	1∶4.3
	大额枋	81	58	2.8∶2	935	1∶11.6
天坛皇乾殿	七架梁	76.5	64	5∶4.2	1042	1∶13.6
	五架梁	64	53	5∶4.1	562	1∶8.8（近于1∶9）
	三架梁（平梁）	53	42	5∶4	268	1∶5
	大额枋	63	40	3∶1.9		
社稷坛正殿	四架梁（边跨）	83	54	5∶3.25	630	1∶7.6
	五架梁（中跨）	69	62	5∶4.5	652	1∶9.5
	三架梁（平梁）	59	50	5∶4.2	310	1∶5.3
	大额枋	85	42	2∶1	946.5	1∶11
社稷坛后殿	七架梁	94	50	5∶2.66	926	1∶9.9（近于1∶10）
	五架梁	55	50	5∶4.5	284	1∶5.2（近于1∶5）
	三架梁（平梁）	52	47	5∶4.5	268	1∶5.2
	大额枋	80	40	2∶1	936	1∶12

注：(1) 社稷坛及太庙建筑数据取自张镈主持测绘的《北京中轴线建筑实测图》上所注尺寸，个别数据自图上量得。

(2) 天坛建筑数据取自北京市文物建筑保护设计所天坛修缮方案所附实测图。

从上表可以看到两点：

反映梁断面的高宽比最关键的是主要承重的下架主梁（上架各梁之高宽由构造及美观需要而加大，并非由承重决定），从上表中可见，明初所建社稷坛正殿、后殿的下架主梁断面高宽比在 3∶2 上下，尚保持宋式梁的断面比例，其余太庙戟门、天坛祈年门、皇乾殿三建筑的下架主梁断面高宽比均在 5∶4 左右。这可能是稍后形成的。

在梁断面高度与梁跨度之比方面：宋《营造法式》所载一般跨度四椽至八椽的梁，其断面高与梁跨之比在 1∶12～1∶20 之间，而上举诸明式建筑五架梁（即跨度四椽）至七架梁（即跨度六椽），其梁断面高与梁跨之比在 1∶5～1∶10 之间，即明式梁高与梁跨之比要比宋式大一倍左右（三架梁之高宽由构造及美观需要而加大，并非由承重决定，故其高跨比可不考虑）。

大额枋断面的高宽比在 3∶2 与 2∶1 之间，等于或小于宋式的 3∶2。

大额枋断面的高度与其跨度之比在 1∶11 至 1∶12 之间。与宋式的 1∶12.5（《营造法式》载额广 30“分”，按明间用双补间面阔 375“分”计）接近。

从上表可知，明中期官式建筑梁的断面高宽比已基本在 5∶4 左右，高跨比在 1∶10 之内，远大于宋官式 3∶2 的梁断面高宽比和 1∶20 的梁之高跨比。但大额枋仍基本与宋官式相同。

就从同一圆木中取方料而言，3∶2 的比例可得到最大承载力的材，而 5∶4 的比例可得到最大断面的材，这可能是宋、明两代对木材加工的不同要求所致。但明官式梁之高跨比已比宋式大一倍，而其梁断面之宽度又为宋式宽度的 1.7 倍，故在梁的用材上明官式明显大于宋官式，不如宋官式经济合理，这可能是出于壮美的要求，但从建筑技术角度上看是落后倒退，以致后人有“肥梁胖柱”之讥。

但明官式中斗栱的变化却值得注意。中国斗栱在周、秦、汉时是垫托和挑檐构件，到唐宋时发展为与梁和柱头枋结合，成为保持构架整体稳定并挑出屋檐、承托室内天花板的水平铺作层，至明清时柱列稳定由额枋和随梁枋承担、挑檐由梁头承担后，斗栱遂简化为主要起装饰作用和表示等级的垫层。斗栱的发展变化表现出中国木构架持续发展的进步过程，而斗栱自明代起缩小为装饰垫层实应视为木结构技术的进步。

在翼角做法上明代也开始改进，宋代之老角梁两端均架在檐槫和下金槫之交点上，相当于加大的椽，而子角梁后尾削薄，即钉在老角梁上，也相当于加大的飞椽。但在明初所建的北京社稷坛正殿中，其老角梁后尾改为托在下金槫支点之下，仔角梁的后尾加高加长，与老角梁后尾相齐，二梁分别在下部和上部开口，上下相扣，抱住下金槫交点。这样，除角梁与槫的结合更为紧密外，老角梁以檐槫为支点，外部承屋檐之重，后尾托下金槫之下，起杠杆作用，可以部分平衡下金槫所承之重，在结构上是合理的（图 9-90）。在明清时，这成为标准做法。

以上是对明官式的形成与特点的初步分析。但明官式与其来源江南明初建筑相比，仍有较大差异。这是因为明初官式是在江南建筑传统基础上规范化、庄重化形成的，并非照搬其原型，在翼角反翘上就有明显的不同。此外，迁都北京后，建筑要适应北方特点，如加厚墙、厚苫背以防寒等，使其外观会更向端庄厚重发展，故风格上差异逐渐加大，但从木构架发展上看，明官式源于江浙宋元传统、摒弃元代官式则是事实。

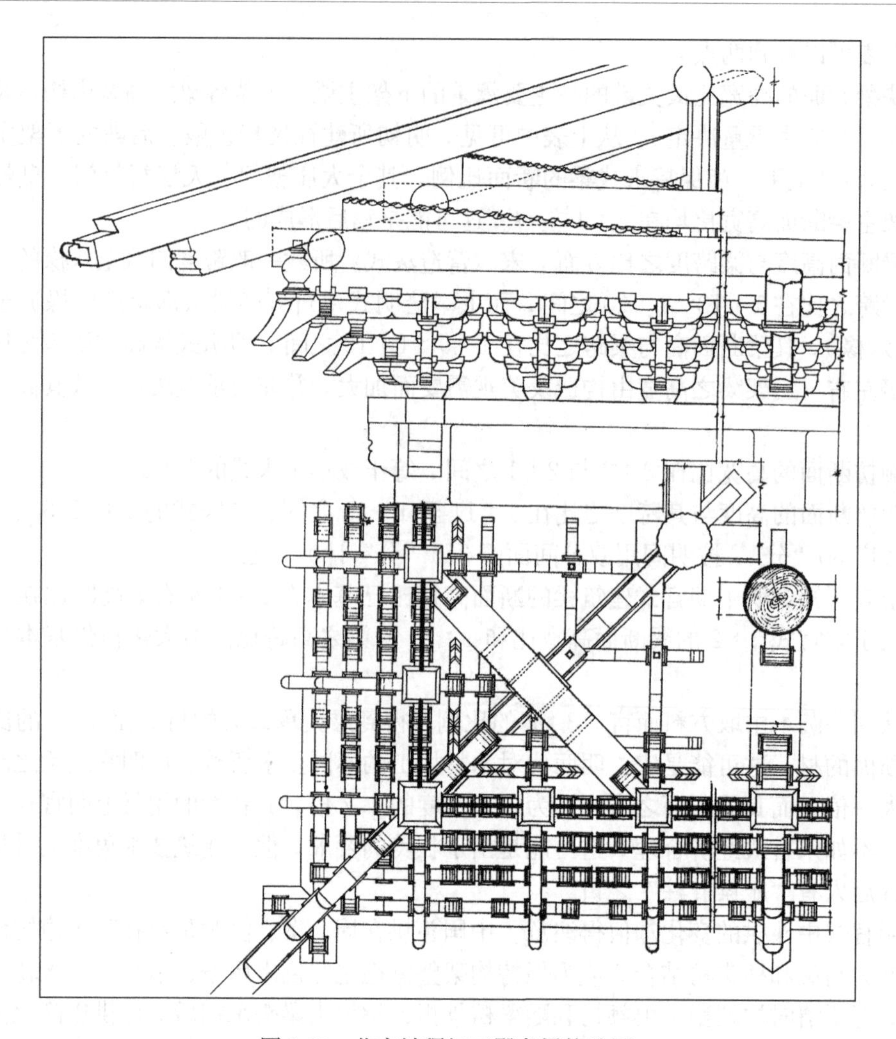

图 9-90　北京社稷坛正殿角梁构造图

（二）地方建筑向多样化发展

除官式建筑外，明代地方建筑所存尚多，有些甚至是成群组的保存下来，五十年来有很多重大发现，如山西襄汾、丁村等地的明代民居群，江西景德镇明代民居群，安徽歙县、屯溪、绩溪等地的明代民居群，吴县东山明代民居和山东曲阜孔府、浙江东阳卢宅、广东潮州许驸马府等巨邸。这反映出明代地方经济文化发展，建筑兴盛，形成多种不同的地方建筑传统的盛况。若把各地区的建筑传统上溯下推，还可看到各地区或以某一地区为中心的更大地域的地方建筑传统的发展和互相影响的情况。但因很多地区目前尚未发现明代建筑，目前还只能就已有发现的地区进行探讨。

关于各兄弟民族建筑，虽然有的保存了很古老的做法，因目前尚未能明确认定哪些遗物建于明代，只能一并在清代进行探讨。

就两坡顶房屋木构架的体系而言，主要有柱梁式和穿逗式两大类，其差异已在宋代章中介绍。简而言之，它们虽都是三角形屋架，但不同处是柱梁式以柱承梁，梁上加几重逐层缩短的梁，用瓜柱或驼峯承托，形成三角形屋架，各层梁端承檩，其承重系统是柱-梁-檩，其中梁是承重构件；而穿逗式则把每道屋架中各柱随屋顶坡度升高，由柱顶承檩，柱间不用梁而用数道穿枋穿过各柱身，把它连为一榀屋架。其承重系统是柱-檩，穿枋是不承重的连系构件。但因穿逗式构架的柱距较密，如"柱柱落地"则较影响使用，遂发展出间隔一柱落地的做法，其不落地之柱改为骑在穿枋上承檩的瓜柱，则此部分穿枋即兼有承重的梁的作用，但其跨度要小于两架梁。这类穿逗架在明刊《鲁般营造正式》中有所表现。该书中附有三架屋至九架屋的梁架断面图六幅，其檐柱、内柱、脊柱、瓜柱均直至屋顶坡面，其间连以多重穿枋，是典型的穿逗架形象。此本明前期刻于福建，可据以推知东南地区民间建筑在明代盛行使用穿逗架的情况（图 9-91）。

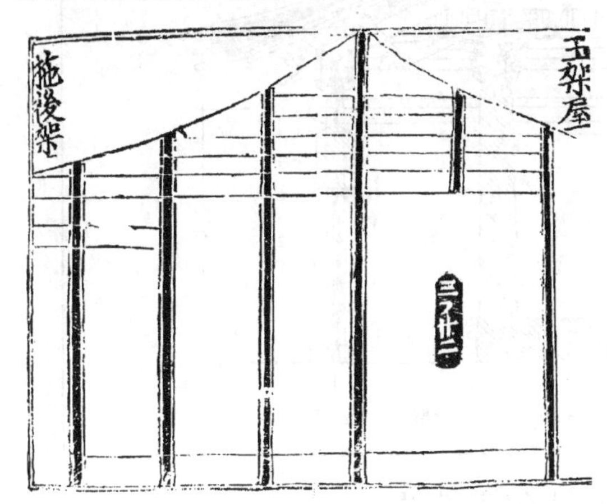

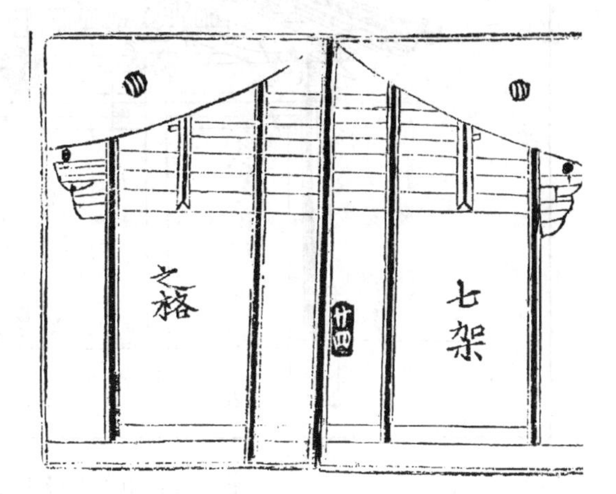

图 9-91　明刊《鲁般营造正式》中的穿逗架房屋侧面图
天一阁藏明刊本

柱梁式构架可承较大的屋顶荷载，故在华北、东北、西北和河南等冬季需保温的地区，其建筑的构架基本用柱梁式，而华东、华南、西南及湘鄂等不需保温而多雨地区、包括一部分少数民族区的建筑构架基本为穿逗式，形成南北两个主要构架系。

1. 柱梁式构架

构架体系基本与明官式相同，但杂有一些地方特色。山西、河南地区的柱梁式构架，在平梁上用驼峰、蜀柱、叉手，尚存宋元遗制，如山西襄汾丁村某宅（建于 1593 年）（参阅图 9-36）。在一些寺庙中的殿宇往往利用天然弯曲的圆木为上翘或拱起的斜梁，既表现出工匠因材致用的巧思，也反映出当时良材难求的困难情况（图 9-92）。

陕西、甘肃北部、西部建筑多为柱梁式构架，和山西相近，其个别地区较大寺庙的构架还使用长度超过一间的檐额、内额，以扩大明间开间和室内空间。使用檐额的做法甚至也传入明宫中，紫禁城养心殿前檐面阔实为五间，但在明间柱与稍间角柱间分别使用了一根跨度长二间的大檐额，其下各加二方柱支撑，把二间又分割为小三间。这种用檐额的做法在紫禁城宫殿建筑中是特例（图 9-93）。

江苏、浙江地区是南宋的重要文化地区，明以后成为保存宋元以来南方建筑传统较多的地区，现存明代寺观、民居等建筑的构架以柱梁式为主，有些厅堂内部加顶棚，下部用粗大的明栿月梁，以增加装饰效果，顶棚以上改用细巧的梁柱（图 9-94）。江苏地区如苏州文庙大成殿、常熟翁氏彩衣堂、高邮盂城驿后堂、江阴徐霞客故居等（图 9-95）。浙北、浙东地

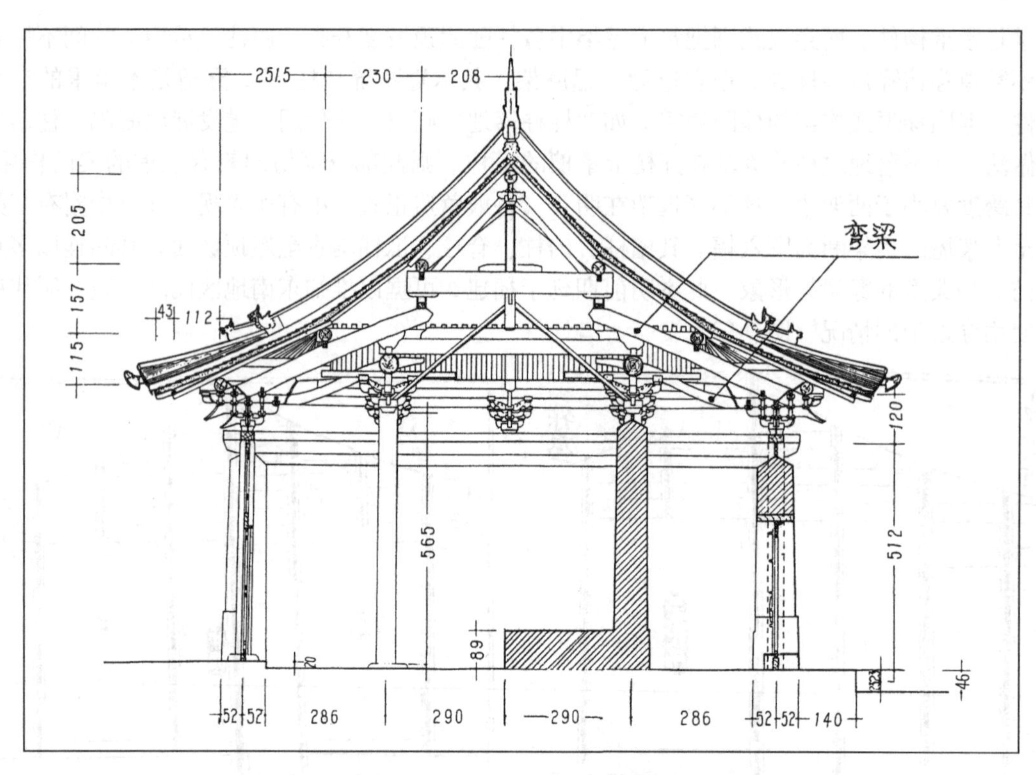

图 9-92　山西洪洞广胜寺上寺前殿梁架图

柴泽俊等：洪洞广胜寺，图 12，文物出版社，2006 年

图 9-93　北京紫禁城养心殿使用檐额情况

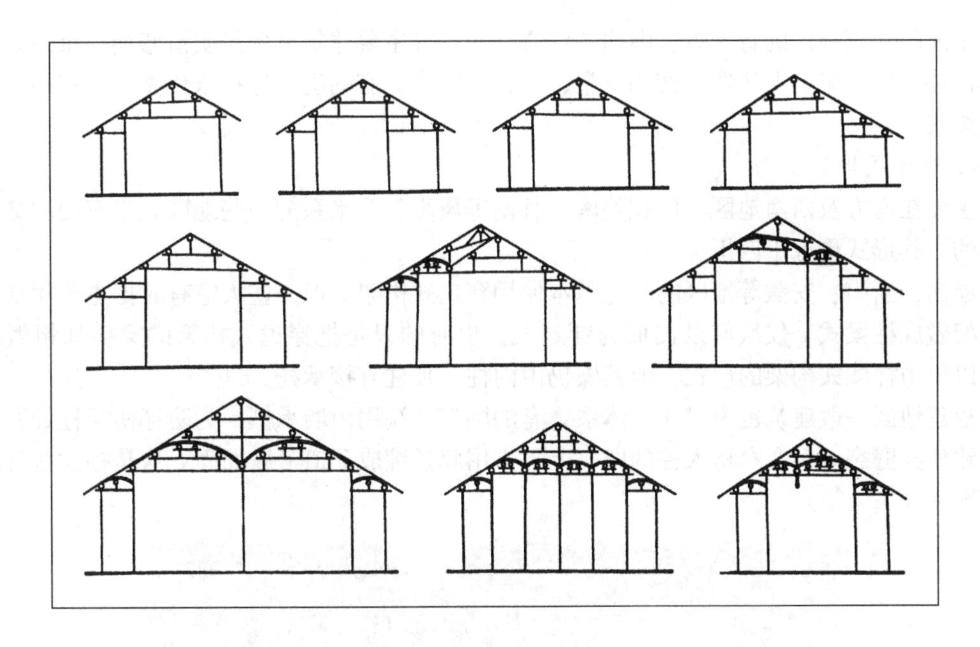

图 9-94　苏州民居厅堂梁架基本形式图

徐民苏、詹永伟等：苏州民居，图 5-14，中国建筑工业出版社，1991 年

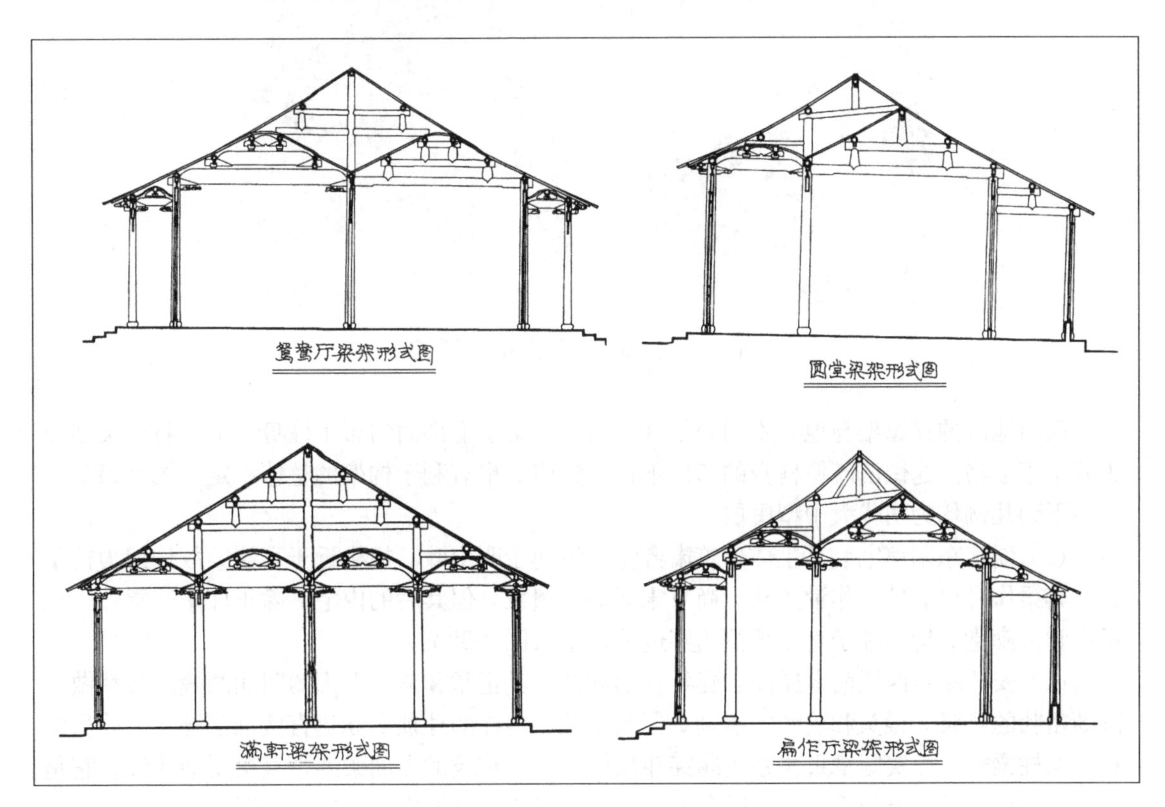

图 9-95　江苏地区厅堂梁架横剖面图

徐民苏、詹永伟等：苏州民居，图 5-15～图 5-18，中国建筑工业出版社，1991 年

区的宁波的天童寺、阿育王寺、温州的江心寺等，其主要建筑虽多经明清修缮、重建，但仍基本保持宋明以来彻上明造，使用月梁、蜀柱等特点，有的甚至保存宋代做法，把阑额也做成月梁式。

2. 穿逗式构架

主要在南方及西南地区。但在陕南、甘南等属嘉陵江水系的一些地区，也有使用穿逗式构架的，其形式更近于四川。

浙西、浙南、安徽等地区的住宅基本使用穿逗式构架，但一些大宅有时把主要厅堂明间的梁架做成柱梁式，仅次间及山面为穿逗式。也有的只是把穿逗式构架的穿枋加粗做成月梁，以模仿柱梁式构架的形式，但其檩仍由内柱、瓜柱直接承托。

福建地区一般建筑也为穿斗架体系，有的则在两端用山墙承檩。为防穿枋穿柱处卯口过大导致柱身劈裂，多在穿枋入柱的卯口上下方用藤条缠成几道箍以加固，这是福建特有的做法（图 9-96）。

图 9-96　福州三坊七巷民居穿斗架

四川地区的穿逗架与他处不同处是其穿枋不密集于上部而匀布于柱身上下，将构架划分为若干矩形格。这做法既使柱身的卯口不过于集中，也有利于构架的整体稳定（图 9-97）。

下列几例均为明代大中型民居

（1）浙江东阳卢宅：其主体建筑肃雍堂一组建于明中叶，规格近于官衙，故构架为柱梁式，其梁作月梁，栌斗作讹角斗，尚有宋元旧制遗意，但其后的内宅，除正厅乐寿堂外，包括正堂世雍堂，均为柱子直接承檩的穿逗式构架（图 9-98）。

（2）安徽歙县西溪南老屋阁：建年在明前期，其正堂和前门上部的明间两缝梁架都做成圆劲粗壮的月梁，梁头和驼峰加雕刻，但其檐柱、内柱的柱顶实际仍直接抵于檩下，故虽乍视极似柱梁式，而实际承重关系仍属穿斗架体系。二建筑的山面梁架则直接用穿斗架。它是在穿逗式构架基础上把重点厅堂明间的穿枋按柱梁式特点做成月梁形式（图 9-99）。

（3）安徽歙县郑村乡苏雪痕宅：堂屋面阔三间，进深六椽，后坡加出一椽，均为柱头承檩的穿逗架，但把明间前檐两架的上下两道穿枋加粗，作成月梁形。这现象表明歙县明代住

图 9-97 四川穿斗架房屋

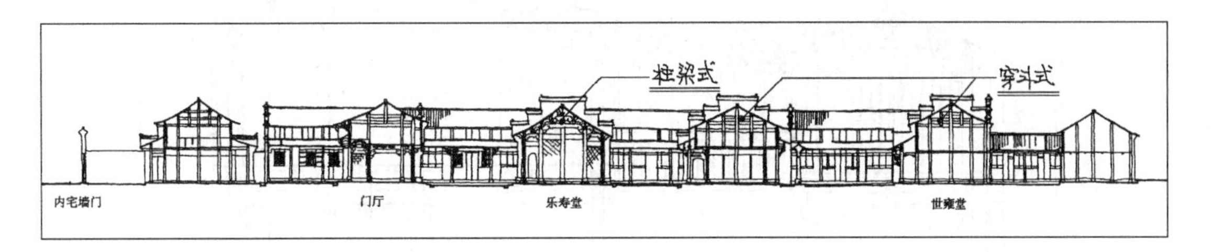

图 9-98 浙江东阳卢宅肃雍堂、世雍堂剖面图

宅的基本构架是穿逗架，只是把主要厅堂按柱梁式特点做成月梁表示豪华而已（图 9-100）。

（4）安徽歙县棠樾毕修德宅：为七架前后各拖一架的楼屋，山面穿枋虽作月梁式，但仍由柱承檩，构架基本无装饰，是较典型的平民住宅（图 9-101）。

三 砖 结 构

明代砖建筑有巨大的发展，大量较重要城市的城墙用砖包砌，甚至山海关至山西偏关一段长城也用砖包砌，其工程量十分巨大。在建筑结构方面则开始出现全用砖拱券结构建造的地上建筑，用于宫殿坛庙、寺庙的俗称“无梁殿”，用于居室的俗称“锢窑”或砖窑洞，外观均仿木构建筑形式。据记载，明永乐十八年所建北京天地坛斋宫即为无梁殿，而北京天地坛又是依南京天地坛形制建的，故无梁殿这种砖拱券建筑极可能在明洪武时已在南京出现。现存明代无梁殿也以南京灵谷寺无量殿最早。明代的几座大型无梁殿是中国历史上所建的最

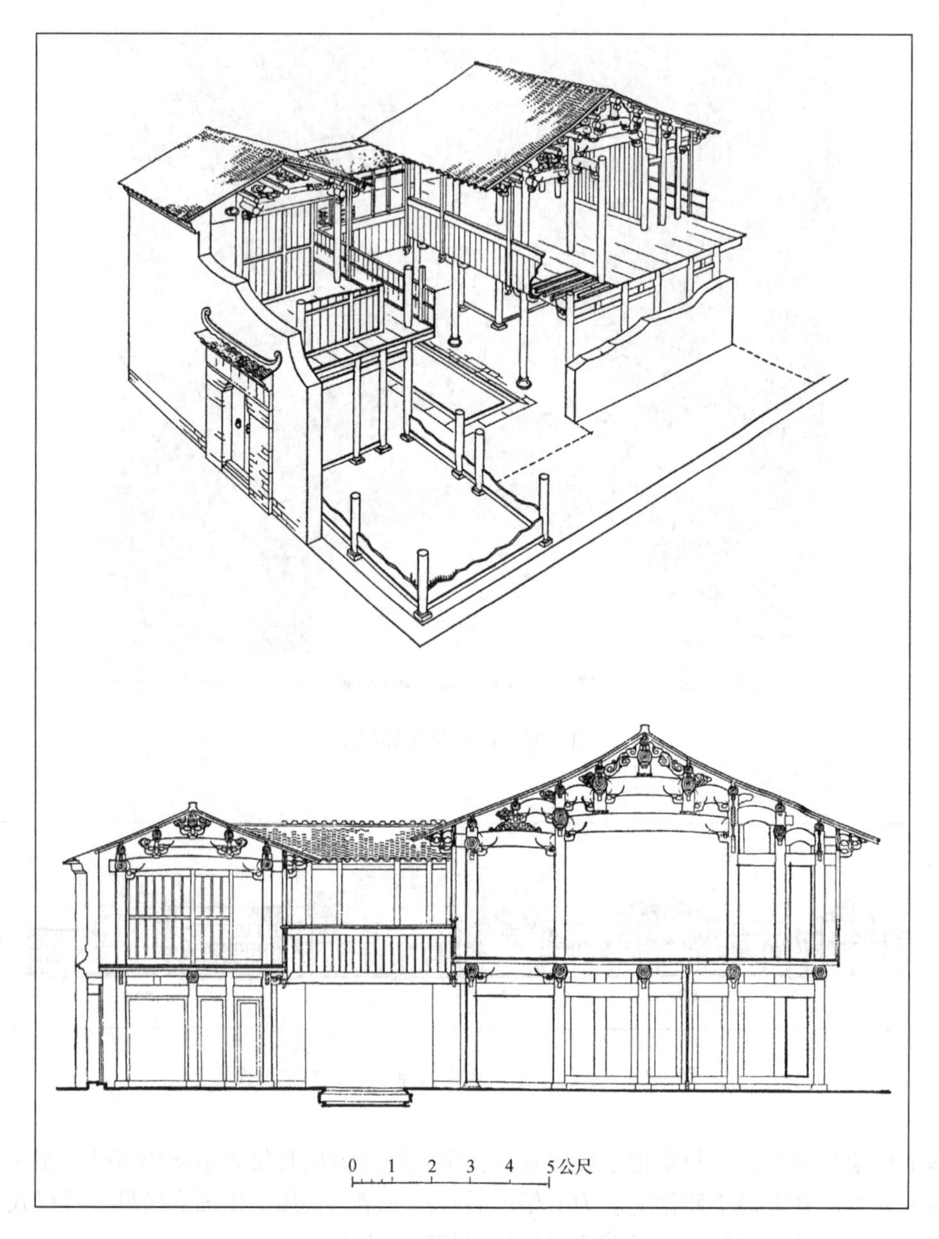

图 9-99　安徽歙县西溪南老屋阁明间及稍间横剖面图及透视图
张仲一等:《徽州明代住宅》图 (23、(20)),建筑工程出版社,1957 年

大的砖石拱券结构,表现出明代在砖石拱券建筑设计和施工上的高度成就。

(一) 大型殿宇——无量殿

用于宫殿、寺庙中,有单层,也有二层楼阁,外观多仿木构建筑形式,除门窗外,全部用砖砌造。其构造多以筒拱为主,罕见用砖穹窿者。筒拱的布置有沿面阔方向并列者,如南京灵谷寺无梁殿,有沿进深方向并列者,如北京天坛斋宫,有主拱、次拱互相垂直者,如苏州开元寺无梁殿下层,及五台显通寺无梁殿,变化颇多。

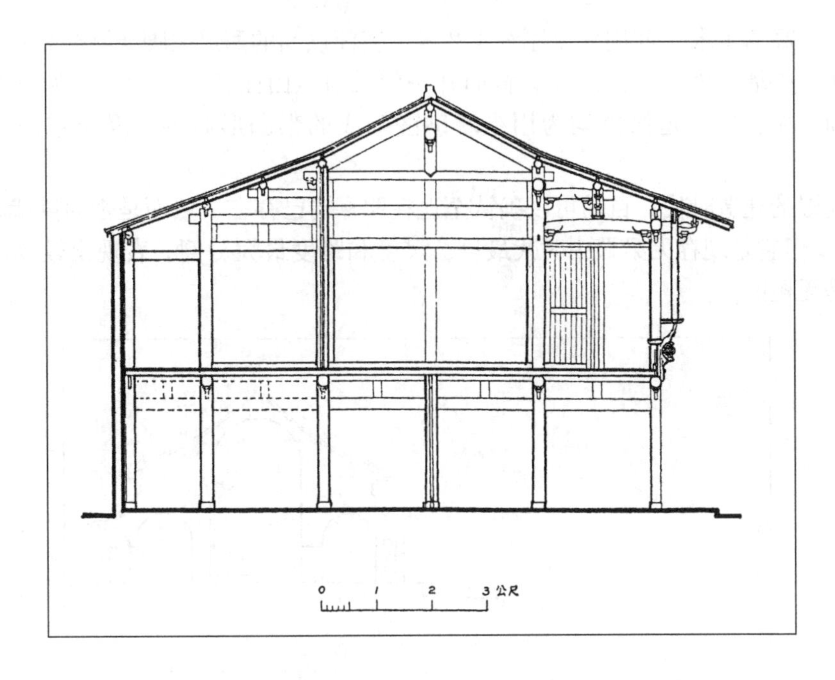

图 9-100　安徽歙县郑村乡苏雪痕宅明间横剖面图
张仲一等：徽州明代住宅，图（8），建筑工程出版社，1957 年

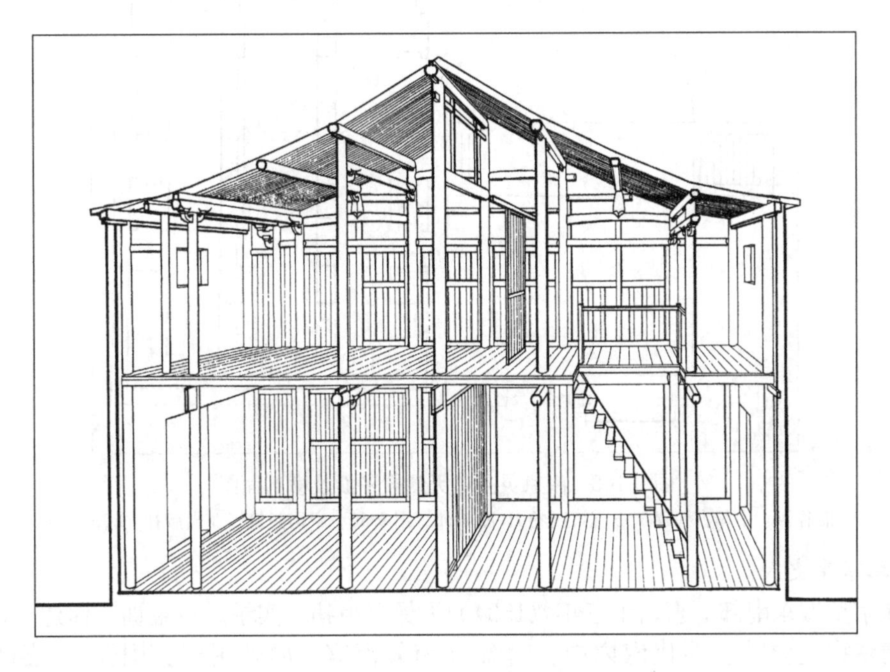

图 9-101　安徽歙县棠樾毕修德宅明间横剖面图
张仲一等：徽州明代住宅，图（9）、图（10），建筑工程出版社，1957 年

1．灵谷寺无梁殿

在南京紫金山下，为面阔五间重檐歇山顶单层建筑（图 9-102），东西宽 53.8 米，南北深 37.85 米。殿身由前、中、后三跨东西向砖筒拱构成，中跨宽 11.25 米，高 14 米，前、

后跨宽5米，高7.4米。[1]四周外墙厚约4.2米，三筒拱间的两道拱脚墙厚约2.4米，均用一顺一丁砌法。外墙正面开三门二窗，背面开一门二窗，山面各开三窗，均为三券三伏的券洞。殿身前、中、后三道筒拱均为用纵联砌法砌成的半圆形筒拱，因知它是用支模法砌成的。

关于此殿的建造时代，目前可以确认至迟在明嘉靖已存在，然而是否为洪武时所建，则尚有疑问[2]，但它是现存无梁殿中时代最早、尺度和跨度最大一例，表现出较高的砖结构建造技术则是无疑的。

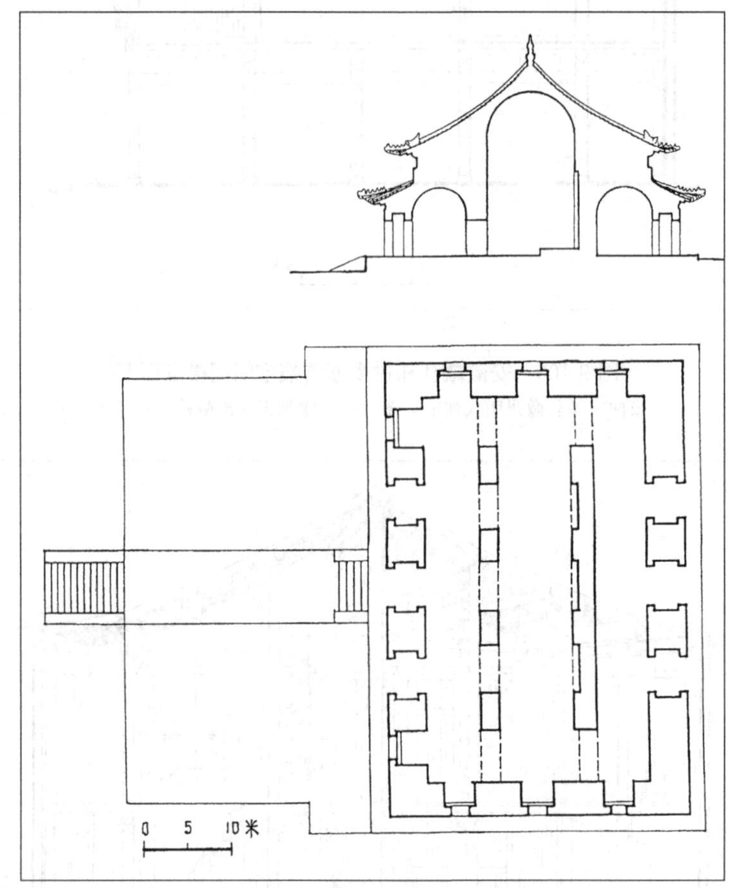

图9-102　南京灵谷寺无量殿平面及横剖面图

潘谷西：中国古代建筑史（第四卷），图9-59、图9-60，中国建筑工业出版社，2001年

2．北京皇史宬

在北京皇城东南部，嘉靖十三年（1534）为保存历朝《实录》、《宝训》而建。初名神御阁，嘉靖帝指定要建在明代南内中，“制如南郊斋宫，内外用砖石团甃”，嘉靖十五年（1536）建成后改名皇史宬。[3]殿为面阔九间、进深五间的单檐庑殿顶单层建筑（图9-103），

① 江世荣、蔡述传、韩益之，江苏的三处无梁殿，文物参考资料，1955年第12期。

② 刘敦桢，南京灵谷寺无梁殿的建造年代和式样来源，载：建筑历史与理论，第一辑，江苏人民出版社，1981年，第14页。

③ 赵其昌，明实录北京史料（三），北京古籍出版社，1995年，第261、279页。

建在前出月台的石台基上，四周石栏杆环绕。殿身周以砖墙，上部用石彫出阑额斗栱，施彩画，屋顶复以黄琉璃瓦，属于高规格的宫殿。殿身全部砖砌，前墙厚6.8米，后墙厚5.95米，东西墙厚3.4米，其间建一道长40.5米跨度9.05米，高8.09米的东西向筒拱。因有内部粉刷遮盖，筒拱的砌法不明。

此殿构造简单，只一单跨主拱。但拱跨仅9米而前后墙竟厚达6米左右，实非平衡拱推力之必需，当主要是出于防卫和防火角度的考虑。

3. 北京天坛斋宫正殿

斋宫创建于明永乐十八年（1420），从前引嘉靖帝命令建皇史宬依北京斋宫之式全用砖建，可知其正殿为砖砌无梁殿。但斋宫在万历十六年（1588）年曾扩建①，故现正殿也不能排除为重建者。但不论原建、重建，都是照原式建的砖拱券建筑。殿外观面阔七间，宽约47米、深约18米，上复单檐庑殿顶。内部由五跨沿进深方向的筒拱并列组成，在近后檐墙处于隔墙上开券门连通。明间拱跨约8米，其余约6米，两侧有厚约5米的山墙，以平衡拱之推力。殿正面开五门，背面明间开一门，但与一般无量殿惯用券洞门不同，均为上用木过梁的平门（图9-104）。

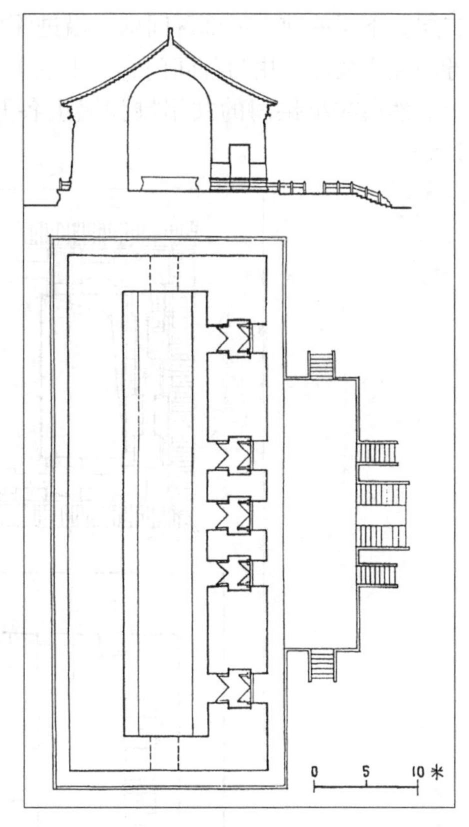

图9-103　北京皇史宬平面及横剖面图
潘谷西：中国古代建筑史（第四卷），
图9-65、图9-66，中国建筑工业出版社，2001年

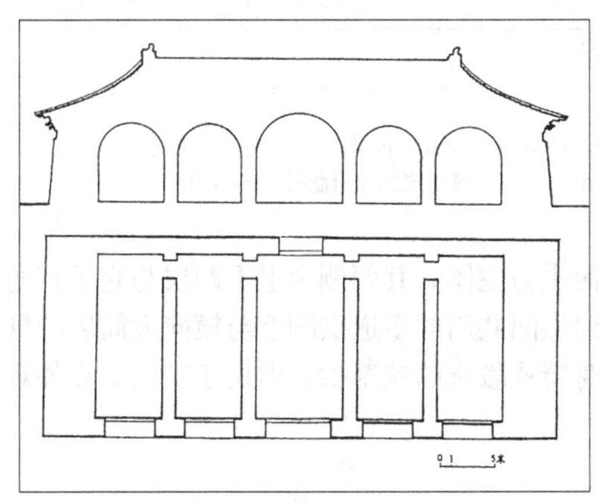

图9-104　北京天坛斋宫平面及纵剖面图
潘谷西：中国古代建筑史（第四卷），
图9-63、图9-64，中国建筑工业出版社，2001年

使用沿进深方向的筒拱的无梁殿在宫殿、寺庙中目前只知此一例，但在民居中，使用并列纵向筒拱建屋却是很通用做法。

以上是单层的无梁殿。

4. 五台显通寺无梁殿

在山西五台县台怀镇，建于明万历三十四年（1606），为砖砌仿木构形式的二层楼阁，上下均面阔七间，进深三间，中加腰檐，上复单檐歇山屋顶，南向。殿内上、下层均分前、中、后三部分。中部为大厅，是一通高二层、跨度9.5米的沿面阔方向的大筒拱，一层部分用隔墙分为三间，中间一间自隔墙顶和拱脚墙的中部挑出叠涩，中部接以木地板，用为上层地面，形成上下

① 《大清会典则例》卷126，工部 营缮清吏司·坛庙“（乾隆）八年遵旨修理完竣天坛斋宫新建正殿五间左右配殿六间，内宫门一座，回廊六间。修理券殿一座，方亭一座，宫门六座，”的记载。券殿即砖拱所建正殿，可知清代只加以修理而未重建。

二层。下层的前、后部逐间砌一沿进深方向的小筒拱，内端抵在中跨拱脚墙上，并各开一小券门通入大厅，用为各间门廊。上层的前后部也逐间各砌一东西跨小筒拱抵在中跨拱脚墙上，然后在小拱间的共用拱脚墙上各开一小券门，连通各小筒拱，形成一圈回廊（图 9-105）。

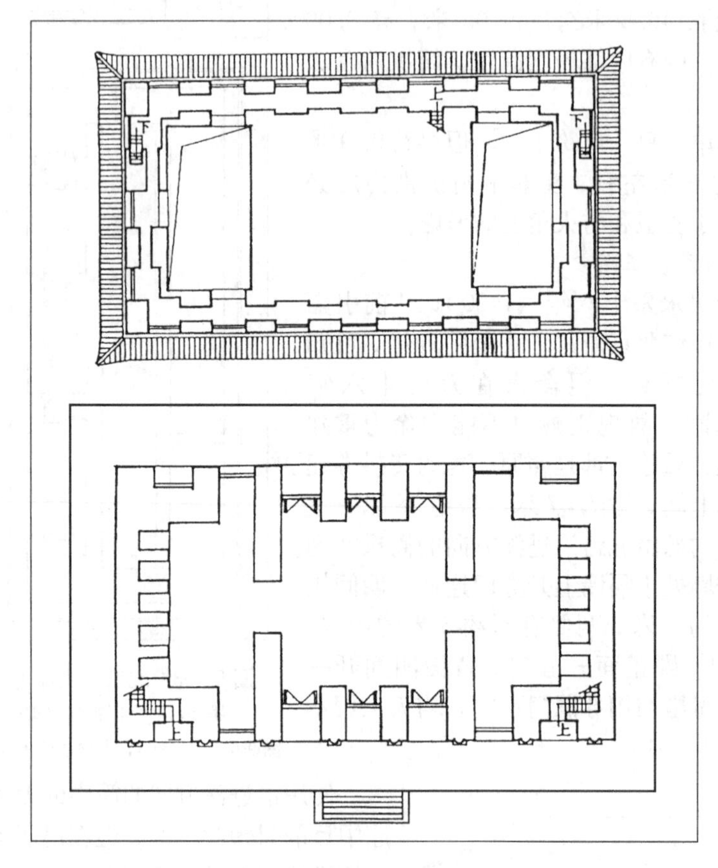

图 9-105　五台县显通寺无梁殿底层及二层平面图

潘谷西：中国古代建筑史（第四卷），图 9-78、图 9-79，中国建筑工业出版社，2001 年

此建筑的构造特点是以中间通高二层的大跨筒拱为主体，其两侧为上下两层与它垂直的小筒拱，与主体的拱脚墙相连，这上下层纵向小筒拱间共用的多道拱脚墙与横向大筒拱的拱脚墙垂直相交，可平衡大拱的推力，其作用近于哥特式教堂的扶壁拱，但位于室内，在外观上没有反映。

5．苏州开元寺无梁殿

为面阔七间、进深三间砖砌仿木构二层楼阁，宽 20.9 米，深 11.2 米，用为藏经阁，建于明万历四十六年（1618）。下层中间三间为一沿面阔方向的大筒拱，其前、后建垂直它的小筒拱，分别开门、窗。小筒拱间共用的拱脚墙与大筒拱的拱脚墙垂直相交，可平衡大拱的推力；两端各一间为沿进深方向筒拱，靠加厚的山墙平衡推力。上层为通长五间的横向筒拱，拱跨 4.6 米，其内分为三间，中间一间出叠涩承木藻井（图 9-106）。

此建筑的特点是由上下两层用筒拱构成的建筑叠加而成，把下层筒拱顶上做成平台，四周加腰檐后，再在其上建第二层的筒拱，上加屋顶，形成二层楼阁。其下小筒拱与主拱垂直相交可起类似于扶壁拱的作用也和显通寺相同。

这些无量殿多在室内做抹灰粉刷，现只能从少量未抹灰的实物中了解其砌法。灵谷寺无梁殿的筒拱用纵联砌法，拱脚下所开的券洞则用三券三伏，门、窗洞口因外部贴有磨砖面板为饰，具体砌法不明，推测其内也应为拱券。其中也有砌法较简单的，如苏州开元寺无量殿的门、窗洞口和室内的券门均只用一券一伏。对于筒拱以上至屋顶间的填充部分目前尚不了解。

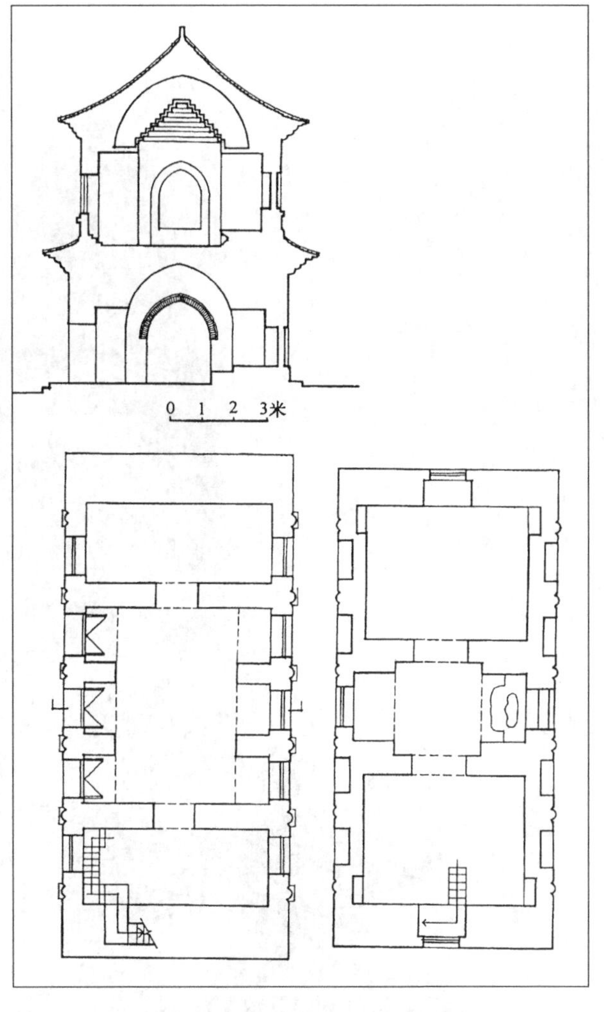

图 9-106　苏州开元寺无梁殿平面及横剖面图

潘谷西：中国古代建筑史（第四卷），图 9-90、图 9-91、图 9-92，中国建筑工业出版社，2001 年

（二）砖塔

明代砌造了一些砖塔，较有代表性的楼阁型塔有南京大报恩寺塔、灵谷寺塔、山西洪洞县广胜寺飞虹塔等，密檐型的有北京慈寿寺塔等。

1．南京大报恩寺琉璃塔

原为长干寺，屡建屡毁，永乐十一年明永乐帝为其亡母祈福建大报恩寺，二十二年建成，其主体为以琉璃饰面的八角九层砖塔。据记载，塔身八面，每面开一门二窗，其中四正面为实门，斜面为门龛。塔高九层，通高三十二丈九尺余（按明初尺长计约 104 米，当是连台基及刹高通计，实际砖砌塔身之高约为其 2/3～3/4），底层有副阶，形成重檐。下层塔心室内设佛像，四壁列天王金刚，上覆藻井。二层至九层心室方形。顶层塔刹下为铁相轮，冠以黄金宝珠。此塔建造历时 10 年，耗银约 249 万两，是明初国家所建最高大豪华的砖塔，在砖结构和琉璃饰面技术上都反映了当时的最高水平。它于 1854 年被太平天国炸毁。

2．洪洞县广胜寺飞虹塔

在广胜寺上寺，始建于明正德十年（1515），嘉靖六年（1527）建成，为砖砌十三层八角形塔，高约 47 米。塔最下层加大，内设佛像，其外有后加的木构副阶，南面建一十字脊顶的抱厦为入口。其上十二层逐层缩小减低，呈直线上收，转角处棱角挺劲笔直，形成近于八角锥形轮廓，塔心建往复转折的梯道，可登至上层。此塔逐层表面镶嵌精制的黄、绿、蓝色琉璃构件，包括角柱、垂莲柱、阑额、雀替、斗栱、莲瓣、门洞、壁龛以及散置的小形佛菩萨像、力士等，造型规整、色泽艳丽，达到很高的制琉璃工艺和镶嵌技术水平（图 9-107）。

图 9-107　山西洪洞县广胜上寺飞虹塔

中国古建筑大系（6），佛教建筑，图 44，中国建筑工业出版社，1993 年

（三）居住建筑——锢窑

随着拱券结构的发展，在河南、山西陕西等地出现了用筒拱建住房的做法，最初是土坯拱，或依山坡，或在平地，做法是以数道筒拱并列而成，每道筒拱称一孔，用作一间，一般每座房屋宽三间，也可称三孔窑。拱顶上填土为平顶，前出挑檐，上加女墙，前檐砌为落地砖券，安装门窗。在明代砖的生产和砌造技术有较大发展后，出现了砖砌筒拱房屋。拱顶上或加简单的木构架建成两坡瓦屋顶，前檐也可做木构门窗装修，外观与木构房屋无大异，建在平地的可作院落式布置。土拱房屋一般每孔一间，内部不连通，砖拱房屋可在共用的拱脚

墙上开券门连通，一般多开在后部。

四 石 结 构

明代石结构建筑种类和遗物颇多，但较有代表性者为牌坊和华表柱。现存有大量明代石牌坊，其中北京昌平明十三陵石牌坊和安徽歙县许国牌坊可分别为南北方的代表作。在明代宫殿陵墓及礼制建筑中，也多有建石制华表和棂星门者，都是规模和制做难度高于前代的石构建筑。石结构大多为简支结合，重要部分做出凹凸榫卯加以固定，其工艺主要表现在纹饰彫刻，而施工难度则反映在起吊和就位安装上。

（一）北京昌平明十三陵石牌坊

建于明嘉靖十九年（1540），为五间六柱十一楼石牌坊，通面阔 28.86 米，高约 14 米。其六根石柱下的夹杆石高 1.58 米，四面雕剔地起突纹饰，中间四个为云龙，两侧两个为双獅，颇为生动。其柱身素平，只四角雕海棠瓣，柱顶和柱间横枋阴线刻一整二破旋子箍头，隐隐有彩色痕迹，可知原绘有彩画。这是现存体量最大的石牌坊（图 9-108）。

图 9-108 北京明十三陵石牌坊

北京古建筑，图 261，文物出版社，1986 年

（二）安徽歙县许国石牌坊

在县城内十字街头，明万历十二年（1584）为旌表大学士许国而建，是把前后相重的两座三间石牌坊在其左右侧用枋连接，形成正背面各三间宽 11.5 米、两侧各一间宽 6.77 米的立体式冲天牌坊。在柱之上部和横额都有雕刻，其额之枋心部分为剔地起突的高浮雕，枋上

装石雕斗栱上承石屋顶，斗栱之间加透雕花版。此牌坊构架近于一座用石构件拼合成的三间房屋，内外结合紧密，在预制、拼装和石雕上都表现出较高的水平（图 9-109）。

图 9-109　安徽歙县明许国石坊

全国重点文物保护单位Ⅱ，文物出版社，2004 年，第 126 页

（三）北京天安门石华表

在天安门南北侧各有一对，南侧的原在金水桥南，位于外侧二桥之间，北侧的在外侧二门间的隔墩之北，南北相对，均汉白玉石雕制。南侧的在建国初年移至金水桥外侧。华表柱最下为高 1.32 米的八边形须弥座，须弥座外围以石雕栏杆，在四角望柱间各用一块雕两个宝瓶云栱的镂雕石栏版。弥须座以上立由整石雕成的高 6.59 米、直径近 1 米的八边形巨大柱身，其上承高 0.55 米的八边形仰覆莲座，座上为高 1.1 米的坐龙（俗称“朝天吼”），通高为 9.56 米。在柱身上部近顶处横插由“日月版”演化来的云板。华表的各部均雕龙，栏版及须弥座雕行龙，柱身雕缠绕而上的云龙，用剔地起突法把龙雕成高出流云背景之上，雕工精致。

天安门创建于明永乐十八年（1420），虽有成化元年重修的记载，但其华表的形制、龙形、雕工均与北京昌平明长陵碑亭前后之华表极相似，而長陵碑亭建于宣德十年（1435），上距永乐十八年仅 15 年，故可知天安门华表应是永乐创建北京宫殿时的遗物（图 9-110）。

与天安门及明长陵碑亭石华表类似的还有碑亭以北明长陵神道入口处的一对石望柱，均属当时大型石雕建筑附属物（图 9-111）。

图 9-110　北京天安门明代华表

北京古建筑，图 8，文物出版社，1986 年

（四）北京正觉寺金刚宝座塔

明成化九年（1473）按印度僧人班迪达带来的样式建造。下为金刚宝座，上建五座小塔。金刚宝座方形，最下为须弥座，其上重叠五重佛龛，每重雕出屋檐，在金刚宝座上形成五条水平装饰带。在正中开一券洞，内辟梯道，登上座顶。顶上五塔均为石彫密檐塔，作梅花式布置，正中一塔十三层檐，四角四塔各十一层檐，以佛龛和梵花、梵宝为饰。此塔下层相当于一石砌城墩台，顶上五塔亦石块叠累而成，在技术上无特殊之处，除安装技术有一定难度外，主要成就为石雕工艺。

图 9-111 昌平明十三陵长陵神路

北京古建筑，图 265，文物出版社，1986 年

五 施 工

明代国家的建筑工程用工由工部管理，先把各地工匠登记，分若干班，每三年轮值工作三个月，即免除工匠家之赋役，称轮番匠。明初有轮番匠三十三万二千零八十九人。其中包括木匠、锯匠、瓦匠、油漆匠、竹匠、五墨匠、装銮匠、雕銮匠、搭材匠、石匠等多工种，表明此时建筑工程的分工已相当精密。[①]因轮番匠入籍后世代相传，可能数十年后其后人已非该专业工匠，故到明中期，即允许轮番匠交银免役，官府另雇工匠。史载万历 24 年重建乾清、坤宁两宫时，工匠均用现钱招募，即是其例。[②]

但重大工程工匠不足时，仍需调用军工或征发民夫。如洪熙元年（1425）六月自南京海船厂调军士十一万八千人助建长陵[③]，以后也大量役使军士，以致弘治十年（1497）兵部称：

① 《明会典》卷 189，工部九，工匠二。中华书局，1989 年排印本，第 950 页。

② 贺仲轼，两宫鼎建记（卷上），（长沙）商务印书馆，丛书集成初编，No. 1499，1939 年，第 2 页。

③ 赵其昌，明实录北京史料（一），北京古籍出版社，1995 年，第 388 页。

“京师近年以来土木大兴，以摘拨官军为常，其数动以千万计，劳苦不可胜言，请量为停止。”[①]以后在嘉靖三十七年（1558）重建午门时，也调用军夫十万人应役。可知修建宫殿、陵墓、长城等大型工程时，军工仍是重要力量。

明代还有固定工，称坐住匠，由工部发饷，分配在内府各职能机构。但其中木匠、瓦匠、石匠所占比例极小，当是维修工匠。

明代工匠的工价和劳动定额无正式记载，但在一些官方文件如《奏议》等中可发现片断线索。明嘉靖间筑长城的工价在《明实录》记载当时蓟镇雇专业工人砌筑边墙的施工单价为每丈用银 15 两（参阅后面第五节长城部分）。

明代的建筑施工工具的情况在《天工开物》中有记载。（参阅下面建筑著作中的《天工开物》部分）

六 建筑著作

明代官式建筑术书不传，只有少数民间著作流传，但其缺点是不系统，具体技术内容少，且间杂大量用以挟制业主的风水迷信之说甚至魇胜内容。

（一）新编鲁班营造正式六卷

明中期福建刊本，不著撰人名氏，现藏宁波天一阁，为传世仅存之本。此本虽分 6 卷，但叶码直排，而又缺失 1～3 叶，存第 4～39 叶，是据一个残本翻刻的，内容不完整。但它是传世明人营造书最早之本，并附有图样，后世各种本子的鲁班经均据此增益而成，故虽不全，仍有重要价值。

卷一存 4～9 叶，共 6 叶，内容首为工匠在建屋前烧香、请神的仪式和祷文等，其后为定地盘程序，附有地盘及真尺图二幅。

卷二为 10～19 叶，然缺卷首叶，文字为断水平法、鲁班真尺押字、曲尺图、推白吉星、伐木择日、匠人起工格式、宅舍吉凶论、三（二?）架屋后连一架、画起屋样。附水平、鲁班真尺、曲尺图三幅。

卷三为 20～29 叶，文字为五架、七架、九架房子格，造屋吉凶例、附三架屋、五架屋、楼阁、七架屋、九架屋、秋千架、小门式等七幅图。

卷四为 30～36 叶，失卷首叶，文字为棕蕉亭、造门法、起厅堂门例、垂魚正式、驼峰正格等，并附亭、门、垂鱼、驼峰八幅图。

卷五全缺。

卷六为 37～39 叶，亦无卷首叶，文字为五架屋诸式、五架后拖两架、正七架格式、造羊栈格式，并附钟楼、七层宝塔二图。末叶题“新编鲁班营造正式六卷终”。

据刘敦桢、郭湖生二先生研究，此书文字中有涉及元代地方建制，真尺、水平、垂鱼、驼峰等仍存宋以来旧制，可能为明初的民间工匠使用之书。[②③] 其中前二卷中请仙师文、造

① 赵其昌，明实录北京史料（二），北京古籍出版社本，1995 年，第 641 页。

② 刘敦桢，评鲁班营造正式，载：刘敦桢文集（四），建筑工业出版社，1992 年，第 187～193 页。

③ 郭湖生，关于鲁班营造正式和鲁班经，载：科技史文集（第七辑），上海科技出版社，1981 年，第 98～105 页。

舍宅吉凶论、鲁班真尺压字等均属魇胜求福、趋吉避凶之迷信行为，以取信、要挟业主，不足深论。但其中的图纸部分，如二至九架屋的图式明确表明其构架为穿逗架，且五架以上房屋均在二柱间加一瓜柱，不再用柱柱落地的做法，表明在明代前中期南方地区的民居建筑中已广泛使用穿逗架，并发展得较成熟和规范化（图 9-112）。

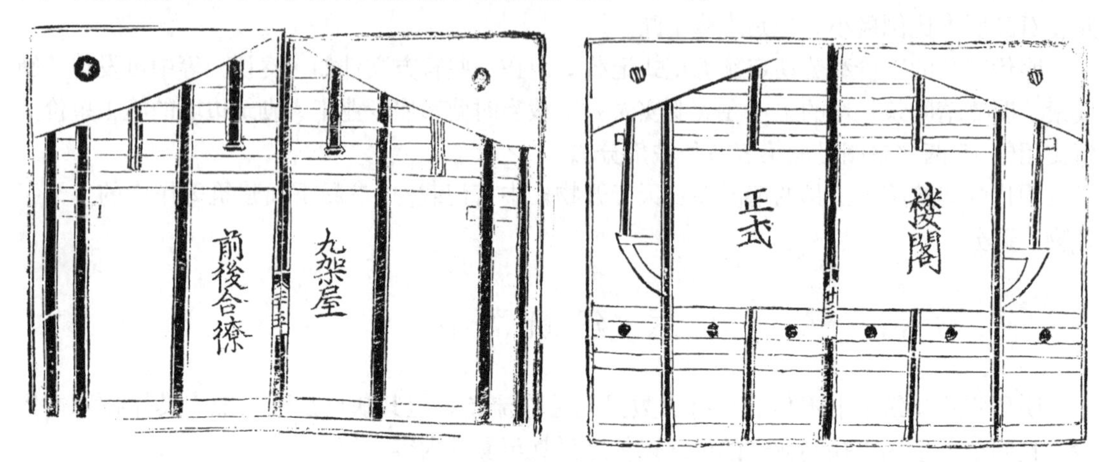

图 9-112　《鲁班营造正式》所附楼阁及九架屋图

天一阁藏明刊本

（二）鲁班经匠家镜三卷

此书有明万历、崇祯等本传世，现流行本为《故宫珍本丛刊》中的《新镌京板工师雕斫正式鲁班经匠家镜》，题“北京提督工部御匠司司正午荣汇编，局匠所把总章严仝集，南京递匠司司承周言校正”。全书三卷，各附有图。

卷一有关施工程序和技术的内容有：起造伐木，起工架马、画柱绳墨、动土平基、竖柱、拆屋、盖屋、泥屋、砌地、立木上梁、断水平法、画起屋样、鲁班真尺、曲尺、定盘真尺、三架五架七架九架屋格、秋千架、小门、搜焦（棕蕉）亭、门楼、王府宫殿、司天台、寺观庵堂、祠堂、神厨、营寨、凉亭水阁。

卷二主要是仓廒、桥梁、郡殿角、钟楼、禾仓、牛栏、羊栈、马厩、猪栏、鹅鸭鸡栖等不同类型的建筑和屏风、围屏、牙轿，以及衣笼、大床、禅床、禅椅、镜架镜箱、雕花面架等数十种内容和灯笼、水车等用具的型式和制做。

卷三均为房屋图，每图各附一诗，言其形式、环境与吉凶的关系。

但此书主要讲的是建屋时采取的各种布局、形式、尺寸及环境情况与业主吉凶祸福的关系，涉及的实际技术内容较少。其中所附图除少数工作图、屋架图辗转源自《鲁班营造正式》、一些生活用具可反映民间生活情况、有一定参考价值外（还有部分抄错了，如秋千架等），如王府宫殿、司天台等则纯属臆造，与当时实物无涉，也非民间工匠所能承揽的工程。把它与《鲁班营造正式》中相应之图作比较即可知其差异（图 9-113）。

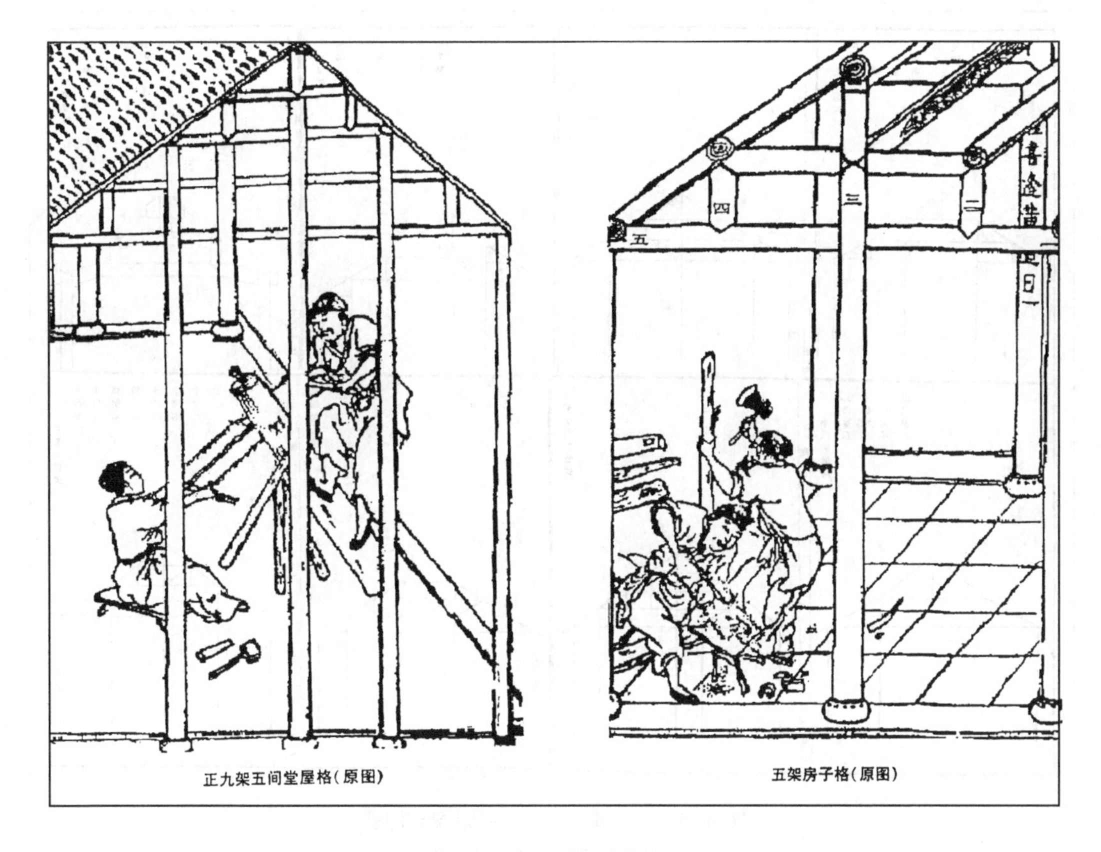

正九架五间堂屋格（原图）　五架房子格（原图）

图 9-113　《鲁班经匠家镜》所附五架房子格图、正九架五间堂屋格图

（三）园冶三卷

明计成撰，全书三卷，附图 235 式。

卷一首兴造论、园说，即造园之总说，提出“巧于因借”和“精在体宜”的原则。其后为相地、立基、屋宇、装折四节。

相地分别论述在山林、城市、村庄、郊野、傍宅、江湖等六种不同地段造园时选地、构景的原则。

立基论述园林内造屋总的布置原则和厅堂、楼阁、书房、亭榭、假山等七种的布置特点。

屋宇论述园林建筑与住宅中房屋的差异和斋、馆、台、亭等十五类建筑的特点以及五架至九架梁房屋的构架特点、草架的用途，并附有各类建筑的侧样和平面图式 12 种（图 9-114）。

装折论述园林建筑内外檐装修的布置，包括屏门、天花、门窗棂格、风窗形式等，并附有图式 62 种。

卷二为栏杆及其图样一百式。

卷三为门窗、墙垣、铺地、掇山、选石、借景六节。

门窗附图式 31 种。

墙垣除论述园墙之布置原则外，介绍白粉墙、磨砖墙、漏砖墙、乱石墙四种的特色和做

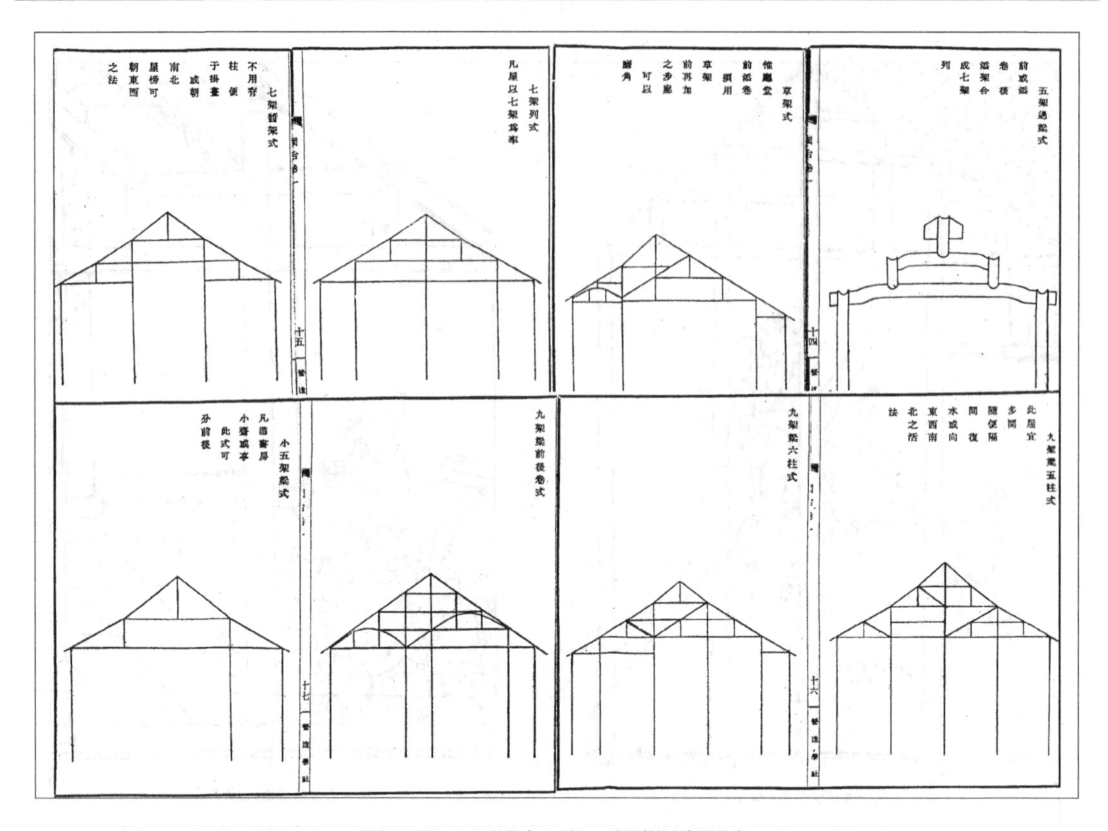

图 9-114　《园冶》卷一所附屋宇图式

中国营造学社 1932 年排印本

法，并附有漏明墙图式 16 种。

铺地论述园林地面的特点，并介绍乱石路、鹅子地、冰裂地、诸砖地四种，并附有砖铺地图式 15 种。

掇山通论叠假山的原则要领，提出要用木桩为基，上盖大石，以灰土填筑基坑等技术问题。此外专门介绍了叠园山、厅山、楼山、阁山、书房山、池山、内室山、峭壁山、山石池、金鱼缸、峰、峦、岩、洞、涧、曲水、瀑布等不同景物的布置原则。

选石介绍了太湖石、昆山石等十六种不同产地的石材的特点，提出选石原则和根据石材的特点造出不同风格的问题。

借景论述了如何借用外围景物，近于使园景与周围大环境结合的问题，是对卷一提出的“巧于因借”原则的进一步阐发。

此书作者计成是明末的造园家，在江浙一带建造了大量园林，此书是他总结造园经验的专著，重在造园的立意和构景等艺术问题，但在房屋构架、草架做法方面列出大量图式，在磨砖门套方面提出结合的新方法，在粉墙、乱石墙做法上提出用黄沙加石灰的镜面墙和使用油灰的做法，在掇山方面提出使用桩基和用杠杆抬升石块等方法都反映了当时建筑技术上的一些新发展。①

① 参阅陈植注释的《园冶注释》，中国建筑工业出版社，1981 年。

(四)《天工开物》三卷

明宋应星撰，全书三卷十八篇，上卷六篇包括农业、蚕丝、棉织、农产品加工、制糖等方面，中卷七篇包括陶瓷、铸造、舟车、铁工具制做、采煤烧石灰、榨油、制纸七方面，下卷五篇包括矿冶、武器制做、颜料、釀酒、珠玉等方面，并附图123幅，全面阐述了当时农业、手工业生产技术发展情况、主要成就及达到的水平，是我国古代最重要的科技著作。[①]

中卷的“陶埏”篇记载砖瓦的制做技术和品种，如记制陶瓦以桶为模，每坯可制四片瓦，及有“沟瓦”、“滴水”、“云瓦”等品种；砖有砌空斗墙的“眠砖”、“侧砖”，铺地的“方墁砖”，代替望板的“楻板砖”，砌拱券的“刀砖”等品种，以及烧制的火候，用柴、用煤为燃料时窑形的变化等（图9-115）。

图9-115　《天工开物》中卷所附“造瓦”及“砖瓦济水转锈窑”图

日本翻刻本

中卷的“锤锻”篇中，“锉”，“锥”、“锯”、“刨”、“凿”等条记载了这些木工工具的特点和制造方法：

“锉”有开锯齿用的“茅叶锉”，治锁钥用的“方条锉”等品种。

“锥”有订书册的“圆钻”，订皮革的“扁钻”，建筑木工用的“蛇头钻”，和锥身三棱形

① 所据为日本翻刻本，卷中可能偶有误字。

的“旋钻”、锥身四方形的“打钻”等品种。

“锯”用“熟铁断（锻）成薄条，……用锉开齿，两头衔出为梁，斜篾张开促紧使直。长者剖木，短者截木，齿最细者截竹。”

“刨”“寸铁露刃，秒忽斜出木口之面，所以平木，古名曰准。……寻常用者，横木为两翅，手执前推。梓人为细工者，有起线刨，刃阔三分许。又刮木使极光者名蜈蚣刨，一木之上冲十余小刀，如蜈蚣之足。”

书中所记锯的形式为常用的木架锯，刨的形式也是横用木制刨床，用推手前推平木，与近代传统木工仍在使用的锯、刨基本相同，对了解明代木工工具的情况极有帮助。

第五节　工官和重大工程建设

一　工程管理机构

明建国之初，随着行政机构的几次变易，工程管理机构也不断变化。吴元年（1367）置将作司，洪武元年（1368）设六部后，以将作司隶工部。洪武六年（1373）又置营造提举司。洪武二十五年（1392）改将作司为营缮所，设所正、所副、所丞各二人，以诸匠之精艺者为之。从以工匠为营缮所官吏分析，营缮所应是主持实际建筑工程的机构。洪武初无锡著名匠师陆贤即被任命为营缮所丞，参加建造南京宫殿，可知明代工部建设的具体设计、施工仍要依靠有经验的老技工。

明代正式主管工程的机构是工部，创设于洪武元年（1368），二十九年（1396）改所属为营缮、虞衡、都水、屯田四个清吏司。《明史·职官志》工部称：“（工部）尚书掌天下百官、山泽之政令，侍郎佐之。营缮（清吏司）典经营兴作之事，凡宫殿、陵寝、城郭、坛场、祠庙、仓库、廨宇、营房、王府、邸第之役，鸠工会材，以时程督之。”则具体的建筑工程由工部的营缮清吏司主持。

《明史·吴中传》说吴中“先后在工部（任尚书）三十余年，北京宫殿，长、献、景三陵皆中所营造”。《明实录》载十八年十二月北京郊庙宫殿建成后，升营缮清吏司郎中蔡信为工部右侍郎，工匠杨青、金珩等为所正、所丞，也表明建筑工程由工部的营缮清吏司中任下层吏员的工匠主持。到明嘉靖时，因进行重建三大殿等重大工程，特添设尚书一人，专主持其事。

据“典经营兴作之事”句，则应和前代工部一样，明代工部也包括具体的建筑规划设计和制定宫殿、王府和百官、庶民住宅制度的工作，由营缮清吏司负责。坟墓制度的制定则由屯田清吏司负责。

但明代又有太监管工程的传统，自永乐中营建北京和正统重修三大殿即由太监阮安主持，工部配合，至明中期则已形成定例，据《明会典》卷181工部，内府条载，“（嘉靖）二十九年题准，凡内府及在外各项大工，例应内官监估计，”可知重大工程的设计施工管理权已实际由太监掌握。

二 建筑制度

明代对王和公主、百官、庶民的住宅都订出了制度加以限制，载于《明史》舆服志的“臣庶室屋制度”中。对官署虽无明确的制度条文保存下来，但在一些文献中还有某些迹象可寻。

1. 亲王府、郡王府、公主府的第宅制度

主要为明洪武间所订，亲王府可建城，四面开城门，府内房屋可达八百间以上，正殿面阔十一间，后殿九间，用青琉璃瓦，油饰彩画可用朱红、大青绿点金，殿内有画蟠螭的藻井。公主府的正殿也为九间，正门五间，用斗栱和彩画。从其正殿十一间，超过皇宫规制看[①]颇有可能并未执行，到明弘治八年（1495）重订制度时即正式加以削减。[②]历代订立建筑制度除划分尊卑贵贱等级外，多少还有一些防止过度建设、减缓社会矛盾的作用，而明洪武初的王府建筑制度却恰恰相反，甚至允许建城，对贵族、高官居宅所订的规制在历朝中也是最高的，近于无限制。这些与朱元璋分封诸王于各地的弊政联系起来，可反映出他乍得天下，意满而骄，无限扩大皇权，忘乎所以的情况，应属于明初之恶政。

2. 公侯百官住宅

明洪武三十六年（1393）统一规定，百官的住宅不许用歇山转角、重檐、重栱及绘藻井，不许以古圣贤及日月龙凤为饰，品官房舍門窗户牖不得用丹漆。[③]其具体制度分公侯、一至二品、三至五品、六至九品，共四档。

（1）公侯宅：厅、堂为七间，大门三间，檐椽、斗栱、梁栋可用彩画。

（2）一品、二品官住宅：厅、堂五间，檐椽、斗栱、梁栋可用彩画。大门三间。

（3）三品至五品官住宅：厅、堂五间，屋脊用瓦兽，檐椽、斗栱、梁栋可用青绿彩画。大门三间。

---

① “亲王府制：洪武四年定；城高二丈九尺，正殿基高六尺九寸。正门、前后殿、四门城楼饰以青绿点金，廊房饰以青黛。四城正门以丹漆，金涂铜钉。宫殿窠拱攒顶，中画蟠螭，饰以金，边画八吉祥花。前后殿座用红漆金蟠螭，帐用红绡金蟠螭。座后壁则画蟠螭、彩云，后改为龙。立山川、社稷、宗庙于王城内。七年，定亲王所居殿前曰承运，中曰圆殿，后曰存心。四城门南曰端礼，曰广智，东曰体仁，西曰遵义。太祖曰：‘使诸王睹名思义，以藩屏帝室’。九年，定亲王宫殿、门庑及城门楼皆复以青色琉璃瓦。又命中书省臣，惟亲王宫得饰朱红、大青绿，其他居室只饰丹碧。“十二年，诸王府告成。其制：中曰承运殿，十一间；后为圆殿，次曰存心殿，各九间。承运殿两庑为左右二殿。自存心、承运周回两庑至承运门，为屋百三十八间。殿后为前、中、后三宫，各九间，宫门两厢等室九十九间。王城之外，周垣、四门、堂库等室在其间。凡为宫殿室屋八百间有奇。”

“郡王府制：天顺四年定。门楼、厅厢廚库、米仓等，共数十间而已。”

“公主府第：洪武五年，礼部言：‘唐宋公主视正一品，府第并用正一品制度，今拟公主第：厅堂九间十一架，施花样兽脊，梁、栋、斗栱、簷、桷彩色绘饰，惟不用金。正门五间七架。大门绿油、铜环。石础、墙砖镌凿玲珑花样。’从之。”《明史》卷 68，志 44，舆服 4，宫室制度、臣庶室屋制度、器用。中华书局标点本 ⑥，2007 年，第 1670～1671 页。

② “弘治八年更定王府之制，颇有所增损。”《明史》卷 68，志 44，舆服 4，宫室制度、臣庶室屋制度、器用。中华书局标点本⑥ ，2007 年，第 1670 页。

③ “百官第宅：明初，禁官民房屋不许雕刻古帝后圣贤人物及日月、龙凤、狻猊、麒麟、犀象之形。凡官员任满致仕，与见任同。其父祖有官，身殁，子孙许居父祖房舍。”“洪武二十六年定制：官员营造房屋，不许歇山转角、重簷、重栱及绘藻井。惟楼居重簷不禁。”“品官房舍门窗户牖不得用丹漆。”《明史》卷 68，志 44，舆服 4，宫室制度、臣庶室屋制度、器用。中华书局标点本 ⑥，2007 年，第 1671 页。

(4) 六品至九品官住宅：厅、堂三间，梁、栋饰以土黄。门一间三架。[1]

其中表现的等级主要为：厅、堂面阔依次为七间、五间、三间，分三个等级。大门依次为三间、一间，两个等级。装饰彩画依次为彩画、青绿彩画、黄土刷饰三个等级。

3. 百姓（庶民）住宅

一般百姓（庶民）住宅：据"洪武二十六年定制，不过三间五架，不许用斗栱，饰彩色。三十五年复申禁饬：不许造九、五间数，房屋虽至一二十所，随其物力，但不许过三间。正统十二年令稍变通之，庶民房屋架多而间少者，不在禁限。"[2]

据此，民宅房屋（厅、堂等正房）最初规定只能面阔三间，进深五架（即四椽），且不许用斗栱、画彩画。以后稍放宽，允许有财力者可建多座房屋的大宅，但每座房屋面阔均不能超过三间。到正统十二年（1447）又稍放宽对房屋进深的限制，进深允许超过五架。民宅最高规格基本和六至九品官宅相近，但不许用斗栱、画彩画。在这规定限制下，百姓住宅、商店实际只能用黑色。解放初期山西、陕西一些尚保留旧风貌的小城市临街建筑以涂黑漆为主，就是其遗风。

4. 官署

明代官署的概况见第二节官署部分。据现存图纸可知，中央官署的规制可以六部为代表，布局分左中右三路，中路为主体，由均面阔三间的大门、仪门，分为前后三进院，其正堂在中院，与后厅之面阔均为五间，左右可各建三间耳房。两侧廊院均为三合院，其正厅为三间，为各司的办公处所。中央官署内不包括官员住宅。

地方官署的规制可以苏州府治图为代表，布局也分左中右三路，中路的正厅、后堂均面阔三间，左右有耳房。和中央官署不同处是明代立国后颁布法式，要求郡、县的地方长官和主要吏员均需集中居住于署中，以互相监督，防止贪污和请托之弊[3]，其情形略似新中国成立初期的政府大院。故明代府、州、县官署官厅后方的小院传统上为长官居所，左右侧还各有四五个院落，除个别为司署外，主要供中级官吏居住。苏州府治图和明代志书《隆庆临江府志》、《嘉靖宿州志》所附府治、县治图的后部并列三宅，左右侧各一行四五个小院都是这种布置之例。

综合上述，明代官署的规制大体上是：中央官署的正厅、后堂面阔为五间，左右可各建耳房一至三间。地方州、府、县等官署的正厅、后堂面阔三间，左右可各建耳房一至三间。其总体布局基本上是主院居中、两侧各建若干纵向排列的小院。

---

① "公侯：前厅七间两厦九架，中堂七间九架，后堂七间七架。门三间五架，用金漆及兽面锡环。家庙三间五架，覆以黑板瓦，脊用花样瓦兽，梁、栋、斗栱、簷桷采绘饰，门窗、枋、柱金漆饰。廊、庑、庖、库从屋，不得过五间七架。一品、二品：厅堂五间九架，屋脊用瓦兽，梁、栋、斗栱、簷桷采绘饰。门三间五架，绿油，兽面锡环。三品至五品：厅堂五间七架，屋脊用瓦兽，梁、栋、斗栱、簷桷青碧绘饰。门三间三架，黑油，锡环。六品至九品：厅堂三间七架，梁、栋饰以土黄。门一间三架，黑门，铁环。"《明史》卷68，志44，舆服4，宫室制度、臣庶室屋制度、器用。中华书局标点本⑥，2007年，第1671页。

② 《明史》卷68，志44，舆服4，宫室制度、臣庶室屋制度、庶民庐舍。中华书局标点本⑥，2007年，第1672页。

③ 明王祎《王忠文集》卷九，义乌县兴造记："今天子既正大统，务以礼制匡饬天下，乃颁法式，凡郡县公廨其前为听政之所如故，自长贰下逮吏胥即其后及两傍列屋以居，同门以出入，其外则缭以周垣，使之廉贪相察，勤怠相规，政体于是而立焉。"据《四库全书》电子版。

三　工匠和关注工程技术的官员、文士

1. 陆贤、陆祥

明初无锡人，其先世曾为元代主持修建的工官。洪武初任营缮所丞，参加建造南京宫殿。其弟陆祥初为石匠，屡次参加北京重大工程，至宣德时累官至工部侍郎，天顺八年（1464）与蒯祥共主持明英宗裕陵的修建。[①]陆贤的事迹虽无更详细记载，但从他的江南籍贯和为元代工官的经历可知明洪武时所建南京宫殿是以江南地区建筑传统为基础并在一定程度上参考了元代宫殿体制而形成的。这两人虽以后被任以官职，但他们都是技术高超有大量实际建造经验的匠师首领。

2. 蒯祥

江苏吴县香山木工，参与永乐十五年建北京宫殿。又曾主持正统五年（1440）重建奉天、华盖、谨身三殿工程和正统十三年（1448）北京大隆兴寺、景泰四年（1453）北京大隆福寺、天顺八年英宗裕陵等重要工程的修建。正统十二年（1447）以修北京城垣劳绩，由营缮所所副升至工部主事。累官至工部左侍郎。[②]史载蒯祥能以两手执笔画双龙，合之如一，表明他本人是有高超技艺的木工，且能制图，他是以劳绩而破格得到工部侍郎的任命的。蒯祥的籍贯和经历也表明，北京宫殿除体制上规摹南京宫殿外，其匠师也主要来自江浙地区。

3. 阮安

越南人，永乐时为太监，长于营建之事，永乐十五年（1417）营建北京，主持规划城池和两宫、三殿、五府、六部等宫殿、衙署建设。正统五年（1440）参与重建奉天、华盖、谨身三殿工程，六年工毕受重赏。[③] 正统元年十月还受命修京师九门城楼月城。[④]是明代由太监监管内工之最早事例。太监不大可能有建造技术，恐主要是以皇帝之亲信去监视工官和匠师的。

4. 徐杲

明嘉靖时木工，服役于工部，先后参加和主持了几项皇家重大工程。如嘉靖三十六年（1557）始建午门、建成大光明殿，三十七年（1558）建成大朝门，三十八年（1559）建成玄都殿，三十九年（1560）建成玉熙宫，四十一年（1562）建成万寿宫及前三殿等，由太仆寺卿逐步晋升至工部尚书，支正一品俸，是明代工匠出身的人所得的最高官阶。史载重建永寿宫时，徐杲先赴现场考查，“四顾筹算，俄顷即出，而斫材长短大小，不爽锱铢。”又载前三殿在嘉靖三十六年第二次灾后，诸将作均不知其旧制，徐杲依据遗址情况“以意料量，比落成，竟不失尺寸。”由此可知徐杲是一位有规划设计能力、技艺高超的木工匠师。在中国

---

① 朱启钧、梁启雄辑：《哲匠录》第一，营造，明，陆贤、陆祥条引《康熙无锡县志》人物志·方技，载《中国营造学社彙刊》三卷三期，第92页。

② 赵其昌辑：《明实录北京史料》（二）正统十二年闰四月己卯条，正统十三年十月丁巳条，景泰四年三月癸未条、天顺八年二月丙戌条，北京古籍出版社，1995年，第173、188、283、389页。

③ 赵其昌辑：《明实录北京史料》（二）正统六年十月乙丑条，北京古籍出版社，1995年，第111页。

④ 赵其昌辑：《明实录北京史料》（二）正统元年十月条，北京古籍出版社，1995年，第38页。

古代，木工是诸工之首，实际负建筑设计的全责，也参与群体的规划。[①]

5. 余子俊

四川青神人，明景泰二年进士，成化六年（1470）巡抚延绥。九年（1473）修筑自榆林附近之清水营西至花马池的边墙，长1770里，沿线凿崖筑墙，墙下开堑，每二、三里建敌台或崖砦，全线共筑城堡11座，边墩15座，小墩78座，崖砦819座，共用军工4万人，在三月内建成。成化二十年（1484）又总督宣府大同，提议自北京延庆的四海冶西至黄河，在1300余里的边城上增筑高广皆为3丈的墩台440座，（连原有170座，共有墩台610座，平均2.1里一座）预计役夫86000人，数月可成，因遇荒年未能实现。六、七十年后才在嘉靖中后期由翁万达、许论等建成山西段的长城和墩台。余子俊是对明代修长城有开创性重大贡献的人。[②]

6. 戚继光

山东东牟人，抗倭名将（1528～1588）。隆庆二年（1568）为总兵，镇守蓟州、永平、山海，建议在蓟镇边墙“跨墙为台，睥睨四达。台高五丈，虚中为三层，台宿百人，铠仗糗粮具备。令戍卒画地受工，先建千二百座。五年（1571）秋，台功成。”史称建台后此段长城“精坚雄壮，二千里声势连接。”[③]戚继光是对完善长城防御功能起了重要作用的人。

7. 计成

江苏吴江人，生于明万历十年（1582），擅绘画，喜荆浩、关仝风格。发其绘山水之心得于造园，先后在常州、仪征、扬州为吴元、汪士衡（汪机?）、郑元勲造园，得名于时，尤以理石（叠山）著称，被誉为得荆浩、关仝遗意。后将其造园心得撰成一书，定名《园牧》，并附有图样235幅，其友人曹履吉为改名《园冶》，崇祯七年（1634）阮大铖为撰序刊行。此书是我国现存唯一的古代造园专著，反映了计成的造园理论和技术成就，其详见前节建筑著作部分。

四 重大工程建设

明代除建南京、北京、中都的都城和宫殿坛庙等巨大建设工程外，还有建长城和开运河两项对国防和经济有重大作用的大型长期工程，运河属水利工程，故这里只重点介绍长城。

明建国后，退回漠北的蒙古残部聚集一定力量后，即不断南侵。正统十四年（1449）竟俘获明英宗，兵临北京城下。以后也不断进犯，迫使明廷不得不大力修整、改建、增建长城，以加强防御。历经百余年建设，至万历时，已形成东起山海关西至嘉峪关长达6300公里的边墙，辅以大小城堡、附城敌台、烟墩等屯守设施，史称万里长城。

长城的城墙视其重要性和地理条件而有多种做法，有砖石墙、毛石墙、夯土墙、山险墙、木柞墙等。砖石墙表面用砖石包砌，内部用夯土、灰土或碎石填充。木柞墙即木栅。在山势险要处利用山崖为墙，上砌垛口，称“山险墙”，也有就山形凿成陡崖以设防的，称

① 朱启钧、梁启雄辑：《哲匠录》第一，营造，明，雷礼、徐杲条引《万历野获编》、《世庙识余录》，载：中国营造学社汇刊，三卷三期，第107～108页。

② 《明史》卷178，列传66，余子俊传，中华书局标点本⑯，1991年，第4736～4739页。

③ 《明史》卷212，列传100，戚继光传，中华书局标点本⑱，1991年，第5610～5617页。

“劈山墙”。

为加强边防，明代分长城沿线为九个防区，每区设一镇，总称“九镇”或“九边”。九镇中，蓟镇、宣府镇、大同镇、山西镇从北面和东西侧翼保卫首都北京，最为重要，设防最为坚固，因其多经山区，地形险峻，工程也最艰巨。西部各边则仍以夯土墙为主。

明以前的长城为夯土或碎石筑成，至明代逐渐把自山海关至山西段在城两侧包砌砖石，成为砖石城。据明代碑文记载，城的做法大体可分三个等级：一等全部用砖石包砌，墙心用灰土或毛石砌体，垛口、女墙、城顶面全用砖；二等外侧用砖石，内侧砌虎皮石，余同一级；三等多就地取材，一般用毛石填心，两侧砌虎皮石。[①] 据调查，蓟镇部分長城所用城砖的尺寸为38厘米×19厘米×9.5厘米，合明尺12寸×6寸×3寸，即尺二城砖，砖之砌法以一顺一丁为主，白灰勾缝。铺城顶地面的方砖宽38厘米，合明代12寸。[②]

这三种砌法工程都非常坚固，很多段落都能历时四五百年保存下来，遗憾的是在近三数十年内，为了剥取城砖，一些段落遭到严重的人为破坏。

在长城沿线还修建了大量的敌台和烽堠。据（明）魏焕《皇明九边考》记载，宣府镇小边长733里，用墩台358座；大同镇小边长五六百里用墩210座；平均近于每2里一座。[③]在蓟镇一线所建更多，其空心敌台是按戚继光的建议修建的。据（明）戚继光《练兵杂记卷六·车步骑营阵解下》所载，“其制高三四丈不等，周围濶十二丈，有十七八丈不等者。凡冲处数十步或一百步一台，缓处或百四五十步或二百余步不等者为一台。……下筑基与邉墙平，外出一丈四五尺有馀，内出五尺有馀，中层空豁，四面箭窗，上层建楼橹，环以垛口，内卫战卒，下发火炮，外击寇贼，贼矢不能及，敌骑不敢近。”[④]据文和附图可知，敌台位置和间距视防守需要而定，一般跨城身而建，边宽三丈至四丈，高二至三层，底层石砌，与城身平，一、二层砖砌，四面有箭窗，楼层用砖拱券构成，顶层建守望木屋，四周有垛口，便于对外攻击，台身外突一丈五尺，作用近于马面，可防止敌人从侧面攀城。每台有守卒五至十人，常年居住守卫，是长城的基层防守据点。明前期长城也设有守卫哨所，因不利于防守和居住，加以欠薪饷严重，兵卒多逃亡，形同虚设，这种三层敌台建成后，大大加强了长城的防守作用。烽堠即烟墩，明后期除原有旧墩外有些处即利用新建空心墩台做烟墩，间距以可以互见和鼓声相闻即可。它们的概貌可从山西应县、偏关附近的实物看到。

长城沿线设有大量驻军防守的城堡，据（明）王士琦《三云筹俎考》记载，仅大同一镇即有城堡72座。其中城周最大者在11里至9里之间，驻军约9000人，而以周2～3里者较多，驻军在500至1000间。城高最高4丈4尺，而以高3丈5尺者较多。一部分洪武、永乐始建时即为砖城，其余在嘉靖至万历间也陆续用砖包砌。[⑤]

从下述几例可知此时长城和附属防守设施的概况。

1. 北京八达岭长城

在北京西北60公里，是居庸关的外围屏障。它的主体为关城，始建于明弘治十八年(1505)，平面近于梯形，城高7.5米，宽4米，东西各建一关门，砖砌的券洞宽3.9米，高

① 臧尔忠，长城城墙，载：中国长城学会编，长城百科全书，吉林人民出版社，1994年，第703～706页。

② 臧尔忠，瓦作，载：中国长城学会编，长城百科全书，吉林人民出版社，1994年，第729～730页。

③ 明·魏焕，《皇明九边考》卷四、卷六，北京图书馆善本丛书第一集影印明嘉靖刊本。

④ 明·戚继光，《练兵杂记》卷六，车步骑营阵解下，敌台解、烽堠解，《四库全书》电子版。

⑤ 明·王士琦，《三云筹俎考》卷三，险隘考，北京图书馆善本丛书第一集影印明万历刊本。

5.06 米。西门为外门，南北侧连长城。长城之基宽约 6.5 米，顶宽 5.8 米，在较平缓地段高约 7～8 米，内外侧壁用条石砌成，白灰钩缝。城顶面铺三四层砖，并砌出排水沟，由吐水石槽排向城外。城顶外侧用砖砌高约 2 米的垛口，设瞭望孔及射孔，内侧砖砌高 1 米多的女墙。① 在山势陡峻地段，城身及垛口等均砌作阶梯状升降，城顶面则做成踏步。城身每隔一定距离建有墙台和敌楼。墙台为突出城身外的小墩台，古代称“马面”。敌楼为二层砖砌小堡，木楼板，墙上开砖券洞为门窗，为兵士居住和守御的据点。八达岭段是长城中较高规格的做法。

2. 河北滦平县金山岭长城

在古北口之东，建在大小金山的山脊上，城身下用条石为基，两侧用砖包砌，外侧随地势高 5～8 米不等，底宽约 6 米，顶宽 5 米，顶面铺砖，砌有排水沟，垛口设有瞭望孔和射孔。在陡峻处因城身斜上，城顶的侧面遂暴露于外，为防侧面攻击，在垛口内侧间隔砌垂直它的短墙为障蔽，称障墙。这段长城在 50 公里内建有 158 座敌楼，平面有方、圆、矩形等多种形式，主要为砖砌楼身上复木屋顶。② 较重要的大型敌楼外还周以砖墙为外围防御，如前代的羊马墙。这段长城的敌楼即是按戚继光的建议修建的，其基本规格见前文所引戚继光撰《练兵杂记》。

3. 山西应县小石口长城敌台

为一砖砌二层方形墩台，突出于城身之外，有馬道通上，左侧有一关门。敌台底方约 15 米，中层方约 12.5 米，顶方约 11.5 米，总高约 12.5 米。中层为筒券顶，中为心室，四周为回廊，外墙厚约 1.8 米，对外三面各开有 3 个箭窗。屋顶上四周有垛口、射孔。中间建一瞭望用屋，亦为筒券构造，上复硬山瓦屋顶（图 9-116）。

4. 山西偏关烟墩

亦为二层方 16.5 米墩台，台顶高约 9 米。下层有券门，经曲尺形梯道升至二层回廊，回廊墙厚约 2.6 米，四面各开三个箭窗，内为心室。再由回廊之梯道升至台顶，四周设垛口，开射孔，正中建一砖构瓦顶小屋。在墩台外有厚 5 米、长 55 米、宽 40 米的夯土围墙，开一小城门通至外部。一般烟墩只一墩台，此是总墩台，故增加一围墙（图 9-117）。

明代在近二百年中，为防御北方草原民族的入侵，在历代长城的基础上进行续建、改建、新建，形成一个以城墙为主、辅以关城、堡寨、敌楼、烟墩的完整防御体系，是一项伟大而艰巨的工程。就具体的砖石工程技术而言，长城的砌砖技术和拱券结构都是前代已有的做法，并无很特殊的创新之处。但是如考虑到它的巨大工程量和在崇山峻岭、荒漠原野中进行施工，情况就不同了。仅就材料、施工而言，建造砖、石城墙，石料要开采、加工，制砖先要取土、制坯，制砌墙用的石灰要先采石，然后伐木为柴，烧制成砖和石灰，最后把这些材料运输到现场，始能进行修筑。在险峻地段还要把巨大的条石和大量的砖、灰运到山脊或崖壁边缘，在当时技术条件下只能靠人力，故仅就材料的制备、运输而言，其困难程度已是极大的。在施工时，调制灰浆、淯砖、砌造等都需大量用水，这在水源缺乏的山地也是极困难的。如果再考虑运输人员、施工队伍的组织和在山区的生活安排，困难就更为巨大。但是长城的施工情况史籍很少记载，迄今也较少发现有关砖窑、灰窑、运输和施工的遗迹等，故

① 李鸿宾、梁民，八达岭长城，载：中国长城学会编，长城百科全书，吉林人民出版社，1994 年，第 757～758 页。
② 李鸿宾，金山岭长城，载：中国长城学会编，长城百科全书，吉林人民出版社，1994 年，第 752～753 页。

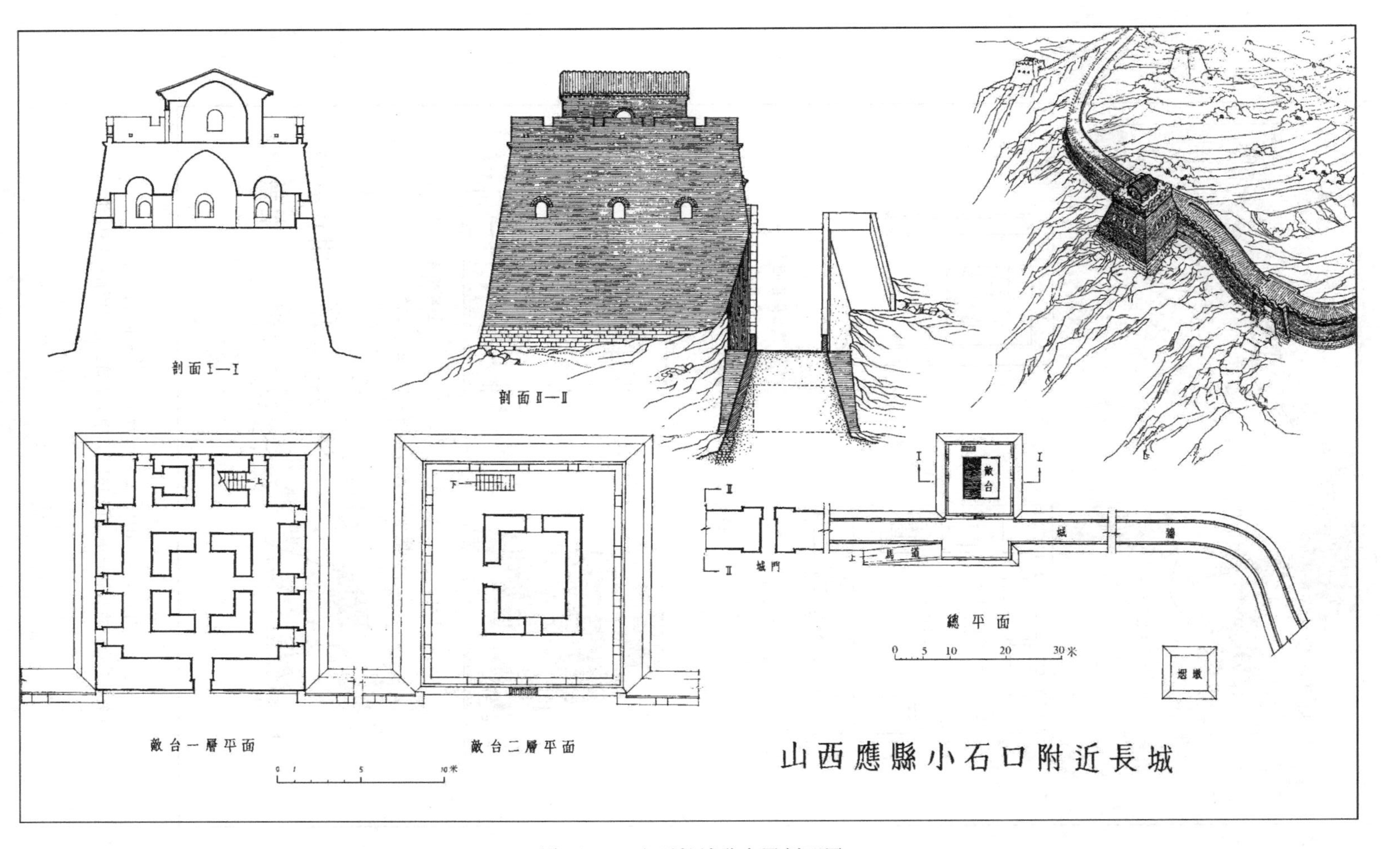

图 9-116 山西长城敌台平剖面图
刘敦桢:中国古代建筑史,图 161-1,中国建筑工业出版社,1984 年

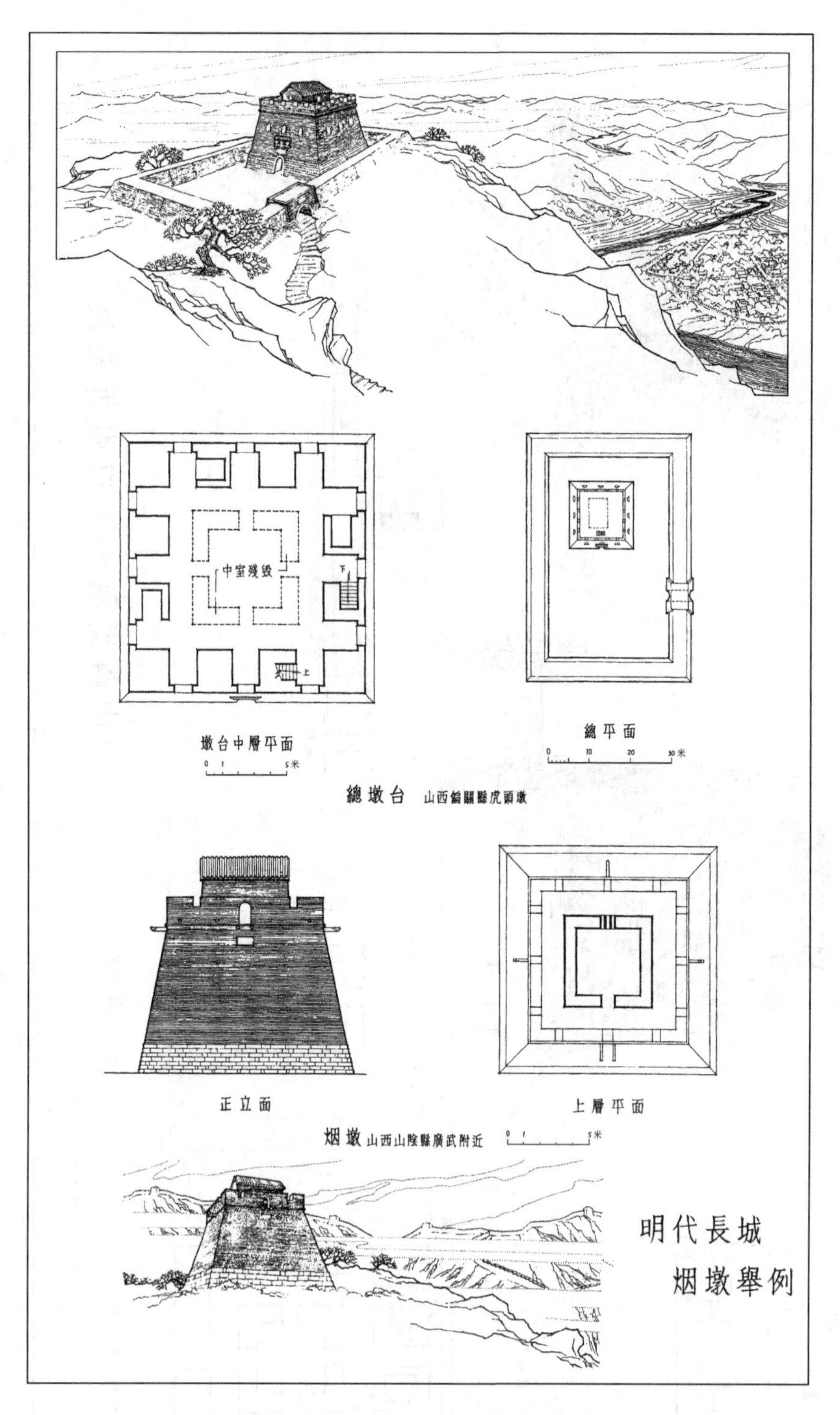

图 9-117　山西偏关长城烟墩平剖面图

刘敦桢：中国古代建筑史，图 161-2，中国建筑工业出版社，1984 年

这些仍是今后需要特别关注的问题。

关于筑边墙的工费，在史书中有零星记载。嘉靖三十二年（1553）御史蔡樸曾建议："四海冶、永宁旧墙单薄，乞亟命增缮，并筑敌台五十一座，仍于大小红门、柳沟口外适中处所增筑空心敌台三座。其北路独石一带塞垣工程宜先设敌台四十四座，计需银七千九百余两。"[①]据此，此建议拟共建敌台98座，需银7900余两，则每建一座敌台平均需银81两。

又，在隆庆三年（1569）总督蓟辽兵部侍郎谭纶奏称："蓟、昌两镇东起山海关，西至镇边城，延袤二千四百余里，……宜择要害缓急分十二路，或百步、三五十步筑一墩台，共计三千座。……每座可费五十金，高三丈，广十二丈，内可容五十人。"则此类墩台每座造价为五十两。[②]这类墩台是利用守边军士建造的，谭纶奏议称："其工程坚固，规制宏伟，较之民间有五、七百金及千金不能成者。"[③] 可知其工程质量较高，而功费远低于使用民工所造者。

关于筑城工价，在嘉靖三十七年（1558）唐顺之《条上蓟镇兵食九事》中也曾提及，说筑城之工，远者雇役，近则派夫。若派夫，每月每人银二两，百夫为二百两，另加盐菜银十两，每月可筑墙二丈，即每筑城二丈费银二百一十两。若雇役，则每筑墙一丈费银十五两，则以派夫百人筑城二丈所耗之银二百一十两改为雇役，可筑城十四丈。[④]唐顺之的建议说改雇专业工人施工比就地派民夫施工效率可增加七倍。据此，则当时蓟镇雇专业工人砌筑边墙的施工单价为每丈用银15两。

---

① 《明实录》嘉靖三十二年四月戊戌条。载赵其昌：《明实录北京史料》（三），北京古籍出版社，1995年，第449页。

② 《明实录》隆庆二年二月癸未条。载赵其昌：《明实录北京史料》（三），北京古籍出版社，1995年，第609页。

③ 谭纶：《谭襄敏奏议》卷六《再议增设重险以保万世治安疏》。文渊阁四库全书电子版。

④ 《明实录》嘉靖三十七年九月辛丑录唐顺之《条上蓟镇兵食九事》，其中涉及筑墙工费部分云："一，筑边墙工费：今顺天八府操工民兵（校记：实录此处有讹误，俟考。），远者雇役，近则派夫。以派夫计之，每夫月给银二两，若派百夫，费银二百两，而百夫筑墙，月以二丈为式，仍又给盐菜银十两。以雇役计，每之（筑？）墙一丈，费银十五两，则派夫二丈之费可得十四丈矣。今概徵银雇募，则官得七倍之赢，民罢去家之扰，其利如此。"载赵其昌：《明实录北京史料》（三），北京古籍出版社，1995年，第504页。

第十章 清代建筑

第一节 概　　说

明朝末年政治腐败，引发大规模农民起义。1644年春，李自成的起义军攻入北京，明政权瓦解，明残余力量在南京成立南明政权。起义军进北京后迅速腐化，被乘虚入关的满族军队击溃。满族军队进占北京后，建立清政权，它是以满族为主体建立的王朝，也是中国历史上最后一个王朝。

清朝建立后，至康熙初年，即逐步消灭了各股农民起义军及南明和三藩等割据势力，收复台湾，巩固了统治地位。在康熙至乾隆间人口增加，耕地扩大，农业生产恢复并有巨大发展，商业手工业繁荣，达到清之极盛期，在这基础上，清王朝逐步解决了蒙古、新疆、西藏问题，正式确立了统一国家的版图。这期间也是清代建筑活动取得巨大发展的时期，除完善宫殿外，在北京建离宫圆明园和清漪、静明、静宜三园，在承德建离宫避暑山庄、外八庙等大型皇家工程均在此时，南方扬州、苏州、杭州及广州、福州等省会城市的发展和繁荣也都在此阶段。

自乾隆末年起，政权日渐腐化，经济衰退，社会矛盾聚集，清朝进入衰落期。19世纪初，英国开始侵入并进行掠夺性鸦片贸易，引发鸦片战争，清王朝战败后，割地赔款。在国力大衰、内外矛盾加剧的情况下引发了太平天国等一系列起义，加以西方诸国和日本又相继多次乘虚入侵，最终在1911年暴发武昌起义，迫使清帝宣布"逊位"。这同时也就结束了在中国延续两千多年的中央集权王朝统治的历史。

清是以满族为主体建立的王朝，入关建国以后，虽想尽量保持本民族习俗、兵制等，但面对广大汉地和占人口绝大多数的汉人，必须尊崇传统的汉文化，并采用汉族传统的方法才能进行有效统治。故最终除服饰和八旗兵制外，其他方面，大至行政建置、宫殿坛庙制度、哲学、文学、诗歌、艺术诸方面都基本被汉文化同化。为便于统治，官方语言、朝廷文书也一律以汉语、汉文为主，在后期军事上也由于旗兵腐化，要靠汉族军队支持。在这种环境下，清朝的官式建筑基本是在明以来传统上延续和发展，各地方、各民族建筑在经济发展的带动下也有较大的发展。下面分类介绍此期在建筑方面取得的成就。

第二节 建筑概况

一　城　　市

据《清史稿·地理志》所载，"清初画土分疆，多沿明制，历年损益，代有不同"到清后期，全国有"府、厅、州、县一千七百有奇"。[①] 这比明代的1545座城要多出一百五十余座，表明清代随着农田开垦，农业、手工业发展，人口增长，城市的数量也有所增加。清代还出现一些大型手工业集镇，最著名的如佛山镇、景德镇、朱仙镇等。由于清初控制地方依靠满族八旗军，屯驻于首都北京和外省省城，包括江宁、杭州、福州、西安、广州、成都等地，并在这些城市中划出一部分为满城。这对各该城市的面貌及其发展也都有一定的影响。

（一）都城

清入关后定都北京，以在关外始建国时的都城盛京（沈阳）为陪都。但自顺治以次历代清帝都没有去过盛京，也没有进行过重大建设，只是保持称号、维持原状，适当加以点缀（如建文溯阁等），以示不忘本而已。清廷还以保护根本为由，限制内地人进入东北地区，故城市无明显发展。

1644年李自成被清兵击败，仓皇西逃时只破坏了部分宫殿，城市未遭到重大损坏，基本完整，故清入关后即定都北京。随着清政权的巩固和经济的发展，建筑和市容都有改善，但明代北京的整体格局基本无大变化。清定都后北京的较大改变有三：其一是驱逐内城的汉人于南外城，以内城为满城，城内除屯驻八旗军外，只允许满人居住，并建了大量的王、贝子、贝勒等贵族府第，使内城成为满族军民的专属居住区；其二是因内城所住均为满人，也就不再需要皇城的限隔，除保留若干宫廷服务机构、库房、寺庙外，大部分改为居住区，使八旗军和满人居住在皇城之内，更便于使其拱卫宫城，今西皇城根以东至府右街地区和东皇城根以西至南、北池子和景山后街地区的居民区即形成于此时，因为是后形成的，故与其东西外侧元、明时的胡同无对应关系；其三是因驱逐汉人于南外城，使南外城比明代充实、完善、繁荣。

南外城东通通州，西连卢沟桥，在明代即为水、陆两途入京的必经之道，商业发达。据《大清会典则例》记载，顺治九年曾规定，“凡由内城迁徙外城官民，照原住屋数给银为拆盖之费，仍令（工）部同五城御史察南城官地并民间空地给予营造。”[①]可知驱赶到南外城的不仅是汉族百姓、商人，也包括地位很高的官吏和文士，这就增加了南外城在经济、文化上的重要性，成为清代北京的经济，文化中心。有清一代，南外城商业繁荣，以正阳门外大街为中心，东西至崇文门、宣武门外大街为最繁华商业区。明代正阳门外大街原宽近80米，由于商业发展，路的东西侧为新发展的商店侵占，形成两条平行于大街的商业带，至清中后期正阳门外大街之宽缩小至20几米，成为拥塞的商业街。[②]街两侧有些商店为楼屋，还建有戏院等公共建筑，而在商业带的外侧形成两条南北小街。清代以崇文门、宣武门外大街为中心还建了大量各省、市的同乡会、会馆等。很多著名文人学者入京后也聚居于此。随着汉官、文人、外地赶考举子的聚集和官方修书的开展，除人文荟萃外，在琉璃厂还形成了以书肆为主的著名文化街（参阅图9-5）。

在内城除兴建各级满族贵族和官吏府邸，也把原有住房分配给旗民、旗丁等居住，以其饷金抵扣房价。久之，这些旗民中不事生产者往往拆卖所居房屋，不断造成市容的破坏，为此，在雍正十二年（1734）曾下令：“京师重地，房舍屋庐自应联络整齐，方足壮观瞻而资防范。嗣后旗民等房屋完整坚固不得无端拆卖，倘有势在迫需，万不得已，只许拆卖院内奇

---

① 《清史稿》，卷54·地理志一，中华书局标点本⑧，1976年，第1892页。

② 自北京市1/500地形图上量得。

零之房，其临街房屋一概不许拆卖”。[①]以后在乾隆八年、十九年也有相似禁令，实际上只能禁止其拆临街的房屋，胡同内者只要不拆临胡同房屋，把内部拆成空地也无人过问。这情况在清人笔记中也偶有记载。大约在道光、咸丰以后，随着清政权的日趋衰落，对满城内居民的限制也逐渐松弛，汉官、汉人又逐渐可以进住内城，购买和自建房屋，内城的建筑有小的恢复和发展。至清末期，内城居民又恢复到以汉人为主体，这才在首都真正实现了清政权所标榜的“满汉一家”。北京在1900年八国联军入侵时又受到一定破坏，内城正门正阳门被焚毁，稍后复建，还在棋盘街东西侧建商店，以制造“天街”的虚假繁荣。

（二）地方城市

清代大部分地方城市基本在明代基础上发展，主要是恢复和充实。有些城如江宁、杭州、福州、西安、广州、成都等割出其中一部分建满城，内设将军衙门和军营等（图10-1）。其中南京、扬州、苏州、杭州、宁波等在清盛期非常繁荣，可以在历次的康熙、乾隆《南巡图》中见其概貌。但这几座城市又是在太平天国之役中遭受破坏最严重的地区，在太平天国覆亡后虽得到部分恢复和发展，已非复当年盛况。这时西方文化已随帝国主义入侵而传入，在恢复过程中，对城市的格局、面貌以至市政管理等方面都产生一定影响，因其已在1840年以后，不属于传统的古代范畴，这里不做进一步探讨。

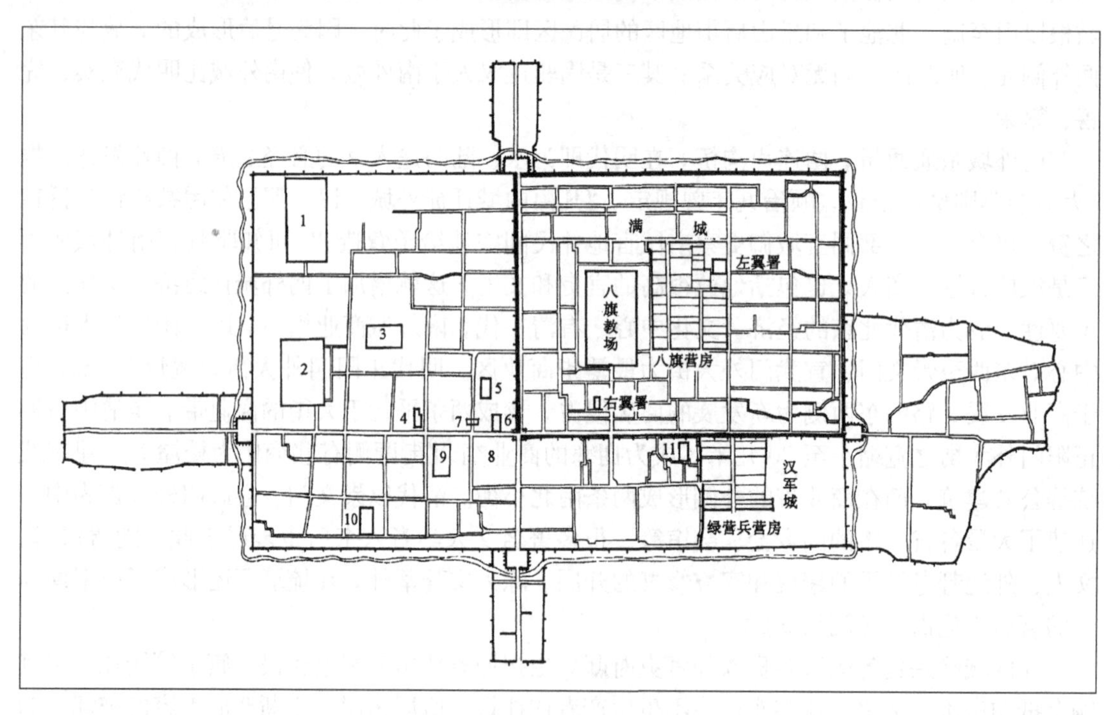

图10-1　西安满城图

孙大章：中国古代建筑史（第五卷），图2-23、图2-24，中国建筑工业出版社，2002年

清代各种集镇的巨大发展有重要意义。集镇古已有之，但保存至今的都属清代。集镇与

① 《钦定大清会典则例》卷一百二十七，工部·营缮清吏司，《文渊阁四库全书》电子版。

城市不同处是，城市的建设属政府的行政行为，有一定规划，故大小城市多轮廓较规整，街道垂直相交；但集镇官方未设专官管理，其发展是随经济发展呈渐进式增长的，有一定的自发和随机性，故其布局也较灵活。

清代最著名的集镇为专营冶铁陶瓷的佛山镇、专制陶瓷的景德镇、专营商贸的朱仙镇等。

广东佛山镇以制造铁锅和陶器闻名于世，在康、乾时，其手工业区已集中在镇之西南部，陶器集中于石湾地区，兼营进出口贸易的商业区集中在北、中部，已基本形成规模。史载其盛时铺区有 27 个，街巷有 596 条，墟市有 4 墟 11 市，码头 28 个，成为周遭 34 里、人口约 30 万的手工业商业大镇。由于商贾云集，建有商业会馆 25 所。

江西景德镇制瓷始于宋代，明清时都设御窑于此，十分兴盛，清代雍、乾时已有民窑二三百区，分工精密，工匠达数十万之多。其街镇沿昌江东岸向南发展，南北延续十里以上，有两条顺江南下的南北街，很多东西街与之垂直相交，通向江边码头，商贾云集，建有会馆二十余所。

河南朱仙镇水陆交通便利，贾鲁河穿镇而过，分为东、西二镇，其街道布局以南北向和东西向为主，较有规律。镇区面积盛时达 50 平方里，人口 20 余万。镇为商业集散地，输出西北山货本省土特产，输入以木瓷茶盐京广杂货为多。外籍商人聚集，建有多所会馆。

二　各类型建筑

清代前中期政治稳定、经济繁荣，尤以号称“康乾盛世”的约百年间为甚，此期建造了大量城乡公私建筑。清代宫殿坛庙沿袭明代，较少改动，乾隆中后期做了少量增建，使之更为完善。在离宫、苑囿、大型寺庙建设上广取各地区各民族之优长，融于一炉，取得超越前代的具有创造性的成就。这些建设的概况将在下面探讨。清代民间建筑活动，特别在民居、园林方面，也取得空前的繁荣，因其特点与布局及构造密切相关，为避免重复，将在布局及建筑设计构造部分探讨。

（一）宫殿

1. 盛京宫殿

清太祖努尔哈赤于天命十年（明天启五年，1625 年）定都沈阳，改称盛京，并建立宫殿，最先在东侧建供议政用的大政殿和十王亭一组。大政殿在北端，为八角形重檐攒尖顶的亭子，其前方左右侧各建五座矩形单檐歇山顶的建筑，略作八字分开，称十王亭。它实际是以亭代表帐幕，反映的是当时努尔哈赤建牙帐，各旗建小帐分列左右，共同议事的情况。天聪六年（明崇祯五年，1632 年）清太宗皇太极在西侧建主宫，形成中路，其前为前朝主殿崇政殿和其前的大清门，后为后寝主殿清宁宫和其前的凤凰楼，建在高台上。寝殿清宁宫内建有凹字形火炕，设煮牲大锅，表现出满族的特点，也是清入关后改造紫禁城坤宁宫的蓝本。崇政殿和清宁宫都面阔五间，上覆硬山屋顶，只相当于州府级衙署的规格，清入关初期未加改动，至乾隆十年（1745）始在中路的东西侧各建几个小殿阁，以象征主宫两侧有东西宫的格局。四库全书编成后，又于乾隆四十六年（1781）在中路西侧建文溯阁及其前后的戏楼等，至此，盛京宫殿始形成中、东、西三路的格局。其早期建筑属当地的地方风格，乾隆时添建的始近于清官式建筑。《大清会典则例》卷127府第所载，崇德年间（1636～1643）定制，亲王、郡王、贝勒府之正屋、厢房分别建在高10尺、8尺、6尺的基台上，可知像清宁宫那样把宫殿之后寝建在高台上是满族习俗，为清入关以前的定制（平面图参阅下节建筑群布局部分）。

2. 北京宫殿

1644年清入关定都北京后，仍沿用明紫禁城宫殿。但从《大清会典则例》卷126所载清顺治间修天安门、午门、前三殿、后两宫及东西六宫靠内侧的各三宫的一部分等记载可知，这些部分在李自成兵败逃离北京时都遭到一定程度的破坏，必须加以修复才能使用。①大约到康熙中期（17世纪末），端门、文华殿、奉先殿和东西六宫的其余部分也陆续修复，基本恢复了明末紫禁城宫殿的格局。

中国古代有新朝要毁去前朝的都城、宫殿的恶劣传统，在历史上只有唐继隋和清继明二次没有循此恶例，使前朝都城、宫殿得以完整保存下来。清代之所以如此，是因为它是少数民族建立的王朝，沿用中国正统王朝明朝的都城、宫殿，有助于确立自己的正统王朝地位，还可以减弱汉族的抵制、抗拒心理。所以在顺、康、雍三朝对宫殿只是修复、维护，未做重大变动。

清入关后，皇帝贵族生活习俗较快地汉化，宫室布置、使用器物也基本接受了汉族传统，只是为了不忘旧俗，才把正式寝宫坤宁宫按满族习俗加以改造，把窗由格扇改为方格槛窗，把窗纸按关外习俗糊在外侧，并在室内设凹形火炕及祭祀煮牲用的大锅等。为了祭神，还在坤宁宫前大台基上树立了神杆。但实际上清代帝后很快就放弃满族生活习俗，除举行"大婚"时短暂居此外，其余时间都不住在坤宁宫。

到乾隆时期，始在宫内有较大规模的建设。最重要者有二，其一为乾隆初改建乾隆帝为皇子时所居的乾西五所的东部为重华宫，西部为建福宫及建福宫西的延春阁、敬胜斋一组。又在延春阁之南建供佛的二层佛阁雨华阁。其二是乾隆三十六年（1771）为自己退位后做太上皇时预建住所，在紫禁城东北角建造宁寿宫、乐寿堂二组，四十一年（1776）建成。宁寿宫一组门、殿规制全仿乾清宫、坤宁宫，其后殿宁寿宫也把窗纸糊在外侧，相当于太上皇宫殿之外朝。其后有东西横街，街北分三路，中路前为养性门，门内依次为养性殿、乐寿堂、颐和轩、景祺阁。东路前为保泰门，门内为畅音阁、阅是楼，景福门、景福宫、梵华楼等。西路前为蹈和门、衍祺门、古华轩、遂初堂、符望阁、倦勤斋等。此三路相当太上皇宫之内廷，其中养性殿规制全仿养心殿。东路畅音阁是戏楼，西路为园林，即著名的乾隆花园。关于这部分布局方面的特点将在下节规划设计方法部分加以探讨（参见图10-19）。

（二）离宫

1. 北京圆明三园

在北京的西北郊，包括畅春园、圆明园、长春园三园，为清代离宫。雍、乾以后，清帝一般于正月以后即出城园居，至临近举行冬至大朝会时始还宫，实际一年内皇帝居园中听政

---

① 在三大殿中，太和殿在康熙八年重建，三十四年再建，是清代重修者，而中和殿、保和殿在近年修缮时发现很多构件为楠木，且部分有明代墨书"中极殿"、"建极殿"等明代殿名，可证是经清代修缮过的明代建筑，由此也可以推知，李自成败逃时并未能彻底破坏或烧毁明宫的主要殿宇。

在九个月以上，故圆明三园实为清代前中期统治中心，为适应此情况，各衙门亦在圆明园附近各设值房办公。

(1) 畅春园。在海淀，原为明武清侯李伟别墅，康熙二十三年（1684）在其旧址上建避暑离宫，称畅春园，乾隆时为皇太后所居。其主要门、殿在南部，外门大宫门外为朝房，门内为正殿九经三事殿，殿东、西各有配殿，此部相当于外朝。其后的二宫门内为主殿春晖堂，堂后垂花门内为内殿，左右有耳殿，东西有配殿，后有后照楼，此部相当于内廷。外朝、内廷前后相对，形成中轴线。从内廷部分有后楼看，其规格实近于王府，不是宫殿体制。其后随大、小湖泊布置景物，主景为瑞景轩、延爽楼一组，也位于前部门殿形成的中轴线的延长线上。

(2) 圆明园。在畅春园西，原是雍正帝为亲王时康熙帝所赐之园，建于康熙四十八年（1709），雍正帝即位后，于雍正三年（1725）加以扩建。至乾隆时更大加扩建，成为主要离宫。园前部有二重宫门、朝房及各官署临时办事处，门内为正殿正大光明殿，相当于外朝。殿后有湖，湖北岸有九洲清宴建筑群，为清帝起居生活之所，相当于内廷。两部分前后相重，形成园中主轴。其他景点（当时通称“座落”，一般指一组建筑群）就园中的大、小湖泊和丘陵随宜布置，至乾隆九年（1744）已形成四十个主景，其中雍正时已有者十四处。①

(3) 长春园。在圆明园东，始建于乾隆十年（1745），拟用作退位后的居所，与在紫禁城内所修宁寿宫的性质相同。它也是前为宫门、朝房、正殿。其内主景为湖泊中的岛和岛上的含经堂、淳化轩一组。最北为乾隆二十四年（1760）所建仿法国洛可可风格的西洋楼。园中有数处仿江南名园之景，如仿杭州南屏汪氏之小有天园和按元代画家倪瓒所绘《狮子林图》中景物仿建的狮子林八景等（图 10-2）。

圆明三园是清帝居住、听政的园林式离宫，其建筑外观较宫殿简朴，除个别主殿、祭殿外不用琉璃瓦，不建重檐屋顶，油饰彩画亦简素，但室内装修使用大量高级木装修，雕刻精美，珠玉嵌饰，局部地面使用青花瓷砖，其豪华及舒适程度远过前代各朝，反映了中国古代室内装修所达到的最高水平，在紫禁城宫中也只有乐寿堂等乾隆中后期建筑与之相近。圆明三园在 1860 年被英法侵略军抢掠后焚毁。

因园建于湖泊湿地地区，其建筑的基础工程颇为艰巨。现存大量临湖基础下用柏木椿，椿上加园木排或石板，其上再夯筑多层灰土，间以糯米白灰浆灌注，形成台基，故虽暴露在外百年以上，其基本轮廓尚较完整。园中叠石的基础做法亦相近，沿湖岸突入水中之叠石，其下均有成行的木桩支持，木桩因全部浸入水中，可保持较长期不腐。颐和园后湖的石岸也是这种做法。

2. *承德避暑山庄*

满人有狩猎的习俗，主要围场设在北京东北方。清康熙帝在围猎时发现热河一带为天然形胜之地，于康熙四十二年（1703）在此创建离宫，康熙五十年（1711）基本建成，形成依山环湖的三十六景，定名为避暑山庄，康熙帝居于湖心岛上。乾隆六年（1741）起陆续增建，至乾隆十九年（1754）又形成新三十六景，后人遂分别称之为康熙三十六景和乾隆三十

---

① 雍正时已建者：正大光明、勤政亲贤、九州清晏、天然图画、碧桐书院、慈云普护、上下天光、杏花春馆、武陵春色、鱼跃鸢飞、西峰秀色、四宜书屋、平湖秋月、接秀山房，共十四处。

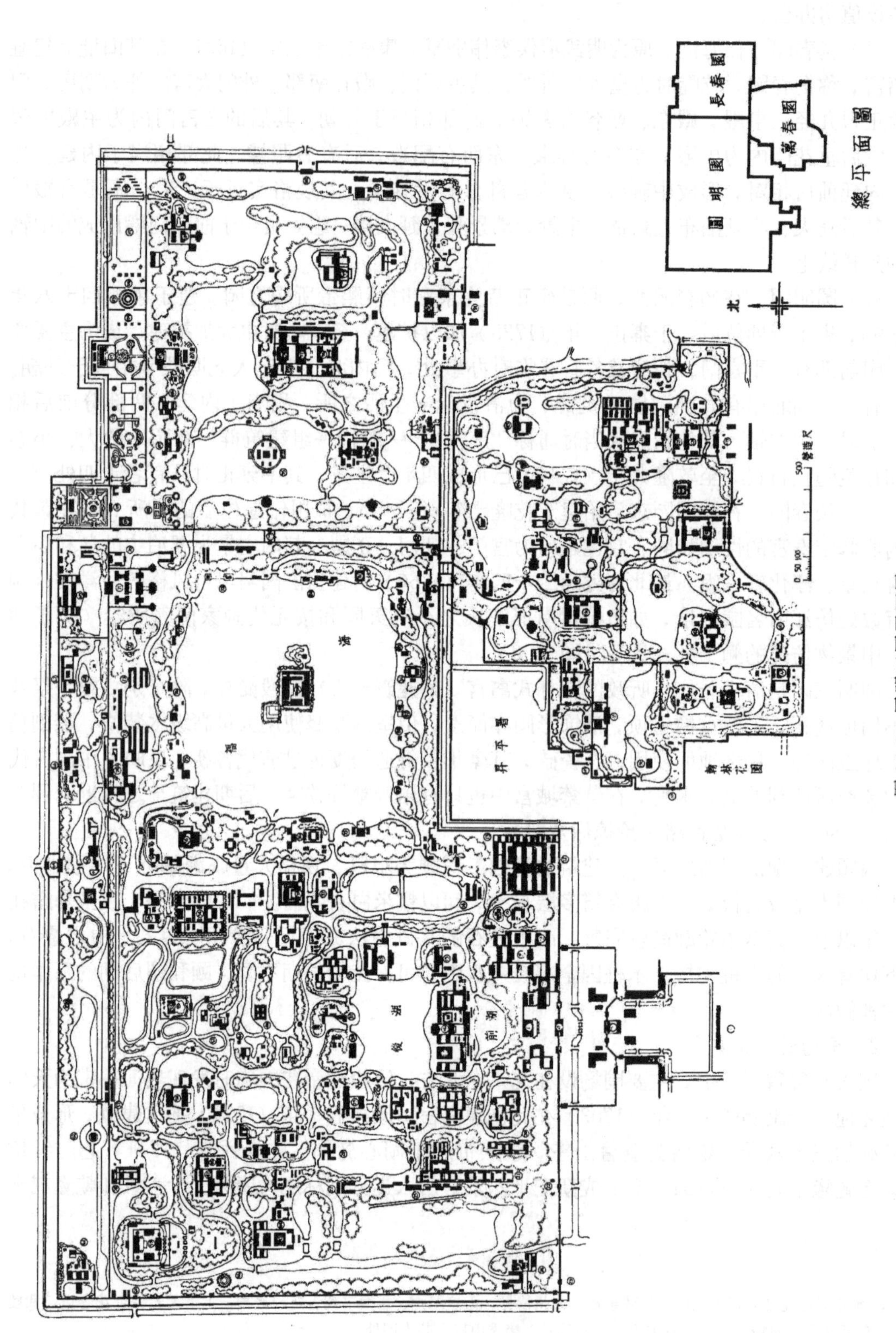

图 10-2　圆明三园平面图

六景。此后至乾隆五十五年（1790）又陆续兴建约二十景点。山庄南部为宫殿区，并列建正宫和东宫。其北为湖区，在湖中岛屿上和湖边建主要景点。再北为平原区，以万树园为主，乾隆帝曾在此设巨型帐幕，欢宴少数民族王公及六世班禅，是展现其本民族游猎旧俗以争取其他少数民族认同之处。在湖区、平原区之西为山区，建有景点和寺观四十余处。康熙初建时标榜简朴，大部分建筑用木本色，不加彩画油饰。至乾隆时则较高大豪华，但宫殿部分仍不用庑殿顶和重檐，不用琉璃瓦而用灰瓦，不加彩画油饰而用木材本色，规格又稍低于圆明园（图10-3）。

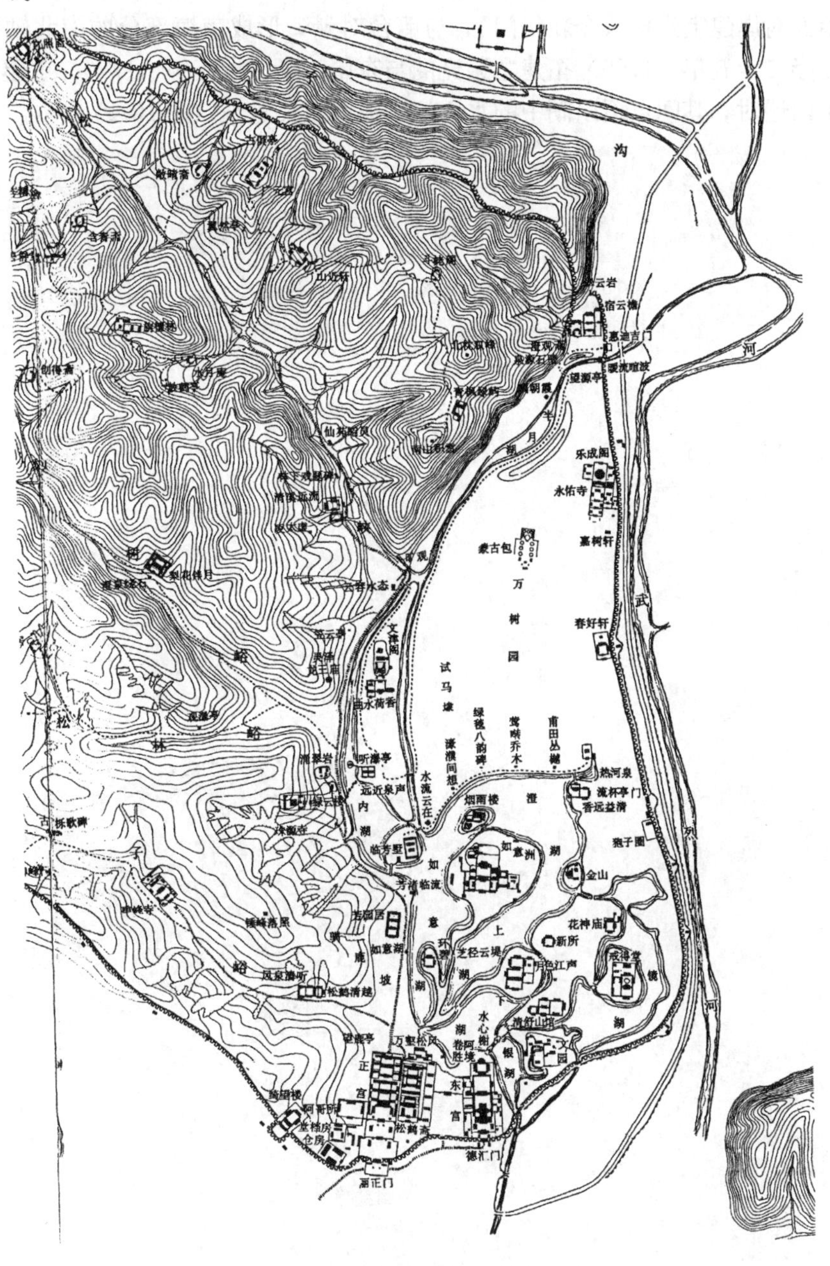

图 10-3　承德避暑山庄总平面图

天津大学建筑系等：承德古建筑，图9，中国建筑工业出版社，1982年

（三）苑囿

1．北京西苑

在都城之内，紫禁城之西，在元、明时即为供皇帝游赏而不居住的苑囿，分中南海、北海两部分，中间以金鳌玉蝀桥为界。清代重新进行规划，增修完善。

(1) 中南海。包括中海、南海。中海在金、元时已存在，明初新开挖了南海，并在其北岸建南台一组，清代增修完善，改称瀛台。乾隆二十三年（1758）在瀛台南部临水建迎薰亭，又在南面对岸建宝月楼（今新华门），与瀛台对景，形成南海部分的南北轴线。中海景物以西岸乾隆二十五年（1760）拓建之紫光阁与东岸乾隆三十五年（1770）重建之万善殿体量较大，东西遥对，其间点缀以湖中的水心榭，成为主要景观（图 10-4）。

图 10-4　北京南海宝月楼瀛台对景

(2) 团城。为元代仪天殿旧址，明代用砖包砌为圆形城台，清代加以增修，称团城。台顶主建筑为承光殿，四面出抱厦，平面呈亚字形，建于康熙二十九年（1690），殿左右古松环拥。在殿前建有遮护元至元二年（1265）所雕玉瓮的琉璃砖亭，殿后有敬跻堂，形成南北轴线。团城北倚北海琼岛，南对中海万善殿，西为金鳌玉蝀桥，实际起中海和北海间的联系景点作用。

(3) 北海。中心为太液池中偏南的琼华岛，金代称瑶屿，元代称万岁山。清顺治八年（1651）为了安全需要，曾在山顶设全城瞭望点和信号炮发射处，并建白塔寺为掩护，故又称白塔山。自乾隆六年（1741）起不断在岛上建景点，至三十六年基本建成，形成以白塔为中心，南、北、东、西四条轴线，而以南面轴线上的永安寺一组为重心。太液池的北、东、两面清代也增建大量建筑，北面以佛寺西天梵境为主体，临湖建琉璃牌坊，北端建琉璃佛阁，形成轴线，南对琼岛。其东有园中之园镜清斋，其西在明代五龙亭之北建阐福寺。东岸北端建先蚕坛，遥对其南的画舫斋一组，也形成南北轴线（图 10-5）（参阅下节规划设计方法部分图 10-20）。

图 10-5　北京北海琼岛团城

2. 北京西郊清漪园等三园

北京西郊圆明园之西有清漪园、静明园、静宜园，为供清帝游赏之苑囿，并不居住，不是离宫。后二园以山景为主。

(1) 清漪园。即今颐和园。其湖原名瓮山泊，乾隆十四年（1749）命汇集众水、逐步拓展，形成巨大湖面，赐名昆明湖，因在丹陵沜之西，又称西湖。乾隆十六年（1751）在瓮山上建大报恩延寿寺以祝其母六十寿，改称万寿山，并陆续建成环山各景点，定名为清漪园。它只在万寿山的东、北、两面用围墙封闭，供皇帝来此游赏。南、西两面有昆明湖为限隔，不建围墙，只控制关门和桥梁，百姓可在湖之东、南、西三面隔湖遥望，故万寿山南面为全园最重要的景观。它是一座东南、南、西三面敞开、由湖面限隔的半开放式皇家苑囿，基本是仿杭州西湖大意而建，以万寿山像西湖北面的宝石山、孤山，以西堤像西湖之西堤。为了象征皇家苑囿中的蓬莱三岛，除湖中龙王庙岛外，又在西堤之外的湖中二小岛建治镜阁和藻鉴堂，形成三岛鼎立的格局。1860年，清漪园被英法侵略军焚毁。

清西太后那拉氏以庆六十寿为名，把清漪园旧址改建为离宫，于光绪十四年（1888）建成，改名颐和园。限于财力，只建了东部朝区仁寿殿、寝区乐寿堂及辅助建筑等，增修了沿湖东、南、西三面的围墙，包龙王庙岛、藻鉴堂二岛和西堤于园内，使成为全封闭的离宫。对后山和西堤以西部分则无力修复，仍为残迹。万寿山主体也是除改建大报恩延寿寺为祝寿的排云殿一组外，基本布局仍沿用清漪园旧规。它的布局特点和成就将在规划设计方法部分探讨（参阅下节规划设计方法部分图10-22）。

(2) 静明园。在颐和园西，为一在西山与万寿山间平野中突起的山丘，下有泉汇为小湖，故俗称玉泉山。乾隆十五年（1750）在康熙时所建小园基础上拓建，成为以山为主景附有小湖的苑囿。玉泉山突起于平野中，山顶冠以前后二塔，实际起了突显万寿山与西山间的连系和空间纵深的作用。在清漪园西堤玉带桥处有河道西行，可通静明园，据此可推知清代在规划三园时在交通和景物的呼应衬托上是有总体考虑的（图10-6）。

(3) 静宜园。在香山东侧。此地在金代皇家即建有香山寺，是传统山林风景区。乾隆十年（1745）因旧有景点整修，增建若干亭台楼阁，形成二十八景，以香山寺为主景，并在东面大门内建勤政殿一组，形成宫殿区。乾隆四十五年（1780）又为班禅建西藏式的宗镜大昭之庙和琉璃塔，是园中最大的建筑群，其北为“园中之园”见心斋（图10-7）。

（四）礼制建筑

清代基本上全部继承了明代北京的坛庙并加以维修。主要对天坛做了一些改动，使它在整体上更为完善。

清沿用明代旧坛，在规划布局上基本无改动，但对建筑物则做了一些有益的调整（参阅第九章图9-22）：其一是明代祈年殿的三层重檐自上而下依次为青、黄、绿色，清乾隆十六年（1751）全部改用深蓝色琉璃瓦；其二是明代皇穹宇为重檐建筑，乾隆时改为单檐，上复与祈年殿同色的深蓝琉璃瓦；其三是明代圜丘栏杆用蓝色琉璃制成，清乾隆十四年（1749）在增大其尺度的同时，改用艾叶青石砌台基，周边装汉白玉石栏杆。清代的这些改变使天坛的建筑形象更为完整端庄，整体上色调更为纯正典雅，是调整、完善旧建筑极为成功的事例。

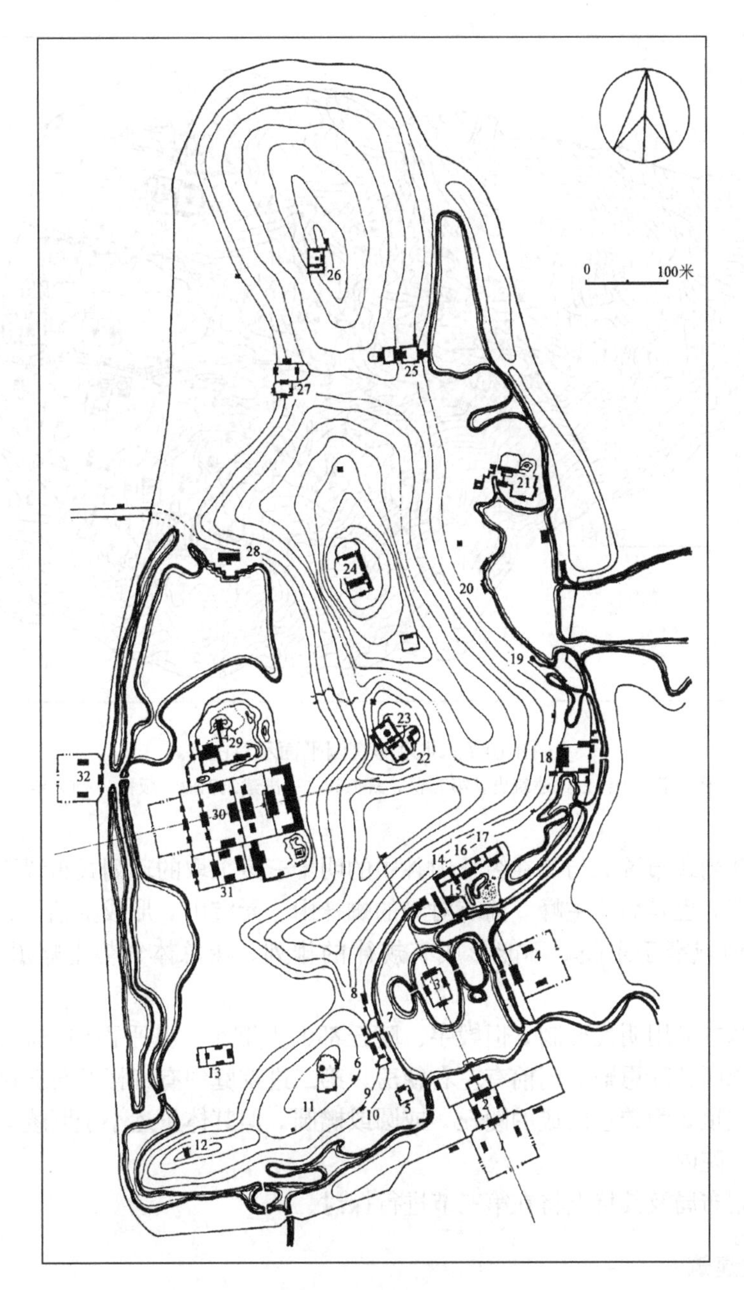

图 10-6 北京静明园平面示意图
孙大章：中国古代建筑史，第五卷，图 4-44，中国建筑工业出版社，2002 年

（五）陵墓

清入关以前的太祖、太宗分别葬于沈阳福陵（东陵）、昭陵（北陵）。定都北京后先在河北遵化县创建东陵。在葬入顺治、康熙二帝后，雍正帝又为自己在河北易县创建西陵。以后各帝即分葬于东西二陵。东陵地处北、西、南三面环山的横长山谷中，主墓顺治帝孝陵西北对主峰，东南有影壁山及金星山为对景，在其间建主陵道，形成陵区主轴，其余各帝陵分列

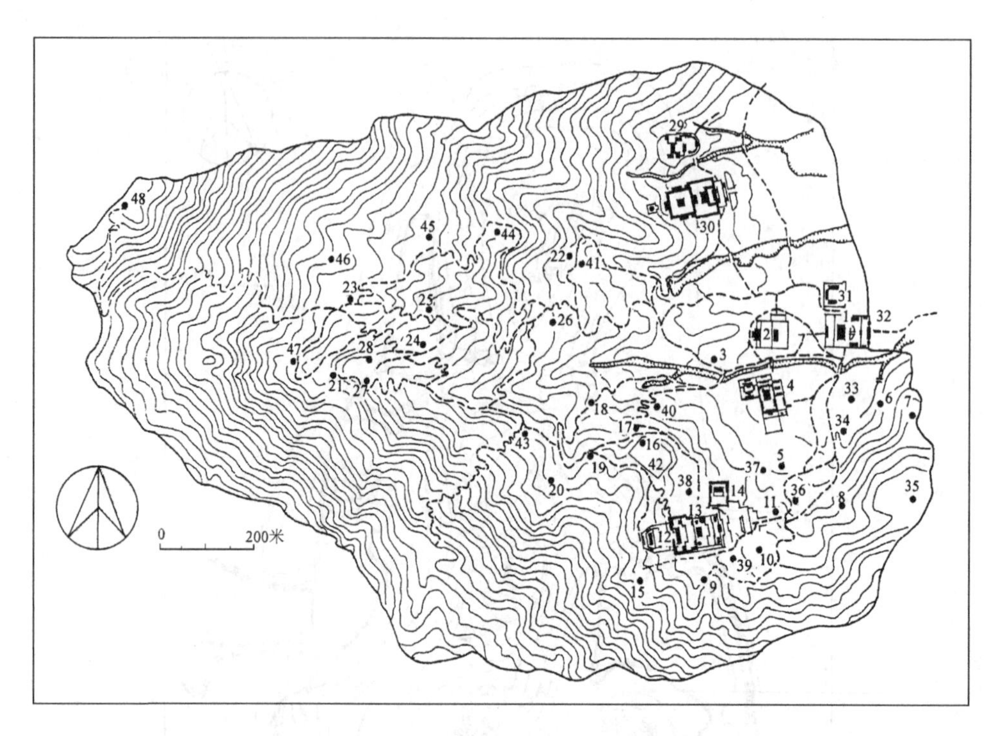

图 10-7　北京静宜园平面示意图

孙大章：中国古代建筑史，第五卷，图 4-39，中国建筑工业出版社，2002 年

左右，基本是并列式布置，与建在纵长山谷中的明十三陵采取的环列式布置不同。西陵以雍正帝泰陵为主陵，也是后倚主峰，前有对景的蜘蛛山、元宝山，形成主轴，其余三帝陵分列左右，但西陵地域窄于东陵，不能形成有规律的排列，在总体气势上略逊（图 10-8 和图 10-9）。

清代帝陵基本沿用明代形制，但殿宇、陵丘都大大缩小。其平面前方后圆，分为三进。第一进院为隆恩门、隆恩殿，门前有左右朝房。第二进院庭中有牌楼及石五供，北对方城明楼。第三进为宝顶，为砖包砌成的陵丘，或圆或椭圆，但其体量远小于明陵，陵墙至此转为圆形，包宝顶于院内。

清陵的规划布局及其特点将在第三节进行探讨。

（六）宗教建筑

清官方大规模兴建藏传佛教寺院（喇嘛庙），除本身信仰外，更主要的目的是用以团结蒙、藏等兄弟民族。早在顺治九年（1652），就为接待西藏五世达赖在北京建寺（即后之西黄寺）。以后在康熙至乾隆间修建了规模巨大的承德的外八庙。对西藏、蒙古地区的寺庙也加以支持和保护。在云南等地，南传佛教寺庙也有一定发展。传统汉地佛教寺庙新创建的相对较少，但南北传统名刹一般能保持并得到维修，直至太平天国时江南一些著名佛寺始遭到重大破坏而衰落。伊斯兰教建筑在内地的沿明以来的发展趋势，主要礼拜殿仍较多用汉式的木构建筑，而窑殿保持较强的伊斯兰传统形式。在新疆地区则较多保持中亚形式。

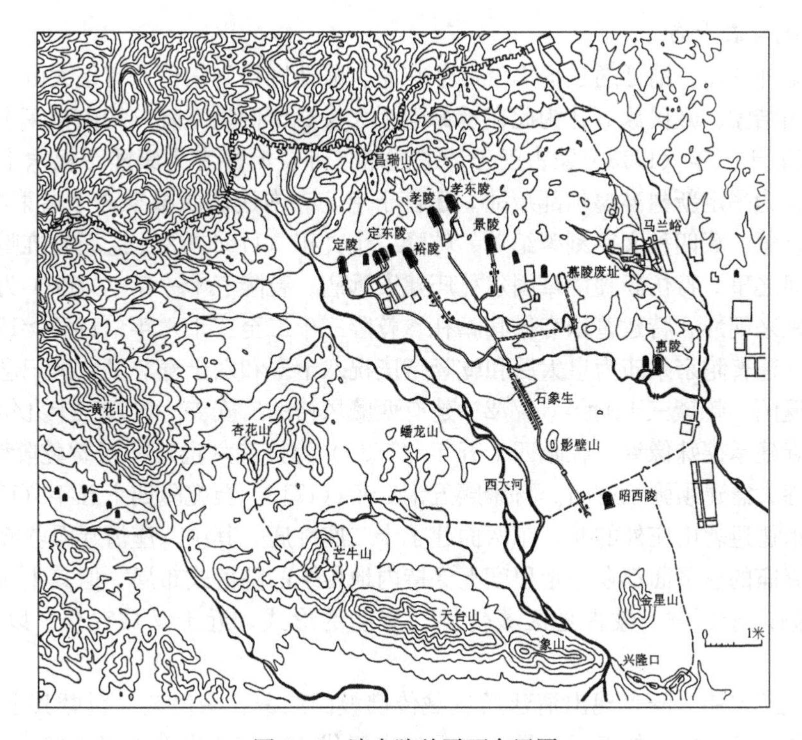

图 10-8 清东陵总平面布置图

孙大章：中国古代建筑史，第五卷，图 6-9，中国建筑工业出版社，2002 年

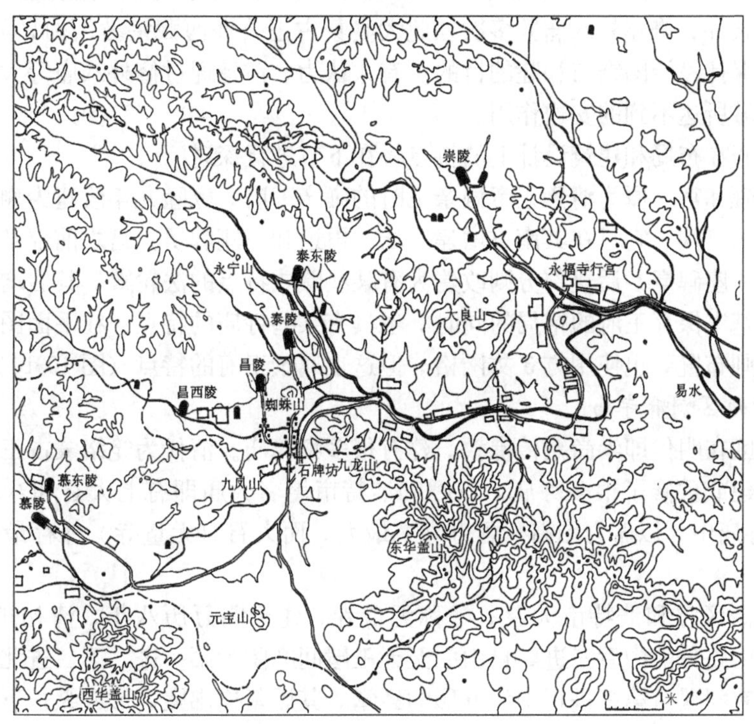

图 10-9 清西陵总平面布置图

孙大章：中国古代建筑史，第五卷，图 6-23，中国建筑工业出版社，2002 年

1. 汉地喇嘛教寺庙

（1）承德外八庙。清廷通过提倡、尊信在蒙、藏地区得到崇信并有重大政治、经济实力的喇嘛教来团结蒙、藏民族，并为此在承德建了大量藏传佛教寺院（均由喇嘛主持，俗称喇嘛庙）。康熙五十二年（1713）蒙古王公请求建溥仁寺、溥善寺为康熙帝祝六十寿。乾隆二十年（1755）为平定新疆准噶尔部叛乱，建普宁寺，寺内建仿西藏桑鸢寺乌策殿的大乘阁，并用满、汉、蒙、藏四种文字刻碑纪功。乾隆二十九年（1764）为纪念新疆准噶尔部六千余人内迁于热河之事，特仿新疆伊犁固尔札庙建安远庙。乾隆三十一年（1766）为哈萨克族和布普特族首领来朝拜，特建普乐寺供其瞻礼。乾隆三十二至三十六年（1767～1771）仿拉萨布达拉宫大意建普陀宗乘庙为皇太后和乾隆帝庆祝八十寿和六十寿，又立碑纪念蒙古土尔扈特部自沙俄返国。乾隆三十七年（1772）建有西藏风格的广安寺，乾隆三十九年（1774）仿五台山殊像寺建承德殊像寺。乾隆四十五年（1780）为接待六世班禅祝贺乾隆帝七十寿辰，仿札什伦布寺大意建须弥福寿庙。自康熙五十二年（1713）至乾隆四十五年（1780）的六十七年间，在承德避暑山庄外的北、东两面建了十二座寺庙，其中八座清廷派驻喇嘛，俗称外八庙。这些寺庙的总平面都在一定程度上保持内地传统的院落式布局，但其主体建筑或标志性部分均更倾向于西藏、蒙古地区藏传佛教寺庙的形式，近于汉藏混合、以藏式为主的风格。

这些庙建筑宏伟，既表现出清廷通过藏传佛教团结蒙、藏民族、羁縻其上层人士的目的，其巨大的规模和较精的工程质量，也反映出清代“康乾盛世”的经济实力和技术水平。清是以少数民族入主中国的，比明代汉族政权在团结蒙、藏等民族方面明显处于有利地位，清廷利用这个条件，修建外八庙并多次在此大宴蒙古王公和西藏宗教领袖，虽然耗费巨大，却达到了长期保持民族团结与和睦的目的。有人认为，清廷通过修外八庙等大型宗教建筑取得了明廷修长城所达不到的安边作用。

关于外八庙在布局和建筑设计上的特点将在下节进行探讨。

（2）北京雍和宫。原为清雍正帝做亲王时的雍亲王府，乾隆九年改建为喇嘛庙，为清廷统管全国喇嘛的机构。它只在其南方增建广场、甬道和三座牌坊，宫之前部基本保持王府的格局，只增加一座碑亭，后寝部分则改建为有某些藏式特点的法轮殿，其后增建一大二小并列的三阁，在基本保存王府的格局的同时，也具有某些寺庙的特点。在平面图上分析，它也按“择中”原则布置，也使用方3丈网格，但这也属于王府的特点（图10-10）。

2. 内蒙古地区喇嘛寺庙

内蒙古地区在明代即崇尚藏传佛教，建有很多喇嘛庙。清代为笼络蒙古王公贵族，大力提倡，资助兴建或重修了很多寺庙，仅呼和浩特市著名大庙即有七大召和八小召（即喇嘛庙）。在现存寺庙中，以席力图召（延寿寺）最大，而大召（无量寺）保存最完好，即以其为例。

内蒙古自治区呼和浩特市大召，又称无量寺，建于明万历八年，清初扩建。寺分中、东、西三路。中路分前中后三进，自山门至天王殿间庭院为第一进。第二进北端为面阔七间的过殿，左右有配殿。第三进正中为方形的经堂，其后紧连佛殿，形成纵长形殿宇。经堂面阔进深均七间，南面入口有高二层的三间门廊，上层覆以歇山屋顶。堂的南、东、西三面围以西藏式承重檐墙，由墙和两圈内柱上承平屋顶，属土木混合结构。堂内中间三间的柱子上延，形成屋面以上的采光天窗，上复歇山屋顶。经堂后为方五间的佛殿，其北、东、西三面

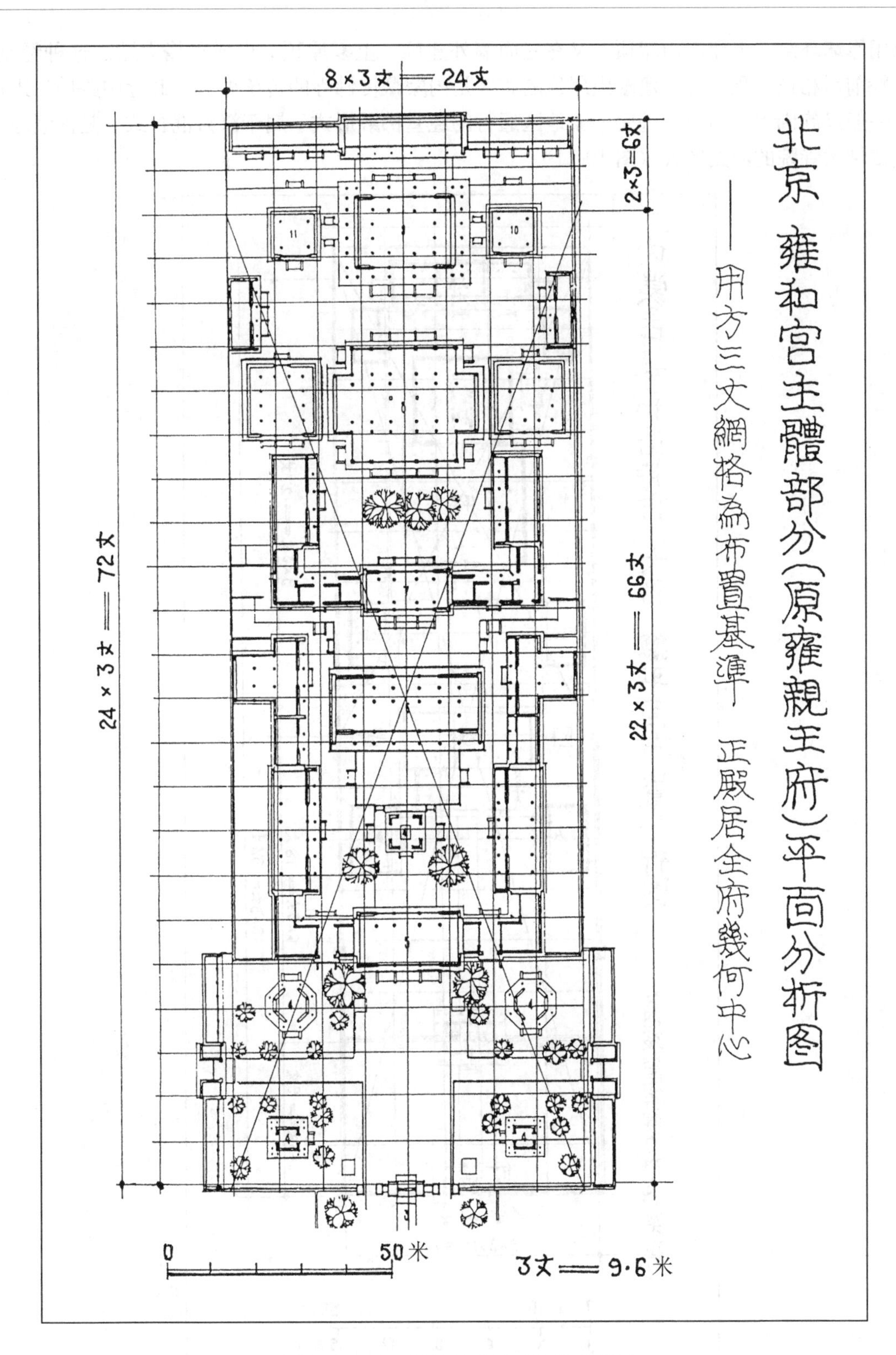

图 10-10 北京雍和宫总平面布置分析图

也用厚墙环绕，上建歇山屋顶，又在三面墙外建廊，上复屋顶，形成重檐大殿。这种经堂、佛殿前后相连，顶上连续建歇山屋顶的布置是内蒙藏传佛寺的传统做法。此寺中路前二进近于一般汉族佛寺，而第三进属内蒙地区通行的经堂佛殿形式，属于汉藏混合式，是内蒙地区藏传佛教寺院的习见形式（图 10-11）。

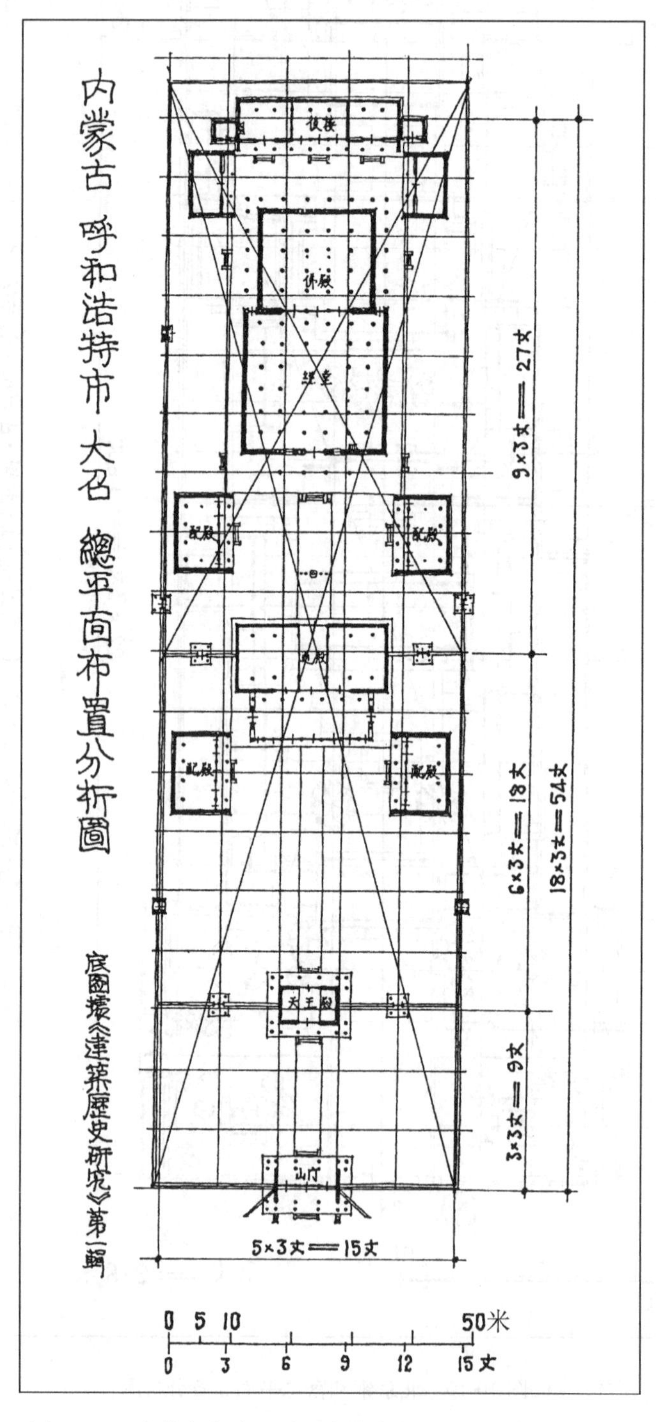

图 10-11　内蒙古自治区呼和浩特市大召总平面布置分析图

3. 西藏地区喇嘛寺庙

此期西藏及邻近的青海、甘南地区建有大量的藏传佛教寺庙，而最具特点的是达赖喇嘛居住并进行宗教和行政活动的拉萨布达拉宫。

拉萨布达拉宫位于拉萨河谷平原的红山上，为清顺治二年（1645）五世达赖喇嘛创建，约三年左右建成高六层的主体建筑，因外墙刷白色，又称白宫。其内有达赖喇嘛的居所、进行宗教和行政活动的大殿、行政机构用房和仓库等一系列建筑，在屋顶平台上还有举行大型活动的广场。同时又在其两侧建四个城堡，并在山前筑墙，围成方形的宫城。康熙二十一年（1682）五世达赖喇嘛圆寂后，开始在西侧扩建宫殿，陈放他的灵塔，相当于陵墓，其中也包括一系殿宇，形成宗教活动中心，以后各世达赖的灵塔也陆续存入。因其外墙刷红色，又称红宫（图 10-12 和图 10-13）。

图 10-12　西藏拉萨布达拉宫平面图

陈耀东：中国藏族建筑，图 244，中国建筑工业出版社，2007 年

白宫、红宫主体都建在山顶，为扩大面积，自山之下部起，包山体砌石墙，并逐层建屋，屋之进深随山坡内收而逐层加大，至近顶处遂形成较宽大的平台，上建大型多层殿宇。建成后的布达拉宫宽约 300 米，最高处 110 米，红宫顶上又为每一达赖灵塔各建一座金殿，与其下的红、白壁面相互辉映，气势宏伟。它的结构方法基本是房间四周用承重的石砌墙体，内立木柱，上承木楼板，属木石混合结构。上层大型殿宇多把中部柱子上延，形成在屋

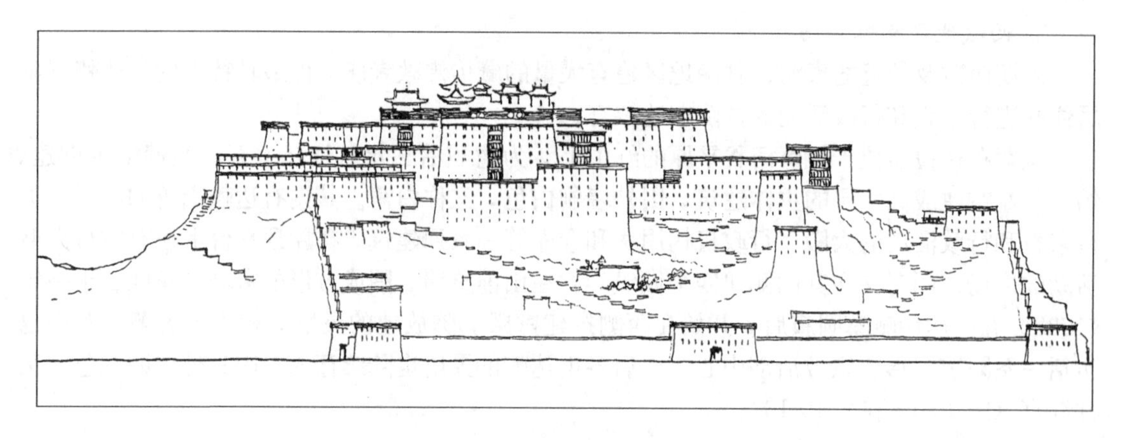

图 10-13　西藏拉萨布达拉宫立面图
陈耀东：中国藏族建筑，图 245，中国建筑工业出版社，2007 年

顶上的采光天窗。

4. *新疆地区伊斯兰教礼拜寺*

（1）新疆吐鲁番苏公塔礼拜寺（图 10-14）。建于清乾隆四十三年（1778），为地方官员额敏和卓所建，寺之邦克楼为额敏和卓之子苏赉满所建，故俗称苏公塔。大殿东向，平面矩形，东面正中为高三层的门厅，西面正中为设圣龛的大型圆拱顶后殿。门厅、后殿两侧及大殿之东、西侧为土坯圆拱顶构成的若干两进小室，形成矩形外环，其内围合成宽 5 间、深 9 间的大礼拜殿。大殿高于四周小室，用木柱上承平顶，通过高窗采光、通风。此殿大门正中为一高三层的尖拱龛，左右各有三个盲窗，上部并列 7 个真窗，入口在尖拱龛后壁下部，与元明以来南疆礼拜寺大门一脉相承。殿四周用土坯砌高墙，无装饰。其装饰重点在大殿东南

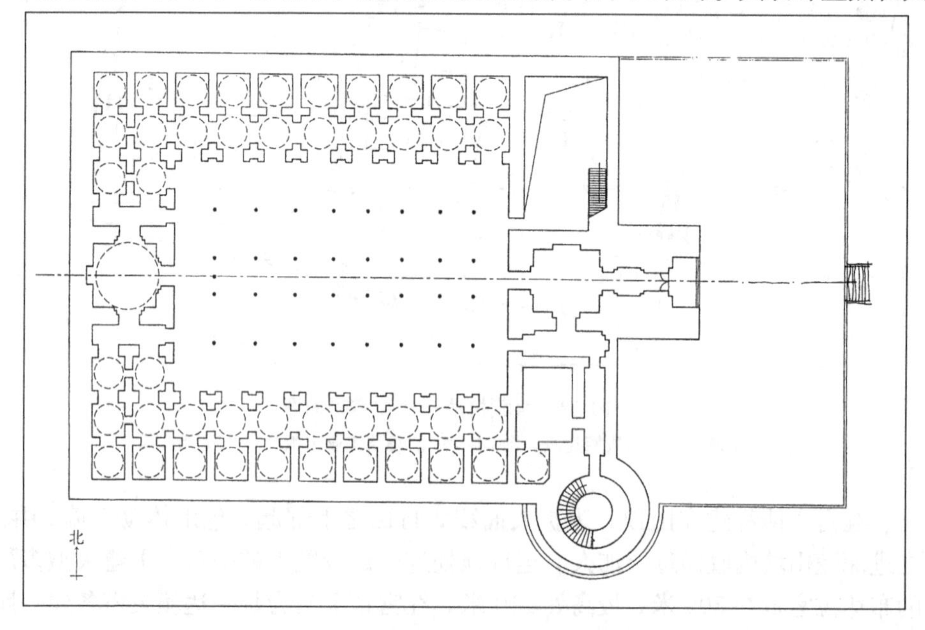

图 10-14　新疆吐鲁番苏公塔礼拜寺平面图
路秉杰：中国建筑艺术全集（16）·伊斯兰教建筑，插图 22，中国建筑工业出版社，2003 年

角之砖砌圆形邦克楼，楼高44米，内建螺旋形磴道登上。塔身底径11米，上径2.8米，有很大的收分。塔身中上部用砖分段砌成各种不同的纹饰，疏密相间，在下部和殿四周的素面墙衬托下益增其壮美（图10-15）。

图10-15 新疆吐鲁番苏公塔礼拜寺外观
中国建筑艺术全集（16），图166，中国建筑工业出版社，2003年

图10-16 新疆喀什艾提卡尔礼拜寺大门
路秉杰：中国建筑艺术全集（16），图127，中国建筑工业出版社，2003年

（2）新疆喀什艾提卡尔礼拜寺。在市中心广场，传建于清嘉庆间，东向，总平面前窄后宽呈梯形，门在东南角，主体为一穹顶建筑，正面有一以尖顶龛为门廊的入口，左右对称建二座圆形塔楼，形成对称的组合体（图10-16）。门内庭院正西为礼拜殿，是一长38间、深4间的纵长建筑。其中间宽10间、深3间用砖墙隔出部分为正殿，后壁正中辟一龛为窑殿。其余部分敞开，近于敞廊，为外殿。礼拜殿为木构建筑，内有4排八角形木柱，上加替木承纵梁，纵梁间密排小梁，其上铺席，上加草泥抹面，构成平屋顶。在庭院之南北面各建一排土砖建平顶房，为教师及学生宿舍（图10-17）。此寺大门为南疆较习见形式，其礼拜殿只核心部分封闭在室内，其余均为敞廊，与吐鲁番苏公塔礼拜寺在形制、构造上都有较大差异，表现出不同的地区特点。

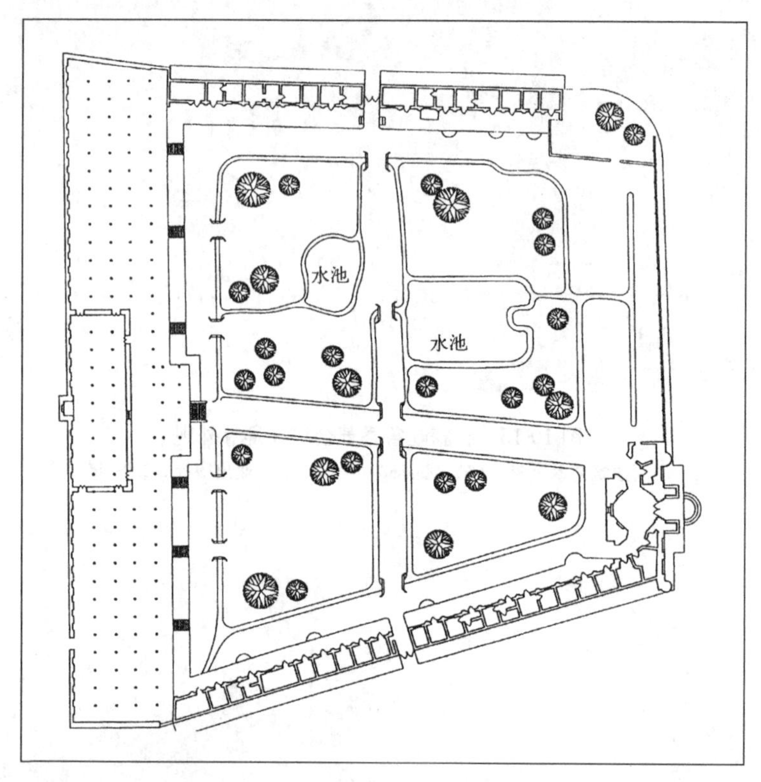

图10-17　新疆喀什艾提卡尔礼拜寺总平面图

路秉杰：中国建筑艺术全集（16）·伊斯兰教建筑，插图23，中国建筑工业出版社，2003年

第三节　规划与建筑设计

清代未曾创建过大型或特大型城市，虽在大部分省会城市驻八旗军并设有满城，也主要是割出已有城市的一部分为专区；大量地方城市，随着经济发展在城墙、街市诸方面有所完善，但在城市规划方面并无新的突出发展和成就。清代宫廷官府建了大量的离宫、苑囿、大型寺院等，民间随着经济发展，各地也出现了大量或规模巨大；或地方特色和技术突出的住宅群体等，在建筑群的规划布局和建筑设计方面有新的发展。此外，在唐、宋、元三章在本节都附有建筑制图，但现存清代建筑制图主要反映在样式雷图档中，故移在下节建筑技术中的建筑设计施工条有关样式雷部分探讨。

一　建筑群布局

（一）宫殿

清入关前在沈阳建立宫殿，立国初期基本沿用明宫殿，在乾隆时期才开始在紫禁城宫殿进行一些建设，其规划方法主要继承前代，但更为规整。

1. 盛京宫殿

盛京宫殿的情况已见前节。据平面图分析，其中、东、西三路宫殿的布局均有一定的特点和规律（图 10-18）。

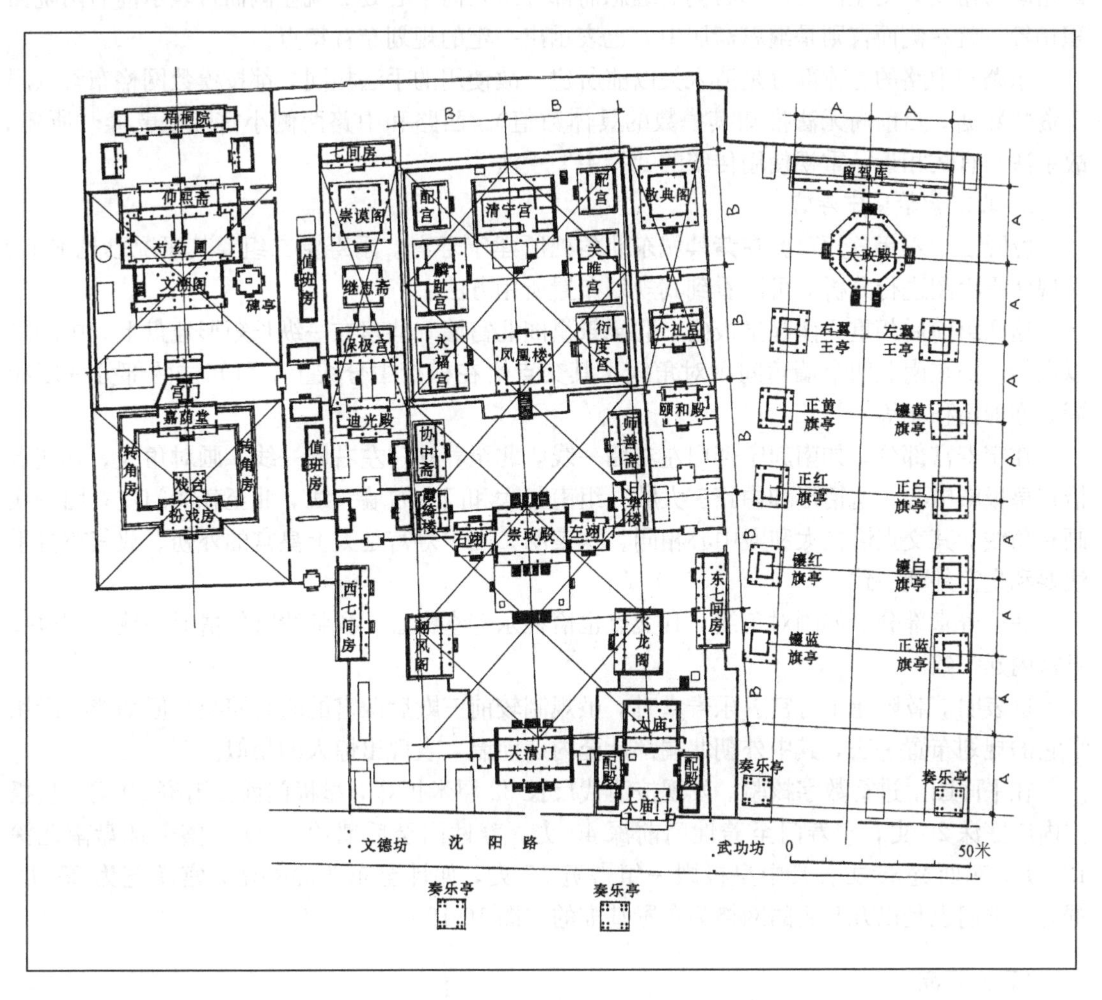

图 10-18　沈阳清盛京宫殿平面分析图

孙大章：中国古代建筑史，第五卷，图 3-42，中国建筑工业出版社，2002 年

在图上可以量得，东路十王亭中，各亭的南北间距及最北二亭与大政殿之距均相等。设以 A 表之，则可进一步看到，最北二亭之中距为 $2A$，大政殿北面留驾库之宽也为 $2A$，

因知此部分是在宽 $2A$、深 $8A$ 的网格控制之下，即它是以 A 为模数进行布置的。十王亭略呈八字形布置，是为了表示诸旗之亲疏远近关系，但在建筑布局上也起了增加宫院深度感并凸显大政殿的作用。

在中路部分，其后寝建在一座正方形的高台上，若把它等分为四分，每分以 B 表之，则其宽深均为 $2B$。在图上还可以量得，自前方的大清门至后寝高台南沿之深恰为 $3B$，即中路前朝、后寝共深 $5B$，宽为 $2B$。其中前朝部分如以崇政殿后檐墙为界，其深也是 $2B$，为正方形，与后寝下高台相等。据此可以推知，中路的布局在以 B 为模数的网格控制之下。

在西路的文溯阁和戏楼两组院落分别画对角线，则可看到，文溯阁和戏楼都居于所在院落的几何中心处，即按“择中”原则布置。此外如把中路后寝左、右侧的宫院视为一体，在四角画对角线，则左侧的门和右侧的继思斋都位于几何中心处；就左侧而言表示前后两院面积相等，就右侧而言则是继思斋居中，也表示出一定的规划布置特点。

东路和中路的主体部分是清入关以前所建，故使用的手法相同，都按模数网格布置（限于资料数据，目前尚无法推知其模数的具体数值）。西路和中路两侧小宫院是乾隆时所建，故手法与官式相近，重视使用传统的“择中”手法。

2. 北京紫禁城宁寿宫

乾隆三十六年（1771）在紫禁城东北角处所建宁寿宫、乐寿堂二组，其概况已见前节。对现状平面图进行分析，可以看到其规划布置所用方法。

这两组前后相重，南起皇极门，北至景祺阁北宫墙，共建在一纵长矩形地盘上，中间隔以横街。如在南北四个墙角间画对角线，其交点恰在横街中分线上，可知这两部分深度相同，亦即面积相等。

在宁寿宫部分，如南起宁寿门左右墙一线，北至养性门左右墙一线，画对角线，其交点恰在皇极殿中心。这情形和中路三大殿一组南起太和门左右墙一线，北至乾清门左右墙一线画对角线，其交点恰在太和殿中心相同。这表明，因宁寿宫是太上皇宫的外朝，故其布置手法要和皇宫外朝一致。

在乐寿堂部分，如画对角线，其交点也恰在乐寿堂中心，和乾清宫的情形一致，即也和皇宫内廷一致。

这表明，乾隆建宁寿宫、乐寿堂时，虽规制较前三殿后两宫的略有缩减，但却严格沿用了它的规划布置手法，其中外朝北端都计至内廷前墙，表现出惊人的相似。

在平面图上进行数字核验，发现按清代尺长 32 厘米折算，皇极门前横街深 10 丈，皇极门内广庭深 20 丈，宁寿门至养性门前深 40 丈，养性门至后墙深 50 丈，整个地盘南北深 120 丈，东西宽 35 丈。其中皇极殿一组殿宽 15 丈，如计至东西庑外墙，宫院宽为 25 丈。据此，它们也是以方 5 丈的网格为布置基准的（图 10-19）。

（二）苑囿

清代苑囿多是大尺度园林，故在规划布置上强调对景和轴线关系，并建造某些超大型和超长尺度的建筑，以控制大的景区，取得前所未有的突出成就。清代大型苑囿还有一特点是多建园中之园，如中南海的流水音、静谷，北海的静心斋、画舫斋，颐和园的谐趣园，静宜园的见心斋等，精巧紧凑的小园与所在的大型苑囿在景观上产生对比，可起互相衬托、互为补充的作用。

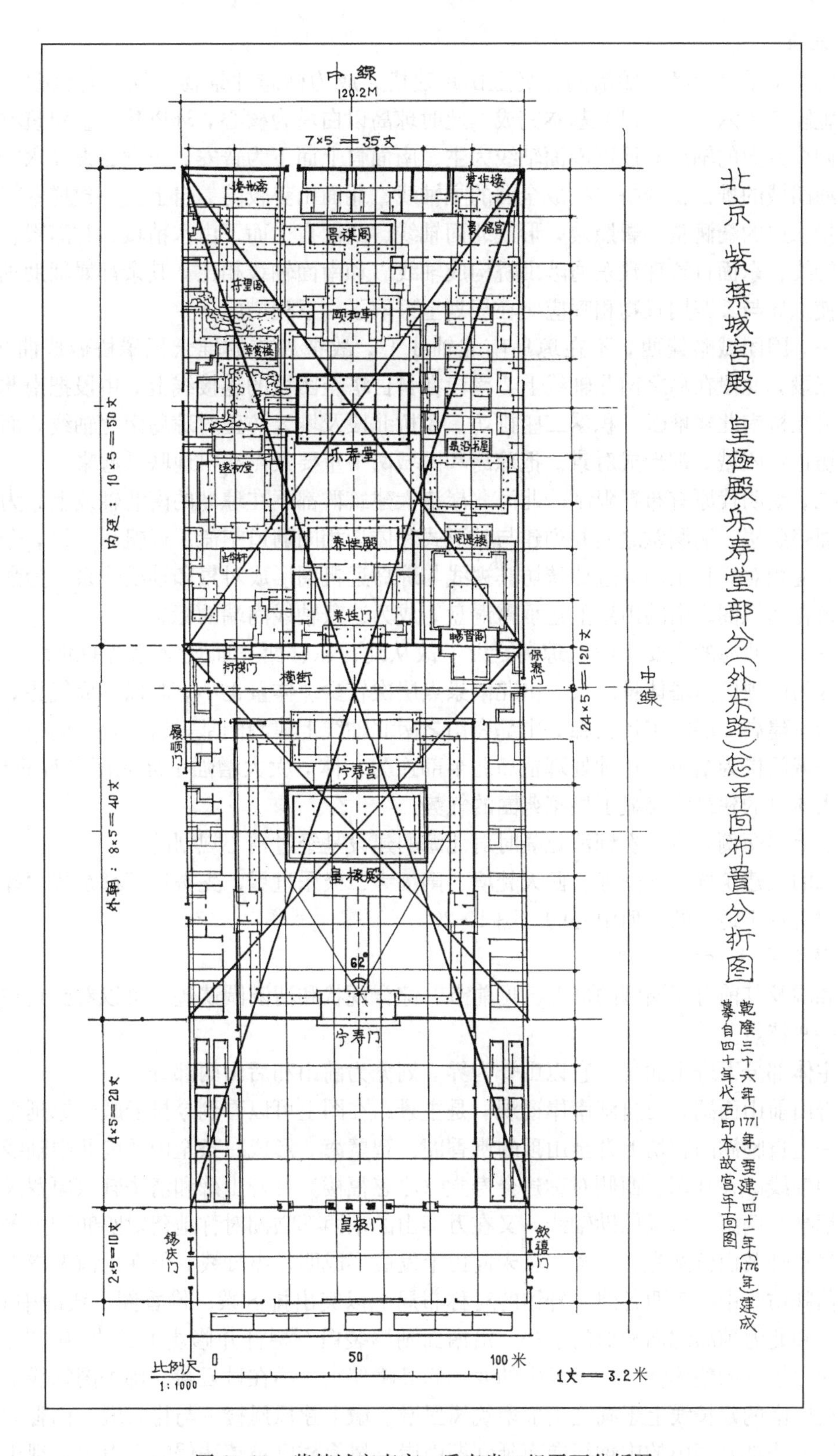

图 10-19 紫禁城宁寿宫、乐寿堂二组平面分析图

1. 北海

北海的主景是琼岛，顺治间在岛上山顶建塔，成为标志性景物。乾隆时整顿、增建景点，至乾隆三十六年（1771）基本完成。此时琼岛以白塔为核心，环塔建大量建筑群组，重点形成四个方向的轴线，而以南面轴线为主。南面自上而下为普安、正觉二殿和永安寺，前连跨湖通团城的堆云积翠桥，构成全园的主轴线。北面山势较陡，自上而下建揽翠轩、延南薰，直指水边的漪澜堂、碧照楼，形成北面轴线。西面自上而下由水精域、甘露殿、琳光殿等构成轴线。东面自智珠殿东通陟山桥构成轴线。和南面轴线相比，其余都属辅助轴线。

为使琼岛与其四周景物相呼应，在规划上采取了一系列措施。

其一，因团城略偏西，不在琼岛南北轴线上，故把岛前的堆云积翠桥做成曲折的北、中、南三段，北段在岛之南北轴线上，南段在自白塔至团城的连接线上，中段把南北段连接起来。又在桥南北建堆云、积翠二座排坊，令桥北段及堆云坊正对琼岛南北轴线，而桥南段及积翠坊正对团城，都形成对景，把琼岛和团城两个重要景点有机地联系起来。

其二，受明代原有布置限制，北海北岸诸大建筑群都不在琼岛的南北轴线上，为此，在琼岛北面碧照楼、漪澜堂之西并列建与其形式和体量相同的道宁斋、远帆阁一组，令与北岸的西天梵境相对，自山门穿过琉璃坊其视线与琼岛远帆阁形成对景和轴线连系。为强调这条轴线，还在远帆阁之南的山崖上建承露铜盘，成为这条轴线南端的标志。

其三，因北海的主要水面在琼岛之北，故从北、东、西三面观赏琼岛的北面是重要景观。但因为山顶的白塔体量巨大，山北诸景点层次较少、体量也小，难以形成气势，故在岛北半部沿岸建高二层的半环长廊，中部在山之南北轴线上建漪澜堂一组，以强调中心，在两端各建一城门楼为结束。这种处理把岛北半部连为一体，大大增强了岛北面景观的整体性，也以其大体量的建筑物突显了皇家苑囿的气势。

通过上述两例，可以看到清乾隆时对北海的建设是经过精心规划的。

北海的大建筑群如永安寺、西天梵境、阐福寺、极乐世界、先蚕坛等都是按“择中”原则把主建筑置于地盘的几何中心的（图 10-20）。

2. 清漪园-颐和园

颐和园及其前身清漪园的概况已见前节。综合现状和清漪园遗迹，可以看到它在规划布局上的一些特点。

就主体部分万寿山而言，它以山脊为界，划分为前山和后山两部分。

万寿山前山面湖，可自湖南岸遥观，是主景。在图上可以看到今排云殿（原延寿寺大雄宝殿）一组自临湖的牌坊上升至山顶的佛香阁、智慧海，形成一条全山的南北中轴线。为强调这条中轴线，在其东、西侧对称建介寿堂（原慈福楼）万寿山碑和清华轩（原罗汉堂）宝云阁（铜亭）两组，形成辅助轴线。又在万寿山的东西部临湖对称地建对鸥舫和魚藻轩，其后为无尽意轩及山色湖光共一楼，虽未向山上发展形成明显纵轴线，但在山前湖岸上形成以排云殿前牌坊为中心东西各建一轩馆的对称布局，以突出排云殿、佛香阁一线的中心地位。还采用了和北海琼岛北面相似的手法，沿南面湖岸装白石栏杆并修建了长约 700 米的长廊，以加强前山景物的整体性。由于湖中的龙王庙岛略偏东，不在排云殿、佛香阁轴线上，又在这条轴线向南的延长线上于湖之南部增筑凤凰墩，墩上建凤凰楼，与排云殿、佛香阁互为对景，用这方法把万寿山的中轴线向南延到湖南岸（凤凰楼已被英法侵略军毁去，现于此处新建一亭为标识）。此外，在万寿山的东、西部，在半山处分别建可以东望、西眺的景福阁、

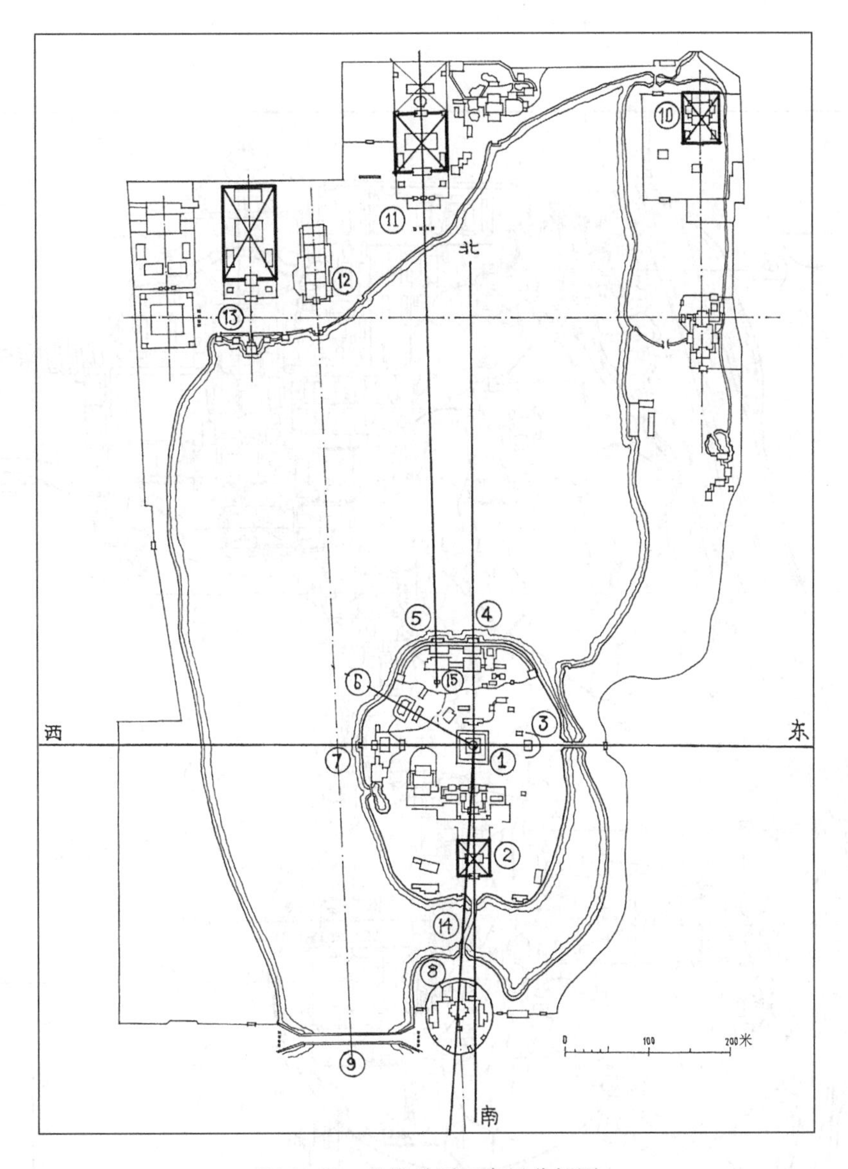

图 10-20　北海总平面布局分析图

画中游两座较大建筑，成为万寿山东、西侧山顶的主要景点，同时也是可以在此东望圆明园、西望静宜园的观景点。

由于山顶地形变化，山北的主轴线不得不略偏东，与山南的主轴错位约 50 米。其主体建筑自南而北为大型喇嘛庙香严宗印之阁和须弥灵境，又把北宫门建在其正北，连以长桥，遂形成山北面的主轴线。在香严宗印之阁的东西侧还对称各建两座喇嘛塔，以衬托出主轴线。又在寺之东西外侧各据一小高地分别建善现寺和云会寺两座小寺庙，形成北面主轴两侧的辅助轴线。在布置香严宗印之阁两侧的喇嘛塔时，有意把西侧的两座喇嘛塔建在山南轴线向北的延长线上，这就使山南、北的主轴线间产生了一定的联系（图 10-21）。

在规划中还大量使用了对景的手法，使景物间互相呼应，可略举数端：其一，前述在南

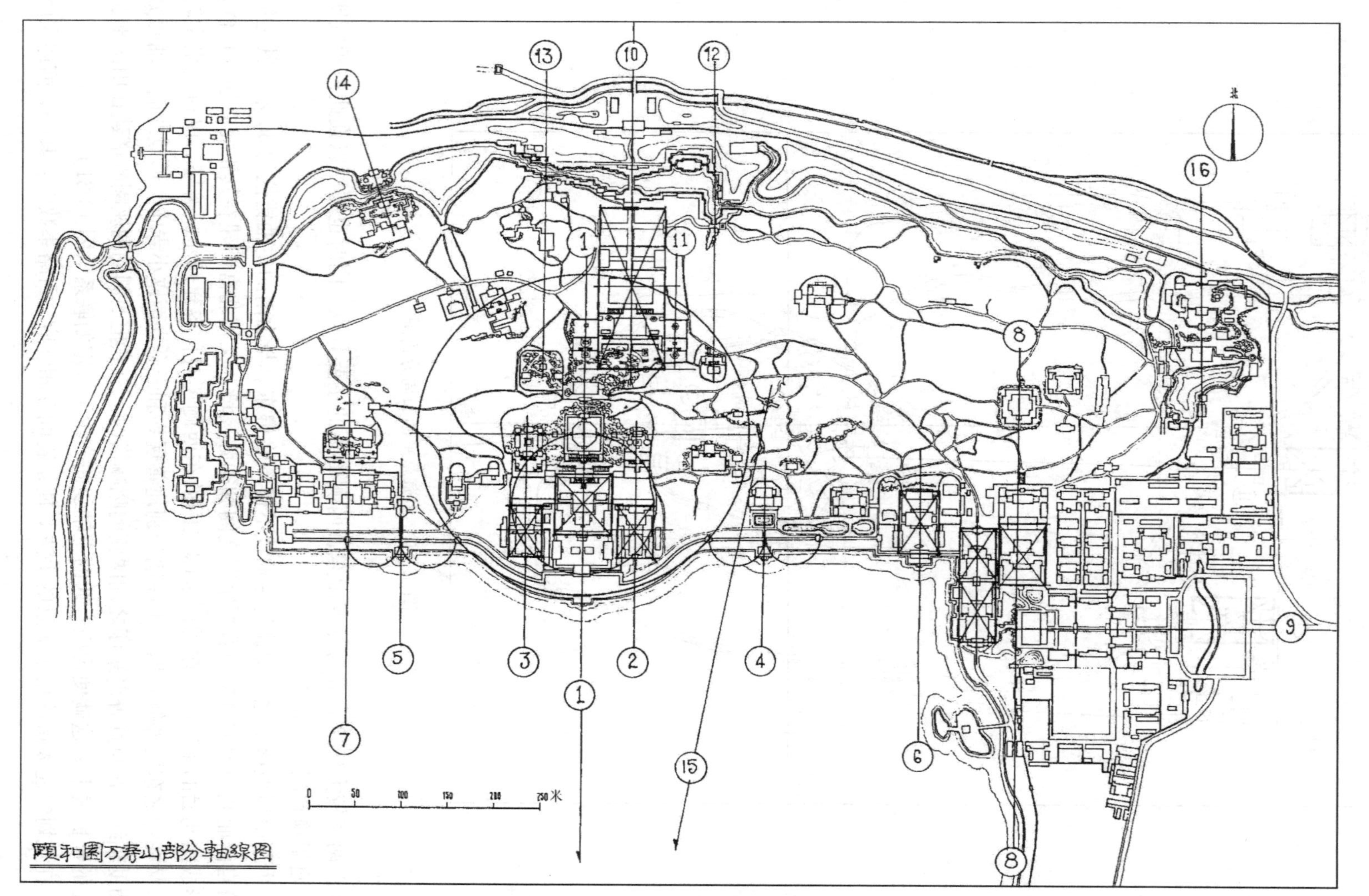

图 10-21　颐和园万寿山部分布置分析图

湖建凤凰楼实即与佛香阁互为对景；其二，因龙王庙岛不在万寿山主轴上而略偏东，故其北面主建筑涵虚堂与万寿山主轴上建筑无对应关系，为此，特在佛香阁东侧高地上建一名为千峰彩翠的小城楼，其下的门洞正对涵虚堂一组，二者互为对景；其三，东岸的玉澜堂西面正对西堤的桑苧桥，并遥望西面的玉泉山；其四，西堤的玉带桥正对湖中的龙王庙岛，其桥洞恰可形成观景框；其五，万寿山西侧的魚藻轩、画中游、湖山真意均正对西面的玉泉山，其西面的柱、楣、栏板都可形成观景框（图 10-22）。

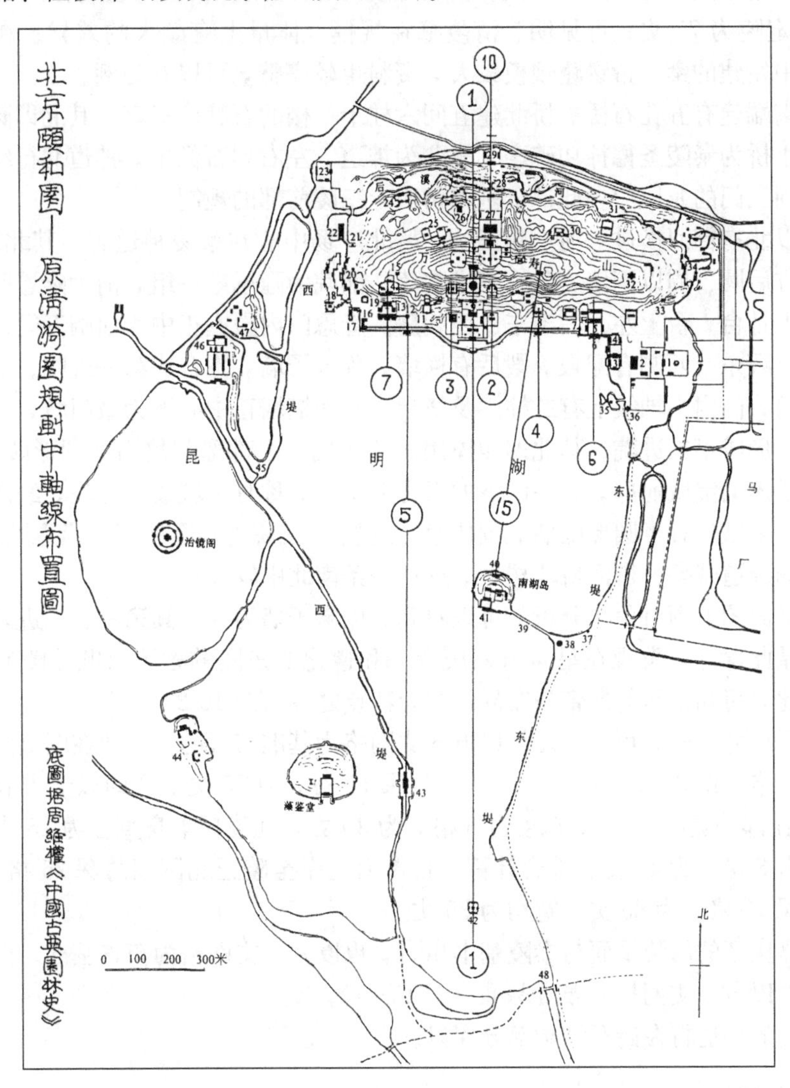

图 10-22　清漪园-颐和园总平面布置分析图

园中的大型建筑群如德和园、玉澜堂、乐寿堂、排云殿、介寿堂、清华轩、须弥灵境等仍是按传统的择中手法把主建筑置于地盘几何中心（参阅图 10-22）。

从上述探讨可知，当时对清漪园特别是其中万寿山部分的规划布局是考虑得很精密的，反映了当时大型园林规划布局方法上的新成就。

（三）陵墓

中国古代帝陵总的发展趋势是由远而近土方工程逐渐缩小，而建筑所占比例相对增大，但建筑的实际尺度也在逐渐缩小。清在沈阳建有福陵、昭陵，入关以后建有东、西两个陵区。其陵制虽基本延续明代，但其规模、特别是陵丘和其下地宫的尺度都比明代缩小。如以寝园之深计，清泰陵的总深为 125 丈，而明定陵的总深为 175 丈；以宝城直径计，清泰陵为 25 丈，而明定陵为 75 丈；可见明、清陵墓在规模、体量上有颇大的差异。在清东、西陵中，以西陵中始建的雍正帝泰陵规模较大，资料也较完整，可以它为例。

西陵最南端建有五孔石桥，桥北建五间六柱十一楼的石牌坊三座，其北即陵区正门大红门。门北过小桥为泰陵圣德神功碑亭，亭北为神道，左右列石像生，神道北行绕一人工小土山后建有并列三门的龙凤门。此部分基本仿明十三陵前部的规制。

龙凤门以北有御河横过，河上建三桥，桥北广场中心建泰陵神道碑，其北即泰陵园寝。园寝平面前方后圆、周以围墙，分为三进院落。前院为隆恩殿一组，前为隆恩门，门前有与陵园等宽的大月台，台上左、右建东、西朝房。隆恩门内殿庭正中为面阔五间重檐歇山顶的祭殿隆恩殿，殿东、西侧有配殿，殿后有横墙，称卡子墙，围合成第一进院。卡子墙中部开有三座琉璃门，门内中轴线上有二柱门及祭台，北面横墙正中有下为城门墩，上建方形碑亭的方城明楼，形成第二进院。其北即四周用砖墙包砌，上部隆起坟山的圆形陵丘，称宝城。在方城明楼通入的宝城前部，有一凹下的新月形小院，称月牙城或哑巴院，经两侧踏道可登上宝城顶部。宝城外有半圆形围墙，围成第三进院 。三院中的隆恩门、隆恩殿、方城明楼、宝城及其南的神道碑亭、御河桥均居中，形成一条南北中轴线。

在泰陵平面图上画对角线分析，可以看到，以卡子墙为界，其第一、二进院的深度是基本相等的。循此探寻，发现在昌陵（嘉庆帝）和遵化清东陵的孝陵（顺治陵）景陵（康熙陵）中都如此，可知是清前期帝陵布局的共同特点之一（图 10-23）。

如就实际尺寸分析，可知泰陵是以方 5 丈网格为基准布置的。按此在图上画网格，则寝园东西宽为 7 格，即 35 丈，第一、二进院共深 11 格，为 55 丈，亦即以卡子墙为界，各深 27.5 丈；陵丘部分宽亦 35 丈，深度占 6 格，为 30 丈，其陵丘本身直径为 25 丈；自御河北岸至隆恩门占 8 格，为 40 丈。综合计算，自御河北岸至陵丘北围墙总深 25 格，为 125 丈；陵园本身共深 17 格，为 85 丈；宽均为 35 丈。

西陵中嘉庆帝的昌陵平面与泰陵基本相同，也以方 5 丈网格为布置基准。而皇后陵的规格尺度降低，以方 3 丈网格为布置基准（图 10-24）。

清陵地宫的构造将在砖石结构部分探讨。

（四）宗教建筑

清代皇家建了大量佛寺，其中以藏传佛寺规模较大，由于兼有汉藏特点，在规划布局上也出现新特点。传统佛寺大多仍延续明以来传统，无重大变化。清代伊斯兰教礼拜寺在内地者也多延续传统形式，但在新疆地区仍保持较强中亚特色。

1. 传统佛教建筑

清代创建的较大型传统寺庙不多，现存北海的永安寺、西天梵境、阐福寺、旃檀寺等官建寺庙，其布局和建筑组成都基本延续明以来传统，并仍采取择中的原则，置主殿于地盘几

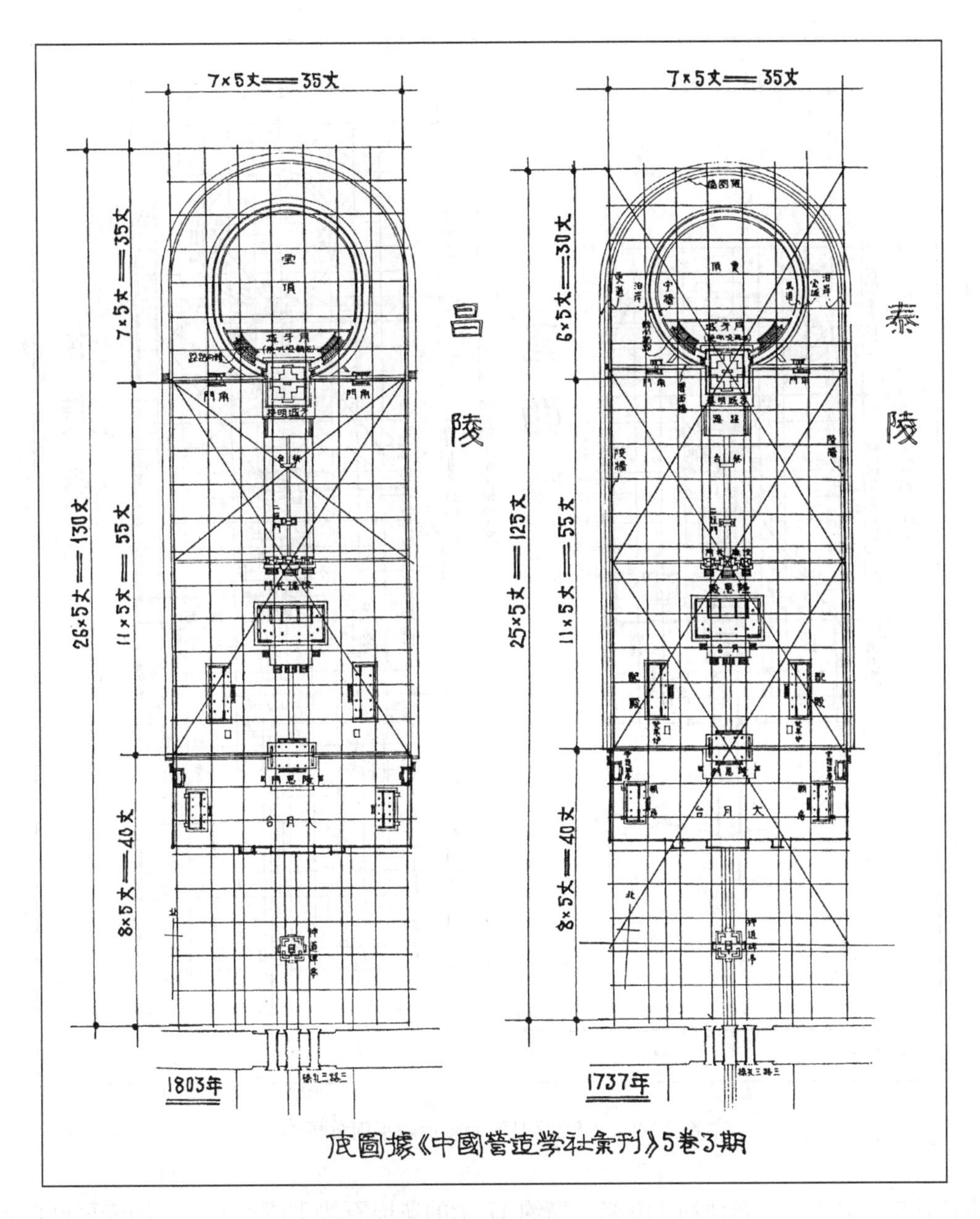

图 10-23　河北易县清西陵帝陵平面分析图

何中心。其平面可参阅本节苑囿部分所附北海总平面布局分析图，即不另作探讨。

2. 藏传佛教建筑

(1) 河北承德普陀宗乘庙。乾隆三十二至三十六年（1767～1771）仿西藏拉萨布达拉宫大意创建承德建普陀宗乘庙。庙倚山坡而建，分前、中、后三部分。前部在坡前平地上，平面方形，前为山门，其内被五塔门等分为前后二院，前院以碑亭为中心。五塔门北对琉璃坊，即中部的入口。中部长约 220 米，沿山坡上升，中间辟一条曲折的大路，左右随山势建若干高下错落、形状各异的藏式白台，成为前后两区间的过渡。后部是以巨大的大红台为主

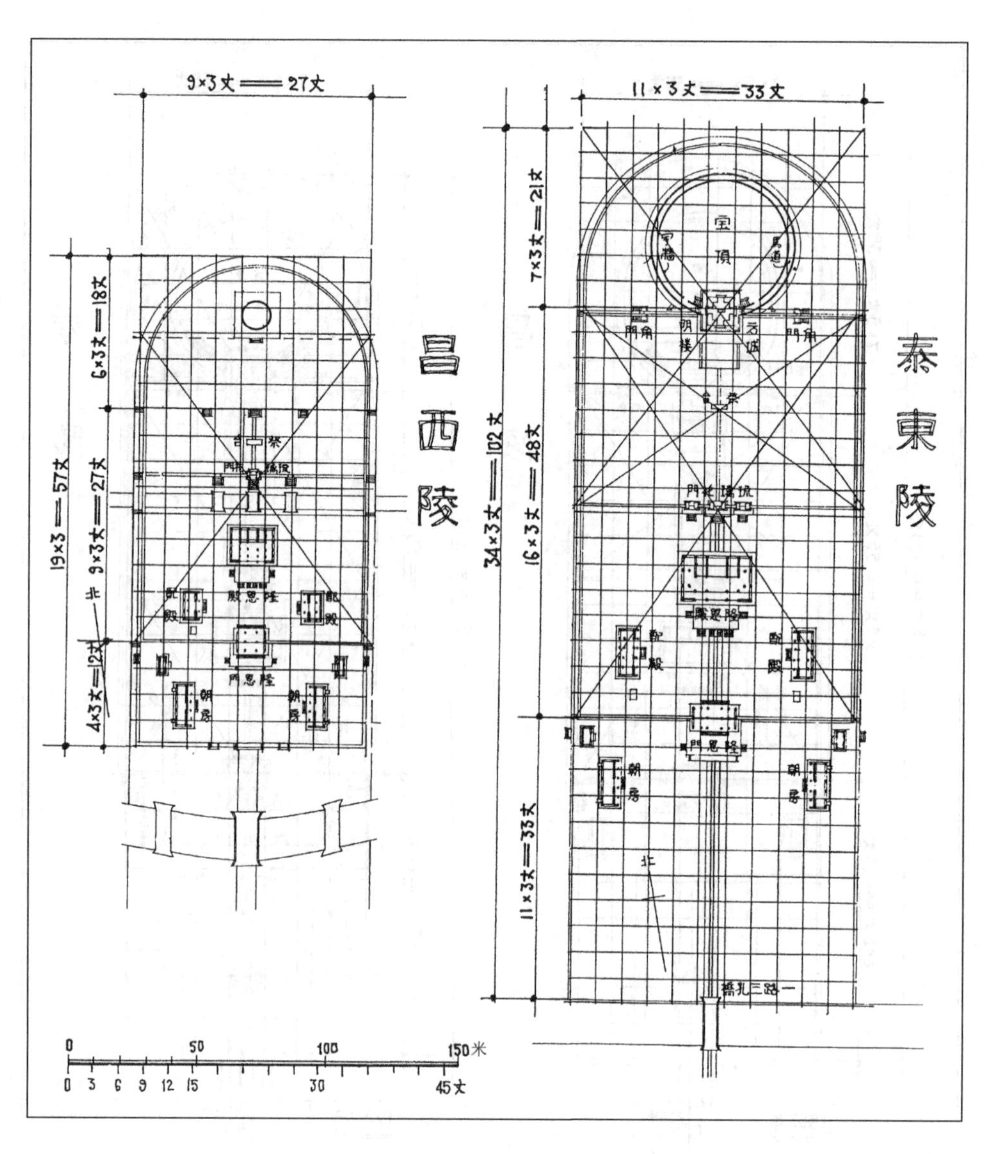

图 10-24　河北易县清西陵后陵平面分析图

的主体建筑，其下部为东西约 140 米、高约 17 米的花岗石块砌成的基座，因表面刷白，称白台，白台上的主体建筑为下宽 59 米、上宽 58 米、高 25 米、7 层的巨大空心墩台。其下部用花岗石块砌，上部用砖砌，外表面加红色粉刷，故称大红台，每层开 17 个西藏式上窄下宽的窗。在四层以上，台内部沿四边建面向内的三层群楼，围合成内院，院内居中建面阔 5 间、重檐攒尖顶、上复镏金铜瓦的主殿万法归一殿。台边群楼顶上又建有几座也用镏金铜瓦的亭子，与高出台顶的万法归一殿金顶互相呼应。东部的辅台宽 35 米，高 16 米，刷白色，沿台边建向内的二层群楼，南面建戏台。大红台西侧为低矮而前突的千佛阁，外墙刷黄色。

此庙的前部方 50 丈，碑亭及五塔门都居于所在地盘的中心位置，表明它用方 5 丈网格为布置基准。依此画网格，并向后延伸，则万法归一殿恰在中线偏西第一条网线上，则此寺布局也极可能全部是利用方网格布置的（图 10-25）。

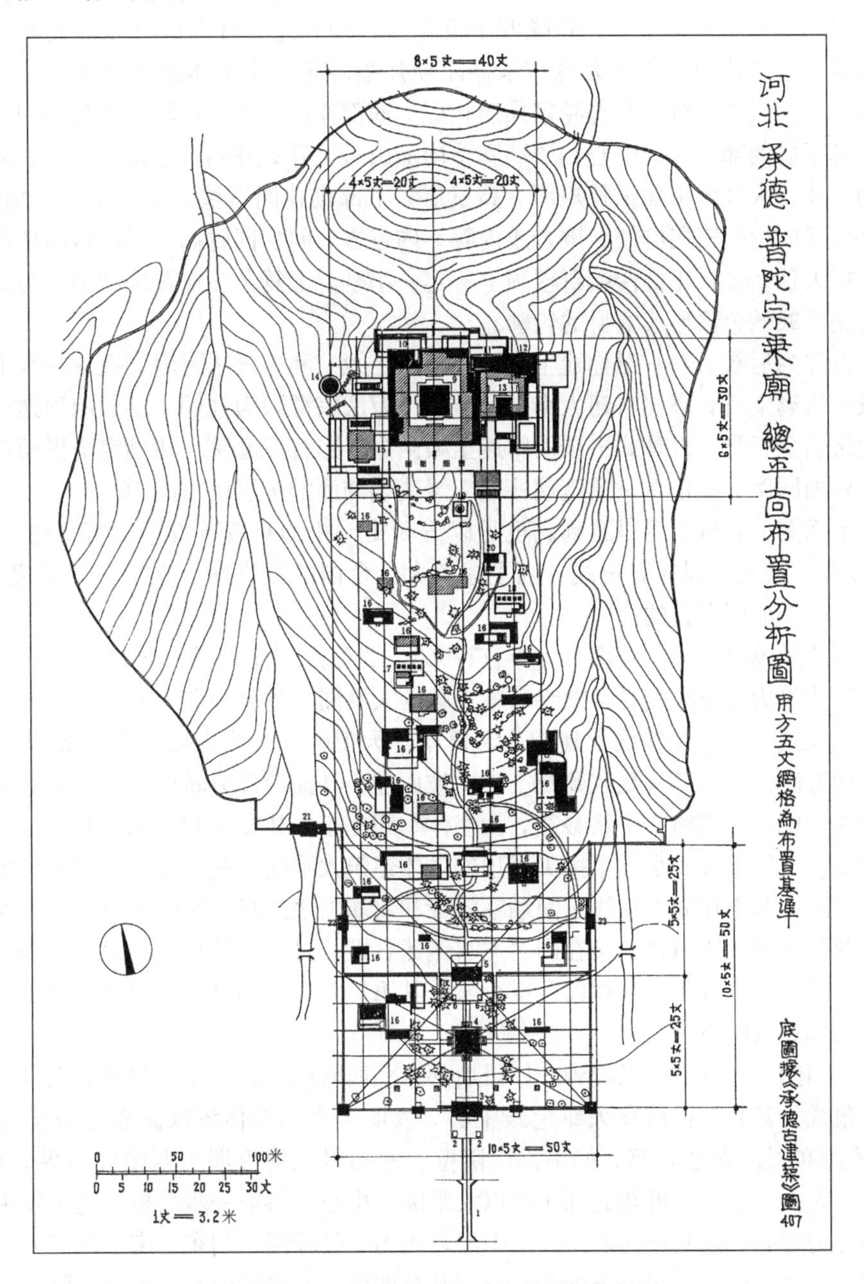

图 10-25 河北承德普陀宗乘庙总平面分析图

此庙的主体虽形体、尺度与拉萨布达拉宫有异，但下为白台，其上红台、白台并列，台顶露出金顶，却与布达拉宫的外观特点相合，符合古代“师其大意”的要求。但白台及红台之下半部用巨大规整的花岗石块砌成，木构建筑基本为清官式略加仿藏式装饰，其用料和工程质量又较布达拉宫为优。此庙前部建筑基本是汉式，后部为藏式，中部以在山坡上建较小而形式较自由的藏式白台为过渡，引导到巨大高耸而规整红台前，在规划布置上也是很成功的。

(2) 河北承德须弥福寿庙。乾隆四十五年 (1780) 为接待六世班禅祝贺乾隆帝七十寿辰，仿西藏日喀则扎什伦布寺大意在承德建须弥福寿庙。庙主体建在山坡上，平面纵长矩形，分前、中、后三部分。和普陀宗乘庙相似，前部在山脚下，中轴线上建山门、碑亭和琉璃牌坊，碑亭居前部的几何中心。琉璃牌坊内随山势上升，并列建主体大红台、东红台，以大红台为主体。大红台平面纵长矩形，高三层，下部砌花岗石块，上部砌砖，加红色粉刷。内部沿外墙建向内的三层群楼，围合成内院，内建方五间加回廊高三层的妙高庄严殿，上复镏金铜瓦攒尖顶。又在正面两端群楼顶上各建一小亭，上复黄琉璃瓦庑殿顶，与正中高出台顶的妙高庄严殿的金顶形成醒目的轮廓。

大红台北为后部，左右对称建生欢喜心殿 (已毁) 和吉祥法喜殿，在中轴线上依次建万法宗源殿和琉璃宝塔，塔左右建大小白台数座。万法宗源殿为九间二层歇山顶建筑，前方为一藏式建筑名金贺堂，以藏式平顶回廊连至殿两侧，围合成庭院。琉璃宝塔平面八角形，下为基座，外加回廊，座顶建一黄琉璃柱额、绿琉璃饰面的 7 层塔 (图 10-26)。

在总平面图上分析，可以看到它也是以方 5 丈网格为布置基准的，宽 7 格，35 丈，深 19 格，95 丈。在此范围画对角线，则主建筑大红台内的妙高庄严殿恰居地盘之几何中心，仍是按“择中”原则布置的。

(3) 河北承德普宁寺。乾隆二十年 (1755)，为纪念平定新疆准噶尔部叛乱，特建普宁寺，其主体建筑为仿西藏扎囊桑鸢寺乌策大殿的大乘阁。寺分为前后两部分，前部建在平地上，为传统汉式寺庙，中轴线上建山门、碑亭、天王殿、大雄宝殿，左右翼以钟鼓楼及配殿，形成两进庭院。后部属藏式建筑，沿山坡而建。其前沿部分斩山为直壁，形成高台，台上建筑分左、中、右三路。中路最宽，为主体，殿庭正中建宽 7 间、深 3 间、高 3 层、前后出 2 层楼廊、上复 1 大 4 小五个攒尖屋顶的主体建筑大乘阁。在阁之四周随地形建若干小型白台和塔、殿。其中在阁中轴线之南端临陡壁和北端山之最高处所建为南、北二大部洲 2 座小殿，殿两侧各有 2 座白台，又在阁之左右侧建日殿、月殿，四角建 4 座喇嘛塔。东、西路沿山坡而上各建 4 个院落，内建白台或小殿，其第三院正在阁之东、西侧，内建四大部洲之东、西二大部洲 (图 10-27)。

在总平面图上分析，可以看到，如以后部东、西路后墙之外角为北端，则自寺南墙相应之处画对角线，其交点正落在大雄宝殿中心，表明全寺仍按传统汉式置主殿于地盘中心的“择中”原则布置。寺之后部，如南面以陡壁、北面以北俱卢洲东西中线为界，画对角线，则交点恰在大乘阁中心，可知北部布局以大乘阁为中心。再进一步分析，还可发现，如以大乘阁的中心为圆心，以其至北俱卢洲殿中心之距为半径画圆，则东、南、西三大部洲之殿都在此圆周上。如再以大乘阁中心为圆心，以其至四角 4 喇嘛塔中心为半径画圆，则 4 喇嘛塔和 4 个六角形白台共 8 座小建筑都在此圆周上。

在平面图上还可看到它是以方 5 丈网格为布置基准的，寺之主体部分总宽 5 格，为 25 丈，总深 15 格，为 75 丈。其前部汉式部分深 8 格，为 40 丈。后部藏式部分深 7 格，为 35 丈，大乘阁位于后部的几何中心。但全寺之深如计至后部东西路的外侧二角，则前部之大雄宝殿居全寺几何中心。从二建筑所供佛像分析，大乘阁所供是菩萨，而大雄宝殿所供是释迦佛，佛之地位高于菩萨，故尽管大乘阁体量巨大，它只能居所在的后部之中心，而供佛的大雄宝殿要居于全寺的几何中心，即从布局讲，是全寺的中心。

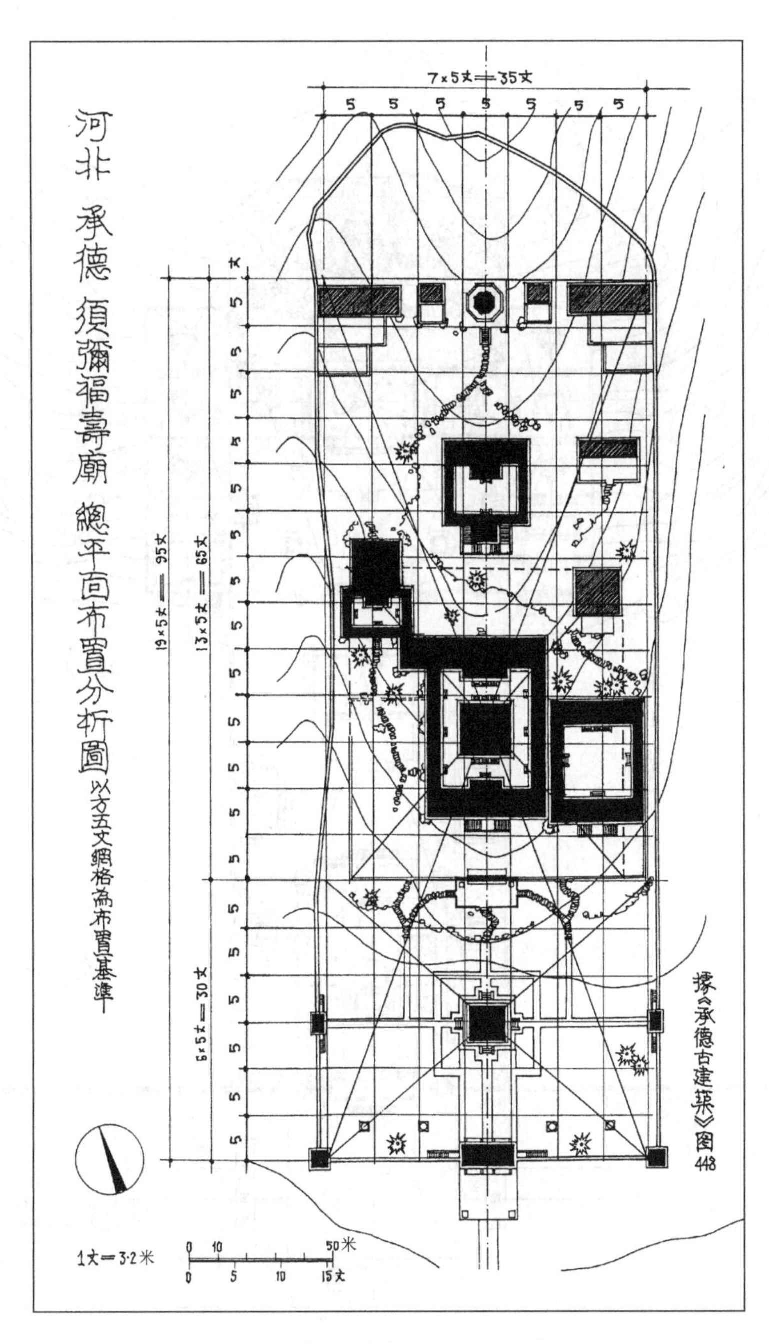

图 10-26　河北承德须弥福寿庙总平面布置分析图

史载此寺是仿西藏扎囊桑鸢寺而建，其主体大乘阁上复 1 大 4 小 5 个攒尖顶的形式即源自乌策大殿。此外，在桑鸢寺总平面图上分析，还可看到两点：其一，如以大殿中心为圆心画圆，则在其四角的红、白、绿、黑四塔恰在同一圆周上。其二，如以此圆心至南部阿雅巴律林中心之距为半径画圆，则其西面之强巴塔，北面之桑结林，东面之江百林也恰在此圆周上，即这 8 座建筑分别按四正向、四斜向等距地布置在乌策大殿的四周。其中，四正向的阿

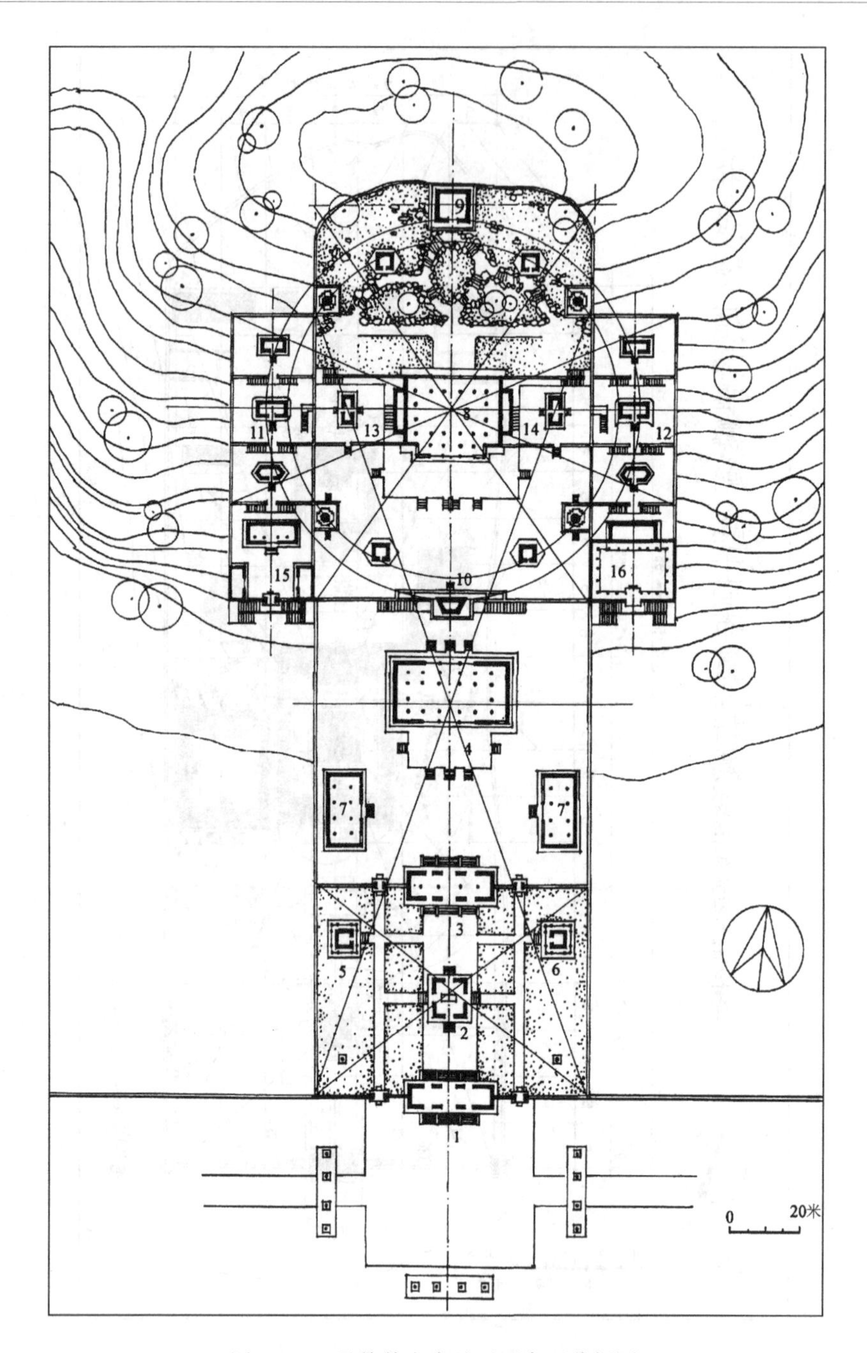

图 10-27　承德普宁寺总平面布置分析图

雅巴律林等四座建筑即四大部洲（图 10-28）。

以普宁寺总平面图所示和上述对桑鸢寺的分析图比较，可证在普宁寺的规划设计中，除大乘阁的屋顶形式外，在大乘阁四周的四正向等距建四大部洲，在各斜向等距布置白台和喇嘛塔的布局特点也摹仿自桑鸢寺。大乘阁本身基本是汉式木构楼阁，不是藏式建筑。普宁寺总平面布局除后部外，整体也属汉式。但通过大乘阁的屋顶可使人从形式上认为它是摹仿桑

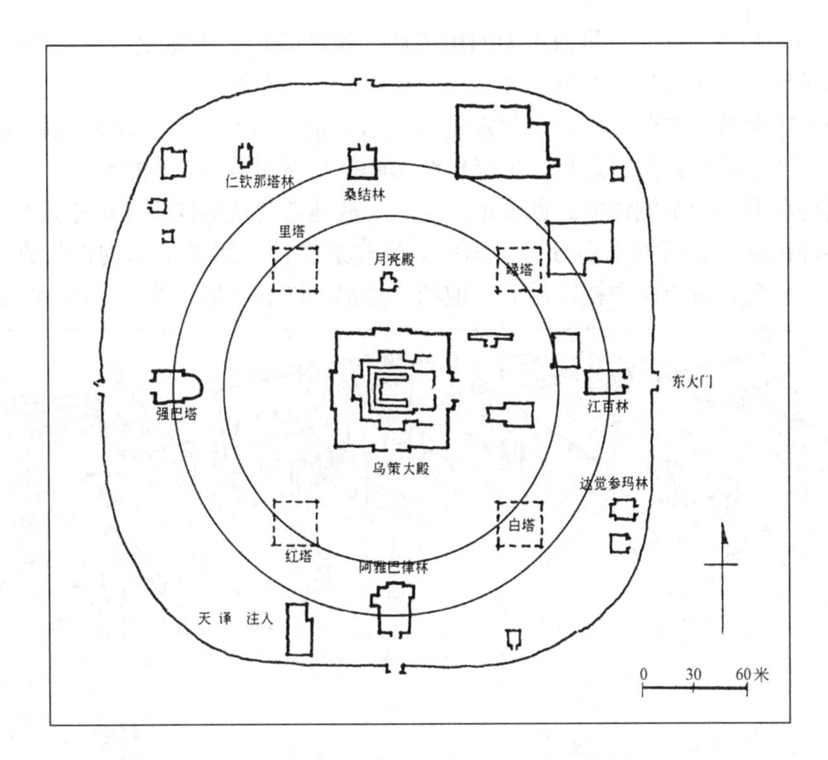

图 10-28 西藏扎囊桑鸢寺总平面布置分析图
陈耀东：《中国藏族建筑》图 343。中国建筑工业出版社 2007 年版

鸢寺的乌策大殿，而其后部的布局则可使深通教义的人也能承认它源于桑鸢寺。设计者通过这两点，把握住了桑鸢寺的最突出特点，达到"师其大意"、"颇有似处"的效果，是成功吸收前代成就加以创新的杰出范例，反映出清代盛期在建筑规划设计技术和艺术上的高度水平。

（五）住宅

清代自康熙以后，国家统一、政治稳定，城市、乡镇和农村的经济都有巨大的发展，在居住条件方面，包括一些边远和少数民族地区的民居都有较大的提高，既出现明显的地区风格，也随经济、交通的发达而在一定程度上互相影响。限于资料，目前对早期民居做准确断代尚有困难，故除有时代标志其时代可确认者外，对现存大部分民居只得暂时归入清代，在本章进行探讨。其中一些兼具结构构造特点的，如西藏新疆等地的平顶住宅、云南等地少数民族住宅等，则移至建筑技术部分探讨，以免重复。

中国地域广大，南北、东西气候不同，再加上传统的影响和民族差异，对民居的布局、构造、形式都有影响，形成不同地域和民族的多种流派，呈现百花齐放的盛况。从图 10-29 中 16 幅小图可大致看到不同地域民居的不同特点。图①～⑤自北向南依次为吉林、北京、浙东、泉州、梅县民居。它们都是封闭的院落式住宅，但吉林位于寒带，需使正房多争取日晒，故其庭院横宽；北京稍暖，故庭院比吉林窄，厢房可以部分遮挡正房，近于方形；浙东湿热雨多，其房屋间需以廊相接；泉州、梅州接近亚热带，需减少日晒，故尽量缩小庭院，向竖长发展；从诸例可以看到，自北而南，随日照和雨量不同，其庭院由横宽向竖长发展和面积逐渐缩小的趋势。图⑦～⑩依次为四川羌族、拉萨藏族、青海藏族、新疆维族的民居，因处于少雨地区又受民族传统影响，多采用平屋顶聚合式布置。图⑪、⑭、⑮依次为甘肃藏族毡帐、内蒙古蒙族蒙古包、内蒙古蒙古包式土房。前二者是游牧生活所用帐幕，但藏族、蒙族的形式不同；后者是虽已定居，但受传统影响，仍保留着蒙古包的形式。图⑬、⑯为陕西西安、河南巩县的土窑洞住宅。西安地形平坦，故建造自地面向下挖的平地窑住宅，河南黄土塬上多冲沟断崖，而林木多分布于沟中，故建造在冲沟崖壁上向内挖的靠山窑洞住宅(陕北亦同)，同是在黄土层中挖窑洞，因地域、地形不同，所造窑洞住宅的形式也不同。

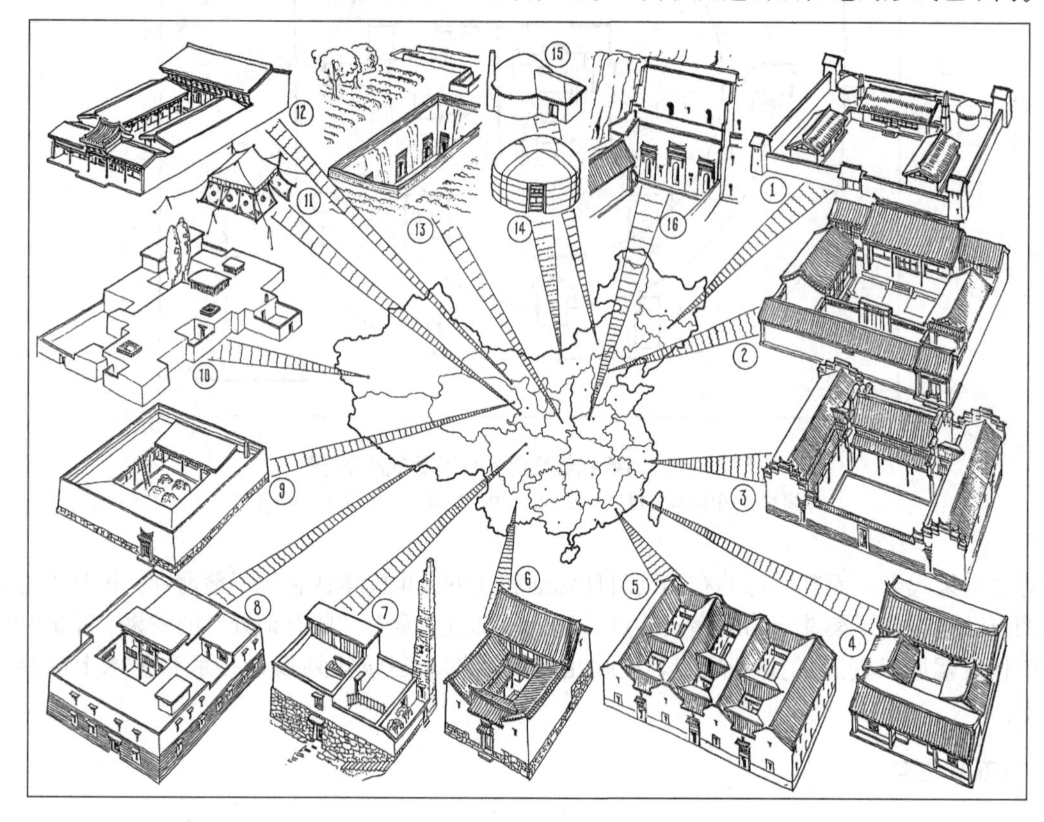

图 10-29 中国不同地域的民居形式举例

以下分别按民居的布局特点择要加以介绍，关于其中较特殊的结构、构造方面将在下节建筑技术部分探讨。

1. 院落式布局

中国传统汉族民居基本是由单层两坡顶房屋围合成的封闭院落，但随地域和气候不同，北方和南方、东部和西部有较大差异。此外，在闽西粤东一带盛行建圆形、方形的土楼，其内围合成大型公用庭院，也可视为封闭型院落布局的特殊形式。

(1) 北京四合院。北方院落式住宅可以北京四合院为代表。明清北京的居住区为东西向的胡同组成，胡同的南北侧并列建大小不同的住宅，其典型形式为四面围合成院落的住宅，称“四合院”。北京胡同的中距平均为77.6米，胡同宽约7米，则居住地段深约70米。最大型的四合院前后临胡同，可在约70米的进深中建四进院落。稍小的为二进、三进院，其北面的余地可另建一座面向后面胡同的小宅，称“倒座”。这些四合院始建时都是独户居住的。在大宅之间的隙地还可夹杂建一些不规则的院落，其房屋数量、大小也不很一致，称“大杂院”，多为出租的临时住所。这些建在胡同中的大、中、小四合院和杂院构成明清北京的居住区，这可以从《乾隆京城全图》中看到（图 10-30）。

最小的一进院落的住宅在地盘的四周建屋，围合成四合院，在东南角开门。稍考究些的即在东西厢房的南山墙间连以横墙，当中开门，分全宅为前后院，把南房及大门隔在外院，内院实际是三合院。若在此基础上，在北房之后再加建几座同样的三合院，即组成多进院落，如图 10-31 所示。

王及贵族府第是最大规模的住宅，可分中路、东路、西路，各为几进院落。中路为主体，一般分前后两区，王之前殿七间，贵族的前厅五间，后堂均为五间，一般可有三四进院落，最后为一长列房屋，称照房，王府则为二层楼，称照楼。北京清代王府可以成亲王府为例，分三路，西侧为园林（图 10-32）。从图上可以看到它的布局仍遵守“择中”原则，正殿置于中路的几何中心，东西路的次要院落也把最大的主建筑置于所属院落的几何中心。进一步分析，还可看到它是以方 3 丈网格为布置基准的。中路宽 6 格，即 18 丈，深 17 格，即 51 丈。

（2）山西、陕西等地民居。山西民居也以院落式为主，以三合院为主体，前加南房及大门，形成前后院。但其庭院多为狭长形，有的为了防盗，把厢房建成单坡顶房屋，屋檐向内，以壁立直上的房屋后壁临街巷。陕西西安一带民居也多建成单坡顶，外观为砖墙或土墙四面环绕，内为狭长内院（图 10-33）。

（3）河南陕西土窑洞。穴居在我国有五千年以上的历史，尽管以后发展出各种房屋，但是历代穴居的记载不绝于史册，至清代，在中原和西北高原黄土冲积层深厚的地区如河南、陕西、甘肃等地仍然存在。大体上说，在黄土冲沟发育出断崖的地区多造靠崖窑洞，在黄土平原地区多造平地下沉的窑洞。

① 靠崖窑洞：在河南巩县、陕西北部较多。由于黄土层为垂直节理，崩塌时垂直劈裂向外倾倒，不易压伤人，又有冬暖夏凉的优点，故多有建造者。做法是在较稳固的黄土塬下的崖壁上垂直向内挖窑洞，跨度一般在 3 米以内，大型的可并列开挖几孔窑洞，考究的可在内部衬砌砖筒拱，前檐砌砖墙，装木门窗，相邻者侧壁间可开小门相通。如在窑前左右建地面建筑为配房和围墙，则可围成庭院。崖壁高而深者，还可在其上层向后退入少许再挖窑洞，宛如二层楼房（图 10-34）。

② 平地窑洞：多建在平原地区地势较高不易积水地区。做法是先自平地下挖地坑，再在坑之四壁垂直向内按所需挖出若干孔窑洞，并以中间之地坑为庭院，可在一侧窑洞之后挖下坑之坡道，即以其为门屋，穿过它进入庭院，即形成四合院式平地窑（图 10-35）。

（4）福建土楼。福建西部漳州、龙岩等客家人较集中地区，由于历史原因，盛行聚居。当地遂发展出一种以具有防御功能的厚重夯土墙为承重外墙的大型聚居式住宅。它有圆形、方形和多进院落式等不同形式，虽然它渊源可能很古，但留传至今的均为清代所建。

① 圆形土楼：是大型聚居住宅，四周一圈建住屋，中间围合成共用庭院，可建祠堂等，（因多为聚族而居，故有共同的宗祠。）也可视为一种特殊的院落式住宅，最大者直径可达 60 米左右。它的外墙为厚 1 米以上的版筑夯土承重墙，大型者可厚达 2 米左右，正面开大门，其内靠墙内侧架立木构架，上复两坡屋顶，形成一圈楼屋。楼之构架只有前檐柱和金柱，

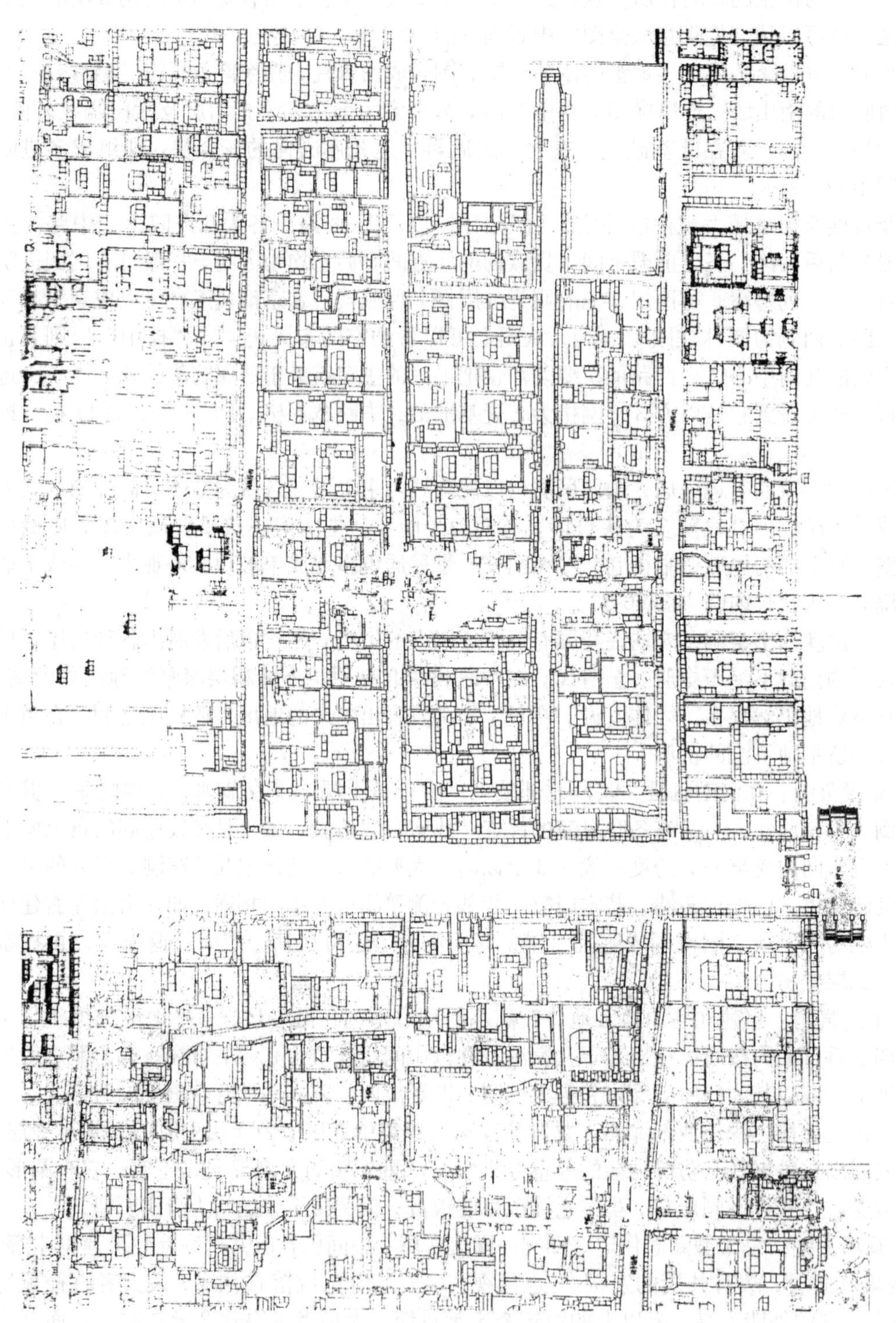

图 10-30 《乾隆京城全图》中的北京住宅区（东四牌楼以北）

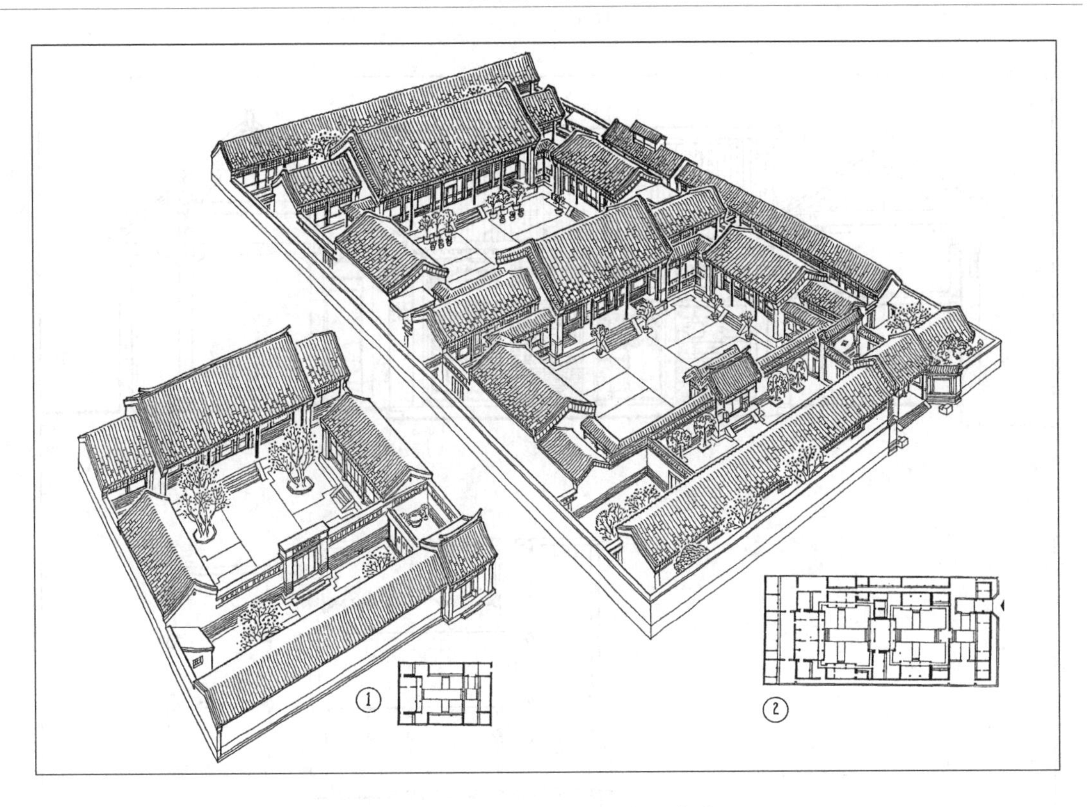

图 10-31　不同规模的北京四合院

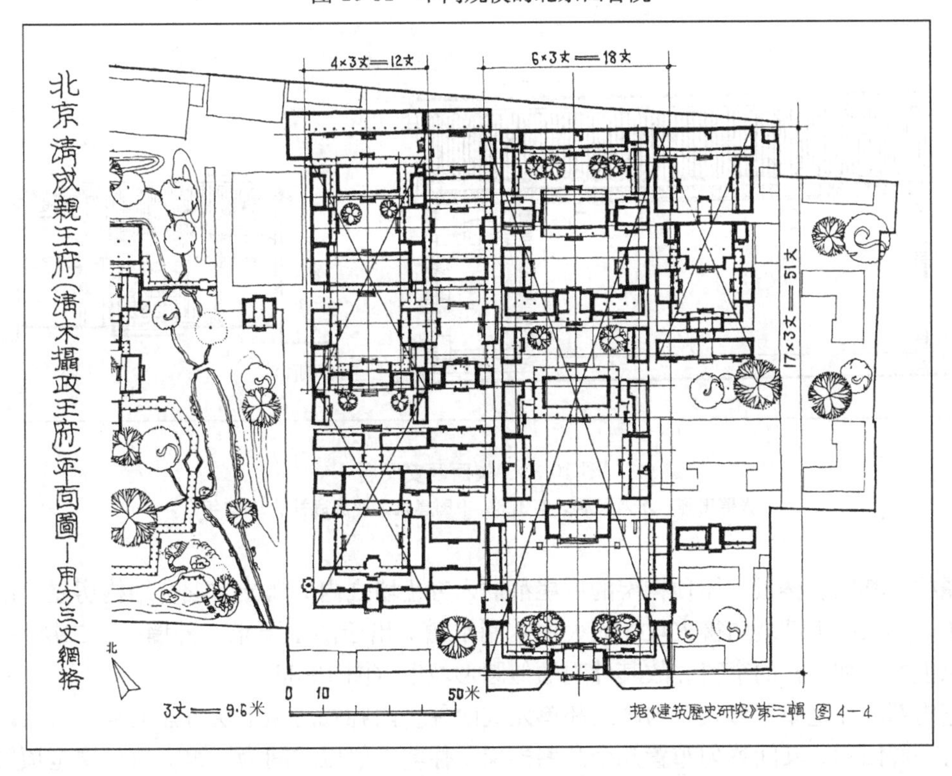

图 10-32　北京清成亲王府总平面分析图

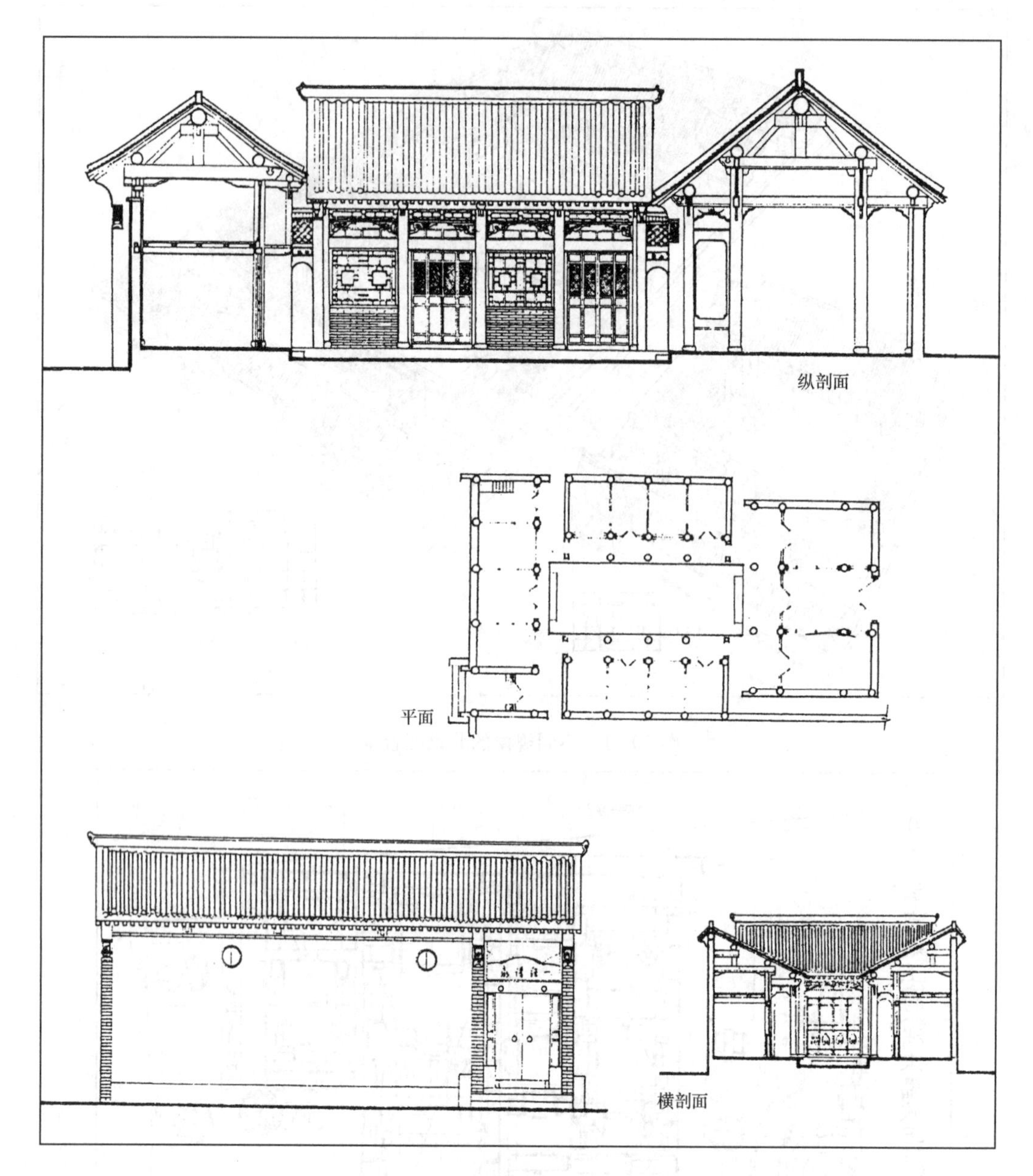

图 10-33　陕西西安民居
张璧田等：陕西民居，实例 8，中国建筑工业出版社，1993 年

无后檐柱，其梁、楼板和屋顶构架的后尾都插入夯土墙之内，属土木混合结构房屋。出于防御要求，其大门上部装防御火攻的灭火用木制水槽，出于防卫要求，外墙一、二层不开窗，三层以上始开加栅栏的窄窗，故其外观颇似圆形城堡（图 10-36）。

它内部的住宅布置形式有内廊式和单元式两种。内廊式房屋下层可建披檐，二层以上每层均有一圈回廊，其间均匀布置几个共用楼梯。住宅一般以二间为一组，由一层至顶层同属于一户，一层为厨房、客室，二层为谷仓，三层以上为居室，通过共用楼梯上下。单元式则

图 10-34　河南巩县巴沟窑洞式住宅

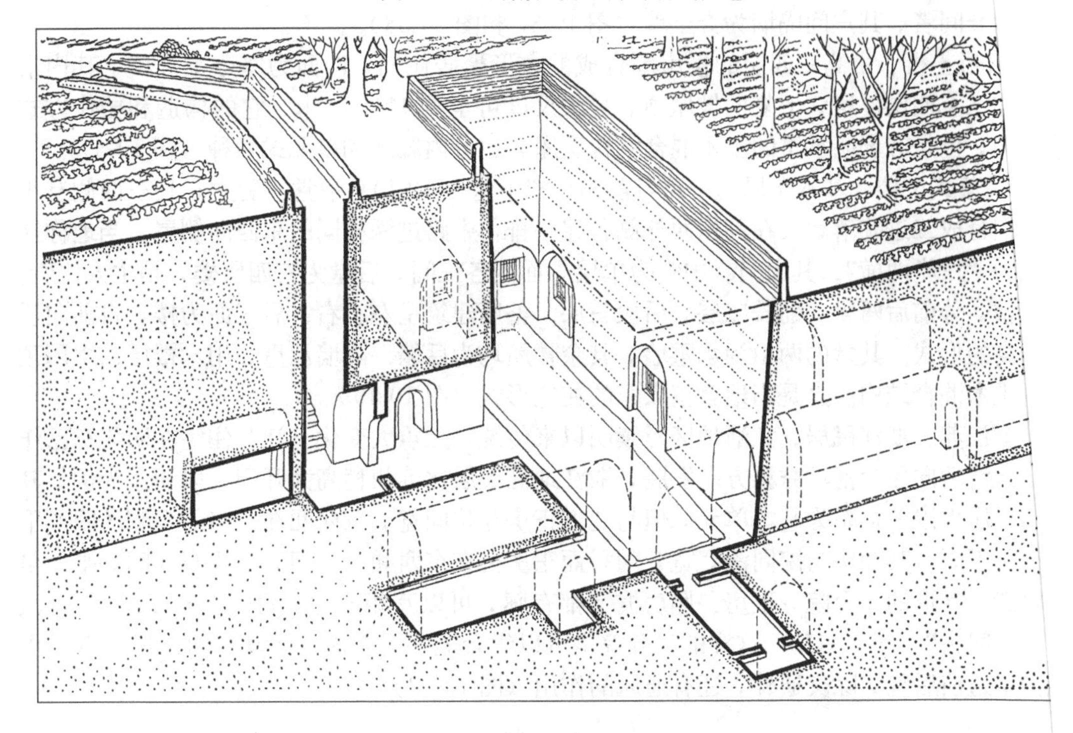

图 10-35　陕西西安郃平庄平地窑式住宅

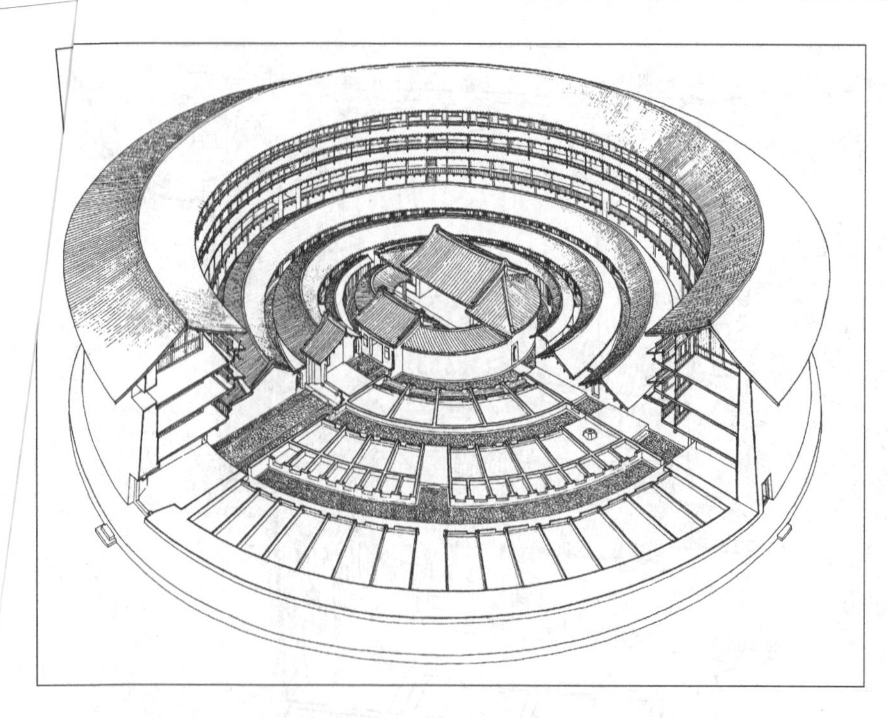

图 10-36　福建永定圆形土楼剖面透视图

刘敦桢：中国古代建筑史，图 171-2，中国建筑工业出版社，1984 年

内廊，小者每开间自底至顶为一户，各有内楼梯上下。大型的可以多间隔为一户，最大至七开间者，其户间隔墙为夯土墙（图 10-37 和图 10-38）。

② 方形土楼：由高三四层的楼房围合成的方形聚居住宅，四面为厚夯土外墙，其内沿建木构二至四层楼房，上复两坡屋顶，最大尺度可至宽 40～60 米。它的构造和居住方式圆楼同，也是夯土墙承重的土木混合结构房屋，也分内廊式和单元式两种（图 10-39）。

③ 院落式土楼：基本布局为中路自前向后建下堂（大门）、中堂、后堂，其东西侧有小房，围合成二进院落，又在其东西外侧各建一排与中路进深相同的东西向侧屋。当地称这中布局为“三堂两横”。其大门、中堂为单层，面阔各三间，后堂为三四层楼，是主人住所。两横为楼，分前后两段，前段二层，后段三层。整座建筑呈左、右、后三面为楼，自前向后逐进增高的形式。其堂的两山为承重墙，其余楼屋均为后墙、隔墙承重，用木楼层、木屋顶构架的土木混合结构。这是当地官宦人家的住宅形式（图 10-40）。[①]

（5）江苏、浙江民居。江浙地区延续明以来传统，无重大变化。江苏住宅在明代章已作介绍，入清后向更为精巧秀雅方向发展，浙江地区民居比苏州稍高大开阔。以浙东为例，其大中型民居也以三合院为基本单元，但与北方正房与院同宽，东西厢在正房前两侧的凹形平面三合院不同，其厢房与院同深，宽 5 间，而正房夹在东西厢房之间，一般宽 3 间，平面呈略近横置工字形的三合院，正房、厢房檐下都有廊，可以互相连通。每院共有 13 间屋，故称“十三间头”（图 10-41）。这样的三合院也可以组合成多进院落，而其东西厢房的廊是可以纵向贯通前后院，除交通外，还有通风的作用（图 10-42）。

① 以上参考黄汉民：福建土楼，汉声，1994 年，第 65、66 期。

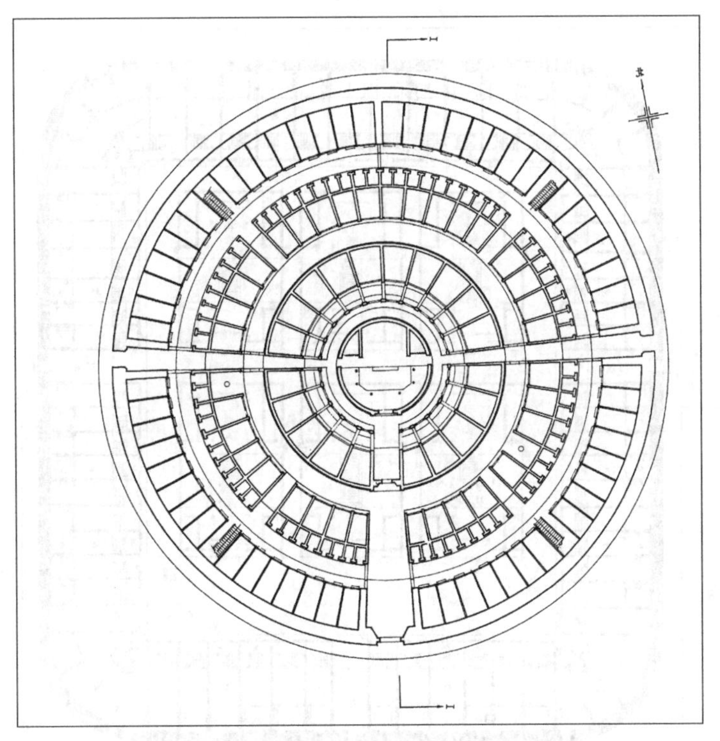

图 10-37　福建永定圆形外廊式土楼平面图

刘敦桢：中国古代建筑史，图 171-1，中国建筑工业出版社，1984 年

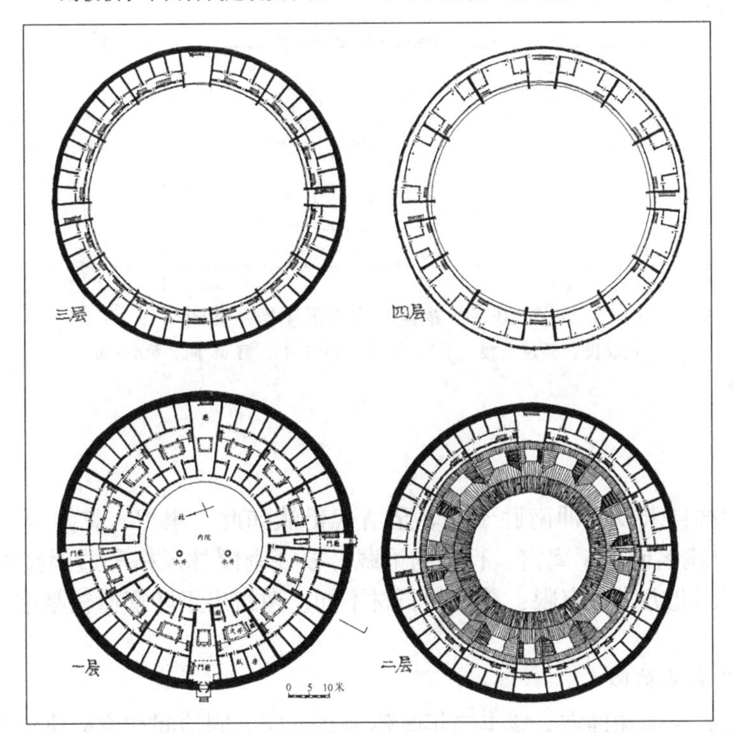

图 10-38　福建永定圆形单元式土楼平面图

黄汉民：福建土楼（下），汉声，1994 年，第 66 期，第 130 页

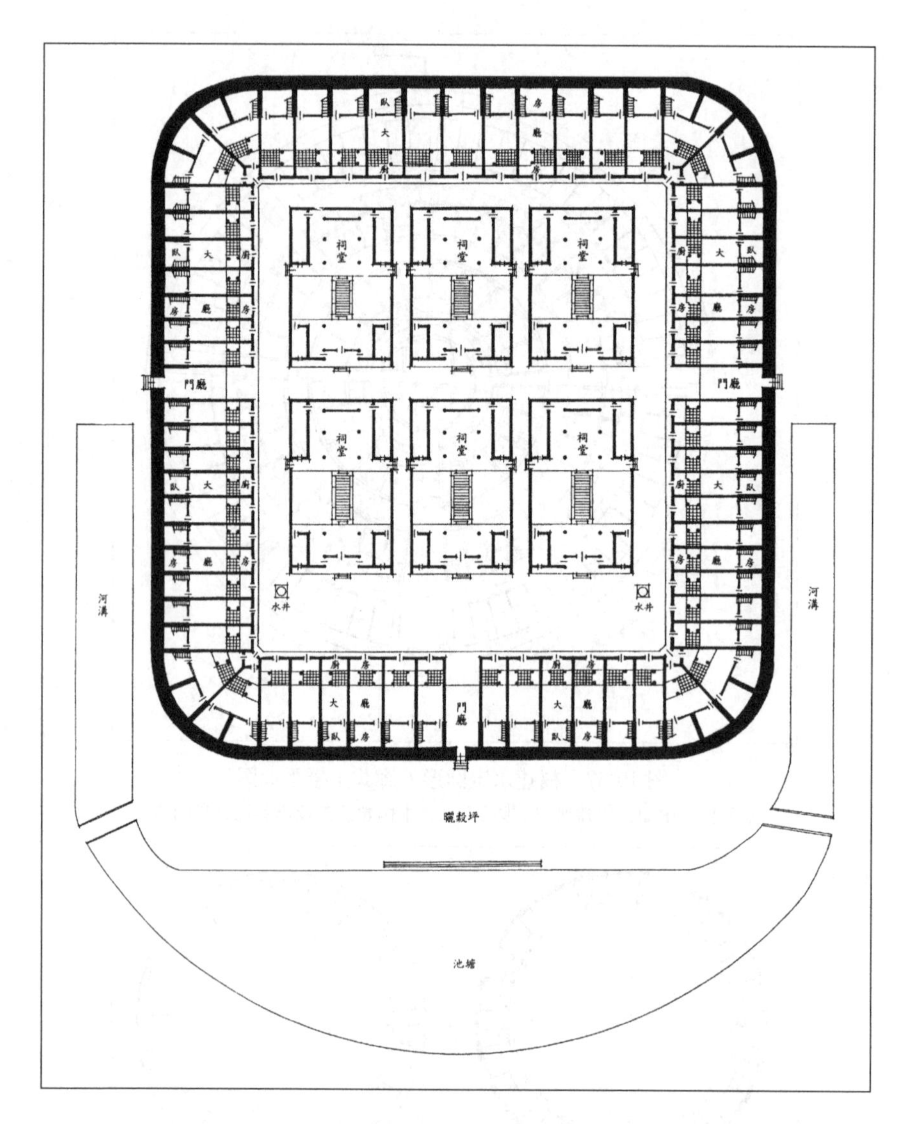

图 10-39　福建永定方形土楼平面图

黄汉民：福建土楼（下），汉声，1994 年，第 66 期，第 50 页

（六）园林

中国古代园林自宋以来即南胜于北，至清代仍然如此。康熙、乾隆两代皇帝多次“南巡”，都有摹仿江南名园建于离宫、行宫的记载，故江南园林风格和造园技术对北方园林有巨大的影响，但因北方水源有限、叠山的石材不同、建筑出于防寒而较厚重，风格和水平仍有较大差异。

1. 北京恭王府萃锦园

在前海西侧，原为和珅宅，咸丰二年改建为恭王府，同治间在府后建萃锦园，俗称恭王府花园。园中景物分东中西三路，中路在王府的中轴线上，前后建安善堂、邀月厅、养云精舍，左右各有回廊配房，以假山和小池间隔，形成三组建筑，后二组建在假山上，逐进升

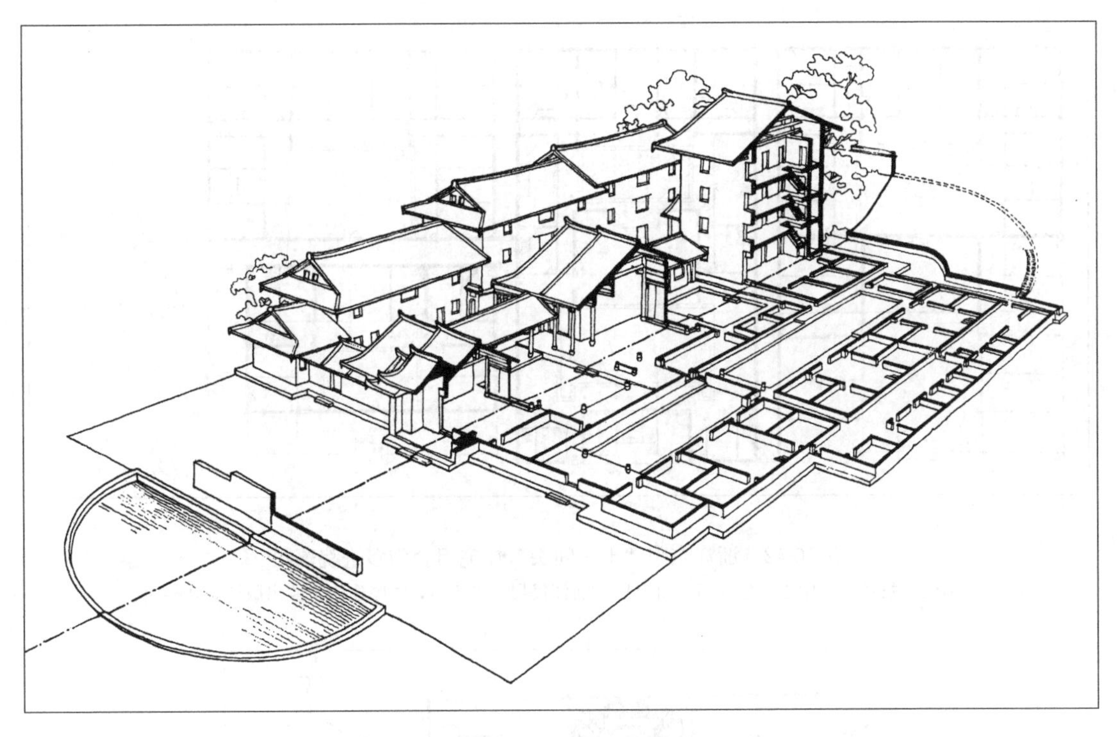

图 10-40　福建永定院落式土楼剖面透视图
刘敦桢：中国古代建筑史，图 170-1，中国建筑工业出版社，1984 年

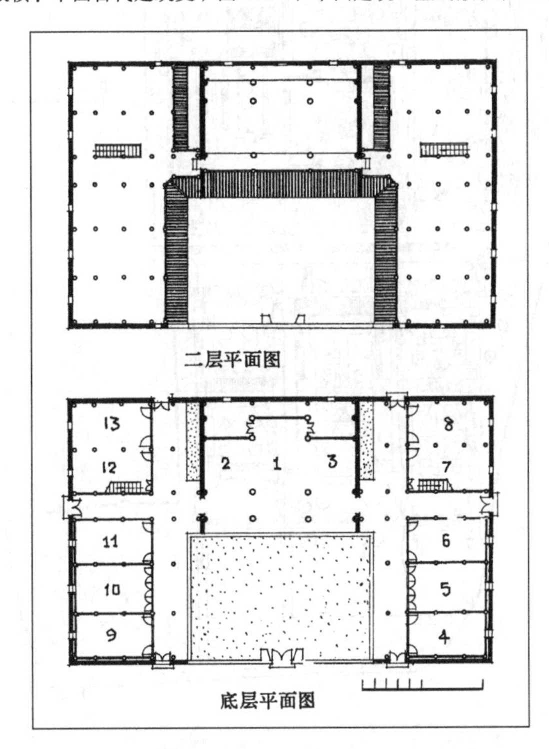

图 10-41　浙江东阳“十三间头”住宅布置图
中国建筑技术发展中心建筑历史研究所：浙江民居，图 584、图 585，中国建筑工业出版社，1984 年

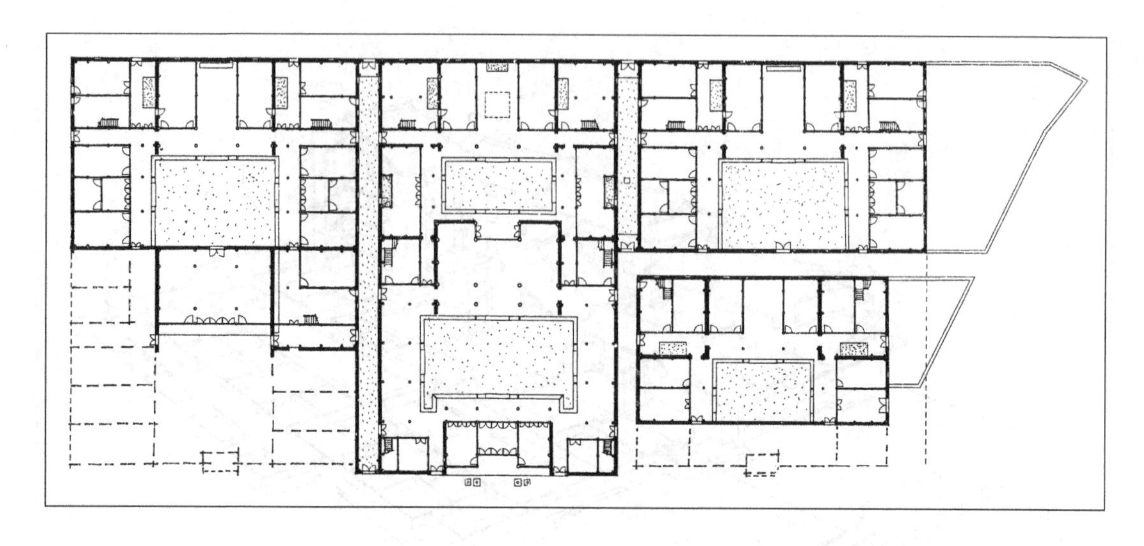

图 10-42　浙江东阳“十三间头”住宅组合为多进院落图

中国建筑技术发展中心・建筑历史研究所：浙江民居，图 593，中国建筑工业出版社，1984 年

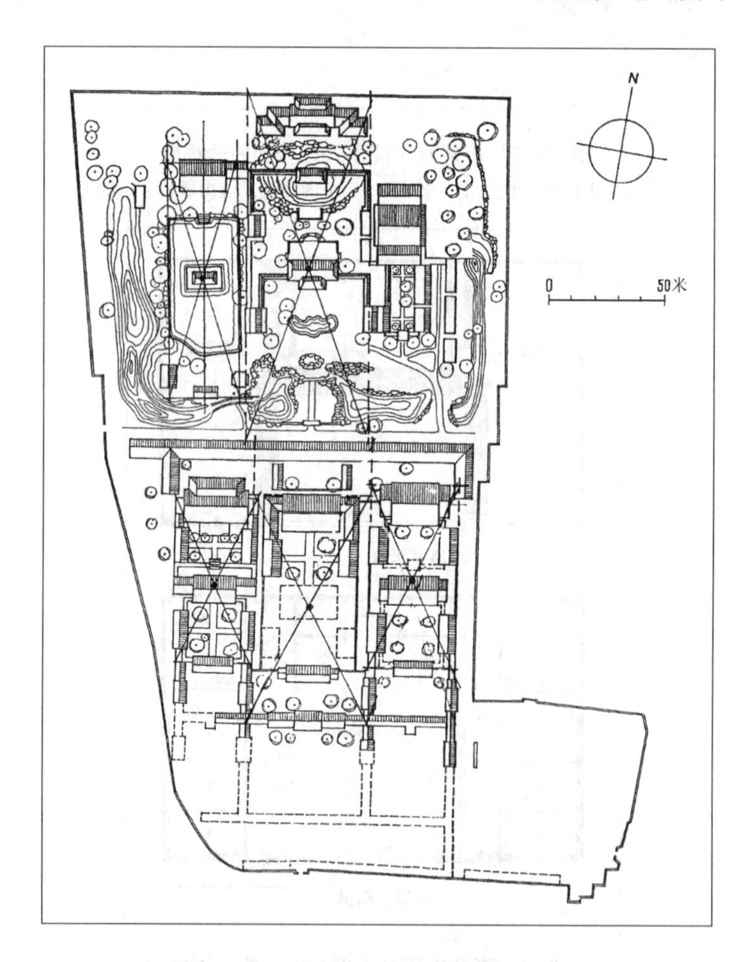

图 10-43　北京恭王府及萃锦园平面图

高，形成园中主体。东路前为一垂花门，通入一狭长院，院北端通入戏楼。西路为一长方形池塘，池中小岛上建敞厅，名诗画舫，池北岸建正厅榜澄怀撷秀，二者前后相对，构成西路轴线。园之南、东、西三面有与假山结合的人工土山环绕，其间点缀几座小建筑。园中安善堂、养云精舍、澄怀撷秀都是面阔五间的大型厅馆，或前后两卷，或有前后抱厦，反映出王府园林的规模。其中池塘可引入河流活水是经特许的，也显示出王府园的优异之处。

在其总平面图上分析，中路如在园南北界间画对角线，其交点正在第一进安善堂位置，即它位于园之几何中心。其西路如以池南端一小厅及池北之澄怀撷秀为南北界，则其中心正在岛上的诗画舫处，可知它位于西路的中心。据此，此园与其前的王府相同，都是按“择中”的原则布置的（图 10-43）。

2. 苏州网师园

约建于清乾隆二十二年（1757），经数次易主，陆续完善，形成现在规模。它是宅旁园，正宅在其东侧，是一所置正堂于宅基中心的规整住宅。园之主要部分为狭长矩形，以一方池为中心，池之南北临池各布置二座轩馆，东西沿墙各建一亭，以曲廊相连，互相遥对而不形成轴线关系，是典型的自由布置。但由于各建筑物体量适中、外观秀美，前后错落布置，又以假山及曲廊掩映其间以增加层次感，取得极好的景观效果，被认为是苏州园林中小而精的代表作（图 10-44）。

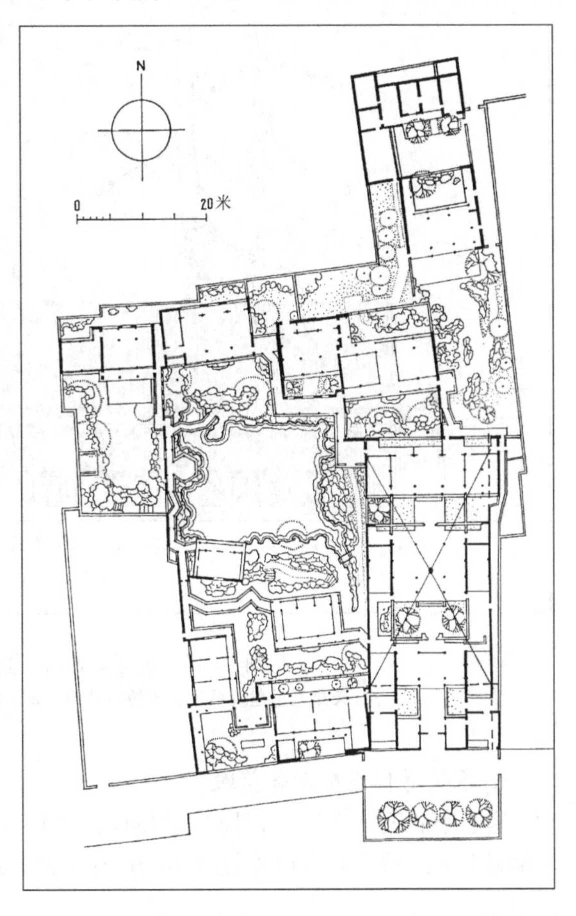

图 10-44　苏州网师园及住宅平面图

以北京恭王府萃锦园和苏州网师园相比较，可以看到北方和南方园林间的不同。

二　单体建筑设计

（一）单层建筑

清代官式宫殿建筑以乾隆中期所建紫禁城外东路诸建筑最具代表性，但目前尚无实测图纸，而自康熙至乾隆间所建承德避暑山庄和外八庙建筑有天津大学建筑系的测图可供参考，故只能先就此进行探讨。从下举数例看，传统的以下檐柱高为立面模数的方法仍在某些建筑中继续使用，而在大体量建筑设计中运用模数网格似是此期的新发展。

1. 承德避暑山庄淡泊敬诚殿

是行宫正殿，为面阔 7 间、进深 3 间、加周围廊的单檐卷棚歇山顶建筑，建于康熙四十八年（1709）以后。就立面图分析，它仍沿用传统方法，以檐柱净高 H 为模数，通面阔恰为 $9H$，即由 9 个正方形组成（图 10-45）。

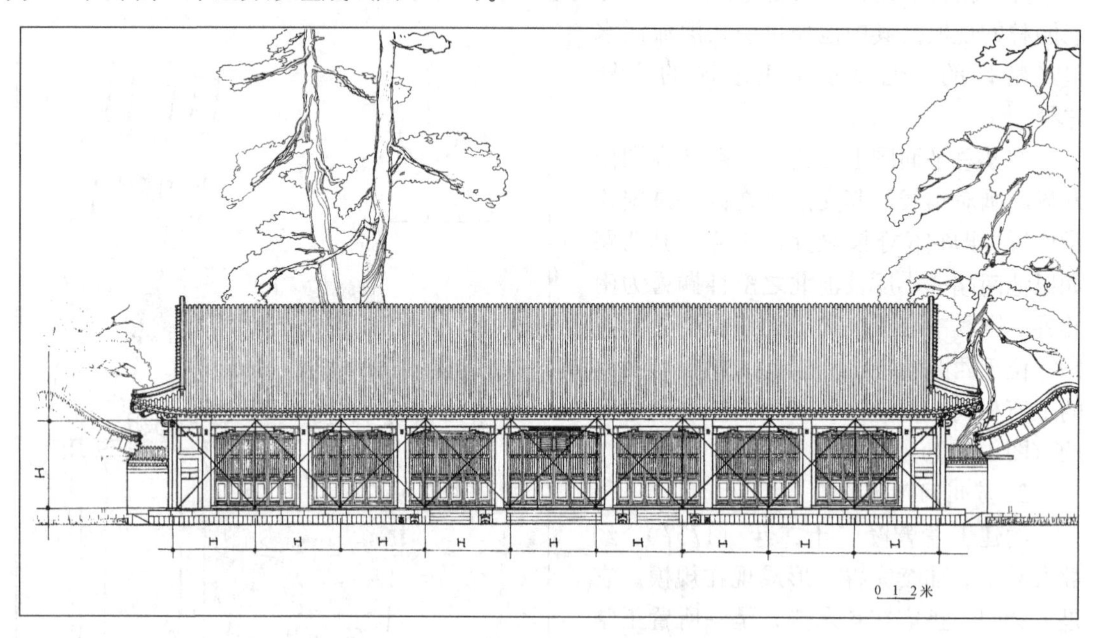

图 10-45　承德避暑山庄淡泊敬诚殿立面分析图

天津大学建筑系等：承德古建筑，图 91，中国建筑工业出版社，1982 年

2. 承德溥仁寺慈云普荫殿

建于康熙五十二年（1713），为面阔五间、进深三间、加周围廊的单檐歇山顶建筑。在立面图上可以看到它也以檐柱净高 H 为模数，通面阔恰为 $4H$，即由 4 个正方形组成（图 10-46）。

3. 承德普宁寺大雄宝殿

建于乾隆二十年（1755），为面阔七间、进深三间、加前后廊的重檐歇山顶建筑。就立面图进行分析，可知它以下檐柱净高 $H_{下}$ 为模数，通面阔恰为 $5H_{下}$，即由 4 个正方形组成（图 10-47）。

（二）多层建筑

1. 山西万荣飞云楼

建于清乾隆十一年（1746），为木构方形三层楼阁，其核心部分每面四柱，四角柱加粗，由二段续接，直抵三层，构成楼构架之骨干，上复方形歇山十字脊屋顶。四角柱间每面各有二根较细的辅柱，形成中宽边窄的三间。柱间架设梁、额及地面枋，构成二、三层楼面，并在四面加平坐斗栱向外挑出外廊及腰檐，形成每面五间的外观。其特殊处是各层四面的檐廊均不同。第一层出一圈下檐柱，构成方形的檐廊。第二层四面出一圈平坐，沿边立柱承斗栱，上承第二层檐廊。与一层不同处是在檐廊的中部又凸出一间宋代称为龟头屋的歇山顶抱

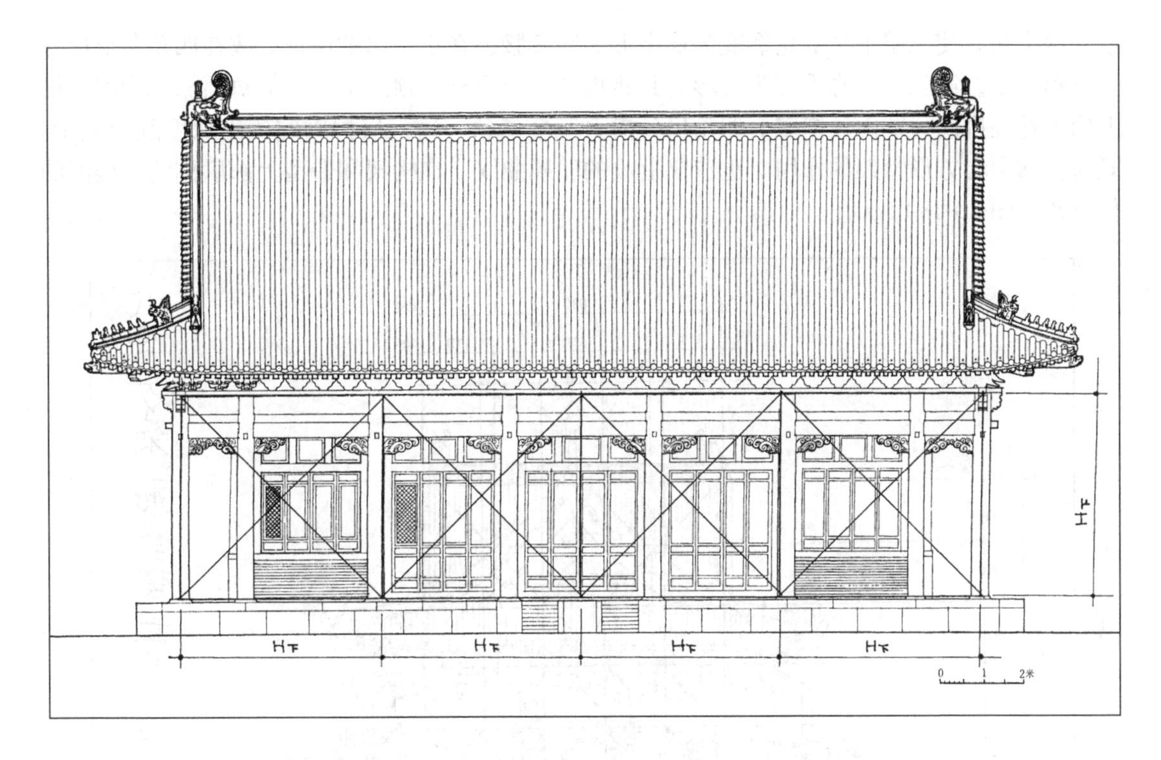

图 10-46　承德溥仁寺慈云普荫殿立面分析图

天津大学建筑系等：承德古建筑，图 328，中国建筑工业出版社，1982 年

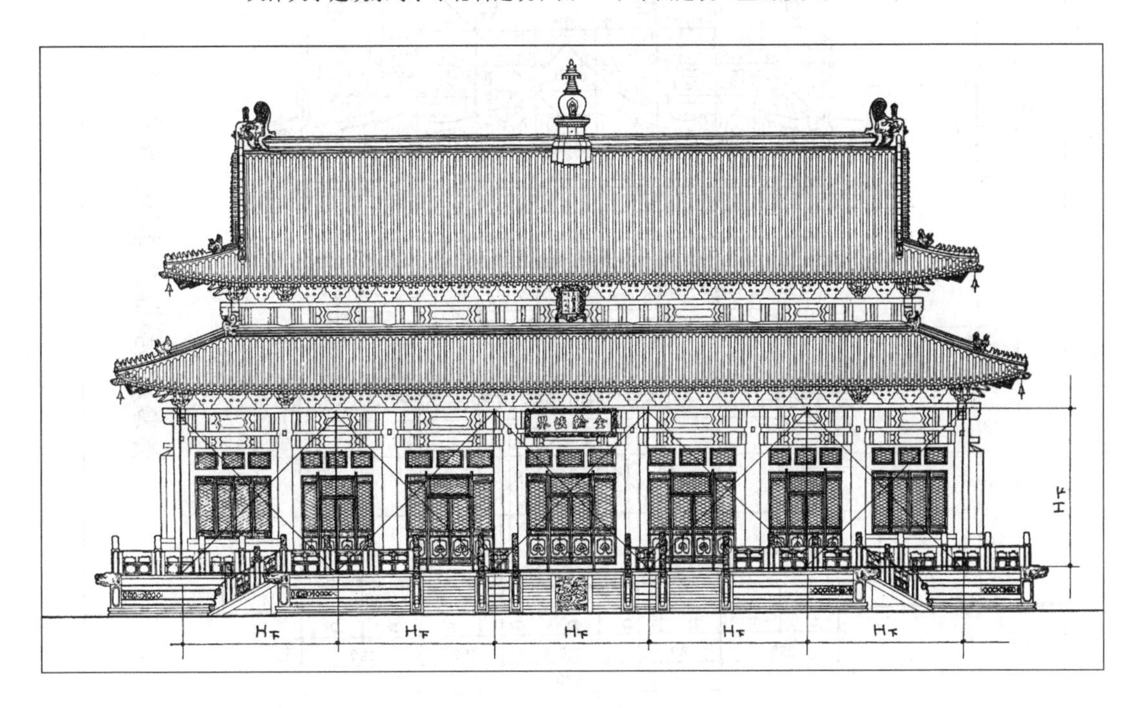

图 10-47　承德普宁寺大雄宝殿立面分析图

天津大学建筑系等：承德古建筑，图 346，中国建筑工业出版社，1982 年

厦，深半间，使二层平坐的轮廓变为亚字形，因其腰檐在正中出歇山顶，故在四角各形成三个翼角攒聚。第三层檐廊平面为方形，其腰檐即三层重檐屋顶的下檐，但每面檐廊明间二柱上用垂莲柱挑出一歇山顶抱厦，四角仍各攒聚三个翼角。这三层檐廊的挑出深度逐层减少，既起支撑中心方形骨架的作用，也造成上收的轮廓曲线，在构架和造型上都堪称清代楼阁的代表作（图 10-48）。

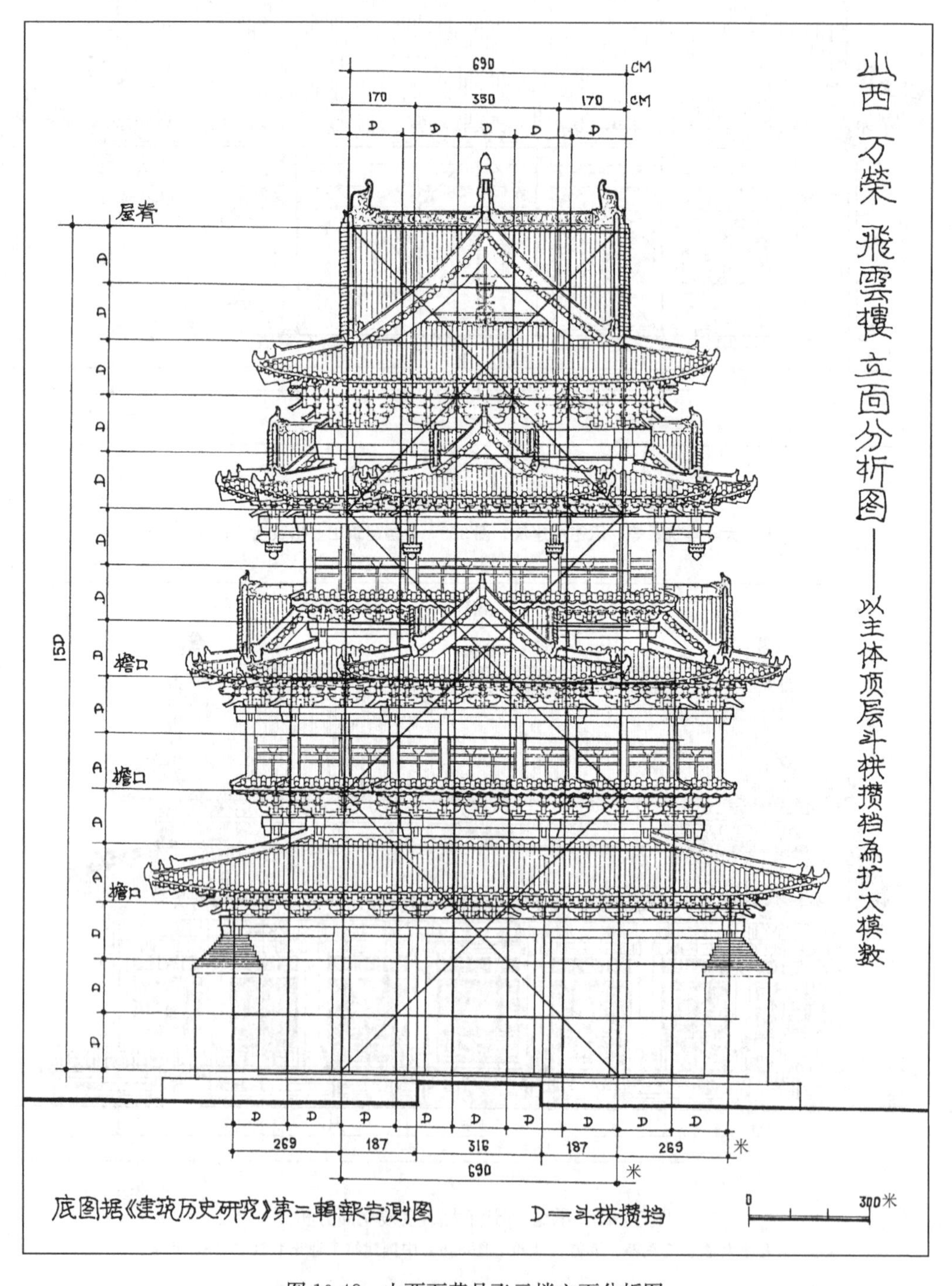

图 10-48　山西万荣县飞云楼立面分析图

在剖面图上分析，可以看到它是以斗栱攒挡为设计模数的。它的顶层用三朵补间铺作，转角铺作因每面各加两个附角斗而加宽，使其面宽恰为5个攒挡。其高度自脊槫至一层柱础上皮为15个攒挡。就此画网格，还可以看到二层的檐柱挑出1个攒挡，一层的檐柱挑出2个攒挡（图10-49）。

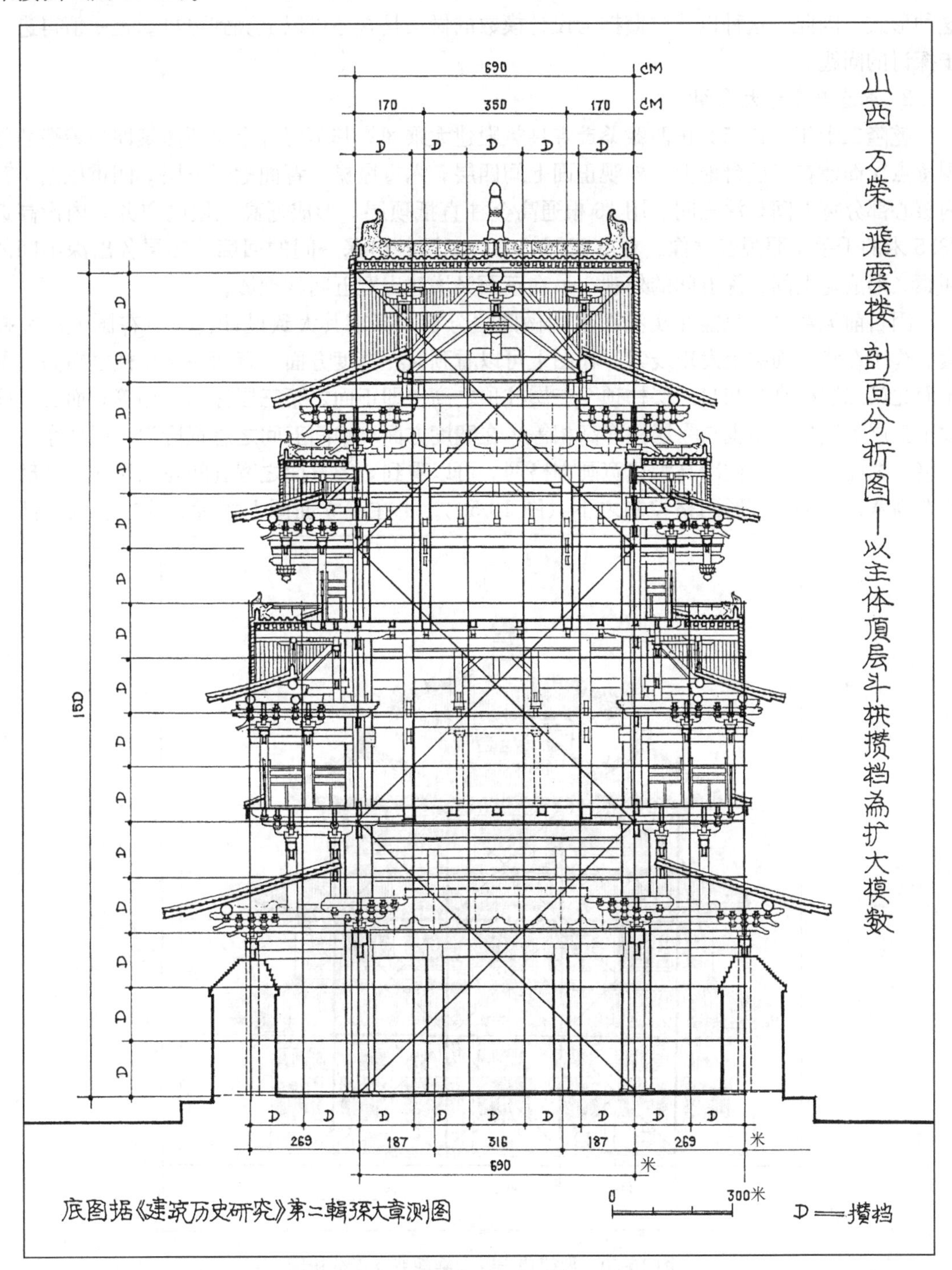

图10-49　山西万荣县飞云楼剖面分析图

这种以斗栱攒挡为设计模数的做法见于明代所建北京紫禁城角楼。（参阅第九章图 9-69）它也是平面为亚字形，屋顶作歇山十字脊，四面突出歇山顶抱厦，每角攒聚三个翼角，二者的形体特点基本相同，当是这类特殊复杂形体建筑的共同设计方法。这类四面出抱厦、上复歇山十字脊屋顶的建筑形象始见于宋画黄鹤楼图中，金元时期的宫城正门旁的双阙也是这种形式，因此，这种以斗栱攒挡为设计模数的做法是否还可以上溯到更早，是一值得进一步探讨的问题。

2. 承德普宁寺大乘阁

乾隆二十年（1755）仿西藏桑鸢寺乌策殿建大乘阁，其顶层五个屋顶攒聚即乌策殿的外观特点。阁建在二层台地上，外观正面七间四层，六重屋檐，背面七间三层，四重屋檐。其内核心部分宽五间，深三间，用 16 根通高金柱直抵顶层，形成通高三层的空井，内设高近 23.5 米的千手千眼观音立像。在其四周，一、二层各出深一间的回廊，三层各出深半间的回廊，形成宽七间、深五间的外观，另在正面又增建出宽五间的抱厦。

因目前无数据，只能在实测图上用做图法分析，探求其大致设计特点。在图上反复探索，终于在背立面图上发现线索。在图上可以看到，在高度方面，背面一层檐柱之净高（即正面之第二层柱高）与自一层柱顶至二层柱顶之高（即正面之第三层柱高）相等，而二层柱顶至三层下檐口之距也与一层柱净高相等。在宽度方面，中间五间之总宽恰为一层柱净高之三倍。据此，以一层柱净高为边宽画方格网，可以看到，阁背面之宽五间高三层的主体部分恰在高宽各三格的方形网格控制之下（图 10-50）。再在正立面图上探索，除二层以上部分

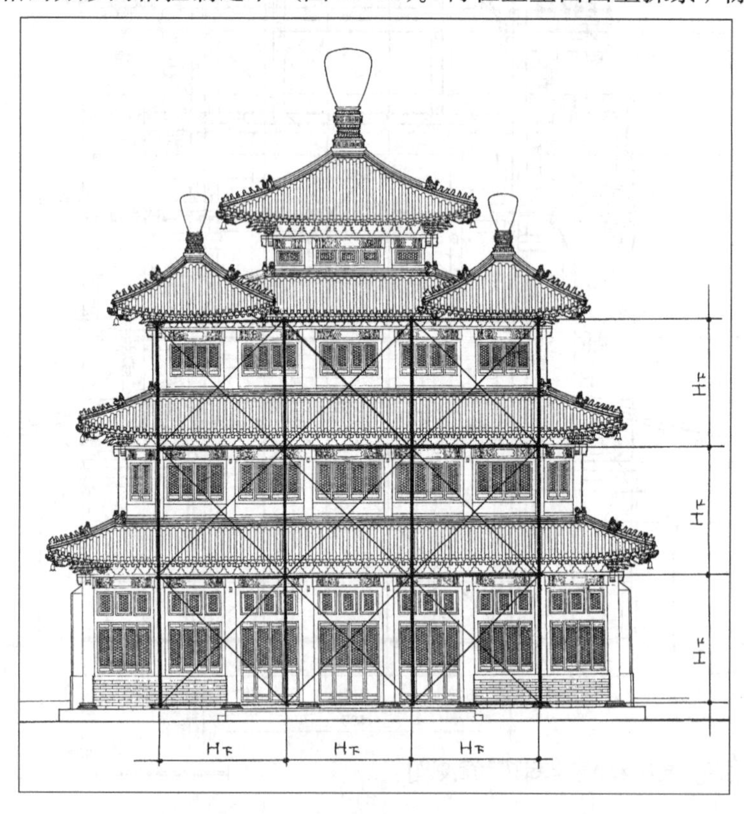

图 10-50 承德普宁寺大乘阁背立面分析图

底图据天津大学建筑系等：承德古建筑，图 363，中国建筑工业出版社，1982 年

与背立面情况相同外，一层抱厦的檐柱之高也与背面一层檐柱之高相等，则这宽五间的抱厦也恰在三个方形网格控制之下（图10-51）。据此可知，设计大乘阁时，是先从背立面进行，以下层檐柱高为模数，令其主体部分在高宽各三格的网格控制下，形体为正方形。然后令正立面的一层抱厦也为一排三个网格，以与上部二三层的三排网格相谐调。

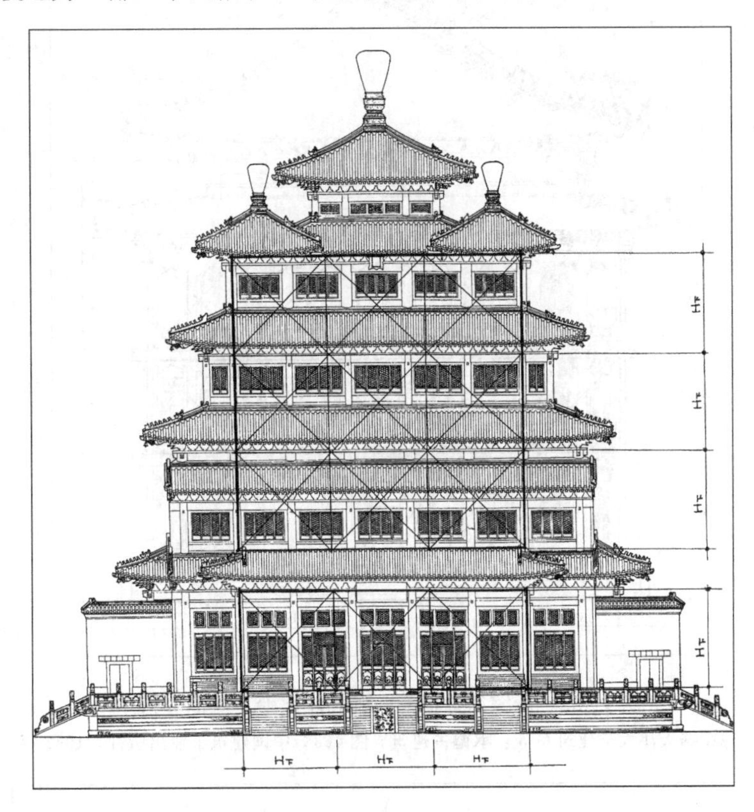

图10-51 承德普宁寺大乘阁正立面分析图

3. 承德须弥福寿庙妙高庄严殿

在寺中部大红台中心，为面阔进深各五间、四周加回廊的三层方楼，上复重檐攒尖顶。在立面图上分析，第三层重檐部分的上檐柱之高恰为其下檐柱高 H_3 的2倍，符合明以来传统做法。其下檐部分之通面阔恰为下檐柱高的5倍，其下的第二层之高如计至挂檐板下皮，也与三层檐柱高相等，但其下的第一层之高则与上层无模数关系。因此，此殿设计时很可能是把第三层视为一座独立的重檐方殿，以其下檐柱高 H_3 为模数（图10-52）。

4. 北京颐和园智慧海

建于清乾隆间，为面阔5间、进深3间（一整二破，实宽2间）的二层砖拱结构楼阁，上复单檐歇山屋顶。在正立面图上反复探索，发现其上层5间面阔相等，其高如自下层腰檐屋脊上皮计至本层挑檐檩下皮，也恰与面阔相等，即上层5间立面均为正方形。因为此阁上下层各间面阔相等，循此探索，发现下层如自须弥座上皮计至下层挑檐檩下皮，其高也与面阔相等，即自须弥座以上计，下层5间也均为正方形。在其侧面，上下层均实宽2间，也是各为二个正方形。由此可知，此阁上下层均为以上层之高为边宽的方格网覆盖，即以上层立面之高为模数（图10-53）（参阅图10-84）。

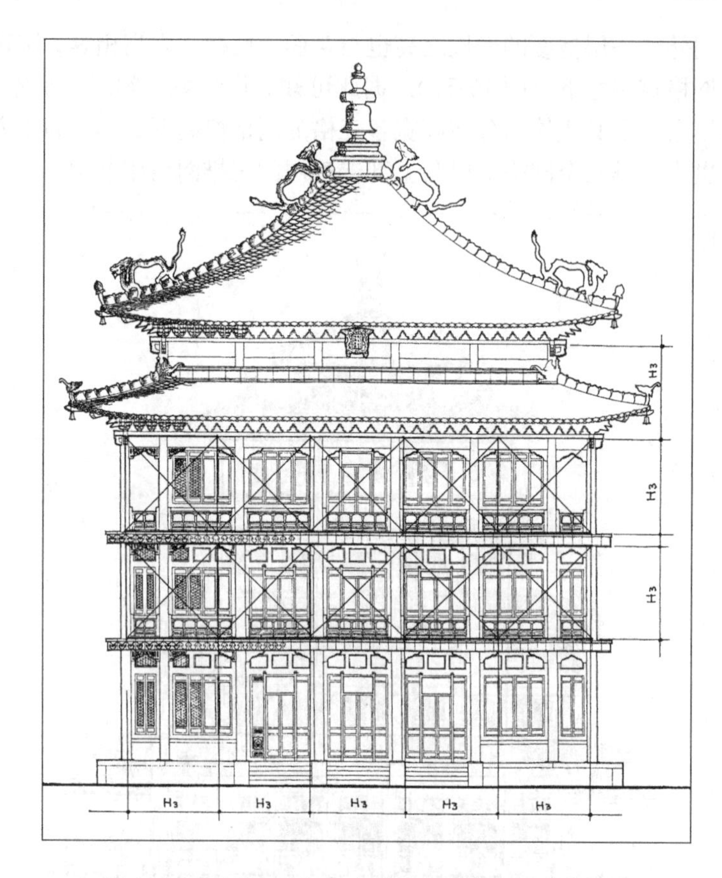

图 10-52　承德须弥福寿庙妙高庄严殿正立面分析图

底图据天津大学建筑系等：承德古建筑，图 463，中国建筑工业出版社，1982 年

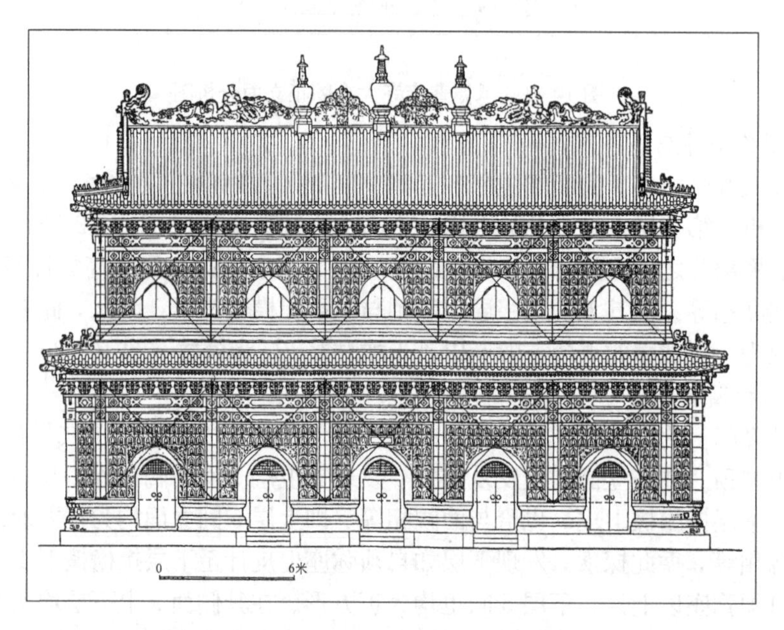

图 10-53　颐和园智慧海立面分析图

底图据清华大学建筑学院：颐和园，图 56，中国建筑工业出版社，2000 年

此阁采取这种与常规微有不同的做法，可能与其表面满贴琉璃砖有关。在图上可以看到上、下两层的斗栱、额枋、柱部分全同，额枋以下所排千佛也均为左右 11 行，所异处是上层每行 5 个，下层每行 7 个，只是构件数量而非规格形式的变化。这样就可把琉璃构件的品种减至最少，既便于制作，也有利于外观上的谐调一致。

5. 承德普陀宗乘庙大红台

其概况已见建筑群布局部分。在其平面及立面图上综合分析，发现它是以方 3 丈网格为基准布置的。因为台身均有收分，故令网格落在台顶处。在平面图上可以看到，大红台本身东西占 6 格，其内的万法归一殿占 2 格，台前平台上的 6 个铜缸恰居于网线中心位置（图 10-54）。在立面图上则可看到，大红台中心一行琉璃窗和其左右各有二行窗共有 5 行窗在竖向的网线上，而大红台的东西边和其东侧权衡三界亭下台子的东边也都在竖向的网线上（图 10-55）。

由于大红台外立面为藏式，内部仍为汉式木结构，故其所选模数要求能兼顾二者。在网格图上可以看到，设计时令大红台之顶宽为其内所包主殿万法归一殿的三倍，且均在网格控制下，其外部则令其中的五列窗落在网线上，并隐蕴六等分台宽的比例关系。这种设计方法目前近于孤例，但从它外观与内部关系之有机结合看，应非偶然，似应看做是清代盛期在进行大量建设后在设计技术上的新成就。

三　装修装饰

（一）木装修

在《工部工程做法》中，只记有传统的版门、屏门、格扇、槛窗、支摘窗、帘架等，形制无大变化，但材料、工艺更为精美。清代宫廷、离宫使用大量楠木、红木、紫檀等高级木料制做室内装修，除在其上加复杂线脚雕饰外，还镶嵌珐琅、玉等饰物。如养性殿、乐寿堂用紫檀制木格扇镶嵌景泰蓝饰件，乐寿堂用楠木做天花并贴镂雕花片、颐和园乐寿堂用红木制多宝阁厨门镶嵌大理石板等。

清乾隆帝倾慕江南文化，在造园和室内装修中大量摹仿、引进苏州、杭州的形式和风格，在宫中内檐装修大量使用的各种罩就是源自江南第宅、园林并加以发展而成的新品种。罩大体有落地和不落地二大类。落地罩在横披左右装格扇，在横披之下格扇之间装花牙子或由江南的挂落演化而来的花罩；如果把两侧的格扇换为栏杆则称栏杆罩，若两旁只有柱侧抱框，其横披下加通长之罩则称飞罩，若把飞罩下延到两侧，中间留出圆形或八角形的门洞，则称圆光罩或八方罩。还有一种上部及左右连为一体其上镂雕松竹梅或其他植物枝条、花饰的称天然罩（图 10-56）。这些用在宫廷中的罩，虽用料考究、雕工精美，但构件较粗壮、形体较厚重，与较轻巧、通透的江南原型在风格和艺术水平上都有较大不同，表现出追求富贵气与追求文化性的差异。在清代后期，广州多进口红木等高级木料，用以制做格扇、罩、家具等，俗称“广作”，过度雕琢镶嵌，以满足皇帝、贵官的侈心，其加工技巧有所提高，实际在艺术水平上却是下降。

此期地方建筑的装修也有所发展，以苏州、杭州、扬州、徽州、广州等地的住宅和园林中装修最为精美，其中一些是清代宫廷装修的来源。

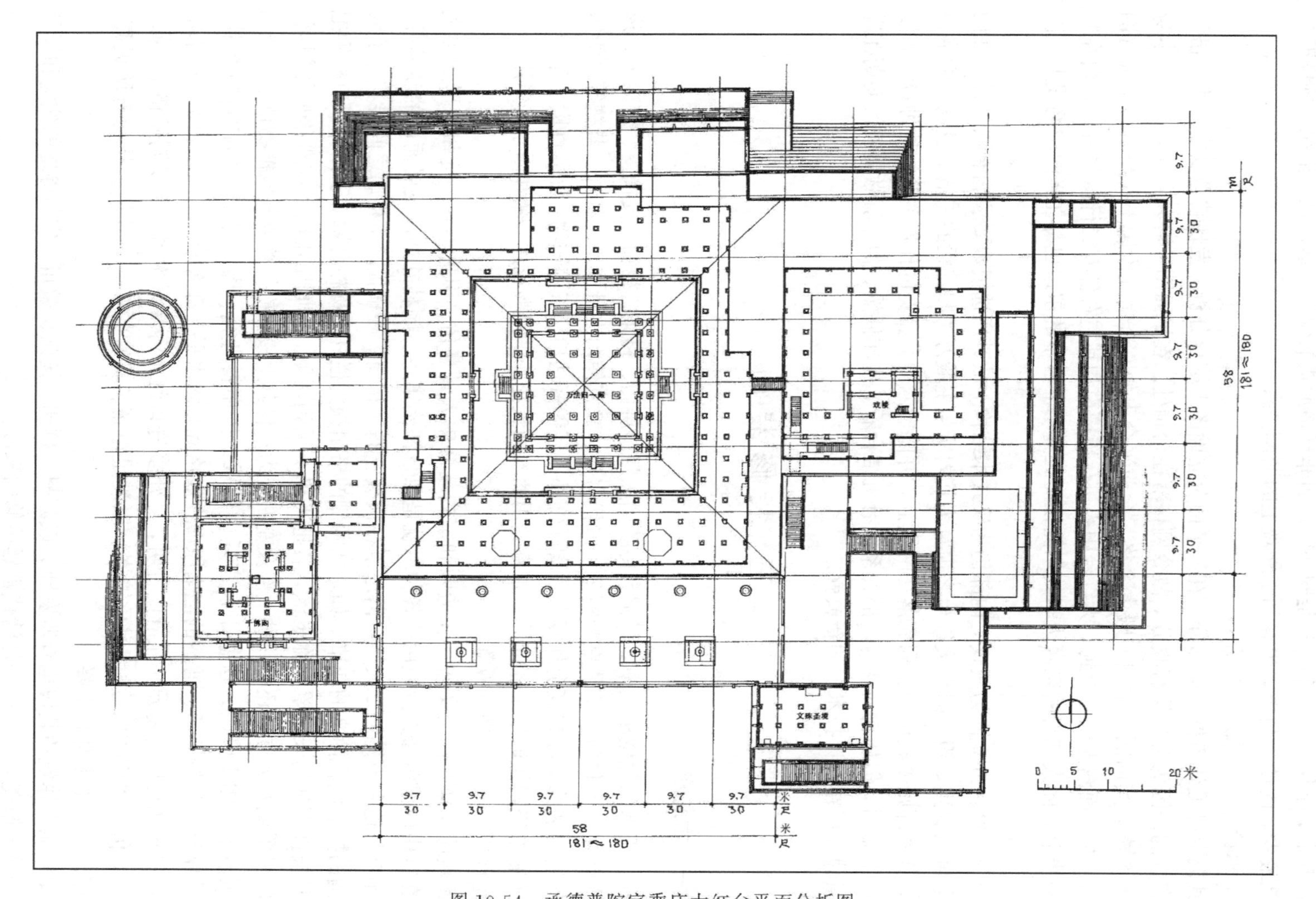

图 10-54　承德普陀宗乘庙大红台平面分析图

底图据天津大学建筑系等:承德古建筑,图 428,中国建筑工业出版社,1982 年

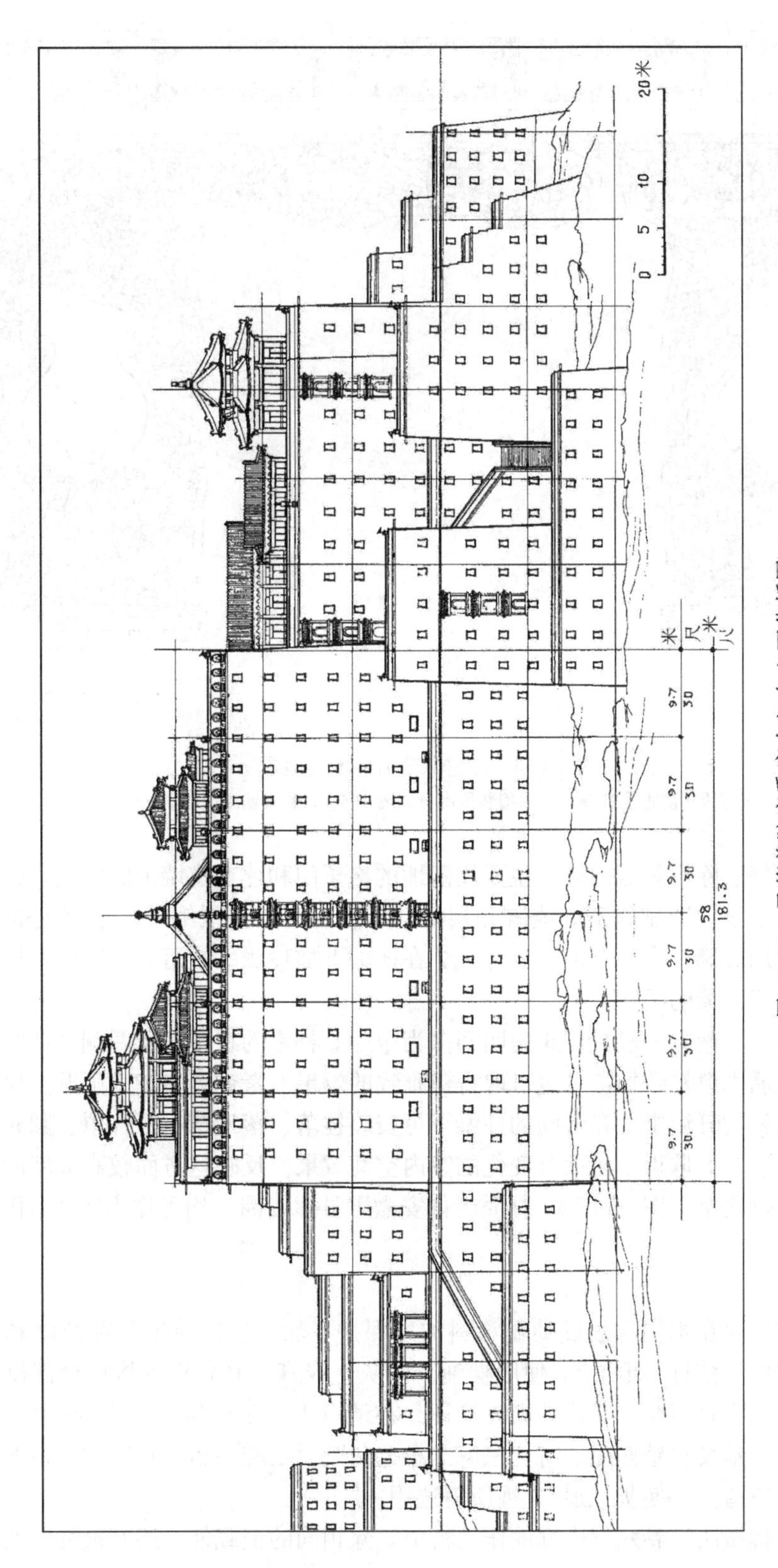

图 10-55 承德普陀宗乘庙大红台立面分析图

底图据天津大学建筑系等:承德古建筑,图 425,中国建筑工业出版社,1982 年

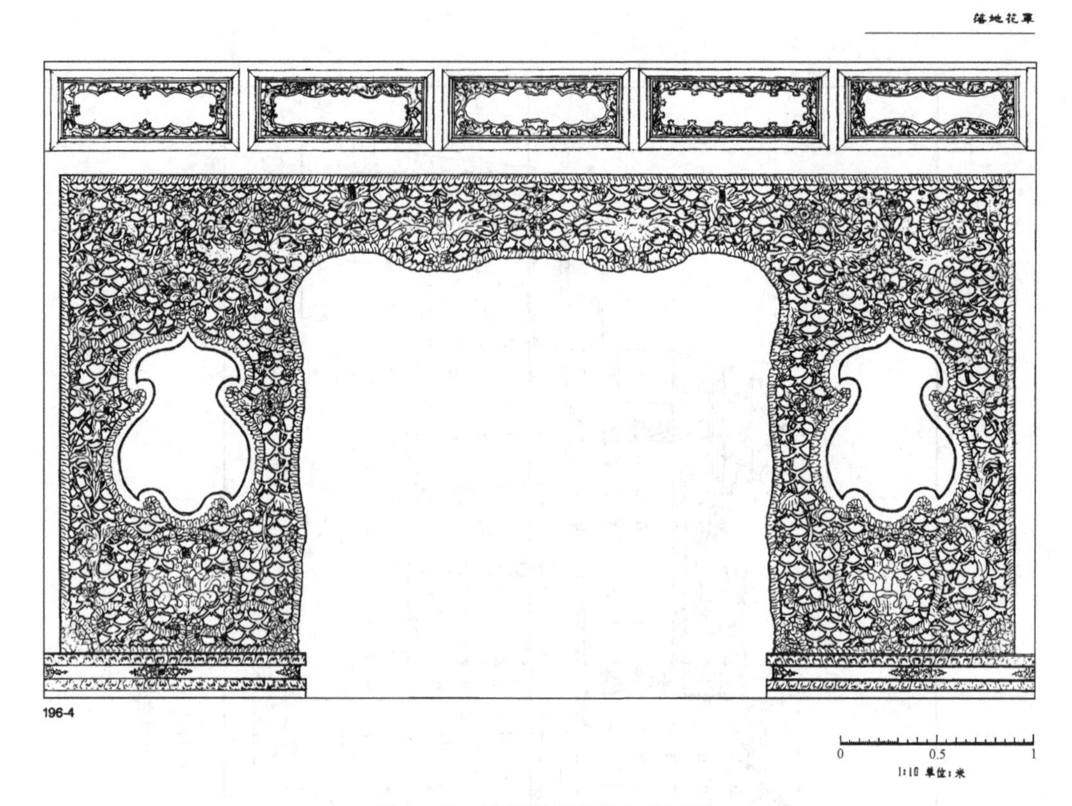

图 10-56　故宫漱芳斋楠木落地罩
故宫博物院古建管理部：内檐装修图典，图 196-4，紫禁城出版社，1995 年

(1) 外檐装修：除少量版门外，主要用落地的格子门和建在槛墙上的格扇，因南方不需防寒，故用料较细小，造型秀美，线脚和棂格精巧。当时除糊纸绢外，还有镶嵌薄云母片的，至清末才改用玻璃。有些有前廊的建筑，在横楣下加玲珑的挂落，柱间装木栏杆，通游廊的侧门外加木或砖雕的门罩。

(2) 内檐装修：南方一般民居正房明间多为敞厅，朴素的在正面及两侧均装版壁，两边开门，一些用优质木料精致加工者也可取得极雅致的效果。考究者多装太师壁、格扇等。在连通的敞厅或园林的轩馆中，在各间的柱梁下可安装挂落、落地罩、栏杆罩、圆光罩、飞罩等象征性分隔的装修，取得丰富而有变化的室内空间效果。反映这方面较高成就的精巧者如苏州留园林泉耆硕之馆（图 10-57），朴质者如安徽黟县冰凌阁，均可作为例证（图 10-58）。

（二）油饰

中国木构建筑要在木构件表面通刷涂料加以保护，然后在需装饰的部位画彩画。在清代，这种保护的做法称打“地仗”，使用桐油、砖灰、线麻、麻布把木构件全部遮盖，然后在表面涂颜色油。它是否始于明代，尚无显证。在清《工部工程做法》卷 56 油作用料中对此有较详细记载。地仗自繁而简，有“三麻二布七灰”、“二麻一布七灰”、“二麻五灰”、“一麻四灰”、“使灰三道”、“使灰二道”，视所需选用。

在《内庭工程做法》卷六，内庭油作工料中，除相同的记载外，还有最复杂的“三麻二

图 10-57　苏州留园林泉耆硕之馆内部装修

中国厅堂·江南篇，图 71，香港三联书店，1994 年

图 10-58　安徽黟县冰凌阁圆光罩

樊炎冰：中国徽派建筑，黟县南屏村康熙间装修，中国建筑工业出版社，2002 年

布九灰”和最简单的只“磨洗”不另加处理的两种做法。

以最复杂的“三麻二布九灰”为例，其工序为：

①靠木捉灰；②见缝捉麻一遍；③通灰一遍；④满麻一遍；⑤压麻灰一遍；⑥使布一遍；⑦压布灰一遍；⑧三次使麻一遍；⑨压麻灰一遍；⑩二次使布一遍；⑪压布灰一遍；⑫中灰一遍；⑬细灰一遍；⑭浆灰一遍。

以上14项中，用麻3遍、用布2遍、用灰9遍。

在其上刷色油3道时，为：①糙油一遍；②垫光油一遍；③光银硃油一遍。

这种做法在木构件的外表形成一个较厚的灰麻包裹层，在其上刷色油、画彩画，表面光洁，地仗托色，有很好的装饰效果。但这种做法又使桐油接触不到木材，起不到防腐作用。且年久如有破损，水汽侵入，不仅损坏木构件，且因木构件受潮膨胀，还可使包裹层逐渐剥离，(行话称“脱裤”）其缝隙成为水汽聚集之处，更加速了破坏。因此，这种做法在一定年限后即需重做，难以持久，是清代油漆彩画地仗的致命缺点。明代前期宫殿主要用楠木建造，木材纹理紧密，只需填个别小裂隙，不需满做地仗。清代大型木料的来源逐渐枯竭，有些宫殿的柱梁用小料拼帮而成，它采用这种厚地仗是一种出于不得已的措施，但从上列工序可知，确是十分繁复、费工、费时而又难于持久的。

（三）彩画

清代建筑彩画较前代又有发展，官式发展出旋子、和玺、苏式三大类，地方彩画在苏州、徽州、晋中等地都有较多遗存，但限于资料，目前只能对官式和苏州地方彩画的特点和施工操作略作探讨。

1. 官式彩画

清官式彩画大体为旋子、和玺、苏式三大类。

（1）旋子彩画。图案以旋花围成的团花为主，辅以其他图案和线脚，用在横向构件如额枋、枋、檩上时，均等分为三段，分隔这三部分的轮廓线称锦枋线。两端各1/3处为箍头、藻头，二箍头线间的图案称盒子，内画团花，藻头两端为岔口线，其间画一整二破的旋花，枋心单色无图案。这种彩画由明代演变而来，形象简洁，装饰性强。随其用色用金的繁复程度，可分九个等级（图10-59）。

（2）和玺彩画。形成于清代，专用于较重要宫殿。用在横向构件如额枋等上时也均分为三段，图案主要为龙凤。两端二箍头间的盒子画座龙，藻头两岔口线之间画升龙或降龙，中间的枋心相对画二行龙。根据所在建筑之规格大体可分五个等级，而以金龙和玺为最高（图10-60）。

（3）苏式彩画。清初受江南苏州一带影响而发展出的一种较简易的彩画，主要用在离宫苑囿中，大体有枋心式、包袱式、海墁式三种形式。枋心式仍保留旋子彩画的三段格局，但把箍头、藻头中的图案改为回文和卡子。包袱式除把箍头、藻头中的图案改为回文、卡子锦纹等外，把梁、随梁枋或檩、垫、枋的枋心合为一体，画一半椭圆形画框，其内画花卉或人物故事等。海墁式是只有两端箍头，其间全部画图案或各种动植物题材。它也随用金量及画之精细程度分四种（图10-61）。[①]

---

① 马瑞田，中国古建彩画，清代建筑彩画，文物出版社，1996年，第21～31页。

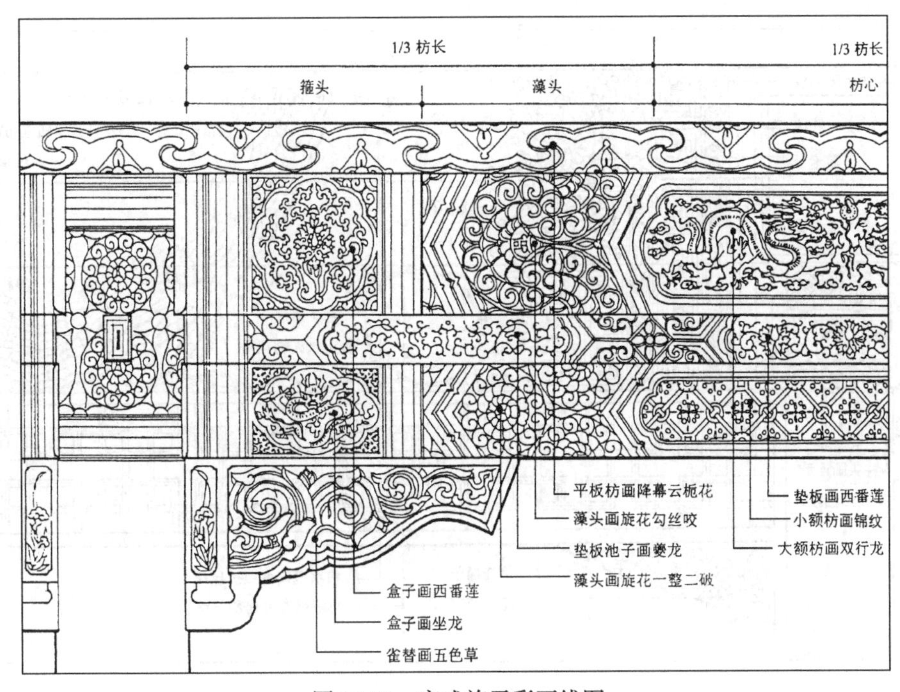

图 10-59 官式旋子彩画线图

孙大章：中国古代建筑彩画，图 103，中国建筑工业出版社，2006 年

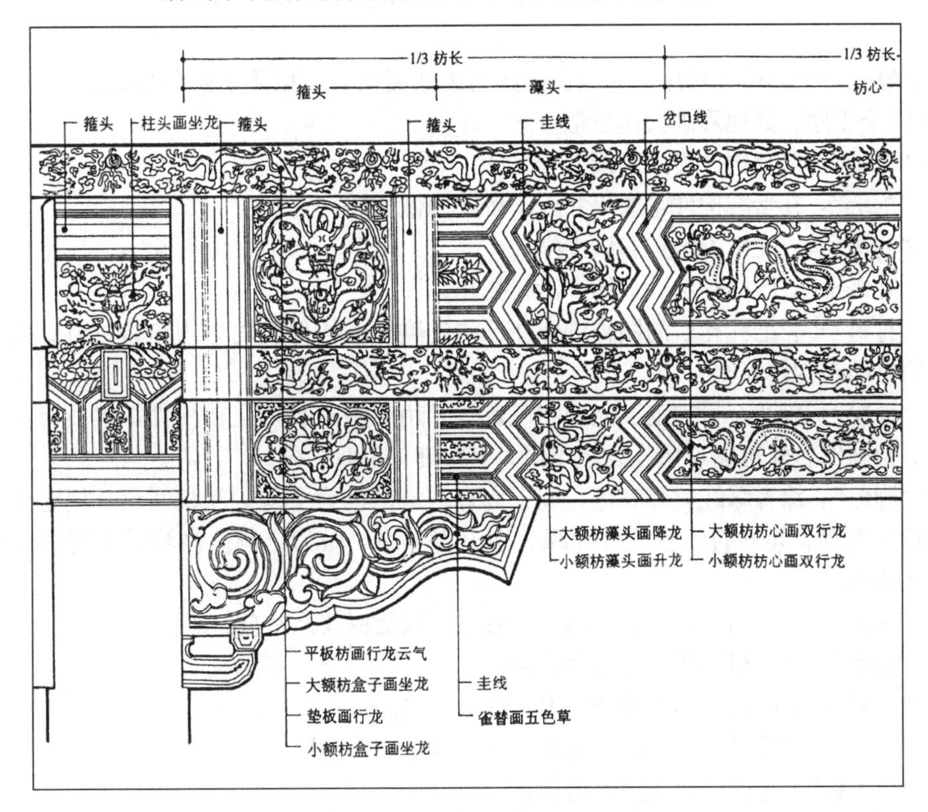

图 10-60 官式合玺彩画线图

孙大章：中国古代建筑彩画，图 100，中国建筑工业出版社，2006 年

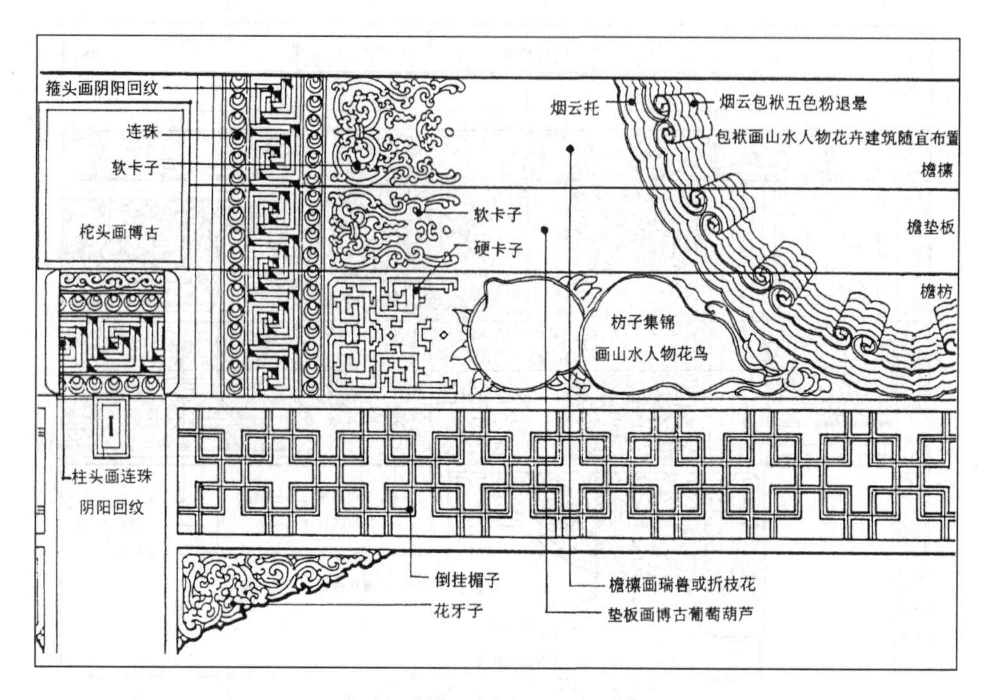

图 10-61　官式苏式彩画线图

孙大章：中国古代建筑彩画，图 107，中国建筑工业出版社，2006 年

(4) 官式彩画的施工程序。它的做法颇为细致复杂，可以旋子彩画中金线大点金为例，大体为 15 个工序。其他彩画大体近似。

① “丈量”：测量构件需绘彩画部分尺寸。

② “配纸”：在量准构件轮廓尺寸后，依式制做纸样。

③ “起谱子”：在纸上绘定彩画图样。

④ “札谱子”：图样绘定后，用针沿线扎孔。

⑤ “打谱子”：把扎孔后的图样纸铺在已清洗磨光的构件表面，用粉袋拍打，把图案轮廓用白粉点印在构件表面。

⑥ “沥粉”：以滑石粉加胶及光油制成膏状，用专用工具挤注在构件图案线上，呈凸起的粉线，钩画出彩画轮廓，视该线之作用，有粗细、单双之分。

⑦ “刷色”：涂青绿红黄等底色。旋子以青、绿二色为主调，互相间色。规定明间挑檐桁两端箍头为青，其下的额枋箍头为绿，即上青下绿，做为定制。当箍头为青时，枋心为绿，反之亦然。

⑧ “包黄胶”：在沥定的粉线上刷石黄胶水，以便在其上贴金。

⑨ “拘黑”：以较粗黑线画定图案轮廓。

⑩ “行粉”：在图案的黑线或金线内画细白粉线。

⑪ “晕色”：即叠晕，视情况可先深后浅，也可先浅后深。

⑫ “拉大粉”：在叠晕间或黑线内加粗白线。

⑬ “贴金”：在包黄胶之沥粉线上贴金。

⑭ “压黑老”：最后一道加黑线，以加强图案整体轮廓。

⑮“罩清油”：彩画绘成后在表面刷一道保护性清油。[①]

2．地方彩画

苏州地区彩画：它的主要特点和清官式的苏式有颇大差异。其一，从布局上看，它的中部相当于苏式彩画包袱的位置一般画锦纹图案，其两侧相当于找头的位置一般画松木纹，表示无彩画，而入柱处相当于箍头位置则画箍线和轮廓近于岔口的图案。但如为月梁，则把彩画集中画于中部，梁两端入柱处画木纹（图 10-62）。[②]

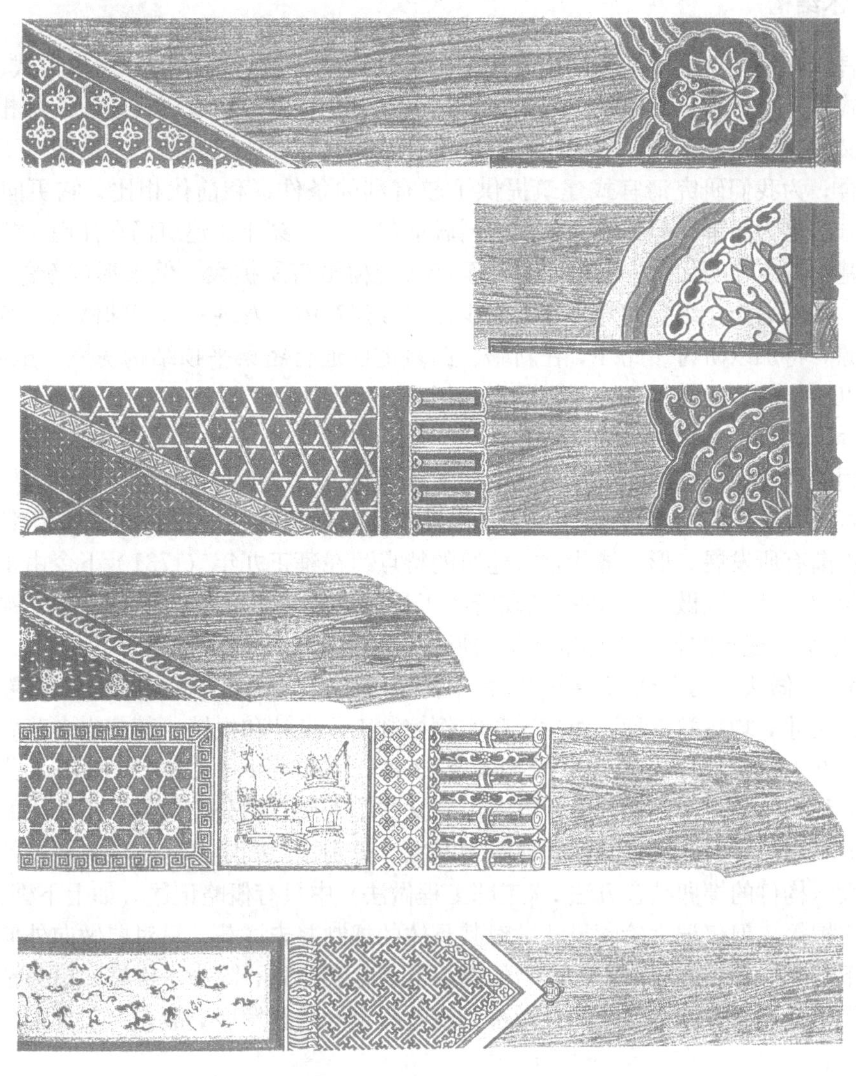

图 10-62 苏州地方彩画示例

孙大章：中国古代建筑彩画，图 113、图 114，中国建筑工业出版社，2006 年

① 以上据马瑞田：中国古建彩画，彩画施工程序。文物出版社，1996 年，第 74～80 页。此外在 2005 年建筑工业出版社出版的蒋广全《中国清代官式建筑彩画技术》也载有更为详细的规格做法，可提供更为详细的资料。

② 马瑞田，中国古建彩画，苏式彩画，文物出版社，1996 年，第 31 页。

第四节　建筑技术

一　结构构造

（一）木结构

清代官式和地方形式木结构都在前代基础上继续发展。它基本仍分为柱梁式、穿逗式、密梁平顶式等几个体系。其中柱梁式以清官式最具特色。由于明清官式建筑一脉相承，而明官式建筑又无文字留存下来，故大量存在的清官式建筑和以法规流传下来的清《工部工程做法》相配合，为我们研究清官式建筑提供了较有利的条件。和前代相比，它更向规范化发展，设计方法更为简单，但其缺点是用木料较前代偏大。穿斗式建筑仍在江南、华南和西南流行，其基本特点在明代章中已做探讨，至清代规模虽有所扩大，但未形成新的重要特点，为免重复，即不另作介绍。此外，在云南少数民族建筑中，发现一些特殊做法，有的可能有很古的渊源，特加以研讨。此外，在新疆、西藏地区通行密梁平顶结构房屋，虽渊源甚古，但现存者以清代建筑物为主，一并在此章介绍。

1. 官式大木

清沿用明代都城、宫殿，故其立国之初的官式建筑亦继承明官式，属柱梁式构架。但经顺治、康熙、雍正三朝八十余年的经济文化发展后，国势强盛，在宫廷、官府都有大量建设，建筑逐渐有所发展，形成清代官式建筑的特点。在雍正九年（1731）下令由工部和内务府共同编定《工部工程做法》，以控制政府的工程，于雍正十二年（1734）编成颁行。全书共74卷，把清式建筑的特点以标准案例的形式记录下来。

《工部工程做法》的1至27卷记27种木构架的式样、尺寸和做法，28至40卷记各种斗栱的做法、尺寸，均每卷1种，通过这些实例控制工程设计和报销，其中也含蕴着设计的方法和规律。在大木作部分27种中，分为大式23种，小式4种。大式中6种用斗栱，其余17种和小式4种均不用斗栱。在其设计方法上，又按是否用斗栱分为两类，用斗栱的建筑以斗口为模数，不用斗栱的建筑以其明间面阔为基准，分别据以确定其建筑轮廓和构件的尺寸。

对于大木构件的榫卯结合方法，《工部工程做法》中只有概略记述，如上下榫、出入榫、扣榫、搭交榫等。但仅记大轮廓尺寸，对其具体的规制并未详载。只对要做向外伸榫头的构件，指明下料时应加长的尺寸，称之为加榫。从现存实物看，除小木作榫卯更为精密外，大木部分较简单，说明它基本延续前代做法，没有很重大的新发展，故在《工部工程做法》没有详细记述。

（1）用斗栱的大式大木做法。《工部工程做法》规定：用斗栱的建筑，以所用斗栱的栱宽为模数，称斗口。斗口定为11等，自1寸至6寸，等差为0.5寸，视建筑之规模选用。实际使用的斗口大都在四等（4.5寸）以下，较常用者为八（2.5寸）、九（2寸）等。二攒斗栱间之中距称“攒挡”，房屋的平面尺寸，包括各间的面阔、进深，都视所含攒挡数而定，故攒挡可视为扩大模数。在所举用斗栱的六座建筑中，三座庑殿、歇山顶的单层殿屋的攒挡定为11斗口，城楼、角楼、箭楼三座多层建筑的攒挡定为12斗口。每座用斗栱的建筑都要视其性质、规模先选定所用斗口的等级，再据斗口实际宽度和具体的斗口、攒挡数换算出建筑的平面、立面和构件的实际尺寸。在各卷中均分别列出各构件的具体换算关系及其三维尺寸，综合起来，有如下共同之处。

《工部工程做法》规定：以斗口为模数的建筑其檐柱之高（自柱底计至斗栱上的挑檐桁下皮）为70斗口，檐柱直径为6斗口。以檐柱径为推算其他构件断面的依据，其金柱、梁、枋等的断面即以檐柱径为基准加减一个常数或乘一个系数而定。

《工部工程做法》规定：金柱径为檐柱径加2寸（即6斗口加2寸），里跨各金柱依次再递加2寸。七架梁之厚为金柱径加2寸（即6斗口加4寸），梁高为1.2倍梁厚（即最下一架梁之断面为6∶5）。其上各架梁之高、厚为下架梁之高、厚各减2寸。大额枋高同檐柱径，厚为高减2寸。平板枋厚2斗口，宽3斗口等。屋面用材以桁径为计算基准，规定自脊桁至正心桁其直径均为4斗口，挑檐桁为正心桁径减2寸。椽径为0.35桁径。

这里，加减2寸为常数，乘1.2和0.35为固定系数，据以确定构件断面尺寸。故虽最下架梁断面高厚比规定为6∶5，但以上各架梁就不再保持6∶5的断面高厚比了。

建筑平面尺寸则以攒挡为扩大模数，据以确定平面上各开间、进深等的基本尺寸，并进而推知梁、枋、桁等构件的水平长度。如大、小额枋等之长度视面阔、进深而定，据其攒挡数扣除柱径再加榫长即为其用料之长。据进深可知步架的深度，并可进而推知各架梁之长度，扣除柱径再加榫长即为各架梁用料之长。

用斗栱的大式楼阁，其下层之金柱多为通柱，向上延伸为上层之檐柱或金柱，卷14正楼、卷15转角楼、卷16箭楼之下层金柱都是通柱。这做法在明代已出现，在清代实例中，北京鼓楼、北京颐和园佛香阁、承德普宁寺大乘阁等也是这样做的。它们以通柱构成的部分为核心构架，用在其外围自下而上逐层建进深递减的外廊的方法形成外围构架，既可加强核心构架的稳定，还可按需要造成逐层内收的轮廓线，和宋式用平坐的做法在外观上无大差异，但其构架却简单很多，和明代实例如平武报恩寺万佛阁比，构架也更简洁，应是清代木构架技术的进步（图10-63至图10-65）。

（2）不用斗栱的大式、小式大木做法。包括17座大式和4座小式建筑均不用斗栱，各以其明间面阔的尺寸为基准，视建筑之规模分别规定其檐柱高、檐柱径与明间面阔的比例关系，再据柱径加减一定尺寸以定梁、枋、之断面。在各卷中也分别列出具体的换算关系和构件的三维尺寸，综合起来，有如下共同之处。

《工部工程做法》规定檐柱径与明间面阔的比例有三种情况：

① 不用斗栱的大式和七檩小式建筑之檐柱高为其明间面阔之80%，檐柱径为其明间面阔之7%。

② 六檩小式建筑之檐柱高为其明间面阔之75%，檐柱径为其明间面阔之6%。

③ 五檩、四檩小式建筑之檐柱高为其明间面阔之70%，檐柱径为其明间面阔之5%。

确定了檐柱的高度和直径后，以其为基准，加减2寸或乘一定系数即可推知其他构件的断面尺寸。

《工部工程做法》规定：房屋出檐为前檐柱高之30%；以柱径加2寸为梁之厚，以梁厚的1.3倍为梁之高，即梁断面之高厚比为6.5∶5。上架梁之高、厚比下架梁各递减2寸；以及檩径与檐柱径同，椽径为檩径之30%等规定。

它与用斗栱的大木构架计算之不同处主要是其檐柱的高度和直径由明间面阔决定而不由斗口决定。但在确定了檐柱的高度和直径后，推算其他构件时仍是以檐柱径为基准加减2寸

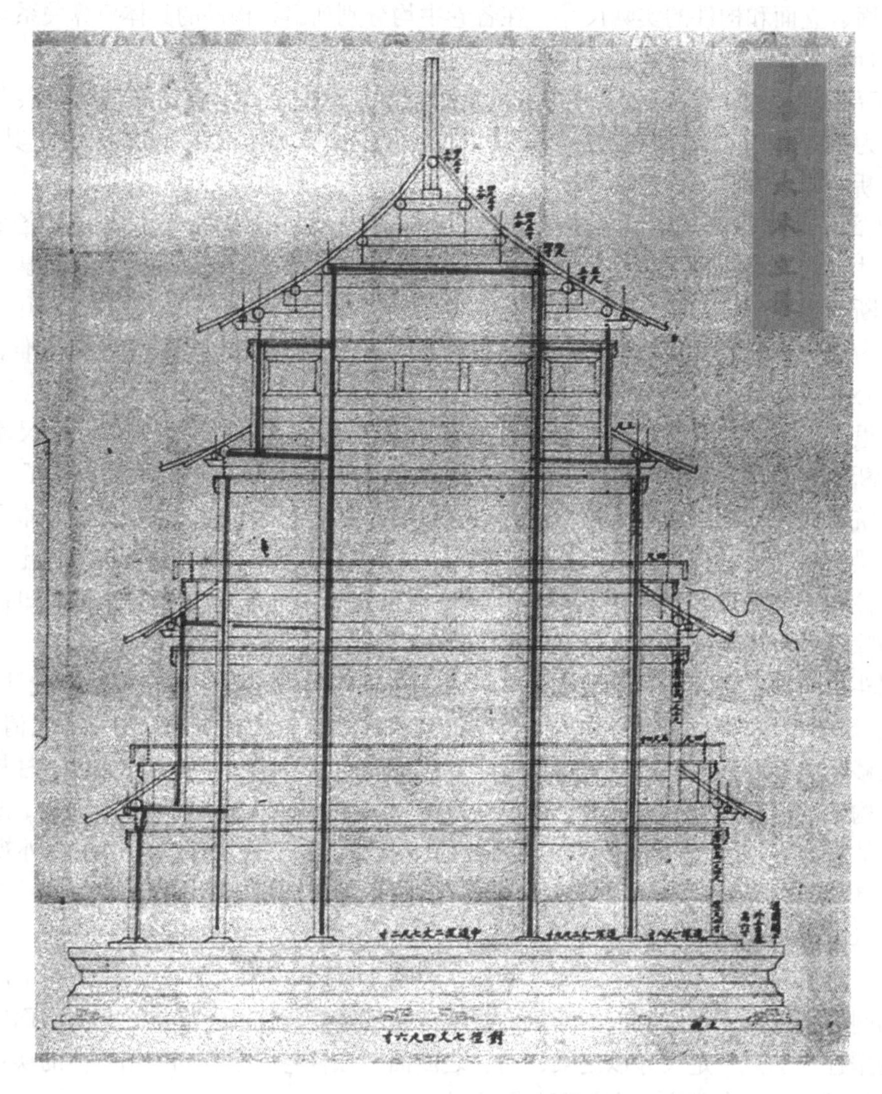

图 10-63　北京颐和园佛香阁剖面图

国家图书馆等：清代样式雷建筑图档展，第 50 页

或乘一定系数，与用斗栱的大木算法基本相同。

清《工部工程做法》大木部分的这两种做法分别以斗口（攒挡）和明间面阔为基准求檐柱之高、径，并设定各构件与檐柱之高、径间的数字关系（加减 2 寸或乘以某个系数），据以推定各构件的三维尺寸，也可以说在一定程度上具有模数设计的性质。但和宋《营造法式》相比，它是不完备的。《营造法式》规定“以材为祖”，其主要构件均以分模数“分”来表示，故随所用材等的变化，它的增减基本是等比例的，其构件的应力变化不大。但《工部工程做法》所规定的则是不管建筑所用斗口尺寸的差异，一律增减一个常数——2 寸，这样计算相对简化，便于工匠掌握。但用小斗口与用大斗口的建筑，其构件在同样增减 2 寸后承载能力的变化是不成比例的。不过清式梁架用料普遍偏大，可以承受这种差异，但就此而言，在科学性、系统性上，与《营造法式》相比，《工部工程做法》是退步的。

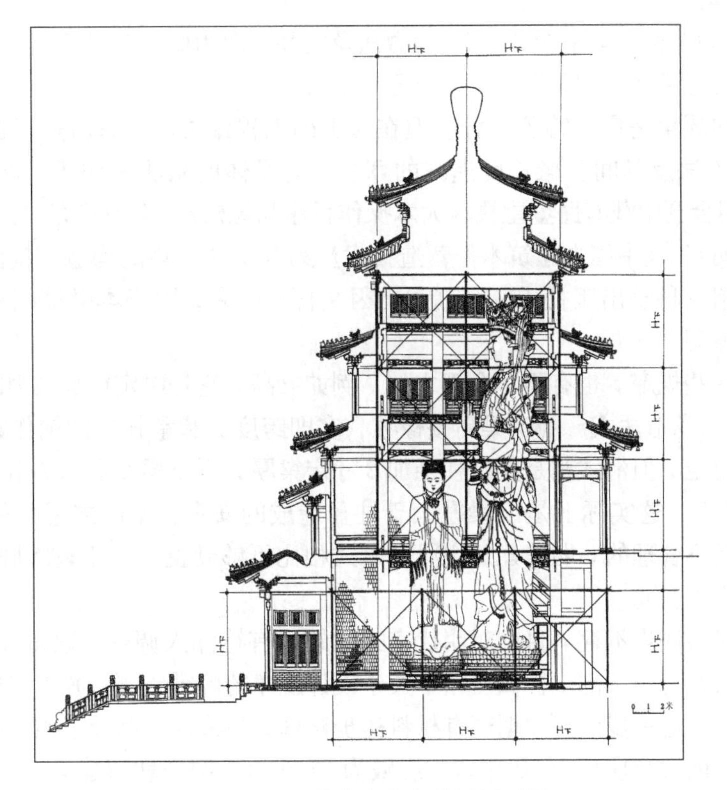

图 10-64 承德普宁寺大乘阁剖面图

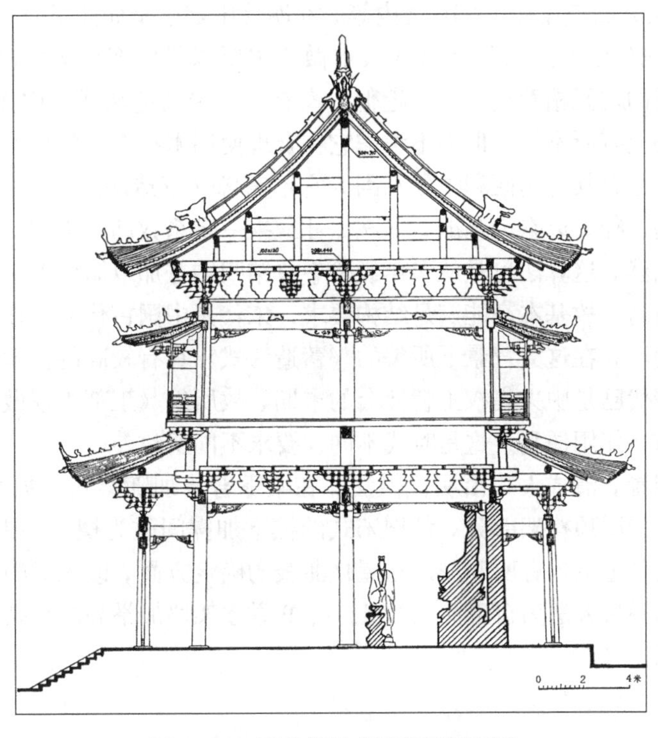

图 10-65 平武报恩寺万佛阁剖面图

平武文物保管所等：四川平武报恩寺勘察报告，图 20，文物，1991 年第 4 期

卷 28～40 为斗科。其中卷 28、29 为做法及安装，因为此时斗栱已不再受力，退化为装饰构件，其结构意义和榫卯制做的精度也逊于宋式斗栱。

木构建筑的翼角是最有特色部分，但在《工部工程做法》中只叙述了据直椽长度换算 45 度椽长度的方法及其间各椽长度递减的算法，对具体的做法未详述。近年《古建通讯》1958 年 1～2 期合刊中载有路鉴堂撰《大木操作程序和规格》，文中载有“翼角翘飞放线法”并附图。在马炳坚：《中国古建筑木作营造技术》第五章“翼角的构造、制做与安装”部分也有详细的介绍（科学出版社 1991 年版）。因文长、图多，限于本书篇幅和体例，不能详引，读者可以参阅。

综观其中一些规定，也有不尽合理之处。例如梁高，它是决定梁承载力的关键，应与梁跨有直接关系。《营造法式》规定梁高按椽数（实即跨度）和承托它的铺作数（即建筑的规格和净跨度）而定，但清式则是先以柱径加 2 寸定梁厚，再以梁厚之 1.2 倍定梁高，形成高 6 厚 5 的断面比例。这实际上是以梁厚大于柱径造成的安定、坚固之感代替了承重的合理性，在设计上是不合理的，明清建筑之梁与宋式相比不够劲挺，近于较臃肿的“肥梁”，较浪费木料，其原因在此。

由于明代建筑法规不存，目前对明代官式建筑尚有待深入调查、取得数据，进行研究，归纳其特点，故在清《工部工程做法》中关于设计规律的内容，哪些源于明代，哪些为清代的新发展，尚有待进一步研究。据现有材料初步核算，当檐柱之高计至挑檐桁下皮时，明初所建北京社稷坛前殿檐柱高为 60 斗口，后殿为 51 斗口，明中期所建太庙前殿檐柱高为 65 斗口，中殿檐柱高为 64 斗口，与清式所规定的 70 斗口明显不同。但以斗口为模数，梁断面高厚比为 6∶5，梁之高跨比在 1∶10 之内等，在明代中期已是如此了。[①]

《工部工程做法》中所反映的清官式大木做法主要以具体案例为标准，如与宋式相比，颇与宋代最初编成的《元祐营造法式》近似，没有《崇宁营造法式》中按比例折算的方法，在科学性、合理性上有所不足。但如不考虑它在合理使用木材方面的缺失，单纯从便于掌握上讲，它在应用上也有其适用便利之处。因为它不需像《营造法式》那样对逐个构件换算，只要算出檐柱之高、径，以它为基准，加减 2 寸或乘一定系数即可推知，在工匠掌握和计算上要简单多了。当然，这算法也是从多年经验中总结归纳并加以简化得来的，因其构件断面偏大，安全系数较高，故基本都能满足结构要求。宋代是中国古代科学技术有重大发展的时代，后期又推行变法，在这大背景下所编的《营造法式》具有较高的科学性，表现在系统性和合理性方面。清代已是中央集权王朝社会的末期，故所编《工部工程做法》适度减弱对合理性的要求，更重在使用便利。这是时代不同、要求不同所致。

此外，从构架看，清式大式沿明代做法，在梁下普遍加随梁枋，加大了柱网的整体稳定。在大式、小式的屋顶构架部分，都把宋式的槫下加襻间改为檩、垫板、枋三件的组合，在加强屋架的纵向稳定上也有所改进。在屋顶曲线的确定方面，改宋式的先定总的举高，再自屋脊逐架下折的举折方法为自下而上按 5、7、9 举逐架增加举高的举高方法，在施工上也是较为便利的（图 10-66）。

---

① 高度据张镈主持的《北京中轴线建筑实测图》；斗口宽据郭华瑜：《明代官式大木作》表 5.1。东南大学出版社，2005 年，第 127 页。

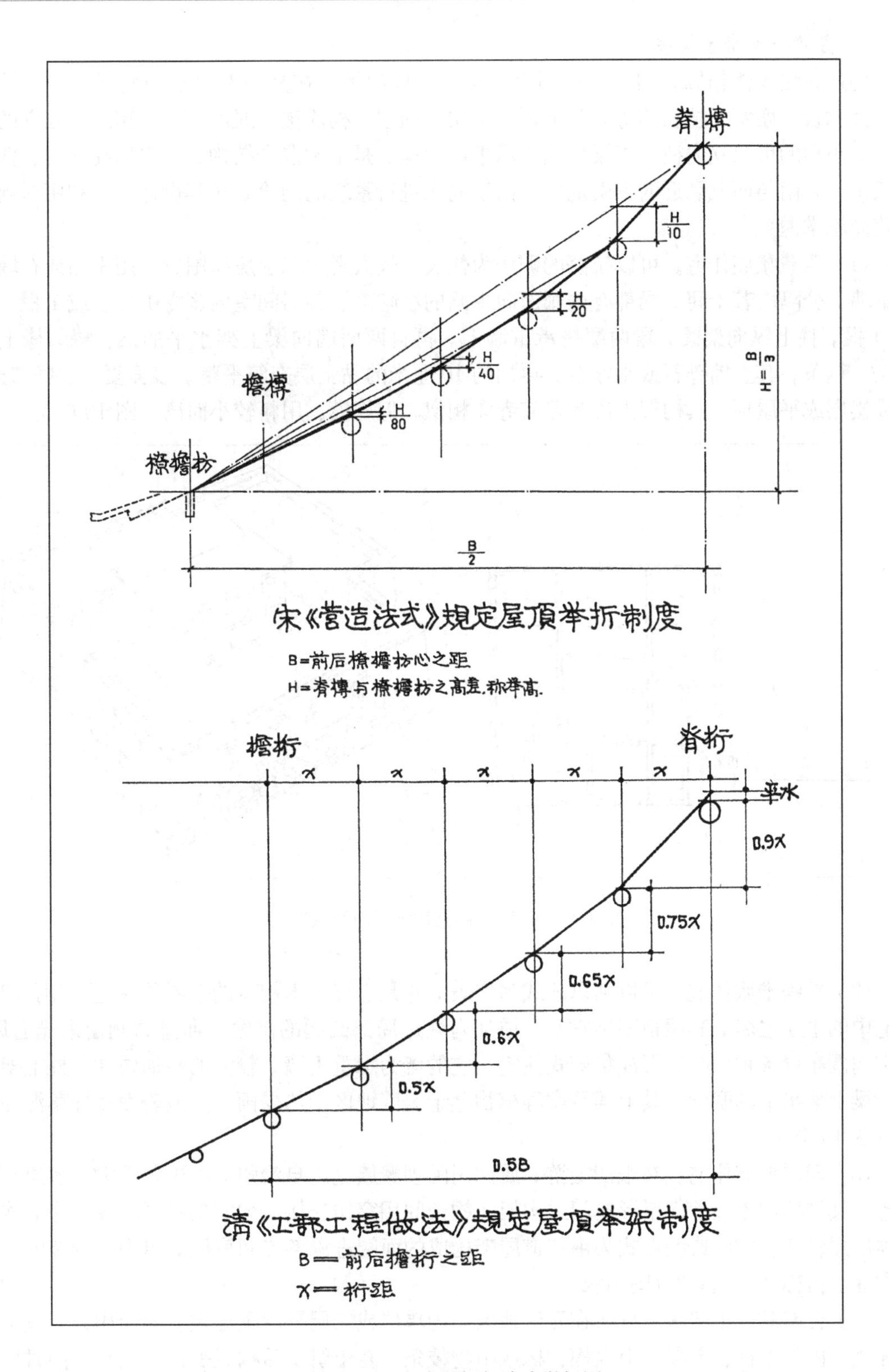

图 10-66　宋式举折与清式举架图

2. 密梁平顶房屋构架

构造方法大体相似，均为在柱列上架梁，形成门架，在其间架水平的密梁（相当檩），梁上铺木板、席箔、植物茎等，其上再加土层、面层，构成楼层或屋面。大型的为独立的木构架，小型的可只立内柱，密梁外端由承重墙承担，是土木混合结构。大多用在新疆、西藏和四川、云南与西藏靠近的少雨地区。由于尚未进行系统的测绘，对其设计方法和用料规律目前尚不掌握。

（1）西藏藏族住宅。可以拉萨的碉房为代表。较大者由二层房屋围成，用土墙或石墙为承重墙，分隔成若干间，局部有内廊面向中间的小院落。各房间室内多立中柱，或1根，或2、4根，柱上纵向架梁，梁两端搭承重墙上，再自两面墙向梁上架水平的檩、椽，椽上铺枝条、荆条，其上铺碎石或小卵石，再加约10厘米的黏土层夯筑平整，表面复一层阿嘎土，构成楼层或平屋顶。其构架方法和藏族寺庙相似，但规模、用料较小而已（图10-67）。

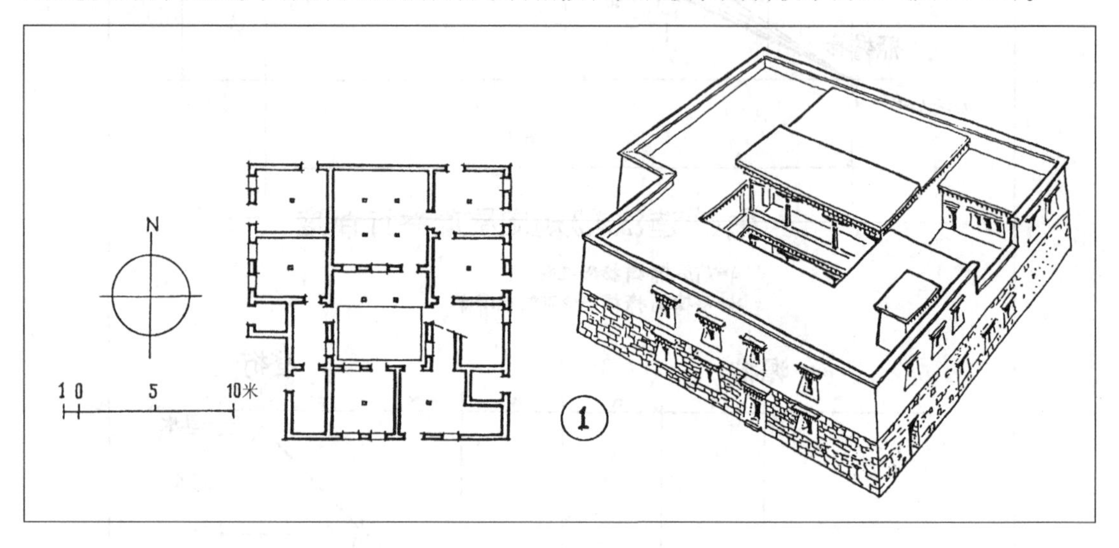

图10-67 西藏拉萨某住宅平面及示意图

（2）新疆维族住宅。可以阿以旺式为代表，它是土墙、木构架的平屋顶住宅，“阿以旺”是宅中的主厅之名，其屋顶高出它室，或加内柱建局部凸起的高窗，通过高侧窗采光通风。在它周围布置各种房间，形成集聚式住宅。它的墙为承重土墙，较大的室加内柱，柱上架主梁，梁上架水平的密梁，其上铺芦席等植物茎干，因地区干热少雨，一般表面多抹草泥为面层（图10-68）。

（3）四川羌族住宅。在岷江上游，属四川阿坝藏族羌族自治州，因雨量不大，多建平顶住宅，其构架用木柱承横梁形成门式构架，构架间用穿枋连接，梁间架水平的檩、椽，构成平顶房屋骨架。它的典型形式为由三道屋架构成的面阔进深各二间房屋，以中跨构架的中柱为主柱，俗称“一把伞”（图10-69）。

（4）云南彝族土掌房。分布在元江地区，为单层或二层平屋顶住宅。四周用夯土或土坯墙环绕，内建木柱、平梁，上复檩、椽或植物枝条，复土筑实后构成平顶。其平顶同时可用为晒台（图10-70）。

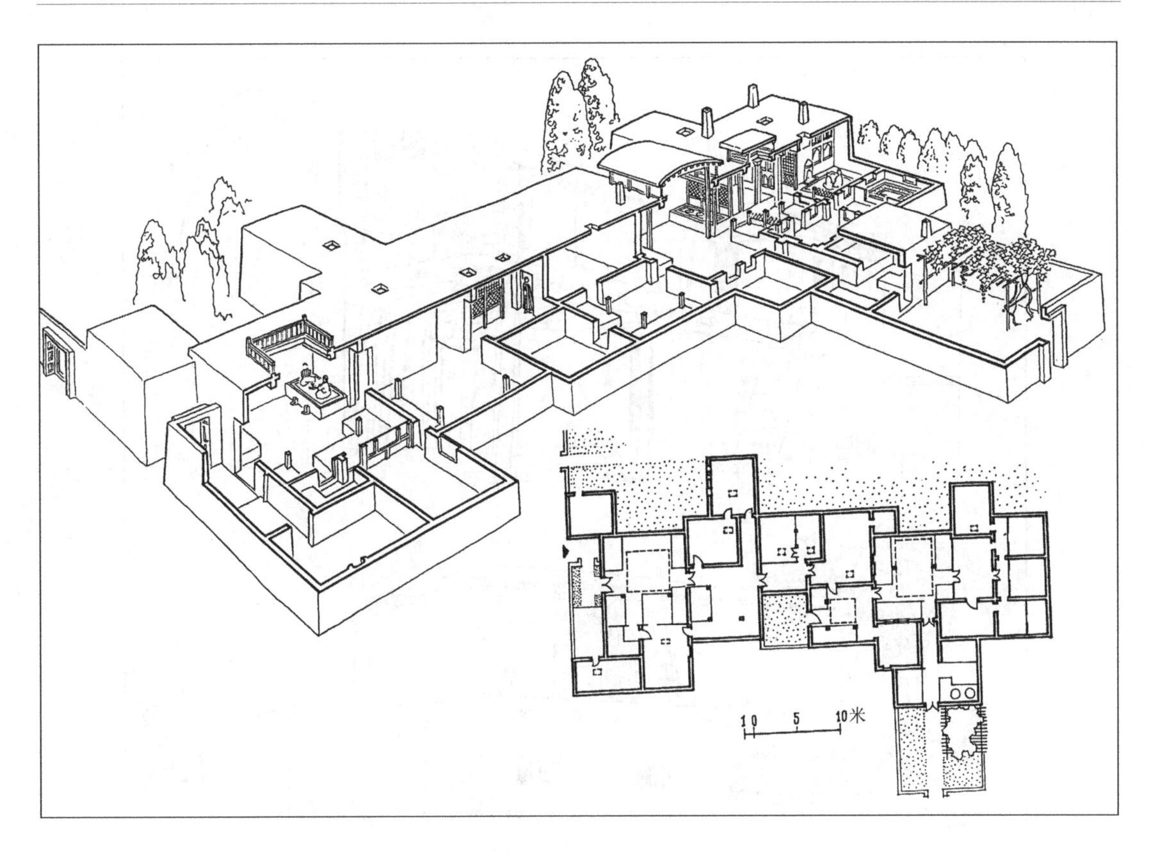

图 10-68　新疆和田维族阿以旺式民居

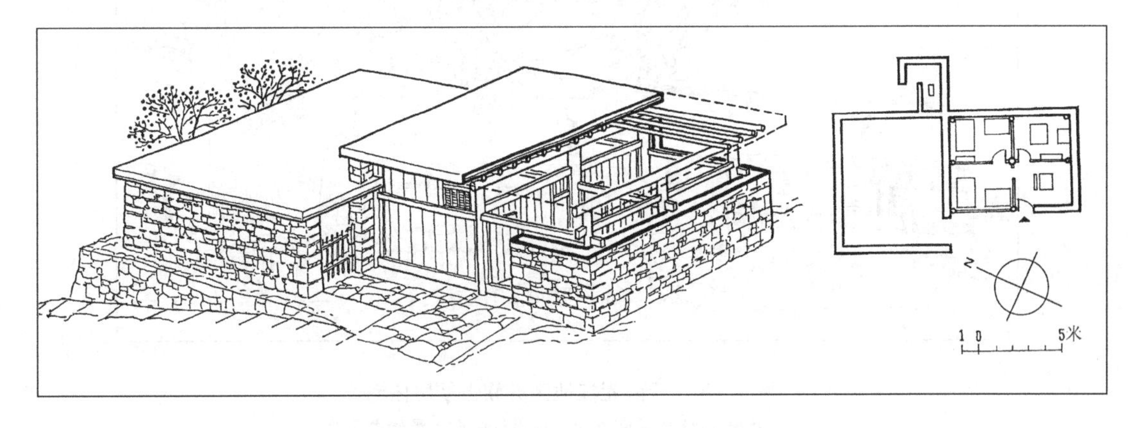

图 10-69　四川茂汶沟口寨民居一把伞式构架

3. 其他少数民族地区较有特色的木构架

(1) 凉山彝族住宅。为木构架、外围筑土墙，上复木板屋顶的条形房屋。其屋架有三种形式：第一种是在檐柱上横穿若干道向内外出跳栱的横栱，栱端各立一直柱，上承檩条，每道横栱都穿过其下层横栱上的立柱后出挑，外跳承屋檐，内跳逐渐向中心聚合，形成屋架(图 10-71)；第二种是檐柱只向内外各出两三跳横栱，里跳栱上承斜梁，梁上承檩，前后檐

图 10-70　云南元江地区彝族土掌房住宅
据 20 世纪 60 年代云南省建工厅设计院调查测绘图重绘

之斜梁在脊檩处相抵，形成人字拱架（图 10-72）；第三种如一般穿斗架，但各柱柱顶不承檩而承斜梁（图 10-73）。这三种中，第三种用在山面或两端分隔成单间处，第一、二种用于中部，并可通过第二种扩大室内空间，形成宽广的堂屋。在相邻屋架的柱间连以三四道横枋，枋间连以立柱，形成纵架，以加强各道梁架间的连系，保持房屋构架的纵向稳定（图 10-74）。这种房屋的柱间用大量穿枋，明显受穿逗架的影响，但它使用斜梁形成人字栱则是其特异之处，明显属于另一系统。

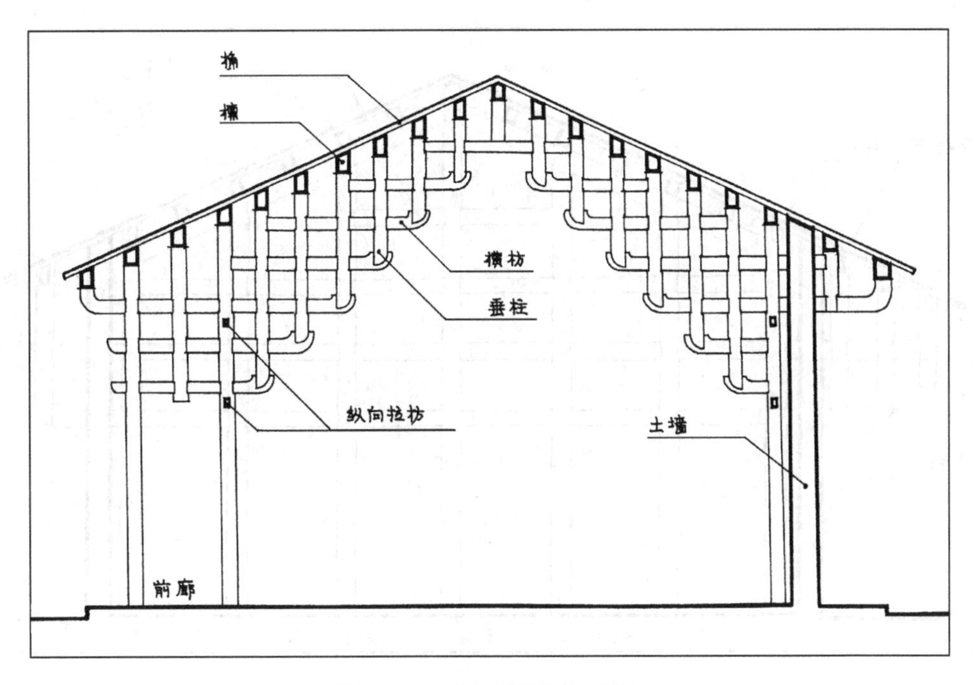

图 10-71 凉山彝族住宅屋架 1

据 20 世纪 60 年代云南省建工厅设计院调查测绘图重绘

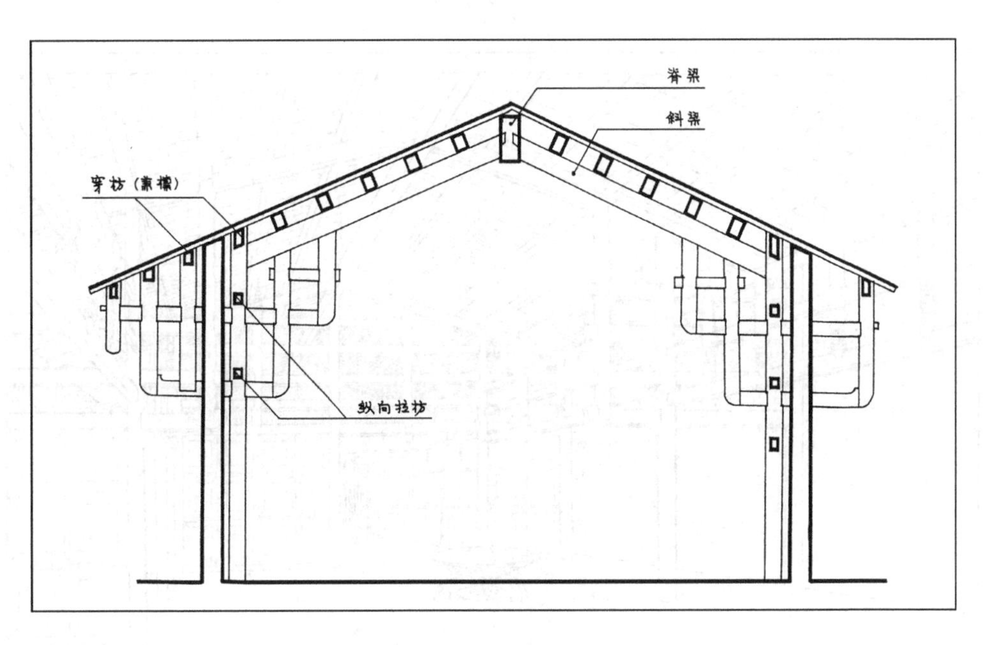

图 10-72 凉山彝族住宅屋架 2

据 20 世纪 60 年代云南省建工厅设计院调查测绘图重绘

在这类建筑中，还有一例其内跨主梁两端穿出檐柱压在出跳栱之上，其形式竟与汉明器上所示出跳栱与梁的关系极相似，是否为古法之遗，是一值得探讨的问题（图 10-75）。

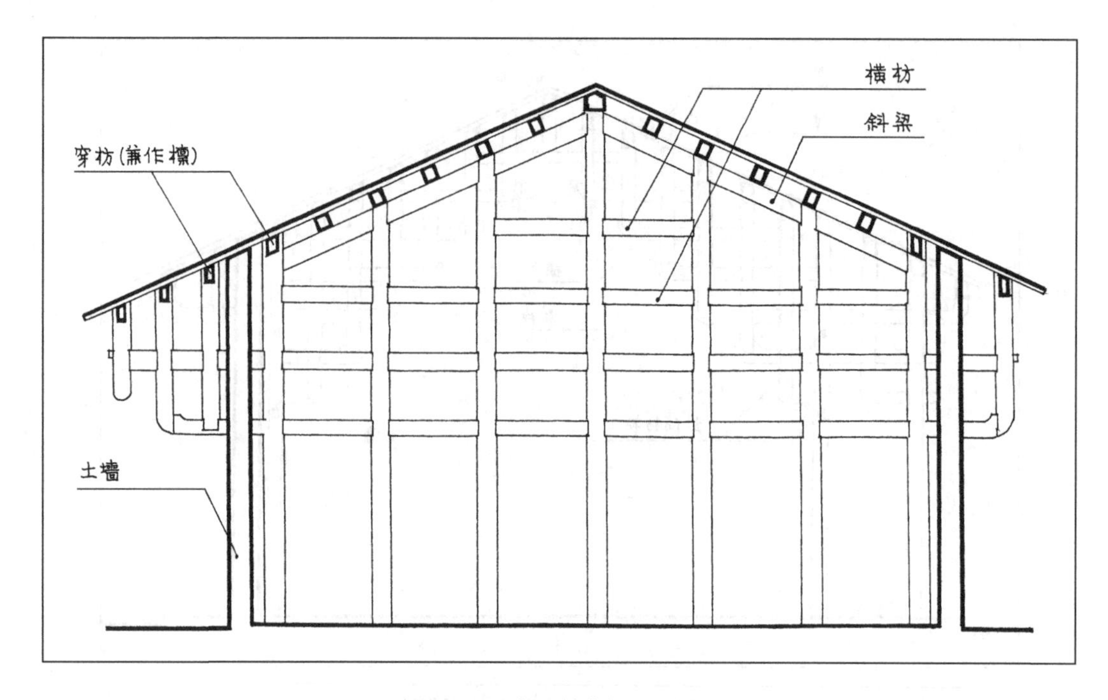

图 10-73　凉山彝族住宅屋架 3

据 20 世纪 60 年代云南省建工厅设计院调查测绘图重绘

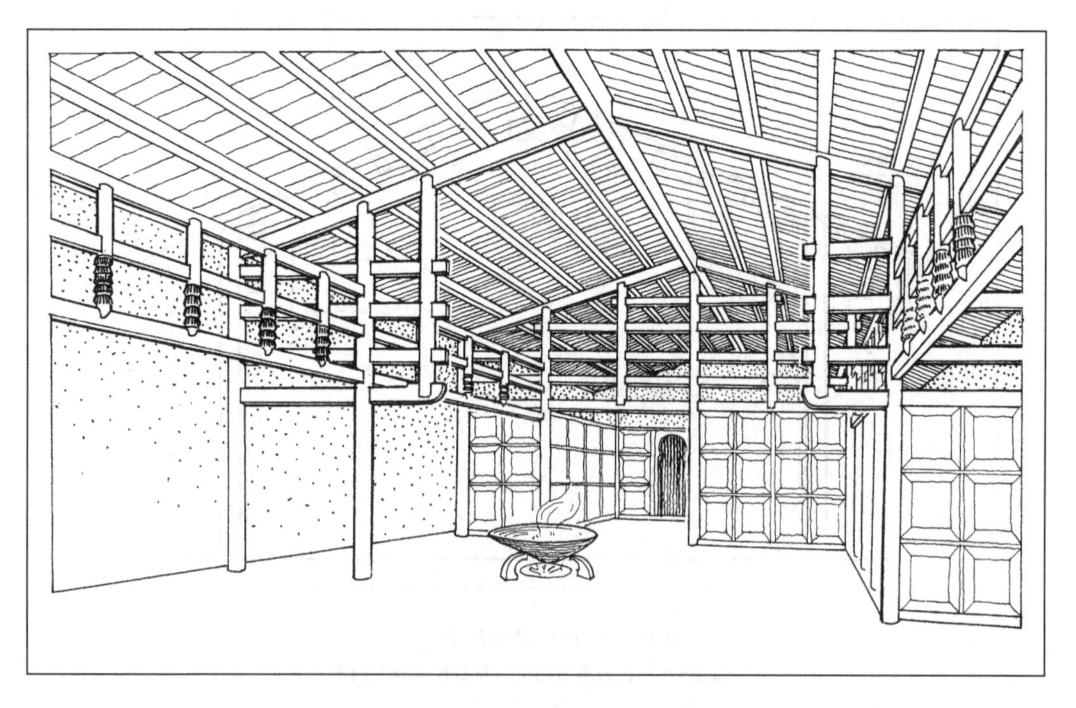

图 10-74　凉山彝族住宅室内透视

据 20 世纪 60 年代云南省建工厅设计院调查测绘图重绘

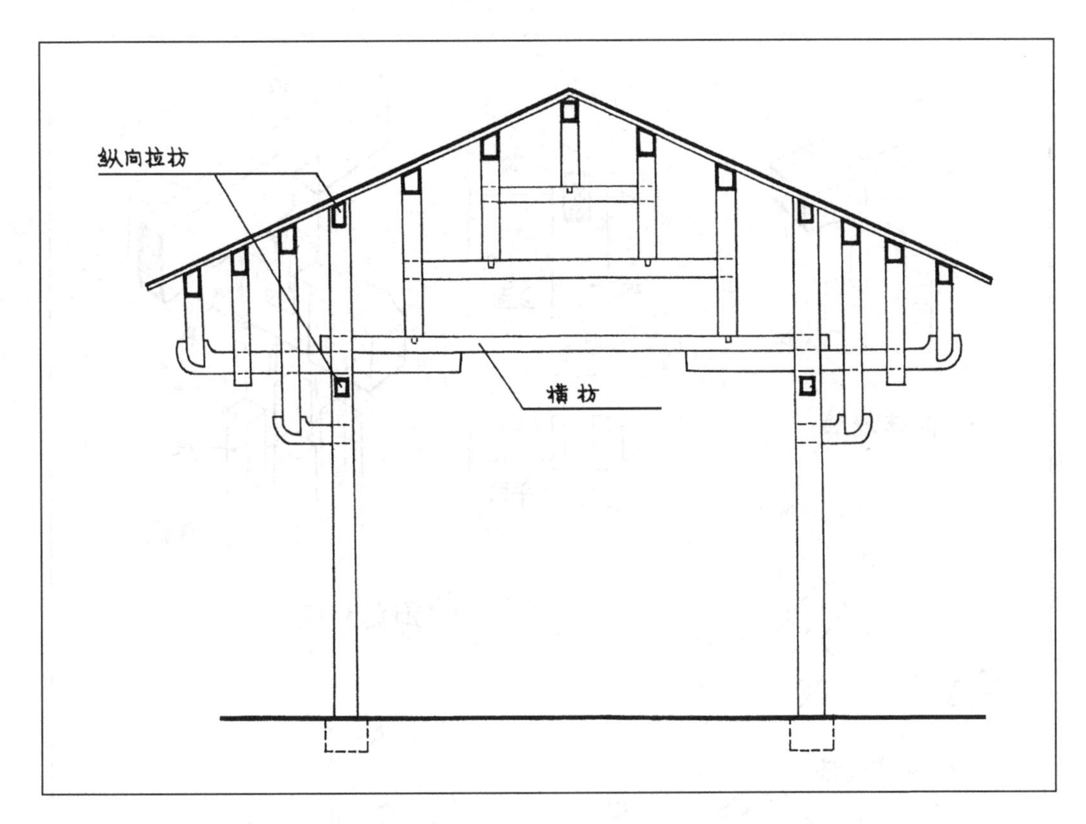

图 10-75 凉山彝族住宅构架图
据 20 世纪 60 年代云南省建工厅设计院调查测绘图重绘

(2) 云南傣族的干阑建筑。可以西双版纳用木柱、架空地板、人字架屋顶的干阑式住宅为例。它近于下层低矮的二层楼，上层人居，下层为牲畜圈和储物处。它的构架也是先建几道门架为主体结构，在其上横梁的两端立斜梁，在中间相抵，形成人字架，两斜梁间加横杆拉结，中间相抵处下加立柱支撑。在人字架上架檩、椽（或竹板），屋面铺稻草排或一种特制的挂瓦。在柱的下部距地 2 米左右架横梁，其间架竹杆、竹板，构成架空地板，自室外用梯登上。它的柱、梁、斜梁间用简单榫卯结合（图 10-76），其形式构造可从 20 世纪 60 年代云南省建工厅设计院的调查测绘图中看到（图 10-77 和图 10-78）。

这种民居简单的可用毛竹和竹板建造，其构架形式与木构基本相同（图 10-79）。

(3) 广西壮族麻栏建筑。“麻栏” 是当地名称，也是室内地面架空高约 2 米左右的干阑建筑。一般是多间房屋，下部柱距较大，一般进深四椽，上部阁楼部分在柱间加横梁，梁上再立柱，把柱距缩短为二椽，再在各柱间按穿逗架做法加穿枋、瓜柱，形成屋顶构架。这类建筑实际是底层和二层按一般柱梁式布置柱网，以扩大室内空间，自阁楼地面起加密柱网，形成穿逗式屋架。和一般柱柱落地的穿逗架不同（图 10-80）。

(4) 附——云南德宏地区景颇族竹结构房屋。多为条形干阑式房屋，除地板柱、檐柱、中柱，檐檩、脊檩用木外，均用竹材。在檐檩、脊檩间顺坡架设毛竹椽，构成两坡屋顶的骨架，上复茅草为屋面。为使竹椽连为一体，在其间横向绑札数条毛竹作连系构件，形成竹排，因其在金檩的位置，称连系檩。当进深较大时，为防竹椽中部下凹，还自中柱向两面出

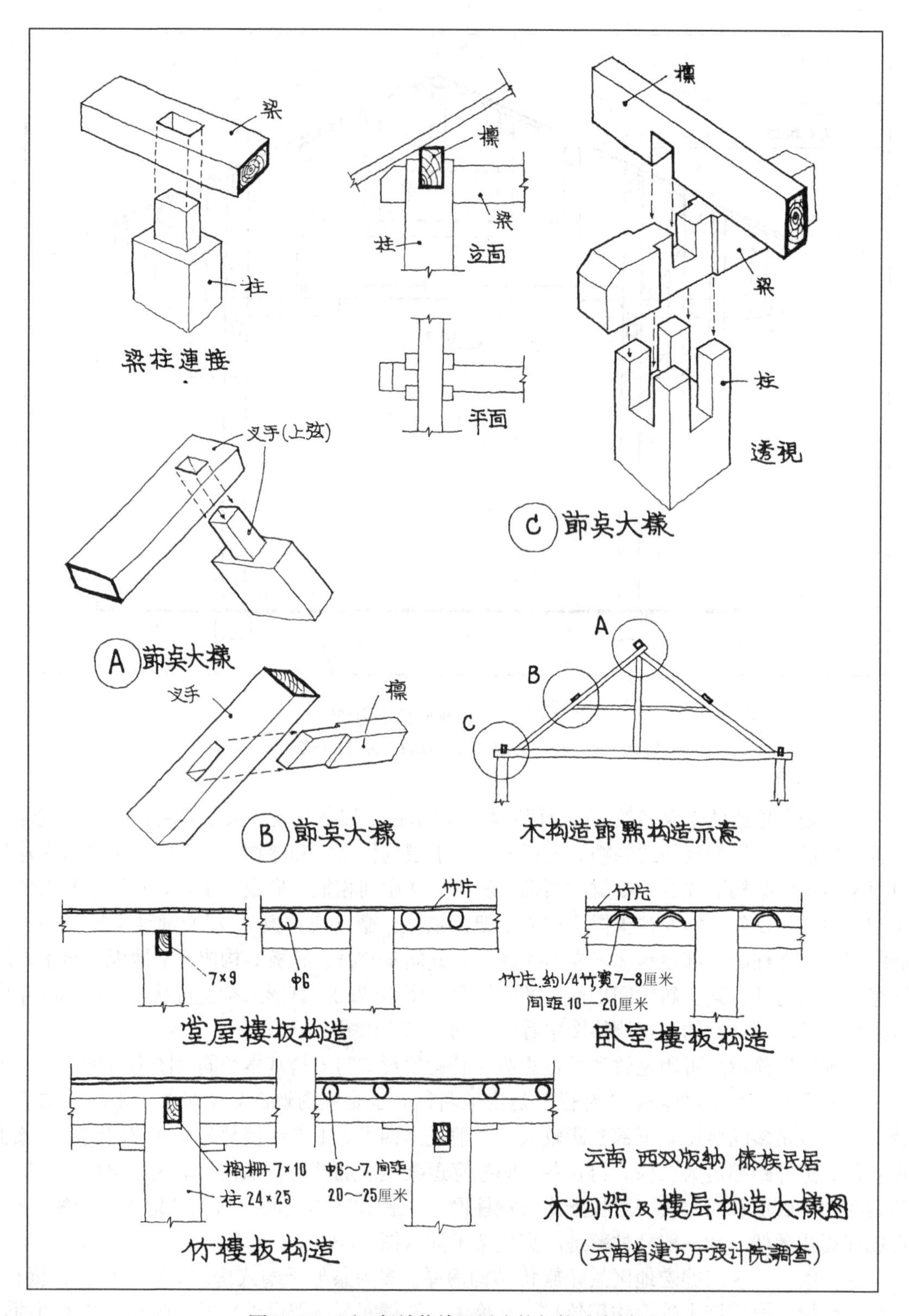

图 10-76　西双版纳傣族民居木构架构造大样图
据 20 世纪 60 年代云南省建工厅设计院调查测绘图重绘

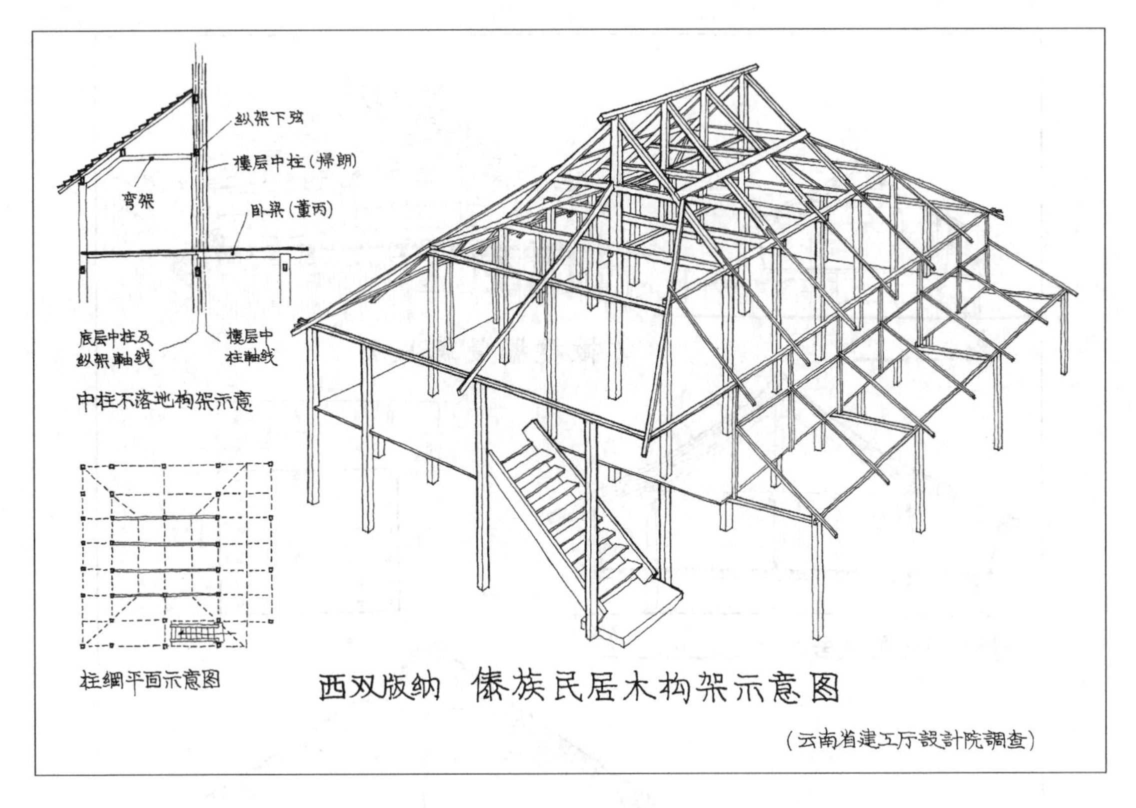

图 10-77　西双版纳傣族民居木构架示意图
据 20 世纪 60 年代云南省建工厅设计院调查测绘图重绘

斜撑，托在相应的连系檩上为支撑。它的构件间连接主要用竹篾、藤条绑札而成（图 10-81 和图 10-82）。

（二）砖石结构

1. *砖结构*

清代除各地建砖城墙、城门外，在国家工程中有少量较大型的砖结构建筑，如北京的钟楼和颐和园智慧海、北海西天梵境琉璃阁等，都是大型砖拱券结构，但在砌造技术上无明显创新。在地方民居中，仍延续明以来传统，建地上锢窑式住宅或用来衬砌依崖壁的土窑洞等。

（1）北京钟楼。创建于明永乐十八年，原为木构，后被焚毁，清乾隆十年重建，十二年（1747）建成，改为全砖构建筑。[①]下层为一正方形城墩，其上建方形重檐歇山顶建筑，中心悬钟。城墩平面正方形，每面宽 31.36 米，四面正中各开一 6.08 米的券门，门内接砌筒券，四面的筒券在墩台中心相交，形成十字通道。在交叉处开一方井，向上通至上层钟楼，可能是加强钟的音响效果的措施。又在北面券洞东侧开一可登上台顶的梯道。钟楼上层平面方形，面阔 3 间，四面明间开一券门，左右次间各开一石雕花窗。券门内接筒券，在中心相交,即在此处建八角形木构钟架，上悬铜钟。又在钟楼四角的砖砌体中各砌出一曲尺形券

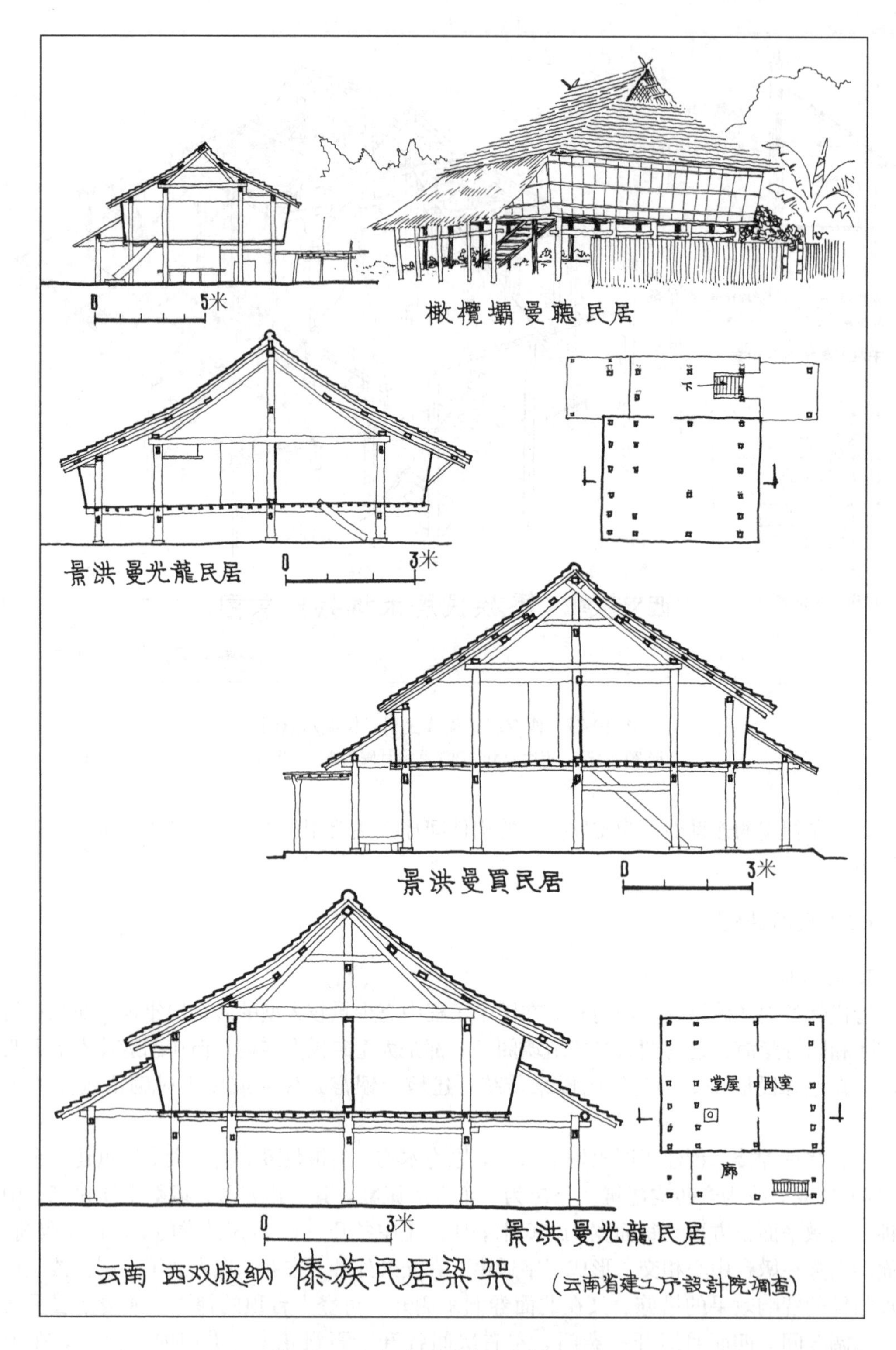

图 10-78　西双版纳傣族民居剖面示意图
据 20 世纪 60 年代云南省建工厅设计院调查测绘图重绘

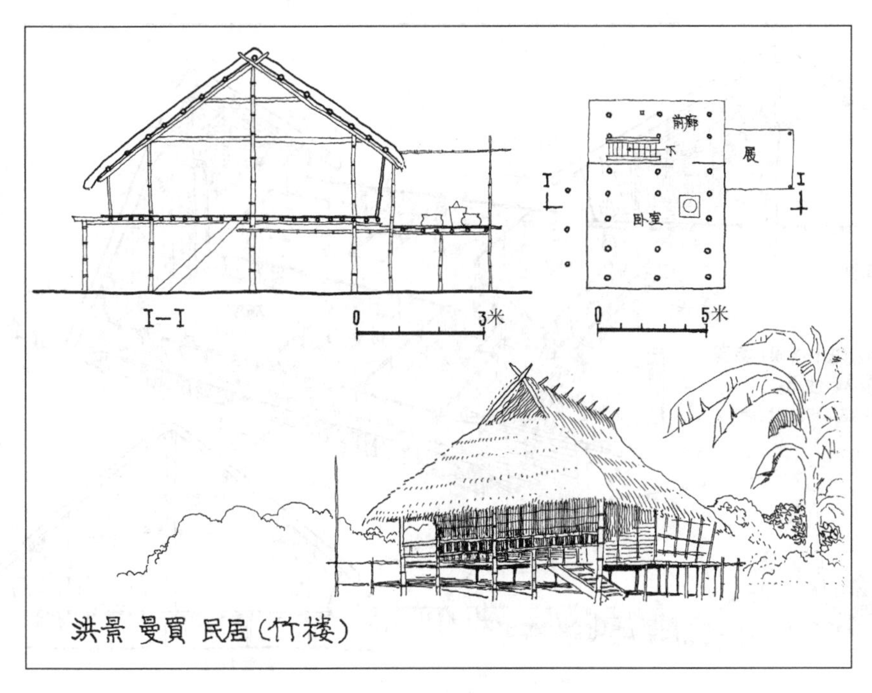

图 10-79 西双版纳傣族民居竹楼示意图
据 20 世纪 60 年代云南省建工厅设计院调查测绘图重绘

图 10-80 广西龙胜壮族麻栏构架示意图
据 20 世纪 60 年代云南省建工厅设计院调查测绘图重绘

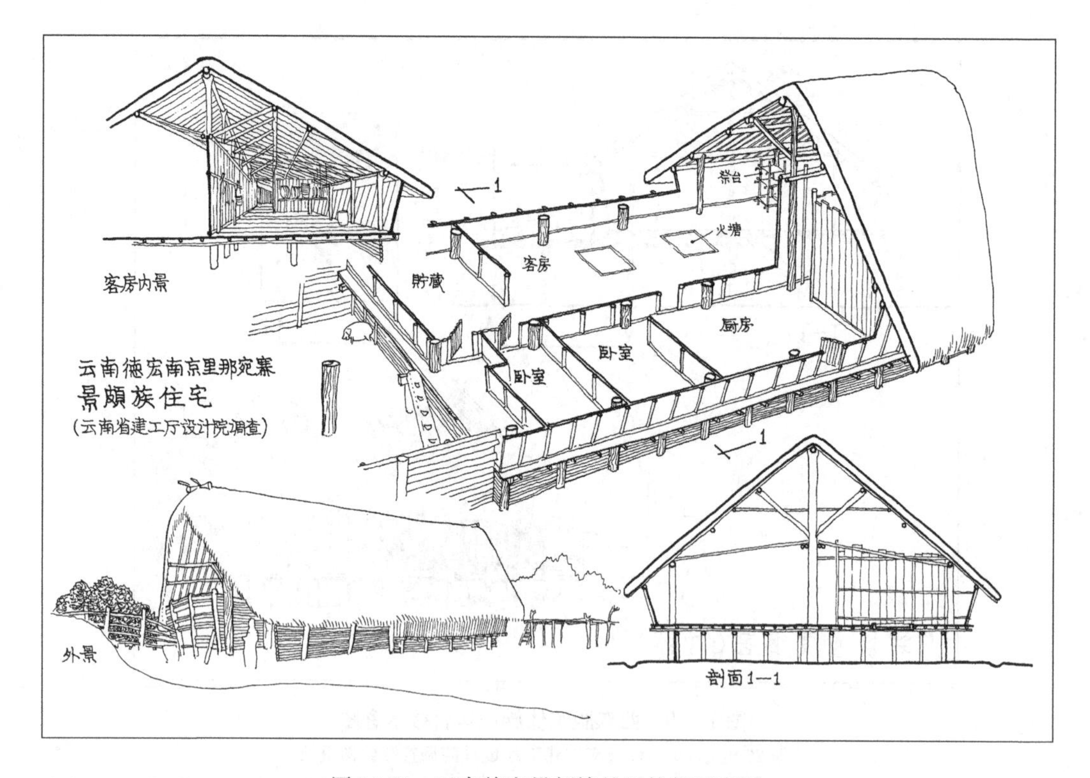

图 10-81　云南德宏景颇族竹屋构架示意图

据 20 世纪 60 年代云南省建工厅设计院调查测绘图重绘

洞，四面相通，以象征重檐建筑的回廊，这是一种新做法（图 10-83）。[①]

(2) 颐和园智慧海。为砖砌二层仿木构楼阁，面阔 5 间，约 27.9 米，进深 3 间，约 13.7 米，下层加腰檐，上层建单檐歇山顶，高约 16.8 米，下层每间各开一门（实际只开中间三门），上层每间一窗，内部为一跨度 5.2 米、高约 15 米、通高二层的横向筒壳，虽有粉刷遮盖，其构造应与明代所建苏州开元寺无梁殿相近，而尺度过之。从砖拱券技术角度分析，它南北面下层墙厚度近 5 米，仅比明代皇史宬薄 1 米，在构造上实无明显改进。但它的外表面除门窗券洞口饰以汉白玉石外，其余柱、额、斗栱、檐口、屋顶全用黄绿琉璃砖瓦，墙面空隙填以黄琉璃小千佛，构成一满复琉璃的大型楼阁，却可代表清代制琉璃工艺的水平（图 10-84）。与它形式构造相似的建筑物还有北海西天梵境的琉璃阁。

2. *石结构*

清代所建大型全石结构建筑不多，但在陵墓中大量使用石砌筒拱，在施工精度和装饰雕刻上比明代有所发展。河北遵化清东陵中乾隆帝裕陵的地宫和明堂等均为用大型条石按纵联法砌成的筒券，四壁和券顶满雕佛像、密宗八宝、梵文和番文经文等，在施工质量和雕刻精度上均可视为清代石结构的代表作（图 10-85）。

清乾隆十六年（1751）建北京清漪园（颐和园），在佛香阁下建有方 45 米、正面壁高约

---

① 《钦定大清会典则例》卷 127：“钟楼在鼓楼北，制相埒。建楼三间，柱、棁、榱、题悉制以石。注：旧制用木，乾隆十年改建以石，十二年告成。”

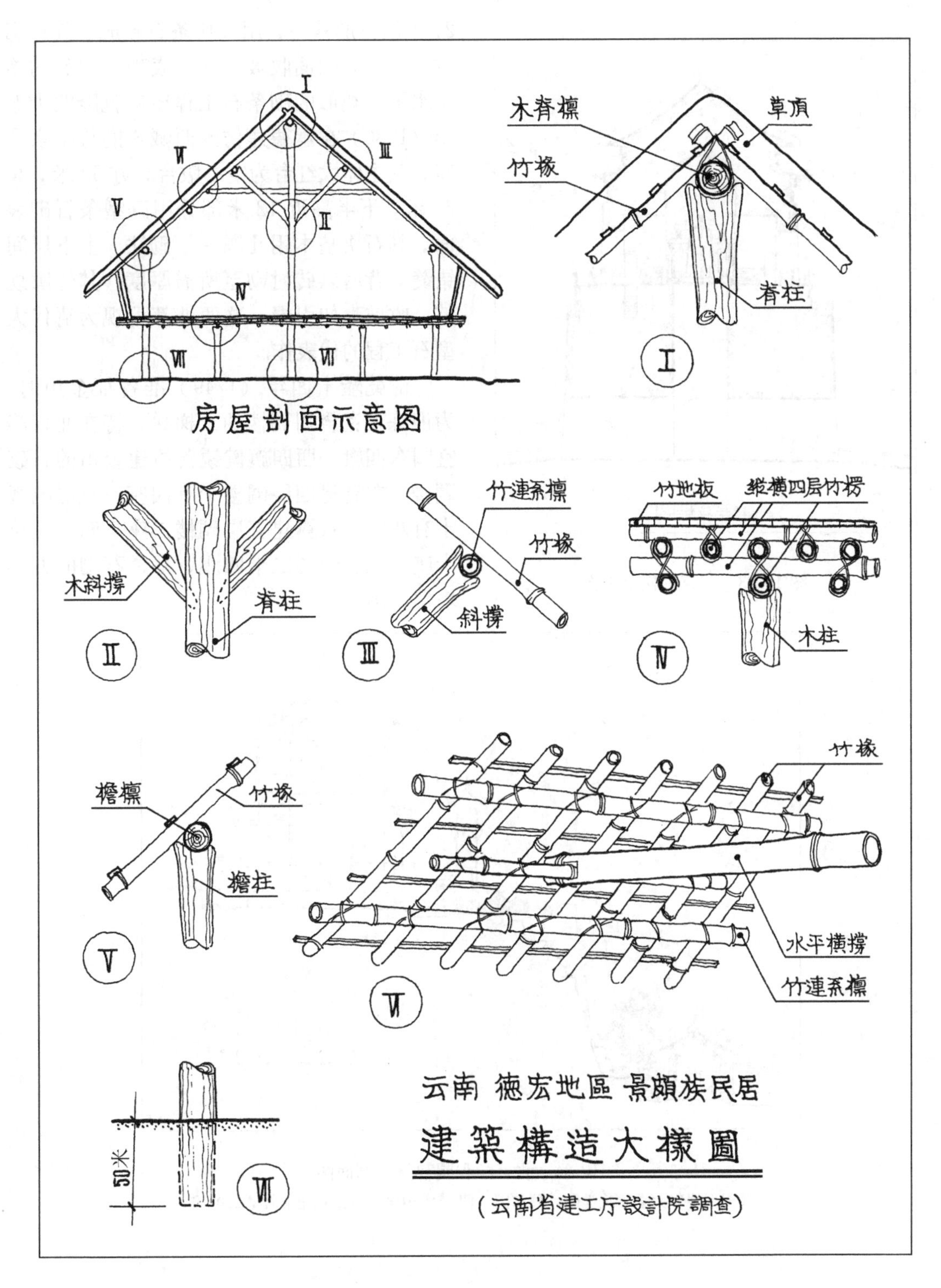

图 10-82 云南德宏景颇族竹屋构造大样图

据 20 世纪 60 年代云南省建工厅设计院调查测绘图重绘

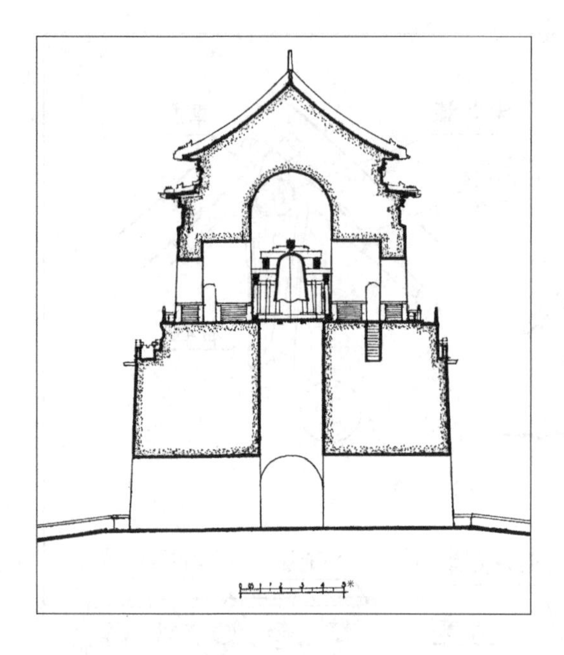

图 10-83　北京钟楼剖面图

21 米的方形基座，用大块条石砌成，其轮廓方正陡直，四面收坡一律，表现出很高的施工水平。类似的砌条石工程还有乾隆四十五年（1780）在承德建仿的西藏式的普陀宗乘庙，其主体大红台为空心墩台，方 59 米，高 25 米，下半高近 12 米部分用巨型条石砌表面，其石块基本用几顺一丁砌法，上下层间错缝，背后以砖衬砌至所需厚度。其轮廓规整、收坡直如引绳。这两处都可视为清代大型石工程的代表作。

清乾隆十四年（1749）准备征金川时，为训练攻克金川碉楼的云梯兵，特在北京静宜园东四旗、西四旗健锐营仿建金川的石砌碉楼，左翼建四层碉楼十有四座、三层碉楼十有八座，右翼建五层碉楼二座、四层碉楼十座、三层碉楼二十四座，都是石砌的方形塔楼（图 10-86）。①②

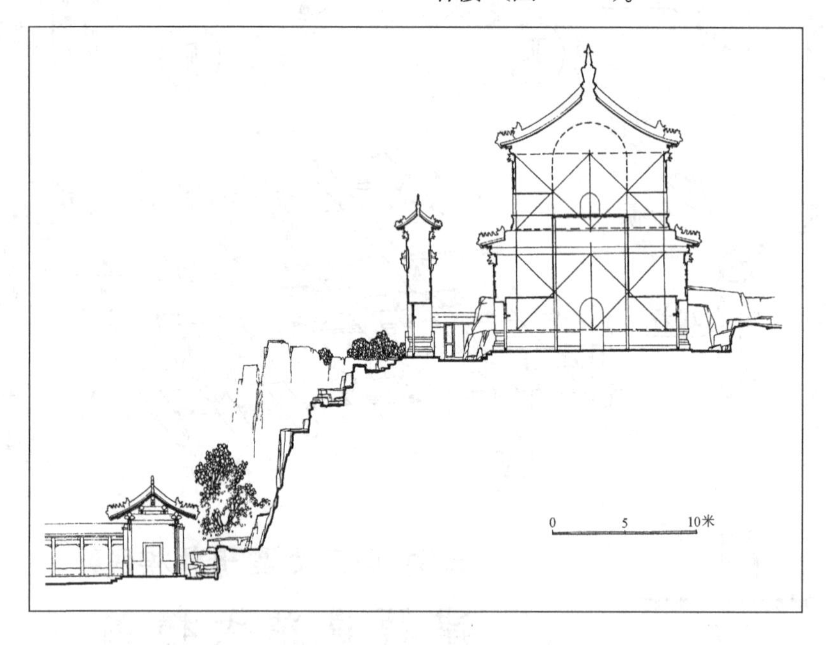

图 10-84　北京颐和园智慧海剖面图

底图据清华大学建筑学院：颐和园，图 45，中国建筑工业出版社，2000 年

① 《钦定大清会典则例》卷一百二十七 工部・营缮清吏司・营房。文渊阁《四库全书》电子版。

② 《日下旧闻考》卷 101、102，北京古籍出版社，2000 年，第 1677、1689 页。

图 10-85　河北遵化清东陵裕陵地宫内景

图 10-86　北京西郊仿建金川的石砌碉楼

3. 夯土构筑物

夯土是极古老的传统建筑技术，清《工部工程做法》卷47为土作做法，主要记屋基、柱基、墙基的做法，基本沿用前代做法。但除大型建筑的基础台基外，在民居中还大量用为围护或承重墙。其中较特异的是在福建漳州、龙岩地区用为大型住宅的承重外墙。关于福建土楼的概况已见第三节住宅，这是只介绍其夯土墙做法。

这种墙厚度在1米以上，个别有厚至2.6米之例，高度可达18米。它的下部为毛石砌的勒脚，在其上用版筑法筑墙。所用模版称墙筛，当是古称“墙师”之音转，高约0.4米，长约2米，以一端接已筑之墙，另端加堵头封闭，其夯筑方法为四人对夯，用四角四杵加中央一杵的梅花夯法推进，把每层松土夯至原厚的1/3。对土之要求为手捏成团，上抛三尺，落地开花，这些均与传统方法基本相同。较特殊处是夯土中加竹片为筋，竹筋宽1寸，顺墙身平置，间距约20厘米，每版放三层，方墙转角处垂直交搭或另加木板，以保持夯土墙身之整体性。为保持夯土墙之质量，大型土楼一般每年只能筑一层楼高之墙，待墙身充分干燥稳定后，再继续夯筑。由于采取这些措施，可保持墙身之整体稳定，减少干缩裂缝。[①]

二　建筑设计和施工

在清代史料和文献中保存下一些有关建筑设计程序和施工管理的材料，较以前各朝为详，且官方和私家工程均有，故分别加以探讨。

（一）官方

清代进行建筑工程，属于皇家或政府的工程均先要指定专官负责，组织工程处，然后由内务府或工部的技术部门进行设计、估工、估料、制做预算等程序，经过相应的审批，才能交付施工。其设计、审核过程相当周密。

在设计方面，根据实物对清代规划设计技术特点和水平的探讨已见前文。虽有关文献如《工部工程做法》中只记录了若干案例，对具体规划设计方法和程序并未留下较详细记载，但从现存的“样式雷”档案中还可看到一些皇家工程如何进行规划设计的线索，可以大体了解其设计步骤和相应的各种精度的设计图纸。

（1）总体布局：“样式雷”有一些称为“地盘样”的图，如圆明园、静明园、静宜园等的地盘样，都是基本按比例画的总平面图，包括山、水和建筑群组的平面图，是反映总的布置意向的，经批准后，才能进入下一步设计（图10-87）。

陵墓等大型群组地域广大，地形复杂，在其初步规划阶段还需表现出地形情况，其方法是在所测地盘图上画方格网，在每个网格交点处注出所测得的相对高程，以“上□尺”（或寸）、“下□尺”（或寸）来表示，形成该地区的地形图，据以进行竖向设计。这种网格称为“平格”，是一种简易、有效而科学的表示地形的方法（图10-88）。

在同治十二年（1873）所作《定东陵地势地盘全图》上画有方5丈的网格，其前面的宫殿部分宽4格，深6格，与后部陵丘区的分界在网线上，明显是以此方格网为布置基准的（图10-89）。

---

① 参考黄汉民：福建土楼，汉声，1994年，第65、66期。

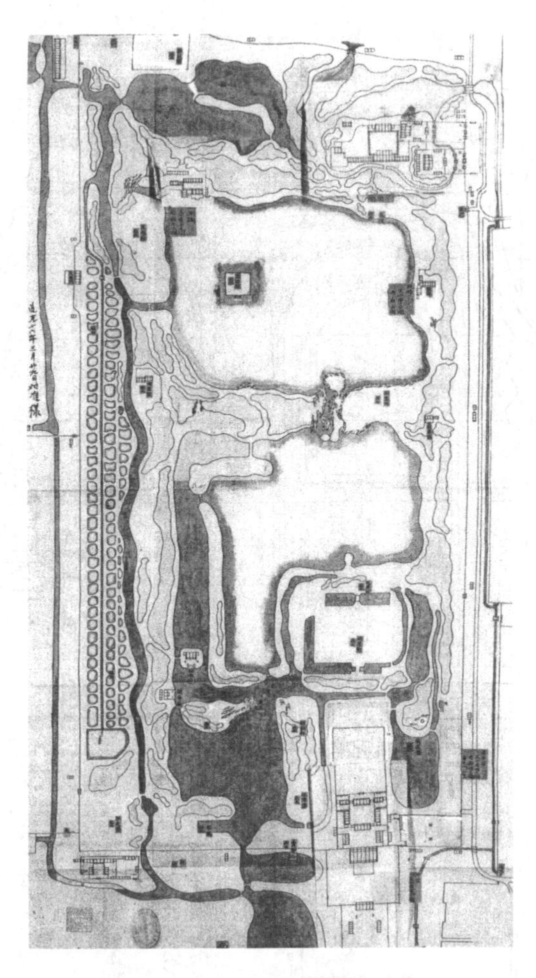

图 10-87　样式雷图档中表现总平面布置图的“畅春园地盘形势全图”
国家图书馆等：清代样式雷建筑图档展，第 16 页

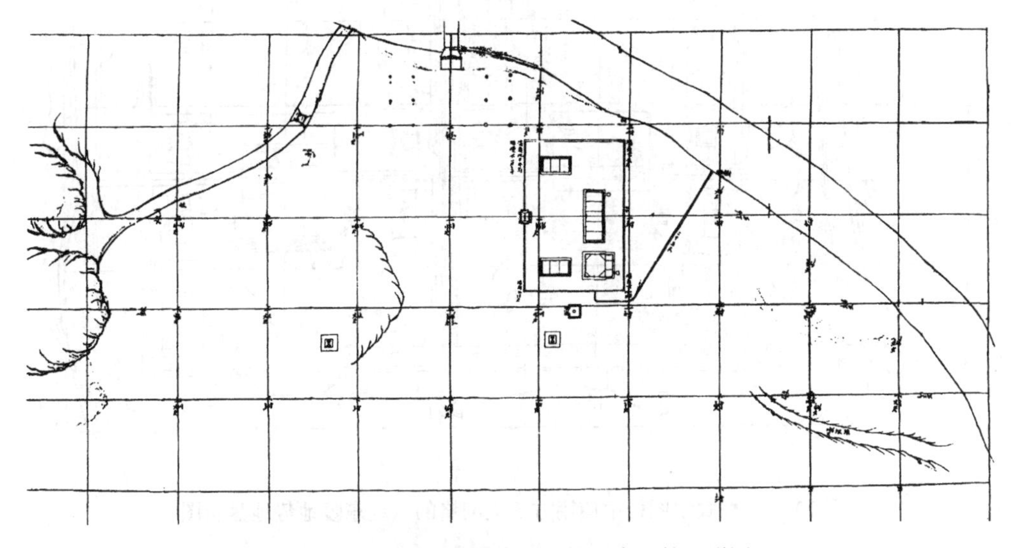

图 10-88　样式雷图档中用平格网表示的地形图

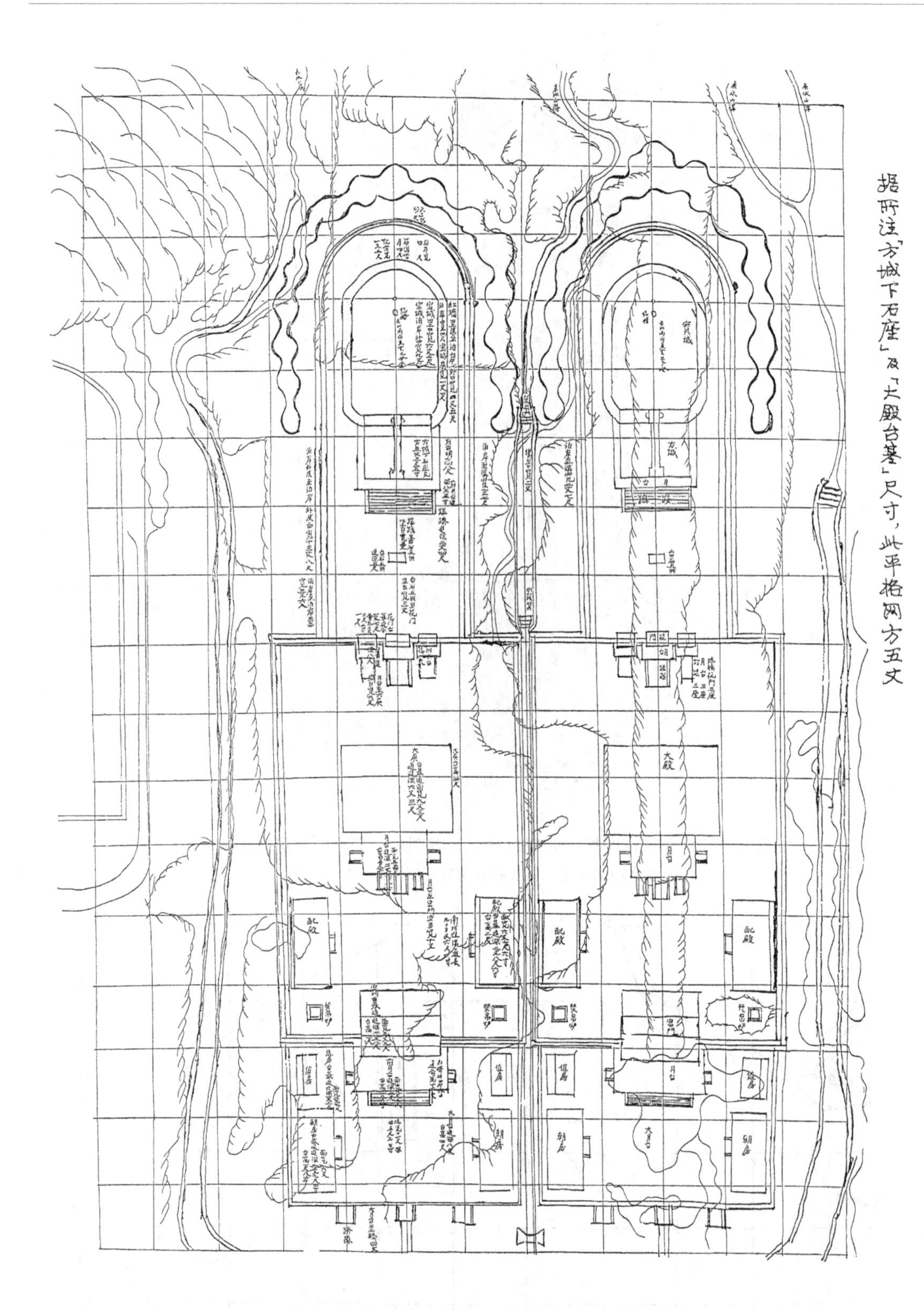

图 10-89　样式雷图档中使用方 5 丈网格的《定东陵地势地盘全图》

(2) 建筑群组布置："样式雷"图中也有"地盘样"，是基本按比例表现出详细分间的建筑群总平面图，但不标柱网，是供专业审定方案用的（图 10-90）。这些图中有一类在总平面图上把建筑物画为正立面图，或为线图，或为彩图，称为"立样"，这是中国传统画法，自宋代以来地方志所附建筑图都是这种画法，其性质近于现在的效果图，是供业主审定用的（图 10-91）。这些图上还可以注明做法和轮廓尺寸，可以直接写在图上，也可以写在另纸贴在图上。如有需要，还可画成兼有立面和剖面的图，如陵寝图即把地面上的方城明楼画成立面图，而将其下的地宫、宝城部分画为剖面图，以全面表现其形式和构造（图 10-92）。至清朝后期还出现用轴侧投影方法画出的立体图（图 10-93）。

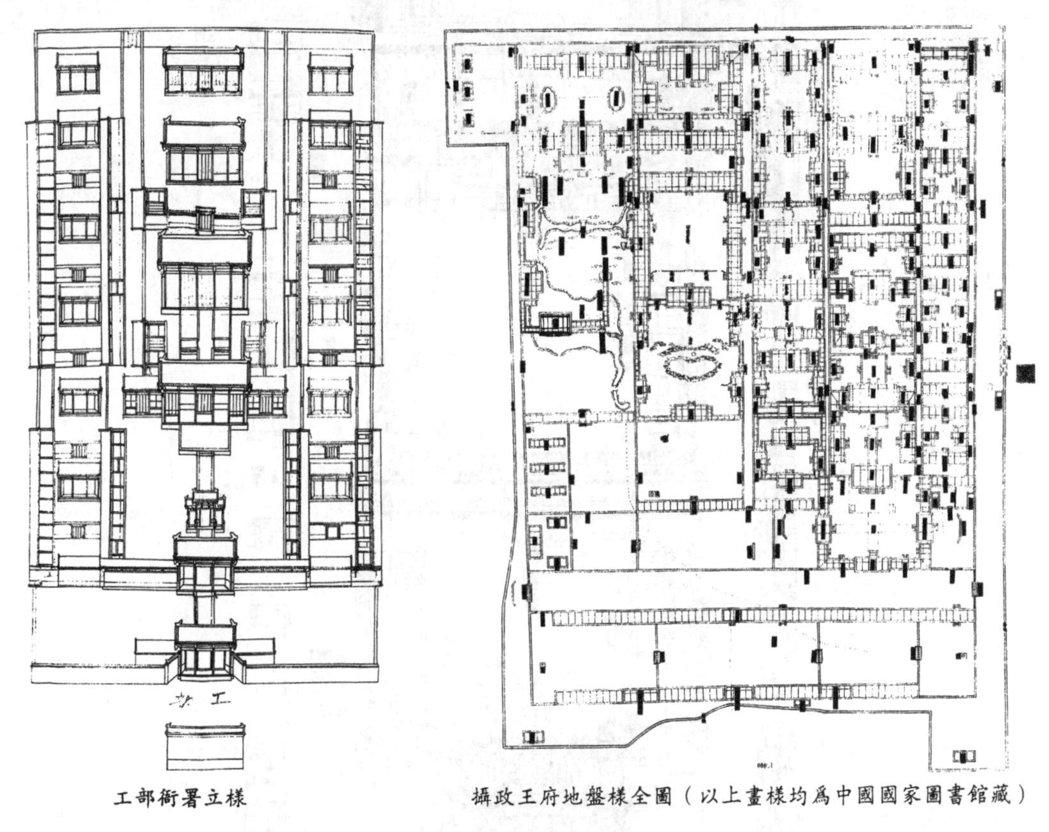

工部衙署立樣　　攝政王府地盤樣全圖（以上畫樣均爲中國國家圖書館藏）

图 10-90　样式雷图档中表示建筑群的"地盘样"

国家图书馆等：清代样式雷建筑图档展，第 15 页

(3) 单体建筑：图纸有两类，一种是供审定用的，有表示平面的"地盘样"和表示形象的"立样"。重要建筑还要做纸制的立体模型，称为"烫样"。烫样除表示建筑外观形体外，有的还把屋顶做得可以移动，揭去屋顶即可以看到室内空间形式和装修的布置，是专供业主（帝、后或内务府主管官员）审定的（图 10-94）。

(4) 单栋建筑施工图：在方案批准后绘制，供施工使用，主要是较详细的"地盘样"和"大木立样"。施工使用的"地盘样"要画出柱位和墙壁、装修，并注明尺寸，和现在的房屋平面图近似。重要建筑还要另画屋顶天花藻井的仰视图等。"大木立样"是大木构架的剖面图，要注明构件的名称和尺寸、数量（图 10-95）。一般还要附有做法册，其中详列间数、

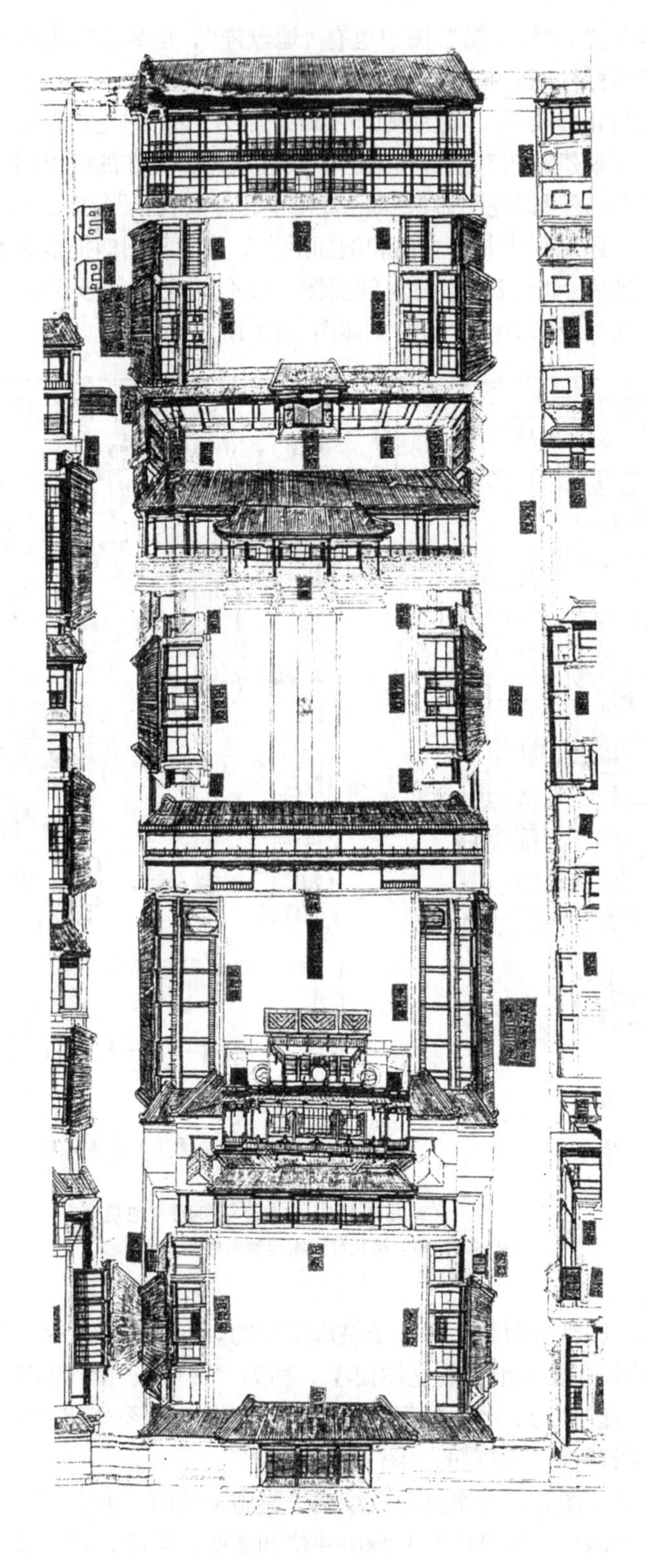

图 10-91 样式雷图档中的天津行宫“立样”
国家图书馆等：清代样式雷建筑图档展，第 5 页

图 10-92　样式雷图档中的定东陵“立样”

国家图书馆等：清代样式雷建筑图档展，第 59 页

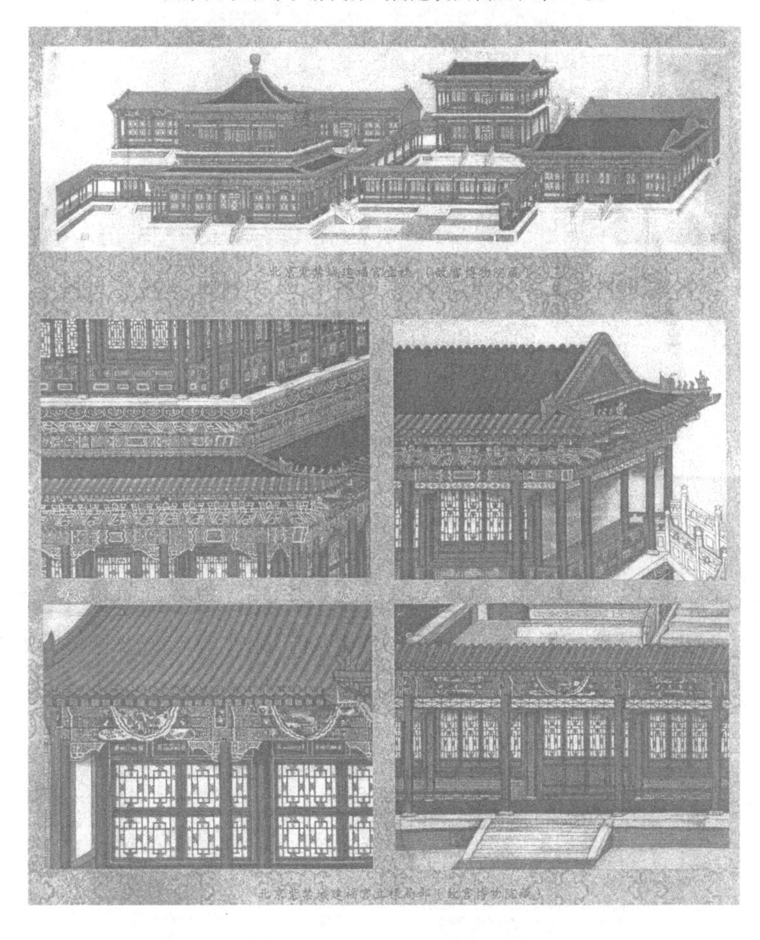

图 10-93　样式雷图档中的紫禁城建福宫“立样”

国家图书馆等：清代样式雷建筑图档展，第 13 页

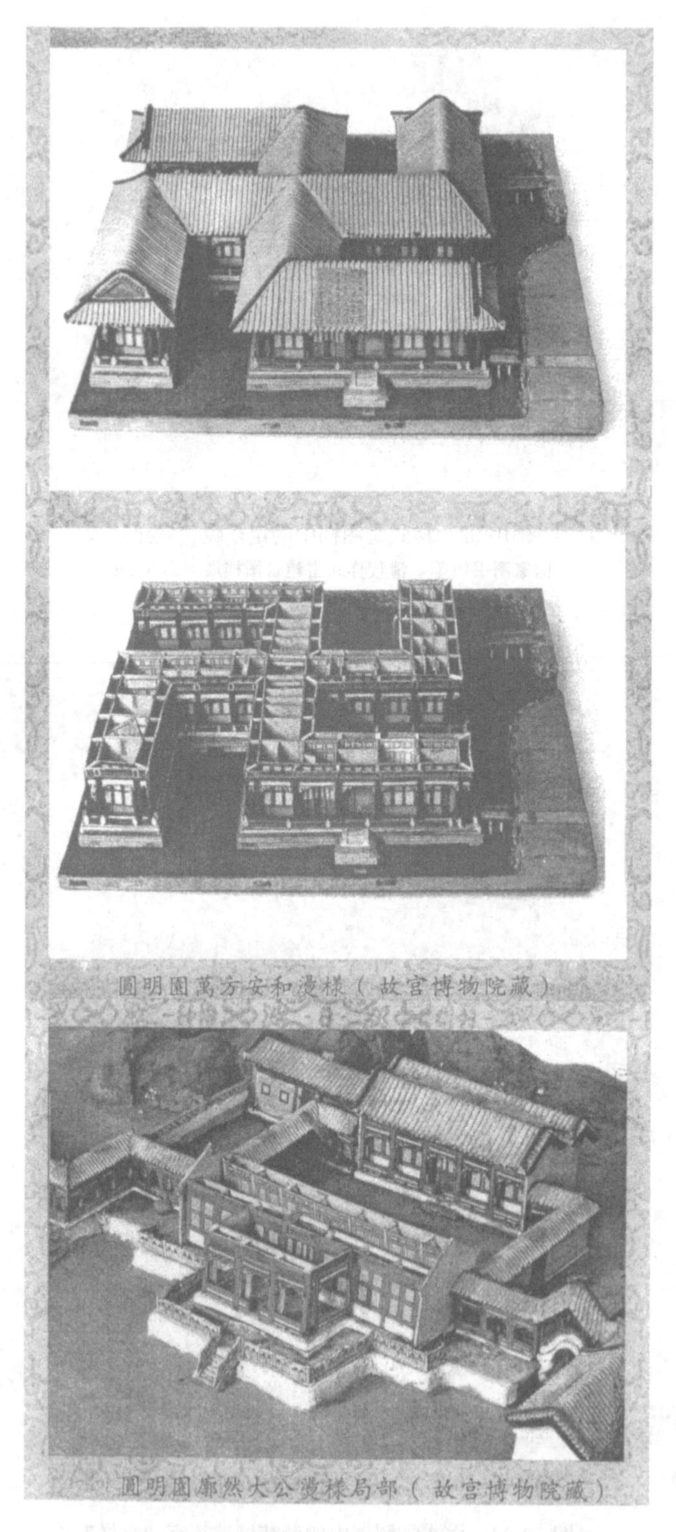

图 10-94　样式雷图档中的圆明园万方安和、廓然大公二建筑的“烫样”
国家图书馆等：清代样式雷建筑图档展，第 47 页

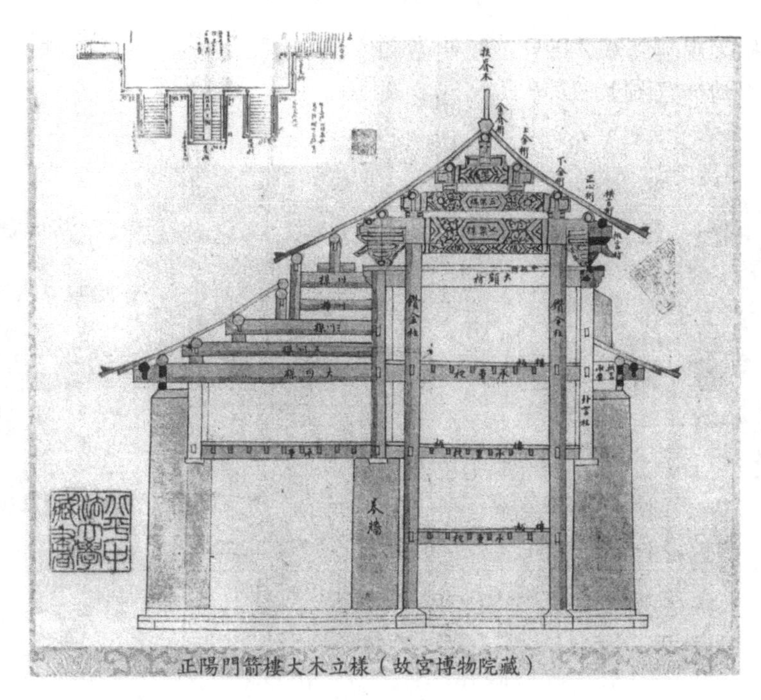

正陽門箭樓大木立樣（故宮博物院藏）

图 10-95　样式雷图档中定陵、正阳门箭楼的“地盘样”和“大木立样”

国家图书馆等：清代样式雷建筑图档展，第 50 页

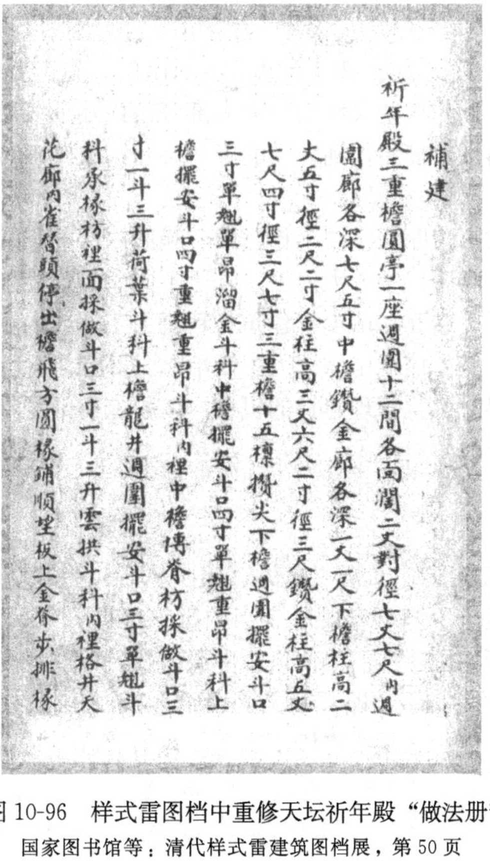

祈年殿三重檐圓亭一座週圍十二間各面濶二丈對徑七丈七尺內週
補建
圜廊各深七尺五寸中檐鑽金廊各深一丈一尺下檐柱高二
丈五寸徑二尺二寸金柱高三丈六尺二寸徑三尺鑽金柱高五丈
七尺四寸徑三尺七寸三重檐十五檩攢尖下檐週圍擺安斗口
三寸單翹單昂溜金斗科中檐擺安斗口四寸單翹重昂斗科上
檐擺安斗口四寸重翹重昂斗科內裡中檐博脊枋採做斗口三
寸一斗三升荷葉斗科上檐龍井週圍擺安斗口三寸單翹斗
科承椽枋裡面採做斗口三寸一斗三升雲拱斗科內裡格井天
花廊內雀替頭傳出檐飛方圓椽鋪順望板上金脊步排椽

图 10-96　样式雷图档中重修天坛祈年殿“做法册”

国家图书馆等：清代样式雷建筑图档展，第 50 页

面阔、柱梁斗栱等规制尺寸，指导工匠制做和安装（图 10-96）。一些特殊的建筑还要画装修陈设图和装修烫样（图 10-97）。

图 10-97　样式雷图档中的装修陈设立样和烫样
国家图书馆等：清代样式雷建筑图档展，第 34 页

但这些图都不是严格按比例绘制的，也不注明比例，施工要按图中所注尺寸或“做法册”中所载的尺寸进行。而且这些尺寸中的大木部分往往是轴线尺寸，如梁、额枋等的尺寸工匠要按惯例扣除柱径再加出榫始得到真实的下料尺寸。故施工时，工匠的专业水平仍是很关键的。

清内务府所掌握的数百工匠，主要承担宫殿、苑囿内部的修缮，重要大型工程均派官员监工，另组织施工队伍。和明代掌握大量工匠队伍不同，清代施工大多是由商家包工。但工部和内务府工程所用木材、砖瓦、琉璃等建筑材料仍由工部或内务府的仓库、窑场拨交。工部设有掌管建材的机构，其中琉璃窑掌“大工陶冶”，即烧制宫廷专用的琉璃构件。木仓监、皇木厂掌储备和收运木料，都是管理建材的机构。工程如有问题，由监工官员及承包匠役共负其责。

（二）民间

民间建筑的设计施工程序在（清）钱泳：《履园丛话》卷 12，“营造”条有较详细记载，大致云：“凡造屋……运土平基，基既平，当酌量该造屋几间、堂几进、弄几条、廊庑几处……方知丈尺方圆，而始画屋样。要使尺幅中绘出阔狭深浅，高低尺寸，贴签注明，谓之‘图说’。然图说只居一面，难于领略，而又必以纸骨按画仿制屋几间……廊庑几处，谓之‘烫样’，苏、杭、扬人皆能为之。或烫样不称意，再为商改，然后令工依样放线。该用若干丈尺，若干高低，一目了然，始能断木料，动工作，则省许多经营，许多心力，许多钱财。”① 据此可知，当时民间造宅也须主人先据地盘定出大致要求，然后命匠师制平面图、做立体烫样，方案确定后，始命工人据以下料制做构件、进行施工，其程序和官方和皇室工程大致相同。钱泳活动于乾隆后期至道光中期，所记应是当时扬州、苏州、杭州建屋的情况。

这里值得注意的是皇家、官方与江南在建造房屋时不仅设计程序相近，其制做“烫样”的情况尤为相近。联系到清前期优秀建筑工匠多来自江南的情况，极可能制“烫样”的方法也是源于南方然后北传进入宫廷的。因为如果制“烫样”先产生于内务府，即为宫廷专用体制，一般民间就不允许“僭用”了。

三 建筑著作

清代建筑工程著作很少，最重要的都是官方所编，有工部与内务府合编的《工部工程做法》、《内庭工程做法》等，虽其内容主要是罗列项目、做法、用料、用工，目的是便于工程复核和报销，但在《工部工程做法》大木作中含蕴有以斗口为模数的大式建筑设计方法和以明间面阔为基准的小式建筑设计方法，在其他各作也列举各种做法、构件品种、尺寸、工序等，对探讨清代建筑设计的特点、方法颇为重要。清代宫廷室内装修之精美繁复远超前代，在《圆明园内工现行则例》中有较多记载，虽未详举其形制、做法，但与现存实物对照，也可有进一步的认识。

此外，在李斗《扬州画舫录》的卷 17《工段营造录》中也载有很多工程做法，大多自《工部工程做法》、《圆明园内工现行则例》中摘编而成，以宫廷工程做法为主。它能传至扬州，可能和乾隆帝多次下江南时在地方建行宫和景点有关。因其主要内容已见于《工部工程做法》、《圆明园内工现行则例》二书中，即不另行介绍。其卷末“宫室释名”一节，以建筑古名与当代情况相对照，记其演变；又有“陈设作”一节，记当代室内家具陈设，对了解乾隆间建筑情况颇有参考价值，但大部分不属技术问题。

在地域建筑方面，江南为经济文化高度发达地区，宋以后建筑即居国内领先水平，先后对宋代、明代官式建筑有重大影响，但除在《鲁班营造正式》、《鲁班经匠家镜》中有不完整的反映外，有清一代迄今未发现专著。只有苏州匠师世家姚承祖根据家藏秘籍和图册撰成《营造法原》一书，是研究江南建筑的极重要文献。但它撰成于 20 世纪二、三十年代，不在本书时代范围内，按体例不便收入。只能强调它的重要性，以供读者参考。（《营造法原》经张至刚先生整理增编，有 1959 年和 1982 年中国建筑工业出版社印本，可以参阅。）

（一）《工部工程做法》七十四卷

据《国朝宫史》记载，“雍正九年工部奏请会同内务府详定工程做法及物料价值，编纂条例进呈，钦定成书，以昭遵守。《工程做法》凡七十四卷，《内廷工程做法》凡八卷，《简明做法》一册，《物料价值》凡四卷，俱校刊颁行”。

---

① 清·钱泳：《履园丛话》卷 12，“营造”，中华书局《历代史料笔记丛刊·清代史料笔记》本㊤，1979 年，第 325～327 页。

其中《工部工程做法》于清雍正十二年编成，领衔者为果亲王允礼，实际是工部、内务府主管工程的吏员与匠师等参照当时实际做法和典型案例编定的，全书 74 卷。其中卷 1 至 47 为大木、斗栱及石、瓦、土、发券、装修各作的做法，卷 48 至 60 为各作用料，卷 61 至 74 为各作用工。其基本结构与《营造法式》所分制度、工限、料例三部分相近，但将料例移至工限之前而已。工部的工程属国家建设，工程项目除不同规格房屋外，还有属城市建设的箭楼、角楼、闸楼、粮仓、库房等。

在卷前所附雍正十二年奏疏中说，“为详定条例，以重工程，以慎钱粮，……其营造工程之等第，物料之精粗，悉按现定规则逐细较定，注载做法，俾得瞭然，庶无浮克，以为永远。”据此，从整体上看，此书的编定和《营造法式》相似，也重在确定各有关做法的物料、工价，以控制工程支出。所列做法、工序等只是作为计算工料的参考标准，把较有代表性的已建工程的档案为案例，作为报销的依据，对具体的设计方法并未详述，我们只能从所举之例中综合分析，钩稽出含蕴在其中的某些共同点，它们应接近于清官式的设计方法和模数规律。

其中大木和斗科最为详细，从中可以推出大木结构部分以斗口为模数的设计方法，各作的做法中也反映出一些具体的施工程序和技术，其具体内容已在第四节官式大木部分进行探讨。

（二）《工部简明做法册》

即《国朝宫史》所载“雍正九年工部奏请会同内务府详定工程做法及物料价值，编纂条例进呈，钦定成书”中的“《简明做法》一册”，卷前称“今将修建房屋、城垣等项工程（河道桥梁堤坝等项工程）应行造报各款逐一开列于后”，其后在各卷中详列修建各种工程所需开具的项目和规格尺寸、用料数量，并言明其目的是供报销时核验。它和《工部工程做法》不同处有二，其一是内容除房屋城垣工程外还包括河道桥梁堤坝工程等，可能是为了兼顾一些地方工程使用，这是《工部工程做法》中所无的。其二是所列工程项目虽很详细，却只要求报尺寸和数量，而不记载具体的工程做法和换算方法，也是专供报销之用的，其内容比《工部工程做法》简单，故名为“简明做法”。

（三）《内庭工程做法》八卷

据《国朝宫史》记载，为雍正九年与《工部工程做法》同时下令编定的，编成后亦先后刊行。据《圆明园内工现行则例》的凡例，内庭即指宫殿。卷一内庭木作工料，卷二内庭石作工料，卷三内庭瓦作工料，卷四内庭搭材作工料，卷五内庭土作工料，卷六内庭油作工料，卷七内庭画作工料，卷八内庭裱作工料。它主要记载的是构件的加工工序，如卷一内庭木作工料中的“园（圆）径柱木桁条”一项，下注“砍、刨、滚园（圆）、出细、见光、平面”六道工序。装修中槛框间抱柱项下注“四面刮刨、光细、平面”三道工序。在卷六内庭油作工料中，除多重地仗做法外，还记载了上油的三道工序和所用颜料的数量。它与《工部工程做法》不同处是：其一，只用于宫廷的工程建造而不涉及政府工程。其二，对做法较少涉及，重在记载加工工序和用料，以便核算工、料。

（四）《圆明园内工现行则例》不分卷

钞本，无撰人名氏，用蓝绢为封面，抄写颇工整，是乾隆间钞本，残存五册，原藏中国建筑技术研究院，现转归建设部建筑文化中心图书馆。

卷前凡例云："内、外工程，内庭遵宫殿定例核算，外工照工部定例核算。至圆明园工程，按现行则例核算，并未刊刻颁行。因乾隆六年修理内工奏明照圆明园现行则例办理，但各项工作物料条目繁多，概难画一。其园工例未及遍载者，仿照宫殿部司则例核算，至各工无例可稽款项，拟例呈明，核算奏销。今将曾经奏销较比则例缮造成册，计十有六本，庶将来工务取证允平、引援有据矣。"可知当时内庭（宫殿）、外工（政府工程）均有《内庭工程做法》、《工部工程做法》为据，但圆明园有一些特殊工程项目，为内庭、工部两《做法》所无，报销无所依据，需另行编定。这部《圆明园内工现行则例》就是据圆明园已完工程之奏销档与宫殿定例折中编定，专供圆明园修建工程使用的。其中引及乾隆六年事，则编定当在乾隆前期，共编为十六册。

现存五册中包括大木作、装修作、雕銮作、油作、裱作、石作、瓦作、搭彩（材）作、镟作，存八作，[①] 并注明金属构件加工由广储司、武备院办理，幛幔坐褥由尚衣监办理，故不编入此则例。

各作中对工序和名目罗列很细，如大木作自檐柱至戗木即约 140 个构件名，油作除记 10 道工序外，所列项目自油菱花窗心至地面砖烫蜡约 36 项。其中有些还记有具体案例做法，如装修作记有九洲清宴东北角桥栏杆、望瀛洲如意桥栏杆、瀛台各工新式栏杆等，分别记其形式、纹饰、线脚等。

将此书与上举之《内庭工程做法》相比较，二者有的内容相近，如此书之石作工料部分即与《内庭工程做法》卷 2 内庭石作工料基本相同，但在装修作中有很多项目则为《内庭工程做法》所无，其余各卷也有类似情形，所缺者主要是一些高规格做法和各地的具体实例。此外属木装修雕刻配件的雕銮作则为工部、内廷两部《工程做法》所无，是反映圆明园工程特色的。据此，它应是主持圆明园工程者在《内庭工程做法》基础上增补所缺做法和新案例，供工程报销使用的。它没有正式刊行，流传的少数传抄本多有随时补写入的内容，可能是主管太监或工匠自用的手钞本。

第五节　工程管理机构和工官

一　工程管理机构

清代把国家建筑工程分为内工、外工两部分。内工指皇家工程，包括皇城、内廷、苑

① 在中国文物研究所藏有一部《内庭圆明园内工诸作现行则例》，共三十四册，卷首目录列大木作、装修作、石作、瓦作、搭材作、土作、画作、内里装修作、漆作、佛作、陈设作等共十三作，后附木料价值、杂项价值、物料轻重三项。其前的凡例部分文字与此本全同，当是一书。此书已收入王世襄先生主编的《清代匠作则例》，为第一卷，于 2000 年由大象出版社出版。但详审其内容，比建设部建筑文化中心图书馆藏本多土作、画作、内里装修作、漆作、佛作、陈设作等六作，而缺雕銮作、镟作二作，总体上较建筑文化中心图书馆藏本为全。

囿、陵寝的建造、修缮，由内务府掌管。外工指政府工程，包括坛庙、城垣、仓库、营房等，也包括一些称为“大工”的外朝重要宫殿建设，如重建太和殿等，由工部掌管。和明朝相比，明代太监虽监管内工，尚无专设工程机构，清代则多了一个与工部平行的管工程的机构内务府，基本由满人控制。一些重大的法规、则例要由工部与内务府会商决定，如编定《工部工程做法》等。

（一）工部

清代政府建筑工程由工部主管，即所谓“外工”。其长官为满、汉尚书及侍郎各一人，下设营缮、虞衡、都水、屯田四个职能司。建筑工程，包括建造、修缮“坛庙、宫府、城垣、仓库、廨宇、营房”等均由营缮司主管，营缮司内设郎中满四人、汉一人，员外郎满五人、汉一人，基本由满人掌控。营缮司下又设料估所、琉璃窑、木仓监、皇木厂四个单位。琉璃窑掌“大工陶冶”，即烧制宫廷用琉璃。木仓监、皇木厂掌储备和收运木料，都是管理建材的机构。只有料估所，据《大清会典则例》卷128所载，是雍正七年专门设置的，其任务是“凡有工程，皆先期料估核定”，而《大清会典》工部则说其职责是“掌审曲面势、以鸠百工”。“审曲面势”语出《周礼·考工记》，狭义指视材料之纹理曲直正确使用之，汉张衡在《东京赋》中也引用此语，则指按具体情况进行城市规划，“鸠工”指招募工匠，综合二种记载，可知它是主持工程的规划设计、估料、估工并组织施工的机构，就工作性质论，应有老匠师从事其中。[①] 清雍正十二年编成的《工部工程做法》应主要是由工部的料估所主持编定的。

据《大清会典》记载，清代修建坛庙、宫殿等重要工程的建设程序是，先由钦命大臣选定主持工程的官员，由工部员官监工，施工前先由工部的料估所负责估料、估价、估工，称为“料估”，然后交管工程官员据以组织施工。为防作弊，规定监工之官不参与料估，料估之官不承担施工。竣工后，管工官限十日呈报清册，应缴费余限五日内交库，工程验收则另派工部的满、汉司官四人主持，限十五日核销，如发现虚报、偷工减料或工竣后三年以内倾倒坍毁者，都要处分。[②]

这里未指明工程设计问题，但料估所的职责除估工估料外，还包括“审曲面势”，则料估所施工前所做的料估应首先进行工程设计，然后再对设计方案进行估料、估工，即完成整个工程的设计和预算。

工部还负责材料的监制。木材在顺治和康熙前期多交江西、四川、云南等地采伐，康熙中期以后改为采买，运交北京木料库储存备用。城砖、砌墙砖由山东临清窑场烧制，铺地金砖由苏州窑场烧制，汉白玉石由房山大石窝开采，琉璃件由专门窑场烧制。每一砖瓦琉璃品种均先烧制样品，加戳记为标志，用为验收付值的标准。各品种及单价在《大清会典则例·工部》中均载有详细目录，对琉璃构件记载尤为详密，为防贪污，还有监琉璃窑官员每年一换的规定，管理颇为严格。

---

① 《钦定大清会典》卷七十·工部。

② 《钦定大清会典》卷72工部·营缮清吏司·报销。文渊阁四库全书电子版。

（二）内务府

是“掌内府一切事务”的宫廷服务机构，其长官为总管，在满洲文武大臣或王公内简用。下设广储、会计、掌仪、都虞、慎刑、营造、庆丰七司。其中营造司主管内廷宫殿（乾清门以北）、离宫、苑囿、陵寝的修建、修缮，有的要通知工部或会同工部进行。还包括宫内四季的维护清扫工作。[①] 乾隆五年时，营造司属下已有南木匠、雕銮匠、石匠、搭材匠共一百五名，当是负责随时修缮的。[②]由于它掌管大量内廷工程，也应有相应的机构和一些管理规定。现存关于内工的《内庭工程做法》、《圆明园内工现行则例》应是在它主持下编定的。

刘敦桢先生据同治间内务府重修圆明园档案归纳出当时内务府主持工程之程序是“凡工程着手前，由内务府校正五尺，命销算房丈量地面大小，交样式房拟具立样、地盘样，签注尺寸，呈堂，听候旨意取决。……待图、烫样决定后，发交销算房估计工料，行文各主管部院，领取应需物件，着手兴造。……交工承办，……唯主要材料如木植、琉璃瓦等，仍遵旧章，由官发给。所谓包工，仅限于匠工、人夫之工价，与附属杂项材料耳。”[③]据此，内务府营造司和工部相似，也设有负责设计和估工、估料的专门机构，称样式房销算房，均由熟悉工程的吏员和匠师掌管。立样指模型，即“烫样”，地盘样为大的群组布局图和具体的建筑平面图，由样式房制做。包括圆明园、避暑山庄、东西陵等的建造都经此程序。竣工后的验收、报销程序与工部工程同。

二　建筑制度

据《大清会典则例》卷127府第记载，清代建国之初，曾于崇德间（1636～1643）和顺治九年（1652）二次颁布王府第宅制度，但其特点都是首先规定亲王至贝子府基高为十尺、八尺、六尺，这和沈阳清宫内廷建在高台上的情况相似，尚保持着满洲旧俗。到乾隆二十九年（1764）所撰《大清会典·工部·营缮清吏司·府第》部分又载有第宅制度，内容基本与前两次相同，但不再强调高基，而与现存北京清代王府相近，当是清代通行的规定，其内容仍主要是通过等级制度，保持各级贵族、官员在住宅上的级差，以保持内部稳定。对百姓、商人住宅未做详细规定，从只用黑漆、禁止装饰等看，应是基本沿用明制。

（1）府第住宅规制大致如下：

① 面阔：只有王府正殿可到七间，其余有爵有官者均在五间或五间以下。但未限制进深。对百姓、商人住宅未做具体规定，从北京四合院实例看，应是三间。

② 屋瓦：只有亲王府的殿屋可用绿琉璃瓦，安吻兽，配房用灰筒瓦，辅助房屋用灰版瓦。其余各府主要建筑可用灰筒瓦。

③ 油饰彩画：只有亲王府的门、殿用朱色，梁栋画五彩金云龙；世子、郡王府虽门、

---

① 《钦定大清会典》卷91·内务府·营造司：“凡修造紫禁城内工程，小修、大修、建造皆会工部。大内缮完由内监匠人，皇城墙垣有应修理者奏交工部，均由钦天监诹吉兴工。宫殿、苑囿春季疏濬沟渠，夏月搭盖凉棚，秋冬禁城墙垣芟除草棘，冬季扫除积雪，均移咨工部及各该处随时举行。”

② 《钦定大清会典则例》卷一百六十五内务府·营造司。文渊阁四库全书电子版。

③ 刘敦桢：同治重修圆明园史料，载：刘敦桢文集，卷1，中国建筑工业出版社，1982年，第350～351页。

殿用朱色，但梁栋只能画金彩花卉；贝勒、贝子、镇国公、辅国公府门、柱用红、青，梁栋贴金，彩画花草。公侯以下至三品官虽门、柱用黑色，但可中梁饰金，旁绘五彩杂花。庶人则只能用黑漆，其余装饰包括瓦饰、门钉、彩画等均禁止。①

从现存北京的原王府、贵邸看，基本在这个等级制度控制下。一般无职百姓住宅的正房也限制为三间。但由于清代经济有较大发展，富民、富商有建大宅的要求，在京者限制较严，正房间数虽限三间，但可通过建两间、三间耳房，实际上建成七间、九间，还可建多进院落和跨院形成巨宅。至于外地，则可通过中间夹建备弄等方法建造较大住宅。在装饰方面，虽规定用黑色漆并限制"画栋"，但民宅多通过"雕梁"和加各种石雕、砖雕来增加装饰，比彩画还雅致一些。

（2）官署建筑规制：中央部级衙署均建围墙一重，前有二重门。正堂为工字厅，前厅五间，后厅及侧厅均三间，门窗柱等均黑漆，但厅之梁架可画彩画。② 它所举之例包括沿用下来的天安门前东西侧的六部官署，所定内容也与六部官署基本相符，可知基本上是沿用明制。对地方官署未做规定，可能也是沿用明制。

三 工匠及关心建筑的文士

清代前中期政治稳定、经济发展，皇家、政府和民间都进行了大量工程，建筑水平有很大的提高，从建筑规模和水平分析，必有很多卓越的建筑技术人员和匠师从事其中。但中国古代轻视工程技术、工程技术人员和工匠社会地位低下的传统一直延续到清末，故有清一代真正匠师的事迹记载下来的极少，只有梁九和"样式雷"家族等寥寥数人。其中"样式雷"事迹虽其后人极力渲染始自康熙，但其遗存图样、文书主要为清后期，而康、乾盛时集中建设三园、避暑山庄、紫禁城宁寿宫、承德外八庙等特大型工程时，必会有更多的卓越匠师和工匠从事其中，而名氏不传。故现只能把"样式雷"视为这些人的代表，而不能把清代皇家工程的成就主要归于雷氏一家。清代江南为人文荟萃之地，其住宅、园林文化内涵深厚，堪称民间建筑的最高水平，除卓越工匠外，一些关心于建筑的文士也起了很重要的作用。如李

---

①《钦定大清会典》卷72工部·营缮清吏司·府第："凡亲王府制：正门五间，启门三。缭以崇垣，基高三尺。正殿七间，基高四尺五寸。翼楼各九间。前墀环护石阑，台基高七尺二寸。其上后殿五间，基高二尺。后寝七间，基高二尺五寸。后楼七间，基高尺有八寸。共屋五重。……凡正门殿寝均覆绿琉璃，脊安吻兽。门柱丹雘，饰以五采金云龙文，禁雕刻龙首。压脊七种。门钉纵九横七。楼屋、旁庑均用筒瓦。其为府库、为仓廪、为厨厩及典司执事之屋分列左右，皆版瓦，黑油门柱。

〇世子府制：正门五间，启门三。缭以崇垣，基高二尺五寸。正殿五间，基高三尺五寸。翼楼各五间。前墀环护石阑，台基高四尺五寸。其上后殿五间，基高二尺。后寝五间，基高二尺五寸。后楼五间，基高一尺四寸。共屋五重殿。……梁栋绘金采花卉，四爪云蟒。金钉、压脊各减亲王七之二。余与亲王府同。

〇郡王府制：与世子府同。

〇贝勒府制：基高三尺。正门一重，启门一。堂屋五重，各广五间，筒瓦。压脊五种。门、柱红青油漆，梁栋贴金，采画花草。余与郡王府同。

〇贝子府制：基高二尺。正门一重，堂屋四重，各广五间。脊用望兽。余与贝勒府同。

〇镇国公、辅国公制：与贝子府同。

凡第宅公侯以下至三品官，基高二尺。四品以下高一尺。门柱饰黝垩。中梁饰金，旁绘五彩杂花。二品以上房脊得立望兽。公门钉纵横皆七，侯以下至男递减至五五，均以铁。士庶人惟油漆与职官同，余各有禁，逾制者罪之。"

②《钦定大清会典》卷72工部·营缮清吏司·公廨："其制均筑围墙一重，门二重。前堂五间，左右分曹两庑列屋。穿堂三间，后堂三间，左右政事厅各三间，基高二尺。门、柱饰黝垩，栋梁施五彩。"

渔之造园，张琏、戈裕良之叠山等。

（一）梁九

明末清初工部的匠师，少年时学艺于明末工部老匠师冯巧，得其真传，巧死即继其职。入清后仍为工部工匠，从事重建和修缮大内宫殿工程，包括康熙八年重建太和殿之役。[①] 至康熙三十四年（1695）重修太和殿时，他制做了一座按比例缩小的木模型交工部，得到赞赏。为此，当时著名文人王士禛曾为他作传。[②] 从他相继隶籍于明、清两朝工部和参加清初宫殿建造的经历，他应是明清之际明官式建筑技术得以传承至清的重要中介人物之一。

（二）雷发达及样式雷

自康熙至光绪间供职于清内务府营造司的一个雷姓匠师家族，因几代人均工作于样式房，积累有大量建筑图纸，世称“样式雷”。

（1）雷发达：“样式雷”的始祖，祖籍江西，流寓南京，为明末清初工匠，康熙二十二年（1683）以南匠应募入京为工匠修宫殿，康熙三十二年（1693）卒。关于他的事迹记载很少，在他任职的十年中，宫中只修了文华殿和东西六宫中几个宫，无重大建设。传说康熙帝亲临太和殿观上梁礼，榫卯不合，雷发达登上屋架，用斧击合，得以按预定吉时上梁，受到康熙帝奖赏。但所说如为康熙八年重修时事，则雷发达尚未应募入京，如为康熙三十四年重修时事，则雷发达已死，故实无其事。他少年时居南京，明南京宫殿此时尚存，他以南匠应募入京，可知也是明清间官式建筑的传承人之一。

（2）雷金玉：雷发达长子。其曾孙雷景修在同治四年（1865）撰碑文称：“康熙年间修建海淀园庭工程，曾祖考（雷金玉）领楠木作工程，因正殿上梁，得蒙皇恩召见奏对，蒙钦赐内务府总理钦工处掌□（案?），赏七品官。”据此则雷发达太和殿上梁受赏之事可能为雷金玉畅春园正殿上梁受赏事之讹传。（但雷金玉之事如仅见于雷氏碑文，其确否亦应再考。）据此，雷发达父子均为内务府营造司主管技术的匠师。以下各代亦均在内务府营造司的样式房，依次为雷金玉之子雷声澂，孙雷家玺，二世孙雷景修、三世孙雷思起，四世孙雷廷昌，至五世孙雷献彩时已至清末。据其家传称其间曾从事过万寿山、玉泉山、香山、避暑山庄、昌陵、慕陵、定陵、崇陵、重修圆明园、修三海等工程。其中为重修圆明园制图烫样的是三世孙雷思起，四世孙雷廷昌，雷廷昌还为修建颐和园制图烫样。

雷氏累代从事清皇家工程，积累了大量修建宫殿、苑囿、陵寝的图纸、烫样和文书，为了解清代皇家建筑工程的设计、审定和施工情况提供了大量史料，其具体情况和反映出的水平和成就已在第四节建筑设计施工部分进行了探讨。

（三）戈裕良

常州人，活动于乾、嘉间，以善于用湖石和黄石叠山著名于世。反映他湖石叠山高度水平的是苏州环秀山庄的大假山。它全用湖石叠成，体量巨大，山形变化多样，其山脚、水

---

① 江藻：《太和殿纪事》卷8石作中提到向梁九询问先前建太和殿事，可证梁曾参加康熙八年重建太和殿之役。清刊本卷8，第一叶。

② 王士禛：《带经堂集》蚕尾续文卷7。

口、山谷、山洞都宛如真景。当时传统假山多用条石连缀，山洞顶部也多用石条为梁，戈裕良所叠山洞在洞顶利用湖石的凹凸，使多石互相勾连攒聚，部分下垂的山石颇似石钟乳，极富真实感。他自称“只将大小石钩带连络，如造环桥法……要如真洞壑一般，方称能事。”[①]可知他是参考了砖石拱壳原理叠石，故能超出时辈，独步一时。他用黄石所叠假山以扬州小盘谷最著名，在土山上点缀黄石，宛如土中断续露出的山骨，也颇似真景而独具特色。

① 清·钱泳，《履园丛话》卷12，堆假山，中华书局《清代史料笔记丛刊》本，1979年，第330页。

参 考 文 献

白寿彝．2004．中国通史．上海：上海人民出版社
陈明达．1981．营造法式大木作制度研究．北京：文物出版社
郭湖生．1997．中华古都．台北：空间出版社
贺业钜．1996．中国古代城市规划史．北京：中国建筑工业出版社
(明) 计成．1932．园冶．北京：中国营造学社
建筑·园林·城市规划卷编委会．1988．中国大百科全书·建筑·园林·城市规划．北京：中国大百科全书出版社
考古学卷编委会．1986．中国大百科全书·考古学．北京：中国大百科全书出版社
(宋) 李诫．2007．营造法式．北京：中国建筑工业出版社影印陶湘刊本
梁思成．1981．清式营造则例．北京：中国建筑工业出版社
梁思成．1983．营造法式注释．北京：中国建筑工业出版社
梁思成．1985．梁思成文集·第三卷·中国建筑史．北京：中国建筑工业出版社
梁思成．2001．梁思成全集．北京：中国建筑工业出版社
刘敦桢．1956．中国住宅概说．北京：中国建筑工业出版社
刘敦桢．1984．中国古代建筑史．北京：中国建筑工业出版社
刘敦桢．2005．苏州古典园林．北京：中国建筑工业出版社
刘敦桢．2007．刘敦桢全集．北京：中国建筑工业出版社
刘大可．1993．中国古建筑瓦石营法．北京：中国建筑工业出版社
刘叙杰等．2003．中国古代建筑史（五卷本)，北京：中国建筑工业出版社
刘致平．1987．中国建筑类型及结构．北京：中国建筑工业出版社
马炳坚．1991．中国古建筑木作营造技术．北京：科学出版社
马瑞田．1996．中国古建筑彩画．北京：文物出版社
宿白．1999．中华人民共和国重大考古发现．北京：文物出版社
(清) 孙贻让．1936．周礼正义．四部备要本．上海：中华书局
王璞子．1995．工程做法注释．北京：中国建筑工业出版社
文物·博物馆卷编委会．1993．中国大百科全书·文物·博物馆．北京：中国大百科全书出版社
(清) 佚名．2000．内庭圆明园内工诸作现行则例．郑州：大象出版社
姚承祖．1986．营造法原．北京：中国建筑工业出版社
(清) 允礼．1986．工部工程做法．北京：《古建园林技术》编辑部
中国科学院自然科学史研究所．1985．中国古代建筑技术史．北京：科学出版社
中国社会科学院考古研究所．1984．新中国的考古发现和研究．北京：文物出版社
中国艺术研究院编写组．1999．中国建筑艺术史．北京：文物出版社

后　记

此项目原定由东南大学建筑学院郭湖生教授承担，他曾是《中国古代建筑技术史》的主编之一，对此驾轻就熟，实是最佳人选，定可做出卓越成果。但他近年不幸患病卧床，转推荐我来完成此事。郭先生是我多年老友，谊不可却，只得勉为其难。由于我在这领域远没有郭先生熟悉，相关资料和文献的积累也都不足，实有很多困难。限于时间和经费，我只能主要依靠已掌握的部分史料、文献和本学科前辈及同行积累数十年的研究成果加以综合归纳，没有时间和能力去主动调查、研究新的实例和进行更广泛的文献搜索，所需图纸也无条件重绘，主要采用已公开发表者。自 2004 年开始接受任务，至今三年余，始能完成，时间比原定的三年稍延后。

全书按时代顺序分为十章，每章按内容基本分为五节。其中：第一节为时代概说，即该章的时代背景；第二节为建筑概况，即该时代的建筑发展概貌和取得的主要成就；第三节为规划设计方法，即取得这些成就所使用的规划设计方法和手段；第四节为建筑技术，即具体使用的工程技术；第五节为工官和重大工程建设，包括国家对建筑的管理和主持的重大建设项目及其成就。这五部分内容依次占全文的 4％、45％、16％、25％、10％。总计文字五十余万，图数百幅。

就内容而言，作为技术史，重点应在第三、四、五节，但此三节现只占全文的 51％，明显偏少。其原因是受对具体史料的掌握和研究广度、深度的限制，有些部分材料明显不足或不成系统。如第三节对规划设计方法探讨的部分，因只能对有较准确实测图和数据的史料进行分析，而第五章三国两晋南北朝的相应内容全无实测资料，只能省去这一节，改在建筑概况部分做适当叙述；又如第四节建筑技术部分中，施工方面史料也极少。有关各代的施工力量、工料定额方面的史料，虽尽可能在历朝实录及关于工程的奏议和古代算学著作的算例中探寻，但所得既稀少又难以形成系统，也只能就已有史料作概括性叙述。

建筑概况部分篇幅较大的原因主要有两点。其一是为了较全面反映各个时代建筑的发展水平，需对包括建设规模、建筑特点诸方面具体的新成就、新发展等作较全面的叙述，以反映通过这些规划设计方法和建筑技术改进所取得的具体成果，即《前言》引文中所说的“这些活动的结果”。其二是有些史料目前尚属于个别例证，缺乏横向比较的材料，未能综合归纳成具体的较有普遍意义的建筑技术问题，暂时无法纳入规划设计方法或建筑技术成果部分，但它却附有比较详细的做法特点、数据、图纸等，有重要史料价值，收入概况部分既可反映具体的成果，也可在某种程度上起技术资料积累的作用，供读者作进一步研究探讨，故酌加收纳。这都是在具体技术方面史料和研究不足的反映，工作中虽尽力加以调整，但受资料限制，仍难有较大的改变。

对于上述情况，我也深感遗憾，但进一步的充实、改进只能俟诸异日。对本项目中内容涵盖不够全面和失收的一些重要内容及文字、图纸的粗疏之弊敬希读者批评指正。文中所引用的文献、史料、图纸和同行的研究成果都已在注和图题中注明出处，附此致谢。

傅熹年

2007 年 11 月 21 日

总　　跋

凡是听到编著《中国科学技术史》计划的人士，都称道这是一个宏大的学术工程和文化工程。确实，要完成一部30卷本、2000余万字的学术专著，不论是在科学史界，还是在科学界都是一件大事。经过同仁们10年的艰辛努力，现在这一宏大的工程终于完成，本书得以与大家见面了。此时此刻，我们在兴奋、激动之余，脑海中思绪万千，感到有很多话要说，又不知从何说起。

可以说，这一宏大的工程凝聚着几代人的关切和期望，经历过曲折的历程。早在1956年，中国自然科学史研究委员会曾专门召开会议，讨论有关的编写问题，但由于三年困难、“四清”、“文革”，这个计划尚未实施就夭折了。1975年，邓小平同志主持国务院工作时，中国自然科学史研究室演变为自然科学史研究所，并恢复工作，这个打算又被提到议事日程，专门为此开会讨论。而年底的“反右倾翻案风”，又使设想落空。打倒“四人帮”后，自然科学史研究所再次提出编著《中国科学技术史丛书》的计划，被列入中国科学院哲学社会科学部的重点项目，作了一些安排和分工，也编写和出版了几部著作，如《中国科学技术史稿》、《中国天文学史》、《中国古代地理学史》、《中国古代生物学史》、《中国古代建筑技术史》、《中国古桥技术史》、《中国纺织科学技术史（古代部分）》等，但因没有统一的组织协调，《丛书》计划半途而废。1978年，中国社会科学院成立，自然科学史研究所划归中国科学院，仍一如既往为实现这一工程而努力。80年代初期，在《中国科学技术史稿》完成之后，自然科学史研究所科学技术通史研究室就曾制订编著断代体多卷本《中国科学技术史》的计划，并被列入中国科学院重点课题，但由于种种原因而未能实施。1987年，科学技术通史研究室又一次提出了编著系列性《中国科学技术史丛书》（现定名《中国科学技术史》）的设想和计划。经广泛征询，反复论证，多方协商，周详筹备，1991年终于在中国科学院、院基础局、院计划局、院出版委领导的支持下，列为中国科学院重点项目，落实了经费，使这一工程得以全面实施。我们的老院长、副委员长卢嘉锡慨然出任本书总主编，自始至终关心这一工程的实施。

我们不会忘记，这一工程在筹备和实施过程中，一直得到科学界和科学史界前辈们的鼓励和支持。他们在百忙之中，或致书，或出席论证会，或出任顾问，提出了许多宝贵的意见和建议。特别是他们关心科学事业，热爱科学事业的精神，更是一种无形的力量，激励着我们克服重重困难，为完成肩负的重任而奋斗。

我们不会忘记，作为这一工程的发起和组织单位的自然科学史研究所，历届领导都予以高度重视和大力支持。他们把这一工程作为研究所的第一大事，在人力、物力、时间等方面都给予必要的保证，对实施过程进行督促，帮助解决所遇到的问题。所图书馆、办公室、科研处、行政处以及全所的同仁，也都给予热情的支持和帮助。

这样一个宏大的工程，单靠一个单位的力量是不可能完成的。在实施过程中，我们得到了北京大学、中国人民解放军军事科学院、中国科学院上海硅酸盐研究所、中国水利水电科学研究院、铁道部大桥管理局、北京科技大学、复旦大学、东南大学、大连海事大学、武汉交通科技大学、中国社会科学院考古研究所、温州大学等单位的大力支持，他们为本单位参加编撰人员提供了种种方便,保证了编著任务的完成。

为了保证这一宏大工程得以顺利进行,中国科学院基础局还指派了李满园、刘佩华二位同志,与自然科学史研究所领导(陈美东、王渝生先后参加)及科研处负责人(周嘉华参加)组成协调小组,负责协调、监督工作。他们花了大量心血,提出了很多建议和意见,协助解决了不少困难,为本工程的完成做出了重要贡献。

在本工程进行的关键时刻,我们遇到经费方面的严重困难。对此,国家自然科学基金委员会给予了大力资助,促成了本工程的顺利完成。

要完成这样一个宏大的工程,离不开出版社的通力合作。科学出版社在克服经费困难的同时,组织精干的专门编辑班子,以最好的纸张,最好的质量出版本书。编辑们不辞辛劳,对书稿进行认真地编辑加工,并提出了很多很好的修改意见。因此,本书能够以高水平的编辑,高质量的印刷,精美的装帧,奉献给读者。

我们还要提到的是,这一宏大工程,从设想的提出,意见的征询,可行性的论证,规划的制订,组织分工,到规划的实施,中国科学院自然科学史研究所科技通史研究室的全体同仁,特别是杜石然先生,做了大量的工作,作出了巨大的贡献。参加本书编撰和组织工作的全体人员,在长达10年的时间内,同心协力,兢兢业业,无私奉献,付出了大量的心血和精力。他们的敬业精神和道德学风,是值得赞扬和敬佩的。

在此,我们谨对关心、支持、参与本书编撰的人士表示衷心的感谢,对已离我们而去的顾问和编写人员表达我们深切的哀思。

要将本书编写成一部高水平的学术著作,是参与编撰人员的共识,为此还形成了共同的质量要求:

1. 学术性。要求有史有论,史论结合,同时把本学科的内史和外史结合起来。通过史论结合,内外史结合,尽可能地总结中国科学技术发展的经验和教训,尽可能把中国有关的科技成就和科技事件,放在世界范围内进行考察,通过中外对比,阐明中国历史上科学技术在世界上的地位和作用。整部著作都要求言之有据,言之成理,经得起时间的考验。

2. 可读性。要求尽量地做到深入浅出,力争文字生动流畅。

3. 总结性。要求容纳古今中外的研究成果,特别是吸收国内外最新的研究成果,以及最新的考古文物发现,使本书充分地反映国内外现有的研究水平,对近百年来有关中国科学技术史的研究作一次总结。

4. 准确性。要求所征引的史料和史实准确有据,所得的结论真实可信。

5. 系统性。要求每卷既有自己的系统,整部著作又形成一个统一的系统。

在编写过程中,大家都是朝着这一方向努力的。当然,要圆满地完成这些要求,难度很大,在目前的条件下也难以完全做到。至于做得如何,那只有请广大读者来评定了。编写这样一部大型著作,缺陷和错讹在所难免,我们殷切地期待着各界人士能够给予批评指正,并提出宝贵意见。

《中国科学技术史》编委会

1997年7月